普通高等教育“十一五”国家级规划教材
“国家级一流本科课程”配套教材

植　物　学

（第 3 版）

姜在民　杨文权　黄文娟　刘培亮　主　编

西北农林科技大学出版社

内容提要

《植物学(第3版)》包括绪论和5篇14章内容。首先介绍构成植物体各器官的基础，即植物细胞与植物组织，以植物个体发育为主线介绍植物营养器官、生殖器官的发育、结构与功能；植物基本类群及分类主要采用分子系统学构建的新分类系统进行介绍，苔藓植物采用BPG分类系统，石松类和蕨类植物采用PPG I系统，裸子植物采用杨永系统，被子植物采用APG Ⅳ系统。本书删除了菌物部分，仅对真菌与藻类共生形成的地衣作简要介绍，藻类按内共生学说提出的划分方式进行编排介绍；将植物的起源与演化编排为一章系统概述，最后简要介绍植物与环境。教材以数字形式将本学科相关研究热点和最新研究成果融入相关内容，有助于读者了解本学科的研究近况。

本书可作为农林院校农学、植保、林学、园艺、园林、水保等专业，以及综合性大学、师范院校的生物科学、生物技术等本科专业的植物学教材，也可供相关科研工作者和植物爱好者参考使用。

图书在版编目(CIP)数据

植物学 / 姜在民等主编. —3版. —杨凌 : 西北农林科技大学出版社，2024. 12. — ISBN 978－7－5683－1505－0

Ⅰ. Q94

中国国家版本馆 CIP 数据核字第 20240RG862 号

植　物　学(第3版)

姜在民　杨文权　黄文娟　刘培亮　主编

出版发行	西北农林科技大学出版社
地　　址	陕西杨凌杨武路3号　　邮　编　712100
电　　话	总编室:029—87093105　发行部:87093302
电子邮箱	press0809@163.com
印　　刷	陕西森奥印务有限公司
版　　次	2024年12月第1版
印　　次	2024年12月第1次印刷
开　　本	880 mm×1230 mm　1/16
印　　张	31.25　　插页16
字　　数	952千字

ISBN 978－7－5683－1505－0

定价:68.00元

本书如有印装质量问题，请与本社联系

编写人员

主　　编　姜在民　杨文权　黄文娟　刘培亮

副 主 编　易　华　张　玲　濮晓珍　田　虹　赵　毓

编写人员　（按姓氏音序排列）

柴永青　程金凤　胡莉娟　黄文娟　姜在民　刘培亮
卢　元　濮晓珍　任尚福　申少斐　田　虹　王　辉
杨文权　易　华　曾令达　张宏昌　张　玲　赵　毓

数字资源制作　（按姓氏音序排列）

程金凤　杜　诚　姜在民　李　刚　刘　冰　刘培亮
刘全儒　刘　夙　李晓晨　苗　芳　慕小倩　王　辉
王晓静　杨文权　易　华　张宏昌

第三版前言

《植物学(第 2 版)》自 2016 年出版以来,对使用本书高校的植物学教学起到了积极的作用,得到师生的认可。8 年来,随着演化生物学和植物分子系统学理论不断发展完善以及教育数字化转型的不断推进,教学活动与信息技术融合日益加深,加之互联网＋、多媒体技术、数字技术的融入,新形态教材的编写已提上日程。为了使教材能够及时反映学科的发展前沿,适应教育教学数字化变革的需要,不断更新和完善教材内容、形态,让使用本教材的读者获得更好的学习体验,我们对教材进行了修订,推出了全新的《植物学(第 3 版)》数字融合新形态教材。

《植物学(第 3 版)》在保持前两版经典植物学知识体系和基本框架的基础上,将本学科相关研究热点和最新研究成果融入新版教材,对教材内容进行适时更新并重新做了编排。全书共分 5 篇:

第Ⅰ篇,介绍构成植物体各器官的基础知识,即植物细胞与植物组织的形态、结构和功能。

第Ⅱ篇、第Ⅲ篇,以植物个体发育为主线,重点介绍植物营养器官、生殖器官的发育、结构与功能,注重结构与功能相互适应的分析,使读者树立植物器官演化发育与环境及执行功能相互适应的观念。

第Ⅳ篇,重点介绍植物基本类群的分类与系统演化。为适应教学的需要,将被子植物形态学部分内容集中一章编写,便于学习者系统掌握植物器官的形态特征及相互联系;同时,结合教学实际情况和人们对植物界认识的不断深入,第 3 版删除了菌物部分,仅对真菌与藻类共生形成的地衣作简要介绍。各类群的介绍均采用最新的分类系统,其中,藻类采用美国学者 Robert Edward Lee 根据内共生学说提出的分类系统,苔藓植物采用 BPG 分类系统,石松类和蕨类植物采用 PPG Ⅰ系统,裸子植物采用杨永(2022)系统,被子植物采用 APG Ⅳ系统。教材选定重点科及代表属进行讲述,在科及代表植物的选择上尽量照顾到参编院校所在地区常见的植物。为解决教材纸质内容的篇幅和黑白线条图的呈现不直观的问题,一些系统位置上重要科属的代表植物,采用彩色生境照片和短视频展示,以二维码的形式列为拓展学习内容,供学生自主学习。植物的起源与演化单列为一章,将古植物学、植物形态学和植物系统发育融会贯通,梳理各大植物类群的起源与演化脉络,启发读者以演化的视角认识和思考多姿多彩的植物世界。

第Ⅴ篇简略介绍了植物与环境。该部分旨在使读者在了解植物个体发育和系统发育的基础上,进一步理解植物形态结构的演化与环境因素之间的关系,了解环境因子在植物演化中的作用和植物对不同环境的适应特点,强调植物在生态系统平衡、生态系统服务和生态文明建设中的作用。

本版教材的另一个特色是增加了大量的数字学习资源,形成"纸数结合"的新形态教材。教材按照章节知识点配备了课程讲解视频和相应的学习课件，供学习者在线学习，满足学习者个性化学习的需求，提高学习效率；章节知识结构图，便于学习者归纳总结所学内容；丰富的章节练习题，加强了核心知识点内容的训练，参考答案可帮助学习者检验学习效果。被子植物分类部分提供了大量的植物形态照片和植物生境视频，并配有讲解，利于学习者更加直观地学习植物形态学知识，识别植物的分类特征。使用者通过扫描各章数字资源二维码，即可在移动终端上随时随地进行个性化阅读学习。新版教材实现了文、图、声音、视频综合展示的效果，有效破解了纸质教材阅读易疲惫的难题，使“阅读”的体验感更符合数字时代读者的“阅读”需求，同时也实现了教材与课程的互通，可以满足植物学课程混合式教学对线上数字教学资源的需求。

本教材由来自西北农林科技大学、西北大学、塔里木大学、华中农业大学、石河子大学、山西农业大学、宁夏大学、喀什大学、昭通学院、惠州学院、陕西省西安植物园、济南市城乡建设发展服务中心的教师和研究人员合作编写。教材绪论由姜在民编写修订；第一章由张宏昌修订；第二章由黄文娟编写修订；第三章由赵毓修订；第四章由杨文权、曾令达、任尚福编写修订；第五章由杨文权编写修订；第六章由濮晓珍编写修订；第七章由田虹编写修订；第八章由申少斐、姜在民编写修订；第九章由张玲编写修订；第十章由易华编写修订；第十一章第一节、第二节由程金凤编写修订，第三节、第四节由卢元编写修订，第五节、第六节由王辉编写修订；第十二章、第十三章由刘培亮编写；第十四章由胡莉娟、柴永青编写。书中部分线条图由易华重绘。上海辰山植物园刘夙、李晓晨、杜诚，北京师范大学刘全儒，中国科学院植物研究所刘冰，西北农林科技大学姜在民、易华、杨文权、张宏昌、程金凤、王晓静、慕小倩、苗芳、李刚，西北大学刘培亮录制了相关课程视频。全书由姜在民、杨文权、黄文娟、刘培亮修改、定稿。

第 3 版教材的编写和出版得到了西北农林科技大学规划教材建设重点项目和生命科学学院教材建设项目的资助。西北农林科技大学教务处安福定副处长、教材科张应辉老师，生命科学学院前任院长郗飞教授、马闯教授，现任院长王存教授、副院长王瑶教授在教材编写和相关教学资源建设中均给予了大力支持和帮助，各参编院校、单位的领导、老师也对教材编写和资源建设给予了极大的关心和帮助，在此对他们表示真诚的谢意！同时，西北农林科技大学出版社丁辉主任对教材的内容、编排版式提出了许多宝贵的意见建议。书中的一些资料和图片引自国内外优秀的植物学教材和著作，林雨涵同学协助绘制部分线条图，在此也一并表示衷心的感谢！

限于编者水平，书中定会有不少问题和不完善之处，敬请同行和使用者批评指正。

编　者

2024 年 12 月

第二版前言

植物学是生物学领域发展历史较为悠久的一门分支学科，也是高等农林院校植物生产类、生物类各专业本科生必修的重要专业基础课。它以植物的形态解剖、系统分类和演化为主要内容。

本书是在普通高等教育"十一五"国家级规划教材《植物学》(姜在民，贺学礼主编，西北农林科技大学出版社，2009)基础上修订而成，仍由原版教材参编教师参与修订编写。新版修订保持了第1版经典植物学的知识体系和基本框架，即以植物的个体发育和系统演化为主线对教材的内容进行编排。同时结合第1版的教学实践、使用者反馈的建议和植物学科的进展，主要进行以下几方面的修订：

在注重经典植物学基础知识的介绍的同时，适当介绍最新的学科理论和内容，如成花生理的分子生物学理论、APG分类系统等内容。

本版修订注重插图质量，对第1版中不适宜的图进行了重绘和修改，增加了大量的彩图和彩版，图片清晰，信息量大，提高了教材的可读性和实用性，对提高学生的学习兴趣和更直观地理解植物形态结构将会有很大的帮助。

对有些章节进行了调整、充实，将第1版中第十章第一节、第十一章第一节的内容抽出单列一章，对植物分类方法和命名法规进行了补充更新，使教材体系和内容编排更利于教学。

本教材适用于农林院校生物科学、农学、林学、园林、园艺、植保等本科专业的植物学教学，也可作为高等师范院校及综合大学生命科学领域师生的参考书。

教材编写过程中，西北农林科技大学出版社丁辉就教材的内容和编排提出了许多宝贵的意见，西北农林科技大学生命科学学院及各参编学校的有关领导、教师，对教材的编写和出版给予了极大的关心、支持和帮助。西北农林科技大学刘培亮博士、朱仁斌博士，西安植物园卢元提供了部分照片。易华、刘培亮、姜在民对全书新增图片进行了编辑处理。书中的一些资料和图片引自国内外优秀的植物学教材和参考书，在此一并表示衷心的感谢！

全书共分13章。绪论、第一章由姜在民编写修订；第二章由李志军、黄文娟编写修订；第三章由赵金莉编写修订；第四章、第十二章第三节单子叶植物纲、第四节由陈铁山、崔宏安编写修订；第五章由章英才编写；第六章由易华编写修订；第七章由彭励编写；第八章由易华、姜在民编写修订；第九章由张玲编写修订；第十章第一节、第二节、第三节、第十一章由刘建才编写修订；第十章第四节、第十二章第一节由李小伟编写；第十二章第二节双子叶植物纲由阎平编写修订；第十二章的彩图由刘培亮拍摄、编辑；第十三章由贺学礼编写修订。全书由姜在民、贺学礼、易华负责修订、补充和定稿。

由于编者水平有限，教材中错误和不完善之处在所难免，欢迎同行和使用者批评指正。

编　者

2016年6月

第一版前言

植物学是生物学领域发展历史较为悠久的一门分支学科，也是高等农林院校植物生产类、生物类各专业本科生必修的重要专业基础课，它以植物的形态解剖、系统分类和演化为主要研究内容。近几十年来，随着分子生物学等新兴学科的快速发展，促进了植物科学各个分支学科的相互交叉、渗透、融合和发展，也促使我们重新思考植物学教学内容和知识体系的更新，并将植物科学的最新成果反映到教材建设中。为此，我们编写这本新的植物学教材，并被列为教育部普通高等教育“十一五”国家级规划教材。参加教材编写的是西北、华北地区5所高等院校的优秀教师，他们均在植物学教学、科研一线工作多年，有着丰富的教学经验。

本书以植物的个体发育和系统演化为主线对教材的内容进行了合理的编排。首先介绍了植物细胞和组织的基本概念、类型、结构及其功能。然后以植物个体发育为主线介绍了种子的类型、结构和种子的萌发，根、茎、叶营养器官的形态、结构与发育，花、果实、种子的发育、形态、结构和功能；以植物界的系统发育为线索，介绍了植物界各基本类群的特征、各类群代表植物的生活史和它们之间的系统演化关系，重点介绍了被子植物的起源、演化、分类及分类系统。最后简要介绍了植物与环境的相关知识、植物生态的基本原理及主要植被类型的分布、特点。

教材内容叙述遵循简洁、精练的原则，采用大量插图，尽可能做到图文并茂，体现知识体系的科学性和先进性。主要的名词术语均列出英文对照，涉及的重要植物名称同时列出拉丁学名，便于学生加深对知识体系的学习和理解。在努力阐明植物学基本概念和基本理论的基础上，还特别注重对植物科学研究的新成果、新知识、新进展的介绍，如人工种子、植物多样性、花芽分化的分子机理、传粉生物学等。

本教材适用于农林院校生物科学、农学、林学、园林、园艺等本科专业的植物学教学，也可作为高等师范院校及综合大学生命科学领域师生的参考书。

教材编写过程中，西北农林科技大学教务处、生命科学学院及各参编学校的有关领导、教师，对教材的编写和出版给予了极大的关心、支持和帮助。杜诚硕士、刘培亮同学负责处理了部分图片、文字的编辑和校对工作。书中的一些资料和图片引自国内外优秀的植物学教材和参考书，在此一并表示衷心的感谢。

全书共分12章。绪论、第一章由姜在民编写；第二章由李志军、黄文娟编写；第三章由赵金莉编写；第四章、第十一章第三节单子叶植物纲、第四节由陈铁山、崔宏安编写；第五章由章英才编写；第六章由易华编写；第七章由彭励编写；第八章由刘虎岐编写；第九章由张玲编写；第十章由刘建才编写；第十一章第一节、第二节由李小伟编写；第十一章第三节双子叶植物纲由阎平编写；第十二章由贺学礼编写。全书由姜在民、贺学礼、易华负责统稿、修改、补充和定稿。

由于编者水平有限，教材中错误和不完善之处在所难免，欢迎同行和使用者批评指正。

编　者

2009年3月

目　　录

第Ⅱ篇 植物营养器官的发育、结构与功能

第Ⅲ篇 植物生殖器官的发育、结构与功能

第Ⅳ篇　植物基本类群的分类与系统演化

第Ⅴ篇　植物与环境

◉◉◎ 绪　论

植物学(botany)是研究植物的自然科学,它以植物的形态结构、生长发育规律、系统分类、植物与环境之间的相互关系为主要研究内容。

一、生物的分界

生物界是经历了30多亿年的漫长历史演化而来,人们对生物及植物世界的认识是随着科学技术的进步而发展的。到目前为止,已经被人类描述过的生物约有175万种,其中植物界有30万～50万种。

(一)二界系统

1735年,现代生物分类学的奠基人,瑞典博物学家林奈(C. Linnaeus,1707—1778)在其编著的《自然系统》(*Systema Naturae*)一书中首先把生物分为植物界(Plantae)和动物界(Animalia),即二界系统。在这个系统中,动物被认为是能运动、异养的生物,而植物则是营固着生活、具有细胞壁的自养生物。这是建立最早、沿用最广的生物分界系统,至今,许多教科书仍沿用二界系统。

(二)三界系统

19世纪前后,随着显微镜的发明和广泛应用,人们发现有些生物兼有植物和动物两种属性,例如黏菌,在其生活史中,有一个阶段摄食和运动方式具有动物性特征,生物体裸露、没有细胞壁,但在生殖期或不良的环境条件下,其个体能产生具纤维素的细胞壁,并固着生活,或形成具纤维素壁的孢子。这就使人们重新思考生物界的划分问题。德国著名生物学家海克尔(E. Haeckel,1834—1919)在1866年提出了三界系统,即在动物界和植物界之间建立原生生物界(Protista)的意见,把原核生物、原生动物、硅藻、黏菌、海绵等归入原生生物界。

(三)四界系统

1938年,美国学者科帕兰(Copeland,1902—1968)提出了一个四界系统,他将蓝藻和细菌独立为原核生物界(Prokaryotes),同时,另立原始有核界(Protoctista),其中包括低等的真核藻类、原生动物和真核菌类。1959年魏泰克(R. H. Whittaker,1924—1980)提出了另一个四界系统,他将不含叶绿素的真核菌类从植物界分出,建立了真菌界(Fungi),而且和植物界一起并列于原生生物界之上。

(四)五界系统

1969年,魏泰克又根据细胞结构和营养方式的不同将细菌和蓝藻分出,建立了原核生物界,放在原生生物界之下,形成了原核生物界、原生生物界、真菌界、植物界和动物界的五界系统。

魏泰克的五界系统的优点是在纵向显示了生物进化的三大阶段,即原核生物、单细胞真核生物和真核多细胞生物,同时又从横向显示了生物演化的三大方向,即光合自养植物、吸收方式的真菌和摄食方式的动物。因此，该系统为多数学者赞同。

（五）六界系统

1979年，我国学者陈世骧（1905—1988）根据病毒（Virus）与类病毒不具有任何细胞形态、不能自我繁殖、在游离状况下无生命等特点，把病毒和类病毒独立为病毒界（Viri）（非胞生物界），从而建立六界系统。迄今为止，对于病毒是否属于生物以及病毒是否比原核生物更原始，国内外尚无定论。

（六）三域六界系统

三域六界生物分类系统是美国学者卡尔·乌斯（Carl Woese，1928—2012）于1977年提出的，并在1990年进行了修改和完善。这一系统根据核糖体RNA（rRNA）结构的差异，将生物分为三域和六界，首次使用生物分类系统"域"（Domain）的概念。三域：真细菌域（Bacteria Domain）、古菌域（Archaea Domain）和真核生物域（Eukarya Domain）。六界：古细菌界（Archaebacteria Kingdom），即古菌域中的生物，包括生长在极端环境下的原核单细胞生物，其细胞壁不具葡萄糖苷；真细菌界（Eubacteria Kingdom），即真细菌域中的生物，包括各种形态和功能的细菌，其细胞壁具葡萄糖苷；原生生物界，包括单细胞的真核生物，如藻类、变形虫等；真菌界，包括各种真菌，如蘑菇、霉菌和酵母等；植物界，包括多细胞的光合自养生物，如藻类、苔藓、蕨类和开花植物等；动物界，包括所有多细胞的异养生物，这些生物通过捕食其他生物来获取能量和营养。

随着分子生物学的发展，分子证据将在生物分类中得到更广泛的应用，生物的分界系统也会产生更大的变化，所建立的分界系统将会更加真实地反映生物演化的过程。

尽管不同学者对生物界的划分有不同的观点，但目前对植物的普遍认识是：大多数植物含有叶绿素，是能够进行光合作用的自养生物；与动物具有运动能力不同，多数植物营固着生活，仅有少数低等植物可以运动；在结构上，植物细胞一般具有纤维素或由其他物质构成的坚硬的细胞壁，使植物体得以挺立；植物的生长方式与动物也有明显的差异，它在一生中生长几乎是无限的，而且生长只局限于称为分生组织的特定区域。

二、植物的多样性

（一）种类繁多

自然界中植物种质资源十分丰富，已定名和记载的植物种类多达30万～50万种，它们是生物圈中的重要组成部分。这些植物在大小、形态、结构、生理功能、生活习性、繁殖方式及地理分布等方面各不相同，表现出多样性的特征。

（二）类型多样

1. *个体大小*　植物体在体形大小上差异明显，最小的单细胞藻类个体微小，仅以微米计，如小球藻属（*Chlorella*），而北美的巨杉（*Sequoiadendron giganteum*）高达142 m。

2. *结构组成*　最简单的植物仅由1个细胞组成，如衣藻属（*Chlamydomonas*）、小球藻，有的由定数细胞聚集成群体类型，如实球藻（*Pandorina morum*）。在此基础上，出现了多细胞的低级类型，如紫菜、海带等，进一步演化形成多细胞的高级类型。其植物体具有高度的组织分化，产生了维管组织，形成了具有根、茎、叶分化的高等植物，如松、小麦、玉米等。

3. *寿命*　植物的寿命因植物种类不同而存在很大差异。沙漠中的短命菊只需1周就能完成整个生命周期；一年生和二年生的草本植物，分别在一年中或跨越2个年份、经历2个生长季而完成生命进程，如棉花、冬小麦等；多年生的草本植物可以生活多年，如芦苇、菊花等；木本植物的树龄较长，有的甚至长达百年、千年，如生活了3 000多年的古银杏树。

4. *营养方式*　植物在营养方式上也呈现出多样化的特点，绝大多数植物具有叶绿素，可进行光合作用，称其为绿色植物或自养植物；也有部分植物不含叶绿素，不能自制养料，必须寄生或腐生在其他生物体上，吸收现成的营养物质，它们被称为非绿色植物或异养植物。

5.地理分布　植物的地理分布非常广泛，无论是高山、平原，还是海洋、湖泊、陆地，甚至极端干旱的荒漠、沙漠地带均分布着不同的植物类群。在不同的气候带，分布着如热带的雨林，亚热带的常绿、落叶阔叶林，温带的针阔叶混交林，寒带的草甸和荒漠等丰富多样的植被类型。

6.繁殖方式　植物的繁殖方式多样，有的植物以孢子繁殖后代，如藻类、苔藓、石松和蕨类等，而裸子植物和被子植物则以种子进行繁殖。

(三)遗传的多样性

植物在遗传和进化上也表现出多样性，植物在适应环境的过程中，形成了不同的基因和基因型，是形成多样性物种的基础。植物种类的多样化来自种的持续形成过程。

植物在长期的进化中，经历了由简单到复杂、由低等到高等、由水生到陆生的过程。首先形成较为低级的藻类，其生殖器官是单细胞的，植物体无根、茎、叶的分化，合子不形成胚；进而演化出苔藓、蕨类、裸子和被子植物，其生殖器官是多细胞的，植物体具有根、茎、叶的分化，合子萌发形成胚。

三、我国的植物资源

我国植物资源丰富，有高等植物 470 科、3 700 属、32 800 余种，其丰富程度仅次于马来西亚和巴西，居世界第三位。在这些高等植物里，我国特有种达 18 000 余种。我国的木本植物资源十分丰富，共有 115 科、302 属、8 000 多种，其中乔木树种 2 000 余种，且大多为优良用材和特用经济树种。世界上 95%以上的木本植物属在我国都有代表种分布，全世界现有裸子植物 12 科，约 800 种，我国就有 11 科，约 240 种；我国还有特有树种 1 000 多种，如水杉、银杉、金钱松、水松、台湾杉、珙桐、杜仲、银鹊树等，其中不少是古代遗留下来的孑遗植物，如银杏、水杉、竹柏、水松、香榧、鹅掌楸及连香树等；果树中的桃、梨、梅、苹果、柿、板栗、枇杷、橘皆原产于我国，还有茶、桑、油桐、香樟等经济树种。我国草本经济植物也甚多，是大豆、水稻、谷子等作物的原产地，稻、谷子在我国已有数千年的栽培历史；我国还是蔬菜作物最多的国家之一，我国的药用植物有人参、当归等。

我国疆域辽阔，横跨寒、温、热三个气候带，不同的地域分布着不同的植被类型和重要的经济作物。在最北部的大兴安岭、长白山一带分布有以兴安落叶松为优势树种的寒温带针叶林，以及由红松、云杉与紫椴、水曲柳等构成的针阔落叶混交林，林下分布着闻名中外的药材——人参，东北的三江平原是我国大豆的主产区。

华北山地和辽东、山东半岛一带分布有以落叶栎类及桦、槭、椴构成的多种类型的落叶阔叶林和混有油松、赤松的混交林，这一区域也是我国小麦、玉米、棉花和各种杂粮的主产区，盛产苹果、梨、桃、葡萄、枣、核桃、板栗等多种经济植物。

秦岭、淮河一线以南至福建、广东、广西和云南南部广阔的亚热带地区分布着常绿、落叶阔叶林，是我国水稻的主产区，植物种类丰富，经济树种繁多，如毛竹、油茶、油桐、乌柏、漆树、杉木、马尾松等，该区生长着有“活化石”之称的银杏、水杉、银杉等，此外，还有月季、玫瑰、菊花和水仙等园艺观赏植物。

我国的广东、广西、福建、台湾、海南东南部和云南南部的热带地区分布有热带雨林和季雨林。热带雨林中占优势的乔木树种有：桑科的见血封喉、大青树、马椰果、菠萝蜜，无患子科的番龙眼以及番荔枝科、锦葵科、龙脑香科、楝科、豆科、茜草科、肉豆蔻科、橄榄科和棕榈科的一些植物；季雨林则以木棉、四数木、榕树、楹树等为主。该区域盛产菠萝、甘蔗、剑麻、香蕉、荔枝、龙眼、杧果、橡胶、椰子、咖啡、可可、胡椒、油棕、槟榔等经济植物，同时还是我国主要的花卉生产地。

东北平原和内蒙古高原是我国主要的畜牧业基地，有一望无际的大草原，生长着大量的禾本科和豆科牧草。青藏高原以高山草甸为主，生长着青稞、冬小麦和荞麦等粮食作物。新疆、甘肃、青海等西北干旱地区，独特的生态环境孕育了许多久负盛名的经济植物，如哈密瓜、沙拐枣、麻黄、沙棘、猕猴桃以及新疆的棉花，还生长着梭梭、杠柳和固沙的蒿子。

我国丰富的植物资源为经济的发展提供了雄厚的物质基础，但是我们必须清醒地认识到，我国植物资源的人均占有量远远低于世界平均水平，森林覆盖率仅为世界平均水平的63%。当前，全球能源耗费、资源枯竭、人口膨胀、粮食短缺、环境退化及生态失调，都与植物资源开发和利用不当有直接或间接的关系，这种状况严重威胁到植物的多样性。因此，我们必须加强对野生植物资源的保护，合理开发和利用植物资源，在保护植物多样性的基础上，使植物资源发挥更大的生态效益和经济效益。

四、植物在自然界和人类生活中的作用

(一)植物在自然界中的作用

植物在生态系统的物质循环和能量流动中处于最关键的地位，在自然界中具有不可替代的作用。

1.固定太阳能，为生命活动提供能量　生物生命活动所利用的能量最终都来自太阳的光能。绿色植物通过光合作用，把光能转变成化学能贮藏在糖类等有机物中，并在植物体内进一步同化为脂类、蛋白质等，是人类、动物及非绿色植物所需能量的来源。人类利用的化石能源，如煤炭、石油和天然气等，也是不同地质年代的绿色植物的遗体或光合产物经地质矿化而形成，可见，绿色植物对维持人类文明和自然界中的生命活动起着极为重要的作用。

2.在自然界物质循环中的作用　在碳素循环中，绿色植物和非绿色植物起着重要作用。绿色植物的光合作用，吸收了大气中大量的CO_2并将其合成为有机物质；而大气中CO_2的补充，除各种生物的呼吸、物质燃烧、火山爆发能够释放出CO_2外，主要靠非绿色植物对死的有机体进行分解，把复杂的有机物分解成简单的无机物释放出CO_2，即矿化作用，从而使大气中的CO_2能够始终维持相对平衡。然而，现代工业的快速发展，化石能源的大量消耗，排放的CO_2远远超出了绿色植物的吸收量，导致“温室效应”。森林植物通过光合作用大量吸收CO_2释放出O_2，以生物量的形式固定大气中CO_2的过程称为碳汇。森林的这种碳汇功能可以在一定时期内稳定并降低温室气体的浓度，并以巨大的生物量成为陆地生态系统中最大的碳库。习近平总书记在党的二十大报告中指出：要积极稳妥推进碳达峰碳中和，促进人与自然和谐共生。在这一过程中，绿色植物通过光合作用可以有效降低和中和大气中CO_2含量，因此，保护植物及其多样性意义重大。

自然界中的氮素循环，只有在植物的作用下才能顺利进行。固氮细菌和蓝藻能将游离在空气中的氮固定，转化成为植物能够吸收利用的含氮化合物；绿色植物吸入这些含氮化合物，进而合成蛋白质建造自身，动物摄食植物后，又转化为动物蛋白质。生物有机体死亡后，经非绿色植物的分解作用而释放出氨，一部分氨转化为铵盐为植物再吸收；另一部分氨经过土壤中硝化细菌的硝化作用形成硝酸盐，成为植物的主要可用氮源。硝酸盐也可由反硝化细菌的反硝化作用，释放出游离氮或氧化亚氮返回大气，又可再被固定利用。

另外，自然界中的氢、磷、钾、镁、钙等元素，大多也通过各种方式被植物从土壤中吸收到体内，经过一系列代谢过程，又返回土壤中。

总之，植物在自然界物质循环中，通过光合作用和矿化作用，使物质的合成和分解、吸收和释放协调进行，使自然界中的物质循环往复，永无止境，从而维持生态系统的平衡。

3.植物为地球上其他生物提供了赖以生存的栖息和繁衍后代的场所　植物在地球土壤的形成过程中发挥着重要的作用，土壤、大面积的森林和草原，为其他生物提供了良好的生活和繁衍后代的环境。

4.植物对环境的保护作用　植物具有净化大气、水体、土壤和改善环境等多方面的作用。植物通过光合作用不断地补充大气中氧的含量；有些植物具有吸收大气、土壤和水体中的各种有害物质的能力；森林具有降低风速、减少浮尘的作用；植物特别是森林还能减少雨水在地表的流失和对表土的冲刷，起到保持水土的作用。

5. 天然基因宝库　长期进化形成的数十万种植物，是一个庞大的天然基因库，蕴藏着丰富的种质资源，是自然界留给人类最宝贵的财富。丰富的植物种质资源是人类生存和社会文明的物质基础。植物界保存的野生植物种质资源，为人类引种驯化、品种改良提供了丰富的遗传基础。

(二)植物与人类生活的关系

植物与人类生活有着密切的关系，人类的衣、食、住、行都直接或间接地与植物有关。据推算，地球上的植物为人类提供了 90%的能量和 80%的蛋白质，食物中有 90%产自陆生植物。人类的食物有 3 000 多种，其中作为粮食作物的有麦、稻、高粱、玉米等；果蔬植物有桃、苹果、梨、香蕉、萝卜、白菜等；大豆、花生、油菜为重要的油料植物。

植物还是许多工业的原料，棉、大麻、苎麻、竹是纺织或造纸的原料；甘蔗、甜菜是制糖工业的原料；许多植物分别含有各种生物碱、苷类、萜类、氨基酸、激素、抗生素等医药用有效成分，是医药工业的原料；常用的青霉素、土霉素等药物，也是从低等植物的菌类中提制而成；许多高大树木的木材可供建筑、桥梁建造等使用。

五、植物学发展简史

植物学的形成和发展与人类的生活和生产实践密不可分。从早期的人类采集植物充饥御寒、尝试百草医治疾病开始，就积累了有关植物的知识，逐渐了解了植物的形态、结构、习性和用途。我国最早的诗歌集《诗经》中就有关于植物的记载；秦汉时期的《尔雅》中记载植物 200 余种，并对其进行了简单的分类；东汉时期的《神农本草经》中收录了 365 种草药，是我国最为古老的一部草药专书。以后各代的志书，都有关于新植物的记述和栽培植物考证，并有历代相传的药用植物专书。明代李时珍的《本草纲目》，详细描述药物 1 892 种，其中有植物 1 195 种，分草、谷、菜、果、木 5 部，内容十分丰富，是研究我国植物的一部经典性著作。清代吴其濬所著《植物名实图考》，记载了1 714 种植物，分谷类、蔬菜、草类、果部、木类等。清末的李善兰与英国人威廉臣合译出版《植物学》一书，是我国第一部介绍西方近代植物学的著作，书中介绍了植物学的基本理论知识，包括植物的地理分布、植物体各器官的结构和功能、植物分类的方法等。

西方植物学的发展，最早可追溯到古希腊的狄奥弗拉斯图(E. Theophrastus)所著的《植物的历史》和《植物的本原》，书中记载了 500 多种植物。1665 年，英国的罗伯特·胡克(R. Hook)用自制复式显微镜观察软木薄片，发现并命名了植物细胞，使植物科学的发展进入微观世界。1672 年，英国植物学家格鲁(N. Grew)出版了第一本《植物解剖》。1677 年荷兰的列文虎克(A. van Leeuwenhoek)用自制的显微镜对生物进行了广泛的观察。1690 年，英国人雷(Ray)首次给物种下定义，并依据花器官的形状对植物进行了分类。1753 年，林奈出版了《植物种志》一书，在书中正式使用了双名法对植物进行命名。1838—1839 年，德国的施莱登(M. J. Schleiden)和施旺(T. A. H. Schwann)创立了细胞学说，证明生物体结构和起源上的同一性。1859 年达尔文(C. R. Darwin)在出版的《物种起源》中提出了进化论的观点，对植物科学的发展起到了十分重要的推动作用。1897 年，恩格勒(A. Engler)和柏兰特(K. Prantl)发表了《自然植物科志》，提出了试图反映植物类群亲缘进化关系的植物分类系统。

1902 年，哈伯兰特(Haberlandt)提出植物细胞全能性观点，1958 年，斯图尔德(Steward)用胡萝卜的韧皮部细胞成功培养出完整植株，验证了植物细胞的全能性，克隆及组织培养技术由此诞生。

随着农业和经济的发展，人们对植物生命活动规律以及植物与环境的关系进行了多方面的研究，使植物科学逐渐形成了包括许多分支学科的科学体系。植物科学已经由描述植物学时期发展为以实验方法了解植物生命活动过程的实验植物学时期。

20 世纪 60 年代以来，由于研究方法和实验技术的不断创新，植物科学得到迅速发展。在微观领域，由于 DNA 双螺旋结构的发现，人们开始深入到分子水平上认识植物，用分子生物学的手段对植物体结构与机能进行更深入的探索；在宏观领域，已由对植物的个体生态研究拓展到对种群、群落及生态系统的研究，甚至采用卫星遥感技术研究植物群落在地球表面的空间分布和演化规律，进行植物资源调查。

可以预见，随着拟南芥、水稻等模式植物基因组的破译和基因功能的阐明，分子克隆、基因克隆、转基因和蛋白质组学等新领域和新技术的出现，人们对植物生长发育、遗传、进化以及植物与环境之间的关系等问题将有更深入的了解。

近代中国植物科学发展迅速，取得了巨大的成就。

20 世纪初，钟观光、钱崇澍、戴芳澜、胡先骕、李继侗、罗宗洛、秦仁昌等一批老一辈科学家先后开始从事植物学研究。他们成立相关研究所，建立植物园，开设“植物学”课程。钟观光先生 1908 年在北京大学任教期间开始研究植物，对其进行了系统的标本采集研究工作，曾立下“欲行万里路，欲登千重山，采集有志，尽善完成”的誓言。在 1914 年前后的 4 年时间里，钟观光的足迹遍布福建、广东、广西、安徽、湖北、河南等 11 个省区，行程万里，历尽艰险，风餐露宿，经历了风霜雨雪的磨炼，在长江、黄河、珠江三大流域采集腊叶植物标本 16 000 多种，共 15 万余号。他在北京大学建立了植物标本室，开创了我国学者自己采集和制作标本进行分类学研究的先河。在现代植物分类中，木兰科的观光木属（*Tsoongiodendron*）和马鞭草科的钟君木属（假紫珠属）（*Tsoongia*），是分别以他的姓名和名命名的，这在世界植物分类学中也是极为少见的。胡先骕与郑万钧于 1948 年联合发表活化石植物水杉新种，成为轰动植物学界的珍闻，被誉为 20 世纪植物学上最重大的发现，是中国科学家的伟大贡献。

新中国成立后，我国科学家先后出版完成《中国高等植物图鉴》和《中国植物志》（80 卷 126 册）等，特别是 2004 年出版完成的《中国植物志》堪称是一部鸿篇巨制，是世界各国已出版的植物志类图书中种类数量最多的一部，全书共记载中国产的维管植物 301 科 3 408 属 31 142 种。

六、植物学研究内容与发展趋势

植物学的研究内容十分广泛，包括植物的形态结构和生理机能、生长发育的规律、植物与环境的相互关系以及植物的发生、演化，植物分类和植物的利用与保护等。因此产生了许多分支学科。

植物形态学（plant morphology） 研究植物外部形态，其中包括个体发育和系统发育中形态建成的规律，以及形态与环境条件关系的科学。现包括植物形态学、植物解剖学、植物胚胎学和植物细胞学等多个学科。

植物分类学（plant taxonomy）和植物系统学（plant systematics） 研究植物种系特征、种间的亲缘关系和演化顺序，并对植物进行分类，建立和完善植物各级类群的进化系统的科学。植物系统学更加强调植物间的亲缘关系，即谱系。随着其他科学的发展，产生出许多分支学科，如化学分类学、植物细胞分类学、分子系统学等。

植物解剖学（plant anatomy） 研究植物体的内部结构、个体发育和系统发育中的结构建成规律，以及结构和功能与生活条件的关系的科学。

植物生理学（plant physiology） 研究植物生命活动及其规律的科学。包括植物体内的物质和能量代谢、植物的生长发育、植物对环境条件的反应等。现代植物生理学已形成了许多专门的学科，如植物分子生理学、植物代谢生理学、植物发育生理学等。

植物生态学（plant ecology） 研究植物与环境的相互关系的科学。又可以分为个体生态学、植物种群生态学、植物群落生态学和生态系统生态学等分支学科。

植物胚胎学（plant embryology） 研究高等植物胚胎形成和发育规律的科学。

植物细胞学（plant cytology） 研究植物细胞的形态结构、代谢功能、遗传变异等内容的科学。

植物遗传学（plant genetics） 研究植物的遗传和变异规律的科学。

植物资源学（plant resource） 研究自然界所有植物资源的分类、分布、数量、用途及其开发利用途径的科学。它与药用植物学、植物分类学和保护生物学有密切关系。

分子植物学(molecular botany) 研究和揭示植物大分子结构和功能的科学。它是随着生物大分子(核酸、蛋白质和基因)的结构和功能的研究而发展起来的,是当今植物学各领域研究的前沿。分子生物学研究的方法和技术已应用于植物学各分支学科的研究。

由于各分支学科的相互渗透,一些传统学科间的界限已在淡化,尤其是有关生物多样性和分子生物学的新概念和新技术的引入,致使边缘学科和新的综合性研究领域层出不穷,如植物基因组学、植物分子生物学、植物多样性、系统与进化植物学、植物生殖生物学和空间植物学等。

2017 年,第 19 届国际植物学大会对植物分支学科的内容归纳分组为:系统发育和演化植物学、生态环境与全球变化植物学、植物发育生理学、植物遗传与基因组学、植物资源与多样性保护、植物与社会等分支学科,与以往的划分有了较大的区别。可以预期,通过学科的进一步渗透交叉,植物科学将在更高层次上和更广的范围内,探索植物生命的奥秘及其发生发展的规律,还会出现更新的发展趋势。

七、学习植物学的目的和方法

学习植物学的目的在于认识和掌握植物的形态结构,生长、发育的规律,研究植物类群的演化与系统发育的规律;掌握植物与环境之间的辩证关系,从而控制、利用和保护植物,扩大和充分利用野生植物资源,提高农作物的产量和品质,引种驯化,更好地为我国的国民经济建设服务。

“植物学”是农林院校植物生产类专业、生物科学等专业的一门专业基础课,也是进一步学好“植物生理学”“生物化学”“植物病理学”“生态学”“作物栽培学”“育种学”等专业基础课和专业课的基础。教材以被子植物个体发育和系统发育为主线,阐述了植物体的形态特征、解剖结构、个体发育过程中器官的形态发生及胚胎形成特点,介绍了植物的多样性与分类的基础知识,植物界的系统进化,被子植物的分科概述,植物与环境的关系等。认真掌握教材内容,对学好“植物学”课程至关重要。

学习植物学,必须运用辩证思维的观点,充分认识植物体整体与局部的关系,如器官与个体、细胞与组织的关系,形态结构与生理功能、形态结构与生态环境、个体发育与系统发育间的相互联系和制约等。科学辩证地理解不同植物生长发育的规律性,要把静态的细胞、组织、器官的形态结构联系起来,运用动态发展的观点去理解植物个体发育的动态过程。

植物学是一门实践性很强的学科,在学习时,要善于进行观察和实践,做到理论联系实际,将课堂系统讲授与实验和实习密切结合,按照植物生长发育的过程进行学习和实践。

在学习过程中,要不断地将学到的知识进行前后比较、总结归纳,找出知识的内在联系,分析其异同,掌握其共性和重点。

由于“植物学”是一门重要的基础性课程,所以要注重基本理论和基本知识的学习,在此基础上,要注意了解植物科学研究的新成就、新动向和新发展。

本章小结

植物学是研究植物的形态结构、生长发育规律、系统分类、植物与环境之间的相互关系的科学。

植物是生物中的一员。生物界的划分有多种系统。二界系统将生物划分为动物界和植物界;三界系统将生物划分为原生生物界、植物界、动物界;Whittaker 的四界系统将生物划分为原生生物界、真菌界、植物界、动物界;五界系统将生物划分为原核生物界、原生生物界、植物界、真菌界、动物界;六界系统在五界系统的基础上增加了病毒界;三域六界系统将生物划分为真细菌域、古菌域和真核生物域,包括古细菌界、真细菌界、原生生物界、真菌界、植物界和动物界。

植物具有丰富的多样性。目前已记载的植物约有 50 万种,分布于整个地球表面的各种生境中。我国是世界上植物种类最丰富的国家之一,有高等植物470科、3 700属、32 800余种,其丰富程度仅次于巴西和马来西亚,居世界第三位。

植物在能量转换、物质循环、土壤的形成、环境保护中起着十分重要的作用,并为其他生物创造了栖息和繁衍的场所。人类的衣、食、住、行均与植物有着密切的关系,医药、纺织、食品、建筑等工业生产的原料也大多来源于植物。

植物学是随着人类利用植物的生产实践逐渐发展起来的一门基础学科,经过几百年的发展,已形成许多分支学科,如植物分类学、植物系统学、植物形态学、植物解剖学、植物生理学、植物遗传学、植物生态学、植物资源学、分子植物学等。现代植物科学已进入实验与分子阶段,出现了如植物分子系统学等现代分支领域。

学习植物学的目的在于认识和掌握植物的形态结构以及生长、发育的规律,研究植物类群的演化与系统发育的规律,掌握植物与环境之间的辩证关系从而控制、利用和改造植物,扩大和充分利用野生植物资源,提高农作物的产量和品质,更好地为我国的国民经济建设服务。学习植物学应树立辩证的观点,学习时,要善于进行观察和实践,做到理论联系实际,将课堂系统讲授与实验和实习密切结合,按照植物生长发育的过程进行学习和实践。

复习与思考

1. 谈谈您对植物多样性的理解。
2. 结合植物在自然界中的作用,请思考学习植物学的目的和意义。
3. 您认为不同学者对生物界划分的优缺点有哪些?您有何见解?
4. 通过查阅文献,谈谈我国植物资源的特点及我国植物学工作者对植物学发展的贡献。

数字课程学习资源

课程视频　学习课件　知识结构图　练习题　参考答案

第I篇

植物细胞与组织

植物学

Botany

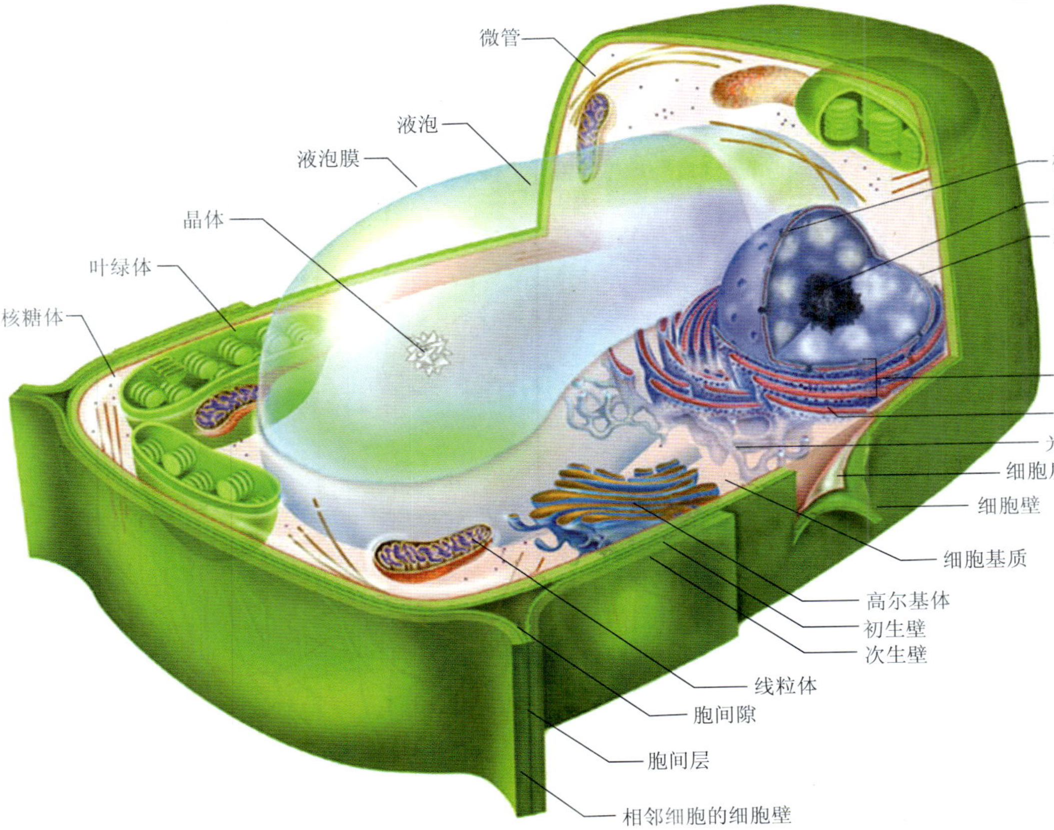

图1　植物细胞结构图解（引自Bidlack等）

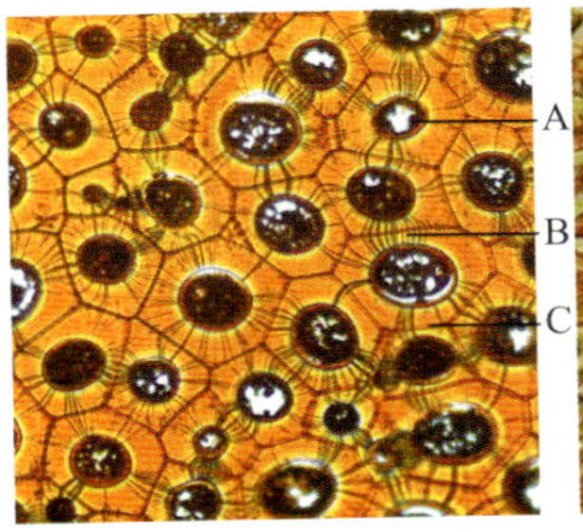

A.细胞质　B.胞间连丝　C.细胞壁

图2　柿胚乳细胞胞间连丝图

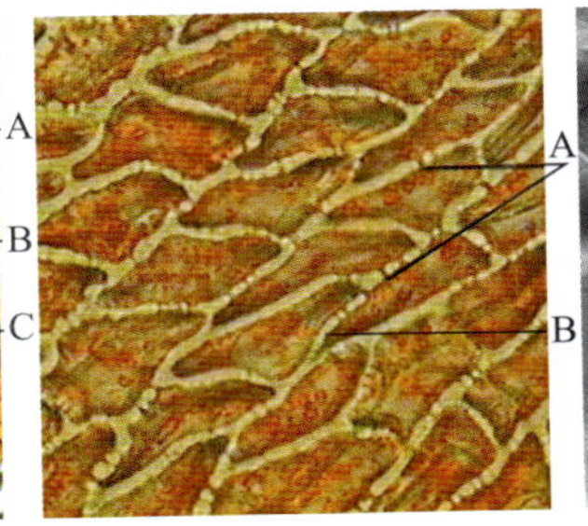

A.单纹孔　B.细胞壁

图3　辣椒果皮细胞壁上的单纹孔

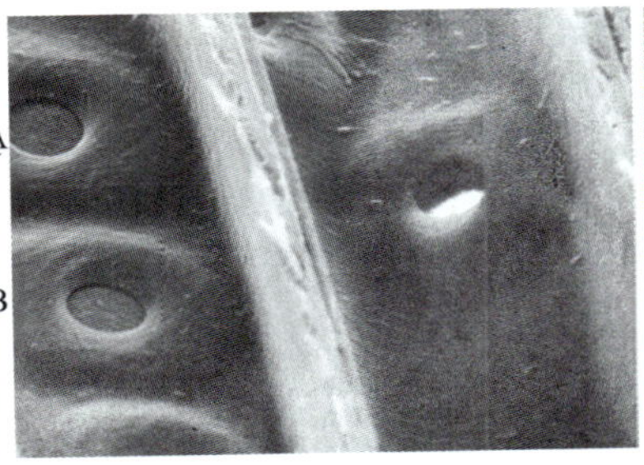

图4　具缘纹孔

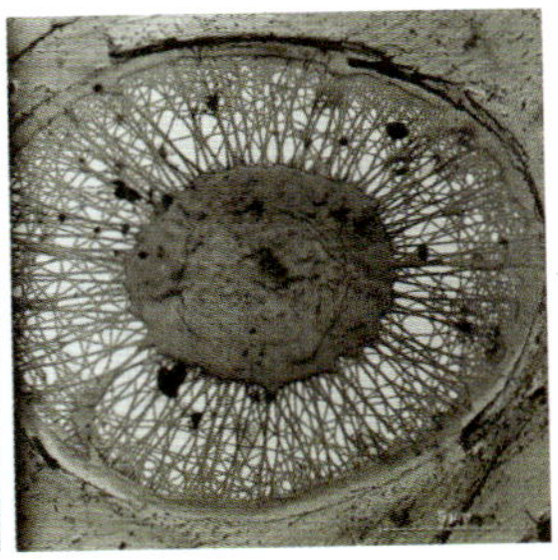

图5　纹孔塞和塞缘

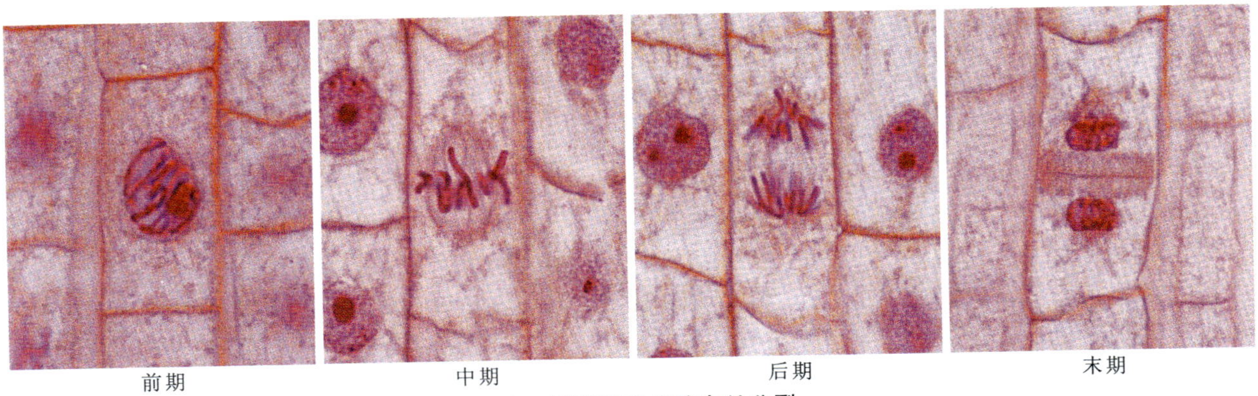

前期　中期　后期　末期

图6　洋葱根尖细胞有丝分裂

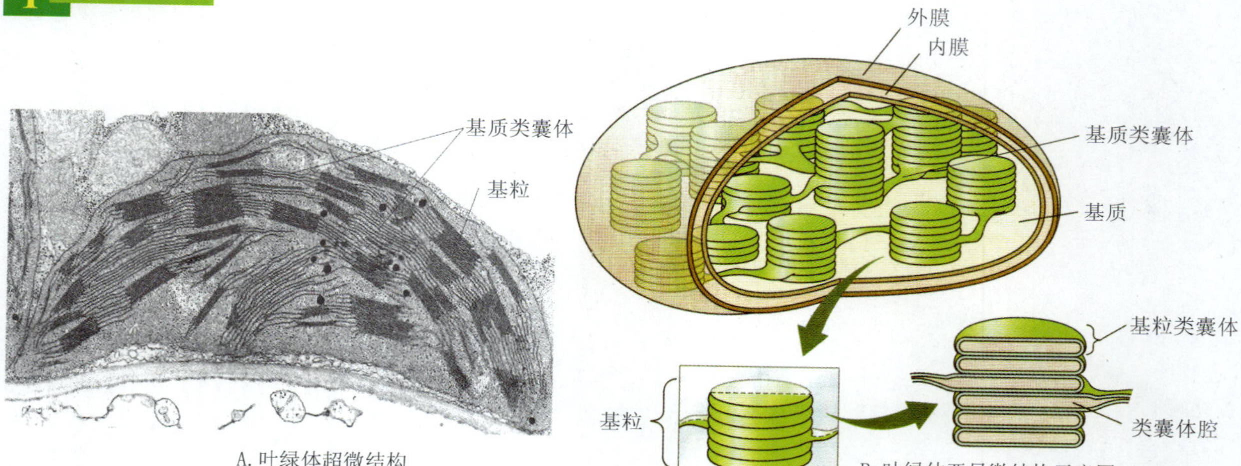

A. 叶绿体超微结构

B. 叶绿体亚显微结构示意图

图7　叶绿体结构　（引自Nabors）

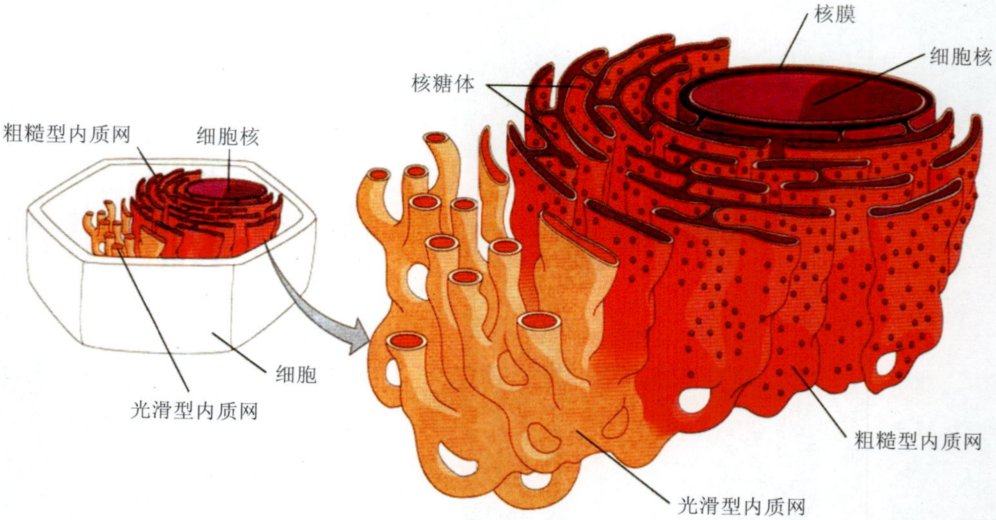

图8　内质网的立体结构图解

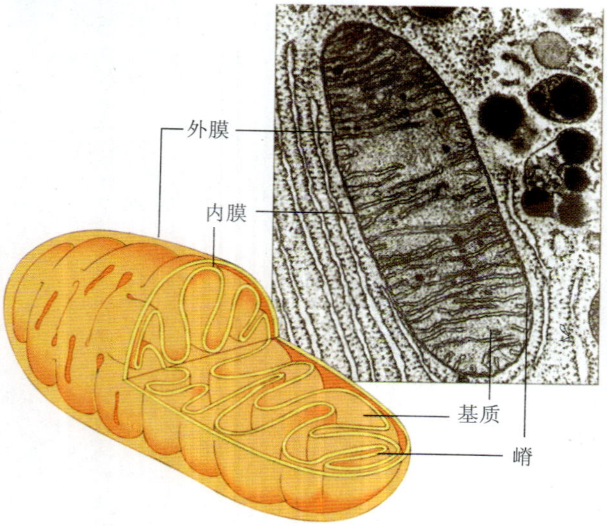

图9　线粒体超微结构图（引自Mauseth）

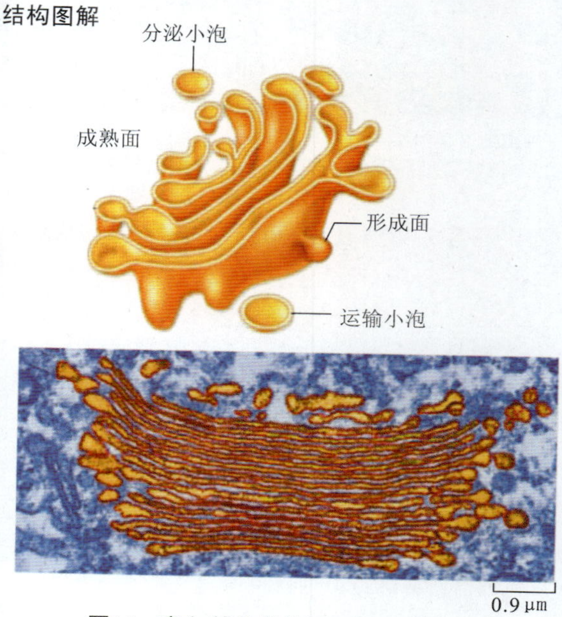

图10　高尔基体结构图（引自Raven）

第一章 植物细胞

细胞是构成植物体形态结构和生命活动的基本单位。植物有机体，无论是高大的乔木、低矮的草本，还是微小的多细胞藻类植物，都是由细胞组成的。植物的一切生命代谢活动都发生在细胞中。

细胞的发现依赖于显微镜的发明和发展。绝大多数细胞直径都在 30 μm 以下，远远超出了人们肉眼直接可见的范围（100 μm 以上），因此，只有借助于放大装置才能观察到细胞。1665 年，英国物理学家罗伯特·胡克（1635—1703）创造了第一台有科学研究价值的显微镜，其放大倍数为 40～140 倍，胡克利用这架显微镜观察了软木（栎树皮）的切片，看到了许多紧密排列似蜂窝状的小室，并将其称之为“细胞”（cell）。他估计 1 立方英寸（16.39cm^3）软木包含大约 1 259×10^6 个细胞。胡克实际上观察到的是细胞死亡后留下的细胞壁围成的空腔。由于他首先于 1665 年在观察植物组织时叙述了这样的结构，并提出“细胞”（cell）一词，因而沿用至今。此后，生物学家就用“细胞”（cell）一词来描述生物体的基本结构单位。

真正观察到活细胞的是与胡克同时代的荷兰科学家列文虎克（1632—1723）。他在 1677 年用自制的显微镜观察到池塘中的原生动物、蛙肠内的原生动物、人类和哺乳类动物的精子等，这些都是生活细胞。

胡克发现细胞之后的 200 年中，由于当时所使用的显微镜比较简单，分辨率较低，清晰度也不高，限制了人们对细胞的深入认识。直到 19 世纪 30 年代，显微镜制造技术有了明显的改进，分辨率提高到 1 μm 以内，同时由于切片机的制造成功，使显微解剖学有了许多新进展。1831 年，布朗（R. Brown）在兰科植物和其他几种植物的表皮细胞中发现了细胞核。施莱登（M. J. Schleiden）把他看到的核内小结构称为“核仁”。1839 年，著名显微解剖学家浦金野（J. E. Purkinje）首先把细胞的内容物称为原生质（protoplasm），提出细胞的原生质概念。随后，莫尔（H. von. Mohl）等发现动物细胞中肉样质和植物细胞中的原生质在性质上是一样的。至此，人们便确定了动、植物细胞具有最基本的共性成分——原生质。1880 年 Hanstein 提出“原生质体”（protoplast）的概念，于是形成了“细胞是有膜包围的原生质团”的基本概念。

在这一时期，学者们开始思索细胞与生物体的关系。1838 年，德国的植物学家施莱登论证了所有植物都是由细胞组合而成。1 年后，德国动物学家施旺（1810—1882）根据他的工作，认为动物体也是由细胞组成的。施莱登和施旺两人共同提出：一切植物、动物都是由细胞组成的，细胞是一切动植物的基本单位，这就是著名的“细胞学说”（cell theory）。它论证了生物界的统一性和共同起源。1858 年，德国病理学家 R. Virchow（1821—1902）指出“所有的细胞都来源于先前存在的细胞”，即所有细胞都来自已有细胞的分裂，使细胞学说更加完善。其主要内容可概括为：①一切生物，从单细胞到高等动、植物都是由细胞组成的；②细胞是生物形态结构和功能活动的基本单位；③细胞来源于细胞的分裂或融合。

恩格斯曾对细胞学说给予高度评价，把它与进化论和能量守恒定律并列为19世纪的三大发现。细胞的发现，使我们了解到所有植物体和动物体都是从细胞繁殖和分化中发育起来的，也使我们知道一切高等有机体都是按照一个共同规律发育和生长的，而且通过细胞的变异能力有机体能改变自己的物种，从而实现一个比"个体发育"更高的发育途径。由此可见，在细胞学说建立之后，人们才认识到：细胞既是生物有机体结构和生命活动的单位，又是生物"个体发育"与"系统发育"的基础。它在生物学发展史上占有非常重要的地位。

第一节　细胞的基本特征

一、细胞的基本概念

细胞是生物有机体最基本的形态结构单位。除病毒外，一切生物有机体都是由细胞组成的。单细胞生物体只由一个细胞构成，而高等植物体则由无数功能和形态结构不同的细胞组成。

细胞是代谢和功能的基本单位。在生物有机体的一切代谢活动与执行功能的过程中，细胞是一个独立的、高度有序的、能够进行自我调控的代谢功能体系，虽然细胞形态各有不同，但每一个生活细胞都具有一套完整的代谢机构以满足自身生命活动的需要，至少是部分地自给自足。除此之外，生活细胞还能对环境变化做出反应，从而使其代谢活动有条不紊地协调进行。在多细胞生物体中，各种组织分别执行特定功能，但都是以细胞为基本单位完成的。

细胞是有机体生长发育的基础。一切生物有机体的生长发育均是以细胞分裂、细胞体积的增长和细胞分化来实现的。细胞是生长和发育的基本单位。组成多细胞生物体中的众多细胞尽管形态结构不同、功能各异，但它们都是由同一受精卵经过细胞分裂和分化而来的。

细胞是遗传的基本单位，具有遗传上的全能性。无论是低等生物或高等生物的细胞、单细胞生物或多细胞生物的细胞、结构简单或结构复杂的细胞、分化或未分化的细胞，它们都包含全套的遗传信息，即具有一套完整的基因组。植物的性细胞或体细胞在合适的外界条件下培养可诱导发育成完整的植物体，这说明从复杂有机体中分离出来的单个细胞，是一个独立的单位，具有遗传上的全能性。

根据细胞在结构、代谢和遗传活动上的差异，可以把细胞分为两大类，即原核细胞（prokaryotic cell）和真核细胞（eukaryotic cell）。原核细胞没有典型的细胞核，其遗传物质分散在细胞质中，且通常集中在某一区域，两者之间没有核膜分隔；原核细胞遗传信息的载体仅为一个环状DNA，DNA不与或很少与蛋白质结合；原核细胞的另一特征是没有分化出以膜为基础的具有特定结构和功能的细胞器；原核细胞通常体积很小，直径为0.2～10.0 μm；由原核细胞构成的生物称原核生物（prokaryote），原核生物主要包括支原体（mycoplasma）、立克次氏体（rickettsia）、细菌、放线菌（actinomycetes）和蓝藻等，几乎所有的原核生物都是由单个原核细胞构成。相比之下，真核细胞具有典型的细胞核结构；DNA为线状，主要集中在由核膜包被的细胞核中；真核细胞同时还分化出以膜为基础的多种细胞器，其代谢活动如光合作用、呼吸作用、蛋白质合成等，分别在不同细胞器中进行，或由几种细胞器协同完成，细胞中各个部分的分工，有利于各种代谢活动的进行。【二维码1-1】

1-1

由真核细胞构成的生物称真核生物（eukaryote），高等植物和绝大多数低等植物均由真核细胞构成。

二、细胞生命活动的物质基础——原生质

原生质是一个生活细胞中所有有生命活动的物质的总称，是生活细胞内半透明的胶体状物质，由多种有机物和无机物组成，成分相当复杂，不同的细胞类型和不同的细胞代谢阶段，其物质组成

会有很大差异。

原生质的元素组成主要有 C、H、N、O、P、S、Ca、K、Cl、Mg、Fe、Mn、Cu、Zn、Mo 等。其中 C、H、N、O 这 4 种元素占 90%以上，它们是构成各种有机化合物的主要成分。除此以外的其他元素含量较少或很少，但也非常重要。各种元素的原子或以各种不同的化学键互相结合而形成各种化合物，或以离子形式存在于植物细胞内。

组成原生质的化合物可分为无机物和有机物两大类，前者包括水和无机盐，后者主要包括蛋白质、核酸、脂类、糖类等。

(一)无机物

1. 水　水是原生质中最主要的成分，占原生质总含量的 75%～80%，在胚胎细胞中甚至可达95%。水在细胞中不仅含量最大，而且由于它具有一些特有的理化性质，使其在生命起源和形成细胞有序结构方面起着关键作用。水在原生质中以两种方式存在：一种是游离水，约占细胞总水量的95%；另一种是结合水，通过氢键或其他化学键与蛋白质等有机大分子结合，这种水占细胞总水量的4%～5%。

水分子的重要特性在于其电荷分布不对称，一侧显正电性，另一侧显负电性，从而表现出电极性，是一个典型的极性分子。正是由于水分子具有这一特性，它既可以与蛋白质中的正电荷结合，也可以与负电荷结合。蛋白质中每一个氨基酸平均可结合 2.6 个水分子。由于水分子具有极性，能产生静电作用，因而它是一些离子物质(如无机盐)的良好溶剂。如 NaCl 溶于水中，Na^+ 可吸引水分子中显负电性的 O_2^-，而 Cl^- 则可吸引带正电性的 H^+，因而在 Na^+ 和 Cl^- 周围分别形成了一层水。水分子之间和水分子与其他极性分子间还可建立弱作用力的氢键。在水中每一个氧原子可与另两个水分子的氢原子形成两个氢键，因而水具有较强的内聚力和吸附力。水分子的另一个重要特性就是可解离为 OH^- 和 H^+。H^+ 的浓度变化直接对细胞的 pH 产生影响。

水为细胞中各种生物化学反应提供了溶液介质，植物体内各种物质的运输也要溶解在水中。水的内聚力使植物体导管内形成连续水柱，保证了水分的正常运输。

另外，水具有高的汽化热和比容热，保证了植物体温度的相对稳定，在炎热的夏季，还有助于植物叶面温度的下降。细胞中各种生化反应、细胞膨压的维持、细胞内有序结构的形成等都需要有充足的水分才能进行。

2. 无机盐　在大多数细胞中无机盐的含量很少，不到细胞总重的 1%。这些无机盐在细胞中常解离为离子，如 K^+、Na^+、Mg^+、Cl^-、PO_4^-、HCO_3^- 等，离子的浓度具有许多重要作用。例如某些酶需要在某种离子一定浓度下才能保持活性。有些离子与有机物结合，如 PO_4^{3-} 与戊糖和碱基组成了核苷酸，Mg^{2+} 参与合成叶绿素。细胞中的各种离子有一定的缓冲能力，可在一定程度上使细胞内的 pH 保持恒定，对于维持正常生命活动非常重要。植物细胞液泡中的各种无机盐离子对维持细胞的渗透平衡以及细胞对水分的吸收也有重要作用。

(二)有机化合物

1. 蛋白质　蛋白质(protein)是构成原生质的一类极为重要的生物大分子，植物体新陈代谢的各种生物化学反应和生命活动过程如呼吸作用、光合作用、物质运输、生长发育、遗传与变异等都有蛋白质参与。蛋白质是原生质的主要结构物质，生物体内各种生物化学反应中起催化作用的酶也是蛋白质，同时，蛋白质还参与基因表达，起着调节生命活动的作用。

一个细胞中约含有 10^4 种蛋白质，分子数量达 10^{11} 个。蛋白质常含有 C、H、O、N 4 种主要元素，还含有 S、P、Fe、Zn 等元素。蛋白质由多个氨基酸(amino acid)组成长链分子。组成蛋白质的氨基酸有 20 种，蛋白质的结构与组成蛋白质的氨基酸种类和性质有关，这也决定了蛋白质的性质和功能。

许多氨基酸分子通过肽键(peptide bond)顺序相连，形成多肽(polypeptide)链。肽链又可通过链内建立氢键而形成 α 螺旋和 β 折叠并进一步折叠形成复杂的空间结构。有的蛋白质分子只有 1 条多肽链，有的含几条多肽链。多肽链中氨基酸的数目、种类和排列顺序、组成蛋白质的多肽链数目、多肽链之间的连接方式和连接部位等决定了蛋白质分子的空间结构。按蛋白质空间构型的不同，可将蛋白质分为纤维状蛋白和球状蛋白，前者呈线状或片状，后者呈球状，如酶、多种蛋白质激素、各种抗体以及细胞质和细胞膜中的蛋白质都是球状蛋白。蛋白质按其功能的不同可以分为结合蛋白、酶蛋白和贮藏蛋白。结合蛋白常见的有糖蛋白、脂蛋白、核蛋白等，它们是蛋白质与糖、脂肪、核酸结合而形成的一类结构蛋白，组成细胞的结构。酶蛋白是组成酶的蛋白质，有些酶中除蛋白质外，还常常结合有维生素、核苷酸和一些金属离子等。酶分布在细胞的特定部位，是细胞内生化反应的催化剂，在细胞代谢等生命活动过程中起重要作用。

2. 核酸　核酸是载有遗传信息的一类生物大分子，所有生物均含有核酸。核酸分为脱氧核糖核酸和核糖核酸两大类。脱氧核糖核酸（deoxyribonucleic acid，简称 DNA）主要存在于各种细胞的染色体上，在线粒体与叶绿体中也有。核糖核酸（ribonucleic acid，简称 RNA）主要分布于核仁、染色体和细胞质中。组成 DNA 和 RNA 的基本单位是核苷酸（nucleotide）。

核苷酸由一个戊糖（核糖或脱氧核糖）、一个磷酸基（PO_4^{3-}）和一个含氮碱基组成。碱基分为两类，一类是嘌呤，一类是嘧啶。嘌呤有两种，即腺嘌呤（adenine，简称 A），鸟嘌呤（guanine，简称 G）。嘧啶有三种：胸腺嘧啶（thymine，简称 T），胞嘧啶（cytosine，简称 C），尿嘧啶（uracil，简称 U）。碱基与戊糖结合形成核苷；如果其中的戊糖是核糖，这种核苷就是核糖核苷；如果其中的戊糖是脱氧核糖，这种核苷就为脱氧核糖核苷。核糖核苷或脱氧核糖核苷分子上再结合一个分子磷酸，形成核苷酸或脱氧核苷酸。

很多脱氧核苷酸分子以磷酸分子脱水缩合形成了脱氧核糖核酸长链，即 DNA。在真核细胞中，由两条脱氧核糖核酸长链并行，其碱基按照 A－T、C－G 互补形成碱基对，在空间上形成双螺旋结构。DNA 分子很大，一条双链 DNA 分子上的碱基对数目就有成千上万乃至几百万。原核细胞中的 DNA、真核细胞线粒体和叶绿体中的 DNA 分子则呈闭合的环状。

DNA 分子是基因的载体。它可以通过复制将遗传信息传递给下一代，也可将所携带的基因转录成 RNA，然后翻译成蛋白质，通过合成一定的蛋白质使遗传基因得以表达，使生物体表现出一定的性状。

RNA 也是由核苷酸构成的长链，与 DNA 不同的是其分子中的戊糖是核糖而不是脱氧核糖。组成 RNA 的碱基是腺嘌呤 A、鸟嘌呤 G、尿嘧啶 U 和胞嘧啶 C，不含胸腺嘧啶 T。RNA 分子一般都是单链的。RNA 分为三类：核糖体 RNA（ribosomal RNA，简称 rRNA）、转运 RNA（transfer RNA，简称 tRNA）、信使 RNA（messenger RNA，简称 mRNA）。

mRNA 可"转录"DNA 分子中所携带的遗传信息。带有遗传信息的 mRNA 进入细胞质后，在核糖体（含有 rRNA）和 tRNA 参与下指导合成蛋白质。这就是 DNA 分子将遗传信息"转录"到 RNA，RNA（mRNA）再把遗传信息"翻译"为蛋白质的过程。

3. 脂类　细胞内的脂类（lipid）化合物不构成大分子，这类化合物的重要属性是难溶于水，而易溶于非极性的有机溶剂（如乙醚、氯仿和苯）中。脂类的主要组成元素是 C、H、O，其中 C、H 含量很高，有的脂类还含有 P 和 N。脂类是原生质中重要的结构物质，是构成生物膜的主要成分；脂类分子中贮藏大量的化学能，脂肪氧化时产生的能量是糖氧化时产生能量的 2 倍多，在很多植物的种子中贮藏有大量脂类物质；脂类物质还能构成植物体表面的保护层，防止植物体失水，如角质（cutin）、木栓质（suberin）等。

脂类种类很多，包括不饱和脂肪酸、中性脂肪和油、磷脂、糖脂、类胡萝卜素、类固醇和萜类等。

（1）脂肪酸（fatty acid）　在细胞和组织中含量极少，它是组成若干种脂类物质的基本成分。脂肪酸分子是不分支的烃链，其一端为羧基。分子的通式是：

$$\begin{array}{c} COOH \\ | \\ (CH_2)_n \\ | \\ CH_3 \end{array}$$

脂肪酸分子的羧基端具有高度极性，是水溶性的；烃链部分为高度非极性，为水不溶性的。因此，脂肪酸分子与水发生作用时，以亲水性的羧基伸入水中，而分子的烃链则伸在水表面的外面。脂肪酸分子中碳氢链的结构形式具有很重要的生物学作用。有的脂肪酸碳氢链的碳原子之间全部为单键，此类脂肪酸是饱和脂肪酸（saturated fatty acid）；而另一些脂肪酸的碳氢链中含有一个或几个双键，是不饱和脂肪酸（unsaturated fatty acid）。两类脂肪酸的化学性质有明显不同，例如不饱和脂肪酸的熔点要比饱和脂肪酸的低，所有的不饱和脂肪酸在室温下都处于液态。此外，脂肪酸碳氢链的长度和双键位置对脂肪酸的性质有很大影响。

(2) 中性脂肪（fat）和油（oil） 中性脂肪和油都是甘油和脂肪酸结合而成的酯。在常温下呈液态能流动的称为油，在常温下呈固态的为脂肪。脂肪或油都是甘油三酯，由一个甘油分子和三个脂肪酸分子组成。脂肪酸的碳氢链长十几个碳原子，不同脂肪酸链长短不同。脂肪分子中无极性基团，所以称为中性脂肪，是高度疏水的。

(3) 磷脂（phospholipids） 磷脂是细胞膜系统中的重要脂类，也是许多代谢途径的参与者。磷脂又称甘油磷脂（glycerophospholipid）。两个脂肪酸分子通过酯桥分别连接在甘油的两个羟基上，甘油的第三个羟基被酯化成磷酸，从而形成了磷脂。磷脂具有一个亲水头部和一个疏水尾部，头部是由一个带负电荷的磷酸残基结合上带正电荷的有机分子组成，尾部则是由两个非极性的脂肪酸链组成，因此，是双性脂类。无论是在细胞内还是在细胞外，它都是水相与非水相的重要连接介质。膜中磷脂的存在对于亲水性物质和疏水性物质的穿膜运输有着重要作用。

(4) 其他脂类物质 在植物体一些器官表面，还存在着一些非极性化合物，如某些植物的幼茎、叶及果实表面等处覆盖着非极性的蜡（wax），是由脂肪酸和醇化合而成的酯，能有效防止细胞失水和病菌侵入。某些细胞的细胞壁中加入角质、木栓质等，有防止细胞水分散失的作用。

类固醇（steroid）、萜（terpene）都是异戊二烯的衍生物，不含脂肪酸，理化性质与脂类相近，也属脂类物质。例如植物细胞中的β胡萝卜素（β-carotene）就属于萜类，在植物光合作用中有吸收和传递光能的作用；植物的挥发油、树脂、橡胶等均为萜类化合物。

4. 糖类 糖是一大类有机化合物。绿色植物光合作用的产物主要是糖类，植物体内有机物运输的形式也是糖。在细胞中，糖能被分解氧化释放出能量，是生命活动的主要能源；遗传物质核酸中也含有糖；糖能与蛋白质结合成糖蛋白，糖蛋白有多种重要的生理功能；糖是组成植物细胞壁的主要成分。糖类分子含 C、H、O 三种元素，三者的比例一般为 1∶2∶1，即$(CH_2O)n$，因此糖被称为碳水化合物（carbohydrate）。

细胞中重要的糖类可分为单糖、双糖和多糖。单糖在细胞中是作为能源以及与糖有关的化合物的原料存在。重要的单糖为五碳糖（戊糖）和六碳糖（己糖），其中最主要的五碳糖为核糖，最重要的六碳糖为葡萄糖。葡萄糖是光合作用的直接产物和能量代谢的关键单糖，是构成多糖的主要单体。植物细胞中重要的双糖有蔗糖和麦芽糖，是细胞内糖类的贮藏形式。多糖在细胞结构成分中占有主要地位。细胞中的多糖可分为两类：一类是营养储备多糖；另一类是结构多糖。

(1) 营养储备多糖 在植物细胞中，作为食物储备的多糖主要为淀粉（starch），淀粉在绿色细胞中是沉积在叶绿体内，而在根、茎的无色细胞中则沉积在白色体（leucoplast）内。淀粉中有两类分子，均为由葡萄糖经 α-1，4-糖苷键连接而成的多糖。一类是不分支的分子，称为直链淀粉（amylose），每一直链分子含有 250 个或 300 个葡萄糖单元，直链分子均卷成中空的螺旋结构；另一类淀粉分子有分支，称为支链淀粉（amylopectin），每一支链是由 24～30 个葡萄糖单元以 1，4-糖苷键连接成的多糖链，各支链间又以 1，6-糖苷键相连，支链淀粉含有 1 000 个以上的葡萄糖单元。

(2)结构多糖　构成结构多糖的糖单元，有的是葡萄糖，有的是含氨基的葡萄糖。在真核细胞中的结构多糖主要有纤维素、果胶、半纤维素。

除上述四大类有机物质外，细胞中还含有其他一些生理作用很重要的必需物质，如激素、维生素、抗生素等。

三、原生质的性质

(一)原生质的理化性质

原生质具有重要的理化性质，主要表现在以下几点：

1. 原生质的胶体性质　原生质中，有机物大分子形成直径1～500 nm的小颗粒，均匀分散在以水为主且溶有简单的糖、氨基酸、无机盐的液体中，成为具有一定弹性与黏度的半透明亲水胶体。当水分充足时，原生质中的大分子胶粒分散在水溶液介质中，此时原生质近于液态，称为溶胶；当条件改变，如水分很少时，胶粒连结成网状，而水溶液分散在胶粒网中，此时近于固态，称为凝胶，有时原生质则呈介于溶胶与凝胶之间的状态。

2. 原生质的黏性和弹性　其又称黏滞性、黏度或内摩擦。黏性是指流体物质抵抗流动的性质，也就是物质流动时它的一部分对另一部分所产生的阻力。很多因素，如温度、电解质种类、麻醉剂、机械刺激等均可影响原生质的黏性。原生质黏性和生命活动强弱有关。当组织处于生长旺盛或代谢活跃状态时，原生质黏性相当低，休眠时则很高。黏性可能影响代谢活动，而代谢结果反过来也可改变原生质的黏性。弹性是指物体受到外力作用时形态改变，除去外力后能恢复原来形状的性质。细胞壁、原生质、细胞核均具有弹性。用显微镜解剖针把原生质从细胞中拉出成一条线，如令其突然折断，则折断部分即行缩回到原来位置，此实验可证明原生质弹性的存在。弹性和植物抗旱性有关，弹性大时抗旱性强，弹性大小可作为抗旱性的一项生理指标。

3. 原生质的液晶性质　液晶态是物质介于固态与液态之间的一种状态，它既有固体结构的规则性，又有液体的流动性；在光学性质上像晶体，在力学性质上像液体。从微观来看，液晶态是某些特定分子在溶剂中有序排列而成的聚集态。在植物细胞中，有不少分子如磷脂、蛋白质、核酸、叶绿素、类胡萝卜素与多糖等在一定温度范围内都可形成液晶态。一些较大的颗粒如核仁、染色体和核糖体也具有液晶结构。液晶态与生命活动密切相关，如膜的流动性受生物膜液晶特性的影响。

(二)原生质的生理特性

原生质最重要的生理特性是具有生命现象，即具有新陈代谢的能力，也就是原生质能够从周围环境中吸取水分、空气和其他物质进行同化作用，把这些简单物质同化为自己体内的物质。同时，又将体内复杂的物质进行异化作用，分解为简单物质，并释放出能量。原生质同化和异化的矛盾统一过程就是新陈代谢，是重要的生命特征之一。

四、植物细胞的基本特征

(一)植物细胞的形状和大小

植物细胞的形状多种多样，有球状体、多面体、纺锤形和柱状体等(图1-1-1)。单细胞植物体或离散的单个细胞，如小球藻、衣藻，因细胞处于游离状态，受不到其他约束，形状常近似球形。在多细胞植物体内，细胞是紧密排列在一起的，由于相互挤压，使大部分细胞呈多面体。根据力学计算和实验观察，在均匀的组织中，一个典型的、未经特殊分化的薄壁细胞是十四面体。然而这种典型的十四面体细胞，在植物体中是不易找到的，只有在根和茎的顶端分生组织中和某些植物茎的髓部薄壁细胞中，才能看到类似的细胞形状，这是因为细胞在系统演化中适应功能的变化而分化成不同的形状。种子植物的细胞，具有精细的分工，因此，它们的形状变化多端，例如输送水分和养料的细胞(导管分子和筛管分子)呈长管状，并连接成相通的“管道”，以利于物质运输；起支持作用的细胞(纤维)一般呈长梭形,并聚集成束,加强支持功能;幼根表面吸收水分的细胞,常常向着土壤延伸出细管状突起(根毛),以扩大吸收表面积。这些细胞形状的多样性,除与功能及遗传有关外,外界条件变化也会引起它们的形状发生改变。

植物细胞的大小差异很大,在种子植物中,细胞直径一般介于 10～100 μm 之间。但亦有特殊细胞超出这个范围,如棉花种子的表皮毛细胞有的长达 70 mm,成熟的西瓜果实和番茄果实的果肉细胞,其直径约 1 mm,苎麻属(*Boehmeria*)植物茎中的纤维细胞长达 550 mm。

决定细胞形状和大小的主要因素是遗传性,同时,细胞的生理功能、在植物体中的位置以及环境条件,如水肥、光照等因素也对细胞的形状和大小有一定的影响。

细胞体积越小,它的相对表面积就越大。细胞与外界的物质交换通过表面进行,小体积大面积,这对物质的迅速交换和内部转运都是非常有利的。另外,细胞核对细胞质的代谢起着重要调控作用,而一个细胞核所能控制的细胞质的量是有限的,所以细胞大小也受细胞核控制范围的制约。

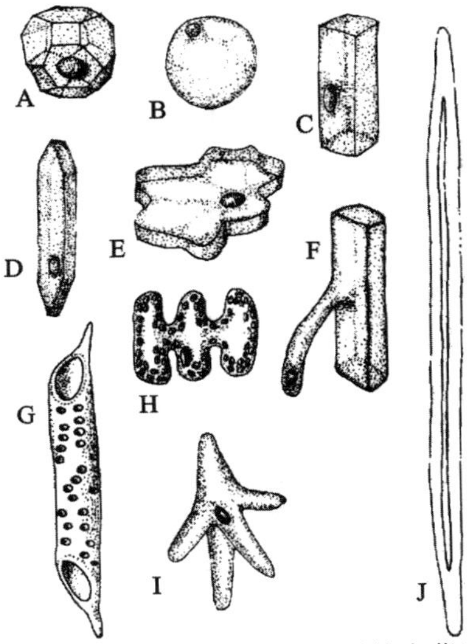

A. 十四面体状的细胞;B. 球形果肉细胞;C. 长方形的木薄壁细胞;D. 纺锤形细胞;
E. 扁平的表皮细胞;F. 根毛细胞;G. 管状的导管分子;
H. 小麦叶肉细胞;I. 星状细胞;J. 细长的纤维。

图 1-1-1 种子植物各种形状的细胞(依周云龙)

(二)植物细胞与动物细胞的主要区别

不同植物的细胞以及植物不同组织的细胞间虽然在形态上有很大差异,但其基本结构是一致的,典型的高等植物细胞的结构如本章彩图 1 所示。

与动物细胞相比,植物细胞具有许多显著的特征。绝大多数的植物细胞都具有坚硬的外壁——细胞壁。植物的许多基本生理过程,如生长、发育、形态建成、物质运输、信号传递等都与细胞壁有关。植物的绿色细胞中含有叶绿体,能进行光合作用,可能是植物祖先最早产生的有别于其他生物的重要特征。在许多植物细胞中都有一个相当大的中央大液泡,这也是植物细胞的重要特征之一。中央大液泡在细胞的水分运输、细胞生长、细胞代谢等方面都具有至关重要的作用。在多细胞的高等植物组织中,相邻细胞之间还有胞间连丝相连,是细胞间独特的通信连接结构,有利于细胞间的物质和信息传递。对于动物细胞而言,细胞分裂通常有一定的“寿命”,细胞在若干代之后会失去分裂的能力,但是植物分生组织的细胞通常具有无限生长的能力,可以永久保持分裂能力。此外,植物细胞在有丝分裂后,普遍有一个体积增大与成熟的过程,这一点比动物细胞表现更明显,如细胞壁的初生壁与次生壁形成、液泡的形成与增大、质体发育等。

第二节　植物细胞的基本结构

真核植物细胞由细胞壁(cell wall)和原生质体两大部分组成。原生质体一词来源于原生质。原生质是指组成细胞的有生命物质的总称，是物质的概念。而原生质体是组成细胞的一个形态结构单位，是活细胞中细胞壁以内各种结构的总称，是细胞内各种代谢活动进行的场所。原生质体包括细胞膜(cell membrane)、细胞质(cytoplasm)、细胞核(nucleus)等结构。植物细胞中的一些贮藏物质和代谢产物被称为后含物。

光学显微镜下，可以观察到植物细胞的细胞壁、细胞质、细胞核、液泡等基本结构，此外，绿色细胞中的质体也易于被观察到；用特殊的染色方法还能观察到高尔基体、线粒体等细胞器。这些可在光学显微镜下观察到的细胞结构，称为显微结构(microscopic structure)，而只有在电子显微镜下才能观察到的细胞内的微细结构，被称为超微结构(ultrastructure)(图 1-2-1)。

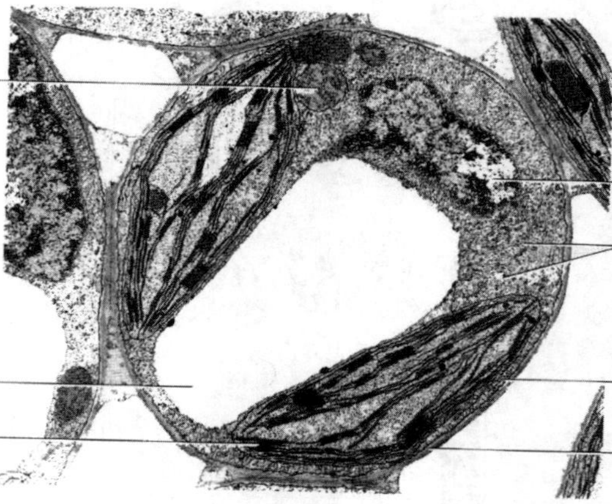

图 1-2-1　植物细胞超微结构(引自 Bidlack 等)

一、细胞壁

原生质体外具有细胞壁，是植物细胞区别于动物细胞的显著特征。细胞壁具有支持和保护原生质体的作用，同时还能防止细胞由于吸胀而破裂。在多细胞植物体中，细胞壁能保持植物体的正常形态，影响植物的很多生理活动，对于植物的生活有重要意义。

细胞壁在植物细胞的生长，物质吸收、运输和分泌，机械支持，细胞间的相互识别，细胞分化、防御、信号传递等生理活动中都具有重要作用。

(一)细胞壁的化学成分

高等植物细胞壁的主要成分是多糖和蛋白质，多糖包括纤维素、半纤维素和果胶质。植物体不同细胞的细胞壁成分有所不同，有些细胞在多糖组成的细胞壁中加入了其他成分，如木质素、脂类化合物(角质、木栓质和蜡质等)和矿物质(碳酸钙、硅的氧化物等)。

纤维素 (cellulose)是细胞壁中最重要的成分，是由多个葡萄糖分子以 β-(1,4) 糖苷键连接的D-葡聚糖，含有不同数量的葡萄糖单位，从几百到上万个不等。纤维素分子以伸展的长链形式存在。数条平行排列的纤维素链形成分子团，称为微团(micelle)，多个微团长链再有序排列形成微纤丝(microfibril)，其直径为 10～25 nm (图 1-2-2)。平行排列的纤维素分子链之间和链内均有大量氢键，使之具有晶体性质，且具有高度的稳定性和抗化学降解的能力。

半纤维素 (hemicellulose)是存在于纤维素分子间的一类基质多糖，是由不同种类的糖聚合而成的一类多聚糖，其成分与含量随植物种类和细胞类型不同而异。木葡聚糖是一种主要的半纤维素成分。木葡聚糖的主链是 β-(1,4)糖苷键连接的葡萄糖，侧链主要是木糖残基，有的木糖残基又可与半乳糖、阿拉伯糖相连。

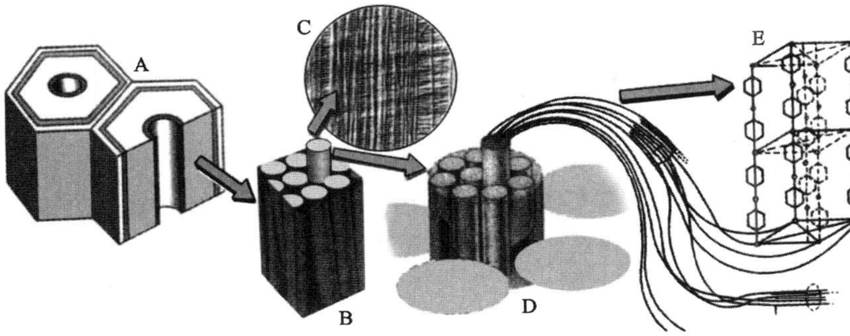

A. 细胞壁的一部分；B. 大纤丝；C. 扫描电镜下的微纤丝；

D. 微纤丝的结构；E. 纤维素分子构成的长链及其晶格。

图 1-2-2 **细胞壁的结构图解（依** Raven **等重绘）**

果胶(pectins)是一类重要的基质多糖，包括果胶和原果胶(protopectin)。果胶有果胶酸(pectic acid)和果胶脂酸(pectinic acid)两种，果胶酸甲酯化形成果胶脂酸。原果胶是水不溶性果胶，部分溶解后产生果胶脂酸。果胶主要是由 D-半乳糖醛酸、鼠李糖、阿拉伯糖和半乳糖等通过 α-1，4 键连接组成的线状长链。除了作为基质多糖，在维持细胞壁结构中有重要作用外，果胶多糖降解形成的片段可作为信号调控基因表达，使细胞内合成某些物质，抵抗真菌和昆虫的危害。果胶多糖保水力较强，在调节细胞水势方面有重要作用。

胼胝质(callose)是 β-(1，3)葡聚糖，广泛存在于植物的花粉管、筛板、柱头、胞间连丝等处。它是一些细胞壁中的正常成分，也是一种伤害反应的产物，如植物韧皮部受伤后，筛板上即形成胼胝质堵塞筛孔，花粉管中形成胼胝质常常是不亲和反应的产物。

细胞壁内的蛋白质约占细胞壁干重的 10%。它们主要是结构蛋白和酶。1960 年 Lamport 等人发现了细胞壁内有富含羟脯氨酸的糖蛋白，将其定名为伸展蛋白(extensin)，现已证明它是一种结构蛋白。伸展蛋白的结构特征是富含羟脯氨酸，其含量占氨基酸摩尔数的 30%～40%，所含的糖主要是阿拉伯糖和半乳糖。

伸展蛋白的前体由细胞质以垂直于细胞壁平面的方向分泌到细胞壁中，进入细胞壁的伸展蛋白前体之间以异二酪氨酸为连键形成伸展蛋白网，经向的纤维素网和纬向的伸展蛋白网相互交织(图 1-2-3)。

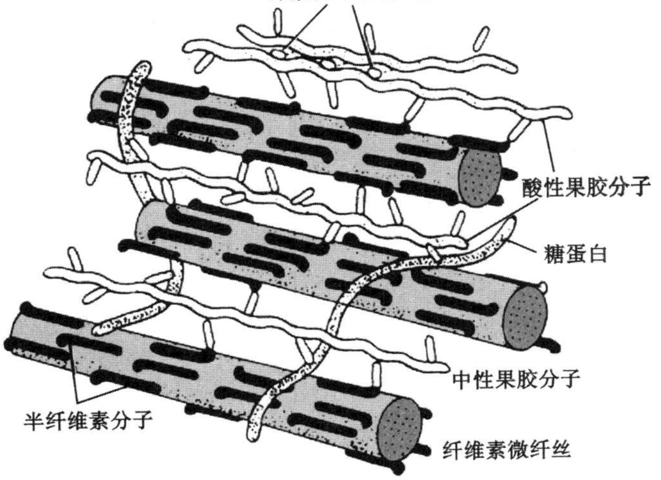

图 1-2-3 **植物细胞壁各组成成分间网络式结构的关系图解**

伸展蛋白有助于植物的抗病和抗逆性。真菌感染、机械损伤能引起伸展蛋白含量增加。

细胞壁中的酶大多数是水解酶类，如蛋白酶、酸性磷酸酶、果胶酶等；另外还有氧化还原酶，如过氧化物酶、过氧化氢酶、半乳糖醛酸酶等。细胞壁中酶的种类、数量以及它们在细胞壁中存在时间的长短因植物种类、组织或年龄不同而有所变化。细胞壁酶的功能多种多样，例如半乳糖醛酸酶水解细胞壁中的果胶物质能使果实软化；花粉细胞壁中的酶对于花粉管顺利通过柱头和花柱至关重要。由此可见，细胞壁积极参与了细胞的新陈代谢活动。

凝集素(lectin)是一类具有特异糖结合活性的蛋白质。几乎在所有的高等植物中都发现有凝集素，某些低等植物中也有。茎、叶凝集素大部分存在于细胞壁中。凝集素参与植物对细菌、真菌和病毒等的防御，在细胞识别中也起作用。

另外，随细胞所执行功能的不同，细胞壁的化学组成也发生相应变化。在细胞形成次生壁时常常有木质素、角质、栓质、矿物质等物质加入其中。

细胞壁物质合成是一个涉及质膜、内膜系统、细胞骨架、囊泡运输等的复杂过程。【二维码 1-2】

1-2

(二)细胞壁的层次结构

植物细胞壁的厚度变化很大，这与各类细胞在植物体中的作用和细胞年龄有关。根据形成的时间和化学成分的不同，可将细胞壁分成胞间层、初生壁和次生壁三层(图 1-2-4)。

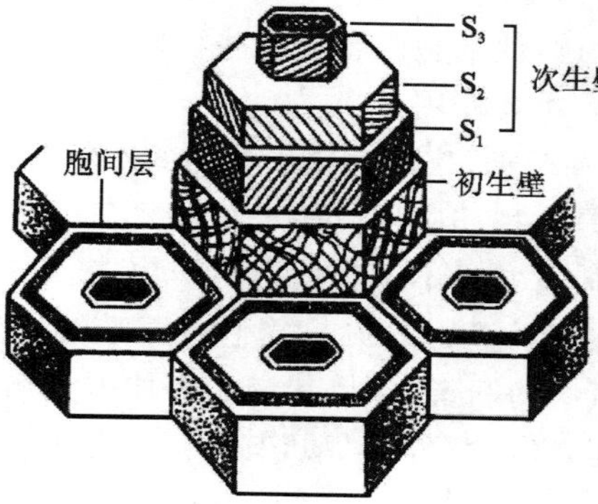

图 1-2-4　植物细胞胞间层、初生壁和次生壁的组成与结构

1. 胞间层(middle lamella)　胞间层又称中层，位于细胞壁的最外面，是相邻两个细胞共有的壁层，主要由果胶类物质组成，有很强的亲水性和可塑性，多细胞植物依靠它使相邻细胞粘连在一起。果胶易被酸或酶分解，从而导致细胞分离。有些真菌能分泌果胶酶，溶解胞间层而侵入植物体内。胞间层与初生壁的界限往往难以辨明，当细胞形成次生壁后尤其如此。当细胞壁木质化时，胞间层首先木质化，然后是初生壁，次生壁的木质化最后发生。

2. 初生壁(primary wall)　初生壁是细胞生长过程中或细胞停止生长前形成的细胞壁层，位于胞间层的两侧。初生壁较薄，为 1～3 μm。除纤维素、半纤维素和果胶外，初生壁中还有多种酶类和糖蛋白，这些非纤维素多糖和糖蛋白将纤维素的微纤丝交联在一起。微纤丝呈网状，分布在非纤维素多糖的基质中，果胶质使得细胞壁有延展性，使细胞壁能随细胞生长而扩大。分裂活动旺盛的细胞，进行光合、呼吸作用的细胞和分泌细胞等都仅有初生壁。当细胞停止生长后，有些细胞的细胞壁就停留在初生壁阶段不再加厚。这些不具有次生壁的生活细胞可以改变其特化的细胞形态，恢复分裂能力并分化成不同类型的细胞。因此，这些只有初生壁的细胞与植物的愈伤组织形成、植株和器官再生有关。

3. 次生壁(secondary wall)　次生壁是在细胞停止生长、初生壁不再增加表面积后，由原生质体代谢产生的壁物质沉积在初生壁内侧而形成的壁层，与质膜相邻。次生壁较厚，为 5～10 μm。植物体内一些具有支持作用、输导作用的细胞，如纤维细胞、导管分子、管胞等会形成次生壁，以增强机械强度，这些细胞的原生质体往往已经死去，留下厚的细胞壁执行支持植物体的功能。次生壁中纤维素含量高，微纤丝排列比初生壁致密，有一定的方向性。果胶质极少，基质主要是半纤维素，也不含糖蛋白和各种酶，因此比初生壁坚韧，延展性差。次生壁中还常添加了木质素等，大大增强了次生壁的硬度。

由于次生壁的微纤丝排列有一定的方向性，次生壁通常分三层，即外层(S_1)、中层(S_2)和内层(S_3)，各层纤维素微纤丝的排列方向各不相同，这种成层叠加的结构使细胞壁的强度大大增加。

(三)细胞壁的生长和特化

纤维素的微纤丝形成细胞壁的骨架，组成细胞壁的其他物质(如果胶、半纤维素、胼胝质、蛋白质、水、栓质、木质等)填充入各级微纤丝的网架中。细胞壁的生长包括面积扩大和厚度增长。初生壁形成阶段，不断沉积增加微纤丝和其他壁物质使细胞壁面积扩大。壁的增厚生长常以内填和附着方式进行，内填方式是新的壁物质插入原有结构中，附着生长则是新的壁物质成层附着在内表面。

由于细胞在植物体内担负的功能不同，在形成次生壁时，原生质体常分泌不同性质的化学物质填充在细胞壁内，与纤维素密切结合而使细胞壁的性质发生各种变化。常见的变化有如下几种。

1. *木质化*(lignification)　木质素(lignin)填充到细胞壁中的变化称木质化。木质素是苯丙烷单位构成的一类聚合物，是一种亲水性物质，与纤维素结合在一起。细胞壁木质化以后硬度增加，加强了机械支持作用，同时木质化的细胞仍可透过水分，木本植物根茎等器官即由大量细胞壁木质化的细胞(如导管分子、管胞、木纤维等)组成。

2. *角质化*(cutinization)　角质化是细胞壁上增加角质的变化。角质是一种脂类化合物，角质化的细胞壁不易透水。这种变化大都发生在植物体表面的表皮细胞，角质常在表皮细胞外形成角质膜，以防止水分过分蒸腾、机械损伤和微生物的侵袭。

3. *栓质化*(suberization)　细胞壁中增加栓质的变化叫栓质化。栓质也是一种脂类化合物，栓质化的细胞壁失去透水和透气能力。因此，栓质化细胞的原生质体大都解体而成为死细胞。栓质化的细胞壁富有弹性，日用的软木塞就是用细胞壁栓质化的木本植物周皮制作的。栓质化细胞一般分布在植物老茎、枝及老根外层，以防止水分蒸腾，保护植物免受恶劣条件侵害。根凯氏带中的栓质是质外体运输的屏障。

4. *矿质化*(mineralization)　细胞壁中增加矿质的变化叫矿质化。最普通的有钙或二氧化硅(SiO_2)，多见于茎、叶的表层细胞。矿化的细胞壁硬度增大，从而增加了植物的支持力，并保护植物不易受到动物的侵害。禾本科植物，如玉米、稻、麦、竹子等的茎、叶非常坚利，就是由于细胞壁内含有 SiO_2 的缘故。

(四)细胞壁在细胞生命活动中的作用

细胞壁包围在原生质体外侧，几乎与植物细胞的所有生理活动都有关系。

1. *维持细胞的形状*　细胞壁的首要作用就是维持细胞的形状。植物细胞的形状主要是由细胞壁决定的，植物细胞通过控制细胞壁的组成，例如微纤丝的合成部位和排列方向，从而控制细胞形状。

2. *调控细胞的生长*　在植物细胞伸长生长中，细胞壁的弹性大小对细胞的生长速率起重要调节作用，同时细胞壁微纤丝的排列方向也控制着细胞的伸长方向。

3. *机械支持*　细胞壁具有很高的硬度和机械强度，使细胞对外界机械伤害有较强的抵抗能力。细胞壁不仅提高了植物细胞的机械强度，而且为整个植物体提供了重要的机械支持力。高大的树木之所以能挺拔直立、枝叶伸展，实际上也是由每个细胞的细胞壁支撑的。

4. *维持细胞的水分平衡*　细胞外坚硬细胞壁的存在，是细胞产生膨压的必要条件，因此与植物细胞水分平衡有关的生理活动也是和细胞壁相关的。

5. *参与细胞的识别*　细胞壁中普遍存在的蛋白质参与细胞间的识别反应，如花粉与柱头间的识别反应是在花粉壁内的糖蛋白和柱头表面的糖蛋白参与下进行的。

6.是植物细胞的天然屏障　细胞壁在抵御病原菌的入侵上有积极作用。当病原菌侵染时，寄主植物细胞壁内产生一系列抗性反应，如引起植物细胞壁中伸展蛋白的积累和木质化、栓质化程度的提高，从而抵御病原微生物的侵入和扩散。

此外，细胞壁形成了植物体的质外体空间，植物体中的许多运输过程都是在其中进行的，特别是由特化的细胞壁所形成的导管在水分和矿质运输中起着不可替代的作用。某些特殊的细胞运动也和细胞壁有关，例如植物气孔保卫细胞的变形运动就和保卫细胞细胞壁的不均匀加厚有关。一些实验证明，细胞分化也与细胞壁的存在有关。

（五）纹孔与胞间连丝

1.初生纹孔场　细胞壁在生长时并不是均匀增厚的。在细胞的初生壁上有一些明显凹陷的较薄区域，称初生纹孔场(primary pit field)(图 1-2-5)。初生纹孔场中集中分布有一些小孔，其上有胞间连丝穿过。

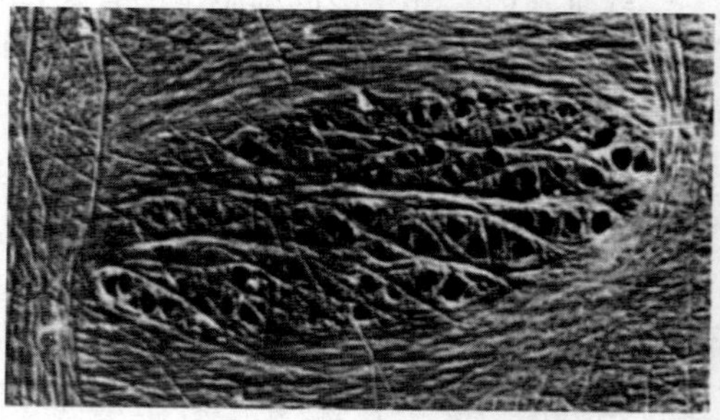

图 1-2-5　初生纹孔场

2.胞间连丝　穿过细胞壁上的小孔连接相邻细胞的细胞质丝称胞间连丝(plasmodesma)。胞间连丝多分布在初生纹孔场上，细胞壁的其他部位也有胞间连丝。在光学显微镜下能看到柿胚乳细胞的胞间连丝(本章彩图 2)，一般细胞的胞间连丝在光学显微镜下不易被观察到。在电子显微镜下，胞间连丝是直径 40～50 nm 的小管状结构，目前人们普遍接受的胞间连丝超微结构模型如图 1-2-6。这个模型认为，胞间连丝是贯穿细胞壁的管状结构，周围衬有质膜，与两侧细胞的质膜相连。中央有被称为连丝小管(desmotubule)的压缩内质网通过，压缩内质网中间颜色深，称为中心柱(central rod)，它是由内质网膜内侧磷脂分子的亲水头部合并形成的柱状结构。压缩内质网与质膜之间为细胞质通道(cytoplasmic sleeve)，也称中央腔(central cavity)。一般认为压缩内质网中间没有腔，物质通过胞间连丝主要经由细胞质通道。胞间连丝两端变窄，形成颈区(neck region)。胞间连丝沟通了相邻细胞，一些物质和信息可以经胞间连丝传递，所以植物细胞虽有细胞壁，实际上它们是彼此连成一个统一的整体，水分以及小分子物质都可从这里穿行。一些植物病毒也是通过胞间连丝而扩大感染的。某些相邻细胞之间的胞间连丝，可发育成直径较大的胞质通道(cytoplasmic channel)，它的形成有利于细胞间大分子物质，甚至是某些细胞器的交流。

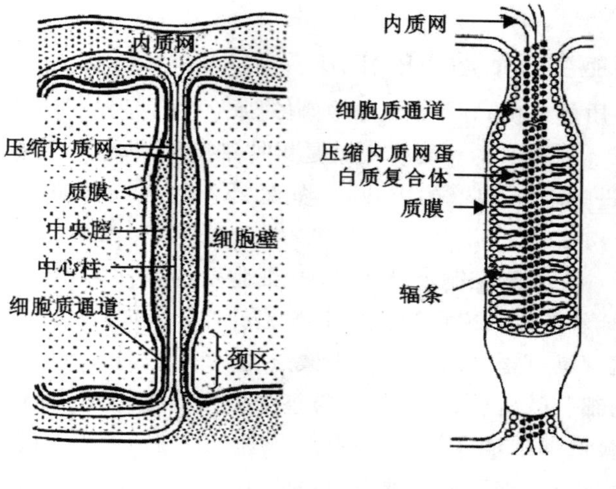

图 1-2-6　胞间连丝的结构模型

3.纹孔　次生壁形成时，往往在原有的初生纹孔场处不形成次生壁，这种无次生壁的较薄区域称为纹孔(pit)(图 1-2-7A,本章彩图 3)。纹孔也可在没有初生纹孔场的初生壁上出现,有些初生纹孔场可完全被次生壁覆盖。相邻细胞壁上的纹孔常成对形成,两个成对的纹孔合称纹孔对(pit-pair);若只有一侧的壁具有纹孔,这种纹孔称为盲纹孔。

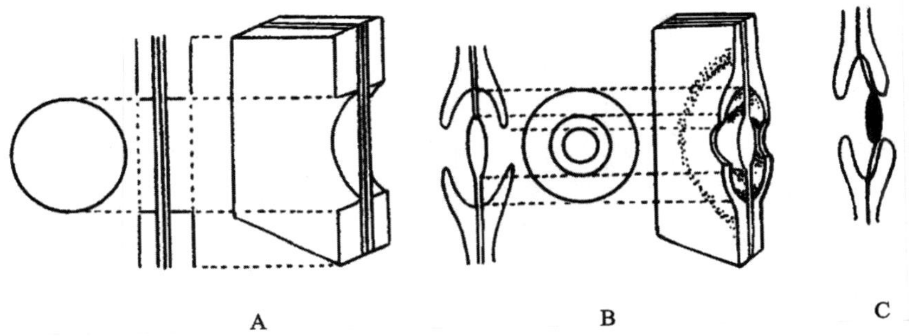

图 1-2-7 单纹孔(A)、具缘纹孔(B)和闭塞的具缘纹孔(C)

纹孔如在初生纹孔场上形成,一个初生纹孔场上可有几个纹孔。纹孔在结构上由纹孔腔(pit cavity)和纹孔膜(pit membrane)组成,纹孔腔是由次生壁围成的腔,它的开口朝向细胞腔,腔底的初生壁和胞间层部分就是纹孔膜。根据次生壁增厚情况不同,纹孔分单纹孔(simple pit)和具缘纹孔(bordered pit)两种类型。它们的区别是具缘纹孔周围的次生壁突出于纹孔腔上,形成一个穹形的边缘(pit border),从而使纹孔口明显变小(图 1-2-7B,本章彩图 4),而单纹孔的次生壁没有这种突出的边缘,纹孔腔呈圆筒状。纹孔是细胞壁较薄的区域,有利于细胞间的沟通和水分的运输,胞间连丝较多地出现在纹孔内,有利于细胞间的物质交换。

裸子植物孔纹管胞上的具缘纹孔,在其纹孔膜中央,有一圆形增厚部分,称纹孔塞(torus),其周围部分的纹孔膜称塞缘(margo)。其质地较柔韧,水分通过塞缘空隙在管胞间流动,若水流过速,就会将纹孔塞推向一侧,使纹孔口部分或完全堵塞,以调节水流速度(图 1-2-7C,本章彩图 5)。

二、原生质体

植物细胞的原生质体包括细胞膜、细胞质和细胞核三部分。

(一)细胞膜

细胞膜又称质膜(plasma membrane),包围在原生质体表面。细胞内还有构成各种细胞器的膜,称为细胞内膜。相对于内膜,质膜也称外周膜。外周膜和细胞内膜统称为生物膜。

质膜厚 7.5～10 nm,在普通光学显微镜下观察不到,在电子显微镜下,用锇酸固定的样品,可以看到质膜具有暗—明—暗三个层次,内层和外层为电子致密层,厚约 2 nm,中间透明层厚2.5～3.5 nm。

1.质膜的化学组成 对细胞的各种膜的微量化学分析结果表明,膜主要是由磷脂和蛋白质两大类物质组成。蛋白质占膜干重的 20%～70%,磷脂占 30%～70%。各种膜所含的蛋白质与磷脂的比例大小与膜的功能有关,因为膜的功能主要由蛋白质承担,因而功能活动较旺盛的膜,蛋白质含量就高。此外,质膜还含有 10%的碳水化合物,这些碳水化合物均为糖蛋白和糖脂向质膜外表面伸出的寡糖链。

2.质膜的分子结构 人们在膜分子结构的研究过程中曾提出了许多模型理论。具有代表性的是单位膜模型,以及目前得到广泛支持的流动镶嵌模型。

单位膜模型(unit membrane model)认为,膜的中央为脂双分子层,在电镜下显示为明线;膜两侧为展开的蛋白质分子层,在电镜下显示为暗线,展开的蛋白质分子层厚度恰好为 2 nm。

流动镶嵌模型(fluid mosaic model)认为,细胞膜结构是由液态的脂类双分子层镶嵌可移动的蛋白质而形成的。膜中的脂类双分子层构成了膜的骨架。脂类分子为双性分子,亲水头端朝向水相，疏水尾端埋藏在膜内部。疏水的脂肪酸链有屏障作用，使膜两侧的水溶性物质（包括离子与亲水的小分子）不能自由通过，这对维持细胞正常结构和细胞内环境的稳定非常重要。脂质双分子层的内外两层是不对称的，即膜脂分子在膜的脂双层中呈不均匀分布。膜的另一种主要成分是蛋白质，蛋白质分子有的嵌插在脂质双分子层网架中，有的则附着在脂质双分子层的表面。根据在膜上存在部位的不同，可将膜蛋白分为两类：以不同深度嵌入或横跨膜的，称为内在蛋白或整合蛋白（intrinsic protein），内在蛋白分子均为双性分子，非极性区嵌插在脂双层分子之间，极性区则朝向膜表面，它们通过很强的疏水或亲水作用力与膜脂牢固结合，一般不易分离开来；另一类蛋白质附着于膜表层，称外在蛋白（extrinsic protein），与膜的结合比较疏松，易于分离下来。蛋白质在膜中分布的不对称性及其与膜脂的协同作用赋予生物膜各自的特点与功能。

流动镶嵌模型除了强调脂类分子与蛋白质分子的镶嵌关系外，还强调了膜的流动性。主张膜总是处于流动变化之中，脂类分子和蛋白质分子均可做侧向流动（图 1-2-8）。膜的流动性是实现生物膜功能的必要条件。

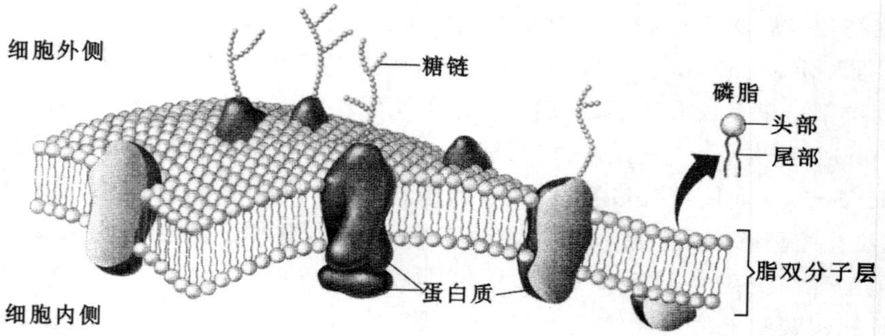

图 1-2-8　质膜结构模型（引自 Nabors）

3. 质膜的功能　质膜位于细胞原生质体表面，具有选择透性，能控制细胞与外界环境之间的物质交换以维持细胞内环境的相对稳定。此外，许多质膜上还存在激素的受体、抗原结合点以及其他有关细胞识别的位点，所以，质膜在细胞识别、细胞间的信号转导、新陈代谢的调控等过程中具有重要作用。

（1）物质的跨膜运输　生活的植物细胞是一个开放性的结构体系，它要进行各种生命活动，就必然要同环境发生物质交换关系。质膜是细胞与环境相互作用的前沿结构，物质出入细胞时必须通过质膜。而质膜对物质的通透有高度选择性，以保证细胞内各种生物化学反应有序进行。物质通过质膜的途径有简单扩散（simple diffusion）、协助扩散（facilitated diffusion）、主动运输（active transport）、内吞作用（endocytosis）和胞吐作用（exocytosis）等。

（2）细胞识别　细胞识别是细胞对同种或异种细胞的辨认。细胞具有区分自己和异己的识别能力，具有高度选择性。同种或不同种有机体的细胞之间可以通过释放的信号相互影响，也可通过细胞与细胞的直接接触而相互作用。细胞通过表面的特殊受体与另一细胞的信号物质选择性的相互作用，导致细胞内一系列生理生化变化，最后产生整体的生物学效应。

无论单细胞生物还是高等植物，许多重要的生命活动都与细胞识别有关。如单细胞的衣藻属植物有性生殖过程中配子的结合；雌蕊柱头与花粉之间的相互识别，决定能否成功进行受精作用；豆科植物根与根瘤菌相互识别，决定能否形成根瘤等。

植物细胞与动物细胞不同，它的质膜外面有细胞壁，两个细胞的质膜不能直接接触。一些起识别作用的物质，可从细胞内分泌到细胞壁，因而植物细胞之间的识别，除质膜外，细胞壁也起着重要作用。

（3）信号转导　植物生活的环境在不断变化，组成植物体的每一个细胞经常不断地感受、接收来自外界环境中的各种信号（如光照、温度、水分、病虫害、机械刺激等），并做出一定反应。作为多细胞有机体内的一个细胞，胞外信号不仅有来自外界环境的信号，还包括来自体内其他细胞的内源信号(如激素等)。从细胞外信号转换为细胞内信号并与相应的生理生化反应偶联的过程称为细胞信号转导(signal transduction)。质膜位于原生质体表面，在细胞信号转导过程中起着重要作用。

质膜上有接受各种信号的受体蛋白，如感受光的光敏素和激素受体等。当受体与外来信号结合后，受体的构象就会发生改变，导致产生第二信使(second messenger)，引发细胞内一系列生化反应，最终产生一定的生理效应。许多研究证实，植物细胞内游离钙离子是植物细胞信号转导过程中的一类重要的第二信使。钙离子与钙结合蛋白，如钙调素(calmodulin，CaM)结合后，激活一些基因的表达或酶活性，进而促进各种生理生化反应，调节生命活动。

此外，质膜上有纤维素合酶复合体，能催化纤维素分子组装成微纤丝，合成纤维素。

(二)细胞质

真核细胞中质膜以内、细胞核以外的部分称为细胞质(cytoplasm)。细胞质中透明、黏稠并能流动的是细胞质基质，其中分散着各种细胞器和细胞骨架。

1. 细胞器　细胞器(organelle)是存在于细胞质中，具有一定的形态、结构与生理功能的微小结构，大多数细胞器是由膜所包被。细胞器应该包括的范围，不同学者有不同的认识。

(1)质体(plastid)　质体是植物细胞特有的细胞器。根据所含色素及结构不同，可分为叶绿体、有色体与白色体三种。

①叶绿体(chloroplast)：叶绿体含有叶绿素(chlorophyll)、叶黄素(xanthophyll)和胡萝卜素(carotene)三种色素，是进行光合作用的质体，普遍存在于植物的绿色细胞中，其中叶绿素是主要的光合色素，它能吸收和利用光能，直接参与光合作用。其他两类色素不能直接参与光合作用，只能将吸收的光能传递给叶绿素，起辅助光合作用的功能。植物叶片颜色与细胞叶绿体中这三种色素的比例有关，一般情况下，叶绿素占绝对优势，叶片呈绿色，但当营养条件不良、气温降低时，叶绿素含量降低，叶片便出现黄色或橙黄色。

秋季叶片衰老过程中，叶肉细胞中的叶绿素分解，叶黄素、胡萝卜素和花青素占了优势，导致某些植物的叶片变成黄色或红色，同时质体结构也发生了转变。在农业上，常可根据叶色的变化来判断农作物的生长状况，及时采取相应的施肥、灌水等栽培措施。

叶绿体的形状、数目和大小随不同植物和不同细胞而异。如衣藻中有 1 个杯状的叶绿体；丝藻细胞中仅有 1 个呈环状的叶绿体；而水绵细胞中有 1～4 条带状的叶绿体，螺旋环绕；高等植物细胞中的叶绿体通常呈椭圆形或凸透镜形，数目较多，少者 20 个，多者可达 200 个以上。典型叶绿体其长轴长 4～10 μm，短轴长 2～4 μm。生长在背阴地区的植物，其叶绿体比生长在向阳区的要大一些、多一些。叶绿体一般均匀分布在细胞质中，有时也靠近细胞核或细胞膜。光照强弱常常会影响到叶绿体在细胞内的位置和分布。在弱光下，叶绿体以其扁平面向着光源，并散布开以获得最大的光吸收面积。而在强光下，叶绿体则以其窄面向着光源，并沿光线排列，相互遮挡，以减少光的吸收面积。

电子显微镜下叶绿体具有精致的结构(本章彩图 7)，表面由两层膜包被，其内充满了液态的、电子密度较低的基质(stroma)，基质中悬浮着复杂的由膜所围成的扁圆状或片层状的囊，称类囊体(thylakoid)。其中一些扁圆状的类囊体有规律地叠置在一起，好像一摞硬币，称基粒(granum)，形成基粒的类囊体也称基粒类囊体。基粒类囊体的直径为 0.25～0.8 μm，厚约0.01 μm；而连接于基粒之间、由基粒类囊体延伸出的呈分枝的管网状或片层状的类囊体称基质类囊体或基质片层(stroma lamella)，其内腔与相邻基粒的类囊体腔相通。一般一个叶绿体中含有40～80 个基粒，而一个基粒由 5～50 个基粒类囊体组成，最多可达上百个。因植物种类不同以及细胞所处部位不同，其基粒中的基粒类囊体数量差异很大。光合作用的色素和电子传递系统都位于类囊体膜上。

叶绿体基质的主要成分是可溶性蛋白质(酶)，催化碳固定的酶系统存在于基质中。叶绿体基质中有环状的 DNA，能编码自身的部分蛋白质，其余的蛋白质为核基因编码，具有核糖体，能合成自身的蛋白质。叶绿体中的核糖体为 70S 型，比细胞质中的核糖体小，与原核细胞的核糖体相同。

叶绿体中还常含有淀粉粒。

②有色体(chromoplast):有色体是含有胡萝卜素与叶黄素两类色素的质体。成熟的果实、花瓣以及秋天变黄的叶片细胞中常常含有这类质体。有色体中还能积累脂类。花果等因有色体而具有鲜艳的红色、橙色或橘黄色,能够吸引昆虫传粉,或吸引动物协助散布果实或种子。

有色体的结构较叶绿体简单,其外为双层膜,基质内的类囊体多已解体,基质中常含有油滴和晶体等。

③白色体(leucoplast):白色体是不含任何色素的质体,通常为圆球形或椭圆球形。白色体在植物贮藏组织的细胞中较多见,在幼嫩或不见光的细胞中以及茎、叶的表皮细胞中也常常能见到。根据其贮藏物质的不同可分为三类:贮藏淀粉的称为造粉体或称淀粉体(amyloplast),贮藏蛋白质的称为造蛋白体(proteinoplast),而贮藏脂类的称为造油体(elaioplast)。

质体是由前质体(proplastid)发育形成的。前质体也是其他质体的前体,一般无色。前质体存在于茎顶端分生组织细胞中,具双层膜,内部有少量小泡。当叶原基分化出来时,前质体内膜向内折叠伸出膜片层系统。在光下,这些片层系统继续发育,并合成叶绿素,发育成为叶绿体。如果把植株放在暗中,质体内部会形成一些管状的膜结构,不能合成叶绿素,而成为黄化的质体。如给这些黄化的植株照光,叶绿素能够合成,叶色转绿,片层系统也充分发育,黄化的质体转变成叶绿体(图 1-2-9)。

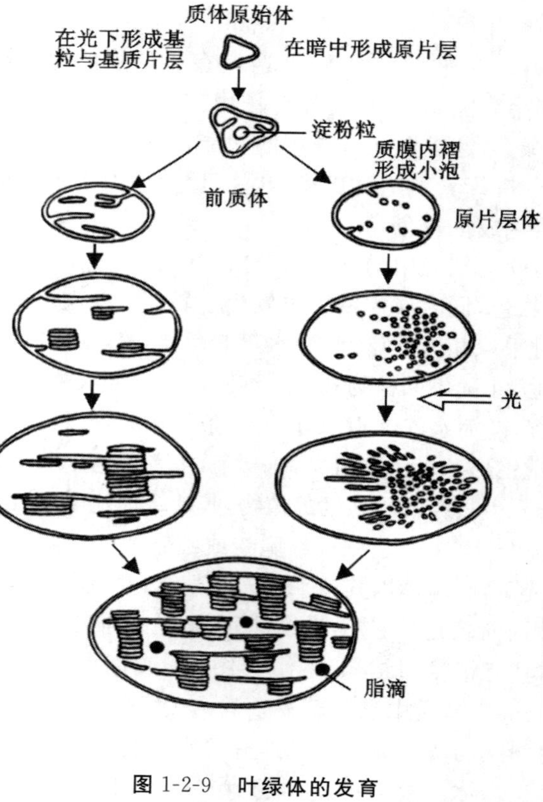

图 1-2-9 叶绿体的发育

在某些情况下,一种质体可从另一种质体转化而来。例如,马铃薯块茎中的造粉体在光照条件下可以转变为叶绿体而呈现绿色;果实成熟时叶绿体转变为有色体,就由绿转为红、黄或橙黄色。有色体还可由造粉体通过淀粉消失、色素沉积而形成,如德国鸢尾(*Iris germanica*)的花瓣中的有色体;而卷丹(*Lilium lancifolium*)花瓣内的有色体是直接由前质体发育而来的。

质体的分化有时是可以逆转的。叶绿体可以形成有色体,有色体也可转变为叶绿体,如胡萝卜经照光可由黄色转变为绿色。当组织脱分化而形成分生组织状态时,叶绿体和造粉体都可转变为前质体。

细胞内质体的分化和转化与环境条件有关，最明显的例子是光照影响叶绿体的形成，但这不是绝对的，例如花瓣一直处于光照下，并不能形成叶绿体。同样，根细胞内不形成叶绿体也并非简单地由于它生长在黑暗环境的缘故。质体的发育受它们所在细胞的控制，不同基因的表达决定着该细胞中质体的类型。【二维码 1-3】

1-3

(2)线粒体(mitochondrion)　线粒体普遍存在于真核细胞内，是细胞进行呼吸作用的主要场所，是细胞内的供能中心，被形象地称为细胞内的"动力工厂"。贮藏在营养物质中的能量在线粒体中经氧化磷酸化作用转化为细胞可利用形式的化学能——ATP，一部分以热能形式消散。

线粒体形态多种多样，有圆形、椭圆形、圆柱形，有的呈不规则的分枝状。它的形态与细胞类型和生理状况密切相关。在光学显微镜下观察时，大多数的线粒体呈线状或颗粒状。线粒体的大小随细胞类型不同而异，一般直径为 0.5～1.0 μm，长 2～3 μm。有的线粒体较大，直径为2～4 μm，长为 7～14 μm。线粒体在不同类型细胞中的数目差异也很大，代谢旺盛的细胞内线粒体可多达几百个，如玉米根冠的一个细胞内可有 100～300 个线粒体。

在电子显微镜下观察，线粒体是由双层膜围成的囊状结构，由外膜(outer membrane)、内膜(inner membrane)、膜间隙(intermembrane space)和基质(matrix)组成(本章彩图 9)。外膜包围在线粒体外围，平整、光滑，内膜向腔内突出形成嵴(cristae)，使内膜面积增加。嵴有不同的形状和排列方式，有简单的，也有分枝的，形成复杂的网。嵴的数目与细胞功能状态密切相关。一般说来，需要能量较多的细胞，不仅线粒体数目较多，嵴的数目也较多。嵴表面有许多圆球形颗粒，称基粒，它由头、柄和基部组成。基粒是 ATP 合酶(ATP synthase)，是一个多组分的复合物，是氧化磷酸化的关键装置。膜间隙是线粒体内外膜之间的空隙，腔隙宽 6～8 nm，内含许多可溶性酶类、底物和辅助因子。内膜内侧，即嵴之间的胶状物质称基质，内含许多蛋白质、酶类、脂类，包括与三羧酸循环、脂肪酸和丙酮酸氧化等有关的酶类。此外，线粒体基质中也含有环状的 DNA 分子、RNA、氨基酸和核糖体。DNA 能指导自身部分蛋白质的合成。线粒体在细胞中可以通过分裂的方式增加数量。

(3)内质网(endoplasmic reticulum，ER)　内质网是由一层膜围成的小管、扁囊和腔隙交织构成的一个网状系统(本章彩图 8)。内质网的膜厚度为 5～6 nm，比质膜要薄得多，两层膜之间的距离只有 40～70 nm 。内质网的膜与细胞核的外膜相连接，内质网内腔与核膜间的腔相通。同时，内质网也可与原生质体表面的质膜相连，有的还随同胞间连丝穿过细胞壁，与相邻细胞的内质网发生联系，因此内质网构成了一个从细胞核到质膜，以及与相邻细胞直接相通的膜系统。它不仅是细胞内的通信系统，而且还有把蛋白质、脂类等物质运送到细胞各个部分的功能。

内质网主要有两种类型：粗糙型内质网(rough endoplasmic reticulum，rER)，其特点是膜的外表面附有核糖体，典型的粗糙型内质网为扁囊形；光滑型内质网(smooth endoplasmic reticulum，sER)，它的主要特点是膜上无核糖体，多为管形(本章彩图 8，图 1-2-10)。

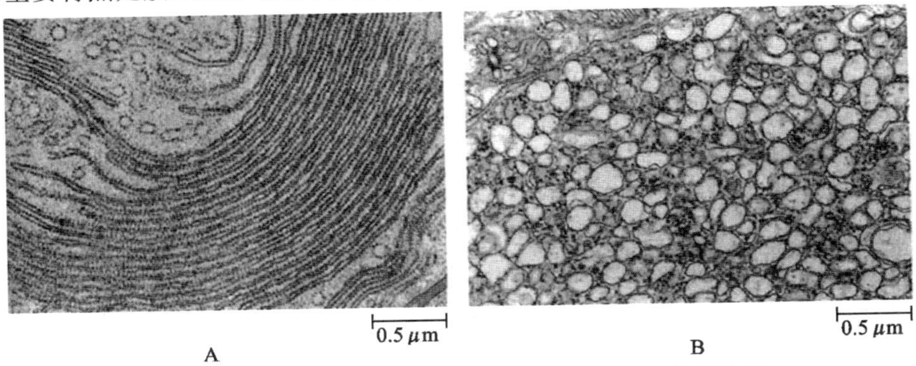

图 1-2-10　粗糙型内质网(A)和光滑型内质网(B)的电镜图

内质网有多方面的功能，粗糙型内质网与蛋白质的合成、修饰、加工和运输有关。光滑型内质网与脂类、糖类和激素的合成关系密切，在分泌脂类物质的细胞中，常有较多的光滑型内质网。在细胞壁进行次生增厚的部位内，也可见到内质网紧靠质膜，说明内质网可能与加到壁上的多糖类物质的合成有关。蛋白质在内质网的腔内经过初步的加工、包装，运送到高尔基体，再进一步进行加工。

内质网的形态变异很大，不同细胞，甚至同一细胞的不同区域往往不同，同一种细胞在不同发育时期，随着生理机能的变化，内质网也不一样。

（4）核糖体（ribosome）　核糖体或核糖核蛋白体，是合成蛋白质的细胞器，它能将氨基酸装配成肽链。核糖体在代谢旺盛的细胞内大量存在，呈颗粒状结构，无膜包围，主要成分是 RNA 和蛋白质，由大小两个亚基组成（图 1-2-11）。小亚基识别 mRNA 的起始密码子，并与之结合；大亚基含有肽基转移酶，与小亚基结合后，催化肽链合成。

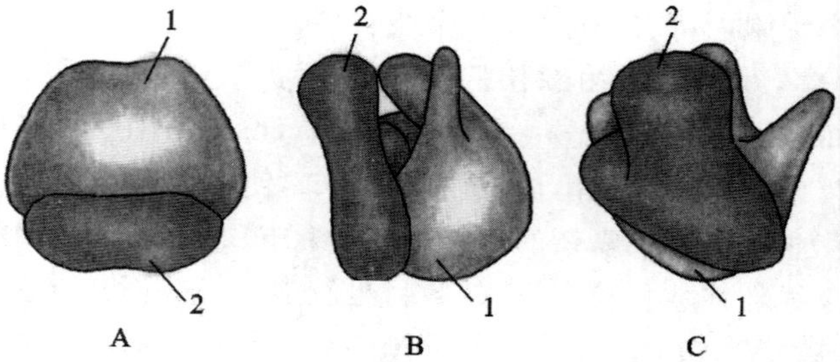

A～C. 从不同角度观察核糖体；1. 大亚基；2. 小亚基。

图 1-2-11　真核细胞中的核糖体（引自 Raven）

多个核糖体能结合到一个 mRNA 分子上，形成多聚核糖体（polyribosome）。在真核细胞内，很多核糖体附着在内质网膜表面，构成粗糙型内质网；还有不少核糖体游离在细胞质中。已发现的核糖体有两种类型：70S 和 80S（S 为沉降系数，S 值越大，说明颗粒沉降速度越快）。70S 核糖体广泛存在于各类原核细胞、真核细胞的线粒体和叶绿体内。真核细胞的细胞质内均为 80S 核糖体。

附着在内质网膜表面的核糖体所合成的蛋白质主要是膜蛋白、分泌性蛋白，而游离在细胞质中核糖体合成的蛋白质则主要是结构蛋白、酶和基质蛋白等。

（5）高尔基体（golgi apparatus）　高尔基体是高度动态的细胞器，是由意大利学者高尔基（C. Golgi）于 1898 年在猫的神经细胞中首次发现的。植物细胞的高尔基体多分散于整个细胞质中。高尔基体一般由多个扁囊[Saccules 或称潴泡（cisterna）]平行排列堆叠而成（本章彩图 10），每个扁囊由一层膜围成，中间是腔，边缘常分布有大小不等的囊泡。高尔基体是一种具有极性的细胞器，常略呈弯曲状，一面凹，一面凸。凸面又称形成面（forming face），多与内质网膜相联系，接近凸面的扁囊形态及染色性质与内质网膜相似；凹面又称成熟面（maturing face），成熟面周围小泡脱落形成分泌小泡。扁囊膜的形态与化学组成很像质膜。高尔基体两个面和中间的扁囊在形态、化学组成和功能上都不相同。

高尔基体是与植物细胞的分泌作用有关的细胞器。其主要功能是糖蛋白的合成、加工和分泌。细胞壁内的伸展蛋白是在核糖体上合成肽链后进入 ER 腔，进行羟基化，通过 ER 上脱落下来的囊泡运往高尔基体的形成面，将泡内的物质注入扁囊腔，完成糖基化，再由成熟面脱落下来的囊泡运至质膜，进入细胞壁。高尔基体参与植物细胞中多糖的合成和分泌，如细胞壁内非纤维素和果胶多糖均在高尔基体内合成，包装在囊泡内运往质膜，小泡膜与质膜融合，内含的多糖渗入细胞壁（图 1-2-12）。植物细胞内，高尔基体的数量因细胞类型、发育状况和生理代谢状态的不同而差异较大。在生长迅速的细胞中、分泌组织细胞中高尔基体的数量较多。

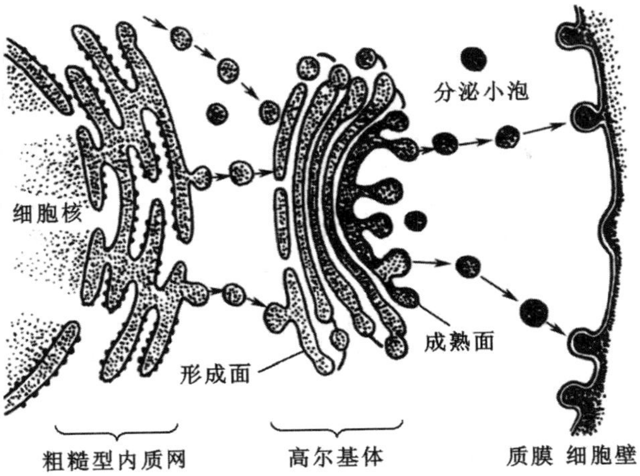

图 1-2-12 细胞内膜系统图解，示核膜、内质网、高尔基体和质膜的相互关系

(6)液泡(vacuole) 成熟的植物细胞具有一个大的中央液泡，是植物细胞区别于动物细胞的又一个显著特征。分生组织中的幼小细胞，具有多个小而分散的液泡，细胞成长过程中，这些小液泡吸水膨大，彼此逐渐合并发展成数个或一个很大的中央液泡，占据细胞中央 90%以上的空间，而细胞质和细胞核被挤到细胞周边，从而使细胞质与环境间有了较大的接触面积，有利于细胞的新陈代谢(图 1-2-13)。

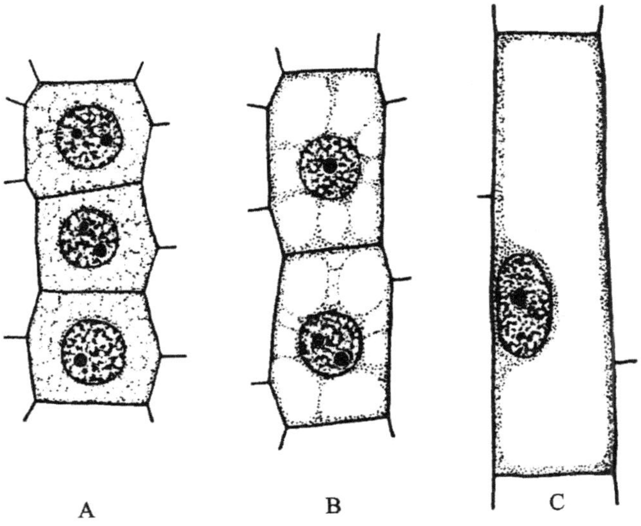

A～C. 幼期细胞到成熟细胞，随细胞的生长，细胞中的小液泡变大、合并，最终形成一个中央大液泡。

图 1-2-13 植物细胞的液泡及其发育

液泡由一层液泡膜(tonoplast 或 vacuolar membrane)包围，其内充满了细胞液(cell sap)的液体。细胞液是成分复杂的水溶液，其中溶有多种无机盐、糖类、水溶性蛋白质、氨基酸、有机酸、脂类、生物碱、酶、鞣酸、色素(花青素)等复杂成分。细胞液成分和浓度随植物种类和细胞类型不同而异。如甜菜根的液泡中含有大量蔗糖，许多果实的液泡中含有大量有机酸，烟草的液泡中含有烟碱，咖啡的液泡中含有咖啡碱。有些细胞液泡中还含有多种色素，例如花青素等，可使花或植物茎、叶等呈现红、蓝、紫等色。

植物细胞液泡的功能主要有以下几方面：

①参与细胞内物质的转移与贮藏：液泡是细胞内许多物质的贮藏库，如 K^+、Ca^{2+}、Cl^-、磷酸盐、柠檬酸和多种氨基酸等。这些物质的输入和输出对细胞代谢起着调节和稳定作用。例如三羧酸循环中的中间产物柠檬酸和苹果酸等常是过量的，这些过剩的中间产物如果积累在细胞质中，就

会使细胞质酸化，引起细胞质中的酶失活。液泡吸收和贮藏了这些过剩的中间产物，使细胞质的pH保持稳定。同时，液泡还是贮藏蛋白质、脂肪和糖类的场所。

②参与细胞内物质的生化循环：研究证明，液泡中含有酸性磷酸酶等多种水解酶，通过电镜观察，可看到液泡中有残破的线粒体、质体和内质网等细胞器片段，可能是被吞噬进去的，经过水解酶分解，作为组建新细胞器的原料。这表明液泡具有溶酶体的性质，对细胞器的更新有作用。

③调节细胞水势和膨压：液泡内细胞液保持着相当的浓度，对于维持细胞的水势和膨压有重要作用。液泡充水维持细胞膨压，是植物体保持挺立状态的根本原因；若细胞失水，植物就发生萎蔫，影响植物生长。保卫细胞膨压的升高与降低直接影响到气孔的开闭。

④与植物的抗旱、抗寒性有关：高浓度的细胞液，在低温时不易结冰，干旱时不易失水，提高了植物的抗寒、抗旱能力。

⑤隔离有害物质，避免细胞受害：细胞代谢过程中产生的废弃物、植物吸收的有害物质，都可能对细胞造成伤害，如草酸是新陈代谢过程中的副产品，对细胞有害，在液泡中形成草酸钙结晶，成为不溶于水的物质，减轻了对植物的毒害作用。

⑥防御作用：有些植物液泡中积累有大量的酚类化合物、生氰糖苷及生物碱等，这些物质可阻止食草动物的摄食，许多植物液泡中还有几丁质酶，它能分解真菌的细胞壁，当植物体遭真菌侵害时，几丁质酶会大量合成，对病原体有一定的杀伤作用。【二维码 1-4】

1-4

总体上，植物细胞液泡从功能上主要可分为两种类型，即中性的蛋白贮存液泡（protein storage vacuole）和酸性的水解液泡（lytic vacuole）。

液泡的发生具有多条路径，与内质网、反式高尔基体网络或多囊泡体等有关。根尖分生组织细胞有许多含有腔内小泡的小液泡（small vacuole），其来源于液泡前体/多囊泡体（prevacuolar compartment/multivesicular body）的相互融合。随着细胞的生长和分化，小液泡通过彼此融合，不断扩大形成液泡乃至中央大液泡。

（7）溶酶体（lysosome） 溶酶体是由单层膜包围、富含多种水解酶、具有囊泡状结构的细胞器（图 1-2-14）。主要由高尔基体和内质网分离的小泡生成。它的形态和大小差异很大，一般为球形，直径 0.2～0.8 μm。溶酶体中含有多种水解酶，如酸性磷酸酶、核糖核酸酶、蛋白酶、脂酶等，它们可以分解所有生物大分子。平时由于溶酶体膜的限制，使这些水解酶和细胞质的其他组分隔开。当溶酶体外膜破裂后，其中的水解酶释放出来，造成各种化合物水解。在植物细胞分化成导管、筛管、纤维细胞的过程中，都要有溶酶体的参与，用于分解细胞的相应部分。

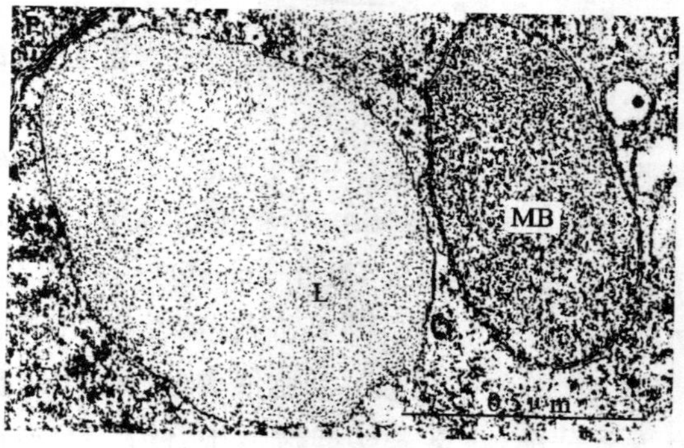

L. 溶酶体；MB. 微体。

图 1-2-14　溶酶体和微体电镜图

溶酶体的主要功能有以下几点：

①正常的分解与消化：溶酶体可将细胞内吞进来的或细胞内贮存的大分子物质进行分解消化，供细胞利用。

②自体吞噬：某些溶酶体能吞噬细胞内一些衰老的细胞器或需要废弃的物质，将它们进行消

化、降解。

③自溶作用(autolysis):即溶解衰老及不需要的细胞，在植物发育进程中，有一些细胞会逐步正常死亡，这是在基因控制下，溶酶体膜破裂后，其中的水解酶释放到细胞内，引起细胞自身溶解死亡，以利于个体发育。植物细胞液泡常具有溶酶体的功能。

(8)圆球体(spherosome) 圆球体，也称油体(oil body)，是膜包被的球状小体，直径为0.1～1.0 μm。在电子显微镜下，可见圆球体的膜只有一条电子不透明带，因此可能只是一层单位膜的一半，即只含一层脂质分子。膜内含有脂肪酶，能积累脂肪，起贮存细胞器的作用，在一定条件下，也可将脂肪水解成甘油和脂肪酸。圆球体还含有水解酶，因此具有溶酶体性质。

圆球体多存在于油料植物种子中，如蓖麻、花生、油菜等植物的种子中都含有大量的圆球体。

(9)微体(microbody) 微体是由单层膜包被的圆球形小体，直径 0.5～1.5 μm，有时含有蛋白质晶体(图 1-2-14)。植物体内的微体有两种类型：一种是过氧化物酶体(peroxisome)；另一种是乙醛酸循环体(glyoxysome)。过氧化物酶体含有多种氧化酶，存在于绿色细胞中，与叶绿体和线粒体合作共同完成光呼吸作用(photorespiration)。乙醛酸循环体含有乙醛酸循环酶系，其存在于油料植物萌发的种子中，与圆球体和线粒体配合，通过乙醛酸循环(glyoxylate cycle)的一系列反应，把储存在子叶和胚乳中的脂类物质转化成糖类，以满足种子萌发的需要。

2.细胞骨架 狭义的细胞骨架(cytoskeleton)是指真核细胞的细胞质内普遍存在的与细胞运动和保持细胞形状有关的一些蛋白质纤维网架系统，包括微管系统、微丝系统和中间纤维系统。分别由不同蛋白质分子以不同方式装配成直径不同的纤维，相互连接形成具柔韧性及刚性的三维网架，把分散在细胞质中的各种细胞器及膜结构组织起来，相对固定在一定的位置，使细胞内的代谢活动有条不紊地进行。细胞骨架系统还是细胞内能量转换的主要场所。在细胞及细胞内组分的运动、细胞分裂、细胞壁的形成、信号转导以及细胞核对整个细胞生命活动的调节中具有重要作用。

(1)微管(microtubule) 微管为中空的管状结构，由微管蛋白(tubulin)和微管结合蛋白组成，微管蛋白是构成微管的主要蛋白，占微管总蛋白质含量的 80%～95%。它包含 α-微管蛋白和 β-微管蛋白，二者连接在一起形成二聚体，二聚体再组成线性聚合体，称为原纤维(protofilament)，13 条原纤维螺旋盘绕装配成中空的管状结构。微管直径为 24～26 nm，中间空腔直径约15 nm (图 1-2-15A,B)。

细胞内微管可以不断地装配和解聚，受细胞内多种因素的影响，如低温、化学药剂等。秋水仙素(colchicine)和磺草硝(oryzalin)能明显抑制微管聚合，紫杉醇(paclitaxel)可促进微管装配。

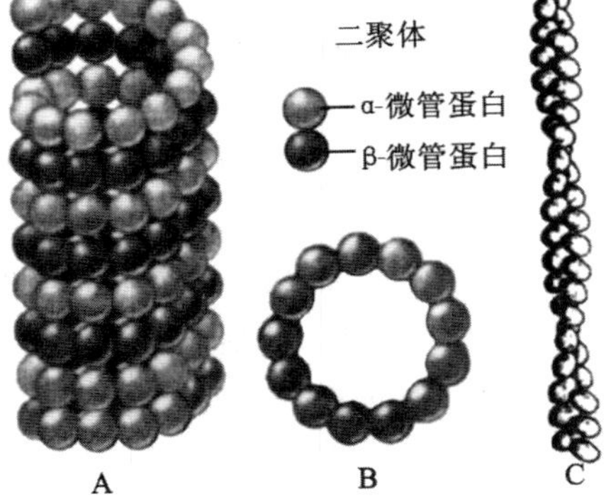

A.微管；B.微管横断面；C.微丝。

图 1-2-15 微管和微丝

微管的生理功能主要有：

①微管相当于细胞内的骨骼：微管能维持细胞的形状，当用秋水仙素处理后，微管被破坏，呈纺锤状的植物精子便变成球形。所以说微管起骨架作用，能保持原生质体的一定形状。

②微管参与细胞壁形成和生长：在细胞分裂时，由微管组成的成膜体，指示着高尔基体小泡向新细胞壁的方向运动，最后形成细胞板；微管在原生质膜下的排列方向，决定着细胞壁上纤维素微纤丝的沉积方向。并且，在细胞壁进一步增厚时，微管集中的部位与细胞壁增厚的部位是相应的。

③微管与细胞运动及细胞器的运动有直接关系：植物细胞的纤毛与鞭毛由微管组成，细胞质环流、细胞器运动、细胞分裂、染色体的运动等都受微管或由微管构成的纺锤丝控制。

④微管参与物质运输：微管为细胞内长距离物质的定向运输提供轨道并参与物质运输。

(2)微丝(microfilament)　微丝是主要由肌动蛋白(actin)组成的直径为6～7 nm的细丝。肌动蛋白分子近球形，微丝是由肌动蛋白亚单位组成的螺旋纤维。比较传统的模型认为，每一个肌动蛋白分子近球形，两根由肌动蛋白单体连成的链互相盘绕成右手螺旋，其形成的螺旋直径大约为36 nm(图1-2-15C)。微丝在细胞内很容易聚合和解聚，与细胞生理状态、细胞内阳离子(Ca^{2+}、Mg^{2+}、Na^{+}、K^{+}等)及ATP等条件有关。一些特异性药物，如细胞松弛素B(cytochalasin B)和细胞松弛素D(cytochalasin D)是微丝特异性抑制剂，能特异性破坏微丝。鬼笔环肽(phalloidin)可稳定微丝和促进微丝聚合。

微丝参与维持细胞形状、细胞质流动、染色体运动、胞质分裂、物质运输以及与膜有关的一些重要生命活动，如内吞作用和胞吐作用等。

(3)中间纤维(intermediate filament)　中间纤维又称中等纤维或中间丝，它是直径8～10 nm的中空管状蛋白质丝，其直径介于微管和微丝之间，故称为中间纤维。不同细胞中间纤维的生化组成变化很大，有角状蛋白、波状蛋白等。中间纤维的聚合是不可逆的。中间纤维在细胞质中形成精细发达的纤维网络，外与细胞质膜相连，中间与微管、微丝和细胞器相连，内与细胞核内的核纤层相连，因此，中间纤维在细胞形态的维持、细胞内颗粒运动、细胞连接及细胞器和细胞核定位等方面有重要作用。

3. 细胞质基质　细胞质中除细胞器以外均匀半透明的液态胶状物质称为细胞质基质(cytoplasmic matrix)。细胞骨架及各种细胞器分布于其中。

细胞质基质的主要成分有小分子物质，如水、无机离子、糖类、氨基酸、核苷酸及其衍生物和溶解其中的气体等，还有蛋白质、RNA等大分子。细胞质基质中的蛋白质含量占20%～30%，其中多是酶类。细胞中各种复杂的代谢活动是在细胞质基质中进行的，它为各个细胞器执行功能提供必需的物质和介质环境；细胞的代谢活动常导致酸碱度变化，它作为一个缓冲系统，可调节pH，维持细胞正常的生命活动。

生活细胞中，细胞质基质处于不断的运动状态，它能带动其中的细胞器，在细胞内作有规则的、持续的流动，这种运动称胞质运动(cytoplasmic streaming)。在具有单个大液泡的细胞中，胞基质常常围绕着液泡朝一个方向作循环流动。而在具有多个液泡的细胞中，不同的细胞质索可以有不同的流动方向。胞质运动是一种消耗能量的生命现象，它的速度与细胞生理状态有密切关系，一旦细胞死亡，流动也随之停止。胞质运动对于细胞内物质的转运具有重要作用，能促进细胞器之间生理上的相互联系。

（三）细胞核

细胞核是细胞遗传与代谢的控制中心。真核细胞由于出现核被膜，将细胞质和细胞核分开，这是生物进化过程中的一个重要标志。

1. *细胞核的形态及其在细胞中的分布*　细胞核的形状在不同植物和不同细胞中差异较大。典型的细胞核为球形、椭圆形、长圆形或形状不规则。禾本科植物的保卫细胞中的核呈哑铃形；有些花粉的营养核形成不规则的瓣裂。细胞核的形状同细胞形状有一定关系。球形细胞中的核呈球形，在伸长细胞中，细胞核也是伸长的。细胞核的大小在不同植物中也有差别，高等植物细胞核的直径多在10～20 μm，低等菌类细胞核的直径只有1～4 μm，而苏铁卵细胞的核可达1 mm以上，肉眼可以看见。在幼小细胞中，细胞核常居于中央，细胞生长扩大，细胞腔中央渐渐为液泡所占据，细胞核则随着细胞质转移到细胞边缘，靠近细胞壁。有些细胞的核也可借助于几条细胞质索四面牵引，保持在细胞中央。可见细胞核的大小、形状以及其在细胞质内的位置同细胞年龄、功能以及生理状况有关，也受外界因素的影响。大多数细胞具一个细胞核，也有些细胞是多核的，如种子植物的绒毡层细胞常有两个核，部分种子植物胚乳发育的早期阶段有多个细胞核。成熟的筛管细胞无细胞核，但在其早期发育过程中是有核的。

2. *细胞核的超微结构*　细胞核由核被膜、染色质、核仁和核基质组成(图1-2-16)。

(1)核被膜(nuclear envelope) 包括核膜和核膜以内的核纤层(nuclear lamina)两部分。核膜由内外两层膜组成,外膜表面附着有大量核糖体,内质网常与外膜相通连,内膜和染色质紧密接触。两层膜之间有 20～40 nm 的间隙,称为核周间隙,与内质网腔连通。核膜并非完全连续,其内、外膜在一定部位相互融合,形成一些环形开口,称为核孔(nuclear pore)。核孔在核膜上有规则地分布,它具有复杂的结构,常称为核孔复合体(nuclear pore complex)(图 1-2-17),是细胞核与细胞质间物质运输的通道。核孔复合体直径 80～120 nm,其中间通道较小,直径仅约为 9 nm,长约 15 nm,核孔中心是颗粒状或棒状物质。核膜的内膜内侧有一层蛋白质网络结构,称为核纤层,它与内膜紧密结合。核纤层是由中间纤维网络组成,构成核纤层中间纤维蛋白的是核纤层蛋白。核纤层为核膜和染色质提供了结构支架,并介导核膜与染色质之间的相互作用。核纤层还参与细胞有丝分裂过程中核膜的解体和重组。

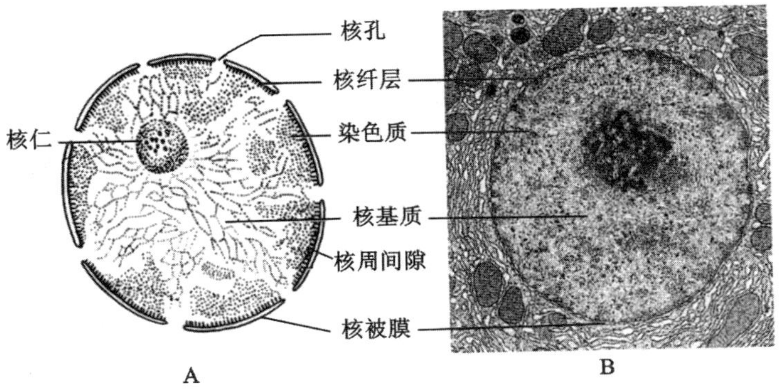

A. 模式结构图;B. 细胞核超微结构。

图 1-2-16 细胞核结构图解

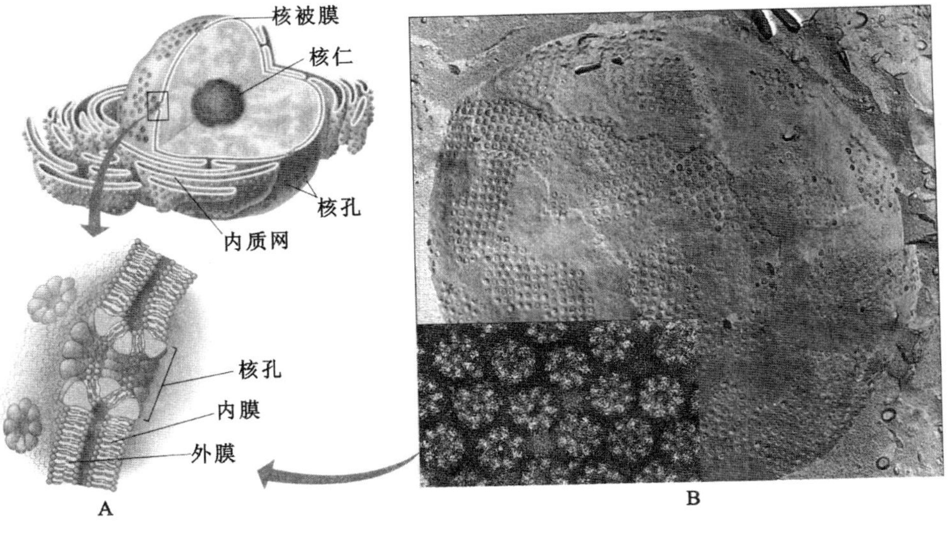

A. 模式结构图;B. 核孔复合体超微结构图。

图 1-2-17 核孔复合体图解

(2)染色质(chromatin) 染色质是间期细胞核内 DNA、组蛋白、非组蛋白和少量 RNA 组成的线性复合物,是间期细胞核内遗传物质的存在形式。它被碱性染料染色后强烈着色,呈或粗或细的长丝,交织成网状。染色质按形态与染色性能分为常染色质(euchromatin)和异染色质(hetero-chromatin)。用碱性染料染色时,前者染色较浅,后者染色较深。在间期中异染色质丝折叠,压缩程度高，呈卷曲凝缩状态，在电子显微镜下表现为电子密度高、色深，是遗传惰性区，只含有极少数不表达的基因。常染色质是伸展开的、未凝缩的呈电子透亮状态的区段，是基因活跃表达的区域。在间期，染色体由多个核小体（nucleosome）构成。【二维码 1-5】

1-5

（3）核仁（nucleolus） 核仁是细胞核中椭圆形或圆形的颗粒状结构，没有膜包围。在光学显微镜下核仁是折光性强、发亮的小球体。细胞有丝分裂时，核仁消失，分裂完成后，两个子细胞核中分别产生新的核仁。核仁富含蛋白质和 RNA。一般细胞核内有核仁 1～2 个，也有多个的。蛋白质合成旺盛的细胞，常有较大或较多的核仁。电镜下核仁可区分为三个区域：一个或几个染色浅的低电子密度区域，称纤维中心（fibrillar center），是 rDNA 所在部位；包围纤维中心的电子密度最高的部分是致密纤维组分（dense fibrillar component），含有 rRNA 和一些特异性的结合蛋白；颗粒组分（granular component）位于核仁边缘，是由电子密度较高的核糖核蛋白组成的颗粒，代表着不同成熟阶段核糖体亚单位的前体。核仁是 rRNA 合成加工和装配核糖体亚单位的重要场所。

（4）核基质（nuclear matrix） 核内充满着一个主要由纤维蛋白组成的网络状结构，称为核基质。它含有多种纤维蛋白、少量 RNA 和一些酶，染色质和核仁悬浮在其中。因为它的基本形态与细胞骨架相似又与其有一定的联系，所以也称为核骨架（nuclear skeleton）。对于核骨架有两种概念，广义的概念认为，核骨架应包括核基质、核纤层、核孔复合体和残存的核仁；狭义的概念是指细胞核内除了核膜、核纤层、染色质和核仁以外的网架结构体系。核基质为细胞核内组分提供了结构支架，使核内的各项活动得以有序进行，在真核细胞的 DNA 复制、RNA 转录与加工、染色体构建等生命活动中具有重要作用。

3. *细胞核的功能* 细胞核是细胞内遗传物质主要存在的部位，因此，间期细胞核的主要功能是贮存和复制 DNA，合成和转运 RNA，在细胞遗传中起重要作用。细胞核还是细胞的控制中心，它可以通过控制蛋白质的合成，对细胞的生理活动起到调控作用。

第三节 植物细胞后含物

后含物（ergastic substance）是植物细胞原生质体代谢过程中的产物，包括贮藏的营养物质、代谢废弃物和植物次生代谢物质。它们可以在细胞生活的不同时期产生和消失。

后含物种类很多，有糖类（碳水化合物）、蛋白质、脂肪及其有关的物质（角质、栓质、蜡质、磷脂等），还有呈结晶的无机盐和其他有机物，如单宁、树脂、树胶、橡胶和植物碱等。这些物质有的存在于原生质体中，有的存在于细胞壁上。许多后含物都具有重要的经济价值。

一、贮藏的营养物质

（一）淀粉

淀粉是细胞中碳水化合物最普遍的贮藏形式，在细胞中以颗粒状态存在，称为淀粉粒（starch grain）。所有的薄壁细胞中都有淀粉粒存在，尤其在各类贮藏器官的细胞中更为集中，如种子的胚乳和子叶中，植物的块根、块茎、球茎和根状茎中都含有丰富的淀粉粒。

淀粉是由质体合成的，光合作用过程中产生的葡萄糖，可以在叶绿体中聚合成淀粉暂时贮藏，以后又可分解成葡萄糖，转运到贮藏细胞中，由造粉体重新合成淀粉粒。造粉体在形成淀粉粒时，由一个中心开始，从内向外层层沉积，充满整个造粉体。这一中心便形成了淀粉粒的脐点。一个造粉体可含一个或多个淀粉粒。许多植物的淀粉粒，在显微镜下可以看到围绕脐点有许多亮暗相间的轮纹，这是由于淀粉沉积时，直链淀粉和支链淀粉相互交替、分层沉积的缘故，直链淀粉较支链淀粉对水有更强的亲和性，二者遇水膨胀不一，从而显出了折光上的差异。

淀粉粒在形态上有三种类型：单粒淀粉粒，只有一个脐点和围绕的轮纹；复粒淀粉粒，具有两个以上的脐点，各脐点分别有各自的轮纹环绕；半复粒淀粉粒，具有两个以上的脐点，各脐点除有本身的轮纹环绕外，外面还包围着共同的轮纹(图 1-3-1)。不同植物的淀粉粒，在形状、大小和脐点位置等方面各不相同，可作为商品检验和物种鉴别的依据。

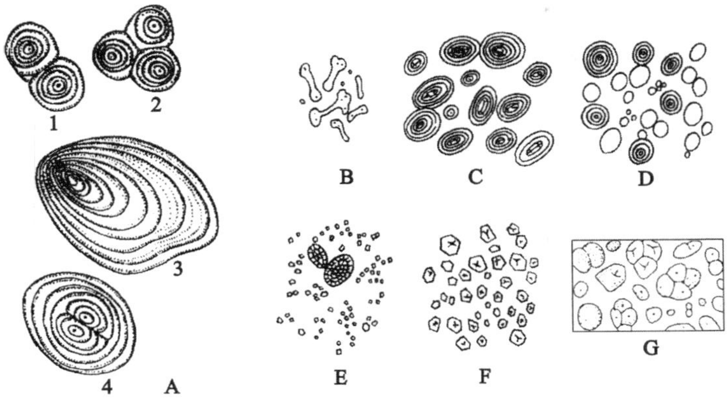

A. 马铃薯；B. 大戟 ；C. 菜豆；D. 小麦；E. 水稻；F. 玉米；G. 甘薯；
1、2. 复粒；3. 单粒；4. 半复粒。

图 1-3-1 几种植物的淀粉粒

(二)蛋白质

细胞内贮藏的蛋白质与构成原生质的蛋白质不同，贮藏蛋白质是无活性的，呈比较稳定的状态。蛋白质的一种贮藏形式是结晶状，具有晶体和胶体的二重性，因此称拟晶体。蛋白质拟晶体有不同形状，但常呈方形，如在马铃薯块茎上近外围的薄壁细胞中，就有这种方形结晶的存在。贮藏蛋白质的另一种形式是糊粉粒，可在液泡中形成，是一团无定形的蛋白质，常被一层膜包裹成圆球状的颗粒，称为糊粉粒(aleurone grain)。

糊粉粒较多地分布于植物种子的胚乳或子叶中，有时它们集中分布在某些特殊的细胞层中。例如谷类种子胚乳最外面的一层或几层细胞中，含有大量糊粉粒，特称为糊粉层(aleurone layer)(图 1-3-2)。在许多豆类种子(如大豆、落花生等)子叶的薄壁细胞中，普遍具有糊粉粒，这种糊粉粒以无定形蛋白质为基础，另外包含一个或几个拟晶体。蓖麻胚乳细胞中的糊粉粒，除拟晶体外还含有磷酸盐球形体(图 1-3-3)。

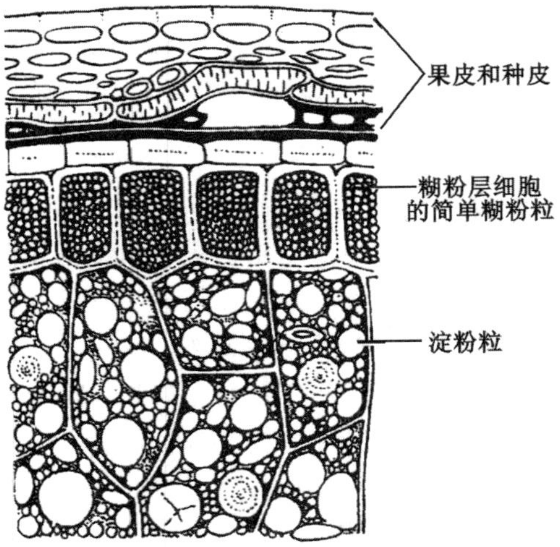

图1-3-2 小麦籽粒横切面，示糊粉粒和淀粉粒

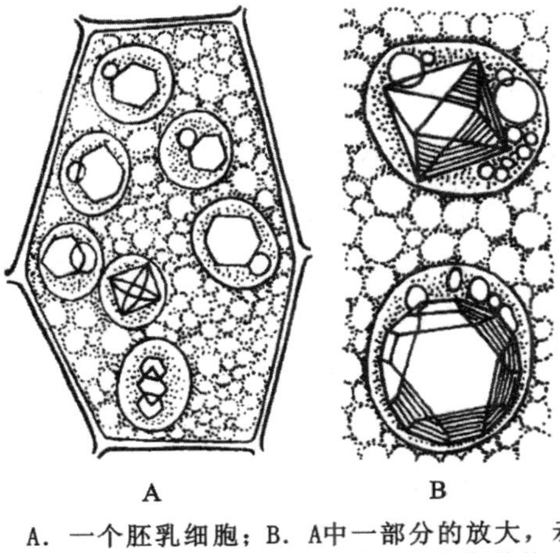

A. 一个胚乳细胞；B. A中一部分的放大，示两个含有拟晶体和磷酸盐球形体的糊粉粒。

图1-3-3 蓖麻种子的糊粉粒

（三）脂类

脂肪(fat)和油类(oil)是含能量最高而体积小的贮藏物质。在常温下为固体的称为脂肪，为液体的则称为油类。它们常成为种子、胚和分生组织细胞中的贮藏物质(图 1-3-4)，以固体或油滴形式存在于细胞质中，有时在叶绿体内也可看到。

脂肪和油类在细胞中的形成可以有多种途径，例如质体和圆球体都能积聚脂类物质，发育成油滴。

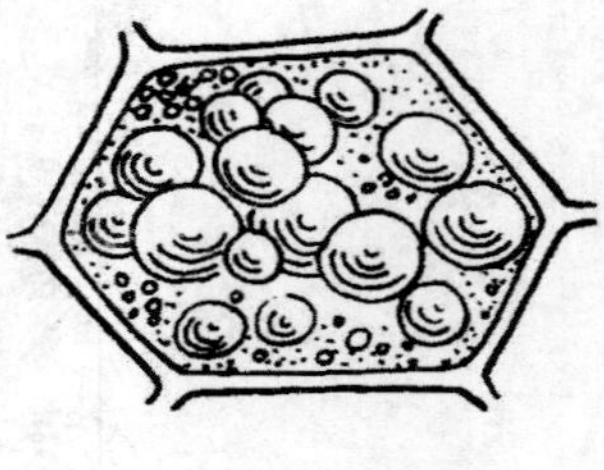

图 1-3-4 含有油滴的椰子胚乳细胞

二、晶体

植物细胞中，无机盐常形成各种形状的晶体。最常见的是草酸钙晶体，少数植物中也有碳酸钙晶体。它们一般被认为是新陈代谢的废弃物，形成晶体后便避免了对细胞的毒害。

根据晶体的形状可以将其分为单晶、针晶和簇晶三种。单晶呈棱柱状或角锥状。针晶是两端尖锐的针状，并常集聚成束。簇晶是由许多单晶联合成的复式结构，呈球状，每个单晶的尖端都突出于球表面(图 1-3-5)。

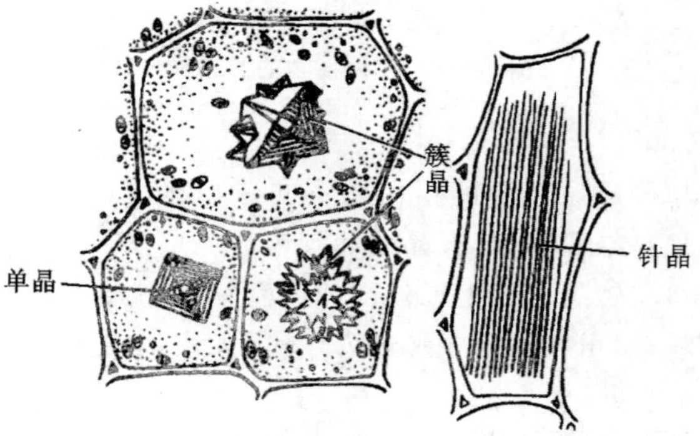

图 1-3-5 晶体的类型

晶体在植物体内分布很普遍，在各类器官中都能看到。不同植物以及植物体不同部位的细胞中含有的晶体，在大小和形状上有时有很大区别。晶体是在液泡中形成的。

三、次生代谢物质

植物次生代谢物质(secondary metabolite)是植物体内合成的，与植物生长发育无直接作用的一类化合物。次生代谢产物在已知的生理过程中，如呼吸作用、光合作用、同化物质的运输等过程中没有明显或直接的作用。但这类物质在植物适应不良环境或抵御病原物侵害、吸引传粉媒介以及植物的代谢调控等方面具有重要意义。

（一）酚类化合物及其衍生物

植物中酚类化合物及其衍生物包括芳香氨基酸、简单酚类(单宁)、木质素以及类黄酮等。单宁又叫鞣质，是一种无毒、不含氮的水溶性酚类化合物，广泛存在于植物的根、茎、叶、树皮和果实中，如柿、石榴的果实中，柳、桉、栎、胡桃等的树皮中。它存在于细胞质、液泡或细胞壁中，在光镜下是一些黄、红或棕色粒状物，具涩味，遇铁盐呈蓝色以至黑色。单宁在植物生活中有防腐、保护作用，能使蛋白质变性，当动物摄食含单宁的植物时，可使动物唾液中的蛋白质沉淀，使动物感觉这种植物味道不好而拒食；单宁还可抑制细菌和真菌的侵染。工业上用于制革，药用上有抑菌和收敛止血的作用。酚类化合物还能强烈吸收紫外线，可使植物免受紫外线伤害。

类黄酮(flavonoid)是一种 15 碳化合物，是植物体内一类重要次生代谢物质，目前已经鉴定的类黄酮超过 9 000 种。常见的类黄酮有花色苷(anthocyanin)、黄酮醇(flavonol)和黄酮(flavone)。

常见的花色素与植物颜色有密切关系，主要分布于花和果实细胞的液泡内，为水溶性色素，是花色苷与葡萄糖基解离后剩余的部分，为无氮的酚类化合物。花色素在不同 pH 条件下颜色也不同，当细胞液酸性时呈橙红色，中性时呈紫色，碱性时则呈蓝色。

类黄酮还有吸引动物以利传粉和受精、保护植物免受紫外线灼伤、防止病原微生物侵袭等功能。

(二)含氮化合物

植物体内的含氮次生代谢物质主要有生物碱、非蛋白氨基酸、生氰苷等。这些物质均是参与植物防御反应的重要物质。

生物碱(alkaloid)是植物体中广泛存在的一类含氮的碱性有机化合物，多为白色晶体，具有水溶性。目前已发现的生物碱超过 3 000 种，有人认为生物碱是代谢作用的最终产物，也有人认为其是一种贮藏物质，现在普遍认为它是植物的防御物质。大多数的生物碱对动物是有毒的，它们可使植物免受其他生物的侵害，有重要的生态学功能。

生物碱在植物界中分布很广，含生物碱较多的科有罂粟科、茄科、防己科、茜草科、毛茛科、小檗科、豆科、夹竹桃科和石蒜科等。亲缘关系相近的植物，常含化学结构相同或类似的生物碱，一种植物中可能含有多种生物碱。

生物碱有多方面的用途，金鸡纳树(*Cinchona ledgeriana*)树皮中所含的奎宁(quinine)是治疗疟疾的特效药；烟草中的尼古丁(nicotine)有驱虫作用，因而几乎没有昆虫光顾含烟碱的植物。吗啡、小檗碱、莨菪碱和阿托品等都有驱虫作用。作为外源试剂，烟碱可抗生长素，抑制叶绿素合成；秋水仙素处理正在进行有丝分裂的细胞，它与微管结合，使纺锤体不能形成，结果形成多倍体，育种工作者常用它作为产生多倍体的试剂。咖啡和茶中的咖啡因有刺激和镇静的作用。

非蛋白氨基酸 (nonprotein amino acid) 是植物体内含有的一些不被结合到蛋白质内的氨基酸。非蛋白氨基酸以游离形式存在，起防御作用，它们在结构上与蛋白氨基酸非常相似，例如刀豆氨酸(canavanine)的结构就与精氨酸非常相近。

非蛋白氨基酸可以抑制动物体内蛋白质氨基酸的吸收或合成，或者被结合进正常的蛋白质中，从而导致动物体内某些蛋白质功能的丧失。例如刀豆氨酸被草食动物摄入后，在蛋白质合成过程中取代精氨酸被结合进蛋白质，导致酶丧失与底物结合的能力或丧失催化生化反应的能力。

(三)萜烯类

植物萜类化合物是由五碳的异戊二烯单元构成的化合物及其衍生物。常见的有甾醇、类胡萝卜素、植物精油等。目前在植物体内发现了数千种萜烯化合物，已知一些萜烯类化合物为化感物质，可以对其他植物的生长产生影响。另外，树脂也是一类萜烯类化合物，广泛存在于针叶植物和一些被子植物中，具有保护植物抗御昆虫侵害的功能。

第四节 植物细胞分裂、生长、分化和死亡

细胞分裂是生命有机体的主要特征，植物个体的生长以及个体繁衍都是以细胞分裂为基础的。对于单细胞植物而言，通过细胞分裂可以增加个体的数量，繁衍后代；对于多细胞有机体来说，细胞分裂与细胞扩大构成了有机体生长的主要方式。细胞分裂的方式分为有丝分裂、减数分裂、无丝分裂三种。

一、细胞分裂

(一)细胞周期

细胞周期(cell cycle)是指从一次细胞分裂结束开始到下一次细胞分裂结束之间细胞所经历的全部过程。细胞周期又可划分为分裂间期和分裂期。

1. 分裂间期　分裂间期(interphase)是从前一次分裂结束到下一次分裂开始的一段时间。间期细胞核结构完整，细胞进行着一系列复杂的生理代谢活动，特别是 DNA 的复制，同时积累能量，为细胞分裂做准备。根据在不同时期合成的物质不同，可以把分裂间期进一步分成复制前期(G_1，gap_1)、复制期(S，synthesis)和复制后期(G_2，gap_2)三个时期(图 1-4-1)。

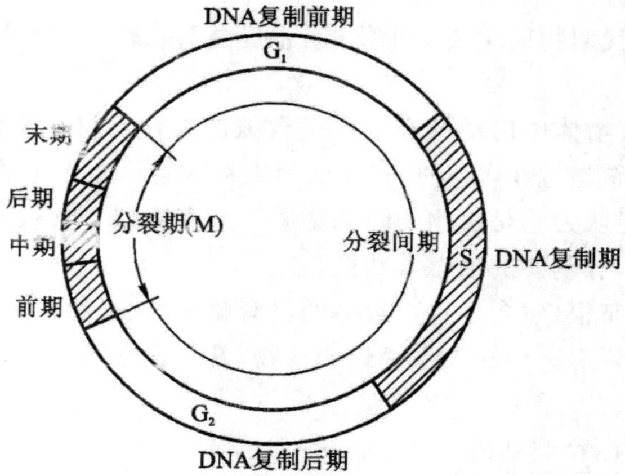

图 1-4-1　植物细胞周期示意图

(1)G_1期　G_1期出现在细胞分裂结束后，在此期，细胞要发生一系列生物化学变化，为进入 S 期创造了基本条件。其中最主要的是要合成一定数量的 RNA 和一些专一性的蛋白质(如组蛋白、非组蛋白及一些酶类)。其中重要的是对细胞周期有调控作用的周期蛋白(cyclin)，它的积累有助于细胞通过G_1期的限制点进入 S 期。处于G_0期的细胞中缺乏这种蛋白和其他一些因子，故暂时不能通过限制点。此外，还合成了微管蛋白等。

G_1期细胞体积增大，各种细胞器、内膜结构和其他细胞成分的数量迅速增加，以利于细胞过渡到 S 期。

(2)S 期　S 期是细胞核 DNA 的复制期。这个时期的主要特征是遗传物质的复制。包括 DNA 复制和组蛋白等染色体蛋白的合成。细胞核中 DNA 的复制是以半保留方式进行的，组蛋白是在细胞质中合成，然后转运进入细胞核，与 DNA 链结合形成染色质。

S 期 DNA 的复制过程受细胞质信号控制，只有当 S 期激活因子出现后，DNA 合成开关才会打开，S 期除合成 DNA 和各种组蛋白外，还合成一些其他的蛋白，如专一的细胞周期蛋白。

(3)G_2期　G_2期是 DNA 复制完成到细胞开始分裂的时期。G_2期 1 个细胞核的 DNA 含量为 4 C，较G_1期的含量(2C)增加了 1 倍。细胞在此期中主要合成某些蛋白质和 RNA。为进入 M 期进行结构和功能上的准备，如合成纺锤体微管蛋白等。在G_2期末还合成了一种可溶性蛋白质，能引起细胞进入分裂期。这种可溶性蛋白质为一种蛋白质激酶，在G_2期末被激活，从而使细胞由G_2期进入有丝分裂期。此种激酶可使核质蛋白质磷酸化，导致核膜在前期末破裂。在G_2期进入 M 期前也存在着细胞周期监控点。

2. 分裂期　细胞经过间期后进入分裂期，细胞中已复制的 DNA 将以染色体形式平均分配到 2 个子细胞中去，每一个子细胞将得到与母细胞同样的一组遗传物质。细胞分裂期(M 期)由核分裂(karyokinesis)和胞质分裂(cytokinesis)两个阶段构成。

3. 细胞周期的时间　不同细胞的细胞周期所经历的时间不同。绝大多数真核生物的细胞周期从几个小时到几十个小时不等，与细胞类型和外界因子有关。例如蚕豆根尖细胞的周期约为12 h，其中G_1期 4.0 h，S 期 5.0 h，G_2期 1.5 h，M 期 1.5 h。

4. 周期细胞、G_0期细胞和终端分化细胞　从细胞增殖的角度看，细胞有三种状态：周期细胞、G_0期细胞和终端分化细胞。周期细胞是在细胞周期中运转的细胞，如分生组织细胞。G_0期细胞为暂时脱离细胞周期的细胞，可在适当刺激下重新进入细胞周期进行增殖。例如，茎的皮层细胞通常不再进行细胞分裂，视为 G_0 期，但在发育到一定阶段，其中一些细胞恢复分裂活动，转变为形成层细胞，重新进入细胞周期。终端分化细胞是指那些不可逆的脱离细胞周期、丧失分裂能力、保持生理机能的细胞，如韧皮部中的筛管分子。细胞处于何种状态受有关基因及外界环境条件的调控。

(二)有丝分裂

有丝分裂(mitosis)也称间接分裂(indirect division)，是一种最普通的分裂方式，植物器官的生长一般都是以这种方式进行的。在有丝分裂过程中，因细胞核中出现染色体(chromosome)与纺锤丝(spindle fiber)，故称为有丝分裂，主要发生在植物根尖、茎尖及生长快的幼嫩部位的细胞中。植物生长主要靠有丝分裂增加细胞的数量。有丝分裂包括两个过程，即核分裂和细胞质分裂，根据染色体的变化过程，可人为地将核分裂分为前期、中期、后期和末期。

1. 染色体和纺锤体

(1)染色体的结构　染色体是真核细胞有丝分裂或减数分裂过程中，由染色质聚缩而成的棒状结构，是细胞有丝分裂时遗传物质存在的特定形式，由染色质经多级盘绕、折叠、压缩、包装形成的。

在 S 期，由于每个 DNA 分子复制成为两条，每个染色体实际上含有两条并列的染色单体(chromatid)，每一染色单体含 1 条 DNA 双链分子。两条染色单体在着丝粒(centromere)部位结合。着丝粒位于染色体的一个缢缩部位，即主缢痕(primary constriction)中。着丝粒是异染色质，由无编码意义的高度重复 DNA 序列组成。在每一个着丝粒的外侧还有一个蛋白质复合体结构，称动粒(kinetochore)，也称着丝点，与纺锤丝相连(图 1-4-2)。染色质中的 DNA 长链经四级螺旋、盘绕最终形成染色体，其长度被压缩了上万倍，这有利于细胞分裂中染色体的平均分配。

(2)纺锤体　有丝分裂时，细胞中出现了大量由微管聚集成束组成的细丝，称为纺锤丝。由纺锤丝在细胞两极间形成形态为纺锤状的结构，称纺锤体(spindle)。组成纺锤体中的纺锤丝有些是从纺锤体一极伸向另一极的，称连续纺锤丝(continuous fibers)或极间微管(polar microtubules)。它们不与着丝点相连(图 1-4-3)；还有一些纺锤丝一端和纺锤体的极(pole)连接，另一端与染色体动粒相连，称为染色体牵丝(chromosomal fibers)，也称动粒微管(kinetochore microtubules)。

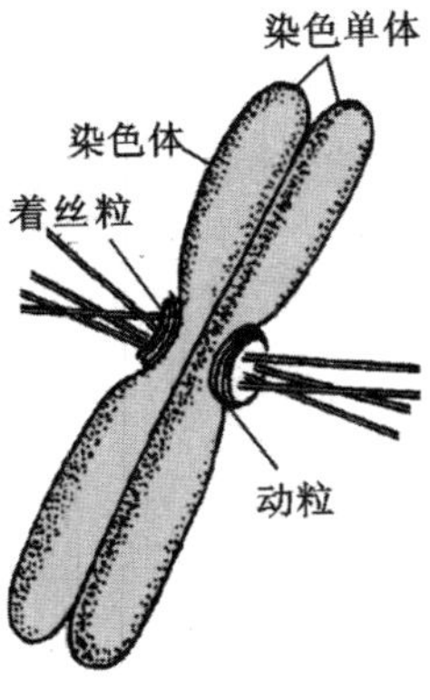

图 1-4-2　染色体结构模式图

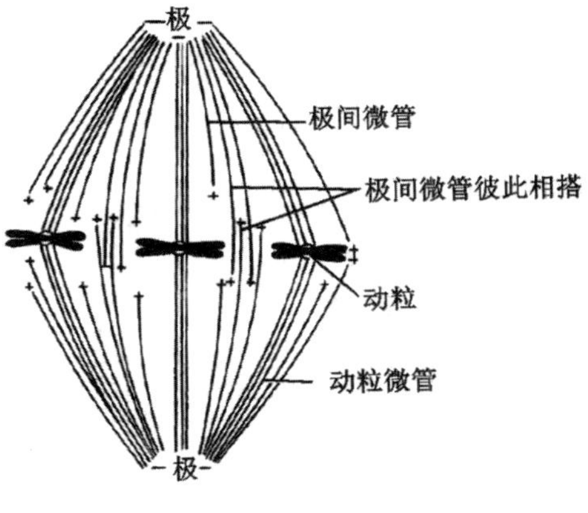

图 1-4-3　纺锤体

2. 有丝分裂的过程

(1)细胞核分裂

①前期(prophase)：前期是有丝分裂开始时期，其主要特征是染色质逐渐凝聚成染色体。最初，染色质呈细长的丝状结构，以后逐渐缩短、变粗，成为形态上可辨认的棒状结构，即染色体。每一个染色体由两条染色单体组成，它们通过着丝粒连接在一起。染色体在核中凝缩的同时，核膜周围的细胞质中出现大量微管，最初的纺锤体开始形成。到前期的最后阶段，核仁变得模糊以至最终

消失，与此同时，染色体移向靠近核膜的边缘，核中央变空，核膜也开始破碎成零散的小泡，最后全面瓦解。

②中期(metaphase)：中期细胞特征是染色体排列到细胞中央的赤道面(equatorial plane)上，纺锤体形成。当核膜破裂后，由纺锤丝构成的纺锤体结构清晰可见。染色体继续浓缩变短，在动粒微管的牵引下，向着细胞中央移动，最后都以各染色体的着丝点排列在处于两极当中的垂直于纺锤体纵轴的平面，即赤道面上。中期的染色体缩短到最粗短的程度，是观察研究染色体的最佳时期。

③后期(anaphase)：当所有染色体排列在赤道板上后，构成每条染色体的两个染色单体从着丝粒处裂开，分成两条独立的子染色体(daughter chromosome)；紧接着子染色体分成两组，分别在染色体牵丝的牵引下，向相反的两极运动。这种染色体运动是动粒微管末端解聚和极间微管延长的结果。

④末期(telophase)：末期的主要特征是到达两极的染色体弥散成染色质，核被膜、核仁重新出现。染色体到达两极后，动粒微管消失，极间微管增长，两组子染色体周围的小囊泡相互融合形成双层核膜，核纤层蛋白组装成核纤层，位于核膜内侧；与此同时，染色体开始解螺旋，逐渐变成细长分散的染色质丝，成为密集的一团。最后核仁重新出现，形成子细胞核。至此，细胞核分裂结束(图1-4-4，本章彩图6)。

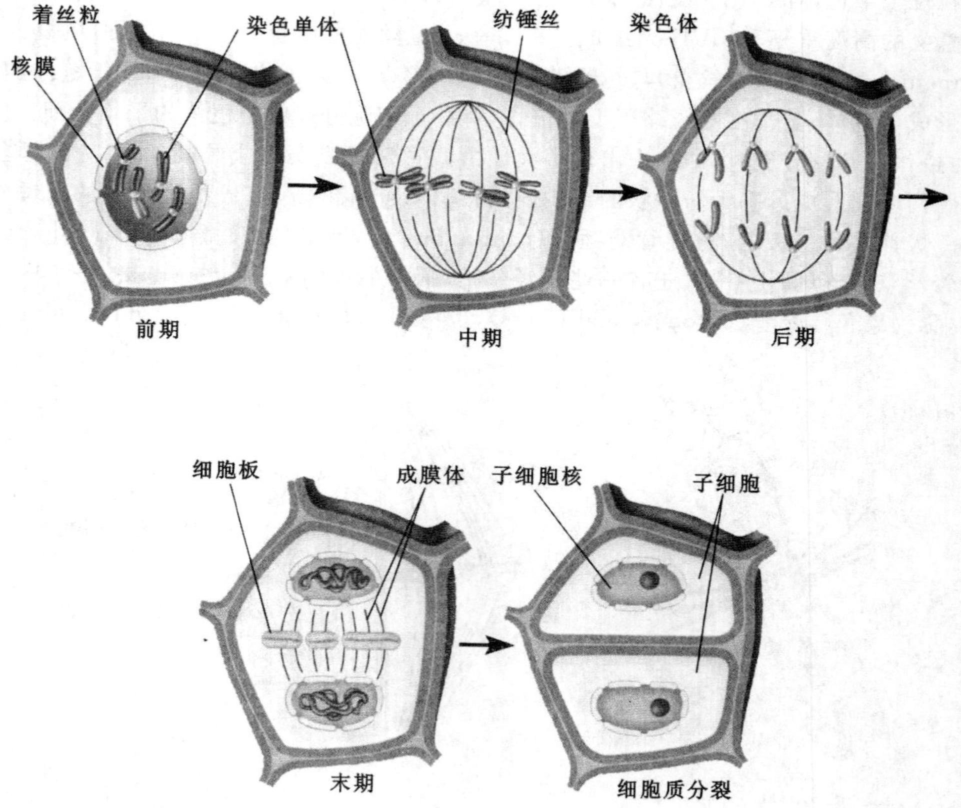

图 1-4-4　**植物细胞有丝分裂过程图解(依 Nabors)**

(2)细胞质分裂　胞质分裂是在两个新的子核之间形成新细胞壁，把母细胞分隔成两个子细胞的过程。一般情况下，胞质分裂在核分裂后期之末、染色体接近两极时开始，这时两个子核之间形成两组反向平行的微管阵列，构成一个桶状结构，称为成膜体(phragmoplast)。来自高尔基体的小泡在成膜体微管的引导下聚集于成膜体的中央，小泡融合后释放果胶等胞壁多糖并组成板块状结构，称为细胞板(cell plate)。细胞板在成膜体的引导下由细胞中央向外周扩展，直至与母细胞的侧壁相连，从而形成了新的细胞壁，将母细胞一分为二。小泡的膜用来形成子细胞的质膜；小泡融合时，其间往往有一些管状内质网穿过，这样便形成了贯穿于两个子细胞之间的胞间连丝。

有丝分裂是植物中普遍存在的一种细胞分裂方式，在有丝分裂过程中，由于每次核分裂前都进行一次染色体复制，分裂时，每条染色体分裂为两条子染色体，平均分配给两个子细胞，这样就保证了每个子细胞具有与母细胞相同数量和类型的染色体。因此每一个子细胞就有着和母细胞相同的遗传特性。在多细胞植物生长发育过程中，进行无数次的细胞分裂，每一次都按同样方式进行，这样有丝分裂就保持了细胞遗传上的稳定性。

(三)减数分裂

减数分裂(meiosis)是发生在植物有性生殖过程中的一种特殊的细胞分裂方式。在种子植物中，它发生在花粉母细胞形成单核花粉粒(小孢子)和胚囊母细胞形成单核胚囊(大孢子)时期。整个分裂包括两次连续的分裂，DNA 的复制只有一次，染色体也仅分裂一次。因此，一个花粉母细胞或胚囊母细胞经过减数分裂后形成 4 个子细胞，每个子细胞的染色体数目为母细胞的一半，减数分裂因此得名。

1. 减数分裂Ⅰ　减数分裂第一次分裂(减数分裂 I)可分为前期Ⅰ、中期Ⅰ、后期Ⅰ和末期Ⅰ(图 1-4-5)。

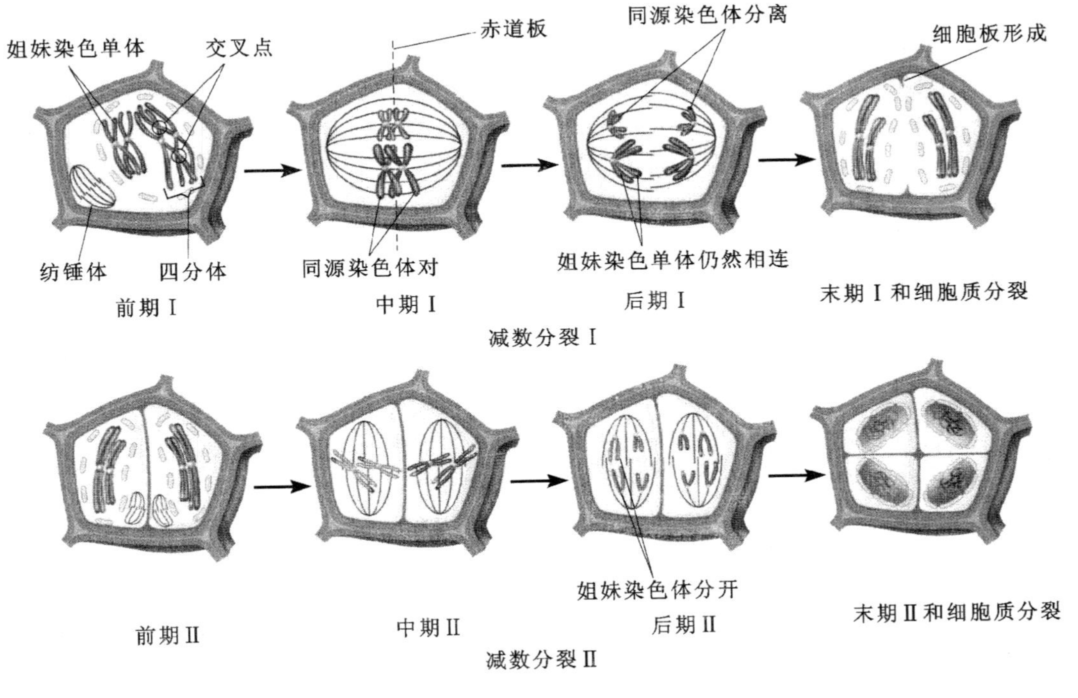

图 1-4-5　植物细胞减数分裂过程示意图(依 Nabors)

(1)前期Ⅰ(prophaseⅠ)　细胞核进入减数分裂的前期 I 时，已经发生了染色体的复制。与有丝分裂相比，第一次减数分裂的前期中染色体的变化要复杂得多。根据染色体的形态变化，前期 I 被人为地划分为 5 个时期。

①细线期(leptotene)：第一次分裂开始时，染色质浓缩为几条细而长的细线，但相互间往往难以区分。虽然染色体已经被复制，但在细线期的染色体上还看不到双重性。细线的两端通过接触斑与核膜相连，核的体积逐渐增大。

②偶线期(zygotene)：在这个时期，同源染色体(homologous chromosome)开始配对，它们一条来自父方，一条来自母方。在光镜下可见到成双存在的染色体。在偶线期之前，一对同源染色体在

核中随机分布。进入偶线期后，同源染色体与核膜相连的端部通过移位相互靠拢，并侧面相连开始配对，这种现象称为联会(synapsis)。此种配对是专一性的，所形成的特殊结构称为联会复合体(synaptonemal complex)。在偶线期中，还能发生DNA合成现象。

③粗线期(pachytene)：两条同源染色体此时配对完毕。染色体明显变粗变短，结合紧密，此时每对配对的染色体中含有四条染色单体，称为四分体(tetrad)。在四分体上可看到非姐妹染色单体发生交叉，可在一条染色体上有若干个交叉点，这种现象的本质是同源染色体之间发生了染色体片段的交换。也就是说，交换后，染色体有了遗传物质的变化，含有同源染色体中另一条染色体上的一部分遗传基因。粗线期持续的时间比细线期和偶线期要长得多。

④双线期(diplotene)：同源染色体开始分开，但并不完全，非姐妹染色单体在某些点仍相连。这些相连点是染色体间发生互换的结果。此时联会复合体着丝粒两端的交叉向端部移动，染色体与核被膜脱离接触。此外，双线期发生mRNA与rRNA的转录。

⑤终变期(diakinesis)：染色体变成紧密凝集状态，核仁消失，四分体较均匀地分布在核中，同源染色体间依靠端部交叉相结合，姐妹染色单体由着丝粒相连。终变期的完成标志着减数分裂前期Ⅰ的结束。

(2)中期Ⅰ(metaphaseⅠ)　核膜破裂，纺锤体形成，四分体在纺锤体的作用下，移向细胞的赤道面，此时两个同源染色体与方向相反的着丝粒微管相连。不同于有丝分裂中期的是，配对的同源染色体各有两个动粒，并向着同一侧的方向。同源染色体对靠端部交叉结合在一起。

(3)后期Ⅰ(anaphaseⅠ)　进入后期，同源染色体分开，每对同源染色体分开后分别向两极移动。在每极中，染色体的数目只有原来的一半。不同的同源染色体对向两极的分离过程是独立进行的，因而来自父母双方的染色体被随机组合。

(4)末期Ⅰ(telophase Ⅰ)　染色体完全到达两极，核膜重建，核仁重新形成。此时，染色体的数目是母细胞的一半。某些植物可以进行胞质分裂，在两个子细胞核间形成细胞板，如玉米。也有些植物要等到第二次分裂完毕后才进行胞质分裂。

2.减数分裂Ⅱ　减数分裂的第二次分裂(减数分裂Ⅱ)实际上是一次普通的有丝分裂，也分为4个时期：前期Ⅱ、中期Ⅱ、后期Ⅱ和末期Ⅱ(图1-4-5)。从减数分裂Ⅰ到减数分裂Ⅱ，细胞中没有进行DNA复制，很快进入第二次分裂。这时减数分裂Ⅰ二价体中每一条染色体的两条姐妹染色单体分裂成两条子染色体，分别进入细胞两极，最终形成了4个单倍体的子细胞核。

3.胞质分裂　在减数分裂Ⅰ后，有些植物随即形成细胞板，有的则不形成。在高等植物中，花粉母细胞减数分裂的胞质分裂有两种类型：一种是在减数分裂Ⅰ后，即进行胞质分裂，形成两个子细胞(二分体)。之后，在减数分裂Ⅱ末，二分体再各自胞质分裂形成四个子细胞(四分体)，两次形成的新壁相互垂直，四个子细胞排在一个平面上，其壁的发育是离心式的，称为连续型(successive type)，多数单子叶植物属于此类型。另一种是减数分裂Ⅰ后不形成细胞壁，待减数分裂Ⅱ末期，同时进行胞质分裂，形成的四个子细胞(四分体)排列成四面体，其壁的发育是向心式的，称为同时型(simultaneous type)，多数双子叶植物属于此类型。

减数分裂对保持物种遗传的稳定性和丰富变异性有十分重要的意义。花粉母细胞和胚囊母细胞经减数分裂产生的单核花粉粒和单核胚囊以及由它们分别产生的精细胞和卵细胞都是单倍体。当精、卵结合后形成合子，恢复了原有染色体倍数，使物种的染色体数保持稳定，也就是在遗传上具有相对的稳定性。同时，由于同源染色体间的联合以及遗传物质发生交换和重组，丰富了物种遗传性的变异。这对增强后代适应环境的能力以及繁衍种族有极其重要的意义。

减数分裂是一个活跃的生理过程，对外界环境条件的反应很敏感，如低温、干旱、光照不良等都能影响减数分裂的正常进行。

(四)无丝分裂

无丝分裂(amitosis)也称直接分裂(direct division)。相对于有丝分裂和减数分裂，无丝分裂的过程比较简单。细胞分裂开始时，核仁先分裂成两部分，同时细胞核伸长，中部凹陷，最后中间分开，形成两个细胞核，在两核中间产生新壁形成两个细胞。无丝分裂有多种方式，如横缢、纵缢、出芽等，最常见的是横缢。无丝分裂没有纺锤丝和染色体的形成，其消耗能量少，分裂速度快，但遗传物质一般不能平均分配到子细胞中，所以其遗传不稳定。

无丝分裂多见于低等植物中，在高等植物中也比较普遍，例如在胚乳发育过程中和愈伤组织形成时均有无丝分裂发生。

二、植物细胞的生长和分化

(一)细胞生长

细胞生长是指在细胞分裂后形成的子细胞体积和重量的增加过程，其表现形式为细胞重量增加的同时，细胞体积亦增长。细胞生长是植物个体生长发育的基础，对单细胞植物而言，细胞的生长就是个体的生长，而多细胞植物体的生长则依赖于细胞的生长和细胞数量的增加。

植物细胞的生长包括原生质体生长和细胞壁生长两个方面。原生质体生长过程中最为显著的变化是液泡化程度的增加，最后形成中央大液泡，细胞质的其余部分则变成一薄层紧贴于细胞壁，细胞核也移至侧面；此外，原生质体中的其他细胞器在数量和分布上也发生着各种复杂的变化。细胞壁的生长包括表面积增加和厚度增加，原生质体在细胞生长过程中不断分泌壁物质，使细胞壁随原生质体长大而延伸，同时壁的厚度和化学组成也发生相应变化。

植物细胞的生长有一定限度，当体积达到一定大小后，便会停止生长。细胞最后的大小，随植物细胞的类型而异，即受遗传因子控制，同时，细胞生长和细胞大小也受环境条件的影响。

(二)细胞分化

多细胞植物体中的细胞由于执行不同的生理功能，常常在形态或结构上表现出适应性的变化。例如，茎、叶表皮细胞执行保护功能，在细胞壁的表面就形成明显的角质层以降低水分的蒸腾；叶肉细胞中发育形成了大量的叶绿体以适应光合作用的需要；输导水分的导管细胞发育成长管状、侧壁加厚、中空以利于水分输导。然而，这些细胞最初都是由合子分裂、生长、发育而成。这种在个体发育过程中，细胞在形态、结构和功能上的特化过程，称为细胞分化(cell differentiation)。植物的进化程度愈高，植物体结构愈复杂，细胞分工就愈细，细胞的分化程度也愈高。细胞分化使多细胞植物体中的细胞功能趋于专门化，这样有利于提高各种生理功能的效率。

细胞分化是一个非常复杂的过程，它涉及许多调节和控制因素，因为组成同一植物体的所有细胞均来自受精卵，它们具有相同的遗传组成。但它们为什么会分化成不同的形态与结构，是哪些因素导致了细胞分化，这是生物学研究领域中的热点问题之一。目前对植物个体发育过程中某些特殊类型细胞的分化和发育机制已经有了一定程度的了解，一般认为细胞分化可能有下列原因：

①细胞分化是遗传基因选择性表达的结果，植物体中细胞所含的全部遗传基因，在细胞的生长发育过程中有些被表达，有些不被表达。

②外界环境条件的诱导，如光照、温度和湿度等。

③细胞在植物体中存在的位置，以及细胞间的相互作用。

④细胞的极性化是细胞分化的首要条件，极性是指细胞(或器官或植株)的一端与另一端在结构上与生理上的差异，常表现为细胞内两端细胞质浓度不均等。极性的建立常引起细胞不均等分裂，即两个大小不同的细胞产生，这为它们今后的分化提供了前提。

⑤激素或化学物质，已知生长素和细胞分裂素是启动细胞分化的关键激素。

(三)脱分化

成熟的植物细胞一般不再具有细胞分裂的能力，但在一定因素的作用下，某些已经分化的细胞可恢复分裂机能，重新具有分生组织细胞的特性，这个过程称为脱分化(dedifferentiation)。脱分化的细胞经再分化(redifferentiation)形成不同的组织。例如,在植物器官发育过程中,周皮、侧根、不定芽和不定根等都是通过成熟细胞的脱分化和再分化形成的。植物体内的表皮、皮层、髓射线、厚角组织和韧皮部的薄壁细胞等都可以在一定条件下发生脱分化。可见,植物细胞具有很大的可塑性。

(四)细胞全能性

细胞全能性(cell totipotency)的概念是1902年由德国著名植物学家Haberlandt首先提出的。他认为高等植物的器官和组织可以不断分割直至单个细胞,每个细胞都具有进一步分裂和发育的能力。

植物细胞全能性是指体细胞可以像胚性细胞那样,经过诱导能分化发育成一株植物,并且具有母体植物的全部遗传信息。植物体的所有细胞都来源于受精卵的分裂,当受精卵分裂时,染色体进行复制,这样分裂形成的两个子细胞里均含有与受精卵同样的遗传物质——染色体。因此,经过不断的细胞分裂所形成的成千上万个子细胞,尽管它们在分化过程中会形成不同器官或组织,但它们具有相同的基因组成,都携带着亲本的全套遗传信息,即在遗传上具有“全能性”。因此,只要培养条件适合,离体培养的细胞就有发育成一株植物的潜在能力。

细胞和组织培养技术的发展和应用,从实验基础上有力地验证了植物细胞“全能性”的理论。

三、细胞死亡

多细胞生物体中,细胞在不断进行着分裂、生长和分化的同时,也不断发生着死亡。

细胞的死亡可分为程序性死亡和坏死性死亡两种形式。程序性死亡(programmed cell death),或称细胞凋亡(apoptosis),是指体内健康细胞在特定细胞外信号的诱导下进入死亡途径,于是在有关基因的调控下发生死亡的过程,这是一个正常的生理性死亡,是基因程序性表达的结果。细胞坏死(necrosis)是指细胞受到某些外界因素的激烈刺激,如机械损伤、毒性物质的毒害等,导致细胞的死亡。

(一)细胞程序性死亡的特征

细胞死亡程序启动后,细胞内会发生一系列结构变化,如细胞质凝缩、细胞萎缩、细胞骨架解体、核纤层分解、核被膜破裂、内质网膨胀成泡状、细胞质和细胞器自溶作用表现强烈。除了这些形态特征外,在进行DNA电泳分析时发现,核DNA分解成片段,出现梯形电泳图。大量实验表明,核DNA分解成片段,是细胞凋亡的主要特征之一。

细胞坏死与细胞程序性死亡有明显不同的特征。细胞坏死时质膜和核膜破裂,膜通透性增高,细胞器肿胀,线粒体、溶酶体破裂,细胞内含物外泄。细胞坏死极少为单个细胞死亡,往往是某一区域内一群细胞或组织受损;细胞坏死过程中不出现DNA梯状条带等特征。

(二)细胞程序性死亡的生物学意义

植物生长发育过程中,普遍存在着细胞程序性死亡的现象,如管状分子分化的结果导致细胞死亡,它们在植物体内以死细胞的形式执行输导水分和无机盐的功能;根冠边缘细胞的死亡和脱落;花药发育过程中绒毡层细胞的瓦解和死亡;大孢子形成过程中多余大孢子细胞的退化死亡;胚胎发育过程中胚柄的消失;种子萌发时糊粉层的退化消失;叶片、花瓣细胞的衰老死亡等,均是细胞程序性死亡的过程。

细胞程序性死亡是植物有机体自我调节的主动的自然死亡过程,是一种主动调节细胞群体相对平衡的方式。在这一过程中,可主动清除多余的与机体不相适应的、已经完成其生理功能并不再需要的,或是其存在有潜在危险的细胞。

如前所述,植物根冠是通过边缘细胞的不断死亡来保持细胞群体数量的恒定,植物胚胎发育过程中胚柄的消失也是通过细胞程序性死亡来清除已经完成功能的无用细胞。超敏性反应是植物体通过局部细胞的死亡来保证整个机体安全的保护性机制。由此可见,细胞程序性死亡是生物体内

普遍发生的一种积极的生物学过程，对有机体的正常发育有着重要意义，是长期演化过程中进化的结果。【二维码 1-6】

1-6

本章小结

细胞是生物有机体的基本结构单位。除病毒外，一切有机体都是由细胞组成的。细胞也是生物有机体代谢和功能的基本单位，还是有机体生长发育的基础，同时又是遗传的基本单位，具有遗传上的全能性。

细胞可分为原核细胞和真核细胞两大类。原核细胞没有典型的细胞核，没有分化出以膜为基础的具有特定结构和功能的细胞器。而真核细胞具有典型的细胞核结构，同时还分化出以膜为基础的多种细胞器。由原核细胞构成的生物称原核生物；真核细胞构成的生物称真核生物，高等植物和绝大多数低等植物均由真核细胞构成。

生活细胞中有生命活动的物质被总称为原生质，是由多种无机物和有机物组成，主要包括水、无机盐、核酸、蛋白质、脂类、多糖等。原生质具有重要的理化性质，表现在原生质的胶体性质，原生质的黏性和弹性，以及原生质的液晶性质。原生质最重要的生理特性是具有生命现象，即具有新陈代谢的能力。

植物细胞的体积通常很小。在种子植物中，细胞直径一般介于 10～100 μm 之间。植物细胞的形状是多种多样的，有球状体、多面体、纺锤形和柱状体等。植物细胞以细胞壁、液泡、质体等一些特有的细胞结构区别于动物细胞。

真核植物细胞由细胞壁和原生质体两大部分组成。细胞壁包在细胞最外围，具有支持和保护其内原生质体的作用，其主要成分是多糖和蛋白质，多糖包括纤维素、半纤维素和果胶质，纤维素是其主要物质。有时细胞壁中会加入木质素、脂类化合物（角质、木栓质和蜡质等）和矿物质（碳酸钙、硅的氧化物等）。细胞壁可分成三层，即胞间层、初生壁和次生壁，其上常有纹孔和胞间连丝。

原生质体是生活细胞中细胞壁以内各种结构的总称，是细胞内各种代谢活动进行的场所，包括细胞膜、细胞质、细胞核等结构。

质膜包围在原生质体表面，主要由脂类、蛋白质分子组成。目前，质膜结构的流动镶嵌模型得到广泛的支持，即磷脂类的双分子层组成质膜的骨架，蛋白质分布在膜的内外表面，或程度不同地嵌入脂双层的内部，两类分子在膜内可以各种形式运动。质膜能控制细胞与外界环境之间的物质交换，同时在细胞识别、细胞间的信号转导、新陈代谢的调控等过程中具有重要作用。

细胞质由细胞质基质、细胞器和细胞骨架组成。细胞器包括质体（叶绿体、有色体、白色体）、线粒体、内质网、高尔基体、液泡、溶酶体、圆球体、微体和核糖体等。各种细胞器在结构和功能上是密切相连的。细胞质基质是细胞中各种复杂代谢活动进行的场所；它为各个细胞器执行功能提供必需的物质和介质环境；胞质运动有利于细胞内物质的转运，促进了细胞器之间生理上的相互联系。细胞骨架包括微管系统、微丝系统和中间纤维系统，它们在细胞形状的维持、细胞及细胞器的运动、细胞分裂、细胞壁的形成、信号转导以及细胞核对整个细胞生命活动的调节中具有重要作用。

细胞核是细胞遗传与代谢的控制中心，由核被膜、染色质、核仁和核基质组成。

后含物是植物细胞中的一些贮藏物质或代谢产物。种类很多，有淀粉、蛋白质、脂肪、无机盐结晶、单宁、树脂、花青素、类黄酮、植物碱和非蛋白氨基酸等。

细胞分裂是植物个体生长发育的基础，植物细胞分裂的方式分为有丝分裂、减数分裂和无丝分裂三种。植物细胞从一次细胞分裂结束开始到下一次细胞分裂结束之间细胞所经历的全部过程称细胞周期，可划分为分裂间期和分裂期，分裂间期进一步分成 G_1 期、S 期和 G_2 期三个时期。

细胞生长是指在细胞分裂后形成的子细胞体积和重量的增加，是植物个体生长发育的基础，包括原生质体生长和细胞壁生长两个方面。细胞分化则是指在植物个体发育过程中，细胞在形态、结构和功能上的特化过程。它为植物个体发育过程中组织和器官的形成奠定了基础。

多细胞生物体中，细胞在不断进行分裂、生长和分化的同时，也不断发生着死亡。细胞的死亡可分为程序性死亡和坏死性死亡两种形式。程序性死亡是指体内健康细胞在特定的细胞外信号诱导下发生死亡的过程，这是一个正常的生理性死亡，是基因程序性表达的结果。它是生物体内普遍发生的一种积极的生物学过程，对有机体的正常发育有着重要的意义。

复习与思考

1. 结合细胞发现和细胞学说的创立，谈谈科学技术进步对生物学发展的作用。
2. 植物细胞中哪些结构保证了多细胞植物体中细胞之间进行有效的物质和信息传递？
3. 细胞壁的存在对植物细胞生长发育有哪些积极作用？结合查阅资料，谈谈植物细胞壁物质是如何合成的。
4. 谈谈您对细胞生长和细胞分化的认识，细胞分化在植物个体发育和系统发育中有什么意义？
5. 如何理解高等植物细胞形态、结构与功能之间的相互适应？谈谈对质体种类的认知。
6. 通过查阅资料，了解植物细胞程序性死亡对植物生长发育的意义。

数字课程学习资源

课程视频　学习课件　知识结构图　练习题　参考答案

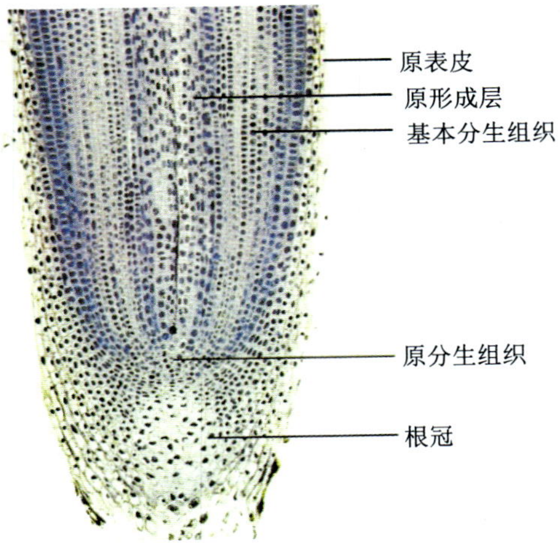

图1　洋葱根尖纵切面

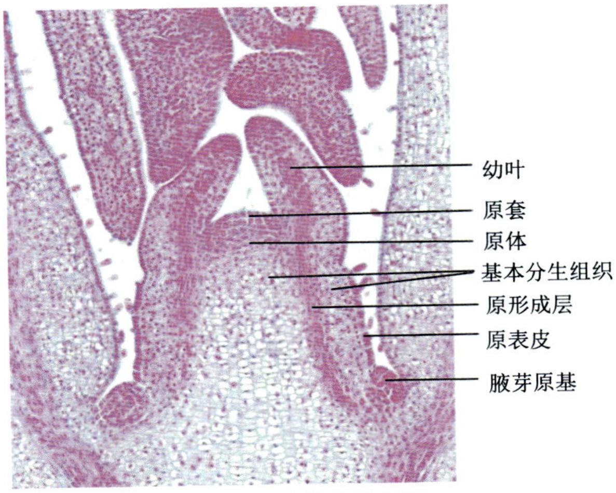

图2　丁香茎尖纵切面

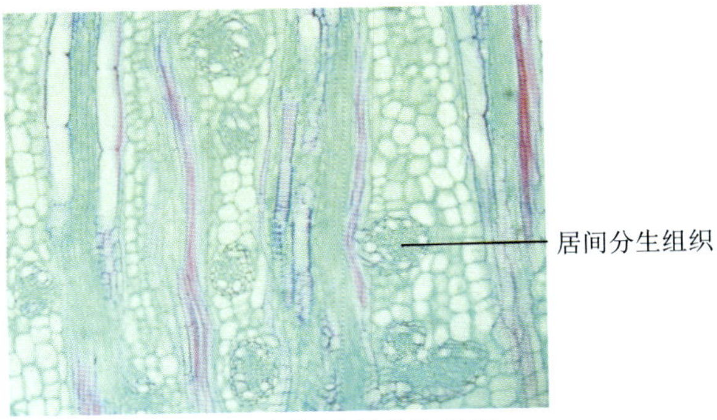

图3　玉米的居间分生组织

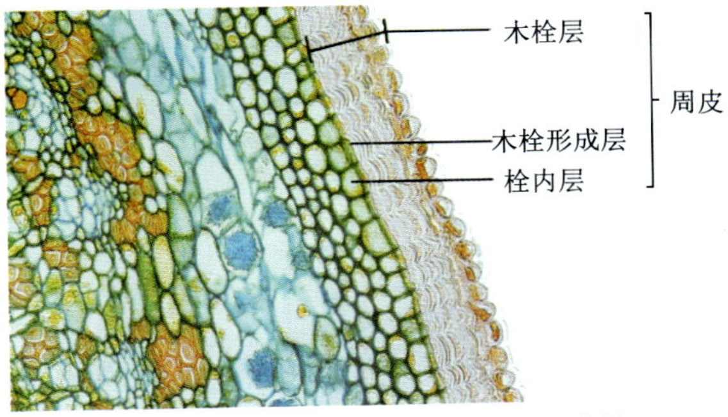

图4　椴树茎横切面，示木栓形成层

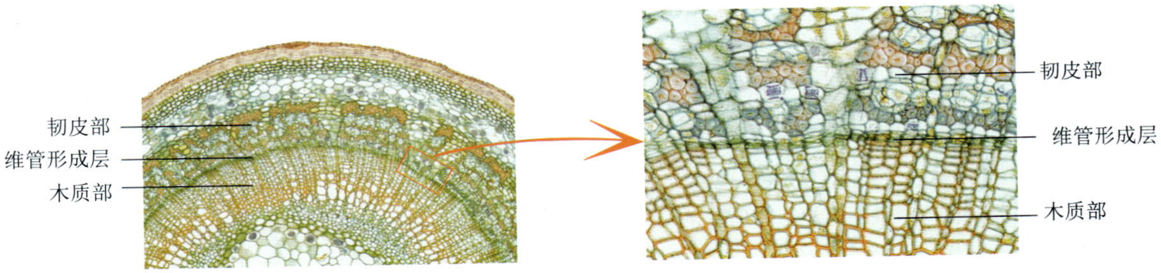

图5　椴树老茎横切面，示维管形成层

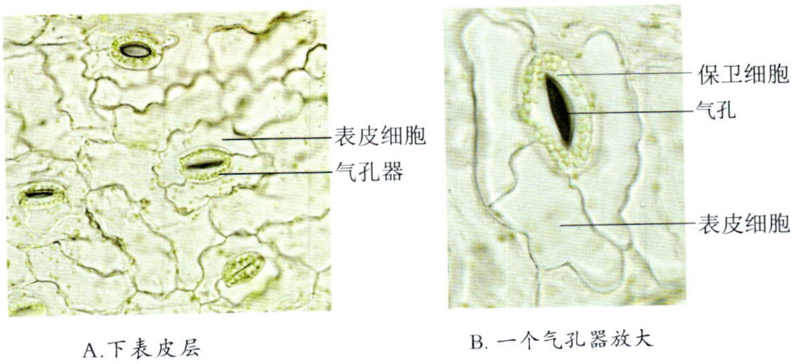

图6　网果酸模叶下表皮，示初生保护组织

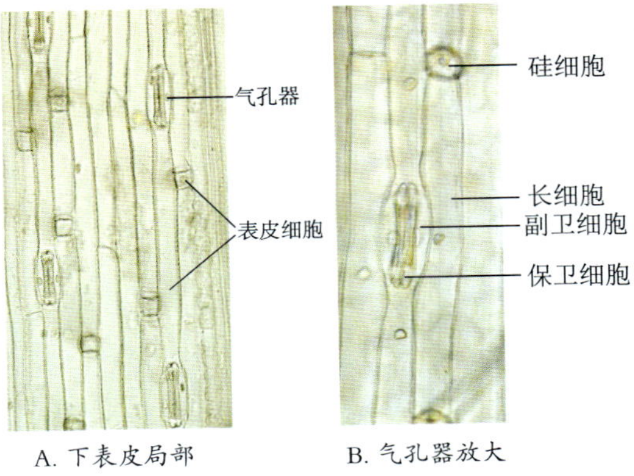

图7　小麦叶下表皮，示初生保护组织

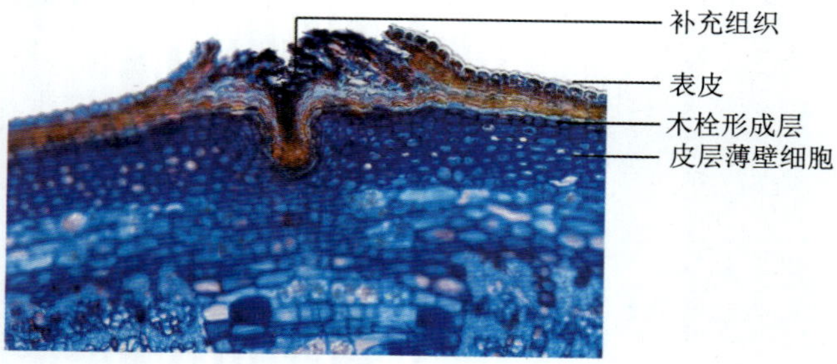

图8 次生保护组织——周皮，示皮孔的结构

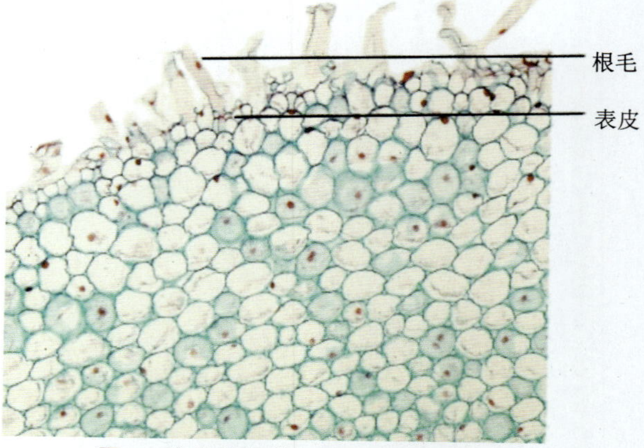

图9 棉花幼根横切面，示根毛

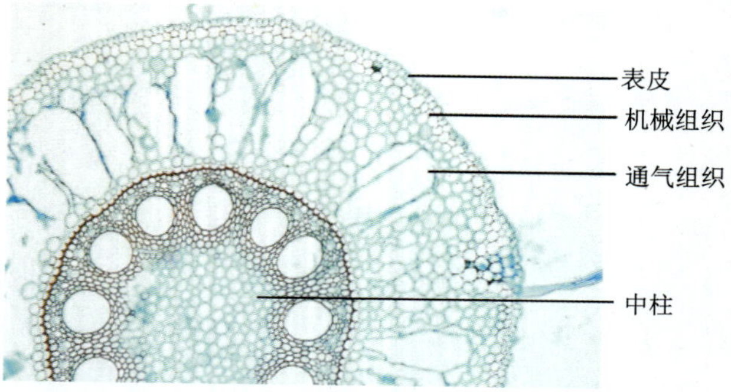

图10 水稻老根横切面，示通气组织

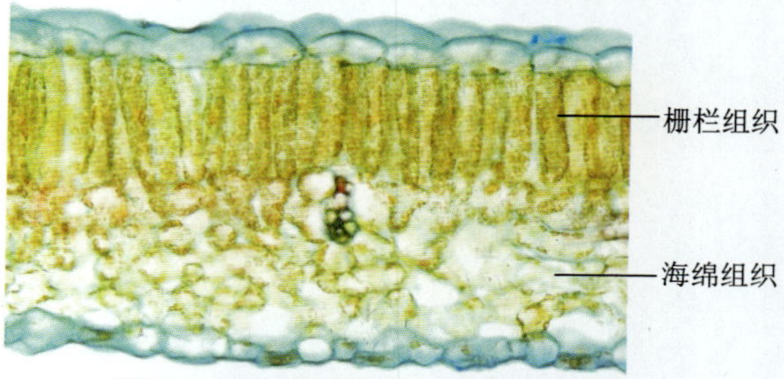

图11 棉花叶横切面，示同化组织

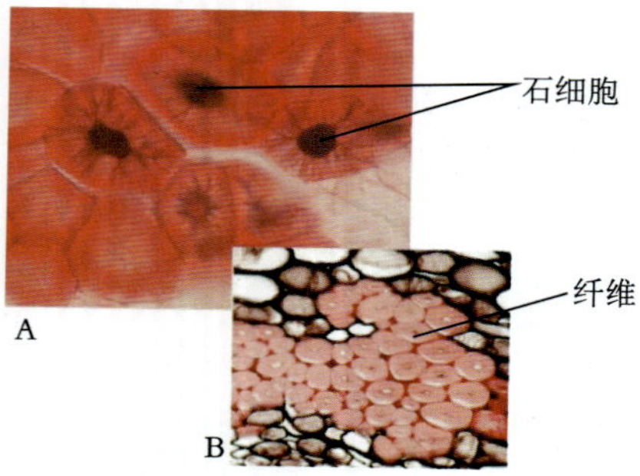

A. 梨果肉中石细胞；B. 植物茎中的纤维（横切）

图12 厚壁组织

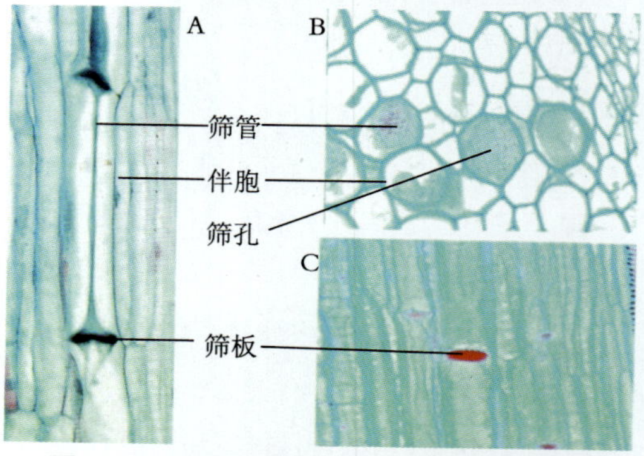

图13 A、C南瓜茎纵切面；B南瓜茎横切面

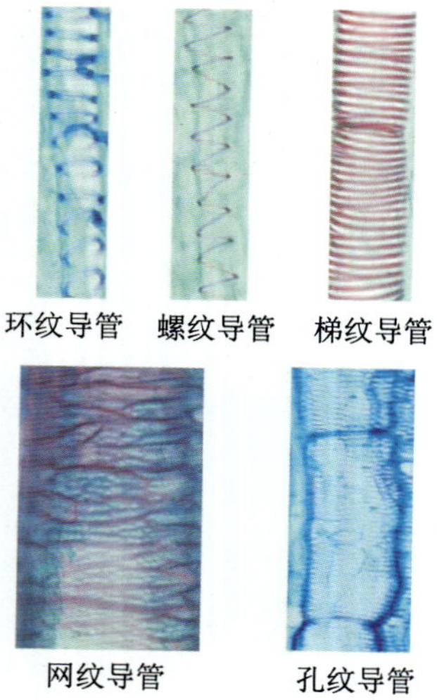

图14 南瓜茎导管类型

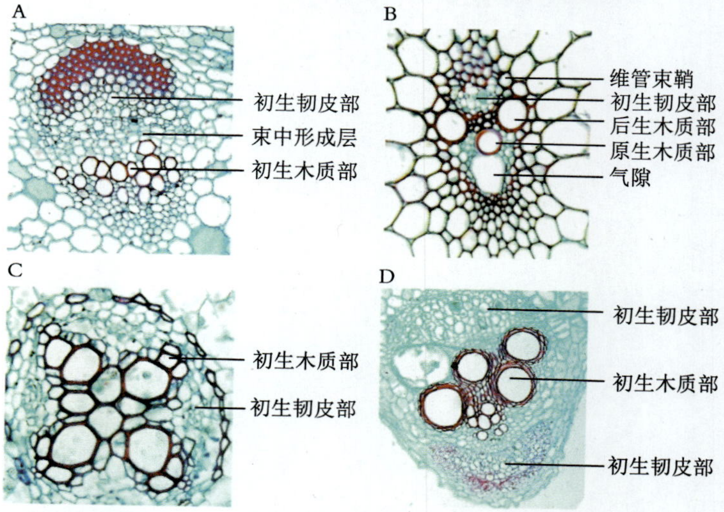

A.向日葵茎横切示外韧无限维管束；B.小麦茎横切示外韧有限维管束；C.毛莨根横切示辐射维管束；D.南瓜茎横切示双韧维管束。

图15 维管束类型

◉◉○ 第二章 | 植物组织

第一节　植物组织及其形成

一、组织的概念

在植物个体发育和系统发育过程中，细胞分化的结果是在植物体中形成多种类型的细胞，即导致植物组织的形成。我们把植物个体发育中来源相同（即由同一个或同一群分生细胞生长、分化而来）、形态结构相似，执行特定生理功能的一种或数种类型细胞组成的结构和功能单位，称为组织（tissue）。各种不同的组织组合在一起，形成具有一定形态结构并执行特殊功能的根、茎、叶、花、果实、种子等器官。

二、组织的形成

组织是植物系统发育过程中复杂化和完善化的产物。在低等单细胞植物演化至高等多细胞植物的过程中，由于长期适应复杂的外界环境，植物体内逐渐分化出生理功能不同、形态结构相应发生变化的多种类型的细胞。植物的进化程度越高，其体内的细胞分工越精细，结构和功能越完善。在个体发育中，组织的形成是植物体内细胞分裂、生长、分化的结果，其形成过程由受精卵开始，经胚胎阶段，直至植株成熟。

植物的各个器官——根、茎、叶、花、果实和种子等，都是由某几种组织所构成的，其中每一种组织均具有一定的分布规律并行使一种主要的生理功能，但各种组织间的功能又是相互依赖和相互配合的。例如，叶是植物进行光合作用的器官，其中主要分化有大量的同化组织以进行光合作用，但在它的周围覆盖着保护组织，以防止同化组织丢失水分和受到机械损伤；此外，同化组织中贯穿有输导组织，可以保证同化组织光合作用时的水分供应，并把同化产物运输出去。这样，三种组织相互配合，保证了叶的光合作用正常进行。由此可见，构成器官的不同组织，表现为整体下的分工合作，共同保证器官生理功能的完成。

第二节　植物组织的类型

构成植物体的组织种类很多，按其发育程度、形态结构特点及主要生理功能的不同，把组织分为分生组织、保护组织、薄壁组织、机械组织、输导组织和分泌结构六大类，后五类组织由分生组织衍生的细胞发育而成，统称为成熟组织（mature tissue）。它们具有一定的稳定性，故也称为永久组织（permanent tissue）。

一、分生组织

（一）分生组织的概念和特征

在植物胚胎发育早期，所有胚细胞均具有分裂能力，而发育成植物体后，大部分细胞随着生长、分化而发育成熟，不再具有分裂能力，只有在特定部位的细胞保持胚性特点，继续进行分裂活动。这种位于植物体特定部位、能持续性或周期性保持分裂能力的细胞群，称为分生组织（meristem）。在植物的一生中，分生组织细胞的分裂活动不断产生新细胞，一方面通过生长、分化而发育成各类成熟组织，另一方面使本身继续"永存"下去。

分生组织的细胞有如下特征：细胞代谢活跃，有旺盛的分裂能力；细胞排列紧密，一般无细胞间隙；细胞壁薄，不特化，由果胶质、纤维素和半纤维素等构成；细胞体积小，细胞核相对较大且位于细胞中央，细胞质浓、细胞器丰富，但通常缺乏贮藏物质和结晶体；原生质体分化程度低，液泡小而分散，质体处于前质体阶段。有些分生组织也会出现一些变化，如维管形成层细胞会有较多液泡，茎的木栓形成层中出现少量叶绿体等。分生组织的活动直接关系到植物体的生长和发育，在植物个体发育中起重要作用。

（二）分生组织的类型

根据分生组织的发育来源和在植物体内的分布部位，可将分生组织分为不同类型。

1. *按照在植物体中的分布部位分类*　根据在植物体内分布位置的不同，可以把分生组织分为顶端分生组织、侧生分生组织和居间分生组织（图 2-2-1）。

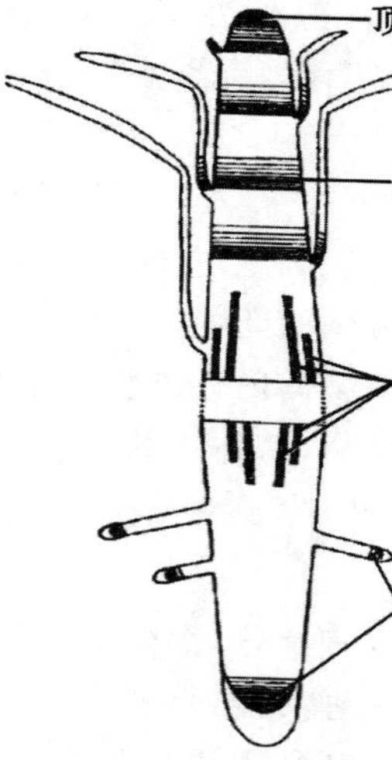

图 2-2-1　分生组织在植物体内的分布（引自李扬汉）

（1）顶端分生组织（apical meristem）　顶端分生组织存在于根、茎的主轴及其分枝顶端部分（图 2-2-2，本章彩图 1，彩图 2）。它们一般能长期保持分生能力，虽然也有休眠时期，但环境条件比较适宜时，又能继续进行分裂。其分裂活动的结果使根和茎不断伸长，并在茎上形成叶和分枝，使植物体扩大营养面积。有花植物由营养生长进入生殖生长时，茎的顶端分生组织发生质的变化，可形成花或花序。

顶端分生组织细胞的特征：细胞体积小，近于等径，细胞壁薄，细胞核位于中央并占有较大的体积，液泡小而分散，细胞质丰富，细胞内通常缺少后含物。

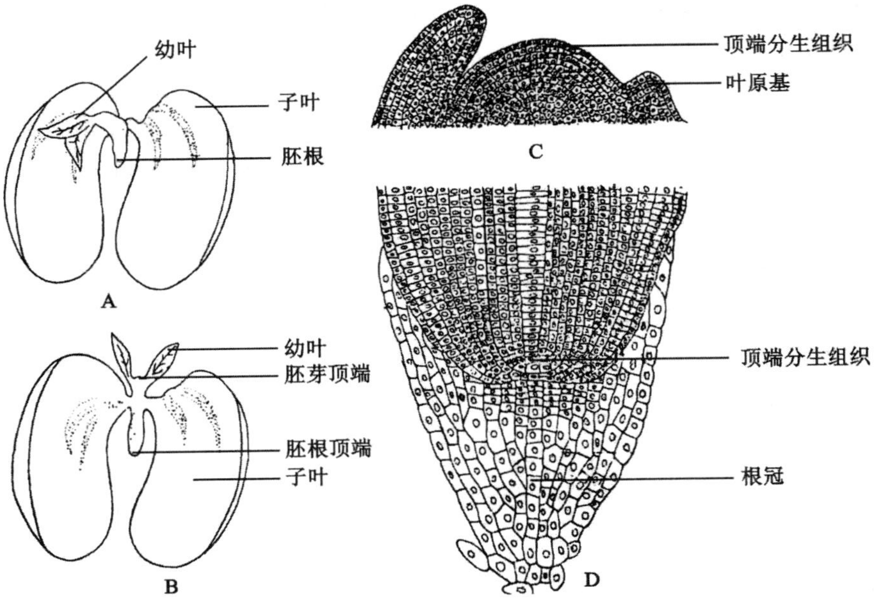

A. 休眠胚，胚芽尚包在子叶之间；B. 萌动胚，胚芽和胚根露出；
C. 茎尖纵切面，示顶端分生组织；D. 根尖纵切面，示顶端分生组织。

图 2-2-2 茎尖和根尖顶端分生组织

(2)侧生分生组织(lateral meristem) 侧生分生组织位于双子叶和裸子植物的根和茎侧方的周围，靠近器官的边缘，与所在器官的长轴平行排列(图 2-2-1，本章彩图 4，彩图 5)。侧生分生组织包括维管形成层(vascular cambium)和木栓形成层(cork cambium)，其细胞体积较大，核相对较小，液泡化程度较高，细胞质浓度低，且成一薄层贴近细胞壁。维管形成层的细胞多为长纺锤形，少数是近等径的。维管形成层的活动时期较长，分裂出来的细胞分化为次生韧皮部和次生木质部，使根和茎增粗。木栓形成层由薄壁细胞脱分化而来，位于维管形成层的外侧。在纵切面上，木栓形成层细胞为长方形或多边形；横切面上，为一层长方形而径向扁平的细胞。分裂活动时间较短，产生的细胞分化为木栓层和栓内层，在器官表面形成次生保护组织——周皮。

(3)居间分生组织(intercalary meristem) 居间分生组织是夹在已经分化的成熟组织之间的一类分生组织，它是顶端分生组织衍生而遗留在某些器官中局部区域的分生组织(图 2-2-1，本章彩图 3)。

典型的居间分生组织存在于植物的茎、叶、子房柄、花梗、花序等器官的成熟组织之中，例如稻、麦等禾本科植物的节间基部具有居间分生组织，所以当顶端分化成幼穗后，稻、麦仍能借助于居间分生组织活动进行拔节和抽穗，使茎急剧长高，也能使茎秆倒伏后逐渐恢复直立。葱、蒜、韭菜的叶子割取上部后能继续伸长生长，也是由于叶基部的居间分生组织活动的结果。居间分生组织细胞持续活动的时间较短，分裂一段时间后，所有的细胞完全分化为成熟组织。

2. 按照分生组织来源和性质分类 分生组织按来源和性质可分为原分生组织、初生分生组织、次生分生组织。

(1)原分生组织(protomeristem) 原分生组织是由来源于胚胎的胚性细胞所构成，位于根尖和茎尖生长点的最先端，通常具有持久而强烈的分生能力。细胞体积小，近于等径，排列紧密，无间隙，细胞壁薄，细胞核相对较大，细胞质丰富，富含线粒体和内质网等细胞器，无明显液泡，是形成其他组织的来源。

(2)初生分生组织(primary meristem) 初生分生组织由原分生组织细胞分裂衍生而来，位于原分生组织的后部，二者无明显的界线。初生分生组织的特点是：一方面细胞保持继续分裂的能力，另一方面已经有了形态结构上的初步分化。因此，它是一种边分裂、边分化的组织，也可看作原分生组织向成熟组织分化的过渡类型。初生分生组织可以分化为原表皮、原形成层和基本分生组织三类。

(3)次生分生组织(secondary meristem) 次生分生组织是由已经分化成熟的薄壁细胞经过脱分化，重新恢复分裂能力转变而成的分生组织，它们与根、茎的增粗和重新形成保护层有关，木栓形成层和维管形成层均属于次生分生组织。次生分生组织在草本双子叶植物中仅有微弱的活动或不存在，在单子叶植物中一般没有。

如果把两种分类方法对应起来看，则广义的顶端分生组织包括原分生组织和初生分生组织，而侧生分生组织一般属于次生分生组织类型，居间分生组织也属于初生分生组织。

二、成熟组织

(一)成熟组织的概念

分生组织衍生的大部分细胞，逐渐丧失分裂的能力，进一步生长分化形成的其他各种组织，称为成熟组织。成熟组织在形态结构和生理功能上具有一定的稳定性，通常不再进行分裂，所以也称为永久组织。

各种成熟组织可以具有不同的分化程度，多数成熟组织的细胞与分生组织的差异很大，功能专一，并且完全丧失分裂能力或成为死细胞，也有一些成熟组织的细胞分化程度较低，具有潜在的分裂能力，因此，组织的"成熟"或"永久"程度是相对的。而且成熟组织也非一成不变，尤其是分化程度较低的组织，有时能随着植物的发育，进一步特化为另一类分化程度更高的组织；相反，在一定的条件下，某些成熟组织也可以脱分化，形成分生组织而重新具有分裂能力。

(二)成熟组织的类型

成熟组织按照形态结构和生理功能的不同，可分为以下五种类型。

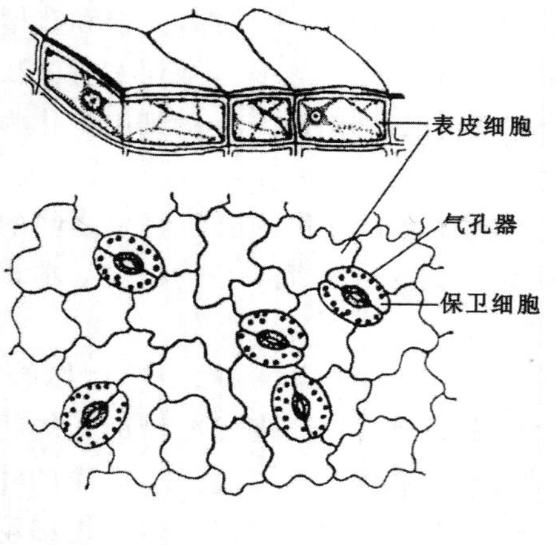

图 2-2-3 叶表皮

1. 保护组织(protective tissue) 保护组织覆盖于植物体的表面，由一层或数层细胞组成，具有保护功能，可以防止水分过度蒸腾，防止机械损伤和其他生物的侵害，控制植物与环境的气体交换。保护组织按其来源可分为表皮和周皮。

(1)表皮(epidermis) 表皮为初生保护组织，由原表皮分化而来，通常由一层生活细胞组成，分布于幼茎、叶、花和果实的表面。少数植物的一些器官[如兰科植物的气生根，胡杨(*Populus euphratica*)、夹竹桃的叶]，其表皮可由 2 至多层细胞构成，称为复表皮。表皮由表皮细胞、组成气孔器的保卫细胞和副卫细胞、表皮毛或腺毛等附属物组成(图 2-2-3，本章彩图 6)，其中表皮细胞是最基本的成分。

表皮细胞具有生活的原生质体，液泡化明显，一般无叶绿体，但有时可有白色体存在，有些植物的表皮细胞中[如紫苏(*Perilla frutescens*)]还会含有花青素而使器官呈现红色或紫色。表皮细胞的形态在不同器官中有所不同，叶片的表皮细胞常呈扁平而不规则形状，侧壁波浪形凹凸镶嵌，无胞间隙；根、茎的表皮细胞常为扁的长方体。从横切面上看，则通常呈长方形或方形。

植物的茎、叶、花等暴露于空气中的器官，其表皮细胞的外壁通常较厚，并角质化形成角质膜(cutin membrane)，角质膜表面光滑或形成乳突、皱褶、颗粒等纹饰。角质膜的形成使表皮具有高度的不透水性，有效地减少了体内的水分蒸腾，坚硬的角质膜对防止病菌的侵入和增加机械支持也有一定的作用。角质膜的厚薄随植物种类和生态环境的不同而有明显的差异。有些植物(如甘蔗的茎，葡萄、苹果的果实)在角质膜外还具有一层蜡质的"霜"(蜡被)，它的作用是使表面不易浸湿，具有防止病菌孢子在体表萌发的作用。在电子显微镜下观察，角质膜包括两层，位于外面的一层由角质和蜡质组成，称为角质层（cuticula）；位于里面的一层由角质和纤维素组成，称为角化层（cuticular layer），角化层和初生壁之间明显有果胶层分界（图 2-2-4）。【二维码 2-1】

2-1

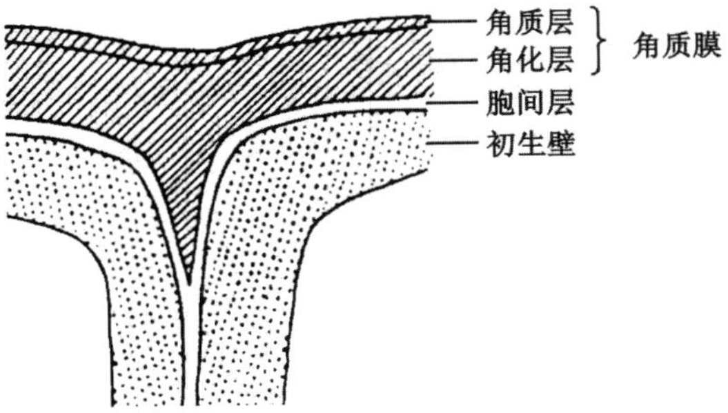

图 2-2-4 表皮细胞外壁上的角质膜

气生表皮上普遍分布有许多气孔器（stomatal apparatus），它是由两个保卫细胞（guard cells）围合而成的（图 2-2-5），中间留有空隙，称为气孔（stoma）。保卫细胞是含有叶绿体的生活细胞，有些植物的保卫细胞外侧还有 1 至数个与一般表皮细胞不同形状和不同内含物的细胞，这些细胞特称为副卫细胞（subsidiary cell）（图 2-2-6），由保卫细胞及其围成的气孔或连同副卫细胞共同组成气孔器，如禾本科植物的气孔器。气孔器是调节水分蒸腾和进行气体交换的结构，与光合作用、呼吸作用和蒸腾作用均有关系。

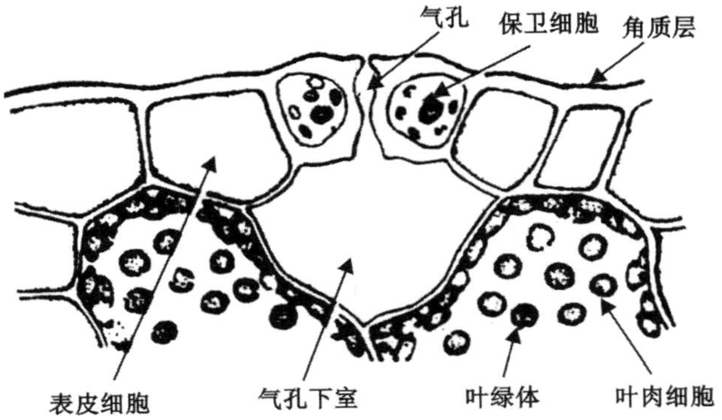

图 2-2-5 气孔器的剖面图

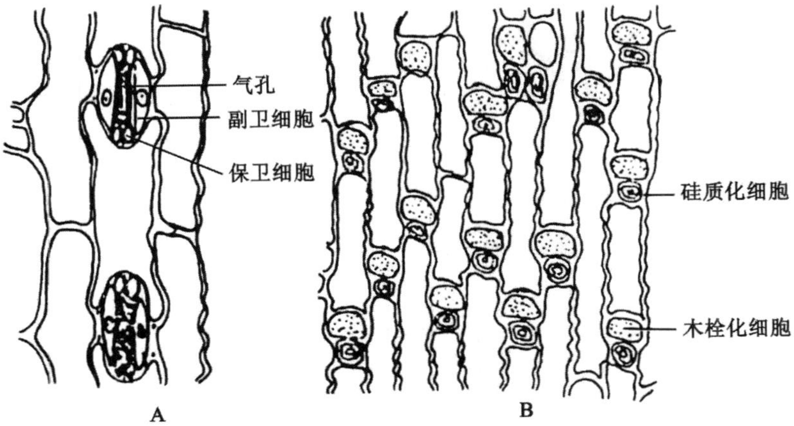

A. 具有气孔的叶片下表皮；B. 具有木栓化细胞和硅质化细胞的茎的表皮。

图 2-2-6 小麦叶表皮的表面观

保卫细胞有两个显著的特点，一是细胞内一般含有叶绿体，二是保卫细胞的细胞壁不均匀加厚。大多数植物的保卫细胞呈肾形，其细胞壁在内侧靠近气孔的部分比较厚，而外侧与表皮细胞或副卫细胞毗接的部分比较薄。禾本科和莎草科等植物的保卫细胞则呈哑铃形，其细胞壁在两端球状膨大的部分较薄，而中间狭窄的部分较厚（图 2-2-6，图 2-2-7，本章彩图 7）。这些特点使保卫细胞易因膨压改变而发生气孔开闭。当保卫细胞膨压变高时，保卫细胞壁较薄处扩张较多，致使两个保卫细胞相对弯曲，或保卫细胞的两端膨大，相互抵撑（禾本科），将气孔缝隙拉开，气孔开放；反之，保卫细胞膨压变低时，气孔关闭。保卫细胞中膨压的改变，决定于保卫细胞内 K^+ 的浓度变化，并受光照强度、CO_2 浓度、温度、风等环境因素的影响。

副卫细胞与表皮细胞形状不同，它们的数目、分布位置与气孔器的类型有关。在发育上副卫细胞与保卫细胞有密切关系；在机能上，副卫细胞被认为在保卫细胞运动时，参与了渗透压的改变。

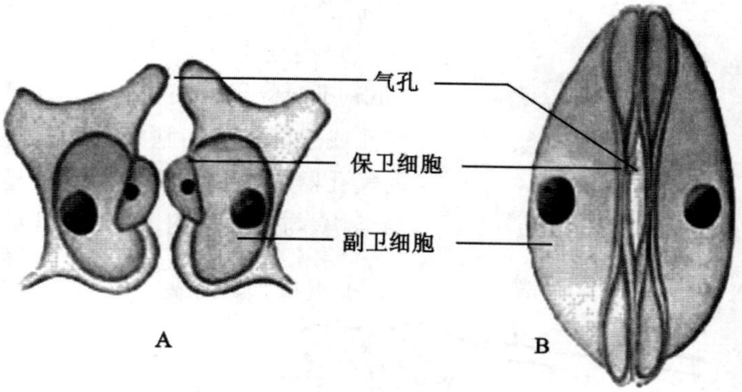

A. 侧面观；B. 正面观。

图 2-2-7　水稻叶片上的气孔器

表皮上普遍存在表皮毛（epidermal hairs）或腺毛（glandular hairs）等附属物（图 2-2-8），其形态结构多种多样，有单细胞或多细胞的，有具腺的或非腺的毛，有单条的或分枝的；有些毛的壁是纤维素的，有的矿化。表皮毛的存在，加强了表皮的保护作用。表皮毛密生的植物表皮，由于折射光线的关系，常呈白色，可削弱强光的影响，减少水分蒸发，是植物抗旱的形态结构，这对于干旱地区生活的植物十分有利。虽然在不同的植物类群中，毛状体的形态结构常变化很大，但同一类群内部却十分相似或一致，因而表皮毛状体可以作为植物分类的依据。【二维码 2-2】

2-2

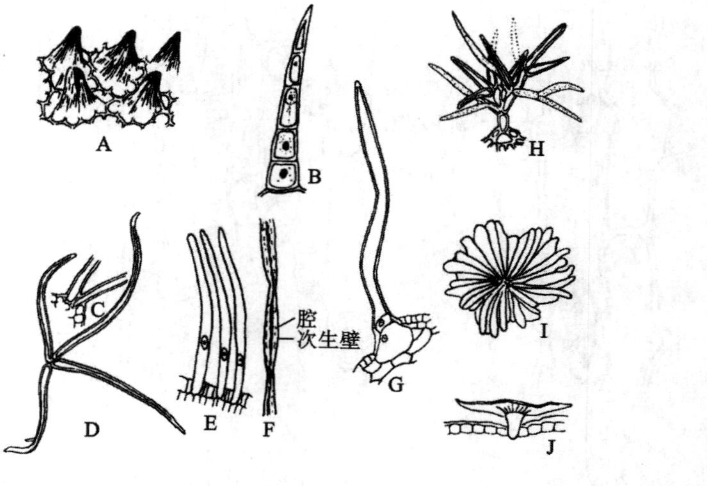

A. 三色堇花瓣上的乳头状毛；B. 南瓜叶上的多细胞表皮毛；C，D. 棉属叶上的簇生毛；
E，F. 棉属种子上的表皮毛；G. 大豆叶上的表皮毛；H. 薰衣草属叶上的分枝毛；
I，J. 橄榄叶上的盾状毛（I. 顶面观，J. 侧面观）。

图 2-2-8　表皮毛状体

植物表皮作为植物与外界环境的接触界面，其形态结构在不同类群间呈现出丰富多样的特点，这些特点在生产实践与科研探索中均具有重要意义。农业生产中,无论是选育优良的抗病品种,还是使用农药或除草剂,植物表皮的形态结构都是必须考量的关键因素。此外,植物表皮特征也是植物分类和系统发育分析的重要依据。同时,对于旱生植物水分生理和环境适应性而言,植物表皮的形态结构同样扮演着重要角色,表皮细胞的特殊形态、气孔大小、角质层的发达程度等,深刻影响着植物在干旱胁迫下的水分散失速率、气体交换效率以及对强光、高温等恶劣环境因子的抵御能力,为揭示旱生植物独特的生存策略和适应机制提供了关键线索。

表皮在植物体上存在的时间,依所在器官是否具有加粗生长而异。具有明显加粗生长的器官,如裸子植物和大部分双子叶植物的根和茎,表皮会因器官的增粗而破坏、脱落,被内方产生的次生保护组织(即周皮)所取代。在较少或没有次生生长的器官上,例如叶、果实、大部分单子叶植物的根和茎上,表皮可长期存在。【二维码 2-3】

2-3

(2)周皮(periderm) 周皮是取代表皮的次生保护组织。有些植物的根、茎在加粗过程中原来的表皮被损坏脱落,而在表皮下面形成新的保护组织,即周皮。周皮由侧生分生组织——木栓形成层分裂活动形成。木栓形成层平周分裂,向外产生的细胞分化成木栓层(phellem),向内分化成栓内层(phelloderm)。木栓层、木栓形成层、栓内层共同构成周皮(图 2-2-9A)。

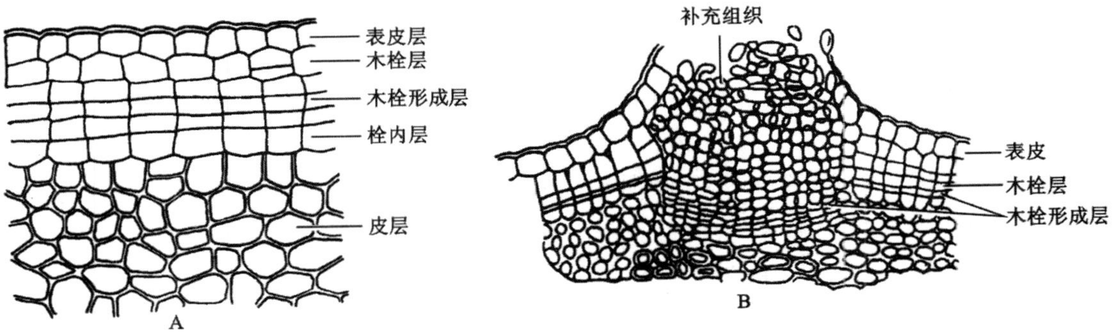

A. 棉花茎的周皮;B. 接骨木茎的皮孔。

图 2-2-9 周皮发生和皮孔

周皮的木栓层具有多层细胞,细胞扁平,无胞间隙,细胞壁高度栓化,最后细胞的内容物消失,成为死细胞。木栓层具有不透水、不透气、耐酸、耐碱、抗压、隔热、绝缘等特性。栓内层通常只有1～3 层细胞,细胞壁薄,为生活细胞,常具有叶绿体。可见真正对植物本身起控制水分散失、防止病虫侵害以及抗御其他逆境等保护作用的是周皮中的木栓层。随着根、茎的继续增粗,原有周皮破裂,其内侧还可产生新的木栓形成层,再形成新的周皮。这样,随着植物的生长,周皮不断积累形成了树木茎干和老根的树皮,同样也能起保护作用。

在茎干周皮的某些限定部位,其木栓形成层细胞比其他部分更为活跃,向外衍生出一种与木栓层细胞不同,并具有发达细胞间隙的薄壁细胞,称补充组织(complementary tissue)。它们突破周皮,在树皮表面形成各种形状的小突起,称皮孔(lenticel)。皮孔是周皮上的通气结构,位于周皮内的生活细胞,通过它们与外界进行气体交换(图 2-2-9B,本章彩图 8)。

2. 薄壁组织(parenchyma) 薄壁组织广泛存在于植物的各个器官中,是植物进行各种代谢活动的主要组织,担负着植物养分的吸收,光合、呼吸作用,贮藏及各类代谢物的合成、转化和传递等生理功能,故又称为基本组织(ground tissue)或营养组织 (vegetative tissue)(图 2-2-10)。

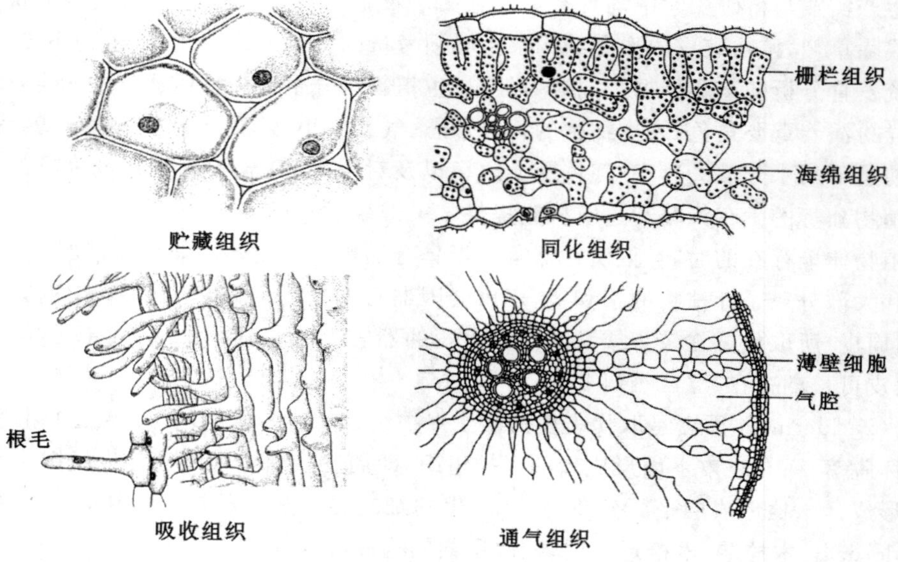

图 2-2-10 几种薄壁组织

薄壁组织的细胞中含有生活的原生质体，有质体、线粒体、内质网、高尔基体等多种细胞器的分化；细胞形状变化较大；细胞壁薄，通常仅有初生壁；排列疏松，具有明显的细胞间隙。薄壁组织是一类分化程度较浅的成熟组织，有较大可塑性，在植物体发育的过程中，常能进一步发育为特化程度更高的组织，一定条件下又可经过脱分化转变为分生组织。

有些植物薄壁组织细胞壁较厚，但仍是初生的，这种厚的纤维素壁具有积累和贮藏物质的作用，如柿属（*Diospyros* L.）和天门冬属（*Asparagus* L.）等胚乳细胞的壁。有时薄壁组织细胞也可以有次生木质化壁，例如次生木质部和髓的薄壁组织。

根据结构和生理功能的不同，可将薄壁组织分为吸收组织、同化组织、贮藏组织、通气组织、传递细胞等。

(1)吸收组织(absorptive tissue)　位于根尖的根毛区，包括表皮细胞和由表皮细胞的外壁向外突起延伸所形成的管状结构——根毛(root hair)，其功能是吸收水分和溶于水中的无机盐。根毛的数目很多，细胞壁薄，细胞质很少，液泡很大，细胞质紧贴细胞壁，细胞核位于根毛末端，常具黏液，与土壤紧密接触，有利于根吸收水分和养料(图 2-2-10，本章彩图 9)。

(2)同化组织(assimilating tissue)　同化组织细胞中含有大量的叶绿体，能进行光合作用，所以又称为绿色组织(chlorenchyma)。同化组织分布于植物体的绿色部分，如幼茎的皮层、发育中的果实和种子中，尤其是叶片的叶肉中(图 2-2-10，本章彩图 11)。同化组织的细胞一般明显液泡化，并具有发达的细胞间隙。

(3)贮藏组织(storage tissue)　常见于根、茎的皮层、髓部，果实和种子的胚乳或子叶以及块根、块茎等贮藏器官中。贮藏组织细胞一般较大，有较发达的细胞间隙，横切面上常呈类圆形，常贮藏营养物质，如淀粉、糖类、蛋白质和油类以及单宁、草酸钙等。例如水稻、小麦等禾本科植物种子的胚乳细胞，甘薯块根、马铃薯块茎的薄壁细胞贮藏淀粉粒或糊粉粒；花生种子的子叶细胞贮藏油类。

某些贮藏组织特化为贮水组织(aqueous tissue)。这类薄壁组织细胞中贮藏有丰富的水分。其细胞内有发达的大液泡并含有大量黏稠的细胞液，这种黏稠物质增加了细胞的持水能力，使植物能适应干旱环境。贮水组织一般存在于旱生的肉质植物中，如仙人掌、龙舌兰(*Agave americana*)、景天属(*Sedum* L.)等植物的茎、叶中都能看到。

(4)通气组织(ventilating tissue)　在薄壁组织中细胞间隙是普遍存在的，但在水生植物和某些高山植物(如雪兔子)中，薄壁组织中则具特别发达的细胞间隙，且这些间隙在发育过程中逐渐互相联结，最后形成网结状气腔或气道(图 2-2-10，本章彩图 10)，以适应缺氧的环境。这种具有明显胞间隙的薄壁组织称为通气组织。通气组织的气腔和气道内蓄积大量空气，有利于器官中细胞的呼吸和气体交换；同时，像蜂巢状的胞间隙可以有效地抵抗植物在水生环境中所面临的相当大的机械压力，如在水稻的根、茎、叶中通气组织发达，并与叶鞘的气道通连，这是对湿生条件的适应。水生植物的通气组织有开放式和闭合式两类，莲等植物的通气组织属于开放式的，空气从叶片的气孔进入后能通过茎和叶的通气组织，从而进入地下茎和根部的气室。整个通气组织通过气孔直接与外界的空气进行交流。金鱼藻等植物的通气组织是封闭式的，它不与外界大气连通，只贮存光合作用产生的氧气供呼吸之用，同时贮存呼吸作用产生的 CO_2 供光合作用之用。【二维码 2-4】

2-4

(5)传递细胞(transfer cell) 传递细胞是一类特化的薄壁细胞。这种细胞最显著的特征是细胞壁向内生长，突入细胞腔内，形成许多指状或鹿角状的不规则突起，显著扩大了质膜的表面积(图 2-2-11)，有利于细胞对物质的吸收和传递，故称传递细胞，也称转输细胞或转移细胞。此外，传递细胞的细胞核大，细胞质浓，线粒体、内质网、高尔基体、核糖体等细胞器丰富，与相邻细胞间有发达的胞间连丝。由于它们都出现在植物体内溶质集中的部位，与溶质局部转运有密切的关系，故认为它们起短途运输的作用。例如，叶片小叶脉的一些木薄壁细胞和韧皮薄壁细胞可形成壁的内突，同时还可由伴胞和维管束鞘发育成传递细胞，成为叶肉和输导组织之间物质运输的桥梁。另外，在植物茎或花序轴节的维管组织中，种子的子叶、胚乳或胚柄中，均有传递细胞的存在。由此可见，传递细胞的分布是相当广泛的。

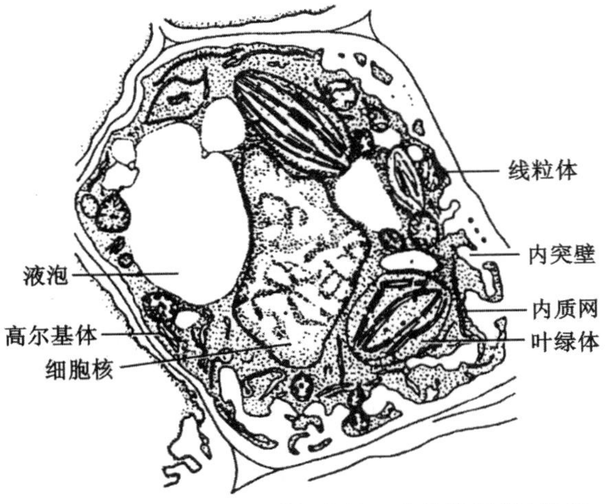

图 2-2-11 菜豆茎初生木质部中的一个传递细胞(仿 Esau)

3. 机械组织(mechanical tissue) 机械组织是在植物体内起巩固和机械支持作用的一类成熟组织，使植物体具有抗压 、抗张和抗曲挠的性能。植物器官的幼嫩部分机械组织不发达，随着器官的成熟，其内部逐渐分化出机械组织。机械组织细胞在植物体内往往成束存在，其共同特点是细胞壁局部或全部加厚，有的还发生木质化。根据细胞形态特征和细胞壁加厚方式的不同，机械组织可分为厚角组织和厚壁组织。

(1)厚角组织(collenchyma) 厚角组织为初生的机械组织，细胞可呈短柱状，端壁常偏斜，彼此相互重叠，连接成束。厚角组织最明显的特征是细胞壁不均匀加厚，只在几个细胞邻接的角隅部分加厚(图 2-2-12)，且这种加厚是初生壁性质的，既有一定的坚韧性，可支持器官直立，又有可塑性和延伸性，适应器官的迅速生长，故普遍存在于正在生长或摆动的器官中，如双子叶植物的幼茎、叶柄、叶脉、花梗等部位的表皮内侧。厚角组织的分布往往连续成环状或分离成束状，在器官有棱部分特别发达，以增强支持力量，如芹菜、南瓜的茎和叶柄中。在叶中，厚角组织成束地位于较大叶脉的一侧或两侧。

厚角组织的细胞具有生活的原生质体，常含叶绿体，并有一定的分裂潜能，可参与木栓形成层的发生。

(2)厚壁组织（sclerenchyma） 厚壁组织为次生机械组织，由薄壁组织或厚角组织进一步特化而来，常存在于成熟不再扩展的器官中。厚壁组织的细胞具有均匀增厚的次生壁，且常木质化；细胞腔小，通常没有生活的原生质体，成为只留有细胞壁的死细胞。厚壁组织细胞可单个或成群、成束地分散于其他组织之间，加强组织、器官的坚实程度。根据细胞形状的不同，可以将厚壁组织分为纤维和石细胞。

①纤维（fiber）：纤维是两端渐尖的细长细胞，其次生壁明显，但木化程度不一，壁上有少数纹孔，细胞腔中空且小（图 2-2-13，本章彩图 12B）。纤维主要存在于根、茎等纵向伸长的器官中，在植物体内呈束状分布，可增强植物器官的支持强度。根据在植物体内的分布和细胞壁特化程度的不同，可将纤维分为韧皮纤维和木纤维。

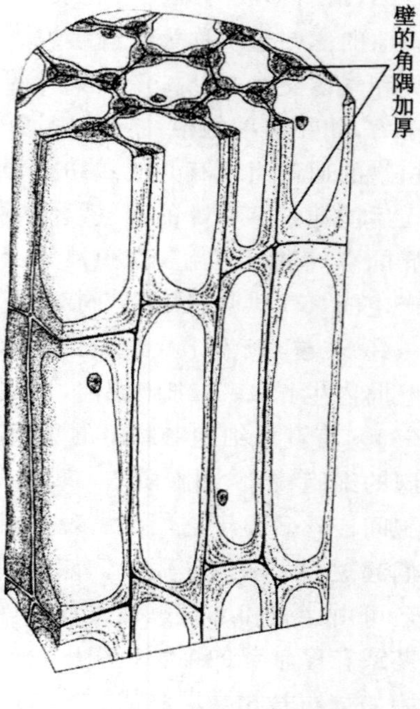

图 2-2-12　厚角组织

韧皮纤维（phloem fiber）分布于韧皮部内，但有时把出现在皮层和维管束鞘部分的纤维也称为韧皮纤维。韧皮纤维的细胞壁虽厚，但含纤维素丰富，木质化程度低，坚韧而有弹性，纹孔较少（图 2-2-13C，D）。各种植物韧皮纤维的长度不一，木化程度也各异。麻类作物的纤维较长，如，黄麻（*Corchorus capsularis*）8～40 mm，纤维用大麻（*Cannabis sativa*）10～100 mm，苎麻（*Boehmeria nivea*）5～ 350 mm，亚麻（*Linum usitatissimum*） 9～70 mm，尤其是后两者的纤维，不木化、韧性强、质地好，是优质的纺织原料；黄麻的韧皮纤维较短，木质化程度较高，质硬而韧性低，只适于做麻袋和绳索。

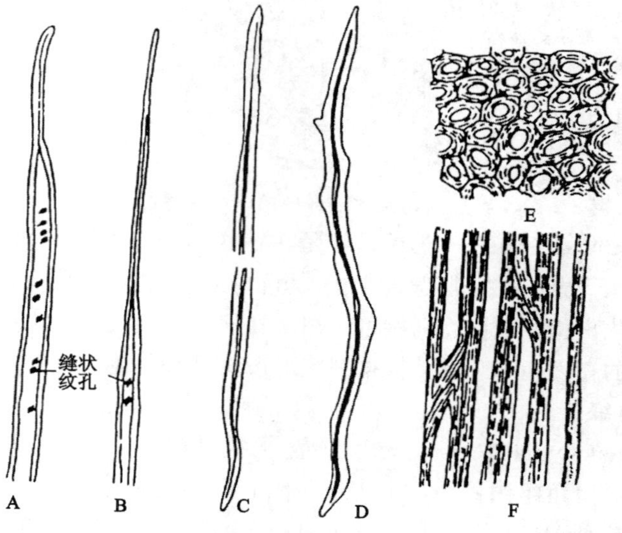

A. 苹果的木纤维；B. 白栎的木纤维；C. 黑柳的韧皮纤维；D. 苹果的韧皮纤维；
E. 向日葵的韧皮纤维（横切）；F. 向日葵的韧皮纤维（纵切）。

图 2-2-13　纤维（A～D 引自 Eames and Macdaniels，E 和 F 引自 Haupt）

木纤维（xylem fiber）分布于木质部，比韧皮纤维短，长约 1 mm。其细胞壁木化程度高，细胞腔小，纹孔较多，常呈裂缝状（图 2-2-13A，B），坚硬且无弹性，脆而易断，可供建筑用材、造纸和人造纤维之用。

②石细胞(sclereid):石细胞一般是由薄壁细胞经过细胞壁强烈增厚分化而来,也有从分生组织活动的衍生细胞产生的。石细胞广泛分布于植物体中,可单生或聚生于茎、叶、果皮和种皮内,细胞形状近等直径,不规则分枝状或星状等(图 2-2-14)。石细胞的细胞壁强烈次生增厚并木化,有时也可栓化或角化,呈同心环状层纹;细胞腔极小,壁上有许多单纹孔,同时几个纹孔互相汇合,形成分枝状的纹孔道。例如桃、李、梅、椰子等果实坚硬的核,水稻的谷壳,落花生的果壳等,都有大量石细胞存在;茶、桂花的叶片中有单个分枝状的石细胞;豆类种皮上常有呈栅栏状和骨状的石细胞;梨果肉中坚硬的颗粒,便是成簇的石细胞(本章彩图 12A),它们数量的多少是梨品质优劣的一个重要指标。

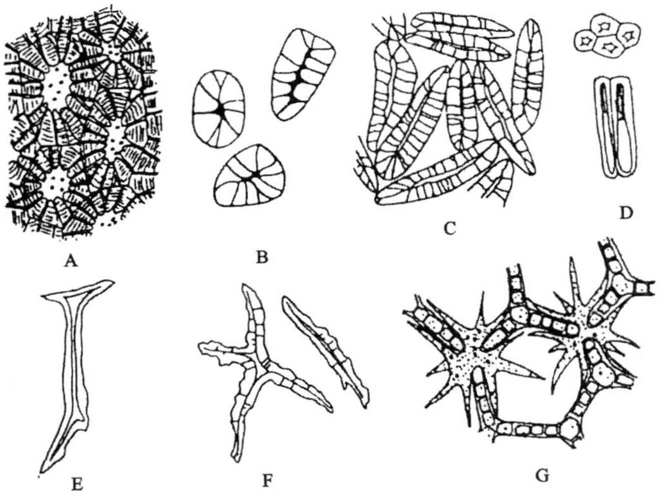

A. 桃内果皮的石细胞;B. 梨果肉中的石细胞;C. 椰子内果皮的石细胞;D. 菜豆种皮的表皮层石细胞;
E. 茶叶片中的石细胞;F. 山茶属叶柄中的石细胞;G. 萍蓬草属叶柄中的星状石细胞。

图 2-2-14 石细胞

4. 输导组织(conducting tissue) 输导组织是植物体内担负长途运输功能的管状结构,它们在各器官间形成连续的输导系统。根从土壤中吸收的水分和无机盐,由输导组织运送到地上部分;叶光合作用的产物,也由输导组织运送到根、茎、花、果实中去;植物体各部分之间经常进行的物质的重新分配和转移,还要通过输导组织来进行。在植物中,水分的运输和有机物的运输分别由两类输导组织来承担,一类为导管和管胞,主要运输水分和溶解于其中的无机盐等各种物质;另一类为筛管和伴胞,主要运输同化产物。

(1) 导管(vessel) 普遍存在于被子植物的木质部中。它们是由许多长管状的细胞以顶端对顶端的方式连接而成的管状结构。组成导管的每一个细胞称为导管分子(vessel element)。导管形成的过程中,导管分子的直径迅速增大,细胞液泡化程度提高,出现大液泡,细胞的侧壁呈不同形式的次生增厚并木质化,同时,细胞内的液泡膜破裂,释放出水解酶,使上下相连的两个导管分子之间的端壁溶解消失,原生质体解体而成为死细胞(图 2-2-15),整个导管成为一个长管状结构。

导管分子的端壁溶解形成不同形式的穿孔(perforation),有的导管分子的端壁几乎完全消失成一个大的单穿孔(simple perforation),有的导管分子的端壁间隔地溶解消失,形成数个平行排列成梯形的穿孔,称为复穿孔(compound perforation)。具有穿孔的端壁(end wall)称为穿孔板(perforation plate)。在系统演化上,导管分子外形宽扁、端壁和侧壁近于垂直的导管,比外形狭长而末端尖锐的导管进化,端壁具单穿孔的导管又较复穿孔的导管进化。

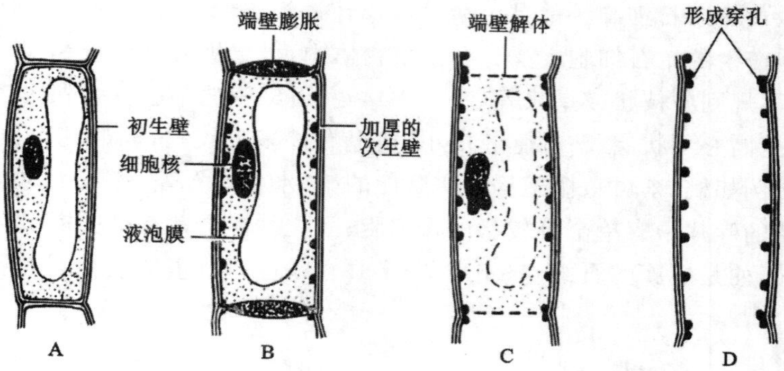

A. 无次生壁的高度液泡化的导管分子；B. 次生壁物质开始沉积，穿孔部位的初生壁开始溶解；C. 细胞处于自溶解阶段，核分解，液泡破裂，穿孔部位部分溶解；D. 细胞成熟，末端形成穿孔。

图 2-2-15 导管的发育

根据导管发育先后及其侧壁次生增厚和木质化方式的不同，可将导管分为以下五种类型（图 2-2-16，本章彩图 14）。

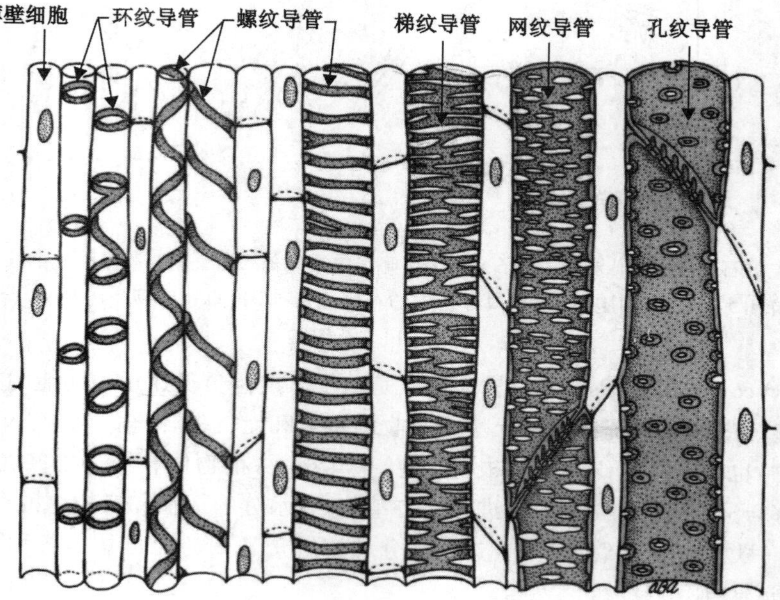

图 2-2-16 导管分子的类型

①环纹导管(annular vessel)：每隔一定距离有一环状的木质化增厚的次生壁，其余部分是未增厚的初生壁，保持较大的延伸性。

②螺纹导管(spiral vessel)：侧壁呈螺旋带状木质化增厚。

③梯纹导管(scalariform vessel)：侧壁呈几乎平行的横条状木质化增厚，与未增厚的初生壁相间排列，呈梯形。

④网纹导管(reticulated vessel)：木质化增厚的次生壁呈突起的网状，网眼为未增厚的初生壁。

⑤孔纹导管(pitted vessel)：侧壁大部分木质化增厚，未增厚部分形成许多纹孔，大多数具缘纹孔，少数可以形成单纹孔。

上述五种导管类型中，环纹导管和螺纹导管出现较早，常发生于生长初期的器官中，导管直径较小，输水能力较弱，未增厚的初生壁还可以随着器官的伸长而延伸；后三种导管多在器官生长后期分化形成，导管直径大，每个导管分子显得较短，输导效率高。有时在一个导管上可见到一部分是环纹加厚，另一部分是螺纹加厚；有时在梯纹和网纹之间的差别十分微小；也有网纹和孔纹结合而成网孔纹的过渡类型。

导管分子的平均长度在 0.4～0.6 mm，而导管的长度可以从几厘米到几米。藤本植物的导管较长，如紫藤(*Wisteria sinensis*)茎的导管可长达 5 m 以上。导管的直径大小不一，一般为 0.04～0.08 mm，最粗的可以超过 1 mm，横切面上用肉眼就可观察到，如某些藤本植物。

一株植物的水分运输，不是由一条导管从根直通到茎顶的，而是分段经过许多条导管曲折连贯向上运行的。导管是一种比较完善的输水结构，水流可顺利通过导管细胞腔及穿孔上升，也可通过侧壁上的纹孔横向运输。导管的输导功能并非永久保持的，其有效期因植物种类而异。在多年生植物中有的可达数年，有的长达 10 余年。当新的导管形成后，老的导管通常相继失去输导水分的能力。这是因为导管四周的薄壁细胞胀大，通过导管侧壁上的纹孔侵入导管腔内，形成大小不等的囊泡状突起，充满导管腔。这种突入生长的囊泡状结构称侵填体(tylosis)(图 2-2-17)。它包含有单宁、晶体、树脂和色素等物质，甚至薄壁细胞的细胞核和细胞质也可移入侵填体。侵填体把导管堵塞起来，这在双子叶植物中是常见的，尤其是木本植物更为普遍，如在栎属、洋槐属、葡萄属、桑属、梓属中大量发育，在一些草本植物如南瓜、木薯、茄、甘蔗等中也有存在。侵填体的形成能降低木材的透性，增强抗腐能力，防止病菌侵害，对增强木材的坚实度和耐水性具有一定的作用。【二维码 2-5】

2-5

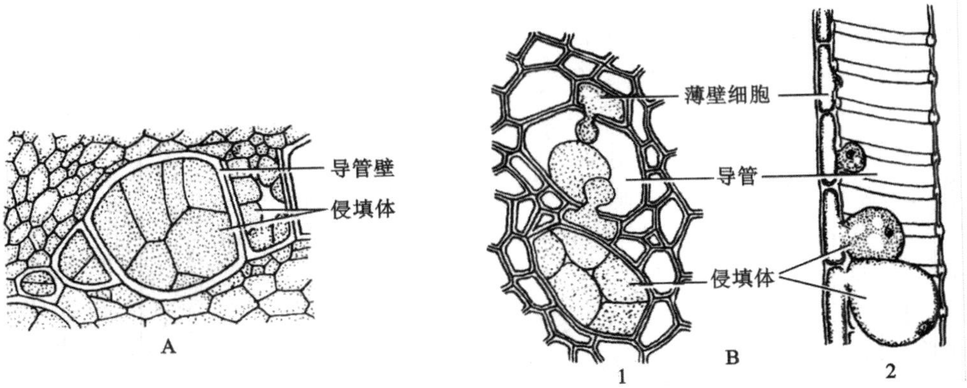

A. 木薯块根中的侵填体；B. 洋槐茎导管中侵填体的形成(1. 导管横切面；2. 导管纵切面)。

图 2-2-17　导管内的侵填体

(2)管胞(tracheid)　管胞是多数蕨类植物和裸子植物中唯一的输水结构，而在大多数被子植物中，管胞和导管同时存在。管胞是一种狭长而两头斜尖的管状细胞，在横切面上呈方形或多边形，在纵切面上则呈长条形，一般长 1～2mm，直径较小，细胞壁也次生增厚并木质化，最后原生质体消失，成为死细胞。管胞的次生壁增厚并木质化时，也形成环纹、螺纹、梯纹和孔纹等纹理(图 2-2-18)。它与导管的主要区别在于管胞的直径较小，端壁不形成穿孔，纵向排列时，各管胞以先端斜尖面彼此贴合(图 2-2-18E)，水溶液主要通过侧壁上的纹孔进入另一个管胞，逐渐向上或横向运输，故输导效率低。裸子植物管胞的侧壁上多具有典型的具缘纹孔(图 2-2-18D)，管胞常成群分布。此外，管胞的壁较厚，细胞腔较小，斜端彼此紧密结合，增强了结构的坚固性，因此管胞兼有机械支持的功能。但是管胞的机械支持效果远不如纤维，导水效率也不如导管，说明管胞在进化系统上是比较原始的。事实上，导管和纤维是由管胞向着两个不同方向演化而成的。

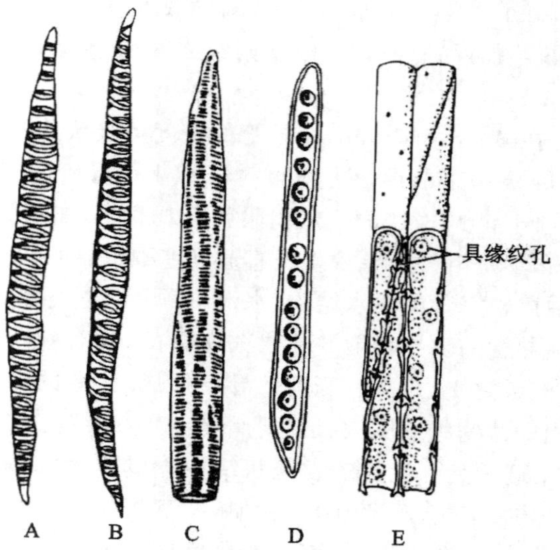

A. 环纹管胞；B. 螺纹管胞；C. 梯纹管胞；D. 孔纹管胞；
E. 4 个毗邻孔纹管胞的一部分（其中 3 个管胞纵切，示纹孔的分布与管胞间的连接方式）。

图 2-2-18 管胞的主要类型

（3）筛管(sieve tube)和伴胞(companion cell) 筛管存在于被子植物的韧皮部中，由一些长管状的生活细胞纵向连接而成，每一个细胞均称筛管分子(sieve element)。筛管分子的细胞壁为初生壁性质，主要由纤维素和果胶质组成。在筛管分子的端壁和侧壁上有许多小孔，称为筛孔(sieve pore)。筛孔常成群分布于细胞壁上，壁上具筛孔的区域称筛域(sieve area)。分布一至多个筛域的端壁称为筛板(sieve plate)(图 2-2-19，本章彩图 13)。筛板上只有一个筛域的称单筛板，如南瓜的筛管；具有多个筛域的称复筛板，如葡萄的筛管。

筛管分子是生活细胞，具有生活的原生质体，但在成熟的过程中，其细胞核解体，许多细胞器退化，液泡膜破裂，最后仅有结构退化的质体、线粒体、“变形内质网”、含蛋白质的黏液体(slime body)以及存留在筛管分子周缘的一薄层细胞质，成为特殊的无核生活细胞。黏液体是筛管中由黏质构成的特有结构，含有一种特殊的蛋白质，称为 P-蛋白(phloem protein)，P-蛋白有纤维状、管状、颗粒状等多种形状。在幼嫩的筛管中，P-蛋白形成扭曲盘绕的球形或纺锤形蛋白质结构，称为 P-蛋白体(p-protein body)，细胞成熟后，P-蛋白呈管状或丝状。P-蛋白的功能可能是防止筛管中汁液的流失，也有人认为 P-蛋白是一种收缩蛋白，在筛管中形成可以收缩的管状纤丝并组成索状的网络结构，成束穿过筛孔，与有机物运输有关。筛管中另一类特殊的物质是胼胝质，它可以在筛孔内侧积累形成筒状结构，筒内有较粗的原生质丝通过，这种较粗的原生质细丝称为联络索(connecting strand)，它通过筛板上的筛孔把相邻筛管分子的原生质体连接起来，从而构成有机物质运输的通道。

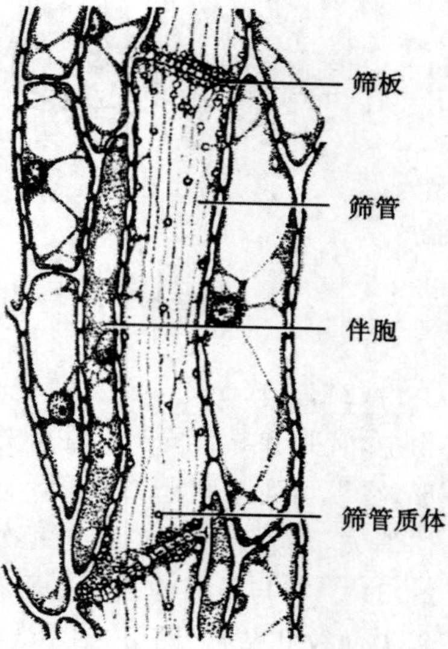

图 2-2-19 烟草茎纵切面示筛管结构

筛管的有效期很短，一般为 1 年，多则 2～3 年，但有些木本单子叶植物(棕榈)筛管的有效期可达 100 年之久。筛管失效源于筛孔被堵塞，筛孔的周围有胼胝质，随着筛管分子的成熟老化，胼胝质不断增多，以致形成垫状沉积在整个筛板上，此时联络索相应变细，直至完全消失，筛孔被堵塞。这种垫状物质称为胼胝体(callosum)。一些多年生双子叶植物在冬天来临之前，由于胼胝体的形成，筛管暂时丧失输导功能，到翌年春天，胼胝质溶解，筛管的功能又逐渐恢复。此外，当植物受到损伤等外界刺激时，筛管分子也能迅速形成胼胝质，封闭筛孔，阻止营养物的流失。一般筛管的长度为 0.1～2.0 mm，宽 10～70 μm。同化产物的输送速度可达 10～100 cm/h，甚至 200 cm/h。运输方向可向上，也可向下，通常是由营养物质丰富的部位向含量较低的部位输送。

伴胞是紧贴筛管分子旁边的 1 至数个小型、细长、两头尖的薄壁细胞。伴胞较筛管分子细小得多，在横切面上呈三角形或方形（图 2-2-19，本章彩图 13）。伴胞与筛管分子由同一个母细胞经不均等分裂而来，两者长度相等或伴胞较筛管分子稍短。伴胞有明显的细胞核，细胞质浓厚，具有多种细胞器，有许多小液泡，尤其是含有大量的线粒体，说明伴胞的代谢活动活跃，但质体内膜分化较差。伴胞与筛管侧壁之间有胞间连丝相通，它对维持筛管分子质膜的完整性进而维持筛管分子的功能有重要作用，当筛管分子死亡失效后，与之相邻的伴细胞也随之死亡。在某些双子叶植物中筛管分子与邻近细胞之间物质交换特别强烈的部分，伴胞发育出内褶的细胞壁，具有传递细胞的特点，由于伴胞位于筛管分子与叶肉细胞之间，能更高效地传递光合产物。

(4)筛胞(sieve cell)　裸子植物和蕨类植物的韧皮部中没有筛管，只有筛胞，它是单独的输导单位，筛胞是生活细胞，细胞细而长，两端渐尖而倾斜，长在 1 mm 以上，成熟后无核，侧壁上有不甚明显的筛域，它与筛管的主要不同点是端壁不形成筛板，而以筛域与另一个筛胞相通，筛域中具有细小的筛孔，有机物质通过筛域输送。因此，筛胞输导功能较差，是比较原始的输导结构。此外，筛胞的原生质体中也没有 P-蛋白体，筛胞旁边也没有伴胞。

虽然在裸子植物的筛胞旁边没有伴胞的存在，但普遍存在一种与伴胞作用类似的薄壁组织细胞与筛胞密切相邻，称为蛋白细胞(albuminous cell)。蛋白细胞由韧皮部薄壁组织细胞发育而成，细胞质浓厚，具有丰富的核糖体和线粒体。它与筛胞之间的壁上有发达的胞间连丝穿过。当筛胞死亡失去功能后，与之相邻接的蛋白细胞也随之死亡。

导管和筛管是植物体内输导组织的主要组成部分，但常常也是某些病菌侵袭感染的途径。如棉花枯萎病菌的菌丝可从导管侵入，某些病毒可通过媒介昆虫进入韧皮部，引发病害。了解致病途径，对研究和防治病虫害具有重要的实践意义。

5.分泌结构(secretory structure)　某些植物在代谢过程中，会产生蜜汁、挥发油、黏液、树脂、乳汁、单宁、生物碱、盐类等物质，聚积在细胞内、胞间隙或腔道中，或通过细胞组成的分泌结构排出体外，这种现象称为分泌现象。凡能够产生分泌物的细胞或细胞组合，称为分泌结构，许多植物的分泌物，如橡胶、生漆、芳香油、蜜汁等具有重要的经济价值。

植物分泌结构的来源各异，形态多样，分布方式也不尽相同，有的以单个细胞分散于其他组织中，也有的集中分布或特化成一定结构。分泌结构虽然不能直接完成植物的主要生理功能，但对于植物提高防御和竞争能力、吸引传粉媒介、增强环境适应性等具有重要意义。根据分泌结构分泌物是否排出体外，可将其分为外分泌结构和内分泌结构。

(1)外分泌结构(external secretory structure)　将分泌物排到植物体外的分泌结构。其大都分布在植物体表面，如腺毛、腺鳞、蜜腺、排水器等。

①腺毛(glandular hair)：腺毛是具有分泌功能的表皮毛状附属物。通常分头部和柄部，头部膨大，由一至数个细胞组成，具有分泌作用，开始时分泌物贮存于细胞壁和角质层之间，以后角质层破裂而向外分泌黏液或挥发油，对植物具有一定的保护作用。如烟草、番茄、泡桐、棉等的幼茎或叶表面上有腺毛存在（图 2-2-20A，B）。

②腺鳞(glandular scale)：腺鳞是鳞片状的腺毛，头部大而扁平，柄部极短或无，排列成鳞片状。腺鳞普遍存在于植物中，尤其常见于唇形科、菊科和桑科植物中（图 2-2-20F，G）。

③蜜腺(nectary)：蜜腺能分泌糖液，它由细胞质浓厚的一至数层分泌细胞群组成，位于植物体表面的特定部位。蜜腺包括位于虫媒植物花部的花蜜腺（图 2-2-20D，E）和位于营养体上的花外蜜腺，如油菜花托上的花蜜腺，棉叶主脉和蚕豆托叶上的花外蜜腺（图 2-2-20C）。蜜汁分泌量多的植

物，是良好的蜜源植物，有较高的经济价值。

④盐腺(salt gland)：其分泌物是盐类。一般盐碱地上生长的植物体表有盐腺分布，用于分泌出多余的盐分以保持体内的盐分平衡，如补血草属(*Limonium*)、柽柳属(*Tamarix*)(图 2-2-20I)等植物的茎和叶表面均分布有盐腺。

⑤腺表皮(glandular epidermis)：腺表皮是植物体某些部位具有分泌功能的表皮细胞，如矮牵牛、漆(*Toxicodendron vernicifluum*)等许多植物花的柱头表皮为腺表皮，细胞呈乳头状突起，能分泌糖、氨基酸、酚类化合物等柱头液，利于黏着花粉，促进其萌发。

⑥排水器(hydathode)：排水器是植物将体内过多的水分排出体外的结构，它的排水过程称为吐水。排水器常分布在叶尖和叶缘，由水孔和通水组织构成。水孔和气孔相似，但它的保卫细胞分化不完全，无自动调节开闭的作用，故始终开放着。通水组织是排列疏松而无叶绿体的叶肉组织，细胞较小，与脉梢的管胞相连。水从木质部的管胞经通水组织到水孔排出体外，这种现象往往可作为根系正常活动的一种标志。

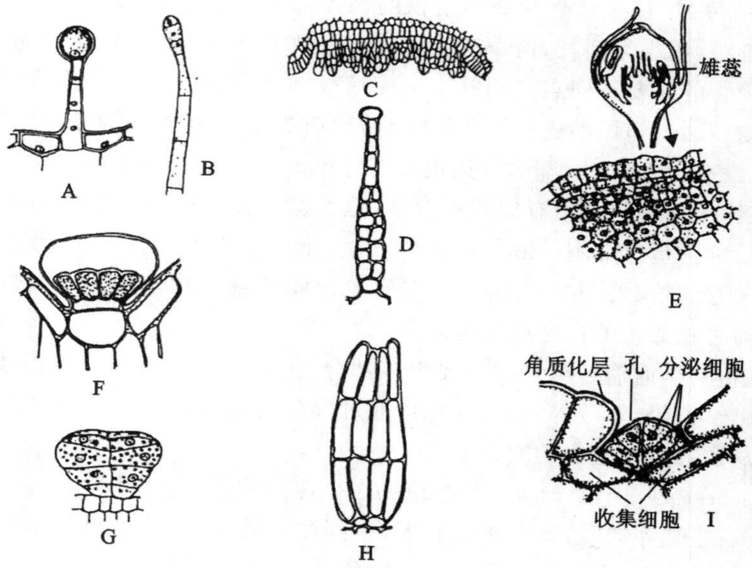

A. 天竺葵属茎上的腺毛；B. 烟草具多细胞头部的腺毛；C. 棉叶主脉处的蜜腺；D. 荨麻属花萼的蜜腺毛；E. 草莓属的花蜜腺；F. 百里香叶表皮上的球状腺鳞；G. 薄荷属的腺鳞；H. 大酸模的黏液分泌毛；I. 柽柳属叶上的盐腺。

图 2-2-20 **外分泌结构**(A，B，C，E **和** G **引自** Esau，D **和** H **引自** Schnepf，F **引自** de Bary，I **引自** Fahn)

(2)内分泌结构(internal secretory structure) 其分泌物积聚于植物体的细胞内、胞间隙、腔穴或管道内，常见的有分泌细胞、分泌腔或分泌道和乳汁管。

①分泌细胞(secretory cell)：以单个细胞存在，可以是生活细胞或非生活细胞，在细胞腔内积聚特殊的分泌物(图 2-2-21A，B)。分泌细胞常大于它周围的细胞，外形有囊状、管状或分枝状，甚至可扩展为巨大细胞，容易识别，因此称为异细胞。根据分泌细胞分泌物的类型不同，可将其分为油细胞(樟科、木兰科)、黏液细胞(仙人掌科、锦葵科)、含晶细胞(桑科、蔷薇科、景天科)以及树脂细胞、芥子酶细胞等。

②分泌腔(secretory cavity)和分泌道(secretory canal)：是一群最初有分泌能力的细胞，后来部分细胞溶解，形成囊状间隙(溶生的，lysigenous)或细胞分离形成的裂生间隙(裂生的，schizogenous)(图 2-2-21C)或两种方式结合而成的间隙(裂溶生的，schizo-lysigenous)。分泌物贮存于腔穴中，例如柑橘叶和果皮中透亮的小圆点，就是溶生分泌腔(图 2-2-21D)，在这个腔的周围可以看到有部分损坏的细胞。松柏类木质部中的树脂道和漆树韧皮部中的漆汁道是裂生型的分泌道(图

2-2-21E,F),它们是分泌细胞间的胞间层溶解而形成的纵向或横向的长形胞间隙,完整的分泌细胞衬在分泌道的周围,树脂或漆液由这些细胞排出,积累在管道中;芒果属的叶和茎中的分泌道是裂溶生起源的。分泌腔和分泌细胞所分泌的挥发性物质,很多是重要的药物或香料。

③乳汁管(laticifer):乳汁管是分泌乳汁的管状结构,通常分布在与韧皮部相邻的部位或韧皮部中,可分为无节乳汁管(nonarticulate laticifer)和有节乳汁管(articulate laticifer)两种类型。无节乳汁管是由一个细胞发育而成的,随着植物体的生长不断伸长和分枝,贯穿于植物体内,长度可达数米,如桑科、夹竹桃科、大戟属植物的乳汁管。有节乳汁管由许多圆柱形的细胞连接而成,以后横壁消失,如菊科、罂粟科、番木瓜科、芭蕉科、旋花科以及橡胶树属等植物的乳汁管均属这种类型(图 2-2-21G, H)。乳汁通常为白色或乳白色,少数植物为黄色、橙色甚至红色。乳汁的成分很复杂,有橡胶、蛋白质、淀粉、糖类、酶、植物碱、有机酸、盐类、脂类、单宁等物质,其中许多有一定的经济价值。

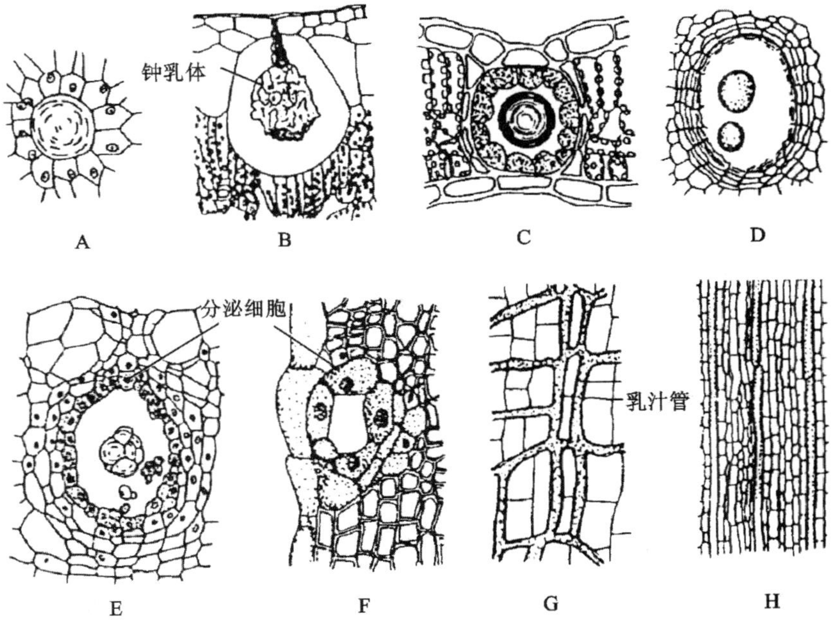

A. 鹅掌楸芽鳞中的分泌细胞;B. 三叶橡胶中的含钟乳体细胞;C. 金丝桃叶中的裂生分泌腔;
D. 柑橘果皮中的分泌腔;E. 漆树的漆汁道;F. 松树的树脂道;G. 蒲公英的乳汁管;
H. 大蒜中的有节乳汁管。

图 2-2-21 内分泌结构

第三节 维管组织和组织系统

一、简单组织和复合组织

只由一种类型细胞构成的组织称简单组织(simple tissue),如分生组织、薄壁组织和机械组织;由多种类型细胞构成的组织称为复合组织(compound tissue),如表皮、周皮、木质部、韧皮部和维管束。在植物系统发育过程中,较低等的植物仅有简单组织,较高等的植物除有简单组织外,还出现了复合组织。

二、维管组织

高等植物体内的导管、管胞、木薄壁细胞和木纤维等组成分子经常有机结合在一起,形成木质部(xylem)；筛管、伴胞、韧皮薄壁细胞和韧皮纤维等组成分子结合成韧皮部(phloem)。由于木质部和韧皮部的主要组成分子是管状结构，因此又将它们称为维管组织(vascular tissue)。木质部和韧皮部是典型的复合组织，在植物体内主要起输导作用，它们的形成对于植物适应陆生生活有着重要的作用。从蕨类植物开始，已有维管组织分化，种子植物体内的维管组织则更为发达。通常将蕨类植物和种子植物总称为维管植物（vascular plant)。

三、维管束

木质部和韧皮部在植物体内紧密结合在一起，共同组成的束状结构称为维管束(vascular bundle)。维管束是由原形成层分化而来的。在不同种类的植物或不同的器官内，原形成层分化成木质部和韧皮部的情况不同，也就形成不同类型的维管束。根据维管束中有无形成层和维管束能否继续发展扩大，可将维管束分为有限维管束和无限维管束两大类。

(一)有限维管束(closed bundle)

有些植物的原形成层完全分化为木质部和韧皮部，没有留存能继续分裂出新细胞的形成层。这类维管束不能再进行发展扩大，称为有限维管束。大多数单子叶植物中的维管束属于有限维管束，因而器官无明显加粗生长。

(二)无限维管束(open bundle)

有些植物的原形成层除大部分分化成木质部和韧皮部外，在两者之间还保留一层分生组织——束中形成层。这类维管束以后通过束中形成层的分裂活动，能产生次生韧皮部和次生木质部，使维管束继续发展扩大，称为无限维管束。如很多双子叶植物和裸子植物的维管束即为此类维管束，因而其根、茎可以有明显的加粗生长。

另外，也可根据木质部和韧皮部的相对位置和排列情况，将维管束分为下列几种(图 2-3-1，本章彩图 15）。

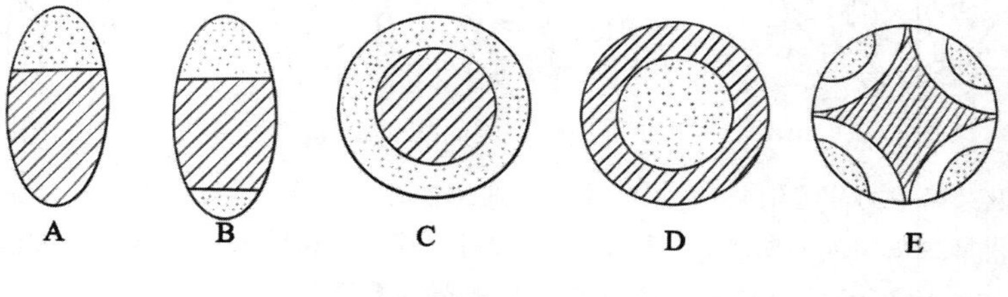

A. 外韧维管束；B. 双韧维管束；C. 周韧维管束；D. 周木维管束；
E. 辐射维管束(木质部用斜线表示，韧皮部用带小点的部分表示)。

图 2-3-1　维管束的类型

1. 外韧维管束(collateral vascular bundle)　木质部排列在内，韧皮部排列在外，两者内外并生成束。大多种子植物具有这种维管束。可再根据外韧维管束形成层的有无，将其分为无限外韧维管束和有限外韧维管束。前者束内有形成层，如双子叶植物茎中的维管束；后者束内无形成层，如单子叶植物茎中的维管束。

2. 双韧维管束(bicollateral vascular bundle)　木质部内外都有韧皮部的维管束。如葫芦科、茄科植物茎中的维管束。

3. 周木维管束(amphivasal vascular bundle)　木质部围绕着韧皮部呈同心排列的维管束，称周木维管束。如芹菜、胡椒科的一些植物茎中和少数单子叶植物(如香蒲 、鸢尾)的根状茎中有周木维管束。

4. 周韧维管束(amphicribral vascullar bundle)　韧皮部围绕着木质部的维管束，称周韧维管束。如被子植物的花丝，酸模、秋海棠的茎，以及蕨类植物根状茎中的维管束为周韧维管束。

此外，根的初生结构中，木质部有若干辐射角，韧皮部间生于辐射角之间，两者交互呈辐射状排列，习惯上称其为辐射维管束，但实际上，二者未互相连接，并不结合成束状的维管束，应将二者合称为维管组织。

四、植物组织的演化

植物的演化是从单细胞至多细胞的群体，再发展为多细胞的有机体，多细胞个体内出现了细胞的分化，产生了组织。在植物系统演化的过程中，各种组织的出现是不同步的，组织的简单与复杂程度也是不同的。薄壁组织出现得较早，而输导组织、机械组织和分泌组织出现得较晚。维管组织的出现是植物由水生到陆生进化的标志，蕨类植物和种子植物才有维管组织，特别是被子植物体内维管组织高度发达与完善，是其在地球上繁荣昌盛的原因之一。

保护组织中的表皮具有彼此嵌合紧密的表皮细胞，发达的角质膜、毛状体，具开闭机制的气孔器等，都是植物适应陆生生活的体现。周皮这一次生保护结构直到裸子植物和被子植物才得以发达，以使多年生的木本植物在严寒、干旱的环境中生存。

分泌组织，如树脂道，是在次生木质部中有了木薄壁细胞后才出现的，因为构成树脂道的泌脂细胞属于薄壁细胞范畴。内分泌结构的分泌腔、乳汁管也是次生进化的特征；而外分泌结构的腺体发生则要比内分泌结构至少早 1 亿年。

五、组织系统

植物体内的各种组织和器官都有一定的结构和形式，而且与它们的功能之间有密切的关系。例如维管组织是输导有机物质和水分的组织，它在植物体内形成了一种连接的系统，连续地贯穿在整个植物的所有器官中。植物体内不属于维管组织的其他各种组织也是连续的，从而构成一个结构和功能上的复合单位，称为组织系统（tissue system）。

Sachs（1875）认为，植物体内的主要组织，可以根据其在植物体内部位的连续性归纳为皮组织系统、维管组织系统和基本组织系统三种组织系统，亦可简称为皮系统、维管系统和基本系统。

1. 皮组织系统（dermal tissue system） 包括表皮和周皮。表皮为覆盖植物体的初生保护层；周皮是代替表皮的一种次生保护组织，构成连续覆盖整个植物体的保护系统。

2. 维管组织系统（vascular tissue system） 主要包括两类输导组织，即输导养料的韧皮部和输导水分的木质部，构成连续贯穿整个植物体的输导系统。

3. 基本组织系统（ground tissue system） 植物体的基本组织，表现出不同程度的特化，并形成各种组织。包括各类薄壁组织、厚角组织和厚壁组织。它们分布于皮系统和维管系统之间，是植物体各部分的基本组成。

植物的整体结构表现为：维管组织包埋于基本组织之中，而外面又覆盖着皮系统，各个器官结构上的变化，除表皮或周皮始终包被在外面，其他主要表现在维管组织和基本组织相对分布上的差异。

本章小结

植物个体发育中将来源相同（即由同一个或同一群分生细胞生长、分化而来）、形态结构相似、执行特定生理功能的一种或数种类型细胞组成的结构和功能单位称为组织。由一种类型细胞构成的组织称为简单组织；由多种类型细胞构成的组织称为复合组织。植物体的组织类型很多，常按其发育程度、形态结构和生理功能的不同，把组织分为分生组织、保护组织、薄壁组织、机械组织、输导组织和分泌结构六大类。后五类组织均由分生组织衍生的细胞发展而成，被总称为成熟组织。植物体内的分生组织，按位置分为顶端分生组织、侧生分生组织和居间分生组织，按来源分为原分生组织、初生分生组织和次生分生组织。保护组织分为表皮和周皮，表皮是初生保护组织，由表皮细胞、气孔器和表皮附属物构成；周皮是取代表皮的次生保护组织，由木栓层、木栓形成层和栓内层构成。薄壁组织是植物体内分布最广泛，且与植物营养密切相关的组织，可根据功能不同分为同化组织、吸收组织、贮藏组织、通气组织和传递细胞。机械组织是具有机械支持功能的组织，分为厚角组织和厚壁组织，厚壁组织又分为纤维和石细胞。输导组织是一类执行物质长途运输功能的组织，可分为运输水分、无机盐的导管和管胞，及运输有机物的筛管和筛胞。可以根据分泌结构分泌物是否排出体外，将其分为外分泌结构和内分泌结构。

维管束是复合组织，根据有无形成层可分为有限维管束和无限维管束两种类型；也可根据木质部和韧皮部的位置和排列情况，分为外韧维管束、双韧维管束、周木维管束和周韧维管束。植物体内的组织系统主要包括皮组织系统、维管组织系统和基本组织系统。在植物体的各个器官中，维管组织系统包埋在基本组织系统中，皮组织系统覆盖在器官的外侧。

复习与思考

1. 如何从系统发育和个体发育两方面理解植物组织是植物演化过程中不断完善化的产物。

2. 谈谈维管束结构与植物生长发育的关系。

3. 从输导组织的组成成分分析维管植物的演化特点。

4. 思考植物组织系统在植物体中的分布规律，不同植物结构特点的差异在组织系统上有何不同。

5. 植物如何通过组织的调整来适应不同的环境条件？如在干旱、高盐环境下，植物组织可能会发生哪些变化来应对这些挑战？

6. 以叶的表皮和叶肉组织为例，阐述它们在结构上如何适应功能。若表皮组织受损，对叶肉组织乃至整个植物的生理功能会产生哪些影响？

数字课程学习资源

课程视频　学习课件　知识结构图　练习题　参考答案

第II篇

植物营养器官的

发育、结构与功能

植物学

Botany

图1　蓖麻种子表面观（A背面，B腹面）

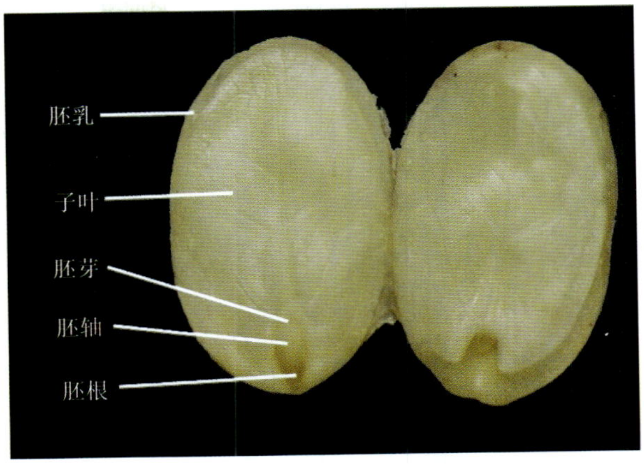

图2　蓖麻种子与宽面平行的纵切面

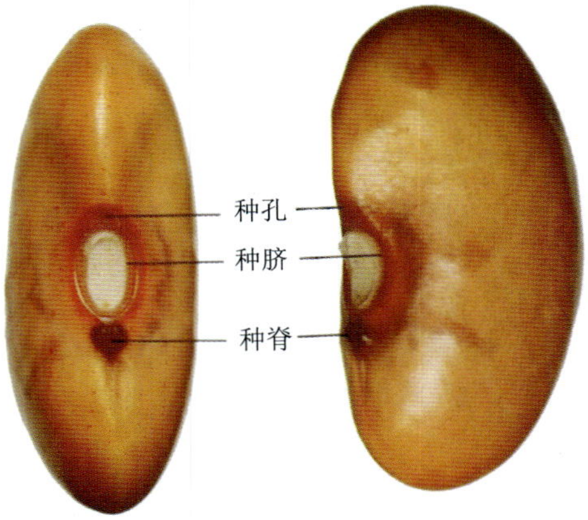

图3　菜豆种子外观

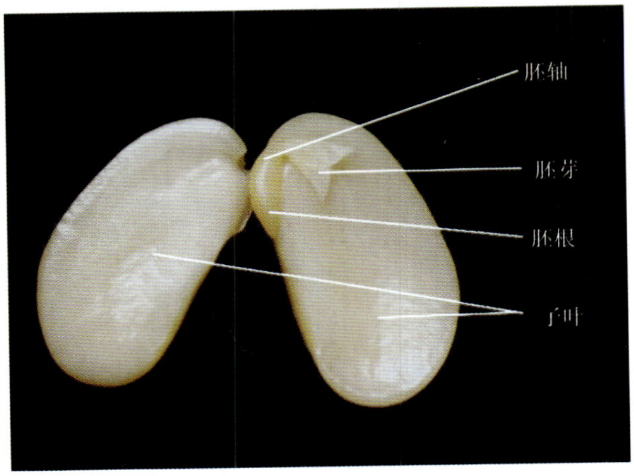

图4　菜豆种子剖面图

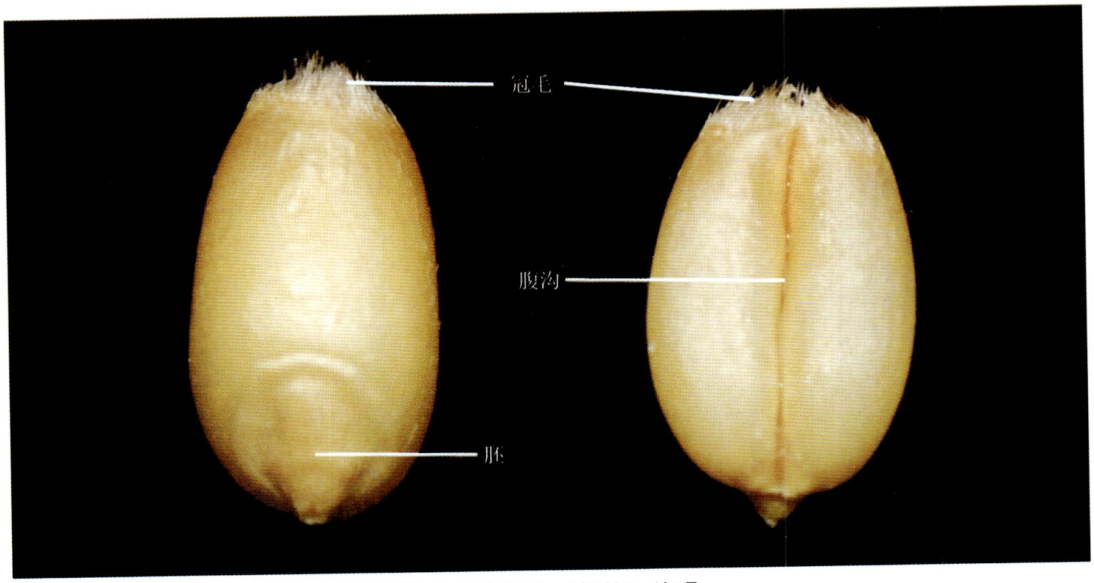

图5　小麦果实（籽粒）外观

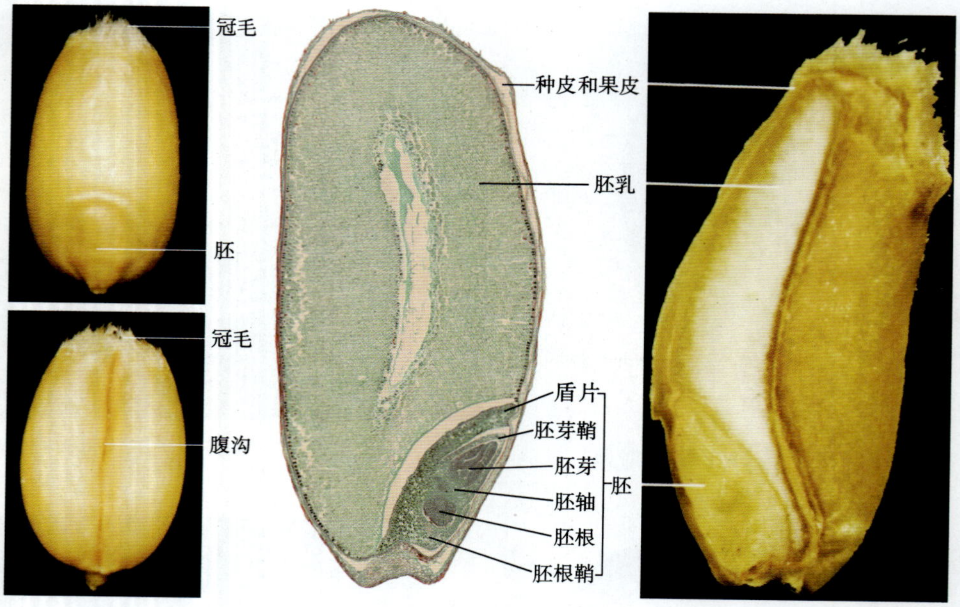

A.籽粒外形　　B.籽粒纵切面（显微）　　C.籽粒纵切面

图6　小麦颖果的结构

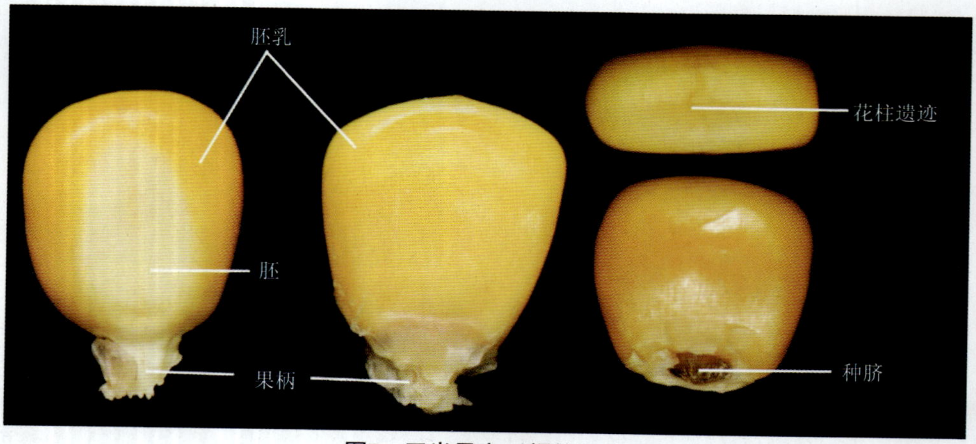

图7　玉米果实（籽粒）外观

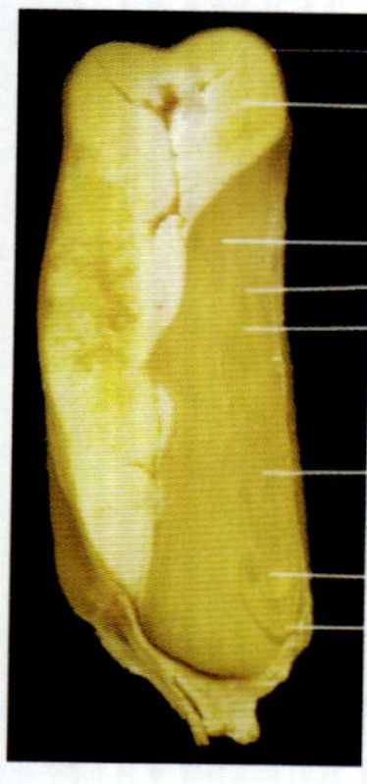

图8　玉米果实纵切面

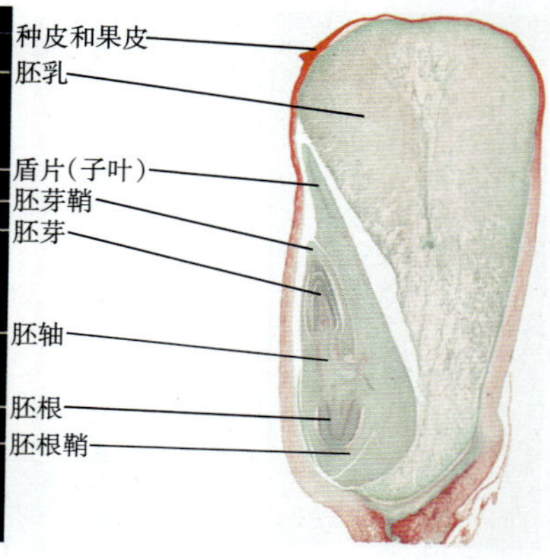

图9　玉米果实纵切面（显微）

图10　油松种子结构

◉◉◎ 第三章 | 种子与幼苗

成年植物体上由多种组织组成，具有一定形态结构和生理功能的、易于区分的部分称为器官(organ)。被子植物一般具有根、茎、叶、花、果实和种子六种器官。其中根、茎、叶三种器官与植物的营养生长直接相关，称之为营养器官(nutritive organ)，而花、果实和种子三种器官则与植物的生殖作用和种族繁衍密切相关，称为生殖器官(reproductive organ)。

种子(seed)是种子植物特有的繁殖器官，由胚珠发育而来。种子萌发后形成幼苗(seedling)，幼苗继续生长形成具有根、茎、叶分化的植物体，当营养生长进行到一定阶段，植物体积累了足够的营养物质时，便开花、结果、产生种子而进入生殖生长期，以便繁殖后代。

种子植物营养器官的发育是从种子萌发开始的，故本教材将种子与幼苗一章在本篇予以介绍。

第一节 种子的基本结构

被子植物的种子包在果皮内；而裸子植物的种子外无果皮包被，是裸露的。

一、种子的形态和结构

不同植物的种子在形状、大小和颜色等方面千差万别。如蚕豆、菜豆的种子为肾形，花生的种子为椭圆形，而豌豆、龙眼的种子为圆球形；椰子的种子很大，直径可达 15～20 cm，油菜、萝卜、芝麻的种子较小，而烟草和兰花的种子更小，附生兰 5 万颗种子仅重 0.1 g；南瓜种子为白色，大豆种子为黄色或黑色，荔枝种子为红褐色等，还有具花纹的种子，如蓖麻的种子。不同植物种子的外部形态特点不仅用以鉴别植物种类，同时也是商品检验、检疫等方面的重要依据。

虽然不同植物的种子在外部形态上各有不同，但其基本结构是一致的。一般由种皮、胚和胚乳三部分组成，有些种子具有外胚乳或假种皮。

(一)种皮

种皮(seed coat)由胚珠中的珠被发育而来，是包被在种子最外面的结构，具有保护功能，可以保护胚和胚乳，避免水分的丧失、机械损伤和病虫害的侵入，有些植物的种皮还与控制萌发的机制有关。种皮常由几层细胞构成，最外层为表皮，表皮之内的细胞类型与排列依植物种类不同而异，有的是薄壁细胞，有的是厚壁细胞，甚或两种类型细胞均有分布(图 3-1-1)。由于细胞类型不同，种皮性质和厚度因植物种类而异。有些种皮厚而硬，如蚕豆、棉花、蓖麻等的种子，这些植物的果实成熟后便自动开裂，种子散出，对内部结构的保护作用完全由种皮承担；有些种皮较薄，呈膜质或纸质，如桃、落花生和向日葵等的种子，这些种子成熟后一直包在果实内，由果皮起保护种子的作用；有些种皮肉质可食，如石榴的外种皮表皮细胞向外扩伸，形成肉质多汁的可食部分。还有一些植物种子具有假种皮(aril)，如荔枝、龙眼等，它们的假种皮是由珠柄及胎座发育而来，包在种皮之外，形成肉质的食用部分。有些植物的种子如小麦、玉米等，种皮与外围的果皮紧密结合，共同保护着内部结构。

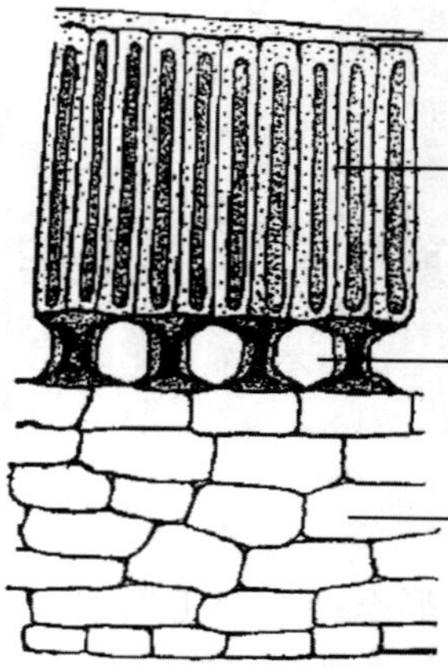

图 3-1-1 刺槐种子的种皮横切面

成熟种子的种皮上一般还有种脐(hilum)、种孔(micropyle)、种脊(raphe)、种阜(caruncle)等结构。种脐是种子成熟后与果实脱离时留下的痕迹，其颜色、大小、形状随植物种类而不同，一般呈线形、椭圆形等形状。种孔是原来的珠孔，种子萌发时，胚根首先从种孔处突破种皮。种脊位于种脐一侧，进入种子的维管束在此分布。种阜是种脐和种孔附近的一个小隆起。种脐和种孔是植物种子都具有的构造，而种脊、种阜则不是每种植物都有，这与胚珠类型有关，种脊只有倒生胚珠形成的种子才具有，是珠柄和珠被愈合发育而形成的。种皮细胞中常因含有色物质而使种皮呈现各种颜色；有的种子表皮还具有表皮毛等附属物，如棉花种皮上的纤维。

有些种子只具有一层种皮，而有些种子则具有内、外两层种皮，外层的叫外种皮，通常由木化或角化的厚壁组织组成，一般较厚，具有保护作用；内层的称内种皮，由薄壁细胞组成，细胞内贮存养料，但在种子发育过程中，养料往往被吸收，因此当种子成熟时，内种皮常常变为死细胞组成的薄层，如苹果种子的种皮。

(二)胚

胚(embryo)是构成种子的最重要部分，是由受精卵发育而来的新一代植物体的幼体，由胚性细胞组成。成熟胚由胚芽(plumule)、胚轴(plumular)、胚根(radicle)和子叶(cotyledon)四部分组成(本章彩图 4)。胚根和胚芽体积较小，胚根呈圆锥形，主要由根端生长点和根冠原组成；胚芽呈雏叶形，由茎端生长点和幼叶组成；胚轴是连接胚根和胚芽的轴状结构，子叶着生其上，胚轴一般较短，在种子中不显著。种子萌发时，胚轴随之生长、变长，成为植物幼根或幼茎的一部分，胚轴由子叶着生处到第一片真叶的一段称之为上胚轴，由子叶着生处到胚根的一段称为下胚轴；子叶是植物体最早的叶，不同植物种子的子叶在形态、数目及生理功能上各不相同。有些种子的子叶肥厚，贮藏有大量养料，供种子萌发和幼苗生长时利用，如蚕豆、菜豆、落花生的种子。而有些种子的子叶呈薄片状，在种子萌发时，其分泌酶消化胚乳中的养料，再吸收转运到胚里，供胚利用，如小麦、玉米、蓖麻等的种子。有些种子的子叶在种子萌发后露出地面，进行短期的光合作用，制造养分，供胚芽和胚根利用，如棉花、向日葵等的种子。被子植物种子内子叶的数目有 1 枚的，也有 2 枚的。在裸子植物的种子内，子叶的数目不定，通常为 2 枚或 2 枚以上。

(三)胚乳

胚乳(endosperm)位于种皮和胚之间，是种子贮藏营养物质的场所，由贮藏组织构成，供种子萌发时利用。植物种子成熟后，有的具有胚乳，而有的无胚乳。无胚乳种子有两种情况：一种是种子在形成时根本不产生胚乳，如兰科、川苔草科及菱科等植物的种子；另一种情况是种子在生长发育过程中，胚乳的养料被胚吸收，转入子叶中贮存，其子叶比较发达，如落花生、蚕豆等的种子。

种子中的胚乳或子叶含有丰富的营养物质，主要有糖类、脂类和蛋白质，亦有少量无机盐和维生素。不同植物的种子所含营养物质的种类和数量因植物种类而异，变化很大。根据贮藏物质的主要成分，可将植物种子分为：淀粉类种子，如禾本科植物小麦、玉米和水稻淀粉含量较高，可占干重的 60%以上；脂肪类种子，如落花生、油菜子叶中含脂质约占干重的 50%；蛋白质类种子，如大豆子叶中蛋白质含量约占干重的 40%。

少数植物种子在形成过程中，珠心未被完全吸收，一部分珠心组织被保留下来，在种子中形成类似胚乳的营养组织，称外胚乳(perisperm)，外胚乳也贮藏丰富的营养物质，如甜菜种子；也有胚乳和外胚乳并存的，如睡莲科芡属(*Euryale*)植物的种子。外胚乳和胚乳只是来源不同，但功能是相同的。

需要指出的是裸子植物种子中的胚乳是由雌配子体转化而来，为单倍体。被子植物种子中的胚乳是由受精极核发育而来，为三倍体或多倍体。

二、种子的基本类型

根据成熟种子内是否具有胚乳，将种子分为有胚乳种子和无胚乳种子两种类型。

(一)有胚乳种子

有胚乳种子(albuminous seed) 成熟后具有胚乳，胚乳占据了种子的大部分，胚相对较小。种子由种皮、胚和胚乳三部分组成。大多数单子叶植物和部分双子叶植物及裸子植物的种子都是有胚乳种子，如蓖麻、茄子、辣椒、小麦、玉米、水稻、松属植物等。下面分别以蓖麻、小麦、水稻和松属植物为例，介绍有胚乳种子的结构。

1. 双子叶有胚乳种子的结构　蓖麻种子呈椭圆形，侧扁，种皮坚硬光滑，具有黑色或棕色斑纹；种子一端有一隆起的海绵状结构，为种阜，由珠被发育形成，具有吸收和储蓄水分的作用，有利于种子萌发；种孔位于种阜下方，被种阜覆盖着；种子的腹面中央有一条长形隆起，称为种脊，其长度与种子几乎相等，它是倒生胚珠的珠柄与珠被愈合处，在种子成熟后留在种皮上的痕迹。种脐不甚明显，但在即将成熟的新鲜种子中容易观察到。种皮内侧是一层膜质的构造，是被挤压的珠心组织的残留，薄膜之内，可见到白色的胚乳，其内含有大量油脂。胚呈薄片状被包在胚乳中央，两片子叶大而薄，子叶上有明显的脉纹。两片子叶的基部与短的胚轴相连，胚轴下方突出的部分是胚根，上方的小突起是胚芽(图 3-1-2，本章彩图 1，彩图 2)。

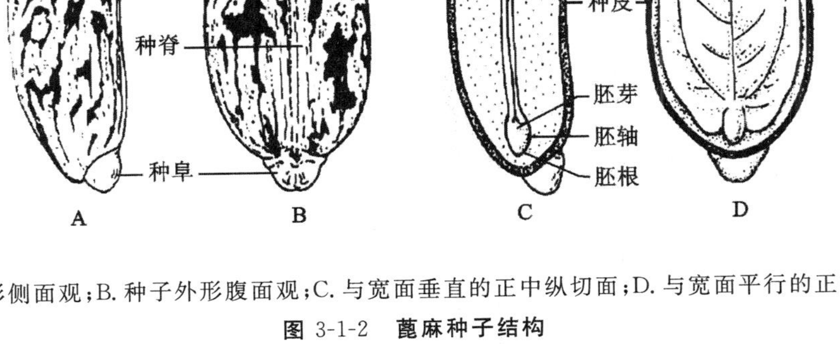

A. 种子外形侧面观；B. 种子外形腹面观；C. 与宽面垂直的正中纵切面；D. 与宽面平行的正中纵切面。

图 3-1-2　蓖麻种子结构

2.单子叶有胚乳种子的结构　稻的籽粒俗称为种子，但其外围的保护层并不单纯是种皮，而是果皮和种皮共同组成的复合层，二者一般不易分离，故麦粒或糙米实际上是果实，在植物学中称为颖果。小麦、水稻的果皮较厚，而种皮较薄（图3-1-3，图3-1-4，本章彩图5）。

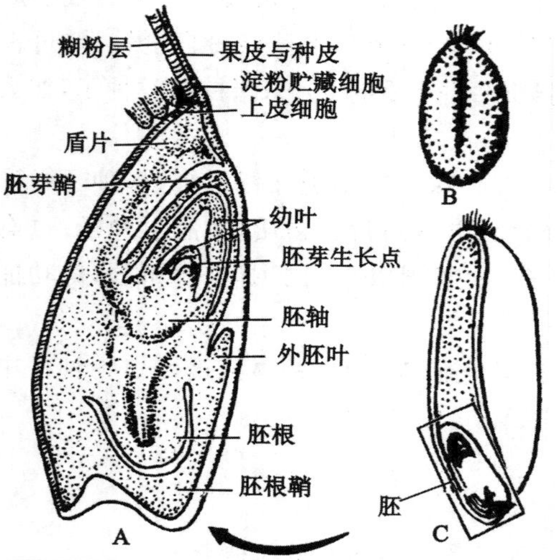

A.胚的纵切面；B.颖果外形；C.颖果纵切面。

图3-1-3　小麦颖果的结构

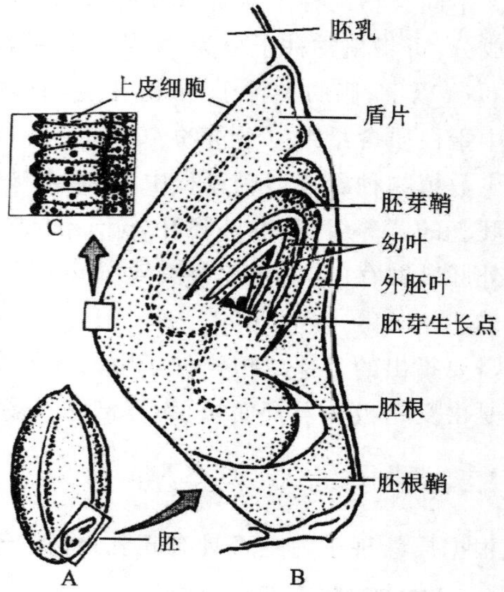

A.水稻颖果外形，示胚部分；B.胚的纵切面；C.上皮细胞。

图3-1-4　水稻颖果的结构

从小麦和水稻颖果的纵切面来看，胚和胚乳的界线很明显。果皮和种皮以内绝大部分是胚乳，而胚只占基部一侧的小部分。水稻和小麦的胚乳可分为两部分，包围在胚乳外周，与种皮紧贴的部分是糊粉层，其余大部分是含淀粉的胚乳细胞。糊粉层细胞含较多的蛋白质和一些脂肪，所以营养价值较高。

小麦和水稻的胚处于籽粒基部一侧，包括胚芽、胚根、胚轴和子叶四部分。胚芽位于胚轴上方，由顶端生长点和周围的幼叶组成；包围在胚芽外方的鞘称为胚芽鞘（coleoptiles）；胚根位于胚轴下端，由根端的生长点和根冠组成，外方包被的鞘为胚根鞘（coleorhizae）；胚轴较短，将胚芽和胚根上下连接，胚轴的一侧与子叶相连；子叶1片，形如盾状，称为盾片（scutellum），盾片的另一侧紧靠胚乳，所以盾片夹在胚乳和胚轴之间。盾片与胚乳交界处有一层排列整齐的细胞，称为上皮细胞（或称柱形细胞）。当种子萌发时，上皮细胞分泌酶类到胚乳中，将胚乳中贮藏的营养物质消化、吸收，并转移到胚的生长部位以供利用。在胚轴的另一侧与盾片相对处，有一薄片状小突起，称为外胚叶（epiblast），过去有人认为是另一片子叶退化的结果，现在则趋向于认为是胚器官的一部分裂片，属于胚根鞘的延伸部分，禾本科的其他植物，如玉米的种子也有类似的结构（本章彩图6，彩图8，彩图9）。

3.松属植物种子的结构　松属植物种子由种皮、胚、胚乳构成（图3-1-5）。种皮由珠被发育形成，分为三层，外层肉质，不发达；中层石质；内层纸质，呈薄膜状。种皮之内是由雌配子体发育形成的胚乳，多呈白色，胚乳富含油脂。胚乳之内包裹的是棒状的胚，成熟胚由胚根、胚轴、胚芽和子叶四部分组成，松属植物胚的子叶多在7～10枚不等，位于胚体的上端，呈条状包围胚芽。裸子植物种子发育过程中，珠鳞的部分表皮细胞分离形成种子的附属物，即翅，以利于借助风力传播。

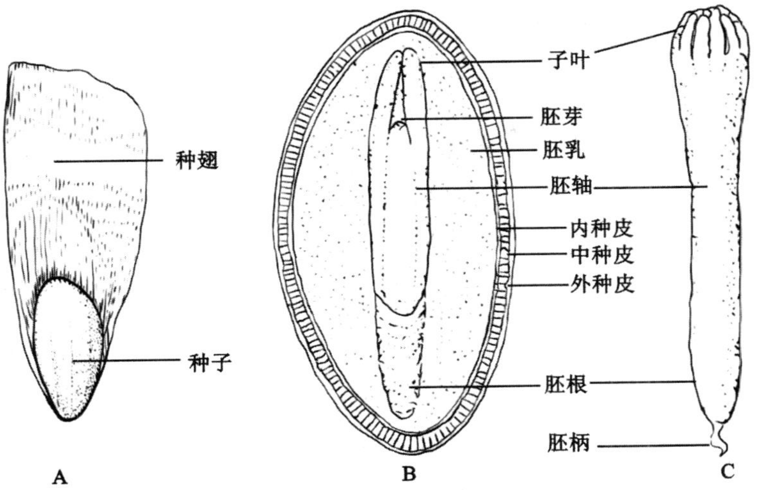

A. 种子外形；B. 种子纵剖面；C. 胚。

图 3-1-5 松属植物种子和成熟胚

(二)无胚乳种子

无胚乳种子(exalbuminous seed)成熟时缺乏胚乳，仅由种皮和胚两部分组成。这类种子在成熟过程中，胚乳中的营养物质转移到子叶中，肥厚的子叶代替了胚乳的功能。双子叶植物落花生、棉花、荠菜、瓜类、豆类的种子和单子叶植物慈姑、泽泻等植物的种子，都属于这一类型。下面以蚕豆和慈姑的种子为例，说明双子叶植物和单子叶植物无胚乳种子的结构。

1. 双子叶无胚乳种子的结构　蚕豆种子扁平而略带肾形，幼嫩时种皮为绿色，成熟干燥后呈褐色，坚硬，浸水后转为革质。在种子宽阔一端有黑色眉状结构，为种脐，种脐一端有一小圆孔，即为种孔。邻近种孔处，隆起的种皮内方为胚根，种脐的另一端与种孔相对处有一隆起的棱脊，称为种脊。剥去种皮可见内部的胚(图 3-1-6)。子叶 2 枚，肥厚，扁平，相对叠合，内含丰富的营养物质，几乎占据了种子的全部体积。在 2 枚子叶叠合处胚轴一侧有一锥形小突起，即为胚根。分开 2 枚叠合的子叶，可见胚芽夹在子叶之间，胚芽由几片幼叶和包在中间的生长点组成。胚轴位于胚根和胚芽之间，与子叶相连。菜豆等豆类种子结构与蚕豆种子结构基本一致(本章彩图 3，彩图 4)。

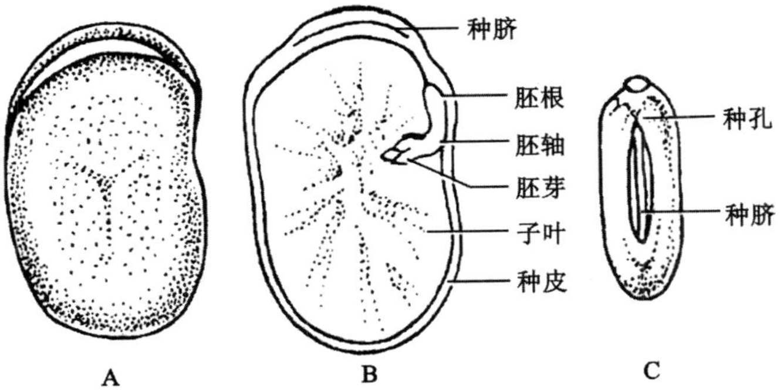

A. 种子外形的侧面观；B. 切去一半子叶显示内部结构；C. 种子外形的顶面观。

图 3-1-6 蚕豆的种子

2. 单子叶无胚乳种子的结构　单子叶无胚乳种子除慈姑外，在农作物中较少见，主要是兰科植物种子。

慈姑的种子很小，包在侧扁的三角形瘦果内，每一果实仅含 1 粒种子。种皮极薄，仅 1 层细胞。胚弯曲，胚根的顶端与子叶端紧相靠拢，子叶长柱形，1 片，着生在胚轴上，它的基部包被着胚芽。

胚芽有一个生长点和已形成的初生叶。胚根和下胚轴连在一起，组成胚的一段短轴（图 3-1-7）。

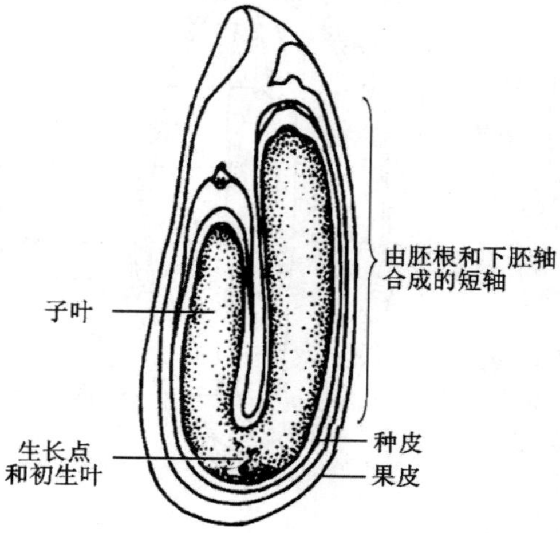

图 3-1-7　慈姑胚的结构

根据上述几种类型的种子，可将典型种子的基本结构概括如下：

种子基本结构
- 种皮　一般坚韧，是种子的保护层。禾本科植物种皮与果皮不易分开。
- 胚
  - 胚芽　由生长点和幼叶组成（有些植物无幼叶）。禾本科植物种子胚芽外有胚芽鞘。
  - 胚轴　连接胚芽、胚根和子叶的轴，包括上胚轴和下胚轴。
  - 胚根　由生长点和根冠组成。禾本科植物胚根外有胚根鞘。
  - 子叶　单子叶植物只有 1 片子叶，双子叶植物有 2 片子叶，禾本科植物的 1 片子叶称盾片。
- 胚乳（有或无）　贮藏营养物质的组织。禾本科植物的胚乳由糊粉层和淀粉组织组成。

第二节　种子的萌发和幼苗的形成

种子是有生命的植物新个体。种子中的胚成熟后，在适宜条件下，通过一系列同化和异化作用，就开始萌发，长成幼苗。

一、种子的寿命和休眠

（一）种子的寿命

种子在一定条件下保持生活力的最长期限，称为种子的寿命。不同植物种子的寿命有一定的差异，长者可达百年以上，如古莲，有记载曾在考古发掘物中得到已超过千年仍有生活力的古莲种子；寿命短者仅能存活几周或几天，如柳树；玉米、小麦、油菜的种子寿命一般为2～3 年；蚕豆、南瓜种子的寿命为 4～6 年。造成这种差异的原因首先是本身的遗传条件，另一个原因是种子的成熟度和贮藏条件，未完全成熟的种子容易丧失其生活力。贮藏条件对种子的寿命有很大的影响，一般在干燥、低温条件下，种子呼吸弱，代谢降低，消耗少，可以延长种子的寿命；若温度高、湿度大，则种子呼吸作用加强，需要消耗大量贮藏物质，种子的寿命自然就短；过于干燥的条件也不利于种子保持生活力，因为这时种子的生命活动完全停止，实际上种子在贮藏期间，新陈代谢虽缓慢，但依然是生活的。

（二）种子的休眠

大多数植物种子成熟后，在适宜环境条件下能很快萌发；但有些植物的种子即使在适宜条件下，也不能进入萌发阶段，必须经过一段相对静止的时期才能萌发，这一性质称为种子的休眠（dormancy）。种子的休眠是植物经过长期进化而获得的一种对环境条件及季节性变化的生物学适应。

一般来说，种子休眠有两种情况：一种是种子已具有发芽能力，但因得不到发芽所必需的基本条件，而被迫处于静止状态，此种情况称为强迫休眠。一旦外界条件具备，处于强迫休眠的种子即可萌发，这类种子的休眠期很短或几乎没有休眠期，如水稻、小麦、豌豆、芝麻等，在收获季节如遇高温多雨天气，常发生种子在植株上萌发的现象，严重影响了种子的品质和产量，造成很大的经济损失。另一种是种子本身还未完全通过生理成熟阶段，即使供给合适的发芽条件仍不能萌发，此种情况称为深休眠或生理休眠，这类种子的休眠期较长，需要数周乃至数月或数年，如银杏、毛茛、松等。

种子休眠的原因是多方面的，且不同植物休眠的原因不同。只有根据不同休眠原因，采取适当措施，才能打破或缩短休眠期限，促使种子萌发。种子休眠的原因主要有以下几个方面。

1. *种皮障碍*　这类种子的种皮极其坚厚，常含有角质或酚类化合物，阻碍了种子对水分和空气的吸收或使胚无法突破种皮。如豆科、锦葵科植物中的某些属种，以及苍耳等种子具有这样的性质。对这类种子可以用机械方法擦破种皮，或是用浓硫酸作短时间处理，再用清水洗净，使种皮软化，水分便可顺利地渗入种子内部。此外，将种子先在冷水内浸泡 12 h，然后再在沸水中放 30～60 s，也可以打破休眠，促使其萌发。对苋属等种皮特别坚硬的种子可采用冷冻或利用土壤微生物的作用，使种皮渐次软化，达到萌芽的目的。

2. *种子具有后熟作用*　后熟作用(after ripening)是指有些植物的种子在脱离母体时，胚未发育完全或胚在生理上尚未全部成熟，还需经过一定时间，胚才能发育完全。这类种子即使环境条件适宜，也不能萌发成长。如银杏、毛茛等植物的种子或果实脱离母株时，里面的胚还没有充分发育成熟，需要经过一段休眠时期，等胚充分成熟后才能萌发。

这些种子的后熟需要通过层积处理在潮湿和低温条件下完成，即将种子、土壤和泥炭分层铺设(一层种子，一层土壤，一层泥炭)，放在室外暴露过冬。低温处理时间视植物种类、种皮情况和种子内水分含量，以及外界环境中氧气和二氧化碳浓度等因素而定。一般在 0～6 ℃低温下，经过 2～3 个月即可。在生产实践中有时为了赶季节，必须采用各种方法人为打破休眠，促进萌发，如人工施用赤霉素处理等。对胚未全部成熟，或胚体根本没有发育的种子，也可采取合适的高温处理，或供给种子以有机营养的办法，促使其早日成熟。

3. *某些抑制性物质的存在*　有些植物种子不能萌发，是由于种子或果实内含有抑制物质。抑制物质的种类很多，因植物而异，如有机酸、植物碱、激素、氰化物、氨等。如番茄、柑橘或瓜类种子不可能在果实内发芽生长，只有在脱离果实后才能萌发，就是这个原因。可将这类种子脱离环境或用水冲洗，除去附着在种子上的抑制物质就可解除休眠。也有一些抑制萌发的物质存在于土壤里，在多数情况下，这类物质是由落叶腐败后带入土中，如某些在沙漠生长的植物就是这样。经过几场春雨，或几次阵雨后，冲走了土壤里的这类物质，才能为种子萌发提供适宜条件。

二、种子萌发的条件

具萌发力的种子，在适宜的条件下，胚由休眠状态转入活动状态，开始萌发生长，形成幼苗，这个过程称为萌发(seed germination)。种子萌发的前提是种子内的胚发育成熟，具有生活力。此外，还需要一定的外界条件，主要是充足的水分、适宜的温度和足够的氧气，少数植物种子的萌发还与光照有关。

(一)水分

水分是种子萌发的先决条件。干燥的种子含水量很低，一般只有种子总重量的 5%～10%，内部细胞质呈凝胶状态，生理代谢活动很微弱，在这样的条件下，很多重要的生命活动无法进行。因此，种子要萌发，恢复其正常生命活动，就必须吸收足够的水分。水分在种子萌发过程中所起的作用是多方面的：首先，干燥坚硬的种皮经水浸润后膨胀软化，这不但有利于胚芽、胚根突破种皮，而且使氧气容易进入，胚的呼吸作用增强；其次，使原生质由凝胶状态转变为溶胶状态，各种酶也由钝化变为活化状态，进而种子内的各种贮藏物被一系列活化酶水解或氧化，由不溶解状态转变为可为胚吸收、利用的溶解状态，供胚生长、分化之用；再者，水分可促进可溶性物质向正在生长的幼芽、幼根运输，供给呼吸需要和形成新细胞结构的有机物；水分还可使种子内贮藏的植物激素由束缚型转化为游离型，从而调节胚的生长发育。

种子萌发的吸水过程分为三个阶段：开始是种子内的胶体物质所引起的急剧吸水过程，为吸胀吸水的物理过程，与种子代谢作用无关；随后是吸水的停滞期，这时种子内代谢活动增强；当胚根突破种皮，胚体迅速增大时又再次急剧吸水，此时为渗透吸水的生理过程。

各种植物种子萌发时需要的吸水量不同。一般种子要吸收其本身重量的25%～50%或更多的水分，才开始萌发。这与植物种子内贮藏养料的性质有关，如大豆、豌豆等蛋白质类种子，由于蛋白质具强烈的亲水性，需吸收较多的水分子才能被水饱和；油菜、花生等脂肪类种子，由于脂肪是疏水性物质，故种子吸水量较小；淀粉类种子的吸水量一般也不大。另外，种子萌发所需的吸水量，也与各种植物长期对某种环境的适应性及遗传性有关。种子也能吸收空气中的水分，如果大气湿度相当高，几乎达饱和点时，成熟的种子能在植株上或空气中萌发，这种现象在谷类、豆类等作物中有时可以见到。

因此，播种前后，要根据不同植物种子萌发时对水分需求的差异，保证一定水分供应，才能促进种子的萌发、幼苗出土和出苗整齐。但是，如果水分过多，缺少氧气，种子进行无氧呼吸，产生乳酸和酒精，就会使种子中毒，并出现烂种、烂根和烂芽的现象。

（二）氧气

种子萌发和胚体生长是非常活跃的生命活动过程，需要旺盛的呼吸作用来保证它的能量供应。因此在种子萌发时，呼吸作用的强度显著增加，需要大量氧气供应。如果氧气不足，正常的呼吸作用就会受到影响，胚就不能生长，种子就不能萌发，甚至进行无氧呼吸，使种子中毒或造成烂种。特别是在萌发初期，种子的呼吸作用十分旺盛，需氧量更大。作物播种前的松土，就是为种子萌发提供呼吸所需要的氧气。旱地作物如高粱、落花生、棉花等种子，如果完全浸泡于水中或埋于坚实土层深处，则往往不能萌发，这主要是因为得不到氧气供应的缘故。水稻籽粒长期浸泡在水中，同样不能萌发，或不能正常生长。所以播种前的浸种、催芽，加强人工管理，以控制和调节氧气供应，才能使种子萌发正常进行。

不同植物种子萌发时对氧气的要求不同。大多数种子，需要土壤中含氧量在10%以上才能正常萌发。尤其是含脂肪较多的油料种子，如落花生等种子发芽时，比淀粉种子需要更多的氧气。

（三）温度

种子萌发还需要有适宜的温度。种子萌发时，细胞内部进行着复杂的物质和能量转化，这些转化过程都是在酶的催化作用下进行的。而酶的催化活动则必须在一定温度范围内进行。如果温度过高或过低，酶的作用都会减弱，甚至完全停止。所以，种子萌发对温度的要求，就表现出最低温度、最高温度和最适温度3个基点，只有最适温度才是种子萌发最理想的温度条件。几种常见作物种子萌发的温度范围见表3-2-1。

种子萌发的温度三基点与植物种类及原产地有关。一般越冬作物和原产于北方地区的作物以及果树等植物种子萌发的温度三基点较低；原产于南方的作物、果树等植物种子萌发的温度三基点较高。多数植物种子萌发的最低温度为0～5 ℃，最高温度是35～40 ℃，最适温度是25～30 ℃，低于最低温度或高于最高温度，都会使种子失去萌发能力。

了解种子萌发的最适温度以后，就可以结合植物体的生长和发育特性，选择适当季节播种，过早或过迟都会对种子萌发产生影响，使植株不能正常生长。因此，种子萌发温度的三基点是农业生产上适时播种的重要依据。

表 3-2-1 常见作物种子萌发的温度范围

植物种类	最低温度/℃	最适温度/℃	最高温度/℃
小麦、大麦	0～4	20～28	32～38
玉 米	5～10	32～35	40～44
棉 花	10～12	27～36	40～45
黄 瓜	15～18	31～37	44～50
大 豆	8～10	24～29	35～40
甘 蔗	0～3	15～20	40～44

(四)光照

大多数植物种子萌发不受光的影响,但有些植物种子的萌发需要一定的光照,这类种子称为需光(或喜光)种子(light seed),如烟草、莴苣等。相反,一些种子萌发受光的抑制,只有在相对长的黑暗条件下才能萌发,称为需暗(或嫌光)种子(dark seed),如瓜类、茄子等。

在研究需光种子(莴苣)萌发时,人们发现了一个有趣的现象(表 3-2-2)。即当用波长为 660 nm的红光照射种子时,会促进种子萌发;而当用波长为 730 nm 的远红光照射种子时,则会抑制种子萌发;在红光照射后,再用远红光处理,种子萌发也受到抑制,即红光作用消除了;如果用红光和远红光交替多次处理,则种子发芽状况取决于最后一次处理的是哪种波长的光。这种影响,与种子体内存在的光敏色素(phytochrome)有关。

表 3-2-2 红光(R)和远红光(FR)的反复照射对莴苣种子萌发的影响

(在 26 ℃下连续以 1 min 的红光和 4 min 的远红光照射)

照射	发芽率/%
R	70
R+FR	6
R+FR+R	74
R+FR+R+FR	6
R+FR+R+FR+R	76
R+FR+R+FR+R+FR	7

综上所述,种子萌发需要充足的水分、足够的氧气和适宜的温度,而且三者互相联系、互相制约,缺乏其中任何之一,都不能使种子萌发。此外,土壤的酸碱度与种子萌发也有一定关系:一般种子在中性、微酸性或微碱性的情况下萌发良好,酸碱度过高对一般种子萌发不利。因此,在农业生产上要采取适当的措施满足种子萌发的条件,并要合理调整各种萌发条件的关系,以利于种子萌发,提高发芽率。如在播种前进行整地、松土,播种时选择适当播期和播种深度等,都为种子萌发创造了良好的环境条件。

三、幼苗的形成和类型

发育正常的种子,在适宜条件下开始萌发。种子萌发时,首先吸水膨胀,胚细胞迅速分裂、生长,胚根突破种皮从种孔伸出,迅速向下生长,在土壤中形成根系,然后胚轴活动(伸长或不伸长),把胚芽或连同子叶一起推出土面,胚芽形成地上部分的主茎和叶,这时种子的胚成长为幼苗。禾本科植物种子在萌发时,胚根鞘和胚芽鞘首先突破种皮,保护其内的胚根和胚芽,然后胚根和胚芽再突破胚根鞘和胚芽鞘继续生长。

不同种类植物的种子在萌发时,由于胚体各部分,特别是胚轴部分的生长速度不同,形成的幼苗在形态上也不一样。根据种子萌发时子叶位置的不同,把幼苗分为子叶出土幼苗(epigaeous seedling)和子叶留土幼苗(hypogaeous seedling)两种类型。

(一)子叶出土幼苗

双子叶植物如大豆、棉花和各种瓜类的无胚乳种子，以及蓖麻等有胚乳种子在萌发时，随着胚根突破种皮，下胚轴迅速伸长，把上胚轴、子叶和胚芽一起推出土面，所以形成幼苗的子叶是出土的(图 3-2-1)。一般在真叶未长出前，子叶出土见光后，细胞内产生叶绿体，成为幼苗初期的同化器官。有些植物的子叶可保持 1 年之久，有一些甚至可以保留 3～4 年；大多数植物则在真叶长出后，子叶逐渐枯萎脱落。大豆等种子的子叶肥厚，会继续将贮存的养料运往根、茎、叶等部位，直到营养消耗完毕，子叶才干瘪脱落；棉花等种子的子叶较薄，出土后立即展开并变绿，进行光合作用，待真叶伸出，子叶即枯萎脱落。

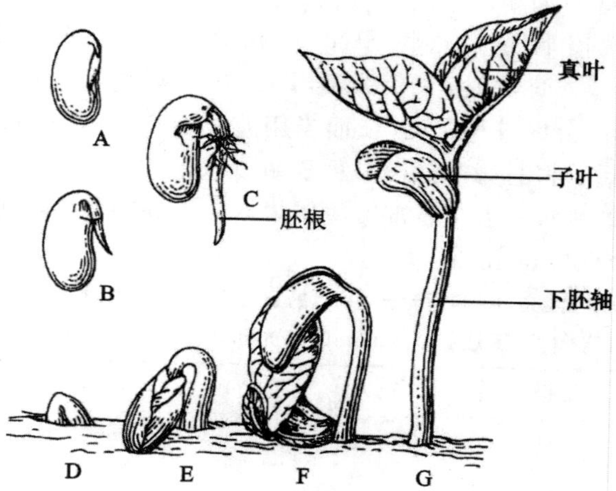

A. 大豆种子；B. 种皮破裂，胚根伸出；C. 胚根向下生长，并长出根毛；
D. 种子在土中萌发，胚轴突出土面；E. 胚轴伸长，牵引子叶脱开种皮而出；
F. 子叶出土，胚芽长大；G. 胚轴继续伸长，两片真叶张开，幼苗长成。

图 3-2-1　大豆种子的萌发过程

蓖麻种子萌发时，胚乳的养料逐渐供胚发育所消耗，在子叶出土时，残留的胚乳附着在子叶上伸出土面，不久也会脱落消失(图 3-2-2)。

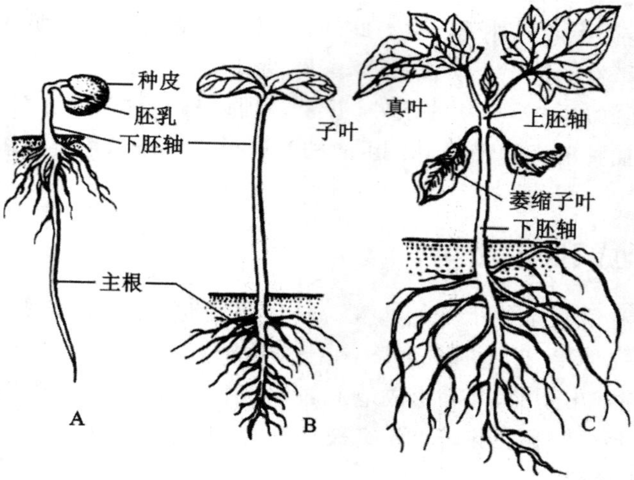

A. 萌发早期，开始形成根系；B. 萌发后期，子叶展开；C. 幼苗外形。

图 3-2-2　蓖麻幼苗

单子叶植物洋葱的幼苗虽然也是子叶出土幼苗，但其种子萌发及幼苗形成过程比较特殊（图3-2-3）。当种子萌发时，最先是子叶的下部和中部伸长，将胚根和胚轴推出种皮之外；子叶除了先端仍包被在胚乳内吸收营养物质外，其余部分很快伸出种皮。子叶的外露部分最初弯曲呈弓形，以后进一步生长，使弯曲子叶逐渐伸直，并将子叶先端推出种皮之外，待胚乳的养料被吸收尽，干瘪的胚乳也就从子叶先端脱落下来，同时，子叶出土后，逐渐转变为绿色，进行光合作用。不久，第一片真叶从子叶鞘的裂缝中长出，并在主根周围长出不定根。在土壤不够坚实的情况下，当子叶生长伸直时，种皮会被子叶先端带出土面。

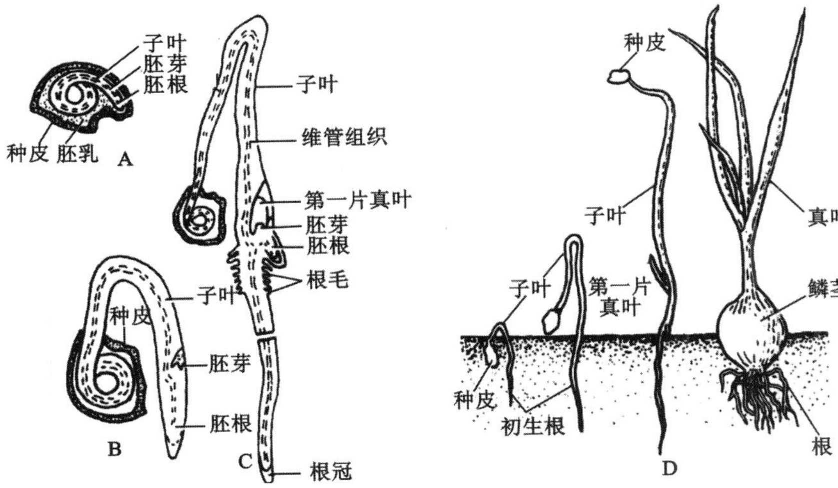

A. 种子纵切面；B. 萌发种子的纵切面；C. 早期幼苗的纵切面；D. 子叶出土幼苗的形成过程。

图 3-2-3 洋葱种子萌发，形成子叶出土幼苗

（二）子叶留土幼苗

双子叶植物无胚乳种子如蚕豆、豌豆、荔枝、柑橘，有胚乳种子中，如橡胶树以及单子叶植物种子如小麦、玉米、水稻等，都属于这一类型。这些植物种子萌发的特点是下胚轴不伸长，而是上胚轴伸长，所以子叶或胚乳并不随胚芽伸出土面，而是留在土中，直到养料耗尽死去。如豌豆种子萌发时，胚根先穿出种皮，向下生长，成为根系的主轴；由于上胚轴的伸长，胚芽不久就被推出土面，而下胚轴的伸长不多，所以子叶不被顶出土面，而始终埋在土里（图 3-2-4）。【二维码 3-1】

3-1

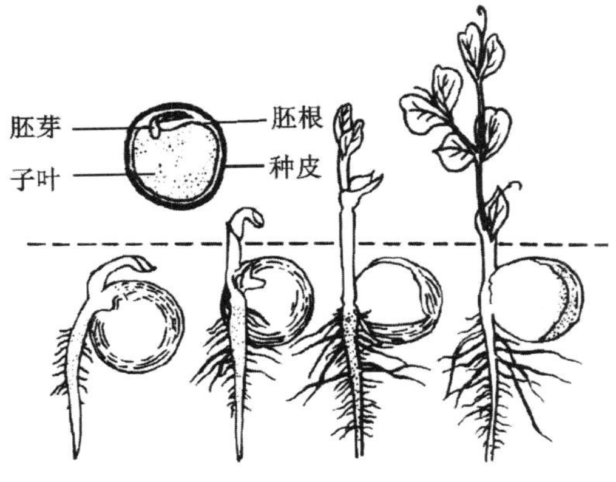

图 3-2-4 豌豆种子的萌发过程，示子叶留土（引自李扬汉）

落花生种子的萌发，兼有子叶出土和子叶留土的特点。它的上胚轴和胚芽生长较快，同时下胚轴也相应生长。所以，播种较深时，不见子叶出土；播种较浅时，可见子叶露出土面(图 3-2-5)。

在农业生产上应注意掌握两种类型幼苗的种子播种深度。一般来说，子叶出土幼苗的种子播种要浅一些，而子叶留土幼苗的种子，播种可以稍深。但也要看各种作物的下胚轴顶土力情况，如棉花的顶土力较弱要浅播，菜豆的顶土力较强要深播。另外，也要根据种子大小、土壤湿度等条件综合考虑播种措施。

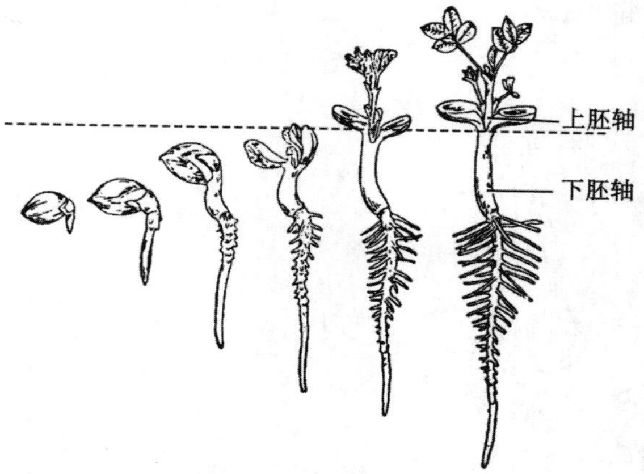

图 3-2-5　落花生种子的萌发过程

本章小结

种子是由胚珠发育形成的繁殖器官，与植物繁衍后代有着密切的关系。植物种类不同，其种子的大小、形状和颜色等形态特征也不同。种子的基本结构包括种皮、胚和胚乳三部分。种皮是包被在种子外围的保护层；禾本科植物籽粒的种皮与果皮紧密愈合在一起。胚是种子的主要部分，一般由胚芽、胚轴、子叶和胚根四部分组成。胚芽由顶端生长点和幼叶（也有缺少幼叶的）组成，禾本科植物种子的胚芽被胚芽鞘包围；胚轴是连接胚芽和胚根的短轴，也与子叶相连；胚根由根端生长点和根冠组成，禾本科植物种子的胚根外有胚根鞘包围；子叶 1 枚、2 枚或多枚（裸子植物），禾本科植物的子叶称为盾片。胚乳是种子内贮藏营养物质的组织。有胚乳种子的胚乳发达；无胚乳种子的胚乳养料早期为胚所吸收，转入子叶中贮藏，子叶发达。有些植物种子还具有外胚乳。

根据种子中是否有胚乳，可将种子分为有胚乳种子和无胚乳种子两种类型。

有些植物的种子在适宜环境条件下，仍不能进入萌发阶段，而必须经过一定时间的休眠才能萌发，种子的这一性质称为休眠。

种子的胚从相对静止状态转入生理活跃状态，开始生长，并形成幼苗，这一过程称为种子萌发。种子萌发的主要外界条件是充足的水分、适宜的温度和足够的氧气，少数植物种子萌发还受光照有无的调节。

种子萌发通常是胚根先突破种皮向下生长，形成主根；然后胚轴伸长，使胚芽突出种皮向上生长，伸出土面而形成茎和叶，逐渐形成幼苗。

不同种类植物的种子在萌发时，由于胚体各部分，特别是胚轴部分的生长速度不同，形成的幼苗在形态上也不一样。根据种子萌发时子叶位置的不同，把植物幼苗分为子叶出土幼苗和子叶留土幼苗两种类型。

复习与思考

1. 不同植物在种子结构组成上有何特点？
2. 生产上如何根据植物的休眠特性提高生产效率？
3. 了解不同植物幼苗形态特征在农业生产上有何应用价值。

数字课程学习资源

课程视频　学习课件　知识结构图　练习题　参考答案

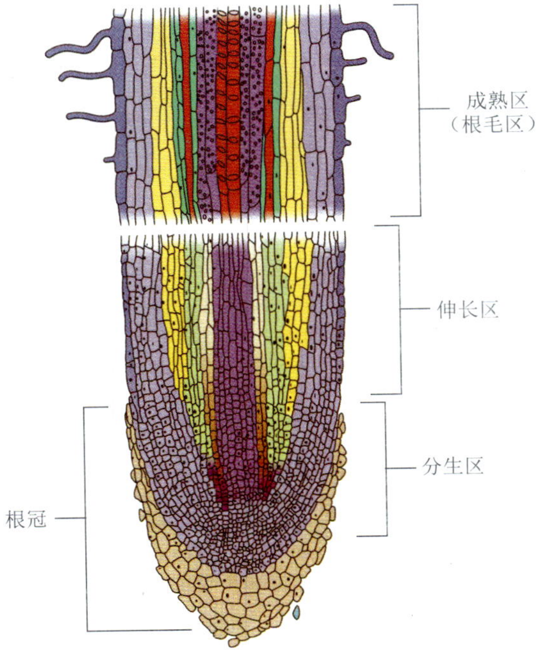

图1　根尖纵切结构图解

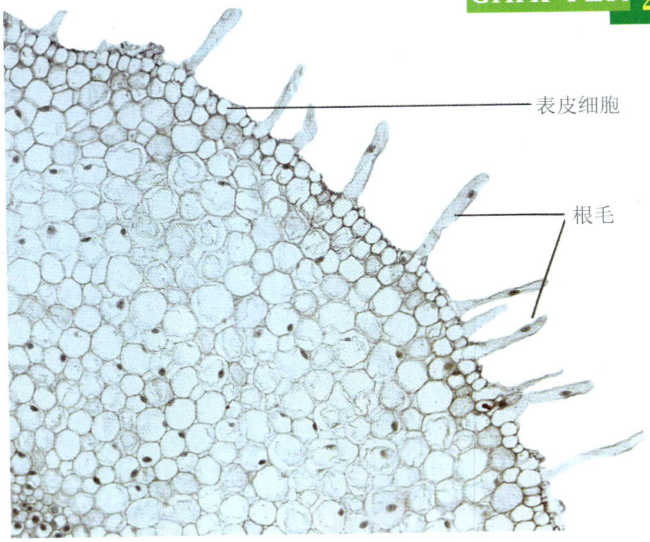

图2　蚕豆幼根横切面，示根毛

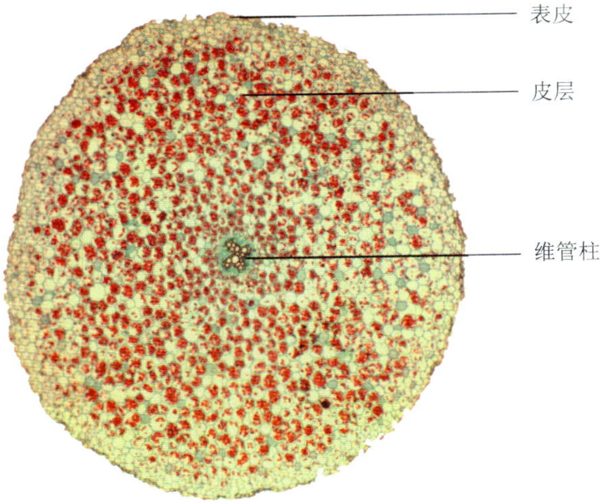

图3　毛茛根横切面，示初生结构

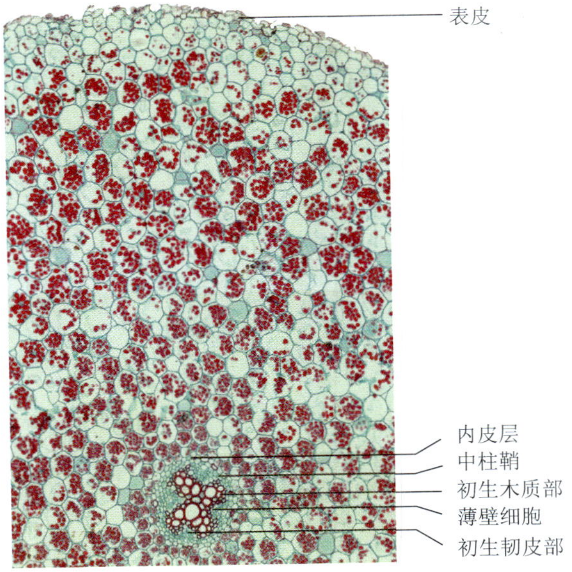

图4　毛茛根横切面局部

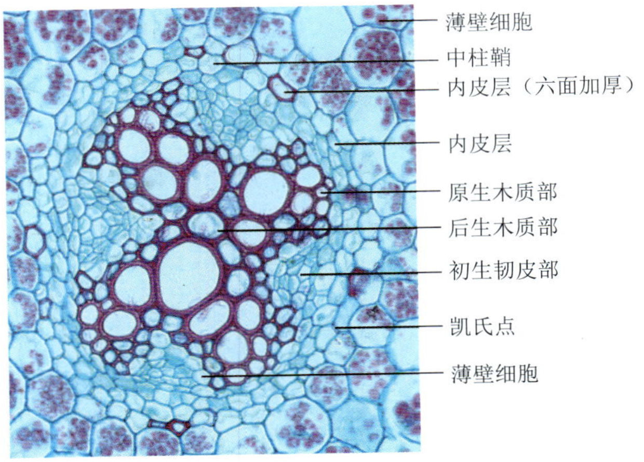

图5　毛茛根横切面，示维管柱

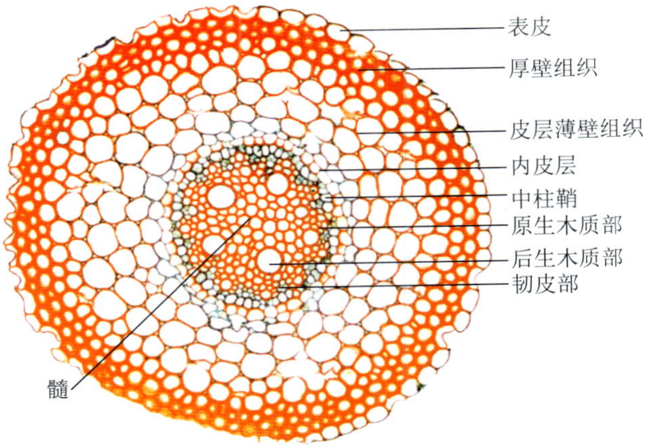

图6　小麦根横切面

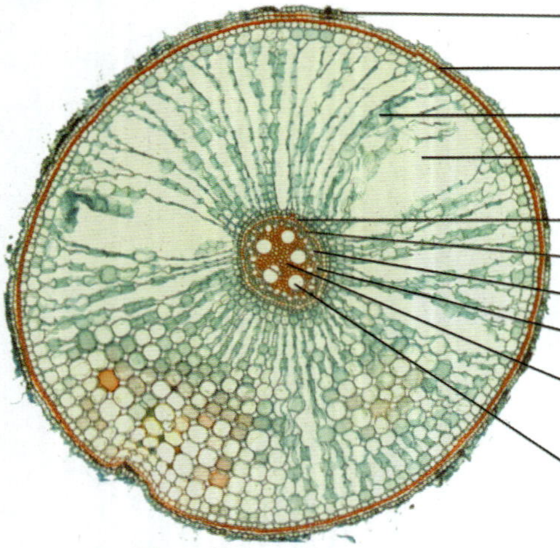

图7 水稻根横切面

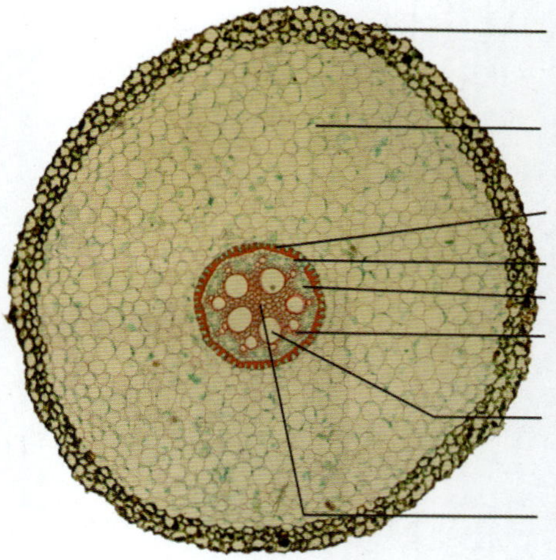

图8 鸢尾根横切面

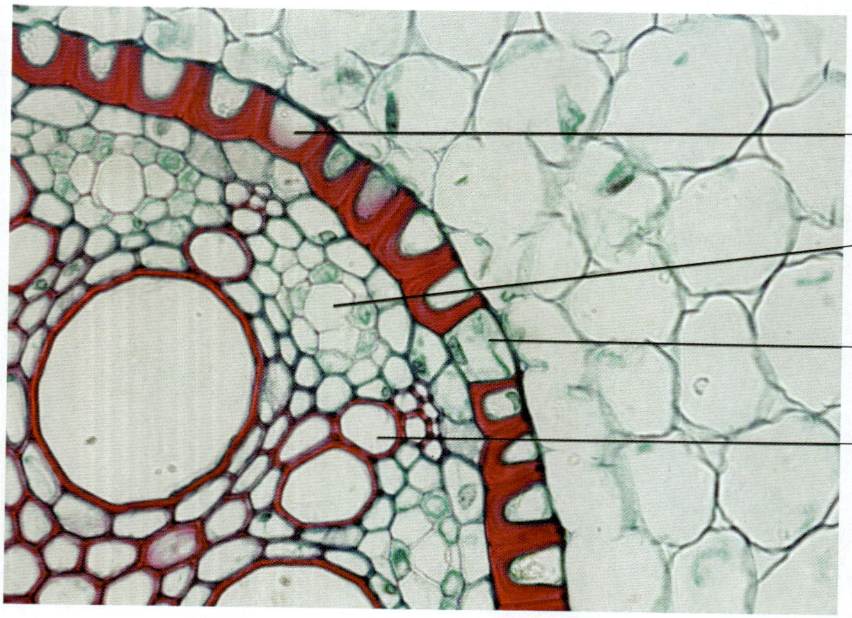

图9 鸢尾根横切面局部，示内皮层细胞加厚

图10 蚕豆根横切面局部，示维管形成层发生

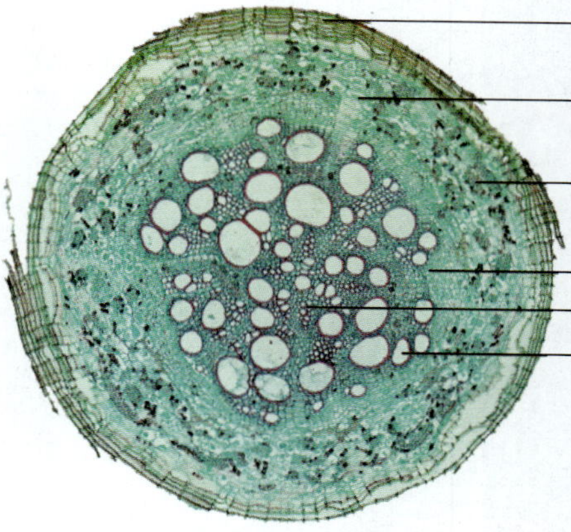

图11 刺槐老根横切面，示次生结构

◉◉◎ 第四章 | 根

根是植物长期演化过程中适应陆生生活的产物，是种子植物和大多数蕨类植物特有的营养器官。除少数植物的气生根外，根一般生长在土壤中，它的顶端能不断向下生长，并能发生分枝形成侧根，以形成庞大的根系，有利于固着和吸收等功能的完成。有次生生长的植物，根还能进行横向的加粗生长。

第一节 根的形态与生理功能

一、根的类型和根系

（一）根的类型

根据根的发生时间和位置的不同，可以把根分为定根（normal root）和不定根（adventitious root）两大类。

1. 定根　种子萌发时，胚根最先突破种皮向下生长形成的根，称为主根（main root），它是植物体上最早形成的根。主根生长到一定长度时，在一定部位从内部侧向生出许多支根，称为侧根（lateral root）。侧根达到一定长度时，又能生出新的侧根。因此，从主根上生出的侧根，称为一级侧根（或支根），一级侧根上生出的侧根为二级侧根，以此类推。主根和侧根均是从植物体固定部位长出来的，称为定根。

2. 不定根　许多植物除产生定根外，还可以从茎、叶、胚轴或老根上生出根，这些根发生的位置不固定，称为不定根。不定根的结构和功能与定根相似，也能产生分枝。农业生产中，常常利用枝条、叶、地下茎等能产生不定根的习性，进行扦插、压条等营养繁殖。

（二）根系及其类型

一株植物地下所有的根称为根系（root system），按形态的不同可分为直根系（tap root system）和须根系（fibrous root system）两种类型。

1. 直根系　主根发育，侧根的长短粗细显著地次于主根，这种根系称为直根系。直根系入土较深，裸子植物和大多数双子叶植物都具有直根系（图 4-1-1A）。

2. 须根系　主根不发育，根系主要由下部的茎节上生长出来的长短粗细和形状都很相似的不定根所组成，这种根系称为须根系，须根系入土较浅，很多单子叶植物都具有须根系（图 4-1-1B）。

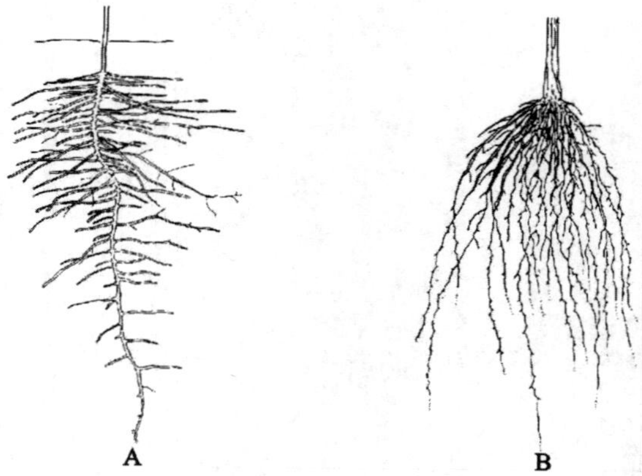

A. 棉花的直根系；B. 小麦的须根系。

图 4-1-1　根系类型(引自周云龙)

二、根系在土壤中的生长和分布

根系在土壤中的分布状况不仅与植物的种类有关，还受土壤条件（如温度、水分、通气、肥力、土壤结构等）等因素的影响。了解植物根系在土壤中的分布状态，对于栽培植物时合理密植、间作套种、水肥管理等措施的制定有重要的指导意义。

根系在土壤中的分布是非常广泛的，在良好的土壤条件下，植物根系在土壤中的扩展范围远远大于地上部分，根系的总面积常常超出茎、叶面积的 5～15 倍，果树根系在土壤中的扩展范围一般都超过其树冠范围的 2～5 倍。

一般来说，大部分双子叶植物，如大豆、蓖麻、棉花、向日葵等，具有发达主根的直根系，常分布在较深土层，深可达 3～5 m，甚至 10 m 以上，属于深根系；而须根系分布于较浅的土层，属于浅根系。其实，深根系和浅根系是相对的，往往受到外界条件的影响而发生改变。同一种作物，如果生长在雨水较少、地下水位较低、土壤排水和通气良好、土壤肥沃和光照充足的地区，其根系就较发达，可达较深的土层；反之，生长在地上水位较高、土壤排水和通气不良、肥力较差的阴湿地区，其根系则不发达，多分布在较浅的土层。所以，深耕改土和合理施肥是为根系发育创造良好条件的有效措施。两种不同作物的间作套作，也应考虑到二者的根系在土壤中的分布状况。实践证明，玉米等须根系的作物与大豆等直根系的作物间作，一般可以增产，同时，对于改良土壤结构、提高土壤肥力也有显著效果。

三、根的生理功能

（一）固着与支持作用

根在地下形成庞大的根系，支持分枝繁多的茎叶系统，并把植物固定在土壤中。

（二）吸收和输导作用

植物所需要的水基本上靠根系吸收；根还吸收土壤溶液中离子状态的矿质元素、少量含碳有机物、可溶性氨基酸、有机磷等有机物。根吸收的物质可通过根中的输导组织运往地上部分，又可接受地上部分合成的营养物质，以满足根的生长和多种生理活动所需。

（三）贮藏与繁殖作用

有些植物的根常肉质化，根内薄壁组织发达，贮藏大量的营养物质，如萝卜、胡萝卜、甜菜和甘薯等。有些植物的根可利用根蘖繁殖新个体，如枣、连翘(*Forsythia suspensa*)等。

（四）合成作用

根能合成多种有机物，如氨基酸、生物碱及激素等；当病菌等异物入侵植株时，根亦和其他器官一样，能合成被称为植保素的一类物质，起一定的防御或减灾作用；根还参与一些维生素和促进开花的代谢物的制造。

(五)分泌作用

根能分泌近百种物质，包括糖类、氨基酸、有机酸、生物素和维生素等生长物质以及核苷酸、酶等。这些分泌物有的可以减少根在生长过程中与土壤的摩擦；有的能使根形成促进吸收的表面；有的对他种生物是生长刺激物或毒素；有的可以抗病。根的分泌物还能促进土壤中一些微生物的生长，这些微生物对植物的代谢、吸收、抗病等都有作用。

除上述生理功能外，一些植物的根还可以食用、药用和作工业原料，如甘薯、木薯(*Manihot esculenta*)、粉葛(*Pueraria montana* var. *thomsonii*)、胡萝卜、萝卜、甜菜等植物的根可食用；人参(*Panax ginseng*)、大黄(*Rheum palmatum*)、当归(*Angelica sinensis*)、甘草(*Glycyrrhiza uralensis*)、北柴胡(*Bupleurum chinense*)、龙胆(*Gentiana scabra*)的根可药用；甜菜根可制糖；在现代石油能源日趋紧张的时代，甘薯、木薯、粉葛等的根也可用于发酵生产酒精，是重要的能源植物。某些植物的老根，可雕制成工艺美术品。同时，在自然界，根还有保护坡地、堤岸和涵养水源、防止水土流失等作用。

第二节 根的初生生长与初生结构

一、根尖的结构及其生长

无论主根、侧根，还是不定根，从根顶端到着生根毛这一部分均称为根尖(root tip)，长一般为几毫米至几厘米。根尖是根中生命活动最活跃的部分，因为根的伸长生长以及物质、水分吸收和根内组织的分化主要是在根尖中进行。根据根尖细胞生长、分化及生理功能的不同，根尖从顶端向后依次分为根冠(root cap)、分生区(meristematic zone)、伸长区(elongation zone)和成熟区(maturation zone)。各区由于功能不同，在形态结构上也表现出不同的形态特征(本章彩图 1)。

(一)根冠

根冠位于根尖最前端，像帽子一样套在分生区外面，由许多薄壁细胞构成。根冠细胞形状不规则，细胞内含有丰富的内质网、高尔基体、线粒体等细胞器，中央的细胞小，排列紧密，含有淀粉粒，外层细胞体积大，排列疏松，常能分泌一些由高度水合的多糖物质和一些氨基酸组成的黏液。根生长时，根冠外层细胞与土壤颗粒摩擦，不断脱落、死亡，但其内部的分生区细胞不断分裂加以补充，因此，根冠能始终保持一定的形状与厚度。

根冠能保护其内的分生区，使这些幼嫩的分生组织细胞不至于暴露在土壤中。根冠黏液可以减少根尖生长时与土粒之间的摩擦，有利于根尖在土壤中生长。另外，根冠黏液能溶解和螯合某些矿物质，有利于根细胞的吸收，还可以促使周围细菌迅速生长，这些微生物的代谢有助于土壤基质中营养物质的释放。

根冠中央细胞的淀粉粒可以感受重力，参与控制根的向地性生长。实验表明，将正常向下生长的根水平放置，根尖在伸长区弯曲后继续向下生长；若将根冠切除，根的生长没有停止，但不再向下生长，直到长出新的根冠。在自然情况下，根垂直向下生长，淀粉粒沉积在根冠细胞的下部，水平放置后根冠中淀粉粒受重力影响改变了在细胞中的位置，向下沉积(图 4-2-1)，这种变化可能导致淀粉粒本身或通过它影响内质网而释放钙离子运向根的近地一侧，此处钙离子量的增加又可能加强生长素(吲哚乙酸)的向顶运输，进入根尖伸长区的近地一侧，使此处细胞生长速率明显下降，而远地部分的生长只受微小影响，从而使根向地弯曲生长。有人认为，位置改变的刺激使根产生地电，电力通过根冠中的重力感受器把信息传至根尖的伸长区，引起上述的不均衡生长。

(二)分生区

分生区位于根冠之后，由分生组织细胞组成，包括原分生组织和初生分生组织，是根尖细胞分裂最活跃的部位。其分裂产生的细胞，除部分细胞补充到根冠外，大部分细胞逐渐生长分化形成根的初生组织。

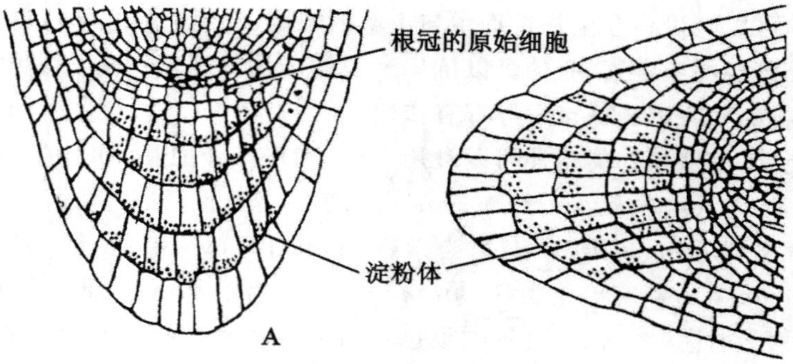

A. 垂直生长的根冠；B. 水平位置的根冠。

图 4-2-1 淀粉粒对重力的反应

被子植物的根尖分生区最前端为原分生组织的原始细胞，其具有分层分化特征，一般分为三层，各层原始细胞分裂衍生的细胞分别形成原表皮(protoderm)、基本分生组织(ground meristem)和原形成层(procambium)三种初生分生组织，以后分别发育为表皮、皮层和维管柱。Hanstein(1868)把这种原分生组织中原始细胞分裂衍生分层的现象称为组织原学说(histogen theory)。从这三层原始细胞与它们将来分化的组织之间的关系分析，不同的植物种类有差别。烟草、蚕豆等双子叶植物根尖的三层原始细胞从下至上，第一层细胞称为表皮根冠原(dermatocalyptrogen)，衍生分化出根冠和表皮；第二层细胞称为皮层原(periblem)，衍生分化形成皮层；第三层细胞称为中柱原(plerome)，产生原形成层，衍生分化形成中柱。大麦、玉米等单子叶植物根尖的三层原始细胞中，第一层为根冠原(calyptrogen)，产生形成根冠；第二层细胞即表皮原(dermatogen)，既产生基本分生组织又形成原表皮，以后分别分化形成根的皮层和表皮；第三层细胞为中柱原，产生原形成层，以后分化形成中柱(图 4-2-2)。

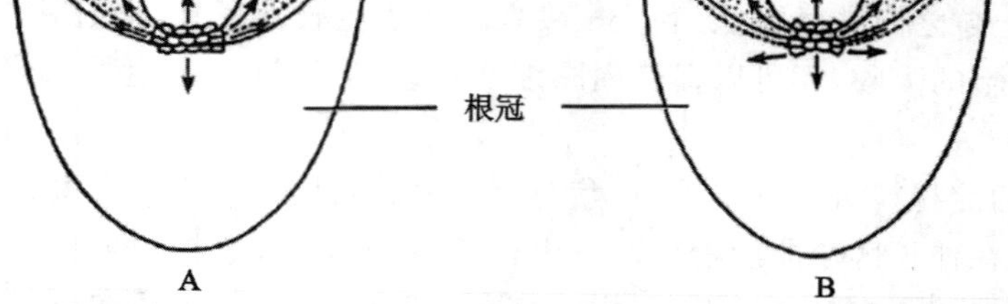

A. 大麦、玉米根尖原始细胞分层活动图；B. 烟草根尖原始细胞分层图。

图 4-2-2 根尖纵切，示顶端原始细胞及其衍生区域(引自强胜)

一直以来，普遍认为分生区细胞都在分裂，但随后的放射自显影技术研究发现，很多植物根尖分生区的最先端中央部分，有一个半圆形的区域，细胞有丝分裂的频率远低于周围的细胞，这些细胞很少有 DNA 合成，有丝分裂处于停止状态，Clowes(1956)将这一部分细胞称为不活动中心或静止中心(quiescent center)(图 4-2-3)。【二维码 4-1】

4-1

在胚根和幼小侧根原基时期，没有不活动中心，在较老根中，出现不活动中心，有丝分裂活跃的原始细胞位于不活动中心的周围。不活动中心并非永远不进行细胞分裂，用射线或手术处理使根损伤，或用冷冻使其休眠后，当根再生时，不活动中心的细胞可以恢复细胞分裂。不活动中心是不断变动的，可随着植物发育进程出现、增大、变小，是一群不断更新的细胞群，同时还是激素合成的地方。目前的研究表明，不活动中心的细胞会向原始细胞发送信号以防止其分化，有干细胞的功能。【二维码 4-2】

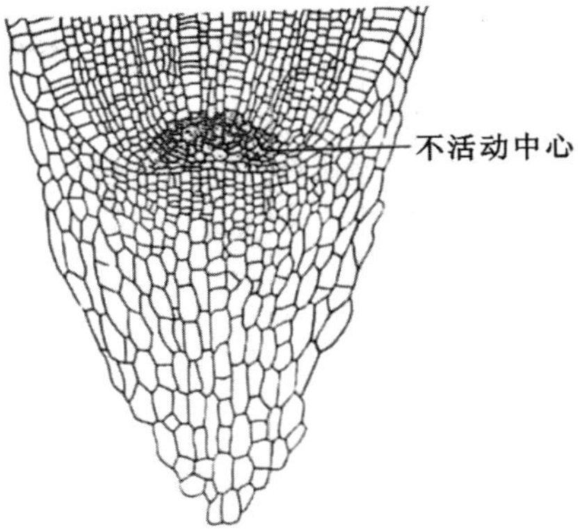

图 4-2-3　根尖纵切面(示不活动中心)

4-2

(三)伸长区

伸长区位于分生区后方 2～5 mm 的地方，细胞来源于分生区，细胞多已停止分裂，显著纵向伸长，液泡化程度加强，体积增大并开始分化，细胞伸长的幅度可为原有细胞的数十倍。伸长区是初生分生组织向成熟区的过渡，逐渐分化出不同的组织，最早的筛管和环纹导管，往往在伸长区开始出现。根尖的伸长主要是由于伸长区细胞纵向延伸的作用，使得根尖不断向土壤深处推进。

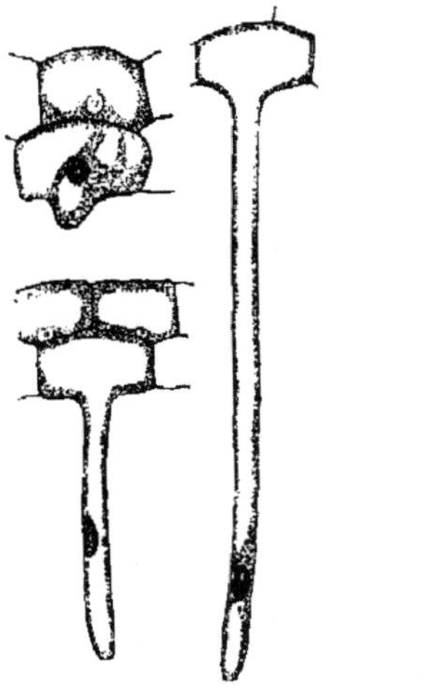

图 4-2-4　根毛形成的各个阶段(引自刘穆)

(四)成熟区

成熟区位于伸长区的后方，由伸长区细胞分化形成，该区各部分的细胞停止伸长，分化出各种成熟组织。表皮通常有根毛产生，因此又称根毛区(root hair zone)。根毛是由表皮细胞外壁向外突起延伸形成的前端封闭的管状结构，成熟的根毛长 0.5～10 mm，直径 5～15 μm。根毛形成后，表皮细胞的细胞核和部分细胞质移到了管状根毛的末端，细胞质沿壁分布，中央为一个大液泡(本章彩图 2，图 4-2-4)。根毛的细胞壁物质主要是纤维素和果胶质，壁中黏性的物质与吸收功能相适应，使根毛在穿越土壤空隙时，和土壤颗粒紧密结合在一起。根毛的生长速度快、数目多，每平方毫米可达数百根，如玉米约为 420 根，苹果约为 300 根，豌豆约为 230 根，根毛的存在扩大了根的吸收表面。根毛的寿命很短，一般 10～20 d 后死亡，表皮细胞也同时随之死亡。根的发育由先端逐渐向后成熟，靠近伸长区的根毛是新生的，随着根毛的延伸，根在土壤中推进，老的根毛死亡，靠近伸长区的细胞不断分化出新根毛，以代替枯死的根毛行使功能。随着根尖生长，根毛区不断进入土壤中新的区域，使根毛区能够更换环境，有利于根吸收。

二、根的初生结构

根尖分生区的顶端分生组织经过细胞分裂、生长和分化形成各种成熟组织的过程，称为根的初生生长(primary growth)。初生生长过程中形成的组织，称为初生组织(primary tissue)。初生生长过程中形成的各种初生组织，共同构成的结构称为初生结构(primary structure)。由于根尖的成熟区已分化形成各种成熟组织，因此，从根毛区作横切面，可观察到根的初生结构。

(一)双子叶植物根的初生结构

双子叶植物根的初生结构(图 4-2-5，本章彩图 3)由外向内依次分为表皮、皮层(cortex)和维管柱(vascular cylinder)三部分。

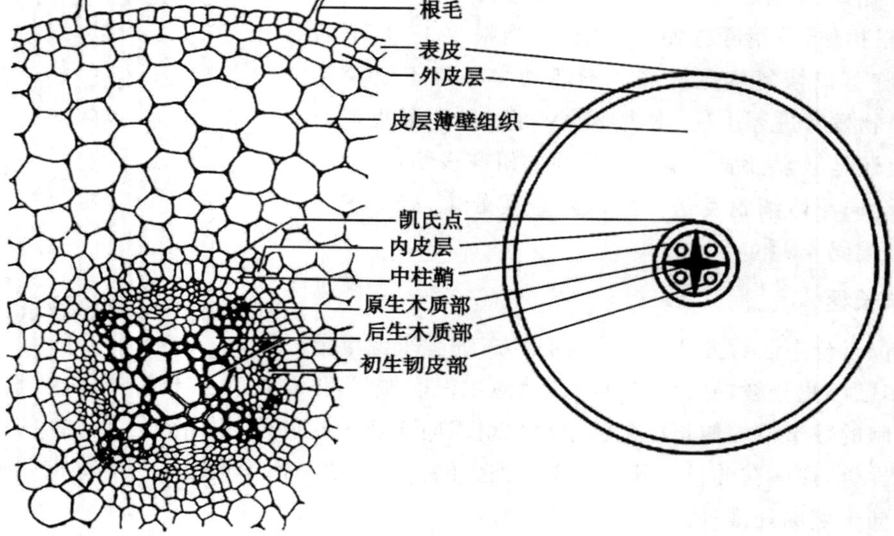

图 4-2-5　棉花根初生结构横切面和根初生结构图解

1. *表皮*　表皮是根最外侧的一层生活细胞，由原表皮发育而来。表皮细胞的形态略呈长方体形，其长轴与根的纵轴平行，在横切面上近方形，其细胞壁薄，由纤维素和果胶组成，有利于水分和溶质的渗透及吸收。外壁通常无或仅有一薄层角质层，无气孔分布。表皮细胞排列紧密，无细胞间隙。部分表皮细胞的外壁向外延伸形成根毛，扩大了根的吸收面积，根表皮的吸收作用比保护作用更为重要。水生植物和个别陆生植物根的表皮不具有根毛。一些热带兰科附生植物的气生根表皮亦无根毛，而由表皮细胞平周分裂形成多层紧密排列的细胞构成根被，这些细胞后期常具有加厚的细胞壁，起机械保护和减少皮层中水分过多丧失的作用。

2. *皮层*　皮层位于表皮和维管柱之间，由基本分生组织分化而来。一般由多层薄壁细胞组成，在根的横切面上占有较大的比例。皮层薄壁细胞的体积较大，排列疏松，有明显的细胞间隙，细胞中常贮藏着许多后含物。除了有贮藏营养物质的功能外，皮层还有横向运输水分和矿物质至维管柱的作用。一些水生植物和湿生植物的皮层中可发育出气腔和通气道。另外，根的皮层还是合成作用的主要场所，可以合成一些特殊的物质。皮层又可进一步分为外皮层（exodermis）、皮层薄壁细胞和内皮层（endodermis）三部分（本章彩图 4）。

外皮层为多数双子叶植物皮层的最外一层或数层细胞，细胞形状较小，排列紧密，无胞间隙。当根毛枯死、表皮破坏后，外皮层的细胞壁增厚并栓化，起临时保护作用。

皮层薄壁细胞位于内、外皮层之间，由多层薄壁细胞构成，细胞体积大，排列疏松，有明显的细胞间隙，细胞中常含有各种后含物。

皮层最内的一层细胞排列整齐紧密，无细胞间隙，称为内皮层。双子叶植物在内皮层细胞的径向壁（两侧的细胞壁）和横向壁（上下的细胞壁）有一条木质化和栓质化的带状增厚，称为凯氏带（casparian strip）（图 4-2-6C）。

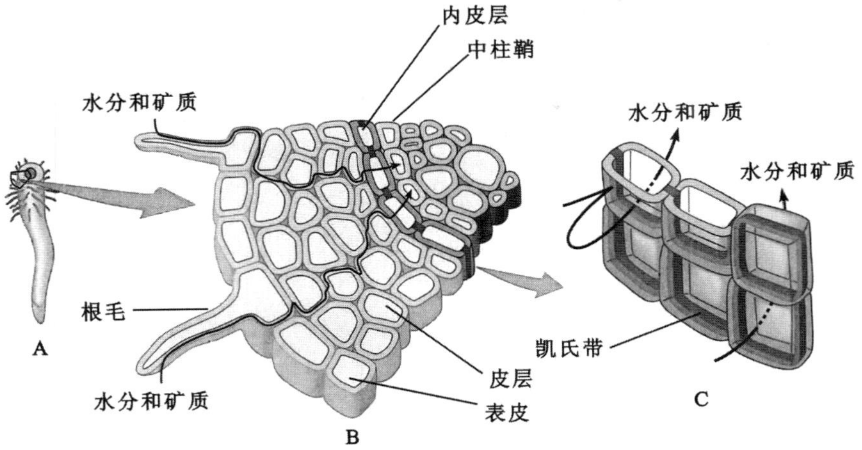

A. 根尖；B. 根尖成熟区的部分横切面(示内皮层位置)；C. 内皮层细胞立体结构。

图 4-2-6 内皮层结构(依 Nabors)

凯氏带是木质和栓质沉积在初生壁及胞间层中形成的一条连续加厚的环带，并且凯氏带与质膜无孔隙地紧紧附着在一起(图 4-2-7)。在根初生结构横切面的径向壁上，凯氏带呈点状，称为凯氏点(图 4-2-8，本章彩图 5)。凯氏带的这种特殊结构，对根内水分和物质的运输起着控制作用，使得由皮层进入维管柱的水分和矿质离子被凯氏带所阻隔，不能通过细胞间隙、细胞壁或细胞壁与质膜之间进入，而必须全部经过内皮层的质膜及原生质体才能进入维管柱，起到选择通透的作用(图 4-2-6B，C)。同时也减少了溶质的散失，维持维管柱内一定浓度的溶液，使水和溶质源源不断地进入维管柱。【二维码 4-3】

4-3

大多数双子叶植物根的内皮层常常停留在凯氏带阶段，细胞壁不再增厚。也有少数双子叶植物根内皮层细胞的细胞壁在原有凯氏带基础上再行增厚，形成五面或六面加厚，如毛茛(*Ranunculus japonicus*)。这种情况下，正对原生木质部处的内皮层细胞，仍保留有凯氏带增厚，称为通道细胞(passage cell)，是控制物质转移的通道。

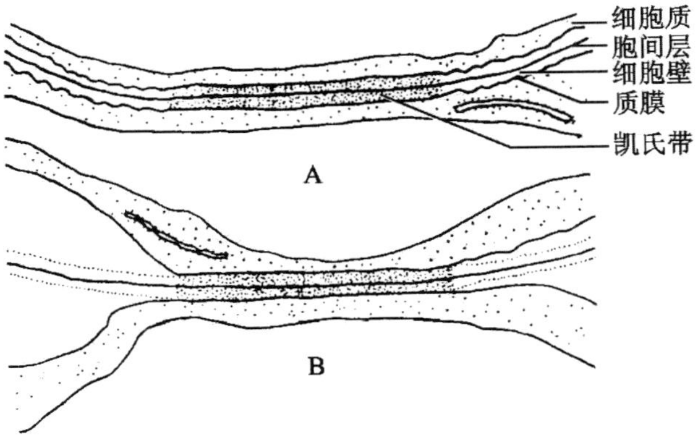

A. 正常细胞的凯氏带区；B. 质壁分离细胞的凯氏带区。

图 4-2-7 电镜下内皮层径向壁凯氏带结构

3. 维管柱　维管柱也称为中柱，是皮层以内的部分，由原形成层分裂分化产生，包括中柱鞘(pericycle)、初生木质部(primary xylem)、初生韧皮部(primary phloem)和薄壁组织四部分(图 4-2-5，图 4-2-8，图 4-2-9，本章彩图 5)。

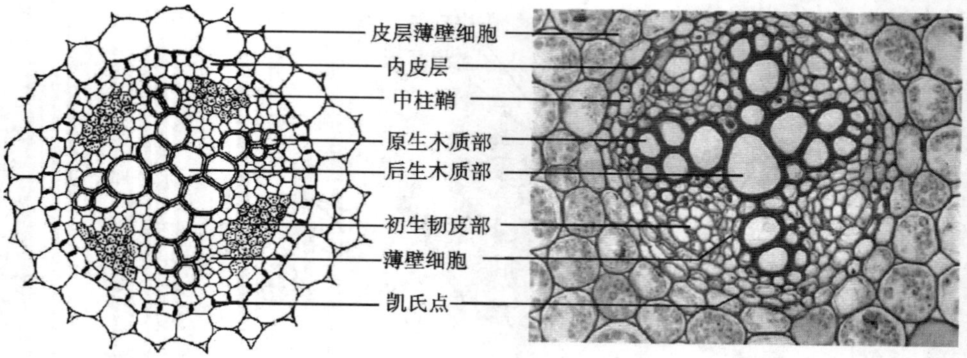

图 4-2-8 双子叶植物根的维管柱

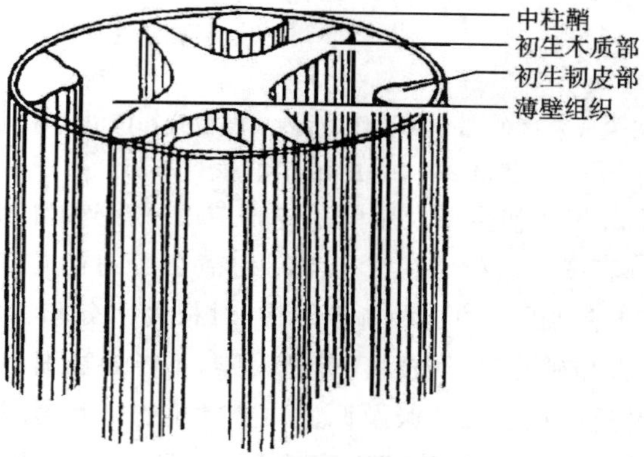

图 4-2-9 根的维管柱初生结构立体图解

（1）中柱鞘　其位于维管柱的最外部，外侧与内皮层相接，通常由一层薄壁细胞组成，有些植物的中柱鞘也可由数层细胞组成。中柱鞘细胞排列整齐，分化程度低，具有潜在的分裂能力，可以分裂产生侧根、不定芽、乳汁管、树脂道等。当双子叶植物根开始次生生长时，维管形成层的一部分及木栓形成层也都发生于中柱鞘。

（2）初生木质部　其位于根的中央，主要由导管和管胞组成，横切面呈辐射状，其紧接中柱鞘内侧的辐射角端较早分化成熟，由管径较小的环纹或螺纹导管组成，称为原生木质部（protoxylem）。初生木质部靠近轴心的部分，成熟较晚，由管腔较大的梯纹、网纹或孔纹导管组成，称为后生木质部（metaxylem）。初生木质部这种由外向内逐渐发育成熟的方式称为外始式（exarch），这是根初生结构的重要特征。初生木质部的主要功能是输导水分及溶于其中的无机盐等，外始式发育及初生木质部的辐射棱角与中柱鞘紧紧相接，缩短了径向运输的距离，利于根吸收的溶液迅速进入导管向地上运输。

一般来说，同种植物根中，原生木质部的束数是相对稳定的。通常是 4 束，也有 2 束、3 束或多束的。依据根内原生木质部束数的不同，把根划为二原型（diarch）、三原型（triarch）、四原型（tetrarch）等。如萝卜、芹菜等的主根为二原型；豌豆、紫云英的主根为三原型；草莓、落花生的主根为四原型；苹果、茶是五原型。但同种植物的不同品种间或同一植物的不同根中，原生木质部的束数也常发生变化。如落花生的主根为四原型，侧根则为二原型；甘薯的主根为四原型，而侧根及不定根中却可出现五原型或六原型。这与根的发育状态、粗细有一定关系。双子叶植物主根一般为二至五原型。

（3）初生韧皮部　其主要功能是输导有机物质。初生韧皮部形成若干束分布于初生木质部辐射角之间，与初生木质部相间排列。初生韧皮部的束数在同一根中与初生木质部的束数相等，其发育方式也是外始式,即原生韧皮部(protophloem)在外方,后生韧皮部(metaphloem)在内方。前者常缺伴胞,后者主要由筛管和伴胞组成。

(4)*薄壁细胞* 初生韧皮部与初生木质部之间常分布有一到几层薄壁细胞,在双子叶植物中,是原形成层保留的细胞,将来发育成形成层的一部分。

双子叶植物根中一般没有髓,后生木质部一直分化到根的中央,但少数双子叶植物根中,后生木质部没有分化到维管柱的中央,就形成了髓,如落花生、蚕豆等的主根。

(二)单子叶植物根的初生结构

单子叶与双子叶植物根的初生结构基本相似。从根毛区的横切面看,其结构由外向内同样也可分为表皮、皮层和维管柱三部分。

1. *表皮* 与双子叶植物根的表皮相同,也是由一层生活的细胞构成,但其寿命较短,当根毛枯死后,往往解体而脱落死亡。

2. *皮层* 单子叶禾本科植物根的皮层中,靠近表皮的一层至数层细胞为外皮层。在根发育的后期,往往转变为栓质化的厚壁组织,起机械支持和保护作用(本章彩图 6)。

在水稻老根中,部分皮层薄壁细胞互相分离,后解体形成大的气腔。气腔间为离解的皮层薄壁细胞及残留的细胞壁所构成的薄片隔开(本章彩图 7)。水稻根、茎、叶中的气腔互相连通,有利于通气。叶片中的氧气可通过气腔进入根部,供给根呼吸,所以水稻能够生长在湿生环境中。

内皮层加厚方式与双子叶植物根中内皮层加厚方式明显不同,在根发育后期,其内皮层细胞呈五面增厚,只有外切向壁未加厚。在横切面上,内皮层细胞的细胞壁呈马蹄形加厚(本章彩图 8,9)。正对初生木质部辐射角处没有增厚的内皮层细胞为通道细胞,一般认为通道细胞是维管柱内外物质运输的主要途径,但有些植物根内皮层上无通道细胞,电子显微镜下发现内皮层栓质化的细胞壁上有许多胞间连丝,是物质运输的通道。

3. *维管柱* 维管柱也分为中柱鞘、初生木质部、初生韧皮部和薄壁细胞四部分。中柱鞘为中柱最外一层细胞,根发育的后期,细胞壁加厚并木质化,不能恢复分生能力产生木栓形成层。初生木质部与初生韧皮部相间排列。单子叶植物根的初生木质部一般在六原型以上,为多原型木质部(polyarch),如水稻不定根的原生木质部 6～10 束,小麦 7～8 束或 10 束以上,玉米 12 束。原生木质部紧靠中柱鞘,常由几个小型导管组成,内侧相连的后生木质部常具大型导管。但小麦的细小胚根,其维管柱中央有时只为 1 或 2 个后生木质部导管所占满。初生韧皮部和初生木质部之间的薄壁细胞不能恢复分裂能力,不产生形成层和次生结构。有些植物在根发育的后期,除韧皮部外,所有细胞的细胞壁木化而变为厚壁组织,整个维管柱既保持输导功能,又起着坚强的支持作用(本章彩图 6,7)。

单子叶植物维管柱的中央常常有发达的髓,由薄壁细胞组成。

三、侧根的形成

种子植物的侧根,不论它们是发生在主根、侧根还是不定根上,通常总是起源于中柱鞘,而内皮层可能以不同程度参与到新的侧根原基形成的过程中。当侧根开始发育时,中柱鞘的某些细胞开始分裂,最初的几次分裂是分裂面与其器官表面相平行的平周分裂,结果使细胞层数增加,因而新生的组织就向外突起。以后的分裂,包括平周分裂和垂周分裂(分裂面与其器官表面相垂直)等多方向的,这就使原有突起继续生长,形成侧根的根原基(root primordium)(图 4-2-10,图 4-2-11),以后侧根原基分裂、生长,逐渐分化出生长点和根冠。生长点细胞继续分裂、增大和分化,并以根冠为先导向前推进。由于侧根起源于母根中柱鞘,也就是发生于根的组织内部,像侧根这一类起源于植物内部组织的结构称为内起源(endogenous origin)。侧根可因生长素或其他生长调节物质刺激而形成,也可因内源抑制物质的抑制而使母根内侧根的分布和数量受到控制。侧根的发生,在根毛区就已经开始,但突破表皮露出母根外,却是在根毛区以后的部分,所以就使侧根的产生不会破坏根毛而影响吸收功能。

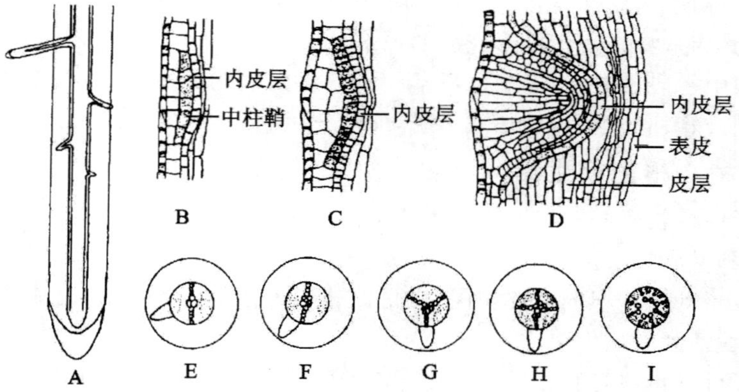

A. 侧根发生的位置；B～D. 侧根发生的三个阶段(B. 中柱鞘细胞转变为分生细胞；C. 分生细胞进行平周分裂；D. 侧根发育后期)；E～I. 侧根发生的位置与根原型的关系；(E,F. 二原型 G. 三原型 H. 四原型 I. 多原型)。

图 4-2-10 侧根的发生(引自周云龙)

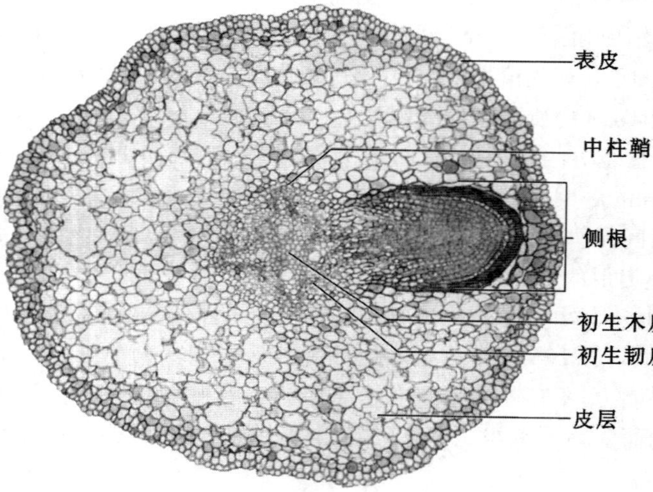

图 4-2-11 柳根横切面示侧根的起源

侧根起源于中柱鞘，因而和母根的维管组织紧密靠在一起，这样，侧根的维管组织以后也就会和母根的维管组织连接起来。侧根在母根上发生的位置，在同一种植物上较为稳定，与母根初生木质部的类型有一定关系。初生木质部为二原型的根上，侧根正对着初生韧皮部与初生木质部之间或正对着初生韧皮部发生(图 4-2-10E，F)；在三原型、四原型等的根上，侧根正对着初生木质部发生(图 4-2-10G，H)；在多原型的根上，侧根对着初生韧皮部发生(图 4-2-10I)。由于侧根位置一定，因而在母根表面，侧根常较规则地纵列成行。

第三节 根的次生生长和次生结构

大多数双子叶植物和裸子植物的根，在完成初生生长之后，开始出现次生分生组织——维管形成层(vascular cambium)和木栓形成层(cork cambium，phellogen)，进而产生次生维管组织和次生保护组织，使根不断增粗，这种生长过程称为次生生长(secondary growth)或增粗生长。在次生生长过程中产生的次生维管组织和次生保护组织共同组成的结构，称为次生结构(secondary structure)。

大多数单子叶植物根不发生次生生长，不形成次生结构。少数单子叶植物，如薯蓣科和百合科的一些木本植物，如龙血树属(*Dracaena*)、芦荟属(*Aloe*)、朱蕉属(*Cordyline*)等，也有维管形成层的发生，可以产生次生结构。

一、维管形成层的发生与活动

根开始进行次生生长时，在初生韧皮部内侧与初生木质部之间，由原形成层保留下来的未分化的薄壁细胞开始分裂活动，形成维管形成层片段。随后维管形成层逐渐向左右两侧扩展，并向外推移，直到初生木质部辐射角处与中柱鞘细胞相接。这时，在这些部位的中柱鞘细胞也恢复分裂能力，成为维管形成层的一部分，并与先前产生的维管形成层相接。至此，维管形成层成为完整连续的波状环。环绕在初生木质部外围的维管形成层环的横切面轮廓，在二原型根中略呈卵形，在三原型根中呈三角形，在四原型根中呈四角形(图 4-3-1，本章彩图 10)。

初生韧皮部内侧的维管形成层发生较早，分裂活动开始得早，分裂速度快，向内方分裂产生的细胞数量多，因而维管形成层环中的这部分不断向外推移，结果维管形成层逐渐由波浪状的环发展成为较整齐的圆形环。此后，维管形成层环中的各部分等速进行分裂，形成根的次生结构(本章彩图 11)。

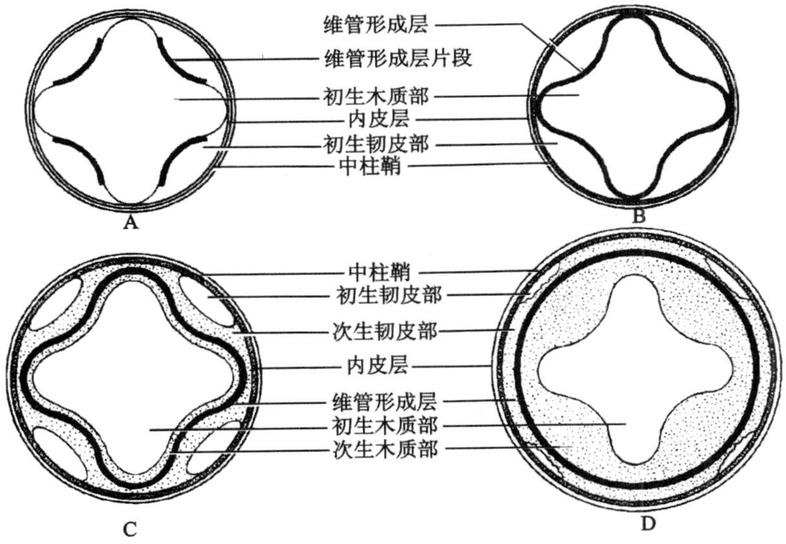

图 4-3-1 维管形成层的发生过程及其活动

维管形成层主要是进行切向分裂(平周分裂)，向内分裂产生的细胞形成新的木质部，加在初生木质部外方，称为次生木质部(secondary xylem)；向外分裂所产生的细胞形成新的韧皮部，加在初生韧皮部内方，称为次生韧皮部(secondary phloem)。次生木质部与次生韧皮部为内外相对排列，这与初生维管组织中初生木质部与初生韧皮部二者的相间排列完全不同。随着维管形成层的逐渐分裂，内方次生木质部的增生更为显著，使根的直径不断增大，维管形成层环的位置逐渐向外推移。维管形成层细胞除了主要进行平周分裂外，还进行垂周分裂，扩大其周径，以适应根径增粗的变化。在根次生增粗过程中，维管形成层向内分生的次生木质部成分较多，向外分生的次生韧皮部成分较少。因此，在根的次生结构中，次生木质部所占的比例远大于次生韧皮部。同时，早期形成的韧皮部，尤其是初生韧皮部由于承受内方生长的压力较大，被挤毁消失，而新产生的次生木质部总是加在早期形成的木质部外方，对早期形成的木质部影响较小，以致初生木质部能在根中央被保存下来。

维管形成层除了产生次生韧皮部和次生木质部外，在正对初生木质部辐射角处，由中柱鞘发生的形成层段也分裂形成径向排列的薄壁细胞，称维管射线（vascular ray）（简称射线）。在较粗的老根中，次生木质部和次生韧皮部中都有射线的形成，分别称为木射线（xylem ray，wood ray）和韧皮射线（phloem ray）。射线有横向运输水分和养料的功能。维管射线组成根维管组织内的径向系统，而导管、管胞、筛管、伴胞、纤维等组成维管组织的轴向系统。

多年生双子叶植物的根，在每年生长季节内，其维管形成层的细胞分裂活跃，不断产生新的次生维管组织，这样，根就年复一年地长粗。

有次生生长的单子叶木本植物，如龙血树属植物的根，其维管形成层一般发生在中柱鞘或皮层深处的细胞，形成层向外产生大量次生的皮层组织，向内产生大量的基本组织，其中一部分基本组织分化为若干个成环状排列的有限维管束，每一束维管束中都有次生木质部和次生韧皮部，维管束外为一圈厚壁组织构成的维管束鞘。随着次生基本组织的增厚，分化的次生维管束逐渐增多，根也随着增粗。

二、木栓形成层的发生与活动

随着根中次生维管组织的不断增加，维管柱不断扩大，势必引起其外的皮层和表皮等组织的破裂。在这些组织未破裂之前，中柱鞘细胞恢复分生能力，形成几层细胞，其外层的细胞形成木栓形成层（图 4-3-2A）。木栓形成层进行切向分裂，向外产生由数层木栓细胞组成的木栓层；向内产生少量的薄壁细胞组成栓内层。木栓形成层和其所形成的木栓层、栓内层共同组成周皮（图 4-3-2B）。由于木栓层细胞壁栓质化，不透水、不透气，其外方的皮层和表皮得不到水分和养料而死亡脱落，就由位于次生增粗根最外方的木栓层起次生保护作用。

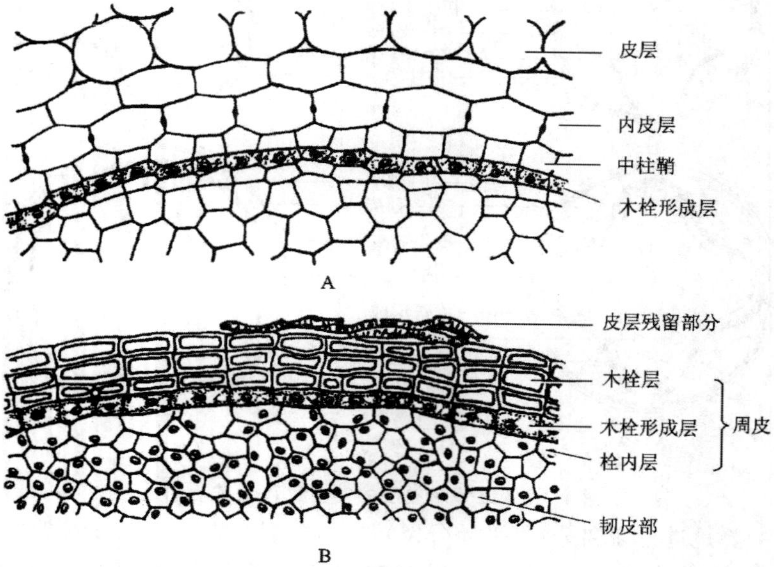

图 4-3-2　根中木栓形成层（A）及木栓形成层活动产生周皮（B）（引自徐汉卿）

在多年生植物的根中，形成层的活动延续多年，而木栓形成层则不断重新产生，以配合形成层的活动。木栓形成层的发生位置逐年内移，可深至次生韧皮部的薄壁组织或韧皮射线部分发生（图 4-3-3）。

三、根的次生结构

根中的维管形成层和木栓形成层共同活动的结果形成了根的次生结构，自外向内依次为周皮、初生韧皮部（常被挤毁）、次生韧皮部（含径向的韧皮射线）、维管形成层、次生木质部（含木射线）、初生木质部（图 4-3-4，本章彩图 11）。

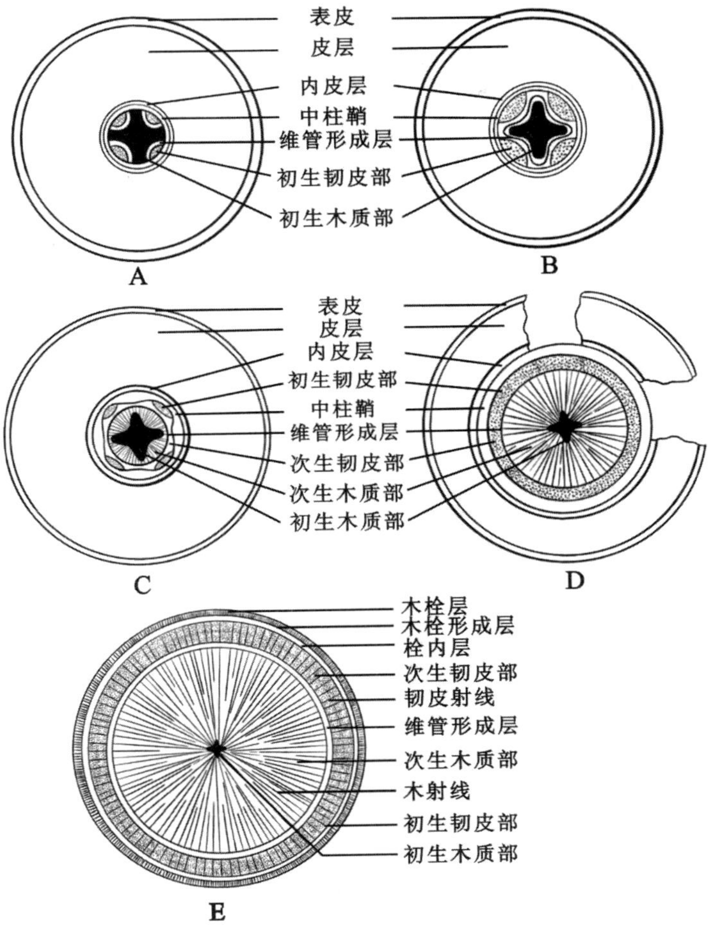

A. 形成层片段出现；B. 形成层呈波浪状环形；C，D. 形成层呈圆环状；D. 示皮层的破毁；E. 棉花根的次生结构。

图 4-3-3　棉花根次生生长过程示意图

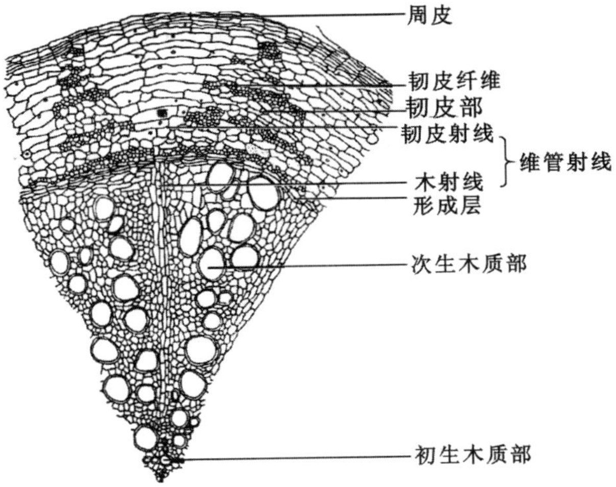

图 4-3-4　棉花根的次生结构

（一）周皮

周皮由中柱鞘产生的木栓形成层和其向外产生的木栓层以及向内产生的栓内层共同组成。周皮是根增粗过程中形成的次生保护组织。木栓层细胞多层，排列紧密，细胞成熟后细胞壁栓质化，具有保护作用，其外方的表皮和皮层因得不到水分和营养物质的供应而脱落。

（二）初生韧皮部

初生韧皮部位于周皮的内侧。维管形成层的活动使初生韧皮部被挤压缩小。其中，生活的细胞破裂被吸收，只留下韧皮纤维。

（三）次生韧皮部

次生韧皮部位于初生韧皮部的内侧，占据韧皮部的大部分，是由维管形成层的活动向外产生的结构。被子植物的次生韧皮部由筛管、伴胞、薄壁细胞、纤维等成分组成，径向排列的成束薄壁细胞形成韧皮射线。

（四）维管形成层

维管形成层向内、外分裂，产生新的维管组织，使根的直径不断增大。维管形成层的细胞分裂除主要进行切向分裂外，还有径向分裂及其他方向的分裂，使形成层周径扩大，以适应内部的增长。

（五）次生木质部

次生木质部位于维管形成层的内侧，由维管形成层的分裂活动向内产生的结构，与外方的次生韧皮部相对排列，占据木质部的大部分区域和根的大部分面积。被子植物的次生木质部由导管、薄壁细胞、木纤维等成分组成，径向排列的成束薄壁细胞形成木射线。

（六）初生木质部

初生木质部位于根的中央，由于次生木质部的挤压，与次生木质部的界限不明显。

根的次生结构中以次生木质部为主，次生韧皮部所占比例较小。这主要是因为维管形成层在活动时，向内分裂产生的次生木质部细胞数量远多于向外分裂产生的次生韧皮部细胞数量。同时，新产生的次生韧皮部总是加在老韧皮部的内方，老的韧皮部由于受到内方生长的压力而不断被挤压破坏；加之，随着根的不断增粗，近周皮的韧皮部不断分化为木栓形成层，使外方的韧皮部逐渐减少。而维管形成层向内分裂产生的新的次生木质部总是加在老木质部的外方，受到新组织的影响较小。因此，在粗大的植物根中，横切面上大部分是次生木质部，而次生韧皮部仅占极小比例。

第四节　根瘤与菌根

植物的根系分布于土壤中，它们与土壤中的微生物有着密切的关系，植物通过根系分泌出多种有机物质和无机物质，这些物质很多都是微生物的营养来源，由于各种植物根部分泌物的不同和根际的特定条件，影响着根际微生物的区系组成。反之，土壤微生物的新陈代谢活动也能够产生一些刺激生长的物质，或抗菌的、有毒的以及其他物质，影响着根的生长发育；也可合成一些物质被高等植物所利用。这种植物和微生物之间的互利关系称为共生（symbiosis）。高等植物根与微生物之间的共生关系，常见的有根瘤（root nodule）和菌根（mycorrhiza）两种类型。

一、根瘤

豆科植物的根上常长有各种形状的瘤状突起物，称为根瘤，它是豆科植物的根与土壤中的根瘤菌（nodule bacteria）所形成的共生结构。根瘤的形成开始于豆科植物的苗期，在幼苗时期，根毛分泌的物质吸引分布在根附近的根瘤菌，使其聚集在根毛的周围，进行大量繁殖。处在根毛周围的根瘤菌的分泌物刺激根毛，使其顶端发生卷曲和膨胀。同时，在根瘤菌分泌的纤维素酶的作用下，使根毛细胞壁发生内陷溶解，随即根瘤菌由此处侵入根毛而到达根内。根瘤菌分裂滋生，聚集成带，外面被一层黏液所包，形成感染丝，逐渐向根的中轴延伸。在根瘤菌的刺激下，根内细胞相应地分泌出纤维素等物质包围感染丝，形成了具有纤维素鞘的内生管，称为侵入线，根瘤菌顺侵入线进入幼根的皮层内，迅速分裂繁殖。皮层细胞受到根瘤菌侵入的刺激，也迅速分裂，产生大量的新细胞，致使皮层出现局部的膨大。这种膨大的部分，包围着聚生根瘤菌的薄壁组织，形成向外突出生长的根瘤(图 4-4-1)。

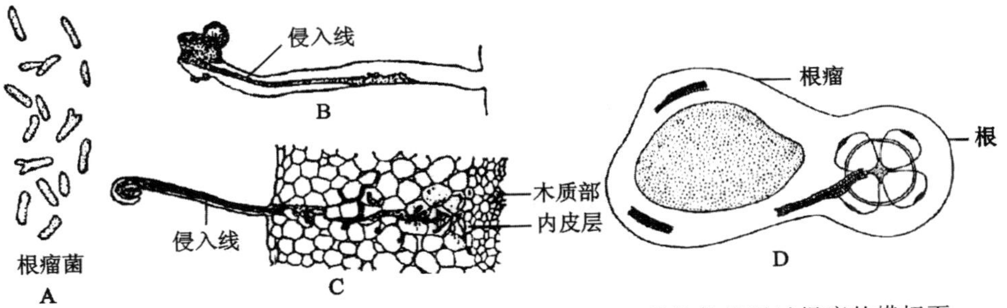

A. 根瘤菌；B. 根瘤菌进入根毛；C. 根瘤菌侵入皮层；D. 豆科植物根通过根瘤的横切面。

图 4-4-1 根瘤菌与根瘤

在根瘤内，根瘤菌从豆科植物根的皮层细胞中吸取碳水化合物、矿质盐类和水分，进行生长和繁殖。同时，它们把空气中的游离氮固定下来，合成含氮的化合物，供给豆科植物利用。在一般情况下，二者各得其利，但有时也会发生矛盾。例如，当植物体内缺糖时，根瘤菌的固氮作用就会减弱或停止，这样，根瘤菌只摄取细胞内的营养物质，而不供给可利用的氮素，因而豆科作物的幼苗往往表现为生长缓慢、叶色较浅等缺氮征象。所以，施用基肥或早期追施适量的氮肥，对豆科作物的早期生长还是必要的。

土壤氮素是土壤肥力中最活跃的因素，也是自然生态系统和农业生产中最重要的限制因子。据估计，在陆地生态系统中，根瘤共生固氮量为 2.59×10^{10} kg，约占陆地生态系统总生物固氮量的 29.4%，而在根瘤共生固氮中，豆科植物与根瘤菌共生固氮量高达 2.15×10^{10} kg，占总根瘤共生固氮量的 83.0%。因此，豆科植物根部与根瘤菌形成的根瘤，实际上起着氮肥工厂的作用。所以豆科植物常作为绿肥，在间作和轮作上有着重要的意义。

根瘤菌的种类很多，且与豆科植物发生共生关系时表现出专一现象，所以不同的豆科植物，其根瘤的形状、颜色和大小并不相同(图 4-4-2)。

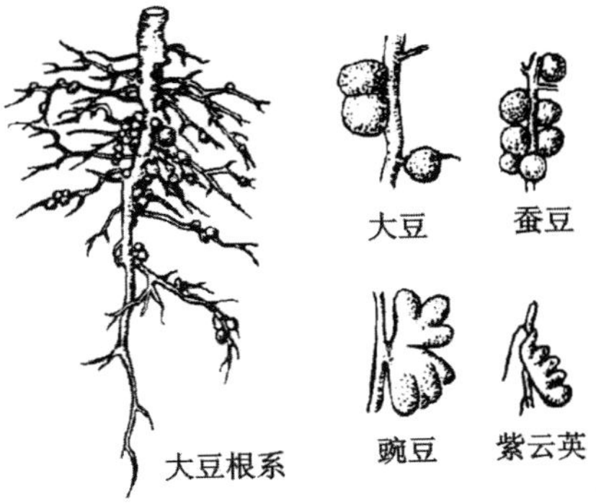

图 4-4-2 几种豆科植物的根瘤

自然界还有一些非豆科植物，如桤木属(*Alnus*)、沙棘属(*Hippophae*)、胡颓子属(*Elaeagnus*)、木麻黄属(*Casuarina*)、罗汉松属(*Podocarpus*)等，也能与类似根瘤菌的固氮细菌共生形成根瘤并固氮。近年来，对于非豆科植物固氮的研究，引起了人们的重视，目前科学家正开展固氮遗传特性的转移研究，以使某些非豆科作物也能长出根瘤进行固氮，从而节约资源并提高作物的产量。

二、菌根

许多高等植物的根能与土壤中的某些真菌结合形成共生体，称为菌根（图 4-4-3）。与植物根共生的真菌无严格的专一性，因此，菌根比根瘤更为普遍。根据真菌菌丝在根部生长分布情况，通常将菌根分为外生菌根（ectomycorrhiza）、内生菌根（endomycorrhiza）和内外生菌根（ectendomycorrhiza）。

（一）外生菌根

真菌菌丝大部分包被在宿主植物幼根的表面，形成密集的菌丝套，只有少数菌丝伸入表皮、皮层细胞的细胞间隙内，但不侵入细胞内，仅在细胞壁之间延伸生长。具外生菌根的植物，根常呈灰白色，短而粗，无根毛，在菌套表面可见许多外延菌丝。外生菌根不很普遍，约有数千种植物具有外生菌根，很多温带地区的森林树种，如松柏类、栎属（*Quercus*）、栗属（*Castanea*）、桦木属（*Betula*）等多具有外生菌根。

（二）内生菌根

真菌的菌丝大部分通过细胞壁侵入幼根皮层的活细胞内，形成不同形状的盘旋扭结，在植物幼根的表面不产生菌套。宿主植物的根一般无形态变化，仅在颜色上较暗。内生菌根是最普遍的菌根类型。其中，分布最广泛的为泡囊－丛枝菌根（vesicular-arbuscuar mycorrhiza，简称 VA 菌根），80％以上的陆生植物可以形成 VA 菌根。

（三）内外生菌根

兼有外生菌根和内生菌根的某些形态学或生理学特征。植物幼根的表面和生活细胞内均有菌根菌丝存在。内外生菌根主要发生于松科、桦木属以及杜鹃花科植物上。

真菌与绿色植物共生后，真菌可以从根中得到生长发育所需的养料，而菌丝如同根毛一样，可以从土壤中吸收水和无机盐，供植物利用，促进细胞内贮藏物质的分解，增进吸收作用。菌丝还可以产生激素和维生素，尤其是维生素 B_1 和维生素 B_6 等，对根的发育有促进作用，使植物生长良好，如松树在没有与它共生真菌的土壤中生长缓慢，甚至死亡。因此，在林业上，常用人工方法进行真菌接种，提高抗旱能力，以利造林的成功。

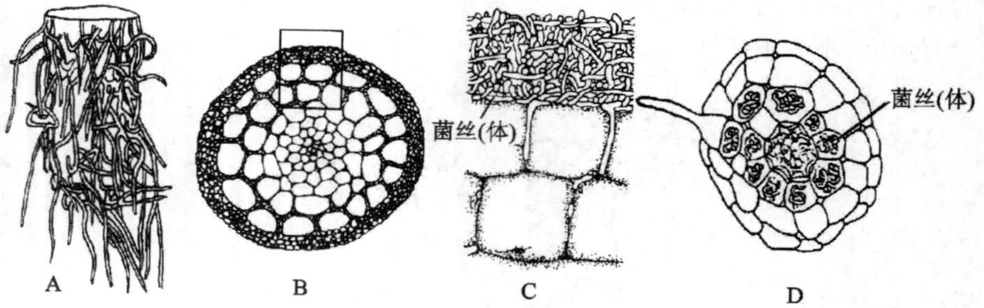

A，B，C. 外生菌根（C 为 B 的部分放大）；D. 内生菌根。

图 4-4-3　菌根

本章小结

根是种子植物和蕨类植物的重要营养器官，它的主要生理功能是吸收、固着、支持、输导、合成和分泌。

种子植物萌发后，胚根顶端分生组织的细胞经过分裂、生长、分化形成了主根。主根上产生侧根，除主根和侧根外，在茎、叶、老根或胚轴上也可产生不定根。一株植物上所有根的总和称为根系，有直根系和须根系之分。

从根顶端到着生根毛的部位称为根尖。根尖是根中生命活动最旺盛的部位，担负着根内细胞分裂、根的伸长和物质吸收等重要功能。根尖分为根冠、分生区、伸长区和成熟区（根毛区）。分生区是根的顶端分生组织，包括原生分生组织和初生分生组织。由原生分生组织细胞分裂分化形成的初生分生组织包括原表皮、基本分生组织和原形成层，它们进一步分裂、衍生形成根的初生结构。

根的初生结构由表皮、皮层、维管柱三部分组成。表皮主要起吸收作用，其部分细胞外壁延伸形成根毛。皮层由薄壁细胞组成，又分为外皮层、皮层薄壁细胞和内皮层三部分，具有横向运输和贮藏功能；双子叶植物根的内皮层细胞常发生凯氏带状加厚，而单子叶植物的根内皮层细胞常为五面加厚；维管柱的中柱鞘具有潜在分裂能力，可形成维管形成层的一部分和木栓形成层、侧根等；初生木质部与初生韧皮部相间排列，均为外始式发育，不同植物初生木质部束数不同。双子叶植物根中一般无髓，单子叶植物根中常有髓。

侧根由中柱鞘细胞产生，为内起源。其发生的位置与初生木质部的束数有关。

大多数双子叶植物的根可进行次生生长，形成次生结构。次生分生组织维管形成层发生于初生木质部和初生韧皮部之间的薄壁细胞和部分中柱鞘细胞，维管形成层向内分裂形成次生木质部，向外分裂形成次生韧皮部，使根逐渐增粗；次生分生组织木栓形成层最早产生于中柱鞘，木栓形成层向外分裂形成大量木栓层，向内分裂形成少量栓内层，共同组成周皮，成为根加粗后的次生保护结构。根的次生结构自外向内依次为周皮、次生韧皮部（韧皮射线）、维管形成层、次生木质部（木射线）、初生木质部等。

根瘤和菌根是某些高等植物的根与土壤中微生物所形成的共生结构。根瘤是根瘤细菌或固氮细菌侵染豆科或非豆科植物根部细胞形成的共生体；菌根是真菌侵染植物根部所形成的共生体，分为外生菌根、内生菌根和内外生菌根。

复习与思考

1. 如何理解植物根的形态结构与其生理功能之间的相互适应关系？
2. 查阅资料，分析根尖不活动中心在根发育过程中的作用。
3. 查阅资料，分析目前关于根向地性生长机理和解剖学基础。
4. 查阅资料，简述凯氏带的研究概况。

数字课程学习资源

课程视频　学习课件　知识结构图　练习题　参考答案

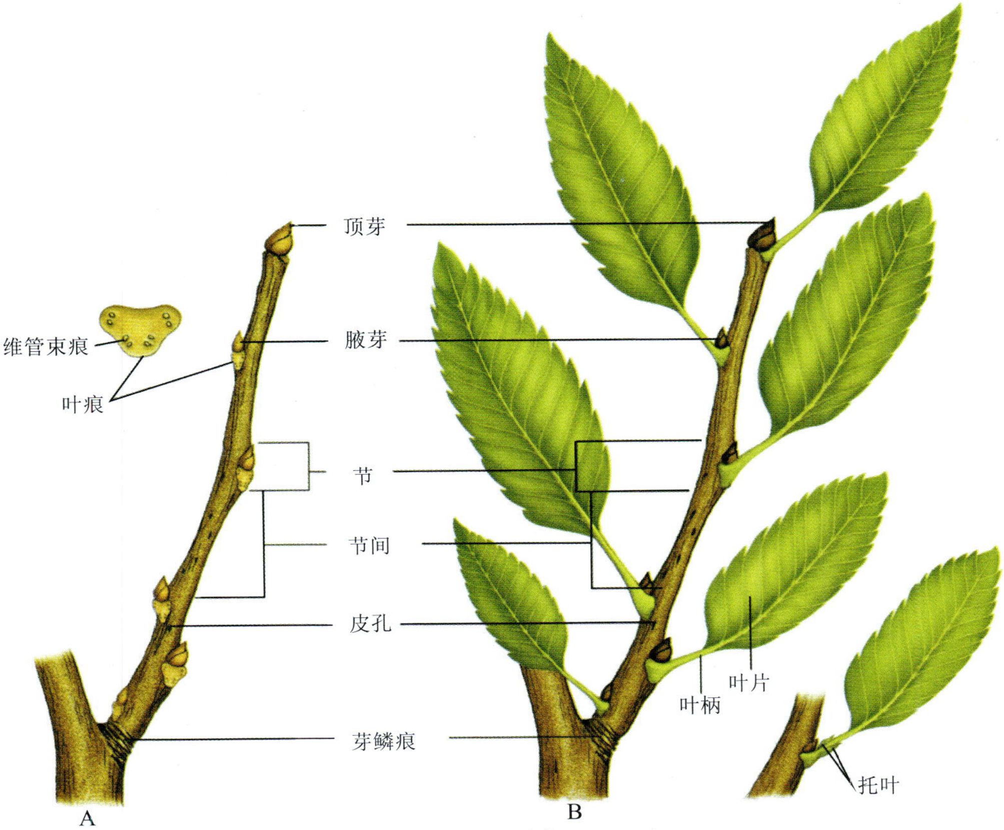

图1 枝条的形态（引自Bidlack）

图2 银杏的长枝和短枝

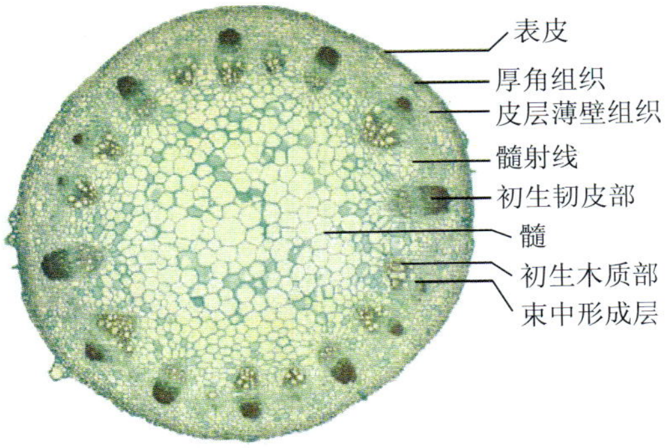

图3 向日葵茎横切面，示初生结构

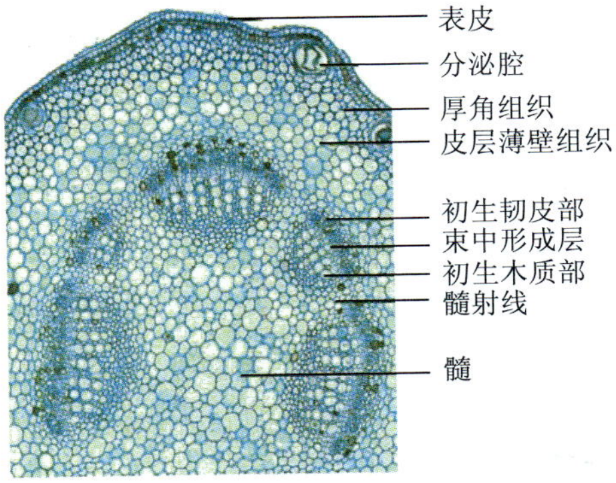

图4 棉花幼茎横切面局部图

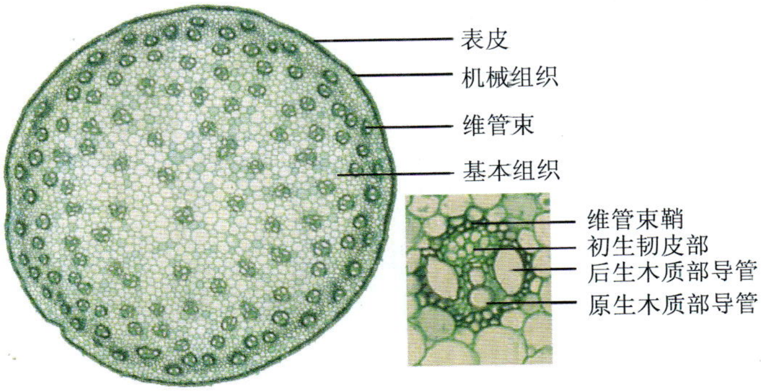

图5 玉米茎节间横切面及维管束结构

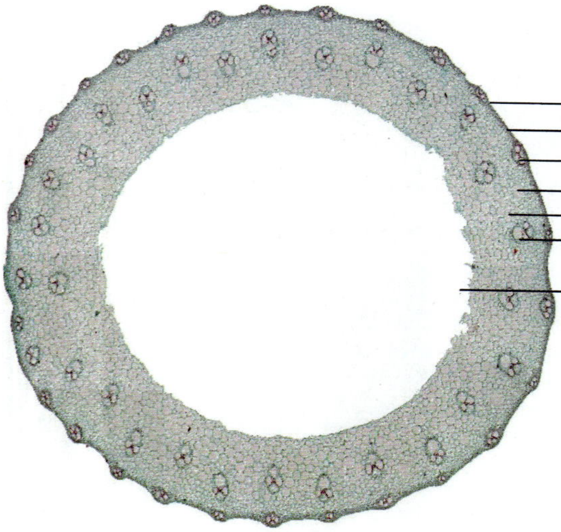

图6 水稻茎节间横切面

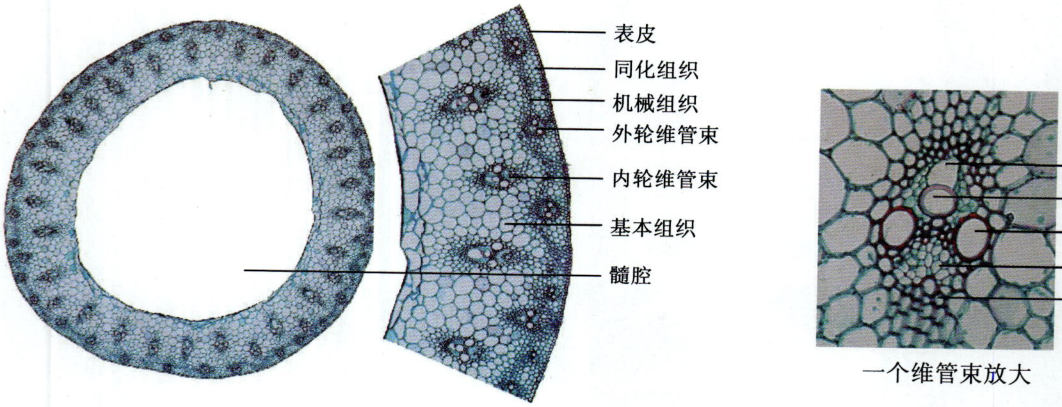

图7 小麦茎节间横切面及维管束

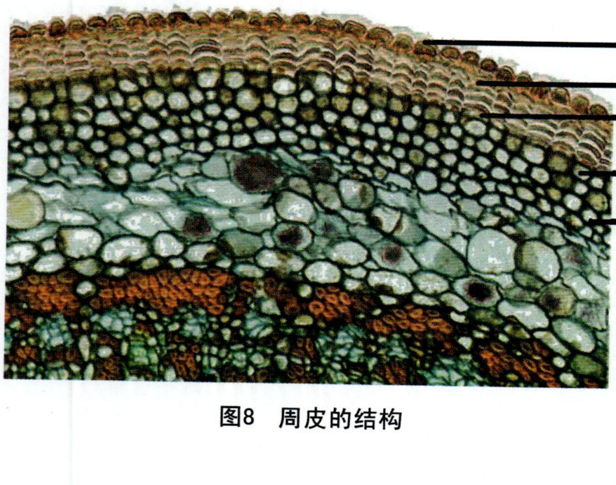

图8 周皮的结构

图9 椴树茎横切面，局部图

◉◉○ 第五章 | 茎

茎是连接根与叶之间的轴状部分，是植物重要的营养器官，主要起输导和支持作用。茎起源于胚芽和胚轴，茎上的侧枝起源于腋芽。茎尖和腋芽的不断生长，陆续产生叶和侧枝，除少数植物的地下茎外，共同构成了植物体地上部分庞大的枝系。

植物在长期的进化中，适应不同的环境，形成了千姿百态的茎。茎的发达程度与植物的生活周期密切相关，多年生木本植物较生活周期短的草本植物具有更为发达的茎。为了适应输导和支持作用，茎形成了不同于其他营养器官的形态和结构。

第一节　茎的形态与生理功能

一、茎的形态

种子植物茎的外形多呈圆柱形，也有不少植物的茎呈现其他形状，如莎草的茎呈三棱柱状，薄荷、益母草的茎为方柱形，仙人掌的茎呈扁平状等。随着植物的生长，茎上发生出多种侧生器官，包括叶、枝、芽、花或果。茎与其他营养器官在形态特征上的主要区别有：

(1)茎有节和节间　茎上着生叶的部位称为节(node)，相邻两节之间的部位称为节间(internode)(本章彩图 1)。一般植物的节不明显，只是在叶的着生处略有突起；另一些植物的节非常明显，如玉米、甘蔗的节膨大形成环状结构；少数植物，如莲根状茎的节反而缩小。

着生叶和芽的茎称为枝条(shoot)，枝条生长的快慢影响节间的长短。玉米、竹和甘蔗等植物节间长而明显，而萝卜、蒲公英和车前的茎，节间缩短，难以辨认，叶排列成基生的莲座状。有些植物在同一植株上，有的枝条节间较长，称为长枝(long shoot)；有的枝条节间短而节密集，称为短枝(dwarf shoot)。苹果、梨等的植株上有长枝和短枝之分。长枝常常是长叶的枝条，称为营养枝；短枝是开花结果的枝条，又称果枝(本章彩图 2)。

(2)茎上着生有叶和芽　茎的节上着生有叶，顶端及叶腋具有芽，因此，茎是枝条上除去叶和芽所留下的轴状部分。

叶脱落后在茎上留下的痕迹称为叶痕(leaf scar)，不同植物叶痕的形状和颜色各不相同。在叶痕中有茎通往叶的维管束断离后留下的痕迹，称为维管束痕或束痕(bundle scar)，不同植物束痕的排列、形状及束数也各不相同。枝痕(branch scar)是花枝或小的营养枝脱落后留下的痕迹。

此外，有些植物茎上还可以见到芽鳞痕(bud scale scar)，是鳞芽于生长季展开生长时，芽鳞片脱落后留下的痕迹。在通常情况下，顶芽每年活动一次，所以根据芽鳞痕的数目和相邻芽鳞痕的距离，可判断枝条的年龄和生长速度。

在木本植物和生长高大的草本植物的茎上还可见到皮孔，它是植物体和外界进行气体交换的一种通道(图 5-1-1)。皮孔的形状、颜色和分布的疏密程度因植物而异。

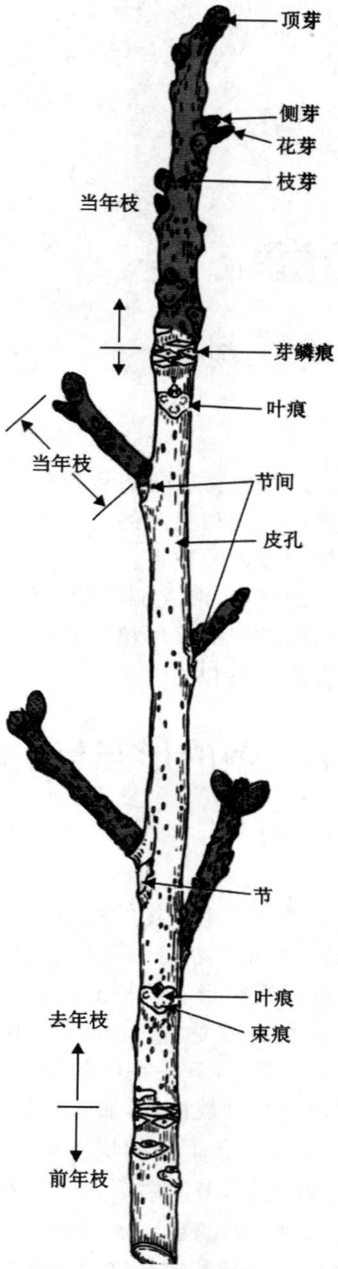

图 5-1-1　核桃的三年生冬枝(引自 T. L Rost)

在落叶乔木和灌木的冬枝上，可根据皮孔、叶痕、束痕、芽鳞痕等的形状，鉴别植物种类、生长年龄等。

二、茎的生理功能

(一)输导作用

茎内有发达的维管组织，根所吸收的水分和无机盐以及根合成或贮藏的营养物质通过茎向上运输到叶、花和果实中；同时，叶制造的有机物通过茎向下或向上运输至根、花、果和种子各部分。

(二)支持作用

茎内具有发达的机械组织，是植物体的骨架，主茎和各级分枝支持着叶、花和果实，使叶合理地展布在一定的空间，利于光合作用和蒸腾作用；使花能更好地开放，以利于传粉和果实、种子更好地发育和成熟。

(三)贮藏作用

许多植物,茎内的基本组织中往往贮藏了大量的营养物质。一些变态茎成为特殊的贮藏器官,如马铃薯的块茎,慈姑和荸荠的球茎,莲的根状茎等都是营养物质集中贮藏的部位。

(四)繁殖作用

生产上,茎可以作为扦插、压条、嫁接等营养繁殖的材料。将扦插枝、压条枝定植于合适的土壤中,长出不定根后即可形成新的个体;用某种植物的枝条或芽(接穗)嫁接到另一种植物上(砧木),可改良植物的性状。具匍匐茎的草莓,或具地下根状茎的竹,均可进行营养繁殖。

除以上功能外,茎还有多方面的作用。幼茎的外皮层细胞中含有叶绿体,可进行光合作用。一些植物的叶退化、变态或早落,茎呈绿色扁平状,可终生进行光合作用,如竹节蓼、假叶树和文竹等植物的叶状茎。仙人掌科植物的肉质茎,不仅具光合作用,还兼具贮藏作用。

有些植物茎变态为刺状,如石榴、山楂、皂荚的茎刺,具有保护作用。有些植物的部分枝变为卷须(如南瓜、黄瓜、葡萄等)、吸盘[如地锦(*Parthenocissus tricuspidata*)等],攀缘他物生长。

三、芽的结构及类型

(一)芽的基本结构

植物体上所有枝条和花或花序都是由芽(bud)发育来的,因此,芽是未发育的枝条、花或花序的原始体。通常,对由种子萌发的植物而言,胚芽是植物体的第一个芽,主茎是由胚芽发育来的。在以后的生长过程中,由主茎上的腋芽继续生长形成侧枝,侧枝上形成的腋芽又继续生长,反复分枝形成庞大的分枝系统。

在植物的营养生长阶段,芽通常发育成枝叶,这种芽称为枝芽(branch bud)或叶芽(leaf bud)。枝芽的结构如图 5-1-2 所示,包括顶端分生组织、叶原基(leaf primordium)、幼叶、腋芽原基(axillary bud primordium)及由腋芽原基发育形成的腋芽,有些植物芽的最外方还有 1 至几片叶状的起保护作用的鳞片,称为芽鳞(bud scale)。顶端分生组织位于枝芽的中央,将来发育形成茎内的初生结构;顶端分生组织基部有一些侧生的突起,为叶的原始体,称叶原基,以后发育形成幼叶;腋芽原基位于每个叶原基或幼叶的叶腋,以后形成腋芽,将来发育成侧枝,因此,腋芽原基也称侧枝原基(lateral branch primordium)或枝原基(branch primordium)。

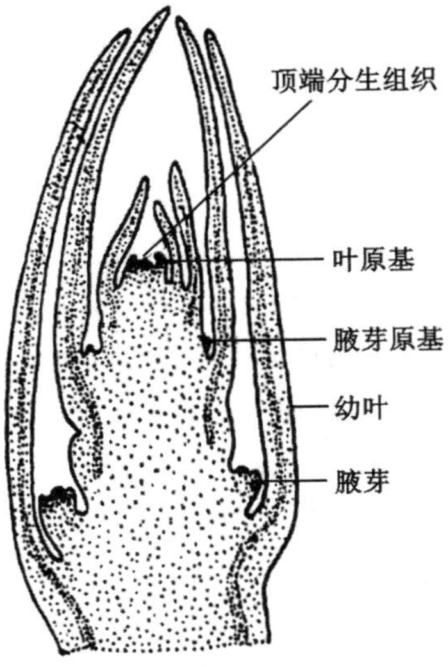

图 5-1-2 芽的纵切面

当植物体从营养生长转入生殖生长时,开始形成花芽(flower bud)。花芽是花或花序的原始体,外观常较枝芽肥大,内含花或花序各部分的原基(图 5-1-3),没有叶原基和腋芽原基。花芽的顶端分生组织不能无限生长，当花或花序的各部分形成后，顶端就停止生长。花芽的结构比较复杂，变化也较大。

有些植物还具有一种既有叶原基和腋芽原基，又有花部原基的芽，称为混合芽(mixed bud)，外观上也较枝芽肥大。这种芽将来发育为有叶、有花或花序的枝条，如苹果、梨、海棠等的芽。

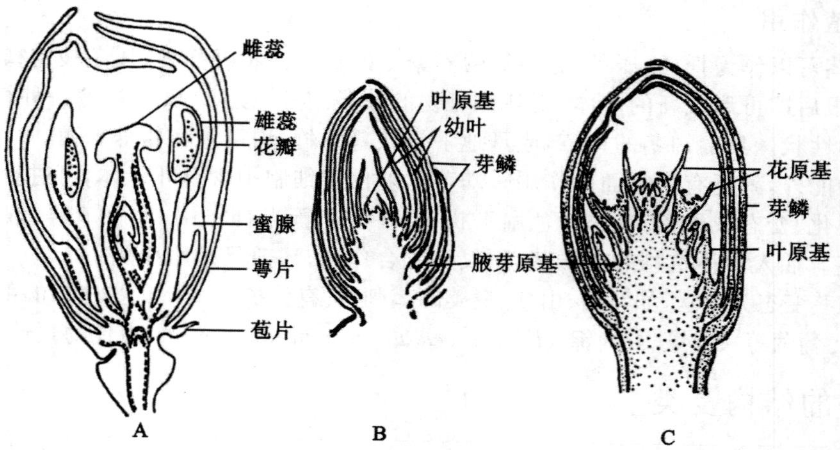

A. 小檗的花芽；B. 榆的枝芽；C. 苹果的混合芽。

图 5-1-3　芽的类型(引自陆时万、徐祥生等)

(二)芽的类型

按照芽生长的位置、性质、芽鳞的有无和生理状态，将芽分为以下几种类型。

1. 定芽和不定芽　按照芽在枝条上着生的位置，分为定芽(normal bud)和不定芽(adventitious bud)。

定芽生长在枝上一定的位置，生长在枝条顶端的称为顶芽(terminal bud)，生长在枝的侧面叶腋内的称侧芽(lateral bud)，也称腋芽(axillary bud)。多数植物的每个叶腋处只长 1 个芽，但有些植物的叶腋内可长有若干个芽，彼此重叠，称为叠生芽，如忍冬和桂花的每个叶腋处有 2～3 个上下重叠的芽，位于叠生芽最下方的一个芽称为正芽(normal axillary bud)，其他的称为副芽(accessory bud)；或在每个叶腋处长有若干个芽，彼此并列，称为并生芽，如桃的每个叶腋处有 3 个芽并生，中央的一个芽称为正芽，两侧的芽称为副芽。有的芽着生在叶柄下方，并被其基部延伸的部分所覆盖，直到叶柄脱落后，芽才显露出来，这种芽称为柄下芽(subpetiolar bud)，如二球悬铃木(*platanus acerifolia*)的柄下芽(图 5-1-4)。

图 5-1-4　二球悬铃木的柄下芽

此外，还有些芽不是生于枝顶或叶腋，而是由老茎、根、叶、创伤部位，或细胞培养、组织培养形成的胚状体上产生的芽，这些在植物体上没有固定着生部位的芽称为不定芽，如甘薯、榆树(*Ulmus pumila*)、刺槐、蒲公英(*Taraxacum mongolicum*)等自根上长的芽，桑、柳等老茎被砍伐后在伤口周围产生的芽，落地生根叶缘上长出的芽，均属不定芽。农业生产上常利用植物能产生不定芽的特性进行营养繁殖。

2. 枝芽、花芽和混合芽　根据芽发育后所形成器官的不同，分为枝芽、花芽和混合芽。枝芽是未发育的营养枝的原始体；花芽是花或花序的原始体；混合芽是能同时发育成枝叶和花或花序的芽。

3. 裸芽和鳞芽　根据芽鳞的有无，分为裸芽(naked bud)和鳞芽(scaly bud)。外面没有芽鳞片保护的芽称为裸芽，而具有芽鳞片保护的芽称为鳞芽或被芽(protected bud)。裸芽多见于草本植物(尤其是一年生植物)，如大豆(*Glycine max*)、棉花等作物的芽，生长在热带和亚热带潮湿环境下的木本植物也常形成裸芽；而生长在温带的木本植物的芽大多为鳞芽，如杨属(*Populus*)、七叶树、玉兰等植物。

4. *活动芽和休眠芽* 根据芽的生理活动状态，分为活动芽(active bud)和休眠芽(dormant bud)。能在当年生长季节中萌发形成新枝、花或花序的芽称为活动芽。一般一年生草本植物当年所产生的多数芽都是活动芽。在生长季节，温带的多年生木本植物上的芽，通常是顶芽和距离顶芽较近的腋芽萌发的，而大部分靠近下部的腋芽往往是不活动的，暂时保持休眠状态，这种芽称为休眠芽或潜伏芽(latent bud)。芽的休眠是植物对逆境的一种适应，亦与遗传因素有关，或由顶端优势导致植株内生长素不均匀分布的效应所致。

在一定条件下，活动芽和休眠芽是可以相互转变的。如在生长季突遇高温、干旱等，会引起一些植物的活动芽转入休眠；休眠芽在植株受到创伤或虫害时，可转变为活动芽。

一个具体的芽，由于分类依据不同，可给予不同的名称。如水稻主茎顶端的芽，可称为顶芽、定芽、活动芽；其芽无鳞片包裹，又可称裸芽；在幼苗开始生长的营养生长期，可称枝芽；在生殖生长期，分化发育成稻穗，又可称花芽。

第二节 茎端分生组织与器官形成

一、茎端分生组织

(一)顶端分生组织

茎的顶端分生组织位于茎的最顶端，由原分生组织及其衍生的初生分生组织构成，外形多呈圆锥状、圆丘状或平凹。顶端分生组织的活动产生茎的有关结构，包括茎的节和节间、叶、腋芽以及以后转变成生殖结构。因此，茎端分生组织比根的更复杂些。

茎顶端分生组织的最先端为原分生组织，包括原始细胞及其形成的衍生细胞，是未分化或最小分化的部分。原分生组织向下不断分裂，演化形成原表皮、基本分生组织和原形成层，总称初生分生组织，其中原表皮发育为表皮，基本分生组织发育形成皮层和维管柱中髓和髓射线，原形成层发育为维管柱中的维管束，表皮、皮层和维管柱组成茎的初生结构。

(二)顶端分生组织组成的几种理论

茎的顶端分生组织由许多细胞组成，有着多种方式的排列，在18世纪中叶，就开始引起植物学家的重视，先后提出了组织原学说、原套－原体学说和细胞组织分区概念等理论。【二维码5-1】

5-1

1924年，A. Schmidt对被子植物的茎端进行研究后，提出有关茎端原始细胞分层的概念，通常称为原套－原体学说(tunica-corpus theory)。该学说认为茎端分生组织的原分生组织包括外部的原套(tunica)和内部的原体(corpus)两个部分(图5-2-1)，组成原套的一层或几层(双子叶植物常两层，单子叶植物则为一至两层)细胞只进行垂周分裂(径向分裂)，扩大表面积而不增加细胞层数，以后分化形成茎的表皮；组成原体的多层细胞进行着平周分裂(切向分裂)和各个方向的分裂，连续地增加体积，使茎端加大，以后分化形成了茎内除表皮以外的其他组织。原套－原体学说认为顶端分生组织的原分生组织部分在组成上并没有预先决定的组织分区，除表皮始终是由原套的表面细胞层分化形成的以外，其他较内的各层衍生细胞的发育并不能预先知道它们将形成什么组织，这一点是与组织原学说最大的区别。

裸子植物茎端没有稳定地只进行垂周分裂的表面层，也就是没有原套状的结构[除南洋杉属(*Araucaria*)和麻黄属(*Ephedra*)外]，因此，对于多数裸子植物茎端的描述来讲，原套－原体学说是不适合的。

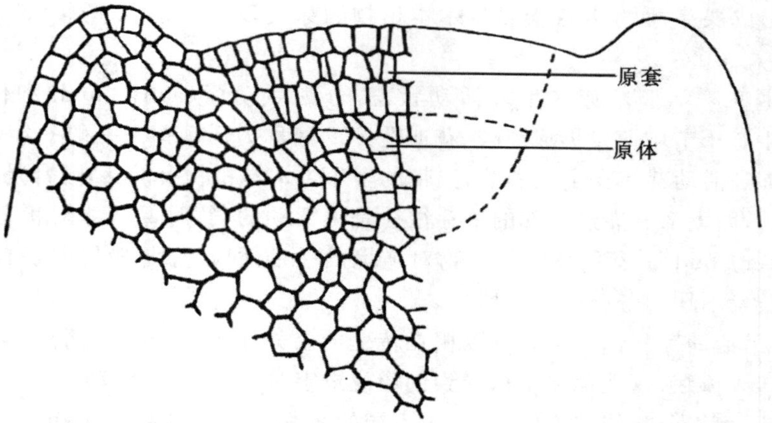

图 5-2-1　蚕豆顶端分生组织纵切面(示原套、原体)

二、叶原基和腋芽原基

(一)叶的起源

叶是由叶原基发育而来的(图 5-2-2)。在裸子植物和双子叶植物中，发生叶原基的细胞分裂一般是在茎顶端分生组织周围区表面的第二层或第三层出现。平周分裂增生细胞的结果，促进了叶原基的侧面突起。突起的表面层细胞进行垂周分裂，以扩大其面积。单子叶植物叶原基常由表面层细胞经过平周分裂而发生。

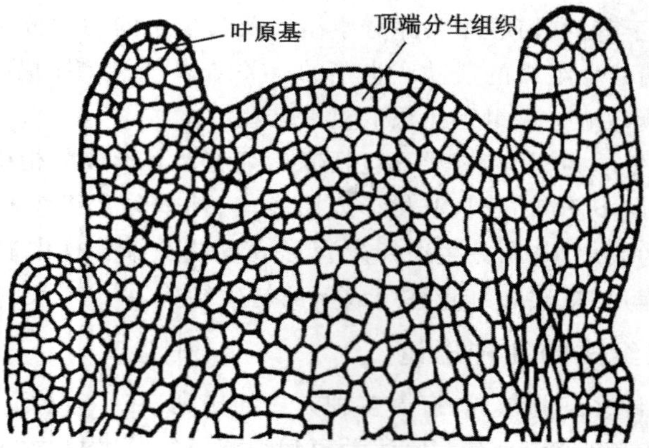

图 5-2-2　枝芽顶端的纵切面(示叶原基)(引自陆时万、徐祥生等)

(二)芽的起源

顶芽发生在茎端顶端分生组织，而腋芽起源于腋芽原基。大多数被子植物的腋芽原基发生在叶原基的叶腋处。腋芽原基一般比包在它们外面的叶原基发生得晚。腋芽的起源很像叶，叶腋处的细胞经过平周分裂和垂周分裂而形成突起，细胞排列与茎端的相似，并且本身也可能开始形成叶原基。不过，在腋芽形成过程中，当它们离开茎端一定距离以前，一般并不形成很多叶原基。腋芽原基发生的部位一般比叶原基发生的部位要深一些，这一点是腋芽原基和叶原基在发生上的区别。

茎上的叶和芽起源于顶端分生组织表面第一层或第二、第三层细胞，这种起源的方式称为外起源(exogenous origin)。

不定芽和顶芽、腋芽不同，它的发生一般与顶端分生组织无关。它们可以在根、茎、下胚轴和叶上发生，亦可以发生在插条或伤口的愈伤组织、形成层或维管柱的周围，甚至在表皮上也可能产生不定芽。它们的起源，依其发生位置的深度，可以是外起源，也可以是内起源。在不定芽开始形成时，由细胞分裂组成顶端分生组织，当这种分生组织形成第一叶时，不定芽与产生芽的原始结构之间建立起维管组织的连接。

第三节　茎的初生生长和初生结构

一、茎尖分区与茎的初生生长

茎尖(stem tip)位于茎的顶端，由枝芽活动发育形成，它是植物地上枝系的主要来源。

(一)茎尖分区

植物的茎尖与根尖在形态结构上有明显的不同之处。茎尖没有类似根冠的结构，而是由许多幼小叶片紧紧包裹，使内部幼嫩的分生组织免受损伤。根据细胞生长发育的程度，茎尖自其顶端向下可划分为分生区、伸长区和成熟区三个区(图 5-3-1)。分生区的基部形成了一些叶原基突起，并有幼叶或鳞片包围、覆盖，由此增加了茎尖结构的复杂性。

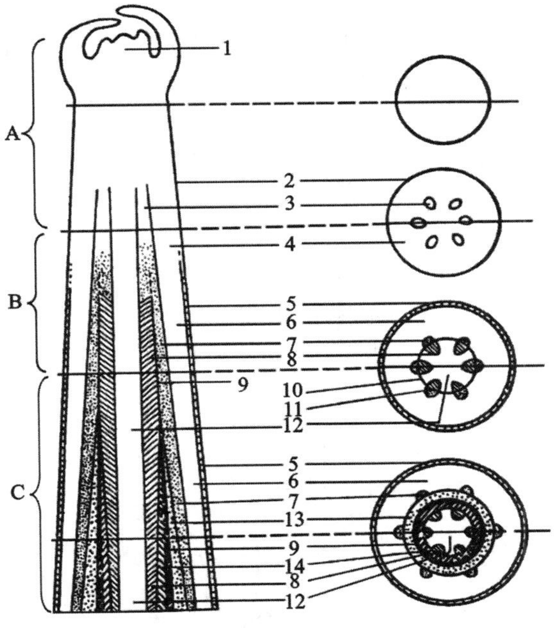

A. 分生区；B. 伸长区；C. 成熟区。

1. 原分生组织；2. 原表皮；3. 原形成层；4. 基本分生组织；5. 表皮；6. 皮层；7. 初生韧皮部；8. 初生木质部；9. 维管形成层；10. 束间形成层；11. 束中形成层；12. 髓；13. 次生韧皮部；14. 次生木质部。

图 5-3-1　茎尖的纵切面和不同部位上横切面的图解

1. 分生区　分生区为茎尖的顶端分生组织，包括原分生组织和初生分生组织两部分。原分生组织处于分生区的最顶端，和根尖的生长点很相似，是由一团胚性细胞(来源于胚芽细胞的分裂)所组成，茎内一切组织都是由它分裂衍生而成的。

在分生区顶端后方，由原分生组织逐渐分化为原表皮、基本分生组织和原形成层三种初生分生组织。

分生区上可看到一些叶原基和腋芽原基的小突起，一般先长出的为叶原基，以后在其内侧下面产生腋芽原基。叶原基随着茎的伸长、成熟，逐渐发育为幼叶；而腋芽原基随着茎的伸长、成熟，逐渐发育为枝条。

2. 伸长区　伸长区位于分生区下方，茎伸长区的细胞形态特征与根相似，但长度一般比根长，是分生组织进入成熟组织的过渡区，细胞除迅速伸长外，初生组织陆续出现。由原表皮分化形成排列整齐的表皮，基本分生组织分化形成皮层和中央部分的髓以及髓射线，原形成层分化形成维管束。

3. 成熟区　成熟区位于伸长区下方。本区细胞停止生长，各种初生组织分化成熟并构成茎的初生结构。

（二）茎的初生生长

茎的生长方向与根相反，是背地性的，主要有顶端生长和居间生长两种方式。

1. 顶端生长　植物的顶端生长始于茎尖顶端分生组织细胞的分裂（在分生区内），经过伸长生长（在伸长区内）和分化（在成熟区内），产生了茎尖的成熟组织。结果使节数增加，节间伸长，同时产生新的叶原基和腋芽原基。这种由于顶端分生组织的活动而引起的生长，称为顶端生长，属于初生生长的一种方式。大多数植物的顶端生长是在春、夏或秋季进行。一年生植物通常只进行一次顶端生长，多年生植物每年可进行一至多次顶端生长，这通常与植物生长地区的气候有关。一些生长在南方的植物，如茶、荔枝、龙眼等每年可发生几次顶端生长；而在四季分明的地区，多年生植物每年只进行一次顶端生长。双子叶植物经过顶端生长以后，接着即进入次生生长，产生次生结构，使茎在长高的基础上进一步增粗。多年生的双子叶植物每年都有初生生长，每年也都有次生生长，因而，植物一年比一年长得更高大、更粗壮，生活力和竞争能力以及对环境的适应性也越来越强。

2. 居间生长　茎的居间生长始于每个节间基部居间分生组织的活动，与顶端生长一样都经历了细胞的分裂、生长和分化三个阶段。但居间分生组织的活动时间较短，经过一段时间的分裂活动，即完全分化为成熟组织，结果使节间伸长。这种由于居间分生组织的活动而引起的生长，称为居间生长。由于茎的各个节间都能进行居间生长，所以有居间生长的茎生长十分迅速。

二、双子叶植物茎的初生结构

茎尖顶端分生组织中的初生分生组织的细胞，经过分裂、生长和分化而形成的各种结构，称为茎的初生结构。通过茎尖的成熟区做一横切片，可以观察到双子叶植物茎的初生结构由外向内包括表皮、皮层和维管柱三部分（图 5-3-2，图 5-3-3，本章彩图 3，4）。

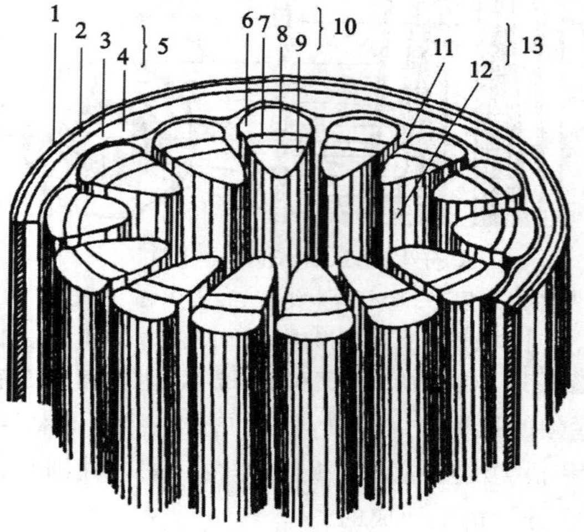

1. 表皮；2. 厚角组织；3. 含叶绿体的薄壁组织；4. 无色的薄壁组织；5. 皮层；6. 韧皮纤维；7. 初生韧皮部；8. 束中形成层；9. 初生木质部；10. 维管束；11. 髓射线；12. 髓；13. 维管柱。

图 5-3-2　双子叶植物茎初生结构的立体图解

（一）表皮

表皮位于幼茎最外侧，通常由一层细胞组成，由初生分生组织的原表皮分化而来，是茎的初生保护组织。表皮包括表皮细胞、气孔器和各种表皮毛。

表皮细胞形状比较规则,一般呈长方体形,长轴与茎的纵轴平行,细胞排列紧密,是生活的细胞,一般不具叶绿体,有些植物茎的表皮细胞含花青素,因此,茎呈紫、红等颜色,如蓖麻、甘蔗的茎。由于茎生活在地面之上,因而表皮的结构上就有一些适应特点:表皮细胞外壁角质化而形成角质膜,在旱生植物茎的表皮上,角质膜显著增厚,而沉水植物的表皮上,角质膜一般较薄或不存在;蓖麻、甘蔗等植物的茎上有时还有蜡质。角质膜的存在,使表皮既能起保护作用,又可防止茎内水分过度蒸腾,这是植物对环境的适应。

表皮中往往分布有气孔器,可与外界进行水分和气体交换;有些植物表皮上还有形状多样的表皮毛和腺毛,有单细胞的,还有多细胞的,可以反射强光,降低蒸腾,坚硬的毛可以防止动物的伤害等。

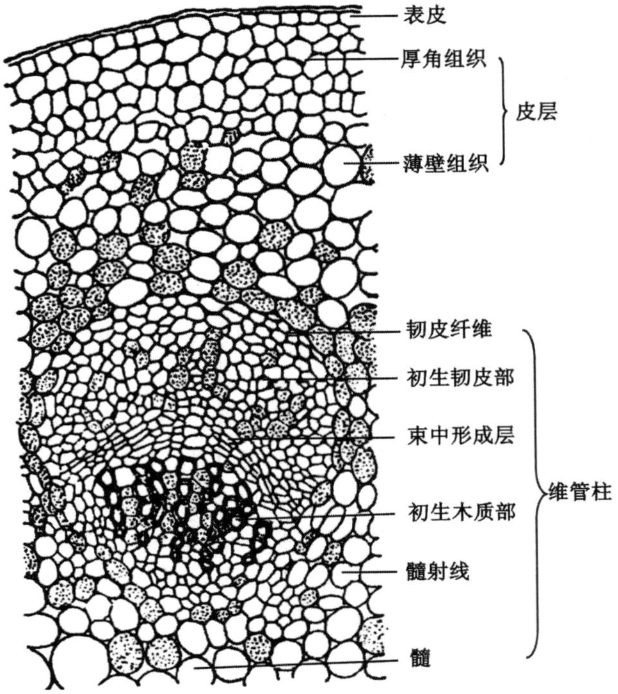

图 5-3-3 梨茎横切面的一部分(示初生结构)

(二)皮层

皮层位于表皮与维管柱之间,为多层细胞所组成,由基本分生组织分化而成。与根的初生结构相比,皮层在茎的横切面上所占比例较小。

皮层由多种组织组成,但以薄壁组织为主。最外方有一至数层皮层细胞常含叶绿体,故幼茎外观呈绿色,并可进行光合作用。发育到一定阶段,通常靠近表皮的几层皮层细胞分化形成厚角组织,如薄荷、蚕豆等方形的茎或芹菜多棱形的茎中,厚角组织常分布在四角或棱角部分,具有机械支持的作用。有些植物茎的皮层中还存在纤维或石细胞,如南瓜茎的皮层中,厚角组织与纤维同时存在。

皮层内部主要为薄壁组织,细胞较大,大都不含叶绿体,细胞排列疏松,有胞间隙,主要起贮藏作用。水生植物的茎,一般缺乏机械组织,但皮层薄壁组织的细胞间隙很发达,常常形成通气组织。有些植物皮层中还有分泌腔(棉花)和乳汁管(甘薯),有些则具有含晶体和单宁的细胞(如花生、桃)。

通常幼茎皮层中没有典型的内皮层结构,只有部分草本植物的地下茎(如益母草、千里光和向日葵等)和某些水生植物(如眼子菜、黑藻和金鱼藻等)才具内皮层。益母草属和千里光属植物只有在开花时,其内皮层才出现凯氏带。有些植物(如蚕豆、南瓜)茎的皮层最内层,即相当于内皮层处的细胞富含淀粉粒,特称为淀粉鞘(starch sheath)。

(三)维管柱

维管柱是皮层以内的中央柱状部分，由维管束、髓和髓射线等部分组成。由原形成层和基本分生组织分化形成。大多数植物茎和根不同，无显著的内皮层，也不存在中柱鞘，因此，茎的皮层和维管柱的界限不易划分，故称为维管柱，而不像根中的维管柱常被称为中柱。

1. 维管束　维管束是初生韧皮部、束中形成层和初生木质部组成的束状结构，由原形成层分化发育形成。维管束在多数植物茎的节间排列成环状，由薄壁组织隔离而彼此分开。但在有些木本植物的茎中，各维管束几乎连成一环，维管束之间的分隔界限不明显。

大多数种子植物的维管束为外韧维管束；有些植物的维管束初生木质部内外都具有韧皮部，为双韧维管束，如南瓜等葫芦科植物、夹竹桃、茄等。

在维管束的发育过程中，初生韧皮部是从原形成层的外侧开始，由外至内进行向心发育，先形成外方的原生韧皮部，后形成内方的后生韧皮部，其发育方式与根相同，为外始式。原生韧皮部较为柔嫩，在分化发育过程中多被破坏，因此，初生韧皮部往往完全由后生韧皮部组成。双子叶植物茎的初生韧皮部由筛管、伴胞、韧皮薄壁细胞和韧皮纤维组成，其主要功能是输导有机养料。韧皮薄壁细胞散生在韧皮部中，常含淀粉、单宁、晶体等贮藏物质，韧皮纤维常成束分布在初生韧皮部的最外侧，植物种类不同，韧皮纤维的发达程度也不同。

初生木质部是从原形成层的内侧开始先形成原生木质部，然后进行离心发育，逐渐分化形成后生木质部，这种发育顺序与根相反，为内始式(endarch)。原生木质部由环纹和螺纹导管以及木薄壁细胞组成，而后生木质部由管径较大的网纹、孔纹、梯纹导管和木薄壁细胞组成，有时还有木纤维。

在原形成层分化形成初生维管束的过程中，初生韧皮部和初生木质部之间保留了一层分生组织细胞，称为束中形成层(fascicular cambium)，因此，双子叶植物茎中的维管束多为无限维管束，这是双子叶植物茎进行次生生长的基础。

2. 髓　位于茎中央部分的薄壁细胞称为髓(pith)，由原形成层以内的基本分生组织分化而来，所占的比例较大，细胞中常含淀粉粒、晶体和单宁，主要起贮藏作用。有些植物的髓在发育时破裂而形成髓腔(pith cavity)，如伞形科和葫芦科的植物；有些植物的髓部周围部分有排列紧密的壁较厚的小细胞，与内方的大细胞差异很大，称环髓带(perimedullary zone)，如椴树茎的髓；有些植物的髓中含有石细胞，如樟；胡桃、枫杨茎的髓呈片状。

3. 髓射线　髓射线(pith ray)也称初生射线(primary ray)，是位于两个维管束之间连接皮层与髓的薄壁细胞，由基本分生组织分化而来。双子叶草本植物茎中的初生维管组织排列成分离的维管束，髓射线较宽且容易识别；大多数木本植物茎中的初生维管组织排列成近似圆筒状，髓射线较难辨认，仅为1或2列薄壁细胞。髓射线除具有贮藏作用外，还可作为径向运输的途径，有的髓射线细胞可脱分化形成束间形成层。

三、单子叶植物茎的结构

单子叶植物茎尖的结构与双子叶植物相同，但由它所发育的茎的结构则是不同的。大多数单子叶植物茎只有初生结构，结构比较简单，少数植物虽有次生结构，但也和双子叶植物的茎不同。单子叶植物茎结构类型较多，而且结构的变异较大，现以禾本科植物为代表说明其结构特点。

禾本科植物茎共同的特点是：一般无形成层，因而也无次生生长和次生结构；维管束散生分布；没有皮层、髓和髓射线的区别。横切面上明显区分为表皮、机械组织、基本组织和维管束等结构部分(本章彩图5)。

(一)表皮

表皮是位于茎表面的一层生活细胞，排列整齐。从组成来看，表皮包含有由长细胞、短细胞组成的表皮细胞、气孔器和表皮毛。长细胞的细胞壁角质化，构成表皮的大部分，短细胞位于两个长细胞之间，包括细胞壁硅质化的硅质细胞（silica cell）和细胞壁栓质化的栓质细胞（cork cell）；气孔器由哑铃形的保卫细胞组成，其旁侧还有菱形的副卫细胞（图 5-3-4）。单子叶植物表皮为终生保护组织，没有周皮的形成。

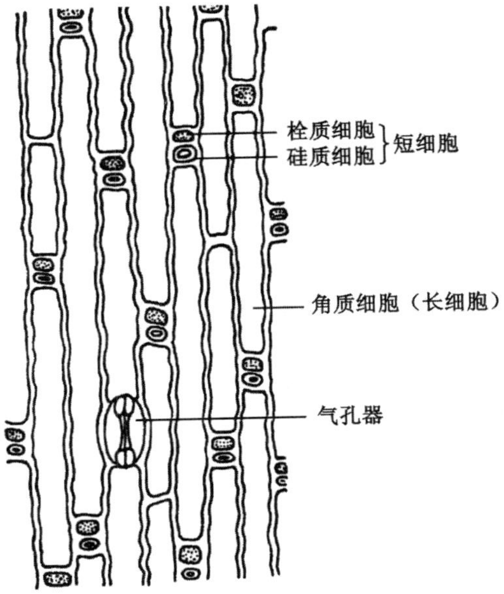

图 5-3-4 玉米茎的表皮（表面观）

（二）机械组织

机械组织是位于表皮内方的一至几层厚壁细胞。在水稻、玉米等植物的茎中，机械组织连成环状（本章彩图 5,6）。而在小麦茎的机械组织环中，间生有束状分布的同化组织（本章彩图 7）。

（三）基本组织

基本组织是位于机械组织内方的薄壁细胞。近外方的数层细胞常含叶绿体而使茎呈现出绿色，能进行光合作用。水稻茎秆基部的节间，维管束之间的基本组织常部分解体形成气腔，成为良好的通气组织，而茎秆上部及幼茎则不形成气腔。大多数禾本科植物（如水稻、小麦、竹等）茎中央基本组织解体，形成中空的髓腔，而玉米、高粱、甘蔗等植物茎内被基本组织所充满。

（四）维管束

维管束分布于基本组织中，数目较多，为外韧维管束。维管束的排列有两种方式：具中空茎的禾本科植物（如小麦、水稻）中，维管束成内、外两轮排列，外轮的维管束较小，位于茎的边缘，大部分埋藏于机械组织中，内轮的较大，间隔均匀地分布于基本组织中；实心结构茎的禾本科植物（如玉米、甘蔗、高粱）中，维管束星散分布于基本组织中，近茎边缘的维管束较小，分布较密，茎内方的维管束越大，分布越稀疏。不论何种类型的茎，其维管束均由维管束鞘（bundle sheath）、初生木质部和初生韧皮部三部分组成（本章彩图 5,7）。

1.维管束鞘　维管束的外面，通常被 1～2 层厚壁细胞组成的维管束鞘包围（如小麦、水稻），也有的植物维管束鞘是由多层细胞组成的（如甘蔗）。

2.初生木质部　位于维管束的近轴部分，横切面的轮廓呈“V”形。“V”形的基部，即维管束向心的一面，为较早形成的原生木质部，包括 1～3 个环纹或螺纹导管及少量木薄壁组织，生长过程中这些导管常遭破坏，四周的薄壁细胞互相分离，形成气腔；在“V”形的两臂上，即维管束离心的一面，各有一个后生的大型孔纹导管，以及在这两个导管之间分布的薄壁或厚壁细胞，有时也有管胞，共同组成了后生木质部。因此，木质部的分化是由内而外的内始式发育。

3. 初生韧皮部　位于初生木质部的外方，靠近茎周方向，茎发育的后期，外侧的原生韧皮部常被挤毁或残留，内侧的后生韧皮部由筛管、伴胞组成。在横切面上，筛管较大，呈多边形，伴胞位于筛管的旁边，为三角形或长方形的小细胞。韧皮部的分化是由外而内的外始式发育。

在初生木质部和初生韧皮部之间没有束中形成层，为有限维管束。

大多数单子叶植物的茎无形成层发生，因此也无次生生长和次生结构。但也有些单子叶植物的茎能增粗，其增粗方式与双子叶植物茎的不同，主要有初生增粗生长和异常的次生生长两种类型。【二维码 5-2】

5-2

第四节　茎的次生生长与次生结构

大多数双子叶植物和裸子植物茎，在完成初生生长的基础上，会进一步进行次生生长，使茎不断增粗。与根相同，茎的次生结构也是由于维管形成层和木栓形成层活动的结果，其中，维管形成层的活动是茎增粗的主要因素。

一、维管形成层的产生及其活动

（一）维管形成层的产生和组成

多数双子叶植物和裸子植物的茎为无限外韧维管束。原形成层在分化形成维管组织时，在维管束的初生木质部和初生韧皮部之间，留下一层具有潜在分生能力的组织，即为束中形成层，是维管形成层的主要部分。当次生生长开始时，连接束中形成层的那部分髓射线细胞恢复分生能力，成为束间形成层(interfascicular cambium)。束中形成层和束间形成层衔接起来，连成一个圆筒状，在横切面上则为圆环状，共同构成维管形成层(图 5-4-1)。从来源的性质上看，束中形成层和束间形成层完全不同，前者由原形成层转变而成，属初生性质；后者由部分束间髓射线恢复分生能力而成，为次生性质，但以后二者不论在分裂活动和分裂产生的细胞性质以及数量上，都是非常协调一致的，共同组成了次生分生组织。

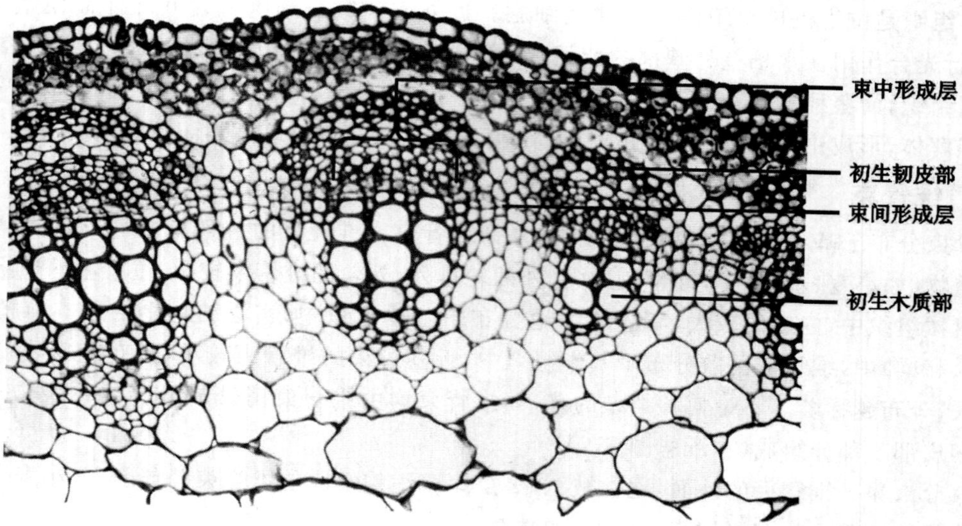

图 5-4-1　维管形成层的起源(紫花苜蓿茎横切面)

组成维管形成层的细胞有两种类型：一种是横切面扁平，纵切面两端尖斜的长纺锤形细胞，其长轴与茎的长轴相平行，称为纺锤状原始细胞(fusiform initial)，其长度超过宽度数十倍至数百倍，切向面略宽于径向面；另一种是横切面呈长方形、纵切面呈短轴方形的小细胞，称为射线原始细胞(ray initial)(图 5-4-2)。

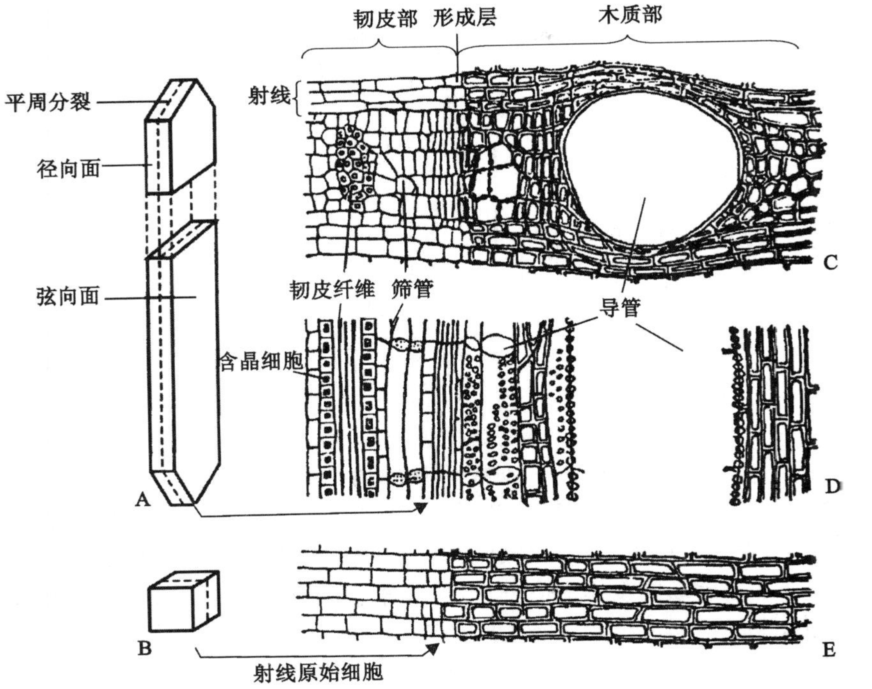

A. 纺锤状原始细胞图解；B. 射线原始细胞图解；C. 刺槐茎横切面的一部分；
D. 刺槐茎径向切面的一部分，仅示轴向系统；E. 刺槐茎径向切面的一部分，仅示射线。

图 5-4-2 维管形成层及其衍生组织(引自陆时万、徐祥生等)

(二)维管形成层的活动

维管形成层通过平周分裂的方式形成次生维管组织。维管形成层中的纺锤状原始细胞进行平周分裂产生的细胞，经过分化向内形成次生木质部，添加在原有的初生木质部的外方；向外形成次生韧皮部，添加在原有的初生韧皮部的内方，共同构成纵向的次生维管组织系统。次生木质部和次生韧皮部之间保留着维管形成层及其新衍生的数层细胞所组成的形成层区或形成层带。同时，射线原始细胞也进行平周分裂，产生由薄壁细胞组成的维管射线，构成径向的次生组织系统。其中，位于次生木质部的称为木射线，位于次生韧皮部的称为韧皮射线。

维管形成层每次切向分裂所产生的两个子细胞中，一个仍保留分裂能力，另一个则分化为次生维管组织的衍生细胞。通常形成层产生的次生木质部细胞的数量，远比次生韧皮部细胞多。生长2～3 年的木本植物茎中，绝大部分是次生木质部。

纺锤状原始细胞的分裂，不断向内产生次生木质部，使茎的周径不断增粗。因此，位于次生木质部外围的维管形成层只有随着相应扩大其周径和位置外移，才能适应内部体积的增加。形成层周径的扩大主要是通过形成层细胞数量的增加，其细胞增殖的方式主要有以下几种途径：纺锤状原始细胞的径向垂周分裂，形成两个子细胞，子细胞切向生长，使切向面增宽；纺锤状原始细胞进行侧向垂周分裂，产生新的细胞，同样使切向面增宽，通过这些方式可扩大形成层的周径，其位置也逐渐外移；纺锤状原始细胞的斜向垂周分裂，继而尖端朝不同方向生长，这种生长方式称侵入生长(intrusive growth)，两个子细胞成为并列状态，通过生长，使形成层原始细胞的长度和宽度都能增加(图 5-4-3)。

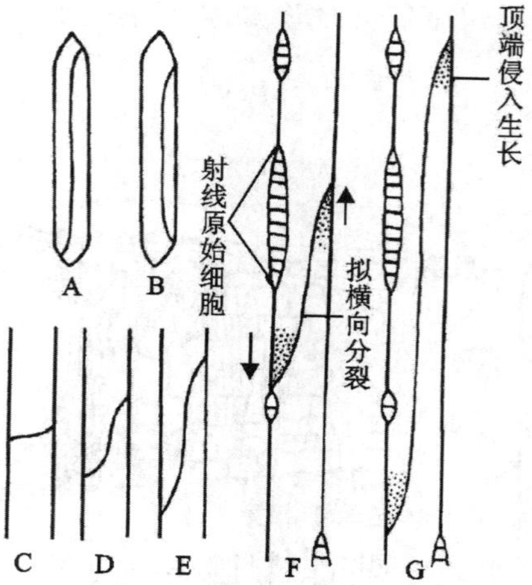

A. 径向垂周分裂；B. 侧向垂周分裂；C～E. 各种拟横向分裂；
F,G. 拟横向分裂后，接着为顶端侵入生长(加点处为生长中的顶端)。

图 5-4-3　纺锤状原始细胞的增殖分裂

随着茎的增粗，射线的数量也在增加，其原因主要是形成层中射线原始细胞数量的增加。射线原始细胞增殖的方式主要有纺锤状原始细胞的侧向分裂、纺锤状原始细胞近顶端横向分割出一个射线原始细胞、纺锤状原始细胞整体横向分裂、射线原始细胞的径向分裂等。射线原始细胞的增殖分裂和细胞的扩大，也能使形成层的周径不断扩大。

5-3

遗传与分子生物学研究发现，形成层的增殖与分化受多因素调控，包括长距离激素信号、短距离肽信号及两者之间的相互作用。除此之外，各种转录因子和 microRNAs 在维管形成层活动的调控过程中也发挥着关键作用。【二维码 5-3】

二、木栓形成层的产生及其活动

随着茎中次生维管组织的不断增加，茎的直径不断加粗。对于多数植物来说，表皮不能分裂，也不能无限地增长、扩大体积，最终将失去保护作用而被内部生长产生的压力挤破。与此同时，茎内近外方的一定部位的细胞恢复分生能力，形成木栓形成层，与维管形成层相比结构较简单，只有一类原始细胞，在横切面上呈现出狭窄的长方形，在切向切面上呈较规则的多边形。木栓形成层以平周分裂为主，向外形成木栓层，向内形成栓内层，共同构成周皮，是茎的次生保护组织。

茎中木栓形成层的发生和来源比较复杂，最初的木栓形成层起源因植物而异(图 5-4-4，本章彩图 8)。有的起源于表皮(如苹果、夹竹桃、梨和柳等)；有的由紧接表皮的皮层细胞起源(如桃、杨、胡桃)；有的起源于皮层第二、第三层细胞(如刺槐)；有的起源于皮层的深层(棉)；甚至可在初生韧皮部中发生。

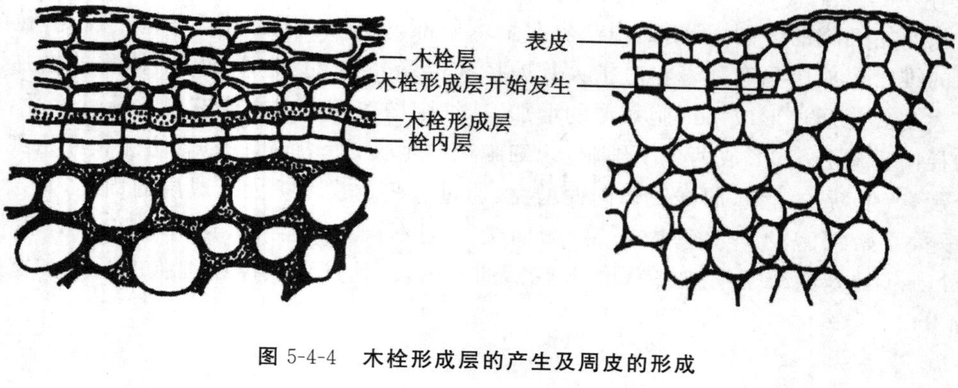

图 5-4-4　木栓形成层的产生及周皮的形成

大多数植物的木栓形成层活动期有限，不同植物其寿命长短不一。一年中，木栓形成层活动所持续的时间仅两三个月或略长，停止活动后，由其内侧的薄壁细胞恢复分裂能力，产生新的木栓形成层，逐年内移。较老的茎中，新的木栓形成层甚至可以发生于次生韧皮部，其外则为历年形成的周皮。

三、双子叶植物茎的次生结构

双子叶植物茎的次生结构包括次生维管组织和次生保护组织(图 5-4-5，本章彩图 9)。

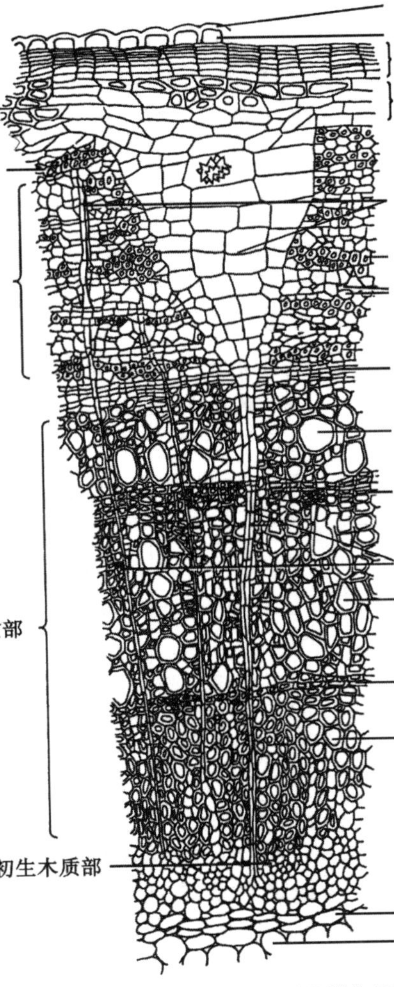

图 5-4-5 三年生椴树茎横切面

(一)次生维管组织

1. *次生韧皮部* 次生韧皮部的组成基本上和初生韧皮部中的后生韧皮部相似，包括筛管、伴胞、韧皮薄壁细胞和韧皮纤维，这些组成成分都是由纺锤状原始细胞分裂、生长和分化而成，构成了次生韧皮部的轴向系统，有时还具有石细胞或乳汁管；此外，还具有初生韧皮部所没有的韧皮射线。韧皮射线是由射线原始细胞向外方分裂出的薄壁细胞作径向伸长而成，构成了次生韧皮部的径向系统。次生韧皮部中各组分的数量和排列状态常因植物种类而异。较老的韧皮射线细胞可以通过垂周分裂和切向增大，使韧皮射线呈喇叭口状。

维管形成层产生次生韧皮部的数量要比产生次生木质部的少，这是由于维管形成层向外方分裂的次数比向内分裂的少；筛管的输导作用常只能维持一至两年就被新生筛管分子所更新，这些衰老的筛管及一些韧皮薄壁细胞受内部生长的压力较大，渐渐被挤毁；在木本植物的老茎中，次生韧皮部又是木栓形成层发生的场所，此处一旦有周皮形成，其外方的韧皮部就因水分、养料被隔断而死亡，成为干树皮的一部分。这些都是茎中次生韧皮部比次生木质部少得多的原因。

次生韧皮部形成时，初生韧皮部被推向外方，由于初生韧皮部的组成细胞多是薄壁的，易被挤压破裂，所以，茎在不断加粗时，初生韧皮部除纤维外，有时只留下挤压成片段的细胞壁残余。

2. 次生木质部　多年生木本植物茎的绝大部分是次生木质部，树木越粗，次生木质部所占的比例越大，而初生木质部和髓所占比例越小。次生木质部是树木的主要输水结构和支持结构，也是木材的来源。

（1）次生木质部的细胞组成　双子叶植物茎的次生木质部主要由导管、管胞、木薄壁组织和木纤维组成，但都有不同程度的木质化。这些组成分子都是由纺锤状原始细胞的衍生细胞发展而来，细胞的长轴与茎轴平行，共同组成了次生木质部的轴向系统。次生木质部中的导管以孔纹导管最为普遍，梯纹和网纹导管为数不多，没有环纹和螺纹导管，导管的大小、数目和分布情况，因植物种类而异；木薄壁组织在次生木质部中成束或成层分布，围绕或沿着导管分子有多种分布方式，是木材鉴别的依据之一；木纤维在双子叶植物的次生木质部中的数量比初生木质部中的多，和导管一起成为次生木质部的主要组成分子。次生木质部具有木射线，木射线细胞是薄壁细胞，细胞壁常木质化，它由射线原始细胞向内方产生的细胞发育而成，细胞作径向伸长和排列，构成了与茎垂直的径向系统，这是次生木质部的特有结构。

木射线通过形成层的射线原始细胞和韧皮射线相连，共同构成维管射线。木本双子叶植物每年产生新的维管组织，同时产生新的维管射线，横贯在新的次生韧皮部和次生木质部内。导管或管胞中的水分可以通过维管射线横向运输到形成层和次生韧皮部，筛管中的有机养料也可以通过维管射线横向运输到形成层和次生木质部。因此，维管射线既是横向运输组织，也是贮藏组织。就排列方向和生理功能来看，维管射线和髓射线相似；但从起源、位置和数量上看，两者完全不同。髓射线是由基本分生组织的细胞分裂分化而成，是初生结构，也称初生射线，它位于初生维管组织（维管束）之间，数目一定；而维管射线来自射线原始细胞，是次生结构，也称次生射线（secondary ray），它位于次生韧皮部和次生木质部内，数目不固定。

（2）年轮　木本植物茎的次生木质部中，可看到一圈圈的同心圆环，通常每年形成一圈，称年轮（annual ring）、生长轮（growth ring）或生长层（growth layer）。

年轮的形成是维管形成层季节活动的结果。在温带，随着气候逐渐变暖，春、夏季里，形成层分裂活动渐渐增强，产生的次生木质部细胞数量增多，导管和管胞的口径大而壁较薄，木纤维成分较少，因而木材质地较疏松，颜色较浅，称为早材（early wood）或春材；夏末秋初，气候条件渐不适宜树木生长时，形成层活动随之减弱，产生的细胞数量减少，导管和管胞口径小而壁较厚，木纤维较多，使这部分木材质地致密，色泽较深，称为晚材（late wood）或秋材。一年之中，由早材到晚材是逐渐过渡的；但经冬季休眠，在第一年晚材与第二年早材之间的变化则是明显的，因而形成了明显的同心圆环。一年内形成的早材和晚材共同构成一轮显著的同心圆环层，代表着一年中形成的次生木质部，即年轮或生长轮。可依生长轮的数目计算树木的年龄。但因次生生长是自下而上依次进行的，越向顶部生长轮越少，只有最靠基部的部分，才完整地显示其生长年限。

热带地区的树木，只有在干湿季交替的地区才形成生长轮，湿（雨）季形成的结构如早材，干（旱）季形成的结构相当于晚材；生长在四季不明显地区的树木，一般无生长轮。有些植物在一年内的正常生长中，形成层的活动出现几次生长高峰，不只形成一个生长轮，称为假年轮（false annual ring），例如柑橘属植物，一年中可产生 3 个生长轮。当气候出现异常或有自然灾害发生，会影响生长轮宽窄的变化。由于生长轮实际反映的是生长环境的变迁和植物本身的生长状况，因此，可以结合当地气候条件和抚育管理措施对生长轮进行比较、分析，从中总结出树木快速生长的规律，并从树木生长的变化中了解当地历年及远期气候变化的情况和规律。【二维码 5-4】

5-4

（3）边材和心材　随着年轮的增多，茎的次生木质部常有边材（sap wood）与心材（heart wood）

的区别(图 5-4-6)。边材是靠近形成层的次生木质部,含有生活细胞,颜色较浅,其导管和管胞具有输导功能,木薄壁细胞和木射线都是生活的细胞。心材是次生木质部的内层,由死细胞组成,色泽较边材深,其中的导管由于周围的薄壁细胞从纹孔处挤入其腔内,形成侵填体而被堵塞,失去输导功能,木薄壁细胞也由于树脂、树胶、单宁及油类等有机物的累积而死亡,失去贮藏作用,因而使心材较坚硬,色泽较深。

形成层每年产生新的边材,同时接近心材的一部分边材继续转变为心材,因此,边材的量较稳定,而心材的量则逐年增加。边材和心材的比例及心材的颜色和明显程度,各种树木不同。

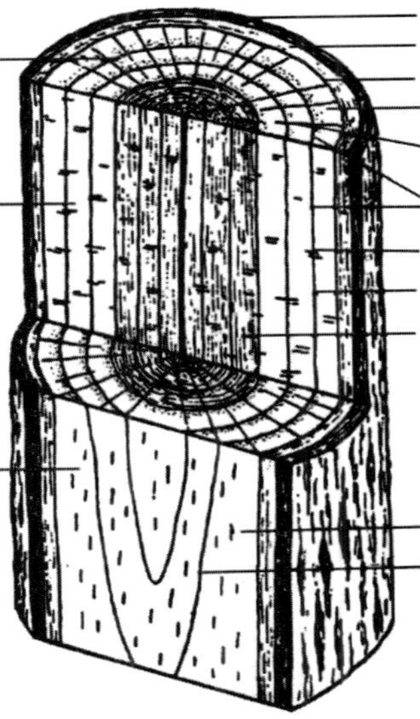

图 5-4-6 木材的三种切面(示边材和心材)
(引自陆时万、徐祥生等)

木材的品质是在选育优良用材树种时必须考虑的。衡量木材品质的标准主要是木材密度、年轮中早材和晚材之比、纤维长度(裸子植物则考虑管胞的长度)、螺旋纹理以及心材的比值和色泽等方面。

(4)木材三切面 要充分理解木本植物茎次生木质部的结构,必须从木材的三种切面,即横切面、径向切面和切向切面进行比较观察(图 5-4-6)。

横切面是与茎的纵轴垂直的切面。在横切面上,生长轮为同心的圆环,可以看到导管、管胞、木薄壁细胞和木纤维等的直径大小和横切面的形状,导管和管胞呈现大小不同的圆孔状,有的树种导管的直径大小相等,均匀分布在一个年轮中,称为散孔材(diffuse porous wood),如柳树、银白杨等;有的树种导管直径大小不等,早材中的导管直径较大,叫环孔材(ring porous wood),如刺槐、榆属等。横切面上所见射线是从中心向四周发射的辐射状线条,是射线的纵切面观,显示射线的长度和宽度。木薄壁细胞的分布样式,因植物种类的不同而异,有的与导管相邻,有的与导管相隔离。木纤维壁厚、腔小,含量较多。

径向切面是通过茎中心所做的纵切面,在径向切面上,生长轮纵行排列,构成了木材的花纹,看到的组成分子(包括射线在内)都是纵切面;细胞排列较整齐,尤其是射线细胞与茎的纵轴垂直,长方形的细胞排列多行、井然有序,颇似一段砖墙,显示了射线的高度和长度。不同植物,木射线细胞类型不同。径向切面上导管、管胞均为纵切面,可以看到导管壁上的具缘纹孔,导管分子穿孔板表面观的形状(单穿孔或复穿孔)。木纤维为长纺锤状,端部相互重叠,排列成纵行的束,其壁上可见缝隙状的纹孔。

切向切面也称弦向切面,是垂直于茎的半径所做的纵切面。在木材的切向切面上,生长轮纵向排列,呈宽带状,有些切面上可以形成“V”字形纹理,所见的导管、管胞、木薄壁细胞和木纤维都是纵切面,可以看到它们的长度、宽度和细胞两端的形状;所见射线是其横切面,射线轮廓呈纺锤状。因此,在切向切面上可以了解到射线的高度、宽度、细胞的列数和两端细胞的状况。

在上述的三种切面中,以射线的形状最为突出,常作为判断三种切面的依据。

(二)次生保护组织

在次生生长过程中,除维管形成层的活动产生了次生维管组织外,木栓形成层的产生及其活动在茎的外方形成了次生保护组织——周皮,以代替表皮起保护作用。

1.周皮 木栓形成层形成以后,主要进行平周分裂,向外分裂形成木栓层,向内形成栓内层。木栓层、木栓形成层和栓内层三者共同构成周皮,是茎的次生保护组织。木栓层细胞层数多,其细胞形状与木栓形成层类似，在横切面上呈长方形，细胞排列紧密，无胞间隙，成熟时原生质体解体成死细胞，细胞壁栓质化，不透水，不透气，可作软木塞、救生圈、隔音板等材料及绝缘材料；栓内层细胞层数较少，为薄壁细胞，可含叶绿体，多为 1～3 层细胞，有些植物甚至没有栓内层。

2. 皮孔　木栓形成层形成周皮时，常在周皮上形成皮孔，是茎与外界进行气体交换的结构。皮孔通常产生于原来茎表皮的气孔之下，此处的木栓形成层向外产生一些圆球状的排列疏松的薄壁细胞，即补充组织（或填充细胞），随着补充组织的增多，突破了外围的细胞层而形成突破口，这个突破口即为皮孔（图 5-4-7A）。皮孔的形成，使植物老茎的内部组织与外界进行气体交换得到了保证。皮孔的形状、色泽、大小在不同植物中差异很大，可以作为鉴定树种的根据之一。皮孔有两种类型：一种是仅有补充组织的简单皮孔，前期细胞壁薄，胞间隙大；后期壁厚，栓质化，胞间隙小，如杨、接骨木的皮孔（图 5-4-7B）；另一种为排列疏松、壁非栓质化的补充组织与排列紧密、壁栓质化的封闭层（closing layer）交替排列构成的特化皮孔，在冬季常有几个横列的封闭层存在，有保护作用，待进入春季时填充细胞的增生可突破封闭层，恢复气体交换功能，如桑、李等（图 5-4-7C）。

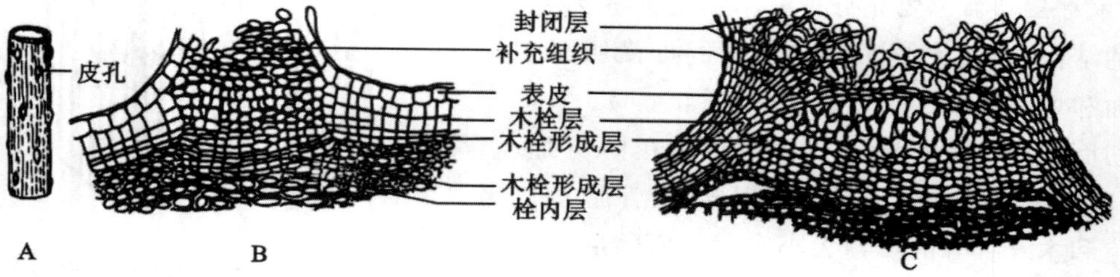

A. 接骨木属植物一段茎，示皮孔的外形与分布；B. 接骨木属植物皮孔的剖面，示结构；
C. 李属植物茎的外周横剖面，示封闭层。

图 5-4-7　皮孔的结构（引自 Devaux）

3. 树皮　随着新的木栓形成层的形成，最新产生的周皮将其外方生活细胞（如栓内层、皮层、韧皮部等处的薄壁细胞）的营养来源阻断，使其外方的部分成为无生命的硬树皮（hard bark）。硬树皮是成分复杂的复合组织，包括新的木栓层和已死的韧皮部、皮层、周皮等，质地坚硬，常呈条状剥落，又称落皮层（rhytidome）。硬树皮以内的生活部分的树皮，包括木栓形成层、栓内层和其内有功能的次生韧皮部合称为软树皮（soft bark）（图 5-4-6）。广义的树皮概念是指伐木时从树干上剥下来的皮，它包括形成层以外的部分，即包括硬树皮和软树皮。

因此，木本双子叶植物茎一般只区分两个部分，一部分为树皮，即形成层以外的部分，包括硬树皮和软树皮；另一部分为木材，即形成层以内的部分，大部分为次生木质部，还有少量的初生木质部、射线和中央的髓。

由于不同植物木栓形成层的发生、分布及树皮组成成分积累情况的不同，硬树皮常表现出不同的形态。因此，树皮的形态特征常成为鉴定树种的依据之一。若木栓形成层为层状或条状分布，而且死亡组织较长时间不脱落，树皮就形成许多深裂纵沟，如刺槐和榆；若木栓形成层相继发生时呈鳞片状分布，就形成鳞状树皮，如洋梨和松属植物；若木栓形成层呈连续的筒状分化，树皮则比较光滑，最后呈套状剥落，称环状树皮，如金银花属、葡萄属植物；悬铃木属和一些桉属植物是环状与鳞状树皮的中间类型，其木栓形成层为环状，当茎径增大时，木栓层扩张，而后破裂，树皮呈大片状脱落，出现鳞片状光滑的斑痕。

四、裸子植物茎的结构特征

大多数裸子植物为高大的木本植物，其初生生长和初生结构、次生生长和次生结构与双子叶木本植物基本相似，有发达的次生构造，形成木材和树皮，木材中亦有年轮、边材与心材的分化(图 5-4-8)，只是韧皮部和木质部的组成成分略有不同。

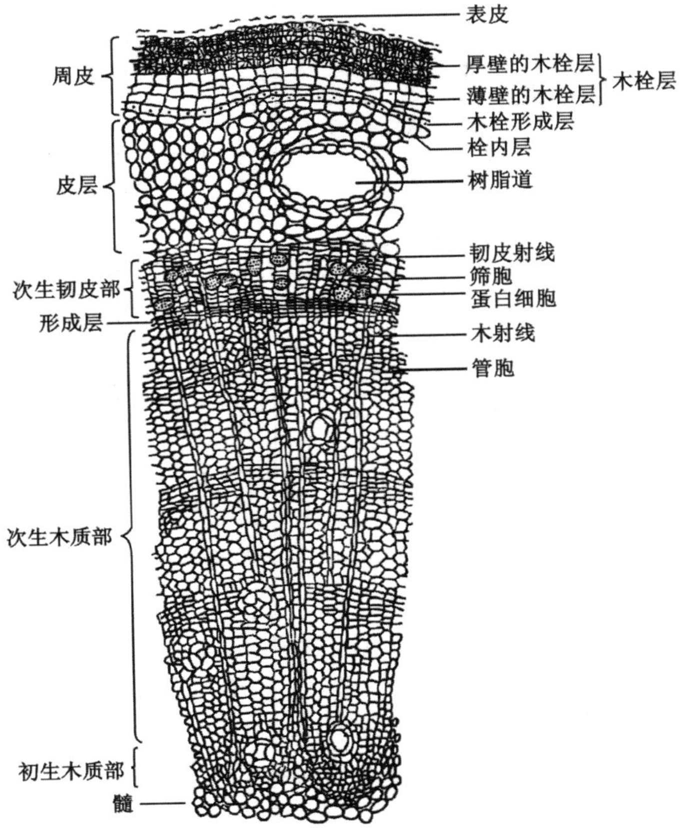

图 5-4-8　三年生油松茎横切面

裸子植物茎中的初生韧皮部和次生韧皮部均没有筛管和伴胞，其组成以筛胞为主，另外还有韧皮薄壁细胞和韧皮射线。筛胞是管状的生活细胞，顶端与侧壁均有筛域分布，各细胞以筛域相通，输导效率不如双子叶植物中的筛管；韧皮薄壁细胞较少，韧皮纤维有(如侧柏)或无，有的植物还有石细胞(如铁杉和冷杉属植物)和树脂道(如松)。

裸子植物的木质部除少数植物如麻黄属、买麻藤属、百岁兰属有导管外，一般没有导管，只含有大量的管胞，少量的木薄壁细胞和木射线，没有典型的木纤维。由于次生生长形成的木材主要由管胞组成，因此木材结构均匀，易与双子叶植物的木材区分。在横切面上，管胞为方形或多边形，沿半径线排列整齐，没有细胞间隙。木薄壁细胞为扁的长方形或略为圆形，细胞壁通常较管胞壁薄，细胞数量不多，星散分布在次生木质部中。根据管胞腔的大小，木质部仍有早材与晚材的区别，生长轮清晰。木射线呈辐射排列，长短不一，通常是单列的(很少有两列，如落羽松属植物)，因此，在横切面上射线很窄。在组成上，除射线薄壁细胞外，常有射线管胞存在，如松属、云杉属、落叶松属、铁杉属和黄杉属植物的射线。射线管胞(ray tracheid)是厚壁长形的死细胞，壁上有具缘纹孔，射线管胞的长轴与管胞长轴垂直。

在径向切面上，管胞为排列紧密的梭状，两端钝，胞壁上有具缘纹孔，其中早材的管胞纹孔大而多，而晚材的管胞纹孔小而少(图 5-4-9)。木射线与管胞的纵轴成直角，由数行横行的长方形细胞所构成。管胞除起输导作用外，还兼起支持作用，因此木材的机械强度决定于管胞直径的大小及胞壁的厚度。

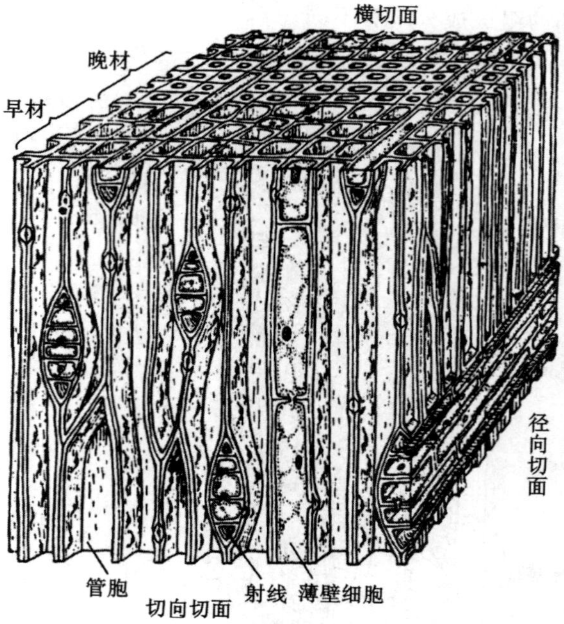

图 5-4-9　裸子植物茎木质部的立体图

很多裸子植物茎的次生木质部中含有树脂道(resin canal)，在木材的横切面上常呈大而圆的管腔，有的纵行于管胞行列间，有的横行于木射线中。

本章小结

茎是主茎和以其为主轴的分枝的总称，其上生有叶、芽、花或果实等多种侧生器官，此外，还有节和节间、长枝和短枝、皮孔、叶痕、束痕及芽鳞痕等形态特征。

茎的主要功能是输导和支持，并具贮藏和繁殖等作用，绿色的幼茎还可进行光合作用。

芽是未发育的枝、花或花序的原始体。可分为定芽和不定芽；枝芽、花芽和混合芽；裸芽和鳞芽；活动芽和休眠芽；等等。

茎的顶端分生组织包括原分生组织和初生分生组织，其活动的结果产生了茎的初生结构。

茎尖可分为分生区、伸长区和成熟区。分生区的基部形成叶原基和腋芽原基，并有幼叶或鳞片包围。茎的初生生长可分为顶端生长和居间生长。双子叶植物茎的初生结构由表皮、皮层和维管柱三部分组成。表皮是茎的初生保护组织；皮层的外层细胞常分化为厚角组织，内含叶绿体，具有支持和光合双重功能；维管柱中，维管束在节间排成环状，为无限维管束，初生木质部由导管、管胞、木薄壁组织和木纤维组成，内始式发育；初生韧皮部由筛管、伴胞、韧皮薄壁组织和韧皮纤维组成，外始式发育；髓射线是维管束间的薄壁组织，也称初生射线，髓位于茎的中心部分，由薄壁组织构成。

大多数单子叶植物茎只有初生结构，分为表皮、机械组织、基本组织和维管束四部分。维管束为有限外韧维管束，散生于基本组织中，外方被由机械组织组成的维管束鞘所包围。少数单子叶植物茎可通过初生分生组织分裂增粗或异常的次生生长增粗。

茎的次生生长是维管形成层和木栓形成层共同作用的结果。维管形成层由纺锤状原始细胞和射线原始细胞两种类型细胞组成，主要以切向分裂的方式形成次生维管组织。其中，纺锤状原始细胞衍生的细胞主要形成次生韧皮部和次生木质部，射线原始细胞衍生的细胞则主要形成维管射线。

次生木质部的导管、管胞、木薄壁组织和木纤维以及次生韧皮部的筛管、伴胞、韧皮薄壁组织和韧皮纤维共同构成了与茎轴平行的轴向维管系统;次生木质部中的木射线以及次生韧皮部中的韧皮射线构成了与茎轴垂直的径向射线系统。

年轮包括早材和晚材,是维管形成层季节性活动的结果。形成层连续多年的活动形成了心材和边材。可以将木材的横切面、径向切面和切向切面进行比较,以了解木本植物茎的次生结构。

茎中最初的木栓形成层可起源于表皮、皮层或初生韧皮部等,其分裂、分化所形成的周皮,代替表皮行使保护功能。

狭义的树皮通常指历年所形成的周皮以及周皮以外的死亡组织,即硬树皮;广义的树皮则指维管形成层以外的部分,包括硬树皮和软树皮。

裸子植物茎的结构与双子叶木本植物茎的结构基本相似,有发达的次生结构,形成木材和树皮。但韧皮部主要为筛胞;木质部一般没有导管,以管胞为主。

复习与思考

1. 茎顶端分生组织组成的几种理论各有何优缺点?
2. 不同类型植物茎结构有何特点?
3. 双子叶植物的茎是如何增粗的?
4. 通过查阅资料,说明维管形成活动周期调控的研究现状。
5. 通过查阅资料,分析年轮特征在了解气候变迁和指导林业生产中的作用。

数字课程学习资源

课程视频　学习课件　知识结构图　练习题　参考答案

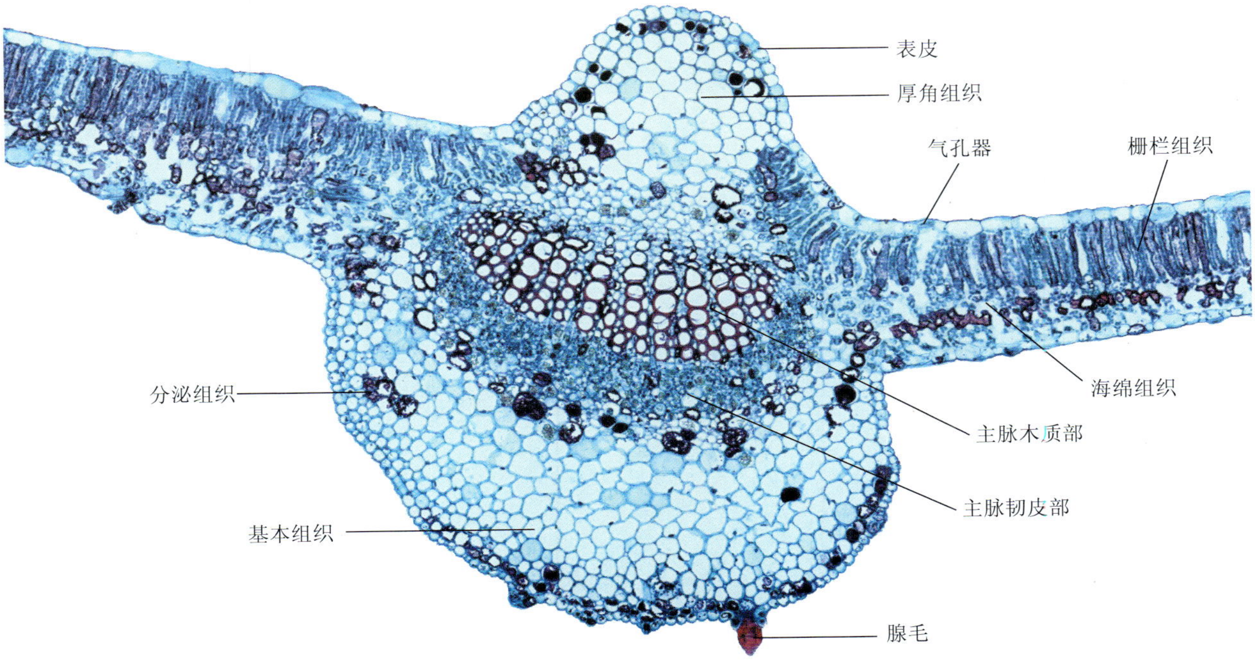

图1　棉花叶经主脉横切面结构

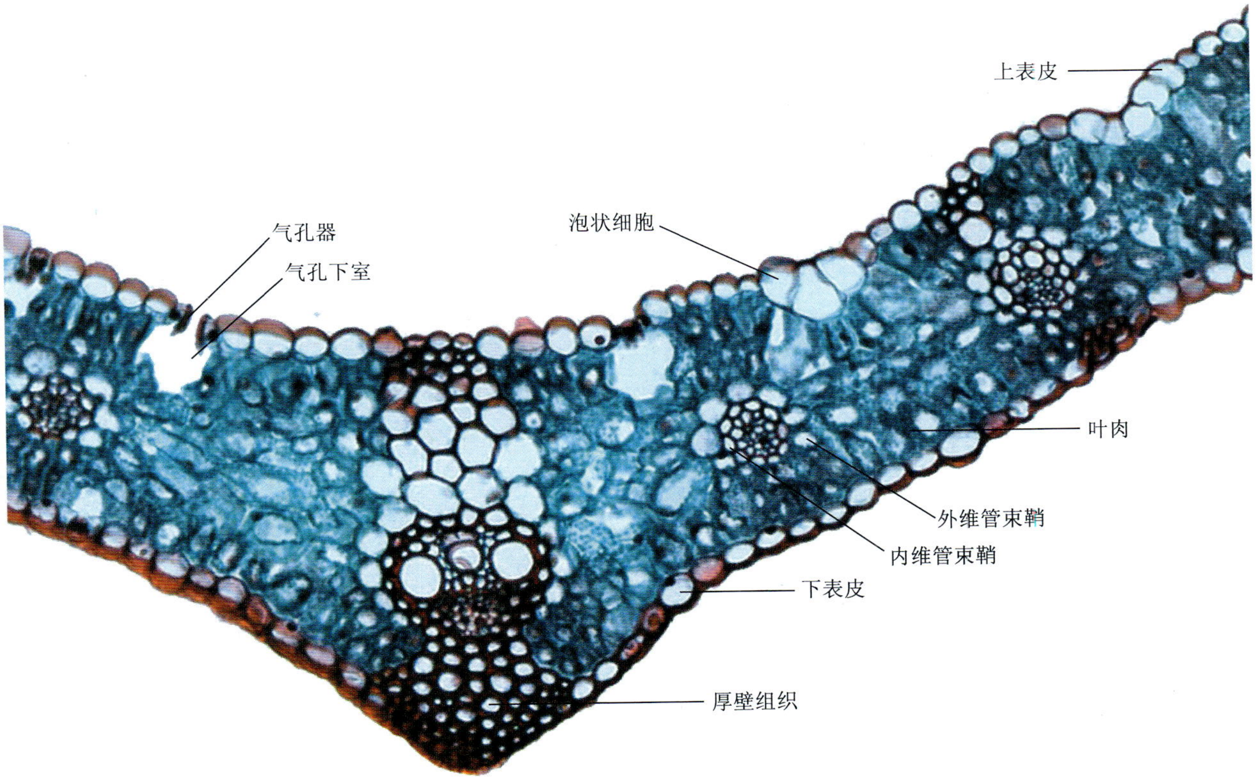

图2　小麦叶结构

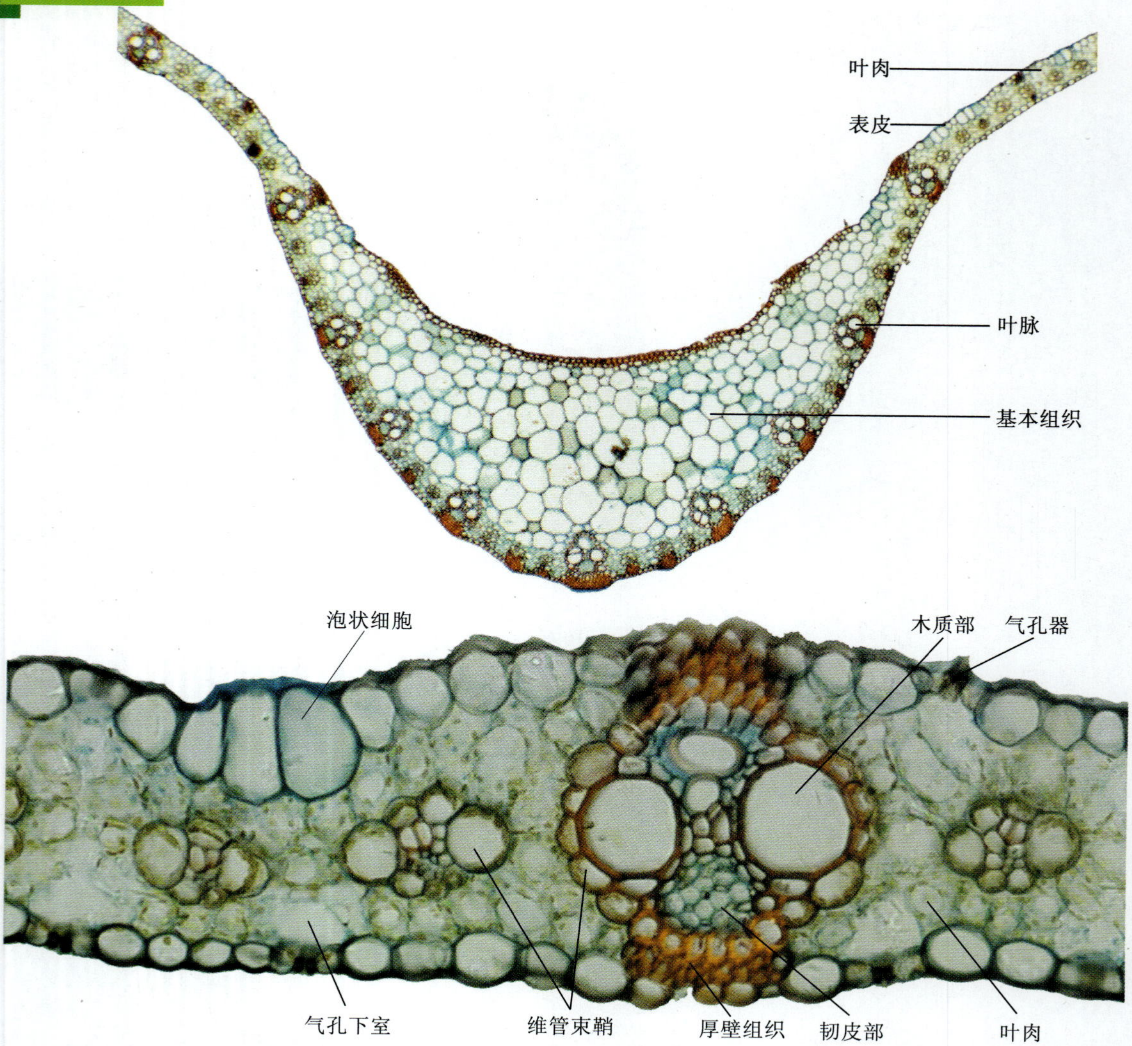

图3　玉米叶结构（上图：经主脉横切面；下图：侧脉）

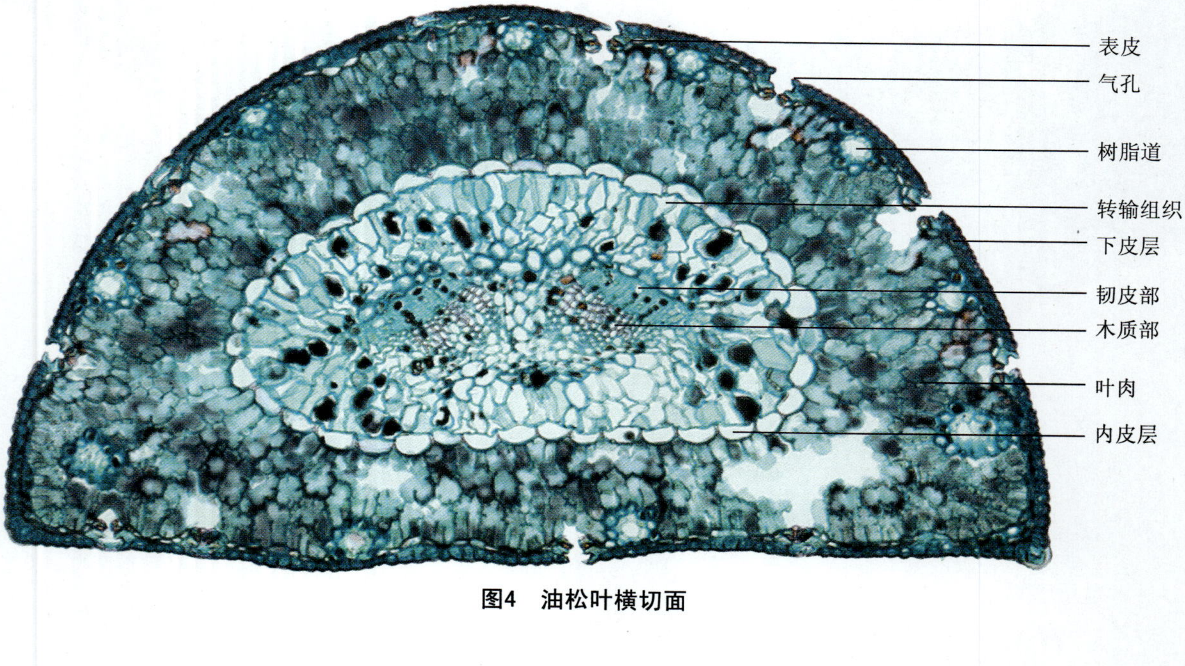

图4　油松叶横切面

◉◉○ 第六章 | 叶

叶(leaf)是植物重要的营养器官,植物生长所需的有机养料主要由叶制造,因此,光合作用是绿色植物叶的基本功能,地球生态系统内流动的物质与能量大部分来源于绿色叶的光合作用。除此之外,叶还有对植物个体生长发育,乃至整个生物圈都至关重要的多种生理功能。为了能够完成这些生理功能,在长期的自然选择作用下,植物叶形成了与其功能相适应的复杂的形态和解剖学特征。其形态的多样化,也是鉴别植物种类的重要依据之一。

第一节　叶的形态与生理功能

叶是植物生长在地上部分的营养器官,其形态与功能常常受到环境的影响而发生适应性的变化。不同植物叶的形态变化差异很大,即使同一植物,叶的形态功能也会因生长在不同位置而不尽相同。

一、叶的组成

叶一般由叶片(blade)、叶柄(petiole)和托叶(stipule)三部分组成,如棉属(*Gossypium*)、桃(*Amygdalus persica*)、豌豆(*Pisum sativum*)等植物的叶,这三部分都具有的叶称为完全叶(complete leaf)(图 6-1-1)。而缺少其中任何一部分或两部分的叶称为不完全叶(incomplete leaf),如番薯(*Ipomoea batatas*)、菠菜(*Spinacia oleracea*)、向日葵(*Helianthus annuus*)等的叶缺少托叶;烟草(*Nicotiana tabacum*)、莴苣(*Lactuca sativa*)等的叶缺少叶柄和托叶;还有些植物的叶甚至没有叶片,只有一扁化的叶柄着生在茎上,称为叶状柄(phyllode),如台湾相思(*Acacia confusa*)等。

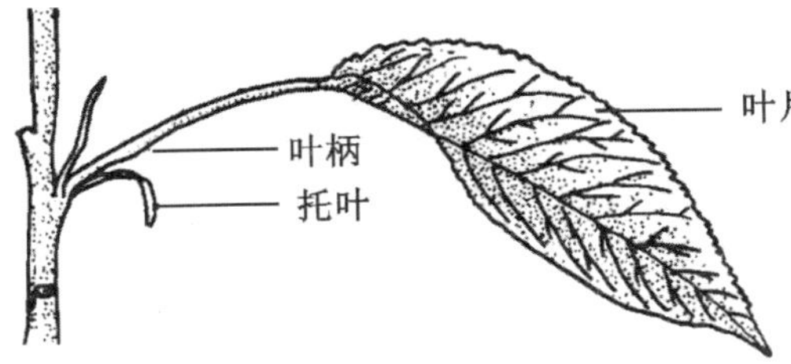

图 6-1-1　完全叶

(一)叶片

叶片是叶最重要的组成部分,多呈绿色扁平体,这种薄而扁平的形态,使得叶片具有较大的表面积,能缩短叶肉细胞与叶表面的距离,有利于叶进行气体交换和光能的吸收。叶片中分布有叶脉(vein),起支持和输导作用,有利于水分、养料的输入以及光合产物的输出。

叶片内分布着大小不同的叶脉,被子植物中单子叶植物的叶片中央有一条主脉(midrib),又称中脉，其余的叶脉称为侧脉(lateral vein)。主脉与侧脉均从基部发出直达叶尖平行排列，或者侧脉自主脉横出平行排列，称为平行脉，如禾本科(Poaceae)、百合科(Liliaceae)植物的叶。其他被子植物沿着叶片中央纵轴有一条最明显的叶脉称为主脉，由主脉向两侧发出许多侧脉，侧脉再分出细脉，侧脉和细脉彼此交叉形成网状，称为网状脉(netted venation)，如蔷薇科(Rosaceae)、豆科(Fabaceae)植物叶。一些低等的被子植物、裸子植物和蕨类植物的叶脉作二叉分枝，形成叉状脉，是比较原始的叶脉。

叶片又可以分为叶尖(leaf apex)、叶基(leaf base)、叶缘(leaf margin)等部分，每种植物叶片的形态特征可作为识别植物的重要依据之一(见第十章相关内容)。

(二)叶柄

叶柄位于叶片基部，是连接叶片和茎的部分。叶柄不仅是叶片和茎之间水分和营养物质交流的通道，还具有支持叶片的功能。叶柄通常为细长、上面略有凹槽的结构。叶柄通过自身长短变化和扭曲使叶片在空间中伸展，但叶片之间互相不遮阴，以接受更多阳光，有利于光合作用，这种现象称叶镶嵌(leaf mosaic)。有的植物叶柄基部微膨大，称为叶枕(pulvinus)，大部分豆科植物都具有叶枕。也有的植物叶柄扩展为扁平状，如白菜(*Brassica rapa* var. *glabra*)；而菱属(*Trapa*)和凤眼莲属(*Eichhornia*)植物的叶柄中部膨大成气囊。叶柄的长短在不同植物中各不相同，即使在同一植物上也有差异。有的植物没有叶柄，叶片直接着生在茎上，这种叶称为无柄叶(sessile leaf)；有的植物叶片基部或叶柄基部包围茎，形成一种鞘状结构，称叶鞘(leaf sheath)。多数单子叶植物的叶具有叶鞘，如禾本科植物玉米。禾本科植物的叶鞘具有保护茎的居间分生组织、增强茎的支持作用和保护腋芽的功能(图6-1-2)。禾本科植物的叶鞘与叶片连接处有一个膜状结构，叫叶舌(ligulate)，能够使叶片向外弯曲，使叶片接受更多阳光，同时还可以防止水分、病虫害进入叶鞘。有的禾本科植物的叶鞘与叶片连接处的边缘两侧形成两个突起，称为叶耳(auricle)。叶舌、叶耳的有无以及大小、形状，常常作为识别禾本科植物的依据。如水稻叶舌呈膜质，叶耳呈膜质披针形，有毛，而稗(*Echinochloa crusgalli*)没有叶舌和叶耳；小麦的叶耳较小，边缘和尖端生有毛，大麦(*Hordeum vulgare*)的叶耳大而明显，而燕麦(*Avena sativa*)不具叶耳。有的禾本科植物(如玉米)在叶片与叶鞘连接处的外侧，有不同色泽的环带，称为叶颈或叶环，叶颈具有弹性和延伸性，借此调节叶片的位置。

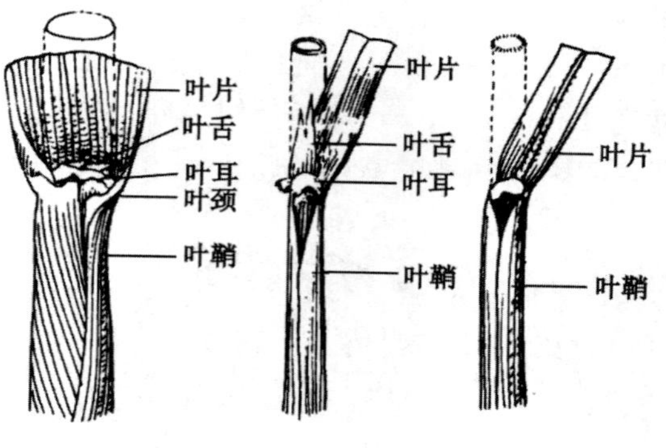

图6-1-2 禾本科植物的叶

(三)托叶

托叶位于叶柄和茎的连接处，通常成对而生。一般着生在叶柄基部的两侧，也有的着生在叶腋处，如蓼科(Polygonaceae)植物腋生的托叶包绕茎节间基部形成鞘状，称为托叶鞘(ocrea)。托叶的形状因植物的不同而异(图6-1-3)。如梨属(*Pyrus*)植物的托叶是线形的，刺槐(*Robinia pseudoacacia*)的托叶变成刺，菝葜属(*Smilax*)植物的托叶是卷须状。托叶通常比叶片小，也有的植物托叶很大，如豌豆的托叶。托叶的功能因植物不同而不同。植物的托叶一般都具有保护正在发育的幼叶的功能。有的托叶还有保护幼芽的功能，如木兰属(*Magnolia*)植物；有的具有攀缘功能，如菝葜的托叶；豌豆的托叶可进行光合作用，刺槐的托叶呈刺状可保护植物。大多数植物的托叶寿命较短，在叶成熟后不久便会脱落。木兰科(Magnoliaceae)植物的托叶脱落后在节上留下环状托叶环。在观察植物的时候，要注意托叶的早落性，避免把托叶脱落的叶误认为无托叶的叶。【二维码 6-1】

6-1

叶可分为单叶(simple leaf)和复叶(compound leaf)两类。如果一个叶柄上只着生一个叶片，叶片无论是完整的还是分裂的，都叫单叶，如棉花、梨、甘薯的叶。如果在叶柄上着生两个或两个以上完全独立的小叶，则叫复叶，如落花生(*Arachis hypogaea*)、毛苕子(*Vicia villosa*)、月季(*Rosa chinensis*)等的叶。复叶在单子叶植物中少见，在其他被子植物中则非常普遍。

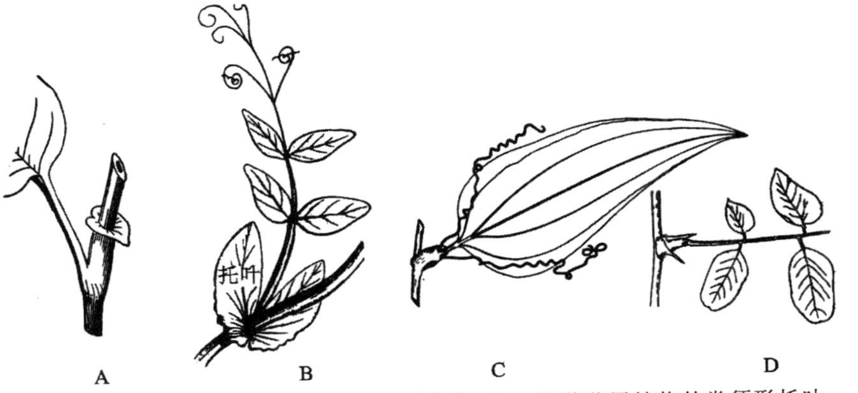

A. 一种蓼科植物的托叶鞘；B. 豌豆的大托叶；C. 一种菝葜属植物的卷须形托叶；D. 刺槐的针刺形托叶。

图 6-1-3　各种形状的托叶(引自刘穆)

二、叶的生理功能

叶的主要生理功能是光合作用(photosynthesis)和蒸腾作用(transpiration)。

(一)光合作用

光合作用是植物在光照下，通过光合色素和有关酶类的活动，把二氧化碳和水合成有机物(主要是碳水化合物)，把光能转化为化学能贮存起来，同时释放氧气的过程。光合作用是地球上进行的最大规模的将无机物转变成有机物、把光能转化成化学能的过程，对于整个生物界和人类的生存发展，以及维持自然界的生态平衡有着极其重要的作用。光合作用每年同化 2×10^{11} t 碳素，合成 5×10^{11} t 有机物，不仅满足植物自身生长发育的需要，又为人类和其他动物提供了食物来源。人类生活所需的粮、棉、油、菜、果、茶等都是光合作用的产物。光合作用还是一个巨大的能量转换过程，每年转化的太阳能约为 3.2×10^{21} J，人类生产生活利用的主要能源如煤、石油、天然气和木材都来自植物光合作用固定的太阳能。此外，光合作用释放氧气，吸收二氧化碳，有效地维持大气成分的平衡，为地球生物创造了良好的生存环境。农业生产的主要目的是获得更多的光合产物，故光合作用被认为是农业生产的核心。农业上一般通过采取各种栽培措施以及选育高光合强度的品种来提高光合作用，以获得高产。

(二)蒸腾作用

蒸腾作用是植物体内的水分以气体形式从植物体表面散失到大气中的过程。植物一生所吸收的水分中，大约 99%通过蒸腾作用散失到大气中，只有 1%作为植物体的构成部分。蒸腾作用对于植物生命活动有着重要的作用，如蒸腾作用产生的蒸腾拉力是植物吸收和运输水分的主要动力，特别是高大植物，如果没有蒸腾作用，较高的部分很难得到水分；蒸腾作用引起的上升液流，有助于根吸收的矿质元素以及根中合成的有机物转运到植物体的其他部分；此外，蒸腾作用能够降低叶片的温度，避免叶温过高而对叶片造成灼伤。

叶片还有吸收的能力，如向叶面喷洒一定浓度的肥料（根外施肥）或农药，均可被叶表面吸收。有些植物的叶还能进行繁殖，在叶片边缘的叶脉处可以形成不定根和不定芽。当它们从母体叶片上脱离后，即可独立形成新植株。叶的这种生理功能常被用来繁殖某些植物，如在繁殖柑橘属（*Citrus*）、秋海棠属（*Begonia*）植物时，便可采用叶扦插的方法来进行。

除了上述普遍存在的功能外，有的植物叶还具有特殊的功能，并与之形成了特殊的形态：如猪笼草属（*Nepenthes*）的叶形成囊状，可以捕食昆虫；洋葱（*Allium cepa*）的鳞叶肥厚，具有贮藏作用；豌豆复叶顶端的小叶变成卷须，有攀缘作用；小檗属（*Berberis*）的叶形呈针刺状，起保护作用。

叶有多种经济价值，食用的如白菜、菠菜，药用的如颠茄（*Atropa belladonna*）、薄荷（*Mentha haplocalyx*）；香料植物如留兰香（*Mentha spicata*）；造纸用的剑麻（*Agave sisalana*），观赏的如龟背竹（*Monstera deliciosa*），都取材于植物的叶。

第二节　叶的发生及生长

一、叶的发生

叶在芽中已经开始形成，它的发育开始于茎尖生长锥基部的叶原基。

二、叶的生长

叶原基初形成时，所有细胞还是原生分生组织的状态，在发育过程中，细胞逐渐过渡到初生分生组织。叶原基发生时，茎尖周缘分生组织区一定部位的表层下面一到二层细胞进行平周分裂，平周分裂产生的细胞和表层的细胞又进行垂周分裂，形成一个向外的突出物，即叶原基。接下来，叶原基首先进行顶端生长，顶端部分的细胞继续分裂，使整个叶原基伸长成一个锥体，即叶轴，它是没有分化的叶片和叶柄。叶原基形成后，如果是完全叶，叶原基基部的细胞迅速分裂、生长、分化为托叶，包围着叶轴。叶原基的上部分化成叶片，叶柄分化相对较晚，当叶片从芽中展开时才明显，以后随着幼叶叶片的展开迅速伸长（图 6-2-1）。【二维码 6-2】

6-2

在叶轴伸长的早期，叶轴边缘的两侧出现两条边缘分生组织（marginal meristem），边缘分生组织进行分裂使得叶原基向两侧生长（边缘生长），叶片加宽。同时叶原基还通过平周分裂增加细胞层数，使得叶原基成为具有一定细胞层数的扁平形状，进而形成幼叶。叶轴基部没有边缘生长的部位，则分化形成叶柄。如果各个部位边缘分生组织分裂的速度不一致，则形成不同程度的分裂叶；如果有的部位有边缘分生组织，有的部位无，则形成若干个分裂中心，每个中心发育成一个小叶，进而形成复叶。

边缘生长进行一段时间后，顶端生长停止，当幼叶从芽中伸出，边缘生长停止，叶片部分发生近似平均的表面生长，增加幼叶的面积（居间生长），直到叶片成熟。由于不同部位居间生长速度不同，结果形成不同形状的叶，居间生长伴随内部组织的分化成熟，成熟的顺序是由叶尖至叶基。

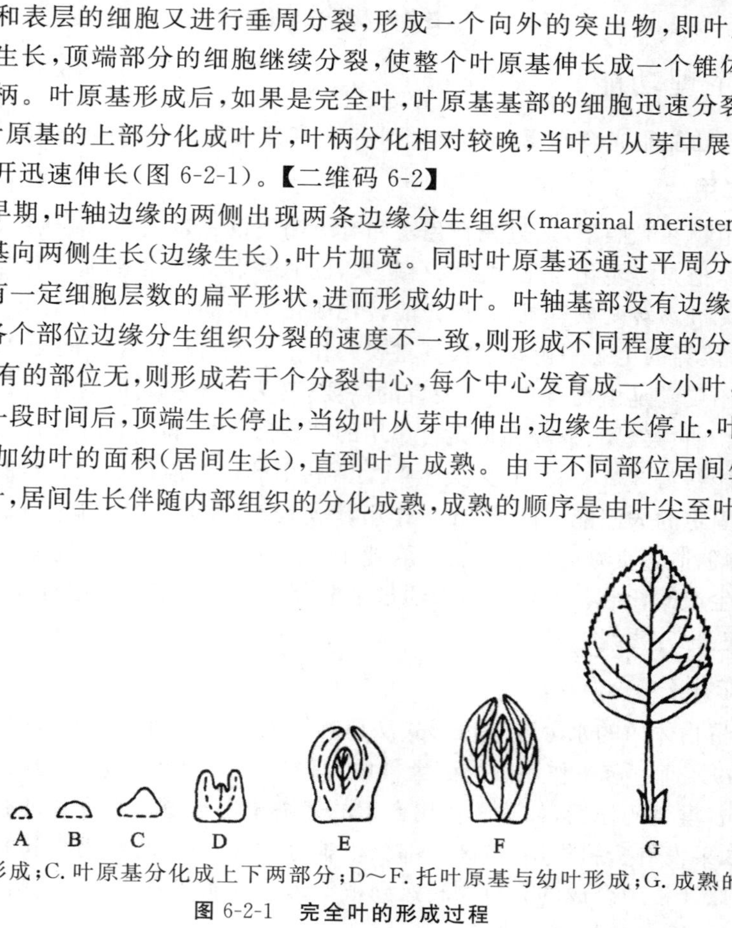

A，B. 叶原基形成；C. 叶原基分化成上下两部分；D～F. 托叶原基与幼叶形成；G. 成熟的完全叶。

图 6-2-1　完全叶的形成过程

当叶轴发育形成幼叶后，幼叶内已经没有边缘分生组织存在，这时期幼叶的最外表为原表皮，原表皮以内是几层细胞构成的基本分生组织（叶内的基本分生组织只进行垂周分裂），基本分生组织中分布着原形成层束。在居间生长过程中，原表皮发育成表皮，基本分生组织发育成叶肉，原形成层发育成叶脉，共同构成一片成熟的叶。

叶的生长期有限，在达到一定大小后，生长就停止。但有的植物在叶基部保留有居间分生组织，可以有较长的生长时期，如禾本科植物的叶鞘能够随着节间生长而伸长；葱（*A. fistulosum*）、韭菜（*A. tuberosum*）等剪去上部叶片，叶仍然能够继续生长，就是居间分生组织活动的结果。

第三节　叶的结构

一、双子叶植物叶的结构

（一）叶片的结构

被子植物的叶片扁平，形成较大的光合和蒸腾面积。由于上下两面受光不同，内部结构也有所不同。一般把向光的一面称为上表面或近轴面或腹面，相反的一面称为下表面或远轴面或背面。

通常，叶片的结构分为表皮、叶肉（mesophyll）和叶脉三部分（图 6-3-1，本章彩图 1）。

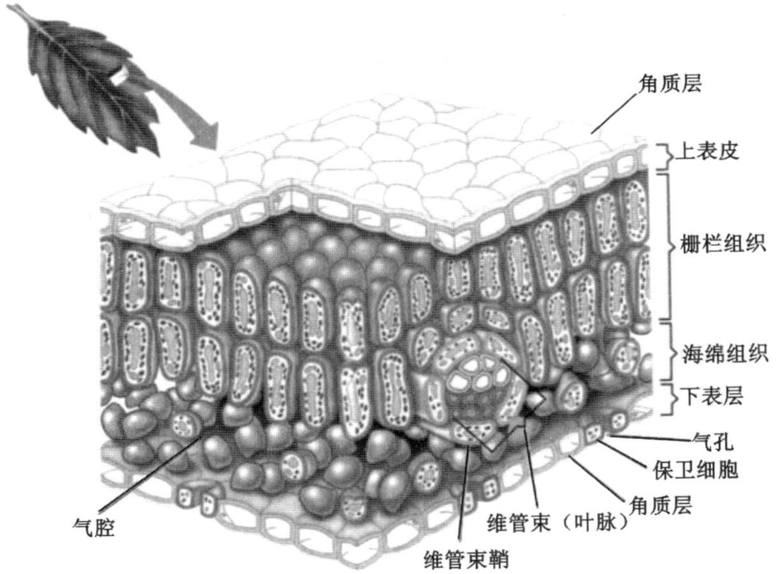

图 6-3-1　叶片解剖结构图解（引自 Nabors）

1. *表皮*　表皮来源于原表皮，覆盖着整个叶的表面，有上表皮和下表皮之分，近轴面的是上表皮，远轴面为下表皮。表皮主要由表皮细胞、气孔器和表皮附属物组成。大多数植物叶的表皮由一层细胞构成，如棉属、女贞（*Ligustrum lucidum*）；少数植物叶的表皮是由多层细胞构成的，称为复表皮（multiple epidermis），如印度橡胶树（*Ficus elastica*）的叶片表皮有 3～4 层细胞，夹竹桃（*Nerium oleander*）和海桐（*Pittosporum tobira*）的表皮有 2～3 层细胞，它们组成复表皮。

（1）*表皮细胞*　表皮细胞是表皮的主要组成部分，为生活细胞。在与表皮平行的切面上，表皮细胞多为有波纹边缘的不规则的扁平体，细胞彼此紧密嵌合，没有胞间隙。在横切面上，表皮细胞的形状规则，呈扁平长方形，外切向壁较厚，并覆盖有角质膜。上表皮的角质膜一般比下表皮的发达，叶面角质膜的发达情况常随植物的特性、生长环境和发育年龄而变化。通常幼嫩叶的角质膜不及成熟叶的发达，旱生植物的角质膜较厚，而水生植物的角质膜较薄甚至没有。角质膜有减少蒸腾并在一定程度上防御病菌和异物侵入的作用，同时它较强的折光性能够防止强光对叶片造成灼伤，在热带植物中这种保护作用更为明显。角质膜也不是完全不通透的，植物体内的水分可通过叶片表皮角质膜蒸腾散失一部分。生产上采用叶面施肥，正是利用表皮角质膜具有一定通透性这一特性，在溶液喷洒于叶面后，一部分可以透过角质膜进入细胞。表皮细胞中通常不含叶绿体，但在一些阴生或水生植物中可能含有，如眼子菜（*Potamogeton distinctus*），有的植物表皮细胞含有花青素，使叶片呈现红色、蓝色、紫色。表皮细胞还是一个有效的紫外线过滤器，照射到叶片上的紫外线大部分被表皮截留，只有2%～5%的紫外线进入叶内部，避免了紫外线对其内部结构的伤害。

（2）气孔器　叶表皮上分布有许多气孔器，这与叶片光合作用和蒸腾作用密切相关。双子叶植物的气孔器通常呈散乱的状态分布，没有一定规律。气孔器由两个肾形的保卫细胞围合而成。两个保卫细胞之间的胞间隙称为气孔，它们是叶片与外界环境之间气体交换的孔道。有些植物如甘蔗，在保卫细胞之外，还有较整齐的副卫细胞。保卫细胞的细胞壁，在靠近气孔的部分增厚，上下方都有棱形突起，而邻接表皮细胞一侧的细胞壁较薄。叶片保卫细胞的原生质体与一般的表皮细胞不同，细胞质丰富，有较多叶绿体和淀粉粒，这些特点与气孔开闭的自动调节密切相关。当光合作用累积的淀粉转变为简单的糖分时，保卫细胞中细胞液的浓度增加，保卫细胞向周围的表皮细胞吸入水分而膨胀。由于它们细胞壁厚薄不均匀，两边的延伸性不同，近气孔的细胞壁较厚，扩张较少，而邻接表皮细胞一侧的细胞壁较薄，扩张较多，致使两个保卫细胞相对弯曲，其间的气孔得以张开。当保卫细胞失去水分，紧张度降低，就萎软而变直，其间的气孔就关闭起来。【二维码6-3，6-4】

6-3

6-4

据观察，保卫细胞壁上的微纤丝呈辐射状排列，通过实验认为，微纤丝的这种排列方式对气孔开闭的作用，比壁的厚薄状况更为重要（图6-3-2）。

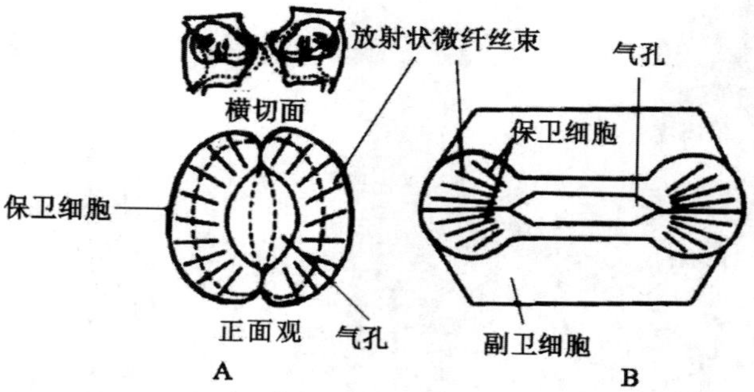

A. 双子叶植物气孔器；B. 单子叶植物气孔器。

图6-3-2　气孔器结构（引自张继澍）

一般植物在正常气候条件下，昼夜间气孔的开闭具有周期性。气孔常于晨间开启，有利于进行光合作用；午前张开到最高峰，此时，气孔蒸腾也迅速增加，保卫细胞失水渐多；中午前后，气孔渐渐关闭；下午当叶内水分渐渐增加之后，气孔再度张开；到傍晚后，因光合作用停止，气孔则完全闭合。气孔开闭的周期性，随气候和水分条件、生理状态和植物种类而异。了解气孔开闭的昼夜周期变化与环境的关系，对于选择合适根外施肥时间具有指导意义。

气孔器在表皮上的数目、位置和分布，随植物种类而异，且与生态环境有关（表6-3-1）。大多数植物每平方厘米的下表皮有气孔器10 000～30 000个。一般来说，草本双子叶植物如马铃薯（*Solanum tuberosum*）、豌豆等的气孔器，下表皮多而上表皮少；木本双子叶植物如茶（*Camellia sinensis*）、桑（*Morus alba*）等的气孔器，都集中在下表皮；浮水植物的叶片，如睡莲（*Nymphaea tetragona*）叶的气孔器仅在上表皮分布；沉水植物的叶一般没有气孔器（如眼子菜）。在同一植株上，着生位置愈高的叶，其单位面积的气孔器数目愈多；同一叶片上，单位面积气孔器的数目在近叶尖、叶缘部分较多。这是因为叶尖和叶缘的表皮细胞较小，而气孔器与表皮细胞的数目常有一定比例。

表 6-3-1 几种植物叶片上、下表皮气孔器数目(引自张继澍) 单位:个/cm^2

植物名称	上表皮	下表皮
苜蓿(*Medicago sativa*)	16 900	13 800
向日葵	5 800	15 600
苹果	0	29 400
马铃薯	5 100	16 100
小麦	3 300	1 400
玉米	5 200	6 800
莲	4 000	0

多数植物叶的气孔与其周围的表皮细胞处在同一平面上;但旱生植物的气孔位置常稍下陷,形成下陷气孔,甚至多个气孔同时下陷,形成气孔窝;而生长于湿地的植物其气孔位置常稍升高。气孔的这些特点,都是叶片对光照、水分等不同环境条件的适应。

(3)表皮附属物 表皮附属物一般呈毛状,其类型、功能和结构因植物不同而不同。如棉花叶表皮上有单细胞簇生的毛和乳头状的腺毛,在中间的主脉背面,还有呈棒状突起的蜜腺。茶幼叶下表皮密生单细胞的表皮毛,在表皮毛周围,分布有许多腺细胞,能分泌芳香油,加强表皮的保护作用。甘薯叶表皮上有腺鳞,包括短柄和由较多分泌细胞构成的顶部两个部分,顶部能分泌黏液。荨麻(*Urtica fissa*)叶表皮上的蜇毛能分泌蚁酸,可防止动物的侵害。环境条件会影响表皮毛的疏密,如高山植物叶片上多有浓密的绒毛,能反射紫外线;在低温和高温气候条件下生活的植物叶也常密生绒毛,可以缓解体温的剧烈变化,并减少水分的蒸腾。

(4)排水器 有些植物的叶尖和叶缘有排水器(图 6-3-3)。在温暖的夜晚或清晨,空气温度较高时,叶片的蒸腾作用微弱,植物体内的水分就从排水器中溢出,在叶尖或叶缘集成水滴,这种现象称为吐水。吐水现象是根系吸收作用正常的一种标志。此外,吐水也可为昆虫提供营养物质。【二维码 6-5】

6-5

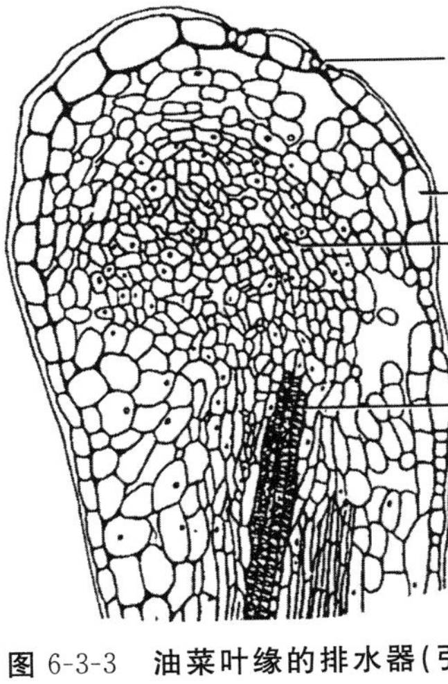

图 6-3-3 油菜叶缘的排水器(引自李扬汉)

2.叶肉 叶肉分布在上、下表皮之间,由基本分生组织发育而来,主要由同化组织构成,其中还可能分布有分泌腔、含晶体的异细胞及石细胞等。叶肉细胞富含叶绿体,是进行光合作用的主要场所。由于叶片背、腹两面受光的情况不同,双子叶植物的叶肉细胞在腹面分化成栅栏组织(palisade tissue),在背面分化成海绵组织(spongy tissue),具有这样叶肉组织结构的叶称为两面叶(bifacial leaf)或异面叶,如棉花、白菜的叶。有些双子叶植物的叶片在背腹面都有栅栏组织的分化或者叶肉没有栅栏组织和海绵组织的分化，称为等面叶(isolateral leaf)，如柠檬(*Citrus*×*limon*)、夹竹桃的叶。两面叶的腹面颜色深而背面颜色浅，等面叶的背、腹面颜色差别不大。【二维码 6-6】

6-6

(1)栅栏组织　栅栏组织是一层或几层长柱形的薄壁细胞，其长轴与上表皮垂直相交，呈栅栏状排列。在叶片横切面上，栅栏组织排列紧凑，而在与表皮平行的切面上，可发现栅栏组织细胞之间互相不接触或接触很少，形成发育良好的胞间隙系统，保证了每个细胞能与气体充分接触，有利于光合作用时大量的气体交换。

栅栏组织细胞内含有较多、较大的叶绿体，叶绿体的分布常决定于外界条件，特别是光照强度。强光下，叶绿体移动而贴近细胞的侧壁，减少受光面积，避免灼伤；弱光下则分散在细胞质内，充分利用散射的光能。在生长季节，叶绿素的含量高，类胡萝卜素的颜色被叶绿素的颜色所遮蔽，故叶色浓绿；秋天，叶绿素减少，类胡萝卜素的黄橙色便显现出来，于是叶色变黄。有些植物叶显红、紫等颜色，这是花色素苷对细胞液 pH 改变的颜色反应。

栅栏组织的细胞层数和特点，随植物种类而不同。棉花叶片的栅栏组织只有 1 层细胞；甘薯叶片的栅栏组织有 1～2 层细胞；茶叶随品种而不同，其栅栏组织有 1～4 层细胞；香蕉(*Musa acuminata*)叶片较厚，有几层细胞组成的栅栏组织。光照的强弱对栅栏组织的发育程度和细胞层数有重要影响。如同一棵树上，由于树冠外部和内部光照强度不同，树冠外部的叶片具有发育良好的栅栏组织，而树冠内部叶片的栅栏组织发育不良。生长在强光下和阳坡的植物栅栏组织的层数比生长在弱光下和阴坡植物的多，生长在森林下层的植物和沉水的植物叶片常常没有栅栏组织。

(2)海绵组织　海绵组织是分布于栅栏组织与下表皮之间形状不规则、含少量叶绿体的薄壁组织当中。细胞排列疏松，胞间隙较大，特别是在气孔内方，形成较大的气孔下室(substomatic chamber)。由于海绵组织细胞内含叶绿体较少，故叶片背面的颜色较浅。海绵组织的光合强度低于栅栏组织，气体交换和蒸腾作用是其主要功能。

叶片同化组织中的细胞间隙与气孔器的孔下室一起形成连贯的通气系统，有利于光合作用及其有关的气体交换——二氧化碳的进入与暂贮、氧气及水汽的逸出等。

3. 叶脉　叶脉是叶片内的维管束，由原形成层发育而来，在主脉和较大侧脉的维管束周围还有薄壁组织和机械组织，是由基本分生组织发育形成的。叶脉的主要功能是输导水分、无机盐和有机养料，并对叶片起机械支持作用。双子叶植物的叶脉多为网状脉，在叶片的中央有一条或多条最粗的叶脉，称为主脉，从主脉上分出的较小分枝为侧脉，侧脉再分枝出更小的细脉，细脉末端称脉梢。因此，双子叶植物叶片内的维管束在叶肉中与叶表面平行地形成互相连接的网状系统(图 6-3-4)。

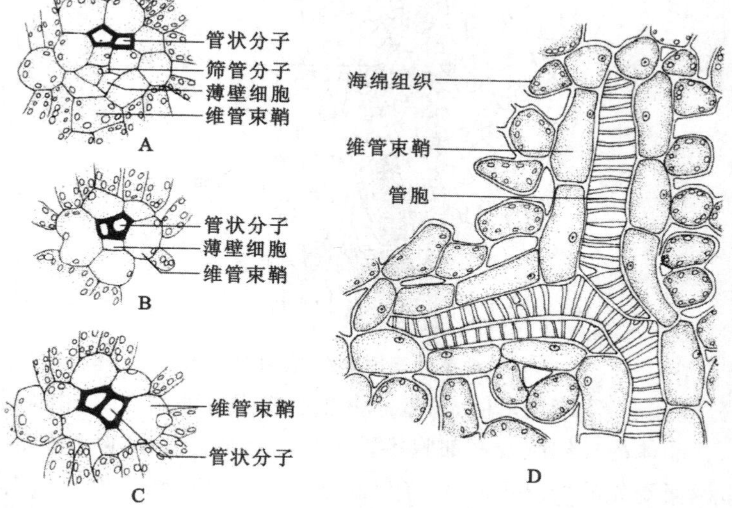

A～C. 示梨属(*Pyrus*)叶细脉(A，B)至脉梢(C)结构的梯度变化(横剖面)；D. 脉梢的纵剖面。

图 6-3-4　细脉与脉梢(仿 Esau. K)

主脉或大的侧脉由维管束、薄壁组织和机械组织组成。主脉中有一个到多个维管束，小型叶脉只有一个维管束。主脉和较大叶脉维管束的组成和茎中维管束的组成基本相同，只是各部分的体积小一些。木质部位于近轴面，韧皮部位于远轴面。双子叶植物在木质部与韧皮部之间还有形成层，不过形成层的分裂活动微弱，只产生少量的次生结构。

随着叶脉分枝，叶脉的结构越来越简单。首先是微弱的形成层和机械组织消失，其次是木质部和韧皮部的组成细胞逐渐减少。细脉末端，韧皮部中有的只有数个狭短筛管分子和增大的伴胞，有的只有 1～2 个薄壁细胞，木质部中最后也仅有 1～2 个螺纹管胞。韧皮部和木质部可以一同到达脉端，但在大多数情况下是木质部分子比韧皮部分子延伸得更远。近代电镜观察证明，在细脉中发现与筛管分子和管状分子毗接的一些薄壁细胞，它们的细胞壁具有向内生长的突起物，这是典型传递细胞的特点。传递细胞在细脉韧皮部附近特别明显，能够有效地从叶肉组织运输光合产物到筛管分子中。

叶片中较大的叶脉包埋在基本组织中，这些基本组织不分化为叶肉组织，只是在细胞中含有少量叶绿体。较小的叶脉包埋在叶肉组织中。末端细小叶脉外围往往具有一层或几层薄壁细胞组成的维管束鞘（vascular bundle shealth）。维管束鞘由小叶脉一直延伸到叶脉末梢，使末梢的维管组织很少直接暴露在叶肉细胞间隙中，维管束鞘增加了叶肉组织和叶脉的接触面积，有利于叶肉组织与维管组织之间进行物质交换。维管束鞘还可以扩展到叶片表皮下方，构成维管束鞘延伸区，它们除了支持功能以外，还有从维管束鞘至表皮的短途运输功能。

维管束的周围除了数量众多的薄壁组织之外，在脉肋的表皮下面还常有厚角组织（如甘薯）和厚壁组织（如棉花）的分布，加强了机械支持作用。这些机械组织在叶背面尤为发达，使得主脉和较大的叶脉在背面形成显著突起。有些植物叶的边缘还分布一些排列成束状的机械组织，大大增加了叶片抵抗风力、机械伤害的能力。

（二）叶柄的结构

叶柄的结构与茎的初生结构基本相似，通过叶迹与茎的维管组织相联系，由表皮、基本组织和维管束三个部分组成。一般情况下，叶柄在横切面上常呈半月形、三角形或近于圆形（图 6-3-5）。叶柄的最外层为表皮，表皮上有气孔器，常有表皮毛。表皮内大部分是基本组织，但在紧贴表皮之下有数层厚角组织，内含叶绿体，有时也有一些厚壁组织。这些机械组织既能增强支持作用，又不妨碍叶柄的延伸、扭曲和摆动。维管束分布在基本组织中。从茎中进入叶柄的维管束的数目因植物种类的不同而不同，可以是 1 束、3 束或多束。进入叶柄中的维管束可以原数不变延伸至叶片，也可以分裂或合并延伸至叶片。维管束在叶柄中通常排列成半圆形或圆形，若为半圆形时开口向上，有利于叶柄的支持作用。叶柄维管束由木质部、韧皮部和形成层组成，木质部靠近腹面，韧皮部靠近背面，两者之间为形成层，但叶柄中的形成层活动时间很短，只形成少量的次生维管组织。

有些植物叶柄和复叶小叶柄基部有膨大的叶枕，与叶的感性运动有关。

图 6-3-5　三种类型的叶柄横切面（黑色斜线部分为木质部）

（三）托叶的结构

托叶形状各异，常为两侧对称，但也具有背腹面，呈绿色扁平状，内部结构基本如叶片，但各部分组成简单，分化程度低，可进行光合作用。

二、单子叶禾本科植物叶的结构

(一)叶片的结构

禾本科植物的叶片也是由表皮、叶肉和叶脉三部分组成,各部分的结构和双子叶植物有所不同(图 6-3-6,本章彩图 2,3)。

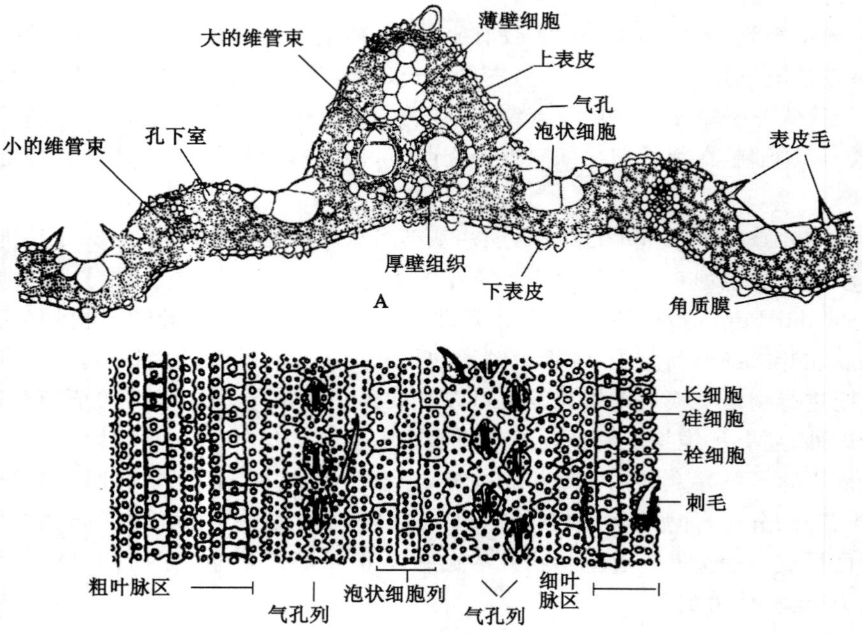

A. 横切面结构; B. 叶上表皮顶面观。

图 6-3-6 水稻叶片结构(引自杨世杰)

1. *表皮* 禾本科植物叶片表皮的结构比较复杂,除表皮细胞、气孔器和表皮附属物外,在上表皮中还分布有泡状细胞。

(1)*表皮细胞* 禾本科植物的表皮细胞有近矩形的长细胞和方形的短细胞两类。长细胞是表皮的主要组成部分,其长轴与叶片的纵轴平行,呈纵行排列(图 6-3-6B),靠近外界的细胞壁不仅角质化,而且高度硅质化,形成一些硅质和栓质的乳突(papilla)。禾本科植物叶比较坚硬,含有硅质是一个原因。长细胞也可和气孔器交互组成纵列,分布于叶脉相间处。短细胞为正方形或稍扁,插在长细胞之间,短细胞可分为硅质细胞和栓质细胞,两者成对或单独分布在长细胞列中并和长细胞交互排列。硅质细胞除细胞壁硅质化外,细胞内还充满硅质块,是死细胞;栓质细胞壁栓质化,分布于叶脉的上方。水稻叶的硅细胞中充满硅质胶体物,易于辨别。许多禾本科植物叶片表皮中的硅细胞常向外突出如齿状或成为刚毛,使表皮坚硬而粗糙,加强了抵抗病虫害侵袭的能力。农业生产上施用硅酸盐或采用稻秆还田的措施以及保持株间通风,均利于细胞壁的硅化和抗逆性能的提高。【二维码 6-7】

6-7

(2)*泡状细胞* 两个叶脉之间的上表皮中分布一些具有薄垂周壁的大型细胞,其长轴与叶脉平行,称为泡状细胞(bulliform cell)或运动细胞(motor cell)(图 6-3-6A,本章彩图 2,3)。泡状细胞常 5～7 个为一组,中间的细胞最大,两边的较小。在叶片横切面上,每组泡状细胞的排列常似展开的折扇形,它们的细胞中都有大液泡,不含或含有少量叶绿体。通常认为当气候干燥,叶片蒸腾失水过多时,泡状细胞萎蔫、收缩,于是叶片内卷成筒状,以减少蒸腾;当空气湿润,叶片蒸腾减少时,它们又吸水、膨胀,于是叶片又平展。当然,除了泡状细胞,植物叶片失水内卷,也与叶片中的其他组织的差别收缩、厚壁组织的分布、组织之间的内聚力等有关。在小麦、玉米、甘蔗(*Saccharum officinarum*)

的栽培或水稻的晒田过程中，如果发现叶片内卷，但傍晚仍能复原，说明叶片的蒸腾量大于根系的吸收量，这是炎热干旱条件下常有的现象。如果叶片到晚上仍不展开（晚上蒸腾很少），这是根系不能吸水的标志，说明植物已受到干旱伤害。

(3)气孔器　禾本科植物的气孔器由两个长哑铃形的保卫细胞和其外侧的一对近似菱形的副卫细胞组成。气孔器在表皮上与长细胞相间排列成纵行，叫作气孔列。成熟的保卫细胞形状狭长，两端膨大，壁薄，中部细胞壁特别增厚。当保卫细胞吸水膨胀时，薄壁的两端膨大，互相撑开，于是气孔开放；缺水时，保卫细胞两端收缩，气孔关闭。禾本科植物叶片上、下表皮的气孔数目几乎相等，这个特点与叶片生长比较直立、没有腹背结构差异有关。但是气孔在近叶尖和叶缘的部分分布较多，气孔多的地方，有利于光合作用，但也增强了蒸腾失水。水稻插秧后，往往发生叶尖枯黄，这是因为根系暂受损伤，吸水量少，而叶尖蒸腾失水多的缘故。

2.叶肉　禾本科植物的叶肉没有栅栏组织和海绵组织的分化，背腹面颜色相近，称为等面叶。各种禾本科植物的叶肉细胞在形态上有不同的特点，甚至不同品种或同一植株上不同部位的叶片中，叶肉细胞的形态也稍有差异。如水稻的叶肉细胞，细胞壁向内皱褶，但整体为扁圆形，成叠沿叶纵轴排列，叶绿体沿细胞壁内褶分布；小麦、大麦的叶肉细胞，细胞壁向内皱褶，形成具有“峰、谷、腰、环”的结构（图6-3-7），有利于更多的叶绿体排列在细胞边缘，易于接受 CO_2 和光照。当相邻叶肉细胞的“峰、谷”相对时，细胞间隙加大，便于气体交换，同时，与相同体积的圆柱形细胞相比，多环细胞减少了细胞的个数，细胞壁减少，有利于物质运输。

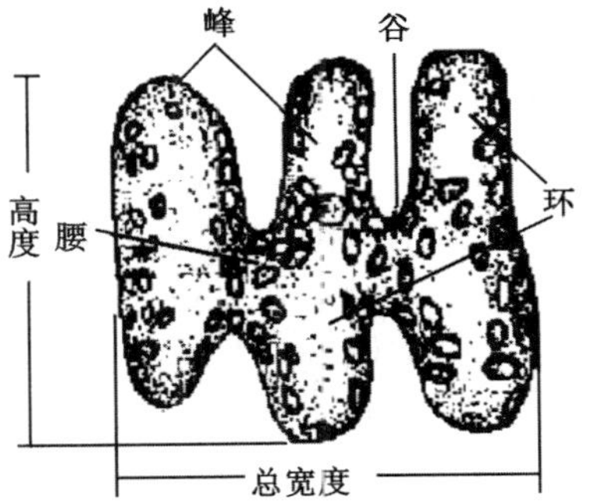

图6-3-7　小麦叶片一个叶肉细胞

在小麦叶片细胞结构的研究中，观察到叶肉细胞的环数有随叶位上升而增加的趋势，旗叶的叶肉细胞比低位叶的细胞矮而宽，环数增多，高度降低。这样，在单位空间内细胞层数增多，细胞的光合表面积与胞间空隙增大，旗叶的功能效率大大提高。此外，高、低叶位的叶肉中，还表现在叶绿体之间存在某些差异，如旗叶叶肉细胞的叶绿体的外膜常有向体外延伸的小泡。叶绿体的这种多型现象可能是光合作用加强的一种表现。

叶肉细胞中含有大量的叶绿体，叶绿体内的叶绿素通过合成和分解呈现动态变化。当营养生长旺盛、氮肥充足时，叶绿素的合成大于分解，叶绿素积累增加，因而叶色浓绿；反之，在不利于叶绿素形成的条件下，叶绿素含量减少，类胡萝卜素的黄橙色就显露出来，因而叶色变为黄绿。所以，作物在不同生育期的叶色变化，是叶绿素含量的增减导致的，它反映了植株新陈代谢的特点。实践证明，掌握作物叶色变化的规律，可作为看苗管理的依据，以便采取适当措施，获得稳产高产。

3.叶脉　禾本科植物的叶脉为平行脉，中脉明显粗大，与茎内的维管束结构相似，侧方脉大小均匀，彼此平行。维管束均为有限维管束，没有形成层。木质部和韧皮部的排列类似双子叶植物。维管束外有1～2层细胞包围，形成维管束鞘，在不同光合途径的植物中，维管束鞘细胞的结构有明显区别。

玉米、甘蔗、高粱（*Sorghum bicolor*）等 C_4 植物的维管束鞘由单层薄壁细胞组成（图6-3-8，本章彩图3），细胞较大，排列整齐，细胞内的叶绿体比叶肉细胞所含的叶绿体大，数量多。小麦、大麦等 C_3 植物的维管束鞘有2层细胞（图6-3-8，本章彩图2），水稻的维管束鞘可因品种不同而为1层或2层，但在细脉中则一般只有1层维管束鞘。如果有2层维管束鞘，其外层细胞壁薄、较大，所含叶绿体较叶肉细胞中的少；内层细胞较小，细胞壁较厚，几乎不含或含少量叶绿体。

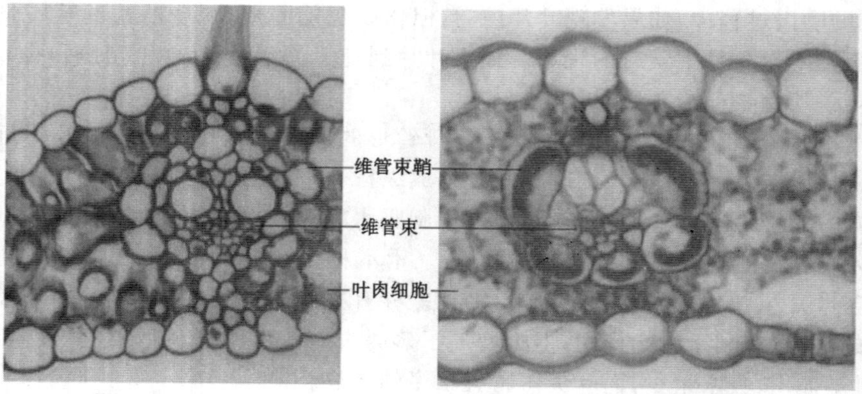

C_3 植物叶解剖结构　　　　C_4 植物叶解剖结构

图 6-3-8　C_3 与 C_4 植物叶的维管束鞘

随着科学研究的发展，通过维管束鞘的超微结构，研究者们发现了维管束鞘和周围叶肉细胞的组合排列状态等与光合作用的关系。玉米、甘蔗等植物叶片维管束鞘较发达，内含许多且大的叶绿体，叶绿体中主要是基质类囊体，没有或仅有少量基粒类囊体，而叶肉细胞中的叶绿体有明显的基粒类囊体和基质类囊体，这种现象称作叶绿体的二型现象(dimorphism of chloroplase)。维管束鞘细胞内的叶绿体积累淀粉的能力明显强于一般叶肉细胞中的叶绿体。此外，维管束鞘细胞中含有丰富的线粒体和过氧化物酶体(与光呼吸有关)等细胞器。有些植物(如甘蔗)外侧密接一层成环状或近于环状排列的叶肉细胞，和维管束鞘细胞包被维管束形成同心的圈层，这种同心圈层结构叫作"花环"(kranz type)结构，这些解剖结构是 C_4 植物的特征。

小麦、水稻、燕麦等植物叶片的维管束鞘细胞中的叶绿体很少，其他细胞器也很少，过氧化物酶体在叶肉细胞和维管束鞘细胞中都有分布。叶肉细胞和维管束鞘细胞的叶绿体中都含有基粒类囊体和基质类囊体，没有叶绿体的二型现象，也没有"花环"结构，这些都是 C_3 植物在叶片结构上的反映。

C_4 植物叶片中的"花环"结构，以及维管束鞘细胞的解剖特点，在进行光合作用时，更有利于将叶肉细胞中由四碳化合物所释放出的 CO_2 再行固定还原，提高了光合效能。实验证明 C_4 植物玉米能够从一个密闭的容器中用去所有的 CO_2，而 C_3 植物则必须在 CO_2 浓度达到 0.04 μL/L 以上才能被利用。即 C_4 植物可以利用极低浓度的 CO_2，甚至于气孔关闭后维管束鞘细胞呼吸时产生的 CO_2 都可以利用，而且 C_4 植物的光呼吸比 C_3 植物的低。因此，一般把 C_4 植物称为高光效植物，而把 C_3 植物称为低光效植物。C_4 和 C_3 植物不仅存在于禾本科中，其他一些单子叶植物和双子叶植物中也有发现，如莎草科(Cyperaceae)、苋科(Amaranthaceae)中也有 C_4 植物，其叶的维管束鞘细胞也具有上述特点。【二维码 6-8】

6-8

禾本科植物叶脉的上、下方，往往分布有成片的厚壁组织，它们可以一直延伸到与表皮相接。水稻的中脉向叶片背面突出，结构比较复杂，它是由多个维管束与一些薄壁组织组成。维管束大小相间而生，中央部分有大而分隔的空腔，与茎、根的通气组织相通。光合作用所释放的氧气，可以由这些通气组织输送到根部，供给根部细胞呼吸。

(二)叶鞘、叶舌和叶耳

叶鞘表皮中无泡状细胞，气孔较少，表皮内方有含有叶绿体的同化组织，其细胞壁不形成内褶。大小维管束相间排列，分布部位近背面。叶舌、叶耳的结构简化，常常只有几层细胞的厚度。

三、裸子植物叶的结构

裸子植物的叶多是常绿的，如松柏类，少数植物如银杏是落叶的。叶的形状常多呈针形、短披针形或鳞片状。现以松属(*Pinus*)植物的针形叶为例来说明最常见的松柏类植物叶的结构。

松属植物的针叶生长在短枝上，大多是两针一束，如油松(*P. tabuliformis*)、马尾松(*P. massoni-*

ana);也有三针一束,如白皮松(*P. bungeana*)和云南松(*P. yunnanensis*);还有五针一束,如华山松(*P. armandii*)。两针一束的横切面呈半圆形,三针一束和五针一束的横切面呈三角形。

松属的针叶分为表皮、下皮层(hypodermis)、叶肉和维管组织四个部分(本章彩图 4)。

(一)表皮

表皮由一层细胞构成,细胞壁显著加厚并强烈木质化,外面有厚的角质膜,细胞腔很小。气孔在表皮上呈纵行排列,保卫细胞下陷到下皮层中,副卫细胞拱盖在保卫细胞上方(图 6-3-9)。保卫细胞和副卫细胞的壁均有不均匀加厚并木质化。冬季气孔被树脂性质的物质所闭塞,可以减少水分的蒸发。

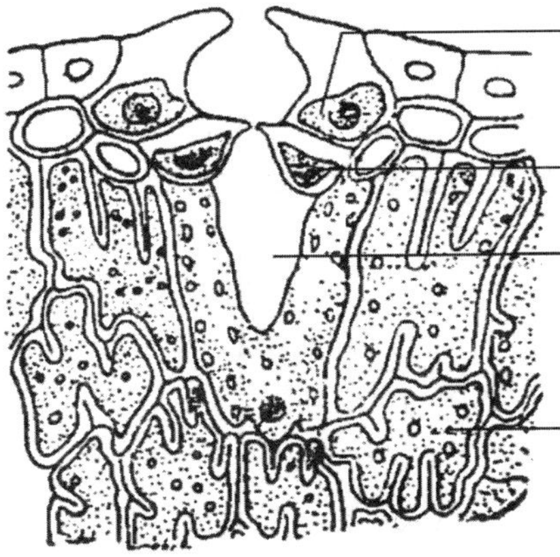

图 6-3-9 马尾松叶的气孔器

(二)下皮层

下皮层位于表皮内方,为一至数层木质化的厚壁组织。发育初期为薄壁细胞,后逐渐木质化,形成硬化的厚壁细胞。凡是位于器官表皮以内并与其内方的细胞在形态结构和生理机能上有区别的细胞层都可以称为下皮层。下皮层一词在叶内普遍应用,在其他器官中使用较少。下皮层可起源于原表皮,也可起源于基本分生组织。起源于原表皮的下皮层与表皮同源,二者合称复表皮。复表皮只有表面一层细胞具有表皮组织的特征。下皮层除了防止水分蒸发外,还能使松叶具有坚挺的性质。

(三)叶肉

下皮层以内是叶肉,叶肉没有栅栏组织和海绵组织的分化。细胞壁向内凹陷,形成许多突入细胞内部的皱褶。叶绿体沿皱褶边缘排列,这样的皱褶可以扩大叶绿体的分布面积,进而增加光合作用面积,弥补了针形叶光合面积小的不足。在叶肉组织中含有两个或多个树脂道,树脂道的腔由一层上皮细胞围绕,上皮细胞外还有一层由纤维构成的鞘包围。树脂道的数目和分布位置可作为分种的依据之一。

(四)维管组织

叶肉细胞以内有明显的内皮层,细胞内含有淀粉粒,其细胞壁上有带状增厚并木质化和栓质化的凯氏带。内皮层的里面是维管组织,有 1～2 个维管束,木质部在腹面,韧皮部在背面。初生木质部由管胞和薄壁组织组成,两者间隔径向排列。初生韧皮部由筛胞和薄壁组织组成,在韧皮部外方常分布一些厚壁组织。包围在维管束外方的是一种特殊的维管组织——转输组织(transfusion tissue)。该组织包括三种细胞:一种是死细胞,细胞壁稍加厚并轻微木质化,细胞壁上有具缘纹孔,这种细胞叫管胞状细胞(tracheidal cell);一种细胞是生活的薄壁组织细胞,细胞中含有鞣质、树脂,有时还有淀粉,管胞状细胞零散分布在这种细胞之间;还有一种细胞也是生活的薄壁组织细胞,细胞中含有浓厚的细胞质，这种细胞成群分布在韧皮部的一侧，叫作蛋白质细胞(albuminous cell)。转输组织的功能目前尚不完全清楚，可能与叶肉组织和维管束之间的物质交换有关。具有转输组织，是裸子植物叶的共同特征。【二维码 6-9】

6-9

四、叶的生态类型

植物的各种器官中，叶的形态结构最易受生态环境的影响而发生变异，光照和水分条件对叶片的结构具有明显的作用。

(一)阳地和阴地植物叶的结构

所谓阳地植物(sun plant)是指一些适应在强烈阳光下生长，而不能耐受荫蔽的植物，其叶称为阳叶(sun leaf)。大多数的农作物，如玉米、水稻、棉花等都属于此类型。与之相反的是一些植物适应在较弱的光照下生长，而在强光照下生长反而不正常，这类植物被称为阴地植物(shade plant)，其叶称为阴叶(shade leaf)。这两类植物由于对光照强度的适应程度不同，表现出它们在叶片的形态结构上的差异。

阳叶的叶片通常厚而小，表面被厚的角质层，具有发达的栅栏组织和机械组织，叶肉细胞间隙较小(图 6-3-10A)。而阴叶的叶片通常大而薄，栅栏组织不发达，细胞间隙较大，表皮细胞也常含有叶绿体(图 6-3-10B)。在同一植株上，由于着生位置不同，也常出现阳叶与阴叶的差异。

(二)旱生与水生植物叶的结构

所谓旱生植物(xerophyte)是指在干燥的气候和土壤条件下能正常生长的一些植物。这些植物叶片表现出有利于减少蒸腾及贮藏水分的结构特征。

旱生植物生长在干旱环境中，忍受较长时间干旱仍能维持水分平衡和正常生长发育。根据旱生植物形态、生理特征和耐旱方式的不同，可进一步分为少浆液植物和多浆液植物。少浆液植物含水量极少，为适应干旱环境尽量缩小叶片面积以减少蒸腾量。这类植物叶面积小，叶片极度退化成针刺状，有些植物叶片退化成不明显的小鳞片状，而且叶表皮细胞很厚，角质层发达，有的叶表皮密被白色绒毛，有些还有一层有光泽的蜡质，能反射部分光线。叶片栅栏组织多层，排列紧密，细胞空隙很少，海绵组织不发达，气孔数量多，但大多分布在下表皮且下陷到气孔窝的底部，并有特殊的保护结构。

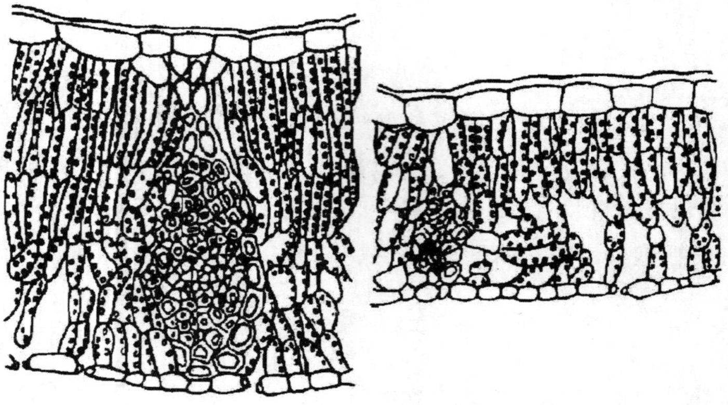

A B

A. 阳叶；B. 阴叶。

图 6-3-10　在向阳和荫蔽条件下的栎树叶片解剖结构

一些松柏类植物的叶面积减小呈针状，角质层厚，叶表面形成蜡质；气孔下陷，叶肉细胞多褶，以增加内表面。而夹竹桃则具多层表皮(复表皮)；气孔成群生于表皮下陷的气孔窝内，其间间生表皮毛；栅栏组织多层(图 6-3-11)。这些结构有利于降低蒸腾。

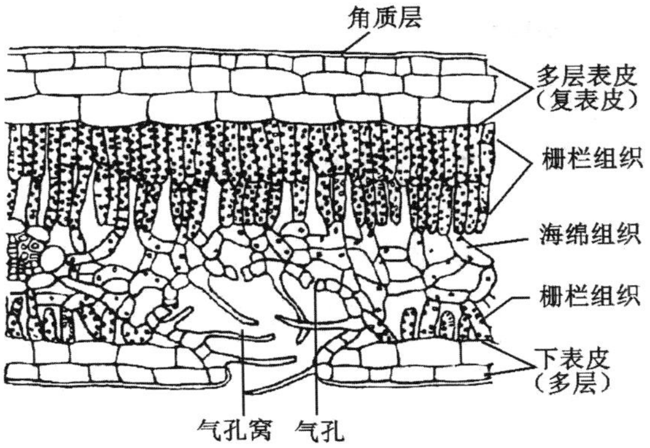

图 6-3-11 夹竹桃叶片结构

多浆植物的根、茎、叶中的薄壁组织逐渐转变为发达的贮水组织，叶片肥厚、多汁，如芦荟、马齿苋、猪毛菜等（图 6-3-12），也有一些种类叶片退化，由绿色茎代替进行光合作用。茎的表皮细胞外壁覆有一层厚的角质层，表皮下面有多层厚壁细胞；气孔数量少，大多数种类的气孔下陷。

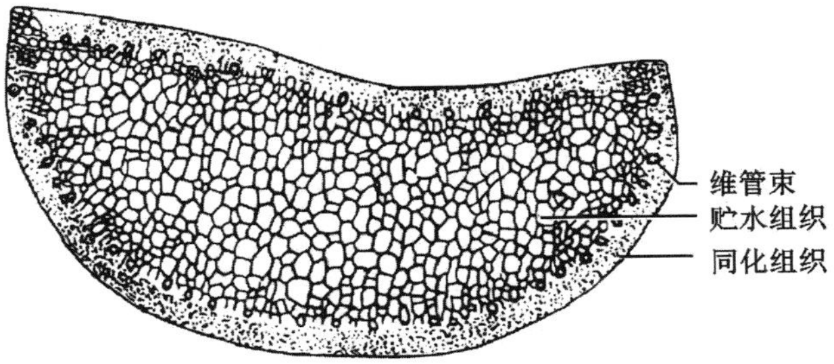

图 6-3-12 芦荟叶片结构

水生植物（hydrophyte）是指全部或部分生长于水中或浮于水面生长的植物。沉水植物是典型的水生植物，其叶片的结构特征表现为：叶片通常较薄，无气孔；表皮细胞有吸收作用，内含叶绿体，叶肉组织通常不分化；通气组织发达，便于呼吸通气；叶脉很少，机械组织和维管组织退化（图 6-3-13）。有些水生植物叶片漂浮在水上，其叶片为异面叶，上表皮具少量气孔，有蜡质；栅栏组织较发达，但厚度仍小于海绵组织，维管束和机械组织不发达，但比沉水植物完善，靠近下表皮的叶肉组织形成大量的气腔，有助于叶片浮动。

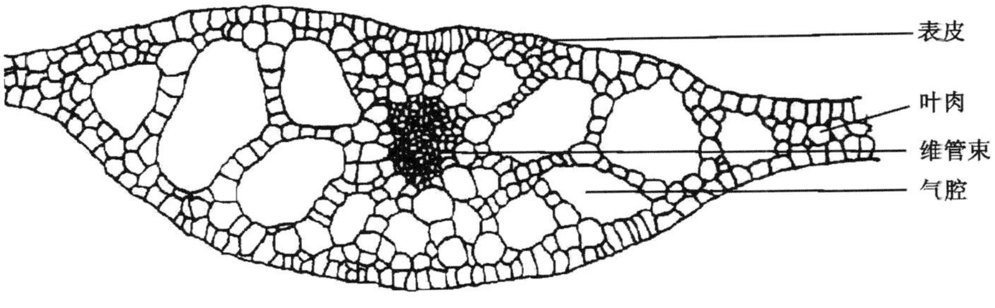

图 6-3-13 眼子菜叶片横切面

第四节 叶的衰老和脱落

叶有一定的寿命，多数植物的叶生活到一定时期便会从枝上脱离下来，这种现象称为落叶。有的多年生木本植物的叶可以生活一个生长季，冬天来临时叶全部脱落，称为落叶树（deciduous tree），如杨（*Populus*）、柳（*Salix*）、银杏（*Ginkgo biloba*）等，落叶树常随环境因素如光周期、温周期的变化而落叶；而松属植物、女贞等植物的叶寿命较长，可以生活一年或几年，在植株上次第脱落，互相交替，称为常绿树(evergreen tree)；草本植物的叶随植株死亡。落叶是植物避免环境胁迫伤害、延续物种、去除不再具有功能的器官或组织的一种适应形式。冬季寒冷干旱，根系吸水困难，叶脱落可以减少蒸腾，使植物度过不良环境，得以生存。

叶在脱落之前，要经历衰老的变化，因此，衰老和脱落是两个连续的过程。有时这两个过程可以独立发生，如突然的霜害和机械损伤会导致叶未衰老而脱落；一些二年生植物，植株死亡后叶并不脱落。

叶衰老时，代谢活动降低，叶肉细胞间隙扩大，水分不足，气孔关闭早，光合效率下降，叶内同化产物和可溶性蛋白质向叶外的运输量降低，叶绿素分解，只剩下叶黄素和胡萝卜素两类色素。

叶的脱落与叶柄基部细胞发生细胞学和化学上的变化有关，靠近叶柄基本部的5～25层细胞，形成离区(abscission zone)(图6-4-1A)。从外表看，有的植物叶柄基部有一个浅的凹槽，有的没有凹槽，但是此处的表皮具有不同的颜色，这个部位即为离区。离区细胞和邻近细胞相比，体积小，缺乏扩张能力，离区内的维管组织通常集中在叶柄中心，机械组织不发达或没有，组织分化程度低，离区细胞常在叶片达到最大面积前就已经形成。

落叶之前，离区中的几层细胞形成离层(abscission layer)(图6-4-1B)。离层细胞的胞间层黏液化，组成胞间层的果胶酸钙化为可溶性的果胶和果胶酸而导致胞间层溶解；也有的植物除胞间层外，还有部分或全部初生壁发生溶解或是整个细胞，包括原生质体和细胞壁全部发生解体，结果使得离层细胞彼此分离，只有维管束还连在一起。同时，离层处叶柄维管束的导管失去作用，叶片干枯，在叶片重力作用以及风吹雨打的机械作用下，叶柄从离层处与枝条断裂导致叶脱落。脱落前，紧接离层下面的细胞的细胞壁木栓化，有时还有角质、木质等物质沉积于细胞壁和胞间隙内，形成了保护层(protective layer)(图6-4-1B)，以保护叶脱落后所暴露的表面不受干旱和寄生物的侵袭。有的植物会在落叶后的疤痕下继续产生周皮，增强保护作用，离层部位的周皮和茎的周皮最后相连成一整体。

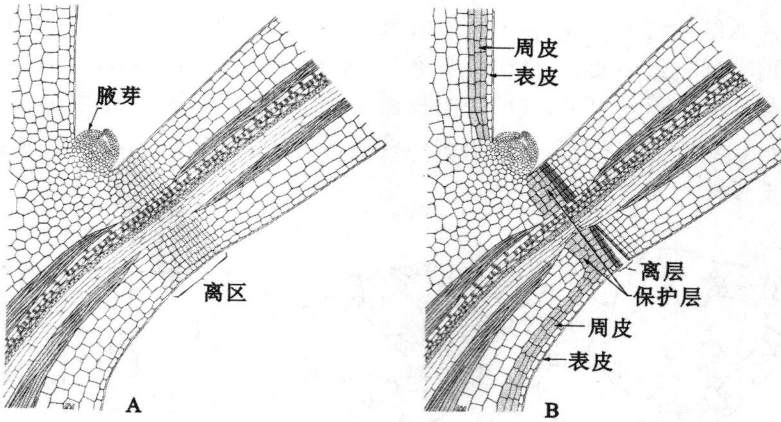

A. 离区；B. 离层和保护层。

图6-4-1　离区的结构

叶脱落后，在茎上遗留的痕迹称为叶痕。叶痕内有凸起的小斑点，是茎与叶柄间维管束断离后的痕迹，叫作束痕。不同植物叶痕的形状、束痕的数目及排列方式等各不相同，据此可以鉴定冬季落叶的树种。不仅落叶与离层有关，受精后花被的脱落、未能坐果的花的脱落、成熟果实的脱落等也多与离层的形成有关。所以，研究离层形成的生理解剖、化学变化过程及其与外界条件的关系，对于解决器官脱落问题有重要的意义。如，棉花在机采之前先要喷施脱叶剂促使叶柄基部形成离层，实现叶片的提前脱落。

本章小结

叶是植物重要的营养器官，其主要功能是进行光合作用和蒸腾作用。完全叶由叶片、叶柄和托叶三个部分组成。禾本科植物的叶由叶片和叶鞘组成，有的还有叶舌和叶耳。

叶由叶原基发育而来，经过顶端生长、边缘生长和居间生长三种生长方式形成成熟的叶。

双子叶植物的叶多为异面叶，成熟叶片由上下表皮、叶肉和叶脉构成。叶表皮由原表皮发育而来，其外覆盖有角质层，属于初生保护组织。由表皮细胞、气孔器、表皮附属物组成。表皮细胞为侧壁形状无规则的扁平体，气孔器由两个肾形的保卫细胞包围气孔形成。叶肉由基本分生组织分化而来，为同化组织，常分化为栅栏组织和海绵组织。叶脉由原形成层分化而来，主脉和大的侧脉由维管束及围绕周围的薄壁组织和机械组织共同构成，维管束由木质部、韧皮部和微弱的形成层组成。叶脉越细，其结构越简单。禾本科植物的叶多为等面叶，也由表皮、叶肉和叶脉三部分组成。表皮由表皮细胞、气孔器、泡状细胞、表皮附属物等部分构成。表皮细胞分化为长方体形的角质细胞和正方体形的栓质细胞、硅质细胞，长短细胞间隔排列。泡状细胞分布在相邻两叶脉之间的上表皮上，由多个大型薄壁细胞构成。叶肉没有栅栏组织和海绵组织的分化，叶肉细胞多向内形成皱褶，扩大了叶肉细胞的表面积。叶脉由薄壁组织、机械组织和维管束组成，维管束由维管束鞘、木质部和韧皮部构成。维管束鞘的结构和光合作用的最初产物有关，因而有 C_3 和 C_4 植物之分。C_4 植物的光合效率比 C_3 高，又称为高光效植物。

松属的针叶分为表皮、下皮层、叶肉和维管组织四个部分。表皮和下皮层均由厚壁细胞组成，其外有厚的角质层，气孔器下陷到下皮层内。叶肉细胞壁向内凹陷形成皱褶。叶绿体沿皱褶边缘排列，以扩大叶绿体的分布面积，弥补了针形叶光合面积小的不足。叶肉的最内一层为内皮层，其内为转输组织，包围 1～2 个维管束。

叶有一定的寿命，经过衰老后脱落。落叶是由于叶柄基部形成离层，叶柄从离层处与枝条断离。落叶后，在离层下面形成保护层。落叶是植物对不良环境的一种适应。

复习与思考

1. 松柏类植物与许多旱生植物一样具有下陷的气孔，而它们分布区的降雨量可能很多，试解释这种现象的形成原因。

2. 为什么禾本科植物和裸子植物的叶肉细胞都有向内皱褶的细胞壁？

3. 试分析，如果栅栏组织分布在下表皮，而海绵组织分布在上表皮，会出现什么问题？

4. 综合分析叶的形态结构与其环境、生理功能的相互适应关系。叶的哪些形态结构特征可作为植物抗逆性的指标。

数字课程学习资源

课程视频　学习课件　知识结构图　练习题　参考答案

◉◉◎ 第七章 | 营养器官的联系及其变态

种子植物的营养器官——根、茎、叶由于行使不同的生理功能，形成了适应不同环境的形态结构特征。虽然其生理功能和形态结构有着明显的差异，但其彼此间又是相互联系和统一的，表现出各器官间结构、功能的整体性。

第一节 营养器官间的联系

种子植物各营养器官的形态结构虽不同，但它们之间彼此相互联系，形成由皮系统、基本组织系统和维管组织系统组成的统一整体，维管组织贯穿于植物体根、茎、叶的各个部分，构成了植物体的骨干。

各营养器官的连接，皮系统在仅有初生结构的植物体外表为表皮连续覆盖，在有次生结构的植物体，在根、茎交界处向两端逐渐形成周皮，并与尚未有次生生长部分的表皮连接。基本组织系统在初生生长阶段由根到茎，皮层由厚到薄，髓从无到有，而维管组织系统的连接较为复杂。

一、营养器官间维管组织的联系

(一)根与茎间维管组织的联系

种子萌发时，胚轴一端的胚根首先向外萌发发育为主根，另一端胚芽向上生长发育为茎，两者之间通过胚轴相连，形成连续的植物体轴。我们已经知道，在初生生长过程中，根的维管组织均为外始式，其木质部和韧皮部呈辐射状相间排列；而茎的维管组织木质部为内始式，韧皮部为外始式，其木质部和韧皮部为内外环状排列，二者在结构上表现出明显的差异。显然，根与茎在其连接处会发生维管组织排列的转变，这个转变区域被称为过渡区(transition zone)(图 7-1-1)。在过渡区，维管组织由根中的辐射状排列的维管束(原生中柱)转变形成茎中呈环状排列的维管束(真中柱)。

种子植物根、茎过渡区一般发生在下胚轴处，其长短因植物种类而异，从几毫米到几厘米不等。有些植物下胚轴的全部都是过渡区；有些植物的过渡区特别长，其维管组织结构的转变过程可以一直延伸到子叶节，如甜菜幼苗；有些甚至发生在根和最初出现的营养叶之间，如豌豆、蚕豆等子叶留土型的植物。在过渡区，表皮、皮层等是直接连续的，而维管组织则按不同方式发生分叉、倒转或合并，这种转变一般可分成为四种类型(图 7-1-2)。

1. 类型 A　二原型幼根中的两束间生维管束转变成幼茎中四束外韧维管束(图 7-1-2A)。

在过渡区，根中的两束木质部和两束韧皮部均一分为二，四个木质部分叉转向，然后分别移位到四个韧皮部的内方，形成茎中四束外韧维管束，例如菜豆属、南瓜属的植物。

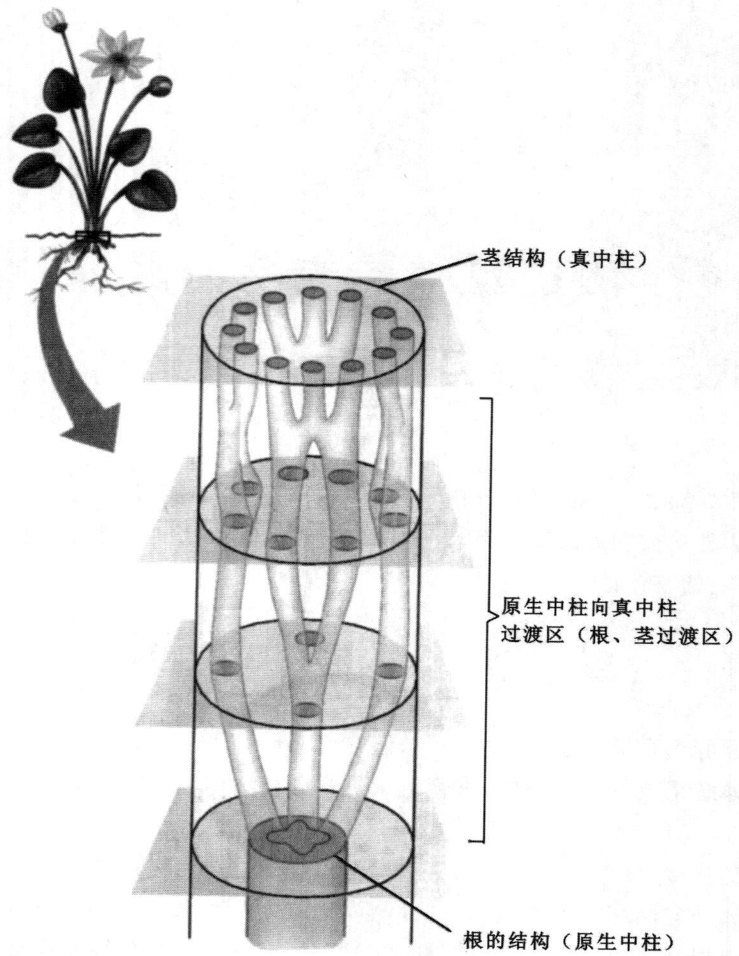

图 7-1-1　根、茎过渡区，示维管组织类型变化（毛茛）（引自 Nabors）

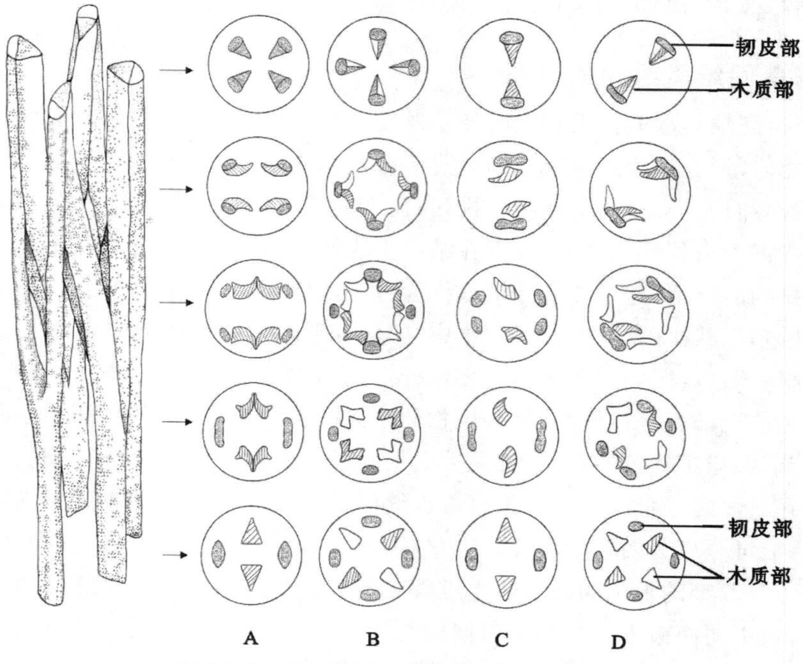

图 7-1-2　根一茎过渡区的四种类型图解

2. 类型 B 四原型幼根中的四束间生维管束转变成幼茎中四束外韧维管束(图 7-1-2B)。

在过渡区，根中的四束木质部均分为两叉，并旋转 180°，每一分叉与相邻木质部的一个分叉合并，同时移位到韧皮部内方，四个韧皮部的位置始终不变。最后，经过渡区从木质部与韧皮部相间排列的四束维管束转变成木质部在内、韧皮部在外的径向排列四束外韧维管束，例如棉花的过渡区。

3. 类型 C 二原型幼根中两束间生维管束转变成幼茎中两束外韧维管束(图 7-1-2C)。

在过渡区，根中的两束韧皮部均一分为二，形成四部分韧皮部，每束韧皮部的一部分与另一束韧皮部的另一部分合并，重新形成两束韧皮部；而两束木质部不分裂，只旋转 180°，分别排列在韧皮部的内方，形成茎中两束外韧维管束，例如甜菜、山黧豆等植物。

4. 类型 D 四原型幼根中的四束间生维管束转变成幼茎中两束外韧维管束(图 7-1-2D)。

在过渡区，根中四束木质部中，仅相对的两束木质部分叉，并旋转 180°，而另外两束木质部不分叉，只旋转 180°，未分叉的木质部与相邻木质部中的一个分叉合并，重新形成两束木质部。同时，未分叉的四束韧皮部也发生合并，形成两束韧皮部，并移位到木质部的外方，形成两束外韧维管束，如知母。

单子叶植物的过渡区方式与双子叶植物的不同，因为单子叶植物的幼苗只有一片子叶，所以一部分的维管组织结构转变是发生在根与子叶之间，而另一部分的维管组织转变则发生在根和第一片营养叶之间，因此过渡区具有不对称的构造。裸子植物的过渡区方式与双子叶植物相同，但由于裸子植物幼苗子叶数目常在两片以上，所以过渡区方式也比较复杂。

(二)茎、枝及叶间维管组织的联系

茎的维管组织与着生在其上的枝、叶的维管组织是相连续的，其连接方式有一定的规律。叶着生在茎的节上，茎中维管柱在节处发生分枝，通过叶柄进入叶片。进入叶的维管束，从茎中维管柱分枝起向外斜穿过皮层到叶柄基部止，这一段维管束称为叶迹(leaf trace)。通常在叶子脱落后，叶痕上可见到叶迹的痕迹。在叶迹上方出现一个由薄壁组织填充的区域，称为叶隙(leaf gap)(图 7-1-3A，C)。

各种植物的叶迹伸入叶柄的方式不同，有的是由茎中维管束伸出后，在节部直接进入叶柄与叶维管束相连；有的是从茎中维管束伸出后，与其他的叶迹汇合，并沿着皮层上升穿过一节或多节，然后进入叶柄与叶维管束相连。植物种类不同，叶迹的数目往往不同，但对于某一种植物而言，叶迹数目是一定的。

茎和枝的联系与茎与叶的联系相似，维管组织是通过枝迹连接在一起的。枝迹(branch trace)是指由茎维管柱分出，通过皮层进入枝的一段或几段维管束(图 7-1-3B，C)。

在枝迹的上方也保留一个由薄壁组织填充的区域，称为枝隙(branch gap)。枝迹与叶迹有所不同，它发生在叶迹的上方，并由产生分枝的节上伸出，而不是穿越数节后再伸入枝中。枝迹伸入分枝后连合在一起，形成和茎相同形式的维管束。

由此可见，植物体内的维管组织是连续的。枝迹、叶迹和根一茎过渡区成为连接不同营养器官之间的纽带，通过它们构成了植物体完整的维管组织系统，从而保证了植物体生活所需有机物质、水分、矿质元素等物质的运输和贮藏。

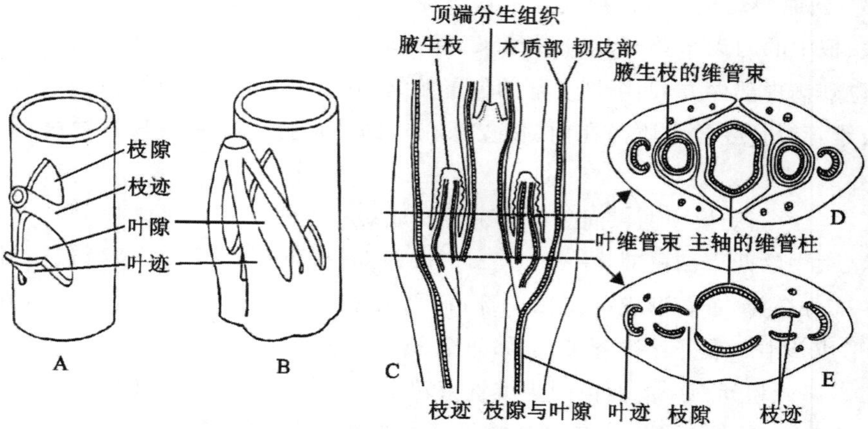

A,B. 茎维管柱立体图解，示单叶隙与单叶迹(A)、三叶隙与三叶迹(B)；
C. 茎、枝、叶的纵剖面；D. 茎节上部的横剖面；E. 茎节横剖面(C图中的两个枝迹连接成D图枝中的筒状维管柱，E图中的三个叶迹分叉为D图叶片中的网状叶脉)。

图 7-1-3　双子叶植物茎与枝、叶之间的维管组织联系图解(引自 Esau,1977)

二、营养器官生长的相关性

植物营养器官之间不仅在结构上密切联系，相互贯通，而且在生长上也是相互依赖、相互制约的。

(一)地下部分(根)和地上部分(茎、叶)的相关性

植物地下部分和地上部分所处的外界环境不同，所承担的生理功能既有分工又有协作，在物质交流和供应关系上存在着相互促进或相互制约的关系。从发育过程看，种子萌发后，总是根先生长，当根生长到一定程度时，胚轴和胚芽才伸出土壤形成地上部分，表明根系的初步发展，为地上茎、叶的生长奠定了基础；以后地上茎、叶的进一步发展又为根系的扩大生长创造了条件。从物质的吸收和转化看，地下根系从土壤中吸收水分、矿质营养，并在根中合成氨基酸、细胞分裂素、赤霉素等物质，这些物质从根内向上运输，为地上器官形成新细胞及新细胞的生长发育提供物质条件；地上的茎、叶合成有机物、维生素、吲哚乙酸等向下运输到根中，维持根系正常生长发育。显然，健全的根系是植物地上部分生长繁茂的前提，繁茂的枝叶是发达根系的保证。常言道“根深叶茂，叶多根好”“树大根深，本固枝荣”等正是对地上与地下部分生长相关性的生动反映。

在农业生产中，根冠比是衡量生长状况的常用指标之一，它是指植物地下部分与地上部分的鲜重或干重的比值，其大小反映了植物地下部分与地上部分的相关性。根冠比值不仅与内在的遗传因素有关，而且受外界环境的影响，如土壤水分、养分、温度等。例如根、茎、叶生长对水分的需求不同，水分不足往往对地上部分生长的影响比对根系的影响更大。若根系生长在潮湿的土壤中，植物生长所需水分容易满足，地上部分则完全依靠根系供给水分。但当土壤水分降低时，根生长受到的影响较小，相对重量增加，而地上部分受到的影响较大，相对重量减少，此时的根冠(根重/茎、叶重)比值增高；相反，当土壤水分过多时，通气条件差，根系生长受到限制，而地上部分水分供应充足，生长旺盛，根冠比值降低。因此，在农业生产中，根据作物的种类、发育时期等，采取各类技术措施协调地上部分与地下部分的生长，改变根冠比值，增加作物产量和质量。

(二)顶芽和分枝的相关性

植物的顶芽生出主茎，腋芽生出分枝。顶芽和腋芽的发育是相互制约的。通常主茎顶芽生长快，而腋芽受到一定程度的抑制，不能发育成侧枝或生长很慢。这种顶端生长占优势，抑制腋芽生长的现象，称为“顶端优势”(apical dominance)。顶端优势的强弱因植物种类而异，松、柏等裸子植物主干顶端优势很强，近顶端侧枝生长缓慢，远离顶端的侧枝生长较快而形成宝塔形树冠，如雪松、

玉米、高粱、向日葵等被子植物也具有明显的顶端优势，但水稻、小麦等植物顶端优势则很弱。顶端优势产生的原因，目前主要是从营养供应和激素影响两个方面来解释。前者认为顶芽代谢活动强烈，输导组织发达，构成了"代谢库"，垄断了大部分营养物质，故顶端优先生长。后者认为植株顶端形成的生长素，可通过极性传导向基部运输，使腋芽附近的生长素浓度加大，而腋芽对生长素的敏感性大于顶芽，故使其生长受到抑制。

了解和掌握顶芽和腋芽间的制约关系，对指导农业生产有十分重要的意义。在农、林和园艺生产中，可根据不同农作物的特点，采取必要的措施，或保留顶端优势，或抑制顶端优势，从而提高作物产量和质量。果树生产上的修剪、整形、抹芽等技术措施就是利用顶端优势的原理，以获得合理、高产的植株。

第二节 营养器官的变态

种子植物营养器官的形态、结构与其执行的生理功能是相适应的。在自然界中，由于环境的变化，一些植物器官因适应某种特殊环境而改变其生理功能，并进一步引起了形态结构的适应性改变，这种现象称为变态（modification），发生变态的器官称为变态器官（modification organ）。营养器官的变态是植物长期适应特殊环境条件而形成的稳定、健康、可遗传的变异，与病理的或偶然的变化有明显的区别。

一、根的变态

根可以发生各种变态，归纳起来主要有贮藏根、气生根和寄生根三种类型。【二维码 7-1】

7-1

（一）贮藏根

贮藏根（storage root）常见于二年生或多年生的草本双子叶植物。其外观肥大、肉质，富含淀粉及其他碳水化合物；发达的薄壁组织是其营养物质的主要贮藏场所，维管组织常散生其间；贮藏物用于植株的开花结实或作为营养繁殖、萌生新植株的营养源。根据来源又分为肉质直根和块根两类。

1. 肉质直根（fleshy tap root） 这种类型的变态根是由两部分发育而成，其上部多是由下胚轴发育形成，肥大的胚轴顶端在营养生长期间还着生节间很短的茎和莲座叶；而下部是由主根发育形成的，着生有不等数量的侧根，肥大的主根构成了肉质直根的主体，胡萝卜、萝卜、甜菜等的肉质根都属于这一类型。这些变态根在外部形态上极为相似，但它们的形成及结构特征是不同的（图 7-2-1）。

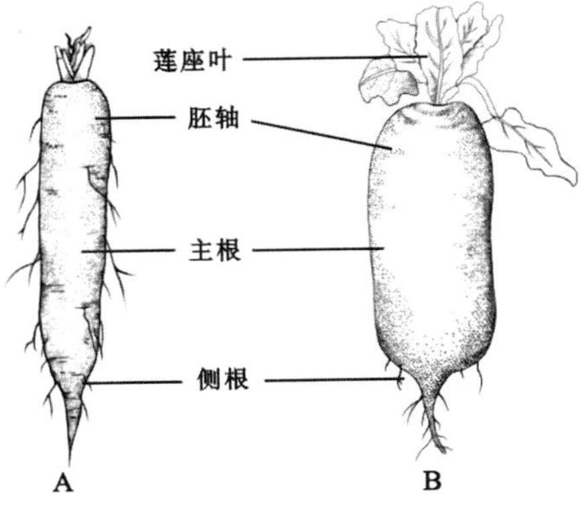

A. 胡萝卜肉质根；B. 萝卜肉质根。

图 7-2-1 肉质直根

胡萝卜、萝卜的主根均为二原型，它们在发生次生增粗生长后，在结构上出现明显的差异。胡萝卜肉质直根增粗生长与一般植物的次生加粗生长相似，是形成层活动的结果，但在增粗的主根中，大部分为次生韧皮部，韧皮薄壁组织十分发达，是营养物质的主要贮藏场所；而次生木质部形成的数量较少，以木薄壁组织为主，产生的导管分子较少(图 7-2-2B)。

萝卜肉质直根的次生加粗生长与胡萝卜有所不同，其维管形成层活动产生大量的次生木质部和较少量的次生韧皮部，木薄壁组织占主要部分(7-2-2A)。除了正常的形成层活动外，在次生木质部中，还有一些木薄壁细胞恢复分裂能力，形成分散的额外形成层(supernumerary cambium)或副形成层(accessory cambium)。所谓额外形成层是指在正常维管形成层之外又产生的新形成层，它与正常的形成层一样，向内产生木质部，向外产生韧皮部，这种结构有时称为三生结构。由额外形成层产生的木质部和韧皮部，也相应地被称为三生木质部和三生韧皮部(图 7-2-2C)。显然，萝卜肉质根增粗生长是维管形成层和额外形成层共同活动的结果。

甜菜肉质直根的加粗与萝卜、胡萝卜也不相同。它在形成层活动产生次生结构后，中柱鞘部位的薄壁细胞转变为额外形成层，形成三生木质部和韧皮部，并呈环形排列。在额外形成层产生的薄壁组织中，可以继续产生新的额外形成层，位于维管束韧皮部的外方，并进一步形成新的维管组织。这样依次不断活动的结果，最终形成了一轮维管组织和一轮薄壁组织相间排列成多层同心环的结构。在甜菜的肉质直根中，连同最初的形成层可达 8～12 层或更多(图 7-2-3)。

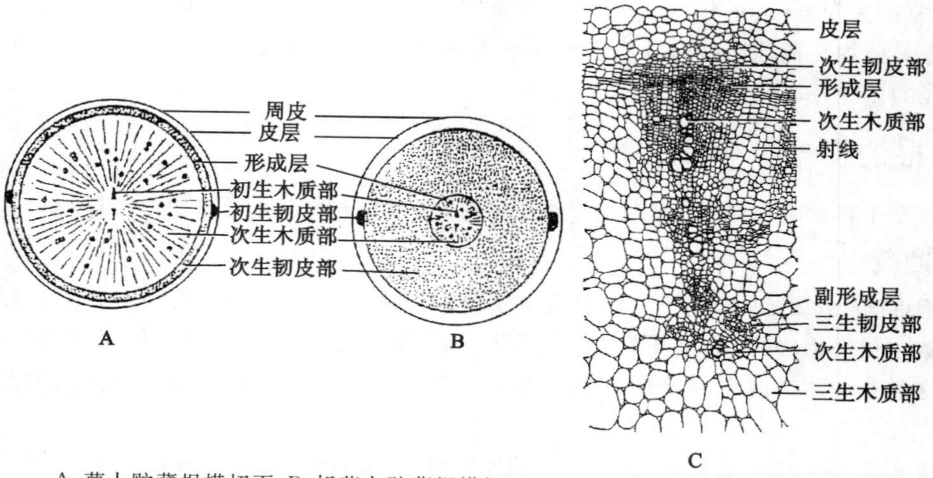

A. 萝卜贮藏根横切面；B. 胡萝卜贮藏根横切面；C. 萝卜贮藏根横切面部分放大。

图 7-2-2 肉质直根横切面

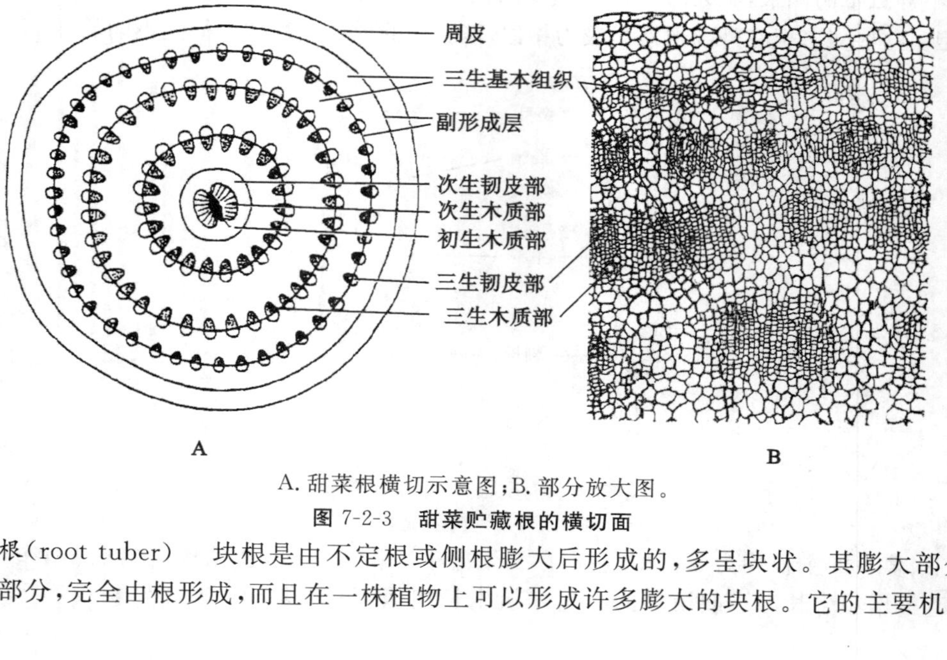

A. 甜菜根横切示意图；B. 部分放大图。

图 7-2-3 甜菜贮藏根的横切面

2. 块根(root tuber) 块根是由不定根或侧根膨大后形成的，多呈块状。其膨大部分没有茎和胚轴的部分，完全由根形成，而且在一株植物上可以形成许多膨大的块根。它的主要机能也是贮藏营养物质，如甘薯、木薯等都属这种类型(图 7-2-4)。

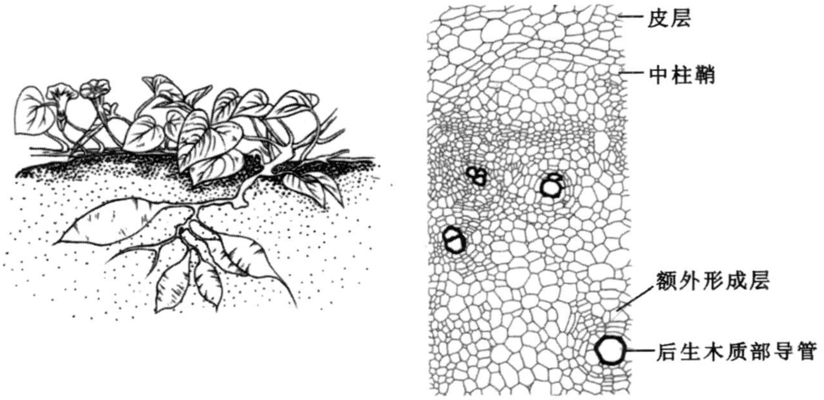

图 7-2-4 甘薯及其幼根部分横切面结构

甘薯是最常见的块根之一。由于维管形成层的活动，不定根在产生次生结构后开始膨大。在次生结构形成过程中，次生木质部中的导管或导管群被薄壁组织所隔开，星散地分布在次生木质部中；当块根进一步发育时，次生木质部中被隔开的导管和导管群周围的薄壁细胞恢复分裂能力，产生新形成层(额外形成层)，新形成层向着导管和导管群产生含有少量管状分子和多量薄壁组织的木质部，背着导管和导管群方向产生含有少量筛管、乳汁管和多量薄壁组织的韧皮部。由于产生新形成层及其共同活动，结果形成了含有大量薄壁组织(贮藏组织)的肥大块根。由于新形成层产生的位置不统一，有的块根会一侧膨大而弯向另一侧。

(二)气生根

凡暴露于地面，生长在空气中的根均称为气生根(aerial root)。根据其生理功能的不同又可分为支柱根、攀缘根和呼吸根。

1. 支柱根　一些具浅根系而植株较高大的草本植物，如玉米、高粱等在拔节后抽穗前，在近地面的几个节上可环生几层气生的不定根，呈向地性生长而伸入土中，并可产生侧根，具有支持植株的特殊作用。此外，在我国广东、福建一带生长的榕树，可以从树枝上生出一些不定根，垂直向下生长，到达地面后钻入土壤内，形成对树冠有力的支柱，并形成“独树成林”的独特景观。像这类具有支持作用的不定根叫作支柱根(prop root)(图 7-2-5)。

2. 攀缘根　一些藤本植物，如爬山虎、常春藤、凌霄等，其茎细长，不能够独自直立，这类植物的茎上常产生许多短的、顶端扁平、易于攀附的不定根，它们可以固着于其他植物或墙壁上攀缘上升，这类不定根称为攀缘根(climbing root)(图 7-2-6)。攀缘根常能够分泌出一种黏液，碰着墙壁或其他物质就粘在其上，借以使自身攀附直立。

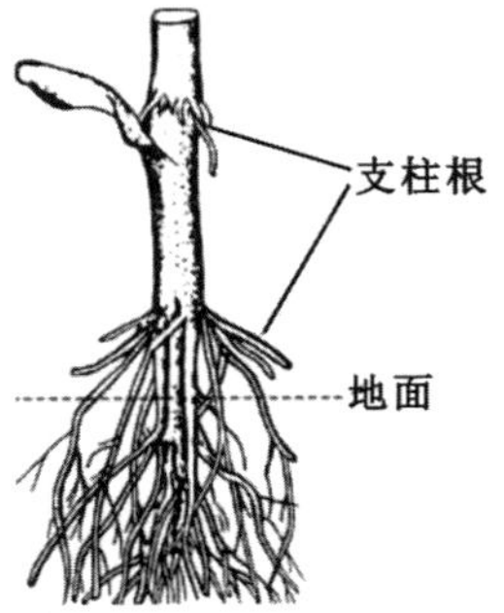

图 7-2-5 玉米的支柱根

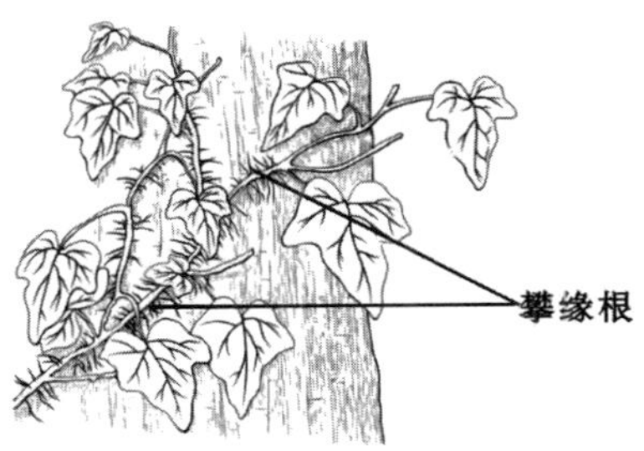

图 7-2-6 常春藤的攀缘根

3. 呼吸根　一些生长在热带沿海或沼泽地带的植物，如红树、水龙（*Ludwigia adscendens*）等植物，其根部被掩埋在淤泥里，通气十分困难，因此一部分根从土壤中垂直向上生长至空气中，这种伸出地面的根称为呼吸根（respiratory root）。其表面有呼吸孔，内部有发达的通气组织，空气可以通过呼吸孔和通气组织输送到地下根，供给地下根进行呼吸作用。

4. 寄生根　有一些植物营寄生生活，其茎上生长出很多的不定根，这些根能伸入寄主内部直达寄主维管组织，它们可以从寄主体内吸收水分及营养物质以维持本身的生活，这些不定根称为寄生根（parasitic root）或吸器（haustorium），如菟丝子、列当等（图 7-2-7）。在农业生产中，这些寄生植物通过吸器缠绕在作物的茎上，使作物植株矮小、发育不良甚至早期死亡，造成经济损失，因此，必须将其拔除以防蔓延。

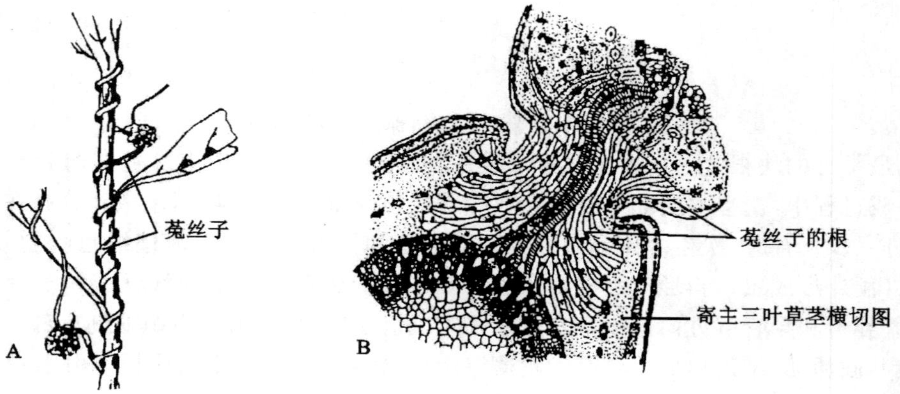

A. 菟丝子寄生根在寄主上；B. 菟丝子根伸入寄主茎内的横切面。

图 7-2-7　菟丝子的寄生根

二、茎的变态

茎的变态类型较多，按发生的位置可分为地下茎（subterraneous stem）的变态和地上茎（aerial stem）的变态。【二维码 7-2】

7-2

（一）地下茎变态

一些植物，其部分茎是长期生长于地下，称为地下茎。这些地下茎尽管仍具有茎的结构特征，但其功能主要以贮藏和营养繁殖为主。地下茎的变态常见的有根状茎（rhizome）、块茎（stem tuber）、球茎（corm）、鳞茎（bulb）四种类型。

1. 根状茎　根状茎是蔓生在一定深度土层下类似根的变态茎。其特征表现为：具有明显的节和节间，节上着生有非绿色的退化叶（称为鳞叶），鳞叶内生有腋芽，同时节上可产生不定根；根状茎上的顶芽和腋芽展开后可垂直、倾斜或水平生长，形成新的地上茎或根状茎。根状茎有不同的形状，有的节间较长，如芦苇、甘草等；有的节间短而肥厚，如姜、薯蓣等。常见的禾本科杂草都有根状茎，它们的繁殖力极强，在翻耕割断后，每一小段上的腋芽能独立发育成一个新植株，因此铲除这类杂草十分不易。有些药用植物的根状茎内可积累大量的次生代谢产物，有着很高的药用价值，这些根状茎可作为药材开发利用（图 7-2-8）。现存的蕨类植物大多为草本，茎多为根状茎。

2. 块茎　块茎为节间缩短、膨大呈肉质的变态茎。由地下茎的顶端形成，如马铃薯、菊芋（洋姜）等。

马铃薯是最常见的块茎之一，为一短而膨大的近球形的肉质茎，贮藏有大量的淀粉。它是由植株基部的腋芽发育后产生的地下茎的顶端膨大后形成的。块茎的顶端生有顶芽，周围分布有许多凹陷，称为芽眼（eye），每一个芽眼下面可见鳞叶脱落后留下的叶痕。芽眼在块茎上呈螺旋状排列。芽眼内通常生有 3 个或更多的芽，但仅其中的一个芽可发育，其他均为休眠芽（图 7-2-9A）。

块茎的内部结构与地上茎相同，但各组织形成的量却不同。马铃薯块茎在形成时，髓部的薄壁细胞恢复分裂能力，数目增多，髓的体积逐渐增大，将维管束环向外推移，随后皮层、木薄壁组织、韧皮薄壁组织也相继恢复分裂活动，产生大量的薄壁细胞，这些大量增殖的薄壁组织细胞构成了块茎的大部分。同时，表皮和皮层外侧细胞转变为木栓形成层，进一步活动产生周皮。成熟块茎的内部结构有周皮、皮层、外韧皮部、木质部、内韧皮部和位于中央的髓（图 7-2-9B）。

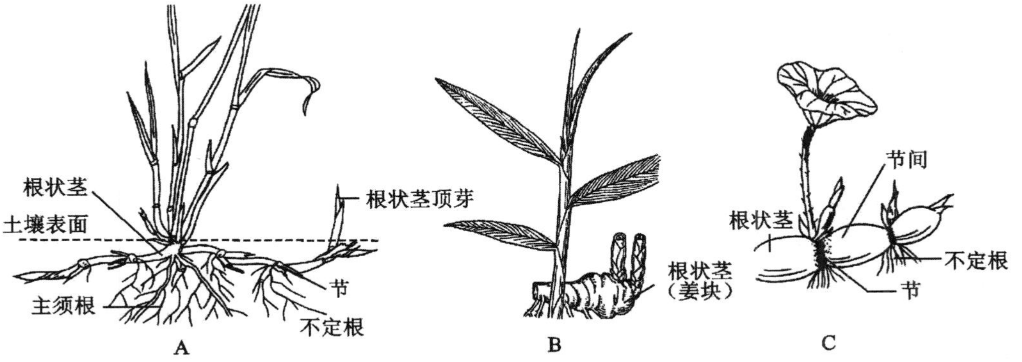

A. 禾本科杂草；B. 姜；C. 莲。

图 7-2-8 根状茎

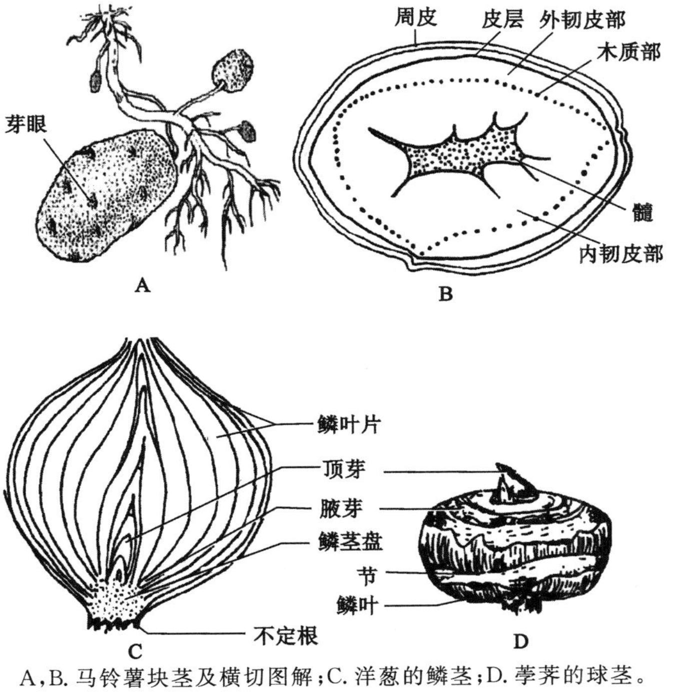

A，B. 马铃薯块茎及横切图解；C. 洋葱的鳞茎；D. 荸荠的球茎。

图 7-2-9 地下茎的变态

3. 鳞茎　鳞茎是一些节间缩短并由肥厚的肉质或膜质的鳞叶片包围的扁平或圆盘状的地下茎。鳞茎多见于单子叶植物，如百合、洋葱、蒜等。

百合的鳞茎呈圆盘状，四周具瓣状的肉质鳞叶，鳞叶间具腋芽。洋葱的鳞茎也包围着鳞叶，但不成显著的瓣，而是整片地将茎紧紧包裹着，外方的几片鳞叶成膜质保护着内侧的肉质鳞叶，鳞叶间具腋芽；在鳞茎盘的下端可以产生不定根。大蒜的鳞茎与洋葱也有区别，前者的肉质膨大部分是腋芽（即大蒜瓣），鳞叶长成后变为干燥膜质包被着腋芽，而后者肉质膨大的部分是鳞叶，腋芽不甚发育（图 7-2-9C）。

4. 球茎　球茎为节间缩短、膨大为球形或扁圆球形的肉质地下茎。一些球茎是由地下茎的顶端发育而成的，如荸荠、慈姑。球茎的顶端有粗壮、显著的顶芽，节及节间明显，节上常见干膜状鳞片叶和腋芽（图 7-2-9D），球茎贮藏大量的营养物质，可用作营养繁殖。也有些球茎是由茎的基部膨大发育成的，如唐菖蒲，其球茎由数片棕色纤维质的鞘状鳞叶包被着，将鳞叶剥去，可见数个围绕着球茎周围的圆形鳞叶痕和数个大型腋芽。腋芽展开后长出营养叶和花枝，形成新苗，在新苗主茎的基部可以继续形成一个膨大的新球茎。新球茎长成后，营养叶的基部转变成棕色纤维质的鞘状鳞叶，包被着新球茎。随着新球茎的发育，老球茎逐渐萎缩。

（二）地上茎变态

常见的地上茎变态主要有茎卷须（stem tendril）、茎刺（stem thorn）、叶状茎（phylloclade）和肉质茎（fleshy stem）四类。

1. 茎卷须　一些攀缘植物的茎细长，不能直立，其茎的一部分往往变成卷须，攀缘在附近的植物或物体上，借以帮助植株直立，称为茎卷须或枝卷须（图 7-2-10A）。例如葡萄、南瓜等，卷须产生的位置或与花枝相当，或生于叶腋内。

2. 茎刺　石榴、山楂、皂角树等植物的枝可以变态成刺状，称为茎刺或枝刺。茎刺生于叶腋，由腋芽发育而来，不易脱落，具有保护植物体免受动物侵害的作用（图 7-2-10B）。有些植物如蔷薇、月季等，它们的茎上也有刺状物，但这些刺状物并非茎刺，而是由茎表面突起形成的扁平三角状皮刺，易剥离。

卷须和刺状物可能是茎变态形成的，也可能是从叶变态而来。区别卷须和刺状物究竟是何者的变态，主要是根据它们在茎上着生的部位，有时也可以根据卷须和刺状物上有无节与节间来区分。

3. 叶状茎　叶状茎是一种植物茎的变态形式，其茎扁化成叶状，呈绿色，具有叶的功能，并进行光合作用（图 7-2-10C），例如天门冬、竹节蓼、假叶树等。

假叶树的叶状茎看起来和普通的叶无显著差别，只是到了夏季开花时，从叶状茎的近乎中部生出鳞片状苞片，又在鳞片状苞片的腋部生出花来，从而证明它是变态的茎而不是叶。

4. 肉质茎　肉质茎是一种多汁的、肥大肉质的变态茎。如仙人掌类植物的肉质茎有球状、块状、棱柱状等形态，内部含有丰富的水分和营养物质，并具叶绿体，可代替叶子进行光合作用，其上着生的叶子变为刺状。

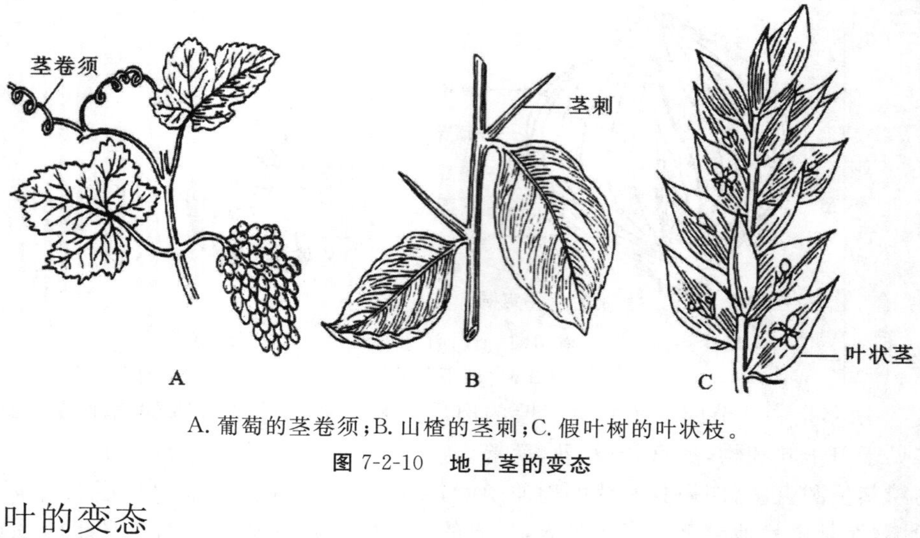

A. 葡萄的茎卷须；B. 山楂的茎刺；C. 假叶树的叶状枝。

图 7-2-10　地上茎的变态

三、叶的变态

7-3

叶是植物器官中最容易受环境影响而发生各种变态的器官。常见的变态叶有鳞叶（scale leaf）、叶刺（leaf thorn）、叶卷须（leaf tendril）、苞片（bract）和总苞（involucre）、捕虫叶（insect-catching leaf）五种类型。【二维码 7-3】

(一)鳞叶

叶的功能特化或退化且呈鳞片状,称为鳞叶。一种鳞叶是存在于木本植物的鳞芽外的芽鳞片,常呈褐色,具有茸毛或黏液,有保护芽的作用,又称为芽鳞(bud scale);另一种是变态茎上着生的退化的叶(鳞片),有肉质鳞叶和膜质鳞叶两种(图 7-2-9C,D)。

(二)叶刺

仙人掌属等植物的叶全部变态成针刺状,叫作叶刺。叶刺是这类植物对于干旱环境条件的一种适应形式,既可以减少水分的蒸发,又可以保护植物免遭动物吞食。另外像刺槐、酸枣等植物的托叶也可变态成硬刺,又称托叶刺。小檗属的叶变态呈针刺形,这些都是叶刺(图 7-2-11A,B)。

(三)叶卷须

某些攀缘植物的叶片或托叶,或复叶的一部分小叶片能够变态成卷须状,称叶卷须,有助于植株攀附在附近植物或物体上。如豌豆的复叶顶端一部分小叶片变成卷须状;中药土茯苓、菝葜等是托叶变态成为卷须,称托叶卷须。叶卷须的结构与功能与茎卷须基本一致(图 7-2-11C)。

(四)苞片和总苞

生长在花下面的变态叶,称为苞片。苞片数多而聚生在花序外围的,称为总苞,如菊科植物向日葵的总苞。苞片和总苞有保护花芽或果实的作用。

(五)捕虫叶

自然界中有一类植物被称为食虫植物(insectivorous plants)。这类植物生有一种特殊的变态叶,它能捕捉小动物,还能分泌消化液把捕捉到的小动物分解消化然后加以吸收,以获取所缺乏的氮元素。这种变态叶称捕虫叶。捕虫叶的形态有的呈瓶状,如猪笼草;有的为囊状,如狸藻;有的如盘状或带状,如茅膏菜(图 7-2-11D,E,F)。

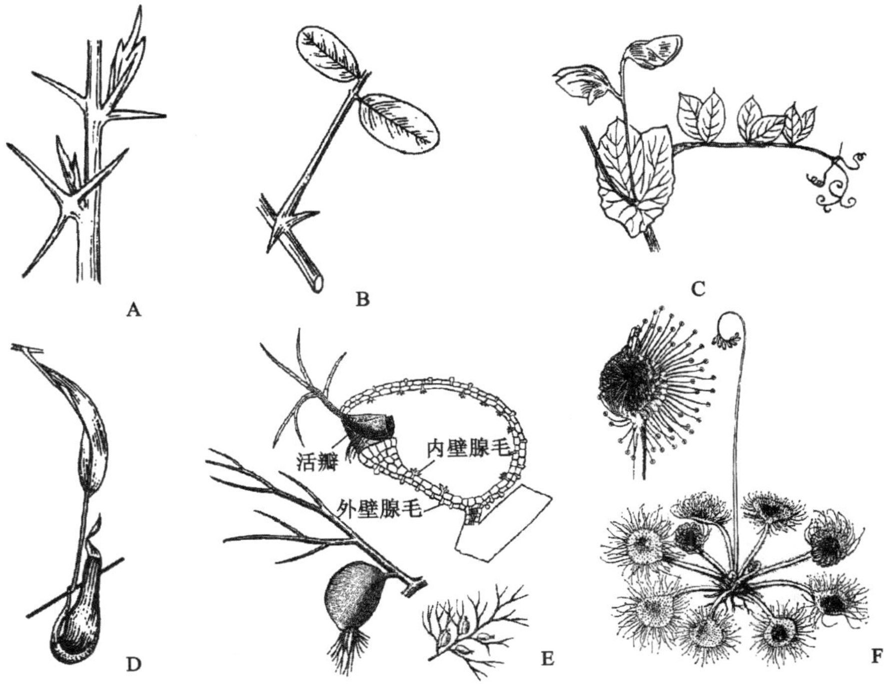

A,B. 叶刺;C. 叶卷须;D. 猪笼草;E. 狸藻;F. 茅膏菜。

图 7-2-11 叶的变态

四、同功器官和同源器官

根据器官的来源或生理功能是否相同，将器官划分为同功器官和同源器官。凡外形相似、功能相同但来源不同的变态器官，称为同功器官（analogous organ）。例如，茎刺与叶刺、茎卷须与叶卷须等都属于同功器官。凡外形与功能不同，而来源相同的变态器官，称为同源器官（homologous organ）。例如，茎刺与茎卷须、根状茎与鳞茎等都是茎的变态；叶刺和叶卷须等都是叶的变态等，因此它们都属于同源器官。

本章小结

植物营养器官在结构上是相互联系的，根、茎、叶三者的皮系统、基本组织系统和维管组织系统彼此互相联系，共同构成一个统一的整体。其中维管组织从根中通过过渡区和茎相连，再通过枝迹和叶迹与枝、叶相连，构成了植物体中完整的维管组织系统，以保证植物生命活动所需的水分、矿质元素和有机物质的输导和转移。

植物体上各器官在生长过程中，存在着相互促进或相互抑制的相关性。通常植物地上部分的茎、叶与地下部分的根之间，顶芽与侧芽、主根与侧根之间，以及植物的营养生长与生殖生长之间均表现出相关性。

植物的根、茎、叶营养器官为了适应环境条件的改变，在形态结构和生理功能上发生显著变异，经历若干世代以后，这种变异成为该物种的正常遗传特性，这种现象称为变态，该器官称为变态器官。常见的根的变态有：肉质直根、块根、支柱根、攀缘根、呼吸根和寄生根；常见的茎的变态有：地上茎的变态包括茎刺、茎卷须、肉质茎和叶状茎，地下茎的变态包括块茎、球茎、鳞茎、根状茎等；常见的叶的变态类型有：鳞叶、叶刺、叶卷须、苞片和总苞、捕虫叶。来源相同、生理功能不同的变态器官叫同源器官；而同功器官是来源不同、功能相同的变态器官。

复习与思考

1. 植物根、茎、叶之间的维管组织是怎样形成一个连续整体的？
2. 从植物生长相关性方面解释“根深叶茂”的科学道理。
3. 农业生产上如何利用和控制顶端优势？
4. 生产和生活中，对植物营养器官的变态都有哪些利用？

数字课程学习资源

课程视频　学习课件　知识结构图　练习题　参考答案

植物学

第III篇

植物生殖器官的发育、结构与功能

Botany

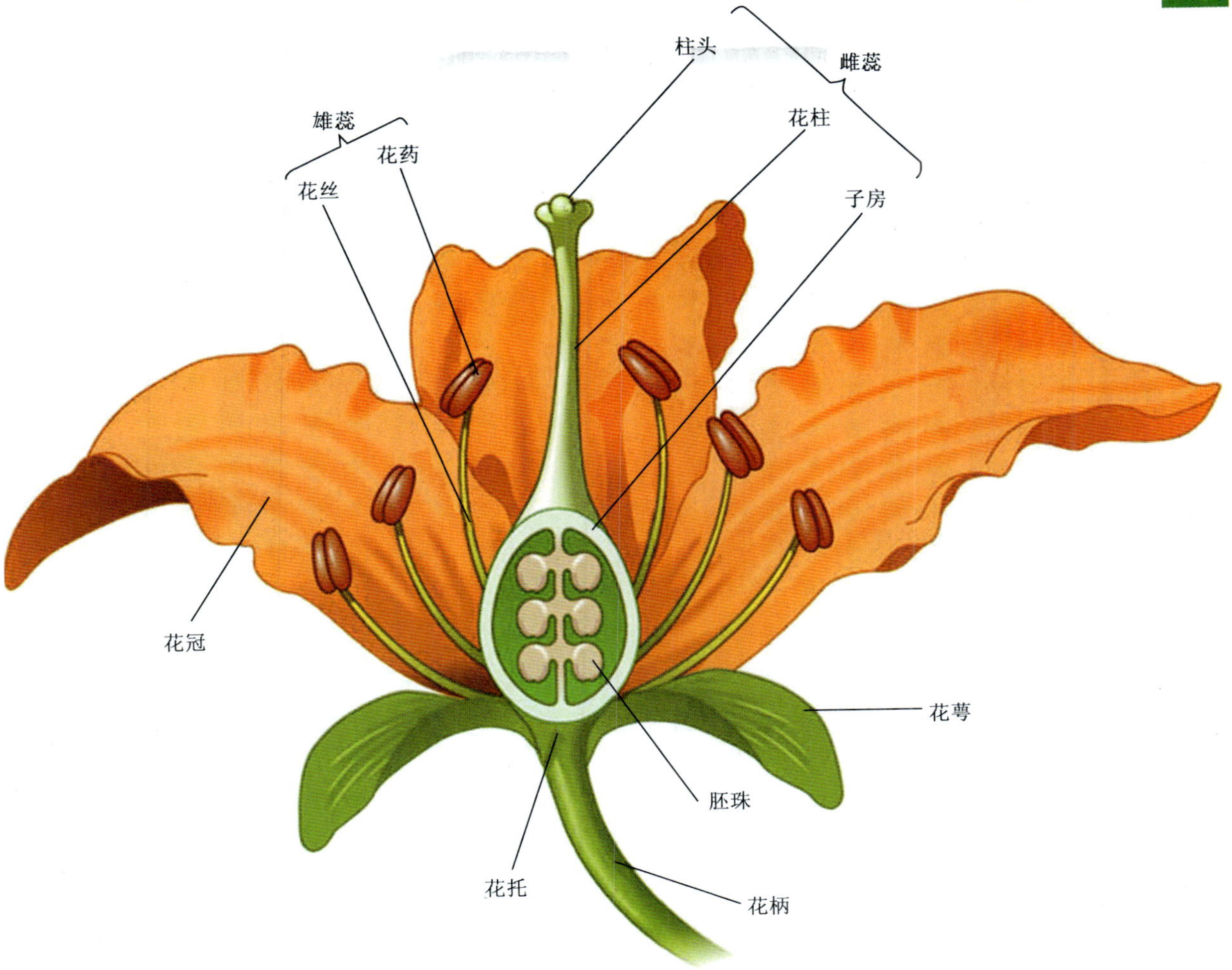

图1 花的组成

A.萱草花剖面图

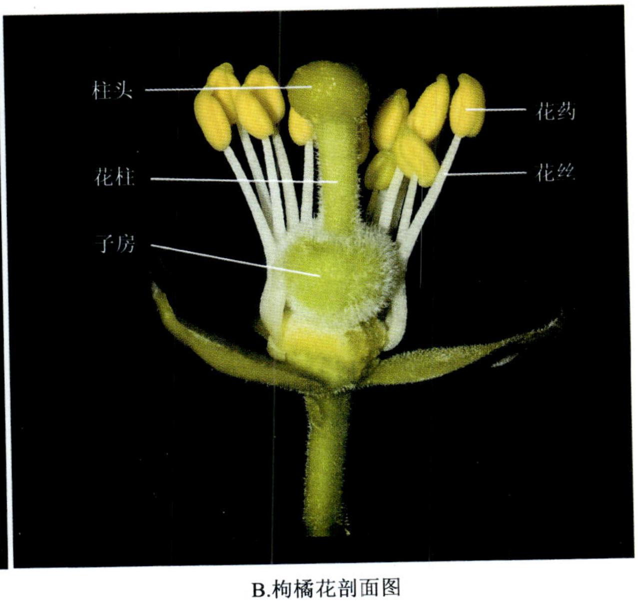

B.枸橘花剖面图

图2 雄蕊及雌蕊的组成

图3　小麦的花及花序

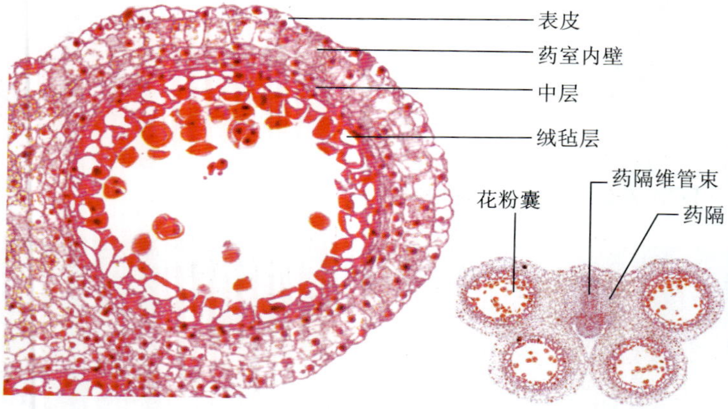

图4　百合花药横切面结构（未成熟）

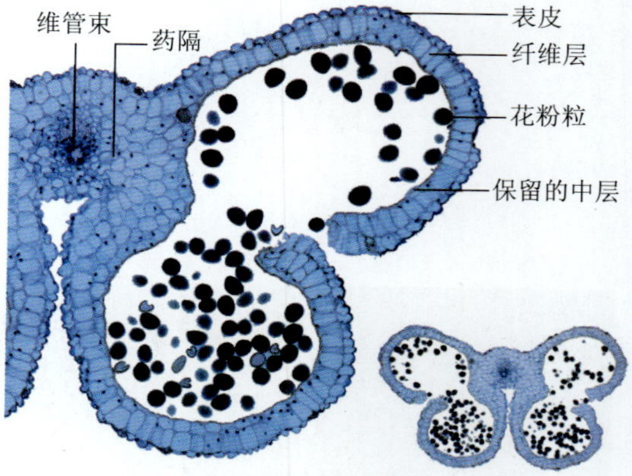

图5　百合成熟花药结构

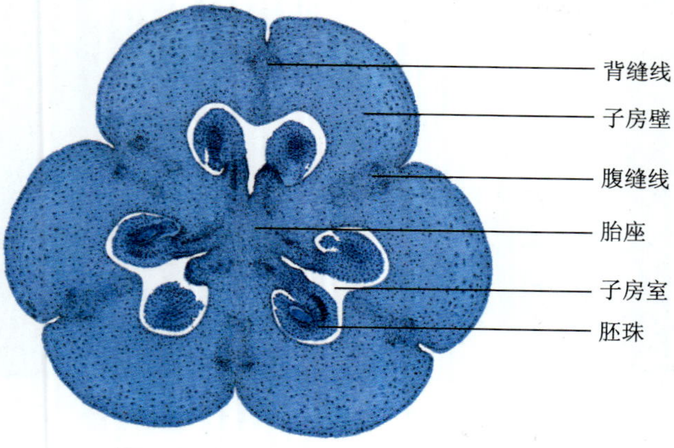

图6　百合子房横切面

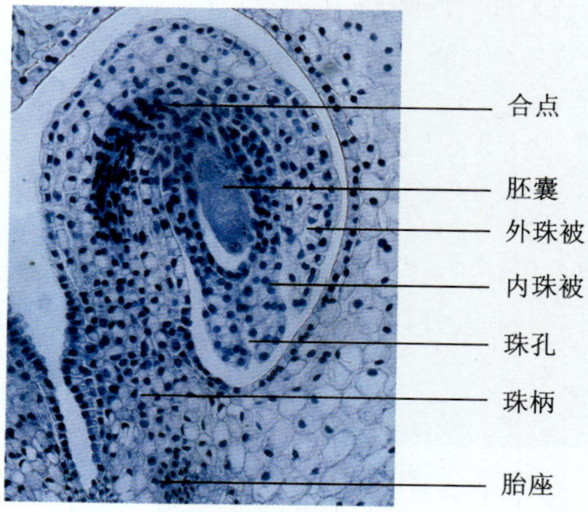

图7　百合胚珠纵切面

◉◉○ 第八章 | 花

被子植物的生命周期从种子萌发开始，经过营养生长形成根、茎、叶等营养器官，这一过程称为营养生长。经过一定时间的营养生长，植物体的某些部位感受光照、温度等外界条件刺激，通过内部因素（如某些激素）的诱导作用开始形成花芽，经过开花、传粉、受精再形成果实和种子。花、果实、种子的形成过程属于生殖生长。植物的营养生长和生殖生长之间存在着相互依存、相互制约的关系。营养生长是生殖生长的基础，只有在根、茎、叶生长良好的基础上，植物才能顺利完成花芽分化，开花结实。生殖生长是营养生长的结果，通过果实与种子的形成和传播，可繁衍后代，延续种群，并在数量和分布范围上扩大种群。

花是被子植物特有的有性繁殖器官，是形成雌、雄配子和进行有性生殖的场所。果实和种子是被子植物有性生殖的产物，也是很多农作物的主要收获对象，而花的形成是被子植物有性繁殖过程的开始，因此，了解有关花器官的形态、结构和发育过程，对于协调植物营养生长和生殖生长的关系、提高作物产量具有重要的意义。

第一节　植物繁殖的类型

植物生长发育到一定阶段，就要以一定的方式由旧个体产生新的个体，以维持种族的延续，这种现象称为繁殖（reproduction，propagation）。繁殖是植物最重要的生命现象之一。植物在繁衍后代的过程中，通过遗传作用保持种的延续，同时，频繁发生的变异增强了植物适应环境的能力，扩大了其分布的范围，从而实现物种的延续、扩大和进化。

植物的繁殖方式多种多样，一般可分为营养繁殖（vegetative reproduction）、无性繁殖（asexual reproduction）和有性生殖（sexual reproduction）三种类型。

一、营养繁殖

营养繁殖是植物营养体的一部分与母体分离（或暂不分离），直接长成一个新个体的繁殖方式。一些被子植物的营养器官具有营养繁殖功能，如杨、柳的插枝繁殖。农业生产上应用的扦插、分株、压条、嫁接、组培快繁等都属于营养繁殖。

二、无性繁殖

无性繁殖也称为孢子繁殖（spore reproduction），植物体上产生一类具有繁殖能力的特化无性生殖细胞——孢子（spore），孢子离开母体后，在适宜的条件下直接萌发成新个体。藻类、苔藓、石松和蕨类植物的繁殖主要是通过孢子繁殖来实现的。

三、有性生殖

植物体上产生一类称为配子(gamete)的有性生殖细胞，配子为单倍体的性细胞，它们的形态结构可以与孢子相同，也可以与孢子不同。单个的配子一般不能直接长成新植物体，必须通过两个配子相互融合后形成合子(zygote)或受精卵(fertilized egg)，再由合子或受精卵进一步发育成新的植物体，这种繁殖方式叫有性生殖。

根据两性配子之间的差异程度，有性生殖可分为三种不同类型。

(一)同配生殖

同配生殖(isogamy)中，相互结合的两种配子，形态、结构、运动能力、大小均相同，这是一种较原始的有性生殖方式。如衣藻属某些种，有性生殖时，产生大量具有两条鞭毛的配子，由配子相互结合形成合子，再萌发为新个体。这两种相互结合的配子，很难从形态上判断其性别，所以常用"＋""－"号表示这两种配子生理上的差别(图 8-1-1A)。

(二)异配生殖

某些藻类，有性生殖时产生的两种配子，在形态和构造上完全一样，但大小不同，其中较大的一个为雌配子，较小的一个为雄配子，只有两种不同的配子才能结合形成合子，然后萌发为新个体。这种有性生殖的方式，称为异配生殖(heterogamy)，如实球藻属(*Pandorina*)部分种(图 8-1-1B)。

(三)卵式生殖

生物在进化过程中，有性生殖的两性配子进一步分化，它们不仅表现在大小的不同，在形态、结构和运动能力等方面也出现明显差异。雄配子较小，细长，有的还具鞭毛，能运动，称为精子(sperm)；雌配子较大，常为卵球形，不具鞭毛，不能运动，称为卵(egg)。精子和卵相互融合的过程称为受精作用(fertilization)，形成的合子称为受精卵(fertilized egg)。再由受精卵发育成为新植株，这种生殖方式，称为卵式生殖(oogamy)。卵式生殖是有性生殖的高等形式，普遍存在于各类植物中(图 8-1-1C)。

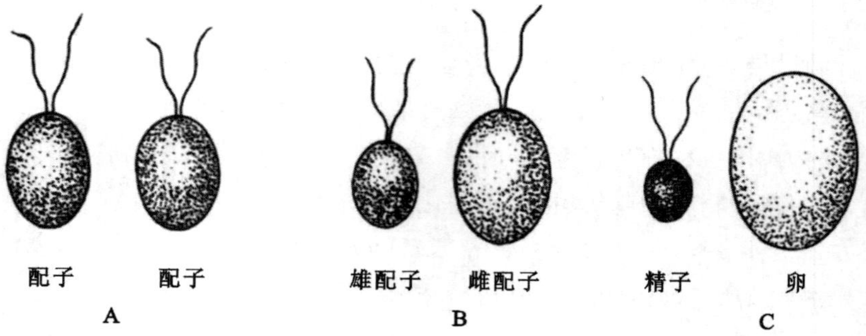

A. 同配生殖；B. 异配生殖；C. 卵式生殖。

图 8-1-1　植物有性生殖方式

第二节　花的形成与发育

一、花的概念

花的形成在植物个体发育中标志着从营养生长转入了生殖生长，被子植物的有性生殖过程是以花的形成开始，以果实和种子的形成结束。

从形态发生和系统发育角度看，花通常被认为是变态的短枝，由被子植物的枝条变态发育而来。所谓短枝，是指节间极短且无分枝的枝条；所谓变态短枝，是指此短枝的叶片分别变态为萼片、花瓣、雄蕊和雌蕊等部分。

被子植物的花是植物繁殖方式中最进化的繁殖器官。繁殖过程中，在花的特定部位先产生特殊的有性别差异的配子，如精细胞和卵细胞。然后，两性配子结合，形成合子（受精卵），再发育为新个体，由于合子具备了双亲的遗传性，使后代的生活力和适应性更强。另外，花器官的结构也趋于完善，如性细胞和所形成的胚胎均处于多重保护结构中，形成有利于传粉的雌、雄蕊结构及特有的双受精作用等诸多进化特性，从而保证了种族的生存和发展，使植物有性生殖达到较为完善的阶段。

二、花的组成

被子植物的花在大小、形态上差异较大，但其基本组成一致。通常一朵典型的花由花柄（pedicel）、花托（receptacle）、花萼（calyx）、花冠（corolla）、雄蕊群（androecium）和雌蕊群（gynoecium）六部分组成。花萼、花冠、雄蕊群和雌蕊群由外至内或由下往上依次着生在花柄顶端的花托上（本章彩图 1）。

（一）花柄

花柄又称花梗，是连接花与枝条之间的轴状结构，可以把花定位在枝条的显著位置上。其内部结构与茎相似，且与茎连通，是各种营养物质和水分由茎向花输送的通道。花柄的长短差异较大，例如垂丝海棠的花柄很长，长达 5～10 cm，贴梗海棠的花柄很短，只有 0.5 cm，有些植物的花没有花柄。花柄有分枝的，也有不分枝的，分枝的花柄称小梗，每个分枝顶端着生一花。当果实形成时花柄发育为果柄。

（二）花托

花托是花柄顶端着生花萼、花冠、雄蕊群、雌蕊群的部分，花的各部分按一定方式排列在花托上。花托的形状在不同植物中变化较大（图 8-2-1），多数植物的花托稍微膨大，如油菜；有的伸长呈圆锥形，如木兰、毛茛；有的中央部分凹陷呈杯状或坛状，如桃、蔷薇等；有的膨大呈倒圆锥形，如莲；也有花托在雌蕊基部形成膨大的盘状，称为花盘，如枣等。

此外，有的花托在雌蕊群基部向上延伸成柄状称雌蕊柄，如落花生，它的雌蕊柄在花完成受精作用后迅速延伸，将先端的子房插入土中，形成果实，所以也称子房柄；西番莲、苹婆属等植物的花托，在花冠以内的部分延伸成柄，称为雌雄蕊柄或两蕊柄；也有花托在花萼以内的部分伸长成花冠柄，如剪秋萝和某些石竹科植物。

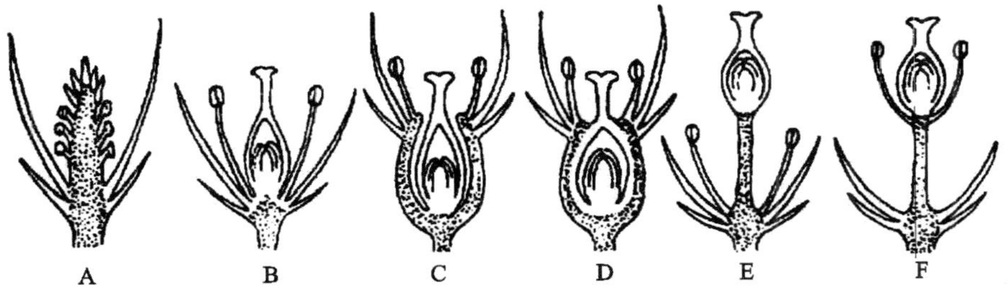

A. 花托突出如圆柱状；B. 花托突出如圆顶状；C，D. 花托凹陷如杯状；E. 花托在雄蕊群和雌蕊群之间延伸成柄——雌蕊柄；F. 花托在雄蕊群和花冠间延伸成柄——雌雄蕊柄（加点部分是花托）。

图 8-2-1 不同形状的花托

（二）花萼

位于花的最外轮或最下端，由若干萼片（sepal）组成，多为绿色的叶状体，结构与叶片相似，但栅栏组织和海绵组织的分化不明显。萼片之间相互分离的称离萼，如油菜、茶。萼片彼此连合的称合萼，如棉、茄子。合萼下端连合部分为萼筒（calyx tube），上端分离的部分称为萼裂片（calyx lobe）。有些植物的萼筒下端向一侧延伸成管状的距（spur），如飞燕草。多数植物开花后花萼即脱落，但也有些植物直到果实成熟时，花萼仍存在，这种花萼称为宿存萼（persistent calyx），如柿、茄等。有的植物的花除花萼外，外面还有一轮绿色的瓣片，称为副萼（accessory calyx），如棉花的花萼外有 3 片大型的副萼。

花萼和副萼具有保护幼蕾和幼果的作用，并能进行光合作用，为子房发育提供营养物质。有些植物的花萼，具有鲜艳的色彩，呈花瓣状，能吸引昆虫传粉，如一串红的花萼呈鲜艳的红色；茄、柿的宿存花萼，在花后能对幼果形成保护；蒲公英等菊科植物的花萼变成冠毛，有助于果实传播。

（四）花冠

位于花萼内侧或上方，由若干花瓣（petal）组成，排列为一轮或多轮。花瓣为形状各异的叶状结构，常有鲜艳色彩，花瓣细胞中有的含有色体，可使花瓣呈现出黄、橙黄或橙红色；有的因细胞的液泡中含花青素等，花瓣呈现红、蓝、紫等色彩；二者都有的，花瓣则呈现绚丽的色彩。有时花瓣表皮细胞形成乳突，使花瓣有了丝绒般的光泽；有些植物花瓣的表皮细胞含挥发性的芳香油，或花瓣内有蜜腺，能散发出芳香气味，花冠的色彩与芳香适应于昆虫传粉。此外，花冠还有保护雌、雄蕊的作用。也有些植物，如杨、栎、玉米、大麻等植物的花冠多退化，以利于风力传粉。

一朵花的花瓣有各自离生或多个合生两种形式。花瓣各自离生的花称为离瓣花，花瓣合生的花称为合瓣花。花冠下部合生的部分称为花冠筒（corolla tube），上部分离的部分称为花冠裂片（corolla lobe）。

花被（perianth）是花萼和花冠的总称，当花萼和花冠的形态、色彩相似时，也可统称其为花被，如百合等。花被在花中主要起保护作用，有些花的花被还有助于花粉传送。

（五）雄蕊群

一朵花内所有雄蕊总称雄蕊群，由一定数目或多数雄蕊组成，其数目常随植物种类而不同，如小麦、大麦的花有 3 枚雄蕊，油菜有 6 枚雄蕊，棉花、桃、茶的花具多数雄蕊。雄蕊（stamen）着生在花冠内方，一般直接着生在花托上呈螺旋状或轮状排列，也有些植物的雄蕊可以着生在花冠或花被上，形成冠生雄蕊（epipetalous stamen），如连翘、丁香等。

绝大多数被子植物的雄蕊是由花丝（filament）和花药（anther）两部分组成（本章彩图 2）。花丝常细长，顶端与花药相连，基部与花托或花冠相连。花丝支持花药，使之伸展于一定空间，有利于散粉。花药是产生花粉粒的地方，是雄蕊的主要部分，在结构上，由 4 个或 2 个花粉囊（pollen sac）组成，分为两半，中间为药隔相连。

（六）雌蕊群

雌蕊群是一朵花内所有雌蕊的总称，位于花的正中央，直接着生在花托上。一朵花中的雌蕊群可以由 1 个或多个雌蕊（pistil）组成。从发育的角度看，雌蕊也是由叶变态而成的，我们把这种适应于生殖作用的变态叶称为心皮（carpel）。心皮是构成雌蕊的基本单位，由一个或多个心皮卷合发育形成雌蕊（图 8-2-2）。心皮边缘结合处，相当于叶缘的部分称为腹缝线，心皮的背部相当于叶中脉的部分称为背缝线，腹缝线和背缝线处均可见到维管束。在形成雌蕊时，常分化出柱头（stigma）、花柱（style）和子房（ovary）三部分（本章彩图 2）。

柱头位于雌蕊顶端，是接受花粉的地方，一般膨大或扩展成各种形状。

花柱是柱头和子房间的连接部分，也是花粉管进入子房的通道。其长短随各种植物而不同，一般植物的花柱细长，如玉米，花柱可长达 20～30 cm。但也有极短的，如水稻、小麦等。

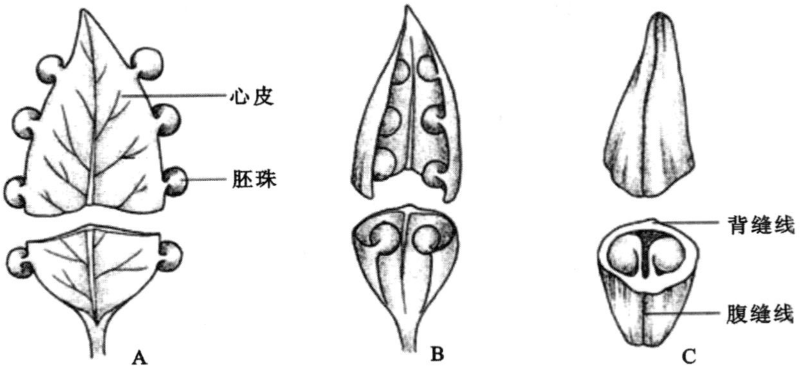

A. 一个打开的心皮；B. 心皮边缘内卷；C. 心皮边缘愈合。

图 8-2-2 心皮进化为雌蕊的示意图

子房是雌蕊基部膨大的部分，它的外层是子房壁（ovary wall），中空部分是 1 至多数子房室（locule），子房室内有胎座（placenta）和胚珠（ovule）。子房在受精后整个发育成果实，子房壁形成果皮，胚珠发育为种子。子房的基部常生有一些蜜腺，以吸引昆虫为其传粉。

胚珠是着生于子房内胎座上的卵形的小体，是由子房内壁若干部位的细胞经过快速分裂、生长后出现突起所形成的，是种子的前身。由珠心（nucellus）、珠被（integument）、珠孔（micropyle）、珠柄（funiculus）、合点（chalaza）组成（本章彩图 7）。子房内胚珠的数目有 1 至多数不等，因植物种类的不同而异。

小麦、玉米、水稻等禾本科植物的花与其他被子植物花的组成有较大的差异。下面以小麦为例，说明禾本科植物花的特征。

小麦的麦穗是一个复穗状花序，在穗的主轴上着生许多小穗（spikelet），每一个小穗基部有 2 片坚硬的颖片（glume），分别称为外颖和内颖。颖片之内有几朵小花，一般基部的 2～3 朵能正常发育、结实，称为能育花（fertile flower）；上部的几朵为发育不完全的不育花（sterile flower）。每朵能育花的外面由 2 片鳞片状的稃片包住，外面的一片称外稃（lemma），相当于花基部的苞片；里面的一片称内稃（palea）。有的小麦品种，外稃的中脉明显，并延长成针刺状的芒（awn）。内稃里面有 2 片小的囊状突起，称为浆片（lodicule）。内稃和浆片是由花被退化而成的。开花时，浆片吸水膨胀，使内、外稃张开，露出花药和柱头。花的中央有 3 个雄蕊和 1 个雌蕊。雄蕊花丝较长，花药较大，开花时，常悬垂花外；雌蕊具 2 个羽毛状柱头，花柱不显著，子房 1 室，每个子房室含有 1 个胚珠。不育花只有内、外稃，没有雄蕊和雌蕊（本章彩图 3）。

三、花的形成与发育

花和花序均由花芽发育而来。当植物营养生长达到一定阶段后，植物体的某些部分感受外界光周期、温度等信号的刺激，茎尖生长锥不再产生叶原基和腋芽原基，而是分化出花原基和花序原基，进一步形成花和花序，这一过程称花芽分化（flower bud differentiation）。花芽分化是被子植物从营养生长进入生殖生长的重要标志。

被子植物花芽分化必须满足以下条件：首先，必须完成营养生长期，营养生长期的长短各种植物不同，一般木本植物较长，草本植物较短；其次，必须在一定的光周期、温度、营养条件下。每种植物花芽分化所需光周期、温度、营养条件差别很大，所以就导致植物花芽分化及开花时期非常不同，自然界才出现一年四季都有植物开花的现象。

花芽形态随植物而异，一般花芽比枝芽肥大，有些植物一个花芽只分化形成一朵花，如玉兰、桃等许多单生花植物；有些植物一个花芽则可分化为许多花而形成花序，如杨属、柳属、刺槐等具花序的植物。

花芽分化过程中花各部分原基的分化顺序，一般是按花萼、花冠、雄蕊、雌蕊的顺序由外向内进行。但由于植物种类不同，花部形态多样，花芽分化顺序也会出现一些变化，例如龙眼是花冠最后分化，石榴是雄蕊最后分化。

下面以桃和小麦为例来说明双子叶植物及单子叶植物花芽的分化过程。

(一)桃的花芽分化

桃的花芽着生在腋芽两侧，形态较腋芽肥大。花芽分化开始时，生殖生长锥渐呈宽圆锥形，顶部增宽，渐趋平坦，先在生长锥周围产生 5 个小突起，排列成一轮，即萼片原基。接着在萼片原基内方，相继出现一轮 5 个花瓣原基和一轮雄蕊原基。在此发育过程中，萼片原基进一步伸长并向内弯曲，由萼片、花瓣和雄蕊贴生而成的托杯向上抬高，最后，生长锥中央逐渐向上突起，形成雌蕊原基(图 8-2-3)。

桃花的雄蕊发育要比雌蕊发育快得多。雄蕊在当年秋季即分化出花药和花丝，花药中有造孢组织出现，随后有花药壁组织的分化。雌蕊原基经伸长，逐渐形成花柱及子房，有造孢组织的出现，随后有子房壁组织的分化。第二年早春，雌蕊胚珠珠心组织出现和柱头增大，然后，花药中造孢组织发育形成成熟花粉粒，珠心中的胚囊发育至成熟，最后开花。

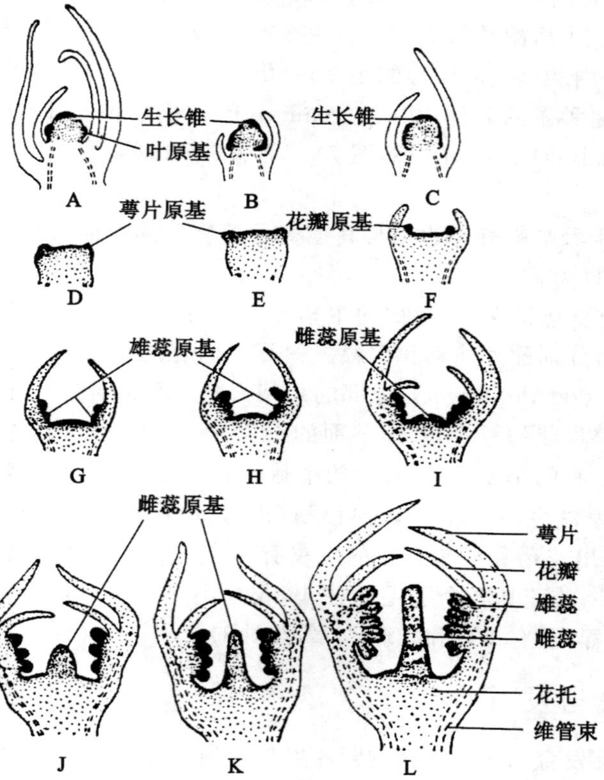

A. 营养生长锥；B～C. 生殖生长锥分化初期；D～E. 萼片原基形成期；F. 花瓣原基形成期；G～H. 雄蕊原基形成期；I～L. 雌蕊原基形成期。

图 8-2-3　桃的花芽分化(引自李扬汉)

(二)小麦的花芽分化

禾本科植物花小，花的分化过程即整个花序的分化过程。由于分化成的花序为穗状花序，禾本科植物花芽分化一般称为幼穗分化。

小麦幼穗分化开始时，茎端生长锥显著伸长，扩大成长圆锥形。在生长锥继续伸长的同时，生长锥基部两侧，自下而上出现一系列环状的苞叶原基(单棱期)。接着从幼穗中部开始，以向基和向顶次序发育，在各苞叶原基腋部分化出小穗原基(二棱期)。以后小穗原基继续发育增大，苞叶原基不再发育，逐渐为小穗原基所盖没，最后逐渐消失。

小穗中小花的分化仍在幼穗中部开始，每一小穗的分化顺序是先在基部分化出 2 个颖片原基，随后在小穗两侧自下而上进行小花分化，每一小花的分化依次形成 1 片外稃原基、1 片内稃原基、2 个浆片原基、3 个雄蕊原基及 1 个雌蕊原基。小麦的每一小穗有数朵小花，其基部 2～3 朵发育完全，能正常结实。上部几朵小花往往发育不全，雄蕊和雌蕊常退化，不能结实（图 8-2-4）。

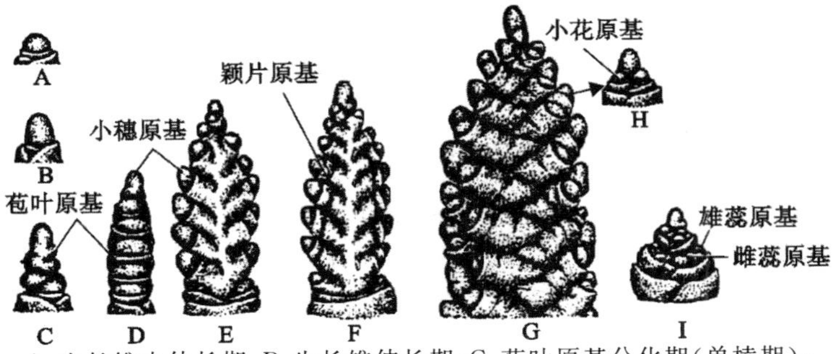

A. 生长锥未伸长期；B. 生长锥伸长期；C. 苞叶原基分化期（单棱期）；
D. 小穗分化期开始（二棱期）；E. 小穗分化期末期；F. 颖片分化期；G. 小花分化期；
H. 一个小穗（正面观）；I. 雄蕊分化期，示每一个小花有 3 个雄蕊原基。

图 8-2-4 小麦幼穗的分化过程（引自李扬汉）

小麦花芽分化的过程可概括为：长圆锥形茎端生长锥→单棱期→二棱期→小穗分化期→颖片原基→外稃原基→内稃原基→浆片原基→雄蕊原基→雌蕊原基。

农业生产中，粮食作物、瓜果、蔬菜类植物的经济价值主要集中在它们的种子和果实上，花或花序分化的好坏直接关系到农产品的产量和品质。因此，研究掌握各种植物花芽或花序分化及形成特性，以及它们对环境条件的要求，在花芽分化前或分化中的某一阶段采取相应措施，对提高农产品产量和品质具有重要意义。例如，水稻在二次枝梗分化前巧施穗肥、晒田以及以后的浅水灌溉；小麦在花粉母细胞分化形成四分体时期适时灌溉及增加叶面营养，可以减少小花退化，促进生殖生长和籽粒良好发育，为花芽分化、穗大粒多创造有利条件；对温室栽培的瓜果、蔬菜和多种花卉可人为调节温度和光照，调整播期，喷洒激素类物质，促进或延迟花芽分化，调节开花和结果时间，可以反季节生产，供应淡季蔬菜品种及节日花卉等。

四、花器官发育的 ABC 模型

通过对拟南芥（*Arabidopsis thaliana*）和金鱼草（*Antirrhinum majus*）花同源异型突变体的研究，Coen 和 Meyerowitz(1991)提出了花发育的 ABC 模型，它使人们能够通过改变 ABC 三类基因表达而控制花的结构。

拟南芥的花由外向内由花萼、花瓣、雄蕊和雌蕊 4 轮同心花器官组成，在经典的 ABC 模型中，4 轮花器官是由 A、B、C 三类器官特征基因共同表达的结果，每类基因组分别控制相邻两轮花器官发育，A 类基因单独控制花萼发育，A 类和 B 类基因共同控制花瓣发育，B 类和 C 类基因共同控制雄蕊发育，C 类基因单独控制雌蕊发育。此外，A、C 两类基因相互拮抗，即 A 类功能基因能够抑制 C 类基因在1～2 轮的表达，C 类基因反过来也能抑制 A 类基因在 3～4 轮的表达。

随着研究的深入，人们在对矮牵牛中影响胚珠发育突变体的研究中发现了与 C 类基因功能部分重叠的 D 类基因，拟南芥的研究也进一步证明了控制胚珠发育的 D 类基因的存在，于是 Angenent 和 Colombo(1996)提出将 ABC 模型延伸为 ABCD 模型，把控制胚珠发育的基因列为 D 功能基因。后来，人们在寻找与 ABC 类基因相互作用的蛋白时发现了另一类花特征基因，这类基因和 BC 类基因联合作用可以完成由营养器官向花器官转变，但它们既不属于 B 类基因，也不属于 C 类基因，被命名为 E 类功能基因。从而使花器官发育的 ABC 模型进一步发展形成 ABCDE 模型（图 8-2-5）。

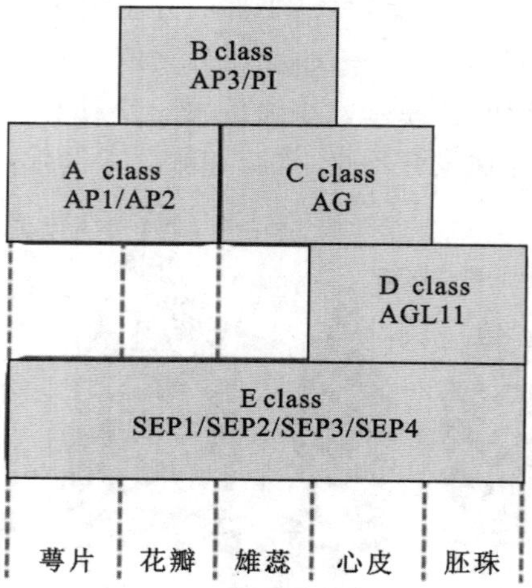

图 8-2-5　拟南芥花器官发育的 ABCDE 模型及相关基因

通过对花器官特征基因 ABCE 的研究，花器官发育基因是以蛋白复合体形式决定花器官的发育，通过对这些基因表达蛋白的相互作用研究，人们推测这些复合体以四聚体形式存在：2A＋2SEP决定萼片；A＋2B＋SEP 决定花瓣；2B＋C＋SEP 决定雄蕊；2C＋2SEP 决定心皮，即花器官发育的四聚体模型（图 8-2-6）。

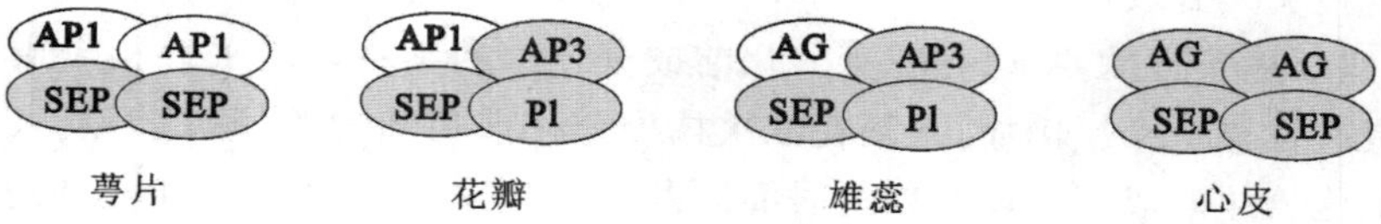

图 8-2-6　花器官发育的四聚体模型

第三节　雄蕊的发育与结构

一、雄蕊的发育

雄蕊是形成花粉粒（雄配子体）和精细胞（雄配子）的场所，是被子植物的雄性生殖结构。雄蕊由花芽中的雄蕊原基经细胞分裂、分化而来，其顶端膨大，细胞分化形成表皮、花粉囊和药隔等部分，最终发育成花药，基部伸长呈丝状，细胞分化成表皮、薄壁组织和维管束，形成花丝。

花丝的结构比较简单，最外为一层表皮，有的还附生毛茸、气孔等；内为薄壁组织，中央有一个维管束贯穿，自花托经花丝直达花药药隔。花丝与生殖无直接关系，它的作用是把花药展布在一定空间。开花时，花丝以居间生长方式迅速伸长，将花药送出花外，以利花粉散播。

花药（即小孢子囊）由花粉囊和药隔构成。药隔中的维管束与花丝维管束相连，药隔连接着花粉囊，并供应花药发育时所需水分和养料。大多数被子植物的花药具有 4 个花粉囊（本章彩图 4），而锦葵科植物，如棉花等为 2 个花粉囊。花粉囊是产生花粉粒（pollen grain）及精细胞的处所，每个花粉囊由花粉囊壁和花粉粒构成。花药成熟后，每侧的 2 个花粉囊相互沟通，合并成一室。花粉粒成熟，花药开裂，散出花粉，为传粉做好准备。

二、花药的发育与结构

(一)花药的发育

最初由雄蕊原基顶端部分发育形成的幼小的花药，是由一群具有高度分裂能力的细胞组成(图8-3-1A)，这群细胞在分裂过程中，4个角处的细胞分裂较快，使幼小花药逐步形成在横切面上具有四棱外形的花药雏体(图8-3-1B)，它的最外面分化出一层表皮。随之，在4个棱角处的表皮细胞之内，分化出一或几纵列的孢原细胞(archesporium cell)。孢原细胞体积和细胞核均较大，细胞质较浓，通过一次平周分裂，形成内外两层细胞，外层为周缘细胞(parietal cell)(初生壁细胞)，内层为造孢细胞(sporogenous cell)。以后周缘细胞再进行平周分裂和垂周分裂，产生呈同心排列的数层细胞，自外向内依次为药室内壁(endothecium)、中层(middle layer)和绒毡层(tapetum)，它们连同包被整个花药的表皮构成了花药壁，将造孢细胞及其衍生的细胞包围起来。在周缘细胞分裂的同时，造孢细胞也进行分裂，形成多个花粉母细胞(pollen mother cell)，少数植物的造孢细胞不经过分裂，可直接形成花粉母细胞(图8-3-1F)。花药原基的中部细胞逐步发育成药隔。

(二)花药壁的结构

花药的壁在达到完全分化时期，从外到内的细胞层依次为：表皮、药室内壁、中层和绒毡层(图8-3-1F，本章彩图4,5)。这几层细胞在形成和生长过程中发生各种变化。

1. *表皮* 表皮是位于花药最外侧的一层细胞，在花药发育过程中，这层细胞可进行垂周分裂增加细胞数目以适应内部组织的迅速增长。随着花药的扩大，表皮细胞逐渐扩展呈扁长状。

表皮上通常具有角质层，有的还有表皮毛，主要行使保护功能。

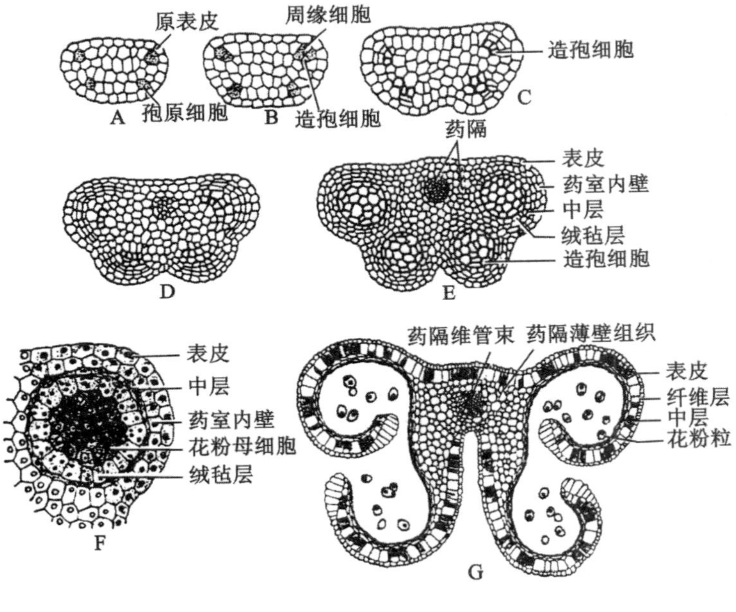

A. 孢原细胞出现；B. 孢原细胞进行平周分裂，产生周缘细胞与造孢细胞；
C～E. 周缘细胞与造孢细胞进行分裂，产生花粉囊壁细胞层与花粉母细胞；
F. 减数分裂开始前花药的构造；G. 已开裂的花药，示花药的结构及成熟的花粉粒。

图 8-3-1 花粉囊的发育和花粉粒的形成

2. *药室内壁* 药室内壁位于表皮下方，通常为单层细胞。幼期药室内壁的细胞中含有大量多糖，在花药接近成熟时，这层细胞沿径向明显增大，细胞内的贮藏物质也逐渐消失，除外切向壁外，其他各面的细胞壁多产生不均匀的条纹状加厚，加厚壁物质主要为纤维素和少量的木质素。此时的药室内壁又称为纤维层(fibrous layer)(图8-3-1F，G，本章彩图4)。药室内壁在增厚时，同侧两个花粉囊交接处的细胞不发生条纹状加厚，保持薄壁状态。开花后，花药伸出花外，细胞失水，纤维层细胞壁的加厚特点所形成的拉力，使花药在抗拉力弱的薄壁细胞处裂开，花粉囊随之相通，花粉粒沿裂缝散出。一些水生植物、闭花受精植物，它们的药室内壁不发生条纹状加厚，花药成熟时也不开裂。

3. 中层　位于药室内壁的内方，通常由1～3层细胞组成。中层发育的初期，细胞内含有淀粉或其他贮藏物质。然而，当花粉母细胞进行减数分裂时，中层细胞内的贮藏物质逐渐被分解和转移，同时，由于受到花粉囊内部细胞增殖和长大所产生的挤压，中层细胞变为扁平，较早地解体而被绒毡层吸收和利用。所以，在成熟花药中一般不存在中层。但有的植物如百合，中层的最外层细胞像纤维层一样，一直保留至花药成熟时期，而且也发生纤维状加厚。

4. 绒毡层　绒毡层是花药壁的最内层细胞，它与花粉囊内的造孢细胞直接毗连。绒毡层细胞较大，细胞器丰富，初期具单核，后来由于发生核分裂而不伴随新壁的形成，出现双核和多核的结构。绒毡层细胞质浓厚，液泡少而小，含有较多的RNA、蛋白质和酶，并富有油脂、胡萝卜素和孢粉素等物质。当花粉母细胞减数分裂接近完成时，绒毡层细胞开始退化、解体，并一直延续到小孢子后期或雄配子体阶段。在此期间，绒毡层细胞内的营养物质被花粉粒吸收和利用，最终细胞仅留残迹或不存在。

绒毡层在花粉粒的发育过程中起着非常重要的作用，可以归纳为以下几个方面：当花粉母细胞减数分裂时，绒毡层细胞转运营养物质至药室内；绒毡层合成和分泌的胼胝质酶，能适时地分解花粉母细胞和四分体的胼胝质壁，使幼期单核花粉粒互相分离而保证正常发育；绒毡层合成的蛋白质转运到花粉壁，构成花粉外壁蛋白质，在花粉与雌蕊的相互识别中起重要作用；当花粉母细胞减数分裂完成后，绒毡层提供构成花粉外壁的主要物质——孢粉素，以及成熟花粉粒表面的脂类和胡萝卜素；当绒毡层解体后，它的降解产物可以作为花粉合成DNA、RNA、蛋白质和淀粉的原料。如果绒毡层发生功能失常，致使花粉粒不能正常发育，就会导致花粉败育，出现雄性不育现象。

三、花粉粒的发育

花粉粒的发育包括小孢子(microspore)的发生和雄配子体(male gametophyte)的形成。

(一)小孢子的发生

在周缘细胞分裂、分化形成花粉囊壁的同时，造孢细胞也相应地分裂形成多个花粉母细胞，又称小孢子母细胞(microsporocyte)；但也有少数植物(如锦葵科和葫芦科的某些植物)，其花粉母细胞由造孢细胞不经分裂直接发育而成。刚形成的花粉母细胞呈多边形，以后呈近圆形。细胞核和细胞体积较大，细胞质浓厚，无明显液泡。花粉母细胞之间以及与绒毡层细胞之间，均由胞间连丝相连，保持着结构上和生理上的密切联系。花粉母细胞不断积累营养物质，细胞内各种细胞器大量增加，RNA和蛋白质也大量合成，在质膜与细胞壁之间积累大量的胼胝质，并形成胼胝质壁，花粉母细胞便进入减数分裂阶段。

花粉母细胞成熟后，经过减数分裂形成4个染色体减半的单核花粉粒，又称小孢子。最初4个小孢子共同包于胼胝质壁中，且4个小孢子之间也有胼胝质分隔。胼胝质是低渗性的，能允许营养物质通过，但对细胞间大分子的交换可能有阻止作用，因而保持了减数分裂后的基因重组和小孢子之间的独立性。

花粉母细胞经过减数分裂形成的4个小孢子，在排列上常随新壁产生方式的不同而有所不同。减数分裂在第一次分裂完成之后即生成新壁，出现1个二分体阶段，第二次分裂面因与第一次相垂直，所以四分体排列在同一个平面上，这种胞质分裂类型称连续型(successive type)(图8-3-2A)，大多数单子叶植物和少数双子叶植物，如夹竹桃等属于此种类型。减数分裂在第一次分裂完成之后不立即形成新壁，而是在形成四分体时才同时产生细胞壁，新壁并不互相垂直，所以四分体的4个细胞呈四面体，这种胞质分裂类型称同时型(simultaneous type)(图8-3-2B)，大多数双子叶植物和部分单子叶植物，如兰科、莎草科等植物属于此类型。

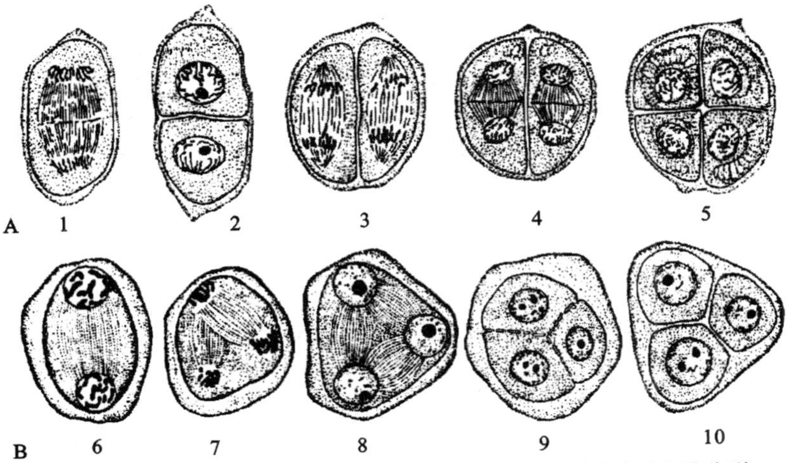

A. 连续型，1～5 示连续型胞质分裂；B. 同时型，6～9 示同时型胞质分裂。

图 8-3-2 花粉母细胞减数分裂的胞质分裂类型

(二)雄配子体的形成

随着花药的发育，绒毡层分泌胼胝质酶，将四分体的胼胝质壁溶解，4 个单核花粉粒从四分体中游离出来，释放到花粉囊中。刚游离出来的单核花粉粒，细胞壁薄，细胞质浓厚，细胞核位于细胞的中央(图 8-3-3)。不久，单核花粉粒从解体的绒毡层细胞吸取营养物质，细胞体积迅速增大，细胞中逐渐形成中央大液泡，细胞质呈贴壁的一薄层，细胞核随之由中央移向一侧(单核靠边期)。单核花粉粒长大以后，接着进行一次有丝分裂，先形成 2 个细胞核，贴近单核花粉粒壁的为生殖核，向着大液泡的称为营养核。之后进行一次不均等的胞质分裂，形成 2 个形状、大小和功能不同的细胞，其中较大的是营养细胞(vegetative cell)，较小的是生殖细胞(generative cell)。

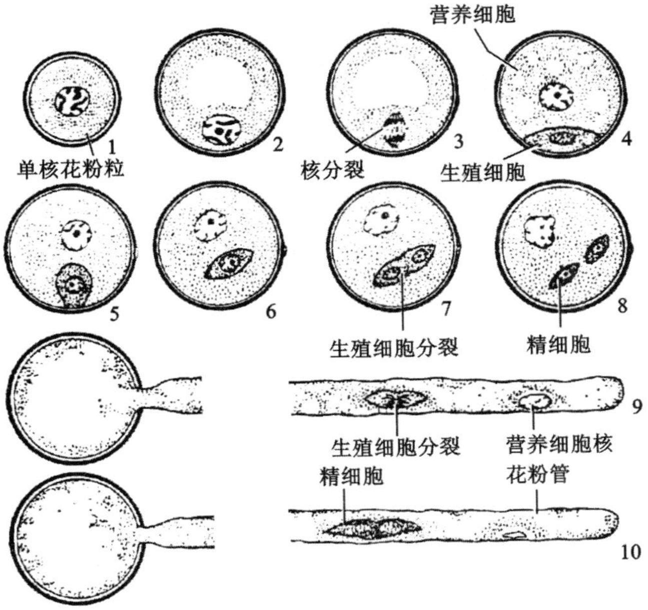

1. 新形成的单核花粉粒；2. 单核花粉粒的后期阶段，产生了液泡，细胞核移到近细胞壁的位置上；

3. 单核花粉粒的核分裂；4. 分裂结束，二细胞时期，示营养细胞和生殖细胞；

5. 生殖细胞开始与细胞壁分离；6. 生殖细胞游离在营养细胞的细胞质中；

7～8. 生殖细胞在花粉粒中分裂，形成精细胞；9～10. 生殖细胞在花粉管中分裂，形成精细胞。

图 8-3-3 被子植物花粉粒的发育与花粉管中精细胞的形成

营养细胞包含了单核花粉粒的大液泡及大部分细胞质，细胞器丰富，代谢活跃，并含有大量淀粉、脂肪、生理活性物质、色素等，其功能主要与花粉粒发育中营养供给以及花粉管生长有关。

生殖细胞呈凸透镜状，细胞核较大，但细胞质仅一薄层，细胞质中含线粒体、核糖体、内质网、高尔基体等细胞器。生殖细胞刚形成时紧贴着花粉粒内壁，与营养细胞之间由两层质膜分隔，两层质膜间有狭窄的空间，在其中逐渐沉积胼胝质的壁物质。这样营养细胞和生殖细胞各自都具有细胞壁，以后生殖细胞脱离花粉的壁，游离在营养细胞的细胞质中；与此同时，生殖细胞变为球形，并且胼胝质壁消失。这样，生殖细胞仅为它本身的质膜和周围营养细胞的质膜所包围，成为一个无壁的裸细胞。有些植物种类在散粉前，生殖细胞再进行一次有丝分裂，形成 2 个裸细胞结构的精子。精子即雄配子(microgamete)，成熟花粉粒就是雄配子体。这种细胞中有细胞的独特现象，反映了被子植物的雄配子体结构高度进化和简化的状态。

在花粉粒进行内部发育的同时，花粉粒的壁也逐渐发育出内壁(intine)和外壁(exine)两层结构。减数分裂形成四分体不久，花粉粒的壁也开始发育。当幼期单核花粉尚存于四分体中时，在胼胝质壁内侧和质膜之间首先发生纤维素的初生外壁。随之，初生外壁中形成许多纵轴垂直于花粉周面的网状结构，这些网状结构可能由脂质和蛋白质组成。花粉粒游离时，网状结构上陆续沉积孢粉素，其顶端和基部各自向四周扩延，并常依不同植物而按一定形式连接成各种形态的雕纹，此时，初生外壁已发育成花粉外壁。外壁并非均匀产生，未形成外壁的孔隙发育为萌发孔或萌发沟。花粉粒外壁的内侧还有一层内壁，它的发育常先在萌发孔区开始，然后遍及其他区域。花粉壁物质的来源，在四分体时期，由幼期单核花粉粒自身的细胞质提供；当单核花粉粒从四分体中散出后，则由花粉自身和绒毡层细胞共同供应。

很多植物，当花药成熟花粉粒散出时，只发育到含有营养细胞和生殖细胞的状态，这种花粉粒称为 2-细胞型花粉粒。2-细胞型花粉粒在传粉以后随花粉管的生长，在花粉管里再进行一次有丝分裂，产生 2 个精细胞(图 8-3-3)。据调查过的 260 个科的 2 000 多种被子植物，其中 179 个科仅有 2-细胞型花粉粒，如木兰科、毛茛科、蔷薇科、豆科等，约占调查总数的 70%。花粉粒中含有营养细胞和 2 个精子，这种花粉粒称为 3-细胞型花粉粒，如禾本科和菊科一些种类的花粉。也有少数植物散粉时同时具有 2-细胞型和 3-细胞型两种状态的花粉，如堇菜属、捕蝇草属以及单子叶植物中的百合属等。

现将花粉结构与花粉粒的发育形成过程表解如下：

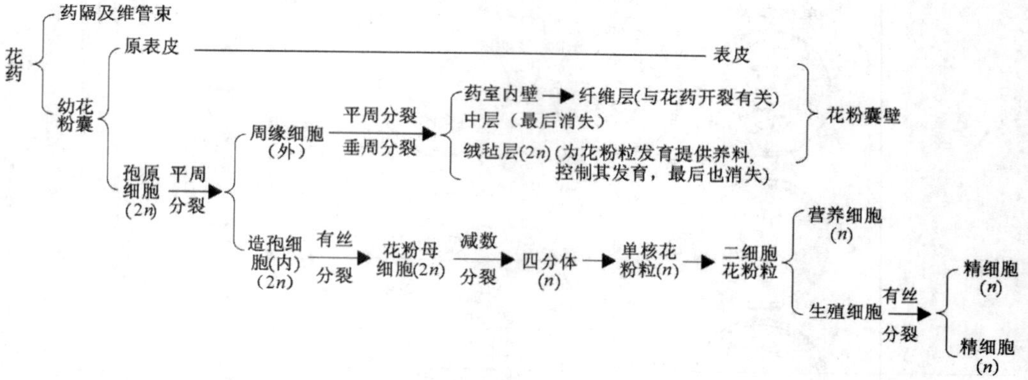

四、成熟花粉粒的形态及结构

(一) 花粉粒形态

花粉粒的形状、大小、外壁特征等，都随植物种类而异，但同种植物的花粉粒特征非常稳定。花粉粒的形状一般多呈球形、椭圆形，也有略呈三角形或长方形的。花粉粒的大小差异很大，大型的如紫茉莉的花粉直径为 250 μm，小型的如高山勿忘草，仅 2～5 μm，大多数植物花粉粒的直径在

15～60 μm之间，如桃约 25 μm，柑橘约30 μm，油茶约 40 μm，水稻为 42～43 μm，小麦为 45～60 μm。花粉粒外壁的纹饰特征，萌发孔的有无、形状、数量和分布等特征随植物种类而不同（图 8-3-4）。有些植物的幼期单核花粉粒始终保留在四分体中，发育为含 4 个、8 个、16 个、32 个、64 个花粉粒的复合花粉，这种复合花粉见于杜鹃花科、夹竹桃科、豆科、灯芯草科等植物中。

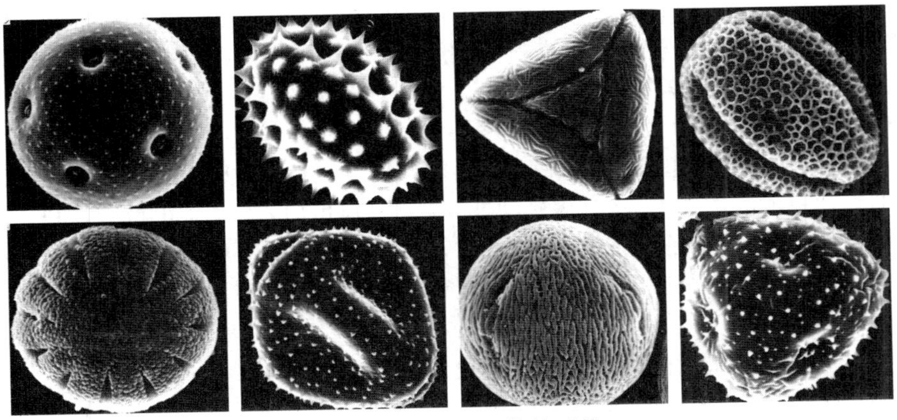

图 8-3-4　成熟花粉粒的形状

(二)成熟花粉粒的结构

成熟的花粉粒由花粉壁，包括外壁和内壁，1 个营养细胞和1 个生殖细胞或 2 个精子构成（图 8-3-5，图 8-3-6）。

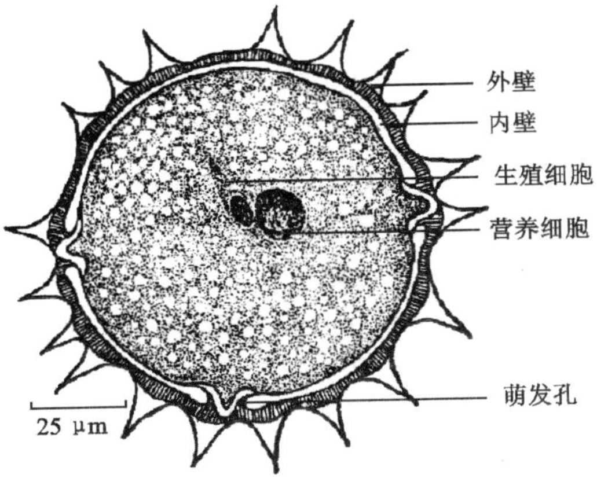

图 8-3-5　花粉粒的结构

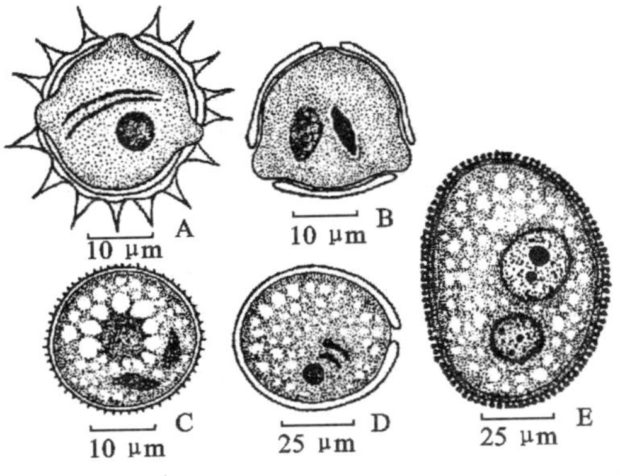

A. 向日葵；B. 慈姑；C. 烟草；D. 小麦；E. 百合。

图 8-3-6　几种被子植物的花粉粒

1. *花粉粒壁* 花粉粒的壁不同于一般的植物细胞壁，它包括了外壁和内壁两个部分。外壁较厚，常形成各种条纹、网纹等图案的纹饰和刺、疣、棒状或圆柱状等各种附属物。未形成外壁的一些孔隙发育形成萌发孔(germ pore)或萌发沟(germ furrow)。在萌发孔或萌发沟处只有内壁而无外壁，花粉萌发时花粉管由萌发孔或萌发沟长出。孔、沟的有无和数量因植物种类而异，有的只有萌发孔，有的只有萌发沟，有的两者均有。萌发沟的数量变化较少，但萌发孔的数量变化较大，可从1个至多数不等。花粉外壁的主要成分为孢粉素、纤维素、类胡萝卜素、类黄酮素、脂类及蛋白质等，所以，花粉通常呈黄色。孢粉素的化学性质极为稳定，具有抗高温、抗高压、抗酸碱、抗生物分解等特性，因而花粉粒的外壁及其上的纹饰特征能够长期保存，对花粉鉴别有特殊的意义。

花粉粒的内壁较薄，主要组成成分为纤维素、果胶质、半纤维素及蛋白质等。花粉外壁和内壁中所含的蛋白质是一种活性蛋白，具有识别功能，称为识别蛋白，或称为花粉壁蛋白。外壁蛋白是绒毡层细胞提供的，内壁蛋白是花粉本身合成的，存在于内壁多糖的基质中。在传粉受精过程中，花粉壁蛋白与雌蕊组织之间的识别反应决定着花粉是否萌发以及亲和性或不亲和性。外壁和内壁上还存在有酶，特别是水解酶，但酶的种类有明显不同，如核糖核酸酶、酸性磷酸酶仅存在于内壁；而琥珀酸及NADH脱氢酶、蛋白酶仅存在于外壁。

由于各种植物花粉外壁上的突起、棘刺和萌发孔的数目、沟槽的位置不同，常在不同植物种类里出现极为复杂的多样性，而且一种植物的花粉往往有一定的形态构造，可以用作鉴别植物种类的依据，尤其是在化石植物鉴定上，花粉鉴定有其十分重要的价值。各地层或泥炭积层中，常可找到古代植物遗留的花粉，根据这些花粉特征，可以推断当时生长的植物种类和分布情况。目前，利用花粉特征以鉴定植物种类、演化关系和植物地理分布，已成为一门专门的学科，称为孢粉学(Palynology)。孢粉的研究已在植物分类学、地质学、古植物学以及研究植物演替及地理分布、鉴定蜜源植物等方面得到应用。

2. *营养细胞* 营养细胞较大，核结构疏松，核孔较多，核质常向外扩散，染色较浅，通常没有核仁，有的植物营养细胞核呈不规则的瓣裂状。营养细胞细胞质多，细胞器丰富，有大量的质体、线粒体、内质网、核糖体、高尔基体等。RNA含量较高，贮藏物质含量丰富，在花粉粒发育后期，质体中常有大量淀粉粒，圆球体逐渐增多，甚至成为细胞质的一个主要组成部分。营养细胞的代谢活动较旺盛，这对以后花粉萌发和花粉管生长十分有利。

3. *生殖细胞* 在成熟的2-细胞型花粉粒中，生殖细胞是一个无壁的裸细胞，仅由其本身的质膜和营养细胞的质膜所包围。生殖细胞为长纺锤形或长椭圆形，这种形状被认为有利于进入花粉管。生殖细胞的核结构紧密，相对较大，内含1～2个核仁，染色质凝集，细胞质稀少。电镜下，生殖细胞含有线粒体、内质网、高尔基体、核糖体等细胞器，除少数植物如月见草属(*Oenothera*)、天竺葵属(*Pelargonium*)等生殖细胞始终含有质体外，多数植物种类缺少质体。生殖细胞中质体的存在与遗传信息的传递有关。

4. *精细胞* 在花粉粒发育的过程中，生殖细胞形成后即进行DNA的复制，接着进入有丝分裂形成2个精子。2-细胞型花粉粒，生殖细胞的有丝分裂停滞在分裂前期或中期，直至进入花粉管中才继续分裂为2个精子。精子体积小，细胞质稀少，也是无壁的裸细胞。其细胞形状在不同植物中变化较大，有纺锤形、球形、蠕虫形、带状、椭圆形等。细胞核大，细胞质呈一薄层，含有线粒体、内质网、高尔基体、核糖体、微管等细胞器，但缺少质体。

20世纪80年代以来，应用电镜连续超薄切片技术和计算机三维重组技术，重构花粉粒的三维结构模型以及定量的细胞学研究证明，在白花丹(*Plumbago zeylanica*)、菠菜、甘蓝、玉米等植物中发现一对精子间有分化，即具异型性。一般较大的一个精子与营养核紧密连接或更为接近，含大量线粒体；小的精子中质体丰富而线粒体少，但在菠菜、甘蓝、油菜等的精子中无质体。杜马(Dumas)等(1984)提出了雄性生殖单位的概念，指在被子植物雄配子体中精子与营养核及一对精子之间存在物理上或结构上的连接，成为一个结构单位(图8-3-7)，即雄性生殖单位(male germ unit)。例如，油菜花粉粒中，营养细胞核高度卷曲，中央部位有一个显著的凹陷，两个相连的精子，其中一个精子尾部较短，靠近营养核但不穿入，另一个精子尾部较长，穿入营养核，使一对精细胞间及一个精细胞与营养细胞核间紧密联系，成为一个完整的传递单位。

雄性生殖单位不仅存在于3-细胞型花粉中，也存在于2-细胞型花粉的植物中。因此，雄性生殖单位也指在成熟花粉中或花粉管中营养核与生殖细胞形成的联合体。雄性生殖单位概念的建立和精子异型性的发现是被子植物胚胎学史上的重大发现。

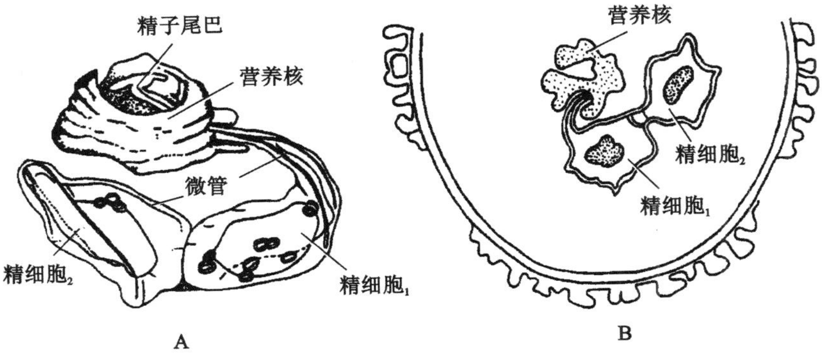

A. 油菜的雄性生殖单位（三维重组图）；B. 油菜花粉粒的一部分，示内部的雄性生殖单位。

图 8-3-7 雄性生殖单位图解（引自 McConchie 等）

五、花粉粒的内含物和生活力

（一）花粉粒的内含物

花粉粒的内含物主要贮藏于营养细胞的细胞质中，包括营养物质、各种生理活性物质和盐类，它们对花粉萌发和花粉管生长有重要作用。花粉贮藏物质以淀粉和脂肪为主，此外，还含有果糖、葡萄糖、蛋白质以及人体必需的氨基酸。脯氨酸在花粉中的数量与作用较为突出，其含量常是花粉育性的重要标志，不育的花粉中脯氨酸显著减少；花粉中含有多种维生素，尤以B族维生素最多；花粉中可能含有多种植物生长调节物质，如生长素、细胞分裂素、赤霉素、乙烯、芸苔素等，但一种花粉不一定同时都含有几类激素，花粉的生长调节物质可抑制或促进花粉生长；花粉中含有如淀粉酶、脂肪酶、蛋白酶、果胶酶和纤维素酶等各种酶，酶对花粉管生长过程中物质代谢、分解花粉的贮藏物质及吸收利用外界物质起重要作用；花粉中还含有花青素、糖苷等色素，以及占干重2.5%～6.5%的无机盐，色素能减少紫外线对花粉的伤害，保护花粉。

（二）花粉粒的生活力

花粉粒的生活力是指花粉保持授粉特性的能力，一般用花粉存活时间表示。存活时间越长则表示花粉粒的生活力越强。

花粉粒的生活力主要由植物本身的遗传特性所决定，因此不同种类植物表现出很大差异。在自然条件下，大多数植物的花粉从花药散出后只能存活几小时、几天或几个星期。一般木本植物花粉的寿命比草本植物的长，如在干燥、凉爽条件下，柑橘花粉能存活 40～50 d，椴树花粉能存活 45 d，苹果花粉能存活 10～70 d，樱桃花粉能存活 30～100 d，麻栎花粉能存活 1 年。草本植物中，花粉寿命较短，如棉属花粉采下后 24 h 存活率只有 65%，超过 24 h 很少存活；多数禾本科植物的存活时间不超过 1 d，如玉米花粉存活 1～2 d，水稻花粉在田间条件下经 3 min 就有 50%丧失生活力，5 min后几乎全部死亡。

花粉粒的类型和生活力也表现出相关性，通常 3-细胞型花粉的寿命较 2-细胞型花粉短，如水稻等禾本科植物为 3-细胞型花粉，寿命较短。

环境条件也影响花粉粒的生活力。影响花粉粒生活力的环境因素主要是温度、湿度和空气。低温、干燥、缺氧条件，可以降低花粉代谢活动水平，使其处于休眠状态，从而保持或延长花粉的寿命。近年来，在贮藏花粉方面利用超低温、真空或降低氧分压以及快速冷冻干燥等方法，延长花粉生活力取得良好的效果。用贮藏花粉的办法可以解决远距离或不同花期植物之间的授粉问题。

六、花粉败育和雄性不育

由于外界和内在因素影响，花粉的正常发育受到影响，有时散发出的花粉不能起到生殖作用，这一现象称为花粉的败育(abortion)。花粉败育往往与环境条件相联系，如温度过低或过高、水分亏缺、光照不足、严重干旱、污染、药剂处理等，均有可能引起植物生理失调而导致花粉败育。造成花粉败育最敏感的时期多在花粉母细胞进行减数分裂阶段，如水稻在此阶段如遭遇16℃以下低温，其花粉母细胞的减数分裂异常，常形成大量败育花粉，是谷粒空壳的一个重要原因。

由于内在生理、遗传的原因，在正常自然条件下也会产生花药或花粉不能正常发育，造成畸形或完全退化的情况，这一现象称为雄性不育(male sterility)。雄性不育特征一旦形成，常常是可遗传的。雄性不育可遗传的品系称为“雄性不育系”。遗传性雄性不育在植物界是一种常见现象，据统计已在43科162属320种和297个种间杂种中发现了雄性不育现象。由于雄性不育是杂种优势利用的基础，因此，对雄性不育机理的探索一直是一个非常活跃的研究领域。雄性不育的原因是多方面的，与植物学有关的原因如下：

(1)绒毡层发育　研究表明，雄性不育的发生与绒毡层正常发育途径受干扰有关。绒毡层细胞延迟退化、提早降解、细胞肥大生长都是影响花粉发育、导致花粉败育的原因。另外，绒毡层营养物质减少，绒毡层细胞生物合成活性下降，影响了小孢子发育，也可导致花粉败育。

(2)细胞骨架　植物正常花粉含有丰富的肌动蛋白，不育花药中的肌动蛋白很少。细胞骨架系统的紊乱也是花粉败育过程的一种表现。在水稻光温敏核雄性不育系培矮64s小孢子母细胞减数分裂期间，发现各发育阶段细胞内的微管骨架呈现许多不正常现象，如：在偶线期没有极性分布的微管；减数分裂期间出现许多特别粗的微管束；终变期，围绕核的微管宽带结构松散，内含微管数量少等。

(3)细胞的程序性死亡　细胞学研究表明，在花药成熟之前，作为正常有性生殖过程的前提，有些花药组织以精确的时间顺序经历细胞死亡过程，如果这些细胞的死亡过程发生了变化则往往导致不育。最典型的例子是花药绒毡层，通常在花粉发育的特定时间内死亡，在成熟花药中已不存在。在光敏核不育水稻的可育花药中，与花粉粒接触的绒毡层细胞部位先发生凹陷现象，表明绒毡层细胞程序死亡过程受小孢子发育的影响；在不育花药中，由于小孢子的败育，绒毡层的细胞程序死亡不发生或推迟，从另一方面也证明了花粉发育与否对绒毡层细胞程序死亡的影响。

(4)雄性不育植株的形态特征　从植株形态上，雄性不育性表现出许多不同形式：雌雄异株株系中完全没有或高度缺乏雄性个体；在正常两性花植株上，雄性器官不发育或畸形；不能发育正常的造孢组织；小孢子发生异常，产生不完善、无生活力、畸形或败育的花粉；花粉不能成熟或在亲和柱头上不能萌发；形成有生活力的花粉，但花药不开裂；不是因为自交不亲和而导致的花粉不能到达柱头或胚珠等。

第四节　雌蕊的发育与结构

一、雌蕊的发育及其组成

雌蕊是由花芽中的雌蕊原基发育而来的，雌蕊原基形成后，上部首先伸长，逐渐发育成柱头和花柱，基部形成囊状的子房。

(一)柱头

柱头是承受花粉粒和花粉萌发的场所，具有特殊的表面以适应接受花粉。柱头的表皮细胞常常变为乳突状或毛状，有利于黏附花粉。表皮及乳突的角质膜外，还覆盖着一层亲水的蛋白质薄膜，它能使花粉萌发获得所需要的水分，在花粉和柱头的相互识别中起着重要的作用。表皮以下为基本组织。开花传粉时，有些植物柱头表皮下有具备分泌功能的细胞群，能大量分泌糖类、脂类、酚类、酸类、激素、酶、氨基酸和蛋白质等物质，使柱头表面湿润，称湿柱头，如百合、烟草、苹果、胡萝卜等。脂类物质有助于黏住花粉粒，减少柱头失水；酚类化合物可防止病虫对柱头的侵害，可以有选择地促进或抑制花粉粒的萌发；糖类是花粉粒萌发及花粉管生长时的营养物质；蛋白质在花粉与柱头的相互识别中起重要作用。也有一些植物，柱头表面并不产生分泌物，称为干柱头，但由于表面存在亲水性的蛋白质薄膜，能通过其下面角质层的中断处吸水，辅助黏着花粉并获得萌发必需的水分，如石竹科、十字花科以及禾本科植物的柱头都属于这种类型，是被子植物中常见的柱头类型。

(二)花柱

花柱是花粉管进入子房的通道，其最外层为表皮，内为基本组织。花柱有空心花柱和实心花柱两种类型。空心花柱的中央有1条至数条中空的纵行沟道，叫花柱道(stylar channel)，自柱头通向子房。在花柱道的表面有一层具有分泌功能的内表皮细胞，称为花柱道细胞。这种细胞呈乳头状，细胞壁较厚，细胞核大，有的是多核，含丰富的细胞器和分泌物，在开花前或传粉时，花柱道细胞的角质层破裂或部分细胞自行解体，将分泌物释放出来，传粉后，花粉粒萌发形成的花粉管就沿着花柱道表皮的分泌物生长，进入子房。如豆科、罂粟科、马兜铃科和百合科等科的一些植物。实心花柱的中央常分化出一种有分泌功能的引导组织(transmitting tissue)，引导组织细胞在功能上与花柱道细胞相似，但其形态特征上有很大差异，引导组织的细胞侧壁厚，横壁薄，细胞纵向伸长且常呈浅裂，胞间隙明显，胞内除含丰富的细胞器外，还有大的液泡、脂肪小球和晶体。传粉后，花粉管沿引导组织胞间隙进入子房(图8-4-1)，如白菜、番茄和梅等。但也有一些植物，如垂柳、小麦、水稻等，它们的花柱结构较为简单，无引导组织分化，花粉管则从花柱中央薄壁组织的胞间隙中穿过。

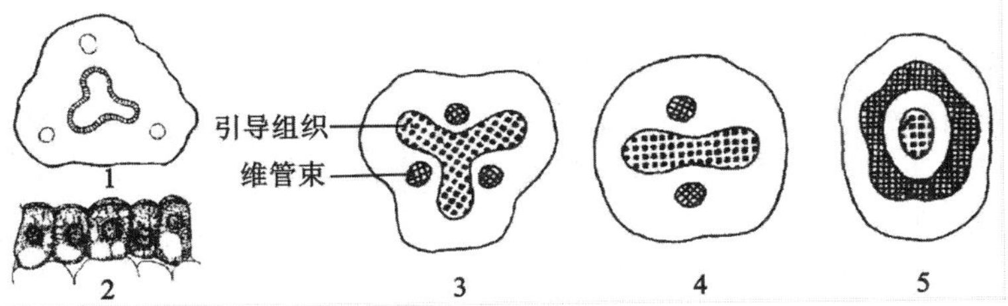

1,2.中空花柱道及其周围的花柱道细胞(花柱内表皮)；3～5.实心花柱中各种组织不同的分布。

图8-4-1 不同植物花柱横切面图解

(三)子房

子房是雌蕊基部膨大的部分，其外是子房壁，内部分化出子房室，胚珠着生在子房室内的胎座上(本章彩图6)。子房壁内、外两面都有一层表皮(相当于叶片的上、下表皮)，外表皮上常有气孔及表皮毛，两层表皮之间为薄壁组织(相当于叶肉)和维管束。在背缝线处有一个较大的维管束，在腹缝线处有两个较小的维管束。通常在腹缝线处着生1枚至多数胚珠。

二、胚珠的发育与结构

胚珠是由胎座上的胚珠原基发育而成的。随着雌蕊的发育，子房内腹缝线的一定部位，内表皮下的一些细胞经平周分裂，产生一团具有强烈分裂能力的细胞突起，叫胚珠原基。胚珠原基逐渐向上生长，前端发育为珠心，是胚珠中最重要的部分；基部分化发育为珠柄，与胎座相连。以后，由于珠心基部外围的细胞分裂较快，产生一环状突起，并逐渐向上扩展，将珠心包围起来，形成珠被，珠被在珠心顶端留有一小孔，为珠孔。双子叶植物中的多数合瓣花类，如番茄、向日葵等只有一层珠被；但双子叶植物中的多数离瓣花类和单子叶植物，如油菜、棉花、小麦、百合、水稻等则有两层珠被，内层为内珠被(inner integument)，外层为外珠被(outer integument)。内珠被首先发育，然后在内珠被基部的外侧细胞快速分裂形成外珠被。珠柄与珠心直接相连，心皮维管束通过珠柄进入胚珠。维管束进入之处，即胚珠基部珠被、珠心和珠柄愈合的部位，叫合点。子房壁中的维管束由胎座经过珠柄到达合点而进入胚珠内部，为胚珠输送养料（图 8-4-2，本章彩图 7）。

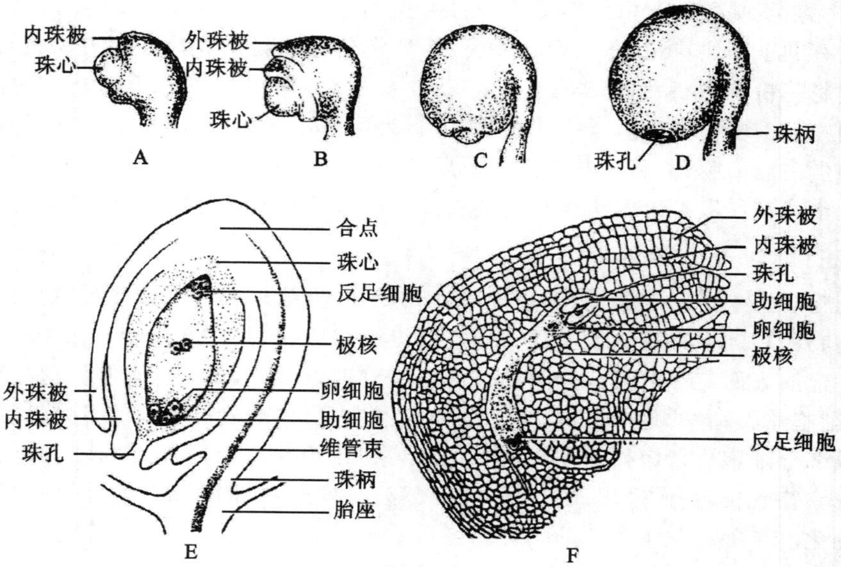

A～D. 胚珠的发育过程；E. 成熟胚珠的结构；F. 油菜成熟胚珠，示胚囊结构。

图 8-4-2　胚珠发育与结构

胚珠在生长时，珠柄和其他各部分的生长速度并不是均匀一致的，因此，胚珠在珠柄上的着生方位不同，从而形成不同类型的胚珠（图 8-4-3）。一种是直生胚珠（orthotropous ovule），胚珠各部分平均生长，胚珠正直地着生在珠柄上，珠柄、珠心和珠孔的位置在同一直线上，珠孔在珠柄相对的一端，如大黄、酸模、荞麦等的胚珠；另一种类型是倒生胚珠（anatropous ovule），这类胚珠的珠柄细长，整个胚珠作 180°扭转，呈倒悬状，但珠心并不弯曲，珠孔的位置在珠柄基部一侧。靠近珠柄的外珠被常与珠柄相贴合，形成一条向外突出的隆起，称为珠脊（raphe），大多数被子植物的胚珠属于这一类型。如果胚珠在形成时一侧增长较快，使胚珠在珠柄上形成 90°的扭曲，胚珠和珠柄成直角，珠孔偏向一侧，这类胚珠称为横生胚珠（hemitropous ovule）；也有胚珠下部保持直立，而上部扭转，使胚珠上半部弯曲，珠孔朝向基部，但珠柄并不弯曲，称弯生胚珠（campylotropous ovule），如蚕豆、豌豆和禾本科植物的胚珠。

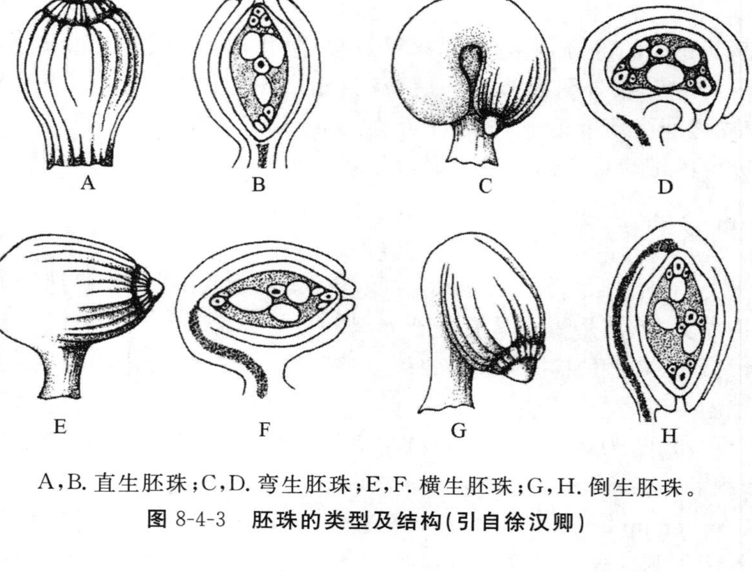

A，B. 直生胚珠；C，D. 弯生胚珠；E，F. 横生胚珠；G，H. 倒生胚珠。

图 8-4-3　胚珠的类型及结构（引自徐汉卿）

三、胚囊的发育与结构

胚珠发育的同时，在珠心中产生大孢子母细胞，大孢子母细胞减数分裂产生大孢子，再由大孢子发育形成胚囊，其内产生雌配子——卵细胞。

(一)大孢子的形成

胚囊发生于珠心组织中。最初，珠心是一团均匀一致的薄壁细胞，在珠被原基刚开始形成时，珠心内部的细胞发生变化。靠近珠孔端的珠心表皮下，逐渐发育出一个体积较大、细胞质浓厚、细胞核大、细胞器较丰富、RNA 和蛋白质含量较高的与周围细胞显著不同的细胞，称孢原细胞。孢原细胞形成后，则进一步发育长大成大孢子母细胞(megaspore mother cell)，也称胚囊母细胞(embryo sac mother cell)，但其发育的形式随植物种类不同而异。向日葵等合瓣花植物及小麦、水稻等，其孢原细胞不经分裂，直接长大发育为大孢子母细胞(胚囊母细胞)(图 8-4-4)；而在棉花等植物中，孢原细胞先进行一次平周分裂，形成内外两个细胞，靠近珠孔端的叫周缘细胞，远离珠孔端的叫造孢细胞。周缘细胞继续分裂产生多数细胞，参与珠心的组成；而造孢细胞则直接发育为大孢子母细胞。通常把孢原细胞不经分裂直接发育为大孢子母细胞而形成的胚囊叫薄珠心胚囊(tenuinucellate embryo sac)，而将孢原细胞经平周分裂后形成周缘细胞和造孢细胞，由造孢细胞进一步形成的胚囊叫厚珠心胚囊(crassinucellate embryo sac)。如果珠心组织中形成的孢原细胞不只是一个，而是多个，仍然只有一个可以继续发育，成为大孢子母细胞。

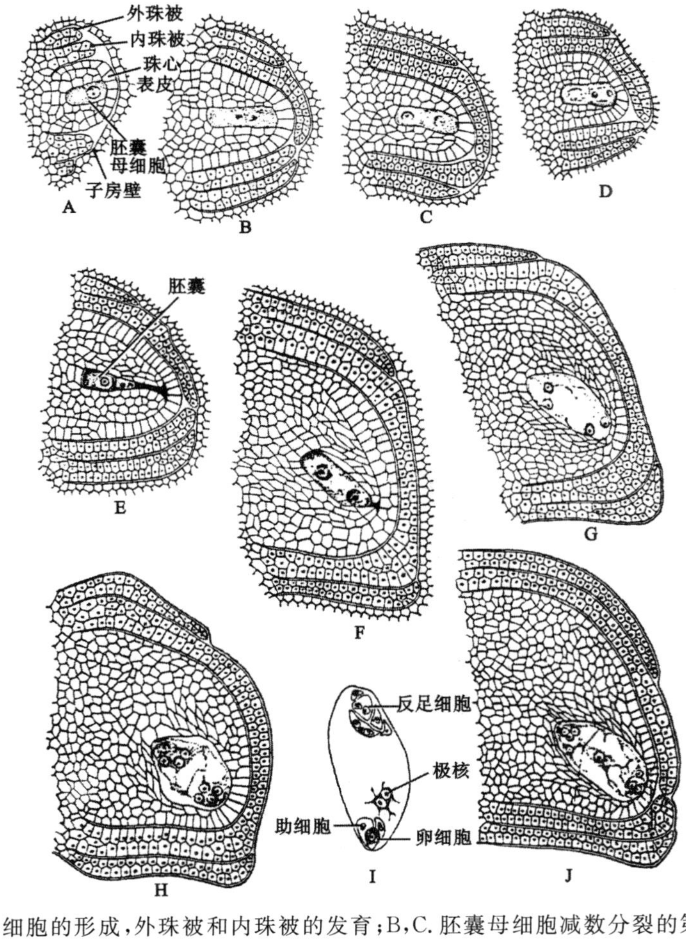

A. 胚囊母细胞的形成，外珠被和内珠被的发育；B，C. 胚囊母细胞减数分裂的第一次分裂；D. 减数分裂的第二次分裂，形成四分体；E. 四分体近珠孔端的 3 个细胞退化，合点端的 1 个发育；F. 二核胚囊；G. 四核胚囊；H. 八核胚囊；I，J. 成熟胚囊，示卵细胞、助细胞、反足细胞和极核。

图 8-4-4 水稻胚珠及胚囊的发育(引自李扬汉)

大孢子母细胞进行减数分裂产生 4 个大孢子(macrospore)，不同植物种类，参与胚囊形成的大孢子核数是不同的，据此将胚囊的发育划分为 3 种不同的类型，即单孢子胚囊、双孢子胚囊和四孢子胚囊。

1. 单孢子胚囊(蓼型胚囊)　大孢子母细胞经减数分裂后形成 4 个单倍体的大孢子，大孢子呈直线形排列，其中仅有 1 个大孢子参与胚囊的发育，其余 3 个都退化。

2. 双孢子胚囊　大孢子母细胞经减数分裂的第一次分裂后，形成 2 个单倍体的细胞，其中一个细胞退化，另一个细胞进行减数分裂的第二次分裂。第二次分裂只发生细胞核分裂，不进行细胞质分裂，形成 2 个单倍体的大孢子核。这 2 个大孢子核参与胚囊的发育。

3. 四孢子胚囊　大孢子母细胞在减数分裂的两次连续分裂中，只发生细胞核分裂，不进行细胞质分裂，形成 4 个单倍体的大孢子核，这 4 个大孢子核都参与胚囊的形成。

(二)蓼型胚囊(单孢子胚囊)的发育

70%的被子植物是单孢子胚囊，其成熟胚囊是由一个大孢子参与形成的。由于在蓼科植物中首先发现这种类型的胚囊，因此，也称为蓼型胚囊。小麦、水稻、油菜等均为蓼型胚囊。

大孢子母细胞经过减数分裂，形成 4 个大孢子，通常呈直线排列，也有呈"T"形或其他形状排列的。在 4 个线形排列的大孢子中，近珠孔端的 3 个大孢子退化消失，仅合点端的 1 个为功能大孢子，以后发育形成胚囊。大孢子母细胞外也有胼胝质壁的形成，减数分裂形成 4 个大孢子时，胼胝质壁从其合点端首先消失，便于营养物质进入功能大孢子，对其进一步的发育有重要作用。而 3 个无功能的大孢子被胼胝质壁包围较长时间，最后退化消失。功能大孢子发育成胚囊的过程中，首先从珠心组织吸收营养物质，体积明显增大，出现了大液泡，称为单核胚囊，也是雌配子体的第一个细胞。以后，单核胚囊进行连续三次核有丝分裂，第一次有丝分裂生成的 2 个子核，分别移到胚囊两端，然后，每端的核各自再分裂 2 次，于是在胚囊的两端各形成 4 个核。这 3 次有丝分裂都是核分裂，不伴随细胞质的分裂和新壁的产生，因此，胚囊中最终出现了 8 个游离核，每端各有 4 个游离核。不久，每端各有 1 个核移向胚囊中央，并互相靠近，这 2 个核称为极核(polar nuclei)。随着核分裂的进行，胚囊的体积迅速增大，特别沿纵轴扩展明显，使胚囊占据珠心的大部分体积。最后各核之间产生细胞壁，形成细胞。极核与周围的细胞质共同组成胚囊中的大型中央细胞(central cell)；靠近珠孔端的 3 个核，分化成为 1 个较大的卵细胞(egg cell)和 2 个较小的助细胞(synergid)，三者合称为卵器；位于合点端的 3 个核，分化成 3 个反足细胞(antipodal cell)。至此，单核胚囊已发育成为一个具有 7 个细胞，即 1 个卵细胞、2 个助细胞、3 个反足细胞和 1 个中央细胞的八核胚囊，即雌配子体(female gametophyte)，其中的卵细胞为雌配子(female gamete)。中央细胞的 2 个极核在受精前可保持分离状态，如水稻、小麦等，也有些植物在受精前，2 个极核互相融合形成 1 个二倍体的次生核(secondary nucleus)，如棉花、油菜等植物。

(三)成熟胚囊的结构

虽然胚囊的发育有各种形式，但大多数被子植物成熟胚囊的结构是一致的。成熟胚囊内具有 7 个细胞 8 个核，即 1 个卵细胞、2 个助细胞、1 个含有两个核的中央细胞和 3 个反足细胞(图 8-4-5)。

1. 卵细胞　卵细胞是雌配子，成熟的卵细胞呈洋梨形，狭长端对向珠孔，在珠孔端与 2 个助细胞排列成三角鼎立状(图 8-4-5，图 8-4-6)。大多数被子植物的卵细胞具有明显的极性，即核和细胞质偏于合点端，珠孔端有 1 个大液泡。细胞质主要分布在合点端核的周围，液泡四周及珠孔端只有少量的细胞质。卵细胞在发育初期，细胞质内的细胞器较多，有许多线粒体、质体、内质网、核糖体等，这些细胞器大部分分布在合点端的细胞质中，珠孔端的细胞质中细胞器十分稀少。已成熟的卵细胞中各种细胞器减少，说明成熟的卵细胞代谢和合成活动比较低，而且卵细胞成熟时，珠孔端大液泡分散成小液泡，细胞核更贴近合点端。

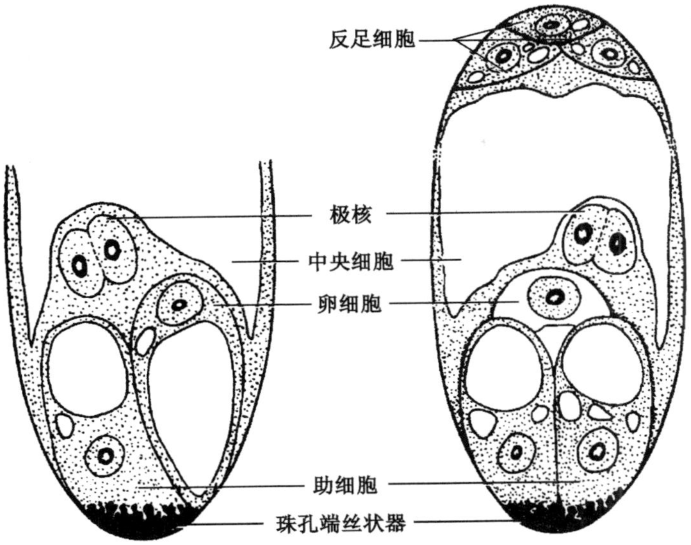

图 8-4-5 成熟胚囊的构造模式图(引自强胜)

卵细胞仅在珠孔端的区域具有细胞壁,近合点端区域缺少细胞壁(如棉花、玉米等)或呈蜂窝状(如荠菜)。在向日葵中发现,卵细胞在发育初期,外周以完全壁与助细胞、中央细胞相隔,壁上有胞间连丝,随着卵细胞的发育成熟,卵细胞合点端的细胞壁开始变薄,之后合点端约占整个卵细胞1/3部位的细胞壁完全消失。

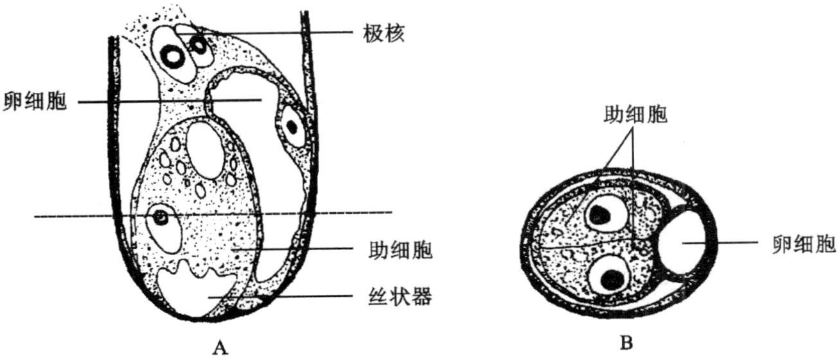

A. 纵切面;B. 通过 A 图虚线部位所作的横切面。

图 8-4-6 棉花成熟胚囊珠孔端图解(引自 Jensen)

2. *助细胞* 助细胞位于珠孔端,两个助细胞彼此紧靠,体积比卵细胞稍小。助细胞的极性与卵细胞相反,即合点端常有一个大液泡,细胞质与核偏向珠孔端。助细胞的细胞质中有丰富的线粒体、内质网、高尔基体、核糖体等细胞器,说明助细胞是代谢高度活跃的细胞。大多数被子植物助细胞的壁与卵细胞的相似,仅在珠孔端有壁的存在,从珠孔端至合点端逐渐变薄,在合点端与卵细胞和中央细胞之间仅以质膜相隔,没有细胞壁,或者合点端有壁但变为蜂窝状。助细胞在珠孔端的细胞壁向细胞腔内生出一些指状突起,称为丝状器(filiform apparatus)。丝状器与传递细胞的壁很类似,它也增加了细胞质膜的表面积,具有将珠心和珠被细胞内的营养物质转运给胚囊,特别是转运给卵细胞的短距离运输的作用。另外,丝状器还可能具有将助细胞所产生的某种化学物质分泌到珠孔或与珠孔相邻近的珠心细胞中去的作用,这种化学物质具有引导花粉管准确到达胚囊的功能。助细胞存在的时间比较短暂,受精后很快解体,有些植物的助细胞甚至在受精前就已经退化。

珠孔端的 2 个助细胞和 1 个卵细胞合称为卵器。这 3 个细胞有一个共同特点,就是具有不完全和厚度不同的细胞壁,靠近合点端只有质膜而无细胞壁。卵器细胞的这一特征为受精过程提供了有利条件,使精子较容易地进入卵细胞完成受精过程。

3. 中央细胞　中央细胞是胚囊中体积最大而高度液泡化的细胞，中央细胞的2个核称为极核。在成熟胚囊中，2个极核相互靠近，或融合为1个双倍体的次生核。中央细胞也表现出一定的极性，在合点端有一个大液泡，细胞质主要集中在极核或次生核周围。在液泡和侧壁之间，只有很薄的一层细胞质。

胚囊成熟后，中央细胞的壁薄厚不匀，与卵器接触处细胞壁较薄或没有细胞壁，只有质膜；与反足细胞相接处具有薄的细胞壁；与珠心细胞相接处具有由最初胚囊细胞保留下来的细胞壁。中央细胞通过胞间连丝与卵器和反足细胞联系，而与珠心细胞间并不存在这种联系，但是中央细胞的侧面有由细胞壁向内形成的大量指状内突，在珠孔端极为发达。

中央细胞内含有丰富的细胞器，如线粒体、质体、内质网、高尔基体等，同时还可以积累大量的淀粉粒、蛋白质和脂类等贮藏物质，显示出中央细胞既有较强的代谢活跃性，又有贮存营养物质的作用。中央细胞受精后发育成胚乳。

4. 反足细胞　反足细胞位于胚囊的合点端，虽与受精作用没有直接关系，却是代谢活跃的细胞。反足细胞的形状及数目变化，依植物种类不同差异很大。大多数植物的反足细胞为3个，但有些植物反足细胞可以增生，多达几十个，甚至几百个，如小麦、玉米约有30个，胡椒有100个。反足细胞的超微结构表明，在玉米等植物的反足细胞中，与珠心相邻的细胞壁上，存在有发达的壁内突，反映了反足细胞具有传递细胞的特征，具有从珠心组织吸收营养物质的功能。反足细胞含有丰富的细胞器，如线粒体、内质网、核糖体和高尔基体，整个反足细胞呈现代谢活跃的状态。有些植物反足细胞的生活期较长，当多细胞胚形成时，反足细胞仍然存在，也有一些植物，如棉花、油菜和桃等，其反足细胞生存期较短，在受精前就消失了。

（四）雌性生殖单位

雌性生殖单位这一概念是由杜马等人与雄性生殖单位的概念同时提出来的。雌性生殖单位是指由卵细胞、助细胞和中央细胞组成的一个结构单位，是一个和生殖直接相关的功能单位。雌性生殖单位的结构有助于双受精的成功，表现在雌性细胞在精子到达的位置通常没有细胞壁，这排除了配子融合时的障碍；卵核与中央细胞的极核（或次生核）的相向贴近，这保证了两种融合的同时进行。雌性生殖单位也是当胚囊发育到一定临界状态即准备受精之前才组成的一个暂时性单位，在其功能结束后即行解散，以保证胚和胚乳各自的发育。

现将胚囊的发育过程表解如下：

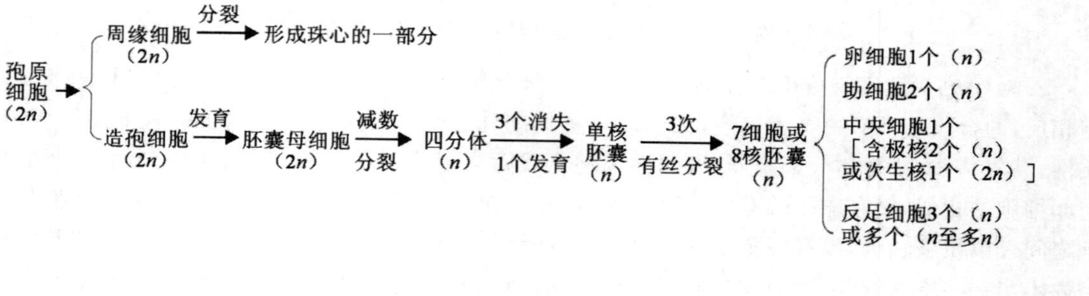

第五节　开花、传粉和受精

一、开花

当花中的雄蕊和雌蕊发育成熟，或两者之一达到成熟，这时花萼、花冠展开，露出雌、雄蕊，这一现象称为开花（anthesis）。开花是大多数有花植物性成熟的标志。

不同的植物，开花年龄并不相同。一、二年生植物生长数日至数月就能开花，这类植物一生中只开花一次，花后植物死去。多年生植物达到开花年龄以后，年年开花，一生中开花多次，直到植物死亡为止。木本植物都是多年生的，一般都需要生长数年后才能达到开花年龄。有的龙舌兰要生长数十年才能达到开花年龄，但一生中只开花一次，花后植物死亡。木本植物的开花年龄往往差异很大，如桃属植物 3～5 年；桦属植物 10～12 年，椴属植物 20～25 年。

各种植物在每年的开花季节也常有差别，风媒木本植物多在早春叶没有长出之前开花，花期较早，这有利于风媒传粉的进行，如杨、柳等。但一般植物多在叶长出后开花，花期较晚。不同植物的开花季节虽不完全相同，但大体上集中在早春季节的较多，少数是在冬天开花。多数植物在白天开花，也有的是在晚上开花，如晚香玉。

一株植物，从第一朵花开放到最后一朵花开花结束所经历的时间，叫作开花期。开花期的长短常随植物种类不同而异，如小麦 3～6 d，早稻 5～7 d，晚稻 9～10 d，柑橘、苹果6～12 d，油菜 20～40 d，棉、番茄可延续几个月。热带植物中有些种类几乎终年开花，如可可、桉树、柠檬等。各种植物的开花习性与它们原产地的生活条件有关，也是植物长期适应的结果。但在某种程度上也受生态条件的影响，如纬度、海拔高度、气温、光照、湿度、营养状况等的变化都可能引起植物开花的提早或推迟。开放后的花朵，一般雌雄蕊已经成熟，雄蕊的花粉囊通过一定方式开裂并散出花粉，完成传粉作用。散放出来的花粉，在适宜的温度、湿度条件下，保持一定时期的萌发力。高温、干旱或过量的雨水，一方面能破坏花粉的生活力，同时，对柱头的分泌作用产生不利的影响。所以，作物在开花时遇到高温、干旱或连阴雨等恶劣天气，都会导致减产。

二、传粉

成熟的花粉，借助一定的媒介，传送到同一花或另一花的雌蕊柱头上的过程，称为传粉（pollination）。传粉是种子植物有性生殖过程中必不可少的环节，是完成受精作用的第一步。因为有性生殖过程中的雌配子即卵细胞是产生在胚囊中，胚囊又深埋在子房内的胚珠里，要完成全部有性生殖过程，必须使产生雄配子即精细胞的花粉与胚珠接近，传粉就是起到了这样的作用；其次，花粉萌发需要有柱头分泌物的刺激作用并提供萌发条件。一般情况下，花粉只有落到柱头上才能自然萌发，而且柱头对落在其上的不同植物的花粉具有选择作用，只有经识别亲和的花粉才能萌发，其他的花粉会受到柱头的抑制而不能萌发。

自然界中，普遍存在的传粉方式有两种，一种是自花传粉（self-pollination），另一种是异花传粉（cross-pollination）。

（一）自花传粉及其生物学意义

花粉传送到同一朵花雌蕊柱头上的传粉现象，称为自花传粉。但在农、林业生产上，农作物的同株异花间的传粉和果树同品种内的传粉也叫自花传粉。最典型的自花传粉方式是闭花传粉和闭花受精，它和一般的开花传粉和开花受精不同。这类植物的花不待花苞张开，就已经完成受精作用。它们的花粉直接在花粉囊里萌发，花粉管穿过花粉囊壁，向柱头生长，完成受精，如豌豆、苕子、落花生等。闭花受精在自然界是一种合理的适应现象，植物在环境条件不适于开花传粉时，通过闭花受精完成生殖过程，而且花粉可以避免受到雨淋和昆虫的吞食。

自花传粉植物花的特征是：两性花；花的雄蕊常围绕雌蕊而生，而且靠得很近，花药的位置高于柱头，并且花药开裂的方向向着柱头，使花粉容易落在本朵花的柱头上；雌雄蕊同时成熟；雌蕊的柱头对于本花的花粉萌发和花粉管中雄配子的发育没有任何生理阻碍；花的形态通常较小，无蜜腺，无香味。

在植物界，自花传粉并不是普遍现象。因为自花传粉会削弱后代的生活力，引起后代的衰退，这在农业生产实践中已得到证明，例如小麦是自花传粉的植物，如果长期连续自花传粉，30～40 年后会逐渐衰退而失去栽培价值。同样，大豆在连续 10～15 年的自花传粉后，也会产生同样现象。

自花传粉、自体受精之所以有害，是因为自花传粉植物所产生的两性配子，是处在同一环境条件下，两配子的遗传性缺乏分化作用，差异很小，所以融合后产生的后代生活力弱、适应性差。

虽然自花传粉是一种原始的、有害的传粉形式，在自然界却被保存了下来，这是因为自花传粉对某些植物来说仍是有利的。在异花传粉因缺乏必需条件而不能进行的时候，自花传粉弥补了这一缺陷。正如达尔文曾经指出，对于植物来说，用自体受精方法来繁殖种子，总比不繁殖种子或繁殖很少量种子好些。何况在自然界中，没有一种植物是绝对自花传粉的，在它们中间总会有比较少的一部分植株是在进行异花传粉。所以，长期以来自花传粉的植物种类仍能存在。

（二）异花传粉及其生物学意义

一朵花的花粉传送到同一植株或不同植株的另一朵花柱头上的传粉方式，称异花传粉。在果树栽培上，不同品种间的传粉和作物栽培上不同植株间的传粉也称异花传粉。在植物界中，异花传粉占优势。异花传粉是植物进化中的进步现象，因此，植物在其长期的历史发展过程中形成了一些生理上和形态结构上的特点，借以避免自花传粉的发生而适应于异花传粉的进行，主要表现在：单性花，雌雄异株；雄蕊和雌蕊异时成熟，有雄蕊先成熟的，如胡萝卜、莴苣等，也有雌蕊先成熟的，如木兰、甜菜等；雌、雄蕊异长或异位，如荞麦、藏报春等植物的花中有两种类型的植株，一种植株其雌蕊的花柱高于雄蕊的花药，另一种是雌蕊的花柱低于雄蕊的花药。传粉时，只有高雄蕊上的花粉粒传到高柱头上，低雄蕊的花粉粒传到低柱头上才能受精，异长的雌、雄蕊之间传粉则不能完成受精作用；自花不育性，花粉落在本朵花柱头上不能萌发，或不能完全发育以达到受精的结果，如亚麻、桃、梨、苹果、葡萄等。其原因可能有两种：一种是花粉粒落在本花柱头上，柱头黏液对自花的花粉粒有抑制作用，花粉不能正常萌发，如荞麦、向日葵；另一种是花粉粒虽能萌发，但花粉管生长缓慢，远不如异花传粉来的花粉萌发得快，所以不能到达子房完成受精，从而保证了异花受精，如玉米、番茄。

异花传粉植物的雌、雄配子，由于生活条件有较大的差别，其遗传性也有较大的差异，由它们结合产生的后代往往具有较强的生活力和适应性，其植株健壮、结实率高、抗逆性强。同时，异花传粉不但丰富了子代植物的遗传性，也增加了子代植物的变异性，使植物的进化成为可能。

异花传粉虽然能够提高子代植物的生活力，丰富子代植物的遗传性，但受外界环境条件的限制。如果正当植物开花传粉时缺少了风、昆虫等传粉媒介或遇连阴雨，就会对异花传粉造成不利的影响。然而，异花传粉植物和自花传粉植物的划分也并非是绝对的。事实上，前者在条件不具备时，可以进行自花传粉，而后者在一定条件下也可以进行异花传粉。

异花传粉的植物必须借助各种外力的帮助，才能把花粉传送到其他花朵的柱头上。传送花粉的媒介有风、昆虫、鸟和水，最为普遍的是风和昆虫。各种不同外力传粉的花，往往会产生一些特殊的适应性结构，使传粉得到保证。

1. 风媒与风媒花　靠风力传送花粉的传粉方式称风媒（anemophily），借助于风力传送花粉的花，称风媒花（anemophilous flower）。据估计，约有 1/10 的被子植物是风媒的，大部分禾本科植物以及木本植物中的栎、杨、桦木等都是风媒植物。

风媒植物的花一般小而多，花被小或退化，不具有鲜艳的色彩，无香气和蜜腺，花常常密集成穗状花序或柔荑花序；能产生大量花粉，花粉一般质轻、干燥，表面光滑，容易被风吹送；花丝细长，易被风吹摆动，使大量花粉吹散到空气中去；风媒花的花柱往往较长，柱头膨大呈羽毛状，高出花外，增加接受花粉的机会和面积；多数风媒植物有先叶开花的习性，开花期常在枝叶展开之前，散出的花粉受风吹送时，可以不受枝叶的阻挡而利于传播。

2. 虫媒与虫媒花　以昆虫为媒介进行传粉的方式称虫媒（entomophily），借助昆虫为媒介进行传粉的花，称虫媒花（entomophilous flower）。多数有花植物是依靠昆虫传粉的，常见的传粉昆虫有蜂类、蝶类、蛾类、蝇类等，这些昆虫来往于花丛之间，或是为了在花中产卵，或是以花朵为栖息场所，或是采食花粉、花蜜作为食料。在这些活动中，不可避免地要与花接触，这样就将花粉传送出去。

虫媒花一般大而显著，花被具有鲜艳、亮丽的颜色，有芳香的气味或其他特殊的气味以吸引昆虫。不同植物散发的气味不同，所以趋附的昆虫种类也不一样，有喜芳香的，也有喜恶臭的；虫媒花多具蜜腺，能产蜜汁，昆虫取蜜时，花粉粒黏附在昆虫体上而被传布开去；虫媒花的花粉粒较大，外壁粗糙有纹饰，具有黏性，常黏集成块，不易被风吹散，而易于黏附在虫体上；虫媒花花粉粒富含多种营养物质，可作为昆虫的食物；虫媒花多为两性花，在有一定数量昆虫存在的条件下，两性花传粉机会较单性花多一倍。另外，适应昆虫传粉的另一特点是白天开花的花多为红色、黄色等鲜艳的颜色；夜间开花的花多为白色，便于夜间活动的昆虫识别。由于长期的互相适应，虫媒花的大小、结构和蜜腺的位置与昆虫的大小、形体、结构和行为之间产生了各种巧妙的关系。

3. 其他传粉方式　除风媒和虫媒传粉外，水生被子植物中的金鱼藻、黑藻等都是借助水力传粉的，这类传粉方式称水媒(hydrophily)。例如有一种苦草属植物是雌雄异株的，它们生活在水底，当雄花成熟时，大量雄花自花柄脱落，漂浮在水面上开放。同时，雌花花柄迅速伸长，把雌花顶出水面，当雄花漂近雌花时，两种花在水面相遇，柱头和雄花的花药接触，完成传粉授粉过程。以后，雌花花柄重新卷曲成螺旋状，把雌蕊带回水底，进一步在水底发育成果实和种子。另外，借鸟类传粉的叫鸟媒(ornithophily)，传粉的是小型的蜂鸟，它的头部有细长的喙，在摄取花蜜时把花粉传开。

(三)农业上对传粉规律的利用

根据植物的传粉规律，人为地加以利用和控制，不仅可以提高作物产量和品质，还可以培育新的品种，造福人类。

1. 人工辅助授粉　异花传粉往往容易受到环境条件的限制，如风媒传粉没有风，虫媒传粉因风大或气温低而缺少足够昆虫飞出活动等，从而降低传粉和受精的机会，影响果实和种子的产量。在农业生产上常采用人工辅助授粉的方法，以克服因条件不足而使传粉得不到保证的缺陷，以达到预期产量。人工辅助授粉可以大量增加柱头上的花粉粒，使花粉粒所含激素相对总量有所增加，酶的反应也相应加强，起到促进花粉萌发和花粉管生长的作用，受精率可以得到很大提高。如玉米在一般栽培条件下，由于雄蕊先熟，到雌蕊成熟时已得不到及时的传粉，因而果穗顶部往往形成缺粒，降低了产量。人工辅助授粉就能克服这一缺点，使产量提高8%～10%。又如向日葵在自然传粉条件下，空瘪粒较多，如果辅以人工辅助授粉，同样能提高结实率和含油量，而且后代的抗病力也可增强。鸭梨是自花不孕植物，核桃是雌雄异熟植物，故在生产上，必须与其他品种混栽，即配置授粉树。

2. 自花传粉的利用　自花传粉有引起后代衰退的不利一面，但也有提纯作物品种的有利一面。例如，在玉米育种工作中，重要的环节是培育自交系。根据育种目标，从优良品种中选择具有某些优良性状的单株，进行人工自花传粉(自交)，经过连续4～5年严格的自交和选择后，生活力虽有衰退，但在苗色、叶型、穗型、穗粒、生育期等方面达到整齐一致时，就能成为一个稳定的自交系。利用两个这种纯化的优良自交系配制的杂种(即单交种)具有显著的增产效益。

三、受精作用

传粉完成以后，花粉粒在柱头上萌发形成花粉管，并通过花粉管把精子送入胚囊、释放出精子与卵细胞相互融合的过程，称为受精(fertilization)。被子植物的受精过程是有性生殖过程的重要阶段。

(一)花粉粒在柱头上的萌发

成熟的花粉粒传到柱头上以后，花粉粒的内壁穿过外壁上的萌发孔，向外突出、伸长，形成花粉管，这一过程，称花粉粒的萌发。并非所有落在柱头上的花粉粒都能萌发，只有通过花粉壁蛋白与柱头表面的蛋白质相互识别，同种或亲缘关系很近的花粉粒才能萌发。亲缘关系较远的异种花粉往往不能萌发。有些异花传粉植物的柱头，会抑制自花花粉粒的萌发和花粉管生长，相反，对同种异株花粉的萌发和花粉管的生长却有促进作用。花粉粒和柱头的相互识别或选择，具有重要的生物学意义。通过相互识别，防止遗传差异过大或过小的个体交配，是植物在长期进化过程中形成的一种维持物种稳定的适应现象。

当花粉落在柱头上，几秒钟内花粉粒就释放壁蛋白，与柱头的蛋白质薄膜相互作用，如果二者是亲和的，柱头则提供水分、碳水化合物、胡萝卜素、各种酶和维生素及刺激花粉萌发生长的特殊物质，同时花粉粒从柱头上吸收水分、分泌角质酶溶解柱头接触点上的角质层，花粉管得以进入花柱；如果二者是不亲和的，柱头的乳头状突起随即产生胼胝质，阻碍花粉管进入，产生排斥反应，花粉的萌发和花粉管的生长被抑制。此外，不同植物柱头的分泌物在成分和浓度上常各不相同，特别是酚类物质的变化，对花粉萌发可以起到促进或抑制作用。实验证明，硼可以减少花粉破裂，提高花粉萌发率，并促使花粉管生长；钙有诱导花粉管沿一定方向生长的作用。花粉在柱头上有立即萌发的，如玉米、橡胶草等；也有需要经过几分钟以至更长时间后才会萌发的，如棉花、小麦、甜菜等。空气湿度过高，或气温过低，不能达到萌发所需要的温度或湿度时，萌发就会受到影响；育种时，如在下雨或雾后进行授粉，通常是不结实的；花粉受湿后随即干燥，也是致命因素，故花粉的寿命在柱头上能维持多久，除与植物的遗传特性有关外，与气候条件也有很大关系。

（二）花粉管的生长

通常一粒花粉萌发时产生一个花粉管，但有些多萌发孔（沟）的花粉，如锦葵科、葫芦科、桔梗科的花粉，可以同时长出几个花粉管，但最终只有一个继续伸长，其余的都在中途停止生长。花粉管具有顶端生长的特性，它的生长只限于前端 3～5 μm 处，形成后能继续向下引伸，在角质酶、果胶酶等的作用下，穿越柱头组织的胞间隙，向花柱组织中生长伸长。在花粉管生长时，花粉粒的内含物全部注入花粉管内，向花粉管顶端集中，如是3-细胞花粉粒，则 1 个营养核和 2 个精子全部进入花粉管内。而 2-细胞花粉粒在营养核和生殖细胞移入花粉管后，生殖细胞在花粉管中进行一次有丝分裂，形成 2 个精子（图 8-5-1）。营养细胞的核一般在花粉管到达胚囊时消失，或仅留下残迹。

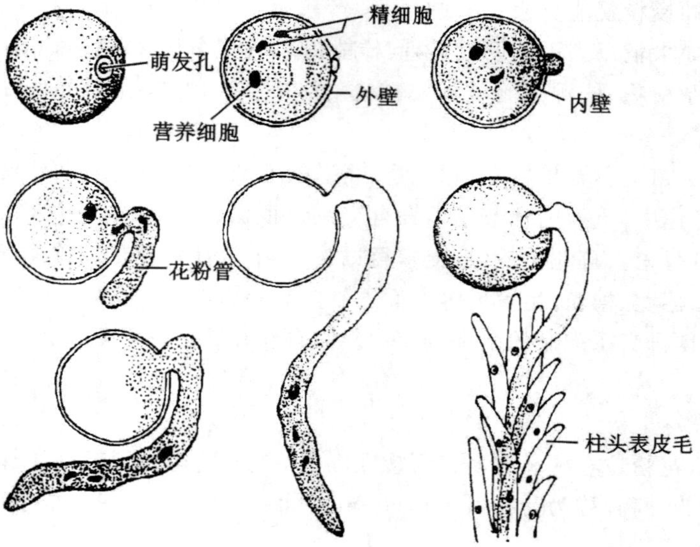

图 8-5-1　水稻花粉粒的萌发和花粉管的形成

花粉管通过花柱到达子房的生长途径有两种情况：在空心的花柱中，花粉管常沿着管壁内表面的黏性分泌物向下生长，到达子房；在实心的花柱中，花粉管通过引导组织的细胞间隙到达子房。花粉管在花柱中的生长，除利用花粉本身贮藏的物质作为营养外，也从花柱道或引导组织的分泌物中吸取养料，作为生长和建成管壁合成物质之用。

花粉管穿过花柱到达子房后，直接沿着子房内壁或经胎座继续生长，伸向胚珠，通常花粉管从珠孔经珠心进入胚囊，称为珠孔受精(porogamy)。也有些植物，如胡桃、漆树等，花粉管经过胚珠基部的合点端进入胚珠，然后沿胚囊壁的外侧穿过珠心组织，经珠孔进入胚囊，称合点受精(chalazogamy)。此外，也有些植物从中部横穿过珠被进入胚珠，然后再经珠孔端进入胚囊，称中部受精(mesogamy)，如南瓜等(图 8-5-2)。

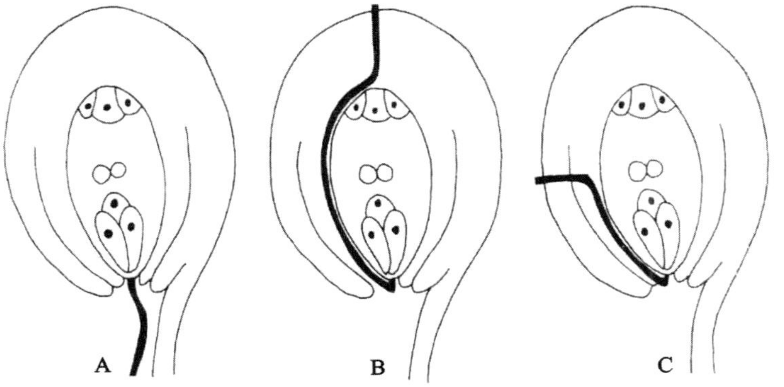

A. 珠孔受精；B. 合点受精；C. 中部受精。

图 8-5-2 花粉管进入胚珠的方式

花粉粒在柱头上萌发到花粉管进入胚囊所需要的时间，因植物种类的不同和外界环境条件的变化而异。在正常情况下，多数植物需要 12～48 h，但水稻在传粉 20～30 min 后花粉管就进入胚囊，柑橘的花粉管到达胚珠则需 30 h。不正常的低温和高温，不利于花粉粒的萌发和花粉管的伸长，甚至还会影响受精作用的正常进行。温带地区的植物，花粉粒萌发和花粉管伸长的最适温度为 20～30 ℃。此外，用多量的花粉粒传粉，会提高花粉管的生长速度和结实率。

雌蕊柱头的生活力，一般能维持 1 至数天，如水稻、棉的柱头可保持 1～2 d。油菜雌蕊承受花粉粒能力最强的时期为开花后 1～3 d，4 d 后下降，约 6 d 后丧失承受花粉粒的能力。

(三)被子植物的双受精过程

花粉管通过花柱到达子房，进入胚囊的途径因植物种类不同而异，有从卵细胞和助细胞之间进入胚囊的，如荞麦；有穿过一个助细胞然后进入胚囊的，如棉花；或是从解体的助细胞进入胚囊的，如玉米；或是破坏一个助细胞作为进入胚囊的通路的，如天竺葵。近年的研究认为，花粉管进入胚囊都与助细胞有一定关系。在用电子显微镜研究过的棉花、玉米、荠菜、矮牵牛等 10 多种植物中，花粉管进入胚囊的途径是一致的，即从一个助细胞的丝状器基部进入，然后到达助细胞的细胞质。因此，可以认为花粉管进入助细胞是比较普遍的现象，助细胞的丝状器是吸引花粉管向胚囊生长的中心。花粉管进入胚囊后，花粉管的末端一侧形成一个小孔，将精子及其他内容物注入胚囊，两个精子被释放到卵细胞与极核之间的位置(图 8-5-3，图 8-5-4)，其中一个精子与卵细胞融合，形成受精卵(合子)；另一个精子与中央细胞的两个极核(或次生核)融合，形成初生胚乳核，这种由两个精子分别与卵细胞和中央细胞融合的现象，称为双受精(double fertilization)。双受精是被子植物有性生殖所特有的现象。

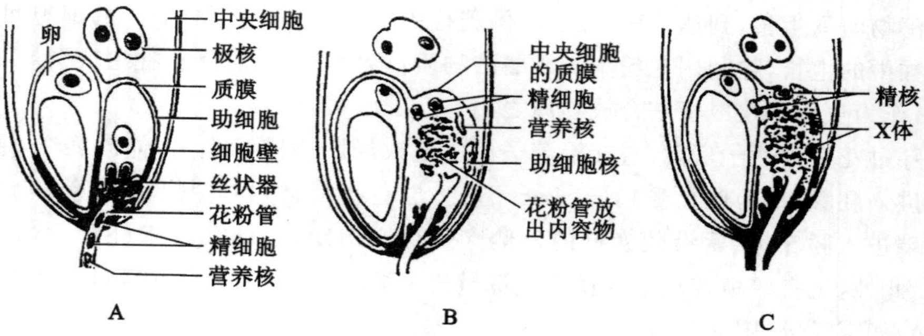

A. 花粉管进入一个助细胞的丝状器内；B. 花粉管近顶端处出现穿孔，释出内容物；
C. 一个精子与卵细胞接触，另一个精子与中央细胞接触（X体可能是营养核和助细胞核破坏后的残余）。

图 8-5-3 胚囊纵切，示双受精作用（引自刘穆）

进入胚囊的两个精子在形态和生化特性方面，并非完全相同，即存在异型性。它们分别和卵细胞、中央细胞受精，可能也存在一定的预定性，存在着配子之间的选择性。一般情况下，卵细胞总是选择生理上和遗传上最适合的精细胞完成受精作用。

在双受精过程中，一个精子与卵细胞合点端的无壁区接触，两细胞的质膜发生融合，精核进入卵细胞的细胞质中，并与卵核靠近。随后，两核核膜融合，核质相融，两个核的核仁融合为一个核仁，至此，卵细胞的受精过程完成，形成了一个具有二倍染色体的合子，即受精卵，它将来发育成胚。另一个精子与中央细胞的融合过程，基本上与精卵融合过程相似。有些植物，在受精前，中央细胞的两个极核尚未融合时，精核则先与一个极核融合后再与另一个极核融合，中央细胞受精后，形成三倍染色体的初生胚乳核，将来发育成胚乳。

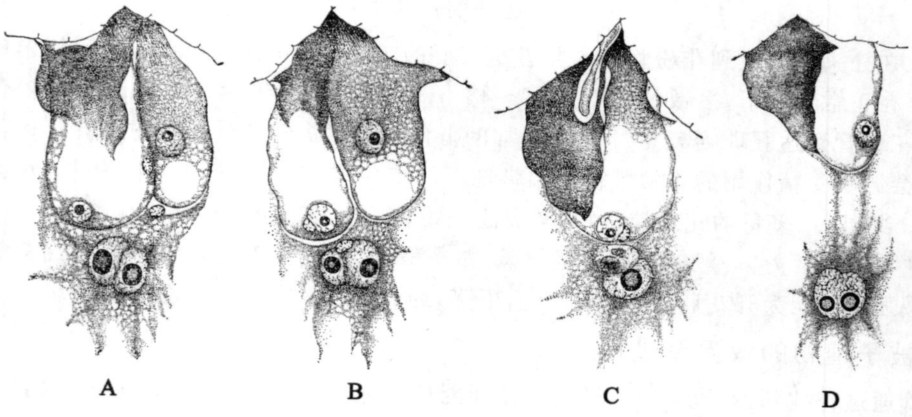

A. 受精后一个精子在卵细胞内，另一个精子将进入中央细胞；
B. 两个精子核分别与卵核和极核接触；C. 一个精核紧贴着卵核，另一个精核已进入一个极核；
D. 卵核与精核在融合，精核与两极核完成融合，形成初生胚乳核。

图 8-5-4 棉花双受精作用的几个时期，图示胚囊的珠孔端（引自胡适宜）

双受精过程中，精子与卵细胞的融合比精子与中央细胞的融合开始得早，历经的时间较长，融合的速度较慢，故完成较迟；因而，初生胚乳核反而比受精卵形成得早。如棉花精、卵融合需经4 h，而精细胞与两个极核的融合仅需 1 h；小麦的精、卵融合需要3.5～4.5 h，而精细胞与极核的融合仅需 1～2 h。

双受精完成后，合子即进入休眠期。在此期间，合子将发生一系列显著的变化，形成一个细胞壁连续的、高度极性化的和代谢强度很高的细胞。初生胚乳核通常只有短暂的休眠，如小麦、棉花；或没有休眠期，如水稻，即进入第一次分裂时期。胚囊中的助细胞和反足细胞，通常都相继解体消失。

双受精是植物系统进化过程中被子植物特有的现象，具有特殊的生物学意义。通过单倍体的雌配子（卵细胞）与单倍体的雄配子（精子）的结合，形成了二倍体的合子，由合子发育成新一代植物体，恢复了植物体原有的染色体数目，保持了物种的稳定性；由于雌、雄配子间存在遗传差异，精、卵融合将父母本具有差异的遗传物质组合在一起，形成具有双重遗传性的合子，由此发育的个体有可能形成新的变异，极大地丰富了后代的遗传性和变异性，为生物进化提供了选择的可能性和必然性；在被子植物中，中央细胞受精形成三倍体的初生胚乳核，由初生胚乳核发育成的胚乳同样兼有双亲的遗传特性，它为合子及胚的发育提供营养，可使子代生活力更强。

四、环境条件对传粉和受精的影响

植物传粉、受精过程中，对外界环境条件十分敏感，只要全过程中的某一环节受到影响，就不能受精，子房不能发育，最后导致空粒、落花和落果等现象，使产量下降。

外界环境条件中，以温度对传粉和受精的影响最大，因为低温不仅使花粉粒萌发和花粉管生长减慢，甚至使花粉管不能到达胚囊。低温还会使卵细胞和中央细胞的退化现象逐渐加重，精细胞接近卵细胞和中央细胞的过程受到抑制，精细胞与卵细胞接触的时间延长，精核不能在卵核膜上展开，以及两性细胞核融合所需时间延长等。

湿度和水分对传粉、受精也有很大影响。水稻开花时，对大气的相对湿度要求为40%～95%，最适相对湿度为70%～80%，这时如果遇上干旱、高温天气，花粉萌发力很快丧失，柱头干枯，不利于花粉管生长，故在水稻抽穗开花期，稻田要保持一定的水层。这不仅因为此时植株需水量最大，而且可提高田间小气候的相对湿度，有利于传粉和受精。

五、自交不亲和性

自交不亲和性（self-incompatibility，SI）是指雌、雄两性配子均有正常生活受精能力，在不同基因型的株间授粉能正常结籽，但花期自交不能结籽或结籽率极低的特性。几乎一半以上的显花植物，涉及70多个科、250个属具有自交不亲和性。根据植物花形的不同，自交不亲和性可划分成同形性SI（homomorphic SI）和异形性SI（heteromorphic SI）两类。同形性SI植物所有花形相同，自花授粉能否完成受精取决于雌、雄双方的S基因型；而异形性SI植物个体花形多样（如短花药/长花柱和长花药/短花柱类型），只有等长的花药和花柱之间授粉才能亲和。

根据花粉自交不亲和性的遗传控制方式，同形性自交不亲和性又分成孢子体型自交不亲和性（sporophytic self-incompatibility，SSI）和配子体型自交不亲和性（gametophytic self-incompatibility，GSI）。孢子体自交不亲和性由花粉母细胞的S基因型决定，当花粉母细胞的S基因型和雌蕊的S基因型相同时，花粉粒在柱头乳突表面萌发受阻，如十字花科、菊科、旋花科植物等；配子体自交不亲和性决定于花粉自身的S基因型，当它和雌蕊的S基因型相同时，花粉一般能在柱头上萌发并伸入花柱，但花粉管在花柱中生长受到抑制，如茄科、蔷薇科等。一般而言，植物自交不亲和性有4种表现形式：花粉在柱头上不能正常萌发；花粉萌发后花粉管不能进入柱头；花粉管进入柱头后，花柱中不能继续延伸；花粉管到达胚囊后精卵不能结合。

GSI具有双核花粉和湿性柱头，自体花粉经过萌发和初期生长后，在花柱组织中被抑制，而芸薹属植物是SSI型，与此不同，它具有三核花粉粒和干性柱头。花粉的抑制作用发生在花粉与柱头作用的初期，自交抑制并非花器形态学上或时间上的障碍，而是花粉与柱头相互作用后，花粉管生长受到抑制而发生。受抑制的部位是柱头表面的胼胝质。其中，白菜等自交不亲和是花粉在柱头上能萌发，但不能穿透柱头乳突细胞；而甘蓝等是花粉在柱头上不能正常萌发，花粉与柱头接触后，花粉和乳突细胞胼胝质不断积累。因此，有人认为：胼胝质的多少是芸薹属植物亲和与否的标志之一。不亲和时，乳突细胞沉积大量的胼胝质，亲和时没有或很少有胼胝质的积累。自交不亲和性对花粉而言，控制自交不亲和的S基因在花药中表现，然后基因产物再转移到花粉上；对于柱头而言，

S基因产物在花前2 d左右迅速积累，表现自交不亲和性，因此，开花前2 d或更早的，柱头不能区分自体或异体花粉，能实现自体受精。

六、传粉生物学

传粉生物学的研究已有300多年历史，它研究植物在传粉过程中各种生态因子对传粉时间和传粉效率的影响。到今天，传粉生物学已从定性研究逐步深入到定量研究，并与植物的进化紧密联系起来。

传粉在植物进化中具有重要作用，是基因流(gene flow)的主要载体。基因流动的研究包括传粉效果与传粉距离两方面。传粉效果是研究基因的纵向流动，即向后代流动的结果；传粉距离研究的是基因的散布范围，即基因的横向流动结果，从而为确定遗传邻居(genetic neighborhood)的大小提供数据。

花粉与柱头的相互作用是近年来的研究热点之一，它主要研究柱头对花粉的识别，花粉管在柱头上的萌发，以及母本和父本对后代的投资(investment)。对它的深入研究必然要深入到交配选择的研究，交配选择包括雄性竞争(male competition)与雌性选择(female choice)两方面。这些研究既有在宏观水平(个体及居群水平)上研究的必要，又需要深入到细胞及分子水平上开展工作，需将宏观的生态机制与微观的分子水平相结合，因而引起不少生物学家的关注。而对交配选择的研究又离不开对进化的分析，因此，对交配选择的研究可以成为联结胚胎学、生态学和进化生物学的纽带。

本章小结

繁殖是生物有机体的重要特征。植物的繁殖方式包括营养繁殖、无性繁殖和有性生殖。

花是被子植物特有的生殖器官，是适应生殖的变态短枝。一朵典型的花由花柄、花托、花萼、花冠、雄蕊群和雌蕊群六部分组成。禾本科植物的小花由外稃、内稃、2枚浆片、3～6枚雄蕊和1枚雌蕊组成，一至数朵小花着生在小穗轴上构成小穗，基部有颖片2枚。

花萼有离萼和合萼两种类型。花瓣相互分离的称为离瓣花，花瓣联合的称为合瓣花。

雄蕊由花药和花丝组成，花药通常由花粉囊、药隔组成。花粉囊内产生花粉，花粉成熟时，花药开裂，花粉粒由内散出而传粉。花药的发育源于花芽中的雄蕊原基，其顶端部分发育成花药的雏体，进而分化出孢原细胞，孢原细胞平周分裂形成外层的周缘细胞和内层的造孢细胞。周缘细胞分裂，自外向内依次形成药室内壁、中层和绒毡层，它们与表皮一起构成了花粉囊的囊壁。与此同时，造孢细胞进行分裂或直接发育为花粉母细胞(小孢子母细胞)，花粉母细胞经减数分裂形成4个单核花粉粒(小孢子)，其形成方式有同时型和连续型两种。单核花粉粒再经过1～2次有丝分裂形成成熟花粉粒(雄配子体)。成熟花粉粒由外壁、内壁、1个营养细胞、1个生殖细胞或2个精细胞构成。其中仅包含1个营养细胞和1个生殖细胞的称2-细胞花粉粒，包含1个营养细胞和2个精细胞的称3-细胞花粉粒。成熟花药的花粉囊壁仅由表皮、纤维层和残留的部分中层构成。花粉生活力主要由植物本身的遗传特性所决定，但环境条件也影响到花粉的生活力。

心皮是构成雌蕊的基本单位，由一个心皮边缘向内卷合或数个心皮边缘互相连合而形成雌蕊。雌蕊在形态上分为柱头、花柱和子房三部分。子房由子房壁、子房室、胚珠和胎座组成。胚珠着生在胎座上，由珠心、珠被、珠孔、合点和珠柄构成。蓼型胚囊的发育起始于珠心组织，在珠心近珠孔端分化出孢原细胞，进一步发育形成胚囊母细胞(大孢子母细胞)，胚囊母细胞经过减数分裂形成4个大孢子，通常是珠孔端的3个退化，仅合点端的1个发育为单核胚囊。单核胚囊经3次连续的核分裂形成八核胚囊，最终发育为7细胞8核的成熟胚囊(雌配子体)。成熟胚囊包括1个卵细胞、2个助细胞、1个中央细胞和3个反足细胞。

当花中雄蕊、雌蕊成熟后，花被展开，雄蕊和雌蕊露出，这种现象称为开花。开花是大多数植物性成熟的标志。成熟花粉传送到雌蕊柱头上的过程，称为传粉。传粉是受精的前提，包括自花传粉和异花传粉两种方式。异花传粉常常借助的媒介有风、昆虫等，花的形态结构和行为与传粉方式相适应，形成风媒花和虫媒花。

当花粉与雌蕊的柱头相互识别后，亲和的花粉粒在萌发孔或萌发沟处形成花粉管，花粉管穿过花柱进入胚囊释放出 2 个精细胞，分别与卵细胞和极核融合完成双受精，形成合子和初生胚乳核，它们将来分别发育形成胚和胚乳。双受精作用是被子植物特有的生殖现象，具有重要的意义。

复习与思考

1. 为什么说花是适应生殖作用的变态短枝？
2. 通过查阅资料，分析花芽分化的机理。
3. 造成雄性不育的可能原因有哪些？科研、生产中对雄性不育有哪些应用？
4. 分析不同传粉方式的生物学意义。
5. 总结被子植物个体发育史的特点，被子植物双受精有何生物学意义？

数字课程学习资源

课程视频　学习课件　知识结构图　练习题　参考答案

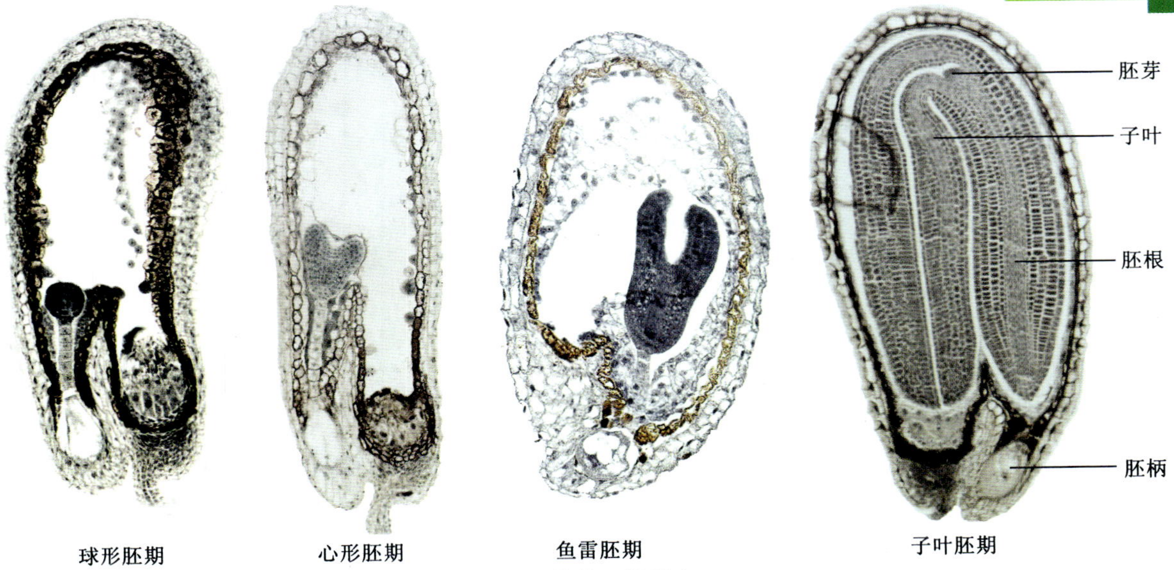

图1 荠菜胚的发育

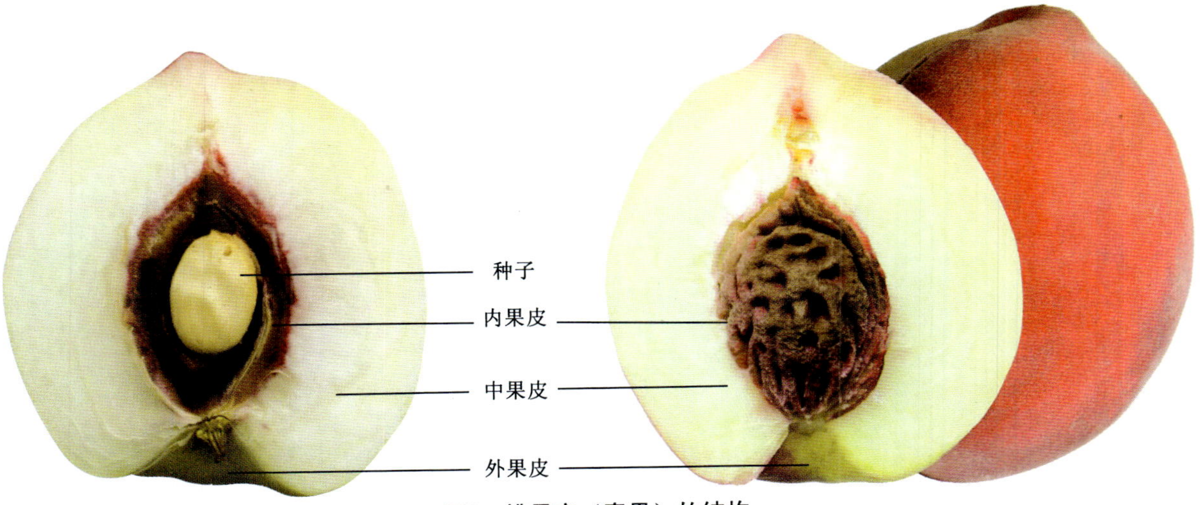

图2 桃果实（真果）的结构

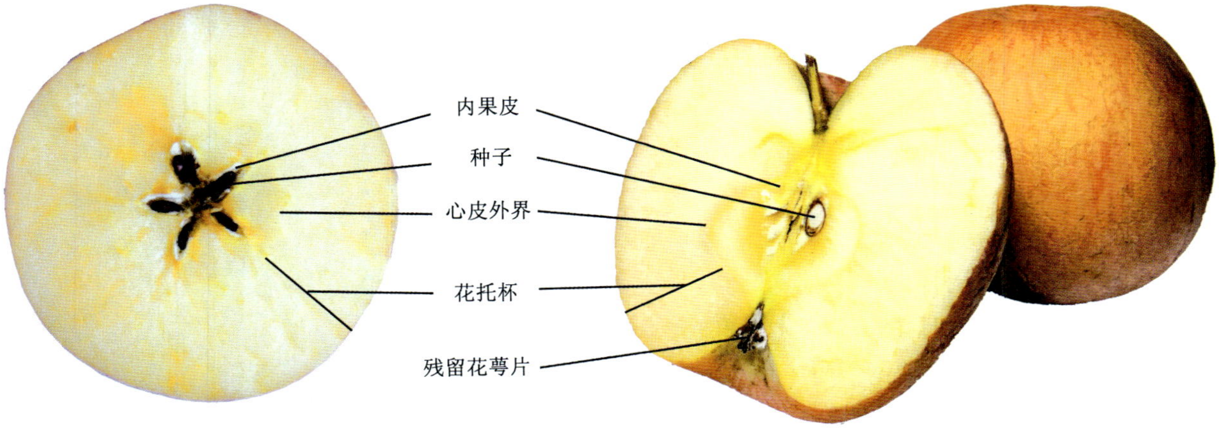

图3 苹果果实（假果）的结构

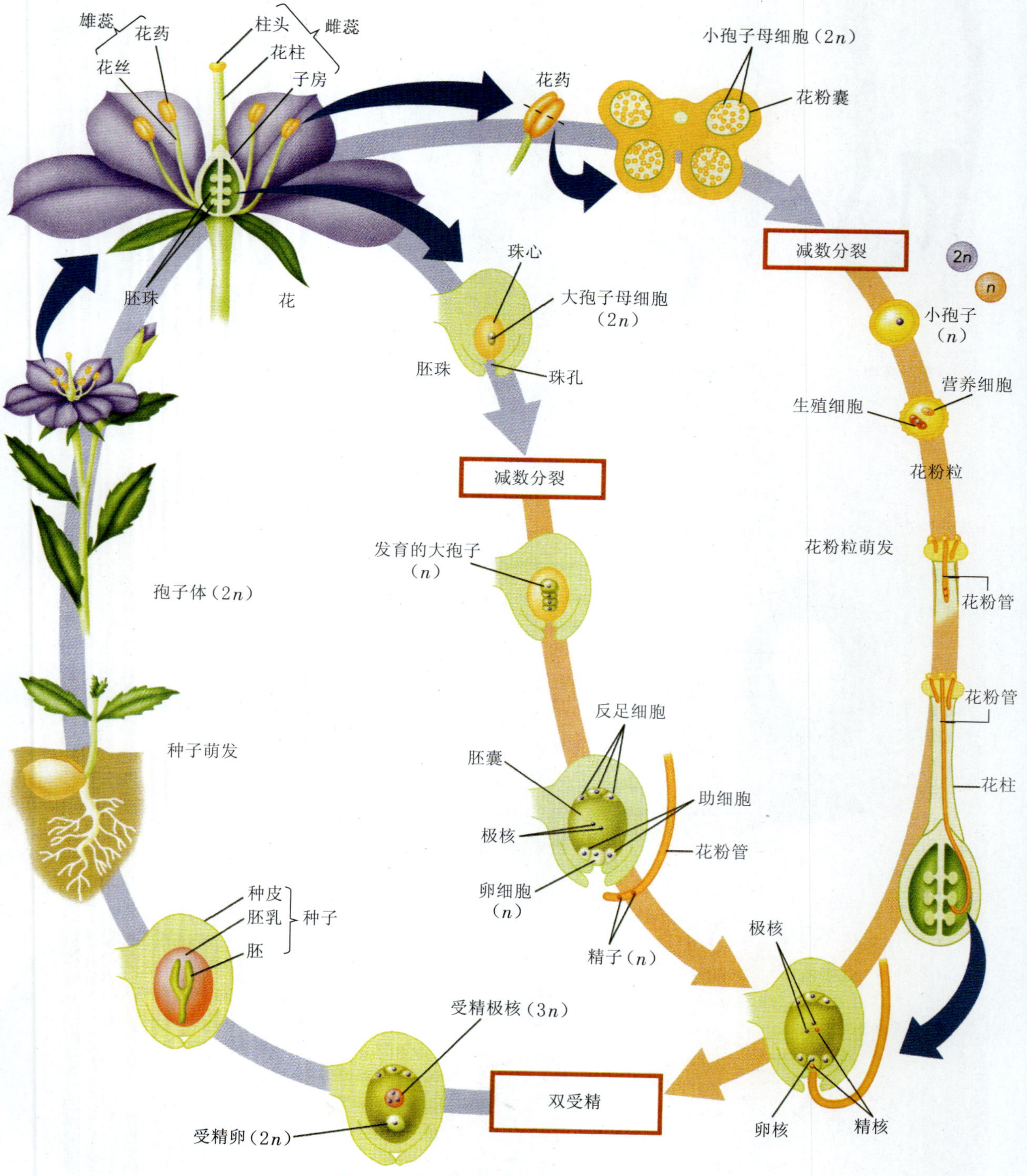

图4　被子植物生活史（引自Nabors）

◉◉◎ 第九章 | 果实和种子的发育

被子植物经过开花、传粉和受精，子房内的胚珠发育形成种子。同时，子房迅速生长，连同其内的胚珠，共同发育为果实(fruit)。有些植物，除了子房外还有花的其他部分，如花托、花萼筒、花序轴等也参与了果实的形成。种子和果实是植物的繁殖器官，是植物适应环境和繁衍后代的结果，果实的形成有利于保护种子及协助种子进行传播活动。

第一节 种 子

被子植物双受精后，其合子发育成胚，受精极核发育成胚乳，珠被发育成种皮。胚、胚乳(或无胚乳)、种皮共同构成种子。

一、种子的形成和发育

(一)胚的发育

胚的发育是从合子开始的，经过原胚(proembryo)和分化胚(differentiating embryo)等发育阶段，最后形成成熟胚(mature embryo)。

卵细胞受精形成合子后，产生一层纤维素的壁，并进入休眠状态。休眠期的长短因植物种类而异，一般为数小时至数天，如棉花为2～3 d，苹果为5～6 d，茶树则长达150～180 d。

合子在休眠期间，其细胞内部仍发生着一系列变化，主要表现在合子的极性加强，如荠菜中，合子显著延长，使细胞质局限在狭窄的合点端，同时，其内的细胞器增加并重新分布。这些变化，说明了合子临近分裂前已逐步发育为一个高度极性化和代谢活跃的细胞，而合子极性加强是合子第一次分裂不对称的原因。从合子第一次分裂形成两个细胞的原胚开始，直至器官分化之前的胚胎发育阶段，称为原胚时期。在此阶段，真双子叶植物与单子叶植物之间有相似的发育形态特征，但胚的分化过程和成熟胚的结构则有较大差别。

1.真双子叶植物胚的发育　以十字花科植物荠菜为例说明真双子叶植物胚的发育过程(图9-1-1，本章彩图1)。

合子经过一段时间休眠后，先延伸成管状，然后进行一次不均等的横分裂，形成大小不等的2个细胞，靠近珠孔的细胞体积较大、较长，高度液泡化，叫基细胞(basal cell)；远离珠孔、靠近胚囊中央的细胞体积较小，细胞质浓，叫顶细胞(apical cell)。随后，基细胞再进行一次横分裂，形成2个细胞，顶细胞则进行一次纵分裂，形成左、右2个并列的细胞，此时形成的4个细胞排列成“T”形。随后，由基细胞产生的2个子细胞各进行几次横分裂，形成单列直行排列的多细胞的胚柄(suspensor)，其作用是把胚体推向胚囊内部，以利于胚在发育中吸收周围的营养物质。胚柄基部的细胞常膨大成泡状不再分裂，顶端的细胞可分裂参与胚柄、胚的形成。由顶细胞分裂形成的2个细胞接着进行与第一次分裂形成的壁垂直的第二次纵向分裂，于是形成四分体胚体；然后各个细胞再横向分裂一次，形成 8 个细胞组成的八分体；之后，八分体再经过各个方向的连续分裂，形成多细胞的球形胚体。之后胚体的发育进入分化胚阶段，首先，球形胚体继续增大，在顶端的两侧部位的细胞分裂次数增加，生长速度较快，形成 2 个突起，称为子叶原基。球形胚体的下端，胚柄顶端的一个细胞和球形胚体的基部细胞也不断分裂生长，一起分化为胚根原基。连接子叶原基和胚根原基之间的部分将发育为胚轴，此时整个胚体纵切面呈心形，故称心形胚。心形胚两侧的子叶原基生长延伸为两片形状、大小相似的子叶，子叶基部的胚轴也相应伸长，整个胚体呈现鱼雷形，即鱼雷胚。此后，子叶间的凹陷处分化出胚芽，与胚芽相对的一端，胚根分化形成，胚轴和子叶延伸，最终成熟的胚在胚囊内弯曲呈马蹄形，称为马蹄形胚。至此，幼胚分化完成，胚柄逐渐退化消失。

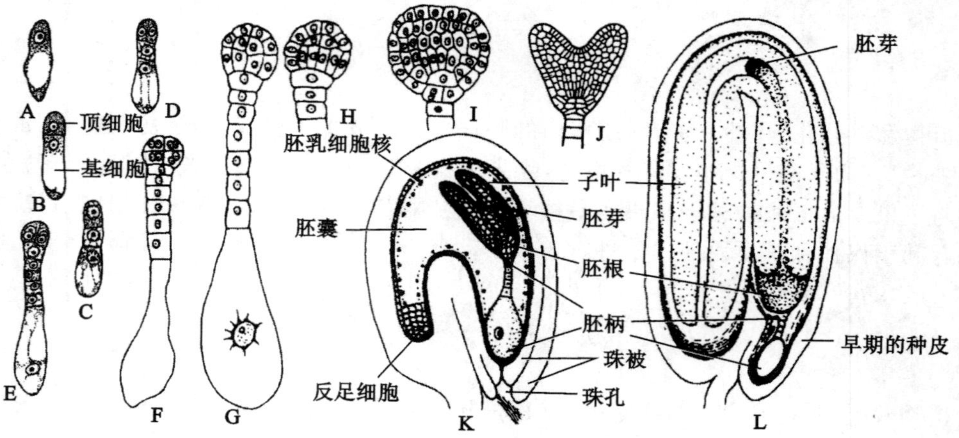

A. 合子；B. 合子的第一次分裂，形成 2 个细胞；C. 基细胞分裂为 2 细胞胚柄；D. “T”形胚阶段；
E. 四分体胚基细胞发育为胚柄；F～I. 顶细胞经多次分裂形成球形胚的过程；J. 心形胚；
K. 鱼雷形胚体；L. 马蹄形胚体，胚和种子初步形成，胚乳消失。

图 9-1-1　荠菜胚的发育

油菜胚与荠菜胚的发育相似，但其基细胞较狭长，胚柄的最末端细胞延伸显著，并在近珠孔端形成钩状；发育后期，子叶弯曲对折，并抱住胚轴和胚根。棉花胚发育时，无典型的四分体胚体，球形胚体形成过程中，细胞的分裂不很规则，没有严格的细胞形成系列；胚柄短而不明显，成熟时仅含 4～6 个细胞，而且常常很早解体，受精后 6～9 d，胚体呈心形，18 d 时，胚的各个部分均已发育形成。

2. 禾本科植物胚的发育　单子叶植物胚发育的早期阶段，与真双子叶植物基本一致，后期发育特征差异较大。现以禾本科植物水稻为例，说明单子叶植物胚的发育特点。

水稻的受精卵经过 4～6 h 休眠后开始分裂。合子的第一次分裂，是横分裂或斜向的横分裂，形成 1 个顶细胞和 1 个基细胞，接着顶细胞进行一次纵向分裂，基细胞进行一次横分裂，形成 4 个细胞的原胚。原胚再不断地进行各个方向的细胞分裂，增大胚体的体积，从而形成基部稍长的梨形胚。此后，在胚的中上部一侧出现一个凹沟，使胚在形态上可区分为顶端区、器官形成区和胚柄细胞区。器官形成区的细胞较小。以后，由顶端区形成盾片的上半部分和胚芽鞘的一部分；器官形成区即胚的中间部分，将来形成胚芽鞘其余部分和胚芽、胚轴、胚根、胚根鞘和外胚叶等；胚柄细胞区主要形成盾片的下部和胚柄。胚进一步发育，胚芽鞘突起将胚芽包围，生长锥周围形成第一片和第二片幼叶，盾片内维管束开始分化，胚根清晰可见。之后，胚迅速发育，在胚的腹面形成外胚叶，胚芽中分化出第三片幼叶，盾片上皮细胞分化完成。至此，经过约 14 d 的发育，水稻胚中各器官在形态上的分化已全部完成(图 9-1-2)。实际上，9 d 左右的水稻胚已具有发芽的能力。

小麦胚的发育与水稻相似，但整个胚胎发育的时间较水稻长。冬小麦胚发育成熟约在传粉后

16 d,春小麦约为 22 d。玉米胚的发育较慢,约在传粉后 45 d 接近成熟。

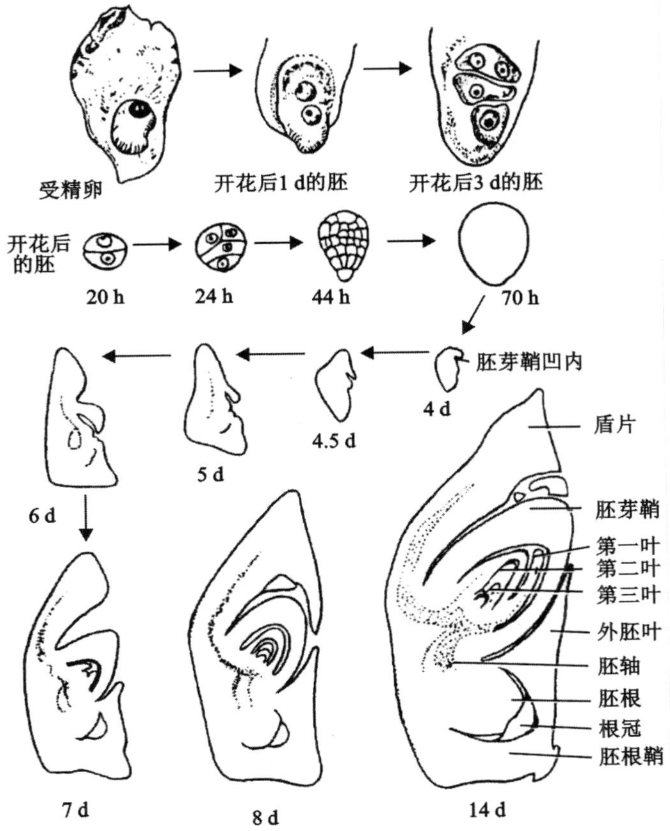

图 9-1-2 水稻胚的发育

(二)胚乳的发育

被子植物的胚乳是由一个精细胞与中央细胞的两个极核或者次生核受精后形成的初生胚乳核(primary endosperm nucleus)发育而成的,其细胞具有三倍的染色体。初生胚乳核通常不经过休眠(如水稻)或经短暂的休眠(小麦为 0.5~1.0 h)即行第一次分裂。因此,初生胚乳核的分裂早于合子的分裂,即合子进行第一次分裂,胚乳核或胚乳细胞已达到相当数量。胚乳的发育总是早于胚的发育,为幼胚生长提供必需的营养物质。胚乳的发育形式一般有核型、细胞型和沼生目型三种,其中核型方式较为普遍,沼生目型则较为少见。

1. 核型胚乳的发育 核型胚乳(nuclear endosperm)发育的主要特征是初生胚乳核首先进行多次不伴随有胞质分裂的核分裂,形成众多的细胞核,亦称胚乳核。各个胚乳核呈游离状态,分散于中央细胞的细胞质中,呈现出一种多核的现象,此时期被称作是游离核形成期。游离胚乳核的数目因植物种类而异,多的可达数百个,甚至可达数千个,如胡桃、苹果等;而少的只有 8 个或 16 个核,最少的仅有 4 个核,如小粒咖啡(*Coffea arabica*)。随着核数目的增加,胚囊中出现中央大液泡,核和细胞质被挤向胚囊的边缘,并大多数分布在珠孔端和合点端。当核分裂进行到一定时期后,便在各游离的胚乳核之间形成细胞壁,进行细胞质分裂,于是便形成了完整的胚乳细胞(图 9-1-3),整个组织称为胚乳。其细胞壁的形成,通常是从胚囊的外围开始,以后逐渐向内产生细胞壁而形成胚乳细胞,最后,整个胚囊充满胚乳细胞。核型胚乳的这种发育方式在单子叶植物以及双子叶离瓣花类植物中普遍存在,是被子植物中最普遍的胚乳发育方式,约占 60%。

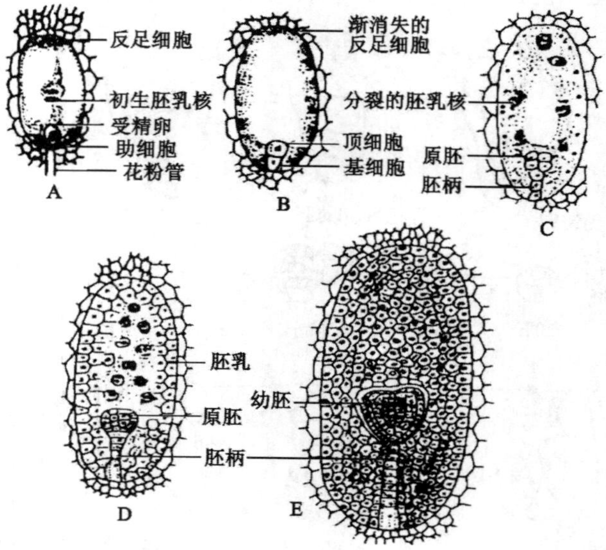

A. 初生胚乳核开始分裂；B. 继续分裂，在胚囊周边产生许多游离核，同时受精卵开始发育；
C. 游离核更多，由边缘逐渐向中央分布；D. 由边缘逐渐向中央产生胚乳细胞；
E. 胚乳发育完成，胚仍在继续发育中。

图 9-1-3 双子叶植物核型胚乳发育过程模式图

2. *细胞型胚乳的发育* 细胞型胚乳（cellular endosperm）发育的特点是在初生胚乳核分裂后，随即产生细胞壁，形成胚乳细胞，以后各次分裂也都是以细胞形式出现，无游离核时期（图 9-1-4）。大多数双子叶合瓣花植物如番茄、烟草、芝麻（*Sesamum indicum*），其胚乳的发育都属于此类型。

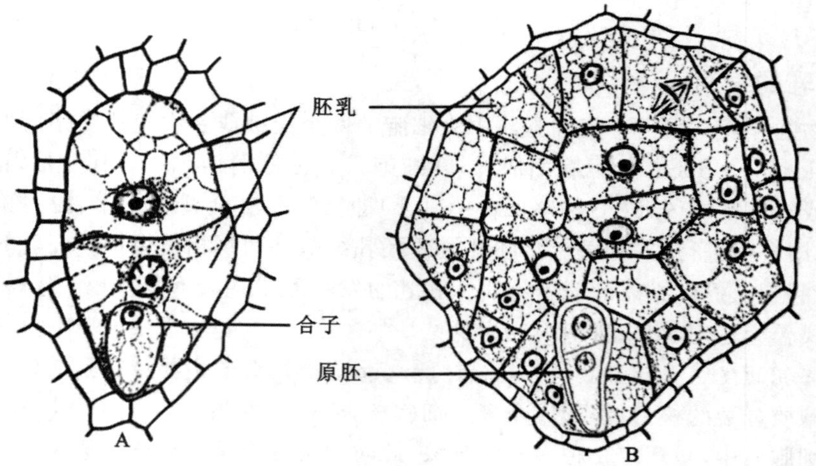

A. 二细胞时期，示合子与二细胞时期的胚乳；B. 示多细胞胚乳。

图 9-1-4 矮茄（*Solanum demissum*）细胞型胚乳的发育过程

3. *沼生目型胚乳的发育* 沼生目型胚乳（helobial endosperm）的发育方式是介于核型与细胞型之间的中间类型，其发育的特点是受精极核第一次分裂后，将胚囊分隔成两个室，即珠孔室和合点室。珠孔室比较大，这一部分的核进行多次核分裂先成为游离核状态。合点室的核分裂次数较少，并一直为游离核状态。一段时间以后，珠孔室的游离核之间形成细胞壁而进行胞质分裂。这种胚乳称作沼生目型胚乳（图 9-1-5）。这种类型的胚乳，多限于单子叶沼生目种类，如刺果泽泻（*Astonia australiensis*）、慈姑等，但少数双子叶植物，如虎耳草属、檀香属等植物也属于这种类型。

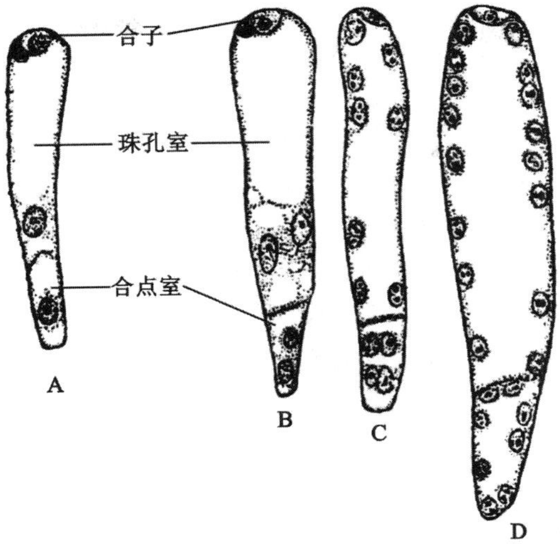

A～D. 胚乳的发育顺序（A. 胚乳细胞经第一次分裂，形成两个细胞；
B～D. 显示上端与下端的两个细胞的核均匀进行分裂，产生多个游离核）。

图 9-1-5 沼生目型胚乳

胚乳是三核融合的产物，它含有三倍的染色体，由母本提供 2 组，父本提供 1 组，它同样具有父本和母本的双重遗传性。三倍体的胚乳给胚的发育提供了重要的营养保障，因此，由胚发育而来的子代变异性更大，生活力更强，适应性也更加广泛。

在种子发育形成过程中，通常都有胚乳的形成。有些植物在形成种子时，胚乳没有被胚完全吸收而保留于成熟种子中，形成有胚乳种子，如禾本科植物的种子，蓖麻、番茄、桑等植物的种子。但是，还有一些植物在形成种子时，随着胚的形成，胚乳中的养料即被胚吸收，贮存在肥大的子叶中，所以种子里看不到有胚乳存在，这些是无胚乳种子，如豆类、瓜类等植物的种子。

4. 外胚乳　在胚和胚乳发育过程中，胚囊外的珠心组织被胚和胚乳吸收殆尽，故在多数植物成熟的种子中没有珠心组织。但也有少数植物的珠心组织始终存在，并能够随种子的发育而形成类似胚乳的贮藏组织，称为外胚乳，如苋属、石竹属和甜菜等植物的成熟种子中就有外胚乳，而无胚乳；而胡椒（*Piper nigrum*）、姜的成熟种子中，既有外胚乳又有胚乳。

(三)种皮的发育

随着胚和胚乳的发育，胚珠的珠被也同时发育形成种皮，包围在胚和胚乳之外，具保护作用。如果胚珠仅有一层珠被，则形成一层种皮，如番茄、向日葵、胡桃等；如果胚珠具有内、外两层珠被，通常一些植物两层珠被同时被保留下来，相应地形成内、外两层种皮，如陆地棉、油菜、苹果等。也有些植物虽有两层珠被，但是在发育过程中，其内珠被被吸收而消失，只有外层珠被发育成种皮，如大豆、蚕豆等的种皮由外珠被发育而成；小麦、水稻等的外珠被在种子形成过程中被吸收而消失了，内珠被形成极不发达的种皮，种皮与果皮紧贴在一起，主要由果皮对胚起保护作用。

成熟种子的种皮，其外层常分化为厚壁组织，内层分化为薄壁组织，中间各层可以分化为纤维、石细胞或薄壁细胞。当种子成熟时，大多数被子植物的种皮成为干种皮，但也有被子植物和裸子植物的种皮可以成为肉质，前者如石榴，后者如银杏。

少数植物的种子外面还具有假种皮，它是由珠柄或胎座发育而成的结构，包于种皮之外的结构，往往含有大量油脂、蛋白质、糖类等贮藏物质，如荔枝、龙眼果实中的肉质多汁可食部分，就是珠柄发育而来的假种皮。

种皮上常有种脐和种孔。种脐是种子成熟时，从种柄处脱落，在种皮上遗留下的痕迹；种孔来自胚珠上的珠孔，而种柄则是由胚珠的珠柄发育而来。

不同植物种皮的结构差别很大，这一方面决定于珠被的层数，另一方面也决定于种皮在发育中的变化。下面以蚕豆和陆地棉种子为例，说明种皮的发育情况。

蚕豆种子在发育过程中，胚珠的内珠被被胚的发育所吸收消耗，后来不复存在，种皮由外珠被发育而成，这种现象在豆科植物中非常普遍。外珠被发育成种皮时，珠被分化成三层组织，外层是一层长柱状厚壁细胞，细胞的长轴紧密地相互平行排列，形状如栅栏组织；第二层为骨形的厚壁细胞，呈短“工”字形，有极强的保护作用和机械支持力量；第三层是多层的薄壁细胞，种子在发育时，这部分细胞常被压扁。早期的种皮细胞内含有淀粉，是贮存营养物质的场所，因此，新鲜幼嫩的蚕豆种皮柔软可食，而老了以后则会转为坚韧的组织（图 9-1-6）。

陆地棉的种皮是由内外珠被共同发育而成的。外珠被分化为外表皮、外色素层和内表皮。外表皮的部分细胞向外突出，经过伸长和细胞壁沉积、纤维素增厚而形成单细胞的表皮毛——棉花纤维（图 9-1-7），是陆地棉种皮表面的附属物。棉纤维从发生到成熟需要 70～80 d，在此发育过程中，水分和温度是影响其伸长生长的主要因素。土壤缺乏水分，则纤维显著变短；温度较高，细胞壁加厚则较快，若温度低于 10～20 ℃，纤维伸长较短，且不能成熟。而外表皮层的下面，为含褐色素的薄壁细胞所组成的外色素层，可为表皮毛的发育提供营养。内表皮发育成厚壁细胞层。内珠被也分化为三层，其外表皮细胞伸长，细胞壁增厚，特化为栅栏状，其内是内色素层和乳白色层，乳白色层可能来源于内珠被的内表皮。

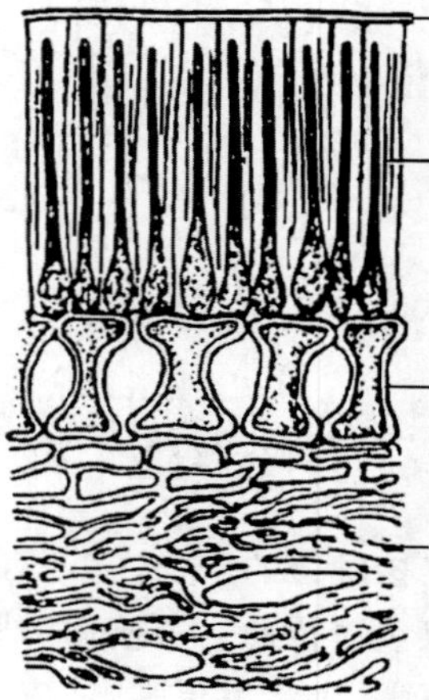

图 9-1-6　蚕豆种皮的横切面结构

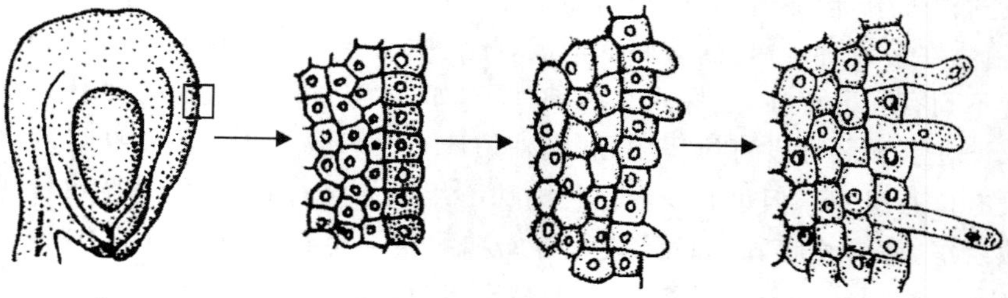

A. 胚珠；B. 部分胚珠；C. 表皮细胞开始突出；D. 表皮细胞开始伸长。

图 9-1-7　棉花纤维的发育过程

二、无融合生殖和多胚现象

（一）无融合生殖

一般而言，被子植物的胚都是由受精卵发育而来，但也有些植物，不经过精、卵结合，也能产生有胚的种子，这种现象称为无融合生殖（apomixis）。无融合生殖是植物界一种普遍存在的现象，已在 36 个科 300 多种植物中被发现。

无融合生殖可分为孤雌生殖（parthenogenesis）、无配子生殖（apogamy）和无孢子生殖（apospory）三种类型。胚珠中通常只有一个经正常发育而来的单倍体成熟胚囊，但有的植物体也能产生二倍体的成熟胚囊。这是由于胚囊母细胞（甚至珠心细胞）未经减数分裂，而直接进行 3 次有丝分裂形成了二倍体的 7 细胞 8 核胚囊。

1. *孤雌生殖*　孤雌生殖是胚囊中的卵细胞未经过受精作用而直接发育成胚的生殖现象。胚囊母细胞经过正常的减数分裂形成单倍体的胚囊，经孤雌生殖形成单倍体的胚，由于胚进一步发育成的植株都是单倍体，所以后代是不可育的，在玉米、小麦、烟草等植物中存在这种生殖现象。有些植物的胚囊是由未经减数分裂的孢原细胞、胚囊母细胞或珠心细胞直接发育而成的，因此，胚囊中的卵细胞、助细胞、反足细胞都是二倍体的，所以胚囊中的这些细胞，经孤雌生殖形成二倍体的胚，其后代可育，如蒲公英、芸薹属的植物。

2. 无配子生殖　无配子生殖是胚囊中助细胞或反足细胞不经受精作用而直接发育成胚的生殖现象，这种生殖现象与卵细胞无关。在单倍体胚囊中，无配子生殖产生单倍体的胚，其后代不育，如在水稻、玉米、棉花、烟草、黑麦(*Secale cereale*)、亚麻和辣椒等植物中都有发现。在二倍体胚囊中，无配子生殖产生二倍体的胚，其后代可育，如葱。

3. 无孢子生殖　无孢子生殖是指由珠心或珠被的细胞直接发育成胚的生殖现象。其胚的形成与胚囊无关，这种胚称为不定胚(adventitious embryo)，通常为二倍体，后代可育。不定胚与胚囊中的合子胚可以同时发育，结构也相同。如在柑橘种子内的数个胚中，只有 1 个是合子胚，其他均为无孢子生殖的不定胚(珠心胚)。柑橘的这种不定胚或珠心胚成苗更为健壮，在园艺植物育种和生殖生物学研究方面具有重要意义。

无融合生殖在植物育种中有较高的利用价值。通常在杂交育种时，后代性状分裂严重，要获得具有良好性状的稳定后代，要经过多代选择，历时多年。在杂交后代中的孤雌生殖单倍体，可通过人工或自然加倍染色体，就能在短期内得到遗传上稳定的纯合二倍体，对于缩短育种进程、固定杂交优势、提高育种效果和效率具有重要意义。

(二)多胚现象

植物的种子中通常只有 1 个胚，但有些植物的种子具有 2 个或更多的胚，这种现象称为多胚现象(polyembryony)。多胚现象产生的原因较为复杂，主要有以下几个方面。

1. 非卵配子受精　双受精时，由于多精子现象的存在，不仅卵细胞受精，有时助细胞或反足细胞也和过剩的精细胞受精，而形成多个合子，以后发育成多个胚。

2. 无配子生殖　助细胞或反足细胞与受精卵各自都发育成胚。

3. 无孢子生殖　除合子胚外，珠心或珠被细胞也形成不定胚。

4. 裂生多胚现象(cleavage polyembryony)　胚胎发育早期，原胚分裂成独立的几个部分，随着胚胎的发育，其每一部分将逐渐发育形成 1 个胚，这样就形成了多胚现象。

5. 多胚囊现象　胚珠中通常只有 1 个胚囊，但有些植物的胚珠中有 2 个或 2 个以上的胚囊，而且每个胚囊都形成胚，出现多胚现象。

三、胚状体

胚状体(embryoid)是由体细胞产生的类似胚胎的结构。在自然界中，有些植物胚珠的珠心、珠被等细胞可以发育形成胚状结构；某些植物以特定部位为外植体，通过组织培养，在一定条件下可能产生胚状结构，统称为胚状体。胚状体具有胚的功能，可以萌发形成幼苗。

体细胞胚的发生经过原胚、球形胚、心形胚、鱼雷形胚及子叶胚等几个阶段。在其发生的最早阶段就具有两极性，即根端(胚根)和茎端(胚芽)，并且与母体细胞或外植体的维管束无直接联系。这与器官发生不同，说明胚状体一开始就是一个完整植物的雏形，可通过根端或类似胚柄结构从外植体或愈伤组织中取得营养，也容易从愈伤组织的表面脱离下来，在适宜条件下长成一株植物。

胚状体可以直接从器官上发生，如芹菜的叶柄；也可以通过胚性愈伤组织分化的方式产生，如玉米、小麦、野胡萝卜等；还可以从游离的单细胞产生，如胡萝卜等。

影响胚状体发生的因素很多，如外植体的来源与培养物的生理状况，氮源及无机离子、植物生长激素与抑制剂、碳源、活性炭以及光照和其他培养条件等。

利用胚状体可以进行植物的快速繁殖、体细胞无性系变异和转基因操作研究，还可以利用其制作人工种子，实现大规模的工厂化生产，应用前景广阔。

第二节　果　实

一、果实的发育和结构

子房内的胚珠发育成种子时，能合成吲哚乙酸等植物激素，刺激雌蕊的子房，使其新陈代谢加速，于是整个子房迅速生长而发育，膨大为果实。花的其他部分，如花被、雄蕊及雌蕊的花柱、柱头等通常多枯萎凋谢。

根据果实发育的来源和组成，可以将果实分为真果和假果两类。单纯由子房发育而成的果实叫作真果（true fruit），多数植物的果实为真果，如花生、柑橘、玉米、棉花、桃、杏和小麦等的果实。假果（false fruit）是由子房及花的其他部分，如花托、花萼、花冠以至整个花序共同参与发育而成的果实，如梨、苹果、瓜类、凤梨（菠萝）、桑葚和无花果等。果实一般由果皮和其内所含的种子组成。不同植物的果实具有不同的发育方式、形态色泽、结构和化学成分，不仅起着保护作用，还有助于传播种子。

（一）真果的结构

真果的结构比较简单，其外为果皮（pericarp），内含种子。果皮由子房壁发育而成，一般可分为外果皮（exocarp）、中果皮（mesocarp）和内果皮（endocarp）三层结构，外果皮上常有气孔、角质、蜡被和表皮毛等。三层果皮的厚度不一，视果实种类而异。有的相互混合，难于区分，如番茄的中果皮和内果皮；一般中果皮在结构上变化较大，有些植物的中果皮是由多汁的、贮有丰富营养物质的薄壁细胞组成，分布有维管束，成为果实中的肉质可食用部分，如桃、李、杏等；而有些植物的中果皮则常变干收缩，成膜质或革质，如蚕豆、花生等，也有的成为疏松的纤维状，维管组织发达，如柑橘的橘络；内果皮在不同植物中也各有其特点，有些植物的内果皮肥厚多汁，如葡萄等，而有些植物的内果皮则是由骨质的石细胞构成，如桃、杏、李和胡桃等。下面以桃果实为例来说明真果的结构。

桃的果实是由一个心皮构成的子房发育而成的，果皮明显分为外果皮、中果皮和内果皮三层结构。外果皮为一层表皮细胞和数层厚角组织的细胞所组成，表皮外有很多毛；中果皮为许多大型的薄壁细胞和维管束组成，肥厚多汁，内含丰富的营养物质，在三层果皮中最为发达，是主要的食用部分；内果皮坚硬呈硬壳状，由石细胞构成，机械强度高，对其内部的种子起着很好的保护作用（本章彩图2）。

果实在发育过程中，除了形态上的变化外，通常在颜色、质地及化学成分上也都有相应的变化。幼嫩的果实，由于含有大量叶绿体，所以呈现青绿色；而成熟时，果皮中产生了花青素或有色体，因而出现各种鲜艳的颜色。幼嫩果实中的细胞排列紧密，质地较硬；而发育成熟的果实中细胞则排列较疏松，质地较松软，如未发育成熟的番茄、桃、杏的果实较硬，成熟后则变软。幼嫩的未成熟的果实中常常含有较多有机酸和单宁，所以口感酸涩；而在成熟过程中，由于单宁逐渐消失，有机酸也逐渐转化成了糖，于是口感甜美，如葡萄、番茄、杏等。

（二）假果的结构

假果的结构较真果复杂，除子房外，还有花的其他部分（如花托、花萼、花冠以至整个花序）参与果实的形成。因此，其结构较真果复杂，除由子房壁发育而成的果皮部分外，还有花的其他成分。例如梨、苹果的食用部分，主要由花托杯发育而成，占较大比例，中部才是由子房发育而来的部分，占的比例较小，但仍能区分出外果皮、中果皮和内果皮三部分结构，内果皮常革质、较硬，其内为种子（本章彩图3）。在草莓等植物中，果实的肉质化部分是花托发育而来；在无花果、菠萝等植物的果实中，肉质化的部分主要由花序轴、花托等部分发育而成。

严格地讲，果皮是指成熟的子房壁，如果果实的组成部分还包括其他的附属结构，如花托、花被等，则果皮的含义也可扩大到非子房壁的附属结构或组织部分。

二、单性结实和无籽果实

果实的形成，一般与受精作用有密切关系。受精以后，胚珠发育成种子，子房壁发育成果皮，这是正常现象。但也有一些植物不经过受精作用，子房便可直接发育成果实，这种现象叫单性结实(parthenocarpy)。单性结实的果实里不含种子或者说种子内没有胚，所以称这类果实为无籽果实，如无籽葡萄、无籽柑橘等。

单性结实有两种情况，一种是子房不经传粉或任何其他刺激，便可自发形成无籽果实，这种单性结实称为自发单性结实或营养单性结实，如香蕉、柑橘、柠檬等的某些品种。另一种则是子房必须经过一定的人工诱导或外界刺激才能形成无籽果实，称为刺激单性结实或诱导单性结实，刺激物是同科异属的花粉或激素，例如用马铃薯的花粉刺激番茄柱头，用苹果的花粉刺激梨的柱头，用爬山虎的花粉刺激葡萄柱头等，都可得到无籽果实。

单性结实在一定程度上与子房所含植物生长激素的浓度有关，所以农业及园艺上应用类似的植物生长激素诱导单性结实。例如用 30～100 mg/kg 的吲哚乙酸和 2,4-D 等的水溶液，喷洒番茄、西瓜、辣椒等临近开放的花蕾，或用 10 mg/kg 的萘乙酸喷洒葡萄的花序，都能诱导单性结实。

值得一提的是，单性结实必然产生无籽果实，但并非所有的无籽果实都是单性结实所致。有些植物在开花、授粉和受精以后，其胚珠在发育为种子的过程中受到阻碍，这样也可以形成无籽果实，如无籽西瓜可以通过三倍体的杂交种子获得。

三、果实和种子的传播

被子植物的果实和种子成熟后都要脱离母体，散布到距母体一定距离的地方。而果实的结构特征往往有助于果实和种子的传播，从而使植物的分布范围进一步扩大，争取更多的生存空间，也有助于植物的种族繁衍。如果植物的果实和种子没有适当的传播方法，其后代就要拥挤在一起，这样不利于物种的进化。

果实和种子的传播，主要依靠风力、水力、动物和人类的活动，以及果实本身所产生的机械力量。在长期自然选择过程中，成熟的果实和种子往往具备适应各种传播方式的特征。

(一)风力传播

在长期自然选择和进化过程中，许多植物形成了借助风力进行传播果实和种子的特性。这些植物的果实和种子一般都具有体积小、质地轻、有翅或毛等附属物的特点，使得果实和种子能悬浮在空气中以便借助风力吹到远处，如罂粟科、兰科植物的种子小而轻，可随风吹到数公里以外；而杨、柳等植物的种子外面具有细长的绒毛，蒲公英的果实上生有降落伞状的冠毛，白头翁(*Pulsatilla chinensis*)的果实上带有宿存的羽状柱头，槭树、榆树及白蜡树的果实以及云杉、松等的种子均有平展的宽翅，酸浆(*Alkekengi officinarum*)的果实外包有花萼形成的气囊，都能随风飘扬，传播到远方(图 9-2-1)。

(二)水力传播

水生植物或沼泽植物的果实和种子多借水力传播。莲的坚果在莲蓬上面，莲蓬由花托形成，呈倒圆锥形，成熟后漂浮于水面，随波逐流，将种子传到远方。海边的椰子树，其果实也是靠水力传播。椰果的中果皮疏松，富有纤维，适应在水中漂浮，成熟后落于水面，随风漂洋过海，远播他方。

(三)借助人类和动物的活动传播

这类植物果实和种子的外面生有毛刺、倒钩刺或有黏液分泌，能挂或黏附于动物的皮毛、羽毛或人们的衣服上，随动物和人们的活动无意识地把它们携带到较远的地方，如鹤虱(*Lappula myosotis*)、鬼针草、苍耳和拉拉藤(*Galium spurium*)等植物的果实。另外，有些植物的果实和种子成熟后被鸟兽吞食，它们具有坚硬的种皮或果皮，可以不被消化，种子随粪便排出体外，传到各地仍能萌发生长，且附着在种子周围的粪便还为以后幼苗的成长提供了丰富的有机肥，更有利于植物的繁衍，如番茄、甘草的种子，稗的果实等都是如此。另外，人类的农业生产活动也有意和无意地传播着植物的果实和种子。

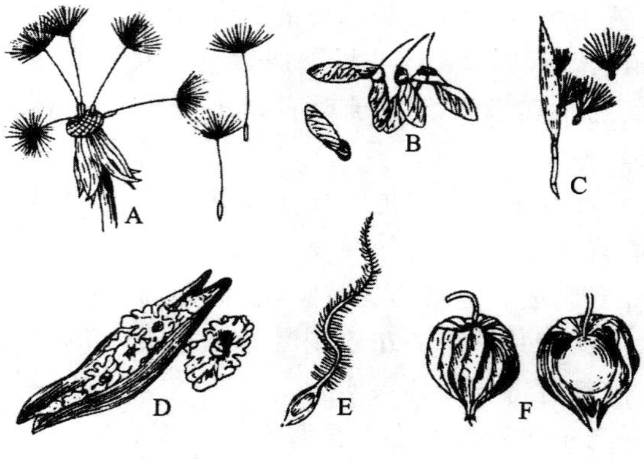

A. 蒲公英的果实，顶端具有冠毛；B. 槭树的果实，具翅；C. 马利筋的种子，顶端有种毛；
D. 紫葳的种子，四周具翅；E. 铁线莲的果实，花柱残留呈羽状；F. 酸浆的果实，外包花萼形成的气囊。

图 9-2-1 借风力传播的果实和种子

(四)借助果实的自身弹力传播

有些植物的果实在成熟时急剧开裂，产生机械弹力或喷射力，将种子散发出去(图 9-2-2)。干果中的裂果类，果皮成熟后成为干燥坚硬的结构，由于果皮各层厚壁细胞排列形式不一，随着果皮含水量的变化，容易在收缩时产生扭曲现象，借此把种子弹出，实现了对种子的传播。常见的此类植物有凤仙花(*Impatiens balsamina*)、大豆、油菜、绿豆和老鹳草(*Geranium wilfordii*)等，所以，像大豆、油菜、绿豆等作物，果实成熟后必须及时收获，不然，干燥后自行开裂，将种子散播于田间，造成损失。喷瓜的果实成熟时，在顶端形成一个裂孔，当果皮收缩时，可将种子喷到远处。

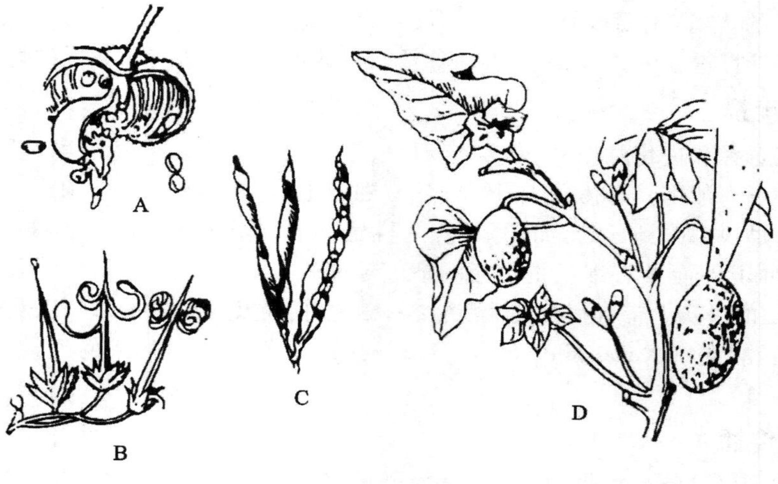

A. 凤仙花果实自裂；B. 老鹳草果皮翻卷；C. 绿豆果皮扭转；
D. 喷瓜果实成熟后，果实脱离果柄时，由断口处喷出浆液和种子。

图 9-2-2 靠果实本身的机械力量散播的种子

第三节 植物个体发育与被子植物生活史

被子植物的个体发育，从一粒种子开始。种子成熟后，在适宜的外界条件下，便开始萌发形成幼苗，逐渐发育成具有根、茎、叶的植物体。植株经过一段时间的营养生长，积累足够的营养物质后，便在植物体的一定部位形成花芽，而转入生殖生长阶段。在花芽发育成花朵时，雄蕊花药中的花粉母细胞经过减数分裂，形成了单倍体的单核花粉粒，单核花粉粒进一步发育成由营养细胞和生殖细胞组成的二细胞花粉粒；有些植物的生殖细胞还可以再分裂一次，进一步形成由1个营养细胞和2个精子组成的成熟花粉粒(雄配子体)；同时，雌蕊子房内胚珠中的胚囊母细胞也进行减数分裂产生了单倍体的胚囊，其中包括卵细胞(雌配子)、极核(中央细胞)等。这时植物便开始开花、传粉和双受精，其中一个精子与卵细胞融合形成受精卵(合子)，以后发育成胚；另一个精子与两个极核融合而形成初生胚乳核，以后发育为胚乳；珠被发育成种皮，整个胚珠则发育成种子，而子房则发育形成果实。

被子植物从种子萌发开始到又形成新一代种子所经历的整个生活过程，称作被子植物的生活史(life history)。一年生、越年生和二年生的植物，如西瓜、番茄、小麦、玉米、油菜和白菜等植物，生活周期短，一生中只开一次花，结一次实，在种子成熟后，整个植株便逐渐枯死。而桃、李、茶、柑橘等多年生植物，生活周期长，一般要经过多次开花、结实后才会衰老死亡。

被子植物的生活史中存在着两个基本阶段：第一个阶段是从受精卵开始，到形成胚囊母细胞和花粉母细胞为止。这一阶段形成具有根、茎、叶的植物体，其细胞内染色体数目为二倍($2n$)，称为二倍体阶段，也因为在二倍体的植物体上可以通过花粉母细胞和胚囊母细胞的减数分裂，产生单倍体的小孢子(单核花粉粒)和大孢子(单核胚囊)，而把这一阶段称为孢子体阶段。该阶段不经历性细胞的产生和融合过程，所以也称无性世代。另一个阶段从大、小孢子开始到雌、雄配子形成后为止。这一阶段形成成熟的胚囊(雌配子体)和花粉粒(雄配子体)，其组成细胞内的染色体数为单倍(n)，因此称为单倍体阶段，也因单倍体的胚囊和花粉粒能够分别发育出雌、雄配子(卵细胞和精子)而将这一阶段称为配子体阶段，又因该阶段有性细胞的产生，也称有性世代(图9-3-1，本章彩图4)。

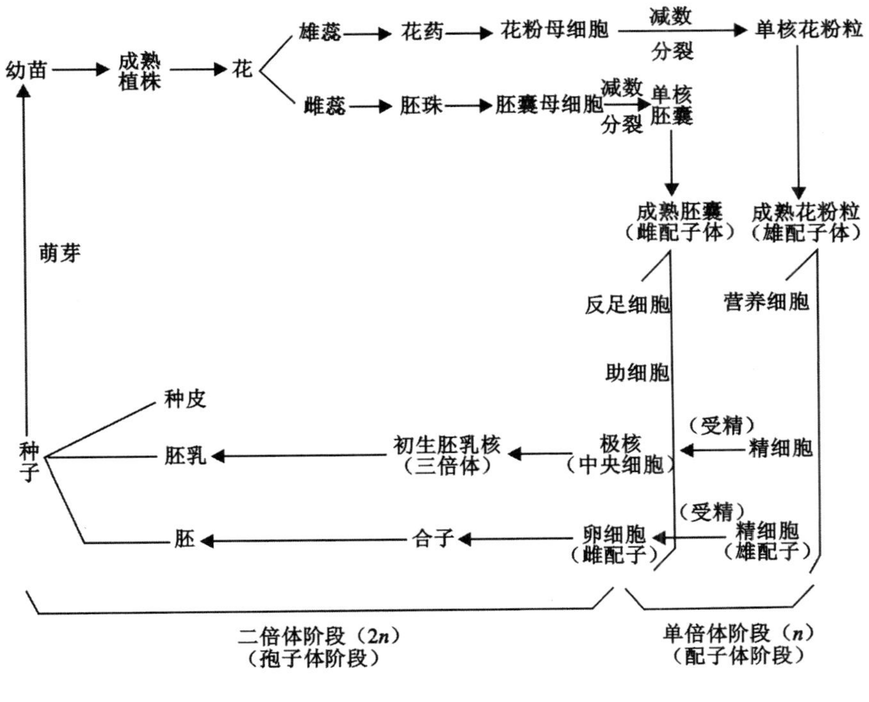

图9-3-1 被子植物生活史过程示意图

在植物的生活史中，二倍体的孢子体阶段(无性世代)和单倍体的配子体阶段(有性世代)有规律地交替出现，这种现象称为世代交替。在被子植物的世代交替中，减数分裂是孢子体世代向配子体世代过渡的重要环节和转折点，双受精作用是配子体世代向孢子体世代过渡的关键环节和重要转折点(图 9-3-1，本章彩图 4)。

被子植物的生活史具有明显的世代交替现象，其特点是：孢子体世代占据主要地位，孢子体高度发达。在被子植物的一生中，孢子体能够独立生活，在整个被子植物生活史中占绝大部分时间。配子体小，高度简化，雄配子体花粉只有 3 个细胞，雌配子体胚囊一般也只有 7 个细胞，配子体世代生存的时间短，依赖孢子体提供营养，寄生于其上而不能独立生活。

本章小结

被子植物在开花、传粉和受精以后子房内的胚珠发育形成种子。其中受精卵(合子)经过原胚逐渐发育形成胚，受精极核通过核型、细胞型或沼生目型三种方式中的一种发育形成胚乳，胚珠中的珠被发育形成种皮。少数植物，不经过精、卵细胞的结合，而是通过无融合生殖的方式发育形成胚。无融合生殖有孤雌生殖、无配子生殖和无孢子生殖三种类型。

双受精作用后，包裹着胚珠的子房发育形成果实，其子房壁发育成果皮。少数植物不经过受精作用，通过单性结实，子房也可发育形成果实。单性结实有自发单性结实和诱导单性结实两种类型。单纯由子房发育而成的果实称为真果；由花托、花被或整个花序等与子房共同形成的果实称为假果。由花发育形成果实及种子的具体情况如下图所示。

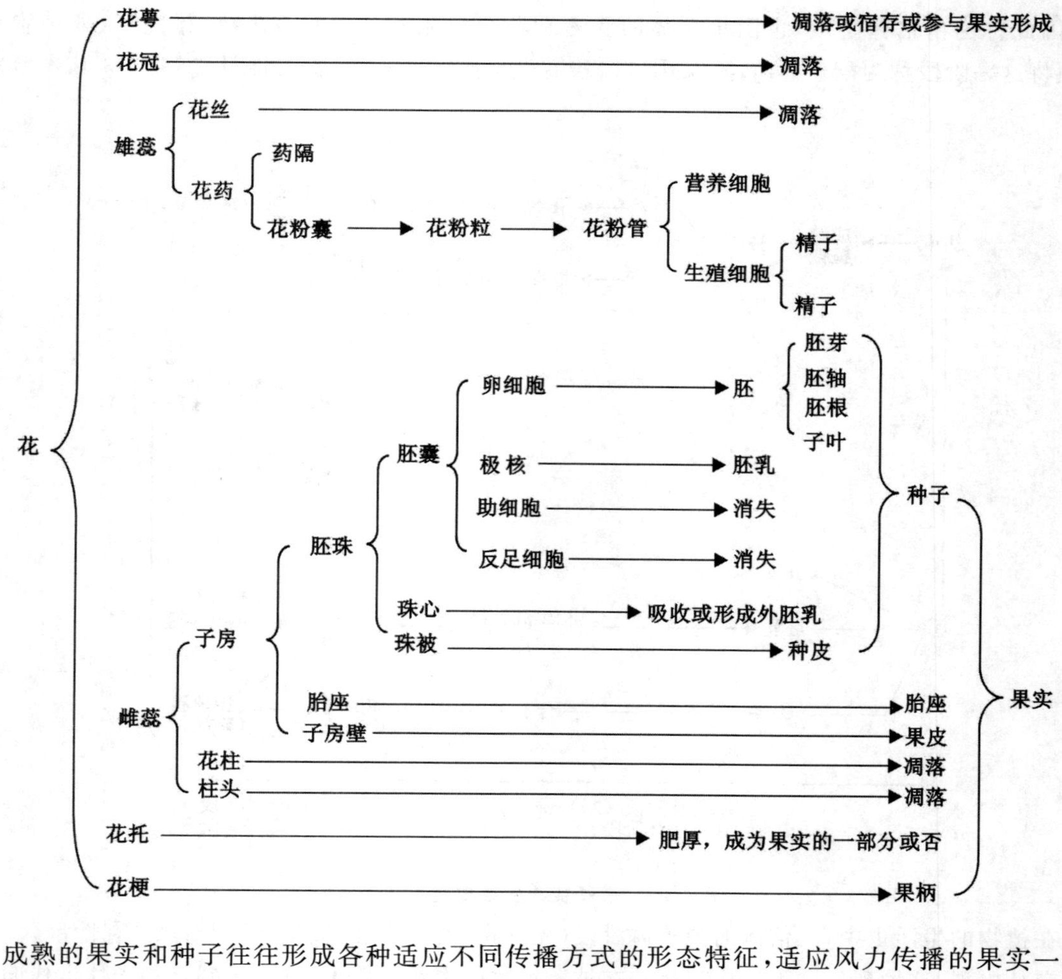

成熟的果实和种子往往形成各种适应不同传播方式的形态特征，适应风力传播的果实一般小

而轻，且常具有翅或毛等；借助水力传播者，多形成有利漂浮的结构；借助生物活动传播的果实常常有刺、钩或有黏液分泌；借助果实弹力或喷射力传播的果实，其果皮可发生爆裂或卷曲，而将种子弹出。

被子植物的个体发育从种子萌发开始，逐渐发育成具有根、茎、叶的成熟植物体，经过开花、传粉和受精，发育形成果实和种子，这一过程称为被子植物的生活史。被子植物的生活史包含两个基本阶段，即二倍体的孢子体阶段(有性世代)和单倍体的配子体阶段(有性世代)。

被子植物生活史，孢子体世代和配子体世代呈有规律交替出现，即世代交替。在被子植物的世代交替中，孢子体高度发达，配子体高度简化。减数分裂是孢子体世代向配子体世代过渡的转折点，而双受精作用实现了配子体世代向孢子体世代的转折。

复习与思考

1. 简述双子叶植物与单子叶植物胚的发育过程，并比较二者有什么不同之处。
2. 简述种皮的结构特征，种皮的性质、厚薄与果实的果皮之间是否有一定的相关性。
3. 什么是无融合生殖？其有哪些类型？其在农业生产上有什么意义？
4. 什么是单性结实？自发和诱导单性结实在生产上有何意义？
5. 总结被子植物生活史的特点。

数字课程学习资源

课程视频　学习课件　知识结构图　练习题　参考答案

植物学

Botany

第IV篇

植物基本类群的分类与系统演化

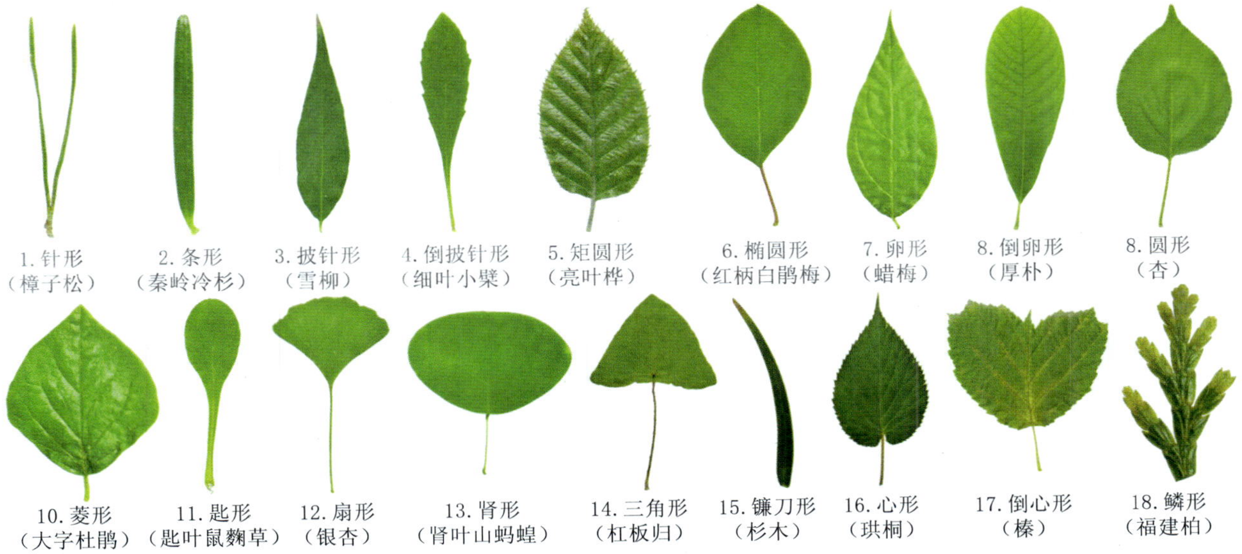

图1　叶片的类型

1. 十字形花冠（油菜）；2. 蔷薇花冠（海棠）；3. 漏斗状花冠（柔毛打碗花）；4. 轮状花冠（茄）；5. 钟状花冠（牧根风铃草）；6. 高脚碟状花冠（紫丁香）；7. 坛状花冠（葡萄风信子）；8. 管状花冠（向日葵）；9. 唇形花冠（丹参）；10. 蝶形花冠（红花锦鸡儿）；11. 舌状花冠（蒲公英）；12. 假蝶形花冠（紫荆）；13. 坛状花冠（柿）。

图2　花冠的类型

1.总状花序（遏蓝菜）；2.穗状花序（车前）；3.柔荑花序（柳）；4.肉穗花序（白鹤芋）；5.伞形花序（韭菜）；6.伞房花序（麻叶绣线菊）；7.头状花序（蒲公英）；8.隐头花序（无花果）；9.圆锥花序（软叶丝兰）；10.复穗状花序（小麦）；11.二歧聚伞花序（肥皂草）；12.复伞形花序（芫荽）；13.复伞房花序（石楠）；14.多歧聚伞花序（泽漆）；15.螺旋状聚伞花序（聚合草）；16.蝎尾状聚伞花序（黄菖蒲）；17.轮伞花序（夏至草）。

图3　花序的类型

◉◉○ 第十章 | 植物分类基础知识

被子植物是植物界种类最多、结构最复杂、进化最高级的一类高等植物。其在长期的演化过程中，适应不同的环境，形成了复杂多样的形态特征。经典的植物分类学就是根据植物根、茎、叶、花、果实等形态特征来进行的。

第一节 被子植物分类的形态学术语

植物形态学把植物体及其各个器官的结构、特征、性状和质地区分为许多形态学类型，对每个形态学类型给予一定的名称，并科学地确定其特定的概念，即是植物形态学术语。因此，在学习或进行植物分类工作之前，必须熟悉和掌握这些术语，才能正确鉴定、描述植物，正确地进行分类。

一、茎

(一)茎的性质

根据茎的木质化程度，可将植物分为木本植物、草本植物和藤本植物。【二维码 10-1】

10-1

1. 木本植物(wood plant) 茎内木质部比较发达，一般比较坚硬，其寿命较长。可分为三类。

(1)乔木(tree) 植株高大，主干明显，分枝距地面较高，如杨树、油松、七叶树等。

(2)灌木(shrub) 主干不明显，常由基部分枝，呈丛生状，植株较矮小，高不及 5 m，如月季、紫荆、玫瑰等。

(3)半灌木(subshrub) 比灌木矮小，高常不及 1 m，茎基部木质化，上部茎草质，花后枯萎，如金丝桃、黄芪和某些蒿类植物。

2. 草本植物(herb) 茎内木质化程度低，质地柔软，通常于开花结果后枯死。又根据其生活期的长短，可分为以下几类。

(1)一年生草本(annual herb) 生活周期在 1 个生长季节内完成，开花结实后枯死，如棉花、水稻、玉米等。

(2)二年生草本(biannial herb) 生活周期在 2 个年份内完成，第一年进行营养生长，第二年开花结实后枯死，如白菜、萝卜等。

(3)多年生草本(perennial herb) 植株的地上部分于当年开花结实后枯死，而地下部分可生活多年，每年萌发新的地上枝，如芦苇、苜蓿等。

生长环境也可以改变植物的习性，如棉花、蓖麻等植物，在北方为一年生植物，在华南则变为多年生植物。

3. 藤本植物(vein) 植物体细而长，不能直立，只能依附其他物体，缠绕或攀缘向上生长的植物。可分为木质藤本和草质藤本，如葡萄、猕猴桃、草莓、牵牛等。

(二)茎的生长习性

根据茎的生长习性，可将茎分为五种(图 10-1-1)。【二维码 10-2】

10-2

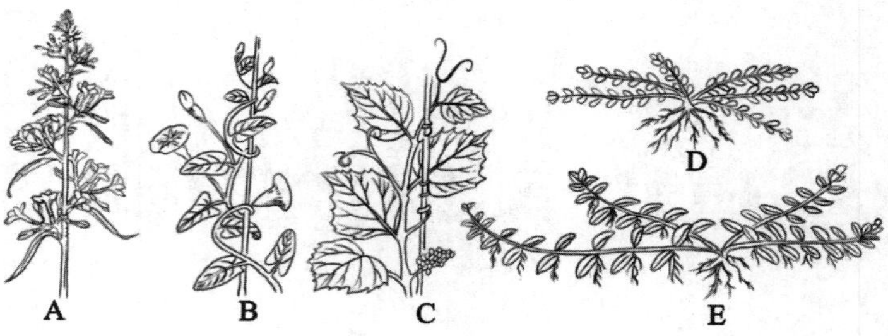

A. 直立茎；B. 缠绕茎；C. 攀缘茎；D. 平卧茎；E. 匍匐茎。

图 10-1-1　茎的类型

1. 直立茎(erect stem)　茎垂直地面，直立生长，如杨树及水稻、辣椒等。

2. 平卧茎(prostrate stem)　茎平行于地面生长，不能直立，如蒺藜、地锦等。

3. 匍匐茎(stolon stem)　茎平行于地面生长，节上产生不定根，如甘薯、草莓、狗牙根等。

4. 攀缘茎(climbing stem)　茎上生出卷须、吸器等攀缘器官，借助攀缘器官使植物攀附于他物上，如葡萄、黄瓜、爬山虎等。

5. 缠绕茎(twining stem)　茎不能直立，螺旋状缠绕于他物上，如牵牛、菜豆等。

(三)茎的分枝方式

茎上着生的枝芽开放后，生长形成枝条，这一过程称为分枝。受顶芽、腋芽的生长势强弱、生长时间长短及寿命、遗传性、环境因素的影响，不同植物会形成不同的分枝方式。高等植物常见的分枝方式有二叉分枝、单轴分枝、合轴分枝、假二叉分枝和分蘖 5 种。【二维码 10-3】

10-3

1. 二叉分枝(dichotomous branching)　茎顶端的分生组织平分成两半，各形成一个分枝，以此方式重复产生次级分枝，从而形成二叉状分枝系统。这是一种原始的分枝方式，多见于低等植物，在高等植物中见于苔藓和蕨类，如石松、卷柏等。

2. 单轴分枝(monopodial branching)　又称总状分枝(racemose branching)。由于存在顶端优势，主茎的顶芽生长始终占优势，形成一个直立而明显的主干，而主茎的腋芽形成侧枝，侧枝又以同样方式形成次级侧枝，各级侧枝的生长一直处于劣势，结果使植物形态成为锥体(塔形)(图 10-1-2A,E)。这种分枝方式比较原始，常见于松、杉、柏等裸子植物和部分木本被子植物如椴、杨等。单轴分枝的植物主干高大挺直，形成有经济价值的木材；一些草本植物如黄麻也是单轴分枝，栽培时保持顶端优势可以提高麻类的品质。

3. 合轴分枝(sympodial branching)　主干的顶芽发育到一定的时候，生长变得缓慢甚至死亡或形成花芽，由其下方的一个腋芽代替原有的顶芽继续生长形成新枝，以后新枝的顶芽又停止生长。再由它下方的腋芽发育，如此重复生长，主干实际是由顶芽和各级腋芽所形成的短枝联合而成，因此，称为合轴分枝(图 10-1-2 B,C,F)。这种分枝在幼枝时呈显著曲折的形状，在老枝上由于加粗生长，不易分辨。合轴分枝的植株上部或树冠呈开展状态，既提高了支持和承受能力，又使枝叶繁茂。这有利于通风透光，有效扩大光合面积和促进花芽形成，因而是丰产的株形，是较为进化的分枝方式。大多数被子植物具有这种分枝方式，如马铃薯、桑、榆等。有些植物(如茶树和一些果树)幼年期主要为单轴分枝，到生殖阶段才出现合轴分枝。棉花的植株上也有单轴分枝的营养枝(只长叶和芽而无花的)和合轴分枝的果枝之分(图 10-1-2 E,F)。

4. 假二叉分枝(false dichotomy branching)　具有对生叶序的植物，顶芽生长到一定程度后，生长变得缓慢或停止生长，或顶芽发育为花芽，顶芽下 2 个对生的腋芽同时发育成侧枝，形成二叉状分枝，然后这对侧枝的分枝活动又如上述。但它和由顶端分生组织一分为二而成的二叉分枝不同，只是外形相似，故称为假二叉分枝(图 10-1-2 D,G)。这种分枝方式在被子植物中较普遍，实际上是合轴分枝的一种特殊形式，如丁香、石竹等都具有这种分枝方式。

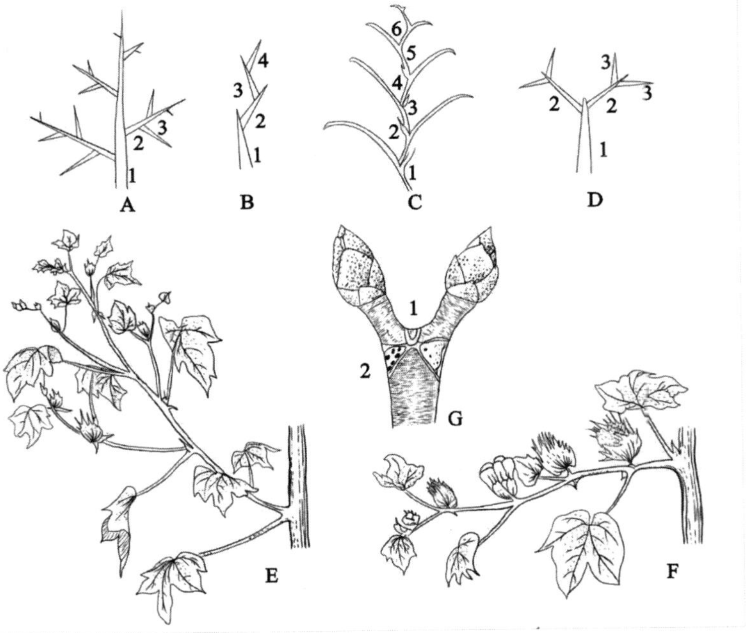

A～D. 分枝方式图解(A. 单轴分枝；B,C. 合轴分枝；D. 假二叉分枝，图中分枝顺序以数字表示)；
E. 棉单轴分枝方式的营养枝；F. 棉合轴分枝方式的果枝；G. 七叶树的假二叉分枝 (1. 花枝痕；2. 叶痕)。

图 10-1-2 种子植物的分枝方式

5. 分蘖(tiller) 分蘖是小麦、水稻等禾本科植物特有的分枝方式。这类植物在生长初期，茎的节间很短，节很密集，在接近地面或地面以下的几个茎节上的腋芽形成新枝，并同时在节上产生不定根，这种分枝方式称为分蘖。产生分枝的节称为分蘖节，可细分为三种类型(图 10-1-3)。

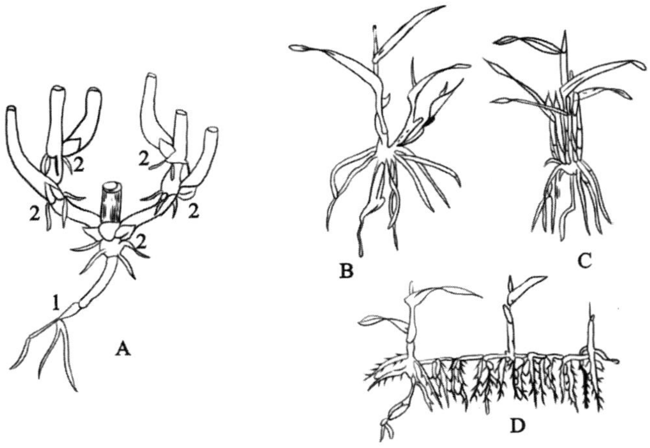

A. 禾本科植物分蘖图[1. 具初生根的谷粒；2. 生有不定根(蘖根)的分蘖节]；
B～D. 分蘖类型(B. 疏蘖型，各分蘖节之间距离较远；C. 密蘖型，各分蘖节密集而呈丛生状；
D. 根茎型，分蘖从横卧的地下茎上长出)。

图 10-1-3 禾本科植物分蘖及类型

二、叶

(一)单叶与复叶

叶由叶片、叶柄和托叶三部分组成。叶片是叶最重要的组成部分，多为薄的绿色扁平体；叶柄位于叶片基部，是连接叶片和茎的结构，一个叶柄上只生 1 个叶片的称单叶(single leaf)，一个叶柄上生有 2 至多个小叶片的称复叶(compound leaf)。复叶的叶柄称为总叶柄(common petiole)，总叶柄上着生叶片的轴状部分称叶轴(rachis)。复叶的叶片称为小叶(leaflet)。小叶的叶柄称为小叶柄(petiolule)。小叶柄的一端连在小叶片上，另一端着生在总叶柄或叶轴上。复叶是由单叶经过不同程度的缺裂演化而来的，当单叶的裂片深达主脉或叶基并且形成小叶柄时，便形成复叶。

10-4

根据小叶在叶轴上排列的方式和数目的不同，可分为以下几种类型(图 10-1-4)。【二维码 10-4】

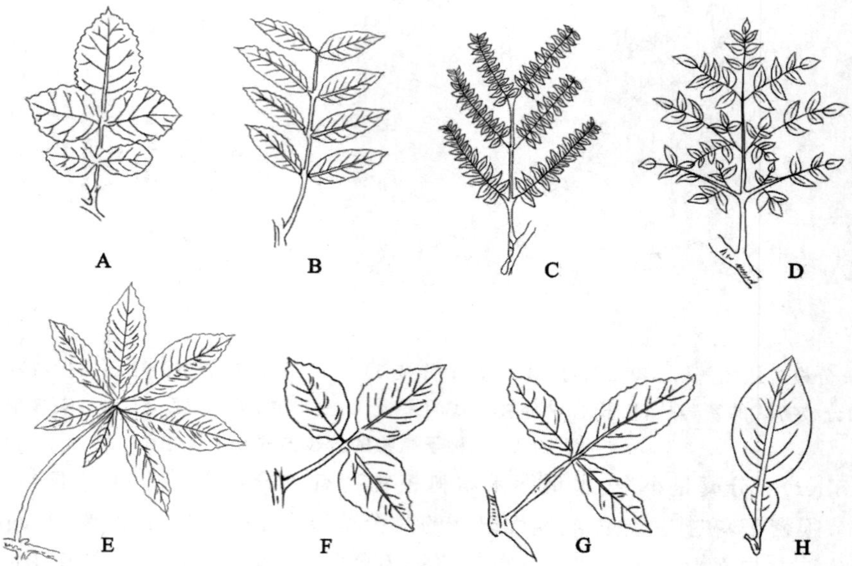

A. 奇数羽状复叶；B. 偶数羽状复叶；C. 二回偶数羽状复叶；D. 三回奇数羽状复叶；E. 掌状复叶；F. 三出羽状复叶；G. 三出掌状复叶；H. 单身复叶。

图 10-1-4　复叶的类型

1. 羽状复叶(pinnate compound leaf)　小叶排列在叶轴的两侧呈羽毛状，叶轴顶端的小叶是顶生小叶，叶轴侧面的小叶是侧生小叶，按照顶生小叶数量的不同，羽状复叶分为两种：

(1)奇数羽状复叶(imparipinnate leaf)　叶轴顶端生有一片顶生小叶，小叶的数目为单数，如刺槐、月季。

(2)偶数羽状复叶(paripinnate leaf)　叶轴顶端生有两片顶生小叶，小叶的数目为偶数，如落花生、锦鸡儿、皂角。

羽状复叶又因叶轴分枝的情况，可分为一回、二回、三回或多回羽状复叶。羽状复叶的叶轴如果分枝，分枝在总叶轴的两侧呈羽状排列，此分枝叫羽片(pinna)。

根据叶轴是否分枝和分枝次数，羽状复叶可以分为以下几种类型：

①叶轴单一，不分枝：小叶着生在叶轴上，叫一回羽状复叶，如核桃。

②叶轴分枝一次：分枝上再生羽状排列的小叶，叫二回羽状复叶(bipinnately compound leaf)，如合欢、皂荚 。

③叶轴分枝两次：小叶着生在二级分枝两侧，叫三回羽状复叶(tripinnately compound leaf)，如

楝树。

④叶轴多次分枝:叫多回羽状复叶(pinnately decompound leaf),如蒿属、南天竹。

2. 掌状复叶(palmate compound leaf) 叶轴缩短,小叶着生在总叶柄顶端,向各方展开而呈手掌状,如七叶树、鹅掌柴。

3. 三出复叶(ternately compound leaf) 仅有三片小叶的复叶是三出复叶。根据小叶着生的位置可以分为两类:

(1)三出羽状复叶(ternate pinnate leaf) 顶生小叶生于总叶柄顶端,两片侧生小叶生于总叶柄顶端以下,如大豆。

(2)三出掌状复叶(ternate palmate leaf) 三片小叶都生于总叶柄顶端,如酢浆草。

4. 单身复叶(unifoliate compound leaf) 三出复叶的两个侧生小叶退化,只留下总叶柄顶端的顶生小叶,总叶柄顶端与小叶连接处有关节,这种复叶称单身复叶,如橘。单身复叶叶轴的两侧通常或大或小向外作翅状扩展。

(二)叶序和叶镶嵌

1. 叶序(phyllotaxy) 叶在茎或枝条上的排列方式叫叶序。常见的叶序类型有五种(图 10-1-5)。【二维码 10-5】

10-5

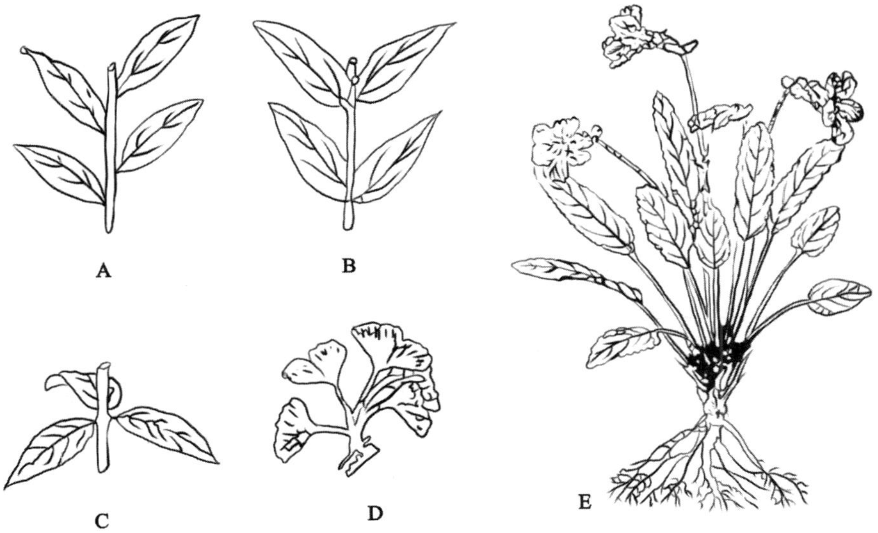

A. 互生;B. 对生;C. 轮生;D. 簇生;E. 基生。

图 10-1-5 叶序类型

(1)互生(alternate phyllotaxy) 每节上只着一片叶(单叶或者复叶),如棉花、杨树、小麦等。

(2)对生(opposite phyllotaxy) 每节上相对着生两片叶,如丁香、石竹、一串红等。

(3)轮生(verticillate phyllotaxy) 每节上着生三片或三片以上的叶,如夹竹桃、直立百部等。

(4)簇生(fascicled phyllotaxy) 两片或两片以上的叶着生于极度短缩的短枝上,如马尾松是 2 针一束,白皮松是 3 针一束,银杏、雪松是多枚叶片簇生。

(5)基生(basilar phyllotaxy) 某些草本植物的茎极度缩短,节间不明显,其叶恰如从根上成簇生出,称为基生叶,如蒲公英、车前、早开堇菜等。基生叶常集生成莲座状,称为莲座状叶丛(rosette)。

2. 叶镶嵌(leaf mosaicous) 无论叶在茎上的排列是哪一种叶序,相邻两节的叶总是不相重叠,以一定的角度彼此相互错开生长,呈镶嵌状态。这种同一枝上的叶,以镶嵌状态排列而不重叠的现象,称为叶镶嵌,如烟草、地锦、常春藤等。叶镶嵌使茎上的叶片互不遮蔽,利于光合作用的进行，同时也使茎上的负载平衡。

（三）叶片的形态

1. 叶形(leaf shape)　叶形通常是指叶片(含复叶的小叶片)的整体形状，是按照叶片长度和宽度的比例以及最宽处位置来划分的，叶形是识别植物的重要依据之一。有关叶形的术语，同样也适用于托叶、萼片、花瓣等扁平器官，常见的叶形有多种(图 10-1-6 和本章彩图 1)。

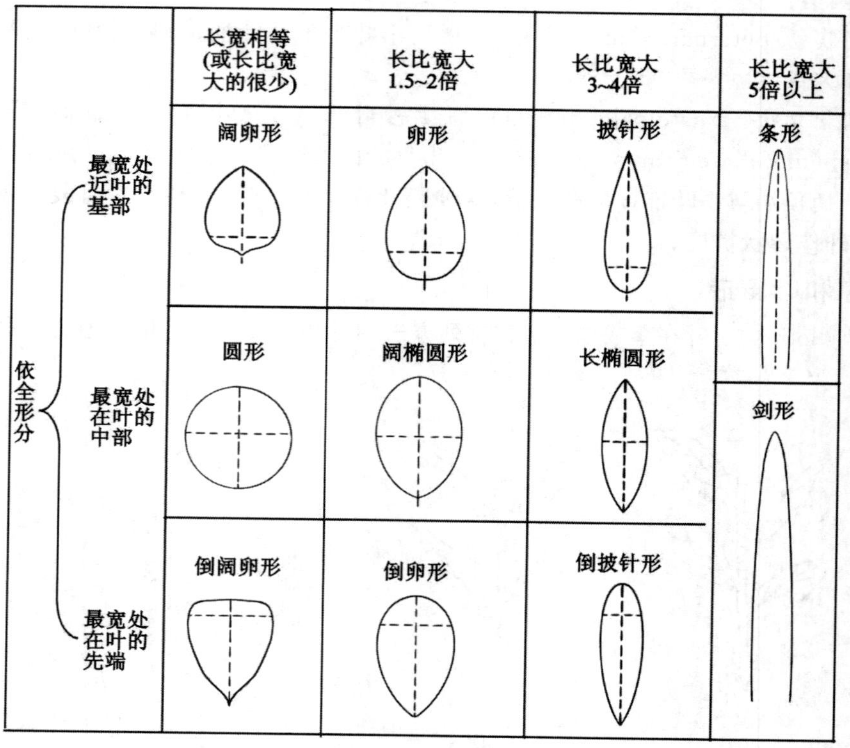

图 10-1-6　叶片的类型

(1)卵形(ovate)　形如鸡卵，长约为宽的 2 倍或较少，中部以下最宽，向上渐次变狭，如女贞。

(2)倒卵形(obovate)　是卵形的颠倒，即中部以上较宽，如紫云英、泽漆。

(3)阔卵形 (broad ovate)　长宽约相等或长稍大于宽，最宽处接近叶的基部，如苎麻。

(4)倒阔卵形(broad obovate)　是阔卵形的颠倒，如玉兰。

(5)圆形(round)　长宽相等，形如圆盘，如莲。

(6)椭圆形(ellipse)　叶片中部宽而两端较狭，两侧叶缘呈弧形，如玫瑰、地肤。

(7)阔椭圆形(broad ellipse)　长为宽的 2 倍或较少，中部最宽，如橙。

(8)长椭圆形(long ellipse)　长为宽的 3～4 倍，最宽处在中部，如栓皮栎。

(9)披针形(lanceolate)　长为宽的 3～4 倍，中部以下最宽，上下两端渐狭，如桃。

(10)倒披针形(oblanceolate)　是披针形的颠倒，如细叶小檗。

(11)针形(acicular)　叶细长，先端尖锐，如松属植物。

(12)线形(条形)(linear)　长约为宽的 5 倍以上，且全长的宽度几乎相等，两侧边缘近平行，如小麦、韭菜。

(13)剑形(ensate)　长而稍宽，先端尖，常稍厚而强壮，形似剑，如鸢尾、朱顶红。

(14)菱形(rhomboidal)　叶片呈等边斜方形，如菱、乌桕。

(15)心形(cordate)　长宽比例如卵形，但基部宽圆而微凹入，先端急尖，全形似心脏，如紫荆、圆叶牵牛。

(16)扇形(flabellate)　形状如扇，如棕榈、银杏。

(17)盾形(peltate) 形似盾,叶柄着生在叶背的中部或近中部,而不在叶的基部或边缘,如旱金莲、金线吊乌龟、蝙蝠葛。

(18)管状(tube) 长度超过宽度许多倍,圆管状,中空,常多汁,如葱。

(19)带状(zonate) 宽阔而特别长的条状叶,如高粱、玉米。

(20)肾形(reniform) 叶宽大于长,先端钝圆,横向较宽,叶片基部凹入呈钝形,形如肾,如冬葵。

(21)匙形(spatulate) 全形狭长,上端宽而圆,向下渐狭,形如汤匙,如日本小檗。

(22)正三角形(deltoid) 基部宽且呈平截形,三边近乎相等,形如正三角形,如杠板归。

(23)楔形(cuneate) 上端宽,而两侧向下呈直线渐次变狭。

2. 叶尖(leaf apex) 叶尖是指叶片的先端,常见的形状如下(图 10-1-7)。

(1)渐尖(acuminate) 叶片顶端较长,逐渐变尖,如杏、榆叶梅。

(2)急尖(锐尖)(acute) 叶片顶端较短,突然变尖,如荞麦、女贞。

(3)尾尖(caudate) 叶片顶端较长,呈尾状延长,如郁李、梅。

(4)钝尖(obtuse) 叶片顶端钝而不尖,或近圆形,如厚朴、冬青卫矛。

(5)倒心形(obcordate) 叶尖宽圆,有较深凹陷或凹缺,如酢浆草。

(6)具短尖(mnucronate) 叶尖钝形,有中脉延伸于外形成一短尖头,如胡枝子、紫穗槐、玉兰。

(7)微缺(emarginate) 叶尖具有显著的缺刻,如苋、黄杨。

(8)截形(truncate) 叶端平截,几乎成一直线,如鹅掌楸。

(9)尖凹(retuse) 叶尖先端稍凹入,如黄檀。

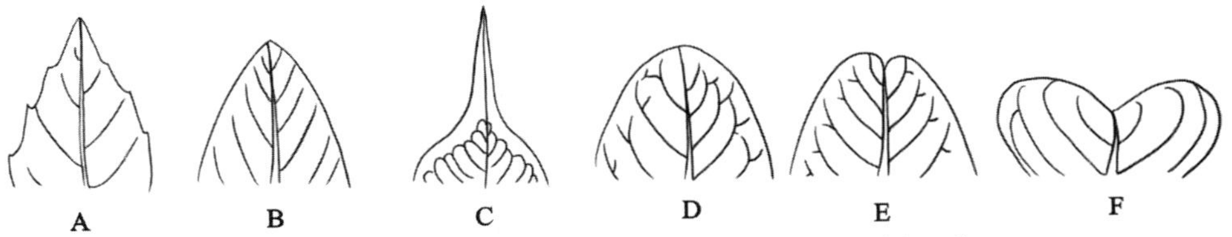

A. 渐尖;B. 锐尖;C. 尾尖;D. 钝尖;E. 尖凹;F. 倒心形。

图 10-1-7 叶尖的类型

3. 叶基(leaf base) 叶基是指叶片的基部,常见的形状如下(图 10-1-8)。

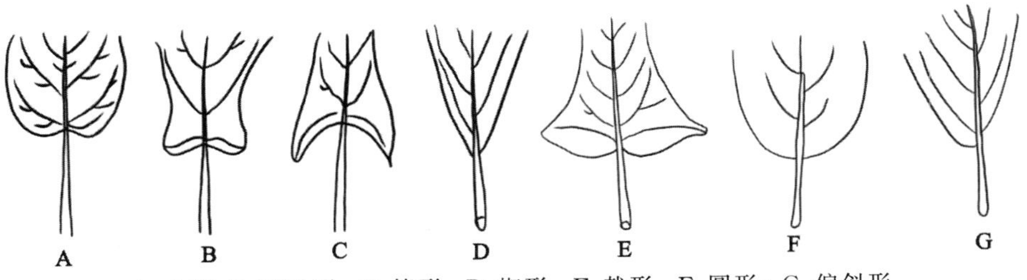

A. 心形;B. 耳垂形;C. 箭形;D. 楔形;E. 戟形;F. 圆形;G. 偏斜形。

图 10-1-8 叶基的类型

(1)心形(cordate) 在叶柄连接处凹入成缺口,两侧各有一个圆裂片,如甘薯、圆叶牵牛。

(2)耳垂形(auriculate) 叶片基部两侧的裂片呈耳垂状,如苦荬菜、油菜。

(3)箭形(sagittate) 基部两侧的小裂片尖锐下指,如慈姑。

(4)楔形(cuneate) 中部以下向基部两边渐次变狭,形如楔子,如垂柳。

(5)戟形(hastate) 基部两侧的小裂片外指,如打碗花。

(6)圆形(orbicular,rounded) 基部呈半圆形,如苹果。

(7)偏斜形(oblique) 基部两侧不对称,如秋海棠、朴树。

(8)匙形(spatulate) 叶基向下逐渐狭长,如金盏菊。

(9)下延(decurrent) 叶片向下延长,着生在茎上呈翅状,如烟草、山莴苣。

10-6

4. 叶缘(leaf margin)　叶片的边缘叫叶缘。常见的有以下几种（图 10-1-9）。【二维码 10-6】

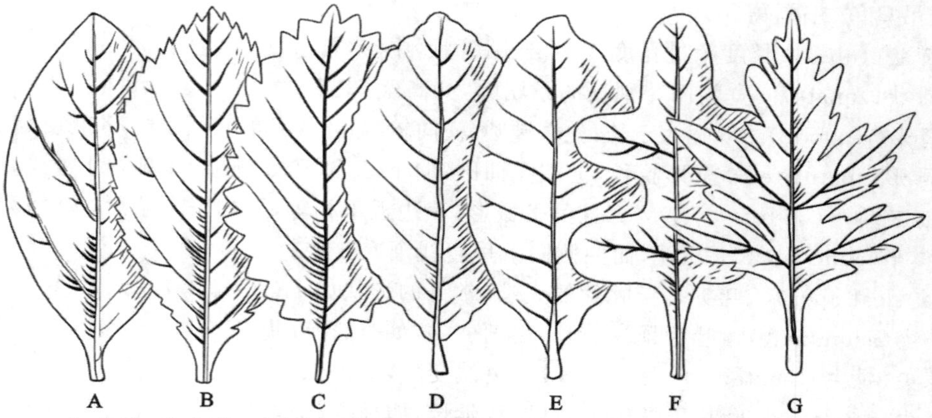

A. 全缘；B. 锯齿；C. 牙齿(齿端向外)；D. 钝齿；E. 波状；F. 深裂；G. 全裂。

图 10-1-9　叶缘的类型

(1)全缘(entire)　叶缘平整，无任何锯齿或缺刻，如大豆、小麦、女贞。

(2)锯齿状(serrate)　叶缘具有向前倾斜的尖锐锯齿，锯齿两边长度不相等，如大麻、苹果。

(3)重锯齿(double serrate)　叶缘锯齿上又有小锯齿，如榆、樱桃。

(4)牙齿状(dentate)　叶缘具尖锐齿，齿端向外，略呈三角形，如苎麻。

(5)钝齿状(crenate)　叶缘具钝头齿，如冬青卫矛。

(6)波状(undulate)　叶缘起伏如微波，如茄、槲栎。

(7)皱缩状(crisped)　叶缘波状曲折较波状更大，如羽衣甘蓝。

(8)刺毛状(aristate)　叶缘呈刺芒状，如栓皮栎、千金榆。

10-7

5. 叶裂　叶片边缘常有深浅和形状不一的凹陷，此凹陷叫缺刻(incise)，两缺刻之间的叶片部分叫裂片(lobe)。按缺刻深浅、裂片排列方式，叶裂类型主要分为下列几种（图 10-1-10）。【二维码 10-7】

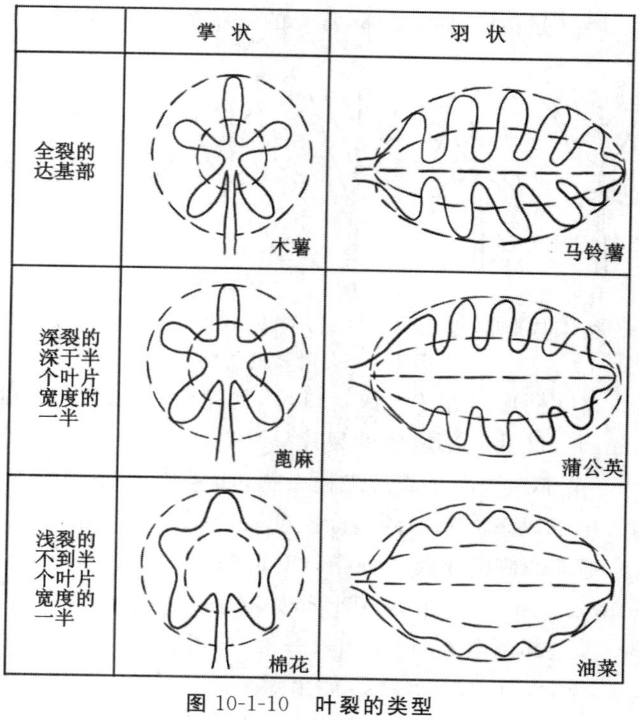

图 10-1-10　叶裂的类型

(1)羽状分裂(pinnately divided) 叶片长形,裂片自主脉两侧排列成羽毛状,依其缺刻深浅程度又分为如下几种:

①羽状浅裂(pinnatilobate):缺刻深度不超过叶缘至中脉宽度的 1/2,如油菜。

②羽状深裂(pinnatipartite):缺刻深度超过叶缘至中脉宽度的 1/2,但不达基部,如蒲公英。

③羽状全裂(pinnatisect):缺刻深度几达基部或中脉,如马铃薯。

(2)掌状分裂(palmately divided) 叶近圆形,裂片呈掌状排列,依其缺裂的深度分为三种:

①掌状浅裂(palmatilobate):缺刻深度不超过半个叶片宽度的 1/2,如棉花。

②掌状深裂(palmatipartite):缺刻深度超过半个叶片宽度的 1/2,但不达基部,如蓖麻。

③掌状全裂(palmatisect):缺刻深度几达叶片中心叶柄处,如木薯。

6. 脉序(venation) 叶脉在叶片上呈现出的有规律的分布方式称脉序,常见的脉序类型如下(图 10-1-11)。【二维码 10-8】

10-8

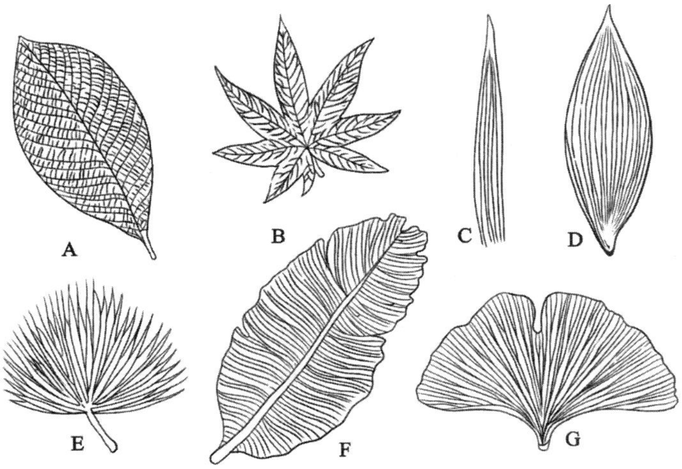

A. 羽状网脉；B. 掌状网脉；C. 直出平行脉；D. 弧形脉；E. 射出脉；F. 横出平行脉；G. 叉状脉。

图 10-1-11 叶脉的类型

(1)网状脉(reticulate venation) 叶片主脉明显并逐级分枝,形成多数交错分布的细脉并相互联合成网状。最后一级细脉末梢游离在叶肉组织中,为开放式。大多数双子叶植物和少数单子叶植物的脉序属此种类型。网状脉又分为两类:

①羽状网脉(pinnate venation):中脉明显,侧脉由中脉两侧分出,细脉连接成网状,如苹果、七叶树。

②掌状网脉(palmate venation):叶片基部分出数条粗细相近的叶脉,呈掌状射出,细脉连接成网状,如蓖麻、棉。

(2)平行脉(parallel venation) 叶片中央有一条中脉,侧脉与中脉平行达叶尖或自中脉分出走向叶缘,而没有明显的小脉连接,最后一级细脉末梢汇合在一起,为封闭式,如绝大多数单子叶植物的脉序。平行脉可分为以下几种:

①直出平行脉(vertical parallel venation):主脉和侧脉由基部平行直达叶尖,如竹、玉米、小麦等。

②横出平行脉(horizontal parallel venation):也称侧出脉,中央主脉显著,侧脉自中脉两侧分出直达叶缘,侧脉彼此平行,主脉和侧脉近于垂直,如香蕉、美人蕉。

③弧形脉(arcuate venation):各脉自基部平行发出,但彼此逐渐远离,稍作弧形集中在叶尖汇合,如车前、玉簪、百合等。

④射出脉 (radiate venation):多数叶脉由叶片基部或中心以辐射状态分出,如蒲葵、棕榈、莲。

(3)叉状脉(dichotomous venation) 叉状脉见于蕨类植物和少数种子植物。这类脉序的每一条叶脉都进行2～3级的分叉，为较原始的脉序，如银杏。

三、花

（一）花的形态

1. 依花的组成状况分

（1）完全花（complete flower） 一朵花中花萼、花冠、雄蕊及雌蕊四部分均具有正常发育的花，如油菜、桃。

（2）不完全花（incomplete flower） 一朵花中花萼、花冠、雄蕊及雌蕊四部分缺少任何一至三部分的花，如南瓜雄花或雌花，杨树的雌、雄花。

2. 依雌、雄蕊发育状况分

（1）两性花（bisexual flower） 一朵花中的雌、雄蕊都存在，且能正常发育的花，如油菜、棉花。

（2）单性花（unisexual flower） 一朵花中只有雌蕊或雄蕊，而且能正常发育的花。其中只有雄蕊的花叫雄花（staminate flower）；只有雌蕊的花叫雌花（pistillate flower）；雌花和雄花生于同一植株上叫雌雄同株（monoecious），如玉米、瓜类；雌花和雄花生于不同植株上叫雌雄异株（dioecism），如杨树、大麻。

（3）中性花（无性花）（neutral flower） 一朵花中的雌、雄蕊均发育不全或缺少，如向日葵花序中的边花。

（4）杂性花（polygamous flower） 同一株植物上既有单性花，又有两性花，如七叶树、文冠果、槭属植物。

（5）孕性花（fertile flower） 雌蕊发育正常，能够结种子的花。

（6）不孕性花（sterile flower） 雌蕊发育不正常，不结种子的花。

3. 依花被状况分

（1）两被花（dichlamydeous flower） 同时具有花萼与花冠的花，如油菜、白菜等。

（2）单被花（monochlamydeous flower） 一般指只有花萼而无花冠的花，如桑、菠菜等。

（3）裸花（无被花）（naked flower） 不具花萼和花冠，雌、雄蕊裸露的花，如杨、柳、泽漆等。

（4）重瓣花（double flower） 一些栽培植物中花瓣层数增多的花，如樱花、月季、牡丹等。

4. 依花被的排列状况分

（1）辐射对称花（actinomorphic flower） 又称为整齐花（regular flower）或多面对称花（polysymmetrical flower），一朵花的花被片大小、形状相似，通过它的中心时，可以有两个以上对称面，如桃花、棉花等。

（2）两侧对称花（bisymmetry flower） 又称为不整齐花（irregular flower），或者单面对称花（monosymmetrical flower），一朵花的花被片大小、形状不同，这种花通过中心时，只有一个对称面，如唇形科植物等。

（3）两面对称花（disymmetrical flower） 通过花的中心有两个对称面，如荷包牡丹的花，上下两方、左右两面分别对称。

（4）不对称花（asymmetrical flower） 通过花的中心，不能作出对称面的花，也是一种不整齐花，如美人蕉的花，因为雄蕊瓣化而使整朵花成为不对称花。

5. 花冠类型及其在花芽中排列的方式 花冠由若干花瓣组成。花瓣分离的花称为离瓣花（choripetalous flower），如桃、毛茛；花瓣联合的花为合瓣花（synpetalous flower），如牵牛、南瓜。部分离瓣花的花瓣分化成檐部和瓣爪两部分。花瓣上部扩大的部分叫檐部（limb），花瓣狭缩的基部叫瓣爪（claw），如石竹、油菜等植物的花。合瓣花联合的部分叫花冠筒，分离的部分叫花冠裂片。

由于花瓣分离或连合，花瓣的形状、大小、花冠筒长短不同，形成各种类型的花冠，常见的有下列几种（图10-1-12，本章彩图2）。

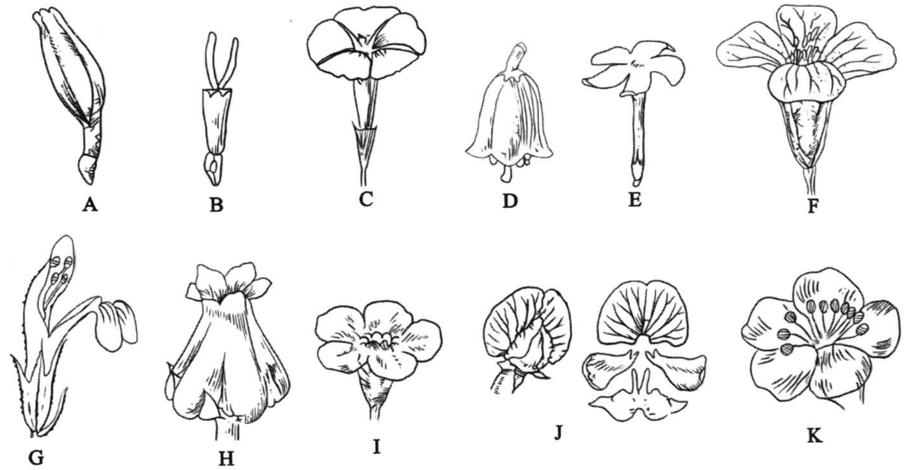

A. 舌状花冠;B. 管状花冠;C. 漏斗形花冠;D. 钟状花冠;E. 高脚蝶状花冠;F. 十字形花冠;
G. 唇形花冠;H. 坛状花冠;I. 辐射状花冠;J. 蝶形花冠;K. 蔷薇花冠。

图 10-1-12 花冠类型

(1)蔷薇花冠(roseform corolla) 花瓣 5 片或更多,分离,呈辐射对称排列,如桃、梨、蔷薇、月季。

(2)十字形花冠(cruciferous corolla) 花瓣 4 片,离生,排列成十字形,如十字花科植物。

(3)蝶形花冠(papilionaceous corolla) 花瓣 5 片,离生,呈下降覆瓦状的两侧对称排列,最上一片花瓣最大,称旗瓣,位于花的最外方;侧面两片较小的称翼瓣;最下面两片下缘稍合生并弯曲成龙骨状的称龙骨瓣,位于花的最内方,如刺槐、大豆等豆科蝶形花亚科植物。

(4)假蝶形花冠(pseudopapilionaceous corolla) 花瓣 5 片,离生,呈上升覆瓦状的两侧对称排列,最上一片旗瓣最小,位于花的最内方;侧面两片翼瓣较小;最下面两片龙骨瓣最大,位于花的最外方,如紫荆、苏木等豆科云实亚科植物。

(5)唇形花冠(labiate corolla) 花瓣 5 片,两侧对称,花瓣基部合生成筒状,花冠裂片呈二唇形,位于花冠上面的檐裂称上唇,位于花冠下面的檐裂称下唇。如上唇有 2 个裂片,下唇 3 个裂片,称为 2/3 式二唇形;如上唇有 4 个裂片,下唇 1 个裂片,称为 4/1 式二唇形;花冠裂片全是下唇,称 0/5 式二唇形,又叫假单唇形花冠。

(6)漏斗形花冠(funnel-shaped corolla) 花瓣下部呈筒状,向上逐渐扩大成漏斗形,如甘薯、圆叶牵牛。

(7)管状花冠(tubular corolla) 花瓣连合成管状(筒状),花冠裂片向上伸展,如向日葵花序的盘花。

(8)舌状花冠(ligulate corolla) 花瓣 5 片,基部连生成短筒,上部连生并向一边开张呈扁平状,如向日葵花序的边花。

(9)钟形花冠(campanulate corolla) 花冠筒宽而稍短,上部扩大成钟形,如南瓜、桔梗、沙参。

(10)高脚碟状花冠(hypocrateriform corolla) 花冠下部呈狭圆筒状,上部水平状扩展呈碟状,如水仙、蓝雪花等。

(11)坛状花冠(urceolate corolla) 花冠筒膨大呈卵形或球形,上部收缩成一短颈,然后短小的冠裂片向四周辐射状伸展,如柿树、乌饭树属。

(12)辐射状花冠(轮状花冠)(rotate corolla) 花冠筒极短,花冠裂片向四周辐射状伸展,状如车轮,如茄、番茄、马铃薯。

花瓣与花萼在花芽中排列的方式也随植物种类不同而异,常见有下列几种(图 10-1-13)。

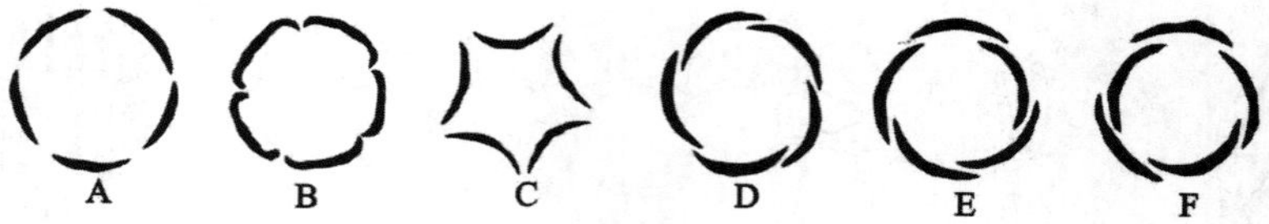

A. 镊合状；B. 内向镊合状；C. 外向镊合状；D. 旋转状；E. 覆瓦状；F. 重覆瓦状。

图 10-1-13　花被的排列

（1）镊合状（valvate）　花瓣或萼片每片的边缘彼此接触，但不相互覆盖，如茄、番茄、桔梗、南瓜等。

（2）旋转状（contorted）　花瓣或萼片每一片的一边覆盖着相邻一片的边缘，而另一边又被另一相邻片的边缘所覆盖，如夹竹桃、棉花、蜀葵等。

（3）覆瓦状（imbricate）　与旋转状排列相似，但必有一片完全在外，有一片则完全在内，如桃、梨、刺槐等。

10-9

6. 雄蕊的类型　不同植物的雄蕊群，由于花丝的长短、雄蕊数目、分离与连合程度等不同，形成了各种各样的形态类型（图 10-1-14）。【二维码 10-9】

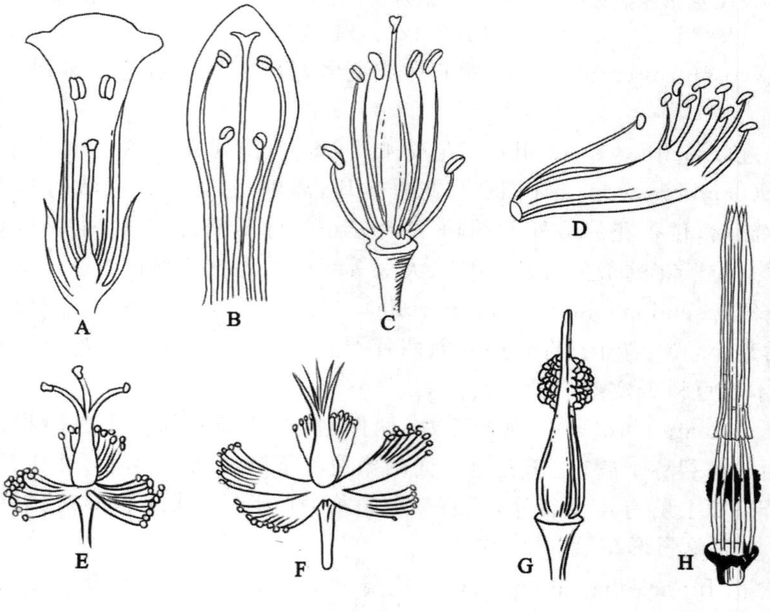

A. 冠生雄蕊；B. 二强雄蕊；C. 四强雄蕊；D. 二体雄蕊；E. 三体雄蕊；
F. 多体雄蕊；G. 单体雄蕊；H. 聚药雄蕊。

图 10-1-14　雄蕊的类型

（1）离生雄蕊（distinct stamen）　一朵花中的雄蕊全部分离，如桃、梨。

（2）单体雄蕊（monadelphous stamen）　一朵花中雄蕊的花丝互相连合成一束，而花药分离，如木槿、棉花。

（3）二体雄蕊（diadelphous stamen）　一朵花中雄蕊的花丝连合成两束（两束的数目相等或不等），如刺槐、大豆、紫堇。

（4）多体雄蕊（polyadelphous stamen）　一朵花中雄蕊的花丝连合成多束，如蓖麻、金丝桃。

（5）聚药雄蕊（syngenesious stamen）　一朵花中雄蕊的花丝分离，花药合生，如菊科植物。

（6）二强雄蕊（didynamous stamen）　一朵花中雄蕊 4 枚，2 枚长，2 枚短，如唇形科植物。

（7）四强雄蕊（tetradynamous stamen）　一朵花中雄蕊 6 枚，4 枚长，2 枚短，如十字花科植物。

（8）冠生雄蕊（epipetalous stamen）　花中雄蕊的花丝与花冠结合，或花药着生在花冠上，如茄科植物、丁香。

7. 花药在花丝上着生的方式　花药在花丝上着生的方式，常见的有以下几种(图 10-1-15)：

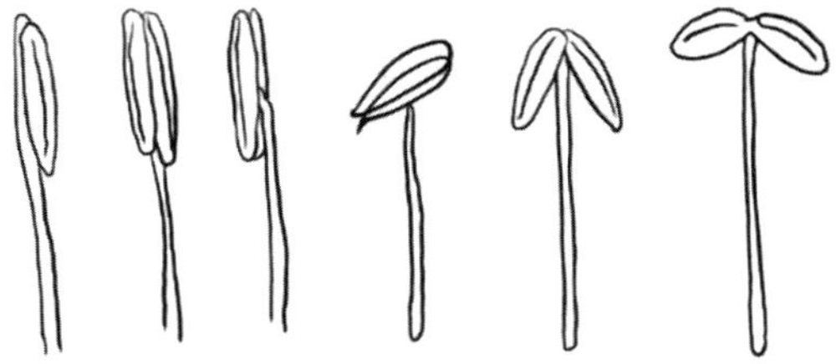

A. 全着药；B. 基着药；C. 背着药；D. 丁字药；E. 个字药；F. 广歧药。

图 10-1-15　花药在花丝上的着生方式

(1)全着药(adnate anther)　花药的一侧全部着生在花丝上，如玉兰。

(2)基着药(basifixed anther)　花药仅基部着生在花丝顶端，如小檗、唐菖蒲等。

(3)背着药(dorsifixed anther)　花药的背部着生在花丝上，如苹果、油菜。

(4)丁字药(versatile anther)　花药的背部中央一点与花丝的顶端相连，如小麦、水稻。

(5)个字药(divergent anther)　花药的基部张开分成两半，花丝着生在花药上部的汇合处，形如“个”字，如婆婆纳。

(6)广歧药(divaricate anther)　花药完全分离，张开几乎成一直线，花丝着生在汇合处，如毛地黄、凌霄。

8. 花药开裂的方式　花药成熟后开裂散出花粉，开裂方式很多，主要有以下几种(图 10-1-16)：

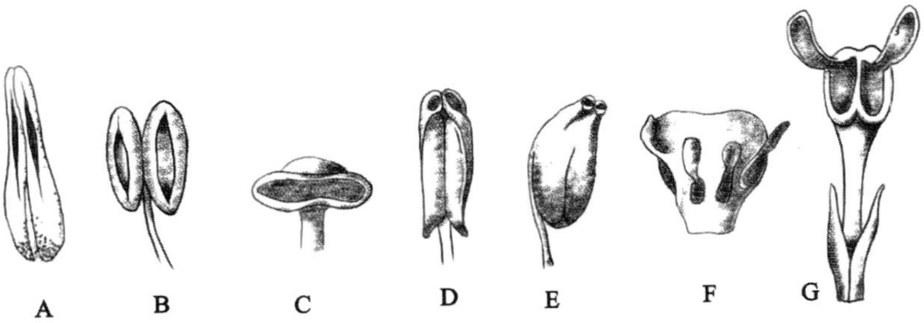

A,B. 纵裂；C. 横裂；D,E. 孔裂；F,G. 瓣裂。

图 10-1-16　花药的开裂方式

(1)纵裂(longitudinal dehiscence)　花药沿长轴方向纵裂，是一种最常见的开裂方式，如油菜、小麦等。

(2)横裂(transverse dehiscence)　花药沿横轴方向开裂，如木槿。

(3)瓣裂(valvular dehiscence)　花药的每个药室有瓣状的盖，成熟时，花粉由掀开的瓣下散出，如小檗、樟树。

(4)孔裂(poricidal dehiscence)　药室顶端成熟时裂开一小孔，花粉由小孔中散出，如茄、杜鹃等。

9. 雌蕊的类型　根据组成雌蕊的心皮数目、离合情况可分为以下类型(图 10-1-17)。【二维码 10-10】

10-10

(1)单雌蕊(simple pistil)　一朵花中只有一个心皮构成雌蕊称单雌蕊，如桃、豆科植物等(图 10-1-17A)。

(2)复雌蕊(compound pistil)　一朵花中有由两个或两个以上心皮连合形成一个雌蕊，也称合心皮雌蕊。根据联合程度不同，可分为三种：

①柱头、花柱分离，子房合生(图 10-1-17B)，如梨。

②柱头分离，花柱、子房合生（图 10-1-17C），如南瓜、向日葵。

③柱头、花柱、子房都合生（图 10-1-17D），如油菜。

复雌蕊的心皮数常可由柱头、花柱、子房室数及胎座的类型来判断。

（3）离生雌蕊（apocarpous pistil） 一朵花中有多个心皮，各心皮彼此分离，每一心皮单独形成一个雌蕊，数个彼此分离的单雌蕊聚生在花托上（图 10-1-17E），如草莓、牡丹等。

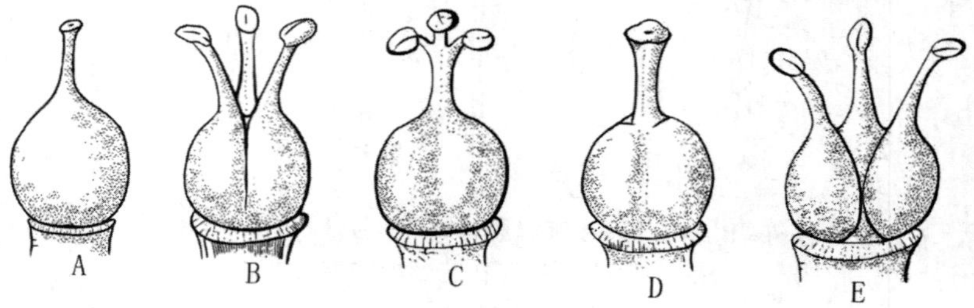

A. 单雌蕊；B～D. 不同程度连合的复雌蕊；E. 离生雌蕊。

图 10-1-17 雌蕊类型

10. 子房的位置 子房着生在花托上，由于与花托连生的情况不同，可分为以下几种类型（图 10-1-18）。

A. 子房上位（下位花）；B. 子房上位（周位花）；C. 子房半下位（周位花）；D. 子房下位（上位花）。

图 10-1-18 子房位置的类型

（1）子房上位（superior ovary） 又叫上位子房，子房仅以底部与花托相连，有两种情况：

①花下位（hypogynous flower） 花托平或者隆起，花的其余部分着生位置低于子房，如油菜、棉花等。

②花周位（perigynous flower） 花托或花筒凹陷，花的其余部分着生在凹陷花托或花筒的边缘，如桃、月季等。

（2）子房半下位（half-inferior ovary） 又称子房中位，子房下半部与花托或花筒愈合，花的其余部分着生在子房周围的花托边缘，从花被的位置看，可称为周位花，如太平花、马齿苋等。

（3）子房下位（inferior ovary） 整个子房埋于花托或花筒中，且与花托愈合，花的其余部分着生在子房以上花托的边缘，故也称为上位花，如苹果、黄瓜等。

10-11

11. 胎座类型 胚珠在子房室内着生的位置叫胎座（placenta）。常见的胎座类型有以下几种（图 10-1-19）。【二维码 10-11】

（1）边缘胎座（marginal placentation） 单雌蕊，子房一室，胚珠着生在心皮的腹缝线上，如桃、豆科植物等。

（2）侧膜胎座（parietal placentation） 复雌蕊，子房一室或假数室，胚珠沿腹缝线着生，如黄瓜、油菜等。

（3）中轴胎座（axile placentation） 复雌蕊，数个心皮的边缘在中央连合形成中轴，将子房分为数室，胚珠着生在每个子房室内角的中轴上，如棉花、苹果、百合等。

（4）特立中央胎座（freecentral placentation） 复雌蕊，子房一室，子房基部与花托愈合向上突起形成短柱，或多室子房的隔膜和中轴上部消失，但中轴下部仍然存在，胚珠着生在中轴上，如石竹科、报春花科植物等。

(5)顶生胎座(apical placentation) 子房一室，胚珠着生在子房顶部，悬垂室中，如桑等。

(6)基生胎座(basal placentation) 子房一室，胚珠着生于子房基部，如菊科植物的胎座。

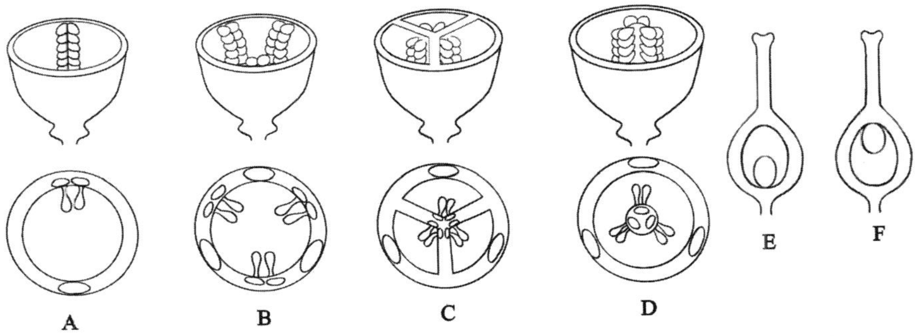

A. 边缘胎座；B. 侧膜胎座；C. 中轴胎座；D. 特立中央胎座；E. 基生胎座；F. 顶生胎座。

图 10-1-19 胎座的类型

(二)花序

有些植物的花单独一朵生于枝顶端或叶腋，称为单生花，有的植物的花是多朵花按一定的方式和顺序排列在花序轴上形成花序(inflorescence)。整个花序的主轴叫花序轴(rachis)，花序上的每一朵花叫小花，小花的花梗叫小花梗。如果花序轴自地表附近及地下茎伸出，不分枝，不长叶，叫花葶(scape)。如果花序轴上有多数花，除顶花以外，其余各花都是由侧生变态叶的叶腋生出，这种变态叶较小而简单，叫苞片，有些是苞片集生在花序基部，叫总苞。

根据花序轴上花的排列方式、小花梗长短、分枝形式以及生长状况的不同，可以把花序分为无限花序和有限花序两大类。

1. 无限花序(indefinite inflorescence) 无限花序或向心花序(centripetal inflorescence)，是一种类似总状分枝的花序。花序轴在开花期间可以继续生长，向上伸长，不断产生新的小花。如果花序轴为明显的轴状，各花的开放顺序是由花序轴下部向上渐次开放；如果花序轴是平面或者半球形，则是由花序边缘向中心或向上部依次开放。

根据花序轴是否分枝可以分为简单花序和复合花序两大类。

(1)简单花序(simple inflorescence)：花序轴不分枝，其上直接生长小花，包括如下几种(图 10-1-20，本章彩图 3)。

①总状花序(raceme)：花序轴较长，由下而上着生花柄近于等长的两性花，如油菜、荠等。

②穗状花序(spike)：花序轴直立，较长，其上着生许多无柄的两性花，如车前、大麦等。

③柔荑花序(catkin)：花序轴直立或下垂，其上着生许多无柄或具短柄的单性花，雄花序在花后整体脱落，雌花序结果实后连果一起脱落，如杨、柳、桑的雌、雄花序，板栗、胡桃的雄花序。

④肉穗花序(spadix)：花序轴膨大、肉质化，其上着生许多无柄的单性花，如玉米、香蒲的雌花序；天南星科植物的花序下有一片大型的总苞片，称佛焰苞，故也称佛焰花序，如马蹄莲、半夏、天南星等植物。

⑤伞形花序(umbel)：花序轴极短，小花聚集着生在花序轴顶端，花柄近等长，整个花序呈圆顶形，状如张开的伞，如五加、报春花、韭菜等。

⑥伞房花序(corymb)：花序轴较短，其上着生许多花柄长短不一的两性花，下部花柄较长，向上渐短，近顶端的花柄最短，花排列在一个平面上，如苹果、梨、山楂等。

⑦头状花序 (capitulum)：花序轴缩短呈球形或盘形，上面密生许多近无柄或无柄的花，各苞叶常集成总苞，生于花序基部，如菊科植物。

⑧隐头花序(hypanthium)：花序轴肥厚、膨大，中央凹陷呈壶状，很多无柄单性花隐生于凹陷

的腔壁上，几乎全部隐没不见，仅留一小孔与外界相通，作为昆虫进出传粉的通道，如无花果、菩提树等桑科榕属植物。

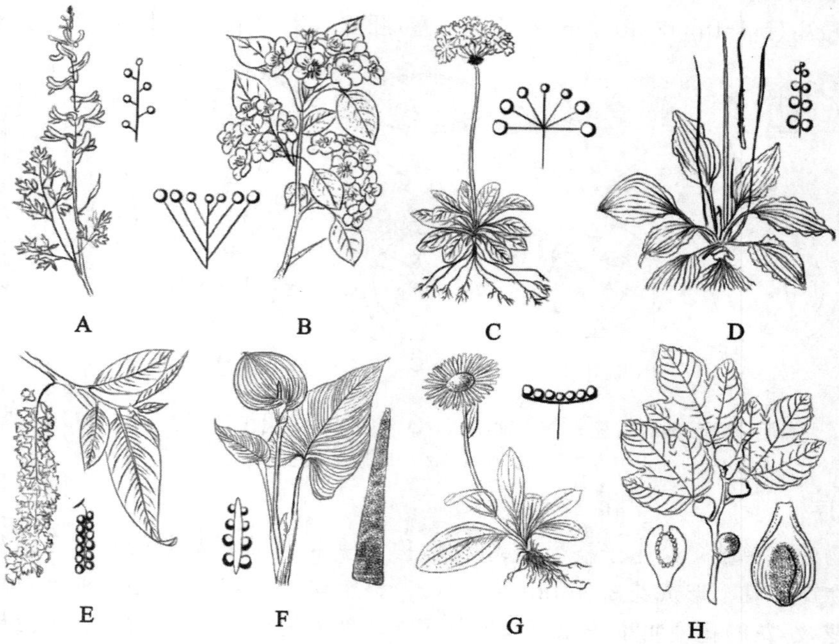

A. 总状花序；B. 伞房花序；C. 伞形花序；D. 穗状花序；E. 柔荑花序；
F. 肉穗花序；G. 头状花序；H. 隐头花序。

图 10-1-20　简单花序的类型

（2）复合花序（compound inflorescence）　花序轴具分枝，分枝上生长着简单花序（图 10-1-21，本章彩图 3）。

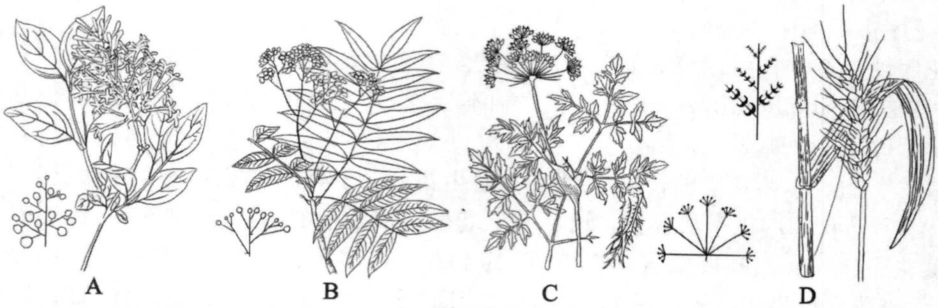

A. 复总状花序；B. 复伞房花序；C. 复伞形花序；D. 复穗状花序。

图 10-1-21　复合花序的类型

①圆锥花序（panicle）：又称复总状花序，花序轴上分枝呈总状排列，每一分枝又相当于一个总状花序，如玉米的雄花序、水稻、葡萄等。

②复穗状花序（compound spike）：花序轴上分枝呈穗状排列，每一分枝又相当于一个穗状花序，如小麦等。

③复伞房花序（compound corymb）：花序轴上的分枝呈伞房状排列，每一分枝上再生伞房花序，如石楠、花楸属植物等。

④复伞形花序（compound umbel）：花序轴顶端丛生数个长短相等的分枝，各分枝再形成伞形

花序，如胡萝卜、芹菜等。

2. 有限花序（definite inflorescence） 有限花序也称为离心花序（centrifugal inflorescence）或聚伞花序（cyme）。由于花序轴顶端最先分化成花芽，因此开花期间花序轴不能继续伸长生长，开花顺序是从花序轴顶端向下或者由中心向外周渐次开放。依据各节位上的花枝数、小花在花枝上的排列分布等，分为以下几种类型（图 10-1-22，本章彩图 3）。

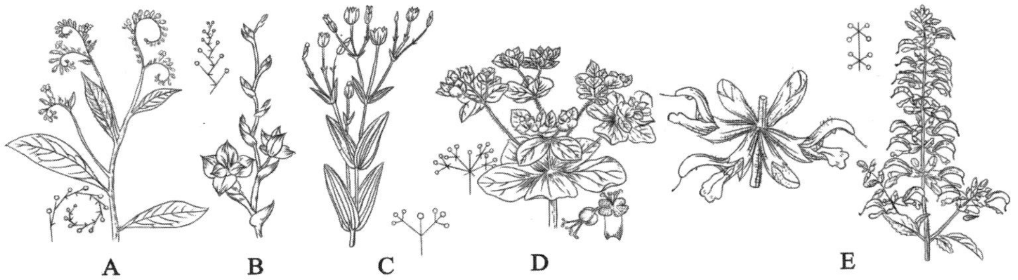

A. 螺旋状聚伞花序；B. 蝎尾状聚伞花序；C. 二歧聚伞花序；D. 多歧聚伞花序；E. 轮伞花序。

图 10-1-22 有限花序的类型

(1) 单歧聚伞花序（monochasium） 花序轴顶端开花后，在顶花下面的一个侧芽发育形成侧枝，侧枝的顶端又开花，侧枝顶花下方再形成下级侧枝，如此依次开花，形成合轴分枝式的花序。根据每次分枝的方向不同，分为两种类型：

①螺旋状聚伞花序（helicoid cyme）：各级分枝从同一侧长出，整个花序向一侧卷曲呈螺旋状，如附地菜、聚合草等。

②蝎尾状聚伞花序（scorpioid cyme）：各次分枝是左右交替间长出，小花排成左右两列，形如蝎尾状，如唐菖蒲、鸢尾等。

(2) 二歧聚伞花序（dichasium）：花轴顶端形成顶花之后，在其下两个侧芽发育形成两个对生的侧枝，侧枝顶端又生顶花，依此类推，如冬青卫矛、石竹等。

(3) 多歧聚伞花序（pleiochasium）：花序轴顶芽形成一朵花后，其下 3 个以上侧芽发育成数个侧枝，每个侧枝再以同样的方式分枝形成花序，外形上类似复伞形花序，但中心花先开，如泽漆、大戟等。

(4) 轮伞花序（verticillaster）：聚伞花序的花序轴和花梗极短，轮状着生在对生叶的叶腋中，如夏至草、薄荷等唇形科植物的花序。

花序的分类是相对的，有些植物中存在不同花序类型的过渡或中间形态，有些植物存在有限花序和无限花序混生现象，称为混合花序（mixed inflorescence）。这类花序的主花序轴形成无限花序，侧生花序轴形成有限花序，如丁香、七叶树。

(三) 花的基数及其演化

花是一种变态枝，其上的萼片、花瓣、雄蕊、心皮等都可以看作是变态叶。因此，可以根据花与茎、叶的相似程度来判断花在系统上的地位。花的演化趋势可以归纳为以下几个方面。

1. 单生花和花序 单生花多见于古老植物和原始植物，如木兰科和毛茛科，是原始性状。在进化过程中，花的体积变小，导致产生多花组成的花序。花序较单花更有利于传粉，产生更多的后代，是进化的性状。

2. 数目的变化 轮生花各轮组成部分（萼片、花瓣、雄蕊、心皮等）的固定数目称花基数。总体而言，花各部分数目演化的趋势是从多而无定数到少而有定数，如玉兰、毛茛等较原始植物的花，雄蕊、雌蕊或花被片的数目是多而无定数，而大多数被子植物花基数的数目是减少的，常为定数。通常双子叶植物的花基数多为 5，少数为 4，或是 4、5 的倍数；单子叶植物的花基数通常为 3 或 3 的倍数。如石竹属植物的花基数是5，具5个萼片，5个花瓣，10个雄蕊，5个心皮；葱的花基数是3，具有6个萼片（呈两轮排列），6个雄蕊、3个心皮连合成3室子房。大多数植物的萼片数目等于花基数，花瓣数目等于花基数或是其倍数，雄蕊的数目常为花基数的2倍，雌蕊心皮数目一般和花基数一致或少于花基数。但也有例外。有些植物的花各部分有退化现象，有的花没有花冠，如桑、榆等；有的雄蕊数目减少，如白菜的花基数为4，两轮应有8个，其中有2个退化，只有6个。还有的雄蕊完全退化，而成雌花，如黄瓜、桑的雌花；雌蕊的心皮数也有退化现象，如桃花，花基数为5，但雌蕊只由1个心皮组成；有的花雌蕊完全退化，而成为雄花，如黄瓜、桑的雄花。

3.排列方式的变化　花各部分排列的方式以螺旋式排列为原始性状，轮状排列为进化性状，即从旋生花到轮生花。在轮生花中，各轮的组成部分常与上一轮和下一轮的组成部分互相间隔排列。大多数被子植物花的各部分呈轮状排列。

4.连合的变化　从演化的观点来看，花各轮组成部分分离（即萼片分离、花瓣分离、雄蕊分离、心皮分离）是原始性状，演化的趋势是各轮的组成部分从分离到部分连合，最后到全部连合。

5.对称性的变化　辐射对称花是原始性状，演化的趋势是从辐射对称到两侧对称花和不对称花。两侧对称花在形状和构造上都更适合于昆虫传粉。

6.花托形状的变化　花托有各种形状，按演化趋势，圆锥形花托是最原始的类型，花托仍保持枝状形态，如玉兰。在演化过程中，花托逐渐变短，宽度加大，而成为圆顶形，如毛茛的花托。花托进一步扩大，顶部扩展成平顶形，如牡丹的花托。进一步演化使花托中央部分凹陷，形成凹顶的花托，这是一种高级形态的花托，子房着生在花托凹陷中央的底部，而萼片则生长在花托隆起的边缘部分，如桃。

7.子房位置的变化　上位子房下位花是原始性状，演化的趋势是从上位子房下位花到半下位子房周位花，最后到下位子房上位花。下位的子房包被在花筒或花托之内，因此就更加完善地保护着生长在子房室内的胚珠，使它不致被传粉的昆虫所吞食。

完全花和两性花是原始性状，演化的趋势是从完全花到不完全花，从两性花到单性花。

上述花的各种演化趋势的形成是植物对于传粉、繁殖器官的保护作用，以及对于果实和种子的散布作用等长时期适应的结果。例如蒲公英果实上的降落伞状的冠毛是一种适应借风力散布果实的结构，它是从花萼演化而来的。

一朵花中，花的各部分演化速率往往是不同步的，例如梨和苹果花，花萼和花冠离生、心皮多数是原始的性状，而凹陷的花托和下位子房则又是进化的形态。又如茄的花，花被合生、雄蕊少而有定数、合生雌蕊都是进化形态，但它是上位子房，则属于比较原始的类型。

（四）花程式和花图式

1.花程式（flower formula）　用一些字母、符号及数字，按一定的规则和顺序列成类似数学公式，表示花各部分的组成、对称方式、数目、连合情况、子房位置等特征。

花的各部分一般用每一轮花部名称的大写首字母表示，通常用：K或者Ca表示花萼（kalyx，calyx），C或Co表示花冠（corolla），A表示雄蕊群（androecium），G表示雌蕊群（gynoecium）。如果花萼和花冠无显著区别，则用P表示花被（perianthium）。

每个字母的右下角用阿拉伯数字“0，1，2，3，…，10”来表示各轮的实际数目；如果某一轮缺少或退化，用“0”表示或者不写；如果数目多而不定数，用“∞”来表示；如果数目少而不定数，用“x”来表示；字母G的右下角的3组数字，依次表示心皮数、子房室数、每室胚珠数，数字之间用“：”隔开，如$G_{1:1:2}$，表示雌蕊具有1心皮，1个子房室，每个子房室具有2个胚珠。

花部的形态特征用＊、↑、♀、♂、（　）、＋、－等符号表示。花辐射对称用“＊”表示；花两侧对称用“↑”表示；雄花用“♂”表示；雌花用“♀”表示；如果是两性花，用“⚥”表示（可省略）；如果某一轮的各部分互相连合，可在数字外加上“（　）”表示；如果某一部分不止一轮，可在数字之间加上“＋”表示。子房的位置用“－”（短横线）表示，子房上位，在G下加“－”横线，即“$\underline{G}$”；子房下位，在

G 上加"—"横线，即"$\overline{G}$"；子房半下位，在 G 上下各加一横线，即"$\underline{\overline{G}}$"；写花程式时遵循"从外到内，由整体到局部"的原则，按照"花性、对称性、花萼、花冠、雄蕊、雌蕊"的顺序由左向右书写。

(1)百合　花程式为⚥ ＊ $P_{3+3}A_{3+3}\underline{G}_{(3:3:\infty)}$

花程式表示：百合的花两性，辐射对称，花被 6 枚分离，2 轮，每轮 3 枚；雄蕊群 6 枚，2 轮排列，每轮 3 枚；雌蕊 3 心皮合生复雌蕊，3 个子房室，胚珠多数，子房上位。

(2)大豆　花程式为⚥↑ $K_{(5)}C_{1+2+(2)}A_{1+(9)}\underline{G}_{1:1:\infty}$

花程式表示：大豆的花两性，两侧对称，花萼 5 片合生；花冠由 5 片花瓣组成，由外向内依次是旗瓣 1 片，翼瓣 2 片离生，龙骨瓣 2 片合生；雄蕊群有雄蕊 10 枚，其中外轮 1 枚分离，内轮 9 枚合生；子房上位，1 心皮 1 室，含多数胚珠。

(3)柳　花程式 ♂ $K_0\ C_0\ A_2$；♀ $K_0\ C_0\ \underline{G}_{(2:1:\infty)}$

花程式表示：柳的花单性，雄花缺少花被，是裸花，只有 2 枚雄蕊；雌花也是裸花，子房上位，2 心皮合生 1 室，子房室中具有 1 个胚珠。

2.花图式(flower diagram)　花图式是用花的横剖面简图来表示花各部分的数目、离合情况，以及在花托上的排列位置、胎座类型等，也就是花各部分在垂直于花轴平面所作的投影图。黑色圆点表示花轴，空心弧片表示苞片，带横线条的弧片表示花萼，实心弧片表示花冠，花药的横切面表示雄蕊，子房的横切面表示雌蕊。直线或者弧线是连接线，表示花各部分之间连合。绘制时要注意萼片与花瓣各轮的排列方式(镊合状、覆瓦状、旋转状)以及相互的位置关系；雄蕊群绘制时要注意雄蕊的排列方式和轮数、分离或连合，以及雄蕊与花瓣之间的位置关系和与花冠的贴生情况；绘制雌蕊群时要表示出心皮的数目、结合情况、子房室数、胎座类型等，图中也可以看到连合或分离，整齐或不整齐的排列情况。现以百合和蚕豆为例说明(图 10-1-23)。

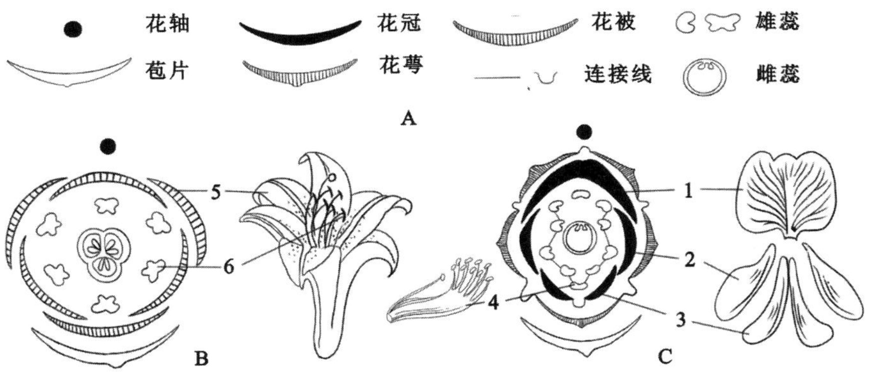

A. 花图式各图形含义；B. 百合的花图式；C. 蚕豆的花图式；
1. 旗瓣；2. 翼瓣；3. 龙骨瓣；4. 二体雄蕊；5. 花被；6. 雄蕊。

图 10-1-23　花图式

百合的花图式表示百合花为单被花，花被片 6 枚，分两轮呈覆瓦状排列，雄蕊 6 枚分离，2 轮，分别和 2 轮花被片对生，雌蕊是 3 心皮的复雌蕊，中轴胎座。

蚕豆的花图式表示蚕豆花为两被花，花萼联合，花瓣呈下降的覆瓦状排列，旗瓣和翼瓣离生，龙骨瓣稍愈合，雄蕊 10 枚，独立的 1 枚靠近旗瓣，联合的 9 枚雄蕊在龙骨瓣一侧，单雌蕊，边缘胎座。

花程式书写快捷方便，能很好地表示花各部分的数量及连合、分离的特点，但是对各部分的位置关系、胎座类型等特征不能完全表达。花图式能够很直观地表达花的形态、连合分离情况、彼此的位置关系、胎座类型等特征，但是对子房位置不能完全表达，绘制相对烦琐。二者结合使用，能提高对花结构描述的准确性。

四、果实类型

果实在植物分类中常可以作为区分科的重要依据。根据果实是否全部由子房发育而来，可以分为真果和假果两类；根据果实的发育来源，把果实分为单果、聚合果和聚花果三类。

（一）单果

单果（simple fruit）是由一朵花的单雌蕊或复雌蕊发育而成的果实。根据成熟时果皮及其附属部分的质地和结构，可分为肉质果和干果两类。

10-12

1. 肉质果（fleshy fruit）　果实成熟时，果皮或其他组成部分肉质多汁，按果皮来源和性质不同可分为以下几类（图 10-1-24）。【二维码 10-12】

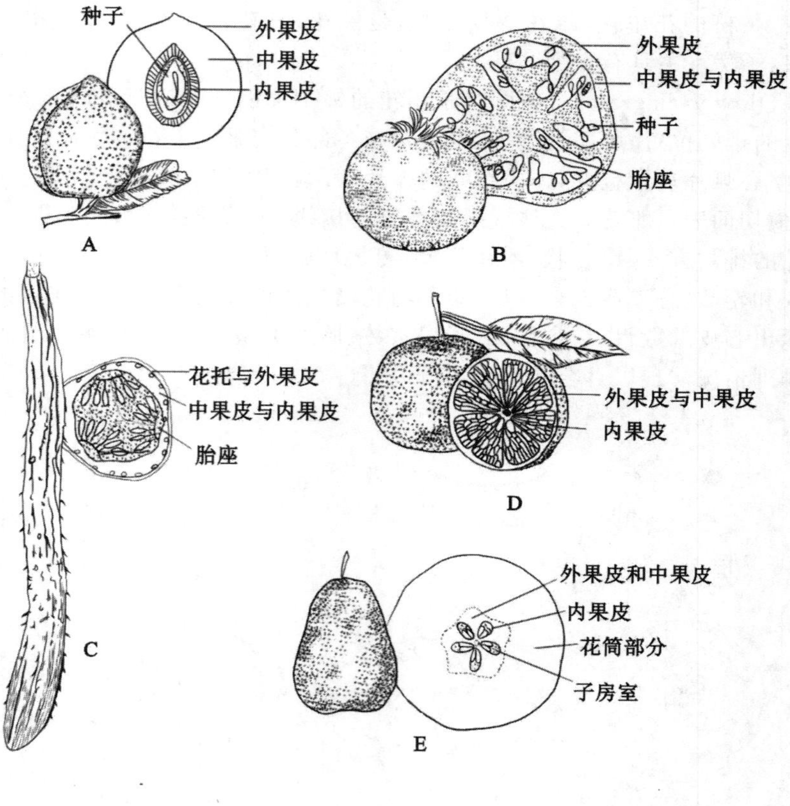

A. 核果（桃）；B. 浆果（番茄）；C. 瓠果（黄瓜）；D. 柑果（柑橘）；E. 梨果（梨）。

图 10-1-24　肉质果的类型

（1）核果（drupe）　由单雌蕊或复雌蕊发育而成，外果皮薄膜质，中果皮肉质多汁，内果皮骨质坚硬形成果核，常含 1 粒种子，如桃、枣、芒果等。

（2）浆果（berry）　由复雌蕊发育而成，外果皮薄膜质，中果皮、内果皮均为肉质，无明显界限，或有时内果皮的细胞分离成汁液状，含 1 粒至多粒种子，如葡萄、番茄、柿等。

（3）柑果（hesperidium）　由具有中轴胎座的复雌蕊的子房发育而来，外果皮革质，有很多油囊；中果皮与外果皮无明显分界，或中果皮为较疏松的海绵质，并有很多网状易分离的维管束（橘络）；内果皮膜质，向内分隔成若干瓣（瓢囊），瓢囊内壁上的细胞发育成肉质多浆的汁囊，是主要的食用部分，如柑橘、柚等。

（4）梨果（pome）　由下位或半下位子房的复雌蕊和花筒共同形成的假果。花筒强烈增大并肉质化，与果皮没有明显界限。外果皮、中果皮肉质化，内果皮革质或纸质，常分隔成多室，中轴胎座，如梨、苹果、石楠等。

(5)瓠果(pepo) 特指葫芦科植物的、由下位子房的复雌蕊发育而成的假果,花托与外果皮结合为坚硬的果壁,中果皮和内果皮界限不分明,肉质多汁,胎座发达,内含多个种子,如西瓜、黄瓜等葫芦科植物的果实。

2. 干果(dry fruit) 干果成熟时果皮干燥,根据果皮开裂与否,可分为裂果和闭果。

(1)裂果(dehiscent fruit) 果实成熟后果皮开裂,依心皮数目和开裂方式不同,分为以下几种(图 10-1-25)。【二维码 10-13】

10-13

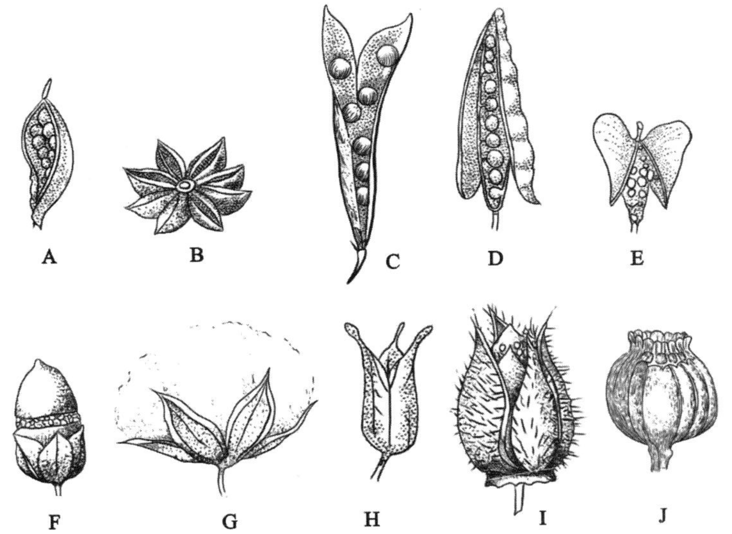

A. 蓇葖果(飞燕草);B. 聚合蓇葖果(八角茴香);C. 荚果(豌豆);
D. 长角果(芸薹属);E. 短角果(荠菜);F. 盖裂蒴果(马齿苋);G. 室背开裂蒴果(棉花);
H. 室间开裂蒴果(贯叶连翘);I. 室轴开裂蒴果(曼陀罗);J. 孔裂蒴果(罂粟)。

图 10-1-25 裂果的类型

①蓇葖果(follicle):由单雌蕊发育而成,成熟时沿背缝线或腹缝线一边开裂,如飞燕草、芍药等。

②荚果(legume):由单雌蕊发育而成,成熟后果皮沿背缝线和腹缝线两边开裂,如豌豆、大豆等豆科植物的果实,少数豆科植物的荚果不开裂,如落花生、槐等;有的荚果呈分节状,每节含 1 粒种子,成熟后节节脱落,不开裂,称为节荚果,如含羞草。

③角果(silique):由 2 个心皮的复雌蕊发育而成,果实中央有一片由侧膜胎座向内延伸形成的假隔膜,把子房室分成假二室,成熟时果皮沿着两条腹缝线由下而上开裂,如十字花科植物的果实。根据果实长短不同,又有长角果(silique)和短角果(silicle)之分,前者如萝卜、白菜、碎米荠等,后者如荠菜、独行菜、菥蓂等。

④蒴果(capsule):由 2 个或 2 个以上心皮的复雌蕊形成,子房室 1 至多室,成熟时以多种方式开裂,如曼陀罗、木槿、罂粟等。成熟时沿背缝线开裂的叫背裂(室背开裂),如棉花、百合;成熟时沿腹缝线开裂的叫腹裂(室间开裂),如鸢尾、蓖麻;成熟时沿各心皮的室轴(即隔膜位置)裂开,但隔膜并不脱落,裂瓣与隔膜分离的开裂方式叫室轴开裂,如曼陀罗、牵牛花等;成熟时沿果实中部或者上部环状裂开、上部呈帽状脱落的称为盖裂(周裂),如车前、马齿苋;成熟时果实顶端呈小孔状开裂,种子从小孔中散出的称为孔裂,如罂粟、虞美人等;成熟时果实顶端呈齿状开裂的叫齿裂,如石竹、繁缕等石竹科植物。

(2)闭果(achenocarp) 成熟后,果皮不开裂的果实是闭果,闭果有以下几种(图 10-1-26)。【二维码 10-14】

10-14

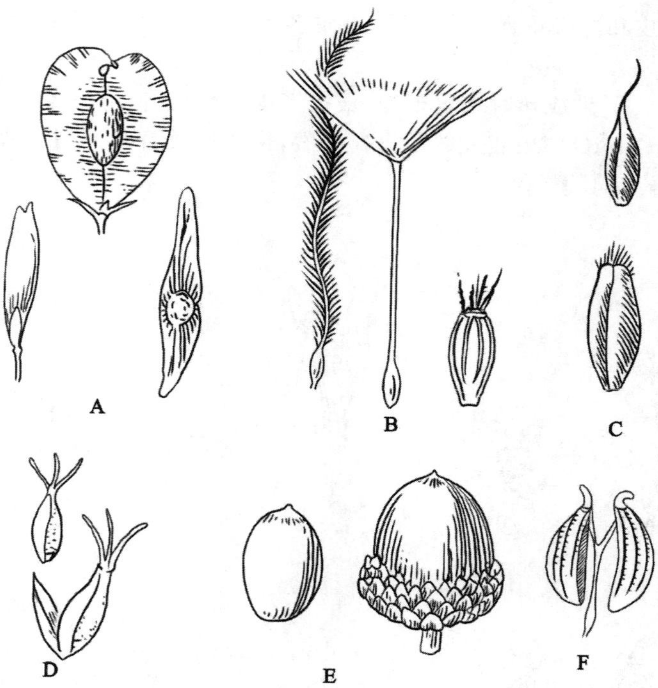

A. 翅果；B. 瘦果；C. 颖果；D. 胞果；E. 坚果；F. 双悬果。

图 10-1-26　闭果的主要类型

①瘦果(achene)：由 1～3 个心皮的复雌蕊发育形成的小型闭果，成熟时果皮木质或革质，只含 1 粒种子，果皮与种皮分离，如向日葵、荞麦的果实。

②颖果(caryopsis)：由复雌蕊发育而来，内含 1 粒种子，但果皮与种皮愈合不能分离，如小麦、玉米等禾本科植物的果实，此类果实常被当作种子。

③坚果(nut)：由复雌蕊发育而来，果皮坚硬木质化，1 室，内含 1 粒种子，果皮与种皮分离，如板栗、榛子等植物的果实。

④翅果(samara)：果皮沿一侧、两侧或周围延伸成翅状，以适应风力传播。白蜡树的果实只在果实的一侧有翅；榆、铜钱树等植物的果实在周围有翅；槭属植物的果实具有 2 个翅。

⑤分果(schizocarp)：由 2 个或多个心皮的复雌蕊发育而成，子房 2 室或数室，果实成熟时，子房室按心皮数分离成若干个含 1 粒种子的分果瓣。如蜀葵、锦葵等植物的果实。胡萝卜、柴胡等伞形科植物的分果由 2 个心皮的下位子房发育而成，成熟时分离为 2 个分果瓣，并且悬挂在心皮柄的上端，常称为双悬果(cremocarp)。

⑥胞果(utricle)：亦称囊果，是由具 1 室 1 胚珠的复雌蕊形成的果实，具 1 枚种子，果实成熟时，果皮薄且疏松地包围种子，极易与种子分离，如藜、菠菜的果实等。

⑦小坚果(nutlet)：由具有 2 心皮中轴胎座、子房 4 深裂的复雌蕊发育而来，每室含 1 胚珠，成熟时裂成 4 个果瓣，每个果瓣仅含半个心皮和 1 颗种子，果皮坚硬。如紫草科、唇形科等植物的果实。

(二)聚合果

聚合果(aggregate fruit)是由一朵花多数离心皮雌蕊和花托共同发育形成的果实，每一雌蕊都形成一个独立的小果，集生在膨大的花托上。因小果的类型不同，聚合果分为聚合蓇葖果，如八角、玉兰；聚合瘦果，如蔷薇、草莓；聚合核果，如悬钩子；聚合坚果，如莲等(图 10-1-27)。

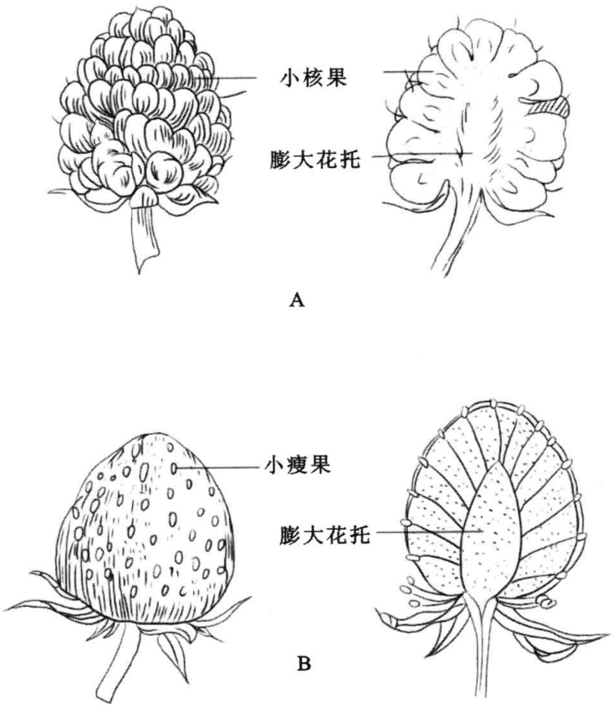

A. 悬钩子的聚合核果；B. 草莓的聚合瘦果。

图 10-1-27 聚合果

(三)聚花果

聚花果(复果)(multiple fruit)是由整个花序发育而成的果实。花序中的每个花形成一个小果，聚生在花序轴上，外形似一个果实(图 10-1-28)。桑葚来源于一个雌性柔荑花序，各花的子房发育成一个小坚果，小坚果周围是肥厚多汁的花萼。菠萝的果实也是由顶生的穗状花序发育而来，子房不育，果实由肉质增厚的花序轴、肉质的苞片和螺旋状排列的不发育的子房连合而成，顶部冠以退化、旋叠状的叶，肉质可食用部分是花序轴。无花果果实由隐头花序发育而成，肉质花轴内陷成囊状，囊的内壁上着生许多小瘦果。

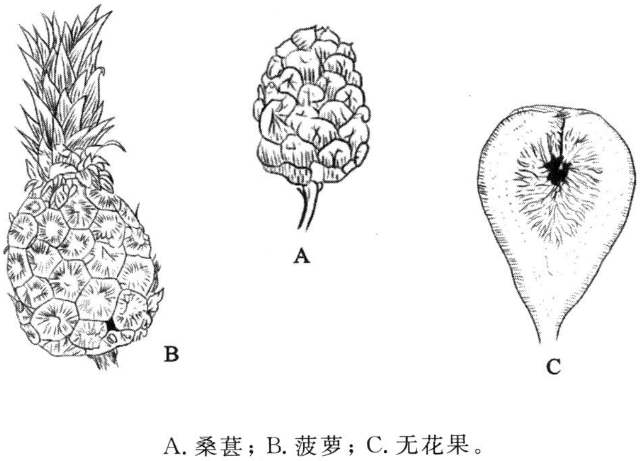

A. 桑葚；B. 菠萝；C. 无花果。

图 10-1-28 聚花果

第二节　植物分类的方法

自然界中植物种类繁多，目前已知的约有 38 万种。它们形态、结构各异，生活习性多样，组成了丰富多彩的植物世界。为了更好地认识、利用和保护植物，首先就要对它们进行系统分类。

一、植物分类及其意义

有史以来，人类就从生活实际需要出发，逐渐开始了对植物最初的、原始的分类，如辨别哪些可食，哪些有毒，哪些能治病，并用文字记载下来，对植物的形态、性能、名称作一一描述，逐渐发展积累，最后形成了一门独立的植物学学科。

植物分类学（plant taxonomy 或 plant classification）是植物学领域中的一个古老分支，是植物学各分支学科的基础，随着现代植物科学的发展，植物分类学已独立成为一门研究植物类群的分类，探索植物亲缘关系，阐明植物界自然系统的科学。内容包括植物鉴定（identification）、命名（nomenclature）和分类（classification）三部分。研究对象是植物界，把各种植物用比较、对照和分析的方法，进行分门别类，称为分类。按照植物亲缘演化关系给以有规则的排列便形成分类系统。在分类之前，先把植物分成若干类群，每一类群都有一个正确的名称，就是命名，名称的制定，必须依据国际植物命名法规（ICBN）。决定该植物属于哪一个类群，这就是鉴定，鉴定通常利用文献资料或已知植物进行对照、比较和分析，确定该植物的学名和分类地位。

植物分类学的目的，除了描述与识别植物，更在于探索与研究植物类群之间的亲缘关系，研究植物系统进化的规律，建立一个基本符合自然发展的系统，继而为鉴别、发掘、利用植物奠定基础。

植物分类学不仅是生物科学的重要基础学科，而且在农、林、牧、医药、环保等生产实践中也有着重要的作用。要合理利用植物资源，首先就要正确识别植物种类。例如木兰科八角属（*Illicium*）植物有数十种，其中八角（*I. verum*）为著名调味香料，其他种类大多有毒，如红毒茴（莽草）（*I. lanceolatum*）的果实有剧毒。药用植物也是这样，不同的种类，其成分和药效各不相同。如果误用，不但达不到治病的目的，反而会使患者受害。

搞清植物的亲缘关系，可指导杂交育种和基因工程的工作。一般说来，亲缘关系越近的（如同一种作物不同品种间）就越易于进行杂交，人为地创造新品种。亲缘关系较远的植物则不易杂交，但一旦杂交成功，其后代的生命力就更强。此外，还可以根据植物的亲缘关系来预测某些相似的化合物（如生物碱、芳香油、橡胶等）在植物界的分布，进而开发利用新的植物资源。据研究，我国人参属（*Panax*）植物的 10 个种或变种，均含有三萜皂苷的药用成分，尤以三七、人参、西洋参等 3 个种的含量较高。在遗传育种和基因工程方面，植物系统和分类学知识是很重要的基础，目前，人们正在努力从栽培种的近缘野生种或野生资源中寻找对人类有用的基因和化学成分，导入栽培种或通过微生物发酵来生产有效成分，为人类造福。

二、植物分类学的发展

植物分类学的起源可以追溯到人类开始接触植物的原始社会。人们对植物的辨识和分类到建立植物分类系统并发展成为一门学科，经过了漫长的历程。植物分类的历史大体上经历了人为分类系统时期、自然分类系统时期和系统发育系统时期。

（一）人为分类系统时期

这一时期约从远古原始人类认识植物开始到 1830 年左右，相当漫长。人类在寻找食物和治病草药的过程中逐步积累了识别植物的知识。在我国西汉的《淮南子》中就有“神农尝百草，一日而遇七十毒”的记述。后汉的《神农本草经》（公元 200 年）记载植物类药 252 种，并按药效进行了分类，分为上、中、下三品。明代药物学家李时珍（1518—1593）所著《本草纲目》中共收集植物药 1 195

种，书中将其所收集的植物药分为草、谷、菜、果、木 5 部。每部又分成若干类，如草部又根据生长环境不同而分为山草、芳草、湿草、青草、水草和杂草等 11 类。木部分乔、灌木等 6 类。该书传到国外，成为当时最具影响的世界性巨著。至清代，吴其濬《植物名实图考》一书，记载了我国植物 1 714 种，并将其分为谷、蔬、山草、湿草、石草、水草、蔓草、芳草、毒草、果、木等 12 类。在西方，希腊人 Theophrastus(公元前 370—前 285)在他所著的《植物的历史》(*Historia Plantanum*)和《植物本原》(*De Causis Plantanum*)两本书中记载已知植物 480 种，将其分为乔木、灌木、半灌木和草本 4 类，并分为一年生、二年生和多年生，而且已知了有限花序和无限花序、离瓣花和合瓣花之分，被后人称为"植物学之父"。1597 年，John Gerard(1545—1612)出版《本草》一书，按照植物的形态、生长习性和经济用途等性状进行分类。

可见，这一时期，人类对植物的分类主要是根据植物的经济用途和实用部位等一个或几个特征作为分类标准，这种植物分类方法称人为分类方法(method of artificial classification)。根据人为分类法所建立的植物体系(或排序、或分类系统)即人为分类系统。这种分类方法没有考虑到物种间亲缘关系的远近，常把亲缘关系极远的植物归并为一类，而相近的植物反被分离得很远，以致所建立的分类系统不能客观地反映出植物间的内在联系和固有次序。但这种分类方法对人类的生产和生活等实际应用却起了重要作用。例如，植物资源学中将植物分为粮食作物、油料作物、纤维植物、能源植物等，就是人为分类方法的应用。

(二)自然分类方法与自然分类系统

随着人们对植物的认识越来越深入，学者们注意到之前植物分类方法和系统存在许多问题，认识到应该从植物自身的性状和多方面的特征对植物进行分类，力图建立能够反映自然界客观植物类群的分类方法。自然分类方法(natural taxonomy)是以植物自身性状的相似程度来决定植物间的亲缘关系和系统排序的方向。依据自然分类方法(method of natural classification)所建立的分类系统即为自然分类系统(system of natural classification)。这一时期，著名的自然系统主要有法国植物学家 A. L. de Jussieu 和瑞士植物学家 A. P. de Candolle 分别在 1789 年和 1813 年建立的系统。此外还有英国学者 Bentham 和 Hooker 建立的系统。

这一时期最具代表性的工作有：1703 年英国人 John Ray(1628—1705)在《植物分类方法》一书中记载了 1 800 种植物，分为草本、木本，并利用子叶数目、叶脉类型、花的特征和果实类型等多个性状特征对植物进行了分类。1753 年 Linnaeus 在他的《自然系统》(*Systema Naturae*)一书中，根据雄蕊的数目、特征以及和雌蕊的关系，将植物分成 24 纲。以性器官来分类在当时是一个首创。1753 年完成的《植物种志》中首次使用了双名法。因对分类学的卓越贡献，林奈被后人称为"分类学之父"。1789 年，法国植物学家 A. L. de Jussieu(1748—1836)和 Barnard de Jussieu(1699—1777)发表《植物属志》(*Genera Plantarum*)。书中按子叶的有无和数目，将植物分成无子叶、单子叶和双子叶三大门，又以花瓣、花冠的有无、多少和生长的位置而分成纲、目。英国人 Robert Brown(l773—1850)发现种子有裸露和包裹的区别。建立裸子植物和被子植物两大类群。1883 年德国人 A. W. Eichler 将植物界分为藻类植物、苔藓植物、蕨类植物和种子植物四大门。瑞典植物学家 A. P. de Candolle (1778—1841)在《植物学的基本原理》(*Therorie Elementaire de la Botanique*)(1813)和《植物自然系统》(*Prodromus Systematis Naturalis regni vegetabilis*)中将植物分成 135 目(科)，之后，他的儿子 A. Decandolle 将其发展到 213 科，肯定了子叶数目和花部特征的重要性，并将维管束的有无及其排列情况列为门、纲的分类特征，还确定了双子叶植物是被子植物的原始类群。

(三)系统发育分类法与现代分类系统

达尔文进化论(1859)发表以后，进化论的思想开阔了人们的眼界，分类学者认识到要创立反映植物界客观进化规律的系统，系统应当体现出植物界各类间的亲缘关系。在此思想的指导下，依据性状的演化趋势来对植物进行分类的方法，称为系统发育分类法。依据系统发育分类法所建立的植物分类系统，叫作系统发育系统，即现代分类系统。百余年来，取得了显著的成绩。建立的系统有数十个，著名的有德国学者恩格勒(A. Engler)系统、英国学者哈钦松(J. Hutchinson)系统、苏联植物学家塔赫他间(A. Takhtajan)系统、美国植物分类学家克朗奎斯特(A. Cronquist)系统、中国植物分类学家张宏达系统、吴征镒系统等。1998 年由被子植物系统发育小组(APG)提出的以分支分类学和分子系统学为研究方法的 APG 系统，是当前植物系统发育研究领域较权威的分类系统(详见第十二章)。

三、植物分类方法

(一)形态分类学

形态分类学也称经典分类学，是依据植物根、茎、叶、花、果实、种子的形态特征，特别是花、果实和种子的形态特征，对植物进行全面观察和对比分析，研究其相似性与变异性，区别和确定不同的植物类群。随着电子显微镜的诞生与应用，形态分类学已由宏观描述进入微形态学领域，以便更详尽地观察和描述植物的形态特征，如花粉粒的形态、表面纹饰，种子表皮的特征等。

(二)实验分类学

实验分类学是采用栽培对照实验的方法，研究植物形态变异本质的学科，其方法是把要研究的不同生境中的植物引种到环境条件相似的实验园里，进行栽培对照试验，同时进行杂交试验，以确定其遗传型变异和表现型变异及生殖隔离情况。奥地利植物学家 Kerner(1895)选取低海拔地区生活的植物种子，把它们种在两个不同的实验园里，一个是在低海拔地区的维也纳，海拔 150 m；另一个是在高海拔地区的梯罗尔，海拔 2 900 m。发现高海拔实验园种植的植物都有显著的表现型饰变，如茎矮、花小且少、含有更多的花色素苷。把从这些植物中采集的种子种在低海拔地区的维也纳，这些植物又恢复到它们低海拔地区生活的形态。说明生态环境对植物形态的变异有很大的影响。

(三)细胞分类学

细胞分类学(cytotaxonomy)也叫染色体分类学，其实质是利用染色体的数目、形态结构、核型资料探讨分类学问题，用作鉴别和区分类群的特征，揭示类群之间的亲缘关系，审定和修改原来的分类系统。牡丹科(Paeoniaceae)的划分是染色体分类的最好例证。过去，芍药属(*Paeonia*)归于毛茛科，但是，芍药属的染色体基数是 5，染色体极大，是被子植物中具最大型染色体的属之一，与毛茛科其他属植物的染色体不同，再加上化学成分等方面的差异，将芍药属成立为芍药科(Paeoniaceae)。

(四)孢粉分类学

孢粉分类学是指利用植物孢粉学资料解决植物分类学问题的一门学科。种子植物的花粉形态特征比较稳定，可用于一些科、属、种的划分以及有关植物演化关系的探讨。绝大多数被子植物的花粉形状和萌发结构各不相同，被子植物花粉的孔、沟数目、位置，花粉壁的结构和纹饰等特征可用于植物分类学研究。

(五)化学分类学

化学分类学是揭示物种在分子水平上反映出来的特有特征的学科。它一方面在分子水平上提供植物分类学特征，弥补形态分类学的不足；另一方面研究物种的系统发育在分子水平上反映出来的规律性。植物化学分类学的任务主要是通过各级分类群所含化学成分的特性和生物合成途径的研究，探索化学成分在植物系统发育中的分布规律，从植物化学成分的角度研究植物的系统发育。

用于植物分类的化学成分主要有糖类、苷类、黄酮类、生物碱、萜类、挥发油、鞣质、酶、蛋白质、核酸。

其中小分子化合物在植物界不同类群的分布存在间断性，如异黄酮仅在几个科中存在，成为研究植物分类和系统演化中有价值的分类性状。在植物化学分类学研究中，如果两个化合物结构相同，但它们的生物合成途径不同，应把它们看作是在生物学上有区别。

（六）分子生物学方法

DNA 序列直接反映物种的基因型，记录了物种进化过程中发生的很多信息，因此，DNA 序列研究为植物分类研究提供了更加可靠的证据。PCR（polymerase chain reaction）和 DNA 自动测序技术的发展，为利用分子生物学资料进行植物分类研究奠定了基础。

在研究中，人们要根据不同问题选择不同的研究对象，如研究科以上的类群分类，要选择相对保守的 DNA 分子，研究较多的是叶绿体 DNA 和核糖体 DNA。叶绿体 DNA 中的一些序列很保守，很少发生序列重排，例如，由叶绿体 DNA 基因组中编码核酮糖-1，5-二磷酸羧化酶/加氧酶大亚基的 *rbcL* 基因，就是研究科以上类群的很好材料。核糖体 DNA 广泛存在于植物体内，常被用来研究种内或亲缘关系很近的种间或属间分类。基于 PCR 原理的 RAPD（random amplified polymorphic DNA）、AFLP（amplified fragment length polymorphism）等技术所检测的位点为随机分布在基因组中的 DNA 片段，已越来越多地应用于种间、种内和居群间的亲缘关系研究。

（七）数量分类学

数量分类学（numerical taxonomy）是指用数值方法根据其性状状态将分类单位归类成类元，用统计学或其他数学方法从数据引出种系发生的推论。数量分类学使数学理论借助电子计算机技术解决分类学问题，把一门描述性的分类学提高到定量水平上，为这门古老的学科发展开拓了新的前景。

数量分类学的优点是有综合多种来源数据的能力，如形态学、化学、生态学等。大部分分类过程自动化，效率高。以数值形式编码的数据，计算机综合处理，能够用于编制记述、检索、目录、地图和其他文件。由于方法是定量的，能够给出比常规方法更好的分类。由于要求使用更多、更好的描述性状，能够改善常规分类的质量。

目前已用的数量分析方法有：主成分分析、聚类分类以及分支分类等。

第三节　植物分类的等级单位及命名

一、植物分类的等级单位

植物分类的一项重要工作是将自然界数量繁多的植物种类按一定的分类等级进行排列，并以此表示每一种植物的系统地位和归属。常用的植物分类等级单位主要有：界、门、纲、目、科、属、种，其中种是基本的分类单位，由亲缘关系相近的种集合为属，由相近的属组合为科，如此类推。在每个等级单位内，如果种类繁多，还可划分更细的单位，如亚科、族、组、亚种、变种、变型等。每一种植物通过系统分类，既可以显示出其在植物界的地位，也可表示出它与其他植物种的关系。

现以小麦为例，说明它在植物分类上的各级单位：

界　植物界（Regnum vegitabile）
　门　被子植物门（Angiospermae）
　　纲　单子叶植物纲（百合纲）（Monocotyledoneae）（Liliopsida）
　　　亚纲　颖花亚纲（Glumiflorae）
　　　　目　禾本目（Graminales）
　　　　　科　禾本科（Gramineae）
　　　　　　亚科　早熟禾亚科（Pooideae）
　　　　　　　属　小麦属（*Triticum*）
　　　　　　　　种　小麦（*Triticum aestivum* L.）

二、植物种的概念及种下等级单位

(一)植物种的概念

种(species，缩写 sp.)是分类学上的基本单位，是具有相同的形态学、生理学特征和一定自然分布区的生物居群，种内个体间能自然交配产生正常能育的后代(少数例外)，种间存在生殖隔离。种既有相对稳定的形态特征，又在进化发展中。一个种通过遗传、变异和自然选择，可能发展成另一个新种。现在地球上众多的物种就是由共同祖先逐渐演化而来的。种内可根据个体间的差异分为亚种、变种、变型等。

(二)种下等级单位

1. 亚种(subspecies，缩写 subsp.) 种内类群，是指同一种内由于地域、生态或季节上的隔离而形成的个体群。有一定的形态特征和地理分布区，故亦称地理亚种。如稻种下的籼稻和粳稻即为不同的亚种，两者除形态、生理等性状有区别外，籼稻多分布在纬度较低的高温、强光、多湿的热带及亚热带地区；而粳稻多分布于纬度较高、气候温和的温带及亚热带北缘地区。亚种是渐变型物种形成过程中的必经之路。

2. 变种(varietas，缩写 var.) 种内的种型或个体变异，由于微生境不同而导致植物间具有可稳定遗传的一些细微差异。与原种(原变种)的区别通常仅有 1～2 个形态和生理性状的差异，无地理分布的区别，因此在系统进化理论上，认为变种实际上是同种不同基因型的表现。如锐齿槲栎是槲栎的变种。

3. 变型(form，缩写 f.) 变型是指分布没有规律，仅有微小的形态学差异的相同物种的不同个体。通常只有 1 个性状的差异。如毛的有无、花的颜色等。变型常见于栽培植物之中，如碧桃为桃的一个变型，其花为重瓣；羽衣甘蓝为甘蓝的一个变型，其叶不结球，常带彩色，叶面皱缩，观赏用。

4. 品种(cultivar，缩写 cv.) 品种不是植物分类学的分类单位，不存在于野生植物中，是人类在生产实践中，经过选择培育而成的。一般说来，品种多基于生物学特性和经济性状的差异，如植株的高矮，花朵或果实的大小、色、香、味，成熟的迟早等。实际上品种也就是栽培植物的变种或变型，如苹果中的青香蕉、国光，郁金香中的黑牡丹等。

三、植物的命名

自然界植物种类繁多，由于国家和地区不同及语言的差异，同一种植物在各地的名称往往不相同。同物异名的如马铃薯，我国南方称洋山芋(或洋芋)，北方叫土豆，英语称“potato”；又如番茄，我国南方称番茄，北方称西红柿，英语称“tomato”；同名异物的如我国叫“白头翁”的植物就有 16 种，但它们分属于 4 个科 16 个属；又如中药贯众(*Cyrtomium fortunei*)，据调查，全国有 49 种蕨类植物的根茎入药，都称“贯众”，它们分属于 6 科 17 属。植物名称的混乱，给植物的利用和研究带来极大的不便。为了避免这种混乱，有必要给每一种植物制定国际上统一使用的科学名称，即学名(scientific name)。1753 年林奈发表巨著《植物种志》时采用了双名法。以书中所载的全部用双名法命名的植物为起点，凡此书已经命名的植物均为有效名。

双名法(binomial nomenclature)是用两个拉丁词给植物命名的方法，每种植物的学名包含两个拉丁词，第一个词是该植物所在属的属名，用名词，其第一个字母要大写；第二个词为种加词，是形容词；后面再加上定名人的姓氏或姓氏缩写。如银杏的学名 *Ginkgo biloba* L.，其中“*Ginkgo*”为属名，第一个字母大写，是名词；“*biloba*”是种加词，字母一律小写，为形容词；L. 为命名人林奈(Linnaeus)的首字母缩写，须大写。

如果是亚种、变种或变型，命名时要在其种名后加上亚种、变种或变型的缩写“subsp.”“var.”或“f.”，然后再加上亚种、变种或变型加词，最后仍要有命名人的姓氏或姓氏缩写，称为三名法，如糯稻是稻的一个变种，其学名是：*Oryza sativa* L. var. *glutinosa* Matsum.，即属名（*Oryza*）＋种加词（*sativa*）＋种的命名人姓氏缩写（L.）＋变种的缩写（var.）＋变种名（*glutinosa*）＋变种命名人姓氏缩写（Matsum.）。【二维码 10-15】

10-15

四、国际植物命名法规简介

Alphonse de Candolle 在 1867 年 8 月法国巴黎举行的国际植物学会议中受会议组委会委托，负责起草《植物命名法》（*Lois de la Nomenclature Botanique*）。这一版规则在 1900 年巴黎召开的第一届国际植物学大会（International Botanical Congress，IBC）上参酌欧洲和美国学者的意见后，形成“巴黎规则”。这是最早的植物命名法规。之后，1935 年出版的《国际植物命名规则》（*International Rules of Botanical Nomenclature*），弥合了欧美学者的一些分歧，形成“剑桥规则”。二战后，中断多年的国际植物学大会得到恢复，第七届大会在瑞典斯德哥尔摩召开，于 1952 年出版了《国际植物命名法规》（*International Code of Botanical Nomenclature*，ICBN），“斯德哥尔摩法规”是现代“国际植物命名法规”新的开端，以后在每 5 年或 6 年召开的国际植物学大会后加以修改补充。直到现在，这样的国际性大会总共召开了 18 次。由于藻类、菌物和植物不再被确认为一个自然类群，2011 年于澳大利亚墨尔本召开的第十八届国际植物学大会通过决议将 2012 年出版的《植物命名法规》更名为《国际藻类、菌物和植物命名法规》（*International Code of Nomenclature for algae，fungi，and plants*，ICN），即《墨尔本法规》。我国正式翻译出版的《国际植物命名法规》有 4 个版本，包括：匡可任 1965 年翻译的《蒙特利尔法规》，赵士洞 1984 年翻译的《列宁格勒法规》，朱光华 2001 年翻译的《圣路易斯法规》，以及张丽兵 2007 年翻译的《维也纳法规》。2017 年，在深圳举办的第 19 届国际植物学大会上通过了新版的命名法《藻类、菌物和植物国际命名法规（深圳）》，简称“深圳法规”。【二维码 10-16】

10-16

《藻类、菌物和植物国际命名法规》（以下简称《法规》）中的规则不是法律，但自愿遵守《法规》是国际植物学界乃至科学界的共识，世界上几乎所有的植物学家都同意遵守其中的规则。其要点如下。

（一）植物命名的模式法和模式标本

科或科级以下的分类群的名称，都是由命名模式来决定的。种及种下的分类群的命名必须由一份模式标本（2007 年前发表的类群可以是一幅插图）作根据。种以上分类群的模式仍然是一份模式标本（或一幅插图），但在指定模式时，可以通过引用下一个主要等级的分类群名称而间接指定。模式标本必须要永久保存于标本馆中，所以不能是活植物。模式有下列几种：

1. 主模式（holotype） 主模式是作者在命名时使用或指定为命名模式的一份标本或一幅插图。只要主模式还存在，就由它来限定相关名称的应用。

2. 等模式（isotype） 等模式是主模式的任一复份，与主模式属于同一号采集（gathering），即同一采集人在同一采集地采集的编号相同的标本。等模式一定是标本，如果主模式是一幅插图，则不可能存在等模式。

3. 合模式（syntype） 发表一分类群时未曾指定主模式或 2 份以上的标本或被指定为模式，这些被引证标本中的任何一份，均可称为合模式。合模式也必须是标本，而不可能是插图。

4. 副模式（paratype） 在发表分类群时，除了主模式、等模式、合模式（同时指定 2 份以上标本）之外引用的任意一份标本。

5. 后选模式（lectotype） 名称发表时没有指明主模式，主模式损毁或遗失，或模式代表不止一个分类群时，从原始材料中指定的作为命名模式的一份标本或一幅插图。

6. 新模式（neotype） 当所有原始材料均不存在或丢失、损毁时，被指定作为命名模式的一份标本或一幅插图。【二维码 10-17】

10-17

（二）有效发表和合格发表

《法规》仅认部分出版物为有效发表，在一个新名称被合格发表或模式有效指定之前，作为载体的出版物必须有效发表。几乎所有的印刷书籍和期刊都可以是有效发表，但一些非学术性的出版物则不在此列。2012年以后，电子出版物在一定条件下，如具有国际标准刊号（ISSN），或国际标准书号（ISBN）的符合PDF格式的在线发表也可以构成有效发表。

而合格发表则至为重要，因为没有达到合格发表条件的名称在《法规》中没有任何地位，甚至不能称之为名称。最新版《法规》要求合格发表的条件包括以下内容。【二维码10-18】

10-18

①必须是有效发表。

②名称是拉丁文构成的，并符合不同等级相应的规则。

③属级以下分类群名称所归属的属或种必须在之前或同时合格发表。

④属级以下分类群名称原文中必须包含由拉丁文（1935年以后）、英文（2012年以后）或其他语言（1935年之前）书写的描述或特征集要。

⑤属级或以下分类群名称，必须在原白中注明命名的模式。

⑥种或种下分类群名称，必须指定一份标本作为主模式。

（三）优先权（priority）原则

优先权的原则是决定科和科以下等级分类群正确名称的基础，意味着必须使用最早发表的名称作为一个分类群的正确名称。虽然多个合格发表的名称都可能应用于一个分类群，但对于一个具有特定的界定、位置和等级的分类群而言，只有一个名称是正确名称，其他的被称之为异名。优先权不是无限溯源，而是不同类群、等级有不同的起点时间。如：部分藻类、部分苔藓植物、菌物和维管植物命名优先权的起点为1753年5月1日；维管植物和部分苔藓植物属名命名优先权的起点为1789年8月4日。

（四）学名之改变

由于专门的研究，认为此属中的某种应转移到另一属中去时，假如等级不变，必须将它原来的种加词移动到另一属中而被留用，这样组成的名称叫新组合名称（comb. nov.），原来的名称叫基名（bisionym）。原命名人则用括号括之，一并移去，转移的作者写在括号之外。如射干 *Belamcanda chinensis*（L.）DC.，是林奈1753年最先发表的，归于 *Ixia* 属，定名为 *Ixia chinensis* L.，1807年De Candolle研究后认为应该归于 *Belamcanda* 属，所以更名为 *Belamcanda chinensis*（L.）DC.，同时将原命名人林奈用括号保留在学名中。通过专门的研究，认为某个名称所属的等级需要发生变化，如变种更改为变型、亚种提升为种、亚属提升为属等情况，将原名称的加词转移到新的等级构成的名称叫新等级名称（stat. nov.），原来的名称叫基名。原命名人则用括号括之，一并移去，转移的作者写在括号之外。在转移的过程中，如果一个名称被组合入新的等级，则称之为新组合和新等级（comb. & stat. nov.）。

（五）保留名称

《法规》规定有些名称需要保留，如对于不符合命名法规但历史上惯用的名称，可向国际植物学大会总委员会提交提案，讨论通过作为保留名。保留的名称即使本来是不合法的，保留后也都是合法的。如豆科Leguminosae（Fabaceae），就是保留名。【二维码10-19】

10-19

（六）名称废弃

废弃是阻止一个名称的使用。同样需要向国际植物学大会总委员会提交提案，提案中要包括详细废弃名称的陈述。废弃名称包括下列情形：

①同属于某一分类群而早已有正确名称，以后发表的多余名（superfluous name）或晚出同名（later homonym），应予废弃。

②种加词不能表达意义的，重复属名的，或发表的种名不能充分显示为双名法的，废弃的属名有做种加词者，都必须废弃。

第四节 植物分类检索表

植物分类检索表是鉴定植物的重要工具之一。在《植物志》《植物分类手册》等工具书中都有检索表，通过检索表，可以查找某一植物所属的科、属和种。检索表有门、纲、目、科、属、种等单位的分类检索表。其中常用的检索表有分科、分属和分种检索表。

一、植物分类检索表的编制原理

检索表的编制是根据法国人拉马克(Jean-Baptiste Lamarck，1744—1829)的二歧分类原则，将要编制的检索表中需容纳的所有植物，运用植物形态比较方法，选用一对以上显著不同的特征，分成两类；然后又从每类中找出相对的特征再区分为两类；如此下去，直到所需要的分类单位(如科、属、种等)出现。

二、植物分类检索表的种类、编制方法和使用

植物检索表常用的有等距(定距)检索表、平行(阶梯)检索表和连续平行检索表三种。

(一)等距检索表

等距检索表是最常采用的一种，在这种检索表中，将每一对相对的特征编为同样号码，并列在书页左边同样距离处，每一对相同的号码在检索表中只能使用一次，如此继续下去，逐级向右错开，描写行愈来愈短，直至追寻到科、属或种为止。这种检索表的优点是每对相对性状的特征都被排列在相同距离，一目了然，便于查找。不足之处是当种类繁多时，左边空白太大，浪费篇幅。

以毛茛科常见属为例，编成等距检索表。

1. 果为聚合瘦果，花无距
  2. 花有花瓣 …………………………………………………………… 毛茛属
  2. 花无花瓣
    3. 萼片通常 4 枚，总苞缺失…………………………………………… 铁线莲属
    3. 萼片通常 5 枚，总苞存在…………………………………………… 白头翁属
1. 果为聚合蓇葖果，花有距
  4. 花整齐，距 5 枚……………………………………………………… 耧斗菜属
  4. 花不整齐，距 1 枚…………………………………………………… 翠雀属

(二)平行检索表

平行检索表是把每一对相对特征的描述并列在相邻的两行里，便于比较。在每一行后面或为一植物名称，或为一数字。如为数字，此数字重新列于较低的一行之首，与另一对相对性状平行排列，如此直至终止。这种检索表的优点是排列整齐、节省篇幅，缺点是不如定距检索表那么一目了然。上面的等距检索表改变排版方式，编成平行式检索表如下：

1. 果为聚合瘦果，花无距 ………………………………………………… 2
1. 果为聚合蓇葖果，花有距 ……………………………………………… 4
2. 花有花瓣 ………………………………………………………………… 毛茛属
2. 花无花瓣 ………………………………………………………………… 3
3. 萼片通常 4 枚，总苞缺失………………………………………………… 铁线莲属
3. 萼片通常 5 枚，总苞存在………………………………………………… 白头翁属
4. 花整齐，距 5 枚…………………………………………………………… 耧斗菜属
4. 花不整齐，距 1 枚………………………………………………………… 翠雀属

（三）连续平行检索表

将相互对立的特征用两个号码表示，如1(6)和6(1)，当查对时，若所要查对的植物形状符合1时，就向下查2，若不符合时，就查6，如此类推向下查对一直到所需要的对象。第一个等距检索表改变排版方式，编成连续平行检索表如下：

1(6)果为聚合瘦果，花无距

2(3)花有花瓣……………………………………………………………………………………毛茛属

3(2)花无花瓣

4(5)萼片通常4枚，总苞缺失……………………………………………………………铁线莲属

5(4)萼片通常5枚，总苞存在……………………………………………………………白头翁属

6(1)果为聚合蓇葖果，花有距

7(8)花整齐，距5枚…………………………………………………………………………耧斗菜属

8(7)花不整齐，距1枚………………………………………………………………………翠雀属

在进行植物鉴定时，应根据需要选用检索表，也可以从纲开始检索直到种。要达到预期检索的目的，必须同时具备完整的检索表资料和所要检索对象性状完整的标本。检索鉴定时，首先要弄清植物各部的形态特征，尤其要仔细解剖和观察花的结构，掌握所要鉴定植物的各类特征，然后沿着纲、目、科、属、种的顺序进行检索。在初步确定了所鉴定植物所属的科、属、种的基础上，再用《植物志》《植物图鉴》《植物分类手册》等工具书，进一步核对已检索到植物的生态习性、形态特征描述，以确保检索鉴定的准确性。

本章小结

被子植物是植物进化过程中最高级的类群，分化出了根、茎、叶、花、果实和种子六大器官。

根据茎的性质，可分为木本植物、草本植物和藤本植物，其中木本植物包括乔木、灌木、半灌木，草本植物包括一年生、二年生和多年生草本植物。按茎的生长习性，可将茎分为直立茎、平卧茎、匍匐茎、攀缘茎和缠绕茎。

叶的形态特征，常从叶形、叶尖、叶基、叶缘、叶脉、托叶等方面进行描述。常见的叶序有互生、对生、轮生、簇生、基生等类型。

叶脉包括网状脉、平行脉、射出脉、叉状脉等。在一个叶柄上生有1个叶片的叶叫单叶；2至多个叶片生在一个总叶柄或总叶轴上的叶称为复叶，分为羽状复叶、掌状复叶、三出复叶和单身复叶。

一朵花由花梗、花托、花萼、花冠、雄蕊群、雌蕊群组成的叫完全花，缺少花萼、花冠、雄蕊群、雌蕊群的任一部分的花是不完全花。常见的花冠类型有蔷薇花冠、十字形花冠、蝶形花冠、唇形花冠、漏斗形花冠、管状花冠、舌状花冠、钟形花冠、高脚碟状花冠、坛状花冠、辐状花冠等；雄蕊类型有离生雄蕊、单体雄蕊、二体雄蕊、多体雄蕊、聚药雄蕊、二强雄蕊、四强雄蕊、冠生雄蕊等；雌蕊类型有单雌蕊、离生雌蕊和复雌蕊；子房位置有子房上位（下位花或周位花）、子房半下位（周位花）和子房下位（上位花）；胎座类型有边缘胎座、侧膜胎座、中轴胎座、特立中央胎座、基生胎座和顶生胎座等。花序是指花在花轴上排列的情况，花可以单生，也可以组成花序，花序可分为无限花序和有限花序两大类。无限花序包括简单花序和复合花序，其中简单花序可分为总状花序、穗状花序、柔荑花序、肉穗花序、伞形花序、伞房花序、头状花序和隐头花序，而复合花序有复总状花序（圆锥花序）、复穗状花序、复伞房花序、复伞形花序等类型。有限花序分为单歧聚伞花序、二歧聚伞花序、多歧聚伞花序、轮伞花序等。花程式和花图式是以数字、符号、字母和图形表示花的组成及排列情况的方式。

根据形成果实的雌蕊类型的不同，果实可分为单果、聚合果和聚花果三大类。单果根据果皮和附属部分成熟时的质地和结构，可分为肉质果和干果，前者包括浆果、柑果、核果、梨果和瓠果等；后者依果皮开裂与否可分为裂果（蓇葖果、荚果、角果、蒴果）和闭果（瘦果、颖果、坚果、翅果、分果、双悬果、胞果）。聚合果是由具有离生雌蕊的花发育而成的果实，许多小果聚生在花托上。聚花果是

由整个花序发育形成的果实。

植物分类学是研究植物类群的分类、探索植物间亲缘关系和阐明植物界自然系统的科学。植物分类的等级单位主要有界、门、纲、目、科、属、种，种是分类的基本单位。种下有亚种、变种和变型。植物的学名由拉丁文或拉丁化的属名 + 种加词 + 命名人缩写构成，这种命名方式称为双名法。《国际植物命名法规》对植物的命名进行了严格的规定。检索表则是识别鉴定植物的重要工具，分为等距检索表、平行检索表和连续平行检索表。

复习与思考

1. 简述植物分类学的主要任务，举例说明植物分类学研究的意义。
2. 谈谈植物分枝方式在农林生产上的应用。
3. 如何区分单叶、复叶和带有叶的小枝？
4. 检索表编制的原理是什么？检索表有哪些类型？选取一个花部特征(如雄蕊类型、胎座类型等)编制检索表。
5. 裂果有哪些类型，如何根据心皮数及开裂方式划分裂果类型？
6. 解剖观察 5 种植物的花，写出花程式并绘制花图式。
7. 植物的胎座类型有哪些？它们之间有何演化规律？
8. 如何区分有限花序和无限花序？依据进化观点说明各类花序的演化地位。

数字课程学习资源

课程视频　学习课件　知识结构图　练习题　参考答案

图1 地钱 （*Marchantia polymorpha*）

图2 葫芦藓（*Funaria hygrometrica*）

图3 华山松（*Pinus armandii*）

图4 蕨（*Pteridium aquilinum* var. *latiusculum*）

图5 银杏（*Ginkgo biloba*）

图6 油松（*Pinus tabuliformis*）

◉◉◎ 第十一章 | 植物界的基本类群

生物在长期演化过程中，形成了丰富多样的类群。植物所包含的范围，不同学者有不同观点。依据能光合作用、自养的生物为广义的植物的概念，本教材介绍的植物基本类群包括多种藻类和有胚植物。藻类是多系类群，包括若干来源不同的类群，例如原核细胞的蓝藻（蓝细菌），真核细胞的红藻、绿藻、裸藻、甲藻、硅藻、金藻、褐藻等。有胚植物又称陆生植物，也常被称为高等植物，是单系类群。有胚植物中，苔藓植物、石松类和蕨类植物的雌性生殖器官为颈卵器，部分裸子植物中也有简化的颈卵器，故将它们合称为颈卵器植物（archegoniate）；石松类和蕨类植物、裸子植物和被子植物的植物体内具有维管系统，合称为维管植物（vascular plant）；裸子植物和被子植物都以种子（而不是孢子）繁殖，合称为种子植物（seed plant）。过去常把菌物也归为植物，但它们是多起源的且与植物亲缘关系较远，因此本教材不再介绍菌物，仅简要介绍真菌与藻类共生形成的地衣。

第一节 藻 类

一、藻类的一般特征

藻类虽不是一个自然类群，但具有共同的特征。藻类绝大多数生长在水中，是一类具有光合色素、能独立生活的自养生物，没有真正的根、茎、叶分化。少数藻类无叶绿体，营异养生活，但贮藏物质与近缘藻类相同。藻类在自然界中几乎到处都有分布，目前已知的藻类有近 6 万种。

构成藻类的细胞有原核细胞（蓝藻门）和真核细胞（其他藻类）。真核藻类的细胞壁分两层，外层为果胶质，内层为纤维素。质膜控制原生质体中物质的进出。鞭毛借助摆动来运动，具有特定数目和定向的微管。细胞核为双层膜，包括核仁、染色体和核液。叶绿体双层膜或多层膜结构，具类囊体，含有叶绿素 a、胡萝卜素和叶黄素等色素，不同藻类还有其他种类的色素，如藻蓝素、藻黄素等。由于叶绿素和其他色素的种类、比例的不同，藻类呈现出不同的颜色，也是分类的重要依据。

藻类在形态结构上千差万别，有单细胞型、群体型和多细胞型之分。多细胞种类中，又有丝状、片状和较复杂的构造等。

藻类的繁殖方式有营养繁殖、无性生殖和有性生殖。营养繁殖主要是藻体片段直接形成新个体的繁殖方式。无性生殖又称孢子生殖，是指藻体上产生一类无性生殖细胞，称为孢子，由孢子直接发育形成新个体的繁殖方式。有性生殖是藻体上产生有性生殖细胞，称为配子，两个配子融合后形成合子（受精卵），再由合子直接发育形成新个体；藻类的合子没有发育成胚，有别于有胚植物。依据配子的形状、结构、大小、运动能力等方面的差异，藻类的有性生殖分为同配、异配、卵式及接合生殖等类型。其特点为：①同配生殖中，两个配子的形状、结构、大小、运动能力均相同；②异配生殖中，两个配子形状、结构相同，但大小和运动能力不同；③卵式生殖中，两个配子的形状、结构、大小和运动能力都不同，大配子没有鞭毛，不运动，称为卵，小而有鞭毛的配子称为精子；④接合生殖是两个没有鞭毛能变形的配子的结合。

不同藻类的有性生殖中，减数分裂发生的位置不同，形成了不同的藻类生活史类型，主要分为三种类型（图 11-1-1）：

①合子减数分裂型：即减数分裂在合子萌发时发生，只有一种单倍体的藻体，合子是唯一的二倍体阶段。

②配子囊减数分裂型：即减数分裂在配子囊中形成配子时发生，只有一种二倍体的藻体，配子是唯一的单倍体阶段。

③孢子囊减数分裂型：即在二倍体的孢子体的孢子囊中减数分裂产生单倍体的孢子，孢子萌发形成单倍体的配子体，配子体上的配子囊中产生配子，配子结合恢复为二倍体的合子，合子萌发形成孢子体。

这样的藻类的孢子体与配子体在生活史中交替出现，称为世代交替；受精发生后，合子、孢子体、孢子囊为无性世代，减数分裂发生后，孢子、配子体、配子囊、配子为有性世代。孢子体和配子体在形态构造上相同的，称为同形世代交替。孢子体和配子体在形态构造上不同的，称为异形世代交替；若孢子体更为发达，称为孢子体占优势的异形世代交替；若配子体更为发达，称为配子体占优势的异形世代交替。了解藻类的生活史对人工繁殖利用藻类至关重要。

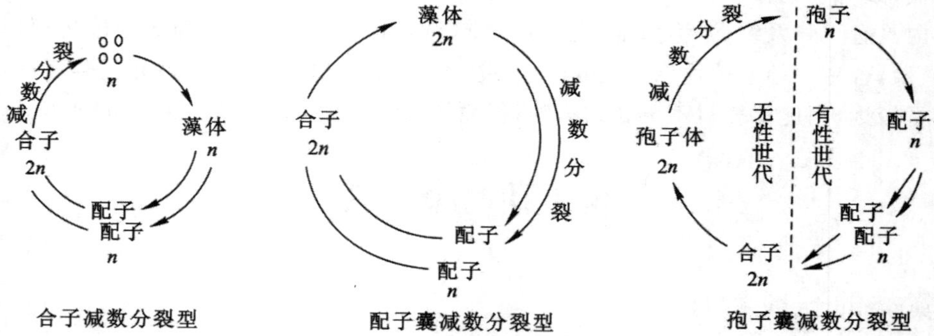

图 11-1-1　藻类生活史类型

二、藻类的分类

过去常根据藻类叶绿体的形态、光合色素的种类、细胞的结构、贮藏物质的类型、生殖方式、生活史类型等将藻类分成蓝藻门（Cyanophyta）、红藻门（Rhodophyta）、绿藻门（Chlorophyta）、裸藻门（Euglenophyta）、甲藻门（Dinophyta）、褐藻门（Phaeophyta）、黄藻门（Xanthophyta）、金藻门（Chrysophyta）等。随着分子系统发育分析在藻类系统学研究中的应用，人们对藻类系统地位的认识不断深入，藻类被置于了不同的域和界中，出现了许多不同的藻类分类派别。美国学者 Robert Edward Lee 在 2008 年出版的《藻类学》（Phycology）中，依据内共生学说，将藻类分为原核藻类、具双层叶绿体膜的真核藻类、叶绿体外有 1 层叶绿体内质网膜（chloroplast endoplasmic reticulum）的真核藻类和叶绿体外有 2 层叶绿体内质网膜的真核藻类四大类，包括蓝细菌（Cyanobacteria）、灰色藻门（Glaucophyta）、红藻门、绿藻门、裸藻门、甲藻门、顶复门（Apicomplexa）、隐藻门（Cryptophyta）、异鞭藻门（Heterokontophyta）和普林藻门（Prymnesiophyta）等。

（一）原核藻类

蓝藻门　又称蓝细菌，是地球上最原始、最古老、最简单的光合自养原核生物（图 11-1-2）。

（1）主要特征　蓝藻藻体有单细胞、群体、丝状体等多种类型。群体大多为不定型群体，常具有一定形态和不同颜色的胶被；丝状体由一条或者数条藻丝体组成，每一条藻丝体由相连的一列细胞组成，外有胶质鞘，藻丝体具有分枝或者假分枝，藻丝的一端穿出胶鞘延伸生长形成假分枝。【二维码 11-1】

11-1

蓝藻细胞壁主要成分是肽聚糖（peptidoglycan），细胞壁外有果胶酸和黏多糖组成的胶质鞘，含有无色或红、蓝、紫、黄、褐等色的非光合色素。蓝藻细胞原生质体分化为中央质（centroplasm）和周质（periplasm）两部分。中央质位于细胞中央，无色透明，无核膜和核仁，有核质（染色质），为裸露的环形丝状的 DNA 分子，没有组蛋白与之结合，有核的功能，称为原核（prokaryon）或拟核（nucleoid）。周质位于中央质周围，其中无细胞器，但可见有光合片层。光合色素存在于光合片层的表面，其光合色素有叶绿素 a、β-胡萝卜素、叶黄素和大量的藻胆蛋白。藻胆蛋白由颗粒体的藻胆体附着在光合片层的外表面上，蓝藻的藻胆蛋白有四种色素：藻蓝素（phycocyanobilin）、别藻蓝素（allophycocyanin）、藻红素（phycoerythrobilin）及藻红蓝素（phycoerythrocyanin）。

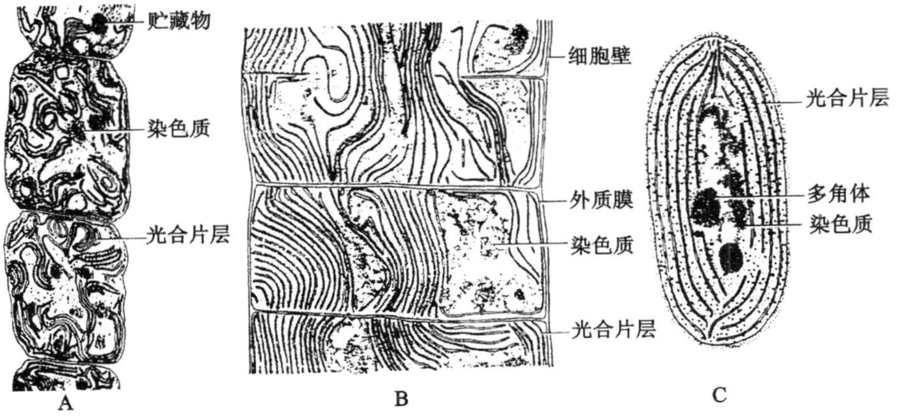

A. 念珠藻属；B. 颤藻属；C. 螺旋藻属。

图 11-1-2 蓝藻门细胞结构

有些类群的周质中有伪空泡（gas vacuole），充满气体，具有遮光和使藻类浮游的作用。细胞中贮藏的营养物主要是藻蓝淀粉（cyanophycean starch）和蓝藻颗粒体（cyanophycin granule）。

有些种类的营养细胞分化形成异形胞。形成异形胞时，细胞质中颗粒物质溶解，呈均匀状态，类囊体膜解体，形成新的膜，同时分泌出新的细胞壁物质，形成比营养细胞大的异形胞，呈淡黄绿色或透明状。

衰老的异形胞会形成空泡，从丝状体脱离并导致丝状体的断裂而形成藻殖段（hormogonium），进行营养繁殖。异形胞中含固氮酶，可以固定大气中的氮，具有固氮作用。

（2）繁殖　蓝藻多为营养繁殖，群体和丝状体的种类常形成藻殖段。藻殖段是从丝状体中某些细胞死亡处、异形胞处、两个细胞之间形成双凹形的隔离盘（separation disc）处产生，也可以由机械损伤造成丝状体断裂形成（图 11-1-3）。藻殖段形成后，运动离开原丝状体，生长成新的丝状体。少数可形成厚壁孢子（akinete）、内生孢子（endospores）和外生孢子（exospores）进行无性生殖。厚壁孢子形成时，营养细胞增大、营养物质积累和细胞壁加厚，厚壁孢子具有抵抗不良环境的作用，环境条件适宜时，可发育成新的丝状体。

（3）分类及分布　蓝藻门仅 1 纲，即蓝藻纲（Cyanophyceae），包括 3 个目，约 150 属，2 000 余种。绝大多数种类为淡水和陆生种类，少数生长在海水中。

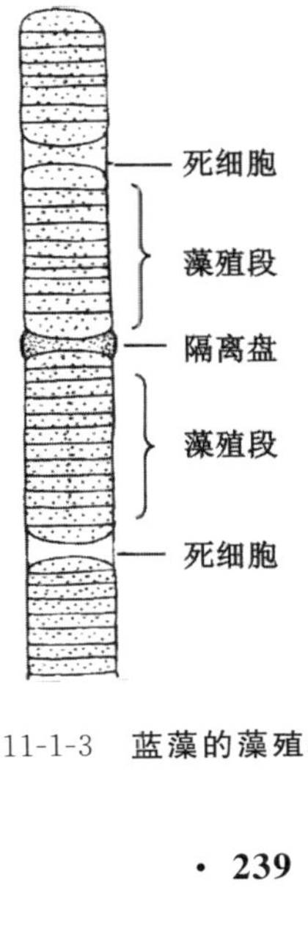

图 11-1-3 蓝藻的藻殖段

(4)常见代表类群【二维码 11-2】

11-2

①色球藻目(Chroococcales)：单细胞或者多细胞松散地结合成凝胶状不规则的群体；主要通过直接分裂进行繁殖。常浮游在湖泊、池塘中，或黏着在岩石、树干上。常见的有色球藻属(*Chroococcus*)，藻体为单细胞或群体。单细胞时，细胞为球形，外被固体胶质鞘，群体常由两代或多代的子细胞在一起形成。每个细胞都有个体胶质鞘，同时还有群体胶质鞘包围，细胞呈半球形或四分体形(图 11-1-4)。

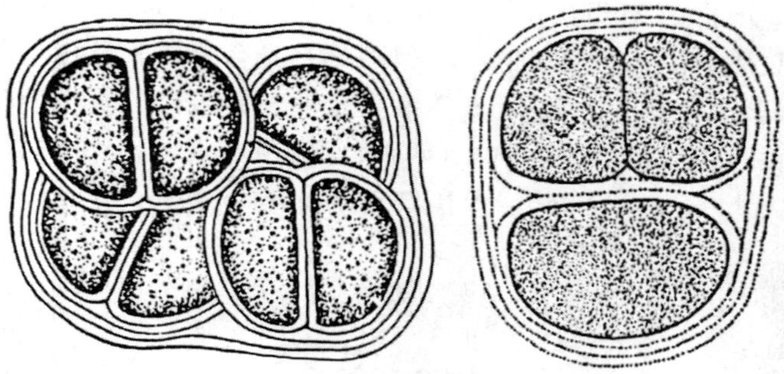

图 11-1-4　色球藻属

②颤藻目(Oscillatoriales)：由单列细胞构成丝状体，单生或聚集成群，无异形胞，以藻殖段进行繁殖。颤藻属(*Oscillatoria*)，藻体由一列细胞组成不分枝的丝状体，常丛生或形成团块，胶质鞘无或不明显，丝状体能前后伸缩或左右摆动。常被中空双凹形的死细胞所隔开，或产生胶化膨大的隔离盘，两个死细胞或隔离盘之间的这一段称为藻殖段。多生于有机质丰富的湿地或浅水中。本目常见的还有螺旋藻属(*Spirulina*)，螺旋藻含有人体必需的氨基酸，具有较高的食用和药用价值。

③念珠藻目(Nostocales)：丝状体分枝或不分枝，具异形胞和厚壁孢子，以藻殖段繁殖。念珠藻属(*Nostoc*)，藻体是由一列圆形细胞排列成念珠状、不分枝的丝状体，异形胞间生，幼期顶生。丝状体常常是无规则地集合在一个公共的胶质鞘中，形成球形体、片状体或不规则的团块，贮藏物质为蓝藻淀粉(图 11-1-5)。一般生长在潮湿地区或水流缓慢、有机质丰富的浅水环境中，有些种类生长在土壤中、岩石上、干旱草地上等。本属常见的有地木耳(*N. commune*)、发菜(*N. flagelliforme*)等。本目常见的还有鱼腥藻属(*Anabaena*)，丝状体单一或成团，细胞圆形，无公共胶质鞘。为固氮藻类。【二维码 11-3】

11-3

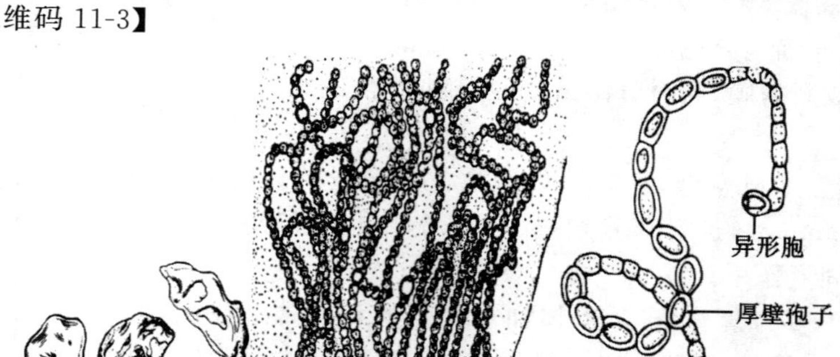

A. 丝状体集合于胶质鞘中；B. 胶质鞘部分放大示多数丝状体；C. 丝状体上的营养细胞、异形胞、厚壁孢子。

图 11-1-5　念珠藻属

(二)具双层叶绿体膜的真核藻类

1. 灰色藻门(Glaucophyta)

(1)主要特征　藻体单细胞，真核，具各种细胞器。有鞭毛，内共生学说认为，异养型的鞭毛生物吞噬蓝藻后，蓝藻细胞未被消化，而是留在细胞内形成共生体，蓝藻细胞演化为其体内的蓝色小体，连同鞭毛生物演化为灰色藻。具叶绿素 a、藻胆蛋白，其含有藻蓝素和别藻蓝素，藻体呈蓝绿色。灰色藻类细胞内的蓝色小体代表叶绿体演化的中间状态。

(2)分类及分布　本门包含灰色藻纲(Glaucophyceae)1纲,灰色藻目(Glaucystales)1目,3属,淡水种类。

(3)常见代表类群　常见的为灰色藻属(*Glaucocystis*)的灰色藻(*G. nostochinearum*)(图11-1-6),藻体为单细胞或群体。细胞卵形或椭圆形。细胞壁分层、增厚。蓝色小体带状或圆盘状,星状或辐射状排列,有淀粉粒。

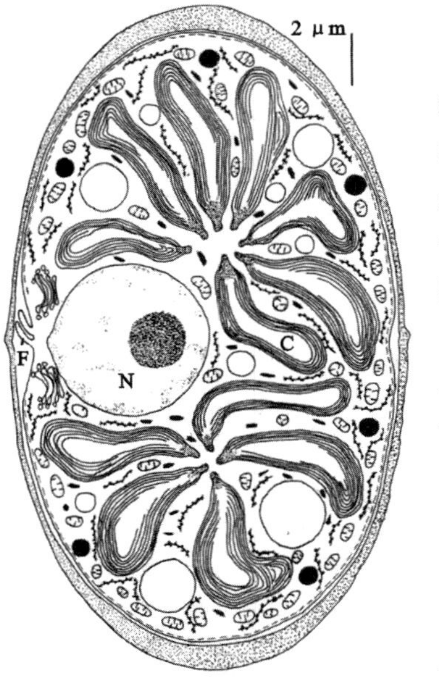

C. 蓝色小体;N. 细胞核;F. 退化鞭毛。

图11-1-6　灰色藻细胞(引自Lee)

2. 红藻门(Rhodophyta)

(1)主要特征　藻体多数是多细胞的丝状体、叶状体或枝状体,稀为单细胞。细胞壁内层由纤维层组成,外层为胶质,由琼胶和卡拉胶组成;原生质具有高度黏滞性,细胞核1个,少数种幼时单核,老时多核。叶绿体中含叶绿素a、叶绿素d、胡萝卜素和叶黄素,还含有藻红素和藻蓝素,藻体常为红色或紫红色,少数为蓝绿色。贮藏物是红藻淀粉(floridean starch)。

(2)繁殖　繁殖方式有营养繁殖、无性生殖和有性生殖。生活史无世代交替或有明显的世代交替。无性生殖产生不动孢子,有单孢子(monospore)和四分孢子(tetraspore);有性生殖为卵式生殖。

(3)分类及分布　红藻门分为红毛菜纲(Bangiophyceae)和红藻纲(Rhodophyceae),约有558属,近4 000种。绝大多数水生(海水或淡水),少气生,主产于温带海洋。

(4)常见代表类群　本门最常见的有红藻纲的紫菜属(*Porphyra*)。紫菜属藻体是叶状体,形态变化大,边缘有皱褶,以固着器固着于海滩岩石上。藻体薄,紫红色,单层细胞或两层细胞,细胞单核,1枚星状叶绿体,中央有1个蛋白核。甘紫菜(*P. tenera*)雌雄同株,水温在15 ℃左右时产生性器官。藻体的任何一个营养细胞都可转变为精子囊器,其原生质体分裂形成64个精子。果胞由1个普通营养细胞稍加变态形成,一端微隆起,伸出藻体胶质的表面,形成受精丝,果胞内有1个卵。精子放出后随水流漂到受精丝上,进入果胞与卵结合,形成二倍体合子。合子经过减数分裂和普通分裂,形成8个单倍体的果孢子。果孢子成熟后,落到软体动物的壳上,萌发进入壳内,长成单列分枝的丝状体,即壳斑藻。壳斑藻产生壳孢子,由壳孢子萌发为夏季小紫菜,其直径约3 mm。当水温在15 ℃左右时,壳孢子也可直接发育成大型紫菜。晚秋水温在15 ℃左右时,小紫菜产生单孢子,单孢子萌发为大型紫菜(图11-1-7)。

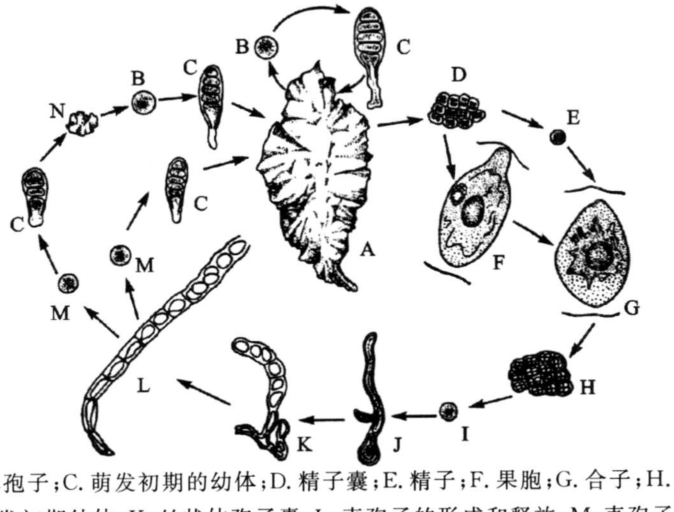

A. 藻体;B. 单孢子;C. 萌发初期的幼体;D. 精子囊;E. 精子;F. 果胞;G. 合子;H. 果孢子囊;I. 果孢子;J. 萌发初期幼体;K. 丝状体孢子囊;L. 壳孢子的形成和释放;M. 壳孢子;N. 小紫菜。

图11-1-7　紫菜属生活史

3.绿藻门(Chlorophyta)　分子系统发育分析表明，绿藻门是并系类群，绿藻门加上陆生植物(或称有胚植物、高等植物)构成单系类群，称为绿色植物(viridiplantae)。并系的绿藻门与陆生植物有一系列差别，绿藻门是出现较早的结构相对简单的一群绿色植物，为了称呼上的方便，本教材仍沿用“绿藻门”介绍该类群。

(1)主要特征　绿藻门形态多种多样，有单细胞、群体、丝状体和叶状体。少数种类营养细胞具2条或4条顶生等长鞭毛，鞭毛基部具有2个伸缩泡，它们交替收缩膨胀来调节细胞中的含水量，也参与排除细胞内的废物。一些绿藻具有趋光性，是由于运动鞭毛基部常具1个橘红色眼点，一般位于叶绿体被膜和类囊体最外侧条带之间的基质内，眼点能将光反射到质膜内的感光器上。

绿藻门的细胞壁常由纤维素组成，外层为果胶层。团藻目的细胞壁由糖蛋白构成。绿色鞭毛藻纲由胞外鳞片分化形成细胞壁，化学成分为酸性多糖。蕨藻目和石莼类的细胞壁由木聚糖或甘露聚糖代替纤维素。常具1个大的液泡，少数种类具小液泡。多数种类具1个、多个或多数叶绿体，为周生，杯状、片状、盘状、星状、带状和网状。叶绿体中具有1至几个蛋白核(淀粉核)，光合作用产物是淀粉，多贮于蛋白核的淀粉鞘中。叶绿体由双层叶绿体被膜所环绕，没有叶绿体内质网。绿藻叶绿体色素类似于陆生植物，都含有叶绿素a、叶绿素b，还有叶黄素和胡萝卜素。多数种类具1个细胞核，少数具多个核。

(2)繁殖方式　有营养繁殖、无性繁殖和有性生殖。营养繁殖有细胞分裂和藻体断裂。无性繁殖可产生游动孢子、不动孢子、似亲孢子；环境不良时，可形成休眠孢子和厚壁孢子。有性生殖有同配生殖、异配生殖、卵式生殖、接合生殖等类型。一些种类的生活史中有世代交替现象。

(3)分类及分布　绿藻门是藻类中的最大一门，可分为真绿藻纲(Prasinophyceae)、绿藻纲(Chlorophyceae)、石莼纲(Ulvophyceae)和轮藻纲(Charophyceae)。约425属，5 000～8 000种。主要分布在淡水中，少数(约10%)分布在海水中。

(4)常见代表类群　本教材主要介绍绿藻纲和轮藻纲的常见类群。【二维码11-4】

11-4

①团藻目(Volvocales)：属绿藻纲，藻体为单细胞或群体，营养细胞具顶生双鞭毛，无营养性细胞分裂，淡水生。常见的有衣藻属(*Chlamydomonas*)和团藻属(*Volvox*)等。

衣藻属为单细胞，呈卵形、椭圆形或圆形；细胞中有1个杯状的叶绿体，基部有1个明显的蛋白核；细胞核位于细胞中央；前端有2条顶生鞭毛，鞭毛基部有2个伸缩泡，一般认为是排泄器；藻体前端是无色透明的，内有1个橘红色眼点，具感光作用(图11-1-8A)。营养繁殖时细胞进行纵分裂或横分裂。无性生殖发生在生长期，营养细胞鞭毛脱落或收缩成游动孢子囊(zoosporangium)，原生质体分裂成2～16块，并各自有1核，同时分泌1层细胞壁，长出2条鞭毛，形成游动孢子，母细胞壁破裂，释放出游动孢子，长成新藻体。环境不良时，鞭毛脱落，壁胶化，原生质体分裂成具数十至数百子细胞的群体，环境适宜时，子细胞长出细胞壁和鞭毛，从胶质中释放出来，恢复游动单细胞状态。有性生殖通常为同配，常发生在生长季末期。配子结合为具4条鞭毛的合子，数小时后失去鞭毛，壁增厚，形成厚壁的合子，进行休眠，环境适宜时，减数分裂产生4个游动孢子，合子的厚壁破裂，游动孢子散出，形成新的衣藻个体(图11-1-8B)。

团藻属藻体为数百或上万个细胞组成的空心球状群体，细胞排列在球体表面，球体内充满胶质和水(图11-1-9A)。细胞的形态和衣藻类似，各细胞间由原生质丝相连。营养细胞和生殖细胞已有了明显的分化，有些细胞失去鞭毛，比普通营养细胞大10倍以上，称为生殖胞(gonidium)。无性生殖时，部分生殖胞进行多次分裂形成许多小球体，母体破裂，小球体逸出，发育成新个体。有性生殖为卵式生殖，精囊内产生大量精子，精子在水中游动到卵囊，与卵结合形成合子，转入休眠。当环境条件适宜时，合子减数分裂后形成具双鞭毛的游动孢子，发育成新个体(图11-1-9B)。

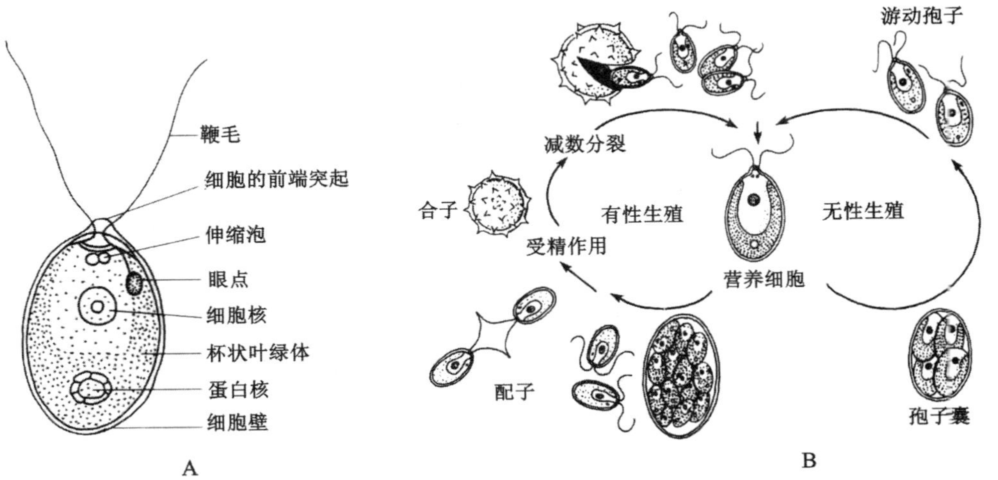

图 11-1-8 衣藻属细胞的构造(A)及生活史(B)

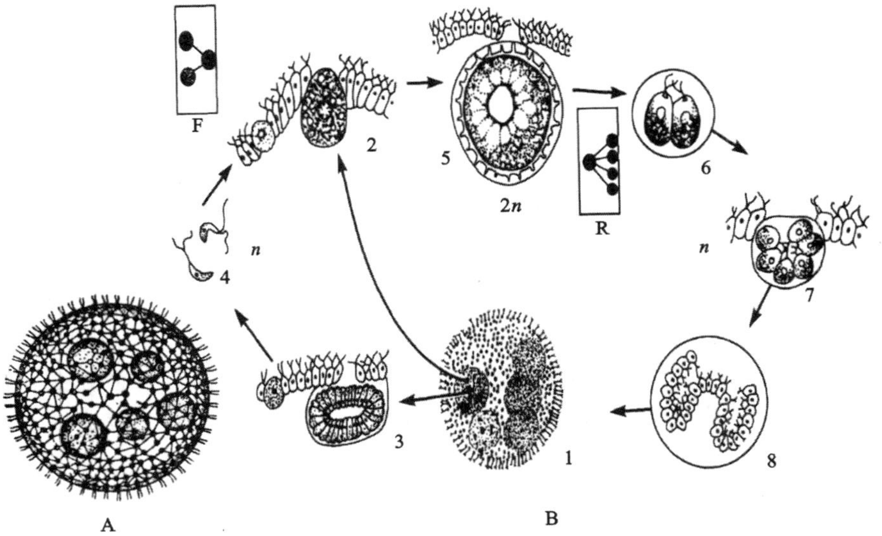

1. 有性生殖时的藻体;2. 卵囊及卵;3. 精子囊;4. 精子;5. 合子;

6. 一个单倍体细胞分裂;7. 定型群体;8. 翻转;F. 受精;R. 减数分裂。

图 11-1-9 团藻属藻体(A)及有性生殖(B)(重修自 Neushul, Jr.)

②双星藻目(Zygnematales):属轮藻纲,藻体为单细胞或不分枝的丝状体,有性生殖为接合生殖。

常见的水绵属(*Spirogyra*)藻体常成片生于浅水的水底或漂浮于水面。细胞圆筒状,彼此相连成无分枝的丝状体。由于细胞壁外面有大量的果胶质,故藻体表面滑腻。细胞质贴近细胞壁,中央有 1 个大液泡,细胞核由原生质丝牵引,悬于细胞中央。每个细胞内含 1 至数条带状叶绿体,螺旋状环绕于原生质的外围。叶绿体上有 1 列蛋白核(图 11-1-10A)。水绵属的有性生殖为接合生殖(conjugation)(图 11-1-10 B,C),多发生在春季或秋季。接合时,两条丝状体平行靠近,在两细胞相对的一侧相互发生突起,并逐渐伸长而接触,接触处壁消失,形成接合管(conjugation tube);细胞中的原生质体收缩形成配子;一条丝状体中的配子经接合管进入另一条丝状体,形成合子;两条接合的丝状体和它们所形成的接合管,外观呈梯形,故称梯形接合(scalariform conjugation)。此外,有些种类则是在同一条丝状体上相邻的两个细胞间进行侧面接合(lateral conjugation),形成合子。合子形成厚壁,随着死亡的母体沉入水底休眠,萌发前经减数分裂,其中 3 核退化,仅 1 核发育为新的丝状体。

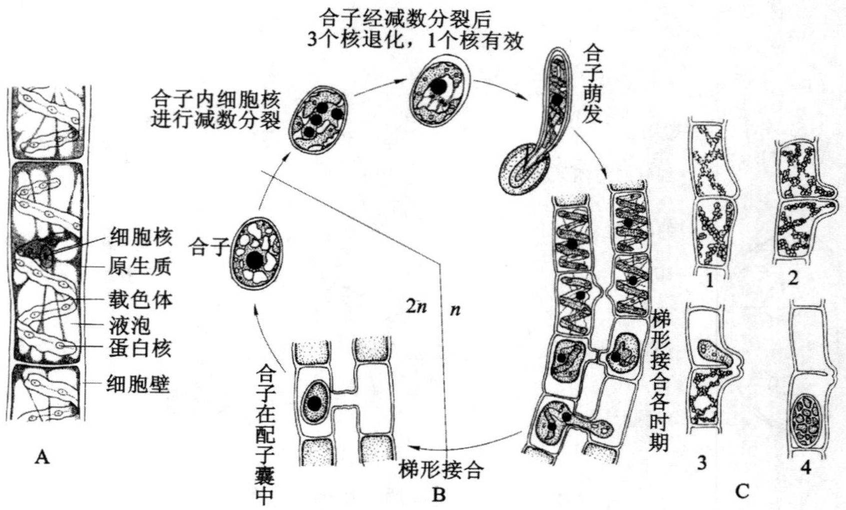

A. 水绵的细胞结构；B. 梯形接合；C. 侧面接合各时期(1～4)

图 11-1-10　水绵属细胞结构与接合生殖

③轮藻目(Charales)：属轮藻纲，藻体具轮生“枝”，有“节”和“节间”的分化，有性生殖时形成多细胞的卵囊球和精囊球。

常见的轮藻属(*Chara*)(图 11-1-11) 藻体为多细胞枝状体，高 10～60 cm，直立的“主枝”的顶端有 1 个半球形的顶细胞，顶细胞不断分裂形成藻体，有“节”与“节间”之分，每“节”上生一轮“侧枝”，有些种类“侧枝”上轮生有“短枝”。“主枝”基部长有假根，伸入泥土中。轮藻雄性生殖器官为精囊球(spermatangium)，雌性生殖器官为卵囊球(oogonium)，皆生于“节”上。精囊球生于刺状突起(“苞片”)的下方，卵囊球生于刺状突起的上方。精囊球圆形，成熟时呈现橘红色，肉眼可见，其外面是 8 个三角形的盾细胞(shield cell)构成的外壳，内生许多具 2 条等长鞭毛的细长精子。精囊球成熟时，其盾细胞相互分离，放出精子，游入水中。卵囊球长卵形，外围由 5 个螺旋状的管细胞和其顶端的冠细胞组成，内含 1 个卵细胞。卵囊球成熟时，冠细胞裂开，精子从裂缝中进入与卵结合，形成合子。合子分泌厚壁，落至水底，经休眠后萌发，先减数分裂为 4 个核，3 核逐渐退化，1 个核进行分裂，发育成原丝体(protonema)，长出数个新藻体。

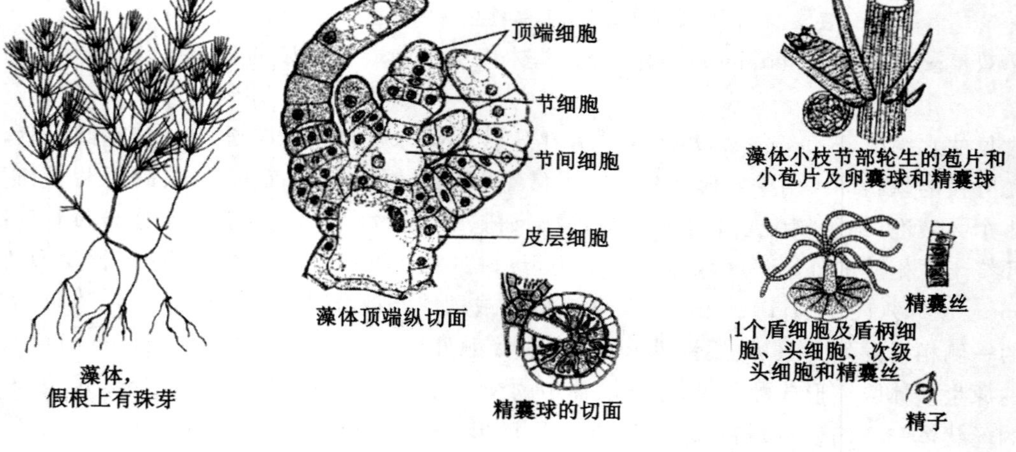

图 11-1-11　轮藻属形态

(三)叶绿体外有1层叶绿体内质网膜的真核藻类

这些真核藻类的叶绿体除了具有双层叶绿体膜外，其外还有1层叶绿体内质网膜，故其叶绿体共有3层膜结构。

1. 裸藻门(Euglenophyta)

(1)主要特征　除少数种类外，裸藻都是无细胞壁、有鞭毛、能自由游动的单细胞结构。藻体具2条鞭毛，但多数种类仅1条游动鞭毛伸出体外，另1条退化。裸藻细胞的外侧覆盖着一层由蛋白质组成的表膜(pellicle)。藻体前端钝圆，后端尖细。前端有凹入的胞口(cytostome)，胞口向下形成胞咽(cytopharynx)和袋状的储备泡(reservoir)，用来排除体内废物。细胞核为中核(mesocaryon)，是原核和真核的过渡类型，细胞分裂时，染色体呈浓缩状，核膜、核仁不消失，没有纺锤体出现。

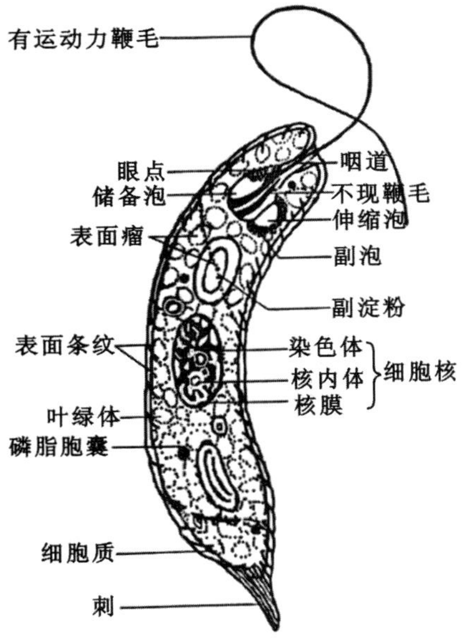

图 11-1-12　裸藻属

裸藻叶绿体形状多样，有星状、带状、盘状等，叶绿体外共有3层膜包围，外面1层是叶绿体内质网膜，里面2层是叶绿体膜。光合片层由3个类囊体组成。叶绿体含叶绿素a、叶绿素b、胡萝卜素和叶黄素。主要贮存物质是金藻昆布多糖或裸藻淀粉。

(2)繁殖方式　藻体繁殖为营养繁殖，主要以细胞纵裂的方式进行繁殖。

(3)分类及分布　裸藻门有1纲，裸藻纲(Euglenophyceae)，1目，裸藻目(Euglenales)，5科，21属。约800种。裸藻大多分布在淡水中，少数种类分布在海水中，常常分布在有机质丰富的水体中。

(4)常见代表类群　常见的裸藻属(*Euglena*)藻体单细胞，多为纺锤或圆柱状，有2根鞭毛，仅1条鞭毛伸出，另1条退化。眼点明显，核大。叶绿体盘状、片状，周生，少数种类叶绿体中轴位，一般为星状，数目较少，无色、绿色或红色(图11-1-12)。多生活在含有机质的淡水或半咸水中。【二维码11-5】

11-5

2. 甲藻门(Dinophyta)

(1)主要特征　藻体多为单细胞(图11-1-13)，近球形，具背腹之分，有2条不等长的鞭毛，1根横鞭毛和1根纵鞭毛，排列不对称。细胞裸露或具含纤维素的细胞壁，有细胞壁的甲藻可分为纵裂甲藻和横裂甲藻两类。前者由左右2个对称的半片组成，细胞壁不分成板片，无纵沟和横沟；后者细胞壁由多个板片嵌合而成，分上下两部分，上部为上锥体(epicone)或上壳，下部为下锥体(hypocone)或下壳，两部分之间有1条横沟，又称腰带，下锥部腹面中央有1条纵沟与横沟垂直。

叶绿体多数，呈盘状、片状、棒状、带状，多周生。电子显微镜下叶绿体外有3层膜包围，外层是叶绿体内质网膜，不与核膜相连，里面2层是叶绿体膜。光合片层由3个类囊体组成，主要色素有叶绿素a和叶绿素c、β-胡萝卜素、多甲藻素(peridinin)、硅甲藻素、甲藻黄素和硅藻黄素。黄色素含量比叶绿素含量高，使叶绿体呈黄绿色、橙黄色、褐色。同化产物为淀粉和油，少数种类具蛋白核。

甲藻细胞核较大，染色体始终呈浓缩状态，组蛋白很少，分裂时核膜核仁不消失，核内不形成纺锤丝。

甲藻液泡(pulsule)位于甲藻细胞体表层，是一种没有伸缩能力的囊状体，囊状体外有一开口与外界相通，有渗透营养的作用。

(2)繁殖方式　主要的繁殖方式为营养繁殖。无性生殖产生动孢子、似亲孢子或不动孢子。有性生殖为同配生殖。

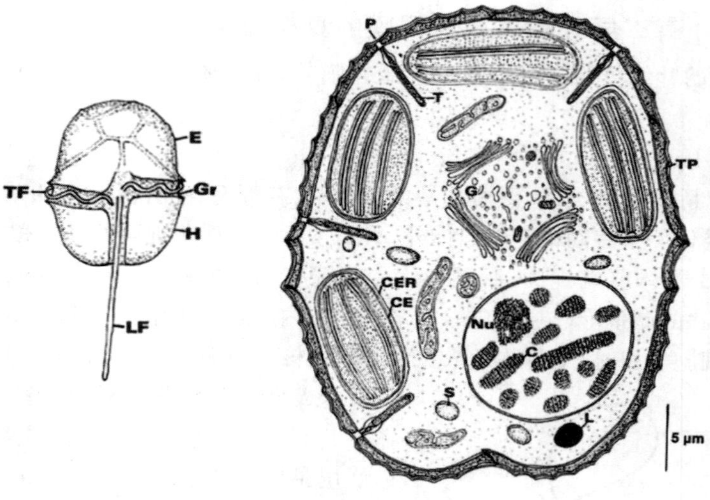

C. 染色体；CE. 叶绿体膜；CER. 叶绿体内质网；E. 上锥体；G. 高尔基体；Gr. 腰带；H. 下锥体；L. 脂质球；LF. 纵鞭毛；Nu. 细胞核；P. 刺丝胞孔；S. 淀粉；T. 刺丝胞；TF. 横鞭毛；TP. 甲板。

图 11-1-13　多甲藻属光镜和电镜下细胞结构(引自 Lee)

(3)分类及分布　甲藻门有甲藻纲(Pyrrophyceae)1 纲，分 4 目：原甲藻目(Prorocentrales)、鳍甲藻目(Dinophysiales)、多甲藻目(Peridiniales)和裸甲藻目(Gymnodiniales)，约 126 属，1 050 种。甲藻多分布于海水中，淡水种类较少。

(4)常见代表类群　多甲藻属(*Peridinium*)属多甲藻目。藻体单细胞，椭圆形、卵形或多角形。背腹扁，纵沟和横沟明显，细胞壁由多块板片组成。叶绿体多数，周生(图 11-1-14B)。角甲藻属(*Ceratium*)属多甲藻目。藻体单细胞，不对称形，顶端有板片突出形成长角，基本有 2～3 个短角。叶绿体多数，有眼点(图 11-1-14A)。

图 11-1-14 角甲藻属(A)与多甲藻属(B)

(四)叶绿体外有 2 层叶绿体内质网膜的真核藻类

这些真核藻类的叶绿体除了具有双层叶绿体膜外，其外还有 2 层叶绿体内质网膜，故其叶绿体共有 4 层膜结构。

1. 隐藻门(Cryptophyta)

(1)主要特征　藻体多数为单细胞，卵形或椭圆形，纵扁，背侧略凸，腹侧略凹或平直，腹侧前端具向后延伸的纵沟。具 2 条与藻体近等长的鞭毛，顶生或侧生。无细胞壁，细胞表面具周质体(periplast)，隐藻具有特殊结构刺丝胞，位于纵沟和口沟两侧。具 1～2 个大型叶状叶绿体，叶绿体和叶绿体内质网膜之间有类核体(nucleomorph)，被认为是内共生生物退化的细胞核。叶绿体含叶绿素 a 和叶绿素 c、α-胡萝卜素、叶黄素及藻胆蛋白。细胞前端具 1～2 个伸缩泡。贮藏物质为淀粉和油。

(2)繁殖方式 营养繁殖为细胞纵裂，形成不定群体。无性生殖产生游动孢子。

(3)分类及分布 隐藻门仅隐藻纲(Cryptophyceae)1纲，3目。常见的有隐鞭藻目(Cryptomonadales)。隐藻门在海水和淡水湖泊中均有分布。

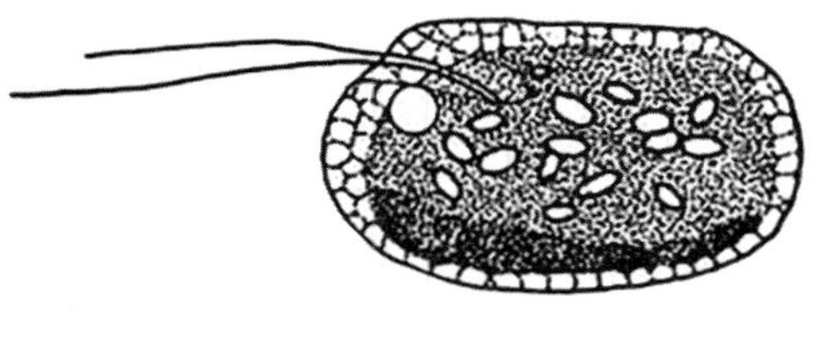

图 11-1-15 啮蚀隐藻(引自 Lee)

(4)常见代表类群 隐鞭藻目隐鞭藻科(Cryptomonadaceae)的隐藻属(*Cryptomonas*)，藻体单细胞，卵形、豆形等，藻体扁平，背侧突起，腹侧略凹或平直，前端钝圆或斜截，后端钝圆形。具纵沟和2条不等长鞭毛。叶绿体1～2个，黄绿色、黄褐色或红色。细胞核1个。湖泊、池塘和鱼池极常见。常见种有卵形隐藻(*C. ovata*)和啮蚀隐藻(*C. erosa*)(图 11-1-15)等。

2. 异鞭藻门(Heterokontophyta) 异鞭藻门的细胞通常具2条不等长鞭毛，一条茸鞭型，伸向前方；一条尾鞭型，伸向后端。光合色素包括叶绿素a、叶绿素c及叶黄素类等。贮藏物质为金藻昆布多糖。

异鞭藻门可分为12个纲，但分类系统仍有不同的观点。本教材主要介绍硅藻纲和褐藻纲2个纲的代表类群。

(1)硅藻纲(Bacillariophyceae)

①主要特征：藻体为单细胞或群体(图 11-1-16A,B,C)。细胞壁主要成分为硅质(silica)和果胶，称为硅质壳(frustule)，硅质壳由2个半片(又称为瓣)套合而成，其中形状较大、套在外面的半片称为上壳(epitheca)，形状较小、位于里面的半片称为下壳(hypotheca)。2个半片套合的环面称为带面或环面(gridlc)，套合重叠的部分称为环带(gridle band)。瓣的顶面和底面称为壳面(valve)，壳面上具有辐射对称或两侧对称的各种花纹，有的还具有如刺状、毛状等壳面附属物，称为突起(process)，主要是保证连接相邻的细胞形成群体。有些种类的上、下壳面中央各具有1条长的纵裂缝，即壳缝(raphe)，硅藻的运动与壳缝有关，可能是原生质环转流动所致(图 11-1-16D,E,F,G)。叶绿体1个或多个，盘状或片状。叶绿体有4层膜，外面2层为叶绿体内质网膜，内侧2层是叶绿体膜。外层叶绿体膜与核膜相连。叶绿体中含叶绿素a、叶绿素c、β-胡萝卜素和α-胡萝卜素、墨角藻黄素、硅甲黄素及硅藻黄素，因此叶绿体呈现橙黄色或黄褐色。贮藏物质为金藻昆布糖和油。

②繁殖方式：硅藻门的无性生殖可产生休眠孢子(resting spore)和复大孢子(auxospore)，有性生殖有同配生殖、异配生殖和卵式生殖。

硅藻以细胞分裂进行无性生殖。细胞分裂时，原生质膨胀使上下两壳略为分离，细胞核进行有丝分裂，染色体、淀粉核等细胞器也随之分裂，原生质沿着与瓣面平行的方向分裂，1个子原生质体居于母细胞的上壳，另1个子原生质体居于母细胞的下壳。每个子原生质体立即分泌出另一半细胞壁，新分泌出来的半片，始终作为子细胞的下壳，而老的半片作为上壳，结果1个子细胞的体积和母细胞等大，另1个则比母细胞略小一些。几代之后，也只有1个子细胞的体积和母细胞等大，其余的越来越小。但是，这种体积的缩小不是无限的，缩到一定大小时，以产生复大孢子的方式，恢复其大小。形成复大孢子的方式有多种，一般都和有性生殖相联系。以披针桥穹藻(*Cymbell lanceolata*)为例，2个结合的细胞，先进行一次减数分裂，形成4个子核，其中2个核退化，其余2个核发育成大小不等的2个配子，配子结合，形成2个复大孢子，并发育成2个新的植物体。

③分类及分布：硅藻可分为盒形藻目(Biddulphiales)和棍形藻目(Bacillariales)2个目约200余属，16 000种。分布广泛，海水、淡水、土壤、岩石、树皮、温泉、极地都有分布，有些种类可形成水华和赤潮。

④常见代表类群：

a. 盒形藻目。又称中心硅藻目(Centrales)。藻体单细胞或链状群体。壳面圆形、三角形、多角形或椭圆形。壳面纹饰辐射状排列，叶绿体多数，小盘状，无壳缝。细胞壁无或具突起或棘刺。大多数生长在海水中，营浮游生活，淡水种较少。

常见的小环藻属（*Cycolotella*），单细胞或链状群体，多为浮游。壳面圆形或椭圆形，边缘有放射状排列的孔纹或线纹，中央区平滑或具点纹、斑纹，部分种类壳缘具小刺。冠盘藻属（*Stephanodicus*）为单细胞或链状群体。细胞圆盘状，壳面圆形，具束状放射状点纹，中央为单列，壳缘多列。

b. 棍形藻目。又称羽纹硅藻目（Pennales）。藻体单细胞或带状、扇状或星状群体。壳面舟形、卵形、弓形或棒形，壳面纹饰两侧对称。具1～2个叶绿体，壳面中央和两端壳内壁硅质增厚分别形成中央节和极节，具壳缝或假壳缝。大多为淡水种类，一般为底栖种类。

桥弯藻属（*Cymbella*）壳面新月形、线形或舟形，线纹略呈放射状排列，背侧凸出，腹侧中部略凸出或平直。

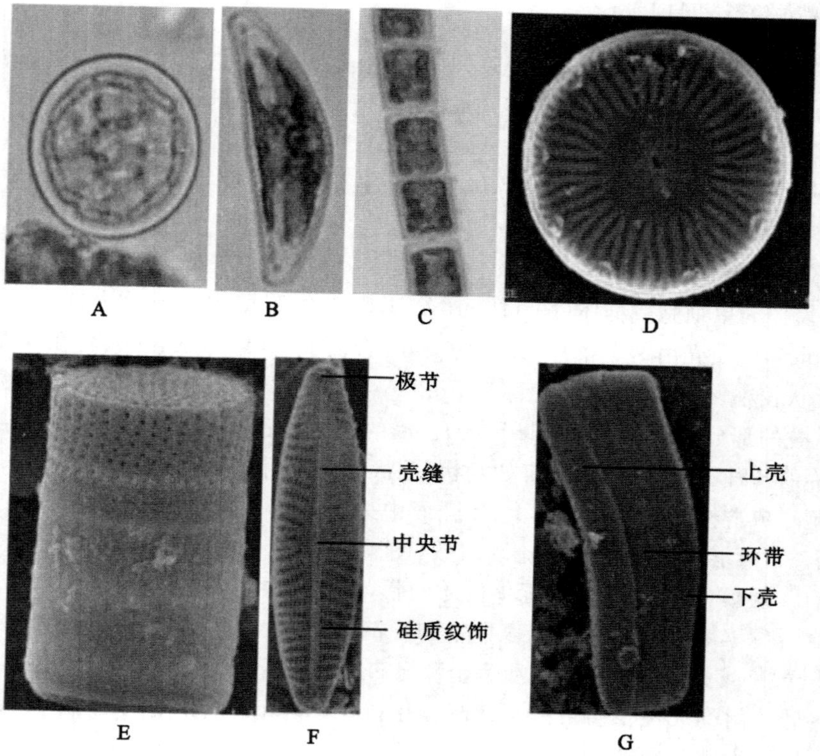

A. 单细胞（小环藻）；B. 单细胞（桥弯藻壳面观）；C. 链状群体（直链藻）；D. 冠盘藻壳面纹饰及细胞壁边缘的支持突；E. 盒形藻目硅藻壳体环面观；F. 棍形藻目硅藻电镜壳面观；G. 棍形藻目硅藻电镜壳体环面观。

图 11-1-16　硅藻纲形态

（2）褐藻纲（Phaeophyceae）

①主要特征：褐藻是藻类中形体最大、构造最复杂的一类多细胞藻类。藻体为分枝的丝状体或叶状体，直立或匍匐；藻体内部具有“表皮”、“皮层”和“髓”等组织的分化；外形上有假根、假茎和假叶的分化，并具有顶端生长和居间生长特性；细胞中有核及粒状的叶绿体，叶绿体中含有叶绿素a、叶绿素c、胡萝卜素和叶黄素，由于胡萝卜素和叶黄素的含量超过叶绿素，使藻体呈褐色；光合作用主要产物是褐藻淀粉（褐藻糖）和甘露醇。有的种类（如海带），其体内含碘量很高。

②繁殖方式：褐藻的繁殖方式有营养繁殖、无性生殖和有性生殖。有些种类以断裂方式进行营养繁殖；无性生殖产生游动孢子和不动孢子；有性生殖有同配、异配或卵式生殖。游动孢子和配子都具有侧生的2根不等长的鞭毛。多数褐藻生活史中具有明显的世代交替现象，孢子体发达，生活时间长，配子体小，经历时间短。

③分类及分布：褐藻纲可分为7个目，约有250属，1 500种。褐藻多生活在海水中。本教材介绍常见的海带目（Laminariales）。

④常见代表类群：海带目。藻体形成薄壁组织，居间生长，异形世代交替生活史。具大型的孢子体和小型的配子体，有性生殖为卵式生殖。

海带属(*Laminaria*)的海带(*L. japonica*)，大多分布在北方温度较低的浅海中。藻体长达十几米，分为三部分：上部是平扁的带片，为食用部分，下部为杆状的柄，在柄和带片的连接处有居间分生组织，其活动使藻体得以增长。其组织分为表皮、皮层和髓，髓中有类似筛管的构造，其功能为运输养分，基部为分枝的根状固着器，有些种类呈盘状(图 11-1-17)。

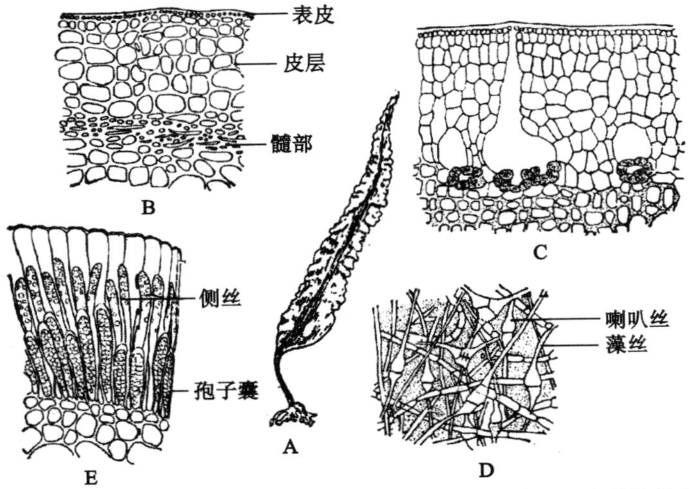

A. 孢子体外形；B. 孢子体横切面；C. 皮层部分横切面；D. 髓部；E. 成熟海带孢子囊群。

图 11-1-17　海带孢子体的结构

海带藻体发育到一定时期，约在晚夏或早秋，带片的两面丛生出许多棒状孢子囊，孢子母细胞经减数分裂产生许多单倍体的游动孢子，孢子离开母体直接萌发，形成丝状的雌配子体或雄配子体。雌、雄配子体均小，雄配子体细长，分支多，枝端细胞形成精子囊，1 个精子囊产生 1 个精子；雌配子体粗短，1 至数个细胞，顶细胞发生卵囊，其中产生 1 个卵，在卵囊口精卵结合，合子不离母体，再萌发成新的孢子体(小海带)。所以，海带的世代交替为异形世代交替(图 11-1-18)。

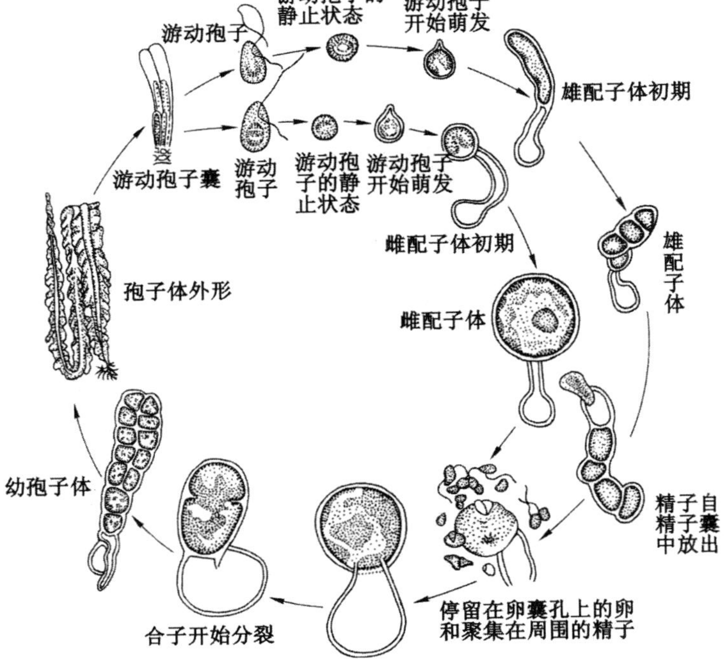

图 11-1-18　海带生活史

3. 普林藻门(Prymnesiophyta)

(1)主要特征　藻体在 2 条光滑的等长鞭毛之间存在 1 条丝状附生鞭毛或定鞭体(haptonema)，没有鞭绒(mastigonema)，结构上有别于鞭毛。细胞通常有鳞片包裹，鳞片会钙化成球石粒(coccolith)(图 11-1-19)。含叶绿素 a、叶绿素 c_1、叶绿素 c_2、β-胡萝卜素、硅甲藻黄素和硅藻黄素。贮藏物质为金藻昆布多糖。

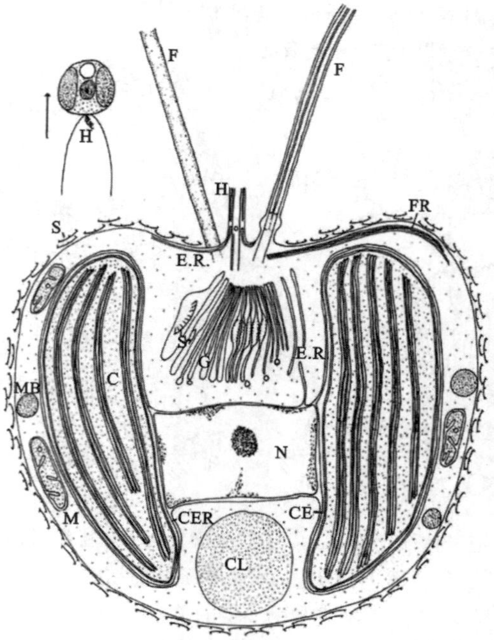

C. 叶绿体；CE. 叶绿体膜；CER. 叶绿体内质网；CL. 金藻昆布多糖液泡；E. R. 内质网；F. 鞭毛；FR. 鞭毛根；G. 高尔基体；H. 附生鞭毛或定鞭体；M. 线粒体；MB. 黏液体；N. 细胞核；S. 鳞片。

图 11-1-19　普林藻门金色藻属(*Chrysochromulina*)细胞结构(引自 Lee)

(2)繁殖方式　普林藻门具有性繁殖和异形世代交替，有关染色体和生活史还有待进一步研究。

(3)分类及分布　普林藻门包含 2 目，80 属，约 300 种。是热带海洋浮游生物的主要组成部分，少数为淡水或陆生种类。

(4)常见代表类群　赫氏圆石藻(*Emiliania huxleyi*)是普林藻目(Prymnesiales)的常见种类，扫描电镜下可见其细胞外的鳞片钙化成球石粒(图 11-1-20)。

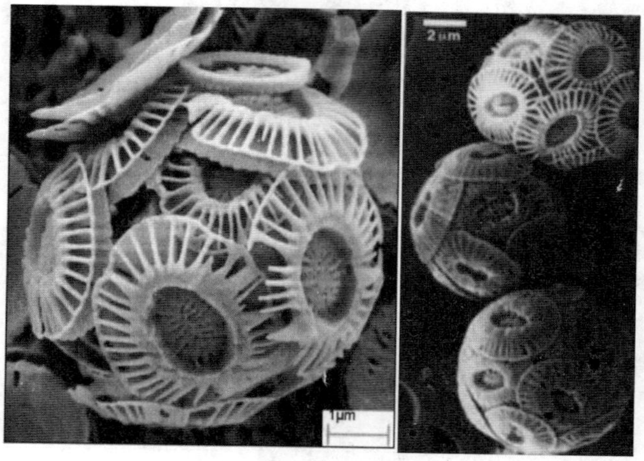

(左：引自欧阳丽佳；右：引自 Lee)

图 11-1-20　赫氏圆石藻的扫描电镜图，示钙化球石粒

三、藻类在自然界中的作用及经济价值

(一)藻类在自然界中的作用

藻类在地球上分布广泛,藻类每年光合作用可固定 2×10^{11} t 的碳,约是陆生植物的 5 倍,因此藻类在地球碳氧循环中发挥着巨大的作用。

(二)藻类的经济价值

1.食用价值　人们常食用的蓝藻有葛仙米、发菜、地木耳等;绿藻有溪菜、刚毛藻、石莼、礁膜、浒苔、海松等;褐藻有鹅肠菜、海带、裙带菜、羊栖菜、鹿角菜等;红藻有紫菜、海索面、石花菜、海萝、麒麟菜、鸡冠菜、江篱等。

2.藻类与渔业的关系　藻类与水生经济动物,特别是鱼类的关系非常密切,各种小型藻类是水生经济动物如鱼、虾等的主要饵料。

3.藻类在农业上的应用　固氮藻类(念珠藻属和鱼腥藻属的一些种)能同化空气中的氮,迄今为止已发现有 70 多种固氮蓝藻。在稻田区,蓝藻固氮量每 667 m^2 高达 1.7～6.7 kg 纯氮。固氮蓝藻还可分泌出氨基酸、激素、糖等物质,丰富水体营养。有些藻类能促进固氮细菌的生长,增强固氮能力。

4.藻类在工业上的应用　褐藻、红藻可制取大量藻胶酸、琼胶、卡拉胶、酒精、碳酸钠、醋酸钙、碘化钾、氯化钾、丙酮、乳酸等。从褐藻中提取的藻胶酸可制造人造纤维,这种人造纤维较尼龙有更强的耐火性。藻胶酸的可溶性碱盐,浓缩后可作为染料、皮革、布匹等的光泽剂。古代硅藻大量沉积为硅藻土,可作为现代工业的重要原料;地质古生物学方面还可利用硅藻化石作为研究地史、古地理、古气候的材料,甚至作为勘探石油的重要证据。

5.藻类在医药上的应用　褐藻含有大量碘,每吨可提取约 5 kg,是碘元素的主要来源。琼胶可作各种微生物和组织培养的培养基,并且还是一种有效的通便剂。

6.藻类与水环境污染的关系　藻类生活在水中,对水环境的质量有指示作用。不同水环境中藻类的种类组成、数量是不同的。根据水体中藻类群落结构的特征,可以对水环境的质量进行评价,如绿颤藻、绿裸藻是重污染的指示种;席藻、栅藻等是中污染的指示种;小环藻、平板藻、新月藻等是轻污染的指示种。在污染水体中,藻类会大量繁殖,聚集在水面上。在夏季,微囊藻、鱼腥藻、束丝藻在淡水中大量繁殖漂浮在水面上时称水华,在海洋中形成大面积藻类漂浮在水面时称赤潮(red tide)。藻体大量死亡腐烂分解时消耗水体溶解氧,鱼的生命受到危害。有些蓝藻能分泌一种毒素,使家禽家畜中毒。

关于藻类的更多应用见【二维码 11-6】。

11-6

第二节　地　衣

一、地衣的特征

地衣(Lichen)是真菌和藻类形成的共生体。共生的真菌与藻类长期紧密地结合在一起,在形态上、结构上、生理上和遗传上形成固定的有机体。光合藻类的存在使地衣整体上表现为光合自养,因此传统上将地衣也归为植物,但地衣的本质是自养的藻类与异养的真菌的特殊结合体,所以现在不再认为地衣属于植物。

在地衣中,藻类位于共生体的内部,菌类的菌丝缠绕在藻类细胞上,并从外面包围着藻类。在生长过程中,真菌吸收水分和无机盐供给藻类,藻类进行光合作用将同化产物供给真菌。若将地衣共生体中的藻类与真菌人工分开培养,藻类依然生长旺盛,真菌则死亡。

全世界的地衣约有2万种。构成地衣的真菌是某些子囊菌和担子菌。绝大多数地衣中的真菌是子囊菌，约占全部地衣总数的99%，担子菌构成的地衣很少。地衣的分类与命名依据的是其中的真菌，而其共生的藻类则单独分类命名。构成地衣的藻类主要是某些蓝藻和绿藻。根据地衣生长形态的不同，可分为壳状地衣、叶状地衣和枝状地衣三种类型。壳状地衣（图11-2-1A）扁平成壳状，紧附于岩石或树皮上，不易与基质分离，如文字衣属（*Graphis*）。叶状地衣（图11-2-1B）为薄片状的扁平体，形似叶片，部分黏附于基质上，可以剥离，如生于树干上的梅花衣属（*Parmelia*），生于草地上的地卷属（*Peltigera*）。枝状地衣（图11-2-1C）通常有分枝，形状类似高等植物的植株，仅基部附着于基质上，如石蕊属（*Cladonia*）、松萝属（*Usnea*）。

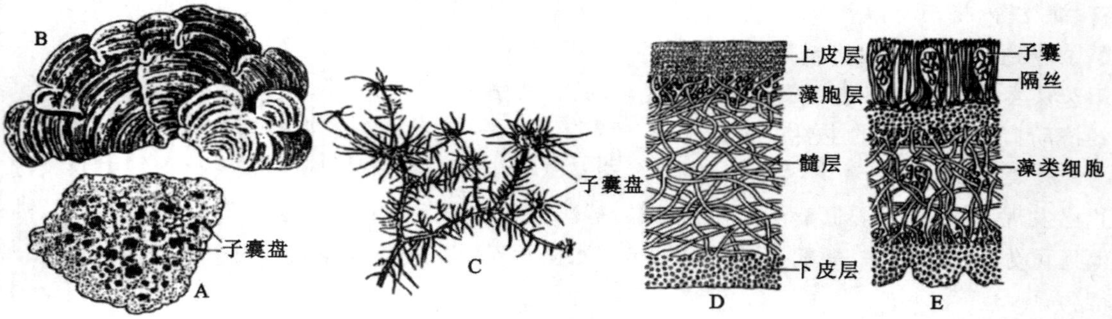

A. 壳状地衣；B. 叶状地衣；C. 枝状地衣；D. 异层地衣；E. 同层地衣。

图11-2-1　地衣的不同形态和结构

根据地衣内部结构中藻类细胞在真菌组织中的分布状态，可分为异层地衣和同层地衣两种类型。异层地衣（图11-2-1D）的横切面通常可分为皮层、藻胞层和髓层；皮层可分为上皮层和下皮层，都由致密交织的菌丝构成，在下皮层上常产生一些假根状突起，使地衣固着在基质上；藻胞层位于上皮层的下方，由菌丝和藻类细胞组成；髓层由一些疏松的菌丝组成。同层地衣（图11-2-1E）中藻类细胞和菌丝混合成为一体，无藻胞层和髓层之分。

地衣主要进行营养繁殖和无性生殖。营养繁殖时，地衣产生断片繁殖。无性生殖时产生粉芽（soredium）或珊瑚芽（isidium）繁殖。粉芽是在叶状体表面或特殊的分枝上几根菌丝缠绕着一个或数个藻类细胞构成，粉芽从母体脱落后，条件适宜时萌发生长。地衣的有性生殖是由共生真菌和藻类独立进行的，具体生殖方式因种类不同而异。

地衣的适应能力很强，分布很广，通常生长在岩石、树皮和土壤的表面，能生长在其他植物不易生长的岩石绝壁上、沙漠中、极地寒冷地带和热带高温地区。

二、地衣的生态学意义及经济价值

地衣是自然界的开路先锋，对岩石风化和土壤形成起促进作用。地衣（特别是壳状地衣）常生长在裸露的岩石和峭壁上，能分泌地衣酸，腐蚀岩石，加上地衣死亡后的遗体有机质，在岩石表面逐渐形成土壤，为以后高等植物如苔藓植物等的生长与分布创造了条件。

有不少种类的地衣具有经济价值，如松萝（*Usnea subrobusta*）、石蕊（*Cladonia cristutella*）等可供药用，许多种类的地衣酸具有抗菌等药用价值。石耳（*Gyrophara esculenta*）、石蕊、冰岛衣（*Cetraria islandica*）等可供食用，并可提取地衣淀粉、蔗糖、葡萄糖和酒精。有的种类可作饲料，如冰岛衣等是北极鹿的饲料。红粉衣（*Ochrolechia tartarea*）提取的地衣红靛可染毛织品和作为医学上的杀菌剂等。染料衣（*Roccella tinctoria*）可提取石蕊指示剂。此外，多种地衣对大气中SO_2敏感，可作为城市大气污染的监测指示物。

地衣也有危害性的一面。某些地衣生于茶树或柑橘树上，其菌丝侵入树皮，或者导致其他真菌侵入而引起病害，危害树木生长。松萝等地衣在云杉、冷杉林中生长茂盛时对树木形成遮蔽。

第三节 苔藓植物

苔藓植物生活史中出现了胚，属于有胚植物；苔藓植物体内没有维管组织分化，属于非维管植物；又因其依靠孢子繁殖，属于孢子植物。

一、苔藓植物的一般特征

苔藓植物个体通常较小，但也有少数种类长度可超过 100 cm。通常看到的苔藓植物几乎都是其配子体，其孢子体寄生在配子体上。苔藓植物配子体发达，而孢子体不能独立生活。

（一）苔藓植物的配子体

苔藓植物的配子体以绿色为主，部分种类呈现红色、黄色、褐色、黑色等颜色，不同生长期其颜色也会有一定的变化。

苔藓植物的配子体从外形上可以分为两类，一类不具有茎、叶的分化，整体呈片状结构，称为叶状体(thallus)(图 11-3-1A)，另一类有类似于茎、叶的形态分化，称为拟茎叶体(图 11-3-1B)。叶状体通常为多层细胞，而拟茎叶体的叶大多数只有一层细胞，少数种类为多层细胞，叶片内没有栅栏组织、海绵组织等结构的分化，无叶脉，有些种类叶的中部有形态上呈狭长状的细胞组成的中肋，中肋具有一定的纵向输送水分的功能，这样的叶也被称为拟叶体(phyllidium)。金发藓属（*Polytrichum*)等类群叶的结构比较复杂，其中肋宽阔，纵向输送水分的能力较强，在其叶的近轴面（腹面）具有宽为 1 细胞、高为 3～6 细胞的表皮细胞起源的突起状组织，称为栉片，可增加光合作用面积并减少水分蒸腾。拟茎叶体的茎常可分为表皮、皮层和中轴三部分，但并没有明显的组织分化，因此也被称为拟茎体(cailidium)。苔藓植物的根均为假根，其结构简单，苔类和角苔类的假根为长管状的单细胞，藓类植物的假根由单列的多细胞构成，有些种类则不具假根。

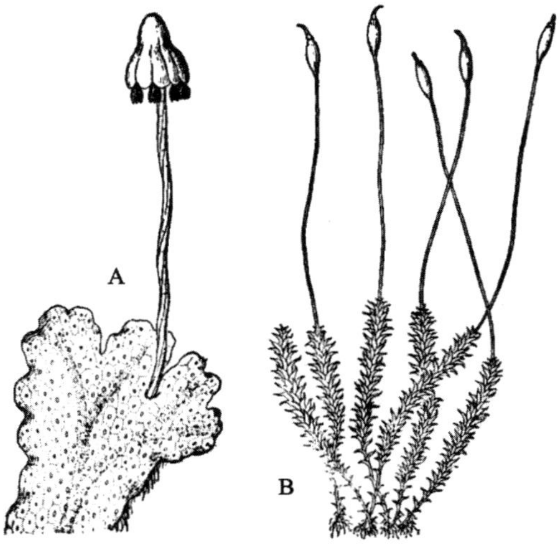

A. 叶状体苔藓植物；B. 拟茎叶体苔藓植物。

图 11-3-1 苔藓植物的形态(引自《中国高等植物图鉴》)

苔藓植物的配子体上会分化出雌性和雄性的生殖器官。雌性生殖器官通常由一个细长的颈部和膨大的腹部组成，称为颈卵器(archegonium)。雄性生殖器官一般呈棒形、卵形或球形，基部具柄，称为精子器(antheridium)(图 11-3-2)。精子在精子器中产生，并在水环境的作用下游至颈卵器中，与其内的卵细胞完成受精作用，形成受精卵，即合子。合子在颈卵器中进一步发育成胚，胚发育时颈卵器的侧壁和底部也随之生长，胚的基部伸入颈卵器底部形成基足，通过该构造吸收配子体的营养，支持胚的继续发育，最终生长为孢子体。

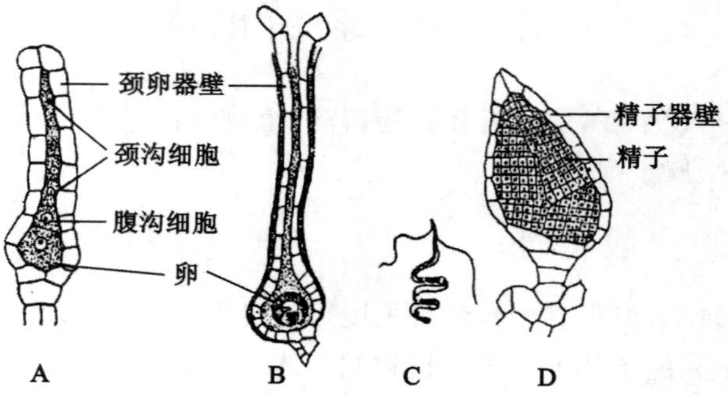

A,B. 不同时期的颈卵器；C. 精子；D. 精子器。

图 11-3-2　苔藓植物（钱苔属）的颈卵器、精子器和精子

（二）苔藓植物的孢子体

苔藓植物的孢子体（图 11-3-3）生长在配子体上，不能独立生存，除了少数种类外，大部分苔藓植物的孢子体可分为三个部分：最上端的孢蒴（capsule），其内的造孢组织分裂形成大量的孢子母细胞，每个孢子母细胞再经减数分裂形成 4 个孢子。孢蒴之下具有一个柄状的结构，称为蒴柄（seta），这一结构将孢蒴举在空中，利于孢子散布；在泥炭藓属（*Sphagnum*）等类群中，其孢蒴下的柄状结构是配子体向上生长形成的，并不是孢子体的构造，因此被称为假蒴柄（pseudoseta）。蒴柄最下部为基足（basal foot），伸入配子体组织中吸收营养，支持孢子体的生长。孢子成熟后，孢蒴打开，将孢子散布于体外，在适宜的条件下萌发，形成片状或丝状的结构，即原丝体（protonema）（图 11-3-4），其上长出芽体，进而发育成新的配子体。

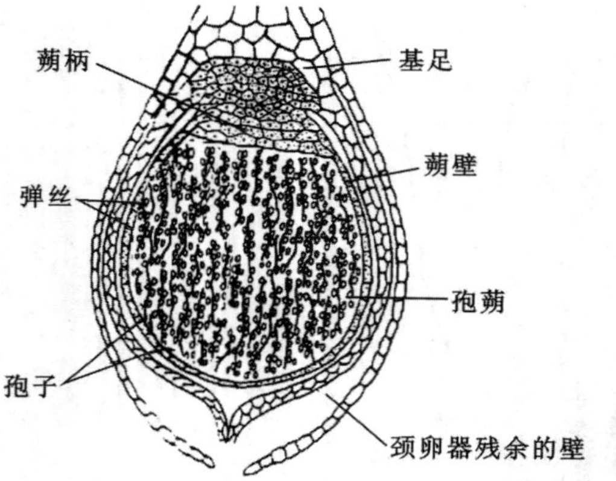

图 11-3-3　地钱的成熟孢子体

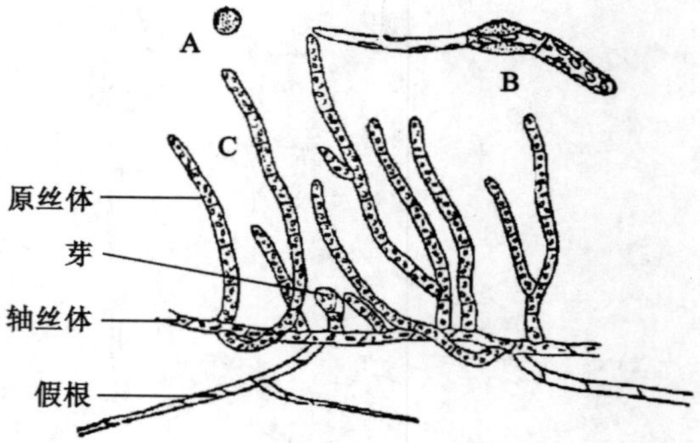

A. 孢子；B. 孢子萌发；C. 原丝体。

图 11-3-4　葫芦藓的原丝体

苔类植物的孢蒴结构比较简单，孢蒴中间一般没有中轴状的蒴轴。角苔类的孢子体分为基足和孢蒴两部分，无蒴柄，有发达的蒴轴。藓类植物的蒴柄一般挺立而较硬，支持力强，孢蒴中有明显的蒴轴。藓类植物的孢蒴顶部通常有一层膜质的帽状结构，称为蒴帽（calyptra），这一结构为被撕裂的颈卵器的残余部分，是配子体的结构。

（三）苔藓植物的生活史

苔藓植物的生活史具有明显的世代交替现象（图 11-3-5）。配子体在生活史中独立生活，占据优势，孢子体依赖于配子体生存，这一点与其他有胚植物不同。

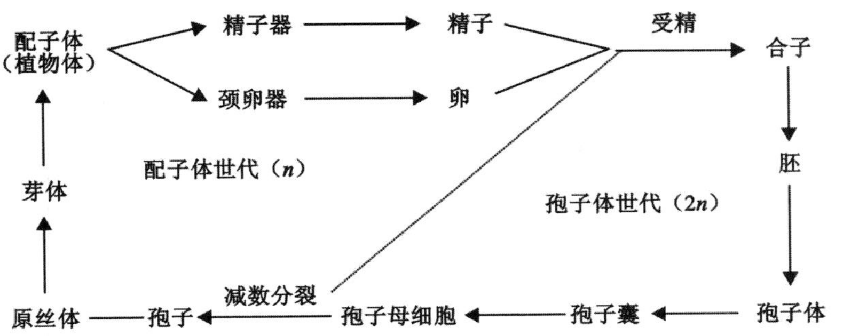

图 11-3-5 苔藓植物的生活史示意图

二、苔藓植物的分类及类群

苔藓植物共有 21 000 余种，广泛分布于全球各地，主要生长于温暖潮湿的环境，也有部分种类见于沙漠或极地等极端环境。中国有苔藓植物 3 100 余种，分布于南北方各地。

依据形态特征的差异，苔藓植物可分为苔类（liverworts）、角苔类（hornworts）和藓类（mosses）三大类，它们的形态对比如表 11-3-1 所示。

表 11-3-1 苔类、角苔类和藓类的形态特征对比

	苔类	角苔类	藓类
原丝体	原丝体不发达，每一个原丝体发育成一个配子体	同苔类	原丝体发达，每一个原丝体发育成多数配子体
顶端细胞（apical cell）	顶端细胞有 2～3 个分裂面，植物体左右对称	同苔类	顶端细胞有 3～4 个分裂面，植物体通常辐射对称
配子体	有叶状体和拟茎叶体两种类型，茎叶体的叶无中肋	均为叶状体	均为拟茎叶体，叶有或无中肋
细胞结构	细胞内有油体，叶绿体多数，且无淀粉核	细胞内无油体，叶绿体通常 1～8 个，其内有淀粉核	同苔类，但无油体
假根	假根单细胞	同苔类	假根为单列细胞
精子器和颈卵器	大部分种类精子器和颈卵器游离，颈卵器顶生或侧生	精子器生于配子体表皮下的精子器腔中，颈卵器的颈部和腹部均有配子体组织结合，不游离	精子器和颈卵器游离，颈卵器生于茎或枝的顶端
蒴帽	孢蒴在成熟前被颈卵器壁所包围，无蒴帽结构	同苔类	孢蒴成熟前将颈卵器撑破，上部的发育成蒴帽
蒴柄	蒴柄短小或细长柔弱，发育在孢蒴成熟之后，无细胞分裂，仅有细胞伸长；孢子成熟早；蒴柄后伸长	无蒴柄；孢子逐渐成熟	蒴柄一般发达，发育在孢蒴成熟之前；孢子成熟较晚；蒴柄先伸长
孢蒴开裂	孢蒴成熟时纵裂或不规则开裂	孢蒴成熟时 2 瓣开裂	孢蒴成熟时盖裂，有蒴盖、环带和蒴齿的分化
弹丝	孢蒴内有不育性细胞发育成的弹丝	孢蒴内有不育性细胞发育成的假弹丝	无弹丝和假弹丝
蒴轴	无蒴轴	有蒴轴	绝大多数有蒴轴

系统发育分析表明苔类、角苔类和藓类各自均是单系类群。但它们三者之间的关系以及它们与维管植物的关系，不同研究者的结论存在冲突，一些研究认为它们三者构成并系类群，一些研究则认为它们构成单系类群。2024 年，苔藓植物系统发育研究组（Bryophyte Phylogeny Group，BPG）结合前人研究成果和新的分子系统发育分析结果，发表了一个较为完善的苔藓植物分子系统（BPG 系统）（图 11-3-6）。BPG 系统倾向于认为苔藓植物是单系类群，与维管植物是姊妹群，角苔

11-7

类和藓类为姊妹群。BPG 系统将苔类、角苔类和藓类分别处理为地钱门（Marchantiophyta）、角苔门（Anthocerotophyta）和真藓门（Bryophyta）。【二维码 11-7】。

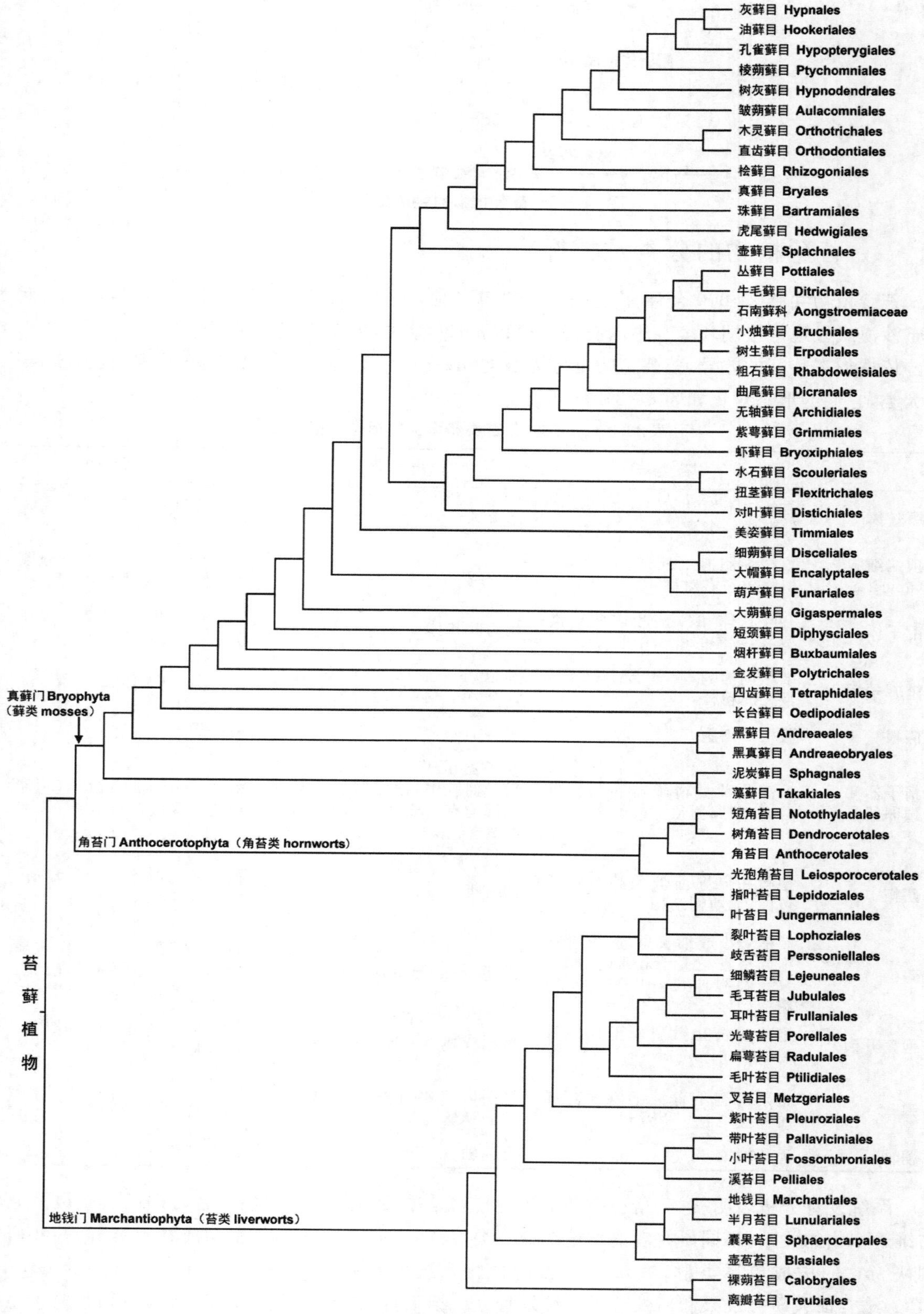

图 11-3-6　苔藓植物系统发育研究组(BPG)系统

本教材采用 BPG 系统介绍苔藓植物的代表性类群。

(一)地钱门(Marchantiophyta)

本门共有 3 纲 23 目 85 科,世界各地均有分布。

在地钱门中,地钱纲(Marchantiopsida)地钱目(Marchantiales)地钱科(Marchantiaceae)地钱属(*Marchantia*)的地钱(*M. polymorpha*)最为常见,为世界广布种,多见于阴湿的土壤上。

地钱的配子体为叉状分支的叶状体,生长点位于分叉凹陷处。叶状体有背腹两面,背面有气孔,腹面有多细胞的鳞片和单细胞的假根。地钱为雌雄异株(图 11-3-7,本章彩图 1),有性生殖时,在雌、雄株上分别生出雌、雄生殖托,形如伞状,分为托柄和托盘两部分。雌生殖托的托盘边缘深裂,具 8～10 条指状芒线,芒线之间有倒悬的瓶状颈卵器。雄生殖托的托柄较长,托盘边缘浅裂,内生有许多精子器腔,腔内有 1 个近似球形的精子器,精子器内生很多具卷曲鞭毛的精子。精子成熟后,借助于水游入颈卵器内,与卵细胞结合形成合子,在颈卵器中发育成胚,胚进一步发育成孢子体。

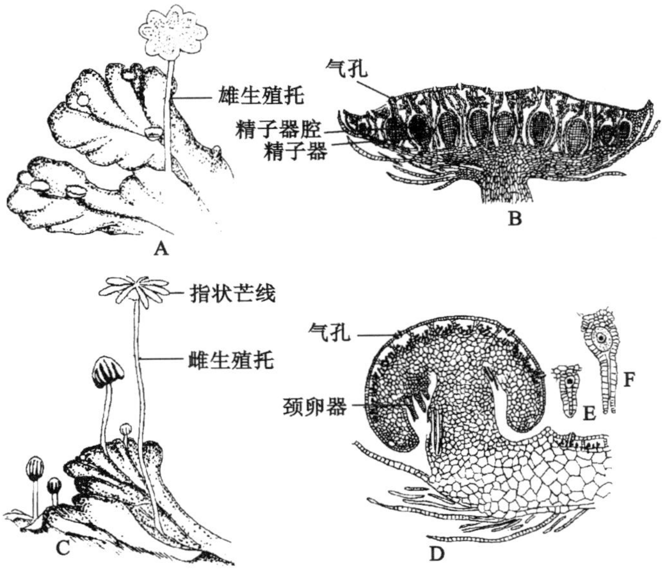

A. 雄株和雄生殖托;B. 雄生殖托纵切面;C. 雌株和雌生殖托;D. 雌生殖托纵切面;E,F. 不同发育阶段的颈卵器。

图 11-3-7 地钱的雄、雌生殖托

地钱除有性生殖外,其配子体还可靠胞芽行营养繁殖。胞芽生于叶状体上表面的绿色胞芽杯中,长圆形片状,两侧各有一凹陷,为生长点,幼时以细柄着生,成熟时胞芽由柄处脱落,散布于体外,落地生长,发育为新的配子体(图 11-3-8)。

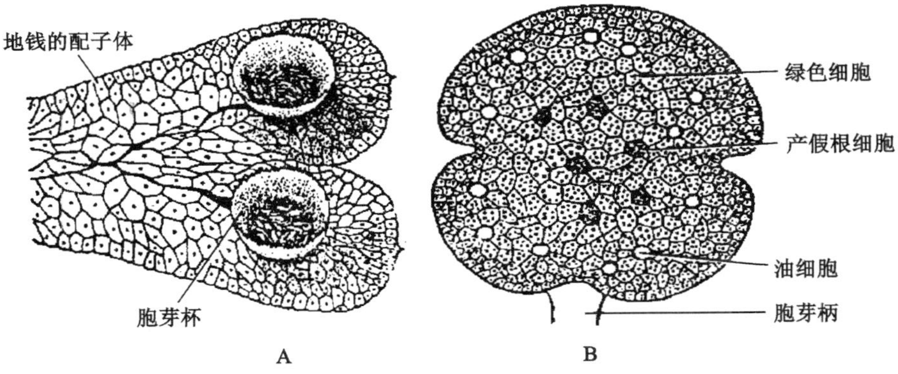

A. 具胞芽杯的配子体;B. 胞芽。

图 11-3-8 地钱的营养繁殖器官

(二)角苔门(Anthocerotophyta)

本门共有2纲5目5科，主要分布在热带至温带的地区。

在角苔门中，角苔纲(Anthocerotopsida)角苔目(Anthocerotales)角苔科(Anthocerotaceae)黄角苔属(*Phaeoceros*)的黄角苔(*P. laevis*)较常见，分布于极地之外的世界各地。

黄角苔的叶状体长1～3 cm，不规则二歧分枝；两侧为单层细胞；中间分界不明显，厚4～5层细胞，可多达6～8层细胞；无气室分化；假根多数，着生于叶状体腹面中央。孢蒴细长角形，可达2 cm以上，着生于叶状体前端。孢子圆锥形，外壁具细疣。假弹丝1～4个细胞，多扭曲，分叉。雌雄同株，精子器2～3个成群着生于叶状体内空腔中(图11-3-9)。

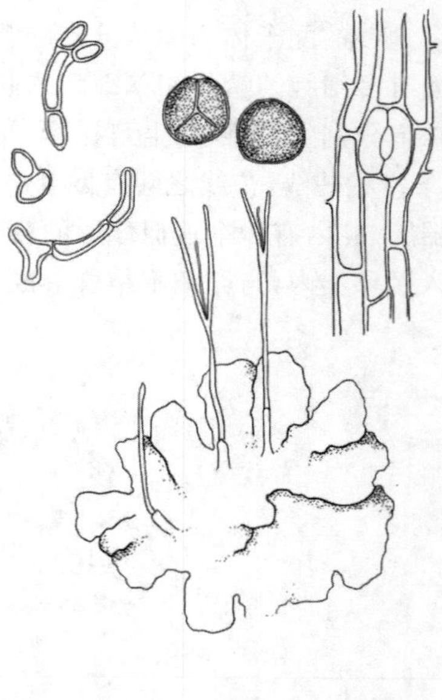

A. 黄角苔植物体，示孢蒴；B. 孢蒴表面的气孔；C. 孢子；D. 假弹丝。

图11-3-9　黄角苔

(三)真藓门(Bryophyta)

本门共有7纲45目142科，世界各地均有分布。

在真藓门中，真藓纲(Bryopsida)葫芦藓目(Funariales)葫芦藓科(Funariaceae)葫芦藓属(*Funaria*)的葫芦藓(*F. hygrometrica*)是常见的一种，世界各地均有分布，见于阴湿的泥地、林下或树干上，在人居环境周围也非常常见。

葫芦藓植物体为拟茎叶体，直立，丛生，高1～2 cm。茎短小，基部生有单列细胞组成的假根。叶螺旋状着生，具1条明显的中肋。葫芦藓为雌雄同株异枝植物(图11-3-10，本章彩图2)。生殖器官在冬季发生，初春生长，雄枝顶端拟叶的叶形较大、外张，形如一朵小花，为雄器苞。雄器苞中央有许多精子器和侧丝，精子器基部有小柄，呈棒状，内生有精子，精子具2条鞭毛。精子器成熟后，顶端开裂，精子逸出。侧丝由1列细胞构成，呈丝状，顶端细胞明显膨大。侧丝分布于精子器之间将精子器隔开，具有保存水分和保护精子器的功能。雌枝顶端形如芽状，其内有数个颈卵器。

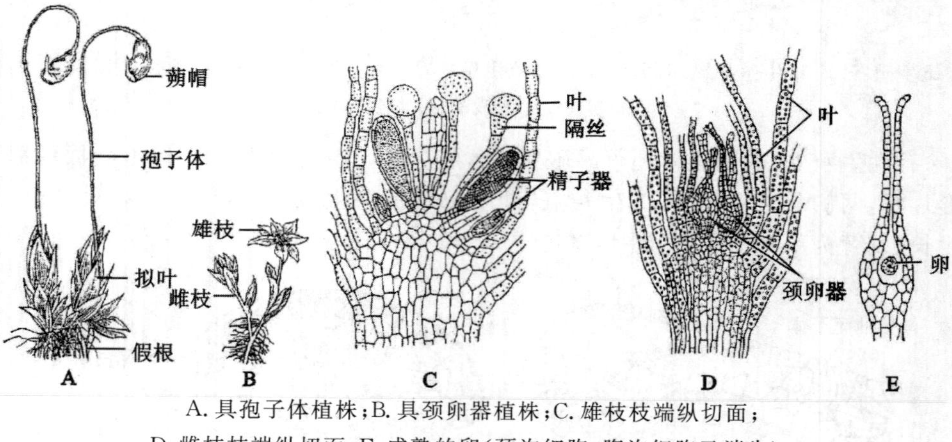

A. 具孢子体植株；B. 具颈卵器植株；C. 雄枝枝端纵切面；
D. 雌枝枝端纵切面；E. 成熟的卵(颈沟细胞、腹沟细胞已消失)。

图11-3-10　葫芦藓

在葫芦藓生殖季节里，成熟的精子借助于水游到颈卵器附近，进入成熟的颈卵器内，与卵结合形成合子。合子不经休眠，直接在颈卵器内发育为胚，胚逐渐分化形成基足、蒴柄和孢蒴而成为孢子体。基足深入配子体内吸收养料，蒴柄快速生长，将膨大的孢蒴顶出颈卵器，颈卵器在腹部被撕裂为上下两部分，上部附着在孢蒴外形成蒴帽，孢子体成熟时蒴帽脱落。蒴柄顶端膨大，形成孢蒴，外形似歪斜的葫芦。孢蒴内有孢子母细胞，经减数分裂形成孢子。孢子成熟后散出，在适宜的环境中萌发成原丝体。原丝体由绿丝体(chloronema)、轴丝体(caulonema)和假根构成。假根的机能是固着与吸收，绿丝体的机能是进行光合作用，轴丝体的机能是产生具有茎叶的芽，芽发育成有茎叶的配子体（图 11-3-11）。

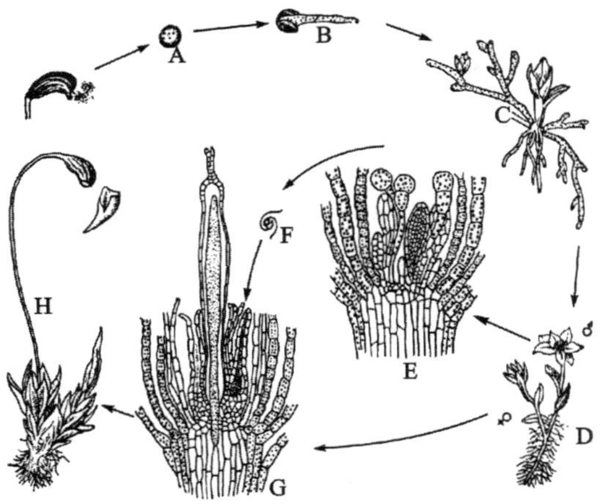

A. 孢子；B. 孢子萌发；C. 具芽的原丝体；D. 成熟的植物具有雌雄配子体；E. 精子器；F. 精子；G. 颈卵器；H. 成熟的孢子体在配子体上，孢蒴的蒴盖脱落后，散布孢子。

图 11-3-11 葫芦藓的生活史

真藓门中其他常见的种类有泥炭藓属（*Sphagnum*）、小金发藓属（*Pognatum*）、真藓属（*Bryum*）等。

三、苔藓植物的价值与应用

苔藓植物是自然界的拓荒者，一些耐旱的种类常与地衣等共生，在干旱环境生长；泥炭藓等在生长过程中，上部植物体逐渐扩展，下部的逐渐死亡，使得沼泽干枯，最终变为陆地。

苔藓植物是环境质量的指示植物，苔藓植物体构造简单，通过体表与环境进行物质交换，对环境变化极为敏感，因此可起到环境指示作用。其表面无几丁质，对外界物质的吸收是整体性的，同时苔藓植物易于进行化学分析，这一系列特征使苔藓植物成为仅次于地衣的对大气污染敏感的指示植物。

苔藓植物广泛用于园艺方面，有些苔藓植物有很强的吸水、保水的能力，可以作为苗木、盆景等的覆盖物；使用苔藓植物制作的微缩景观受人喜爱。部分苔藓植物还具有一定的药用价值，如金发藓（*Polytrichum commune*）、暖地大叶藓（*Rhodobryum giganteum*）等。泥炭藓等种类下部死亡的植物体会逐渐形成泥炭，可作燃料、栽培基质和肥料。

第四节 石松类和蕨类植物

传统上将具有维管束、以孢子繁殖的植物称为蕨类植物（pteridophytes），又称羊齿植物。但分子系统发育分析表明，传统定义的蕨类植物不是一个单系类群，而应该分为石松类（lycophytes）和蕨类（ferns）两个独立的类群，石松类植物是维管植物的第一个分支，而蕨类植物与种子植物为姊妹群。

一、石松类和蕨类植物的主要特征

尽管石松类和蕨类植物是两个独立的类群，但其形态特征、生殖方式等方面具有许多共性，因此通常将它们放在一起论述主要特征。

石松类和蕨类植物具有真正的根、茎、叶的分化，体内有维管组织构成的输导系统，因此是维管植物；其繁殖过程只产生孢子，不产生种子，所以是孢子植物；其有性生殖过程中在配子体上形成精子器和颈卵器，属于颈卵器植物；其精卵结合形成受精卵后，会发育成胚，所以是有胚植物。通常见到的石松类和蕨类植物的植物体是其孢子体，这一点与苔藓植物显著不同。

(一)石松类和蕨类植物的孢子体

石松类和蕨类植物的孢子体发达,其表面通常具有单细胞毛、节状毛、星状毛、鳞毛、鳞片等结构。除松叶蕨等极少数种类仅具有假根外,其余种类均有须根状的不定根分化,通常着生于根状茎上,也有些种类的不定根着生于叶上。植物体内出现了维管组织的分化,这些维管组织按一定的方式聚集成类型多样的中柱。木质部含有管胞或者导管,进行水分和无机盐的运输。石松类和蕨类植物的导管起源与被子植物不同,通常认为是多次由管胞平行演化而来。韧皮部主要由筛胞承担有机养料的运输,部分种类中为筛管。现存的石松类和蕨类植物中,除了水韭属(*Isoetes*)、瓶尔小草属(*Ophioglossum*)的部分种类外,大都没有形成层,不能进行次生生长。

1. *石松类和蕨类植物的茎*　石松类和蕨类植物的茎大多数为根状茎,在地下呈直立、横走、匍匐、斜升等生长方式。少数为地上茎,直立成乔木状或为气生茎。在有些种类中,茎枝会出现营养枝和生殖枝的分化,其中营养枝为绿色,可以进行光合作用,不产生孢子囊,生殖枝产生孢子囊。

石松类和蕨类植物茎中的维管组织形成中柱,其样式变化极为复杂,通常可分为原生中柱(protostele)、管状中柱(siphonostele)、网状中柱(dictyostele)和多环中柱(polycycliostele)。原生中柱仅由木质部和韧皮部组成,无髓部和叶隙,包括三种类型:单中柱(monostele)、星状中柱(actinostele)和编织中柱(plectostele)(图 11-4-1)。单中柱其中央由圆柱状木质部组成,无髓部,外侧为圆筒状韧皮部。单中柱是最简单的中柱,也是最原始的类型,最早出现于泥盆纪的化石中。星状中柱指木质部向四周生长出辐射排列的脊状突起的原生中柱。编织中柱指原生中柱的木质部分裂成许多小而分离的片状,互相平行或辐射状排列,其间为韧皮部,即木质部与韧皮部镶嵌重复排列。原生中柱常见于石松类及其他植物的幼茎中,有时也见于根中。

管状中柱在蕨类植物中普遍存在,特点是木质部围绕中央髓部形成圆筒状。包括两种类型:双韧管状中柱(amphiphloic siphonostele)和外韧管状中柱(ectophloic siphonostele)(图 11-4-1)。若韧皮部在木质部的内外两侧都出现,则称之为双韧管状中柱,也称疏隙中柱(solenostele),存在于很多蕨类植物中。若韧皮部围绕于木质部的外侧表面,则称之为外韧管状中柱。

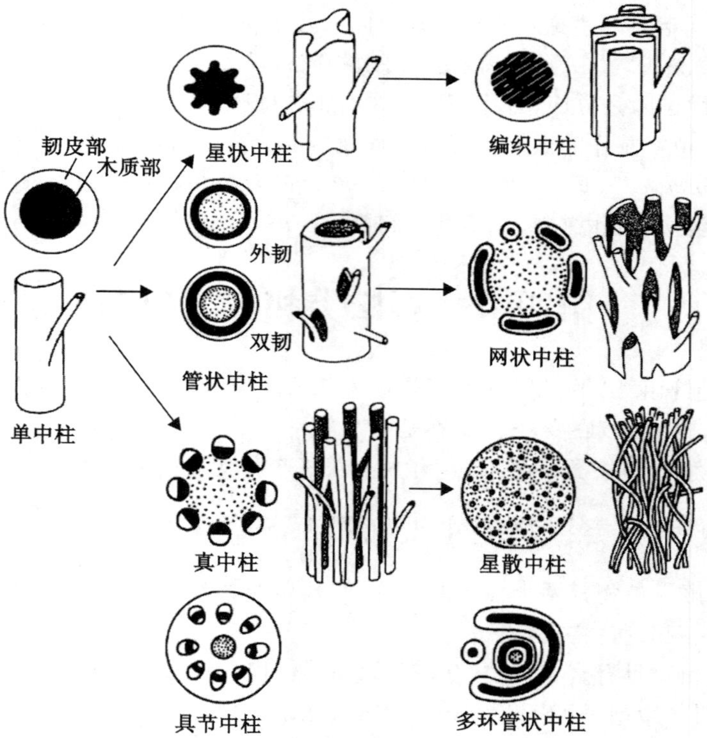

黑色表示木质部;白色表示韧皮部;小黑点表示髓部。

图 11-4-1　中柱类型及其演化关系

网状中柱由管状中柱演变而来。由于茎的节间甚短，节部叶隙、枝隙密集，从而使中柱木质部、韧皮部产生许多裂隙，从横剖面上看，中柱的木质部、韧皮部被分割成一束一束，整体上类似网状，属分体中柱。每一束中央为木质部，木质部外围一周为韧皮部，韧皮部外围为内皮层，不少蕨类属于此类型。茎节上由于枝的形成，茎维管束出现分枝，起点处至进入新分枝基部处经过皮层的一段则称为枝迹，横切面上其内侧或向心一侧的薄壁组织区则为枝隙。茎枝节上由于叶的形成，茎枝维管束出现分枝，起点处至进入叶柄基部处经过皮层的一段则称为叶迹，横切面上其内侧或向心一侧的薄壁组织区则为叶隙。

在原生中柱、管状中柱、网状中柱之间有一些特殊的类型，如：多体中柱，柱心为多个单体中柱的原生中柱；多环管状中柱，两个或两个以上的同心环状排列的管状中柱；多环网状中柱，两个或两个以上的同心环状排列的网状中柱；具节中柱，具有关节结构的中心柱，以中央空腔和原生木质部空腔的存在为特征，节处为实心，常在蕨类木贼属中出现。

真中柱(eustele)木质部与韧皮部并列或扭转，多束形成一圈，由外韧管状或外韧网状中柱形成，韧皮部仅在外侧保留。多数裸子植物、被子植物具有这种中柱。散生中柱(atactostele)的木质部与韧皮部并列成多束，散生在茎内，韧皮部在外侧，主要存在于单子叶植物中。

中柱类型的发生、分化及演化与髓形成作用密切相关。若原生中柱的中央木质部被薄壁组织所取代，则发展成管状中柱。其证据是在髓部中会出现木质部的成分(如管胞)等，说明髓部原是木质部，这种分化过程被称为髓形成作用；另外在比较原始的化石及现代蕨类中亦发现管胞、薄壁组织同时在髓部出现。由于叶隙的大量出现和节间的缩短，管状中柱演化成真中柱和散生中柱，亦是在种子植物中所见到的中柱的复杂形式。

2. *石松类和蕨类植物的叶* 石松类和蕨类植物的叶(图 11-4-2)从结构上可分为小型叶和大型

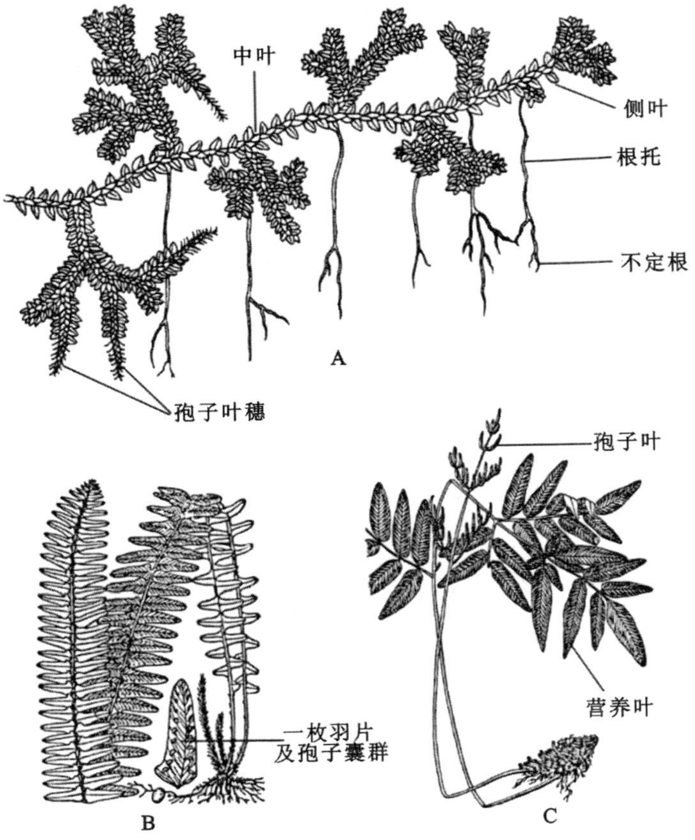

A. 卷柏属的小型叶；B. 肾蕨的同型叶(大型叶)；C. 紫萁的异型叶(大型叶)。

图 11-4-2 石松类和蕨类植物的叶

叶，前者无叶脉或仅具单一不分枝的叶脉，无叶隙和叶柄；后者叶脉分枝复杂多样，具有叶柄和叶片的分化，幼时拳卷，长大时展开。大型叶从分裂方式上又可分为单叶和复叶。石松类和蕨类植物的叶根据功能又可分成孢子叶（sporophyll）和营养叶（foliage leaf）。孢子叶是指能产生孢子囊和孢子的叶，又称能育叶（fertile frond）；营养叶仅能进行光合作用，不能产生孢子囊和孢子，又称不育叶（sterile frond）。有些蕨类植物的孢子叶和营养叶形状相同，称为同型叶（homomorphic leaf）；有些蕨类植物营养叶和孢子叶形态不同，称为异型叶（heteromorphic leaf）。

11-8

蕨类植物的大型叶形态复杂，叶脉多样，关于大型叶的更多介绍见【二维码 11-8】。

3. *石松类和蕨类植物的孢子囊* 石松类和蕨类植物的孢子体生长发育到一定阶段，会长出孢子囊（sporangia），孢子囊内产生孢子（spore）。孢子囊依发育情况可分为两类，即厚囊型发育和薄囊型发育。厚囊型发育的孢子囊由一群细胞发育而成，囊壁为多层细胞，无环带或仅有几个加厚的细胞；薄囊型发育的孢子囊由一个细胞发育而来，有各式环带，环带为孢子囊壁上一列内向和侧向细胞壁加厚的细胞，有助于孢子囊的开裂和孢子的散布（图 11-4-3）。

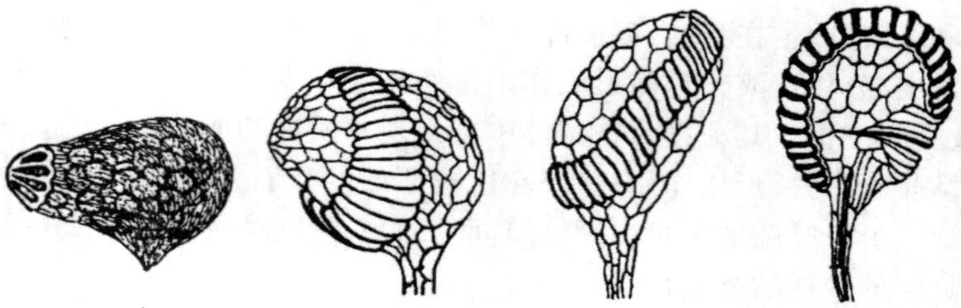

A. 顶生环带；B. 横行中部环带；C. 斜行环带；D，纵行环带。

图 11-4-3 孢子囊环带类型（引自《秦岭植物志》）

孢子囊在部分具小型叶的种类中单生在孢子叶的近轴面叶腋或叶基，许多孢子叶聚生在枝顶，形成球状或穗状，称为孢子叶穗（sporophyll spike）或称孢子叶球（strooilus），如松叶蕨（*Psilotum nudum*）等；在另外一些具小型叶的种类中，孢子囊常聚生在一个孢子叶上，孢子叶特化成穗状，称为孢子囊穗（sporangiate spike），如木贼属（*Equisetum*）、石松属（*Lycopodium*）等。在具大型叶的种类中，孢子囊通常成群聚生在一个特化的囊托上，这些成群聚生在一起的孢子囊称为孢子囊群（sorus）。孢子囊群以不同的形状散生在孢子叶背面，部分类群的孢子囊群上生有膜质的盖，称为囊群盖（indusium），如蹄盖蕨属（*Athyrium*）；或者无一定形状，而是满布于整个孢子叶背面，如石韦属（*Pyrrosia*）等。一些水生种类的孢子叶特化成了孢子果（sporocarp），也称子囊果，孢子囊群生于孢子果内，如蘋属（*Marsilea*）、槐叶蘋属（*Salvinia*）等（图 11-4-4，图 11-4-5）。

A，B. 孢子囊穗；C. 大孢子囊果纵切面；D. 孢子囊果纵切面。

图 11-4-4 孢子囊穗和孢子果（引自《秦岭植物志》）

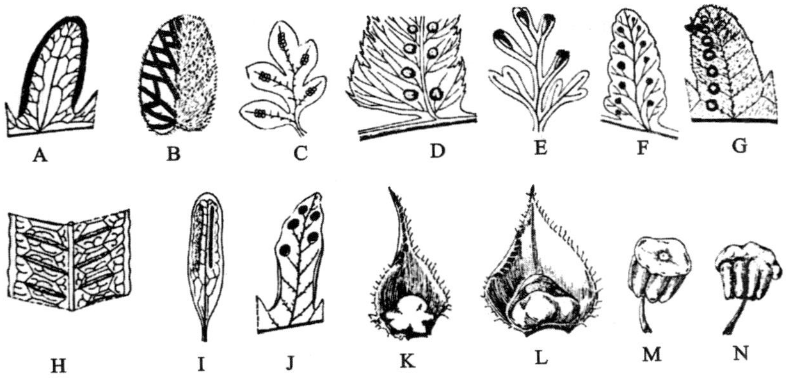

A. 边生孢子囊群；B. 网状孢子囊群；C. 无盖孢子囊群；D. 有盖孢子囊群；E. 顶生孢子囊群；
F. 脉端孢子囊群；G. 脉背上孢子囊群；H，I. 条形孢子囊群；J. 穴生孢子囊群；
K，L. 卷柏属大、小孢子叶及孢子囊；M，N. 木贼属孢子叶及孢子囊群。

图 11-4-5 孢子囊及孢子囊群

（二）石松类和蕨类植物的配子体

石松类和蕨类植物的配子体由孢子发育而来，能独立生活。大部分蕨类的配子体呈叶片状，具假根，细胞内有叶绿体，能光合作用，又被称为原叶体（图 11-4-6）。其贴地的一面生有颈卵器和精子器，产生的卵细胞和精子在水环境下发生受精作用。一些石松类和蕨类植物的配子体不含叶绿体，与真菌共生，有类似腐生的生活方式。大部分蕨类植物的配子体由同型孢子发育而来，在原叶体腹面同时发育出精子器和颈卵器；石松类植物和部分蕨类植物的配子体由异型孢子发育而来：大孢子发育为产生卵细胞的雌配子体，小孢子发育为产生精细胞的雄配子体。

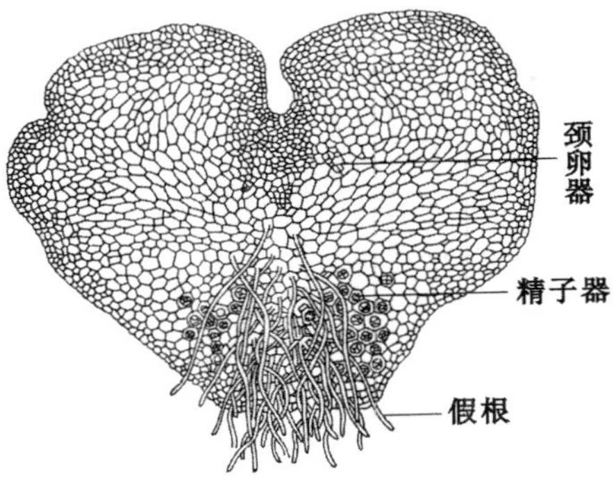

图 11-4-6 原叶体

（三）石松类和蕨类植物的生活史

石松类和蕨类植物的生活史中通常有两个能独立生活的植物体，即孢子体和配子体，具有明显的世代交替现象。从受精卵（合子）萌发开始到孢子母细胞减数分裂为止，其植物体细胞是二倍体，这一时期称为孢子体世代或无性世代，孢子体世代占据明显优势，是整个生活史中主要的时期；从孢子萌发到产生精子和卵细胞为止，植物体细胞是单倍体，这一时期因为会产生不同性别的配子，所以称为配子体世代或有性世代。在整个生活史中，孢子体世代和配子体世代交替出现（图 11-4-7）。

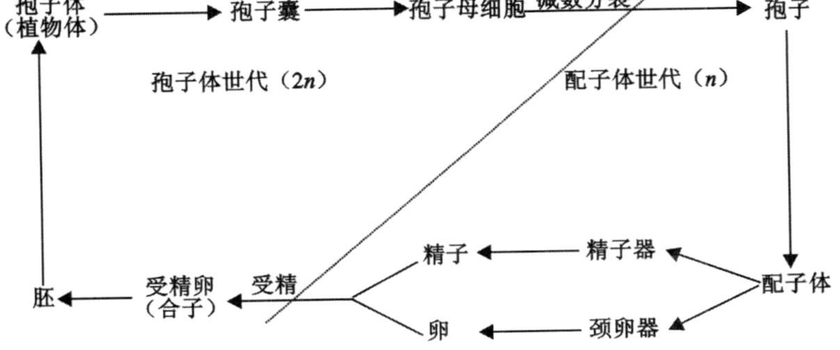

图 11-4-7 石松类和蕨类植物的生活史示意图

二、石松类和蕨类植物的分类及类群

现代石松类和蕨类植物大约有 12 000 种，广布于世界各地，多生长于阴湿温暖的环境里。中国大约有石松类和蕨类植物 2 400 种，全国各地均有分布，总体上呈现越往北，物种数越少的分布态势。

2016 年，蕨类植物系统发育研究组（Pteridophyte Phylogeny Group，PPG）依据系统发育关系等证据，发表了较为完备的石松类和蕨类植物分类系统（PPG Ⅰ系统）。PPG Ⅰ系统将石松类和蕨类植物分别处理为石松纲（Lycopodiopsida）和水龙骨纲（Polypodiopsida），前者包含 3 目 3 科，后者包含 11 目 48 科（图 11-4-8）。【二维码 11-9】

11-9

本教材采用 PPG Ⅰ系统介绍石松类和蕨类植物的代表类群。

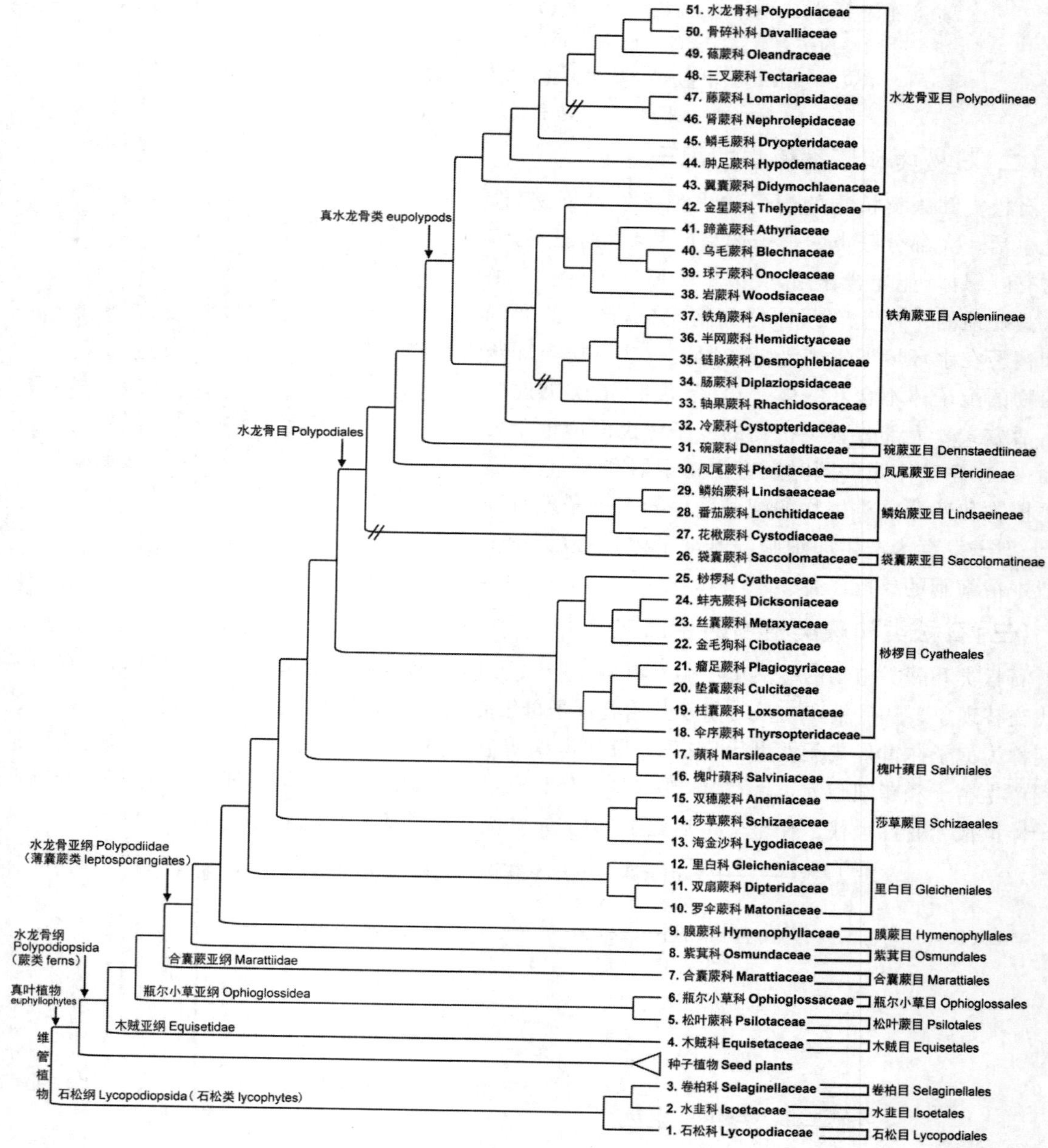

图 11-4-8　石松类和蕨类植物的 PPG Ⅰ 分类系统

注：标注双斜线的分支位置有待进一步研究。

(一)石松纲(Lycopodiopsida)

石松纲植物在石炭纪最为繁盛,有高大的乔木及草本,绝大多数已灭绝。现存石松纲植物均具小型叶,孢子同型或异型,含 3 目 3 科 18 属约 1 338 种。

1. 石松目(Lycopodiales) 石松目植物的孢子体茎多为二叉分枝,通常具有原生中柱,小型叶螺旋排列,具有 1 条叶脉,孢子囊单生于孢子叶的叶腋或近基部,孢子叶集生于枝顶形成孢子叶穗。现存石松目仅 1 科。

石松科(Lycopodiaceae),多年生草本。匍匐状或直立,圆柱形或略扁,侧枝一至多回二叉分枝。小型叶线形或鳞片状,无叶舌,有中脉。孢子叶穗圆柱形,通常生在孢子枝顶端或侧生,孢子叶螺旋状互生,孢子囊生在孢子叶腋,肾形,2 瓣开裂。配子体常为不规则的块状体。

本科有 17 属约 400 种,广布于世界各地;中国有 10 属 72 种,南北各地均有分布。代表植物有石松属(*Lycopodium*)的石松(*Lycopodium japonicum*)(图 11-4-9)。

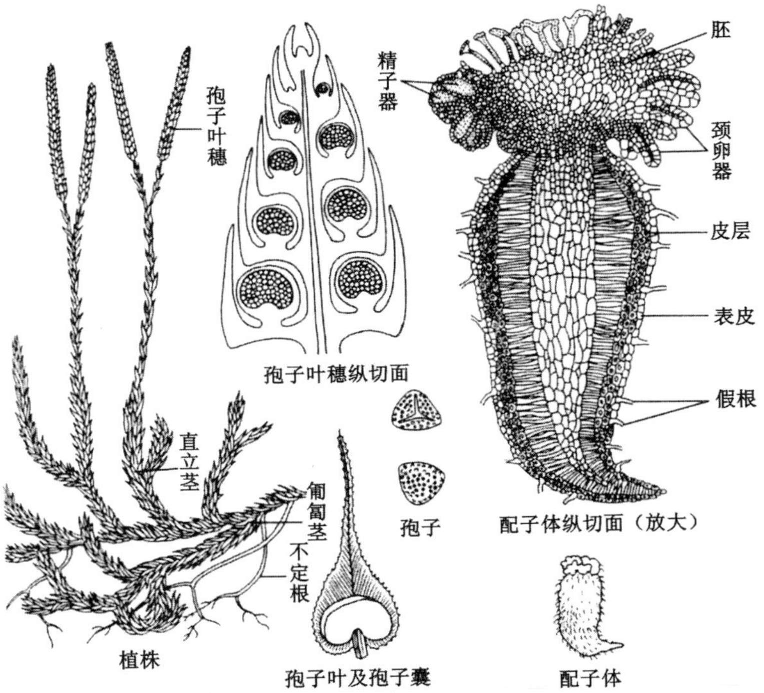

图 11-4-9 石松

2. 卷柏目(Selaginellales) 多年生草本,茎具原生中柱或管状中柱。通常平卧,腹面常生有细长的根托,先端生有不定根。分枝顶端产生孢子囊穗,由大孢子叶和小孢子叶组成,孢子异型。仅有 1 科。

卷柏科 (Selaginellaceae),土生或石生,中小型草本,主茎匍匐或直立,有时攀缘,通常有背腹面,二歧分枝或合轴分枝。叶为鳞片状,通常四行排列,无柄,近轴面叶腋有叶舌,中脉明显。孢子囊穗四棱柱形或扁圆柱形,顶生,孢子叶一型或二型,孢子囊单生于叶腋。

本科有 1 属,即卷柏属(*Selaginella*),700 余种,世界各地广布,部分种类能适应较干旱的环境。中国有 1 属 102 种,全国各地均有分布。常见的有中华卷柏(*S. sinensis*)(图 11-4-10)、深绿卷柏(*S. doederleinii*)、翠云草(*S. uncinata*)等。

3. 水韭目(Isoetales) 孢子体为草本,茎粗短块状,具原生中柱。叶线形丛生似韭菜,基部稍呈匙状,具叶舌。孢子囊和孢子异型。仅 1 科。

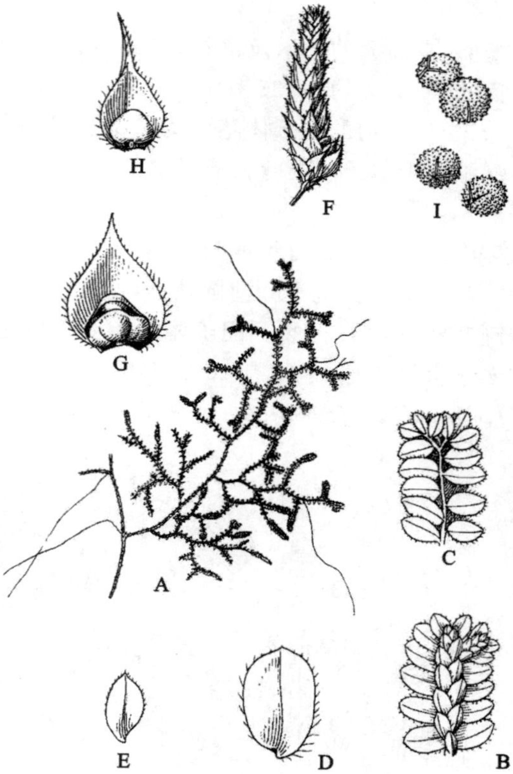

A. 植株；B. 小枝（背面）；C. 小枝（腹面）；D. 侧叶；E. 中叶；F. 孢子叶穗；G. 大孢子叶；H. 小孢子叶；I. 小孢子。

图 11-4-10　中华卷柏（引自《中国植物志》）

水韭科（Isoetaceae），小型或中型草本，多为水生或沼生。茎粗短，块状，下部生根，有根托。叶螺旋状排成丛生状，基部扩大，腹面有叶舌；叶内有 1 条维管束和 4 条纵向具横隔的通气道。孢子囊单生在叶基部腹面的穴内，椭圆形，外有盖膜覆盖，二型，大孢子囊生在外部的叶基，小孢子囊生在内部的叶基。孢子二型，大孢子球状四面形，小孢子肾状二面形。配子体有雌雄之分。精子有多数鞭毛。

本科仅 1 属，即水韭属（*Isoetes*），约 250 种，绝大多数为水生或沼生。中国有 4 种，其中中华水韭（*I. sinensis*）（图 11-4-11）分布于长江下游地区，由于生境受到人为干扰，已十分稀少，为国家一级重点保护野生植物。

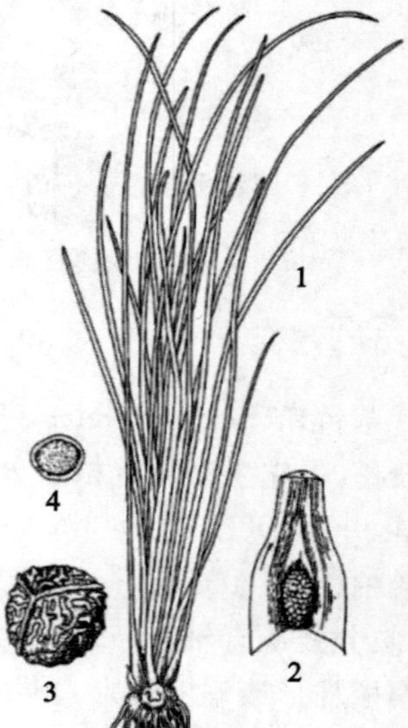

1. 植株；2. 叶片基部，示小孢子囊；3. 大孢子；4. 小孢子。

图 11-4-11　中华水韭（引自《中国植物志》）

（二）水龙骨纲（Polypodiopsida）

水龙骨纲即现存的蕨类植物（ferns），其孢子体发达，茎多为根状茎。除松叶蕨外，均为大型叶。孢子囊常聚集成各种囊群着生在叶缘、背面或特化的孢子叶上。孢子多同型。包含 4 亚纲：木贼亚纲（Equisetidae）、瓶尔小草亚纲（Ophioglossidea）、合囊蕨亚纲（Marattiidae）和水龙骨亚纲（Polypodiidae），共 11 目 48 科 319 属，约10 570种。

1. 木贼目（Equisetales）　包含 1 科 1 属。

木贼科（Equisetaceae），草本，茎细长，有节，通常具管状中柱，单一或在节上有轮生的分枝，节间有纵棱脊，棱脊上常有硅质的疣状突起；叶退化成细小的鳞片状，在节上轮生，基部合生成筒，包围茎或节间基部；孢子叶盾形，通常六角形，排列成穗，生于枝端。本科有 1 属 15 种；中国有 1 属 10 种，全国各地均有分布。木贼属（*Equisetum*）常见的种有木贼（*E. hyemale*）、节节草（*E. ramosissima*）、问荆（*E. arvense*）（图 11-4-12）等。

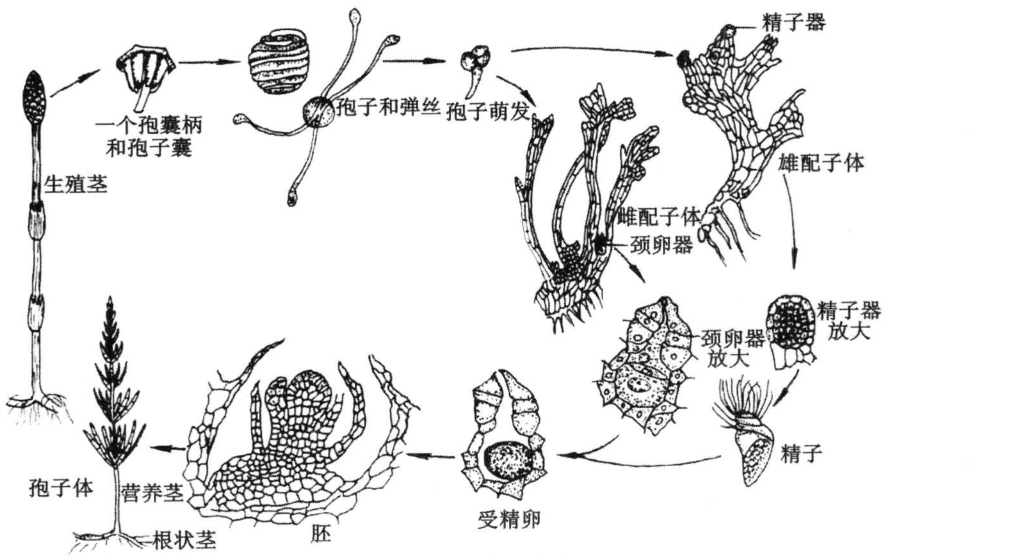

图 11-4-12 问荆的生活史

2. 松叶蕨目（Psilotales） 包含 1 科 2 属。

松叶蕨科（Psilotaceae），孢子体具粗的根状茎，褐色，具原生中柱或管状中柱，具假根。地上茎直立，绿色，二叉分枝；枝有棱或为扁压状。叶为小型叶，二型；不育叶钻状、鳞片状或披针形；孢子叶二叉形或先端分叉，无叶脉。孢子囊单生在孢子叶叶腋，球形。配子体呈不规则的圆筒状，棕色，有假根。

本科有 2 属 17 种；中国有 1 属 1 种，即松叶蕨属（*Psilotum*）的松叶蕨（*P. nudum*）（图 11-4-13）。

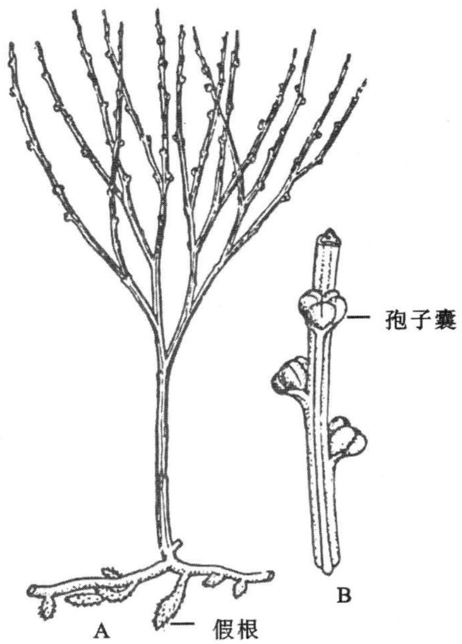

A. 孢子体；B. 分枝和孢子囊。
图 11-4-13 松叶蕨

3. 瓶尔小草目（Ophioglossales） 仅 1 科 10 属。

瓶尔小草科（Ophioglossaceae），根状茎短而直立或长而横卧，具原生中柱。叶二型，不育叶与能育叶同生于一总柄。不育叶单一或一至多回羽状分裂，有柄。能育叶出自总柄顶端或不育叶的基部，有柄。孢子囊穗狭线形或为疏散的圆锥状或为紧密的总状。

本科有 10 属约 80 种，世界广布；中国有 8 属 22 种，南北方各地均有分布。在 PPG Ⅰ 系统中，采用了广义的瓶尔小草科，将七指蕨科（Helminthostachyaceae）、阴地蕨科（Botrychiaceae）合并到瓶尔小草科。常见的种类有瓶尔小草属（*Ophioglossum*）的瓶尔小草（*O. vulgatum*）（图 11-4-14）、心脏叶瓶尔小草（*O. reticulatum*）等。【二维码 11-10】

11-10

4. 槐叶蘋目（Salviniales） 本目包含 2 科 5 属。

（1）蘋科（Marsileaceae） 小型水生植物。根状茎横走。不育叶为线形单叶或由 2～4 片倒三角形小叶组成，着生于长叶柄顶端，叶挺立或漂浮于水面，叶脉分叉。能育叶特化成球形的孢子果，通常接近根状茎，生于不育叶的叶柄基部或叶柄基部的根状茎上，孢子果内含 2 至多数孢子囊。孢子二型，大孢子囊内只含1个大孢子，小孢子囊内有多数小孢子。

本科有3属61种，全球广布；中国有1属3种，见于南北各地的水域中。本科常见的有蘋属（*Marsilea*）的蘋（*M. quadrifolia*），因其叶片由4片小叶组成，形似“田”字，又被称为田字草（图11-4-15）。

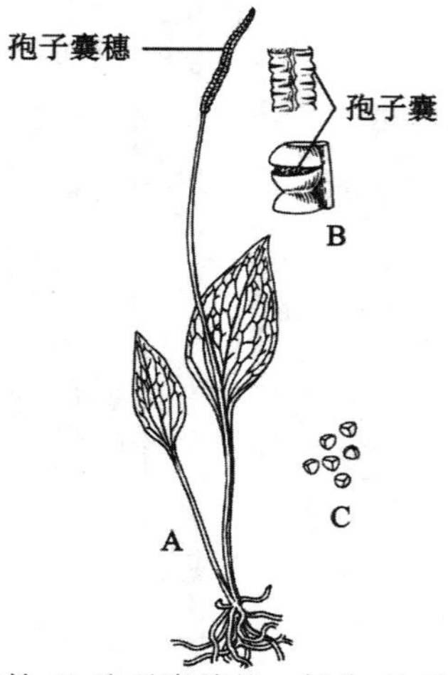

A. 植株；B. 孢子囊穗的一部分；C. 孢子。

图11-4-14 瓶尔小草

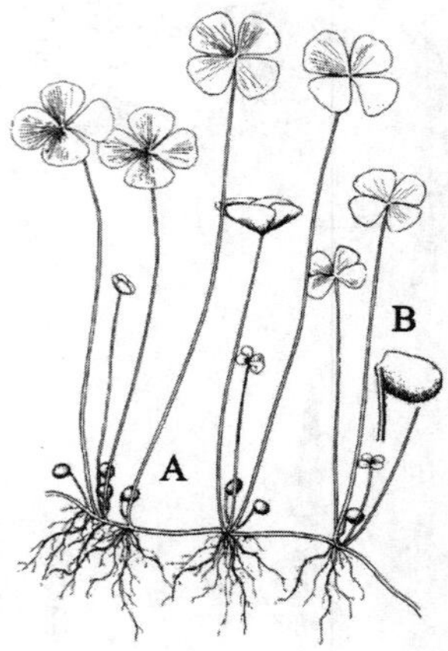

A. 植株；B. 孢子果。

图11-4-15 蘋（引自《中国高等植物》）

（2）槐叶蘋科（Salviniaceae） 小型浮水植物。根状茎横走，有须根。叶片小型，2轮或3轮排列；若为3轮，一轮沉于水下，细裂变态成须根悬垂水中，称假根。孢子果生于茎叶的基部，或沿沉水叶成对生；孢子果有大小两种，大孢子果体形较小，内生1个或8～10个大孢子囊，每个大孢子囊内有大孢子1枚；小孢子果体形较大，内生多数小孢子囊，每个小孢子囊内有小孢子64枚；孢子囊均无环带，有柄；孢子异型，大孢子体积远大于小孢子。

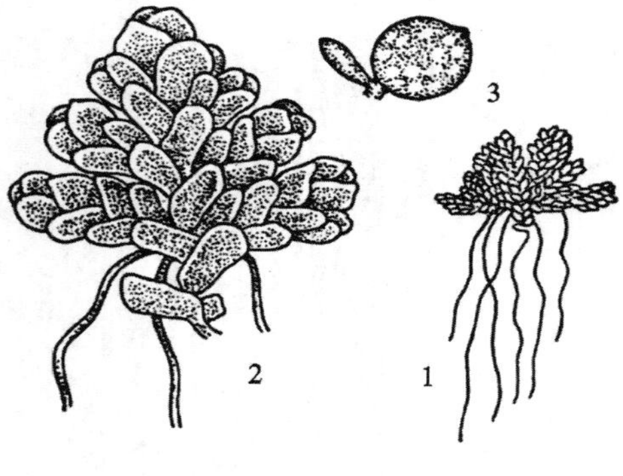

1. 植株；2. 植株部分放大；3. 大、小孢子果。

图11-4-16 满江红

本科有2属21种，产于热带和温带地区；中国有2属5种，各地水域均有分布。常见的有满江红属（*Azolla*）的满江红（*A. pinnata* subsp. *asiatica*）（图11-4-16）。满江红属植物叶片下表面会形成空腔，其内共生有鱼腥藻等，可进行固氮作用，其叶片内的花青素受温度影响会使叶子由绿色变为红色或黄色，因此而得名。

5. 水龙骨目（Polypodiales） 本目是蕨类植物中最大的一个目，包含26科253属约8 700种，遍布世界各地。

（1）凤尾蕨科（Pteridaceae） 根状茎短，具管状或网状中柱，外被鳞片。叶一型或二型，叶柄基部无关节，叶片通常为一至三回以上的羽状复叶或为一至三回二叉掌状分枝，偶为单叶，叶下面被白色或黄色粉末（粉背蕨属），叶脉羽状分离或罕为网状，网眼无内藏小脉。孢子囊群圆形或线形，沿叶缘着生于联结小脉顶端，叶边反卷形成假囊群盖。孢子3沟或单沟。

本科有59属1 200余种，世界广布；中国有23属263种，南北方各地均有。本科常见的有凤尾蕨属（*Pteris*）的井栏边草（*P. multifida*）、铁线蕨属（*Adiantum*）的掌叶铁线蕨（*A. pedatum*）和粉背蕨属（*Aleuritopteris*）的银粉背蕨（*A. argentea*）（图11-4-17）等。【二维码11-11】

11-11

（2）碗蕨科（Dennstaedtiaceae） 根状茎横走。无鳞片或具原始鳞片。叶片一至四回羽状分裂或罕为掌状；叶脉羽状分离或罕为网状，小脉不达叶边。孢子囊群圆形或线形，生于叶缘或近叶边顶生小脉上，囊群盖碗形或线形；孢子囊有长柄，具环带，侧面开裂。

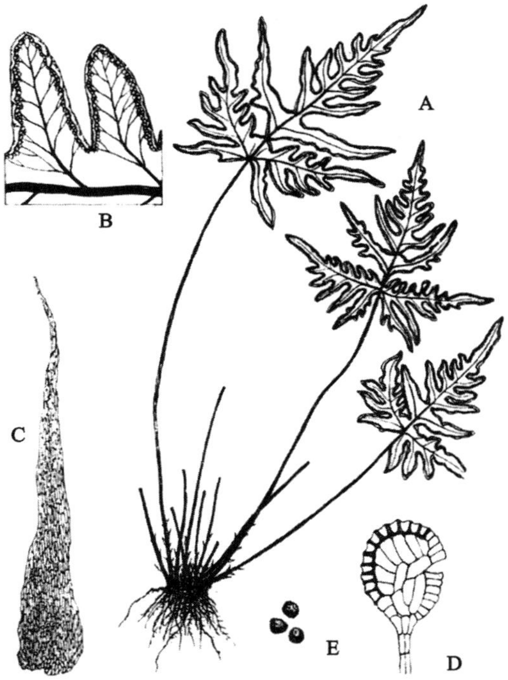

A. 植株;B. 叶边缘,示孢子囊群;C. 鳞片;D. 孢子囊,示环带;E. 孢子。

图 11-4-17 银粉背蕨(引自《中国高等植物》)

本科有 11 属约 300 种,多数见于热带,部分种扩张至温带;中国有 8 属 59 种。本科相较传统观点变化较大,合并了蕨科(Pteridiaceae)、稀子蕨科(Monachosoraceae)和凤尾蕨科的栗蕨属(*Histiopteris*)。本科中常见的有蕨属(*Pteridium*)的蕨(*P. aquilinum* var. *latiusculum*)(图 11-4-18,本章彩图 4),孢子体多年生,高达 1 m 左右,根状茎分枝,横卧,被棕色绒毛。叶每年从根状茎上抽出。叶片大,二至四回羽状复叶。

其嫩叶生时有毒,焯水之后有毒成分水解则可作蔬菜食用,即蕨菜,其根状茎中提取的淀粉可制作蕨根粉食用。

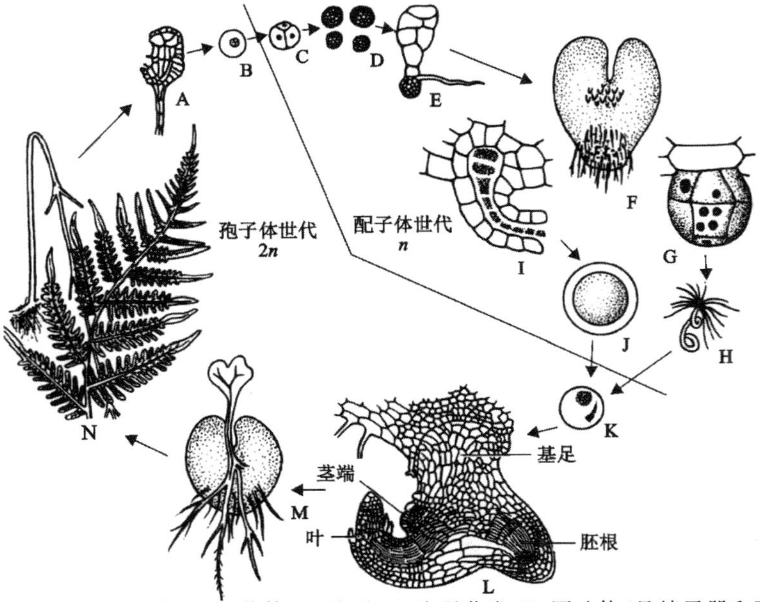

A. 孢子囊;B. 孢子母细胞;C. 四分体;D. 孢子;E. 孢子萌发;F. 原叶体(具精子器和颈卵器);G. 精子器;H. 精子;I. 颈卵器;J. 卵;K. 合子;L. 胚;M. 幼孢子体在原叶体上;N. 孢子体。

图 11-4-18 蕨的生活史

(3)铁角蕨科(Aspleniaceae)　多为中、小型石生或附生草本，有时攀缘。根状茎外被鳞片，具网状中柱。叶片变异很大，单一，深羽裂，或多为一至三回羽状分裂，叶脉分离，有时在近叶边多少结合。孢子囊群线形或近长圆形，常沿小脉上侧着生，有囊群盖。孢子椭圆形或肾形，单裂缝。

本科有2属730余种，见于世界各地；中国有2属134种，南北均有分布。本科较常见的有铁角蕨属(*Asplenium*)的北京铁角蕨(*A. pekinense*)(图11-4-19)。

(4)鳞毛蕨科(Dryopteridaceae)　根状茎短而粗，直立或斜升，密被鳞片。叶簇生或散生，有柄，通常密被鳞片；叶片一至多回羽状或羽裂，极少单叶，叶脉羽状，分离或少有连成网状。孢子囊群圆形，背生或顶生于小脉上，囊群盖棕色或褐色，圆肾形。

A. 植株；B. 鳞片。

图11-4-19　北京铁角蕨(引自《中国高等植物图鉴》)

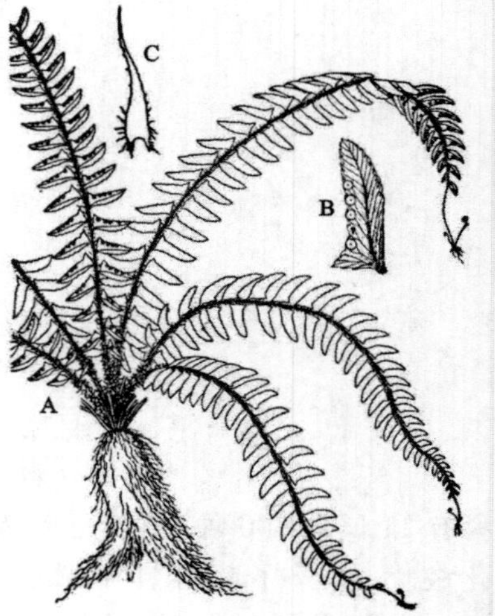

A. 植株；B. 羽片背面，示孢子囊群；C. 鳞片。

图11-4-20　鞭叶耳蕨(引自《中国高等植物图鉴》)

本科有25属2 100余种，世界广布；中国有13属566种，南北方各地均有分布。本科常见的有贯众属(*Cyrtomium*)的贯众(*C. fortunei*)、耳蕨属(*Polystichum*)的鞭叶耳蕨(*P. craspedosorum*)(图11-4-20)等。【二维码11-12】

11-12

(5)水龙骨科(Polypodiaceae)　中型或小型蕨类，通常为附生。根状茎横走，被盾状着生的鳞片。叶一型或二型，叶为单叶至一回羽状；叶脉为各式网状，网眼内藏小脉。孢子囊群盖缺，孢子囊柄长，环带由12～18个增厚细胞组成。孢子肾形，单裂缝或3裂缝。

本科有69属1 600余种，主要分布在热带地区，少数种类见于温带地区；中国有31属298种，南北方各地均有，以南方种类较多。本科中较常见的有槲蕨属(*Drynaria*)的秦岭槲蕨(*D. baronii*)(图11-4-21)等。

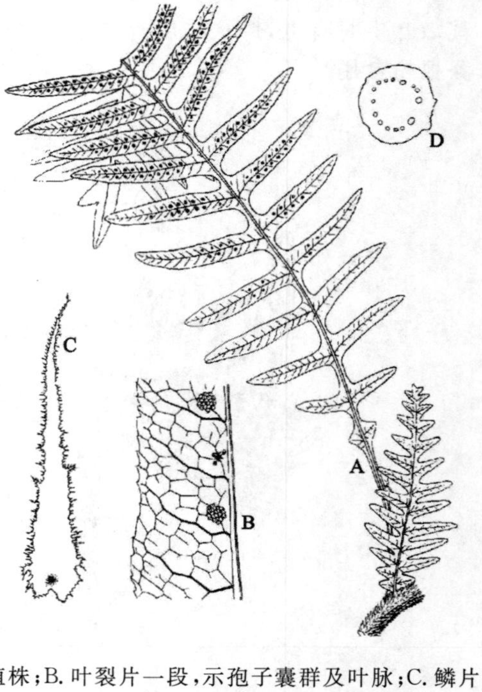

A. 植株；B. 叶裂片一段，示孢子囊群及叶脉；C. 鳞片；D. 根状茎横切面。

图11-4-21　秦岭槲蕨(引自《中国植物志》)

三、石松类和蕨类植物的价值与应用

石松类和蕨类植物与人类的生活关系密切。药用植物有江南卷柏(*S. moellendorffii*)、贯众、海金沙(*Lygodium japonicum*)、蛇足石杉(*Huperzia serrata*)等。一些蕨类植物是优质的绿肥和饲料,如满江红是含氮量很高的绿肥,也是家禽的饲料。一些蕨类植物有着悠久的食用历史,如蕨。石松类和蕨类植物还被应用于环境指示、环境修复、绿化观赏等方面,如石韦属(*Pyrrosia*)可指示石灰岩和钙质土,铁芒萁(*Dicranopteris linearis*)指示酸性土;蜈蚣草(*Pteris vitrata*)具有较强力的砷元素(As)富集作用;铁线蕨、肾蕨(*Nephrolepis cordifolia*)等都是常见观赏植物,人们用其培育出了众多的园艺品种。

第五节 裸子植物

一、裸子植物的主要特征

裸子植物(Gymnosperm)是无花、无子房、无果实的种子植物。主要特征包括:

(1)孢子体发达 裸子植物的孢子体特别发达,绝大多数为多年生木本植物,大多数是单轴分枝的高大乔木,有强大的根系。枝条常具有形成层和次生生长;木质部大多数只有管胞,韧皮部只有筛胞而无筛管和伴胞。叶多为针形、条形或鳞形,极少数为扁平的阔叶;叶表皮有较厚的角质层和下陷的气孔,气孔排列成浅色的气孔带(stomatal band)。

(2)胚珠裸露,形成种子 裸子植物的孢子叶大多数聚生呈球果状(strobiliform),称为孢子叶球(strobilus),通常单性,雌雄同株或异株。小孢子叶(雄蕊)聚生成小孢子叶球(雄球花,staminate strobilus/male cone),每个小孢子叶下面生有贮满小孢子(花粉粒)的小孢子囊(花粉囊)。大孢子叶羽状分裂或特化成珠领、珠鳞、珠托、套被等,丛生或聚生成大孢子叶球(雌球花,ovulate strobilus/female cone),每个大孢子叶的腹面生有胚珠,但不为大孢子叶(心皮)所包被,胚珠裸露。胚珠受精后发育成种子,由胚、胚乳(雌配子体的一部分)和种皮组成。种子的出现,使胚得到了保护及营养物质的供给,有利于植物的繁殖和分布。

(3)配子体退化,常具颈卵器构造 裸子植物的配子体完全寄生在孢子体上,无独立生活的能力。雄配子体是由小孢子发育成的花粉粒,在多数种类中仅由 4 个细胞组成:2 个退化的原叶细胞、1 个生殖细胞和 1 个管细胞。除百岁兰属和买麻藤属外,大多数裸子植物的雌配子体保留有颈卵器。颈卵器结构简单,仅有 2～4 个颈壁细胞、1 个腹沟细胞和 1 个卵细胞,无颈沟细胞,比蕨类植物的颈卵器更为简化。

(4)形成花粉管,受精不再受水的限制 裸子植物的雄配子体即花粉粒,通常由风力传播,经珠孔直接进入胚珠,在珠心上方萌发,形成花粉管。花粉管将生殖细胞产生的 2 个精子直接送到颈卵器内,其中 1 个具有功能的精子与卵细胞结合完成受精。因此,受精不再受到水的限制,对适应陆地生活具有重大意义。

(5)常具多胚现象 裸子植物普遍具有多胚现象(polyembryony),多胚现象的产生有两个途径:一是简单多胚现象(simple polyembryony),由一个雌配子体上的几个颈卵器同时受精,形成多胚;另一种是裂生多胚现象(cleavage polyembryony),由一个受精卵在发育过程中,原胚分裂为几个胚。

裸子植物既不同于石松类和蕨类植物(配子体寄生在孢子体上,产生花粉管,形成种子,因此属于种子植物);又不同于被子植物(胚珠裸露,没有被心皮包被,只形成种子,不形成果实,故称为裸子植物)。裸子植物的生殖器官形态结构上常常并用或混用石松类和蕨类植物、被子植物的一些术语,为对照起见,列表如下(表 11-5-1)。

表 11-5-1　裸子植物与石松类和蕨类植物、被子植物术语对照表

石松类和蕨类植物	裸子植物	被子植物
孢子叶球	孢子叶球或球花	花
小孢子叶球	小孢子叶球或雄球花	雄花
小孢子叶	小孢子叶	雄蕊
小孢子囊	小孢子囊或花粉囊	花粉囊
小孢子母细胞	小孢子母细胞或花粉母细胞	花粉母细胞
小孢子	小孢子或花粉粒（单核花粉）	花粉粒（单核花粉）
雄配子体	成熟花粉粒（4 细胞花粉）	成熟花粉粒（2 细胞花粉或 3 细胞花粉）
大孢子叶球	大孢子叶球或雌球花	雌花
大孢子叶	大孢子叶（珠领、珠托、珠鳞、套被等）	心皮
大孢子囊	珠心	珠心
大孢子母细胞	大孢子母细胞	胚囊母细胞
大孢子	大孢子	胚囊（单核胚囊）
雌配子体	雌配子体（具颈卵器）	成熟胚囊（8 核胚囊）

二、裸子植物的生活史

本教材以松属（*Pinus*）为例介绍裸子植物的生活史（图 11-5-1）。松属植物的孢子体为单轴分枝的常绿乔木，生长到一定年龄时，在孢子体上发育出雄球花和雌球花，雌雄同株。

每年春季，小孢子叶球（雄球花）生于当年新生长枝的基部，每个雄球花由很多小孢子叶螺旋状排列在小孢子叶球的轴上构成。每个小孢子叶的背面（远轴面）有 2 个小孢子囊，囊内小孢子母细胞经减数分裂后形成 4 个小孢子（单核花粉）。小孢子有 2 层壁，外壁向两侧突出形成气囊，有利于风力传播。小孢子最终发育形成含有 1 个生殖细胞、1 个管细胞和 2 个退化原叶细胞的雄配子体，即 4 细胞花粉。晚春，小孢子囊破裂，放出大量的成熟花粉粒，随风飘扬进行传粉。

大孢子叶球（雌球花）1 个或几个生于当年新生长枝的顶端，初生时呈红色，以后变绿，成熟时为褐色。每个雌球花由许多大孢子叶螺旋状排列构成，而大孢子叶由苞鳞和珠鳞两部分组成：其远轴面基部一枚较小的薄片称为苞鳞（bract scale），近轴面有一枚较大而顶部肥厚的部分称为珠鳞（ovuliferous scale）。每 1 个珠鳞的近轴面基部着生有 2 枚倒生胚珠。胚珠仅 1 层珠被，并在胚珠的顶端形成珠孔。珠心内有 1 个细胞发育为大孢子母细胞，经过减数分裂形成 4 个大孢子，排成一列，称为链状四分体。但通常只有远珠孔端的 1 个大孢子发育成雌配子体，其余 3 个退化。

大孢子在珠心内发育，细胞核分裂形成 16～32 个游离核。随着冬季的来临，雌配子体即进入休眠期。翌年春季，雌配子体重新活跃起来，游离核继续分裂至几千个细胞核时，逐渐由周围向中心形成细胞壁，然后靠近珠孔端的几个细胞明显膨大，分化形成 2～7 个颈卵器，其余的细胞则形成胚乳。可见裸子植物的胚乳是由雌配子体的一部分直接发育而来，它与被子植物的胚乳是由受精极核发育形成有着本质的区别。

晚春时成熟花粉粒借助风力传播，飘落在由珠孔溢出的传粉滴中，并随着液体的干涸而吸入珠孔。花粉粒进入珠孔后，管细胞开始伸长，迅速长出花粉管；生殖细胞一分为二，形成 1 个柄细胞和 1 个体细胞（精原细胞）。当花粉管进入珠心相当距离后暂时停止生长、休眠，等待着雌配子体的成熟。翌年春季，花粉管继续伸长，此时体细胞再分裂为 2 个大小不等的精子。当花粉管伸长至颈卵器，1 个大的具功能的精子与卵结合形成受精卵。受精完成后，较小的精子、柄细胞和管细胞解体

消失。从传粉至受精,需 1 年以上时间才能完成。

松属植物具有多胚现象,但最后只有 1 个(很少 2 个或更多)幼胚能正常分化、发育成为成熟的种子的胚。成熟的胚包括胚根、胚轴、胚芽和数个至 10 余个子叶。胚的外面包有雌配子体的一部分发育而来的胚乳,含有丰富的营养。珠被发育为种皮。胚、胚乳和种皮构成种子。在种子发育成熟的过程中,雌球花也不断发育。珠鳞木质化而成为种鳞,不脱落;珠鳞的部分表皮分离出来形成种子的翅,以利风力传播。胚珠发育成种子时,珠鳞和苞鳞愈合并木质化。整个雌球花急剧长大变硬,称为松球果。种子成熟后,种鳞张开,散出种子,在适当条件下,发育为新的孢子体(图 11-5-1)。

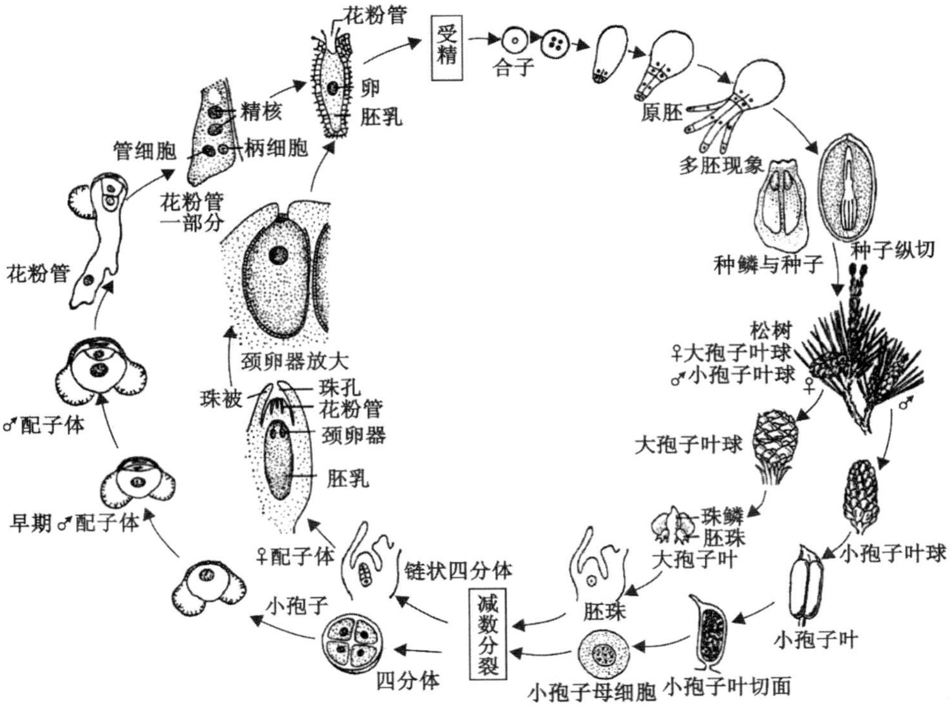

图 11-5-1 松属的生活史

三、裸子植物的分类和常见类群

裸子植物起源于古生代的泥盆纪(4.19 亿年前到 3.59 亿年前),最盛时期是中生代,到现在大多数物种已经灭绝。时至今日,裸子植物在全球只有约 1 200 种,远少于苔藓植物、石松类和蕨类植物、被子植物。中国是裸子植物种类最多、资源最丰富的国家,其中不少是第三纪的孑遗植物,或称“活化石”植物。

现生裸子植物是一个自然类群。基于形态特征和分子系统发育分析结果,杨永等人提出了一个完善的裸子植物分类系统(Yang et al.,2022),将裸子植物分为 3 纲 8 目 13 科 86 属(图 11-5-2)。苏铁纲与银杏纲是姊妹群,它们所包含的类群数量较少,但与松纲的形态有较大差异。在松纲之中,买麻藤目、百岁兰目、麻黄目构成一个单系类群,常被称为买麻藤类(Gnetales);松目、柏目、南洋杉目常被统称为松柏类(Coniferales),是并系类群。由于买麻藤类具有一系列不同于松柏类的特征,过去的分类系统常将买麻藤类独立出来,但分子系统发育分析已反复证明买麻藤类与松目是姊妹群,故杨永等人使用了包含了买麻藤类的广义的松纲的概念。

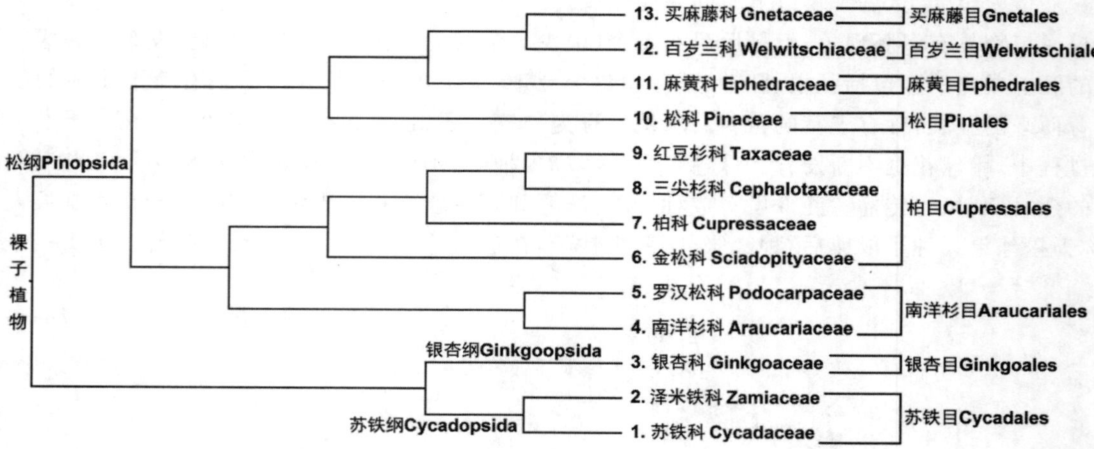

图 11-5-2 **裸子植物的系统发育树**（Yang et al.）

本教材按杨永等人提出的分类系统介绍裸子植物的代表性类群。

（一）苏铁纲（Cycadopsida）

常绿木本，茎干粗壮，常不分枝。叶螺旋状排列，有 2 种，鳞叶小且密被褐色毛，早落；营养叶为大型羽状复叶，集生于茎顶，幼时拳卷（与蕨类植物共有原始特征）。雌雄异株，球花顶生。游动精子具多数鞭毛。

本纲仅有苏铁目（Cycadales）1 目，共 2 科，苏铁科（Cycadaceae）和泽米铁科（Zamiaceae），共 10 属约 381 种，分布于热带和亚热带地区。在中国野生的只有苏铁科，一些泽米铁科的物种为引种栽培。苏铁科仅有苏铁属（*Cycas*），共约 126 种，中国有 25 种，代表植物是苏铁（*C. revoluta*）。

苏铁又称铁树，主干柱状，常不分枝，羽状复叶丛生于茎顶。雌雄异株，大、小孢子叶球分别着生于茎顶叶丛中（图 11-5-3）。

A. 雄株外形；B. 小孢子叶上着生多数小孢子囊；C. 聚生的小孢子囊；D. 雌株外形；
E. 大孢子叶上着生胚珠；F. 雄配子体（示花粉粒）；G. 胚珠的纵切面；H，I. 珠心及雌配子体的部分放大。

图 11-5-3 **苏铁**

苏铁的大孢子叶球球形，大孢子叶密被淡黄色茸毛，上部羽状分裂，下部成狭长的柄，柄的两侧生有 2～6 枚胚珠。胚珠有 1 层珠被，珠心顶端有花粉室，与珠孔相通。珠心中的大孢子母细胞经减数分裂形成大孢子（胚囊），大孢子进而形成 2～5 个颈卵器。颈卵器位于珠孔下方，颈部短小，通常由 2 个细胞组成，腹部是 1 个中央细胞。受精前几天，中央细胞的核分裂为二，形成 2 个细胞，上方是 1 个腹沟细胞，不久解体，下方是 1 个卵细胞。

小孢子叶球长椭圆形，由鳞片状的小孢子叶螺旋状排列而成，每个小孢子叶的背面生有许多由3～5个小孢子囊（花粉囊）组成的小孢子囊群。小孢子囊中的小孢子母细胞（花粉母细胞）经减数分裂，形成小孢子。小孢子在小孢子囊内萌发形成由1个营养细胞（原叶细胞）、1个生殖细胞和1个吸器细胞（管细胞）组成的成熟小孢子。成熟小孢子进入花粉室，管细胞生出花粉管，生殖细胞分裂为柄细胞和体细胞（造精细胞）。体细胞在花粉管中进一步分裂形成2个陀螺形、有多数鞭毛的精子。精子的长可达0.3 mm，是生物界中最大的精子。精卵结合后形成合子，发育成胚，种子成熟时为红色。

苏铁为优美的观赏树种，公园、庭园常见栽培。茎内髓部富含淀粉，可供食用；种子含油和淀粉，有微毒，供药用。

（二）银杏纲（Ginkgoopsida）

银杏纲仅有银杏目（Ginkgoales）银杏科（Ginkgoaceae）银杏属（*Ginkgo*）银杏（*G. biloba*）1种，是世界著名的孑遗植物，原产中国，世界各地广泛栽培。

银杏为落叶乔木，树干高大，枝分顶生营养性长枝和侧生生殖性短枝。叶在长枝上互生，在短枝上簇生；叶片扇形，先端二裂或呈波状缺刻，二叉脉序。雌雄异株。小孢子叶球呈柔荑花序状，生于短枝顶端的鳞片腋内，有短柄，柄端有2个（稀3～7个）悬垂的小孢子囊组成的小孢子囊群。成熟的小孢子为小舟状，具1条宽深的槽，精子多鞭毛。大孢子叶球通常仅有1长柄，柄端具有2个环形的大孢子叶，称为珠领（collar），其内各生有1个直生胚珠。种子核果状，近球形，具3层种皮；成熟时外种皮黄色，肉质；中种皮白色，骨质；内种皮红色，薄纸质；胚乳丰富，肉质；胚具2～3枚子叶，种子萌发时子叶不出土（图11-5-4，本章彩图5）。

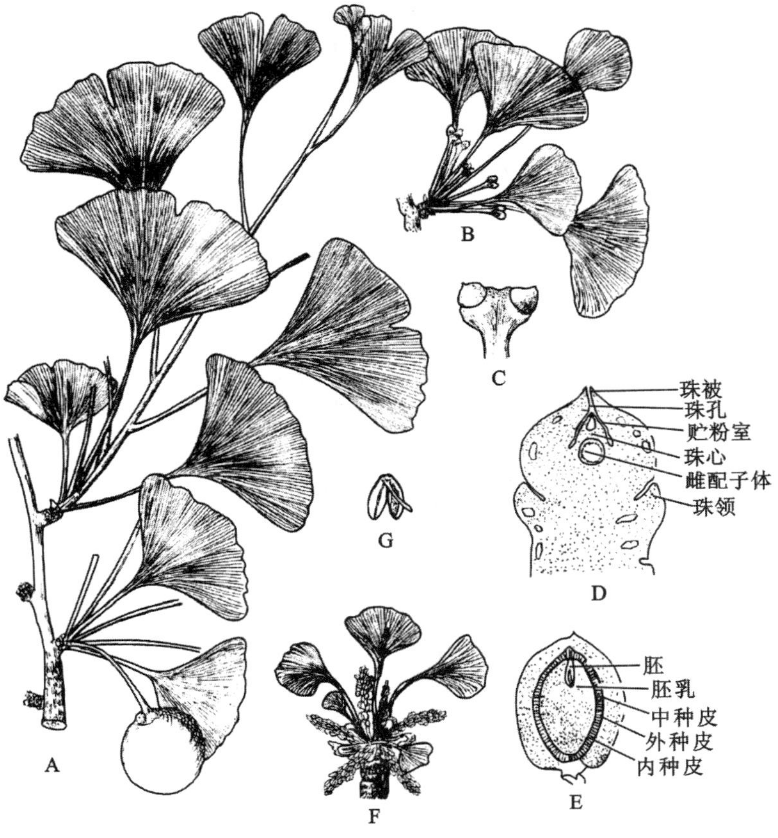

A. 长短枝及种子；B. 生雌球花的短枝；C. 雌球花；D. 胚珠及珠领的纵切面；
E. 种子的纵切面；F. 生雄球花的短枝；G. 小孢子叶。

图11-5-4 银杏（引自周云龙、刘全儒）

目前野生状态的银杏仅分布在中国东部天目山山脉、西南部大娄山山脉以及南部南岭山脉，中国中部和北部那些看上去也像野生种群的银杏种群，其实是西南种群和南部种群在冰后期向北扩张过程中混合形成的。银杏树形优美，春季叶色嫩绿，秋季鲜黄，颇美观，是行道树及园林绿化的珍贵树种。木材优良，可供建筑、雕刻、绘图板、家具等用材。种仁（白果）供食用（多食易中毒）及药用。

（三）松纲（Pinopsida）

松纲是裸子植物中种类最多、分布最广的类群，分为 6 目 10 科，形态特征各异。本教材介绍松纲的一些代表性类群。

1. 柏目（Cupressales）　本目有 4 科 38 属，其中柏科物种最多。

(1) 柏科（Cupressaceae）　乔木，稀灌木，常绿或落叶。有树脂。叶螺旋状排列。球花单性，雌雄同株，稀异株，顶生或腋生；雄球花的小孢子叶、雌球花的具胚珠的种鳞复合体螺旋状着生或交互对生，偶 3 个轮生；小孢子叶（雄蕊）具 2～6 个小孢子囊（花药）；花粉粒无气囊；雌球花有 3～16 枚交叉对生或 3～4 片轮生的珠鳞，珠鳞具 1 至多数直立胚珠，或胚珠单生于两珠鳞之间，苞鳞与珠鳞合生。球果圆球形、卵圆形或圆柱形；种鳞扁平或盾形，木质或近革质，熟时张开，或呈浆果状，熟时不裂或仅顶端微开裂，发育种鳞有 1 至多粒种子；种子周围具窄翅或无翅，或上端有一长一短的翅；子叶 2 枚，稀多枚。

柏科有 31 属约 169 种，中国有野生和常见栽培的共 17 属约 67 种，各地都有分布。

柏科较常见的有杉木属（*Cunninghamia*）的杉木（*C. lanceolata*）（图 11-5-5），为秦岭以南造林面积最大的用材树种；水杉属（*Metasequoia*）的水杉（*M. glyptostroboides*）（图 11-5-6），中国特产，为著名的“活化石”植物，本种野生的是国家一级重点保护植物，自然分布于川东、鄂西及湘西北，现国内外广泛栽培；侧柏属（*Platycladus*）的侧柏（*P. orientalis*）（图 11-5-7A），中国特有，南北均产，是北方干旱区造林的优秀树种，也是常见的庭园绿化树种；柏木属（*Cupressus*）的柏木（*C. funebris*）（图 11-5-7B），生鳞叶小枝排成一平面，下垂，球果小，直径 0.8～1.2 cm，中国特产，分布于黄河以南各地；刺柏属（*Juniperus*）的圆柏（*J. chinensis*）（图 11-5-7C），原产中国，分布于华北、华东、西南及西北地区，也是普遍栽培的庭园树种，有龙柏（*J. chinensis* ‘Kaizuca’）（全为鳞形叶）、塔柏（*J. chinonsis* ‘Pyromidalis’）（多为刺形叶）等品种。

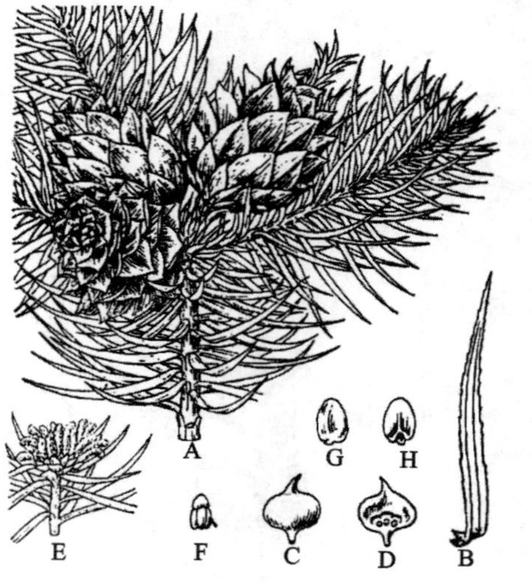

A. 球果枝；B. 叶；C. 苞鳞背面；D. 苞鳞腹面及珠鳞、胚珠；E. 具有雄球花的枝；F. 小孢子叶；G，H. 种子背面、腹面。

图 11-5-5　杉木

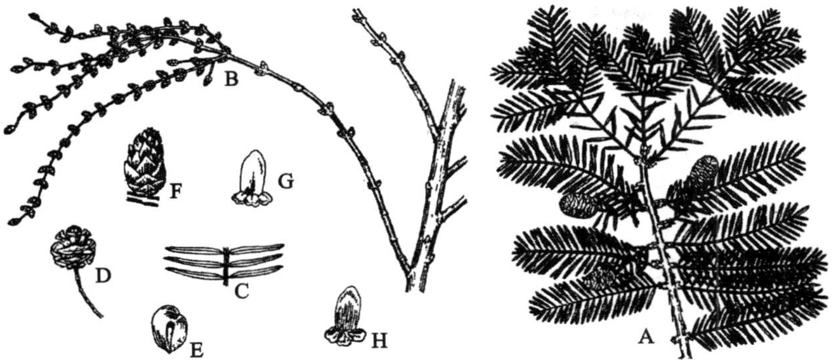

A. 球果枝；B. 具有雄球花的枝；C. 叶；D. 球果；E. 种子；F. 雄球花；G，H. 小孢子叶背面、腹面。

图 11-5-6 水杉

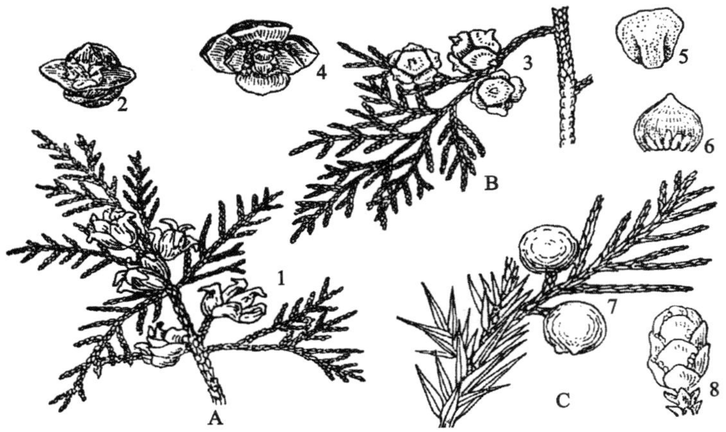

A. 侧柏；B. 柏木；C. 圆柏。

1. 侧柏球果枝；2. 侧柏雌球花；3. 柏木球果枝；4. 柏木雌球花； 5，6. 柏木珠鳞背面、腹面；

7. 圆柏球果枝；8. 圆柏雌球花。

图 11-5-7 侧柏、柏木和圆柏

(2)三尖杉科(Cephalotaxaceae) 常绿乔木或灌木，叶条形或条状披针形，交互对生，在侧枝上扭转成 2 列。球花单性，雌雄异株，稀同株。雄球花 6～11 个聚生呈头状，每个小孢子叶有 2～4(多为 3)个小孢子囊，花粉无气囊。雌球花生于小枝基部苞片的腋部，每一苞片的腋部有 2 枚直立胚珠，胚珠生于囊状的大孢子叶——珠托上。种子于第二年成熟，核果状，全部包于由珠托发育而来的肉质假种皮中，外种皮质硬，内种皮薄膜质。

三尖杉科仅有 1 属，为三尖杉属(*Cephalotaxus*)，共 10 种，中国均有分布。

本科常见的有三尖杉(*C. fortunei*)和粗榧(*C. sinensis*)，均为中国特有的第三纪孑遗植物。三尖杉如图 11-5-8 所示，叶长 4～13 cm，宽 3.5～4.5 mm，先端渐尖成长尖头；分布很广，枝、叶、根、种子可提取生物碱，供药用。

(3)红豆杉科(Taxaceae) 常绿乔木或灌木，叶条形或披针形，螺旋状排列或交互对生。球花单性，雌雄异株，稀同株。雄球花单生于叶腋或苞腋，或集生于枝顶，每个小孢子叶有 4～9 个小孢子囊，花粉无气囊。大孢子叶球单生或 2～3 对组成球序生于叶腋或苞腋，基部生有多数苞片，胚珠 1 枚，直立，生在盘状或漏斗状的大孢子叶——珠托内。种子核果状或坚果状，包于珠托发育来的肉质而鲜艳的假种皮中。

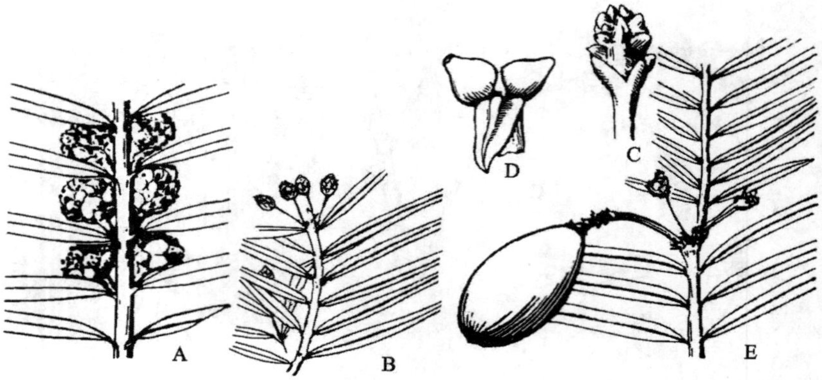

A. 雄球花枝；B. 雌球花枝；C. 雌球花；D. 雌球花上的苞片与胚珠；E. 种子枝。

图 11-5-8　三尖杉

红豆杉科共 5 属 29 种；中国有 4 属 17 种。

本科红豆杉属（*Taxus*）的红豆杉（*T. chinensis*）（图 11-5-9）为珍稀树种，国家一级重点保护植物，常绿乔木，多分枝；叶螺旋状排列，无树脂道，气孔带淡黄或淡绿色；孢子叶球单生；成熟种子核果状或坚果状，生于红色肉质的杯状假种皮中。红豆杉全株具紫杉醇，是重要的药用成分。榧树属（*Torreya*）的榧树（*T. grandis*）是中国特有的第三纪孑遗植物，有重要的经济价值，其种子——香榧子为著名的干果。

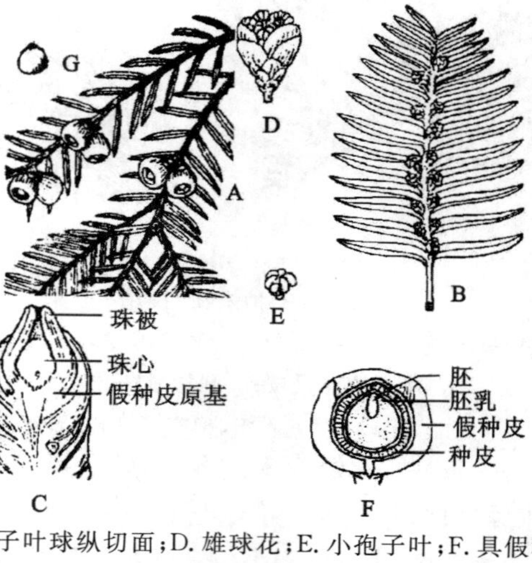

A. 种子枝；B. 雄球花枝；C. 大孢子叶球纵切面；D. 雄球花；E. 小孢子叶；F. 具假种皮的种子纵切面；G. 种子。

图 11-5-9　红豆杉

2. 松目（Pinales）　本目仅有 1 科，即松科（Pinaceae）。

常绿或落叶乔木，叶针形或条形；针形叶 2～5 针成一束，基部包有叶鞘；条形叶在长枝上呈螺旋状散生，在短枝上簇生。球花单性，雌雄同株。小孢子叶球具多数螺旋状着生的小孢子叶，每个小孢子叶具 2 个小孢子囊，花粉多数有气囊。雌球花由多数螺旋状着生的珠鳞和苞鳞所组成，珠鳞与苞鳞分离（仅基部结合），每珠鳞的腹面生有 2 枚倒生胚珠，发育成 2 粒种子。种子常有翅。

松科共有 11 属 272 种；中国有 11 属 120 种。

松属（*Pinus*），常绿乔木，单轴分枝，主干直立，冬芽显著。枝有长枝和短枝之分，长枝上腋内生极短的短枝。叶有两型：鳞叶（原生叶）单生，螺旋状着生，幼时为扁平条形，后逐渐退化成膜质苞片状；针叶（次生叶）螺旋状着生，常 2 针、3 针或 5 针一束，基部常有数枚芽鳞组成的叶鞘包围。球花单性，雌雄同株。球果第二年（稀第三年）秋季成熟，种鳞木质，每种鳞具 2 粒种子，种子上部具长翅。

松属有 120 余种，大多是温带和亚热带针叶林或针阔混交林的建群种或优势种，也是重要用材树种。针叶 2 枚一束的有油松（*P. tabuliformis*）（本章彩图 6）、马尾松（*P. massoniana*）和黄山松（*P. taiwanensis*）；针叶 3 枚一束的有白皮松（*P. bungeana*）；针叶 5 枚一束的有华山松（*P. armandii*）（本章彩图 3）、红松（*P. koraiensis*）和日本五针松（*P. parviflora*）等。

本科常见的还有冷杉属（*Abies*）的臭冷杉（*A. nephrolepis*）、冷杉（*A. fabri*）等；云杉属（*Picea*）的云杉（*P. asperata*）、青杆（*P. wilsonii*）等。【二维码 11-13】

11-13

3. 麻黄目（Ephedrales） 本目仅有麻黄科（Ephedraceae）1 科，麻黄属（*Ephedra*）1 属，约 70 种。中国有 14 种。

麻黄属较常见的有草麻黄（*E. sinica*）（图 11-5-10），植株无直立木质茎，呈草本状，小枝节间较长；叶退化成鳞片状，对生而基部连合；雌雄异株，大孢子叶球成熟时近圆球形，颈卵器存在，种子常 2 粒。分布于我国东北、华北及西北等地区，是著名的药用植物，含麻黄碱。

4. 买麻藤目（Gnetales） 本目仅有买麻藤科（Gnetaceae）1 科，买麻藤属（*Gnetum*）1 属，46 种，分布于热带地区。中国有 9 种。

买麻藤（*G. montanum*）（图 11-5-11）为常绿木质藤本；叶卵状椭圆形，对生；雄球花序一至二回三出分枝，排列疏松；雌球花序侧生于老枝上，雌配子体不形成颈卵器。分布于我国华南地区及云南等地。

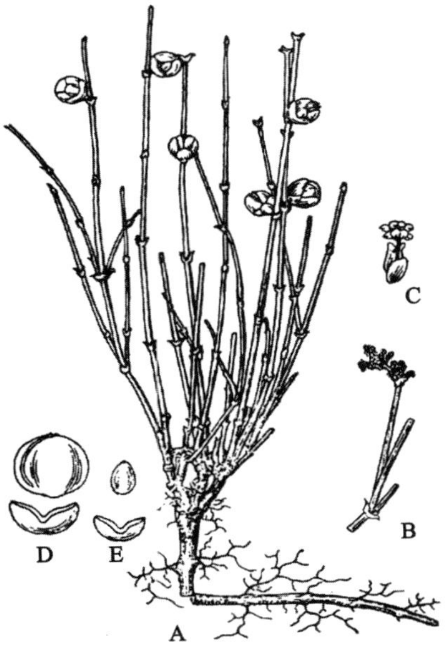

A. 具雌球花的雌株；B. 具雄球花的雄株；C. 雄球花；D. 雌球花及苞片；E. 种子及苞片。

图 11-5-10 草麻黄

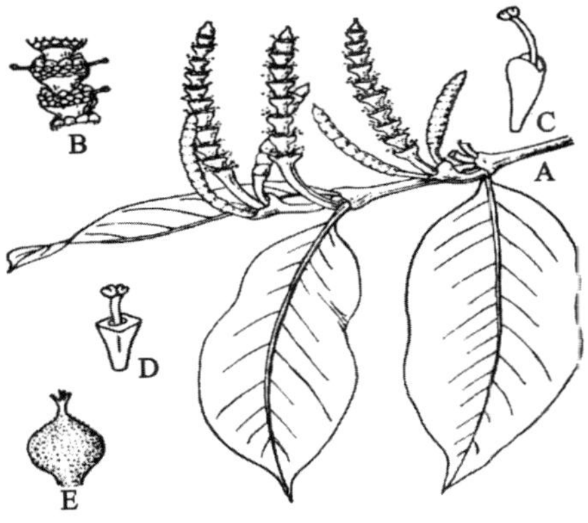

A. 具有雄球花序的枝；B. 雄球花序部分放大；C、D. 雄球花；E. 雌球花。

图 11-5-11 买麻藤

四、裸子植物的生态意义与经济价值

（一）生态意义

裸子植物是全球植被生态系统的关键类群之一，地球上 39% 的森林由松柏类裸子植物组成，而且裸子植物是南北半球很多温带森林的优势成分。很多针叶树终年常绿，如雪松、水杉、侧柏和罗汉松等，其树形优美，为美化庭院、绿化环境的常用树种；苏铁、银杏可作行道树及园林绿化的珍贵树种。此外，很多裸子植物因树龄高而记录了历史气候和环境变化信息，是树木年轮学的重要研究对象，可揭示环境演变规律。

(二)经济价值

松科、柏科等的许多物种是林业生产上的主要用材树种，材质优良；银杏、华山松、红松、香榧等的种子可供食用；红豆杉、麻黄等物种是重要的药用植物。

第六节　被子植物

一、被子植物的主要特征

被子植物(Angiosperm)又称有花植物(flowering plants)，是植物中最复杂、最繁茂和分布最广的一个类群。自其从中生代出现以来，迅速发展繁盛，目前已知的被子植物至少有30万种，中国有超过3万种。被子植物的主要特征如下。

(1)具有真正的花　典型的被子植物花由花萼、花冠、雄蕊群和雌蕊群四部分组成。被子植物花的各部分在数量和形态上变化多样，这些变化是在演化过程中，适应于虫媒、鸟媒、风媒或水媒等各种类型的传粉方式，被自然界选择，得以保留，并不断加强形成的。

(2)具有雌蕊和果实　雌蕊由心皮组成，包括子房、花柱和柱头三部分。胚珠包藏在子房内，得到子房保护，避免昆虫咬噬和水分丧失。子房在受精后发育成果实，果实具有不同的色、香、味；多种开裂方式；果皮上常有各种钩、刺、翅、毛。果实所有这些特点，对于保护种子成熟、帮助种子散布有着十分重要的作用。

(3)具有双受精现象　被子植物受精时2个精细胞进入胚囊，1个与卵细胞结合形成合子；1个与2个极核结合，形成三倍体的初生胚乳核，再发育成胚乳。幼胚以具有双亲遗传特性的三倍体胚乳为营养，使新植物体具有更强的生活力和适应性。

(4)孢子体高度发达　被子植物的孢子体在形态、结构、生活型等方面都比其他各类群更完善，更具多样性。有高大的乔木，也有非常小的草本；有寿命长达几千年的龙血树(*Dracaena draco*)，也有几周内开花结实完成生命周期的短命植物；有水生植物，也有在各种陆地环境中生长的植物；有自养植物，也有腐生和寄生植物。在解剖构造上，被子植物的输导组织更完善，木质部有导管，韧皮部有筛管和伴胞，使得体内物质运输更畅通。

(5)配子体进一步退化，寄生在孢子体上　被子植物的小孢子(单核花粉)发育为雄配子体。大部分雄配子体仅具2个细胞(2细胞花粉)，其中1个营养细胞，1个生殖细胞；少数植物在传粉前生殖细胞分裂1次，产生2个精子，这类植物的雄配子体为3细胞花粉。被子植物的大孢子发育为成熟的雌配子体，称为胚囊。胚囊通常有8核或7细胞:3个反足细胞，2个极核(或1个中央细胞)，2个助细胞和1个卵细胞。被子植物的雌、雄配子体均无独立生活的能力，终生寄生在孢子体上，结构上比裸子植物更简化。

被子植物的上述特征，使它具备了在生存竞争中适应各种环境的能力。被子植物的出现和发展，不仅大大改变了植物界的面貌，使大地变得郁郁葱葱、绚丽多彩，而且促进了动物，特别是以被子植物为食的昆虫和相关哺乳类动物的发展，使整个生物界发生了巨大的变化。

二、被子植物的类群及分类

传统分类系统主要通过比较植物根、茎、叶、花、果、种子的宏观形态特征，以及解剖结构、胚胎发育、花发育、花粉形态、染色体数目和染色体基数、化学成分等的差异，推测亲缘关系并建立分类系统。有时还依据化石记录等古生物学证据推测类群的起源和演化情况。19世纪晚期以来，分类学家提出了多个被子植物分类系统，如恩格勒系统、哈钦松系统、塔赫他间系统、克朗奎斯特系统等。不同的学者依据不同的证据推断亲缘关系的远近，建立的分类系统存在不少差异。近年来，随着分子生物学技术的发展，以DNA序列为基础的分子系统发育分析结果为分类系统的修订提供了全新的视角。被子植物系统发育研究组（APG）建立了基于分子系统发育的被子植物分类系统（APG系统）。被子植物的分类详见第十二章。

本章小结

植物所包含的范围，依据能光合作用、自养的生物为广义的植物的概念，植物基本类群包括多种藻类和有胚植物。

藻类是多系类群，包括若干来源不同的类群，是一类具有光合色素、能独立生活的自养生物，没有根、茎、叶分化。依据内共生学说，将藻类分为原核藻类（蓝藻门）、具双层叶绿体膜的真核藻类（灰色藻门、红藻门、绿藻门）、叶绿体外有1层叶绿体内质网膜的真核藻类（裸藻门、甲藻门、顶复门）和叶绿体外有2层叶绿体内质网膜的真核藻类（隐藻门、异鞭藻门和普林藻门）四大类。

地衣是藻类和真菌共同生活而形成的共生体，其形态、结构、生理、遗传等方面都形成了一个独立的固定有机体。构成地衣的藻类有蓝藻和绿藻，真菌有子囊菌和担子菌。藻类位于共生体的内部，菌丝缠绕在藻细胞上，并从外面包围藻类。地衣类根据形态可分为壳状地衣、叶状地衣和枝状地衣等三种类型。也可以根据内部构造分为同层地衣和异层地衣两种类型。

苔藓植物、石松类和蕨类植物、裸子植物和被子植物属于有胚植物，又称陆生植物，也常被称为高等植物，是单系类群。有胚植物中，苔藓植物、石松类和蕨类植物的雌性生殖器官为颈卵器，部分裸子植物中也有退化的颈卵器，故将它们合称为颈卵器植物；石松类和蕨类植物、裸子植物和被子植物的植物体内具有维管系统，合称为维管植物；裸子植物和被子植物合称为种子植物。

苔藓植物是一群小型的非维管陆生有胚植物，外形为拟茎叶体或叶状体，具假根；有性生殖器官形成颈卵器和精子器，其生活史为配子体占优势的异形世代交替；孢子体不能独立生活，寄生于配子体上。BPG系统将苔藓植物分为地钱门、角苔门和真藓门。

石松类和蕨类植物是一群具有根、茎、叶分化的孢子植物，又是不产生种子的维管植物。蕨类植物的维管组织分化水平较低，木质部主要由管胞和木薄壁细胞组成，仅少数种类具导管，韧皮部主要由筛胞和韧皮薄壁细胞组成。绝大多数无维管形成层，仅有初生结构。孢子体的根为不定根，主根不发育，仅松叶蕨类具假根；叶分为小型叶和大型叶，营养叶（不育叶）和孢子叶（能育叶），单叶和复叶。真蕨类的孢子囊聚集成囊群，生于孢子叶背面或背面边缘，具囊群盖或无。其配子体微小，生于地下与真菌共生（松叶蕨、石松类中的一些科），或绿色自养（原叶体），均具假根，生殖器官为颈卵器和精子器，精子均具鞭毛。受精过程必须有水的条件。生活史类型为孢子体发达的异形世代交替，配子体微小，孢子体、配子体均能独立生活。PPG Ⅰ系统将传统的蕨类植物分为石松纲和水龙骨纲两个类群。

裸子植物是无花、无子房、无果实，有维管组织、具颈卵器、产生花粉管并形成种子的有胚植物。花粉管的产生，使受精作用摆脱了水的束缚；种子的形成既利于胚的保护和幼孢子体的成长，又便于传播；其生活史为孢子体发达的异形世代交替；孢子体多为高大木本，可产生明显的次生木质部，无导管；配子体退化，寄生在孢子体上，雌配子体尚有颈卵器，只有一个精子在颈卵器内受精，有多胚现象；其种子由3个世代产物组成：胚是新一代孢子体，胚乳是雌配子体（n），种皮是老一代孢子体。裸子植物分为苏铁纲、银杏纲、松纲。

被子植物是植物界中形态结构最复杂、种类最繁多、分布最广的类群，最显著的特征是：具有真正的花；具有雌蕊和果实；胚珠包被在子房内，形成果实；具有双受精现象。

复习与思考

1. 植物分为哪些基本类群？各类群有什么特征？
2. 结合自己的专业，简述学习植物分类学对专业学习的意义。
3. 论述裸子植物比苔藓植物、石松类与蕨类植物更进一步摆脱了对水依赖的原因。
4. 植物在演化过程中是怎样适应陆地生活的？

数字课程学习资源

课程视频　学习课件　知识结构图　练习题　参考答案

1.睡莲科——白睡莲（*Nymphaea alba*）

2.五味子科——东亚五味子（*Schisandra elongata*）

3.木兰科——荷花木兰（*Magnolia grandiflora*）

4.金粟兰科——银线草（*Chloranthus japonicus*）

5.天南星科——一把伞南星（*Arisaema erubescens*）

6.泽泻科——东方泽泻（*Alisma orientale*）

7.百合科——绿花百合（*Lilium fargesii*）

8.兰科——毛杓兰（*Cypripedium franchetii*）

9.鸢尾科——鸢尾（*Iris tectorum*）

10.石蒜科——石蒜（*Lycoris radiata*）

11.鸭跖草科——鸭跖草（*Commelina communis*）

12.莎草科——香附子（*Cyperus rotundus*）

13.禾本科——稻（*Oryza sativa*）

14.金鱼藻科——金鱼藻（*Ceratophyllum demersum*）

15.罂粟科——虞美人（*Papaver rhoeas*）

16.毛茛科——毛茛（*Ranunculus japonicus*）

17.景天科——佛甲草（*Sedum lineare*）

18.蒺藜科——蒺藜（*Tribulus terrestris*）

19.豆科——豌豆（*Pisum sativum*）

20.蔷薇科——苹果（*Malus pumila*）

21.胡颓子科——牛奶子（*Elaeagnus umbellata*）

22.鼠李科——酸枣（*Ziziphus jujuba* var. *spinosa*）

23.桑科——桑（*Morus alba*）

24.壳斗科——栗（*Castanea mollissima*）

25.胡桃科——胡桃（*Juglans regia*）

26.葫芦科——黄瓜（*Cucumis sativus*）

27.杨柳科——垂柳（*Salix babylonica*）

28.大戟科——泽漆（*Euphorbia helioscopia*）

29.牻牛儿苗科——牻牛儿苗（*Erodium stephanianum*）

30.芸香科——枳（*Citrus trifoliata*）

31.锦葵科——锦葵（*Malva cathayensis*）

32.十字花科——萝卜（*Raphanus sativus*）

33.石竹科——鹅肠菜（*Stellaria aquatica*）

34.苋科——小藜（*Chenopodium ficifolium*）

35.蓝果树科——珙桐（*Davidia involucrata*）

36.柿科——柿（*Diospyros kaki*）

37.杜鹃花科——照山白（*Rhododendron micranthum*）

38.龙胆科——秦艽（*Gentiana macrophylla*）

39.夹竹桃科——鹅绒藤（*Cynanchum chinense*）

40.旋花科——田旋花（*Convolvulus arvensis*）

41.茄科——马铃薯（*Solanum tuberosum*）

42.木樨科——女贞（*Ligustrum lucidum*）

43.车前科——阿拉伯婆婆纳（*Veronica persica*）

44.唇形科——夏枯草（*Prunella vulgaris*）

45.列当科——地黄（*Rehmannia glutinosa*）

46.青荚叶科——青荚叶（*Helwingia japonica*）

47.菊科——一年蓬（*Erigeron annuus*）

48.伞形科——野胡萝卜（*Daucus carota*）

◉◉○ 第十二章 | 被子植物分类

被子植物是高等植物中种类最多、形态结构最复杂、功能最多样化的植物类群，从热带到两极，从高山到平原，从陆地到水体，都分布着种类繁多的被子植物。据统计，现代生存的被子植物已知约有 416 科 1.3 万属 30 万种，而且新的物种还在不断地被发现，全世界平均每年约有 2 000 个植物新物种被发现和描述。中国幅员辽阔，环境多样，是世界上被子植物种类最丰富的地区之一，有被子植物约 272 科 3 400 属 3.2 万种。

第一节　被子植物的分类系统

根据被子植物物种之间亲缘关系的由近及远，建立一套包含属、科、目、纲等级别的体系，将每种植物都纳入这样的体系之中，即建立了一套被子植物分类系统。构建分类系统主要通过比较植物根、茎、叶、花、果、种子的宏观形态特征，以及解剖结构、胚胎发育、花发育、花粉形态、染色体数目和染色体基数、化学成分等的差异，推测亲缘关系并建立分类系统。有时还依据化石记录等古生物学证据推测类群的起源和演化情况。19 世纪晚期以来，分类学家们提出了各种各样的被子植物分类系统，不同的学者依据不同的证据推断亲缘关系的远近，建立的分类系统存在不少差异。【二维码 12-1】自 20 世纪末期以来，以 DNA 序列为基础的分子系统发育分析结果为分类系统的修订提供了全新的视角。

12-1

一、恩格勒系统

恩格勒系统是德国植物学家恩格勒(A. Engler)于 1892 年编制的一个分类系统。在他与柏兰特(K. Prantl)合著的《植物自然科志》(1897)和他自己所著的《植物自然分科纲要》中均应用了该分类系统(图 12-1-1)。恩格勒系统的主要特点是：

(1)赞成假花学说，认为柔荑花序类植物，特别是轮生目、杨柳目最为原始。

(2)花的演化规律是由简单到复杂；由无被花到有被花；由单被花到双被花；由离瓣花到合瓣花；花由单性到两性；花部由少数到多数；由风媒到虫媒。

(3)认为被子植物是二元起源的，双子叶植物和单子叶植物是平行发展的两支。在他所著的《植物自然分科纲要》一书中，将单子叶植物排在双子叶植物前面，同书 1964 年的第 12 版，由迈启耳(Melchior)修订，已将双子叶植物排在单子叶植物前面。

(4)恩格勒系统包括整个植物界，将植物界分为 13 门，1～12 门为隐花植物，第 13 门为种子植物门。种子植物门分为裸子植物亚门和被子植物亚门。裸子植物亚门分为 6 个纲，被子植物亚门分为单子叶植物纲和双子叶植物纲。

恩格勒系统是植物分类学史上第一个比较完善的分类系统。然而，恩格勒系统存在一些重大缺陷，如将柔荑花序类作为最原始的被子植物的观点，以及一些具体科的范围划分，现在已被证实不合理。但由于恩格勒系统发表时间早、影响大，很多早期出版的著作，如《中国植物志》以及《秦岭植物志》等地方植物志，都曾采用恩格勒系统编排被子植物，读者在使用这些著作时应注意与时俱进，与现在更合理的分类系统相对应。

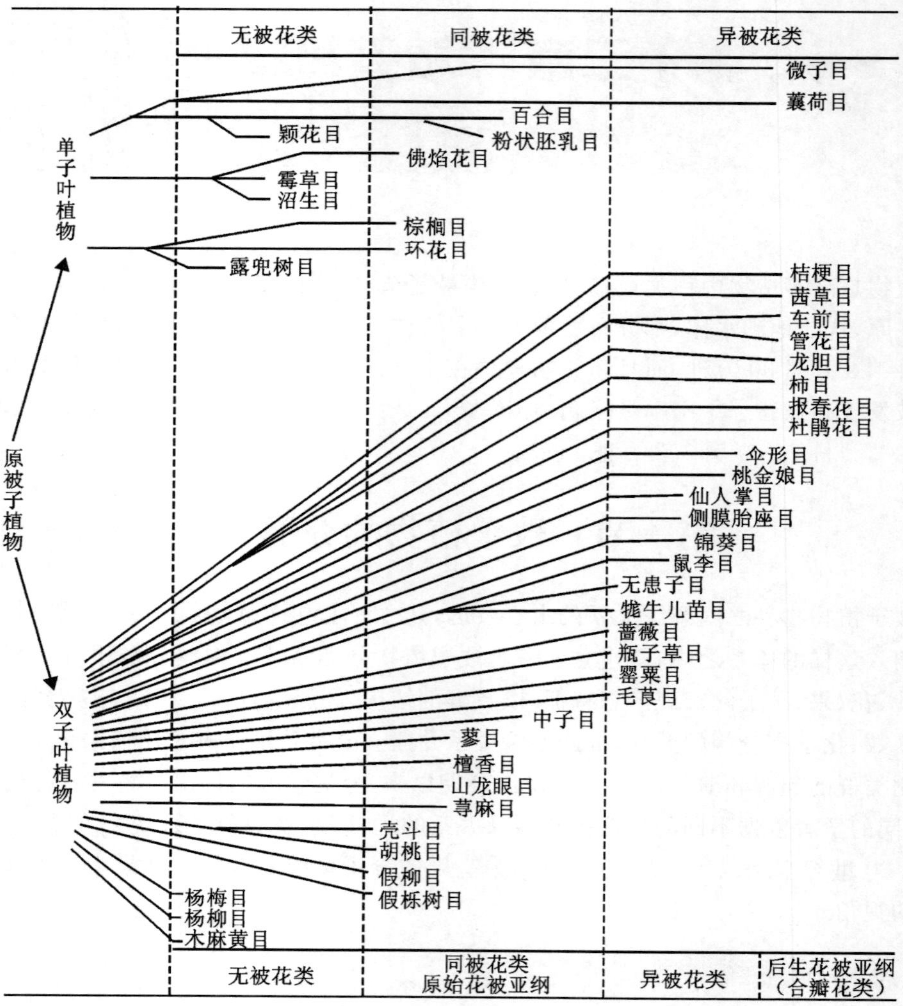

图 12-1-1 恩格勒被子植物分类系统(1897)

二、哈钦松系统

哈钦松(J. Hutchinson)是英国著名植物分类学家，著有《有花植物科志》，分两册，分别于 1926 年和 1934 年出版，他在书中发表了自己的分类系统。到 1973 年已经几次修订(图 12-1-2)，包括 111 目 411 科。哈钦松系统的特点如下。

(1)以真花学说和单元起源为理论基础，认为木兰目、毛茛目为被子植物的原始类群，而柔荑花序类不是原始类群；单子叶植物起源于毛茛目。

(2)花的演化规律是由两性到单性；由虫媒到风媒；由双被花到单被花或无被花；由雄蕊多数且分离到定数且合生；由心皮多数且分离到定数且合生。

(3)双子叶植物在早期就分为草本群、木本群两支。木本支以木本植物为主，其中有后来演化为草本的大戟目、锦葵目等，以木兰目最原始。草本支以草本植物为主，但也有木本的小檗目等，以毛茛目最原始。柔荑花序类各科来源于金缕梅目。单子叶植物为三大支:萼花群、瓣花群和颖花群。

哈钦松系统把多心皮类作为演化起点,在不少方面正确阐述了被子植物的演化关系。该系统问世后,很快就引起了各国的重视和引用。但这一系统也存在某些问题,如将双子叶植物分为木本群和草本群,人为性较大,为一些分类学者所不赞成。半个世纪以来,许多学者对此进行了多方面修订,塔赫他间系统、克朗奎斯特系统都是在此基础上发展起来的。

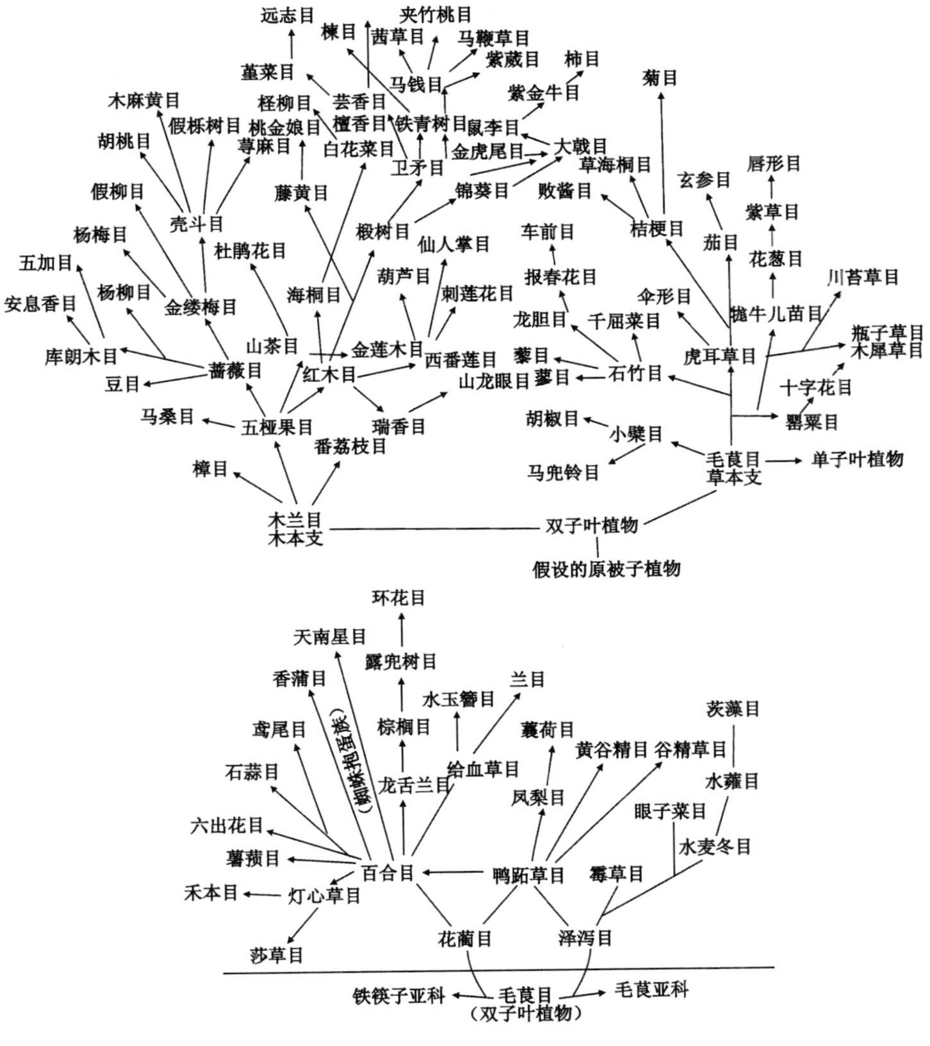

图 12-1-2 哈钦松被子植物分类系统(1973)

三、塔赫他间系统

苏联植物学家塔赫他间(A. Takhtajan)于 1954 年出版了《被子植物起源》一书,发表了自己的系统,到 1980 年已作过多次修改(图 12-1-3),将被子植物分为 2 纲 10 亚纲 28 超目 92 目 410 科,其中木兰纲包括 7 亚纲 20 超目 71 目 333 科,百合纲包括 3 亚纲 8 超目 21 目 77 科。塔赫他间系统的要点如下。

(1)赞成真花说,认为被子植物可能来源于裸子植物的原始类群种子蕨,并通过幼态成熟演化而成;主张单元起源说。

(2)认为两性花、双被花、虫媒花是原始的性状。

(3)取消了离瓣花类、合瓣花类、单被花类(柔荑花序类);认为杨柳目与其他柔荑花序类差别大,这与恩格勒和哈钦松系统都不同。

(4)草本植物是由木本植物演化而来;双子叶植物中木兰目最原始,单子叶植物中泽泻目最原始;泽泻目起源于双子叶植物的睡莲目;柔荑花序类各目起源于金缕梅目。

塔赫他间分类系统打破了离瓣花和合瓣花亚纲的传统分法,增加了亚纲,调整了一些目、科,各目、科的安排更为合理。如把连香树科独立为连香树目,把原属毛茛科的芍药属独立成芍药科等,和当今植物解剖学、染色体分类学的发展相吻合,比以往的系统前进了一步。

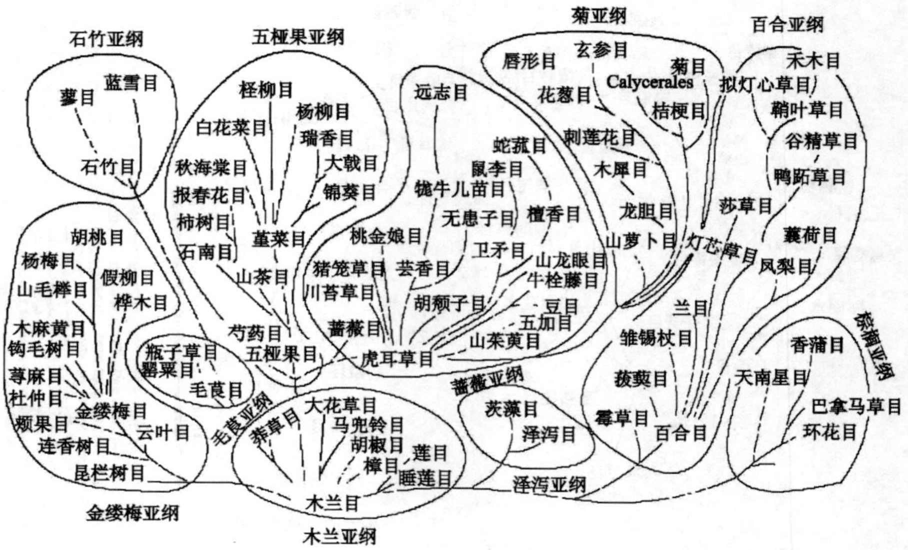

图 12-1-3　塔赫他间被子植物分类系统(1980)

四、克朗奎斯特系统

美国植物分类学家克朗奎斯特(A. Cronquist)1957年在所著的《双子叶植物目科新系统纲要》一书中发表了自己的系统,并在1968年所著的《有花植物分类和演化》一书中进行了修订,1981年又作了修改(图12-1-4),包括2纲11亚纲83目384科。克朗奎斯特系统要点如下。

(1)采用真花学说及单元起源观点,认为有花植物起源于已绝灭的原始裸子植物种子蕨。

(2)木兰目为现有被子植物最原始的类群;单子叶植物起源于类似现代睡莲目的祖先,由睡莲目的祖先发展到泽泻目,并认为泽泻亚纲是百合亚纲演化线上近基部的一个侧支。

(3)现有被子植物各亚纲之间都不可能存在直接的演化关系。

克朗奎斯特系统接近于塔赫他间系统,但个别亚纲、目、科的安排仍有差异。该系统简化了塔赫他间系统,取消了超目,科的数目有了压缩,在各级分类系统安排上,似乎比前几个分类系统更合理,更完善。但对其中的一些内容和论点又存在着新的争论。例如单子叶植物起源问题,塔赫他间和克朗奎斯特都主张由睡莲目发展为泽泻目,塔赫他间还具体提出了"莼菜—泽泻起源说"。但日本的田村道夫(M. Tamura)提出了由毛茛目发展为百合目的看法。1978年中国杨崇仁等人,从5种化学成分的比较上,也认为单子叶植物的起源不是"莼菜—泽泻起源",而应该是"毛茛—百合起源"。他们所分析的5种化学成分中的异喹啉类生物碱在单子叶植物中多见于百合科,在双子叶植物中,毛茛科是这种化学成分的分布中心,而睡莲目迄今未发现有这种生物碱的存在。

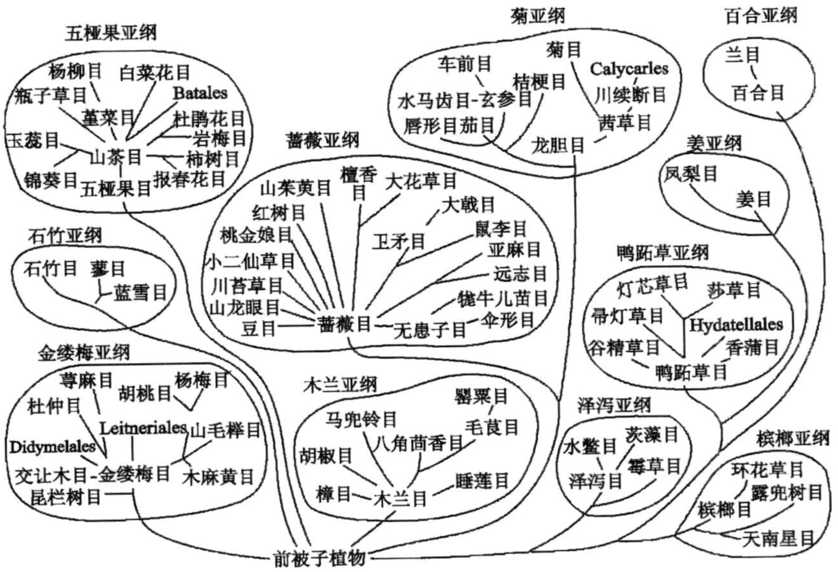

图 12-1-4 克朗奎斯特被子植物分类系统(1981)

五、吴征镒被子植物八纲系统

中国植物分类学家吴征镒等人(1998，2002)提出了被子植物“多系一多期一多域”起源理论，认为将被子植物分为单子叶植物和双子叶植物的做法，不能真实反映被子植物的演化历史，认为在早白垩纪结束之前，被子植物发生了一次辐射演化，已出现8条主传代线，因此以“纲”级来命名这些传代线，以显示被子植物内部的主要演化趋向，故称“八纲系统”。将被子植物分为8个纲，即木兰纲、樟纲、胡椒纲、石竹纲、百合纲、毛茛纲、金缕梅纲、蔷薇纲，40亚纲202目572科。吴征镒的八纲系统打破了被子植物一级分类划分为双子叶植物和单子叶植物的做法，有一定的合理性，但其划分的某些纲是并系类群，具体亚纲、目的演化关系也有待进一步研究。

六、被子植物APG系统

APG(Angiosperm Phylogeny Group)是由世界多国植物系统学家组成的“被子植物系统发育研究组”发表的基于分子系统发育结果的分类系统。APG系统最初于1998年发表，并于2003年经历修订(称为APG Ⅱ系统)，又分别在2009年(称为APG Ⅲ系统)、2016年(称为APG Ⅳ系统)修订完善，目前最新的版本即是APG Ⅳ系统(图12-1-5)。随着科学的不断发展和技术的进步，被子植物分类的新观点还会不断出现，APG系统未来还将继续修订完善。【二维码12-2】

12-2

APG系统以分支分类学和分子系统发育学为研究方法，以单系性原则界定植物分类群，即每一个目、每一个科等分类群，都应该是单系类群，而不能是并系或多系类群。判断植物类群之间的亲缘关系，传统分类系统主要采用各种形态学证据，并结合染色体分析、化学成分分析等方面的证据，而APG系统主要使用基于基因序列的系统发育树研究类群之间的亲缘关系，划分具体目、科时，也要参考包括形态学证据在内的多学科证据。

APG Ⅳ系统的主要特点如下。

(1)将被子植物分为64目416科，64个目之间的演化关系由系统发育树表示(图12-1-5)，各目包含的科多寡不一。在目等级以上，没有设立纲、亚纲、超目等级，而是使用了“分支”的概念来称呼某些特定的单系类群，如木兰类分支、单子叶植物分支、真双子叶植物分支等。

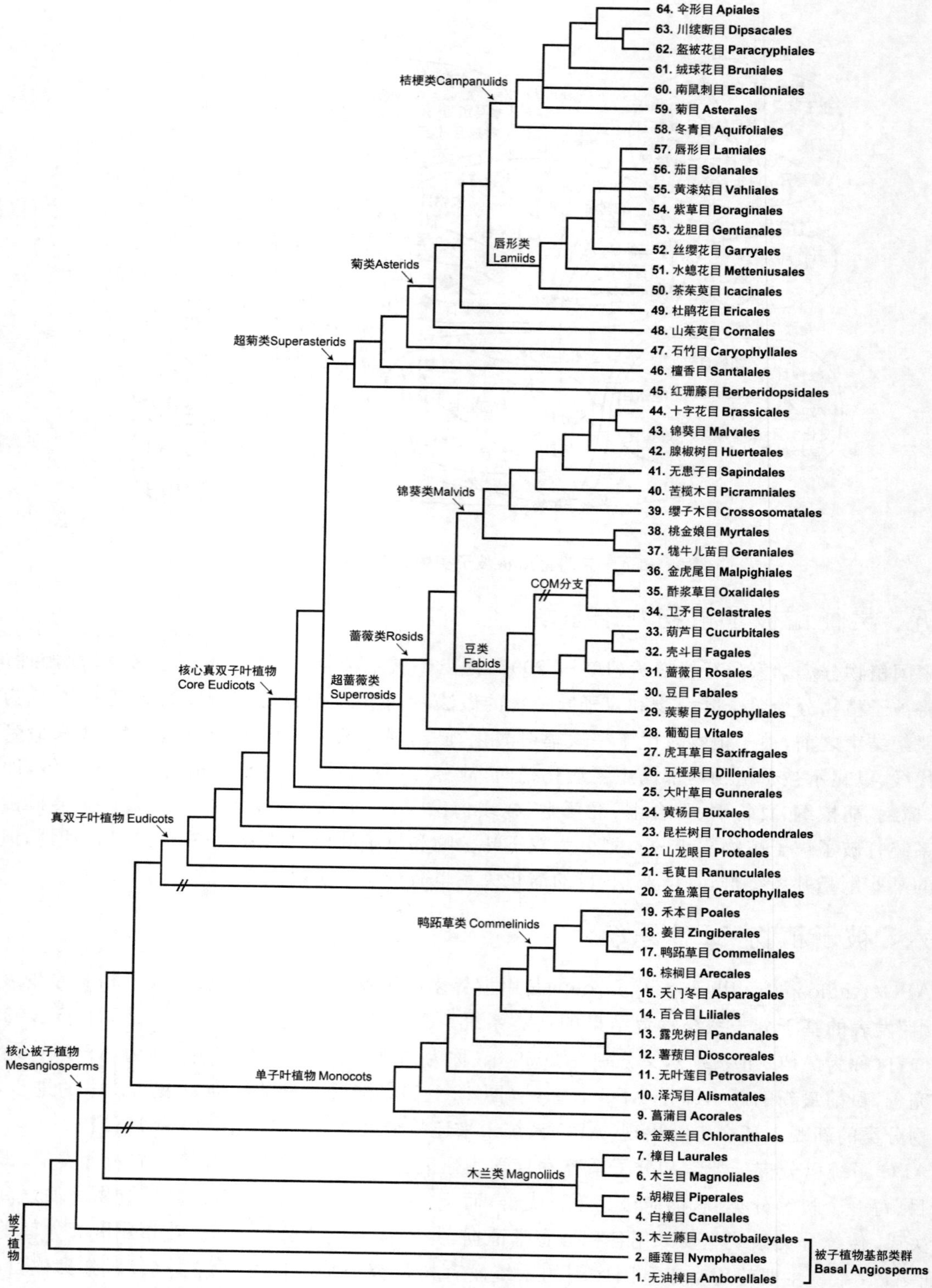

图 12-1-5　**被子植物** APG Ⅳ **分类系统中** 64 **个目的系统发育关系(标注双斜线的分支位置存争议)**

(2)现存被子植物的基部类群包括无油樟目(Amborellales)、睡莲目(Nymphaeales)、木兰藤目(Austrobaileyales),它们也被称作 ANA 演化阶,是最早与其他被子植物分歧的类群。ANA 演化阶组成并系类群,而非单系类群,不能被称作分支。

(3)除 ANA 演化阶外,其余被子植物组成核心被子植物分支,又包括 5 大分支,即木兰类、金粟兰目、单子叶植物、金鱼藻目、真双子叶植物。这5大分支之间的亲缘关系存在很大的不确定性，图12-1-5是APG系统给出的主要基于叶绿体基因的结果，而在其他基因构建的系统发育树上这5大分支的关系不同，可能是核心被子植物早期经历过快速的辐射演化所致。

(4)单子叶植物组成了单系的分支，而双子叶植物是并系类群，因此不使用"双子叶植物"的概念。

(5)真双子叶植物分支中划分了核心真双子叶植物、超蔷薇类、蔷薇类、豆类、锦葵类、超菊类、菊类、唇形类、桔梗类等在目以上的分支。

(6)一些类群的亲缘关系尚不清楚或存在争议，有待进一步研究，如金粟兰目处于多歧分支中，金鱼藻目的位置存在长期争议，COM分支属于豆类还是锦葵类尚待解决，龙胆目、紫草目、黄漆姑目、茄目、唇形目处于多歧分支中。

APG系统对被子植物系统学和分类学研究产生了重大影响，大大改变了200多年来植物学家们以广义形态学性状为主要证据提出的分类系统。王伟等(2017)概括出，APG系统的主要成就是：验证了被子植物分类系统的可重复性和可预言性；解决了一些依据形态学性状未能确定的类群的系统位置；证明了将被子植物一级分类分为双子叶植物和单子叶植物的不自然性；证实了单沟花粉和三沟花粉在被子植物高级分类单元划分中的重要性；发现雄蕊的向心发育和离心发育在多雄蕊类群中是多次发生的，不应作为划分纲或亚纲的重要依据；支持基于广义形态学性状划分的大多数科是自然的；将一些长期认为自然的科四分五裂。

同时应该看到，APG系统在取得重要成就的同时，仍有一些问题有待进一步研究，如APG系统中一些目没有可信的形态学共衍征，需要做出目、科的检索表和特征集要，以利实际分类鉴定使用；一些长期以来广泛承认的自然的科没有被APG系统承认，具体科的划分仍需综合多方面意见；一些新的研究成果尚未被APG Ⅳ系统吸纳，有待进一步修订。总而言之，继续整合更全面、更可信的系统发育证据，并充分结合广义形态学特征等多学科综合证据，扬弃现有分类系统的优缺点，才能提出既能准确反映被子植物演化关系，又便于实际分类鉴定使用的新的、更好的分类系统。

本章主要依据APG Ⅳ系统介绍被子植物代表性类群。

第二节 被子植物基部类群

被子植物基部类群是包括无油樟目、睡莲目、木兰藤目的并系类群，又称为ANA演化阶，共包含8个科，它们的系统发育关系如图12-2-1所示。被子植物基部类群是现生被子植物中最早分化出来的类群，保留了一些独特的性状，对于探究被子植物的起源和早期演化意义重大。【二维码12-3】

12-3

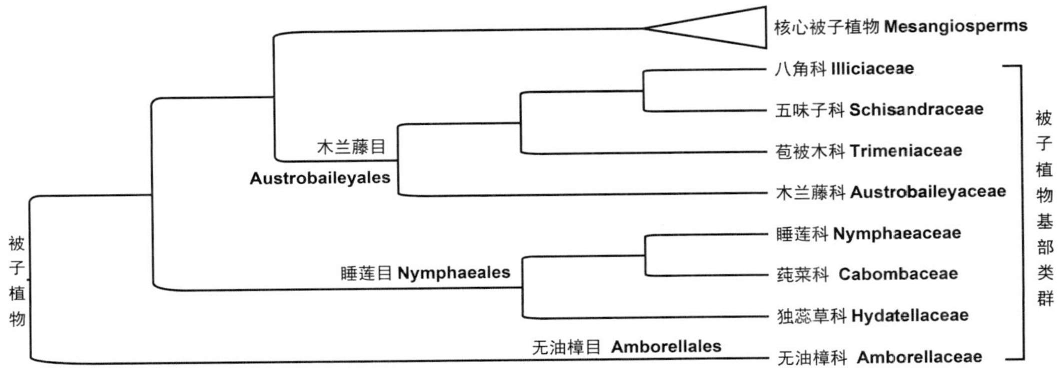

图12-2-1 被子植物基部类群的系统发育关系

一、无油樟目 Amborellales

无油樟目是现存被子植物的第一个分支，与其余所有被子植物为姊妹群。仅包含 1 科，即无油樟科(Amborellaceae)。

（一）无油樟科 Amborellaceae

$* \ ♂ \ P_{9-11} \ A_{12-21} \ G_0 \quad * \ ♀ \ P_{7-9} \ A_{1-2} \ \underline{G}_{4-6:4-6:1}$

本科仅有 1 属 1 种，特产于南太平洋岛屿新喀里多尼亚。

1. 形态特征　常绿灌木或小乔木，有时呈半攀缘状。不含精油，不具油细胞，木质部具管胞，无导管。单叶互生，叶缘波状，具锯齿，具羽状脉；具叶柄；无托叶。雌雄异株。聚伞状圆锥花序腋生，具 2～30 朵花。花直径 3～5 mm，辐射对称；花有浅的花托，有小苞片；花被片螺旋状排列，基部稍合生，内层花被片比外层花被片大，白色或淡黄色；雄花具 9～11 枚花被片，雄蕊 12～21 枚，螺旋状排列，外层雄蕊稍贴在花被片的基部，内层雄蕊比外层雄蕊小；花药三角形，裂缝开裂，药隔稍伸出；花粉粒球形到圆锥形，无萌发孔，或在孔的表面有不规则的不增厚区；雌花具 7～9 枚花被片，具1～2 枚贴生于花被片的不育雄蕊；子房上位，心皮 4～6 枚，离生，每心皮具 1 枚倒生胚珠，边缘胎座；心皮上部不融合而是黏液封闭，无花柱，柱头突出；胚囊具 9 核。聚合小核果，成熟时红色，果核表面网格状凹陷。种子外种皮膜质，胚乳丰富，胚小。染色体 $2n = 2x = 26$。

2. 识别要点　常绿木本，不含精油，木质部无导管。单叶互生。花单性，雌雄异株；花被片螺旋状排列，不分化为花萼和花瓣；雄蕊多数，螺旋状排列；雌花具退化雄蕊；心皮离生；心皮上部黏液封闭。聚合小核果。

3. 代表植物

无油樟属(*Amborella* Baill.)　无油樟(*A. trichopoda* Baill.)(图 12-2-2)。

4. 演化地位　仅含有 1 种的无油樟科自然分布极为稀少，人工栽培十分困难，不具备明显的经济价值。然而它是现存被子植物的第一个分支，其独特的系统位置和一系列形态性状，如木质部无导管、具单性花但雌花具有退化雄蕊、心皮的黏液封闭方式、具 9 核的胚囊等，与大多数被子植物不同，这吸引人们对它做了全方面的科学研究，对于理解被子植物的起源和演化有极为重要的意义。

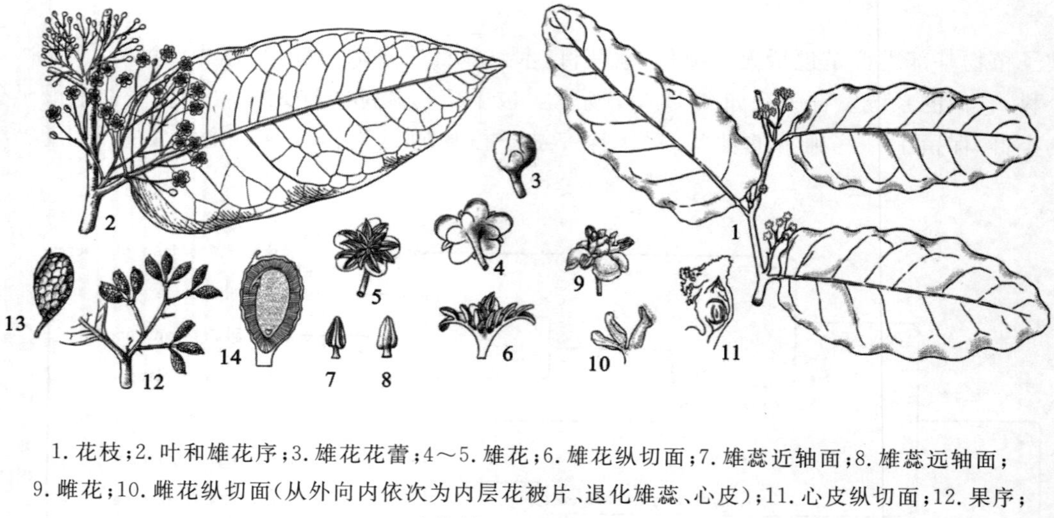

1. 花枝；2. 叶和雄花序；3. 雄花花蕾；4～5. 雄花；6. 雄花纵切面；7. 雄蕊近轴面；8. 雄蕊远轴面；9. 雌花；10. 雌花纵切面(从外向内依次为内层花被片、退化雄蕊、心皮)；11. 心皮纵切面；12. 果序；13. 小核果；14. 小核果纵切面。

图 12-2-2　无油樟(引自 Engler；路安民，汤彦承；廖文波)

二、睡莲目 Nymaphaeales

睡莲目是被子植物中继无油樟目后的第二个分支，包含独蕊草科、莼菜科和睡莲科，其系统发育关系如图 12-2-1 所示。

(一) 睡莲科 Nymphaeaceae

$* \,⚥\, K_{4-12}\ C_{5-\infty}\ A_{\infty}\ G_{3-\infty}$

本科有 6 属约 70 种，广布于温带和热带地区。中国有 3 属 8 种，以及许多栽培种及品种。本科有很多美丽的观赏植物，个别供食用和药用。

1. 形态特征　水生植物，多年生或一年生草本。根状茎直立或匍匐。单叶互生，漂浮、挺水或沉水；叶基部有凹缺，叶柄在凹缺处着生，或叶柄盾状着生。花单生，具长花梗，两性，辐射对称，大部分露出水面；萼片 4～12 枚；花瓣 5 枚至多数，内层的通常逐渐转变成雄蕊；雄蕊多数，花药向内，纵向开裂；心皮 3 枚至多数，部分或者完全合生，围绕一个有时凸出的花轴；子房下位、半下位或上位，多室；花柱无或变为背面凸出心皮的附属物，柱头通常圆盘状；胎座片状；胚珠多数。浆果不规则开裂，具多数种子。种子有或无假种皮；常具肉质的子叶。

2. 识别要点　水生植物。叶近圆形。花两性；花瓣 5 枚至多数，离生；雄蕊多数；心皮 3 枚至多数，部分或者完全合生。浆果，具多数种子。

3. 代表植物【二维码 12-4】

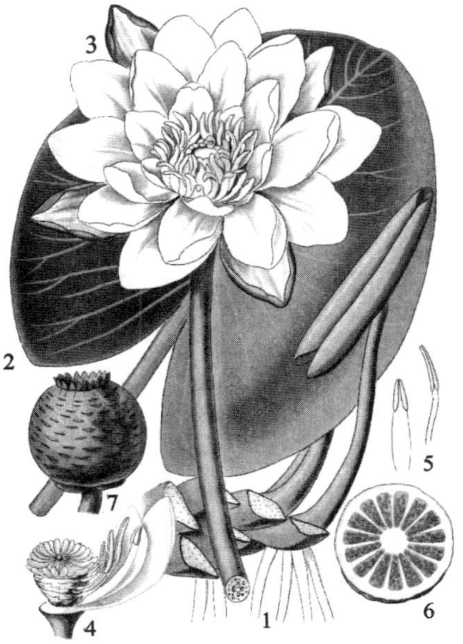

1. 植株基部；2. 叶；3. 花；4. 花侧面观（去除了花萼和部分花瓣及雄蕊）；5. 雄蕊；6. 子房横切面；7. 果实。

图 12-2-3　白睡莲（引自 Thomé）

12-4

(1) 睡莲属（*Nymphaea* L.）　植株无刺。叶浮于水面，叶片基部有凹缺，心形至箭形，叶柄在凹缺处着生。子房半下位；心皮贴生且半沉没在肉质杯状花托，且在下部与其部分愈合，上部延伸成花柱，柱头形成凹入的柱头盘。约有 50 种，广布于热带至温带的淡水湖泊、池塘、沼泽，中国有 5 种。人工培育的栽培品种很多，花色多样，为十分美丽的水生观赏花卉。常见的种如白睡莲（*N. alba* L.）（图 12-2-3）。

(2) 芡属（*Euryale* Salisb.）植株通常多刺。叶二型：初生叶为沉水叶，后生叶为浮水叶，圆形，叶柄盾状着生。子房下位，柱头盘凹入。浆果具多数种子。种子具丰富的粉质胚乳。仅 1 种，即芡实（*E. ferox* Salisb.），分布于东亚至南亚地区，生于淡水湖泊和池塘中。种子富含淀粉，供食用和药用，中国南方栽培较多。

4. 演化地位　作为被子植物的第二个分支，睡莲目为水生草本，这说明可能在被子植物演化早期就已经产生了适应水生环境的能力。睡莲科的花瓣由外向内逐渐过渡为雄蕊，对理解花器官的发育具有启发性。睡莲属的胚囊为 4 核 4 细胞型，受精后胚乳为二倍体，发育不良，而由珠心组织发育而来的外胚乳则丰富。这些特征表明了睡莲科的独特地位。

三、木兰藤目 Austrobaileyales

木兰藤目是被子植物中继无油樟目、睡莲目后的第三个分支，包含木兰藤科、苞被木科、五味子科和八角科，其系统发育关系如图 12-2-1 所示。木兰藤目的胚囊为 4 核 4 细胞型，胚乳为二倍体，这与睡莲目的情况类似，但木兰藤目的胚乳通常发育良好，而无外胚乳，与睡莲目不同。

APG系统中的广义的五味子科还包括了八角科的成员，但此二科的习性、花形态、果形态以及木材解剖、化学成分等方面有明显差异，因此本书赞同陈之端等(2020)的意见，将五味子科和八角科分立，这样既不违反单系性原则，也能更好地体现这两个科的特点。

(一) 五味子科 Schisandraceae

* ♂ $P_{5-\infty}$ $A_{5-\infty}$ G_{0}　* ♀ $P_{5-\infty}$ A_{0} $\underline{G}_{12-\infty:12-\infty:2-5}$

本科有2属约26种，分布于亚洲东部、南部及北美洲东南部。中国有2属约17种。本科出产一些药用植物及水果。

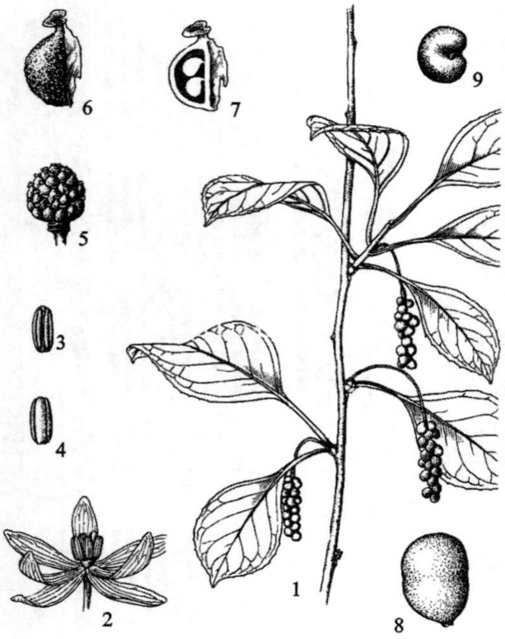

1.果枝；2.雄花；3～4.雌蕊远轴面和近轴面；5.雌蕊群；6.心皮；7.心皮纵切面；8.小浆果；9.种子。

图 12-2-4　**五味子(《引自中国植物志》)**

12-5

1.形态特征　常绿或落叶木质藤本。单叶互生，无托叶。花单性，雌雄异株或同株；花单生，稀排成聚伞花序；花被片5枚至多数，离生，排列成2轮至多轮；雄蕊5枚至多数，离生、部分合生或全部合生；花丝极短或无；花药2室，纵裂；雌蕊由12枚至多数离生心皮组成，多轮排列在短的肉质花托上；每心皮具2～5枚倒生胚珠，稀达11枚。聚合浆果，果期花托不伸长或伸长；每个小浆果具1～5枚种子，稀较多。种子胚乳丰富，胚小。染色体基数X = 7,14。花粉粒扁球形，具6沟或3沟、不规则的多沟。

2.识别要点　木质藤本。单叶互生。花单性；花被片5至多数，离生；雄蕊5至多数；雌蕊具12至多数心皮，离生，多轮排列在肉质花托上。聚合浆果。

3.代表植物【二维码12-5】

(1)五味子属(*Schisandra* Michx.)　雌蕊群的花托圆柱形或圆锥形，发育时明显伸长；聚合果长穗状。本属有10种，中国有9种。本属多数种类药用，茎皮纤维柔韧，可做绳索。茎、叶、果实可提取芳香油。五味子[*S. chinensis* (Turcz.) Baill.](图12-2-4)的果实可食用及药用，为重要的药用植物。其他常见植物有东亚五味子[*S. elongata* (Blume) Baill.]、大花五味子[*S. grandiflora* (Wall.) Hook. f. & Thoms.]等。

(2)南五味子属(*Kadsura* Juss.)　雌蕊群的花托倒卵形或椭圆体形，发育时不伸长；聚合果球状或椭球状。本属有16种，中国有8种。黑老虎[*K. coccinea* (Lem.) A. C. Sm.]的果实肥厚多浆，味甜，作水果食用，亦可作藤蔓观赏植物。

(二)八角科 Illiciaceae

* ⚥ $P_{7-\infty}$ A_{∞} $\underline{G}_{5-21:5-21:1}$

本科仅1属约40种，分布于亚洲东部、东南部、北美洲东南部和中南美洲。中国有27种，分布于华中、华东、华南、西南地区。本科植物经济价值较大，出产香料、药用植物等。

1.形态特征　常绿灌木、乔木。单叶互生，有时假轮生或近对生，无托叶。花两性，单生或少数花簇生；花被片7枚至多数，分离；雄蕊多数，分离，螺旋状排列；花药2室，内侧着生，纵裂；心皮离生，单轮排列，5～21枚；每心皮具1枚倒生胚珠。聚合蓇葖果星状，单轮排列，成熟时沿腹缝线开裂，每蓇葖具1枚种子。染色体基数X = 13,14。花粉粒近球形，具3合沟，常在两极汇合，也有3

1. 花果枝；2～5. 花被片（由外轮向内轮）；6. 雄蕊群和雌蕊群；7. 雌蕊群；8. 雄蕊（近轴面和远轴面）；9. 蓇葖果；10. 种子。

图 12-2-5 八角（引自《中国植物志》）

沟的。

2. 识别要点 常绿灌木或乔木。单叶。花两性；花被片 7 至多数，分离；雄蕊多数，分离；雌蕊具 5～21 枚心皮，分离，单轮排列。聚合蓇葖果。

3. 代表植物【二维码 12-6】

12-6

八角属（*Illicium* L.） 八角（*I. verum* Hook. f.）（图 12-2-5），又称八角茴香、大茴香。乔木，心皮通常为 8 枚，偶为 7～11 枚，果实为较为规则的八角形，蓇葖成熟时先端较钝，不具尖头。中国广西栽培较多，为重要经济树种，其成熟干燥的果实为中餐的重要调味品；叶、果、种子可蒸馏芳香油，称八角茴香油，为食品工业和化妆品中的重要香料；木材红褐色，纹理直，结构细，质轻软，有香气，可制家具。除八角外，八角属其他野生种，如野八角（*I. simonsii* Maxim.）、红茴香（*I. henryi* Diels）、红毒茴（*I. lanceolatum* A. C. Sm.）等，果有剧毒，不可食用，它们的蓇葖果发育常不规则，不是八角形，每一蓇葖的顶端尖锐，常有尖头，弯曲。

第三节 木兰类 Magnoliids

被子植物除去基部的三个目外，剩余的组成核心被子植物，由木兰类、金粟兰目、单子叶植物、金鱼藻目和真双子叶植物这 5 个分支组成，其中木兰类由 4 目 18 科组成，其系统发育关系如图 12-3-1 所示。

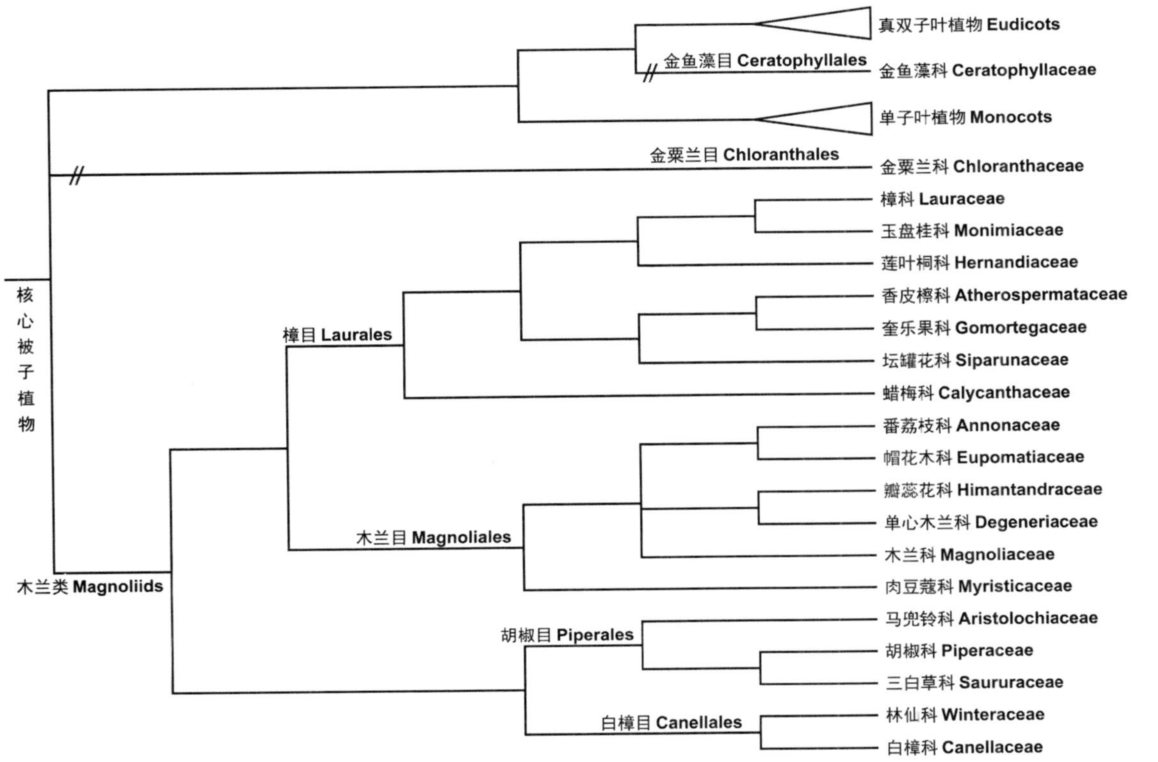

图 12-3-1 木兰类植物的系统发育关系及其与其他核心被子植物分支的关系

（标注双斜线的分支位置存争议）

一、胡椒目 Piperales

胡椒目包含三白草科等 3 个科，系统发育关系如图 12-3-1 所示。

(一)三白草科 Saururaceae

* ⚥ $P_0\ A_{3-8}\ G_{2-4}$

本科有 4 属约 7 种，分布于亚洲东部和南部及北美洲。中国有 3 属 4 种。一些种类供食用或药用。

1. 形态特征　多年生草本。茎直立或匍匐状，具明显的节，常具根状茎。单叶互生，全缘；托叶与叶柄合生，或贴生于叶柄基部形成托叶鞘。花小，两性，聚集成稠密的穗状花序或总状花序，具总苞或缺；苞片显著，无花被；雄蕊 3～8 枚，离生，与子房基部合生或着生于子房上端，花药 2 室，纵裂，花粉粒单沟或三歧沟；雌蕊由 2～4 枚心皮组成，心皮离生或合生，如为离生心皮，则每心皮有胚珠 2～4 枚，如为合生心皮，则子房 1 室而具侧膜胎座，在每一胎座上有胚珠 6～13 枚，花柱离生。果为分果爿或顶端开裂的蒴果；种子 1 枚或多数，有少量的内胚乳和丰富的外胚乳，胚小。

2. 识别要点　多年生草本。穗状花序或总状花序；花两性；雄蕊 3～8 枚；雌蕊具 2～4 枚心皮，离生或合生。果为分果爿或顶端开裂的蒴果。

12-7

3. 代表植物【二维码 12-7】

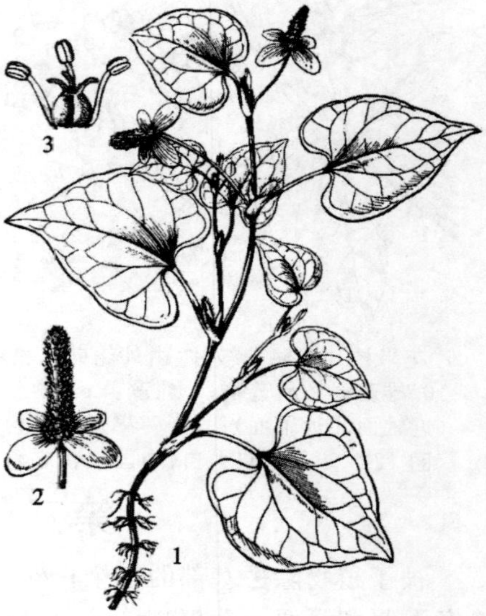

1. 花期全株；2. 花序；3. 雄蕊和雌蕊。

图 12-3-2　蕺菜（引自《中国植物志》）

蕺菜属(*Houttuynia* Thunb.)　花聚集成稠密的穗状花序，花序基部有 4 片白色花瓣状的总苞片；雄蕊 3 枚；雌蕊由 3 个部分合生的心皮所组成，子房上位，1 室，侧膜胎座 3 个。蒴果近球形，顶端开裂。本属仅 1 种，即蕺菜(*H. cordata* Thunb.)(图 12-3-2)，又称鱼腥草、折耳根，全株具鱼腥气味，有些人喜食其嫩茎或嫩叶，全草药用，广布于长江流域及以南地区，东亚、南亚、东南亚均有分布。

(二) 胡椒科 Piperaceae

* ⚥, ♂ ♀ $P_0\ A_{1-10}\ \underline{G}_{(2-5:1:1)}$

本科有 8 属或 9 属，2 000～3 000 种，大多数分布于美洲热带和亚热带地区，亚洲和非洲较少。中国有 3 属 68 种。经济价值大，出产一些重要的调味品、药用植物、观赏植物。

1. 形态特征　草本、灌木或攀缘藤本，稀乔木；全株常具香气。单叶，互生、对生或轮生，两侧常不等，叶脉掌状或羽状，托叶与叶柄合生或否，或无托叶。花小，两性、单性且雌雄异株或间有杂性，密集排成穗状花序或由穗状花序再排成伞形，罕为总状花序；花序与叶对生或腋生，少有顶生；苞片小，常盾状或杯状，稀勺状；花被无；雄蕊 1～10 枚，花丝离生，花药 2 室，纵裂，花粉粒单沟或无萌发孔；雌蕊由 2～5 枚心皮组成，连合，子房上位，1 室，仅具 1 枚直生胚珠，柱头 1～5 枚，花柱极短或无。核果或浆果，具肉质、薄或干燥的果皮。种子具少量的内胚乳和丰富的外胚乳。

2. 识别要点　全株常具香气。单叶。通常为穗状花序；花被无；雄蕊 1～10 枚，离生；雌蕊为 2～5 枚心皮合生，子房上位，1 室，仅具 1 枚胚珠。核果或浆果。

3. 代表植物

胡椒属(*Piper* L.)　灌木或攀缘藤本，稀为草本或小乔木。叶互生，全缘。花单性，雌雄异株，或稀有两性或杂性；穗状花序与叶对生或稀有顶生；雄蕊 2～6 枚；子房具柱头 3～5 个，稀 2 个。浆果倒卵形、卵形或球形，稀长圆形，成熟时红色或黄色。约 2 000 种，主要分布于热带地区；中国约

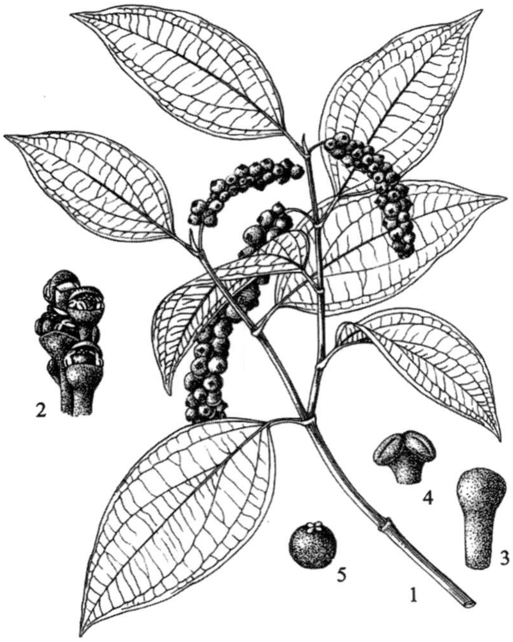

1.果枝；2.花序；3.苞片；4.雄蕊；5.果实。

图 12-3-3 胡椒(引自《中国植物志》)

有 60 种。胡椒(*P. nigrum* L.)(图 12-3-3)，常绿藤本，花杂性，通常雌雄同株，果实球形，未成熟时绿色，成熟时红色。原产于东南亚，现广植于热带地区，中国南方亦有栽培，干燥果实为重要调味品，未熟透果实干燥后黑色，为“黑胡椒”，成熟果实去除果皮后干燥为白胡椒。

(三)马兜铃科 Aristolochiaceae

$*, \uparrow ⚥ P_{3,6}\ A_{6-\infty}\ \overline{G}_{(4-6)}$

本科约 8 属 450～600 种，主要分布于热带和亚热带地区，以南美洲较多，温带地区较少。中国有 4 属 86 种。

1.形态特征 草质或木质藤本、灌木或多年生草本，稀乔木。植株具油细胞。单叶互生，无托叶。花两性，单生、簇生或排成总状、聚伞状或伞房花序，顶生、腋生或生于老茎上，花色通常艳丽，具腐肉臭味；花被辐射对称或两侧对称，花瓣状，1 轮，稀 2 轮，花被管钟状、瓶状、管状、球状或其他形状；檐部整齐或不整齐 3 裂，或向一侧延伸成 1～2 舌片；雄蕊 6 枚至多数，1 轮或 2 轮；花丝短，离生，或与花柱、药隔合生成合蕊柱；花药 2 室，平行，外向纵裂；子房下位，稀半下位，4～6 室，稀心皮离生或仅基部合生；花柱短而粗厚，离生或合生而顶端 3～6 裂；胚珠多数，倒生，常 1～2 行叠置，中轴胎座或侧膜胎座。蒴果，有时蓇葖状或长角果状，稀浆果状。种子多数；胚乳丰富，胚小。

2.识别要点 单叶互生，无托叶。花两性，有时具腐肉臭味；花被 1 轮，通常合生，檐部 3 裂，或花被 2 轮，每轮 3 枚；雄蕊 6 枚至多数；子房下位或半下位；雌蕊为 4～6 心皮合生，或离生。通常为蒴果，种子多数。

3.代表植物【二维码 12-8】

12-8

(1)马兜铃属(*Aristolochia* L.) 花被 1 轮，花被管基部常膨大，常弯曲成各种形状，檐部展开或成各种形状，3 裂，稀 2～6 裂，或一侧分裂成 1 或 2 个舌片，形状和大小变异极大，颜色艳丽而常有腐肉味。雄蕊通常 6 枚，围绕合蕊柱排成一轮。子房下位；心皮合生。蒴果干燥。全属约有 400 种，中国约有 45 种。北马兜铃(*A. contorta* Bunge)(图 12-3-4)，花单生、簇生或排成花序，花被的檐部一侧极短，另一侧渐扩大成舌片，舌片顶端延伸成 1～3 cm 线形而弯扭的尾尖，种子具翅。分布于我国东北、华北、西北等地区，俄罗斯、朝鲜半岛、日本也有分布。根、茎叶、果实药用。近似种有马兜铃(*A. debilis* Siebold & Zucc.)，花单生于叶腋，花被管檐部舌片顶端渐尖或短尖，用途同北马兜铃。

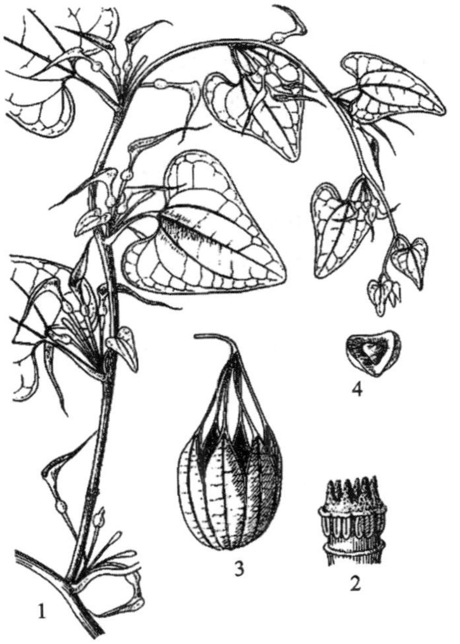

1.花枝；2.合蕊柱；3.成熟开裂蒴果；4.种子。

图 12-3-4 北马兜铃(引自《中国植物志》)

(2)细辛属(*Asarum* L.) 多年生草本植物，有根状茎；单花，顶生；花被 1 轮，辐射对称，裂片整齐；雄蕊通常 12 枚，排成 2 轮；子房下位；心皮合生。蒴果肉质或海绵状。全属约 90 种，中国有 39 种。单叶细辛(*A. himalaicum* Hook. f. & Thoms. ex Klotzsch)和细辛(*A. sieboldii* Miq.)等种入药。

(3)马蹄香属(*Saruma* Oliv.)　多年生草本,根状茎具芳香气味。单叶互生,心形。花单生;花被2轮;外轮为花萼,基部与子房合生,萼片3枚;内轮为花瓣,3枚;雄蕊通常12枚,排成2轮;子房半下位,心皮6枚,下部合生,上部离生。蓇果蓇葖状,花萼宿存。本属仅1种,即马蹄香(*S. henryi* Oliv.),中国特有,国家二级重点保护野生植物。

二、木兰目 Magnoliales

本目包含木兰科等6科,系统发育关系如图12-3-1所示。

(一)木兰科 Magnoliaceae

$* ⚥\ P_{6-9(-\infty)}\ A_{\infty}\ \underline{G}_{\infty:\infty:1-12}$

本科有17属约300种,分布于亚洲的热带和亚热带,少数在北美南部和中美洲。中国有13属约110种,集中分布于中国东南部至西南部,不少种广泛栽培。

1. 形态特征　木本,树皮、叶和花有香气。单叶互生,全缘或浅裂;托叶大,包被幼芽,早落,在节上留有环形托叶痕。花大,单生于枝顶或叶腋;通常两性,偶单性,整齐,花托伸长或突出;花被呈花瓣状,通常为3基数,2至多轮;雄蕊多数,分离,螺旋排列于延长花托的下半部,花丝短,花药2室,纵裂;雌蕊多数,稀少数,分离,螺旋状排列于延长的花托上半部,每心皮含胚珠1～2枚或多达12枚。聚合蓇葖果,通常背缝、腹缝开裂或腹背缝同时开裂。种子常悬挂于丝状的假珠柄上,种子具小胚,胚乳丰富。花粉单沟。

2. 识别要点　木本。单叶互生,有环形托叶痕。花单生,两性;花被3基数,2至多轮;雄蕊多数、分离,雌蕊心皮多数,分离,螺旋状排列于伸长的花托上。聚合蓇葖果。

3. 代表植物【二维码12-9】

12-9

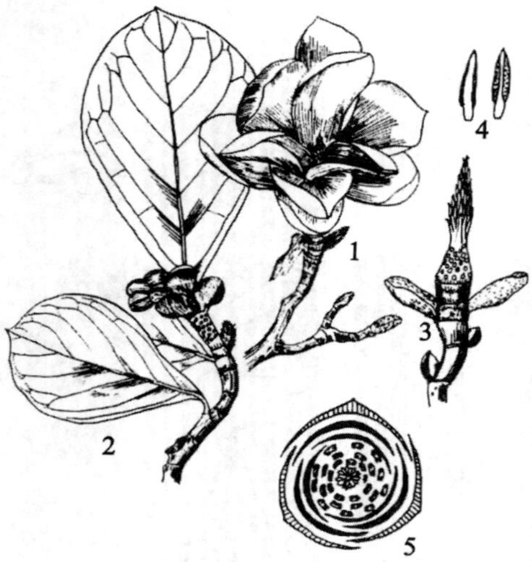

1. 花枝;2. 果枝;3. 雌蕊群;4. 雄蕊(背、腹面);5. 花图式。

图12-3-5　玉兰

(1)玉兰属(*Yulania* Spach)　落叶乔木或灌木。叶互生,全缘,稀先端凹陷。花顶生于枝端,偶腋生,常芳香;花被片9～15枚或多数,3～4轮;外轮花被片花瓣状或萼片状;雄蕊多数,花丝扁平,花药侧向或内侧向开裂,药隔延伸成长或短的尖头;雌蕊群无柄;心皮分离,每心皮具胚珠2枚。聚合蓇葖果圆柱形,常因部分心皮不育而偏斜弯曲。本属约25种,分布于东亚、东南亚和北美洲的温带至亚热带地区,中国有18种和大量栽培品种。本属植物经济价值很高,木材优良,部分种花蕾入药,花蒸馏精油,许多种和栽培品种是重要的木本观赏花卉。玉兰[*Y. denudata* (Desr.) D. L. Fu](图12-3-5),内外轮花被片形状大小近相同,一般9枚,白色或带红晕。在中国已有两千多年的栽培历史,为著名的传统观赏花木,栽培品种很多,世界范围广泛栽培;优良的用材树种,花蕾入药;花含芳香油;花被片食用或熏茶;种子榨油供工业用。其他常见种还有望春玉兰[*Y. biondii* (Pamp.) D. L. Fu]、紫玉兰[*Y. liliiflora* (Desr.) D. L. Fu]、武当玉兰[*Y. sprengeri* (Pamp.) D. L. Fu]等。

(2)木兰属(*Magnolia* L.)　与玉兰属的主要区别是本属为常绿乔木或灌木,聚合蓇葖果卵球形。约有20种,分布于北美洲东部和南部、中美洲。中国广泛栽培1种,即荷花木兰(*M. grandiflora* L.),又称广玉兰,花洁白,硕大而芳香,供观赏和用材。

(3)含笑属(*Michelia* L.)　与玉兰属的主要区别是本属为常绿乔木或灌木,花腋生,不全部张开,花丝明显。约70种;中国约有37种。含笑花[*M. figo* (Lour.) Spreng.],灌木,嫩枝、芽及叶柄均被棕色毛，花被片6枚，淡黄色或带淡红色；在长江以南地区广为栽培，供观赏，北方多温室盆栽；花气味香甜，花被片可拌入茶叶制成花茶。深山含笑(*M. maudiae* Dunn)，乔木，花被片9枚或稍多，白色或带淡红色，供用材及观赏。

(4)厚朴属(*Houpoea* N. H. Xia & C. Y. Wu)　与玉兰属的主要区别是本属叶假轮生集生于小枝顶端，花蕾具1个佛焰苞状的苞片，花梗上留有1环纹，成熟蓇葖果具长喙。共9种，分布于东亚和北美，中国有3种。厚朴[*H. officinalis* (Rehder & E. H. Wilson) N. H. Xia & C. Y. Wu]，高大落叶乔木，树皮药用，并可供用材及绿化观赏。

(5)鹅掌楸属(*Liriodendron* L.)　落叶乔木。叶分裂，先端截形；单花顶生，花被片通常9枚，花药外向开裂；聚合果纺锤状，成熟心皮翅果状，不开裂，种皮与果皮愈合。共2种，东亚与北美各1种。鹅掌楸[*L. chinense* (Hemsl.) Sarg.]，又称马褂木，叶马褂状，近基部每边具1侧裂片，先端具2浅裂；外轮花被片3枚，绿色，萼片状，内2轮花被片6枚，黄色，花瓣状；分布于中国南方，北方有栽培；出产优质木材，栽培观赏；国家二级重点保护野生植物。北美鹅掌楸(*L. tulipifera* L.)，叶近基部每边有2片或3片侧裂片；内2轮花被片的中下部具橙色斑，中上部淡绿色。分布于北美，中国有栽培。鹅掌楸与北美鹅掌楸的人工杂交种形态介于二者之间，杂种优势明显，中国栽培较多，生长良好，供绿化观赏和用材。

4. 分类学讨论　木兰科的属的划分长期存在两种观点：①如前所述分为17属；②分为2属，即鹅掌楸属和广义的木兰属，后者合并了玉兰属、含笑属、厚朴属等15个属。这两种分类观点均不违反分类群划分的单系性原则。

5. 演化地位　木兰科具有木本，单叶，花单生，花部螺旋状排列，雄蕊及心皮均多数、离生，花药长，花丝短，单沟花粉，胚小、胚乳丰富等特点，因而许多分类系统认为木兰科是被子植物最原始类群之一。分子系统学结果也表明，以木兰科为代表的木兰类植物，是核心被子植物早期即已分化出的类群。

三、樟目 Laurales

本目包含蜡梅科、樟科等7科，系统发育关系如图12-3-1所示。

(一)蜡梅科 Calycanthaceae

$* ⚥\ P_{\infty}\ A_{\infty}\ \underline{G}_{\infty:\infty:1-2}$

本科有3属10种，分布于亚洲东部、北美洲和澳大利亚。中国有2属7种。

1. 形态特征　灌木或小乔木，落叶或常绿，有油细胞。单叶对生，全缘，羽状叶脉，有叶柄，无托叶。花两性，辐射对称，单生于侧枝的顶端或腋生，通常芳香；花被片多数，螺旋状着生于杯状的花托外围，花被片形状各式，最外轮的似苞片，内轮的呈花瓣状；雄蕊2轮，内轮的败育，外轮能育雄蕊5～30枚，螺旋状着生于杯状的花托顶端，花丝短，离生，药室外向，2室，纵裂，药隔伸长成短尖；子房上位，雌蕊具多数离生心皮，着生于中空的杯状花托内面；每心皮具胚珠2枚，或1枚不发育，倒生；花柱丝状，柱头不分裂。聚合瘦果着生于坛状的果托之中；每个瘦果内有种子1枚。种子无胚乳；胚大；子叶叶状，席卷。

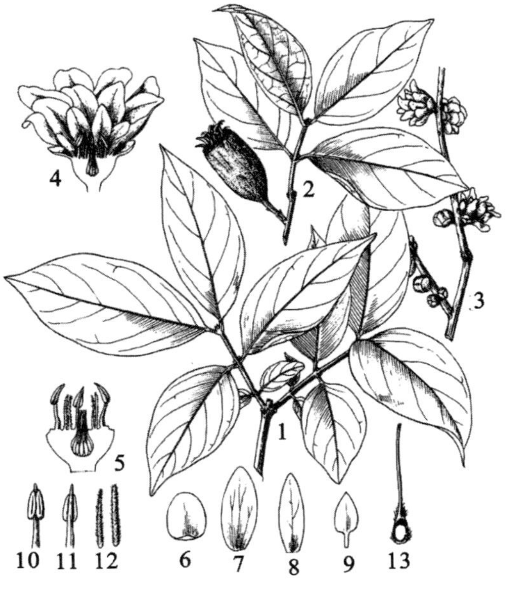

1. 枝叶；2. 果枝；3. 花枝；4. 花纵切面；5. 花托纵切面；6～9. 花被片；10. 雄蕊远轴面；11. 雄蕊近轴面；12. 退化雄蕊；13. 一个雌蕊。

图12-3-6　蜡梅

2. 识别要点　通常为灌木。单叶对生，全缘。花两性，辐射对称；花被片多数；雄蕊多数；心皮多数，离生，着生于杯状的花托中。聚合瘦果着生于坛状的果托中。

12-10

3. 代表植物【二维码 12-10】

蜡梅属(*Chimonanthus* Lindl.)　落叶或常绿灌木或小乔木；芽有鳞片；花腋生，近无柄或具极短的柄；花黄色或黄白色；叶纸质。共 6 种，均为中国特有。最常见的为蜡梅[*C. praecox* (L.) Link](图 12-3-6)，落叶灌木，花冬季开放，色泽蜡黄，花被片表面蜡质，极芳香，为优美的园林绿化观赏植物，花可提取芳香油和蜡梅浸膏，根、叶、花供药用。

(二) 樟科 Lauraceae

$* ⚥ P_{2+2,\,3+3}\ A_{3+3+3+3}\ \underline{G}_{1:1:1}$

本科约 45 属 2 000～2 500 种，热带和亚热带地区广泛分布，但主要在热带东南亚和热带美洲。中国有 25 属 445 种，主要分布于南方，为亚热带森林群落中的常见组分。本科许多植物在林业、轻工业、医药上都占有重要的地位。

1. 形态特征　乔木或灌木，罕为寄生草本，多为常绿。植株各部位常芳香。单叶，互生、对生、近对生或轮生，羽状脉，三出脉或离基三出脉，无托叶。花序腋生或近顶生；花通常两性，有时单性，雌雄同株或异株，辐射对称；花被 2 轮，裂片 6 片或 4 片；雄蕊通常 4 轮，每轮 3 枚(稀为 2 枚或 4 枚)，最内轮通常为退化雄蕊，由外向内第三轮花丝常具 2 个腺体，花药基着，2 室或 4 室，通常外面 2 轮内向，第三轮外向，由下向上瓣裂；雌蕊 1 枚，子房通常上位，1 室；胚珠单生，倒生，下垂；花柱 1 枚；柱头 1 枚，偶 2～3 裂。核果或浆果，基部有时被宿存的花被包围，有时陷于果托中。种子无胚乳。

2. 识别要点　通常为常绿木本，各部位芳香。单叶。花通常两性；花被片 2 轮，每轮 2 枚或 3 枚；雄蕊通常 4 轮，每轮 3 枚；雌蕊 1 枚，子房 1 室，具 1 枚胚珠。核果或浆果。

12-11

3. 代表植物【二维码 12-11】

(1) 樟属(*Cinnamomum* Schaeff.)　常绿乔木或灌木；叶互生或近对生，羽状脉、三出脉或离基三出脉；圆锥花序；花两性，3 基数；雄蕊具 4 药室；果球形，果托杯状。约有 250 种，中国有 49 种，主要分布于长江流域及以南地区。樟[*C. camphora* (L.) J. Presl](图 12-3-7)，又称香樟、樟木，分布于南方，亦广泛栽培；材质优良，有香气；木材及根、枝、叶可提取樟脑和樟油，亦供药用，经济价值很大。银木(*C. septentrionale* Hand.-Mazz.)，叶较樟大而叶背密被银白色绢毛，根亦可提取樟脑，材质优良。肉桂[*C. cassia* (L.) D. Don]，华南等地区广泛栽培，树皮称为“桂皮”，为重要调味品；枝条称桂枝，药用；枝、叶、果实、花梗可提取桂油。锡兰肉桂(*C. verum* Presl)，原产斯里兰卡，热带亚洲各国多有栽培，树皮气味香甜，为调味品。

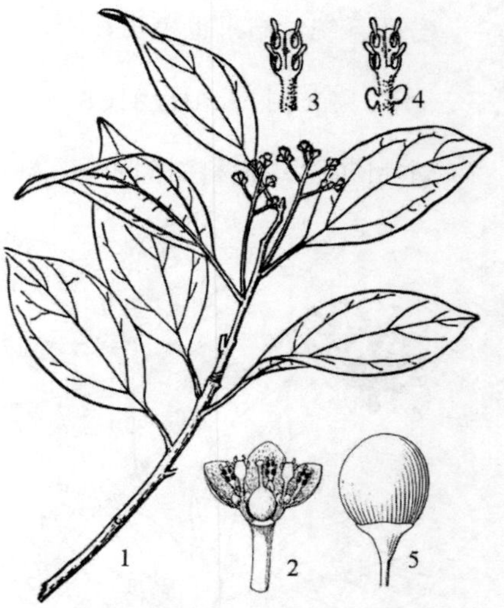

1. 花枝；2. 花侧面观；3. 无腺体雄蕊；4. 具腺体雄蕊；5. 果实。

图 12-3-7　樟

引自《中国高等植物图鉴》《中国植物志》)

(2) 木姜子属(*Litsea* Lam.)　常绿或落叶，乔木或灌木；叶互生，具羽状脉；伞形花序，具总苞片；花单性，雌雄异株，3 基数；雄蕊具 4 药室；果球形或卵球形，果托杯状或盘状。约有 200 种，中国约有 74 种，广布于长江流域及以南地区。木姜子(*L. pungens* Hemsl.)，落叶灌木或小乔木，成熟叶背几乎无毛。果实含多种芳香成分，供食用和提取香精。

(3) 山胡椒属(*Lindera* Thunb.)　与木姜子属的主要区别是雄蕊具 2 药室。约有 100 种，中国约有 38 种，广布于长江流域及以南地区及山东、辽宁等省区。山胡椒[*L. glauca* (Siebold & Zucc.) Blume]，落叶灌木或小乔木，叶全缘，叶背具白色柔毛。木材可制家具；叶、果皮可提芳香油，并药用；果实可作调味品。三桠乌药(*L. obtusiloba* Blume)，叶顶端通常 3 裂，叶背面通常有棕黄色柔毛。果含芳香油，木材致密。本种分布区可达辽宁千山，是樟科植物分布最靠北的物种。

樟科经济价值较大的物种还有楠属（*Phoebe* Nees）的楠木（*P. zhennan* S. K. Lee & F. N. Wei），出产名贵优质木材；月桂属（*Laurus* L.）的月桂（*L. nobilis* L.），原产于地中海沿岸，中国南方有栽培，叶称为香叶，为调味品；鳄梨属（*Persea* Mill.）的鳄梨（*P. americana* Mill.），又称牛油果，原产于热带美洲，我国华南至西南地区有栽培，果可食用。

第四节 金粟兰目 Chloranthales

金粟兰目是核心被子植物的 5 大分支之一。但金粟兰目的系统位置尚不确定，不同的研究结果认为金粟兰目或与木兰类分支为姊妹群，或与金鱼藻目为姊妹群，或与其他核心被子植物为姊妹群，或与单子叶植物为姊妹群，莫衷一是；金粟兰目的形态特征也较为特殊。因此 APG Ⅳ 系统将金粟兰目置于位置待定状态，有待更多证据探究其系统位置。金粟兰目仅含 1 科，即金粟兰科。

一、金粟兰科 Chloranthaceae

$* \ ⚥ \ P_0 \ A_{1,3,5} \ \underline{G}_{1:1:1} \quad * \ ♂ \ P_0 \ A_1 \ G_0 \quad * \ ♀ \ P_{(3)} \ A_0 \ \overline{G}_{1:1:1}$

本科有 4 属约 75 种，主要分布于热带和亚热带地区。中国有 3 属 15 种。

1. 植株下部；2. 果期植株上部；3. 苞片；4. 花；5. 果。

图 12-4-1 银线草（引自《秦岭植物志》《中国植物志》）

1. 形态特征　多年生草本、灌木或小乔木，常具香气。单叶对生，边缘有锯齿；托叶小。花小，两性或单性，排成穗状花序、头状花序或圆锥花序，无花被或在雌花中有浅杯状 3 齿裂的花被；两性花具雄蕊 1～3 枚，罕 5 枚，着生于子房的一侧，花丝不明显，有 3 枚雄蕊时，药隔下部互相结合或仅基部结合或分离，花药 2 室或 1 室，纵裂；雌蕊 1 枚，由 1 枚心皮组成，1 室，含 1 枚胚珠，花柱短或无花柱；单性花其雄花多数，雄蕊 1 枚；雌花少数，有与子房贴生的具 3 齿的花被。核果卵形或球形，外果皮多少肉质，内果皮硬。种子含丰富的胚乳和微小的胚。

2. 识别要点　植株具香气。单叶对生。穗状花序、头状花序或圆锥花序；花两性或单性；两性花无花被，雄蕊1～3 枚，罕 5 枚，雌蕊 1 枚心皮 1 室 1 个胚珠；雄花具雄蕊 1 枚；雌花有具 3 齿的花被。核果。

3. 代表植物【二维码 12-12】

12-12

金粟兰属（*Chloranthus* Sw.）　多年生草本或灌木。穗状花序或圆锥花序，顶生或腋生；花生于极小的苞片腋内，两性，无花被；雄蕊通常 3 枚，稀为 1 枚，着生于子房的上部一侧。约有 17 种，分布于亚洲；中国有 13 种。银线草（*C. japonicus* Siebold）（图 12-4-1），多年生草本；叶对生，通常 4 片生于茎顶；穗状花序顶生，单一；雄蕊 3 枚，药隔基部连合，药隔顶端延伸成线形，长约 5 mm，中央药隔无花药，两侧药隔各有 1 个 1 室的花药。全草药用，根状茎可提取芳香油。宽叶金粟兰（*C. henryi* Hemsl.），与银线草的主要区别是穗状花序单一顶生、分叉，或多条顶生并腋生，药隔长约为药室的 3 倍或药隔仅稍长于药室。

第五节 单子叶植物 Monocots

单子叶植物有 11 目 77 科 2 700 余属约 5.2 万种，在核心被子植物的 5 大分支中，单子叶植物的物种数量仅次于真双子叶植物。单子叶植物 77 科的系统发育关系如图 12-5-1 所示，部分科的系统位置尚有争议，有待进一步研究。单子叶植物具有一系列区别于其他被子植物的特点：胚具子叶 1 枚；茎内维管束散生排列，无形成层，无次生生长；叶脉通常为平行脉或弧形叶脉，稀为网状叶脉；花通常

为 3 基数，稀为 4～5 基数；通常主根不发达，常为须根系；花粉常具单个萌发孔。【二维码 12-13】

12-13

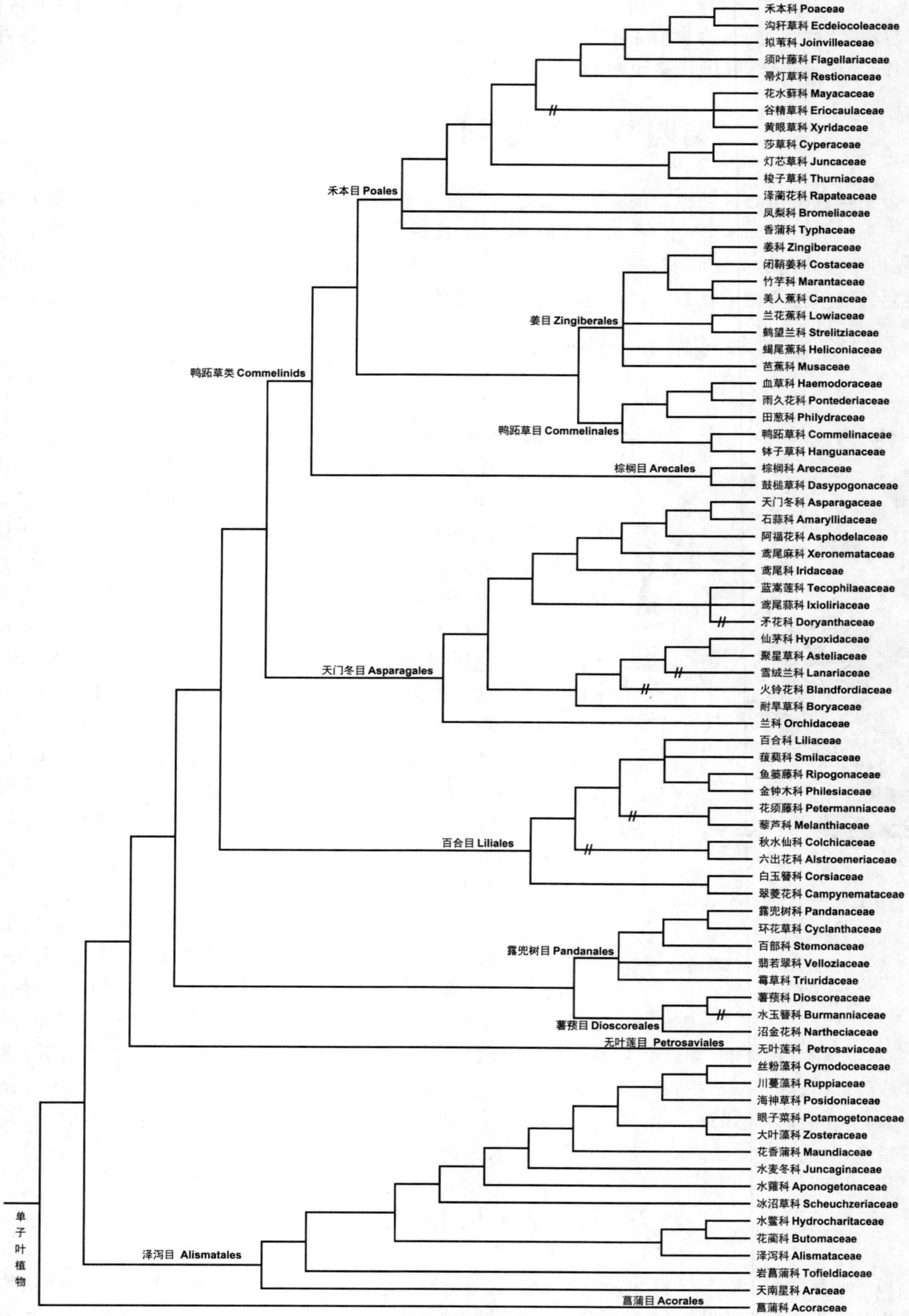

图 12-5-1　单子叶植物 11 目 77 科系统发育树

注：标注双斜线的分支位置存争议

一、菖蒲目 Acorales

菖蒲目是现生单子叶植物中最早分化出来的类群，仅含1科，即菖蒲科。

（一）菖蒲科 Acoraceae

$* ⚥ P_{3+3}\ A_{3+3}\ \underline{G}_{(2-3:2-3:\infty)}$

仅有1属2种，分布于亚洲和北美洲；中国2种均有分布。

1. 形态特征　多年生草本，全株具芳香气味。根状茎肉质，匍匐。叶2列，剑形，基部鞘状，互相套叠。花序腋生，具长柄，柄与佛焰苞的鞘贴生；佛焰苞叶状，在肉穗花序基部与之分离；花两性，花被片6枚，排成2轮；雄蕊6枚，排成2轮；子房上位，2～3室，每室胚珠多数，直立，着生于子房室的顶部，珠被2层，临近珠孔的外珠被为流苏状。浆果，藏于宿存花被之下。种子长圆形，外种皮肉质，远长于内种皮。

2. 识别要点　多年生草本，有香气。叶剑形。佛焰苞叶状；肉穗花序，具两性花；花被片6枚；雄蕊6枚；子房上位，2～3室，胚珠多数。浆果藏于宿存花被之下。

3. 代表植物【二维码12-14】

12-14

菖蒲属（*Acorus* L.）　菖蒲（*A. calamus* L.）（图12-5-2），叶具明显的中脉，长60～150 cm，宽0.7～2.5 cm，根状茎直径0.8～3.0 cm。分布于亚洲和北美洲，欧洲栽培并归化，常生于水边、沼泽、湿地或湖泊浮岛上。根状茎药用，常栽培供观赏。金钱蒲（*A. gramineus* Soland.），叶无明显的中脉，长15～55 cm，宽0.3～1.4 cm，根状茎直径0.4～0.8 cm。分布于东亚、东南亚的热带至温带地区，喜生于水旁的湿地及石上。根状茎药用，常栽培供观赏。

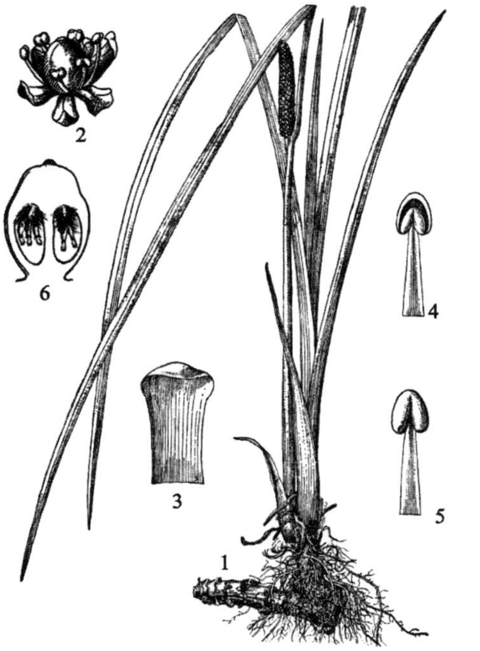

1. 植株；2. 花；3. 花被片；4. 雄蕊（近轴面）；5. 雄蕊（远轴面）；6. 子房纵切面。

12-5-2　菖蒲（引自《秦岭植物志》《中国植物志》）

4. 演化地位　由于菖蒲属具叶状的佛焰苞，过去被放在天南星科。然而它的化学成分、多种形态特征以及孢粉学、胚胎学性状与大多数天南星科植物不同，因此独立为菖蒲科。分子系统发育结果表明菖蒲科是其他所有单子叶植物的姊妹群，故独立为菖蒲目。

二、泽泻目 Alismatales

本目有天南星科等14科，系统发育关系见图12-5-1。

（一）天南星科 Araceae

$* ⚥,\ ♂\ ♀\ P_{0,4-12}\ A_{1-\infty}\ \underline{G}_{(1-\infty:1-\infty:1-\infty)}$

本科约有112属3 750种，广布全球，但以热带地区种类多。中国约有30属189种，并有18属为外来引种栽培的，全国各地均有分布，而以南方种类较多。天南星科植物一些种类供药用，一些种类的块茎含丰富的淀粉供食用，一些供观赏。

1. 形态特征　草本，稀为攀缘灌木或藤本，或为水生漂浮小草本。叶基生或茎生，单叶或复叶，全缘或分裂。肉穗花序，有佛焰苞；花辐射对称，两性或单性，若为单性花则雌雄同株，雄花位于花序的上部，雌花位于下部，少有雌雄异株；单性花常无花被，两性花常有4～6枚花被片，稀达12枚；雄蕊1～6枚或更多，分离或连合；雌蕊1个，由1枚或多心皮组成，子房上位，1至多室。浆果。种子有胚乳。花粉1～4沟、3沟或无沟无孔。

2. 识别要点　常为草本。肉穗花序，总苞片为佛焰苞；花两性或单性，若单性则通常雄花位于花序上部，雌花位于花序下部；子房上位。浆果。

12-15

3. 代表植物【二维码 12-15】

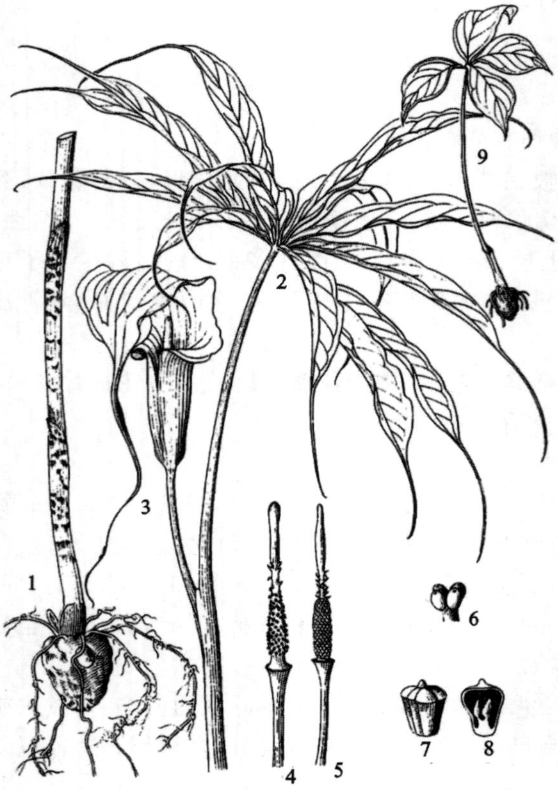

1. 植株下部；2. 叶；3. 佛焰苞和花序；4. 雄花序；5. 雌花序；6. 雄花；7. 子房；8. 子房纵切面；9. 幼苗。

图 12-5-3　一把伞南星（引自《中国植物志》）

（1）天南星属（*Arisaema* Mart.）　多年生草本，具块茎。叶 3 裂、鸟足状或放射状全裂。佛焰苞下部席卷，圆筒形，喉部开阔。花单性，雌雄异株或雌雄同株；肉穗花序顶部为附属器，位于或伸出佛焰苞喉部；雄花有雄蕊 2～5 枚，分离。全属约 180 种，中国有 78 种，西南地区种类较多。一把伞南星［*A. erubescens*（Wall.）Schott］（图 12-5-3），叶放射状分裂，裂片 7～20 片或更多，块茎药用。天南星（*A. heterophyllum* Blume），叶鸟足状分裂，裂片 12～21 片，块茎药用。花南星（*A. lobatum* Engl.），叶掌状 3 裂，中裂片具柄，侧裂片无柄，偏斜。

（2）半夏属（*Pinellia* Ten.）　多年生草本，块茎近球形。叶全缘、3 裂或鸟足状多裂。佛焰苞管部席卷，有增厚的横隔膜，喉部几乎闭合。花单性；肉穗花序下部的雌花与佛焰苞合生达横隔膜，单侧着花，雄花位于隔膜之上，圆柱形，附属器超出佛焰苞；雄花具雄蕊 2 枚，分离。全属共 9 种，中国均有分布。半夏［*P. ternata*（Thunb.）Ten. ex Breitenb.］，叶 3 裂。块茎入药。

（3）芋属（*Colocasia* Schott）　多年生草本，具块茎。叶盾形。肉穗花序短于佛焰苞。花单性，雌雄同株；雄花有雄蕊 3～6 枚，完全合生。全属约有 20 种，中国有 6 种。芋［*C. esculenta*（L.）Schott］，又名芋艿、芋头，多年生草本作一年生栽培，块茎富含淀粉，供食用，叶柄也可作蔬菜食用。中国南方各地广泛栽培，历史悠久，品种很多。栽培条件下很少开花，通常用小的块茎繁殖。

（4）魔芋属（*Amorphophallus* Blume ex Decne.）　多年生草本，块茎球形。叶 1 片，叶片常 3 全裂，裂片羽状分裂或再次分裂。叶与花序不同时存在。肉穗花序下部为雌花，上部为雄花，顶端为附属器。全属约有 200 种，中国有 16 种。魔芋（*A. konjac* K. Koch）在长江流域多栽培，块茎硕大，有毒，不可直接食用。经过有效加工脱毒后，得到魔芋精粉，主要成分为葡甘聚糖，是一种不能被人体消化吸收的多糖，可食用或作为食品添加剂。

本科常见的植物还有：无根萍［*Wolffia globosa*（Roxb.）Hartog & Plas］、稀脉浮萍（*Lemna aequinoctialis* Welw.）、紫萍［*Spirodela polyrhiza*（L.）Schleid.］，均为漂浮在水面生长的微小草本，常见于各地水田、池塘、湖泊等静水水域，为良好的绿肥植物，并可作草鱼、鸭、猪等的饲料，亦药用。马蹄莲［*Zantedeschia aethiopica*（L.）Spreng.］、花烛（又名红掌，*Anthurium andraeanum* Linden）、绿萝［*Epipremnum aureum*（Linden & André）Bunting］、龟背竹（*Monstera deliciosa* Liebm.）等，栽培广泛，供绿化和观赏。

（二）泽泻科 Alismataceae

$* ⚥, ♂ ♀ K_3 C_3 A_{3-\infty} \underline{G}_{3-\infty:3-\infty:1-2}$

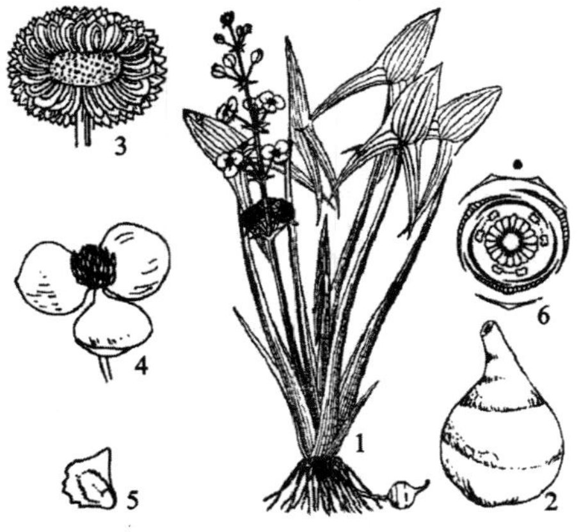

1. 植株；2. 球茎；3. 雌花花托纵切面，示多数雌蕊螺旋状排列；4. 花；5. 瘦果；6. 花图式。

图 12-5-4　**慈姑**

本科有 18 属约 100 种，广布全球；中国有 6 属 18 种，南北均产；常为淡水水域中的迅速定居者，在水生群落演替中常起着先锋种的作用。其中一些植物的地下块茎可食用或药用，茎叶可作饲料。

1. 形态特征　水生或沼生草本。具球茎或根状茎，叶常基生，具长柄，基部形成叶鞘。总状或圆锥花序。花通常两性，辐射对称，花托突起或扁平；萼片 3 枚，宿存；花瓣 3 枚，凋落；雄蕊 3 枚至多数；心皮 3 枚至多数，离生，螺旋排列或轮生，子房上位；胚珠 1～2 枚。聚合瘦果、核果或蓇葖果。种子无胚乳。花粉 2～12 孔。

2. 识别要点　水生或沼生草本。叶基生。花在花序轴上轮生；萼片 3 枚，宿存；花瓣 3 枚，凋落；雄蕊 3 枚至多数；心皮 3 枚至多数，离生。聚合瘦果、核果或蓇葖果。

3. 代表植物【二维码 12-16】

12-16

(1) 慈姑属（*Sagittaria* L.）　总状花序，花单性，3 基数，雌、雄蕊多数，螺旋状排列在突起的花托上；聚合瘦果。全属约 30 种，中国有 7 种。慈姑（*S. trifolia* L.）（图 12-5-4），多年生水生草本，有球茎；叶箭形，顶端裂片具 5～7 脉；总状或圆锥花序顶生，下部雌花有短梗，上部雄花有细长梗，苞片基部连合，花白色，雌雄同株，花托膨大而突起。各地池塘常见，栽培广泛，球茎供食用，也可入药。

(2) 泽泻属（*Alisma* L.）　花两性，花托扁平，外轮为花萼，内轮为花瓣，均为 3 枚，雄蕊 6 枚，心皮多数，轮生成环。瘦果。全属约有 11 种，中国有 6 种。

东方泽泻[*A. orientale* (Samuel.) Juz.]，多年生水生草本，具地下块茎；叶基生，叶片卵形或椭圆形，叶柄长，基部鞘状；圆锥状复伞形花序。广布各省区，块茎供药用。草泽泻（*A. gramineum* Lej.），沉水叶条形；主产于北部各省，多见于浅水或沼泽地。泽泻（*A. plantago-aquatica* L.），花大，主产于北方，常见栽培观赏；块茎药用。

三、薯蓣目 Dioscoreales

含沼金花科等 3 科，系统发育关系如图 12-5-1 所示。

(一)沼金花科 Nartheciaceae

$* ⚥ P_6\ A_6\ \underline{\overline{G}}_{(3:3:\infty)}$

本科有 5 属约 35 种，分布于欧洲、东亚、北美洲、南美洲北部。中国有 1 属 15 种。

1. 形态特征　多年生草本，常具根状茎。叶常基生，线形至椭圆形，向基部渐狭成鞘状。总状花序或穗状花序，稀为伞房花序；花两性，苞片宿存；花被片 6 枚，离生或基部合生，宿存；雄蕊通常 6 枚；子房上位、半下位或下位，3 枚心皮合生；子房 3 室，每室胚珠多数；花柱 1 枚，3 裂。蒴果，室背开裂。种子椭圆形至梭形。

2. 识别要点　多年生草本。叶常基生。总状花序或穗状花序，稀为伞房花序；花两性，苞片宿存；花被片 6 枚，离生或基部合生，宿存；雄蕊通常 6 枚；子房 3 枚心皮合生，3 室，每室胚珠多数。蒴果。

3. 代表植物【二维码 12-17】

12-17

粉条儿菜属（*Aletris* L.）　叶带形、条形或条状披针形。花葶中下部具几片苞片状的叶；总状花序或穗状花序顶生；花被约从中部向上 6 裂，裂片镊合状排列，下部与子房合生；雄蕊 6 枚，着生于花被裂片的基部或花被筒上，花药基着，卵形或球形；子房半下位。蒴果卵形、倒卵形或圆锥形。种子多数，梭形。全属 21 种，分布于东亚、东南亚和北美洲，中国有 15 种，主要分布于黄河以南。

粉条儿菜[*A. spicata*(Thunb.)Franch.](图 12-5-5)，又称肺筋草，叶细线形，宽 3～4 mm，花序上部具腺毛，具多花，花被裂至全长的 1/3～1/2，蒴果倒卵形至长圆状倒卵形，有棱角。根药用。无毛粉条儿菜(*A. glabra* Bureau & Franch.)，又称光肺筋草，与粉条菜的主要区别是叶披针形，宽 1～2 cm，花序光滑无毛。

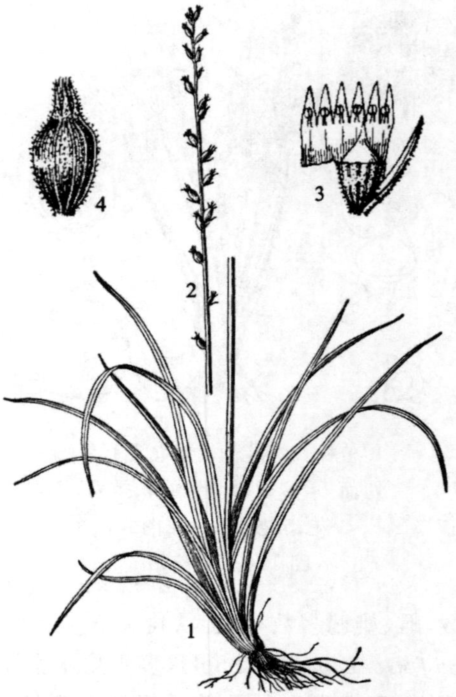

1. 植株下部；2. 花序；3. 花解剖；4. 具宿存花被片的果实。

图 12-5-5　粉条儿菜

(引自《秦岭植物志》《中国植物志》)

(二)薯蓣科 Dioscoreaceae

$* \male P_{3+3} A_{6,1-3} \quad * \female P_{3+3} \overline{G}_{(3:3,1:1-2)}$

本科约有 4 属，650～700 种，分布于热带至温带地区。中国有 3 属 57 种。一些种类根状茎可供食用、药用或化工用途，经济价值较大。

1. 形态特征　缠绕草质或木质藤本，或为多年生草本，有根状茎或块茎。叶互生，有时中部以上对生，或全部基生，单叶或掌状复叶，侧脉网状。花单性而雌雄异株，稀雌雄同株，或花两性；花被片 6 枚，离生或合生；雄蕊 6 枚或1～3 枚；子房下位，3 枚心皮合生，3 室或 1 室，每室 1～2 枚胚珠。蒴果三棱形，有翅，或为浆果。

2. 识别要点　常为缠绕藤本。有根状茎或块茎。叶侧脉网状。花常为单性，3 枚基数花。子房下位。蒴果三棱形，有翅，或为浆果。种子具薄翅。

12-18

3. 代表植物【二维码 12-18】

(1)薯蓣属(*Dioscorea* L.)　多年生缠绕藤本，具块茎或根状茎。茎左旋或右旋，有些种的叶腋有珠芽(小块茎)。单叶或掌状复叶，互生或茎中部以上的叶对生，基出脉 3～9 条，侧脉网状。穗状花序或总状花序，单一或数个腋生，有时为圆锥花序；花单性，雌雄异株，稀同株；雄花有雄蕊 6 枚，有时其中 3 枚退化；雌花有退化雄蕊 3～6 枚或无；子房 3 室。蒴果三棱形，有翅。全属约 600 种，主要分布于热带和亚热带地区，温带较少；中国有 52 种。薯蓣(*D. polystachya* Turcz.)(图 12-5-6)，又称山药，根状茎肉质，肥厚，略呈圆柱形，长可达 1 m；茎缠绕；花单性，雌雄异株；穗状花序；雄花序近直立；雌花序 1～3 个生于叶腋。中国南北方常见栽培，也有野生。根状茎富含淀粉，可食用、药用；叶腋间的珠芽近球形或椭球形，称零余子或山药豆，可食用。参薯(*D. alata* L.)，根状茎变异大，有圆柱形、圆锥形、球形，茎有 4 条翅；根状茎亦作"山药"食用或药用。穿龙薯蓣(*D. nipponica* Makino)，根状茎横走，木质，叶掌状，基部心形；雌雄异株，穗状花序腋生；根状茎可提取薯蓣皂苷元，为重要的制药原料。薯莨(*D. cirrhosa* Lour.)，根状茎卵形、球形、长圆形或葫芦状，外皮黑褐色，凹凸不平，断面新鲜时红色，干后紫黑色，富含单宁，可提制栲胶，用作染丝绸、棉布、鱼网。

1. 根状茎；2. 雄枝；3. 雄花；4. 雄蕊；5. 雌花；6. 果枝；7. 果实及种子

图 12-5-6　薯蓣

四、百合目 Liliales

含藜芦科等 10 科，系统发育关系如图 12-5-1 所示。

(一) 藜芦科 Melanthiaceae

$* ⚥ P_{3+3,\ 4-10+4-10}\ A_{6,\ 8-\infty}\ \underline{G}_{(3,\ 4-10:3,\ 4-10:2-\infty)}$

本科约有 17 属 175 种，分布于北温带；中国有 7 属 47 种。

1. *形态特征*　多年生草本，具根状茎或鳞茎。叶基生或茎生，或数枚轮生于茎顶。总状花序、穗状花序、圆锥花序、伞形花序或单花；花通常两性；花被片 2 轮，每轮 3 枚或 4～10 枚，离生或基部合生；雄蕊与花被片同数；子房通常上位，3 枚或 4～10 枚心皮合生，3 室或 4～10 室，每室具 2 至多枚胚珠，稀为多心皮离生。蒴果或浆果，稀为蓇葖果。

2. *识别要点*　多年生草本，具根状茎或鳞茎。花通常两性；花被片 2 轮，每轮 3 枚或多枚；雄蕊与花被片同数；子房通常上位，3 或多心皮合生。通常为蒴果或浆果。

3. *代表植物*【二维码 12-19】

12-19

(1)重楼属(*Paris* L.)　多年生草本，具肉质根状茎。茎直立，不分枝。叶 4 至多枚轮生于茎顶。花单生于叶轮中央；花被片排成 2 轮，离生，宿存；外轮花被片披针形至宽卵形，叶状；内轮花被片狭条形；雄蕊与花被片同数；子房近球形或圆锥形，4～10 室。蒴果或浆果，具多数种子。本属约有 24 种，分布于欧洲大陆；中国有 22 种，由于过度采挖，不少野生种处于濒危状态。七叶一枝花(*P. polyphylla* Sm.)(图 12-5-7)，又称重楼，叶 5～10 枚轮生，花被片每轮 3～6 枚，内轮通常比外轮长，雄蕊的药隔突出部分约长1 mm。根状茎作药用。国家二级重点保护野生植物。北重楼(*P. verticillata* M. Bieb.)，叶 6～8 枚轮生，花被片每轮 4 枚，内轮通常比外轮短，雄蕊的药隔突出部分长 6～8 mm。

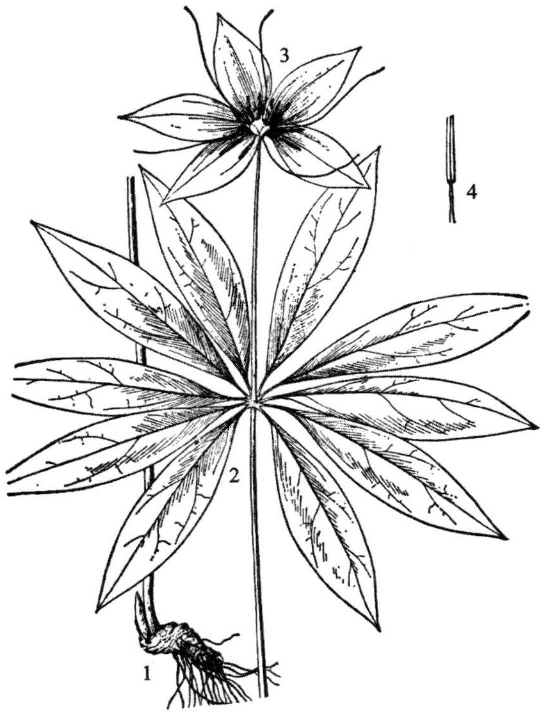

1. 根状茎；2. 茎和叶；3. 花；4. 雄蕊。

图 12-5-7　七叶一枝花(引自《秦岭植物志》)

(2)藜芦属(*Veratrum* L.)　多年生草本，具根状茎；叶互生，椭圆形至条形；圆锥花序顶生；花被片 6 枚，离生；雄蕊 6 枚；子房上位，3 室，每室胚珠多数；蒴果。本属约有 50 种；中国有 13 种。藜芦(*V. nigrum* L.)，茎基部的叶鞘枯死后残留为有网眼的黑色纤维网；基生叶无柄，茎生叶具短柄，叶无毛，花黑紫色。全株有毒，不可食用。

(二)秋水仙科 Colchicaceae

$*,\ \uparrow\ ⚥ P_{3+3}\ A_{3+3}\ \underline{G}_{(3:3:\infty)}$

本科有 15 属约 280 种，分布于除南美洲之外的热带至温带地区；中国有 3 属约 16 种。

1. *形态特征*　多年生草本，具球茎或根状茎。茎直立，有时攀缘。单叶互生，全缘；茎基部的叶常呈鞘状；多条主脉从叶片基部掌状发出；常无叶柄。聚伞花序、总状花序、圆锥花序、伞形花序或单花。花常两性，罕单性；辐射对称，有时稍呈两侧对称；花被片 6 枚，排成 2 轮，离生或基部合生；雄蕊 6 枚，排成 2 轮；子房上位，通常 3 室，每室常具多数胚珠。蒴果或浆果。

2. 识别要点　多年生草本，具球茎或根状茎；单叶互生，全缘；茎基部的叶常呈鞘状；多条主脉从叶片基部掌状发出；花被片 6 枚，排成 2 轮；雄蕊 6 枚，排成 2 轮；子房上位，通常 3 室，胚珠多数；蒴果或浆果。

12-20

3. 代表植物【二维码 12-20】

万寿竹属（*Disporum* Salisb.）　又称宝铎草属；叶具 3～7 条主脉；伞形花序有花数朵，或仅 1～2 朵花，着生于茎及分枝顶端；花狭钟形或近筒状，辐射对称，两性；花被片离生，基部常具囊或距；浆果，常为球形，成熟时深蓝色至黑色。本属约有 20 种，分布于东亚及东南亚的热带至温带地区，中国有 14 种。万寿竹［*D. cantoniense*（Lour.）Merr.］（图 12-5-8），又称山竹花，叶片卵状披针形或披针形，基出主脉 3～5 条，花紫红色。大花万寿竹（*D. megalanthum* F. T. Wang & Tang），叶片卵形，基出主脉 5～7 条，花白色。

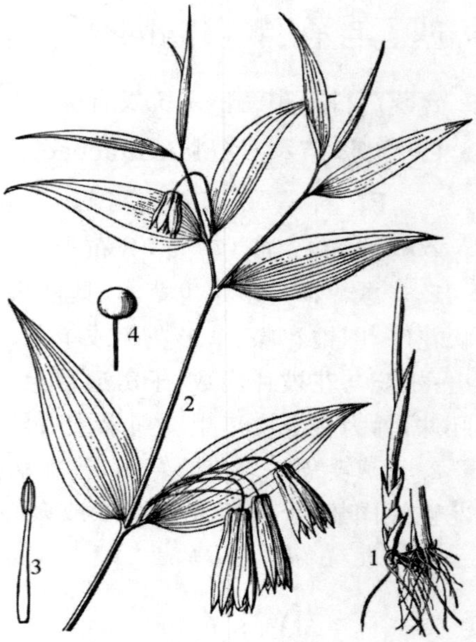

1. 根状茎和植株下部；2. 茎、叶和花；3. 雄蕊；4. 果实。

图 12-5-8　万寿竹（引自《秦岭植物志》）

（三）菝葜科 Smilacaceae

$* \ \delta \ P_{3+3,(6)} \ A_{3+3,3-18} \qquad * \ \text{♀} \ P_{3+3,(6)} \ \underline{G}_{(3:3:1-2)}$

本科有 1 属约 300 种，分布于热带至温带地区；中国约有 88 种。

1. 形态特征　木质或草质攀缘藤本，稀为直立小灌木，常绿或落叶；具根状茎。茎上通常具皮刺，稀无刺。单叶互生，罕对生；叶常具柄，叶柄常具托叶状的鞘，鞘的顶端有一对卷须，有时无卷须；叶常全缘，基出 3～7 脉。花序腋生，单个伞形花序，或数个伞形花序排成总状或穗状，有时雌花单生；花单性，雌雄异株，罕为两性花；辐射对称；花被片 6 枚，排成2 轮，离生或合生成筒状；雄花常具雄蕊 6 枚，稀 3～18 枚；雌花具退化雄蕊，稀无；子房上位，通常 3 室，每室具 1～2 枚胚珠。浆果常球形。

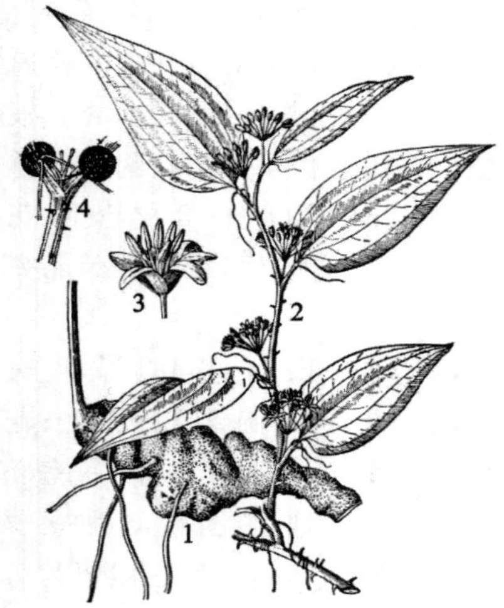

1. 根状茎；2. 雄花枝；3. 雄花；4. 腋生果序。

图 12-5-9 短梗菝葜（引自《秦岭植物志》）

2. 识别要点　常为攀缘藤本；茎上常有刺；单叶互生，全缘，基出 3～7 脉；伞形花序；花常单性；花被片 6 枚，离生或合生成筒状；雄蕊常 6 枚；子房上位，3 室；浆果球形。

12-21

3. 代表植物【二维码 12-21】

菝葜属（*Smilax* L.）　短梗菝葜（*S. scobinicaulis* C. H. Wright）（图 12-5-9），又称黑刺菝葜，木质藤本，茎上具短刺，叶柄上常有卷须，伞形花序单生于叶腋，花序梗通常短于叶柄，稀稍长。牛尾菜（*S. riparia* A. DC.），又称草菝葜，草质藤本，无刺，叶柄上常有卷须，花序梗长于叶柄。鞘柄菝葜（*S. stans* Maxim.），直立灌木，茎上无刺，无卷须。土茯苓（*S. glabra* Roxb.），木质藤本，茎上无刺，具卷须，叶片椭圆状披针形或卵状披针形，花序梗通常短于叶柄；根状茎药用。

4. 分类学讨论　由于花部的相似性，菝葜属过去被置于百合科。传统上划分的百合科是一个混杂类群，APG 系统已按照系统发育关系拆分了传统的百合科。菝葜科通常为藤本，常具卷须，具伞形花序，易与百合科区分。

(四)百合科 Liliaceae

* ⚥ P_{3+3} A_{3+3} $\underline{G}_{(3:3:\infty)}$

本科有15属约640种，主要分布于北温带；中国有12属146种，分布广泛。本科不少植物具有重要的经济价值，栽培供观赏、食用鳞茎或药用。

1.形态特征　多年生草本，通常具鳞茎，稀为根状茎。茎直立，通常不分枝。叶基生或茎生，单叶，互生，稀对生或轮生。总状花序、单花或伞形花序、圆锥花序；花两性；花被片6枚，排成2轮，等大或不等大，基部常有蜜腺；雄蕊6枚，排成2轮；子房上位，3枚心皮合生，3室，每室胚珠多数。蒴果，稀为浆果。

2.识别要点　草本，通常具鳞茎。茎通常不分枝。单叶。花被片6枚，雄蕊6枚，均排成2轮；子房上位，3室。蒴果，稀为浆果。

3.代表植物【二维码12-22】

12-22

1.植株上部；2.鳞茎；3.雌蕊；4.雄蕊；5.花图式。

图12-5-10　百合

(1)百合属(*Lilium* L.)　多年生草本，具鳞茎。叶具1至数条平行主脉。花单生或成顶生总状花序。蒴果。种子多数，扁平，具翅。全属约115种，分布于北温带，中国有55种。百合(*L. brownii* F. E. Brown ex Miellez var. *viridulum* Baker)(图12-5-10)，鳞茎球形；叶倒披针形；花喇叭形，白色，上端稍外卷；蒴果。原产于中国，世界各地广泛栽培，为著名观赏花卉，鳞茎富含淀粉，可食用。山丹(*L. pumilum* Redouté)，叶条形，花被片反卷，红色。供观赏，鳞茎可食用。卷丹(*L. lancifolium* Thunb.)，叶披针形，有5～7条脉，茎上部的叶腋间生有黑色的珠芽，花橘红色，有紫黑色斑点。供观赏，鳞茎可食用。兰州百合[*L. davidii* Duch. ex Elwes var. *willmottiae* (E. H. Wilson) Raffill]，花与卷丹相似，但叶线形，有3条脉，无珠芽。栽培作物，鳞茎硕大，鳞片色白，供鲜食或晒干食用并药用。绿花百合(*L. fargesii* Franch.)，花淡绿色，具紫色斑点，花被片反卷。国家二级重点保护野生植物。

(2)大百合属[*Cardiocrinum* (Endl.) Lindl.]　多年生草本，具鳞茎。叶通常卵状心形，叶脉网状，具叶柄。顶生总状花序，有花3至多朵；花狭喇叭形。蒴果近球形。种子多数，扁平，具翅。全属共3种，分布于东亚；中国有2种。云南大百合[*C. giganteum* (Wall.) Makino var. *yunnanense* (Leichtlin ex Elwes) Stearn]，植株高1～2 m，总状花序常具花10朵以上，花白色，内面具淡紫色条纹。

(3)贝母属(*Fritillaria* L.)　多年生草本。鳞茎通常由2～3枚白粉质鳞片组成，鳞片内生有2～3对小鳞片。叶对生、轮生或散生，先端卷曲或不卷曲。单花、总状花序或伞形花序顶生，具叶状苞片；花钟形，俯垂；花被片内面近基部有一凹陷的蜜腺窝。蒴果具6棱。全属约60种，分布于北温带，中国有24种。本属植物花美丽，许多种栽培供观赏。川贝母(*F. cirrhosa* D. Don)、太白贝母(*F. taipaiensis* P. Y. Li)等多种贝母属植物的鳞茎药用。中国全部野生分布的贝母属物种为国家二级重点保护野生植物。

(4)郁金香属(*Tulipa* L.)　多年生草本，具鳞茎。叶基生并茎生，2～4枚。花通常单生于茎顶，钟形或漏斗状钟形。蒴果。全属约有150种，分布于欧亚大陆和北非的温带地区，中亚和地中海地区种类丰富；中国有野生种11种，全部为国家二级重点保护野生植物，均分布于新疆，如伊犁郁金香（*T. iliensis* Regel）、阿尔泰郁金香（*T. altaica* Pall. ex Spreng.）等。郁金香（*T. gesneriana* L.），花单朵顶生，大而艳丽，红、黄、白、紫等多色，原产于欧洲，为著名观赏花卉，品种很多，世界各地广泛栽培。

（5）油点草属（*Tricyrtis* Wall.）　多年生草本，具根状茎。茎基部的叶常具油渍状斑点；叶互生，无柄或叶基部抱茎。花常排成顶生和生于上部叶腋的二歧聚伞花序；花被片离生，外轮 3 枚，基部囊状或具短距。蒴果具 3 棱。全属有 9 种，分布于东亚，中国有 6 种。黄花油点草[*T. maculata* (D. Don) J. F. Macbr.]，茎和叶具短毛；花黄绿色，具紫色斑点。

4. 分类学讨论　传统分类系统中的广义百合科依据花被片 6 枚、雄蕊 6 枚、雌蕊 3 枚心皮合生、子房上位这组特征界定，但其包含的众多属形态特征极为多样，系统发育分析表明广义百合科是多系类群，因而 APG 系统拆分了广义百合科，使狭义百合科及拆分出的其他科都是单系类群。这种做法虽然保证了各科的单系性，但也使 APG 系统的百合科与沼金花科、藜芦科、阿福花科、天门冬科的形态区分较困难。因此识别上述科，主要是掌握其包含的属。

五、天门冬目 Asparagales

本目有兰科等 14 科，系统发育关系如图 12-5-1 所示。

（一）兰科 Orchidaceae

$\uparrow \ ⚥ \ P_{3+3} \ A_{1,\,2-3} \ \overline{G}_{(3:1:\infty)}$

兰科是植物中最大的科之一，约有 800 属 2.5 万～3 万种，广布全球，热带地区种类较多；中国有 208 属 1 650 种，全国各地都有分布，西南、华南地区种类较多。本科有大量物种可供观赏，一些种药用，经济价值大。

1. 形态特征　多年生草本，稀为藤本；地生或附生于树干及岩石上；绿色自养，或为异养的腐生植物；常具块茎、根状茎或假鳞茎。叶基生或茎生，全缘，通常互生，基部一般鞘状，腐生种类中叶为鳞片状或鞘状。花单生、总状或圆锥花序，稀为头状花序；花常为两性，两侧对称；花被片 6 枚，排成 2 轮；外轮 3 枚为萼片，上方 1 枚为中萼片，侧面 2 枚为侧萼片；内轮 3 枚为花瓣，侧面 2 枚相似，称为花瓣，位于中央的 1 枚形状多样，称唇瓣，唇瓣基部常为囊状或有距；子房和子房柄作 180°扭转；子房下位，3 枚心皮合生，通常 1 室，侧膜胎座；雄蕊与花柱合生，称为合蕊柱，位于唇瓣上方并与之相对；合蕊柱顶端一般具药床和 1 枚花药，腹面有 1 个柱头穴，柱头与花药之间有 1 个舌状的蕊喙，罕为具 2～3 枚花药、2 个隆起的柱头或不具蕊喙的；花粉通常黏合成花粉团，一端具花粉团柄，柄连接于黏盘上，有时黏盘还有柄状附属物，称黏盘柄；花粉团、花粉团柄、黏盘柄和黏盘连接在一起，称花粉块。蒴果，具极多种子。种子细小，无胚乳，种皮常在两端延长成翅状。

2. 识别要点　常为草本，自养或腐生。花两侧对称，花被片 6 枚，内轮具 1 枚唇瓣；形成合蕊柱、花粉块；子房下位，1 室，侧膜胎座。蒴果，种子微小，极多数。

3. 代表植物【二维码 12-23】

12-23

（1）兰属（*Cymbidium* Sw.）　附生或地生草本，罕为腐生。叶带状，革质，基生成簇。唇瓣常 3 裂；花粉块 2 枚，有柄和黏盘。本属共 55 种，中国有 49 种。建兰[*C. ensifolium* (L.) Sw.]（图 12-5-11），有假鳞茎；叶 2～6 枚丛生，带形，弯曲下垂；花葶直立，有 3～7 花，浅黄绿色，浓香；萼片狭披针形，唇瓣不明显 3 裂，花粉块 2 个。建兰连同春兰[*C. goeringii* (Rchb. f.) Rchb. F.]、蕙兰（*C. faberi* Rolfe）、寒兰（*C. kanran* Makino）、墨兰[*C. sinense* (Jack. ex Andr.) Willd.]等，在中国有一千余年的栽培历史，供观赏，为中国传统名花；这些种的野生种群均为国家二级重点保护野生植物。

（2）天麻属（*Gastrodia* R. Br.）　腐生草本。根状茎块状，有短的节间。总状花序顶生；花被片合生成筒状；唇瓣较小，合蕊柱较长，通常有足；花粉块 2 枚。全属约有 20 种，中国有 15 种。天麻（*G. elata* Blume），茎单一，直立，叶鳞片状；花序顶生，淡黄绿色或红褐色。分布于东北、西南以及秦巴山区，常生于栎林下腐殖层深厚处，人工栽培技术成熟；根状茎药用。野生天麻为国家二级重点保护野生植物。

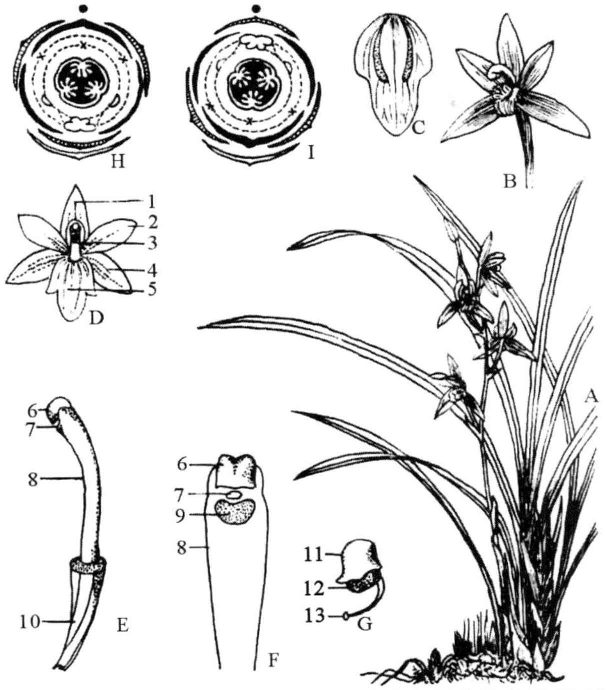

A～C. 建兰(A. 植株;B. 花;C. 唇瓣);D. 兰属的花被片各部分示意图;E. 子房和合蕊柱;
F. 合蕊柱;G. 花药; H. 兰亚科花图式(子房扭转前);I. 兰亚科花图式(子房扭转后);
1. 中萼片;2. 花瓣;3. 合蕊柱;4. 侧萼片;5. 唇瓣;6. 花药;7. 蕊喙;8. 合蕊柱;9. 柱头;
10. 子房;11. 药帽;12. 花粉块;13. 黏盘。

图 12-5-11 建兰及兰属花的构造(引自周云龙)

(3)白及属(*Bletilla* Rehb. f.) 地生草本。具块状的假鳞茎。叶柄相互卷抱成茎状,叶片和叶柄之间有关节。花序轴常曲折成“之”字形;唇瓣 3 裂,无距。全属共有 6 种,中国有 4 种。白及[*B. striata* (Thunb. ex A. Murray) Rchb. f.],块茎压扁状,富有黏性;茎粗壮,4～5 枚叶,披针形;花序具 3～8 花,紫色或淡红色。人工栽培技术成熟,假鳞茎药用。野生白及为国家二级重点保护野生植物。

(4)杓兰属(*Cypripedium* L.) 地生草本,有根状茎。叶通常茎生,多数有弧形脉。花单生或 2～3 花,大型;唇瓣囊状;柱头稍 3 裂。全属约 50 种,中国有 36 种。毛杓兰(*C. franchetii* E. H. Wilson),叶 3～5 枚,互生;花淡紫红色至粉红色,有深色脉纹;唇瓣深囊状。扇脉杓兰(*C. japonicum* Thunb.),叶 2 枚,扇形,对生;单花,唇瓣淡黄绿色至淡紫白色。野生的毛杓兰和扇脉杓兰均为国家二级重点保护野生植物。

兰科常见的还有:广布小红门兰[*Ponerorchis chusua* (D. Don) Soó],具近球形块茎,2～3 枚叶互生,总状花序顶生,花紫红色,唇瓣 3 裂,距圆筒形。大叶火烧兰(*Epipactis mairei* Schltr.),叶 5～8 枚,互生,总状花序顶生,花黄绿色带紫褐色,唇瓣中部缢缩,基部的中央具 2～3 条鸡冠状褶片,无距。银兰[*Cephalanthera erecta* (Thunb.) Bl.],叶 2～5 枚,互生,总状花序顶生,花白色,唇瓣 3 裂,中央裂片有 3 条纵褶片,基部有短距。羊耳蒜(*Liparis campylostalix* Rchb. f.),具卵球形假鳞茎,叶 2 枚,基部鞘状抱茎,总状花序顶生,花淡黄绿色,花瓣丝状,唇瓣宽倒卵形,无距。杜鹃兰[*Cremastra appendiculata* (D. Don) Makino],假鳞茎卵球形,叶通常 1 枚,总状花序具多花,花黄色,唇瓣无距,紫红色,狭长,3 裂,侧裂片小,国家二级重点保护野生植物。绶草[*Spiranthes sinensis* (Pers.) Ames],总状花序顶生,花多而密生,螺旋状扭转排列,唇瓣近距圆形,全草入药。手参[*Gymnadenia conopsea* (L.) R. Br.],块根肥厚,有 4～6 裂,形如手掌,国家二级重点保护野生植物,块茎入药。

一些栽培的兰科植物具有较大的经济价值,蝴蝶兰属(*Phalaenopsis* Blume)的多个物种、大花万带兰（*Vanda coerulea* Griff. ex Lindl.）、文心兰（*Oncidium flexuosum* Lodd.）等是著名的观赏花卉，世界各地广泛栽培；香荚兰（*Vanilla planifolia* Andrews）的果实是提取天然香草香精的主要原料；铁皮石斛（*Dendrobium officinale* Kimura & Migo）的茎药用。

4. 演化地位　兰科植物的花两侧对称，唇瓣形态极为多样，唇瓣基部的距内、囊内或蕊柱基部常有蜜腺，引诱昆虫，雄蕊与花柱及柱头结合成合蕊柱，花粉黏结成块，且下有黏盘，柱头有黏液，利于传粉，这些特征是对昆虫传粉高度适应的表现。兰科植物种子极小，但数量极多，增加了扩散传播的能力；种子萌发需与特定真菌共生，甚至一些种类发展成完全与真菌共生的腐生型异养植物，展现了多样化的资源获取能力。

（二）鸢尾科 Iridaceae

$*$ ⚥ $P_{(3+3)}\ A_3\ \overline{G}_{(3:3:\infty)}$

本科约 67 属 2 200 种，分布于世界各地；中国有 3 属约 60 种，还有许多引种栽培的物种，供观赏，提取香精、色素，并供药用，经济价值大。

1. 形态特征　通常为多年生草本，有根状茎、球茎或鳞茎。叶条形、剑形或丝状，基部鞘状，两侧压扁，嵌叠排列。花单生或为总状花序、穗状花序、聚伞花序或圆锥花序；花两性；花被裂片 6 枚，2 轮排列，基部联合成花被管；雄蕊通常 3 枚；雌蕊由 3 枚心皮组成，子房下位，3 室，胚珠多数；花柱 1 枚，上部常 3 裂。蒴果。

2. 识别要点　草本。具根茎、球茎或鳞茎。叶 2 列套折。花被裂片 6 枚，基部联合成花被管，雄蕊 3 枚，花柱 3 裂，子房下位。蒴果。

12-24

3. 代表植物【二维码 12-24】

（1）鸢尾属（*Iris* L.）　多年生草本，具根状茎。叶剑形，基部套叠。聚伞花序；花柱 3 分枝成花瓣状。全属约 300 种，中国约有 60 种。鸢尾（*I. tectorum* Maxim.）（图 12-5-12），叶剑形，花蓝紫色，外花被裂片中脉上有鸡冠状的附属物；根状茎药用，栽培供观赏。马蔺（*I. lactea* Pall.），叶条形，花蓝紫色，外花被裂片无附属物；耐盐碱，耐践踏，根系发达，可用于水土保持，叶可供造纸及编织用。德国鸢尾（*I. germanica* L.），叶剑形，苞片绿色，草质，边缘膜质，花紫色、黄色、白色或各色间杂，外花被裂片中脉上有须毛状的附属物；原产于欧洲，世界各地广泛栽培，品种极多，为重要的观赏植物。香根鸢尾（*I. pallida* Lam.），与德国鸢尾的主要区别是苞片银白色，全部膜质；原产于欧洲，根状茎可提取贵重香料。

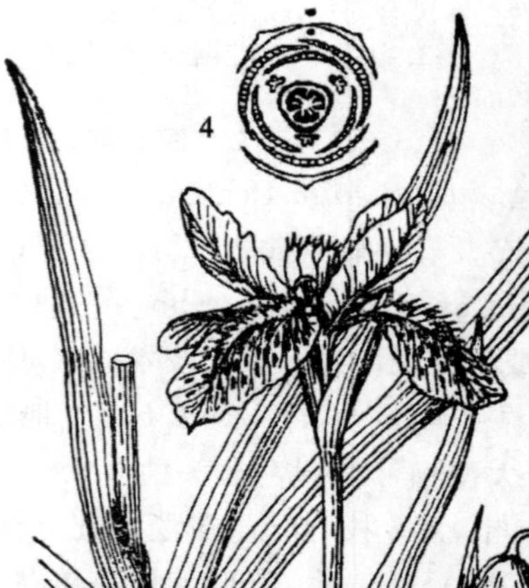

1. 植株下部；2. 花期植株上部；3. 果实；4. 花图式。

图 12-5-12　鸢尾（引自《中国高等植物图鉴》）

（2）射干属（*Belamcanda* Adans.）　与鸢尾属的主要区别是花柱顶端 3 浅裂，不为花瓣状。仅 1 种，即射干［*B. chinensis*（L.）Redouté］，花橙红色，有紫褐色斑点。根状茎供药用。

（3）番红花属（*Crocus* L.）　多年生草本，具球茎。叶基生，条形。花被裂片 6 枚，近同形等大；花柱上部 3 分枝，但不为花瓣状。全属有 75 种，中国原产 1 种，常见栽培 1 种。番红花（*C. sativus* L.），球茎扁圆球形，外包有黄褐色膜质包被；叶边缘反卷；花淡紫色或白色；花柱橙红色，柱头略扁。原产于欧洲南部，花柱及柱头为极名贵的香料和食用色素，供药用时称藏红花。

鸢尾科还有许多种以花色鲜艳及花形奇异而著称，如唐菖蒲（*Gladiolus* × *gandavensis* Van Houtte）、雄黄兰[*Crocosmia* × *crocosmiiflora* (Lemoine) N. E. Br.]、香雪兰[*Freesia refracta* (Jacq.) Klatt]等，世界各地广泛栽培，经济价值较大。

（三）阿福花科 Asphodelaceae

$* \ ⚥ \ P_{3+3} \ A_{6,3} \ \underline{G}_{(3:3,1:1-\infty)}$

本科约有 40 属 900 种，中国原产的有 3 属 16 种，并引种栽培一些种类。

1. 形态特征　多年生草本，通常具根状茎，或为多肉植物，或为灌木状及乔木状。叶基生或茎生。花序具明显花葶；顶生总状花序、穗状花序、圆锥花序或聚伞花序，花梗具关节；花两性；花被片 6 枚，离生或多少合生；雄蕊常 6 枚，稀 3 枚；雌蕊 3 枚心皮合生，子房通常上位，3 室，稀 1 室。蒴果或浆果。种子几颗至多数，外种皮黑色。

2. 识别要点　花序具明显花葶，花葶上无叶；花梗具关节；花两性；花被片 6 枚，雄蕊 6 枚或 3 枚；雌蕊 3 枚心皮合生，子房通常上位，3 室稀 1 室。蒴果或浆果。

3. 代表植物【二维码 12-25】

12-25

（1）萱草属（*Hemerocallis* L.）　多年生草本，根状茎短，有纺锤状膨大肉质块根。叶基生，2 列，带状。花葶从叶丛中央抽出，顶端具总状或假二歧状的圆锥花序，较少花序缩短或只具单花；花漏斗状，基部合生成花被管，花被裂片 6 枚，排成 2 轮；雄蕊 6 枚；子房 3 室，每室具多数胚珠；蒴果。全属有 15 种，中国有 11 种。萱草[*H. fulva* (L.) L.]（图 12-5-13），花橘黄色或橘红色，花被管长 2～4 cm，东亚广布，庭园常见栽培，为观赏花卉。黄花菜（*H. citrina* Baroni），花亮黄色，花被管长 3～5 cm，东亚广布，中国广泛栽培，花蕾经焯水、干燥为黄花菜或称金针菜，为著名的干菜，但鲜花有毒，不可食用。

1. 根和植株基部；2. 叶和花序上部；3. 雄蕊；4. 雌蕊。

12-5-13　**萱草（引自《秦岭植物志》《中国植物志》）**

（2）独尾草属（*Eremurus* M. Bieb.）　多年生草本，具根状茎，具肉质根。叶基生，线形。花葶单一；总状花序顶生；苞片膜质；花两性；花被钟状，管状，或杯状，基部合生或离生；花被裂片 6 枚；雄蕊 6 枚；子房 3 室，每室数枚种子。蒴果。本属有 45 种，中国有 4 种。异翅独尾草[*E. anisopterus* (Kar. & Kir.) Regel]，花宽钟形，花被片长约1.5 cm，白色，果直径1.5～2.0 cm；分布于新疆。阿尔泰独尾草[*E. altaicus* (Pall.) Steven]，花窄钟形，花被片长约 1 cm，黄色，雄蕊明显超出花被片，果直径 0.6～1.0 cm；分布于新疆。粗柄独尾草[*E. inderiensis* (Steven) Regel]，花窄钟形，花被片长约 1 cm，淡紫色，雄蕊稍超出花被片，果直径 0.8～1.0 cm；分布于新疆。

（3）芦荟属（*Aloe* L.）　肉质草本，或灌木状、乔木状。叶莲座状或 2 列生长，卵形或线状披针形，边缘常具刺齿。总状花序或圆锥花序顶生；花被片 6 枚，通常合生；雄蕊 6 枚。蒴果。全属约 400 种，主要分布于非洲和地中海地区，中国引种栽培多种，供观赏、食用、药用。芦荟[*A. vera* (L.) Burm. f.]，多年生肉质草本，叶条状披针形，边缘疏生刺状小齿；花葶分枝或不分枝，总状花序具多花；花黄色或红色。原产于地中海地区，中国各地栽培，供观赏、食用、药用。

（四）石蒜科 Amaryllidaceae

$*$，$\uparrow$ ⚥ $P_{3+3}\ A_{3+3}\ \underline{G}_{(3:3:1-\infty)}$，$\overline{G}_{(3:3:1-\infty)}$

本科有 75 属约 1 600 种，世界各地均有；中国有 7 属约 160 种，全国各地均有，并引种栽培不少种类。本科有许多种为重要蔬菜、调味品、观赏植物，经济价值很大。

1. 形态特征　多年生草本，通常具鳞茎。叶基生，带状或为空心的筒状，下部具鞘，通常排成 2 列。单花或伞形花序生于花葶顶端，开花前被膜质或草质的佛焰状总苞包裹，总苞片 1 至数枚；花通常两性；花被片 6 枚，辐射对称或两侧对称，排成 2 轮，离生或部分合生，有时具副花冠；雄蕊 6 枚，花丝有时贴生于花被；雌蕊 3 枚心皮合生，子房上位或下位，柱头头状或 3 裂，子房 3 室，中轴胎座，每室 1 至多数胚珠。蒴果，稀为浆果。

2. 识别要点　草本，常具鳞茎。叶 2 列基生，带状或为空心的筒状，下部具鞘。单花或伞形花序，开花前被总苞包裹；花被片 6 枚，雄蕊 6 枚，子房上位或下位，3 室。蒴果，稀为浆果。

12-26

3. 代表植物【二维码 12-26】

（1）葱属（*Allium* L.）　全株具葱蒜的气味；具鳞茎，有时具根状茎；叶基生，叶鞘闭合；总苞膜质；伞形花序；花被片 6 枚，2 轮排列，分离或基部合生；雄蕊 6 枚。蒴果。全属约 660 种，主要分布于北温带。葱属有许多重要的经济植物，在蔬菜、调味品、药用和观赏等方面有重要价值。葱（*A. fistulosum* L.），鳞茎棒槌状或圆筒形；叶圆筒形，中空；伞形花序顶生，总苞膜质；花白色。世界各地广泛栽培，为重要调味品。洋葱（*A. cepa* L.），鳞茎球形或扁球形，外包淡紫色或黄褐色膜；叶圆筒形，中空；花粉红色，总苞片 1～3 枚反卷；世界各地广泛栽培，鳞茎为重要蔬菜和调味品。蒜（*A. sativum* L.），多枚瓣状小鳞茎形成复鳞茎，外被统一的紫色或白色膜；叶条形；花序通常不开花，生许多小鳞茎；世界各地广泛栽培，鳞茎称大蒜，为重要调味品；幼苗称蒜苗或青蒜，花葶称蒜薹，均为重要蔬菜。韭（*A. tuberosum* Rottler ex Spreng.）（图 12-5-14），具横走的根状茎，鳞茎外被纤维网状的皮；叶狭条形；花白色；中国各地广泛栽培，叶通称韭菜，花葶称韭薹，花及幼果可制作韭花酱，均为重要蔬菜及调味品。本属的薤白（*A. macrostemon* Bunge）、藠头（*A. chinense* G. Don）、茖韭（*A. victorialis* L.）、野韭（*A. ramosum* L.）、蒙古韭（*A. mongolicum* Regel）、细叶韭（*A. tenuissimum* L.）、阿尔泰葱（*A. altaicum* Pall.）等多个物种，中国各地广泛作蔬菜或调味品食用。大花葱（*A. giganteum* Regel）、北葱（*A. schoenoprasum* L.）等栽培供观赏。

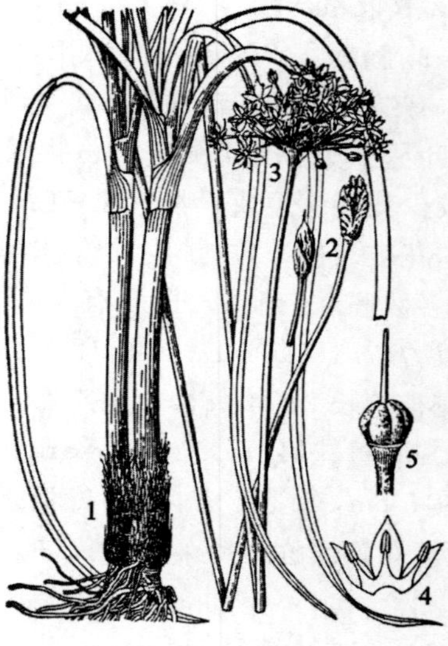

1. 全株；2. 具总苞的未开放的花序；3. 已开放的花序；4. 部分花被片展开和雄蕊；5. 雌蕊。

图 12-5-14　韭（引自《中国高等植物图鉴》）

（2）石蒜属（*Lycoris* Herb.）　具鳞茎。叶带状，花、叶不同期，开花时无叶；花葶实心，伞形花序被 2 片膜质总苞包裹；花被裂片 6 枚，基部合生；雄蕊 6 枚；蒴果。全属有 20 种，中国有 15 种。石蒜［*L. radiata*（L'Hér.）Herb.］，又称彼岸花，叶狭带状，宽约 0.5 cm，夏末开花，花红色，花后秋季长叶；常栽培供观赏。忽地笑［*L. aurea*（L'Hér.）Herb.］，与石蒜相似，区别是叶剑形，宽 1.7～2.6 cm，花黄色；常栽培供观赏。

石蒜科还有水仙属（*Narcissus* L.）的水仙（*N. tazetta* L. var. chinensis Roem.）、黄水仙（*N. pseudonarcissus* L.）等多种及杂交品种，葱莲属（*Zephyranthes* Herb.）的葱莲［*Z. candida*

(Lindl.) Herb.]、韭莲(*Z. carinata* Herb.)等多种及杂交品种，朱顶红属(*Hippeastrum* Herb.)的朱顶红(*H. striatum* Herb.)、花朱顶红[*H. vittatum* (L'Hér.) Herb.]等多种及杂交品种，以及君子兰(*Clivia miniata* Regel Gartenfl.)、文殊兰[*Crinum asiaticum* L. var. *sinicum* (Roxb. ex Herb.) Baker]、水鬼蕉[*Hymenocallis littoralis* (Jacq.) Salisb.]等许多种及园艺品种，是广泛栽培的优美的观赏植物。

4. 分类学讨论 传统分类系统中石蒜科仅包含子房下位的类群，而系统发育分析表明子房上位的葱属与之是姊妹群，因而 APG 系统将葱属也归为石蒜科。这样广义的石蒜科的一个共同的形态学特征是花未开放时花或花序被佛焰状总苞包裹，易于识别。

(五)天门冬科 Asparagaceae

* ⚥ $P_{6,4}$ $A_{6,3,4}$ $\underline{G}_{(3:3:1-\infty)}$，$\overline{G}_{(3:3:1-\infty)}$

本科有 114 属约 2 500 种，世界性分布；中国有 23 属约 250 种以及一些引进栽培种，全国各地均有。

1. 形态特征 多年生草本，稀为藤本、乔木或灌木状；具根状茎、鳞茎或球茎。总状花序、穗状花序、圆锥花序或聚伞花序，稀为伞形花序而具球茎，不具佛焰状总苞；花两性，稀单性；花被片 6 枚，稀为 4 枚，离生或不同程度合生；雄蕊 6 枚，稀为 3～4 枚；子房上位，稀为下位，3 室，中轴胎座，每室胚珠 1 至多数。蒴果或浆果。

2. 识别要点 花序各式，但不具佛焰状总苞；花被片 6 枚，稀 4 枚；雄蕊 6 枚，稀 3～4 枚；子房上位，稀下位，3 室，每室胚珠 1 至多数。蒴果或浆果。

3. 代表植物【二维码 12-27】

12-27

(1) 天门冬属(*Asparagus* L.) 草本或半灌木，直立或攀缘；具纺锤形块根。叶退化为鳞片状，主要以叶状的小枝进行光合作用；小枝扁平、三棱形或近圆柱形，常多枚成簇。花数朵腋生或排成总状花序、伞形花序；花两性或单性，在单性花中雄花具退化雌蕊，雌花具 6 枚退化雄蕊。浆果。全属约 210 种，中国有 31 种。羊齿天门冬(*A. filicinus* D. Don)，多年生草本，具成簇的纺锤形块根；叶状枝扁平，明显具中脉；花梗长 1～2 cm；花单性，雌雄异株；块根药用。天门冬[*A. cochinchinensis* (Lour.) Merr.]，与羊齿天门冬的主要区别是植株攀缘或披散状，花梗长 1～6 mm；块根药用。攀缘天门冬(*A. brachyphyllus* Turcz.)，植株攀缘；块根肉质，近圆柱状；叶状枝每 4～10 枚成簇，近扁的圆柱形；单性花；花梗长 3～6 mm。石刁柏(*A. officinalis* L.)，多年生直立草本；叶状枝每 3～6 枚成簇，近扁的圆柱形；花梗长 8～14 mm；原产于欧洲，广泛栽培，新抽出的嫩茎作蔬菜食用，称为芦笋。文竹[*A. setaceus* (Kunth) Jessop]，植株攀缘；叶状枝通常每 10～13 枚成簇，刚毛状；花梗很短；原产于非洲南部，广泛栽培供观赏。

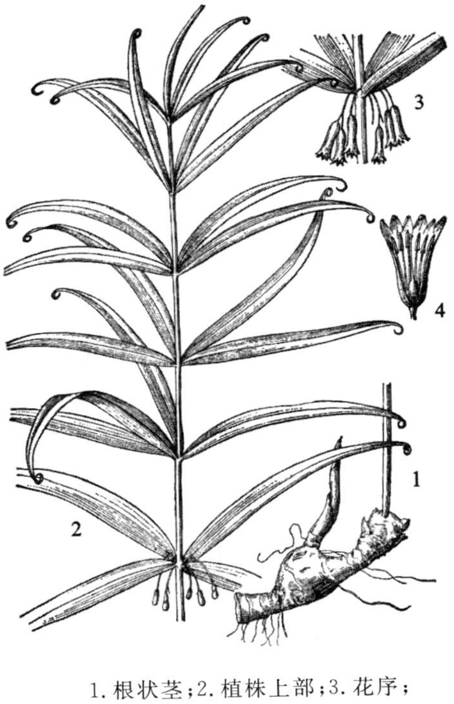

1. 根状茎；2. 植株上部；3. 花序；4. 花解剖。

图 12-5-15 黄精(引自《秦岭植物志》)

(2) 黄精属(*Polygonatum* Mill.) 多年生草本，有根状茎；茎直立，不分枝，有时上部攀缘；叶互生、对生或轮生，有时叶先端卷曲；单花或花序腋生；花两性；花被下部合生成筒状，裂片 6 枚；雄蕊 6 枚，下部贴生于花被筒；子房上位，3 室。浆果。全属约 60 种，中国有 39 种。黄精(*P. sibiricum* Redouté)(图 12-5-15)，根状茎在结节处膨大；叶 4～6 枚轮生，条状披针形，叶先端卷曲；花序具 2～4 花；花乳白色；浆果球形。根状茎药用。玉竹[*P. odoratum*（Mill.）Druce]，根状茎肉质，圆柱形，节痕明显；叶互生，椭圆形至卵状长圆形；花序具 1～4 朵花；花黄绿色至白色；浆果球形。根状茎药用。

（3）山麦冬属（*Liriope* Lour.） 多年生草本，有根状茎，根末端有时纺锤状膨大；叶基生，禾叶状；缩减的圆锥花序成总状，即花序轴的每个苞片腋内簇生数朵花；花开时直立或近直立；子房上位；花丝长于或等长于花药；果实幼嫩时即不规则开裂暴露出种子，种子呈浆果状，球形，成熟时蓝黑色。全属约有 8 种，中国有 6 种。山麦冬[*L. spicata*（Thunb.）Lour.]，叶长 15～55 cm，叶通常宽 4～8 mm，花葶通常超出叶，花序具多数花；花常 3～5 朵簇生于苞片腋内，淡紫色或白色；华北、华东、华中至西南地区常见，各地常见栽培供绿化，是良好的地被植物。

（4）沿阶草属（*Ophiopogon* Ker Gawl.） 与山麦冬属相似，主要区别是花开时通常下垂，子房半下位，花丝长度不到花药的一半。沿阶草（*O. bodinieri* H. Lév.），叶长 20～40 cm，宽 2～4 mm；花葶稍短于或几等长于叶，花序具数朵至 10 余朵花；花常单生或 2 朵簇生于苞片腋内，白色或稍带紫色；分布于华中至西南；块根药用。

（5）玉簪属（*Hosta* Tratt.） 多年生草本，具短粗的根状茎。叶基生，具长叶柄，叶片通常宽大，具弧形脉；总状花序顶生，下部具叶状苞片；花漏斗状，两侧对称，白色或紫色；花被合生至中部，裂片 6 枚；蒴果，种子多数。全属约 45 种，中国有 4 种。玉簪[*H. plantaginea*（Lam.）Asch.]，苞片卵形或披针形，长 2.5～5 cm；花长 10 cm 以上，白色，芳香；果实长可达 6.5 cm；各地常见栽培，供观赏。紫萼[*H. ventricosa*（Salisb.）Stearn]，苞片长圆状披针形，长 1～2 cm；花长 4.0～5.8 cm，淡紫色，无香味；果实长 2.5～4.5 cm；各地常见栽培，供观赏。

（6）舞鹤草属（*Maianthemum* F. H. Wigg.） 多年生草本，具根状茎；茎不分枝，下部有膜质鞘。基生叶有时存在，单生，早凋萎；茎生叶互生。总状或圆锥花序顶生；花通常两性；花被片 4 或 6 枚，离生或合生成管状；雄蕊 4 枚或 6 枚；子房近球状，2 室或 3 室，每室有 1 枚或 2 枚胚珠。浆果球形。本属约有 35 种，中国有 19 种。舞鹤草[*M. bifolium*（L.）F. W. Schmidt]，植株具 2 枚茎生叶，叶基部心形；花被片 4 枚，离生；雄蕊 4 枚；子房 2 室；分布于东亚温带地区。管花鹿药[*M. henryi*（Baker）LaFrankie]，植株具多枚茎生叶，叶基部圆形；花被结合成管状，顶端裂片 6 枚；雄蕊 6 枚；子房 3 室；分布于华北、华中、西南地区。鹿药[*M. japonicum*（A. Gray）LaFrankie]，植株具多枚茎生叶；圆锥花序，具多花；花被片分离或仅基部合生，裂片 6 枚；雄蕊 6 枚；子房 3 室；分布于东亚。

天门冬科还有吊兰[*Chlorophytum comosum*（Thunb.）Jacques]、凤尾丝兰（*Yucca gloriosa* L.）、龙舌兰（*Agave americana* L.）、蜘蛛抱蛋（*Aspidistra elatior* Blume）、万年青[*Rohdea japonica*（Thunb.）Roth]、龙血树[*Dracaena draco*（L.）L.]、朱蕉[*Cordyline fruticosa*（L.）A. Chev.]、富贵竹（*Dracaena sanderiana* Sander ex Mast.）、虎尾兰（*Sansevieria trifasciata* Prain）、铃兰（*Convallaria majalis* L.）、风信子（*Hyacinthus orientalis* L.）、葡萄风信子（*Muscari botryoides* Mill.）等许多物种广为栽培，或观叶，或赏花，是重要的观赏植物。

4. 分类学讨论 基于 APG 系统的天门冬科包含的众多属形态特征极为多样，很难从形态学上找到可靠的共衍征，而其一般特征多与百合科、阿福花科等重叠，因此识别天门冬科主要以掌握其包含的属为主。

六、棕榈目 Arecales

本目仅有棕榈科和鼓槌草科 2 科（图 12-5-1）。

（一）棕榈科 Arecaceae（Palmae）

$* \male\ P_{3+3}\ A_{3+3}$　　$* \female\ P_{3+3}\ \underline{G}_{3:3:1,(3:3:1)}$　　$* ⚥\ P_{3+3}\ A_{3+3}\ \underline{G}_{3:3:1,(3:3:1)}$

本科有 183 属约 2 450 种，大多数分布于热带和亚热带地区；中国原产的有 16 属 73 种，以及不少引种栽培的。本科多为重要的油料、淀粉、纤维和观赏植物。

1. 形态特征　乔木、灌木或木质藤本。茎木质，不分枝。叶常绿，大形，掌状分裂或羽状复叶，集生于树干顶部，叶柄基部扩大成纤维状鞘。肉穗花序大型，多分枝，呈圆锥状，佛焰苞1至数片；花小，淡黄绿色，两性或单性，花被片6枚，2轮，分离或合生；雄蕊3枚或6枚；心皮3枚，分离或结合，子房上位，1～3室，每室1枚胚珠；花柱短。浆果、核果或坚果，外果皮肉质或纤维质；种子具丰富的胚乳。

2. 识别要点　木本，树干常覆盖不脱落的叶基。叶簇生于茎顶。肉穗花序，有佛焰苞。花被片6枚，雄蕊6枚，子房上位，3枚心皮离生或合生。浆果或核果。

3. 代表植物【二维码 12-28】

12-28

(1) 棕榈属(*Trachycarpus* H. Wendl.)　乔木或灌木；树干有残存老叶柄及纤维状的叶鞘。叶掌状分裂，叶柄两侧常有锯齿。雌雄异株，偶为雌雄同株或杂性；肉质圆锥花序，佛焰苞多数；花单性；心皮基部合生。核果。全属有8种，中国有3种。棕榈[*T. fortunei* (Hook.) H. Wendl.](图12-5-16)，常绿乔木；叶圆扇形，掌状深裂至中部以下，裂片条形，多数，不下垂，先端浅2裂。果肾形，黑褐色，被白粉。秦岭以南亚热带地区广泛分布，也广泛栽培，供观赏，树干上的纤维状叶鞘可制蓑衣、斗笠、扫帚等，嫩叶为编制材料；嫩花序可食用。

1. 植株；2. 佛焰苞和花序；3. 雌花；4. 花瓣与雄蕊；5. 雌蕊。

图 12-5-16　棕榈(引自 Hooker)

(2) 椰子属(*Cocos* L.)　仅椰子(*C. nucifera* L.)1种。常绿乔木，树干具环状叶痕。叶羽状分裂，裂片基部明显向外折叠，叶柄无刺。肉质圆锥花序，佛焰苞细长；花单性，雌雄花同花序，雄花生于分枝上部，雄蕊6枚；雌花生于分枝下部，子房3室。果实球形，外果皮革质，中果皮纤维质，内果皮木质坚硬，基部有3孔，其中1孔与胚相对，种子萌发时即由此孔穿出；果腔含有胚乳(椰肉)、胚和汁液(椰子水)。广布于全球热带海岸。椰子具有极高的经济价值，胚乳(椰肉)可食用，富含脂肪，可榨油(椰子油)；椰子水为饮料；中果皮纤维可制毛刷、地毯、缆绳等，还可制成椰糠，为栽培基质；内果皮(椰壳)可制成各种器皿和工艺品，也可制活性炭；树干可作建筑材料；叶子可盖屋顶或编织；椰子树形优美，是良好的绿化观赏树。

棕榈科还有许多物种具有重要经济价值：油棕(*Elaeis guineensis* Jacq.)的果实富含油脂，可榨取棕榈油，是食品工业的重要油脂；海枣(*Phoenix dactylifera* L.)，又称枣椰子，果称为伊拉克枣，供食用；桄榔(*Arenga pinnata* Merr.)又名砂糖椰子，其花序汁液可制糖；槟榔(*Areca catechu* L.)的种子供药用；蒲葵[*Livistona chinensis* (Jacq.) R. Br. ex Mart.]的叶可制蒲扇。

七、鸭跖草目 Commelinales

本目有鸭跖草科等5科，系统发育关系如图12-5-1所示。

(一)鸭跖草科 Commelinaceae

$*$，$\uparrow$ ⚥ $K_3\ C_3\ A_6\ \underline{G}_{(3:3:1-2)}$

本科约有40属650种，大部分分布于热带和亚热带地区；中国有13属56种，以及一些引进栽培种。鸭跖草科中的许多种是美丽的观赏植物。

1. 形态特征　草本。茎直立或匍匐，节明显。叶互生，具闭合叶鞘。腋生或顶生聚伞花序或圆锥花序。花两性，萼片 3 枚，花瓣 3 枚，雄蕊 6 枚，有时部分雄蕊不育，花丝常有念珠状长毛；雌蕊 3 枚心皮合生，子房上位，3 室，或退化为 2 室，每室有 1～2 枚胚珠。蒴果，或浆果状。种子具胚乳。花粉单沟。

2. 识别要点　草本。节明显，具闭合叶鞘。两性花，3 基数，花丝常有念珠状长毛。蒴果。

3. 代表植物【二维码 12-29】

12-29

(1) 鸭跖草属（*Commelina* L.）　多年生或一年生草本。茎基部匍匐，上部直立，节膨大，节上生根。单叶互生，基部下延成抱茎膜质鞘，有缘毛。聚伞花序。全属约 170 种，中国有 8 种。鸭跖草（*C. communis* L.）（图 12-5-17），一年生草本；上方 2 枚花瓣蓝色，较大，有长爪，下方 1 枚花瓣较小；雄蕊 6 枚，3 枚能育，3 枚不育；蒴果。

本科还有紫竹梅［*Tradescantia pallida* (Rose) D. R. Hunt］、紫露草（*T. ohiensis* Raf.）、吊竹梅（*T. zebrina* *Bosse*）等引种栽培植物，供观赏。

1. 植株；2. 花；3. 可育雄蕊；4. 不育雄蕊；5. 雌蕊；6. 果实。

图 12-5-17 鸭跖草

（引自《中国高等植物图鉴》《秦岭植物志》）

八、姜目 Zingiberales

含芭蕉科等 8 科，系统发育关系如图 12-5-1 所示。

（一）芭蕉科 Musaceae

↑ ♂ ♀，⚥ $P_{(5)+1}\ A_5\ \overline{G}_{(3:3:\infty)}$

本科有 3 属 40 余种，主要分布于热带亚热带地区，中国有 3 属 11 种。

1. 形态特征　多年生草本。叶鞘层层重叠包成假茎；叶具柄，螺旋状排列。花序顶生或腋生；花单性或两性，1～2 列簇生于大型、常有颜色的苞片内，下部苞片内的花为雌花或两性花，上部苞片内的花为雄花；花被片 6 枚，排成 2 轮，外轮的 3 枚和内轮的 2 枚合生，内轮的 1 枚分离；雄蕊 5 枚，离生；子房下位，3 室，每室胚珠多数。浆果肉质或革质，不开裂。种子坚硬。

2. 识别要点　叶鞘层层重叠包成假茎；花簇生于大型苞片内；外轮的 3 枚和内轮的 2 枚花被片合生，内轮的 1 枚分离；雄蕊 5 枚；子房下位，3 室，每室胚珠多数。浆果。

3. 代表植物【二维码 12-30】

12-30

1. 植株上部；2. 花。

图 12-5-18　香蕉（引自《中国高等植物图鉴》）

芭蕉属（*Musa* L.）　高大草本，具根茎，多次结实。假茎高 60 cm 以上；叶大型，叶片长圆形。花序顶生，直立或下垂；苞片绿色、褐色、红色或暗紫色，花后凋落；合生花被片管状；离生花被片与合生花被片对生。浆果伸长，肉质，有多数种子，单性结实的类型中无种子。全属约有 30 种，主要分布于东南亚；中国有 11 种。芭蕉（*M. basjoo* Siebold & Zucc.）植株高 2.5～4 m，苞片红褐色或紫色，浆果长圆形，具3～5 棱，近无柄，内具多数种子，原产于日本琉球群岛，中国南方广泛栽培，供观赏。香蕉（*Musa*'Hybrids'）（图 12-5-18）是人工栽培的三倍体作物，不育，染色体数 $2n = 3x = 33$，其基因组组成为 AAA 型，单性结实，无种子，其基因组来源于正常可育的二倍体的小果野蕉（*M. acuminata* Colla，染色体数 $2n = 2x = 22$，基因组组成为 AA 型）。此外，小果野蕉与野蕉（*M. balbisiana* Colla，染色体数 $2n = 2x = 22$，基因组组成为 BB 型）杂交培育的三倍体大蕉、粉蕉（基因组组成均为 ABB 型）以及龙牙蕉（基因组组成为 AAB 型）也是常食用的水果，品种很多，既有鲜食的，也有烹煮后食用的。

（二）姜科 Zingiberaceae

$\uparrow \ ⚥ \ P_{(3)+(3)} \ A_{2+(2)+1} \ \overline{G}_{(3:1,3:\infty)}$

本科有 53 属约 1 300 种，主要分布于热带和亚热带地区；中国有 20 属 216 种。

1. *形态特征* 多年生草本，稀一年生，通常具有芳香、匍匐或块状的根状茎。地上茎高大或很矮或无；叶基生或茎生，通常 2 行排列。花单生或组成穗状、总状或圆锥花序；花常为两性，通常两侧对称，具苞片；花被片 6 枚，排列成 2 轮，外轮萼片状，通常合生成管状，内轮花冠状，基部合生成管状；退化雄蕊 2 枚或 4 枚；外轮的 2 枚称为侧生退化雄蕊，花瓣状或不存在；内轮的 2 枚连合成唇瓣，常十分显著而美丽，稀无；可育雄蕊 1 枚；子房下位，3 室，中轴胎座，或 1 室，侧膜胎座；子房顶部有 2 枚形状各式的蜜腺。蒴果室背开裂或不规则开裂，或肉质不开裂而成浆果状。

1. 根状茎；2. 茎与叶；3. 花序；4. 花；5. 唇瓣。

图 12-5-19 姜

（引自《中国高等植物图鉴》《中国植物志》）

2. *识别要点* 草本，具根状茎，常芳香。花常两性，两侧对称；外轮花被片合生成管状；外轮 2 枚退化雄蕊花瓣状；内轮 2 枚退化雄蕊合生成唇瓣；可育雄蕊 1 枚。蒴果。

12-31

3. *代表植物*【二维码 12-31】

姜属（*Zingiber* Boehm.） 多年生草本，具块状的根状茎；穗状花序球形，生于由根状茎发出的总花梗上，或无总花梗而花序贴近地面；苞片覆瓦状排列，每一苞片内通常 1 朵花；唇瓣外翻，常与侧生退化雄蕊相连而形成具有 3 裂片的唇瓣；蒴果 3 瓣裂或不整齐开裂。约有 100 种，中国有 42 种。姜（*Z. officinale* Roscoe）（图 12-5-19），穗状花序具长的总花梗，花冠黄色，唇瓣有紫色条纹，中国中部、东南部至西南部广为栽培，根状茎为重要的调味品、蔬菜，亦药用，全株可提取芳香油。蘘荷[*Z. mioga* (Thunb.) Roscoe]，无总花梗，花序贴近地面，花淡黄色；中国南方有野生和栽培，嫩花序作蔬菜食用。

还有很多姜科植物具有重要的经济价值：姜黄（*Curcuma longa* L.）的根状茎作调味品、药用、提取黄色食用染料；山柰（*Kaempferia galanga* L.）、高良姜（*Alpinia officinarum* Hance）、郁金（*Curcuma aromatica* Salisb.）、莪术（*C. phaeocaulis* Valeton）的根状茎作调味品或药用；草果（*Amomum tsaoko* Crevost & Lem.）、砂仁（*A. villosum* Lour.）、白豆蔻（*A. kravanh* Pierre ex Gagnep.）、益智（*Alpinia oxyphylla* Miq.）的果实作调味品或药用；姜花（*Hedychium coronarium* J. König）、红姜花（*H. coccineum* Buch.-Ham. ex Sm.）、艳山姜[*Alpinia zerumbet* (Pers.) B. L. Burtt & R. M. Sm.]等的花极美丽，为优秀的观赏植物。

九、禾本目 Poales

含香蒲科等 14 科，系统发育关系如图 12-5-1 所示。

（一）香蒲科 Typhaceae

$* \ ♂ \ P_{3-6,0} \ A_{1-3} \quad * \ ♀ \ P_{3-6,0} \ \underline{G}_{1,2:1,2:1}$

本科有 2 属约 35 种，分布于热带至温带；中国有 2 属 23 种。

1. 形态特征　多年生水生或沼泽生草本，具根状茎。茎直立或倾斜，挺水或浮水。叶 2 列，条形。花序穗状、圆锥状或总状；花单性，雌雄同株；花被片 3～6 枚，或无花被；雄花具雄蕊 1～3 枚；雌花子房 1 室，稀 2 室，胚珠 1 枚。果实微小，坚果状。

2. 识别要点　水生草本。叶 2 列，条形。花序穗状、圆锥状或总状；花单性，雌雄同株；花被片 3～6 枚或无；雄蕊 1～3 枚；子房 1 室稀 2 室，胚珠 1 枚。果实微小。

12-32

3. 代表植物【二维码 12-32】

香蒲属（*Typha* L.）　花序穗状，上部至顶端为雄花序，下部为雌花序，与雄花序相接或远离，花微小而紧密排列在花序上；苞片叶状，生于雌花序基部或也生于雄花序中；雄花无花被，具 1～3 枚雄蕊；雌花无花被，子房柄基部至下部具白色丝状毛；子房上位，1 室，胚珠 1 枚。果实纺锤形或椭圆形。全属约有 16 种，中国有 12 种。香蒲（*T. orientalis* C. Presl）（图 12-5-20），又名东方香蒲，雌雄花序紧密连接，雄花序长 2.7～9.2 cm，花序轴具白色弯曲柔毛，具 1～3 枚叶状苞片，花后脱落；雌花序长 4.5～15.2 cm，基部具 1 枚叶状苞片。本种是重要的湿地植物，叶可用于编织及造纸，幼叶和嫩根状茎可作蔬菜食用，花粉药用；植株挺拔美观，花序粗壮，常栽培于水边供观赏。水烛（*T. angustifolia* L.），与香蒲的主要区别是雌雄花序远离，用途同香蒲。

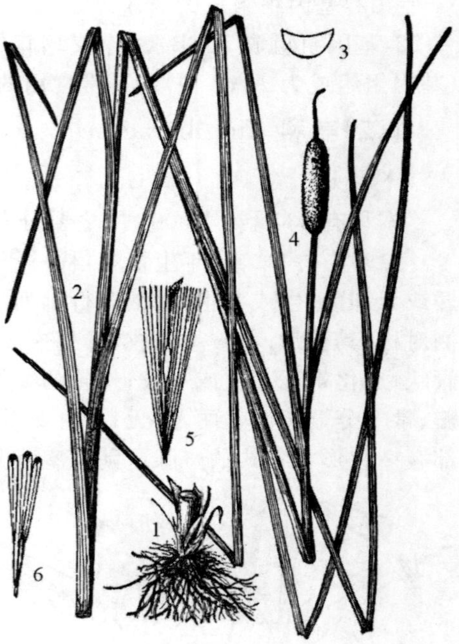

1. 根；2. 茎和叶；3. 叶片横切面；4. 果序；5. 雌花；6. 雄花。

图 12-5-20　香蒲（引自《秦岭植物志》《中国植物志》）

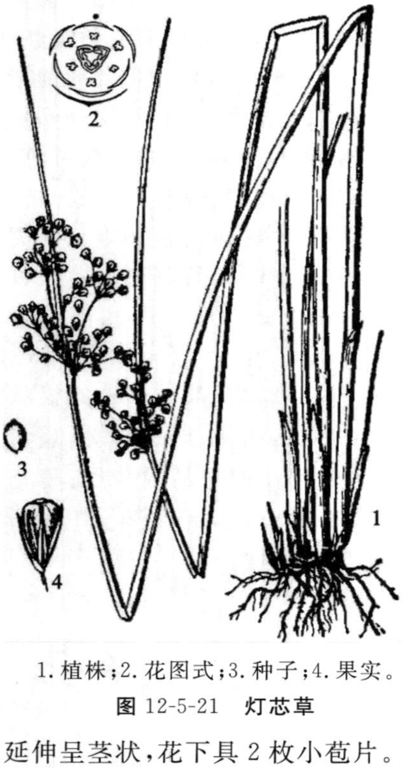

1. 植株；2. 花图式；3. 种子；4. 果实。

图 12-5-21　灯芯草

（二）灯芯草科 Juncaceae

$*$ ⚥ $P_{3+3,3}$ $A_{3+3,3}$ $\underline{G}_{(3:1,3:3,\infty)}$

本科约有 8 属 400 种，大部分分布于温带和寒带的湿地上；中国有 2 属 92 种。

1. 形态特征　多年生或一年生草本，罕为灌木状，有匍匐根状茎。茎直立，圆柱形或压扁。叶基生或茎生，扁平或圆柱状，有时退化，叶鞘开放或闭合。聚伞花序或圆锥花序，稀为单花；花两性；花被片革质或干膜质，6 枚，排为 2 轮，稀 3 枚排为 1 轮；雄蕊 6 枚，稀 3 枚；雌蕊 3 枚心皮合生；子房上位，1 室或 3 室，胚珠多数或仅 3 枚。蒴果开裂，稀不开裂。

2. 识别要点　草本。匍匐根状茎，叶鞘开放或闭合。花被片革质或干膜质，6 枚，稀为 3 枚；雄蕊 6 枚，稀为 3 枚；子房上位，1 室或 3 室，胚珠多数或 3 枚。蒴果。

12-33

3. 代表植物【二维码 12-33】

（1）灯芯草属（*Juncus* L.）　叶退化成鞘状，叶鞘开口，叶无毛。种子多数。约 240 种，中国有 76 种。灯芯草（*J. effusus* L.）（图 12-5-21），多年生草本，茎丛生直立，圆筒形，实心，基部具棕色鞘叶；顶生穗状花序，在茎上呈假侧生状，基部苞片延伸呈茎状，花下具 2 枚小苞片。茎的髓芯可作油灯芯、蜡烛芯，可填充枕头，茎可编席、造纸。

(2)地杨梅属(*Luzula* DC.) 叶禾草状,叶鞘闭合,叶片有缘毛;种子 3 枚。全属 75 种,中国有 16 种。散序地杨梅(*L. effusa* Buchenau),花序常为多级分枝的二歧聚伞花序,排列成近伞房状,生于茎顶和上部叶腋;花排列较疏散,单生于花序小分枝的顶端,花序分枝及花梗纤细,长短不一。在我国分布于秦岭至西南地区,南亚、东南亚也有分布。

(三)莎草科 Cyperaceae

* ♂ ♀,⚥ $P_{0-\infty}$ $A_{3,1-2}$ $\underline{G}_{(3-2:1:1)}$

本科有 106 属约 5 400 种,广布全球,以寒带、温带地区为多;中国有 33 属 865 种,全国各地都有。莎草科多种植物可作造纸和编织原料,部分植物供食用、药用、观赏,一些为农田杂草。

1. 形态特征 多年生草本,稀为一年生草本。有根状茎或块茎、球茎。茎通常三棱形,实心,少空心。叶基生和茎生,叶鞘一般闭合,无叶舌,叶片狭长,有的仅有叶鞘而无叶片。穗状花序、总状花序、圆锥花序、头状花序或聚伞花序;小穗单生、簇生或排列成穗状或头状,具 2 至多数花,有时仅具 1 花;花小,两性或单性,雌雄同株,少数为雌雄异株,着生于鳞片腋内,鳞片覆瓦状螺旋排列或 2 列,无花被或花被退化成下位鳞片或刚毛,有时雌花为先出叶所形成的果囊所包裹;雄蕊 3 枚,稀为 1~2 枚,风媒传粉;雌蕊 3 枚或 2 枚心皮合生,子房上位,1 室,具直立胚珠 1 枚,花柱 1 条,柱头 3 个或 2 个。果实为小坚果或由果囊裹住的囊果,三棱形、双凸状、平凸状或球形。种子胚小,胚乳丰富。

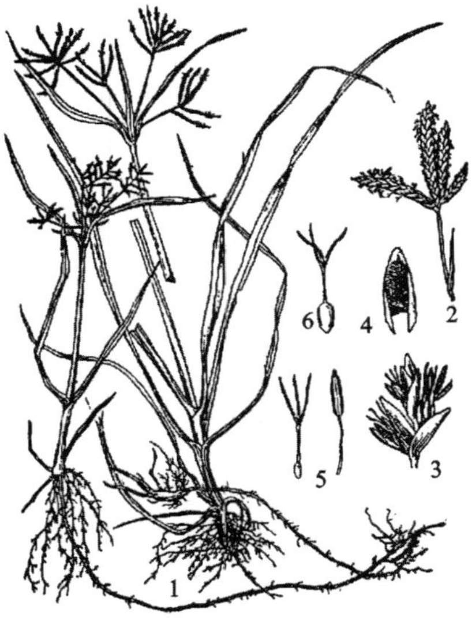

1. 植株;2. 穗状花序;
3. 小穗顶端一部分;4. 鳞片正面观;
5. 雌蕊及雄蕊;6. 未成熟的果实。

图 12-5-22 香附子

2. 识别要点 草本。茎常三棱形,实心。叶鞘闭合,无叶舌。小穗组成各式花序。小坚果。

3. 代表植物【二维码 12-34】

12-34

(1)莎草属(*Cyperus* L.) 叶基生。小穗稍扁,排列成伞形、总状、头状或聚伞花序;鳞片 2 列,小穗轴宿存,花柱 3 枚;小坚果 3 棱形。全属约有 600 种,广布于温带至热带;中国有 62 种。香附子(*C. rotundus* L.)(图 12-5-22),多年生;匍匐根茎细长,先端形成椭圆形块茎;小穗排成聚伞花序状,辐射枝 3~10 个,小穗紫红色或红棕色;小坚果倒卵形,有三棱,黑褐色。中国南北方常见。块茎药用。

(2)荸荠属(*Eleocharis* R. Br.) 茎丛生或单生,具根状茎。叶仅有叶鞘而无叶片。总苞片缺,小穗 1 枚,顶生,常有多数两性花,鳞片螺旋状排列;花有下位刚毛 4~8 条,花柱基部膨大,宿存于小坚果顶端。全属约 250 种,中国有 35 种。荸荠[*E. dulcis* (Burm. f.) Trin. ex Hensch.],匍匐根状茎细长,顶端膨大成球茎;茎丛生,圆柱状,有多数横隔膜。各地栽培,球茎亦称为马蹄,供食用和药用。

(3)薹草属(*Carex* L.) 多年生草本,有根状茎。茎三棱形,叶基生或兼有茎生叶。苞片叶状,稀为鳞片状或刚毛状。花单性,由 1 朵或数朵花组成 1 个支小穗,雌性支小穗外面包以边缘合生的或者边缘分离的先出叶,合生的先出叶即果囊,果囊内有时具小穗轴,基部具 1 枚鳞片;小穗由多数支小穗组成,单性或两性,两性小穗雄雌顺序(上部小穗为雄花,下部小穗为雌花)或雌雄顺序(上雌下雄),通常雌雄同株,少数雌雄异株;小穗 1 枚至多数,单一顶生或多数时排列成穗状、总状或圆锥状花序;雄花具 3 枚雄蕊,少数 2 枚,花丝分离;雌花具 1 枚雌蕊,柱头 2~3 个;果囊三棱形、平凸状或双凸状,具喙。小坚果包于果囊内,三棱形或平凸状。全属有 2 000 种以上,世界性分布,是植物中最大的属之一;中国有 527 种以上,是中国植物最大的属,广布全国。大披针薹草(*C. lanceolata* Boott),叶细长,宽 1.0~2.5 mm;小穗 3~6 个,彼此远离,顶生的 1 个雄性,侧生的 2~5 个小穗雌性;果囊明显短于鳞片,长约 3 mm,顶端具短喙,喙口截形;分布于东北、华北、华东、华中、西南地区,茎叶可作造纸原料,嫩茎叶是牲畜的饲料。宽叶薹草

(*C. siderosticta* Hance)，根状茎长，营养茎和花茎有间距；营养茎的叶长圆状披针形，长10～20 cm，宽1～3 cm；小穗3～10个，单生或孪生于各节，雄雌顺序；果囊倒卵形或椭圆形，三棱形，长3～4 mm，先端骤狭成短喙或近无喙，喙口平截；分布于东北、华北、华东和西北地区。团穗薹草(*C. agglomerata* C. B. Clarke)，叶短于或近等长于秆，宽2～6 mm；小穗3～4个，聚集于茎的上端，顶生小穗通常雌雄顺序，棒状长圆形，侧生小穗2～3个为雌小穗，长圆形；果囊卵形或狭卵形，长3.5～4.0 mm，顶端渐狭成稍长的喙，喙口具两齿；分布于陕西、甘肃、青海、四川。

(四)禾本科 Poaceae(Gramineae)

$* \ ⚥, ♂ \ ♀ \ P_{0,2,3,6} \ A_{3,3+3} \ \underline{G}_{(2-3:1:1)}$

禾本科是植物第5大科，约有700属1.1万种，世界性分布；中国有226属1 795种以上，广布全国各地。禾本科在全世界水平分布和垂直分布都极为广泛，能适应各种不同环境，凡能生长种子植物的地方，均有其踪迹；它是陆地植被的主要成分，是各种类型草原的重要组成成分。

禾本科植物与人类的生活关系密切，具有重要的经济价值。它是人类粮食的最主要来源，同时也为工农业提供了丰富的资源；很多禾本科植物是建筑、造纸、纺织、酿造、制糖、制药、家具及编织的主要原料，少数种类为蔬菜；在畜牧业方面，它又是动物饲料的主要来源；在环保绿化方面，它是保持水土、保护堤岸、防风固沙、改良土壤、改造荒山的重要植物，也是观赏竹林和地被草坪的重要植物。另外，禾本科的许多种类也是农田的常见杂草，有的还是多种病虫害的中间寄主。

1.竿箨上部远轴面；2.竿箨上部近轴面；3.竿；4.小枝与叶；5.花序。

图12-5-23 毛竹(引自《中国植物志》《陕西树木志》)

12-35

1.形态特征　多年生或一年生草本，或为木本(统称为竹)。须根系，通常具根状茎。地上茎称为秆，秆有明显的节，节间中空或少为实心。叶互生，由叶鞘和叶片组成，叶鞘开放，少有闭合，叶脉平行；叶片与叶鞘间有呈膜质或纤毛状的叶舌；叶片基部两侧常有叶耳。花序顶生或侧生，多为圆锥花序，或为复总状、复穗状花序，花序由小穗排列组成；小穗含花1至多朵，2行排列于小穗轴上，基部常有2片不孕的总苞片，称为颖片，上一片为内颖，下一片为外颖；花两性、单性或中性，外有2枚稃片，包裹其内的浆片和雌雄蕊，外稃常具芒，外稃与内稃之内常有小的鳞片状物，为退化的花被片，称为浆片，浆片2个，稀为3个、6个或无浆片；雄蕊3枚或6枚，花丝细长，花药"丁"字形着生；雌蕊1枚，由2～3枚心皮合生组成，子房上位，1室，具1胚珠，柱头常呈羽毛状或刷子状。颖果，稀为浆果或胞果，种子有小的胚和丰富的胚乳。

2.识别要点　茎秆圆柱形，节明显，节间常中空。叶2列，叶鞘常开裂，常有叶舌或叶耳，小穗组成各式花序。颖果。

3.代表植物【二维码12-35】

(1)刚竹属(*Phyllostachys* Siebold & Zucc.)　秆散生，圆筒形，在分枝的一侧扁平或有沟槽，每节有2分枝；花序不常见，小穗聚成穗状或头状花序；雄蕊3枚。约51种，主要分布于东亚，中国有51种，主要分布于黄河以南地区。毛竹[*P. edulis* (Carrière) J. Houz.](图12-5-23)，高大乔木状竹类，新秆有毛茸与白粉，老秆无毛，秆环平，箨环突起，小枝具2～8叶；分布于秦岭以南地区，常形成大面积纯林。用途甚广，一般4～5年生的竹秆可选伐利用，供建筑、制器具、编织、造纸等用，笋供食用，箨可作粽叶。桂竹[*P. reticulata* (Rupr.) K. Koch]，秆环隆起，各节呈明显2环，新秆绿色，常无粉，老秆深绿色，小枝具3～6叶；分布于黄河流域至江南各省，秆质强韧，为重要材用竹种,可编织多种器具,用途颇广。紫竹[*P. nigra* (Lodd. ex Lindl.) Munro],幼竿绿色,密被细柔毛及白粉,箨环有毛,一年以后的竿逐渐先出现紫斑,最后全部变为紫黑色,无毛;多栽培供观赏;竹材较坚韧,供制作小型家具、手杖、伞柄、乐器及工艺品。

(2)箬竹属(*Indocalamus* Nakai) 灌木,秆散生或丛生,每节常 1 分枝,分枝与主秆近相等粗。叶片大型。小穗排成圆锥花序;雄蕊 3 枚。全属有 23 种以上,中国有 22 种。阔叶箬竹[*I. latifolius* (Keng) McClre],秆高约 1 m,秆箨宿存。分布于华东及陕南汉江流域以南,山地常见野生竹种;叶可作粽叶,秆可作毛笔杆或竹筷。

(3)稻属(*Oryza* L.) 多年生或一年生草本。圆锥花序,小穗颖与稃的侧面压扁呈舟状,使小穗的宽度小于背腹面的宽度,称为小穗两侧压扁。小穗有 3 小花,下部 2 花常退化;颖极退化,仅在小穗柄端呈二半月形;不孕花的外稃极小,结实花的外稃硬,5 脉;内稃背无中肋;雄蕊 6 枚;柱头 2 裂,羽毛状。全属约有 24 种,分布于亚洲、非洲、大洋洲和中南美洲;中国有 3 种及一些引种栽培种。稻(*O. sativa* L.)(图 12-5-24),不孕花的外稃窄尖,结实花外稃紧扣内稃,成熟时黄色。中国各地广泛栽培,品种很多,是极为重要的粮食作物。中国科学家袁隆平院士利用雄性不育的野生稻,创立了三系配套杂交水稻,大幅度增加了水稻产量,造福中国和世界人民,2001 年获得国家最高科学技术奖,2013 年获得国家科学技术进步奖特等奖,2019 年被授予共和国勋章。

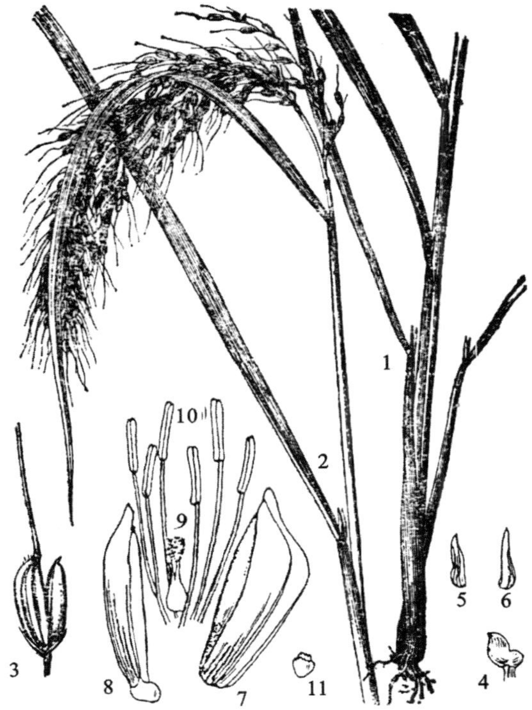

1. 植株下部;2. 植株上部和花序;3. 小穗;4. 颖;5~6. 不孕花外稃;7~8. 结实花外稃和内稃;9. 雌蕊;10. 雄蕊;11. 浆片。

图 12-5-24 稻(引自《中国高等植物图鉴》)

(4)小麦属(*Triticum* L.) 一年生或二年生草本。复穗状花序直立,顶生,小穗两侧压扁;每节 1 小穗,小穗有 3~9 花,无柄,下部 1 枚或 3 枚小花两性,上部的为雄性或中性,不育;颖卵形,3 至多脉,与外稃常有主脉延伸形成的针状物,称为芒。约有 25 种,分布于欧洲、地中海区域及亚洲西部;中国引种栽培 4 种。小麦(*T. aestivum* L.)(图 12-5-25),秆中空,节明显;叶鞘包茎;仅基部 2~3 朵花能育,上部小花常不结实;小花的外稃厚纸质,顶端具芒,内稃几乎全部为外稃所包被,膜质,半透明,上有 2 条突起呈绿色的脉;浆片 2 枚,雄蕊 3 枚,雌蕊 2 枚心皮合生,子房近圆形,表面被茸毛,子房顶部伸出 2 条羽毛状的柱头,无花柱;颖果长椭圆形,果皮与种皮愈合。中国北方广泛栽培,品种很多,是极为重要的粮食作物。中国科学家李振声院士扎根西北 30 余年,在陕西杨凌开展小麦远缘杂交育种工作,利用长穗偃麦草[*Elytrigia elongata* (Host) Nevski]抗条锈病的特点,克服杂种不育的难题,育成了一系列高产、抗病、优质小麦品种,为国家粮食安全作出卓越贡献,2006 年获国家最高科学技术奖,2024 年被授予共和国勋章。

(5)大麦属(*Hordeum* L.) 一年生或多年生草本。每节 3 小穗,每小穗 1 花,全部结实时,麦穗呈 6 列;颖狭窄,外稃有芒。全属 30~40 种,分布于温带;中国有 10 种。大麦(*H. vulgare* L.),外稃与内稃等长;颖果与内外稃不易分离。较少作为粮食直接食用,是制造啤酒、麦芽糖等的主要原料。青稞(*H. vulgare* L. var. *coeleste* L.),颖果易与稃片分离,为中国西南部高原地区的主要粮

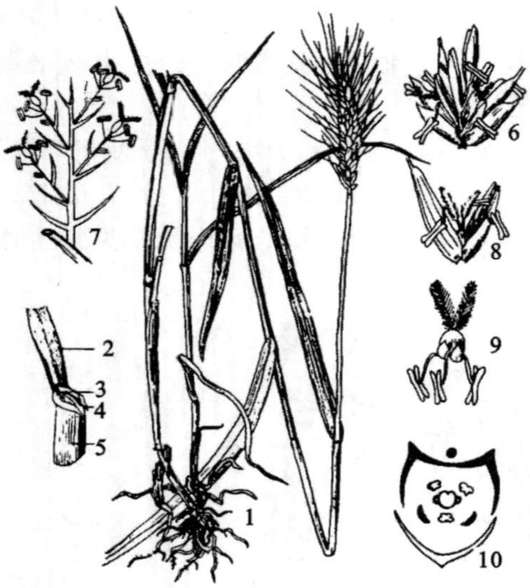

1. 植株；2. 部分叶片；3. 叶舌；4. 叶耳；
5. 叶鞘；6. 小穗；7. 小穗的模式图；
8. 小花；9. 除去内外稃的小花；10. 花图式。

图 12-5-25 小麦

食作物之一。

(6)高粱属(*Sorghum* Moench) 多年生或一年生草本。圆锥花序；小穗成对着生于穗轴各节，穗轴顶端 1 节有 3 小穗；无柄小穗两性，有柄小穗雄性或中性；外颖下部呈革质。全属约有 30 种，中国有 5 种。高粱[*S. bicolor* (L.) Moench]，秆实心，基部具支柱根；小穗卵状椭圆形；颖厚于稃，无柄小穗第二花有芒。中国各地广为栽培，是重要的杂粮之一，谷粒供食用、制饴糖及酿酒，嫩叶及幼苗作饲料。

(7)甘蔗属(*Saccharum* L.) 多年生草本，秆粗壮。圆锥花序；小穗两性，成对生于穗轴各节，1 枚无柄，1 枚有柄；穗轴易逐节脱落；全属有 35～40 种，中国有 12 种。甘蔗(*S. officinarum* L.)，秆高约 3 m；圆锥花序有白色丝状毛；雄蕊 3 枚；花柱羽毛状；中国南方广为栽培，秆含丰富蔗糖，为制糖的重要原料，亦鲜食；蔗梢与叶片及制糖所得副产物均为牲畜的良好饲料；榨汁后的蔗渣为造纸及人造板的原料。

(8)玉蜀黍属(*Zea* L.) 一年生草本，秆基部节处常有气生根，秆顶生雄性开展的圆锥花序；叶腋内生圆柱状的雌性肉穗花序，雌花序外包有多数鞘状苞片；雌小穗密集成纵行排列于粗壮的穗轴上。全属有 5 种，中国栽培 1 种，即玉蜀黍(*Z. mays* L.)(图 12-5-26)，通称玉米，全世界广泛栽培，是极为重要的粮食作物，颖果供食用、酿酒、作饲料、提取淀粉、发酵制酒精、制糖等，用途很广；穗轴(玉米芯)可制造糠醛，是重要的工业原料；胚芽可榨油，供食用；秆叶可作牛的青饲料。

1. 植株中部雌花序；2. 雄花序；3. 雄性小穗。

图 12-5-26 玉蜀黍(引自《中国植物志》)

(9)狗尾草属(*Setaria* P. Beauv.) 一年生或多年生草本；顶生穗状圆锥花序，小穗含 1～2 花，单生或簇生；小穗下生刚毛，刚毛宿存而不与小穗同时脱落；第一颖具 3～5 脉或无脉，长为小穗的 1/4～1/2，第二颖和第一外稃等长或较短；全属约有 130 种，中国有 14 种。狗尾草[*S. viridis* (L.) P. Beauv.]，谷粒连同颖与第一外稃一起脱落，第二颖与谷粒等长，为世界性常见杂草，可作饲料。梁[*S. italica* (L.) P. Beauv.]，又称粟，谷粒自颖与第一外稃分离而脱落；古代在黄河流域由狗尾草人工驯化栽培而来，谷粒通称谷子、小米，为重要杂粮。

(10)早熟禾属(*Poa* L.) 多年生或一年生草本；叶片扁平；圆锥花序，开展或紧缩；小穗含 2 至数花；组成小穗的花成熟后，小穗在颖上逐节断落而将颖片保存下来，称为小穗脱节于颖之上；小穗最上一花不发育或退化；颖近等长，第一颖具 1～3 脉，第二颖通常 3 脉；外稃无芒，薄膜质，具 5 脉，内稃和外稃等长或稍短；颖果和内外稃分离；全属约有 500 种，中国有 81 种。早熟禾(*P. annua* L.)，一年生草本，幼叶折叠，叶舌膜状，光滑，无叶耳；圆锥花序小而疏松；中国广泛分布，可作草坪草。

(11)画眉草属(*Eragrostis* Wolf) 多年生或一年生草本；顶生圆锥花序开展或紧缩；小穗含

数花到多花，通常两侧压扁；小穗脱节于颖之上，颖比第一外稃短；外稃无芒，具 3 脉，内稃具 2 脉，通常作弓形弯曲；全属约有 350 种；中国有 32 种。大画眉草[*E. cilianensis* (All.) Vignolo-Lutati ex Janch.]，小穗宽 2～3 mm；外稃长 2.0～2.2 mm；广布全国；可作牧草。

禾本科植物不但物种数量多，在全球各地生态系统中占据重要地位，而且还有很多属种具有重要的经济价值和生态价值：燕麦(*Avena sativa* L.)、黍(*Panicum miliaceum* L.)、䅟[*Eleusine coracana* (L.) Gaertn.]的颖果可食用；薏苡(*Coix lacryma-jobi* L.)的颖果称为薏米，可食用并药用；菰[*Zizania latifolia* (Griseb.) Turcz. ex Stapf]的颖果称为菰米，可食用，菰的嫩茎被真菌菰黑粉菌(*Ustilago esculenta*)感染后，异常生长，粗大肥嫩，称为茭白，作蔬菜食用；黑麦(*Secale cereale* L.)的茎秆作饲料，颖果可食用；偃麦草属(*Elytrigia* Desv.)和新麦草属(*Psathyrostachys* Nevski)的一些物种用于小麦远缘杂交，对改良小麦品种意义重大；巴山木竹属(*Bashania* Keng f. & T. P. Yi)和箭竹属(*Fargesia* Franch.)的多个物种为大熊猫(*Ailuropoda melanoleuca*)的主食竹类；芦苇[*Phragmites australis* (Cav.) Trin. ex Steud.]为重要的湿地植物，茎秆可造纸，叶可作粽叶；针茅属(*Stipa* L.)、羊茅属(*Festuca* L.)、披碱草属(*Elymus* L.)、雀麦属(*Bromus* L.)、冰草属(*Agropyron* Gaertn.)、赖草属(*Leymus* Hochst.)、剪股颖属(*Agrostis* L.)、隐子草属(*Cleistogenes* Keng)等的许多物种为温带草原的重要组成，也是重要牧草。马唐[*Digitaria sanguinalis* (L.) Scop.]、稗[*Echinochloa crus-galli* (L.) P. Beauv.]、牛筋草[*Eleusine indica* (L.) Gaertn.]、看麦娘(*Alopecurus aequalis* Sobol.)等为常见农田杂草。

第六节 金鱼藻目 Ceratophyllales

金鱼藻目是核心被子植物的 5 大分支之一。其形态特征较为独特，和被子植物的其他类群差异均较大；基于叶绿体基因的系统发育分析表明它与真双子叶植物为姊妹群，但基于核基因的结果表明它是核心被子植物的第一个分支；这可能是核心被子植物早期发生了快速辐射演化所致。本目仅 1 科，即金鱼藻科。

(一)金鱼藻科 Ceratophyllaceae

$* \ ♂ \ P_0 \ A_{3-50} \qquad * \ ♀ \ P_0 \ \underline{G}_{1:1:1}$

本科仅 1 属 6 种，世界性分布；中国有 3 种。

1. 形态特征　多年生沉水草本，无根。茎漂浮水中，有分枝。叶 3～12 枚轮生，叶柄不明显，无托叶；叶片 1～4 次二叉状分裂，最终分裂成条形，裂片边缘有锯齿或微齿，先端有 2 刚毛。花单性，雌雄同株，单生于叶腋，近无梗；雌花与雄花着生于植株的不同位置；总苞有 8～15 枚苞片；苞片长 1.5～2.0 mm，先端具 2 个小齿和一个多细胞附属物；无花被；雄花有 3～50 枚雄蕊，螺旋状排列，花丝极短，花药 2 室，外向，纵裂，药隔延长成着色的粗大附属物，附属物先端有 2～3 齿；雌花有 1 枚心皮，子房 1 室，有 1 个悬垂直生胚珠；花柱宿存，短小或在果期延长；柱头下延；胚珠具单层珠被。瘦果革质，不开裂，卵形或椭圆形，平滑或有疣点，边缘有翅或无翅，先端有长刺状宿存花柱，基部有 2 刺或无，上部有 2 刺或无。种子 1 枚，具单层种皮，无胚乳，子叶肉质。花粉无萌发孔。

2. 识别要点　沉水草本。叶轮生，二叉状分裂成条形裂片。花单性同株，无花被，具多数总苞片；雄花常具多数螺旋状排列的雄蕊；雌花具 1 枚心皮。瘦果具刺。

3. 代表植物

金鱼藻属(*Ceratophyllum* L.)　金鱼藻(*C. demersum* L.)(图 12-6-1)，叶片 1～2 次二叉状分裂；果实有 3 刺。世界性分布，中国各地广泛分布，生于池塘、湖泊、小河中。金鱼藻为鱼类饲料，也可喂猪；置于鱼缸观赏；全草药用。

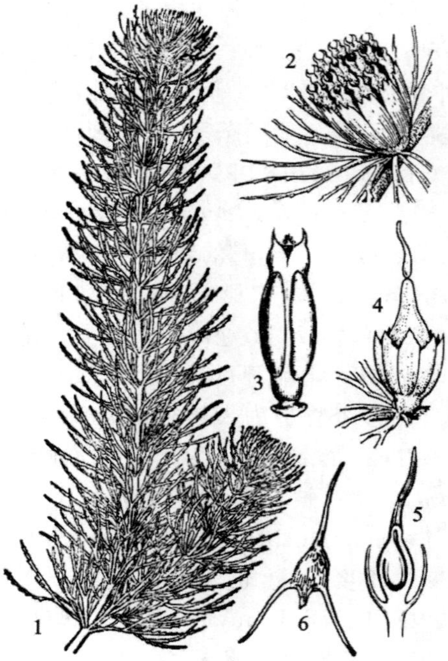

1. 植株；2. 雄花；3. 雄蕊；4. 雌花；5. 雌花纵切面；6. 果实。

图 12-6-1　金鱼藻（引自《中国高等植物图鉴》；路安民，汤彦承）

第七节　真双子叶植物 Eudicots

12-36

真双子叶植物是核心被子植物 5 大分支中最大的分支，共有 44 目 311 科，目之间的系统发育关系如图 12-1-5 所示。真双子叶植物的一个共衍征是花粉 3 沟或 3 沟型的衍生类型。【二维码 12-36】

一、毛茛目 Ranunculales

本目有罂粟科等 7 科。

（一）罂粟科 Papaveraceae

*，↑ ⚥ $K_{2,3-4}\ C_{4-8}\ A_{\infty,4,6}\ \underline{G}_{(2-16:1:\infty)}$

本科约有 40 属 800 种，主要分布于北温带；中国有 19 属 443 种。本科植物大多含生物碱，可供药用，一些有毒，一些可供观赏。

1. 形态特征　草本，稀为灌木状，常具白色或有色汁液。基生叶具长柄，茎生叶多互生，常分裂，无托叶。花单生或呈总状、聚伞花序；花两性；花辐射对称或两侧对称；萼片 2 枚或 3～4 枚，早落；花瓣数量通常为花萼的 2 倍，4～8 枚，稀更多枚，常排为 2 轮；雄蕊多数，离生，或 4 枚分离，或 6 枚合生成 2 束；雌蕊由 2 枚至数个心皮合生而成，子房上位，1 室，侧膜胎座，胚珠多数。蒴果，瓣裂或孔裂。花粉 3 沟。

2. 识别要点　草本，常具白色或有色汁液。无托叶。花萼早落；雄蕊多数，离生；子房上位，侧膜胎座。蒴果。

12-37

3. 代表植物【二维码 12-37】

(1) 罂粟属（*Papaver* L.）　草本，具白色乳汁；叶互生，羽状分裂；花单生于茎顶；萼片 2 枚，早落；花瓣 4 枚；雄蕊多数；雌蕊 4～8 枚心皮合生，花柱短或无，柱头盘状；蒴果孔裂，种子多数。全属约有 100 种，中国有 7 种。罂粟（*P. somniferum* L.）（图 12-7-1），茎、叶及萼片均被白粉，全株无毛；原产于欧洲南部；未成熟果实的汁液中含吗啡、可待因、罂粟碱等 30 多种生物碱，是制鸦片的原料;花、果供药用。虞美人(*P. rhoeas* L.),茎、叶被淡黄色刚毛;原产于地中海地区,各地常栽培供观赏。

(2)白屈菜属(*Chelidonium* L.) 多年生草本,含橘黄色汁液;叶一至二回羽状深裂;伞形花序;萼片2枚;花瓣4枚,黄色;雄蕊多数;子房2枚心皮合生;蒴果圆柱形,由基部向顶部瓣裂。仅1种,即白屈菜(*C. majus* L.),分布于欧亚大陆温带地区;全草含有毒生物碱,药用。

(3)秃疮花属(*Dicranostigma* Hook. f. & Thomson) 草本,有黄色汁液;叶多基生;聚伞花序;萼片2枚;花瓣4枚,黄色;雄蕊多数;子房2枚心皮合生,1室;蒴果圆柱形,自顶部向基部2瓣裂。全属共3种,中国均有。秃疮花[*D. leptopodum* (Maxim.) Fedde],叶羽状全裂;花萼外面通常无毛;子房密被疣状短毛;蒴果线形。有毒,药用。

(4)紫堇属(*Corydalis* DC.) 草本;总状花序,稀为伞房状、穗状、圆锥状;花两侧对称;萼片2枚;花瓣4枚,上面1枚花瓣后部延伸成距;雄蕊6枚,合生成2束;雌蕊2枚心皮合生,柱头具乳突;蒴果瓣裂;种子具油质种阜。全属约有465种,分布于北温带;中国约有357种,广布,西南地区种类丰富。常见的种有紫堇(*C. edulis* Maxim.)、小花黄堇[*C. racemosa* (Thunb.) Pers.]、地丁草(*C. bungeana* Turcz.)等;延胡索[*C. yanhusuo* (Y. H. Chou & C. C. Hsu) W. T. Wang ex Z. Y. Su & C. Y. Wu]的块茎药用。

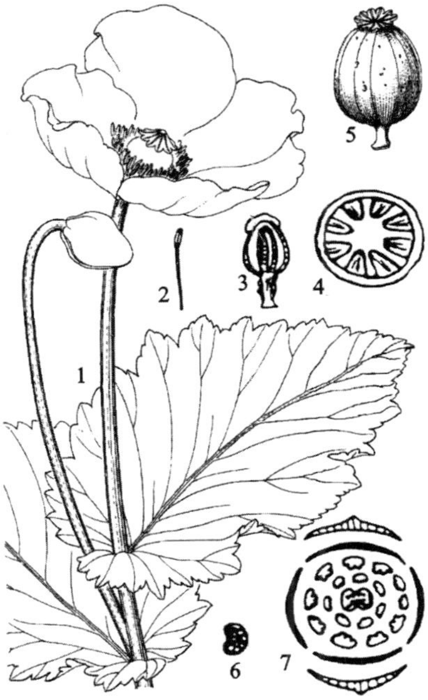

1. 茎叶与花;2. 雄蕊;3. 雌蕊纵切面;4. 果实横切面;5. 果实;6. 种子;7. 花图式。

图 12-7-1 罂粟(依《中国植物志》)

本科的花菱草(*Eschscholzia californica* Cham.)、荷包牡丹[*Lamprocapnos spectabilis* (L.) Fukuhara]以及绿绒蒿属(*Meconopsis* Vig.)的一些物种为美丽的观赏植物。

(二)木通科 Lardizabalaceae

$* \ ♂ \ K_{3+3,3} C_{6,0} A_6 \quad * \ ♀ \ K_{3+3,3} C_{6,0} \underline{G}_{3:3:\infty,1}$

本科有9属约50种,分布于东亚及南美洲;中国有7属37种。

1. 形态特征 木质藤本,稀为直立灌木。叶互生,掌状复叶、三出复叶或羽状复叶,极稀单叶。花单性,雌雄同株或异株;萼片花瓣状,6枚,排成2轮,稀为3枚;花瓣6枚,蜜腺状,远较萼片小,或无花瓣;雄花具雄蕊6枚,花药纵裂,具退化心皮3枚;雌花具3枚心皮,离生,稀6~9枚,上位,具6枚退化雄蕊。肉质的蓇葖果或浆果,种子通常多数,稀仅1枚种子;种皮脆壳质,有肉质、丰富的胚乳和小而直的胚。

2. 识别要点 木质藤本或灌木。通常为复叶。花单性;花萼6枚,稀3枚,花瓣状;花瓣6枚,蜜腺状;雄蕊6枚;通常3枚心皮离生,上位。肉质蓇葖果或浆果,种子多数稀1枚。

3. 代表植物【二维码12-38】

12-38

(1)木通属(*Akebia* Decne.) 落叶或半常绿木质藤本。掌状复叶。总状花序,基部为雌花,上部为雄花;萼片3枚;无花瓣;心皮3~9枚。肉质蓇葖果,种子多数。全属共5种,分布于东亚;中国有4种。三叶木通[*A. trifoliata* (Thunb.) Koidz.](图12-7-2),落叶木质藤本;小叶3枚;花紫色;果可食用,种子可榨油。

(2)八月瓜属(*Holboellia* Diels) 常绿藤本。掌状复叶,具小叶3~9枚,或羽状3小叶。萼片6枚,肉质;花瓣6枚;雄花具雄蕊6枚和3枚退化心皮;雌花具3枚心皮和6枚退化雄蕊。肉质蓇葖果,具种子多数。全属共20种,分布于东亚和东南亚;中国有9种。牛姆瓜(*H. grandiflora* Réaub.),掌状复叶，具小叶3～7枚；小叶革质，倒卵状长圆形、椭圆形或披针形。八月瓜（*H. latifolia* Wall.），掌状复叶，具小叶3～9枚；小叶革质，卵形、卵状长圆形、狭披针形或线状披针形；根、果供药用。

（3）猫儿屎属（*Decaisnea* Hook. f. & Thomson）　落叶灌木。羽状复叶，具小叶12～25枚。圆锥花序；花萼6枚；无花瓣；雄花具雄蕊6枚，花丝合生，退化心皮藏于花丝管中；雌花具3心皮。肉质蓇葖果具多数种子。本属仅1种，即猫儿屎［*D. insignis*（Griff.）Hook. f. & Thomson］，又称猫屎瓜，分布于中国至东喜马拉雅地区；果皮含橡胶；果肉可食用；种子可榨油；根和果药用。

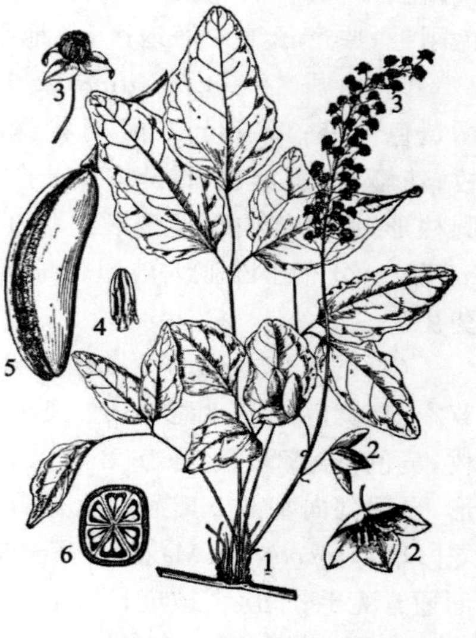

1. 枝叶和花序；2. 雌花；3. 雄花；4. 雄蕊；5. 浆果；6. 浆果横切面。

图12-7-2　三叶木通

（引自《秦岭植物志》）

（三）小檗科 Berberidaceae

$* \ ⚥ \ K_{6-9} \ C_{6,4} \ A_{6,4} \ \underline{G}_{1:1:1-\infty}$

本科有15属约650种，主要分布于北温带至亚热带；中国有11属约303种。

1. 形态特征　灌木或多年生草本，稀小乔木。茎具刺或无。叶互生，稀对生或基生；单叶或羽状复叶；花两性，辐射对称，单生或形成各式花序；萼片和花瓣覆瓦状排列，2至多列；萼片6～9枚，常花瓣状；花瓣6枚或4枚，盔状或蜜腺状；雄蕊与花瓣同数对生，花药2室，瓣裂或纵裂；雌蕊通常具1枚心皮，子房上位，1室，胚珠1枚至多数。浆果或蓇葖果。

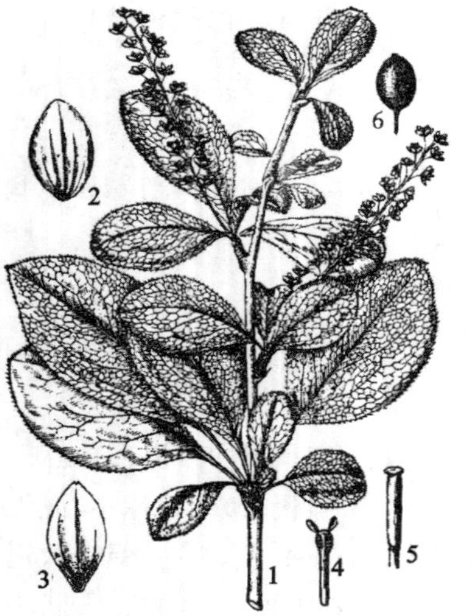

1. 枝叶和花序；2. 萼片；3. 花瓣；4. 雄蕊；5. 雌蕊；6. 果实。

图12-7-3　黄芦木（引自《秦岭植物志》）

2. 识别要点　花两性，辐射对称；萼片6～9枚，常呈花瓣状；花瓣6枚或4枚，盔状或蜜腺状；雄蕊与花瓣同数；雌蕊通常1枚心皮，上位，胚珠1枚至多数。浆果或蓇葖果。

3. 代表植物【二维码12-39】

12-39

（1）小檗属（Berberis L.）　落叶或常绿灌木，根及茎内部常为鲜黄色。枝具刺或无刺，刺单一或分叉。单叶互生或簇生。花单生或簇生或组成总状花序、圆锥花序、伞形花序；萼片通常6枚，稀3枚或9枚，黄色；花瓣6枚，黄色，内侧近基部具2枚腺体；雄蕊6枚；子房具1至多数胚珠。浆果。全属约有500种，主要分布于北温带；中国有215种以上。黄芦木（*B. amurensis* Rupr.）（图12-7-3），落叶灌木；茎具3分叉的刺；叶倒卵状椭圆形、椭圆形或卵形，边缘具多数细刺齿；总状花序具10～25花；萼片6枚；花瓣6枚；子房具2胚珠；浆果红色；根和茎含小檗碱，供药用。日本小檗（*B. thunbergii* DC.），落叶灌木；茎刺不分叉或偶3分叉；叶绿色或紫红色，倒卵形、匙形或菱状卵形，全缘；伞形花序具2～5花；原产于日本，各地广泛栽培，常作绿篱，根和茎含小檗碱，供药用。

（2）十大功劳属（*Mahonia* Nutt.）　与小檗属的主要区别是本属为常绿灌木或小乔木；茎无刺；奇数羽状复叶；总状花序数个簇生，或组成圆锥花序；萼片9枚；花瓣6枚。全属约有60种，中国约有31种。阔叶十大功劳［*M. bealei*（Fortune）Carr.］，羽状复叶，具9～21枚小叶；小叶厚革质，卵形或长圆形，边缘具粗齿；总状花序直立，多个簇生；浆果蓝黑色，有白粉；原产于中国南方，各地广为栽培，供观赏，根、茎药用。

（3）淫羊藿属（*Epimedium* L.）　多年生草本，常绿或落叶。单叶或一至三回羽状复叶；叶缘具刺状细齿。总状花序或圆锥花序；萼片8枚，排成2轮，内轮花瓣状；花瓣4枚，通常有距或囊；雄蕊4枚；

子房具胚珠多数；蓇葖果。全属约有 50 种，中国约有 41 种。淫羊藿（*E. brevicornu* Maxim.），二回三出复叶，小叶 9 枚；圆锥花序具多花，萼片白色，花瓣黄色；全草药用。柔毛淫羊藿（*E. pubescens* Maxim.），一回三出复叶，小叶 3 枚；圆锥花序具多花，萼片淡紫色，花瓣黄色；全草药用。

（四）毛茛科 Ranunculaceae

$*, \uparrow ⚥ K_{5-\infty}\ C_{0,2,5,\infty}\ A_{\infty}\ \underline{G}_{\infty:\infty:\infty-1}$

本科约有 60 属 2500 种，广布世界各地，北温带地区种类较多；中国有 38 属 921 种以上，分布于全国各地。本科植物多含有各种生物碱，故药用植物较多，有些则为有毒植物；一些种类可供观赏。

1. 形态特征　常为草本，稀为灌木或木质藤本。叶互生或基生，稀对生，掌状或羽状分裂，或为一至多回三出或羽状复叶，极少全缘。花通常两性，稀单性，辐射对称或两侧对称，单生或排成各种花序；花各部分离；萼片通常 5 枚，或较多数，有时花萼呈花瓣状；花瓣存在或不存在，2 枚、5 枚或多数；雄蕊多数，分离；心皮多数，离生，螺旋状排列；子房上位；胚珠多数或 1 枚。果实常为聚合蓇葖果或聚合瘦果。种子有胚乳。花粉常 3 沟。

2. 识别要点　草本，稀灌木或藤本。单叶分裂或复叶。花通常两性；雄蕊、雌蕊多数且离生，螺旋状排列于花托上。通常为聚合蓇葖果或聚合瘦果。

3. 代表植物【二维码 12-40】

12-40

（1）毛茛属（*Ranunculus* L.）　草本，陆生，少数水生；叶基生或茎生；花单生或成聚伞花序，花黄色，萼片、花瓣各 5 枚，花瓣基部有蜜腺；聚合瘦果。全属约有 550 种，主要分布于北温带；中国约有 125 种，广布各地。毛茛（*R. japonicus* Thunb.）（图 12-7-4），多年生草本；叶掌状分裂；广布于中国各地；全草含原白头翁素，有毒，药用，也作土农药。茴茴蒜（*R. chinensis* Bunge），多年生或一年生草本；三出复叶，瘦果卵圆形，微扁平，边缘有 3 条凸出的棱，瘦果聚合成椭圆或圆形；全草含原白头翁素，有毒，药用。石龙芮（*R. sceleratus* L.），一年生草本；单叶 3 深裂，每裂片再 3～5 浅裂，瘦果倒卵形，膨胀，聚合成长圆形；有毒，药用。花毛茛（*R. asiaticus* L.）为观赏花卉。

1. 植株；2. 花纵切面；3. 花瓣；4. 雄蕊；5. 子房纵切面；6. 聚合瘦果；7. 瘦果；8. 毛茛属花图式。

图 12-7-4　毛茛

（2）乌头属（*Aconitum* L.）　直立草本或草质藤本，常具膨大的直根或块根；叶常掌状分裂；总状花序；花两侧对称；萼片 5 枚，花瓣状；花瓣 2 枚，有蜜腺和距；有退化雄蕊；聚合蓇葖果。全属约 400 种，分布于北温带，多剧毒；中国有 211 种以上。乌头（*A. carmichaelii* Debeaux），直立草本；花萼蓝紫色，上萼片盔状；块根含多种乌头碱，有毒，药用。瓜叶乌头（*A. hemsleyanum* Pritz.），多年生草质缠绕藤本，花深蓝色或暗红色；块根有毒，药用。

（3）铁线莲属（*Clematis* L.）　草质或木质攀缘藤本，稀为灌木或直立草本；叶常对生，一至三回三出复叶或羽状复叶，稀为单叶；花萼通常 4 枚，或 6～8 枚，镊合状排列；无花瓣；花柱在果时伸长成羽毛状，宿存；聚合瘦果。全属约 300 种，世界性分布；中国有 147 种以上，各地均有。毛蕊铁线莲（*C. lasiandra* Maxim.），落叶藤本，三出复叶，花白色或淡紫红色，雄花花丝具长硬毛，瘦果柱头具羽毛状柔毛。棉团铁线莲（*C. hexapetala* Pall.），直立草本；单叶至复叶，一至二回羽状深裂；花白色；根药用，有毒，可作土农药。铁线莲（*C. florida* Thunb.）、大花威灵仙（*C. courtoisii*

Hand. -Mazz)、毛叶铁线莲(*C. lanuginosa* Lindl.)等花大而美丽,可供观赏。

本科常见植物还有:黄连属(*Coptis* Salisb)、白头翁属(*Pulsatilla* Adans.)、唐松草属(*Thalictrum* L.)、升麻属(*Cimicifuga* L.)等的一些种类供药用;飞燕草属[*Consolida* (DC.) S. F. Gray]、翠雀属(*Delphinium* L.)、耧斗菜属(*Aquilegia* L.)、金莲花属(*Trollius* L.)、银莲花属(*Anemone* L.)、侧金盏花属(*Adonis* L.)、黑种草属(*Nigella* L.)、菟葵属(*Eranthis* Salisb.)等的不少种类可供观赏。

4. 演化地位　毛茛科因具有多数、离生、螺旋状排列的雄蕊、心皮,被认为是保留了较多原始特征的被子植物;而乌头属等一些类群的花结构多样,功能各异,在虫媒传粉的道路上已演化得相当复杂。

二、山龙眼目 Proteales

本目有莲科等 4 科。

(一)莲科 Nelumbonaceae

$* \ ⚥ K_{4-5}\ C_{\infty}\ A_{\infty}\ \underline{G}_{\infty:\infty:1}$

本科有 1 属 2 种,东亚至大洋洲、美洲各 1 种;中国有 1 种。

1. 形态特征　多年生水生草本。根状茎横走,具多节,节上生根,节间多孔。叶漂浮或高出水面,叶柄盾状着生,叶片近圆形。花伸出水面,单生,两性;萼片 4～5 枚;花瓣多数;雄蕊多数;雌蕊由多数离生心皮组成,埋藏于倒圆锥形海绵质的花托内,花托在果期膨大;每心皮具 1 枚胚珠。坚果椭球形或近球形,不开裂。种子无胚乳,子叶肥厚。

2. 识别要点　水生草本。根状茎节间多孔。叶柄盾状着生,叶片圆形。花两性;萼片 4～5 枚;花瓣多数;雄蕊多数;心皮多数离生,埋藏于花托中。坚果具 1 枚种子。

3. 代表植物【二维码 12-41】

12-41

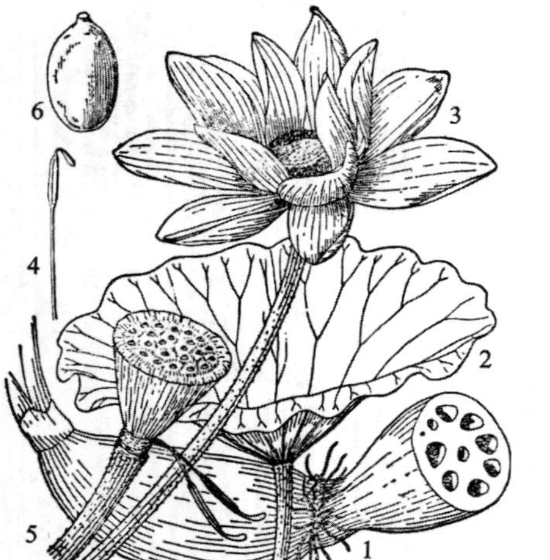

1. 根状茎;2. 叶;3. 花;4. 雄蕊;5. 花托;6. 坚果。

图 12-7-5　莲

(引自《中国高等植物图鉴》《秦岭植物志》)

莲属(*Nelumbo* Adans.)　莲(*N. nucifera* Gaertn.)(图 12-7-5),又称为荷花,花瓣红色、粉红色或白色,中国各地常见栽培。莲的成熟根状茎称作藕,作蔬菜食用,可提取淀粉,称为藕粉;根状茎顶端生出的未膨大的幼嫩根状茎称作藕带,作蔬菜食用;膨大花托称为莲蓬;叶可泡茶,可作包装材料;种子称作莲子,可食用;胚称作莲子心,药用;莲为优美的水生观赏花卉,花大而美丽,品种很多,栽培历史很长,自古以来深受中国人民喜爱。

4. 分类学讨论　由于莲属为水生植物,花瓣多数,雄蕊多数,过去曾经被置于睡莲科。但莲属多心皮离生,埋藏于膨大的花托中,睡莲科的雌蕊为多心皮部分或完全合生,不埋藏于花托中,区别明显;莲属的系统发育位置也与睡莲科相距很远;因此莲属应独立出莲科,位于山龙眼目中。莲科与睡莲科一些特征的相似之处可能是趋同进化所致。

(二)悬铃木科 Platanaceae

$* \ ♂ K_{3-8}\ C_{3-8}\ A_{3-8} \quad * \ ♀ K_{3-8}\ C_{3-8}\ \underline{G}_{3-8:3-8:1-2}$

本科有 1 属约 11 种,分布于欧洲东南部、西亚、北美洲;中国引种栽培 3 种。

1. 形态特征　落叶乔木。树皮片状剥落。芽包裹于膨大的叶柄基部(称为柄下芽);单叶互生,托叶明显,叶片分裂。花单性,雌雄同株,排成紧密的球形头状花序;头状花序 1～5 个着生于花枝

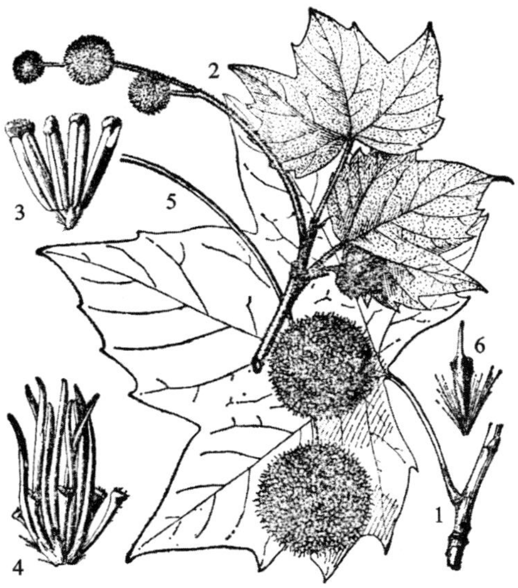

1. 成熟叶；2. 幼叶和雌花序；3. 雄花；
4. 雌花；5. 成熟果序；6. 坚果。
图 12-7-6 二球悬铃木
（引自《中国高等植物图鉴》《秦岭植物志》）

上，花枝仅基部有叶；萼片 3～8 枚；花瓣与萼片同数；雄花有雄蕊 3～8 枚；雌花有 3～8 枚离生心皮，每心皮具 1～2 个胚珠，花柱突出头状花序。果为球形的聚合果，由多数狭长倒锥形的小坚果组成，小坚果基部围以长毛；每个小坚果内具 1 枚种子。

2. 识别要点　落叶乔木。柄下芽。单叶互生，叶片分裂。花单性，雌雄同株，形成球形的头状花序；头状花序 1～5 个着生于花枝上。球形的聚合果具多数小坚果。

3. 代表植物【二维码 12-42】

12-42

悬铃木属（*Platanus* L.）　二球悬铃木[*P. acerifolia*（Aiton）Willd.]（图 12-7-6），叶片 5～7 掌状深裂，每个果枝上常具 2 个球形果序，稀 1 个或 3 个。中国各地常见栽培，作行道树，树干高大挺拔，生长较快，树荫浓密，抗性强，病虫害很少，寿命长，世界各地都广泛栽培，号称“行道树之王”；唯其聚合果成熟炸裂后，小坚果上的多数毛随风飘散，污染环境，引人不适，是其主要缺点。

二球悬铃木是三球悬铃木（*P. orientalis* L.）与一球悬铃木（*P. occidentalis* L.）杂交而来的杂交种，后两种中国也有少量栽培。二球悬铃木通常也被称为法国梧桐，与中国自古栽培的梧桐[*Firmiana simplex*（L.）W. Wight]（锦葵科）、毛泡桐[*Paulownia tomentosa*（Thunb.）Steud.]（泡桐科）是完全不同的物种，不可混为一谈。

三、虎耳草目 Saxifragales

本目有芍药科等 15 科。

（一）芍药科 Paeoniaceae

$* \ ⚥ \ K_{2-9} \ C_{4-13,\infty} \ A_{\infty} \ \underline{G}_{1-8:1-8:\infty}$

本科有 1 属约 30 种，主要分布于北温带；中国有 15 种。

1. 形态特征　灌木或多年生草本；根圆柱形或具纺锤形的块根。叶通常为二回三出复叶，小叶全缘或分裂。花两性；单花顶生或数朵生于茎顶和茎上部叶腋；苞片 1～6 枚，不等大；萼片 2～9 枚，离生，不等大；花瓣 4～13 枚，离生，一些栽培品种花瓣很多；雄蕊多数，离生；花盘杯状或盘状，革质或肉质，完全包裹心皮或仅包裹心皮基部；心皮离生，1～8 枚；每心皮具胚珠多数，沿腹缝线排成 2 列。聚合蓇葖果。种子黑色或深棕色。

1. 枝叶和花；2. 叶边缘；3. 雄蕊；
4. 聚合蓇葖果。
图 12-7-7 芍药（引自《中国植物志》）

2. 识别要点　灌木或多年生草本。二回三出复叶。花两性；萼片 2～9 枚离生；花瓣 4～13 枚或多数离生；花盘完全或部分包裹心皮；心皮离生；胚珠多数。聚合蓇葖果。

3. 代表植物【二维码 12-43】

12-43

芍药属（*Paeonia* L.）　芍药（*P. lactiflora* Pall.）（图 12-7-7），多年生草本；一至二回三出复

叶，小叶边缘具白色骨质细齿；花数朵生于茎顶和茎上部叶腋；花盘浅杯状，包裹心皮基部。分布于东北、华北、西北等地区，各地常栽培，供观赏。品种很多，花瓣或少或为重瓣，花色白色、紫红色等各色；根药用；种子可榨油。牡丹（*P. suffruticosa* Andrews），落叶灌木；通常为二回三出复叶，小叶分裂；花单生于枝顶端；花盘革质，杯状，完全包住心皮，在心皮成熟时开裂。中国自古栽培，由若干野生种栽培杂交驯化而来，是中国传统名花，栽培历史悠久，深受人民喜爱，品种极多，花瓣或少或为重瓣，花色白色、紫红色、粉红色、黄色等各色；根皮药用；种子可榨油。

4. 分类学讨论　由于芍药属花各部离生，雄蕊多数，过去曾经被置于毛茛科。但芍药属花盘发达，部分或完全包裹心皮，与毛茛科明显不同；此外，芍药属的染色体特征、维管束特征、雄蕊发育特征、胚发育特征以及一些次生代谢产物等特点都与毛茛科显著不同。系统发育分析表明芍药属与毛茛科亲缘关系也较远。因此芍药属应单独列为芍药科。

（二）茶藨子科 Grossulariaceae

* ⚥，♂ ♀ $K_{(4-5)}\ C_{4-5}\ A_{4-5}\ \overline{G}_{(2:1:\infty)}$

本科有 1 属约 160 种；中国有 59 种。

1. 形态特征　落叶灌木，稀常绿；枝有刺或无刺。单叶，互生或簇生；托叶缺；叶片常掌状分裂。花两性或单性，排成总状花序，稀为伞房花序、伞形花序、数朵簇生或单生；花萼合生成筒，与子房合生，顶端具萼裂片 4～5 枚；花瓣 4～5 枚，与萼裂片互生，通常小或鳞片状，稀无花瓣；雄蕊 4～5 枚，与萼裂片对生而与花瓣互生；子房下位，2 心皮合生，1 室，具 2 个侧膜胎座，胚珠多数；花柱先端通常 2 裂。浆果，顶端具宿存花萼。

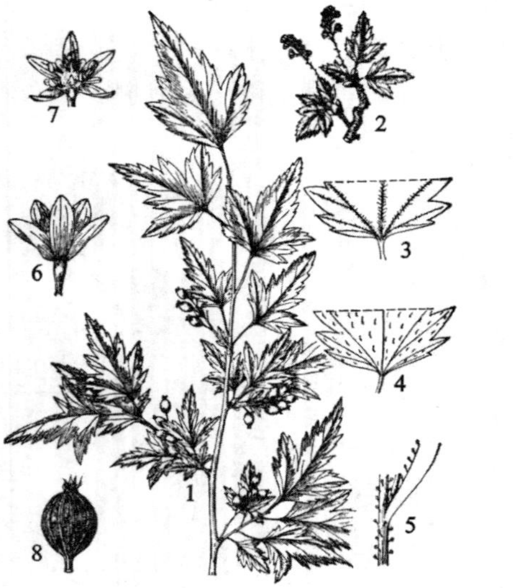

1. 果枝；2. 花枝；3. 叶背面基部；4. 叶正面基部；5. 花梗和苞片；6. 雌花；7. 雄花；8. 果实。

图 12-7-8　冰川茶藨子（引自《秦岭植物志》）

12-44

2. 识别要点　灌木，枝有刺或无刺。单叶，叶片常分裂。花两性或单性；花 4～5 数；花萼合生成筒，与子房合生；子房 2 枚心皮合生，下位，胚珠多数。浆果顶端具宿存花萼。

3. 代表植物【二维码 12-44】

茶藨子属（*Ribes* L.）　冰川茶藨子（*R. glaciale* Wall.）（图 12-7-8），落叶灌木，枝无刺；叶片 3～5 裂，边缘具重锯齿；花单性，雌雄异株，总状花序；花紫褐色；浆果球形，无毛，成熟时红褐色至黑色。分布于秦岭、西南地区至喜马拉雅山脉东部。果可食用。茶藨子属的不少物种的果实味酸甜，可鲜食，或制作果汁、果酒、果酱，是适于北方寒冷地区栽培的浆果类水果，如东北地区常栽培的黑茶藨子（*R. nigrum* L.）、红茶藨子（*R. rubrum* L.）、欧洲醋栗（*R. reclinatum* L.）等；香茶藨子（*R. odoratum* H. L. Wendl.）在寒冷地区常栽培供绿化和观赏，花开芳香；因此茶藨子属的经济价值较大。

4. 分类学讨论　由于茶藨子属 2 枚心皮合生，花柱先端 2 裂，过去曾被置于虎耳草科。但传统上划分的虎耳草科是多系类群，APG 系统已按系统发育关系重新拆分了传统虎耳草科。因此茶藨子属也单列为茶藨子科，其为灌木，花萼合生并与子房合生，子房下位，易与虎耳草科区分。

（三）虎耳草科 Saxifragaceae

*，↑ ⚥，♂ ♀ $K_{4-5,(4-5)}\ C_{4-5}\ A_{4-14}\ \underline{G}_{(2-5),2-5}$

本科有 33 属约 600 种，主要分布于北温带和北寒带；中国有 13 属约 279 种。

1. 形态特征　草本。具基生叶，茎生叶常互生，稀对生；单叶，羽状或掌状复叶。花通常两性，辐射对称，稀两侧对称，排列成聚伞状、总状或圆锥状花序，稀单花；萼片通常 4～5 枚，离生或合生；

花瓣通常与萼片同数，离生或合生；雄蕊通常 4～14 枚；子房通常上位，稀下位，心皮 2～5 枚，通常合生，稀离生，花柱通常离生；子房1～3 室，胚珠少数或多数。蒴果或蓇葖果。

2. 识别要点　草本。具基生叶。花通常两性；萼片、花瓣 4～5 枚；雄蕊 4～14 枚；子房通常上位，稀下位，心皮 2～5 枚，通常合生，稀离生，花柱通常离生。蒴果或蓇葖果。

3. 代表植物【二维码 12-45】

12-45

虎耳草属（*Saxifraga* L.）　多年生、稀一年生或二年生草本；单叶，全缘或分裂；花辐射对称，稀两侧对称；常为聚伞花序，或单生；萼片 5 枚；花瓣 5 枚；雄蕊 10 枚；心皮 2 枚，下部合生或近离生；子房上位或半下位，2 室而具中轴胎座，或 1 室而具边缘胎座，胚珠多数；蒴果或蓇葖果。全属约有 450 种，中国有 216 种。虎耳草（*S. stolonifera* Meerb.）（图 12-7-9），具匍匐茎，可无性繁殖；叶圆形或肾形，被柔毛，边缘有浅裂和不规则钝锯齿；圆锥花序具腺毛；花两侧对称，上方 3 枚花瓣短小，具斑点，下方 2 枚花瓣长，白色；蒴果。南方广布，也常栽培供观赏。球茎虎耳草（*S. sibirica* L.），无匍匐茎，具小的鳞茎；叶片肾形，7～9 浅裂；伞房状聚伞花序或单花；花辐射对称，花瓣等大，白色。欧亚大陆北部及高山地区广布。

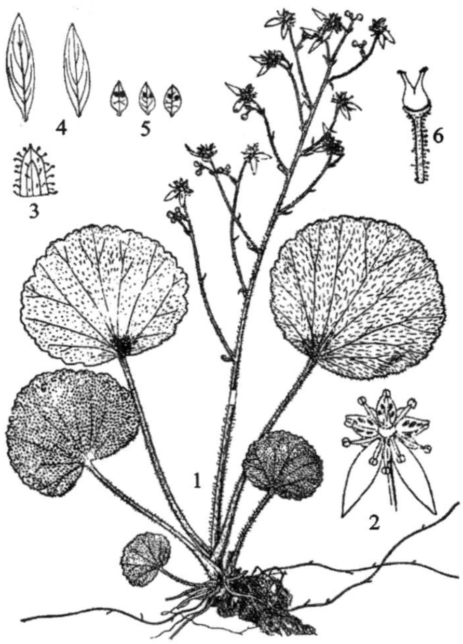

1. 花期植株；2. 花；3. 萼片背面；
4～5. 花瓣；6. 花梗和雌蕊。

图 12-7-9　虎耳草

（引自《中国高等植物图鉴》《中国植物志》）

（四）景天科 Crassulaceae

$* ⚥ K_{4,5}\ C_{4,5}\ A_{4,5,8,10}\ \underline{G}_{4,5:4,5:\infty}$

本科有 35 属 1 500 种以上，广布全世界，以非洲南部较多；中国有 13 属约 233 种，全国各地都有分布，以西南地区较多。本科有多种常见药用植物与观赏植物。

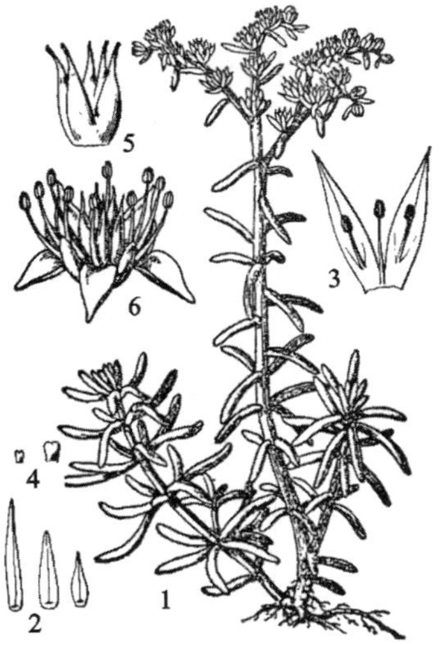

1. 花期植株；2. 部分萼片；
3. 部分花瓣和雄蕊；4. 部分鳞片；
5. 蓇葖果；6. 花。

图 12-7-10　佛甲草（引自《中国高等植物图鉴》《中国植物志》）

1. 形态特征　草本，稀为半灌木或灌木；茎、叶常肉质。叶互生、对生或轮生，单叶稀羽状复叶，无托叶。花通常排列成聚伞花序，有时为穗状、总状、伞房状或圆锥状花序，极少为单花；花通常两性，少数为单性异株。萼片 4 枚或 5 枚，宿存；花瓣 4 枚或 5 枚，分离或基部合生；雄蕊与花瓣同数或为其 2 倍；心皮常与萼片或花瓣同数，分离或基部合生，每心皮基部常有 1 枚腺状小鳞片，子房上位，倒生胚珠多数，稀为 1 枚。蓇葖果，种子小，有胚乳。花粉具 3 孔沟。

2. 识别要点　茎、叶肉质。花常两性，萼片和花瓣常 4 或 5 枚；雄蕊与花瓣同数或为其 2 倍。蓇葖果。

3. 代表植物【二维码 12-46】

12-46

（1）景天属（*Sedum* L.）　一年生或多年生肉质草本；叶互生、对生或轮生，全缘或有锯齿；花通常两性，花序聚伞状或伞房状，腋生或顶生；萼片、花瓣通常 5 枚；雄蕊通常 10 枚；鳞片全缘或有微缺；心皮通常 5 枚，离生或基部合生，无柄；蓇葖果，种子多枚或少数。全属约有 470 种，主产于北半球；中国有 121 种。佛甲草（*S. lineare* Thunb.）（图 12-7-10），多年生草本；通常 3 叶轮生，叶线形；聚伞花序顶生，除中央的花有短梗外，其余花无梗；花黄色；耐干旱，可用于屋顶绿化。垂盆草（*S. sarmentosum* Bunge），多年生草本；通常 3 叶轮生，叶倒披针形或长圆形；花无梗；花黄色；全草药用。

(2)红景天属(*Rhodiola* L.) 多年生草本或亚灌木;根颈肉质,被基生叶或鳞片状叶。花茎发自基生叶或鳞片状叶的腋部,茎不分枝;茎生叶互生;伞房状或二歧聚伞花序顶生;花单性,雌雄异株,或两性;萼常4～5裂;花瓣几分离,与萼片同数;雄蕊常为花瓣数的2倍;心皮基部合生,与花瓣同数。蓇葖果有种子多数。全属约90种,分布于北半球高寒地带;中国约有55种,西南山区种类较多。小丛红景天[*R. dumulosa* (Franch.) S. H. Fu],叶互生,线形至宽线形,花瓣5枚,白色或红色;根茎药用。菱叶红景天[*R. henryi* (Diels) S. H. Fu],3叶轮生,卵状菱形或椭圆状菱形,花瓣4枚,黄绿色;全草及根茎药用。

(3)瓦松属[*Orostachys* (DC.) Fisch.] 二年生或多年生肉质草本。叶第一年呈莲座状,常有软骨质的先端,第二年自莲座叶丛中央生出不分枝的花茎。花多数,密集成塔形聚伞式总状或圆锥花序;花萼5裂;花瓣5枚,基部稍合生;雄蕊10枚;心皮5枚,有柄。蓇葖果先端有喙。全属13种,分布于东亚至中亚;中国有8种。瓦松[*O. fimbriata* (Turcz.) A. Berger],莲座叶线形,先端白色软骨质,半圆形,有齿;二年生叶顶端有刺;常生长在岩石上或房顶瓦上;全草药用。

本科常见的植物还有:八宝[*Hylotelephium erythrostictum* (Miq.) H. Ohba]和长药八宝[*H. spectabile* (Boreau) H. Ohba],耐寒冷干旱贫瘠,是华北、西北地区优秀的地被植物和观花植物;长寿花(*Kalanchoe blossfeldiana* Poelln.)为花期很长的观赏花卉;落地生根[*Bryophyllum pinnatum* (L. f.) Oken]、燕子掌[*Crassula ovata* (Mill.) Druce]为生命力顽强的观叶植物;石莲花属(*Echeveria* DC.)、风车莲属(*Graptopetalum* Rose)、长生草属(*Sempervivum* L.)、莲花掌属(*Aeonium* Webb & Berthel.)等属的很多种及杂交品种为形态多样、色彩鲜艳、深受喜爱的多肉植物。

(五)锁阳科 Cynomoriaceae

$* \ ♂ \ ♀, ⚥ P_{1-8} A_1 \overline{G}_{(2-3:1:1)}$

本科有1属2种,分布于地中海地区、中亚至中国西北部;中国有1种。

1. 形态特征 多年生肉质草本,根寄生,全株红棕色,无叶绿素。茎圆柱形,分枝或不分枝,具螺旋状排列的脱落性鳞片状叶。花杂性,极小,由多数雄花、雌花与两性花密集形成顶生的肉穗花序,花序中散生鳞片状叶;花被片通常4～6枚,稀1～3枚或7～8枚;雄花具1枚雄蕊和1枚蜜腺;雌花具1枚雌蕊,2枚或3枚心皮合生,子房下位,1室,具1枚胚珠;两性花具1枚雄蕊和1枚雌蕊。坚果小型。

2. 识别要点 根寄生草本,红棕色,无叶绿素。茎圆柱形,具鳞片状叶。肉穗花序;花杂性;花被片1～8枚;雄蕊1枚;雌蕊2枚或3枚心皮合生,子房下位,1室,1胚珠。坚果。

3. 代表植物【二维码12-47】

12-47

锁阳属(*Cynomorium* L.) 锁阳(*C. songaricum* Rupr.)(图12-7-11),寄生根上着生大小不等的芽体;雄花花被片通常4枚;雌花花被片5～6枚;两性花少见。分布于中国西北地区,蒙古国、伊朗、阿富汗以及中亚地区的荒漠中,常寄生在白刺属(*Nitraria* L.)、红砂属(*Reaumuria* L.)、柽柳属(*Tamarix* L.)、猪毛菜属(*Salsola* L.)植物的根上。肉质茎可食用、药用。

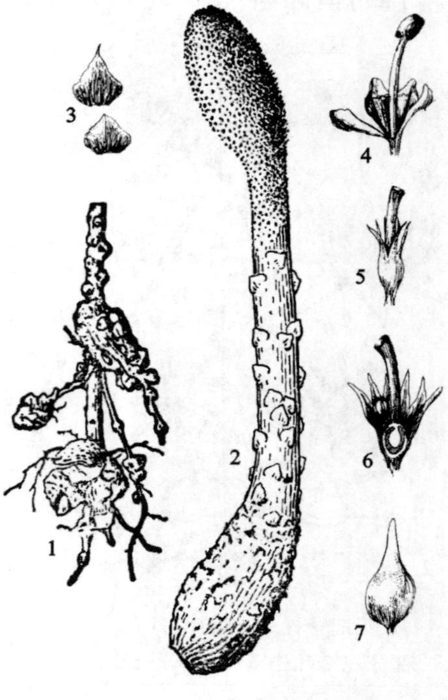

1. 寄生根;2. 植株;3. 鳞片状叶;4. 雄花;5. 雌花;6. 两性花及子房纵剖面;7. 坚果。

图12-7-11 锁阳

(引自《中国高等植物图鉴》《中国植物志》)

四、葡萄目 Vitales

本目仅有葡萄科 1 科。

(一)葡萄科 Vitaceae

$* \ ♂ \ ♀, \ ⚥ \ K_{4-5} \ C_{4-5} \ A_{4-5} \ \underline{G}_{(2:2:1-2)}$

本科有 14 属约 900 种,世界性分布,但热带及亚热带地区种类较多;中国有 8 属 146 种,南北方均有。

1. 形态特征　木质稀草质藤本,常具与叶对生的茎卷须。单叶,掌状分裂,或复叶,互生,有托叶或无。花小,两性,或单性异株,或为杂性同株,排成聚伞、圆锥或伞房花序,常与叶对生;花萼4～5 齿裂,细小;花瓣 4～5 枚,镊合状排列,分离或顶部黏合成帽状,常早落;花盘环形或浅裂;雄蕊 4～5 枚,与花瓣同数而对生;雌蕊 2 枚心皮合生,子房上位,常为 2 室,中轴胎座,每室 1～2 枚胚珠。浆果,种子多有胚乳。

2. 识别要点　藤本。常具与叶对生的卷须或花序。花 4～5 数;雄蕊与花瓣同数对生;有花盘;雌蕊 2 枚心皮合生,子房上位。浆果。

3. 代表植物【二维码 12-48】

12-48

(1)葡萄属(*Vitis* L.)　落叶木质藤本;卷须分叉,顶端无吸盘;树皮无皮孔,常呈片状剥落,髓褐色;单叶常掌状分裂;聚伞式圆锥状花序;花小,淡绿色,5 基数;花瓣顶端黏合成帽状,早落;花盘由 5 枚腺体组成。约有 60 种,主要分布于北温带与亚热带;中国有 37 种。葡萄(*V. vinifera* L.)(图 12-7-12),叶卵圆形,3～5 浅裂或中裂;果椭圆形至球形,紫黑色、红色或黄绿色,被白粉;原产西亚,世界各地普遍广栽,品种繁多,为著名水果,可鲜食、酿酒、制葡萄干等。山葡萄(*V. amurensis* Rupr.),叶阔卵圆形,3 或 5 浅裂或中裂,或不分裂;果球形,直径1～1.5 cm,黑色;主要分布于东北与华北,可鲜食或酿酒。葡萄属的许多野生种,如毛葡萄(*V. heyneana* Roem. & Schult)、刺葡萄[*V. davidii* (Rom. Caill.) Foëx]、秋葡萄(*V. romanetii* Rom. Caill.)、变叶葡萄(*V. piasezkii* Maxim.)等,果也可食用或酿酒。

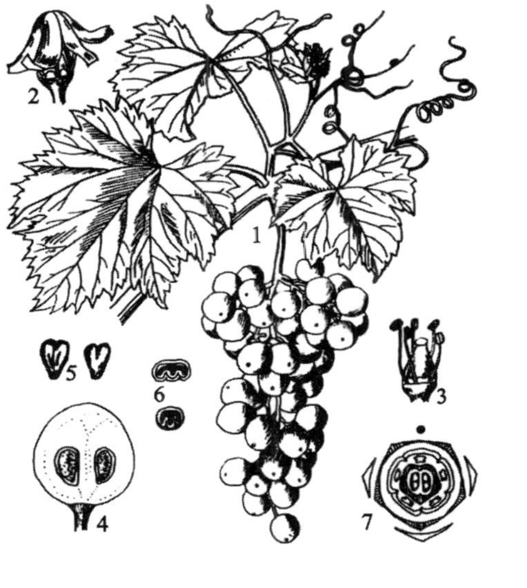

1. 果枝;2. 花,示花瓣合生成帽状脱落;3. 雄蕊、雌蕊及雄蕊间的蜜腺;4. 果实纵剖面;5. 种子;6. 种子横切面,示腹面有沟;7. 花图式。

图 12-7-12　葡萄

(2)蛇葡萄属(*Ampelopsis* Michx.)　与葡萄属的主要区别是茎髓白色,伞房状聚伞花序,花瓣离生。全属约有 30 种,中国有 17 种。蓝果蛇葡萄[*A. bodinieri* (H. Lév. & Vaniot) Rehder],叶片卵圆形或卵状椭圆形,不分裂或 3 浅裂;果球形,成熟时蓝紫色。

(3)乌蔹莓属(*Causonis* Raf.)　木质或草质藤本,卷须分叉,无吸盘;掌状或鸟足状复叶;伞房状聚伞花序腋生;花部 4 基数,花瓣开展。全属约 20 种,中国有 15 种。乌敛莓[*C. japonica* (Thunb.) Raf.],鸟足状复叶,小叶 5 片;浆果倒卵形,黑色;为常见杂草;药用。

(4)地锦属(*Parthenocissus* Planch.)　又称爬山虎属;落叶木质藤本,髓白色;卷须顶端具吸盘;复叶或单叶;聚伞花序,花瓣 5 枚,离生。全属约 13 种,中国有 9 种。地锦[*P. tricuspidata* (Siebold & Zucc.) Planch.],又称爬山虎,单叶,不裂或 3 浅裂;为著名的垂直绿化植物,枝叶茂密。三叶地锦[*P. semicordata* (Wall.) Planch.],又称三叶爬山虎,掌状复叶具 3 小叶。五叶地锦

［*P. quinquefolia*（L.）Planch.］，又称五叶爬山虎，掌状复叶具5小叶；原产于北美地区，中国引种栽培，是优良的垂直绿化植物。

五、蒺藜目 Zygophyllales

本目有蒺藜科和刺球果科(Krameriaceae)2科。

（一）蒺藜科 Zygophyllaceae

$*$，$\uparrow$ ⚥ $K_{4-5}\ C_{4-5}\ A_{5,8,10}\ \underline{G}_{(3-5:3-5:1-\infty)}$

本科有22属约285种，主产于热带、亚热带和温带的干旱地区；中国有3属22种，主要分布于西北干旱半干旱地区，多为荒漠植被的重要组成，有些是固沙造林和改良盐土的优良植物。

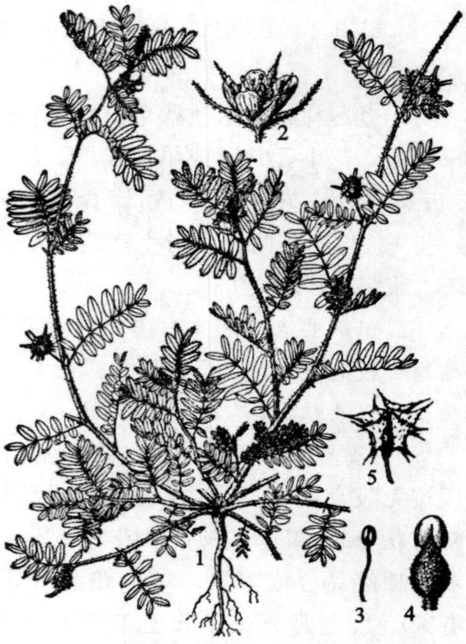

1. 植株；2. 花；3. 雄蕊；4. 雌蕊；5. 果实。

图 12-7-13　蒺藜（引自《秦岭植物志》）

1. 形态特征　灌木、半灌木或草本，枝常具关节。单叶或羽状复叶，常肉质，对生或互生；托叶小，常宿存。花单生或2朵并生于叶腋，有时为总状花序或聚伞花序；花两性，辐射对称或两侧对称；萼片4～5枚，通常离生；花瓣4～5枚，离生；常具花盘；雄蕊通常5枚、8枚或10枚，花丝下部常有鳞片状附属物；子房上位，心皮合生，中轴胎座，通常3～5室，稀2～12室，每室胚珠1至多枚，花柱单生。蒴果、浆果状核果或分果。

2. 识别要点　2小叶至羽状复叶，少单叶，常肉质，托叶常宿存。花4～5基数；花丝基部常具鳞状附属物；花盘常发达；中轴胎座，子房多为3～5室，花柱单一。

3. 代表植物【二维码12-49】

(1)蒺藜属(*Tribulus* L.)　草本，茎常平卧；偶数羽状复叶；花单生于叶腋；萼片5枚；花瓣5枚，黄色；雄蕊10枚；花盘环状，10裂；5枚心皮5室，每室3～5枚胚珠；分果，具棘刺和短硬毛。全属约有15种；中国有2种。蒺藜(*T. terrestris* L.)(图12-7-13)，一年生草本；花直径约1 cm；花梗短于叶。世界性分布；广布全国各地，为常见杂草；药用。

1. 花枝；2. 花；3. 花瓣；4. 果枝。

图 12-7-14　霸王（引自《中国植物志》）

(2)驼蹄瓣属(*Zygophyllum* L.)　多年生稀一年生草本，或灌木；叶对生，常为偶数羽状复叶，稀单叶，肉质；花1～2朵腋生；萼片4～5枚；花瓣4～5枚；雄蕊8枚或10枚；子房3～5室；蒴果常具翅或棱。全属约100种，分布于欧亚、北非洲及澳大利亚；中国有19种，分布于西北干旱区。驼蹄瓣(*Z. fabago* L.)，多年生草本；小叶1对；萼片和花瓣均为5枚；雄蕊10枚，长于花瓣；蒴果圆柱形，无翅，种子多数。霸王［*Z. xanthoxylum*（Bunge）Maxim.］(图12-7-14)，灌木，枝弯曲，先端具刺尖；小叶1对；萼片和花瓣均为4枚；雄蕊8枚，长于花瓣；蒴果近球形，具3翅，3室，每室1枚种子。

六、豆目 Fabales

本目有豆科等 4 科。

(一)豆科 Fabaceae(Leguminosae)

$\uparrow$, $*$ ⚥ $K_{5,(5)}$ $C_{5,(5),1+2+(2)}$ $A_{10,(10),(9)+1,4-\infty}$ $\underline{G}_{1:1:\infty-1}$

豆科是植物中的第 3 大科,约有 650 属 1.8 万种,广布全世界;中国有 167 属约 1 673 种,全国各地都有。本科有许多重要的经济植物,如豆类作物、蔬菜、饲草、绿肥、药用植物、绿化观赏及用材树种等,是农林牧业生产上一个极为重要的科。

1. 形态特征　草本、灌木或乔木,常具根瘤,与根瘤菌共生固氮。叶互生,多为羽状或三出复叶,少为单叶,常具托叶,叶枕常发达。总状花序、圆锥花序、穗状花序、头状花序,簇生或单花;花通常两性,两侧对称,稀辐射对称;萼片 5 枚,分离或合生成管状;花瓣 5 枚,离生或合生,形成蝶形花、假蝶形花或辐射对称花;雄蕊通常 10 枚,少有 4 个至多数,形成二体雄蕊、单体雄蕊或离生;雌蕊单心皮,子房上位,边缘胎座,1 室,胚珠多数至 1 枚。荚果。种子无胚乳。

豆科的花主要有 3 种类型(图 12-7-15):假蝶形花,花两侧对称,花瓣覆瓦状排列,上方的 1 枚在最内侧,两侧各 1 枚花瓣,下方的 2 枚花瓣在最外侧,不合生;雄蕊通常 10 枚离生。辐射对称花,花萼通常合生成管状,5 裂齿镊合状排列;花瓣与萼齿同数,镊合状排列,分离或合生成管状;雄蕊5～10 枚或多数,远长于花被,分离或连合成管状。蝶形花,最为多见,花两侧对称,花瓣覆瓦状排列,上方的 1 枚在最外侧,称为旗瓣,两侧各 1 枚翼瓣,下方龙骨瓣由 2 枚花瓣合生形成,在最内侧;花萼通常合生成管状,顶部分离成 5 个萼齿;雄蕊通常 10 枚,全部离生,或为 9 枚花丝合生 1 枚分离的二体雄蕊,或为 5 枚花丝合生、另外 5 枚花丝也合生的二体雄蕊,或为 10 枚花丝都合生的单体雄蕊。

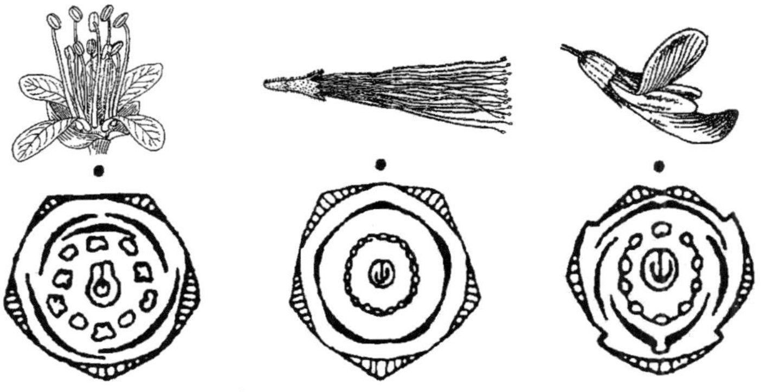

图 12-7-15　豆科 3 种花类型及其花图式

过去的分类系统中,常依据这 3 种花类型,将豆科分为云实亚科(Caesalpinioideae)、含羞草亚科(Mimosoideae)和蝶形花亚科(Papilionoideae),分别对应具有假蝶形花、辐射对称花和蝶形花的种,甚至有将这 3 个亚科独立为 3 个科的观点。然而,分子系统发育分析表明,蝶形花亚科、含羞草亚科各自均是单系类群,它们嵌套于云实亚科的不同类群之中,即云实亚科不是单系的,根据类群划分的单系性原则,云实亚科不能成立。因此,有观点认为豆科可划分为 6 个亚科,即紫荆亚科(Cercidoideae)、甘豆亚科(Detarioideae)、山姜豆亚科(Duparquetioideae)、酸榄豆亚科(Dialioideae)、云实亚科(Caesalpinioideae)和蝶形花亚科(Papilionoideae),每个亚科都是单系的,其中新的云实亚科的范围与传统的很不同,含羞草亚科降为新的云实亚科的一个族,而蝶形花亚科的范围没有变化。

2. 识别要点　叶常为羽状或三出复叶,多有托叶与叶枕。多总状花序,花冠多为蝶形、假蝶形或辐射对称;雄蕊为二体、单体或分离;单雌蕊,边缘胎座。荚果。种子无胚乳。

3.代表植物【二维码 12-50】

12-50

(1)紫荆属(*Cercis* L.) 落叶灌木或乔木;单叶全缘;总状花序或花簇生,花生于老茎上;假蝶形花;荚果扁平。全属有11种,中国有5种。紫荆(*C. chinensis* Bunge)(图 12-7-16),灌木,叶心形,花簇生于老茎上,花紫红色,早春开放,各地栽培供观赏。

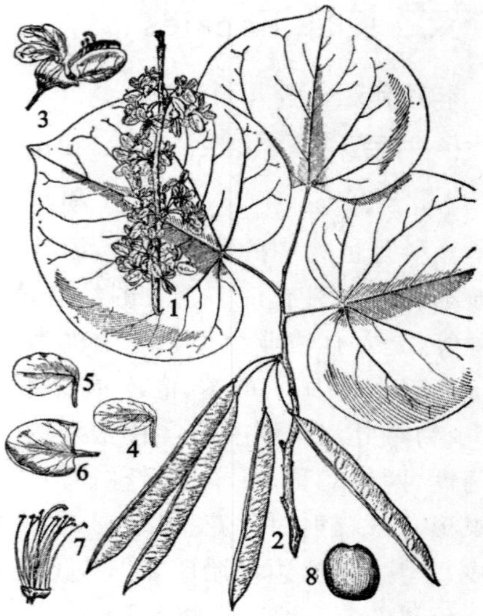

1.花枝;2.果枝;3.花;4.上部花瓣;5.中部花瓣;6.下部花瓣;7.雄蕊和雌蕊;8.种子。

图 12-7-16 紫荆(引自《秦岭植物志》)

(2)皂荚属(*Gleditsia* L.) 落叶乔木,常具分枝的枝刺;一至二回羽状复叶,托叶早落;花杂性或单性异株,总状或穗状花序;假蝶形花,萼片与花瓣3～5枚;雄蕊6～10枚;荚果扁平。全属16种;中国有6种。皂荚(*G. sinensis* Lam.),一回羽状复叶,荚果近直,为优良用材树种,栽培广泛,荚果代肥皂用,为天然洗涤剂。

(3)含羞草属(*Mimosa* L.) 草本、灌木、乔木或藤本,有刺;二回羽状复叶,受触碰后叶闭合下垂;辐射对称花,组成头状或穗状花序,淡紫红色;荚果分节,边缘有刺。全属约有500种,主要分布于美洲热带地区;中国栽培或归化3种。含羞草(*M. pudica* L.),草本,二回羽状复叶;原产于美洲热带地区,通常盆栽供观赏,在热带地区已归化为杂草。

(4)合欢属(*Albizia* Durazz.) 乔木或灌木,通常无刺,稀有刺;二回羽状复叶;辐射对称花,组成头状花序、聚伞花序或穗状花序,再排成腋生或顶生的圆锥花序;花冠下部合生;雄蕊多数,花丝基部合生,长为花冠的数倍;荚果扁平,带状。全属有120～140种,广布于热带与亚热带地区;中国有16种。合欢(*A. julibrissin* Durazz.)(图 12-7-17),落叶乔木;小叶10～30对,线形至长圆形,长6～12 mm,宽1～4 mm,偏斜;花丝淡红色;各地栽培,观赏及作行道树。山槐[*A. kalkora* (Roxb.) Prain],落叶小乔木或灌木;小叶5～14对,长圆形或长圆状卵形,长1.8～4.5 cm,宽7～20 mm,偏斜;花丝黄色、白色或淡红色;亦栽培供观赏。

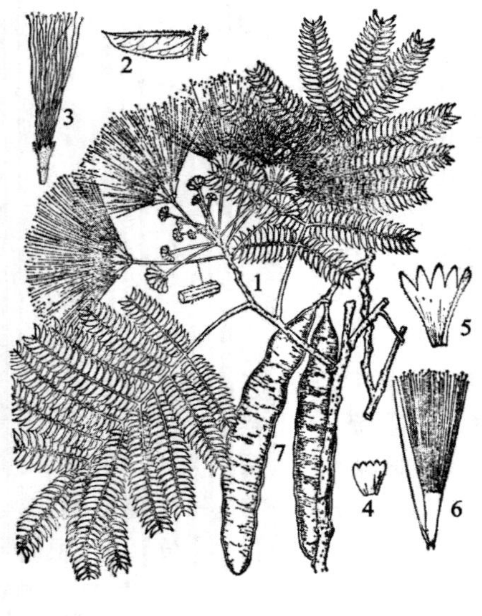

1.枝叶和花序;2.小叶;3.花;4.花萼展开;5.花冠展开;6.雄蕊群和雌蕊;7.荚果。

图 12-7-17 合欢(引自《中国高等植物图鉴》)

(5)落花生属(*Arachis* L.) 一年生草本;偶数羽状复叶,具小叶2～3对;托叶大;花单生或数朵簇生于叶腋内,无柄;蝶形花,花瓣黄色,单体雄蕊;胚珠受精后子房柄逐渐延长,将尚未膨大的子房插入土中,并于地下发育成熟。荚果长椭圆形,有突起的网脉,不开裂,通常于种子之间缢缩,有种子1～5颗。全属约有22种,原产于热带美洲;中国栽培1种,即落花生(*A. hypogaea* L.),通称花生,约于明代传入中国,各地广泛栽培,喜砂质土壤,是重要的干果和油料作物。

(6)豇豆属(*Vigna* Savi) 茎缠绕或直立草本,稀为亚灌木;羽状复叶具3小叶;总状花序或1至多花簇生于叶腋;蝶形花;花萼5裂,2唇形;龙骨瓣无喙或有旋转不足一圈的喙;“9+1”式二体雄蕊;荚果线形或长圆柱形,具多数种子。全属约有100种,主要分布于热带、亚热带地区;中国有14种。豇豆[*V. unguiculata* (L.) Walp.],荚果线形,稍肉质,无毛;广泛栽培,品种很多,嫩荚作蔬菜,老熟种子食用。绿豆[*V. radiata* (L.) Wilczek],荚果被毛;种子淡绿色或黄褐色,短圆柱形,长2.5～

4.0 mm，宽 2.5～3.0 mm，种脐不凹陷；广泛栽培，种子可食用、提取淀粉、生豆芽等。赤豆[*V. angularis* (Willd.) Ohwi & H. Ohashi]，荚果无毛；种子通常暗红色，长圆形，长 5～6 mm，宽 4～5 mm，种脐不凹陷；广泛栽培，种子供食用。赤小豆[*V. umbellata* (Thunb.) Ohwi & H. Ohashi]，荚果无毛；种子长椭圆形，通常暗红色，有时为褐色、黑色或草黄色，直径 3.0～3.5 mm，种脐凹陷；广泛栽培，种子供食用。

(7)菜豆属(*Phaseolus* L.)　缠绕或直立草本。羽状复叶具 3 小叶。总状花序腋生；蝶形花；花萼 5 裂，二唇形；龙骨瓣顶端喙状，旋转 1～5 圈；雄蕊二体；荚果线形或长圆形，压扁或圆柱形；种子 2 至多颗。全属约有 50 种，原产于热带美洲；中国栽培 3 种。菜豆(*P. vulgaris* L.)，又称四季豆；花序比叶短，荚果肉质，带形，稍弯曲，顶端不变宽；广泛栽培，品种很多，嫩荚为常见蔬菜，但生食有毒，需充分加热熟透食用。

(8)大豆属(*Glycine* Willd.)　一年生或多年生草本；茎缠绕、匍匐或直立；羽状复叶通常具 3 小叶，罕为 5～7 小叶；蝶形花；雄蕊 10 枚，单体或"9＋1"式二体雄蕊；荚果线形或长椭圆形，扁平或稍膨胀。全属约 9 种，分布于东半球；中国有 6 种。大豆[*G. max* (L.) Merr.]，一年生直立草本；荚果密被长硬毛，成熟时不开裂或开裂迟缓；中国古代驯化作物，古代称菽，现世界各地广泛栽培；种子富含蛋白质和油脂，可制作豆腐、豆浆、豆芽等各种豆制品，可榨油食用，榨油后的豆粕为重要的饲料；嫩荚食用时通称毛豆，种皮有黄色、黑色、绿色等，通称黄豆、黑豆、青豆。野大豆(*G. soja* Siebold & Zucc.)，一年生缠绕草本；荚果密被长硬毛，成熟时果皮旋转开裂；中国南北方广布；大豆由野大豆驯化而来，因而野大豆是大豆遗传育种的重要材料，被列为国家二级重点保护野生植物。

(9)甘草属(*Glycyrrhiza* L.)　多年生草本或半灌木；根和根状茎发达；奇数羽状复叶；总状花序生于叶腋；蝶形花；二体雄蕊；荚果直或弯曲，膨胀或不膨胀，光滑或有刺。全属约有 20 种；中国有 8 种。甘草(*G. uralensis* Fisch.)(图 12-7-18)，根及根状茎粗壮，味甜；茎叶被腺点和绒毛；小叶 5～17 枚；荚果弯曲呈镰形或环形，表面密集被刺状腺毛；北方广布，野生或栽培，根是重要的药材。光果甘草(*G. glabra* L.)、胀果甘草(*G. inflata* Batalin)的根均作药用。

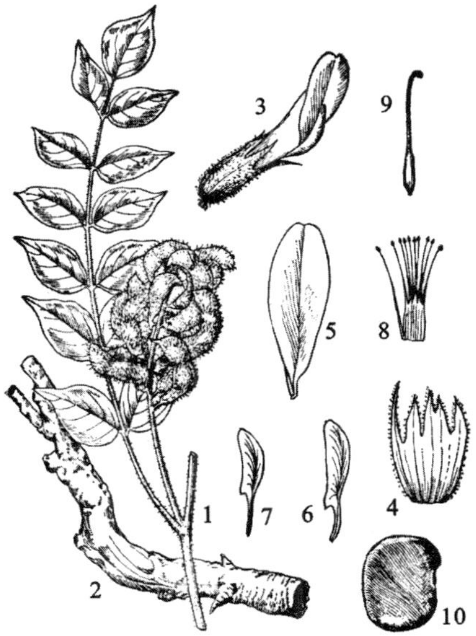

1. 枝叶和果序；2. 根；3. 花；4. 花萼展开；5. 旗瓣；6. 翼瓣；7. 龙骨瓣；8. 二体雄蕊；9. 雌蕊；10. 种子。

图 12-7-18　甘草(引自《秦岭植物志》)

(10)锦鸡儿属(*Caragana* Fabr.)　落叶灌木或小乔木；叶互生或簇生，偶数羽状复叶，或因叶轴缩短而成假掌状复叶，托叶、叶轴有时硬化成刺并宿存；花单生或簇生于短枝上，花梗具关节，花瓣黄色；荚果圆筒形或稍扁。全属约有 100 种，主产于欧亚干旱与半干旱地区；中国有 66 种。树锦鸡儿(*C. arborescens* Lam.)，灌木或小乔木；羽状复叶，小叶 4～8 对，叶轴不硬化，脱落；分布于北方各省，观赏或作绿化用。拧条锦鸡儿(*C. korshinskii* Kom.)，羽状复叶有 6～8 对小叶，叶轴脱落；分布于华北至西北地区，耐旱，优良固沙和水土保持植物，叶可饲用。

(11)黄芪属(*Astragalus* L.)　多年生草本，稀一年生草本或小灌木；奇数羽状复叶；总状花序、头状花序或伞形花序等各式；蝶形花；雄蕊"9＋1"式二体雄蕊，稀单体；龙骨瓣顶端钝；荚果背缝线向内延伸成浅或深的隔膜，果沿背缝线开裂。全属约有 3 000种，是植物中最大的属之一，世界性分布，但欧亚大陆温带种类多；中国约有 400 种，主产于北部与西部地区。黄芪[*A. membranaceus* (Fisch.) Bunge]，多年生直立草本；主根肥厚，木质；总状花序，花黄色；荚果膨胀；分布于北方，也常见栽培，根为重要药材。紫云英(*A. sinicus* L.)，一年生或多年生草本；茎匍匐生长；伞形花序，花通常紫红色；荚果线形，弯曲；产于我国南方各省，也常见栽培，可饲用或作绿肥。

(12)棘豆属(*Oxytropis* DC.)　与黄芪属易混淆，但棘豆属的龙骨瓣先端具小尖头，荚果腹缝线向内延伸成隔膜，果沿腹缝线开裂。全属约 310 种；中国有 133 种，主产于北部与西部地区。猫头刺(*O. aciphylla* Ledeb.)，又称刺叶柄棘豆，低矮垫状灌木，偶数羽状复叶，叶轴硬化宿存，顶端刺状；花紫红色；分布于西北荒漠中，耐旱性强，牲畜取食其嫩叶。黄花棘豆(*O. ochrocephala* Bunge)，多年生草本；奇数羽状复叶，无刺；密集的总状花序，花黄色；含苦马豆素，有毒，牲畜误食会引起中毒，严重的会导致死亡，是西北地区草场的毒草之一，危害较大，是草场退化的标志。

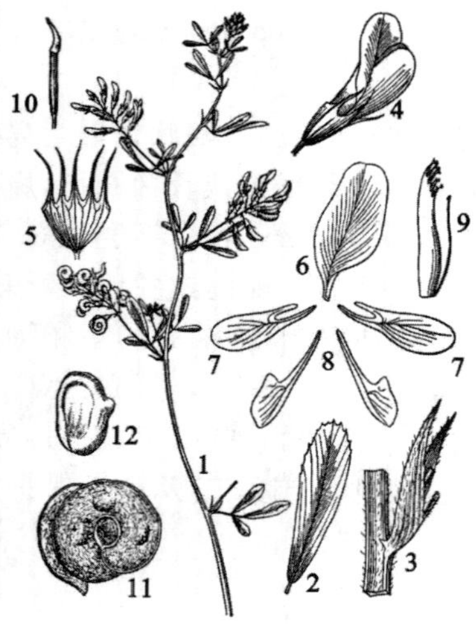

1. 植株上部；2. 小叶；3. 托叶；4. 花；5. 花萼展开；6. 旗瓣；7. 翼瓣；8. 龙骨瓣；9. 二体雄蕊；10. 雌蕊；11. 荚果；12. 种子。

图 12-7-19　苜蓿(引自《秦岭植物志》)

(13)苜蓿属(*Medicago* L.)　草本稀灌木；三出羽状复叶，小叶上端有细锯齿；总状花序常短缩；蝶形花；雄蕊二体；荚果螺旋状或环状弯曲，常不开裂。全属 85 种；中国有 15 种。苜蓿(*M. sativa* L.)(图 12-7-19)，又称紫苜蓿；多年生草本；总状花序花密集；蝶形花；花紫色、蓝色或淡黄色；荚果螺旋状，被柔毛；原产于亚洲西南部和北部，世界各地栽培；中国广泛栽培或呈野生状态，是重要的饲草；嫩茎叶作蔬菜食用。

(14)野豌豆属(*Vicia* L.)　一年生、二年生或多年生草本；偶数羽状复叶，叶轴先端具卷须或短尖头，稀无卷须；总状花序或数花簇生于叶腋；蝶形花；“9＋1”式二体雄蕊；花柱圆柱形，在其上部周围被毛，或压扁，于顶端远轴面具一束髯毛。全属约有 160 种；中国有 40 种。蚕豆(*V. faba* L.)，一年生草本；茎直立；叶无卷须；2～6 花簇生于叶腋；花冠白色，具紫色脉纹及黑色斑晕；荚果肥厚，近圆柱形；各地广泛栽培，种子食用。广布野豌豆(*V. cracca* L.)，多年生草本；茎攀缘；叶轴顶端具分叉的卷须；总状花序生于叶腋，多花；花冠紫红色；荚果扁平；广布全国，为水土保持绿肥植物，嫩时牲畜喜食，又为早春蜜源植物。

(15)豌豆属(*Pisum* L.)　一年生或多年生草本；偶数羽状复叶，叶轴先端具分叉的卷须；花单生或数朵排成总状花序腋生；蝶形花；“9＋1”式二体雄蕊；花柱压扁，内侧面有纵列的髯毛。全属 2～3 种，原产于地中海地区；世界各地广泛栽培，中国栽培 1 种，即豌豆(*P. sativum* L.)，品种很多，嫩苗、嫩茎叶、嫩荚作蔬菜食用，种子为杂粮，可磨粉食用或提取淀粉、酿酒。

豆科有重要经济价值的属种还有很多：扁豆[*Lablab purpureus* (L.) Sweet]，俗称眉豆，嫩荚为蔬菜，种子食用；兵豆[*Vicia lens* (L.) Coss & Germ.]，俗称扁豆，种子食用；鹰嘴豆(*Cicer arietinum* L.)，种子食用；红花羊蹄甲(*Bauhinia* × *blakeana* Dunn)，又称洋紫荆，是美丽的行道树和观花植物，源于中国香港的杂交种，是香港特区的象征；紫藤[*Wisteria sinensis* (Sims) Sweet]、多花紫藤[*W. floribunda* (Willd.) DC.]，是优秀的藤蔓观赏植物；槐[*Styphnolobium japonicum* (L.) Schott]，又称国槐，原产于中国，各地广栽，是优良的绿化树种，花蕾、荚果药用；刺槐(*Robinia pseudoacacia* L.)，又称洋槐，原产于美洲，世界各地栽培，在中国北方为水土保持树种，又供绿化和观赏，是优秀的蜜源植物，花蕾可食用；紫穗槐(*Amorpha fruticosa* L.)，原产于美洲，各地栽培，适应性强，是优良绿肥与水土保持植物；紫檀(*Pterocarpus indicus* Willd.)、黄檀(*Dalbergia hupeana* Hance)、降香(*D. odorifera* T. C. Chen)、苏木[*Biancaea sappan* (L.) Tod.]、格木[*Erythrophleum fordii* Oliv.]、铁刀木[*Senna siamea* (Lam.) H. S. Irwin & Barneby]、台湾相思(*Acacia confusa* Merr.)等为优质木材树种；车轴草属(*Trifolium* L.)、草木樨属(*Melilotus* Mill.)、驴食豆属(*Onobrychis* Mill.)、山黧豆属(*Lathyrus* L.)、百脉根属(*Lotus* L.)、岩黄芪属(*Hedysarum*

L.)等的一些种为营养丰富的牧草。

(二)远志科 Polygalaceae

$\uparrow$ ⚥ $K_5\ C_{3,5}\ A_{8,7,5,4}\ \underline{G}_{(2:2:1)}$

本科有 21 属约 950 种，世界性分布；中国有 5 属 53 种。

1. 形态特征　草本、灌木或乔木，稀为寄生小草本。单叶，互生、对生或轮生，具柄或无柄，全缘，稀退化为鳞片状。花两性，两侧对称；总状花序、圆锥花序或穗状花序，腋生或顶生；萼片 5 枚，外面 3 枚小，里面 2 枚大，常呈花瓣状，或 5 枚几相等；花瓣 5 枚，常 3 枚发育，稀全部发育，中间 1 枚常呈龙骨瓣状，顶端具流苏状附属物；雄蕊 8 枚，或 7 枚、5 枚、4 枚，花丝合生或分离；子房上位，通常 2 室，每室 1 枚胚珠，稀 1 室胚珠多数。蒴果，或为翅果、坚果，开裂或不开裂。

2. 识别要点　单叶，全缘。花两性，两侧对称。萼片 5 枚；花瓣 3 枚或 5 枚，种间 1 枚常呈龙骨瓣状，顶端具附属物。蒴果，或为翅果、坚果。

3. 代表植物【二维码 12-51】

12-51

远志属(*Polygala* L.)　草本、灌木或小乔木。总状花序顶生、腋生或腋外生；萼片 5 枚，里面 2 枚大，常呈花瓣状；花瓣 3 枚，侧瓣与龙骨瓣常于中部以下合生，龙骨瓣顶端具鸡冠状附属物；雄蕊 8 枚，花丝连合成一开放的鞘，并与花瓣贴生；子房 2 室，两侧扁，每室具 1 枚胚珠。蒴果，两侧压扁，具翅或无，有种子 2 枚。种子被短柔毛或无毛。全属约有 500 种，世界性分布；中国有 44 种，南方种类较多。远志(*P. tenuifolia* Willd.)(图 12-7-20)，多年生草本；主根粗壮；茎多数丛生；单叶互生，线形至线状披针形；总状花序生于小枝顶端；萼片 5 枚，宿存，外面 3 枚线状披针形，里面 2 枚花瓣状；花瓣 3 枚，紫色；蒴果圆形，顶端微凹，具狭翅；种子卵形，密被白色柔毛。分布于东北、华北、西北等地区，根皮药用。

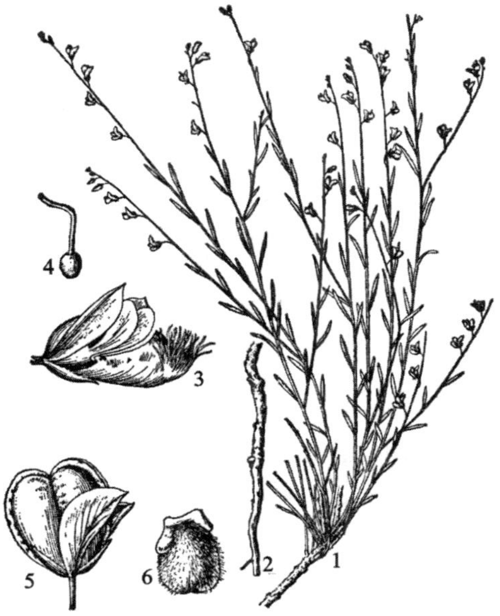

1. 植株；2. 根；3. 花；4. 雌蕊；5. 果和宿存花萼；6. 种子。

图 12-7-20　远志(引自《秦岭植物志》)

七、蔷薇目 Rosales

本目有蔷薇科等 9 科。

(一)蔷薇科 Rosaceae

$*$ ⚥ $K_{(5)}\ C_{5,0}\ A_{5-\infty}\ \underline{G}_{\infty:\infty:1-\infty,\ 1:1:1}$，$\overline{G}_{(2-5:2-5:1-2)}$

本科有 95～125 属 2 825～3 500 种，世界性分布，主产于北温带；中国有 55 属约 950 种，全国各地均有。许多蔷薇科植物具有重要的经济价值，作水果、干果、果汁、果酱、果酒、蜜饯等的果树种类繁多，观赏花卉、绿化乔灌木种类丰富，一些为药用植物及农田杂草。

1. 形态特征　草本、灌木或乔木。单叶或复叶，互生稀对生，多具托叶。花两性，稀单性，辐射对称，单生或为伞房、圆锥和总状花序；花托突起、平坦或凹陷，花被与雄蕊常在下半部分愈合成一碟状、钟状、杯状、坛状的被丝托(或称托杯、萼筒)，花被和雄蕊均着生于被丝托的边缘，周位花或上位花；花萼 5 裂或 4 裂，有时有副萼；花瓣 5 枚，稀缺；离生雄蕊 5 枚至多数；子房上位或下位，心皮 1 枚至多数，离生或合生，花柱分离或合生，每心皮有 1 枚至数枚胚珠。核果、梨果或为聚合瘦果、小核果、蓇葖果。种子常无胚乳。

本科常根据被丝托形状、雌蕊类型、心皮数目、子房位置、果实类型等特征分为绣线菊亚科(Spiraeoideae)、蔷薇亚科(Rosoideae)、苹果亚科(Maloideae)、李亚科(Prunoideae)(图 12-7-21)。分子系统发育结果表明，苹果亚科为单系，其他 3 个亚科各自都不是单系的；然而蔷薇科新的亚科划分方案尚不完善，有待进一步研究。本教材介绍蔷薇科代表性属，暂不分亚科。

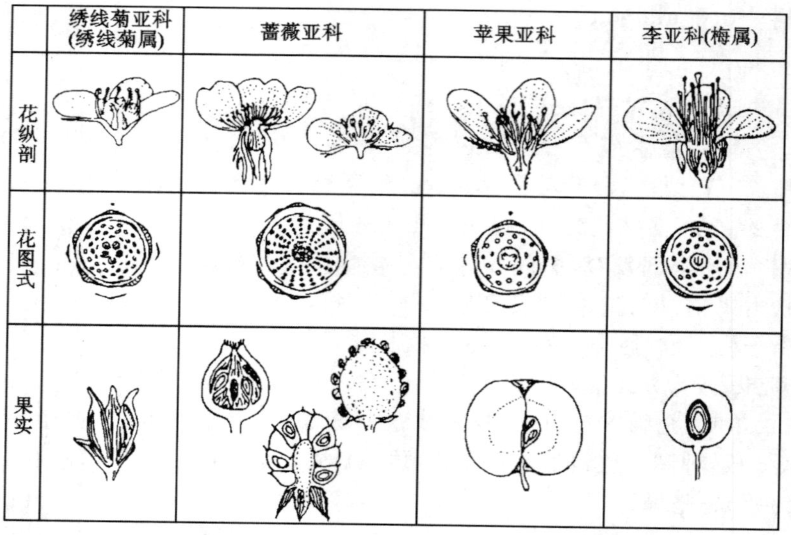

图 12-7-21　蔷薇科 4 个亚科比较

12-52

2. 识别要点　叶互生，常有托叶。花两性，整齐，花托突起至凹陷，花被与雄蕊常在下部结合成被丝托；花部 5 基数，轮状排列。种子常无胚乳。

3. 代表植物【二维码 12-52】

(1) 绣线菊属(*Spiraea* L.)　落叶灌木；单叶互生，无托叶，叶常分裂或有锯齿；伞房、伞形或圆锥花序；花 5 数；雄蕊多数，着生于花盘和萼片之间；心皮 5 枚，稀为3～8 枚，离生；聚合蓇葖果。全属约 100 种；中国有 70 种。麻叶绣线菊(*S. cantoniensis* Lour.)(图 12-7-22)，叶片菱状披针形至菱状长圆形，有缺刻状锯齿；伞形花序具多花；花白色；花盘分裂；分布于华北、华东、华南等地区，也常栽培作绿篱并观赏其花。

(2) 珍珠梅属[*Sorbaria* (Ser.) A. Braun]　落叶灌木；奇数羽状复叶，具托叶，小叶有锯齿；顶生圆锥花序；花被 5 数，花瓣白色；雄蕊多数；心皮常 5 枚，仅基部合生；聚合蓇葖果。全属约 9 种，中国有 3 种。华北珍珠梅[*S. kirilowii* (Regel & Tiling) Maxim.]，圆锥花序密集多花，雄蕊约 20 枚，短于或等长于花瓣；产于华北地区及黄河流域，亦栽培供观赏。

1. 花枝；2. 花解剖。

图 12-7-22　麻叶绣线菊(引自 Lindley)

(3) 蔷薇属(*Rosa* L.)　灌木或藤本，常具皮刺或刺毛；羽状复叶，托叶贴生于叶柄；花单生或为伞房花序、圆锥花序；被丝托凹陷，坛状，常肉质；花 5 数，栽培品种常重瓣；雄蕊多数；心皮多数离生，每心皮具 1 枚胚珠，花柱伸长，离生或合生；聚合瘦果集于肉质被丝托内(亦称蔷薇果)。全属约 200 种；中国有 95 种。木香花(*R. banksiae* Aiton)(图 12-7-23)，攀缘藤本；托叶早落；小叶 3～5 枚，稀 7 枚；伞形花序；花瓣 5 枚或为重瓣，白色或黄色；常栽培为棚架观赏植物，花浓密芳香；可作嫁接月季属其他观赏植物的砧木。月季花(*R. chinensis* Jacq.)，落叶灌木；茎上有稀疏皮刺；小叶 3～5 枚，稀 7 枚，两面无毛；花重瓣或单瓣，红色、粉红色、紫色、白色，由春至秋多次开花；原产于中国，著名花卉，久经栽培，品种甚多，是现代杂交月季的重要亲本，赋予现代品种多次开花的能力。玫瑰(*R. rugosa* Thunb.)，落叶灌木；茎上有密集绒毛和针刺；小叶 5～9 枚，表面有皱纹，背面密被绒毛和腺毛；花单瓣或重瓣，紫红色或白色；原产于中国，各地栽培，花用于提取精油，花瓣制玫瑰酱食用。

(4)悬钩子属(*Rubus* L.) 灌木或半灌木，稀为草本，常具皮刺；复叶，稀单叶；花5数；雄蕊多数；花托突起，着生多数离生心皮，每心皮内有2枚胚珠；聚合小核果。全属约700种，主产于北温带；中国有208种。本属植物通常果可鲜食或制果酱、果汁、酿酒，如喜阴悬钩子(*R. mesogaeus* Focke ex Diels)、覆盆子(*R. idaeus* L.)等。

(5)委陵菜属(*Potentilla* L.) 多年生草本，稀一年生或二年生草本；掌状或羽状复叶；花两性，单生或伞房状聚伞花序；副萼片5枚，与萼裂片互生，宿存；花瓣5枚，黄色，稀白色；雄蕊多数；花托突起；心皮多数离生，每心皮具1枚胚珠；聚合瘦果。全属约500种，主产于北温带、寒带及高山地区；中国有86种，南北均产。本属植物多生于山区，部分种类是农田杂草，可药用，有一些可食用，常见的有：委陵菜(*P. chinensis* Ser.)、多裂委陵菜(*P. multifida* L.)、朝天委陵菜(*P. supina* L.)等。

1. 枝叶和花序；2. 雄蕊；3. 心皮；4. 花托纵切面；5. 重瓣花。

图 12-7-23 木香花(引自 Hooker; Sims)

(6)草莓属(*Fragaria* L.) 多年生草本，通常具纤匍枝；叶为三出或羽状五小叶；托叶基部与叶柄合生；花两性或单性、杂性异株，数朵成聚伞花序，稀单生；被丝托倒卵圆锥形或陀螺形；花萼裂片5枚，镊合状排列，宿存；副萼片5枚，与萼片互生；花瓣5枚，通常白色；雄蕊多数；心皮多数，离生，着生在凸出的花托上，每心皮有1枚胚珠；聚合瘦果。全属约有20种；中国有9种。草莓[*F.* × *ananassa* (Weston) Duchesne ex Rozier]，三出复叶，花托在花后增大，肉质，红色，聚合瘦果多数；原产于南美的杂交种，世界各地广泛栽培，为常见水果，生食或制果酱等。五叶草莓(*F. pentaphylla* Losinsk.)，羽状复叶，具5枚小叶，最下面一对小叶较小，肉质花托白色、粉红色或红色；分布于陕西、甘肃、四川等地，果可食用，味香甜。

1. 花枝；2. 果枝；3. 花纵切面；4. 果横切面；5. 果纵切面；6. 雄蕊。

图 12-7-24 山荆子(引自《中国高等植物图鉴》)

(7)苹果属(*Malus* Mill.) 落叶灌木或乔木；单叶互生，叶缘具锯齿；伞房花序；花萼裂片5枚；花瓣5枚，白色或红色；雄蕊多数，花药黄色；3～5枚心皮合生，与被丝托合生，子房下位，花柱基部合生；梨果，果实多无石细胞。全属有55种，北温带广布；中国有25种。苹果(*M. pumila* Mill.)，杂交起源的栽培种，温带各地常见栽培，品种很多，中国主产于北方，鲜食或加工果品及酿酒等。新疆野苹果[*M. sieversii* (Ledeb.) M. Roem.]，分布于新疆和中亚地区，是栽培苹果的野生亲本之一，国家二级重点保护野生植物。山荆子[*M. baccata* (L.) Borkh.](图 12-7-24)、楸子[*M. prunifolia* (Willd.) Borkh.]等常作苹果的砧木。花红(*M. asiatica* Nakai)，在中国自古鲜食或加工果干、果丹皮，可酿酒。垂丝海棠(*M. halliana* Koehne)、海棠花[*M. spectabilis* (Aiton) Borkh.]、西府海棠(*M.* × *micromalus* Makino)等开花美丽，又可观果，常栽培供绿化和观赏。

(8)梨属(*Pyrus* L.)　与苹果属的主要区别是花药常红色；花柱分离；梨果中常有较多石细胞。全属约 25 种；中国有 14 种，南北均产。白梨(*P. bretschneideri* Rehder)、沙梨[*P. pyrifolia* (Burm. f.) Nakai]、秋子梨(*P. ussuriensis* Maxim.)、西洋梨(*P. communis* L.)等均广泛栽培，品种极多，果供鲜食或加工果品、果汁、酿酒等。杜梨(*P. betulaefolia* Bunge)、豆梨(*P. calleryana* Decne.)等的果不堪食，常作栽培梨的砧木。

(9)山楂属(*Crataegus* L.)　灌木或小乔木，常具枝刺；单叶常分裂；伞房花序；心皮 1～5 枚与花托合生，子房下位；梨果，成熟时心皮骨质。全属有 1 000 种以上，北温带广布，主产分布于北美洲；中国有 18 种。山楂(*C. pinnatifida* Bunge)，叶片宽卵形或菱状卵形，3～5 羽状深裂，果皮深红色，具浅色斑点；北方常见栽培，果鲜食或加工果酱、果丹皮、山楂片等，也可药用或观赏。

(10)桃属(*Amygdalus* L.)　落叶乔木或灌木；枝无刺或有刺；腋芽常 3 个或 2～3 个并生，两侧为花芽，中间是叶芽；花单生，稀 2 朵生于 1 芽内，几无梗或具短梗，稀有较长梗；雄蕊多数；雌蕊 1 枚，子房上位，1 室，具 2 枚胚珠；核果，外果皮被毛，极稀无毛，成熟时果肉多汁不开裂，或干燥开裂，腹部有明显的缝合线；果核(内果皮)表面具深浅不同的纵、横沟纹和孔穴，极稀平滑。全属约 40 种；中国有 11 种。桃(*A. persica* L.)，原产于中国，广泛栽培，品种极多，果鲜食或加工各种果品，也栽培供绿化和观花，种子药用。山桃[*A. davidiana* (Carrière) Franch.]，耐寒，是栽培桃的砧木，花可观赏，果核穿串把玩。扁桃(*A. communis* L.)，又称巴旦木，种子食用，为著名干果。榆叶梅[*A. triloba* (Lindl.) Ricker]，早春开花，北方广栽供观赏。

(11)杏属(*Armeniaca* Mill.)　与桃属的主要区别是果核两侧扁平，表面光滑、粗糙或呈网状，罕具蜂窝状孔穴，具锐利边棱。全属有 11 种；中国有 10 种。杏(*A. vulgaris* Lam.)，原产于中国及中亚，各地广栽，品种很多，果鲜食或加工各种果品，种子食用、药用或榨油。山杏[*A. Sibirica* (L.) Lam.]，抗寒耐旱，可作栽培杏的砧木，花供观赏，种子药用或榨油。梅(*A. mume* Siebold)，原产于中国，久经栽培，品种甚多，花供观赏，为中国传统名花，果食用并药用。

(12)李属(*Prunus* L.)　与杏属的主要区别是花单生或 2～3 朵簇生，具短梗；外果皮无毛，被蜡粉，果核平滑少有皱纹。全属约 30 种；中国有 7 种。李(*P. salicina* Lindl.)，中国自古栽培的果树，品种很多。紫叶李(*P. cerasifera* Ehrh. 'Atropurpurea')，早春开花，叶紫红色，常见栽培供绿化和观赏。

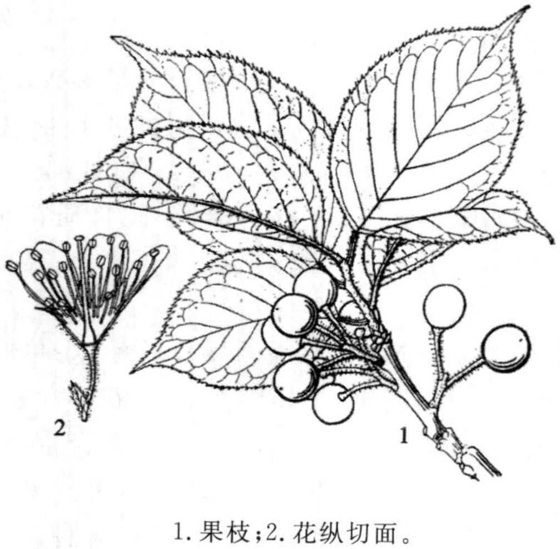

1. 果枝；2. 花纵切面。
图 12-7-25　樱桃(引自《中国高等植物图鉴》)

(13)樱属(*Cerasus* Mill.)　与杏属、李属的主要区别是花单生、簇生或形成伞形花序或总状花序；花梗明显；果较小，外果皮光滑，无毛或有毛，无蜡粉，果核平滑或有皱纹。全属约 150 种；中国有 43 种。樱桃[*C. pseudocerasus* (Lindl.) G. Don](图 12-7-25)，中国栽培历史悠久，果肉较软，味道酸甜，为春季水果。欧洲甜樱桃[*C. avium* (L.) Moench]，原产于欧洲，世界各地栽培，果较樱桃大，果肉稍硬，较耐贮存，品种很多，常统称为"车厘子"。毛樱桃[*C. tomentosa* (Thunb.) Masam. & S. Suzuki]，灌木，果有毛，可食用，常栽培供绿化和观赏。此外，麦李[*C. glandulosa* (Thunb.) Loisel.]、郁李[*C. japonica* (Thunb.) Loisel.]、山樱花[*C. serrulata* (Lindl.) London]、东京樱花[*C. yedoensis* (Matsum.) Masam. & S. Suzuki]等，是美丽的观花树种，栽培广泛。

蔷薇科的经济植物还有很多：枇杷[*Eriobotrya japonica* (Thunb.) Lindl.]的果食用，叶药用，并栽培供绿化和观赏；榅桲(*Cydonia oblonga* Mill.)在新疆栽培较多，果食用并药用，可作苹果和梨的砧木；地榆（*Sanguisorba officinalis* L.）、龙芽草（*Agrimonia pilosa* Ledeb.）药用；棣棠花[*Kerria japonica*（L.）DC.]、木瓜[*Chaenomeles sinensis*（Thouin）Koehne]、贴梗海棠[*C. speciosa*（Sweet）Nakai]、石楠（*Photinia serrulata* Lindl.）、火棘[*Pyracantha fortuneana*（Maxim.）H. L. Li]、鸡麻[*Rhodotypos scandens*（Thunb.）Makino]为常见的绿化观赏乔灌木。此外，蛇莓[*Duchesnea indica*（Andrews）Focke]为常见杂草。

（二）胡颓子科 Elaeagnaceae

* ⚥，♂ ♀ $K_{(4),(2)}$ C_0 A_{4-8} $\underline{G}_{1:1:1}$

本科有 3 属约 90 种，主要分布于北温带与亚热带；中国有 2 属约 74 种。

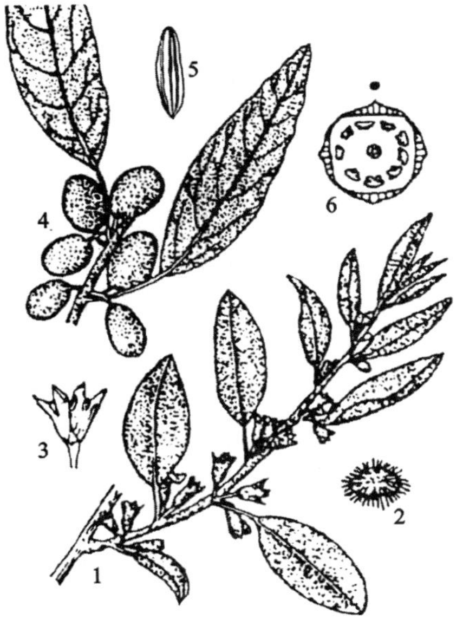

1. 花枝；2. 鳞片；3. 花；4. 果枝；5. 果实；6. 花图式。

图 12-7-26 沙枣

1. 形态特征 常绿或落叶直立灌木或攀缘藤本，稀乔木，有刺或无刺。植株被银白色或黄褐色的盾形鳞片或星状毛。单叶互生，稀对生或轮生，全缘，无托叶。花两性或单性、稀杂性，多雌雄异株，花单生、簇生或为总状花序；花萼常合生成筒，顶端 4 裂，稀 2 裂，在子房上方收缩，花蕾时镊合状排列；无花瓣；雄蕊与裂片同数或为其倍数，花丝分离；子房上位，1 枚心皮，1 室，1 枚胚珠，基底胎座。果实为坚果或瘦果，为增厚的肉质萼筒所包围，核果状。种子无或几无胚乳。

2. 识别要点 木本，被银白色或黄褐色的盾形鳞片或星状毛。单叶互生，全缘。花萼常连合成筒，4 裂或 2 裂；无花瓣；单雌蕊，子房 1 室 1 胚珠。肉质萼筒包被坚果或瘦果成核果状。

3. 代表植物【二维码 12-53】

12-53

（1）胡颓子属（*Elaeagnus* L.） 常绿或落叶灌木或乔木，被银白色或淡褐色鳞片或星状绒毛，常具枝刺；花两性或杂性同株，单生或簇生于叶腋；花萼钟状或漏斗状，上部 4 裂；雄蕊 4 枚，与萼裂片互生；坚果为肉质花萼筒所包围，核果状。全属约 90 种，中国约 67 种。沙枣（*E. angustifolia* L.）（图 12-7-26），落叶乔木或小乔木，叶矩圆状披针形至线状披针形，被银白色鳞片，花 1～3 朵腋生，萼筒里面黄色，外面银白色，花盘顶端无毛，果肉粉质；产于华北与西北地区，栽培或野生；果可生食，或酿酒、酿醋、制果酱等，亦可药用；花芳香，为优良蜜源；抗逆性强，为北方荒漠地区重要造林树种。牛奶子（*E. umbellata* Thunb.），落叶灌木；叶椭圆形至卵状椭圆形或倒卵状披针形，幼时上面具白色星状毛或鳞片，下面密被银白色和褐色鳞片；花 1～7 朵腋生；果实近球形或卵圆形，成熟时红色，多汁；产于华北地区至江南等地，果实酸甜，可生食，或酿酒、制果酱；可作观赏植物，也为水土保持植物。

（2）沙棘属（*Hippophae* L.） 落叶灌木或小乔木，幼枝被银白色鳞片或星状毛，枝有刺；叶互生，有时对生或轮生；花单性，雌雄异株，雌株花序轴发育成小枝或棘刺；花单生、簇生或为短总状花序，花萼 2 裂；雄蕊 4 枚；坚果为肉质萼筒包围，核果状。全属有 7 种，分布于欧亚温带地区；中国有 7 种。中国沙棘（*H. rhamnoides* L. subsp. *sinensis* Rousi），灌木或小乔木，具顶生和腋生棘刺；叶近对生，狭披针形或矩圆状披针形，上面绿色，下面银白色；果实球形，直径 4～6 mm，橘黄色，多汁，味酸；产于华北至西北地区；果味酸甜，可生食，可制饮料、果酒及果酱等；种子可榨油；适应性强，是水土保持、防风固沙的优良树种。

(三)鼠李科 Rhamnaceae

* ⚥，♂ ♀ $K_{4-5}\ C_{4-5,0}\ A_{4-5}\ \underline{G}_{(2-4:2-4:1)}$

本科约有 50 属 900 种以上，分布于温带及热带；中国有 13 属 137 种，南北均有分布。

1. *形态特征* 乔木、灌木或攀缘藤本，常有枝刺或托叶刺。单叶互生或近对生，叶脉显著，常有托叶。花小，两性稀单性，辐射对称，多为腋生聚伞花序；花萼 4～5 裂；花瓣 4～5 枚或缺；雄蕊 4～5 枚；花盘肉质，发达；子房上位或一部分埋于花盘内，2～4 室，每室有 1 基生胚珠，花柱 2～4 裂。果为核果、蒴果或翅果。花粉 3 孔。

2. *识别要点* 木本，常有刺。单叶不分裂。花两性，4～5 基数，雄蕊与花瓣对生，有花盘，子房上位。核果、蒴果或翅果。

12-54

3. *代表植物*【二维码 12-54】

1. 枝叶；2. 果枝；3. 花；4. 雄花的花瓣；5. 果实横切面；6. 花图式。

图 12-7-27 枣

(1)枣属(*Ziziphus* Mill.) 落叶或常绿灌木或乔木；枝常具刺；叶全缘或有锯齿，具短柄，离基三出脉，托叶常刺状；花各部 5 基数，花盘不规则，子房常陷入花盘内，多 2 室；核果近球形或椭圆形。全属约 100 种，产于亚洲与美洲温带至热带；中国有 12 种。枣(*Z. jujuba* Mill. var. *jujuba*)(图 12-7-27)，落叶乔木，具 2 个托叶刺，花黄绿色，花盘大，核果较大，深红色，核两端尖；原产于中国，北方各地栽培，品种很多，果供食用，还是优质蜜源植物。酸枣[*Z. jujuba* var. *spinosa* (Bunge) Hu ex H. F. Chow]，多刺灌木，果近球形，较小，核先端钝，果味酸；产于黄河及长江流域各省；种仁药用，北方各地常作栽培枣的砧木；栽培的枣由酸枣驯化而来。

(2)枳椇属(*Hovenia* Thunb.) 落叶乔木，无托叶；腋生或顶生聚伞花序，花 5 基数，花盘被毛，子房下部埋于花盘中，3 室；核果球形，外果皮革质；果序分枝熟后膨大变肉质。全属有 3 种，分布亚洲温带地区；中国有 3 种，主产于黄河流域及以南省区。北枳椇(*H. dulcis* Thunb.)，又称拐枣，叶卵形，叶缘锯齿粗钝，果序梗肉质肥大，常呈"之"字形折曲；华北南部至长江流域普遍分布，果序梗肉质，味甜，可食用或酿酒。

本科常见植物还有：冻绿(*Rhamnus utilis* Decne.)，灌木或小乔木，小枝顶端针刺状，花单性，4 基数，核果球形，黑色；叶和果可提制染料。多花勾儿茶[*Berchemia floribunda* (Wall.) Brongn.]，攀缘灌木，栽培供观赏。雀梅藤[*Sageretia thea* (Osbeck) M. C. Johnst.]，攀缘灌木，常栽培作盆景。

(四)榆科 Ulmaceae

* ⚥，♂ ♀ $P_{4-8}\ A_{4-8}\ \underline{G}_{(2:1:1)}$

本科有 7 属约 60 种；中国有 3 属 29 种。

1. *形态特征* 乔木或灌木，常绿或落叶。单叶，常互生，基部偏斜或对称，羽状脉；托叶早落。花两性或单性，雌雄异株或同株；花被 1 轮，4～8 枚，离生或合生，宿存；雄蕊常与花被裂片同数而对生；雌蕊 2 枚心皮合生，子房上位，1 室，胚珠 1 枚，柱头常 2 裂。果常为翅果，稀为核果或带翅的坚果。

2. *识别要点* 木本。单叶，互生，基部偏斜或对称。花被 1 轮；雄蕊与花被同数而对生；2 枚心皮合生，子房上位，1 室，胚珠 1 枚，柱头常 2 裂。翅果、核果或带翅的坚果。

3. 代表植物【二维码 12-55】

12-55

(1)榆属(*Ulmus* L.)　乔木，稀灌木；树皮不规则纵裂。叶互生，边缘具重锯齿或单锯齿，基部多少偏斜。花两性，常排成簇状的聚伞花序；花被常钟形，4～8 裂，膜质，常宿存；雄蕊与花被裂片同数而对生；子房扁平，柱头 2 个，条形；果为扁平的翅果，顶端具宿存的柱头及缺口。全属约有 40 种；中国有 21 种。榆(*U. pumila* L.)(图 12-7-28)，落叶乔木，树皮暗灰色，不规则深纵裂；叶基偏斜；花早春先叶开放，在去年生枝的叶腋呈簇生状；翅果近圆形，稀倒卵状圆形，长 1.2～2.0 cm；分布于东北、华北、西北地区及西南各省区，为常见绿化和用材树木，适应性强，材质优良；幼果可食用，称榆钱。榔榆(*U. parvifolia* Jacq.)，落叶乔木，树皮灰色或灰褐色，裂成不规则鳞状薄片剥落，露出红褐色内皮；叶基偏斜；花秋季开放；翅果椭圆形，长约 1 cm；分布于华北、华东、华中、华南等地区，材质优良；还常用于制作盆景。

1. 枝叶；2. 果枝；3. 花枝；4. 花。

图 12-7-28　榆(引自《陕西树木志》)

(2)榉属(*Zelkova* Spach)　落叶乔木；叶互生，有圆齿状锯齿；花杂性；雄花数朵簇生于幼枝的下部叶腋，雌花或两性花通常单生或簇生于幼枝的上部叶腋；雄花的花被钟形，4～7 浅裂，雄蕊与花被裂片同数；雌花或两性花的花被 4～6 深裂；核果，偏斜，宿存的柱头呈喙状。全属约 5 种；中国有 3 种。大叶榉树(*Z. schneideriana* Hand.-Mazz.)，当年生枝密被伸展的灰色柔毛；冬芽常 2 个并生；叶大小形状变异很大，基部稍偏斜，叶面被糙毛，叶背密被柔毛，侧脉 8～15 对；雄花 1～3 朵簇生于叶腋，雌花或两性花常单生于小枝上部叶腋；核果直径 2.5～4.0 mm，不规则的斜卵状圆锥形，顶端偏斜，其腹侧面极度凹陷，几乎无果梗；中国南方分布较广，野生或栽培，木材致密坚硬，纹理美观，为上等木材；国家二级重点保护野生植物。

(五)大麻科 Cannabaceae

* ♂ ♀，⚥ P_{4-5} A_{4-5} $\underline{G}_{(2:1:1)}$

本科有 8 属约 100 种；中国有 7 属 25 种。

1. 形态特征　乔木、灌木、草本或草质藤本。单叶或掌状复叶，互生或对生，基部偏斜或对称，羽状脉或基出 3 脉；托叶早落，有时形成托叶环。花单性，雌雄同株或异株，或两性花；花被 1 轮，离生或部分合生，花被裂片通常 4～5 枚；雄蕊通常 4～5 枚；雌蕊 2 枚心皮合生，子房上位，1 室，胚珠 1 枚，花柱 2 枚，柱头丝状。核果、瘦果或带翅的坚果。

2. 识别要点　花单性或两性；花被 1 轮，裂片通常 4～5 枚；雄蕊通常 4～5 枚；雌蕊 2 枚心皮合生，子房上位，1 室，胚珠 1 枚，花柱 2 枚，柱头丝状。核果、瘦果或带翅的坚果。

3. 代表植物【二维码 12-56】

12-56

(1)大麻属(*Cannabis* L.)　一年生直立草本；叶互生或茎下部叶对生；掌状复叶，小叶 5～11 枚，小叶狭披针形，边缘具锯齿；花单性异株，稀同株；雄花为疏散大圆锥花序，花被片 5 枚，雄蕊 5 枚；雌花丛生于叶腋，每花有 1 枚叶状苞片，花被退化，花柱 2 枚，柱头丝状；瘦果单生于苞片内，卵形，两侧扁平，宿存花被紧贴。仅 1 种，即大麻(*C. sativa* L.)(图 12-7-29)，原

1. 花期雄株上部；2. 雄花；3. 雌花序；4. 雌花。

图 12-7-29　大麻

(引自《中国高等植物图鉴》《中国植物志》)

产于中亚，中国各地有栽培或呈野生状态，茎皮纤维长而坚韧，为重要的纤维植物，种子富含油脂，可食用、药用或榨油。一些大麻品种的雌花序富含树脂，四氢大麻酚浓度高，为毒品，禁止种植。

(2) 葎草属（*Humulus* L.） 一年生或多年生草质藤本，茎、枝、叶柄均具倒钩刺；叶对生，3～7裂；花单性，雌雄异株；雄花组成圆锥花序，花被5裂，雄蕊5枚；雌花少数，生于宿存覆瓦状排列的苞片内，排成穗状，结果时苞片增大，成球形；每花有一全缘苞片包围子房；瘦果扁平。全属有3种；中国有3种。葎草[*H. scandens*（Lour.）Merr.]，叶常掌状深裂为5～7裂；果穗长0.5～1.5 cm；瘦果成熟时露出苞片外；为各地常见杂草。啤酒花（*H. lupulus* L.），不裂或3～5裂；果穗球形，直径3～4 cm；宿存苞片干膜质，果期增大，长约1 cm，具油点，瘦果包于苞片内；果穗为酿造啤酒的调味剂。

(3) 朴属（*Celtis* L.） 乔木；叶互生，常具3出脉；花两性或单性；花被片4～5枚，仅基部稍合生，脱落；雄蕊与花被片同数；核果，内果皮骨质，表面有网孔状凹陷或近平滑；种子充满核内。全属约有60种；中国有11种。朴树（*C. sinensis* Pers.）、珊瑚朴（*C. julianae* C. K. Schneid.）、黑弹树（*C. bungeana* Blume）等均为优秀的绿化树种。

(4) 青檀属（*Pteroceltis* Maxim.） 与朴属的主要区别在于果实为坚果，近球状，围绕以宽的翅；中国特有属，仅1种，即青檀（*P. tatarinowii* Maxim.），南北方均有分布，野生或栽培；树皮纤维为制造宣纸的主要原料；木材坚硬致密，材质优良；树供绿化观赏。

4. 分类学讨论 过去的分类系统将大麻属、葎草属置于桑科中，但系统发育分析表明它们应该独立成科才能使桑科为单系类群，因此APG系统承认了大麻科的独立；大麻科植物茎、叶中均无乳汁，易与桑科区别。过去的分类系统把朴属、青檀属等木本类群置于同样为木本的榆科中，但系统发育分析表明朴属、青檀属等果实球形（无翅或具翅）的类群置于大麻科才能形成单系类群，故APG系统调整了榆科、大麻科的内涵。

（六）桑科 Moraceae

$* \ ♂\ K_{2-4}\ C_0\ A_{2-4} \qquad * \ ♀\ K_{2-4}\ C_0\ \underline{G}_{(2:1:1)}$

本科有38属约1 125种，主产于热带亚与热带地区；中国有9属约144种。

1. 形态特征 乔木、灌木、藤本，体内具乳汁，罕为草本不具乳汁，叶内常有钟乳体。单叶互生，罕为对生；托叶明显，早落。花单性，雌雄同株或异株，柔荑花序、头状花序、隐头花序或聚伞花序；萼片常2～4枚，离生或合生；无花瓣；雄蕊与萼片同数、对生；雌蕊2枚心皮合生，子房上位，1室，具1枚胚珠，花柱2个。核果，稀为瘦果，被增大的宿存花萼包裹，在花序中集合为聚花果。种子具胚乳或缺。花粉具3孔。

2. 识别要点 通常为木本、具乳汁。单叶常互生。花单性；萼片2～4枚；无花瓣；雄蕊与萼片同数而对生；上位子房，2心皮1室1胚珠。核果或瘦果被宿存花萼包裹，且常形成聚花果。

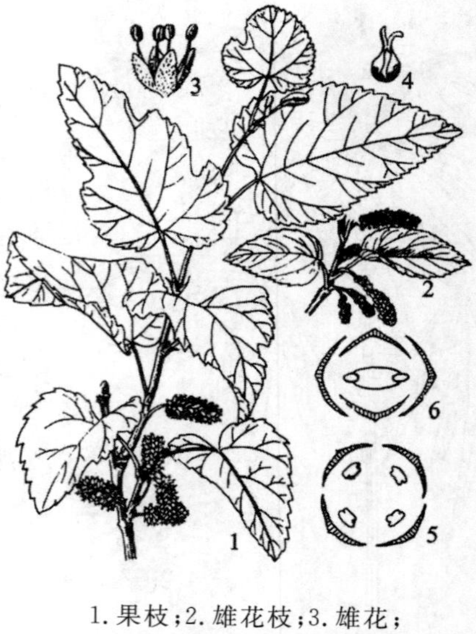

1. 果枝；2. 雄花枝；3. 雄花；4. 雌花；5. 雄花花图式；6. 雌花花图式。

图 12-7-30 桑

3. 代表植物【二维码12-57】

12-57

(1) 桑属（*Morus* L.） 落叶乔木或灌木；叶缘具锯齿、缺刻或分裂，常具掌状脉；柔荑花序腋生，雌雄异株或同株，萼片4枚；雄花丝内弯；雌花的花被片在结果时增大，肉质，包被瘦果。全属有16种；中国有11种。桑（*M. alba* L.）（图12-7-30），乔木，叶卵形或阔卵形，叶形多变，分裂或不分裂，叶缘具齿；桑叶饲家蚕（*Bombyx mori*），对桑蚕丝绸产业至关重要;聚花果成熟时黑紫色或白色,称为桑葚,鲜食、做果汁或做果干;桑皮造纸。桑属常见的还有鸡桑(*M. australis* Poir.)、华桑(*M. cathayana* Hemsl.)、蒙桑[*M. mongolica* (Bureau) C. K. Schneid.]等。

(2)榕属(*Ficus* L.) 常绿或落叶乔木或灌木;隐头花序,雌雄同株;隐花果(榕果)肉质,球形或近球形,小瘦果藏于其内;全属约 1 000 种,主产于热带与亚热带地区;中国有 99 种,主产于南方。榕树(*F. microcarpa* L. f.),常绿大乔木,气生根着地增粗呈树干状,形成奇特的独木成林现象;分布于华南地区,常供绿化。无花果(*F. carica* L.),落叶乔木或灌木,叶常掌状 3～5 裂;原产于地中海地区,中国各地栽培,果可鲜食或制蜜饯、干果。薜荔(*F. pumila* L.),常绿藤本,攀缘或匍匐;叶二型,生花序枝上的叶大、革质,不生花序枝上的叶小而薄;广布华东至华南地区,种子可制凉粉供食用。印度榕(*F. elastica* Roxb. ex Hornem.),通称橡皮树,常绿乔木,叶厚革质,全缘,光滑;原产于南亚,乳汁含硬橡胶,常作观叶植物栽培,北方室内盆栽。菩提树(*F. religiosa* L.),乔木;叶三角状卵形,先端尾尖;原产于南亚,南方栽培供观赏。

(3)构属(*Broussonetia* L'Hér. ex Vent.) 落叶乔木或灌木;叶形多变,分裂或不分裂;雌雄异株或同株,雄花形成柔荑花序,雌花组成头状花序;核果包被于宿存花萼中,并形成球形的聚花果。全属有 4 种;中国有 4 种,南北方都有。构树[*B. papyrifera* (L.) L'Hér. ex Vent.],乔木,叶被粗绒毛,聚花果成熟时橙红色;树皮可造纸;雄花序、聚花果可食用。

本科常见植物还有:柘[*Maclura tricuspidata* Carrière],落叶灌木或小乔木,具硬棘刺,聚花果近球形,肉质,红色,可食用和酿酒,叶可饲家蚕。波萝蜜(*Artocarpus heterophyllus* Lam.),聚花果生于老枝上,巨大,为著名热带水果。

(七)荨麻科 Urticaceae

* ♂ P_{1-5} A_{1-5}　* ♀ $P_{5-9,2,0}$ $\underline{G}_{1:1:1}$

本科有 55 属约 1 300 种;中国有 26 属 341 种。

1. 植株上部;2. 雌团伞花序;3. 雌花;4. 雄花。

图 12-7-31 苎麻(引自《中国高等植物图鉴》)

1. 形态特征 草本、亚灌木或灌木,稀乔木或攀缘藤本。植物体表面具针状的螫毛,或无。叶中具钟乳体;单叶,互生或对生。花极小,单性,稀两性,雌雄同株或异株,排成聚伞状、圆锥状、总状、伞房状、穗状、串珠式穗状或头状花序;雄花具花被片 4～5 枚,有时 1～3 枚,雄蕊与花被片同数;雌花具花被片 5～9 枚,稀 2 枚或缺,分生或多少合生,花后常增大,宿存,退化雄蕊鳞片状或缺,雌蕊由 1 枚心皮构成,1 室,与花被离生或贴生,花柱单一或无花柱,胚珠 1 枚。瘦果,有时为肉质核果状,常包藏于宿存花被内。

2. 识别要点 植物体表面具螫毛或无。叶中具钟乳体。花常单性;单被花;雌蕊 1 枚心皮 1 室具 1 枚胚珠。瘦果常包藏于宿存花被内。

3. 代表植物【二维码 12-58】

12-58

(1)苎麻属(*Boehmeria* Jacq.) 灌木、小乔木、亚灌木或多年生草本;无螫毛;叶互生或对生,边缘有牙齿,不分裂,稀 2～3 裂;团伞花序生于叶腋,或排列成穗状花序或圆锥花序。全属有 65 种;中国有 25 种。苎麻[*B. nivea* (L.) Gaudich.](图 12-7-31),亚灌木或灌木，叶互生，下面密被雪白色毡毛；分布于南方，中国自古广泛栽培，茎皮纤维优质，供纺织及造纸。赤麻[*B. silvestrii*（Pamp.）W. T. Wang]，多年生草本或亚灌木；茎和叶柄红色；叶对生，边缘有粗齿，顶端常3裂，尾尖；团伞花序排列成间断的穗状；分布于东北至华中地区；茎皮纤维可供纺织用。

（2）蝎子草属（*Girardinia* Gaudich.）　一年生或多年生草本；植株表面具针状的蜇毛，刺伤皮肤会引起强烈的疼痛、红肿；叶互生；全属有2种，中国有1种，即大蝎子草[*G. diversifolia*（Link）Friis]，叶形多变，常3～7裂或不分裂，分布于东北、华中、西南地区及陕西、甘肃等地。

（3）荨麻属（*Urtica* L.）　一年生或多年生草本，稀灌木；具蜇毛；叶对生。全属有30种，中国有14种，主要分布于北方和西南地区，常见的有麻叶荨麻（*U. cannabina* L.）、宽叶荨麻（*U. laetevirens* Maxim.）、荨麻（*U. fissa* E. Pritz.）等，茎皮纤维均可供纺织用。

八、壳斗目 Fagales

本目有壳斗科等7科。

（一）壳斗科 Fagaceae

$* \ ♂ \ P_{(4-8)} \ A_{4-8,\infty} \qquad * \ ♀ \ P_{(4-8)} \ \overline{G}_{(3-6:3-6:2)}$

本科有8属925种，广布于热带至温带；中国有6属约300种，全国广布，南方种类较多。本科许多植物为亚热带常绿阔叶林的建群种，在温带则以落叶的栎属与栗属植物为多，种类多，分布面积大，用途广，有重要的经济意义；本科植物材质坚硬耐磨，多为优良材用树，也是主要造林树种；另有不少植物的坚果（橡子）富含淀粉和可溶性糖类，为重要木本粮食植物或干果类果树。

1. *形态特征*　乔木，稀灌木。单叶互生，革质，羽状脉，有托叶，早落。花单性，雌雄同株；单被花；雄花排成柔荑花序，直立或下垂，每苞有1花，花被4～8裂，雄蕊与花被裂片同数或多数，花丝细长，花药2室，纵裂；雌花1～3朵聚伞式生于一总苞内，总苞由多数鳞片（苞片）组成，花被4～8裂，与子房合生，子房下位，3～6室，每室2胚珠，但整个子房常只有1枚胚珠发育成种子，花柱与子房室同数，宿存。坚果单生或2～3个生于总苞中，总苞呈杯状或囊状，果时增大木质化，称为壳斗，半包或全包坚果，外有鳞片或刺，成熟时不裂或瓣裂和不规则开裂。种子无胚乳，子叶肥厚。花粉3孔或3沟。

2. *识别要点*　木本。单叶互生，羽状脉直达叶缘。雌雄同株，单被花，雄花排成柔荑花序，雌花1～3朵生于总苞中，子房下位，3～6室。坚果，外被壳斗。

3. 代表植物【二维码12-59】

12-59

1. 果枝；2. 雄花枝；3. 雄花；4. 雌花；5. 坚果；6. 总苞内3朵雌花的花图式。

图12-7-32　栗

（1）栗属（*Castanea* Mill.）　落叶乔木，稀灌木，小枝无顶芽；雄花序直立，花被6裂，雄蕊10～20枚；雌花常1～3朵聚生于一有刺总苞内，子房6室；坚果深褐色，1～3枚聚生于多刺壳斗中，熟时壳斗4裂。全属有12种，中国有4种。栗（*C. mollissima* Blume）（图12-7-32），叶下面具星状柔毛，总苞内常含3枚坚果，坚果较大，直径2～3 cm；原产于中国，久经栽培，主产于华北至华南地区，为著名木本粮食作物；果富含淀粉，食用；木质坚硬耐水湿，作工农业用材；壳斗及树皮含鞣质，可提取栲胶。茅栗（*C. seguinii* Dode），叶背密生鳞片状腺体，总苞含坚果3枚，坚果较小，直径1.0～1.5 cm；可作板栗的砧木，用途同前。

（2）栎属（*Quercus* L.）　常绿或落叶乔木；雄花花被4～7裂，雄蕊常4～6枚；雌花1～2朵簇生或数朵排列成穗状，花被 6 裂，子房 3～5 室；壳斗的小苞片鱼鳞状、线状、狭披针形，或小苞片合生成多个同心环带。全属约 430 种，分布于温带至亚热带；中国有 104 种，产于南北方各省。栓皮栎（*Q. variabilis* Blume），落叶乔木，叶缘具刺芒状细锯齿，叶下面密生星状细绒毛，壳斗上的小苞片反曲；为北方温带主要成林树种；木栓层发达，为软木工业的重要原料。麻栎（*Q. acutissima* Carruth.），与栓皮栎形似，但叶下面无毛，木栓层不发达；南北方广布，优良用材树种；种子富含淀粉；木段可培养香菇、木耳等。槲栎（*Q. aliena* Blume），落叶乔木，叶缘具波状钝齿，壳斗上的小苞片卵状披针形，排列紧密；南北方广布；木材坚硬，耐腐，纹理致密；种子富含淀粉；壳斗、树皮富含单宁。槲树（*Q. dentata* Thunb.），落叶乔木，叶缘波状裂片或粗锯齿，壳斗上的小苞片狭披针形，反曲或直立，红棕色；分布于东北、华北、华东、华中至西南地区；材质坚硬，耐磨损；叶可饲养柞蚕（*Antheraea pernyi*）；种子富含淀粉；壳斗、树皮富含单宁。青冈（*Q. glauca* Thunb.），常绿乔木，叶缘中部以上有疏锯齿，壳斗上小苞片合生成 5～6 条同心环带；南方广布，常形成常绿阔叶林；木材坚韧；种子富含淀粉；壳斗、树皮富含单宁。

4. 分类学讨论　青冈属（*Cyclobalanopsis* Oerst.）应归并入栎属才能形成单系的栎属。

（二）胡桃科 Juglandaceae

$* \ ♂\ P_{0-4}\ A_{3-\infty} \qquad ♀\ P_{2-4}\ \overline{G}_{(2:1:1)}$

本科有 9 属约 60 种，主产于北半球；中国有 7 属 20 种，南北均产。

1. 形态特征　常绿或落叶乔木，稀灌木，体内常具树脂。芽常裸露或具芽鳞；奇数羽状复叶，互生，无托叶。花单性，雌雄同株，单被或无被；雄花序为下垂的柔荑花序，雄花生于 1 枚不分裂或 3 裂的苞片腋内，具小苞片 2 枚和花被片 1～4 枚，或无小苞片及花被片，雄蕊 3 枚至多数；雌花序穗状顶生或为下垂的柔荑花序，雌花生于 1 枚不分裂或 3 裂的苞片腋内，2 枚小苞片与子房分离或愈合，花被片 2～4 枚，雌蕊由 2 枚心皮合生，子房下位，1 室，基部发生 1 或 2 不完全隔膜而成不完全 2 室或 4 室，胚珠 1 枚，柱头 2 裂或稀 4 裂。果实由苞片、小苞片、花被片、子房共同发育成核果状的坚果，无翅或有翅。种子无胚乳，子叶肥大，肉质，常皱褶。花粉 3 孔或多孔。

2. 识别要点　木本。羽状复叶互生。花单性同株；单被花；雄花序为柔荑花序；雌花序穗状或为柔荑花序；子房下位，2 枚心皮合生，1 室，1 枚胚珠。核果状坚果，无翅或有翅。

3. 代表植物【二维码 12-60】

12-60

（1）胡桃属（*Juglans* L.）　落叶乔木；奇数羽状复叶；雄花序为下垂的柔荑花序，雌花序穗状，直立；核果状坚果，无翅，外果皮由苞片、小苞片、花被发育而成，肉质，内果皮由子房壁发育而来，骨质。全属约有 20 种；中国有 3 种。胡桃（*J. regia* L.）（图 12-7-33），通称核桃，羽状复叶有小叶5～9 枚，全缘或波状，近无毛；中国各地有栽培，新疆有野生；坚果为著名干果，种子食用或榨油；木材坚实。胡桃楸（*J. mandshurica* Maxim.），小叶 9～17 枚，边缘具细锯齿，叶被毛；产于东北、华北、华东、华中、西南地区；木材优良。

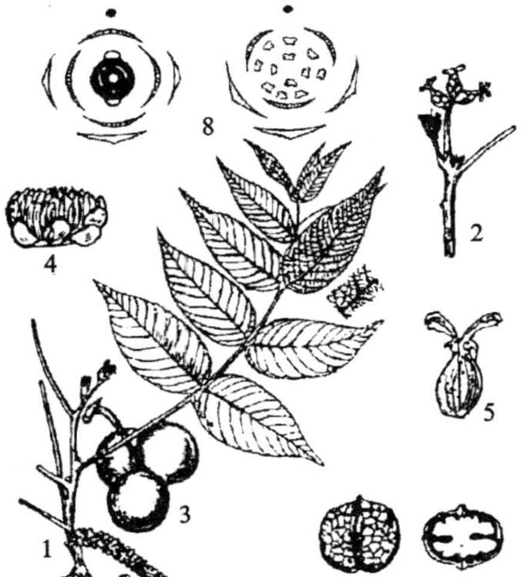

1. 雄花枝；2. 雌花枝；3. 果序；4. 雄花；5. 雌花；6. 果核；7. 果横切面；8. 花图式。

图 12-7-33　胡桃

（2）山核桃属（*Carya* Nutt.）　落叶乔木；奇数羽状复叶；核果状坚果，外果皮无翅，具 4 棱，成熟时 4 瓣裂。全属有 17 种；中国有 5 种。山核桃（*C. cathayensis* Sarg.），裸芽；小叶 5～7 枚；果近球形；中国特产，主产于华东地区，坚果俗称小核桃，供食用；木材坚韧，为优质木材。美国山核桃［*C. illinoensis* （Wangenh.）

K. Koch]，芽具芽鳞；小叶 11～17 枚；果长椭圆形；原产于北美，中国引种栽培，坚果俗称碧根果，供食用。

(3)枫杨属(*Pterocarya* Kunth)　落叶乔木；雌、雄花序均为柔荑花序，下垂；坚果，基部具 1 枚宿存的鳞状苞片和由 2 个小苞片形成的革质翅，顶端留有 4 枚宿存的花被片及花柱。全属有 6 种；中国有 5 种。枫杨(*P. stenoptera* C. DC.)，裸芽，常数个叠生；羽状复叶的叶轴具狭翅；果翅狭，条形或阔条形；南北方各省均产，常栽培作行道树。华西枫杨[*P. macroptera* Batalin var. *insignis* (Rehder & E. H. Wilson) W. E. Manning]，芽具芽鳞，单独生；叶轴无翅；果翅较宽，椭圆状圆形；分布于华中至西南地区和浙江。

(三)桦木科 Betulaceae

$* \ ♂ \ P_{0,4} \ A_{1-12} \qquad * \ ♀ \ P_{0-8} \ \underline{G}_{(2:2:1-2)}, \overline{G}_{(2:2:1-2)}$

本科有 6 属约 190 种；中国有 6 属 89 种。

1. 形态特征　落叶乔木或灌木。单叶互生，叶缘通常具锯齿，叶脉羽状。花单性，雌雄同株，风媒传粉；雄花序为下垂的柔荑花序，具多数苞鳞，每苞鳞生 1～3 朵雄花，雄花有 4 枚花被或无花被，雄蕊 1～12 枚；雌花序穗状、总状或头状，具多数苞鳞，每苞鳞有雌花 2～3 朵，雌花有 1～6 枚花被或无花被，子房上位，2 枚心皮合生，子房 2 室，每室具 1 枚或 2 枚胚珠，花柱 2 枚。果序球果状、穗状、总状或头状，果苞木质、革质、厚纸质或膜质；果为坚果或具翅小坚果，具 1 枚种子。

12-61

2. 识别要点　落叶木本。单叶互生，叶缘常具锯齿。花单性，雌雄同株，风媒传粉；雄花序为下垂的柔荑花序；雌花序穗状、总状或头状。坚果或具翅小坚果。

3. 代表植物【二维码 12-61】

(1)桦木属(*Betula* L.)　落叶乔木或灌木；单叶，互生，叶下面通常具腺点，边缘具重锯齿或单锯齿；雄花序2～4 个簇生，每苞鳞内具 2 枚小苞片及 3 朵雄花，雄花的花被膜质，雄蕊通常 2 枚；雌花序单生或 2～5 枚生于短枝的顶端，圆柱状或近球形，每苞鳞内有 3 朵雌花，雌花无花被；果苞鳞片状，具 3 裂片，内有 3 枚小坚果；小坚果扁平，具膜质翅，顶端具 2 个宿存花柱；种子具膜质种皮。全属约有 90 种；中国有 32 种。白桦(*B. platyphylla* Sukaczev)(图 12-7-34)，乔木；树皮灰白色，成层剥裂；叶常三角状卵形，具重锯齿；分布于东北、华北、西北、西南地区，常为先锋乔木；早春可从树干获取白桦汁，饮用或酿酒；树皮可提桦油；北方栽培供绿化观赏。红桦(*B. albosinensis* Burkill)，乔木，树皮红褐色，薄层状剥落；叶卵形或卵状长圆形，边缘具不规则重锯齿；分布于华北、西北、西南地区。

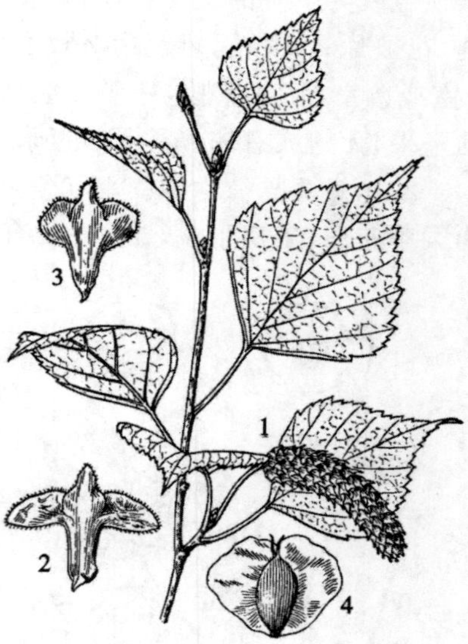

1. 枝叶和果序；2～3. 果苞；4. 小坚果。

图 12-7-34　白桦(引自《中国植物志》)

(2)榛属(*Corylus* L.)　落叶灌木或乔木；单叶，互生，边缘具重锯齿或浅裂；雄花序 2～3 个簇生，每个苞鳞内具 2 枚与苞鳞贴生的小苞片及 1 朵雄花，雄花无花被，雄蕊 4～8 枚；雌花序头状，每个苞鳞内具 2 朵雌花，雌花具 1 枚苞片和 2 枚小苞片，花被顶端有 4～8 齿，子房下位，与花被贴生；果苞钟状或管状，有的种果苞的裂片硬化呈针刺状；坚果球形，部分或全部被果苞所包；种子 1 枚，子叶肉质。全属约有 20 种；中国有 7 种。榛(*C. heterophylla* Fisch. ex Trautv.)，灌木或小乔木；叶形多变，长圆形或宽倒卵形，分裂或不分裂；果苞钟状，上部浅裂；坚果近球形，部分被果苞包裹；分布于北方，野生或栽培，坚果称为榛子，为著名坚果，种子食用或榨油。刺榛(*C. ferox* Wall.)，乔木或小乔木；果苞钟状，上部具分叉而锐利的针刺状裂片；坚果扁球形，上部露出果苞。华榛(*C. chinensis* Franch.),高大乔木;果苞管状,完全包裹坚果并于果的上部缢缩,顶部分裂;坚果球形。

九、葫芦目 Cucurbitales

本目有葫芦科等 8 科。

(一)葫芦科 Cucurbitaceae

$* \ ♂ \ K_{(5)} \ C_{(5)} \ A_{3,5} \quad * \ ♀ \ K_{(5)} \ C_{(5)} \ \overline{G}_{(3:1:\infty)}$

本科有 113 属 800 种以上,主产于热带和亚热带;中国有 35 属 151 种。本科包括多种瓜类水果蔬菜和药用植物,经济价值大。

1. 形态特征　通常为草质藤本,茎攀缘或匍匐,常具卷须,具双韧维管束。叶互生,分裂或不分裂。花单性,雌雄同株或异株,单生、总状、聚伞或圆锥花序;花萼筒状或钟状,5 裂;花冠合生,5 裂;雄蕊 3 枚或 5 枚,花丝合生或离生;子房下位,3 枚心皮合生,1 室,侧膜胎座,胚珠多数,柱头 3 裂。瓠果,肉质或最后干燥变硬,不开裂或瓣裂或周裂。种子多数,常扁平,无胚乳。花粉具 3 孔或 3～5 孔沟。

2. 识别要点　通常为草质藤本,有卷须,叶互生,分裂或不分裂。花单性;花萼筒 5 裂;花冠 5 裂;雄蕊 3 枚或 5 枚;雌蕊 3 枚心皮合生,下位子房,侧膜胎座。瓠果。

3. 代表植物【二维码 12-62】

12-62

(1)黄瓜属(*Cucumis* L.)　卷须不分叉;花黄色,单性同株,单生或雄花簇生,花冠阔钟形至轮状,5 深裂。全属约 32 种;中国有 4 种。黄瓜(*C. sativus* L.)(图 12-7-35),果有具刺尖的瘤状突起;各地广泛栽培,品种很多,果鲜食或作蔬菜。甜瓜(*C. melo* L.),果光滑或具网纹;各地广泛栽培,品种很多,果实形态极多样,常见的甜瓜、香瓜、哈密瓜、白兰瓜等均属本种的不同栽培品系。

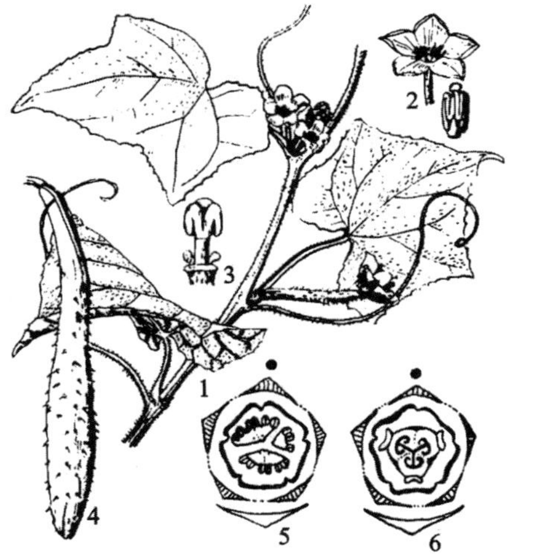

1. 花枝;2. 雄花及雄蕊;3. 雌蕊的柱头及花柱;4. 果实;5. 葫芦科雄花花图式;6. 葫芦科雌花花图式。

图 12-7-35　黄瓜

(2)葫芦属(*Lagenaria* Ser.)　卷须分叉;叶近心形,不裂或浅裂,叶柄顶端具 2 腺体;花白色,单性同株,单生;全属有 6 种;中国栽培 1 种,即葫芦[*L. siceraria* (Molina) Standl.],果形多样,品种极多,嫩时作蔬菜食用,老熟后制作各种容器及工艺品,小葫芦、瓠子、瓠瓜等均属本种的不同栽培品系。

(3)南瓜属(*Cucurbita* L.)　卷须分枝;花大,黄色,单性同株,花冠钟状,浅裂至中裂。全属有 15 种,多产于南美;中国引栽 3 种。南瓜(*C. moschata* Duchesne),花萼裂片上部扩大成叶状;果柄有棱和槽,顶端明显扩大成喇叭状;种子边缘薄;果形多样,果肉黄色;原产于墨西哥到中美洲,广泛栽培,果作蔬菜或饲料,种子食用或榨油。笋瓜(*C. maxima* Duchesne),花萼裂片不扩大成叶状;果柄圆柱状,不具棱和槽,顶端不扩大或稍膨大;种子边缘钝或多少拱起;原产于南美洲,广泛栽培,果作蔬菜或饲料。西葫芦(*C. pepo* L.),花萼裂片不扩大成叶状;果柄有强烈的棱沟,粗壮,顶端不成喇叭状;种子边缘拱起而钝;原产于北美,广泛栽培,果作蔬菜。

(4)西瓜属(*Citrullus* Schrad.)　卷须分枝;叶羽状深裂;花单性同株或异株,单生,淡黄色,花冠 5 深裂。全属有 4 种,中国栽培 1 种,即西瓜[*C. lanatus* (Thunb.) Matsum. & Nakai],瓠果大型,胎座(瓜瓤)发达;原产于非洲,各地广栽,品种很多,果实大小、形状、颜色多样,瓜瓤有红、黄、白色多种,还有种子较大供食用的品种(打瓜)。

本科经济价值较大的还有：丝瓜（*Luffa aegyptiaca* Mill.）、广东丝瓜[*L. acutangula*（L.）Roxb.]、冬瓜[*Benincasa hispida*（Thunb.）Cogn.]、苦瓜（*Momordica charantia* L.）、佛手瓜[*Sechium edule*（Jacq.）Sw.]、蛇瓜（*Trichosanthes anguina* L.）等，果实作蔬菜食用；绞股蓝[*Gynostemma pentaphyllum*（Thunb.）Makino]嫩茎叶代茶，并药用；栝楼（*Trichosanthes kirilowii* Maxim.）、罗汉果[*Siraitia grosvenorii*（Swingle）C. Jeffrey ex A. M. Lu & Zhi Y. Zhang]等药用。

十、卫矛目 Celastrales

本目有卫矛科和鳞球穗科（Lepidobotryaceae）2 科。

（一）卫矛科 Celastraceae

$\ast$ ⚥，♂ ♀ $K_{4-5}\ C_{4-5}\ A_{4-5}\ \underline{G}_{(2-5:1-5:1-6)}$

本科有 97 属 1 194 种；中国有 14 属 194 种。

1. 形态特征　乔木或灌木，直立或攀缘；偶具刺。单叶对生或互生。花两性，或退化为功能性不育的单性花，杂性同株，较少异株；聚伞花序 1 至多次分枝；萼片 4～5 枚；花瓣 4～5 枚；常具明显肥厚的花盘；雄蕊与花瓣同数；子房上位至半下位，心皮 2～5 枚合生，子房下部常陷入花盘，或与花盘分离，子房室与心皮同数或退化成不完全室或 1 室，每室胚珠 1 枚至多枚。常为蒴果，或核果、翅果、浆果。种子多少被肉质假种皮包围，稀无假种皮。

2. 识别要点　木本，直立或攀缘。单叶。花两性或单性；聚伞花序；萼片、花瓣、雄蕊 4～5 枚；常具花盘；心皮 2～5 枚合生。常为蒴果。种子常具假种皮。

12-63

3. 代表植物【二维码 12-63】

（1）卫矛属（*Euonymus* L.）　灌木、乔木或藤本；叶通常对生，叶缘具齿；聚伞花序或圆锥花序；花两性，花部 4～5 数；花盘发达；子房半沉于花盘内，4～5 室，胚珠每室 2～12 枚；蒴果，不分裂或 4～5 浅裂至深裂，果皮平滑或被刺突或瘤突，有时具翅。种子具红色或黄色肉质假种皮。全属约有 130 种；中国约有 90 种。卫矛[*E. alatus*（Thunb.）Siebold]（图 12-7-36），落叶灌木；小枝常具 2 列或 4 列宽阔的木栓质翅；二歧聚伞花序；花 4 数；花瓣黄绿色；雄蕊花丝极短；蒴果 4 深裂至近基部，常 1～3 室不发育；广布于华北、华东、华中至西南地区。白杜（*E. maackii* Rupr.），又称丝棉木，落叶小乔木；二歧聚伞花序；花 4 数；雄蕊花丝明显；蒴果 4 浅裂；分布于东北、华北、华东、华中地区，南方多栽培；常栽培供绿化观赏。冬青卫矛（*E. japonicus* Thunb.），又名正木，俗称冬青（不应与冬青科的植物混为一谈）；常绿灌木；二歧聚伞花序；花 4 数；雄蕊花丝明显；蒴果球形，不分裂；原产于日本，中国各地广泛栽培，常作绿篱，耐修剪，适应性强。扶芳藤[*E. fortunei*（Turcz.）Hand.-Mazz.]，各部分与冬青卫矛相似，但为攀缘藤本；常栽培用于垂直绿化。

1. 果枝；2. 花；3. 果实。

图 12-7-36　卫矛（引自《秦岭植物志》）

（2）南蛇藤属（*Celastrus* L.）　落叶或常绿藤本；叶互生，叶缘具齿；聚伞花序呈圆锥状或总状；花通常功能性单性，异株或杂性，稀两性；花梗常具关节；萼片、花瓣、雄蕊均 5 枚；花盘膜质，浅杯状，稀肉质扁平，全缘或 5 浅裂；子房上位，通常 3 室，稀 1 室，每室 2 枚或 1 枚胚珠，柱头 3 裂；蒴果近球形，顶端常具宿存花柱，种子 1～6 枚，红色肉质假种皮全包种子。全属约有 30 种；中国有 25 种。南蛇藤（*C. orbiculatus* Thunb.），落叶藤本；叶通常阔倒卵形；聚伞花序腋生，具花 1～7 朵；分布于东北、华北、华东、华中等地区；树皮制优质纤维；也常栽培供绿化观赏。苦皮藤（*C. angulatus* Maxim.），落叶藤本；叶近圆形；聚伞圆锥花序顶生，具多数花；分布于华北、华东、华中、华南、西南地区；树皮纤维可供造纸及人造棉原料；根皮及茎皮含苦皮藤素类化合物，为杀虫剂。

十一、酢浆草目 Oxalidales

本目有酢浆草科等7科。

(一)酢浆草科 Oxalidaceae

$* ⚥ K_5 C_5 A_{5+5} \underline{G}_{(5:5:1-\infty)}$

本科有6属约770种；中国有3属12种。

1. *形态特征* 草本、灌木或乔木。掌状或羽状复叶，或小叶萎缩而成单叶；小叶常在晚间对折垂下。花两性，辐射对称；萼片5枚；花瓣5枚；雄蕊10枚，排成2轮，5长5短；5枚心皮合生，子房上位，5室，中轴胎座，每室具1至多数胚珠，花柱5个，离生。蒴果或肉质浆果。

2. *识别要点* 掌状或羽状复叶。花两性；萼片和花瓣5枚；雄蕊10枚，排成2轮；子房上位，5枚心皮合生，5室。蒴果或肉质浆果。

3. *代表植物*【二维码12-64】

12-64

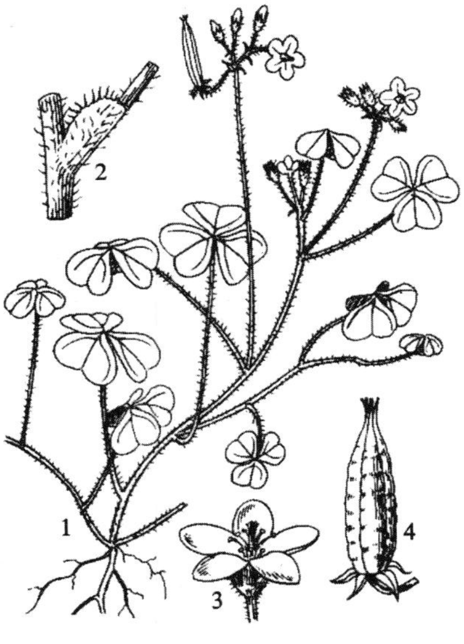

1.植株；2.茎、部分叶柄和托叶；3.花；4.果。

图12-7-37 酢浆草（引自《中国植物志》）

(1)酢浆草属（*Oxalis* L.） 一年生或多年生草本，常具块茎、鳞茎或根状茎；茎直立、匍匐或无茎；叶互生或基生；掌状复叶，具3或多数小叶；蒴果。全属约有700种，大部分分布于南非和南美；中国野生的有6种。酢浆草（*O. corniculata* L.）（图12-7-37），一年生或短期多年生草本；茎近直立至匍匐；叶互生；掌状复叶，具3小叶；花单生或数朵集为伞形花序状；花瓣黄色；广布全国，为世界性杂草。关节酢浆草（*O. articulata* Savigny），多年生草本，具发达的根状茎；叶基生；掌状复叶具3小叶；花淡紫红色；原产于南美，各地栽培供观赏。本属常见引种栽培的还有大花酢浆草（*O. bowiei* Lindl.）、红花酢浆草（*O. corymbosa* DC.）、黄花酢浆草（*O. pescaprae* L.）等，为适应性强的美丽花卉。

(2)阳桃属（*Averrhoa* L.） 乔木；叶互生或近于对生，奇数羽状复叶；聚伞花序或圆锥花序；浆果肉质，有明显的3～6棱，通常5棱，横切面呈星芒状。全属有2种，原产于东南亚，中国南方均有栽培。阳桃（*A. carambola* L.），叶互生，小叶3～7对；花瓣长5.0～8.5 mm；浆果有5棱，稀为6棱或3棱；中国南方有栽培，果实食用，为著名热带水果。

十二、金虎尾目 Malpighiales

本目有金丝桃科等36科。

(一)金丝桃科 Hypericaceae

$* ⚥ K_{4-5} C_{4-5} A_{\infty} \underline{G}_{(3-5:3-5,1:1-\infty)}$

本科有6属560种；中国有2属68种。本科有不少美丽的观赏植物；植物体内富含多种金丝桃素类化合物，具有多种药理活性。

1. *形态特征* 乔木、灌木、一年生或多年生草本。单叶对生，全缘，具透明腺体。常为聚伞花序；花两性；萼片、花瓣各4～5枚，萼片常宿存，花瓣凋落或宿存；雄蕊多数，常联合成3～5束；子房

1. 花枝；2. 宿存花萼和雌蕊；
3. 开裂果实；4. 种子。

图 12-7-38　金丝桃（引自《秦岭植物志》）

12-65

上位，3～5 枚心皮合生，3～5 室而具中轴胎座，或 1 室而具侧膜胎座，每室胚珠 1 至多数。蒴果、浆果或核果。

2. 识别要点　单叶对生，全缘，具透明腺体。花两性；萼片、花瓣各 4～5 枚；雄蕊多数，常联合成 3～5 束；子房上位，3～5 枚心皮合生。蒴果、浆果或核果；种子无翅或具翅。

3. 代表植物【二维码 12-65】

金丝桃属（*Hypericum* L.）　灌木或多年生草本，稀为乔木或一年生草本；常为二歧聚伞花序，具 3 至多花，稀仅 1 花；萼片宿存，花瓣凋落或宿存；花瓣黄色，稀为白色；蒴果，3～5 室，稀 1 室；种子多数，无翅。全属约有 500 种；中国有 66 种。金丝桃（*H. monogynum* L.）（图 12-7-38），灌木；萼片 5 枚，披针形，宿存；花瓣 5 枚，黄色，花后凋落；雄蕊多数，联合成 5 束，近等长于花瓣；雌蕊 5 枚心皮合生，子房 5 室，中轴胎座，花柱远长于子房，顶端 5 裂；原产于中国南方，广泛栽培供观赏。金丝梅（*H. patulum* Thunb.），与金丝桃的主要区别是萼片宽卵形，雄蕊明显短于花瓣，花柱与子房近等长，自基部 5 裂；原产于中国南方，广泛栽培供观赏。黄海棠（*H. ascyron* L.），多年生草本；萼片、花瓣各 5 枚；花瓣黄色，花后枯萎但宿存；雄蕊多数，联合成 5 束；雌蕊 5 枚心皮合生，子房 5 室，中轴胎座，花柱 5 裂；南北方广布；药用。贯叶连翘（*H. perforatum* L.），多年生草本；萼片、花瓣各 5 枚；花瓣黄色，边缘具黑色腺体，花后枯萎但宿存；雄蕊多数，联合成 3 束；雌蕊 3 枚心皮合生，子房 3 室，中轴胎座，花柱 3 裂；分布于华北、西北、西南、华中地区；药用。

（二）堇菜科 Violaceae

↑，* ⚥，↑ ♂ ♀ $K_5\ C_5\ A_5\ \underline{G}_{(3-5:1:1-\infty)}$

本科有 22 属近 1 000 种；中国有 3 属 100 余种。

1. 形态特征　多年生草本，稀木本。单叶，互生或基生，稀对生；具托叶。花单生或组成腋生或顶生的穗状、总状或圆锥状花序；花两性或单性，稀杂性；花两侧对称或辐射对称；萼片 5 枚，宿存；花瓣 5 枚，下方 1 枚常较大，基部形成囊或距；雄蕊通常 5 枚，花丝极短至无，药隔常延伸成膜质附属物，远轴端两个花药或全部花药背部具蜜腺；子房上位，3～5 枚心皮合生，1 室，具 3～5 个侧膜胎座，具 1 枚至多数胚珠。蒴果或浆果。

2. 识别要点　单叶。花两侧对称或辐射对称；萼片 5 枚；花瓣 5 枚，下方 1 枚基部形成囊或距；雄蕊通常 5 枚；子房上位，3～5 枚心皮合生，1 室，侧膜胎座。蒴果或浆果。

3. 代表植物【二维码 12-66】

12-66

堇菜属（*Viola* L.）　草本，稀半灌木，具根状茎；单叶，基生或茎生，茎生时为互生，全缘、具齿或分裂；具托叶；花两性，两侧对称，单生，稀为 2 花，有时具无花瓣的闭锁花；萼片 5 枚，基部常延伸成附属物；花瓣 5 枚，常异形，下方 1 枚通常较大且基部延伸成距；雄蕊 5 枚，花丝极短，花药环生于雌蕊周围，药隔顶端延伸成膜质附属物，下方 2 枚雄蕊具蜜腺，伸入距中；雌蕊 3 枚心皮合生，子房 1 室，侧膜胎座，有多数胚珠；蒴果成熟时 3 瓣裂；种子多数。全属约有 550 种；中国约有 96 种。紫花地丁（*V. philippica* Cav.）（图 12-7-39），多年生草本；叶基生，叶片披针形或长圆状卵形；花梗中部有 2 枚线形小苞片，具 1 花；花紫色或淡紫色，稀白色；分布于东北、华北、华东、华中、西南地区；

嫩叶可作野菜食用；全草药用；可作早春观花植物；也是农田杂草。早开堇菜（*V. prionantha* Bunge），与紫花地丁的主要区别是叶较宽，为长圆状卵形、卵状披针形或狭卵形。三色堇（*V. tricolor* L.）和角堇（*V. cornuta* Desf.）原产于欧洲，世界各地广泛栽培，为早春观赏花卉，品种很多，色彩、斑纹极为丰富。

花期全株

图 12-7-39 **紫花地丁**

（引自《中国高等植物图鉴》）

（三）杨柳科 Salicaceae

* ♂ ♀，⚥ $K_{0,3-6}\ C_{0,3-6}\ A_{1-\infty}\ \underline{G}_{(2-5:1:2-\infty)}$

本科有 54 属约 1 200 种；中国有 13 属 382 种。

1. 形态特征　灌木或乔木，落叶或常绿。单叶，通常互生，全缘或有锯齿。柔荑花序、总状花序、穗状花序、圆锥花序、伞房花序或单花；花单性或两性；无花被或有花被，常具杯状花盘或腺体；萼片无，或常 3～5 枚；花瓣无，或常 3～5 枚；雄蕊 1 枚至多数；子房上位，常 2～5 枚心皮合生，1 室，侧膜胎座，胚珠 2 至多数。蒴果或浆果，稀为核果或翅果。种子常具毛或假种皮。

2. 识别要点　木本。单叶通常互生。柔荑花序或总状花序等多种；花单性或两性；无花被或有花被；子房上位，常 2～5 枚心皮合生，1 室，侧膜胎座。常为蒴果或浆果。种子常具毛或假种皮。

3. 代表植物【二维码 12-67】

12-67

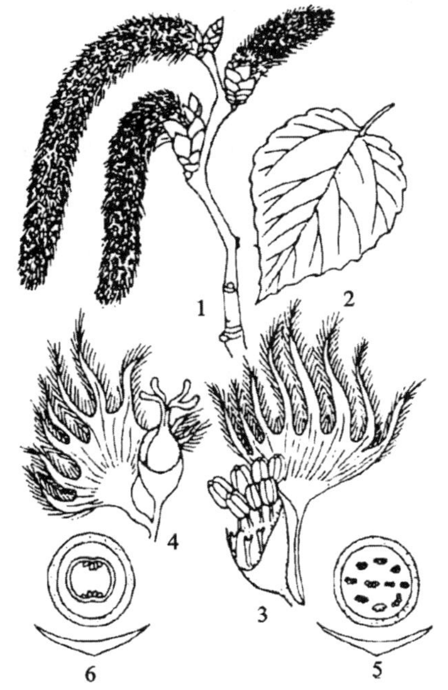

1. 花枝；2. 叶；3. 雄花；4. 雌花；5. 雄花花图式；6. 雌花花图式。

图 12-7-40　**毛白杨**

（1）杨属（*Populus* L.）　落叶乔木，树干通常端直；萌枝髓心五角状；通常有顶芽，芽鳞多数；通常叶片较宽，有锯齿，叶柄较长；花单性；柔荑花序下垂，常先叶开放，具多数苞片；苞片脱落或宿存，先端分裂；花着生于苞片与花序轴之间；花有杯状花盘；雄蕊 4 至多数，着生于花盘内，花药常暗红色；风媒传粉；雌蕊 2～5 枚心皮合生；蒴果2～5 裂；种子小，多数，基部有多数白色丝状长毛。全属约有 100 种，主产于北温带；中国有 71 种，主产于北部与西部地区。胡杨（*P. euphratica* Oliv.），树冠开展，叶异型，蓝绿色，短枝叶顶端具牙齿；抗逆性强，喜生河岸滩地，是荒漠地区特有阔叶森林树种。银白杨（*P. alba* L.），树冠卵形，树皮灰白，长枝叶掌状，3～5 裂，下面密被绒毛；其变种新疆杨（*P. alba* var. *pyramidalis* Bunge），树冠塔形或圆柱形。毛白杨（*P. tomentosa* Carrière）（图 12-7-40），树冠卵形，叶三角状卵形，边缘具深齿牙或波状齿，下面白色毡毛脱落。山杨（*P. davidiana* Dode），树冠近圆形，芽无毛，叶近圆形，边缘具波状浅齿；分布于北方各省及西南地区，常为先锋乔木。钻天杨[*P. nigra* L. var. *italica* (Moench) Koehne]，树冠圆柱形，下部树皮暗灰色，老时易沟裂，叶卵状三角形，宽大于或等于长。箭杆杨[*P. nigra* var. *thevestina* (Dode) Bean]，树冠圆柱形，叶卵状菱形，长大于宽，雌株。加杨（*P.* × *canadensis* Moench），树冠卵形，叶形较大，边缘半透明，有圆锯齿，具短缘毛，叶柄侧扁红色；欧美杂交种，多雄株。青杨（*P. cathayana* Rehder），树冠阔卵形，芽多黏质，叶卵形或椭圆形，下面绿白色，无毛。小叶杨（*P. simonii* Carrière），树冠卵圆形，叶较小，菱状倒卵形，叶柄带红色。杨属栽培种众多，人工培育的品种丰富，北方广泛用于绿化、防风固沙，有一些还是速生的用材树种。

（2）柳属（*Salix* L.）　与杨属的主要区别是多为落叶灌木，乔木较少；萌枝髓心圆形；无顶芽；芽鳞1枚；柔荑花序直立或斜展，苞片全缘；花无杯状花盘，有腺体；叶片通常狭长，柄短。全属约520种，主产于北温带；中国有275种。垂柳（*S. babylonica* L.），乔木，枝下垂，黄褐色，叶狭披针形，叶柄长5～10 mm，苞片披针形，雄花具2枚腺体，雌花具1枚腺体；原产于中国，各地广栽，观赏树种，根系发达，保土护堤能力强。旱柳（*S. matsudana* Koidz.），乔木，小枝直立或开展，叶披针形，叶柄长3～5 mm，苞片卵形，雄雌花皆具2枚腺体；分布于南北方各省，早春蜜源植物，绿化、护堤树种。白柳（*S. alba* L.），乔木，树冠开展，叶阔倒披针形，下面被毛较多，雄花具2枚腺体，雌花常具1枚腺体；产于新疆，北方有栽培，绿化观赏，亦为早春蜜源植物。柳属其他大量野生种广布于东北、华北、西北、西南地区。

（3）山桐子属（*Idesia* Maxim.）　落叶乔木；单叶，互生，边缘有锯齿；叶柄细长，有腺体；托叶小，早落。花雌雄异株或杂性，多数，排成顶生圆锥花序；萼片3～6枚；花瓣通常无；雄花具雄蕊多数，着生在花盘上，有退化子房；雌花具花萼3～6枚，有多数退化雄蕊；子房1室，常具5个侧膜胎座，柱头膨大；浆果，成熟时红色；种子多数，红棕色，外种皮膜质。仅1种，即山桐子（*I. polycarpa* Maxim.），分布于东亚；是营造速生混交林和经济林的优良树种；花多而芳香，为蜜源植物；树形优美，果实红色而繁多，为园林观赏树种；果实、种子可榨油。

4. 分类学讨论　过去的分类系统中杨柳科仅包含柔荑花序的类群，即杨属和柳属；分子系统发育分析发现它们与大风子科（Flacourtiaceae）的大部分属关系密切，且大风子科不是单系类群；为了保持科的单系性，APG系统取消了大风子科，将其中大部分属（例如山桐子属）转移到了杨柳科，部分属转移到了青钟麻科（Achariaceae）。APG系统界定的广义的杨柳科因此很难找到形态学上可靠的共衍征，故识别杨柳科主要以掌握其包含的属为主。

（四）大戟科 Euphorbiaceae

$* \ ♂ \ K_{3-6,0} \ C_{3-6,0} \ A_{1-\infty} \qquad * \ ♀ \ K_{3-6,0} \ C_{3-6,0} \ \underline{G}_{(3:2-5:1)}$

本科有218属6 745种；中国有48属245种。

1. 形态特征　乔木、灌木或草本，稀为藤本，有时为多肉植物；植物体内通常有乳汁，稀无乳汁。单叶或复叶，互生、对生或轮生，叶柄顶端、叶基部有时具腺体。聚伞花序、杯状聚伞花序、总状花序、穗状花序，花簇生或单生，花序单性或两性；花单性，雌雄同株或异株；萼片通常3～6枚合生或离生，或无萼片；花瓣通常3～6枚离生，或无花瓣；雄花具1至多枚雄蕊，花丝离生或合生；雌蕊通常3枚心皮合生，子房上位，通常2～5室，每室具1枚胚珠，柱头通常3枚。蒴果或分果，稀为核果或浆果。

2. 识别要点　植物体内通常有乳汁。花单性，雌雄同株或异株；萼片、花瓣有或无；雌蕊通常3枚心皮合生，子房上位，2～5室，每室具1枚胚珠。通常为蒴果或分果。

3. 代表植物【二维码12-68】

12-68

（1）大戟属（*Euphorbia* L.）　草本、灌木或乔木，有乳汁，有时茎肉质化；单叶，互生、对生或轮生，常无托叶；杯状聚伞花序由1枚位于中间的雌花和多枚位于周围的雄花同生于1个杯状的总苞内而组成，杯状总苞顶端常4～5裂，裂片间常有宽大的腺体；杯状聚伞花序单生，或多个再组成单歧、二歧、多歧分枝的复花序；花小，单性，无花被；雄花仅1枚雄蕊；雌花仅1枚雌蕊，3枚心皮合生，3室，每室1枚胚珠，花柱3枚；蒴果，成熟时分裂为3个2裂的分果爿，稀不开裂。全属约2 000种，非洲热带干旱地区种类较多；中国约有77种。本属营养器官形态差异巨大，极为多样，但均具杯状聚伞花序，易于识别。大戟（*E. pekinensis* Rupr.）（图12-7-41），多年生草本；茎生叶互生，常为椭圆形；腺体4枚，半圆形或肾状圆形；蒴果被稀疏的瘤状突起；全国广布；有毒，药用。泽漆（*E.*

helioscopia L.)，一年生草本；茎生叶互生，倒卵形或匙形；腺体 4 枚，盘状，中央凹陷；蒴果无瘤状然起；常见杂草。地锦草(*E. humifusa* Willd. ex Schltdl.)，一年生草本；茎匍匐，叶对生；杯状聚伞花序单独生于叶腋；腺体 4 枚，长圆形，边缘具白色或淡红色附属物；蒴果无瘤状突起；全国广布，为常见杂草。一品红(*E. pulcherrima* Willd. ex Klotzsch)，灌木；茎生叶绿色，花序下的苞叶红色；原产于中美洲，各地栽培供观赏。铁海棠(*E. milii* Des Moul.)，又称虎刺梅，蔓生灌木；茎多分枝，具纵棱，密生硬而尖的锥状刺；苞叶红色；原产于非洲马达加斯加，各地栽培供观赏。

(2)蓖麻属(*Ricinus* L.) 灌木或小乔木，栽于温带地区则为一年生草本；单叶互生，盾形，掌状深裂；花单性，无花瓣及花盘，组成聚伞花序再排列成顶生圆锥状花序，上部的为雌花，下部的为雄花；雄花萼裂片 3～5 枚，多体雄蕊；雌花萼片 5 枚，早落；蒴果具软刺，开裂成 3 个 2 瓣裂的分果爿；种皮光滑，种阜明显。仅蓖麻(*R. communis* L.)1 种，原产非洲，各地广泛栽培；种子富含油脂，主要供工业用；种子含蓖麻毒素，剧毒，不可食用；叶可饲蓖麻蚕(*Philosamia cynthia ricina*)。

1. 花期植株上部；2. 根；3. 杯状聚伞花序；4. 果实；5. 种子。

图 12-7-41 大戟(引自《中国植物志》)

大戟科的经济植物还有：橡胶树[*Hevea brasiliensis* (Willd. ex A. Juss.) Müll. Arg.]，原产于巴西，热带地区广泛栽培，从树干韧皮部割取的白色乳汁是天然橡胶的最主要来源，经济价值巨大。油桐[*Vernicia fordii* (Hemsl.) Airy Shaw]，原产于中国，分布于南方，种子榨取的油脂称桐油，是油漆和涂料工业的重要原料。木薯(*Manihot esculenta* Crantz)，原产于巴西，热带地区广泛栽培，块根肉质含淀粉，可作粮食或供工业用，但生的有毒，食用前须水浸并煮熟去除毒素。乌桕[*Triadica sebifera* (L.) Small]，原产于中国，黄河以南各地野生或栽培；木材白色，坚硬，纹理细致，用途广；白色蜡质假种皮可制蜡烛；种子油用于制造涂料；叶秋季变红，是优良绿化观赏树种。

(五)亚麻科 Linaceae

$* \ ⚥ K_{4-5} C_{4-5} A_{4-5,\ 8-10(-15)} \underline{G}_{(2-5:2-5:1-2)}$

本科有 12 属约 300 种；中国有 4 属 14 种。

1. 形态特征 草本或灌木。单叶，互生或对生，全缘。聚伞花序、二歧聚伞花序或蝎尾状聚伞花序；花两性；萼片 4～5 枚，分离，宿存；花瓣 4～5 枚，分离或基部合生，脱落；雄蕊与花被同数或为其 2～3 倍，排成一轮或有时具一轮退化雄蕊，花丝基部多少合生成筒或环；雌蕊常 2～5 枚心皮合生，子房上位，2～5 室，每室常具假隔膜，每室具 1～2 枚胚珠。常为蒴果，室背开裂，或为分果、核果。

2. 识别要点 单叶全缘。花两性；萼片、花瓣 4～5 枚；雄蕊与花被同数或为其 2～3 倍；雌蕊常 2～5 枚心皮合生，子房上位，2～5 室，每室常具假隔膜，每室具 1～2 枚胚珠。常为蒴果。

3. 代表植物【二维码 12-69】

12-69

亚麻属(*Linum* L.) 草本或茎基部木质化；单叶、全缘，无柄，对生或互生。聚伞花序或蝎尾状聚伞花序；萼片、花瓣 5 枚；雄蕊 5 枚，基部合生；退化雄蕊 5 枚，齿状；子房 5 室(或为假隔膜分为 10 室)，每室具 2 枚胚珠；花柱 5 个。蒴果近球形，果瓣 10 个。种子扁平，具光泽。全属约有 180 种；中国有 9 种。亚麻(*L. usitatissimum* L.)(图 12-7-42)，一年生草本；萼片边缘无腺体；花瓣蓝

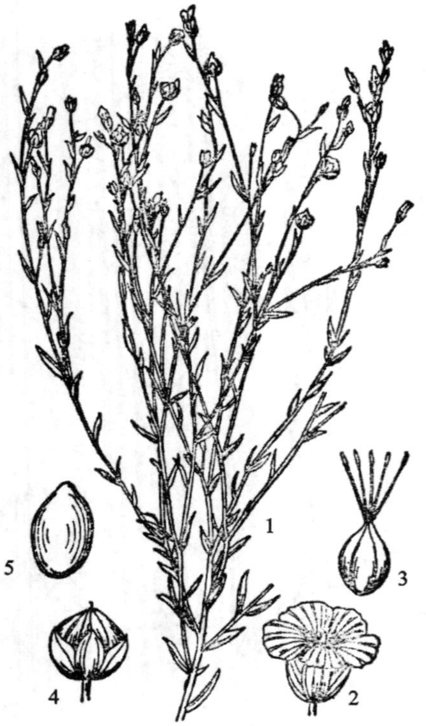

1. 植株上部；2. 花；3. 雌蕊；
4. 具宿存花萼的蒴果；5. 种子。

图 12-7-42 亚麻（引自《中国高等植物图鉴》）

色；原产于地中海地区，华北、西北、西南地区常栽培；茎韧皮部纤维为优良纺织原料；种子榨取亚麻油，西北地区称为胡麻油，供食用和工业用。野亚麻（*L. stelleroides* Planch.），一年生或二年生草本；萼片边缘有黑色腺体；花瓣常为淡紫红色；分布于东北、华北、西北等地区；茎皮纤维供纺织或造纸。

（六）叶下珠科 Phyllanthaceae

$* \ \male \ K_{2-8}\ C_{3-6}\ A_{2-10} \quad * \ \female \ K_{2-8}\ C_{3-6}\ \underline{G}_{(2-5:2-5:2)}$

本科有 59 属 2 330 种；中国有 16 属 138 种。

1. 形态特征　乔木、灌木或草本，常无乳汁。单叶，稀复叶，互生，稀对生。花序腋生，稀顶生，聚伞花序、总状花序、圆锥花序，或花簇生或单生；花通常单性，雌雄异株或同株；萼片常 2～8 枚；花瓣常 3～6 枚，或无花瓣；雄蕊常 2～10 枚；雌蕊常为 2～5 枚心皮合生，子房上位，2～5 室，每室具 2 枚胚珠。蒴果或分果，稀为核果或浆果。

2. 识别要点　植物体常无乳汁。花通常单性，雌雄异株或同株；有萼片，有或无花瓣；雌蕊常为 2～5 枚心皮合生，子房上位，2～5 室，每室具 2 枚胚珠。常为蒴果或分果。

3. 代表植物【二维码 12-70】

12-70

（1）叶下珠属（*Phyllanthus* L.）　常为灌木或草本；无乳汁；单叶互生；花单性，雌雄同株或异株；无花瓣；雄花具2～6 枚萼片，花盘通常分裂为腺体，雄蕊2～6 枚，花丝离生或合生成柱状；雌花的萼片与雄花的同数或较多，花盘腺体通常小，子房通常 3 室；蒴果成熟后常开裂为 3 个 2 裂的分果爿；种子三棱形。全属有 750～800 种，主要分布于热带、亚热带地区；中国有 32 种。叶下珠（*P. urinaria* L.）（图 12-7-43），一年生草本；叶小，叶柄极短，叶片长圆形或倒卵形；雌花单生于叶腋，花梗极短；蒴果表面具小凸刺；华北至华南地区常见，药用。

（2）雀舌木属（*Leptopus* Decne.）　灌木，稀多年生草本；单叶互生，全缘；花雌雄同株，稀异株，单生或簇生于叶腋；花瓣通常比萼片短小；萼片、花瓣、雄蕊和花盘腺体均为 5～6 枚；花盘腺体顶端全缘或 2 裂；子房 3 室，花柱 3 枚，2 裂，顶端常呈头状；蒴果成熟时开裂为 3 个 2 裂的分果爿。全属有 9 种；中国有 6 种。雀儿舌头［*L. chinensis* (Bunge) Pojark.］，灌木；花黄绿色，雌雄同株；花盘腺体 2 深裂；蒴果扁球形，基部有宿存的萼片；南北方广布，耐干旱贫瘠，可作水土保持植物；有毒。

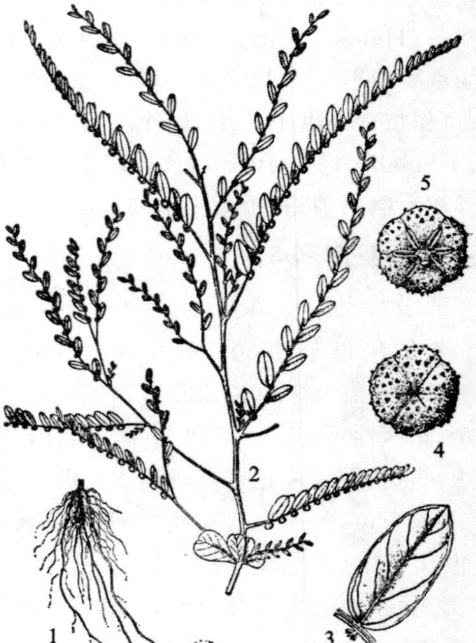

1. 根；2. 植株上部；3. 叶及果实脱落后宿存的花萼；4. 果实顶部；5. 果实基部。

图 12-7-43 叶下珠（引自《秦岭植物志》）

4. 分类学讨论　为保持大戟科为单系，APG 系统将叶下珠科从传统的广义大戟科拆分出来。叶下珠科子房每室具 2 枚胚珠，植物体常无乳汁，而大戟科子房每室具 1 枚胚珠，植物体常有乳汁，可以区别。

十三、牻牛儿苗目 Geraniales

本目有牻牛儿苗科和新妇花科(Francoaceae)2科。

(一)牻牛儿苗科 Geraniaceae

＊，↑ ⚥ $K_5\ C_5\ A_{10,5}\ \underline{G}_{(5:5:1-2)}$

本科有6属约830种;中国有2属54种。

1.形态特征　草本或亚灌木。单叶互生或对生,叶片常掌状或羽状分裂,具托叶。聚伞花序腋生或顶生,稀单生;花两性,辐射对称或两侧对称;萼片5枚;花瓣5枚;雄蕊10枚或5枚;雌蕊5枚心皮合生,子房上位,中轴胎座,5室,每室具1～2枚胚珠。蒴果常室间开裂,开裂的果瓣由基部向上反卷或螺旋状卷曲,顶部附着于中轴顶端,每果瓣具1枚种子。

2.识别要点　花两性,5数。蒴果常室间开裂,开裂的果瓣由基部向上反卷或螺旋状卷曲,顶部附着于中轴顶端,每果瓣具1枚种子。

3.代表植物【二维码12-71】

12-71

1.果枝;2.花;3.去除花被的花;4.退化雄蕊;5.果瓣;6.花图式。

图12-7-44　牻牛儿苗

(1)牻牛儿苗属(*Erodium* L'Hér. ex Aiton)　草本;茎节膨大;叶对生或互生,常羽状分裂;萼片和花瓣各5枚;雄蕊10枚,2轮,外轮5枚无花药,退化为鳞片状,内轮5枚有花药,与花瓣互生;子房5室,每室胚珠2枚;蒴果具长喙,成熟时自基部向顶端旋卷或扭曲,果瓣内面具长毛。全属75种;中国有4种。牻牛儿苗(*E. stephanianum* Willd.)(图12-7-44),多年生草本,叶对生,二回羽状深裂,花瓣紫红色,果长约4 cm;分布于东北、华北、西北、西南地区;药用。

(2)老鹳草属(*Geranium* L.)　草本或亚灌木,节明显;叶对生或互生,常掌状分裂;萼片和花瓣各5枚,雄蕊10枚,全部有花药,子房5室,每室2枚胚珠;蒴果具长喙,裂时由基部向顶背卷,果瓣内无毛。全属有约380种;中国有50种。鼠掌老鹳草(*G. sibiricum* L.),多年生草本,叶对生,基生叶5深裂,茎生叶3深裂,总花梗具1花,偶2花,花白色或淡紫红色,果梗下垂;分布于东北、华北、西北、西南地区。野老鹳草(*G. carolinianum* L.)原产于北美洲,在中国东部和南方归化为杂草。

中国无野生分布的天竺葵属(*Pelargonium* L'Hér. ex Aiton)的一些种常栽培供观赏,常见的有天竺葵(*P. hortorum* L. H. Bailey)、盾叶天竺葵[*P. peltatum* (L.) L'Hér.]、香叶天竺葵(*P. graveolens* L'Hér. & Aiton)等。

十四、桃金娘目 Myrtales

本目有千屈菜科等9科。

(一)千屈菜科 Lythraceae

＊ ⚥ $K_{4-8}\ C_{4-8,0}\ A_{4-12,\infty}\ \underline{G}_{(2-6,\infty:2-6,\infty:1-\infty)},\ \overline{G}_{(2,\infty:2,\infty:1,\infty)}$

本科有27属约620种;中国11属45种(特有10种,引进4种)。

1.形态特征　草本、乔木或灌木,幼枝常四棱形;有些为水生植物。单叶,常对生,少互生或轮生。总状、穗状、聚伞状、圆锥花序或花单生;花通常两性,稀单性;被丝托(萼筒)平滑或具棱;花多为4、6或8基数;萼片离生或部分合生;花瓣离生,有时无花瓣;雄蕊通常4～12枚,或多数;雌蕊常2～6枚心皮合生,有时心皮多数,子房上位或下位,1室至多室,中轴胎座或侧膜胎座,每室胚珠通常多数，稀1枚，花柱完全合生，柱头头状。蒴果、浆果或坚果，部分或全部被宿存被丝托包裹。

12-72

1.植株上部；2.茎与叶；3.花；4.被丝托展开示雄蕊；5.雌蕊；6.宿存被丝托包裹蒴果；7.种子。

图 12-7-45 千屈菜(引自《秦岭植物志》)

2.识别要点 花通常两性；被丝托宿存；花瓣离生；雌蕊心皮合生，子房上位或下位，花柱完全合生，柱头头状。蒴果、浆果或坚果，部分或全部被宿存被丝托包裹。

3.代表植物【二维码12-72】

(1)千屈菜属(*Lythrum* L.) 草本，稀灌木；小枝常具4棱；单叶对生或轮生，稀互生，全缘；花单生于叶腋或组成穗状花序、总状花序或歧伞花序；被丝托有8～12棱；萼片4～6枚；花瓣4～6枚，稀8枚或缺；雄蕊4～12枚，长短不一；子房上位，2室；蒴果完全包藏于宿存被丝托内；种子多数。全属约35种；中国有2种。千屈菜(*L. salicaria* L.)(图12-7-45)，多年生草本，喜生于水湿处或浅水中；叶对生或轮生；聚伞花序再排成穗状；萼片、花瓣各6枚，花瓣紫红色；雄蕊6长6短；各地常见，常栽培于水边供观赏。

(2)紫薇属(*Lagerstroemia* L.) 灌木或乔木；叶常对生，全缘；圆锥花序；被丝托常具棱或翅；花瓣通常6枚，基部有细长的爪，边缘波状或有皱纹；雄蕊6枚至多数；子房上位，3～6室；蒴果木质；种子多数，顶端有翅。全属有55种，中国有15种。紫薇(*L. indica* L.)，又称痒痒树、百日红；落叶灌木或小乔木，树皮光滑；花紫红色至白色；黄河以南地区常见，花期长，常栽培供观赏，可制作盆景；木材坚硬耐腐。

(3)石榴属(*Punica* L.) 落叶乔木或灌木；单叶，通常对生或簇生；花单生或几朵簇生；被丝托革质，近钟形；萼片、花瓣5～9枚；雄蕊多数；子房下位或半下位，心皮多数，1轮或2～3轮，最低一轮具中轴胎座，较高的1～2轮具侧膜胎座，胚珠多数；浆果球形，种子多数，种皮外层肉质，内层骨质。全属共2种，中国广泛栽培1种，即石榴(*P. granatum* L.)，可能原产于中亚至西亚，汉代传入中国，栽培品种很多，果实供鲜食或加工果汁，花有单瓣、重瓣的红、粉、黄、白各色，供观赏。

(4)菱属(*Trapa* L.) 一年生浮水或半挺水草本；浮水叶的叶柄膨大成海绵质气囊，叶片菱状圆形，具齿；花单生于叶腋；萼片、花瓣、雄蕊各4枚；子房半下位，2室，每室胚珠1枚；坚果革质或木质，有刺状的角或无，不开裂，具种子1枚。欧菱(*T. natans* L.)，常称为菱、菱角，果实形状多种多样，江南地区常栽培于湖泊、池塘中，种子富含淀粉，供食用。

4.分类学讨论 为保持科为单系，APG系统的千屈菜科合并了石榴科(*Punicaceae*)、菱科(*Trapaceae*)和海桑科(*Sonneratiaceae*)，这样广义的千屈菜科形态特征多样，它们的一个共同特征是花柱完全合生，柱头头状。

(二)柳叶菜科 Onagraceae

$*，\uparrow ⚥ K_{4,2,5}\ C_{4,2,5}\ A_{8,4,10,1-2}\ \overline{G}_{(4,2,5:4,2,5:1-\infty)}$

本科有22属约660种；中国有6属64种。

1.形态特征 草本或灌木，稀乔木。单叶，叶对生、互生或轮生。单花、圆锥花序、总状花序或穗状花序；花通常单性，两侧对称或辐射对称；萼片常4枚，稀2枚或5枚；花瓣与萼片同数；雄蕊数为萼片的2倍，或1～2枚；子房下位，4室或2室或5室，每室1至多数胚珠，花柱1个，柱头头状、棍棒状或具裂片。蒴果、坚果或浆果。种子有时具种缨。

2.识别要点 单叶。花通常两性，两侧对称或辐射对称；萼片、花瓣常4枚或2枚或5枚；雄蕊数常为萼片的2倍；子房下位。蒴果、坚果或浆果。

3. 代表植物【二维码 12-73】

12-73

(1)柳叶菜属(*Epilobium* L.)　多年生草本;叶通常对生;花辐射对称;花萼与花冠在基部合生成短的花管;萼片、花瓣各 4 枚;花瓣先端半裂或有凹缺;雄蕊 8 枚,排成不等长的 2 轮;子房 4 室,柱头全缘或微凹至 4 裂;蒴果,种子多数,具种缨。全属有 165 种;中国有 33 种。常见的有柳叶菜(*E. hirsutum* L.)(图 12-7-46),柱头 4 裂;毛脉柳叶菜(*E. amurense* Hausskn.),柱头不裂。

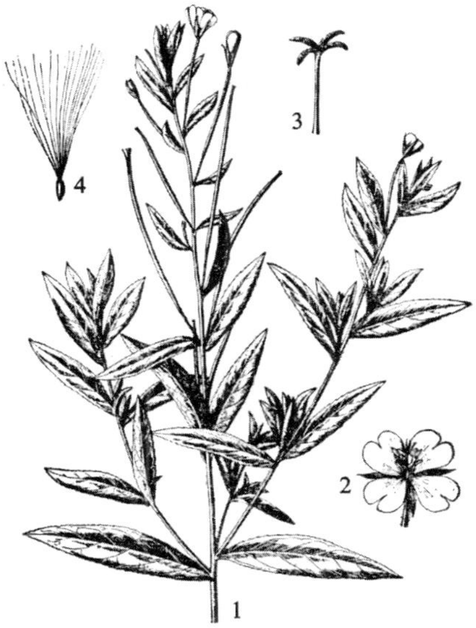

1. 植株上部;2. 花;3. 花柱和柱头;4. 种子。

图 12-7-46　柳叶菜(引自《秦岭植物志》)

(2)柳兰属[*Chamerion* (Raf.) Raf. ex Holub]　多年生草本;叶通常螺旋状排列;花多少两侧对称;无花管;萼片、花瓣各 4 枚;花瓣全缘;雄蕊 8 枚,近等长,排成 1 轮;子房 4 室,柱头 4 深裂;蒴果,种子多数,具种缨。全属有 8 种;中国有 4 种。常见的有柳兰[*C. angustifolium* (L.) Holub]。

(3)月见草属(*Oenothera* L.)　与柳叶菜属、柳兰属的主要区别是种子无种缨。全属有 121 种;中国栽培或逸为野生的有约 10 种。常见的有月见草(*O. biennis* L.),原产北美地区,已在世界温带和亚热带地区广泛栽培或逸为野生;花美丽,供观赏,芳香;种子是提取 γ-亚麻油酸的来源。

十五、无患子目 Sapindales

本目有白刺科等 9 科。

(一)白刺科 Nitrariaceae

$* \ ⚥ \ K_{4-5} \ C_{4-5} \ A_{10-15,4} \ \underline{G}_{(3-4:3-4:\infty,1)}$

本科有 3 属 16 种;中国有 2 属 8 种。

1. 果枝;2. 花;3. 果核。

图 12-7-47　小果白刺(引自《中国植物志》《中国高等植物图鉴》)

1. 形态特征　灌木或草本。叶互生或簇生,全缘或羽状分裂。花单生或排成聚伞状花序。萼片、花瓣各 4 枚或 5 枚;雄蕊 10~15 枚或 4 枚;子房上位,常 3~4 室,每室胚珠多数或 1 枚;蒴果或核果。

2. 识别要点　灌木或草本。叶全缘或羽状分裂。萼片、花瓣 5 枚或 4 枚;雄蕊 10~15 枚或 4 枚;子房上位,常 3~4 室。蒴果或核果。

3. 代表植物【二维码 12-74】

12-74

(1)白刺属(*Nitraria* L.)　灌木,小枝先端常成硬刺;单叶,肉质;聚伞花序;花两性,萼片 5 枚,花瓣 5 枚,雄蕊 10~15 枚,子房上位,3 室,每室 1 枚胚珠;核果,具 1 枚种子。全属约 7 种;中国有 5 种,主产于西北地区,生于盐渍砂地,常为建群种,为荒漠区优良固沙造林植物。小果白刺(*N. sibirica* Pall.)(图 12-7-47),灌木,枝铺散少直立,叶 4~6 枚簇生,果小,暗紫色,近球形或椭圆形,果核长 4~5 mm;分布于西北至北部干旱地区,果可食,果核可榨油。常见的还有:白刺(*N. tanguto-*

rum Bobrov)，叶 2～4 枚簇生，果卵形，果核长 5～6 mm；大白刺(*N. roborowskii* Kom.)，叶 2～3 枚簇生，较宽，果大，果核长 8～10 mm。

(2)骆驼蓬属(*Peganum* L.)　多年生草本；单叶分裂为条状裂片，互生；花单生；萼片 5 枚，分裂成不规则条形裂片，宿存；花瓣 5 枚，白色；雄蕊 15 枚；子房上位，3 室，胚珠多数；蒴果具多数种子。全属有 6 种，中国有 3 种，主产于西北地区。常见的有骆驼蓬(*P. harmala* L.)，植株光滑无毛，直立或开展，叶 3～5 全裂，裂片宽 1.5～3.0 mm；分布于西北各省，生于干旱坡地及轻盐渍化荒地。

(二)漆树科 Anacardiaceae

＊ ⚥，♂ ♀ $K_{(3-5)}\ C_{3-5}\ A_{5-10}\ \underline{G}_{1:1:1},\ \underline{G}_{4-6:4-6:1},\ \underline{G}_{(2-5:2-5:1)}$

本科有 80 属约 870 种；中国有 17 属 55 种。

1. 形态特征　乔木或灌木，稀为木质藤本或亚灌木状草本，韧皮部具树脂道。叶互生，稀对生，单叶，掌状 3 小叶或羽状复叶。圆锥花序顶生或腋生；花辐射对称，两性、单性或杂性；花萼多少合生，常 3～5 裂；花瓣 3～5 枚，分离或基部合生；雄蕊通常 5～10 枚；花盘全缘或 5～10 浅裂，或呈柄状突起；子房上位，由 1～6 枚心皮组成，心皮离生、部分合生或完全合生，1～5 室，每室具 1 枚胚珠。核果，常偏斜，1～5 室，每室具 1 枚种子。

2. 识别要点　通常为木本，韧皮部具树脂道。圆锥花序；花两性、单性或杂性；子房每室具 1 枚胚珠。核果，常偏斜。

3. 代表植物【二维码 12-75】

12-75

1. 雄花枝；2. 果枝；3. 雄花；4. 花萼；5. 雌花；6. 雌蕊。

图 12-7-48　漆(引自《秦岭植物志》)

(1)漆属(*Toxicodendron* Mill.)　落叶乔木或灌木，稀为木质藤本；具白色乳汁，干后变黑；叶互生，奇数羽状复叶或掌状 3 小叶；圆锥花序腋生；花单性异株；花萼 5 裂，宿存；花瓣 5 枚；雄蕊 5 枚；子房基部埋入花盘中，1 室，1 胚珠；核果近球形或压扁。全属约有 20 种，中国有 16 种。漆[*T. vernicifluum* (Stokes) F. A. Barkley](图 12-7-48)，乔木；奇数羽状复叶，常具小叶 9～13 枚；果序下垂；果无毛，成熟时不开裂。分布于华北、华东、华中、华南、西南地区，是从树干割取生漆的主要来源，加工后制成的漆是优质防腐、防锈涂料，在中国有数千年的利用历史；种子可榨油。漆属植物的乳汁中含漆酚，接触皮肤常会引起强烈过敏，误食会引起中毒，采收和加工时应注意防护。

(2)盐麸木属(*Rhus* L.)　与漆属的主要区别是圆锥花序顶生；乳汁不含漆酚。全属约有 250 种；中国有 6 种。盐麸木(*R. chinensis* Mill.)，落叶小乔木或灌木；奇数羽状复叶，常具小叶 5～13 枚，叶轴具狭翅；除东北地区和新疆外，遍布全国。由五倍子蚜虫寄生在盐麸木叶上形成的虫瘿，称为五倍子，供药用及工业用途。

漆树科有重要经济价值的植物还有杧果(*Mangifera indica* L.)，果实为著名热带水果；阿月浑子(*Pistacia vera* L.)，果实为著名干果，俗称开心果；腰果(*Anacardium occidentale* L.)，种子供食用，味美。

(三)无患子科 Sapindaceae

＊，↑ ♂ ♀，⚥ $K_{4-5}\ C_{4-5}\ A_{5-10}\ \underline{G}_{(2-4:2-4:1-2,7-8)}$

本科有 142 属约 1 900 种；中国有 25 属 158 种。

1. 形态特征　乔木或灌木，有时为草质或木质藤本。叶互生或对生，羽状或掌状复叶，或单叶。聚伞圆锥花序或总状花序；花辐射对称或两侧对称，多单性，有时为杂性或两性；萼片与花瓣均为4枚或5枚，稀6枚；花具肉质花盘；雄蕊通常5～10枚；雌蕊2～4枚心皮合生，子房上位，2～4室，每室具1～2枚或7～8枚胚珠，通常为中轴胎座。蒴果、浆果、核果或具翅的坚果。

2. 识别要点　通常为木本。叶为复叶或单叶。聚伞圆锥花序或总状花序；萼片与花瓣均为4枚或5枚，稀6枚；花具肉质花盘；雄蕊通常5～10枚；子房上位，2～4室，每室具1～2枚胚珠。

3. 代表植物【二维码12-76】

12-76

(1) 文冠果属(*Xanthoceras* Bunge)　落叶灌木或小乔木；叶互生，奇数羽状复叶，小叶有锯齿；总状花序；花辐射对称，杂性，雄花和两性花同株；萼片5枚；花瓣5枚；花盘5裂；雄蕊8枚；子房3室，每室具胚珠7～8枚；蒴果3裂，果皮厚而硬，具多数种子。仅1种，即文冠果(*X. sorbifolium* Bunge)(图12-7-49)，分布于中国北方和朝鲜半岛；种子嫩时鲜食，熟后可榨油；花开密集，可用于绿化观赏。

1. 枝叶与花序；2. 花瓣；3. 雄蕊；
4. 开裂果实；5. 种子。

图12-7-49　文冠果(引自《秦岭植物志》)

(2) 栾属(*Koelreuteria* Laxm.)　落叶乔木或灌木；叶互生，一回或二回奇数羽状复叶；聚伞圆锥花序大型；花杂性，同株或异株，两侧对称；萼片、花瓣5枚或4枚；雄蕊通常8枚；子房3室，中轴胎座，每室胚珠2枚；蒴果膨胀，开裂成3个果瓣。全属有3种，中国有3种。栾(*K. paniculata* Laxm.)，通常为一回羽状复叶，小叶边缘具不规则锯齿；分布于华北、华东、西南等地区，其他地区多栽培，供绿化观赏。复羽叶栾(*K. bipinnata* Franch.)，二回羽状复叶，小叶边缘具不规则锯齿或全缘；分布于华中、华南至西南地区，供绿化观赏。

(3) 槭属(*Acer* L.)　落叶或常绿乔木或灌木；叶对生，单叶或复叶；雄花与两性花同株或异株，稀单性，雌雄异株；萼片与花瓣均5枚或4枚，稀无花瓣；雄蕊4～12枚，通常8枚；子房2室，每室具2枚胚珠，但仅1枚发育；果实为2枚相连的小坚果，侧面有长翅。全属有129种，中国有99种。常见的有元宝槭(*A. truncatum* Bunge)、三角槭(*A. buergerianum* Miq.)、鸡爪槭(*A. palmatum* Thunb.)、梣叶槭(*A. negundo* L.)等，常栽培供绿化和观赏；糖槭(*A. saccharum* Marshall)可取树液用于加工糖浆和糖果。

(4) 七叶树属(*Aesculus* L.)　落叶乔木或灌木；叶对生，掌状复叶；聚伞圆锥花序顶生；花杂性，雄花与两性花同株；花萼钟形或管状，上段4～5裂；花瓣4～5枚；雄蕊5～8枚；子房3室，每室胚珠2枚；蒴果1～3室，种子仅1～2枚发育。全属有12种；中国有4种。常见的为七叶树(*A. chinensis* Bunge)，掌状复叶具5～7小叶，小叶边缘具细小锯齿；花瓣白色，带红色和黄色斑；各地常见栽培，供绿化观赏。

无患子科有重要经济价值的植物还有：荔枝(*Litchi chinensis* Sonn.)、龙眼(*Dimocarpus longan* Lour.)，果实为著名南方水果，也可制干果；木材优质；还是蜜源植物。无患子(*Sapindus saponaria* L.)常栽培供绿化观赏，果皮含皂素，为天然洗涤剂。

4. 分类学讨论　为了使无患子科为单系，APG系统将槭树科(*Aceraceae*)和七叶树科(*Hippocastanaceae*)合并入了无患子科。

(四)芸香科 Rutaceae

$*, \uparrow ⚥ K_{4-5}\ C_{4-5}\ A_{8-10,\infty}\ \underline{G}_{(4-\infty:4-\infty:1-2,\infty)}$

本科有 148 属约 1 800 种；中国有 22 属 126 种，其中柑橘属的许多种为南方重要果树，另有不少药用和芳香植物。

1. 形态特征　乔木或灌木，有时为草本或藤本；叶中及植物体其他部分常可见透明腺点，含芳香油。叶互生，稀对生，复叶，稀为单叶，无托叶。花两性，稀单性，多辐射对称，稀两侧对称；萼片常4～5枚，合生或离生；花瓣常 4～5 枚，离生；具花盘；雄蕊常 8～10 枚，或多数；雌蕊由 1 枚至多数心皮组成，离生或合生，子房上位，1 室或多室，每室胚珠 1～2 枚或多数。柑果、蓇葖果、蒴果、浆果或翅果。

2. 识别要点　植物体具芳香油腺点。复叶，稀单叶，无托叶。花萼、花瓣通常 4～5 枚，雄蕊常8～10 枚，或多数，花盘明显。柑果、蓇葖果、蒴果、浆果或翅果。

12-77

3. 代表植物【二维码 12-77】

(1)柑橘属(*Citrus* L.)　常绿稀落叶乔木或灌木，常有枝刺；单身复叶，叶轴常具翅，称为翼叶；花常两性，单生、簇生或为少花的圆锥花序；花萼杯状，3～5 浅裂，结果时增大；花瓣常 5 枚；雄蕊多数；子房 5～14 室或更多室，每室具 2～8 枚或更多枚胚珠；柑果。全属 20～25 种；中国约 11 种。柑橘(*C. reticulata* Blanco)(图 12-7-50)，果皮薄，易剥离；原产于中国东南部，江南各省自古栽培，品种很多。柚[*C. maxima* (Burm.) Merr.]，果皮很厚，难以剥离，果大；江南广栽，著名南方水果，品种很多。金柑(*C. japonica* Thunb)，果小，心皮少，果皮不易剥离；江南广栽，品种很多。枳(*C. trifoliata* L.)，落叶小乔木或灌木，枝刺多，三出复叶；较耐寒，黄河以南地区栽培用作绿篱，果实药用。本属许多种经反复杂交，培育出十分丰富的栽培品种，全球温暖地区广泛种植，经济价值巨大。

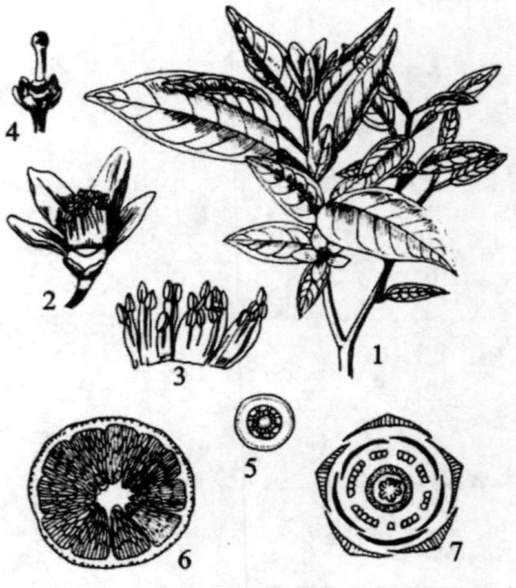

1. 花枝；2. 花；3. 雄蕊；4. 花萼和雌蕊；5. 子房横切面；6. 果实横切面；7. 花图式。

图 12-7-50　柑橘

(2)花椒属(*Zanthoxylum* L.)　乔木或灌木，或木质藤本，常有皮刺；多奇数羽状复叶；花小，单性，聚伞状圆锥花序；蓇葖果，种子黑色有光泽。全属 200 种以上；中国有 41 种，最常见的是花椒(*Z. bungeanum* Maxim.)，灌木或小乔木，果球形，果皮具油腺体，红色至紫红色，分布于华北至西南地区，野生或广泛栽培，果为著名调味品。

本科经济价值较大的植物还有：吴茱萸[*Tetradium ruticarpum* (A. Juss.) T. G. Hartley]，果药用；白鲜(*Dictamnus dasycarpus* Turcz.)，根皮药用；黄檗(*Phellodendron amurense* Rupr.)，树皮药用，木材优质；黄皮[*Clausena lansium* (Lour.) Skeels]，果食用；九里香(*Murraya exotica* L.)，花极香，南方绿化观赏树种。

(五)楝科 Meliaceae

$* ⚥, ♂\ ♀\ K_{(4-5),4-5}\ C_{4-5}\ A_{(8-10),8-10}\ \underline{G}_{(2-5:2-5:1-\infty)}$

1. 形态特征　乔木或灌木，稀为亚灌木。叶互生，稀对生，通常为羽状复叶，很少 3 小叶或单叶。花两性或杂性异株，辐射对称，常组成圆锥花序，稀总状花序或穗状花序；花萼浅杯状或短管状，4～5 齿裂，或由 4～5 枚萼片组成；花瓣通常 4～5 枚；雄蕊通常 4～10 枚，花丝合生成管或分离；有花盘或无花盘；雌蕊常 2～5 枚心皮合生，子房上位，常 2～5 室，每室具胚珠 1 至多数。蒴果、浆果或核果。

2. 识别要点　木本，常为复叶。常为圆锥花序；花萼 4～5 裂或萼片 4～5 枚；花瓣 4～5 枚；雄蕊 4～10 枚，花丝合生成管或分离；子房 2～5 室。蒴果、浆果或核果。

3. 代表植物【二维码 12-78】

12-78

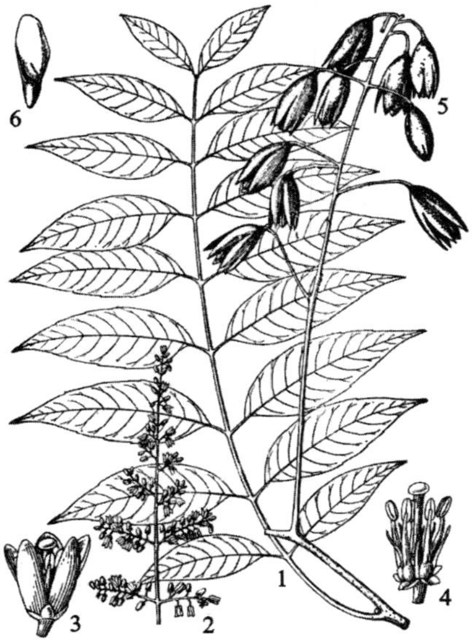

1. 叶；2. 花序；3. 花；4. 去除花冠的花；5. 果序；6. 种子。

图 12-7-51 香椿（引自《秦岭植物志》《中国植物志》）

(1)香椿属[*Toona* (Endl.) M. Roem.] 乔木。叶互生，通常为偶数羽状复叶，小叶中具腺点；圆锥花序顶生或腋生；花两性；花萼短管状，5 齿裂或分裂为 5 枚萼片；花瓣 5 枚，分离；雄蕊 5 枚，分离，退化雄蕊 5 枚或无；花盘肉质，成一个具 5 棱的短柱；子房 5 室，每室具胚珠 8～12 枚；花柱顶端具盘状的柱头；蒴果，革质或木质，开裂为 5 个果瓣。种子有长翅。全属约有 5 种；中国有 4 种。香椿[*T. sinensis* (Juss.) Roem.]（图 12-7-51），落叶乔木；偶数羽状复叶具 16～20 枚小叶；花白色；雄蕊 5 枚，退化雄蕊 5 枚；分布于华北、华东、华中、华南和西南地区；各地广泛栽培，嫩叶有香味，是中国的特色木本蔬菜；木材坚硬，纹理美观，为优质木材；种子可培育香椿芽菜供食用。

(2)楝属(*Melia* L.) 落叶乔木或灌木；叶互生，一至三回羽状复叶；圆锥花序腋生；花两性；花萼 5～6 深裂，花瓣白色或紫色，5～6 枚；雄蕊 10～12 枚合生成管状，管顶有 10～12 齿裂，花药着生于裂齿间；花盘环状；子房 3～6 室，每室具胚珠 2 枚；核果，果皮肉质，核骨质，每室有种子 1 枚。全属有 3 种；中国有 1 种，即楝(*M. azedarach* L.)，又称苦楝；落叶乔木；二至三回奇数羽状复叶，小叶边缘有钝锯齿；花淡紫色，芳香；果球形，成熟时黄色；黄河以南地区常见；栽培供造林和绿化；木材良好；根皮、树皮、叶及果实含苦楝素类化合物，可作杀虫剂。

十六、锦葵目 Malvales

本目有锦葵科等 10 科。

(一)锦葵科 Malvaceae

$* \text{⚥} K_5\ C_{5,0}\ A_{5-\infty,(\infty)}\ \underline{G}_{(5-\infty:1-\infty:1-\infty)}$

本科约有 215 属约 4 300 种；中国有 47 属 244 种。

1. 形态特征 乔木、灌木、藤本或草本；常具黏液道。单叶或掌状复叶，常互生；具托叶。聚伞状至圆锥状花序，稀单花；花两性，稀单性，辐射对称；具副萼或无；花萼常 5 枚；花瓣常 5 枚，稀无；雄蕊 5 枚至多数，花丝离生或合生成单体雄蕊；雌蕊 5 枚或多心皮合生或离生，子房上位，1 室或多室，每室 1 至多枚胚珠。蒴果或蓇葖果，稀为浆果、坚果或翅果。

2. 识别要点 花常两性；具副萼或无；花萼常 5 枚；花瓣常 5 枚，稀无；雄蕊 5 枚至多数，花丝离生或合生成单体雄蕊；雌蕊 5 枚或多心皮合生或离生，子房上位。

3. 代表植物【二维码 12-79】

12-79

(1)棉属(*Gossypium* L.) 一年生或多年生草本，或灌木、小乔木；叶掌状分裂；副萼 3～7 枚，叶状；花萼成杯状，5 裂；花瓣 5 枚；子房 3～5 室，每室具 2 至多枚胚珠；蒴果 3～5 瓣裂；种子表皮细胞延伸成纤维。全属约 20 种；中国引种栽培 4 种。陆地棉(*G. hirsutum* L.)（图 12-7-52），一年生草本至亚灌木，叶常 3 浅裂或中裂，副萼片 3 枚，边缘 7～9 齿；原产于中美洲，中国产棉区普遍栽培，品种甚多；种皮棉纤维为重要纺织原料，种子榨油，籽壳可培养食用菌。海岛棉(*G. barbadense* L.)，亚灌木或灌木，叶 3～5 深裂，副萼片 5 枚，边缘 10～15 齿，原产于美洲，中国南方热带、亚热带以及新疆栽培，纤维长，价值高。

(2)锦葵属(*Malva* L.) 一至多年生草本；叶常掌状浅裂；花单生或簇生于叶腋，副萼 3 枚，线形；萼片、花瓣5枚，单体雄蕊；分果圆盘状，种子肾形。全属约30种，中国有3种。锦葵（*M. cathayensis* M. G. Gilbert, Y. Tang & Dorr），二年生或多年生草本，叶5～7钝浅裂，花蓝紫色或白色；多栽培观赏。冬葵（*M. verticillata* L. var. *crispa* L.），一年生草本，叶缘皱曲，花白色；中国自古作蔬菜食用。

（3）椴属（*Tilia* L.） 落叶乔木；单叶互生；花两性，排成聚伞花序，花序柄下半部常与长舌状的总苞片合生；萼片5枚；花瓣5枚；雄蕊多数；子房5室，每室有胚珠2颗；核果，有种子1～2枚。全属有23～40种；中国有19种，如椴树（*T. tuan* Szyszyl.）、辽椴（*T. mandshurica* Rupr. & Maxim.）、华椴（*T. chinensis* Maxim.）等，为蜜源植物。

1. 花枝；2. 花纵剖；3. 雄蕊；4. 蒴果；5. 开裂的蒴果；6. 种子；7. 棉属的花图式。

图 12-7-52 陆地棉

（4）梧桐属（*Firmiana* Marsili） 乔木或灌木；单叶，掌状3～5裂，或全缘；圆锥花序，稀为总状花序；花单性或杂性；萼5深裂；无花瓣；雄花的花药10～15个，聚集在雌雄蕊柄的顶端成头状，有退化雌蕊；雌花的子房5室，每室有胚珠2至多枚；聚合蓇葖果，果皮膜质，在成熟前甚早就开裂成叶状，每蓇葖有种子1个或多个。全属有16种；中国有7种。梧桐[*F. simplex*（L.）W. Wight]，树皮青绿色；叶掌状3～5裂，基部心形；花淡黄绿色或黄白色；中国南北方广布，栽培供绿化，木材轻软，种子炒食或榨油。

本科经济价值较大的植物还有：可可（*Theobroma cacao* L.），原产于美洲，种子用于制作巧克力；榴梿（*Durio zibethinus* Rumph. ex Murray），原产于东南亚，果为著名热带水果；咖啡黄葵[*Abelmoschus esculentus*（L.）Moench]，嫩果作蔬菜食用，俗称秋葵；木棉（*Bombax ceiba* L.），又名攀枝花，华南、西南地区常栽培，花大而美丽，为园庭观赏树、行道树；木槿（*Hibiscus syriacus* L.）、朱槿（*H. rosa-sinensis* L.）、蜀葵（*Alcea rosea* L.）均为美丽的观赏植物。此外，野西瓜苗（*Hibiscus trionum* L.）、苘麻（*Abutilon theophrasti* Medikus）等为常见杂草。

4. 分类学讨论 系统发育分析表明传统分类系统中的椴树科（*Tiliaceae*）、梧桐科（*Sterculiaceae*）、木棉科（*Bombacaceae*）均不是单系类群，因此APG系统把它们合并入了锦葵科，这样构成了单系的广义的锦葵科。

十七、十字花目 Brassicales

本目有十字花科等17科。

（一）十字花科 Brassicaceae(Cruciferae)

$* \ ⚥ K_4 \ C_4 \ A_{4+2} \ \underline{G}_{(2:1:1-\infty)}$

本科有330属约3 500种，广布全世界，主产于北温带，以地中海地区最多；中国有102属412种，各地均有分布，以西北地区较多。本科有多种常见的重要蔬菜和油料作物以及蜜源植物，另有一些药用和观赏植物，也有不少为农区杂草。

1. 形态特征 一年生或多年生草本，稀为灌木、木质藤本、乔木。通常为单叶互生或基生，稀为复叶或对生。总状花序、圆锥花序、伞房花序、穗状花序或花簇生、单生；花通常两性，辐射对称；萼片4枚；花瓣4枚，十字形排列，基部常成爪，花托上常有蜜腺；雄蕊6枚，外轮2枚短，内轮4枚长，称为四强雄蕊；子房上位，2枚心皮合生，侧膜胎座，1室，常具次生的假隔膜而使子房成2室状，每室胚珠1至多枚。长角果或短角果，自下向上2瓣分裂，或不开裂。种子无胚乳，胚弯曲。花粉具3沟。

2. 识别要点　通常为草本。花两性；萼片、花瓣各4枚，十字花冠；雄蕊6枚，4长2短，即四强雄蕊；雌蕊2枚心皮合生，侧膜胎座，具假隔膜。长角果或短角果。

3. 代表植物【二维码12-80】

12-80

1. 花果枝；2. 中下部叶；3. 花；4. 花俯视；5. 雄蕊和雌蕊；6. 子房横切面；7. 开裂的角果；8. 种子横切，示子叶对折；9. 花图式。

图 12-7-53　芸薹

(1)芸薹属(*Brassica* L.)　一年生、二年生或多年生草本；叶基生并茎生；圆锥花序，花通常黄色，具蜜腺；长角果开裂；种子每室1行，常球形。约40种，主产于地中海地区；中国有6种，常为栽培蔬菜或油料作物，品种很多。蔓菁(*B. rapa* L.)，肉质根供蔬食；芸薹(*B. rapa* var. *oleifera* DC.)(图12-7-53)，嫩茎叶为蔬菜，种子榨油；白菜(*B. rapa* var. *glabra* Regel)，叶结球，重要蔬菜；青菜[*B. rapa* var. *chinensis* (L.) Kitam.]，叶不结球，幼苗为蔬菜；芥菜[*B. juncea* (L.) Czern. var. *juncea*]，叶形多变，品种多，幼苗蔬食，种子磨碎为调味品，即芥末，种子榨油为芥末油；芥菜疙瘩[*B. juncea* var. *napiformis* (Pailleux & Bois) Kitam.]，肉质根常用于腌咸菜；榨菜(*B. juncea* var. *tumida* Tsen & S. H. Lee)，叶柄基部肉质膨大，常用于腌咸菜；甘蓝(*B. oleracea* L. var. *capitata* L.)，又称包菜、莲花白，叶结球，重要蔬菜；花椰菜(*B. oleracea* var. *botrytis* L.)，又称菜花、花菜，幼嫩花序肉质，球形，黄白色，为蔬菜；西蓝花(*B. oleracea* var. *italica* Plenck)，幼嫩花序肉质，球形，绿色，为蔬菜；擘蓝(*B. oleracea* var. *gongylodes* L.)，又称苤蓝，茎基部肉质膨大，为蔬菜；抱子甘蓝[*B. oleracea* var. *gemmifera* (DC.) Zenker]，茎生叶的叶腋处形成小的结球叶，为蔬菜；白花甘蓝(*B. oleracea* var. *albiflora* Kuntze)，又称白花芥蓝，嫩茎叶为蔬菜；羽衣甘蓝(*B. oleracea* var. *acephala* DC.)，内层的基生叶黄色、粉红色、紫色或红色，貌似花朵，常栽培供观赏；欧洲油菜(*B. napus* L.)，种子榨油，为重要油料作物。

(2)萝卜属(*Raphanus* L.)　一年生或二年生草本；叶大头羽状分裂；花白色或紫色；长角果不开裂，具喙；种子1行，子叶对折。全属有3种，主产于地中海地区；中国有2种。萝卜(*R. sativus* L.)，根肉质，根皮有白色、红色、绿色的，根内有白色、红色的，根形状、大小多样，品种众多，为重要根菜，广泛栽培。

(3)荠属(*Capsella* Medik.)　一年生或二年生草本；茎直立；基生叶莲座状；总状花序，花瓣白色；短角果近倒心形，两侧扁压；子叶背倚胚根。全属1种，即荠[*C. bursa-pastoris* (L.) Medik.]，世界性分布杂草，嫩苗蔬食，称为荠菜。

本科常见植物还有：豆瓣菜(*Nasturtium officinale* R. Br.)、芝麻菜[*Eruca vesicaria* (L.) Cav. subsp. *sativa* (Mill.) Thell.]等的幼苗作蔬菜食用；白芥(*Sinapis alba* L.)的种子也用于制作芥末；辣根(*Armoracia rusticana* G. Gaertn. B. Mey. & Scherb.)的根辛辣，磨碎用作调味品；菘蓝(*Isatis tinctoria* L.)的茎叶经加工可制靛蓝染料，根药用，称为板蓝根；诸葛菜[*Orychophragmus violaceus* (L.) O. E. Schulz]、紫罗兰[*Matthiola incana* (L.) W. T. Aiton]、桂竹香[*Erysimum* ×*cheiri* (L.) Crantz]、香雪球[*Lobularia maritima* (L.) Desv.]等为观赏植物；拟南芥[*Arabidopsis thaliana* (L.) Heynh.]为分子生物学研究中的模式植物；播娘蒿[*Descurainia sophia* (L.) Webb ex Prantl]、独行菜(*Lepidium apetalum* Willd.)、菥蓂(*Thlaspi arvense* L.)、碎米荠(*Cardamine hirsuta* L.)、离子芥[*Chorispora tenella* (Pall.) DC.]、葶苈(*Draba nemorosa* L.)等

为常见杂草。

十八、石竹目 Caryophyllales

本目有柽柳科等 38 科。

(一)柽柳科 Tamaricaceae

$* \ ⚥ K_{4-5}\ C_{4-5}\ A_{4-10,\infty}\ \underline{G}_{(3-5:1:\infty)}$

本科有 3 属 110 余种，主要分布于欧亚温带与亚热带；中国有 3 属 32 种，主产于北部与西部干旱与半干旱地区。本科多是荒漠植物群落的优势种，在增加荒漠植被、绿化荒漠、防风固沙、改良盐土、维持荒漠生态平衡等方面有重要作用，有些植物还具有观赏价值。

1. 形态特征　落叶灌木、半灌木，稀小乔木。叶小，多为鳞片状，少为肉质棒状，常无叶柄，无托叶，多具泌盐腺体。花小，常两性，整齐，集成总状或圆锥花序，稀单生；萼片与花瓣各 4～5 枚，花瓣脱落或宿存；雄蕊 4～10 枚或多数，着生在花盘上，花丝分离或部分连合；雌蕊由 3～5 枚心皮结合而成，子房上位，1 室，侧膜胎座或基生胎座，胚珠通常多数稀 2 枚，花柱常 3～5 枚。蒴果 3～5 裂。种子小，全面被毛或在顶端具束毛、芒柱，芒柱从基部或从一半开始被柔毛；有或无胚乳。

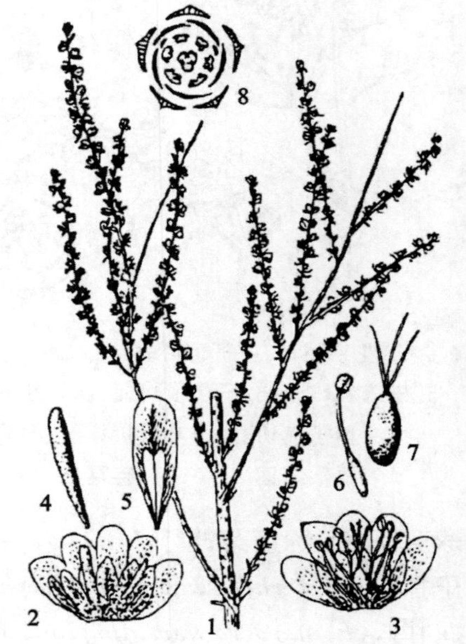

1. 花枝；2. 花被；3. 花；4. 鳞片状附属物；5. 萼片；6. 雄蕊；7. 雌蕊；8. 花图式。

图 12-7-54　红砂

2. 识别要点　木本。叶小，鳞片状，无托叶，具泌盐腺体。花小，整齐，萼片与花瓣 4～5 枚，侧膜胎座。蒴果。种子被毛或顶端具束毛。

3. 代表植物【二维码 12-81】

12-81

(1)红砂属(*Reaumuria* L.)　小灌木；叶肉质，圆柱形；花多单生于枝顶，苞片 2 至多数；萼片 5 枚，宿存，花瓣 5 枚，内侧有 2 枚鳞片状附属物；雄蕊 5 枚至多数，分离或基部稍合生，花柱 3～5 个；种子全体被毛，有胚乳。全属 12 种，主产于地中海及中亚地区；中国有 4 种，产于北方地区，为荒漠、半荒漠地区的重要饲用植物。红砂［*R. songarica* (Pall.) Maxim.］(图 12-7-54)，小枝多拐曲，叶常4～6 枚簇生，花常单生于叶腋处极度短缩的小枝顶端，花瓣白色略带淡红，雄蕊常 6～8 枚，花柱 3 枚，蒴果 3 瓣裂；分布于西北地区。五柱红砂(*R. kaschgarica* Rupr.)，花瓣粉红色，雄蕊通常 15 枚，花柱 5 枚，果 5 瓣裂；分布于甘肃、青海、新疆、西藏。

(2)柽柳属(*Tamarix* L.)　灌木或小乔木，小枝细长；叶鳞片状，无腋芽小枝冬季与叶俱落；花多密集成总状或圆锥花序，萼片与花瓣各 4～5 枚，雄蕊 4～5 枚或 8～10 枚，花柱 3～5 个；果 3～5 瓣裂，种子顶端具长柔毛。全属约 90 种，分布于亚、欧、非洲的荒漠地区；中国有 18 种，主产于西北、华北地区；本属植物多耐旱、耐盐碱、耐水湿，是防风固沙和改良盐碱地的优良造林树种，也是荒漠、半荒漠地区的重要饲用植物，有的可作绿化观赏。柽柳(*T. chinensis* Lour.)，株高可达 7 m，小枝细长，下垂，花 5 数，柱头 3 个；产于华北地区至南方各地。多枝柽柳(*T. ramosissima* Ledeb.)，小枝红棕色，花 5 数，花冠杯状，宿存，柱头 3 个，一年开两次花；产于西北与华北地区，适应性强。细穗柽柳(*T. leptostachys* Bunge)，花序细长，花 5 数，花冠开展，玫瑰红色，脱落；主产西北地区，优良固沙与观赏植物。常见的还有：长穗柽柳(*T. elongata* Ledeb.)与短穗柽柳(*T. laxa* Willd.)，花 4 数，开花早；多花柽柳(*T. hohenackeri* Bunge)，高大，花冠鼓形，宿存；刚毛柽柳(*T. hispida*

Willd.)，枝叶被毛，花冠开展，5 数，紫红色，耐盐，可观赏。

(3)水柏枝属(*Myricaria* Desv.) 灌木；叶多为鳞片状；总状花序，萼片 5 枚，花瓣 5 枚，雄蕊 10 枚，花丝中部以下合生，柱头 3 浅裂；果 3 瓣裂，种子顶端具束毛。全属约 13 种，分布于欧亚大陆；中国有 10 种，主产于西北、华北与西南地区；本属植物喜水湿，速生，萌生力强，是优良护堤保土树种，也可供观赏。常见的有：宽苞水柏枝(*M. bracteata* Royle)，叶长 1～6 mm，花序顶生，基部无鳞片，苞片宽卵形或椭圆形，花瓣粉红色或淡紫色，宿存；产于华北、西北地区。具鳞水柏枝(*M. squamosa* Desv.)，叶小，花序侧生于老枝，基部宿存多枚鳞片，花粉红色；产于西北地区及四川、西藏一带。

(二)白花丹科 Plumbaginaceae

$*$ ⚥ $K_{(5)}\ C_{(5)}\ A_5\ \underline{G}_{(5:1:1)}$

本科有 24 属 836 种；中国有 7 属 46 种。

1. 形态特征 小灌木、半灌木或多年生草本，罕为一年生草本；茎、叶上常被钙质颗粒。单叶，互生或基生，全缘或浅裂。花两性；通常 2～5 朵集为 1 个簇状小聚伞花序，在本科称为小穗，有时全部小穗均含单花，小穗基部有苞片 1 枚，每花基部具小苞片 1～2 枚，苞片与小苞宿存；多个小穗通常偏于穗轴的一侧排列成穗状花序，多个穗状花序再于花序分枝上组成各种复花序；花萼常合生，花萼裂片 5 枚，膜质，宿存；花冠常合生，裂片 5 枚；雄蕊 5 枚；雌蕊 5 枚心皮合生，子房上位，1 室，胚珠 1 枚，花柱 5 枚或完全联合成 1 枚，柱头 5 个。蒴果。种子具薄层粉质胚乳。

2. 识别要点 茎、叶上常被钙质颗粒。花两性；花萼常合生，裂片 5 枚；花冠常合生，裂片 5 枚；雄蕊 5 枚；雌蕊 5 枚心皮合生，上位子房，1 室，胚珠 1 枚。蒴果。

3. 代表植物【二维码 12-82】

12-82

补血草属(*Limonium* Mill.) 多年生草本或半灌木，罕为一年生草本；叶基生；小穗排成伞房状或圆锥状花序，罕为头状，花序轴常数回分枝；小穗含 1 至数花；苞片短于第一小苞片，有膜质边缘；花萼漏斗状、倒圆锥状或管状，干膜质，有 5 脉，萼筒基部直或偏斜，萼檐先端有 5 裂片，有时具间生小裂片；花冠下部合生成筒，上部 5 裂；雄蕊着生于花冠基部；花柱 5 枚，分离。蒴果倒卵圆形。全属约有 300 种；中国有 22 种，主要分布于东北、华北、西北地区以及滨海地区。二色补血草[*L. bicolor* (Bunge) Kuntze](图 12-7-55)，多年生草本；基生叶匙形至长圆状匙形；花序圆锥状，多分枝，具多数小穗；苞片和小苞片绿色，具膜质边；花萼 6～7 mm，通常白色，干膜质，宿存；花冠黄色；分布于东北、华北、西北地区；药用。大叶补血草[*L. gmelinii* (Willd.) Kuntze]，多年生草本；基生叶长圆状倒卵形、长椭圆形或卵形，较厚硬而宽大；花萼长3.0～3.5 mm，淡紫色或白色；花冠蓝紫色；分布于新疆。

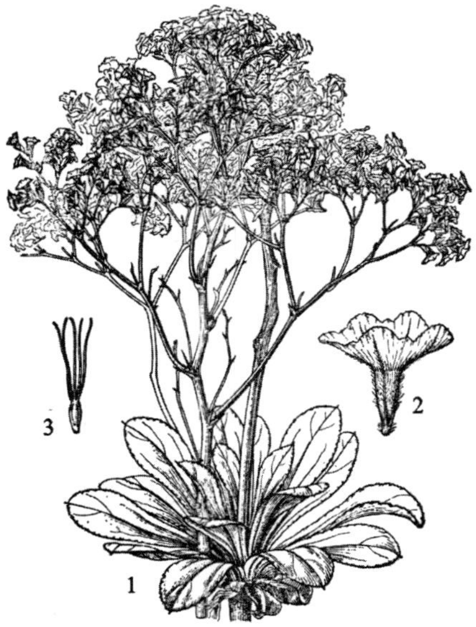

1. 全株；2. 花萼；3. 雌蕊。

图 12-7-55 二色补血草

(引自《中国高等植物图鉴》)

(三)蓼科 Polygonaceae

$*$ ⚥ $P_{3-6}\ A_{6-9}\ \underline{G}_{(2-4:1:1)}$

本科约有 50 属 1 120 种，分布于全球，主产于北温带；中国有 13 属 238 种，分布于全国各地。

1. 形态特征 草本，稀灌木或小乔木。茎节膨大。单叶互生，稀对生或轮生，全缘或分裂；托叶膜质，鞘状抱茎，称托叶鞘。花两性，稀单性，辐射对称；花簇生或为穗状、头状、总状及圆锥花序；花被片 3～6 枚，花瓣状，宿存；雄蕊常 6～9 枚；雌蕊通常由 3 枚稀 2～4 枚心皮合生而成，子房上位，1 室，具 1 枚基生胚珠，花柱 2～4 个。瘦果常三棱形或凸镜形，全部或部分包藏于宿存的花被内。种子胚乳丰富，胚呈“S”形。花粉多3核，具3孔沟至散孔。

2. 识别要点　通常为草本，茎节膨大。具膜质托叶鞘。花两性；花被宿存；雌蕊通常3枚心皮合生，子房上位，1室，具1枚胚珠。瘦果常三棱形或凸镜形，包藏于宿存的花被中。

3. 代表植物【二维码12-83】

12-83

(1)荞麦属(*Fagopyrum* Mill.)　一年生或多年生草本，茎具细沟纹；叶三角形或箭形；总状或伞房状花序；花被5深裂；雄蕊8枚；花柱3枚；瘦果具3棱，比宿存花被长。全属有约15种；中国有10种。荞麦(*F. esculentum* Moench)(图12-7-56)，一年生草本；茎红色；叶三角形，基部心形；花梗无关节；花白色或淡红色；瘦果三棱形，平滑，棱角锐利。各地有栽培，有时逸为野生；种子含丰富淀粉，供食用，为生长期短的杂粮；果皮常用于填充枕头；是蜜源植物。苦荞麦[*F. tataricum* (L.) Gaertn.]，与荞麦的主要区别是花梗中部具关节，瘦果具3条纵沟，上部棱角锐利，下部圆钝，有时具波状齿；东北、华北、西北地区以及西南山区有栽培，有时为野生；种子供食用或作饲料，药用。

(2)萹蓄属(*Polygonum* L.)　一年生或多年生草本、稀半灌木或小灌木；茎直立或平卧；叶基部具关节；托叶鞘通常2裂或以后撕裂；花簇生或单生，生于叶腋，或组成稀疏的总状花序；雄蕊8枚，稀5～6枚；花柱3枚。瘦果具3棱，稀为双凸镜状。全属约有65种；中国有25种。萹蓄(*P. aviculare* L.)，一年生草本；茎平卧稀直立，具纵棱；叶椭圆形、狭椭圆形或披针形，全缘，下面侧脉明显，叶柄短或近无柄，基部具关节；托叶鞘膜质，撕裂脉明显；花单生或数朵簇生于叶腋；花被5深裂；雄蕊8枚，花丝基部扩展；瘦果卵形，具3棱。广布全国，为常见杂草；全草药用。

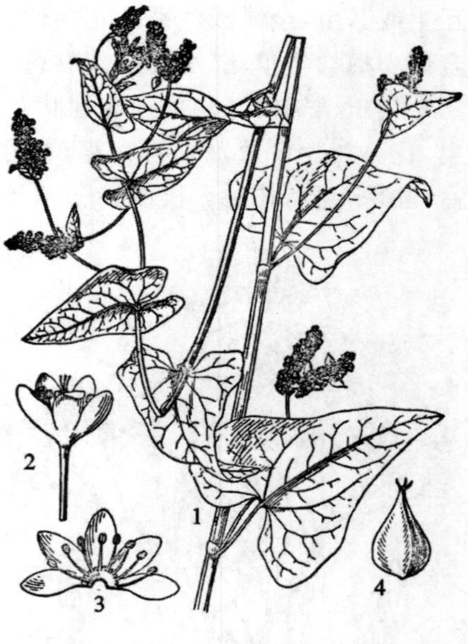

1. 植株上部；2. 花；3. 花被展开示雄蕊；4. 果实。

12-7-56　荞麦(引自《中国高等植物图鉴》)

(3)蓼属[*Persicaria* (L.) Mill.]　一年生或多年生草本；无根状茎或具细长的非木质根状茎；通常无基生叶；茎直立，分枝；茎生叶互生，全缘稀分裂；托叶鞘筒状，通常宿存，褐色，膜质；穗状花序、总状花序、头状花序或圆锥花序；花被4～5深裂；雄蕊4～8枚；花柱2～3个；瘦果双凸镜状或具3棱。全属约有100种；中国有64种。红蓼[*P. orientalis* (L.) Spach]，又称荭草；一年生草本，高1～2 m；叶宽卵形；穗状花序多个，再组成圆锥花序，花红色；各地广布，野生或栽培，为美丽的观赏植物，花序可制酒曲，果实药用。常见的还有酸模叶蓼[*P. lapathifolia* (L.) Delarbre]、尼泊尔蓼[*P. nepalensis* (Meisn.) H. Gross]、长鬃蓼[*P. longiseta* (Bruijn) Moldenke]等。

(4)酸模属(*Rumex* L.)　一年生或多年生草本；叶茎生并基生，托叶鞘易破裂、早落；圆锥花序，花两性，稀单性；花被片6枚，成2轮，外轮3枚果期不增大，内轮3枚果期增大呈翅状，有时翅基被1小瘤体；雄蕊6枚；子房三棱形，花柱3枚。全属约有200种；中国有27种。酸模(*R. acetosa* L.)，叶基箭形，花单性，雌雄异株，花被片全缘；广布杂草。齿果酸模(*R. dentatus* L.)，叶基部圆形或近心形，花两性，内轮花被片边缘每侧具2～4个刺状齿；广布杂草。

(5)沙拐枣属(*Calligonum* L.)　灌木，枝拐曲；叶退化成鳞片，托叶鞘膜质，极小；花单生或簇生，两性；花被片5枚，成2轮，外轮2枚，内轮3枚；雄蕊12～18枚，基部连合；子房具4肋，柱头4个；瘦果常具翅或刺毛。全属约40种，分布于欧亚、北非的荒漠地区；中国有26种，主产于西北地区，新疆最多，有23种。常见的有沙拐枣(*C. mongolicum* Turcz.)，半灌木，花被片果期水平伸展，白色或淡红色，瘦果每条肋有2～3行刺毛；生于沙丘及砾石质荒漠，对于防风固沙意义重大。

本科其他较重要的植物还有：何首乌[*Pleuropterus multiflorus* (Thunb.) Nakai]，藤蔓植物，

供绿化和观赏，根药用；掌叶大黄（*Rheum palmatum* L.）等的根茎药用；木蓼属（*Atraphaxis* L.）的许多种在西北地区是优良的固沙与绿化荒山植物，亦可观赏。

（四）石竹科 Caryophyllaceae

$* \ ⚥ \ K_{4-5,(4-5)} \ C_{4-5} \ A_{8-10,4-5} \ \underline{G}_{(2-5:1:\infty-1)}$

本科有 75 属约 2 000 种，广布全世界，主产于北温带和寒带；中国有 30 属约 390 种，全国各地均有分布。有些种类为药用和观赏植物，许多种类为农田杂草。

1. 形态特征　草本，稀灌木，茎节常膨大。单叶对生，稀互生或轮生，全缘。花两性，稀单性，整齐，单生或二歧聚伞花序；萼片 5 枚，稀 4 枚，分离或结合成筒状，常宿存；花瓣 5 枚，稀 4 枚，离生，常有爪，有时花瓣 2 裂；雄蕊 2 轮，8～10 枚，或 1 轮，4～5 枚；雌蕊 2～5 枚心皮合生，子房上位，通常为特立中央胎座或基生胎座，1 室，稀不完全 2～5 室，下半部为中轴胎座，花柱 2～5 枚，胚珠多数至 1 枚。蒴果，顶端齿裂或瓣裂，稀为浆果。种子具各式雕纹，胚弯曲包围外胚乳。花粉 3 核，具散孔。

2. 识别要点　草本，节膨大，单叶对生。花部常 5 基数，雄蕊常为花瓣的 2 倍，常为特立中央胎座。蒴果。

1. 花枝；2. 花纵剖；3. 果实；4. 花图式。

图 12-7-57　石竹

3. 代表植物【二维码 12-84】

12-84

(1) 石竹属（*Dianthus* L.）　草本；叶对生；节膨大；花单生或聚伞花序；花萼合生成筒状，顶端 5 齿裂；花瓣 5 枚，檐部与爪部分明，常弯成直角；雄蕊 10 枚，2 轮；花柱 2 枚，特立中央胎座。全属约 600 种，分布于欧亚地区和非洲；中国有 16 种。石竹（*D. chinensis* L.）（图 12-7-57），多年生草本，花瓣外缘齿状浅裂，花白色或红色；产于中国北部和长江流域各省，现多栽培供观赏。香石竹（*D. caryophyllus* L.），又称康乃馨，花单生或 2～3 朵簇生，有香气，重瓣，有白、粉红、紫红等色；原产于南欧地区，栽培供切花用。须苞石竹（*D. barbatus* L.）、日本石竹（*D. japonicus* Thunb.）等常见栽培，供观赏。

(2) 蝇子草属（*Silene* L.）　草本，茎常具黏质；花单生或成聚伞花序；花萼合生成钟状或圆柱状，顶端 5 裂，有时膨胀；花瓣白色至红色，有狭柄；雄蕊 10 枚，与花瓣合生；子房基部不完全 3～5 室；花柱 3 枚，稀 5 枚；蒴果顶端 3～6 齿裂或瓣裂。麦瓶草（*S. conoidea* L.），一年生草本，萼筒圆锥状，基部膨大，先端逐渐狭缩；常见农田杂草，幼苗作野菜食用。剪秋罗[*S. fulgens* (Fisch.) E. H. L. Krause]，常栽培供观赏。

(3) 繁缕属（*Stellaria* L.）　草本；二歧聚伞花序；萼片 5 枚，离生；花瓣 5 枚，白色，先端 2 裂，无瓣柄；雄蕊 10 枚，稀 5 枚；花柱 3 枚，稀 2～5 枚；蒴果瓣裂。约 120 种，广布全球；中国有 63 种，各省均产。繁缕[*S. media* (L.) Vill.]，一年生或二年生草本，茎细弱，侧生一列短柔毛，叶卵形，花瓣与萼近等长或稍短，雄蕊常 5 枚，花柱 3 枚；广布杂草。鸡肠繁缕[*S. neglecta* Weihe]，雄蕊常 8～10 枚；花柱 3 枚；广布杂草。鹅肠菜[*S. aquatica* (L.) Scop.]，雄蕊 10 枚；花柱 5 枚；广布杂草。

本科常见杂草还有：球序卷耳（*Cerastium glomeratum* Thuill.）、无心菜（*Arenaria serpyllifolia* L.）、漆姑草[*Sagina japonica* (Sw.) Ohwi]等。

（五）苋科 Amaranthaceae

$* \ ⚥, \ ♂ \ ♀ \ P_{3-5} \ A_{2-5} \ \underline{G}_{(2-3:1:1)}$

本科有 174 属约 2 500 种；中国有 57 属 233 种。本科许多种为旱生、超旱生、盐生植物，是荒漠和半荒漠地区的优势种和重要牧草，另有一些为中生性的习见田间杂草，也有一部分为重要的经济作物。

1. 形态特征　草本、半灌木、灌木，稀为小乔木。叶互生或对生，扁平或圆柱状，有时退化成鳞片状，无托叶。花排成穗状花序、头状花序、总状花序、圆锥花序，或花单生、簇生；花两性，或为单性、杂性，如为单性时，雌雄同株或异株；有苞片或无苞片；花单被，花被膜质、干膜质、草质或肉质，3～5 枚，有时在果期增大、变硬，具翅状、刺状、疣状等附属物；雄蕊 2～5 枚；雌蕊 2～3 枚心皮合生，子房上位，1 室，通常具 1 枚胚珠，稀具数枚胚珠。常为胞果，稀为盖果、坚果或浆果；果皮膜质、革质或肉质，开裂或不开裂。

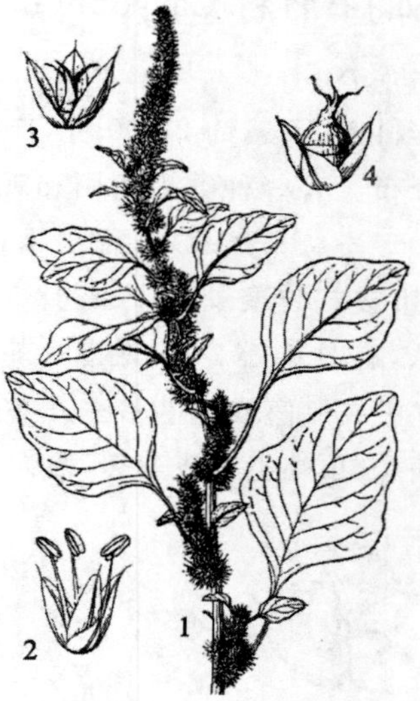

1. 植株上部；2. 雄花；3. 雌花；4. 果实。

图 12-7-58　苋

2. 识别要点　花单被，有苞片或无苞片，花被有时在果期增大、变硬；雌蕊 2～3 枚心皮合生，子房上位，1 室，通常具 1 枚胚珠。常为胞果。

12-85

3. 代表植物【二维码 12-85】

(1) 苋属（*Amaranthus* L.）　一年生草本；叶互生，有柄，全缘；花单性，雌雄同株或异株，或杂性；每花有 1 枚苞片及 2 枚小苞片，干膜质；花被片 5 枚或较少，常绿色，多宿存；雄蕊 5 枚或较少，花丝离生；子房具 1 枚胚珠；胞果盖裂或不规则开裂。全属约 40 种，广布全世界；中国有 14 种，各省均产。苋（*A. triolor* L.）（图 12-7-58），叶卵状椭圆形至披针形，绿色或红色，穗状花序，花被片与雄蕊各 3 个，胞果盖裂；各地常见栽培，嫩茎叶作蔬菜。老鸦谷（*A. cruentus* L.）茎叶可作蔬菜，种子作杂粮食用。千穗谷（*A. hypochondriacus* L.）、尾穗苋（*A. caudatus* L.）等栽培供观赏和药用。反枝苋（*A. retroflexus* L.）、凹头苋（*A. blitum* L.）、皱果苋（*A. viridis* L.）等为常见杂草，也可作饲料。

1. 花枝；2. 花序；3. 花；4. 雄蕊；
5. 雌蕊；6. 花被；7. 种子；8. 花图式。

图 12-7-59　藜

(2) 青葙属（*Celosia* L.）　草本或灌木；叶互生，全缘；花两性，穗状花序；苞片 3 枚，着色，常短于 5 个花被片；雄蕊 5 枚，基部结合；子房 1 室，胚珠 2 至多数；胞果盖裂。全属约 60 种；中国有 3 种。青葙（*C. argentea* L.），一年生草本，花序塔状或圆柱状，红色或白色；广布各地，野生或栽培，供观赏及药用。鸡冠花（*C. cristata* L.），一年生草本，顶生花序肉质扁平鸡冠状，红色、紫色、黄色、橙色或绿色；各地栽培供观赏。

(3) 藜属（*Chenopodium* L.）　一年生或多年生草本，常有粉粒（泡状毛）；叶互生；花小，两性，不具苞片和小苞片，簇生于叶腋或排列成穗状和圆锥状花序；花被片 5 裂，稀为 3～4 裂，绿色，背面略肥厚或具隆脊，果时包围果实；子房具 1 枚胚珠，花柱 2 枚；胞果的果皮薄膜质或稍肉质，与种子贴生，不开裂。全属约 100 种，广布世界各地；中国有 12 种。藜（*C. album* L.）（图 12-7-59），茎直立，无毛，具沟槽及绿色或紫红色的条纹，幼时被白色粉粒；广布性杂草，嫩茎叶可作野菜食用，称灰灰菜，但新疆产幼苗有微毒，慎用。小藜（*C. ficifolium* Sm.）为常见杂草。

(4)甜菜属(*Beta* L.) 草本,无毛;叶互生,具长柄;花两性,穗状或圆锥花序,花被片5枚,果期变硬,雄蕊5枚;果下部与花被基部合生,种子横生,胚环形。全属约10种;中国栽培1种,即甜菜(*B. vulgaris* L.),二年生草本,柱头3裂,种子双凸镜形;原产于欧洲,现广为栽培,种类多样,用途各异,常见的有:甜菜(*B. vulgaris* var. *vulgaris*),根肉质,根和叶脉紫红色,作蔬菜食用;糖萝卜(*B. vulgaris* var. *altissima* Döll),根肥大,白色,富含蔗糖,为北方重要制糖原料,叶饲用;莙荙菜(*B. vulgaris* var. *cicla* L.),根不肥大,叶大,基生,叶柄宽扁,作蔬菜食用;饲用甜菜(*B. vulgaris* var. *lutea* DC.),根肥大,浅橙黄色,北方多作饲料。

(5)菠菜属(*Spinacia* L.) 一年生或二年生草本;叶互生,具长柄;花单性,雌雄异株;雄花为顶生的穗状或圆锥花序,花被片4～5裂,雄蕊4～5枚;雌花簇生于叶腋,无花被,2枚苞片合生,果期变硬,子房生于其内;种子直立,胚环形。全属3种,中国栽培1种,即菠菜(*S. oleracea* L.),根常带红色,茎中空,叶戟形或卵形,全缘或具少数牙齿状浅裂,花被片4枚,胞果扁平;世界各地普遍栽培,为常见蔬菜。

(6)滨藜属(*Atriplex* L.) 草本稀半灌木,常有糠秕状粉;叶互生或下部近对生;花单性,雌雄同株或异株,团伞花序腋生或排成穗状顶生;雄花花被片5枚,较少3～4枚,雄蕊3～5枚,无苞片;雌花具2枚苞片,无花被,柱头2个;胞果包藏于宿存苞片内;胚环形。约250种,主产温带与亚热带;中国有17种。滨藜[*A. patens* (Litv.) Iljin.],一年生草本,常无粉,苞片果时菱形或卵状菱形,下半部合生,上缘具细齿;中国北方各省有分布,生于盐渍化湿地及沙地;果实药用。榆钱菠菜(*A. hortensis* L.),原产于欧洲,中国北方各省区有栽培,作蔬菜用。

(7)驼绒藜属(*Krascheninnikovia* Gueldenst.) 灌木,全株密被星状毛;叶互生,全缘;花单性,同株;雄花序短穗状,生于枝顶,无苞片,花被片4枚,雄蕊4枚;雌花腋生,无花被,具苞片与小苞片,2枚小苞片合生成雌花管,管外具4束长毛,柱头2个;种子直立,胚马蹄形。有7种,中国有4种,为北方荒漠与半荒漠地区优良牧草,如驼绒藜[*K. ceratoides* (L.) Gueldenst.]、心叶驼绒藜[*K. ewersmannia* (Stschegleev ex Losina-Losinskaja) Grubov]等。

(8)地肤属(*Kochia* Roth) 一年生草本,少为半灌木,茎常多分枝;叶互生,几无柄;花两性或杂有雌性,单生或簇生,无小苞片,花被片5枚,果时背面横生翅状附属物;种子横生,胚环形。全属10～15种;中国有7种。地肤[*K. scoparia* (L.) Schrad.],广布性杂草,幼苗、嫩叶可食用;种子药用。

(9)碱蓬属(*Suaeda* Forssk. ex J. F. Gmel.) 草本或灌木,叶互生,叶片肉质;花两性,3至数朵集成团伞花序,生于叶腋或腋生短枝上;花被片5枚,雄蕊5枚,柱头2～5个;胚呈平面盘旋状。全属约100余种,分布于世界各地,生于海滨、湖边、荒漠及盐碱地;中国有20种,主产于北方与沿海地区。碱蓬[*S. glauca* (Bunge.) Bunge.],叶丝状条形,灰绿色,种子双凸镜形,黑色;种子可榨油;西北民间用其干植株烧成灰为蓬灰,用于拉面。

(10)梭梭属(*Haloxylon* Bunge) 灌木或小乔木,枝对生,具关节;叶对生,退化成鳞片状或不发育;花两性,单生于苞腋,小苞片2枚;花被片5枚,果时背部生膜质翅;雄蕊5枚,生于杯状花盘上;柱头2～5个;种子横生,胚螺旋状,无胚乳。约11种,分布于亚洲中部至地中海;中国有2种,产于西北地区。梭梭[*H. ammodendron* (C. A. Mey.) Bunge],叶先端尖或钝,无芒尖;白梭梭(*H. persicum* Bunge ex Boiss. &Buhse),叶先端具芒尖;此2种是洪积荒漠与沙漠的优势树种,具超旱生性,为荒漠区优良固沙植物与饲用植物。

本科中适于盐碱与干旱环境生长的还有盐节木属(*Halocnemum* M. Bieb.)、盐穗木属(*Halostachys* C. A. Mey.)、盐爪爪属(*Kalidium* Moq.)、盐角草属(*Salicornia* L.)、盐生草属(*Halogeton* C. A. Mey.)、猪毛菜属(*Salsola* L.)、假木贼属(*Anabasis* L.)、合头草属(*Sympegma* Bunge)、戈壁藜属(*Iljinia* Korovin)、沙蓬属(*Agriophyllum* M. Bieb.)等属的多种植物,对于北方盐碱地和沙漠、荒漠的生态系统意义重大。

4. 分类学讨论 根据系统发育关系,藜科(*Chenopodiaceae*)需归并入苋科才能使苋科为单系类群。

(六)马齿苋科 Portulacaceae

$* \text{⚥} K_2\ C_{4-6}\ A_{4-\infty}\ \bar{G}_{(3-9:1:\infty)}$

本科有 1 属 116 种；中国有 1 属 5 种。

1. 形态特征　一年生或多年生肉质草本。茎铺散、平卧或斜生。叶肉质，单叶，互生，稀对生，扁平至圆柱形，全缘。花单生或簇生；花两性；萼片 2 枚，基部合生；花瓣 4～6 枚；雄蕊 4 枚至多数；子房半下位，1 室，胚珠多数，花柱线形，上端3～9 裂。蒴果盖裂。种子细小，肾形或球形，具疣状凸起。

2. 识别要点　肉质草本。单叶。花单生或簇生；花两性；萼片 2 枚，基部合生；花瓣 4～6 枚；雄蕊 4 枚至多数；子房半下位，1 室，胚珠多数，花柱上端 3～9 裂。蒴果盖裂。

12-86

3. 代表植物【二维码 12-86】

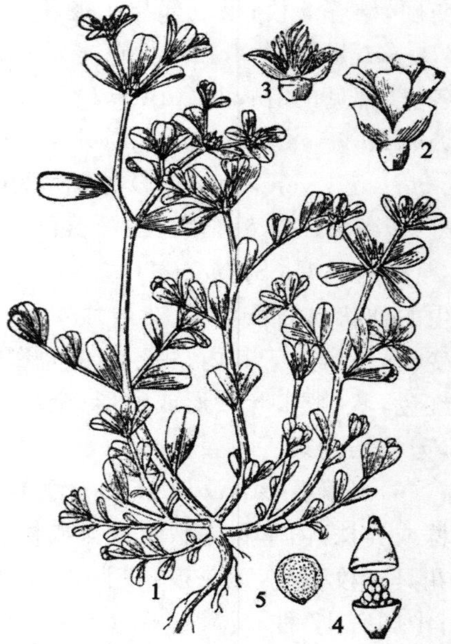

1. 植株；2. 花；3. 去除花瓣的花，示雄蕊和柱头；4. 开裂的果实；5. 种子。

图 12-7-60　马齿苋(引自《秦岭植物志》)

马齿苋属(*Portulaca* L.)　马齿苋(*P. oleracea* L.)(图 12-7-60)，一年生草本，全株无毛；叶片扁平，倒卵形，顶端平截或微凹；花瓣 4～5 枚，长 3～5 mm，黄色；广布热带至温带地区，全国各地常见杂草；嫩茎叶可作蔬菜或饲料。大花马齿苋(*P. grandiflora* Hook.)，又称太阳花，一年生草本；节上丛生毛；叶片细圆柱形，叶腋常生一簇白色长柔毛；花瓣 5 枚或重瓣，长 12～30 mm，红色、紫色或黄白色；原产于南美洲，各地栽培供观赏。

(七)仙人掌科 Cactaceae

$*,\ \uparrow\ \text{⚥} P_{\infty}\ A_{\infty}\ \bar{G}_{(2-\infty:1:\infty)}$

本科有 127 属约 1 750 种；中国栽培 60 余属 600 种以上，其中 4 属 7 种在南部和西南部归化。

1. 形态特征　多年生灌木、乔木或草本。茎肉质，常缢缩成节，小窠内有刺或刺毛。叶常退化，稀具扁平的叶。花单生，或形成聚伞花序；花通常两性，辐射对称或两侧对称；具或短或长的被丝托；花被片多数，离生；雄蕊多数；子房通常下位，2 枚至多心皮合生，1 室，胚珠多数。通常为浆果，稀蒴果。

2. 识别要点　肉质灌木、乔木或草本，通常具刺、无叶。花被片、雄蕊均多数；子房下位，2 至多心皮合生，1 室，胚珠多数。浆果。

12-87

3. 代表植物【二维码 12-87】

肉质茎和花

图 12-7-61　仙人掌(引自 Ker Gawler)

本科在中国常见栽培的有：仙人掌[*Opuntia dillenii* (Ker Gawl.) Haw.](图 12-7-61)，花黄色，栽培作绿篱并供观赏，茎供药用，浆果可食；胭脂掌[*O. cochenillifera* (L.) Miller]，花红色，栽培作绿篱并供观赏，是胭脂虫的主要寄主之一，胭脂虫用于提取红色色素；量天尺[*Selenicereus undatus* (Haw.) D. R. Hunt]，浆果称为火龙果，供食用；昙花[*Epiphyllum oxypeta-*

lum (DC.) Haw.]、蟹爪兰[*Schlumbergera truncata* (Haw.) Moran]等为观赏花卉。

十九、山茱萸目 Cornales

本目有蓝果树科等 7 科。

(一)蓝果树科 Nyssaceae

$* ⚥, ♂\ ♀\ K_{4-5,0}\ C_{4-5,0}\ A_{1-10}\ \overline{G}_{(1-10:1-10:1)}$

本科有 7 属约 60 种;中国有 5 属 14 种。

1. 形态特征　乔木,常绿或落叶。单叶互生或对生;叶多全缘或少有锯齿。圆锥状聚伞花序、头状花序、伞形花序或总状花序,无总苞片或具叶状总苞片;花两性或单性,辐射对称;花萼筒与子房合生,顶端 5 齿状或缺;花瓣 5 枚或更多枚或缺;雄蕊 1～10 枚;子房下位,1 室或 6～10 室,每室有 1 枚胚珠。核果或翅果。

2. 识别要点　常绿或落叶乔木。单叶。花序无总苞片或具叶状总苞片;花两性或单性,辐射对称;子房下位,1 室或 6～10 室,每室有 1 枚胚珠。核果或翅果。

3. 代表植物【二维码 12-88】

12-88

(1)珙桐属(*Davidia* Baill.)　落叶乔木;单叶互生,边缘有锯齿;头状花序球形,花序下面有 2 枚、稀 3 枚大型白色叶状总苞;雄花、两性花或雌花生于同一头状花序上;雄花无花被,多数,雄蕊 1～7 枚;雌花或两性花常仅 1 枚,着生于头状花序的顶端;雌花的花被很小,钻形,周位,大小不等;子房下位,与卵形的花托合生,6～10 室,每室具 1 枚胚珠;柱头顶端分枝数与子房室数相同;若具两性花,则其雄蕊较小,其余特性与雌花一致;核果梨形,外果皮薄,中果皮厚,内果皮骨质,3～5 室,每室具 1 枚种子。本属仅 1 种,即珙桐(*D. involucrata* Baill.)(图 12-7-62),中国特有,分布于陕西、甘肃、湖北、四川、云南、贵州、湖南等地山区,为国家一级重点保护野生植物。珙桐的白色总苞大而美丽,形似白鸽,故也被称为鸽子树,是珍贵而美丽的园林观赏植物,各地常引种栽培,欧洲、北美也栽培供观赏。

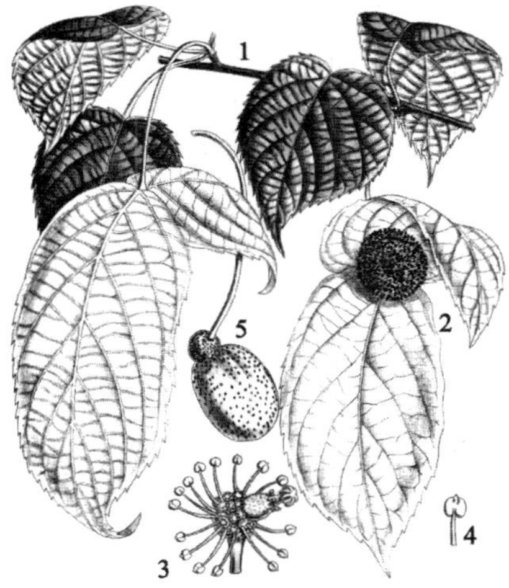

1. 枝叶;2. 总苞和头状花序;
3. 头状花序上的多数雄花和一朵两性花;
4. 雄蕊;5. 果实。

图 12-7-62　珙桐(引自 Prain)

4. 分类学讨论　本科除珙桐属外,还有蓝果树属(*Nyssa* L.)、喜树属(*Camptotheca* Decne.)、单室茱萸属(*Mastixia* Blume)、马蹄参属(*Diplopanax* Hand.-Mazz.),这 5 个属的花序类型、花性别分化、雌蕊心皮数、子房室数等特点均差异很大,它们的一个共同特点是子房下位、每室具 1 枚胚珠。APG 系统的广义的蓝果树科虽然是单系类群,但很难找到可靠的形态学共同特征。因此,也有观点认为广义的蓝果树科应该拆分为单室茱萸科(Mastixiaceae)、珙桐科(Davidiaceae)、狭义的蓝果树科这 3 个科,这样每个科的形态特征较为一致。

(二)绣球科 Hydrangeaceae

$*\ ⚥\ K_{(4-5)}\ C_{4-5}\ A_{8-10,\infty}\ \overline{G}_{(2-5:2-5:\infty)}$

本科有 17 属约 170 种;中国有 11 属 131 种。

1. 形态特征　灌木、稀草本或小乔木。叶常对生,稀少互生或轮生,单叶,无托叶。伞房花序、聚伞花序、圆锥花序、总状花序或单花;花两性,辐射对称,具或不具不孕花;萼片 4 枚或 5 枚,合生;花瓣 4 枚或 5 枚,离生;雄蕊 8～10 枚或多数;雌蕊 2～5 枚心皮合生,子房半下位至下位,2～5 室,每室胚珠通常多数；蜜腺盘常在子房顶部。蒴果，稀为浆果。种子具翅或无翅。

2. 识别要点　常为木本。常单叶对生。花两性，辐射对称，具或不具不孕花；萼片、花瓣各 4 枚或 5 枚；子房下位或半下位，2～5 室。常为蒴果。

3. 代表植物【二维码 12-89】

12-89

(1) 绣球属（*Hydrangea* L.）　常绿或落叶灌木或小乔木；叶对生，稀 3 枚轮生。聚伞花序、伞房花序或圆锥花序；常具不孕花，生于花序外侧，花瓣和雄蕊退化，萼片大，花瓣状，2～5 片；可孕花较小，生于花序内侧，花萼筒状，与子房贴生，顶端 4～5 齿裂；花瓣 4～5 枚；雄蕊通常 10 枚；子房半下位或下位，2～5 室，胚珠多数，花柱 2～5 个，分离或基部连合，宿存；蒴果；种子多数，细小，具翅或无翅。全属约有 73 种，中国有 33 种。东陵绣球（*H. bretschneideri* Dippel）（图 12-7-63），落叶灌木；叶卵形或长卵形，下面密被白毛；伞房状聚伞花序；不孕花萼片 4 枚，白色；分布于华北至西北地区。圆锥绣球（*H. paniculata* Siebold），圆锥状聚伞花序呈尖塔形，野生的具少数不孕花，栽培品种的不孕花多数，白色；各地常栽培供观赏。绣球［*H. macrophylla*（Thunb.）Ser.］，伞房状聚伞花序外观球形，不孕花多数，白色、粉红色至蓝色；各地栽培供观赏，俗称八仙花或紫阳花。

1. 枝叶和花序；2. 不孕花；3. 可孕花；4. 果；5. 种子。

图 12-7-63　东陵绣球（引自《中国植物志》）

(2) 溲疏属（*Deutzia* Thunb.）　落叶灌木；叶对生；花序中无不孕花；花萼、花瓣通常各 5 枚；雄蕊 10 枚，稀达 15 枚，常呈形状和大小不等的 2 轮，花丝常具翅，先端 2 齿。全属约有 60 种；中国有 50 种。常见的有溲疏（*D. scabra* Thunb.）、异色溲疏（*D. discolor* Hemsl.）、粉背溲疏（*D. hypoglauca* Rehder）等，均为美丽的观赏植物。

(3) 山梅花属（*Philadelphus* L.）　与溲疏属的主要区别是花萼、花瓣通常各 4 枚，雄蕊多数，花丝不具翅。全属约有 70 种；中国有 22 种。常见的有山梅花（*P. incanus* Koehne）、太平花（*P. pekinensis* Rupr.）等，均为美丽的观赏植物。

4. 分类学讨论　本科在恩格勒系统中被置于广义的虎耳草科中。系统发育分析表明恩格勒系统的虎耳草科是多系类群，且不同类群间形态差异极大，故应该按照形态特征和系统发育关系将广义的虎耳草科拆分为至少 5 个科。绣球科为木本，子房半下位至下位，2～5 室，蒴果，易与虎耳草科、茶藨子科区分。

（三）山茱萸科 Cornaceae

$* \ ⚥ \ K_{(4-10)} \ C_{4-10} \ A_{4-\infty} \ \overline{G}_{(2:1-2:1)}$

本科有 2 属 76 种；中国有 2 属 36 种。

1. 形态特征　乔木、灌木或多年生草本。单叶对生或互生，稀轮生。花两性，排成聚伞花序、伞形花序或头状花序，花序下具总苞片或无；花萼与子房合生，4～10 裂；花瓣 4～10 枚，离生；具花盘；雄蕊 4 枚或多数；雌蕊通常 2 枚心皮合生，子房下位，1～2 室，每室具 1 枚胚珠；核果，具 1～2 枚种子。

2. 识别要点　通常为木本。单叶。花两性；花序下具总苞片或无；花萼与子房合生；花瓣 4～10 枚；雄蕊 4 枚或多数；子房下位，1～2 室，每室具 1 枚胚珠。核果，具 1～2 枚种子。

1. 果枝；2. 花枝；3. 花。

图 12-7-64 山茱萸

(引自《秦岭植物志》)

3. 代表植物【二维码 12-90】

12-90

(1)山茱萸属(*Cornus* L.) 灌木、乔木或多年生草本；单叶对生或互生，稀轮生；花序顶生，聚伞花序、伞形花序或头状花序；花序下具总苞片或无；花两性；花萼与子房合生，具 4 齿裂；花瓣 4 枚，离生；具花盘；雄蕊 4 枚；雌蕊 2 枚心皮合生，子房下位，2 室，每室具 1 枚胚珠；核果，具 2 枚种子。全属有 55 种；中国有 25 种。山茱萸(*C. officinalis* Siebold & Zucc.)(图 12-7-64)，落叶灌木；叶对生；伞形花序具 4 枚总苞片；花黄色；核果成熟时红色；果皮药用。毛梾(*C. walteri* Wangerin)，落叶乔木；叶对生；聚伞花序无总苞片；花白色；核果成熟时黑色；优良绿化树种，木材优质，果实可榨油。红瑞木(*C. alba* L.)，落叶灌木，枝条红色；叶对生；聚伞花序无总苞片；花白色；核果成熟时白色；栽培供绿化和观赏。灯台树(*C. controversa* Hemsl.)，落叶乔木；叶互生；聚伞花序无总苞片；花白色；核果成熟时蓝黑色；树形美观，优良行道树种，果实可榨油。四照花[*C. kousa* Bürger ex Hance subsp. *chinensis* (Osborn) Q. Y. Xiang]，落叶乔木；叶对生；头状花序下具 4 枚白色大型总苞片；核果之间互相合生，聚合为球形，成熟时红色；美丽的观赏植物，果可食用。狗木(*C. florida* L.)，貌似四照花，但总苞片先端常凹缺，白色或红色，核果之间不合生；原产于北美洲，中国有引种栽培，为美丽的观赏植物。

(2)八角枫属(*Alangium* Lam.) 落叶乔木或灌木，稀攀缘；单叶互生；花序腋生，聚伞花序，罕为伞形花序或单生，花序下无总苞片；花两性；花萼与子房合生，顶端具 4～10 齿状的小裂片或近截形；花瓣 4～10 枚，线形，花开后花瓣的上部常向外反卷；具花盘；雄蕊 6～30 枚；子房下位，通常 1 室，稀 2 室，胚珠 1 枚；核果，具 1 枚种子。全属有 21 种；中国有 11 种。八角枫[*A. chinense* (Lour.) Harms]，叶形多变，全缘或 3～7 裂；聚伞花序具 7～30 花，花瓣和雄蕊各 6～8 枚，花药长为花丝的 4 倍。瓜木[*A. platanifolium* (Siebold & Zucc.) Harms]，叶形多变，常 3～5 裂；聚伞花序具 3～5 花，花瓣和雄蕊各 6～7 枚，花药长为花丝的 2 倍。

4. 分类学讨论 八角枫属与山茱萸属的形态差别明显，因此过去常把八角枫属独立为八角枫科(Alangiaceae)。前述广义的山茱萸属内不同类群间差异明显，在不违反单系性原则的情况下，也可以依据叶对生还是互生，是否具总苞片、花序类型，核果是否合生等性状，拆分为狭义的山茱萸属、梾木属(*Swida* Opiz)、灯台树属[*Bothrocaryum* (Koehne) Pojark.]、四照花属(*Dendrobenthamia* Hutch.)、狗木属(*Benthamidia* Spach)等。

二十、杜鹃花目 Ericales

本目有凤仙花科等 22 科。

(一)凤仙花科 Balsaminaceae

$\uparrow \ ⚥ \ K_{5,3} \ C_{5,1+(2)+(2)} \ A_{(5)} \ \underline{G}_{(4-5:4-5:2-\infty)}$

本科有 2 属约 1 000 种；中国有 2 属约 270 种。

1. 形态特征 常为草本，茎通常肉质。单叶，无托叶，有时叶柄基部具腺点或腺毛。总状花序或花簇生、单生；花两性，通常两侧对称；萼片 5 枚或 3 枚，两侧各 1 枚或 2 枚，称侧生萼片，下方 1 枚常呈花瓣状，称唇瓣，呈舟状、囊状或漏斗状，基部缩成具蜜腺的距，稀无距；花瓣 5 枚，全部离生，或上方 1 枚称旗瓣，侧生花瓣两两合生形成 2 个 2 裂的翼瓣；雄蕊 5 枚，合生；雌蕊 4～5 枚心皮合生，子房上位，4～5 室，每室具 2 枚至多枚胚珠。蒴果成熟时 4～5 瓣裂，将种子弹出，或为不开裂的肉质浆果。

2. 识别要点 草本。单叶。花两性，两侧对称；其中 1 枚萼片为常具距的唇瓣；花瓣形成 1 枚旗瓣和 2 枚 2 裂的翼瓣，稀 5 枚花瓣离生。蒴果弹裂，稀为不裂的浆果。

12-91

3. 代表植物【二维码 12-91】

凤仙花属（*Impatiens* L.） 花瓣形成 1 枚旗瓣和 2 枚 2 裂的翼瓣；蒴果成熟开裂将种子弹出。全属约有 1 000种；中国约有 270 种。凤仙花（*I. balsamina* L.）（图 12-7-65），叶片披针形，边缘有锐锯齿；花单生或2～3 朵簇生于叶腋；花瓣红色、紫色、粉红色或白色；中国各地广泛栽培，供观赏，品种很多；自古民间常用其花瓣将指甲染成猩红色，故又名指甲草。水金凤（*I. noli-tangera* L.），叶卵形，边缘具粗圆齿；短总状花序具花 2～4 朵；花黄色；东北、华北地区的山区常见野生。

1. 植株上部；2. 侧生萼片；3. 唇瓣；4. 旗瓣；5. 翼瓣；6. 雄蕊；7. 蒴果；8. 种子。

图 12-7-65 凤仙花

（引自《秦岭植物志》《中国植物志》）

（二）柿科 Ebenaceae

* ♂ $K_{(3-7)}\ C_{(3-7)}\ A_{3-7,\ 6-14,\ \infty}$

* ♀ $K_{(3-7)}\ C_{(3-7)}\ \underline{G}_{(2-16:2-16:1-2)}$

本科有 4 属约 750 种；中国有 1 属约 60 种。

1. 形态特征 灌木或乔木，木材多黑褐色。单叶互生，稀对生，全缘，无托叶。花通常单性，雌雄异株，或杂性，单生或为聚伞花序；花萼 3～7 裂，常在果期增大宿存；花冠 3～7 裂，钟状或壶状，裂片旋转状排列；雄蕊通常为花冠裂片数的 2～4 倍，较少同数，花丝分离或 2 枚结合，常着生于花冠筒基部；子房上位，中轴胎座，2～16 室，每室 1～2 枚胚珠。浆果。种子具胚乳。花粉具 3 孔沟。

1. 果枝；2. 雌花；3. 雌花冠展开；4. 雄花；5. 雄花冠展开。

图 12-7-66 君迁子（引自《中国植物志》）

12-92

2. 识别要点 木本。单叶全缘，常互生。花单性，花萼宿存，花冠裂片旋转状排列。浆果。

3. 代表植物【二维码 12-92】

柿属（*Diospyros* L.） 落叶或常绿乔木或灌木，枝无顶芽；雌花单生，有或无退化雄蕊；雄花成聚伞花序；花萼、花冠常 4 裂，偶 3～7 裂；雄蕊 4～16 枚；子房 2～12 室，花柱 2～5 个；浆果具增大宿存的花萼。全属约有 700 种；中国约有 60 种。君迁子（*D. lotus* L.）（图 12-7-66），落叶乔木，叶椭圆形至长椭圆形，上面密生脱落性柔毛，下面绿色或粉绿色，果球形或椭圆形，直径 1～2 cm，蓝黑色，常具白色薄蜡层；原产于中国，果可食用或酿酒，常作嫁接柿的砧木。柿（*D. kaki* Thunb.），落叶乔木，叶卵状椭圆形至倒卵形，下面及小枝均有短柔毛，果卵圆形至倒卵形或近球形，直径 3 cm 以上；原产于中国，为著名果树，久经栽培，品种很多，果鲜食或制柿饼、酿醋。

（三）报春花科 Primulaceae

*，↑⚥，♂ ♀ $K_{(5)}\ C_{(5)}\ A_5\ \underline{G}_{(5:1:\infty-1)}$

本科有 58 属约 2 590 种；中国有 18 属 648 种。

1. 形态特征 草本、灌木、乔木或木质藤本。叶互生、对生或轮生，草本类群基生叶常呈莲座状；单叶，全缘或具各式齿，或羽状深裂。总状花序、穗状花序、伞形花序、伞房花序、聚伞花序、圆锥花序或花簇生、单生；花辐射对称，稀为两侧对称；花两性或单性；花通常 5 基数，稀 4 或 6～9 基数；花萼合生成筒状或近离生，常宿存；花冠合生成筒状或近离生，稀无花冠；雄蕊通常生于花冠上，与花冠裂片同数而对生，稀再具1轮退化雄蕊；雌蕊常为5枚心皮合生，子房上位，稀半下位或下位，1室，常为特立中央胎座，稀为基生胎座或中轴胎座，胚珠多数或1枚。蒴果常瓣裂或盖裂，或为核果状浆果。

2. 识别要点　花两性或单性，常为5基数；雄蕊通常生于花冠上；通常为特立中央胎座。蒴果或核果状浆果。

3. 代表植物【二维码12-93】

12-93

(1)报春花属(*Primula* L.)　草本，多年生，稀二年生；叶全部基生，莲座状，常具锯齿；花两性，辐射对称，5基数，通常在花葶上排成伞形花序，或为总状花序、短穗状或近头状花序，有时花单生而无花葶；花萼合生成钟状或筒状，具浅齿或深裂；花冠合生成漏斗状或钟状，喉部不收缩，筒部通常长于花萼，裂片全缘、具齿或2裂；雄蕊贴生于冠筒上，花药先端钝，花丝极短；子房上位，近球形，花柱常有长短2型，特立中央胎座，胚珠多数；蒴果球形至筒状，顶端短瓣开裂或不规则开裂，稀为盖裂；种子多数。全属约有500种；中国约有300种。胭脂花(*P. maximowiczii* Regel)(图12-7-67)，多年生草本，叶长圆状披针形，边缘具细锯齿，伞形花序1～2轮生于花葶上，花冠紫色或红色；分布于华北至西北地区。报春花(*P. malacoides* Franch.)，一年生草本，叶椭圆形或卵形，边缘具不整齐缺刻和细锯齿，花葶具2～4轮伞形花序，花色多样；原产于中国，世界各地广为栽培的花卉，品种极多。

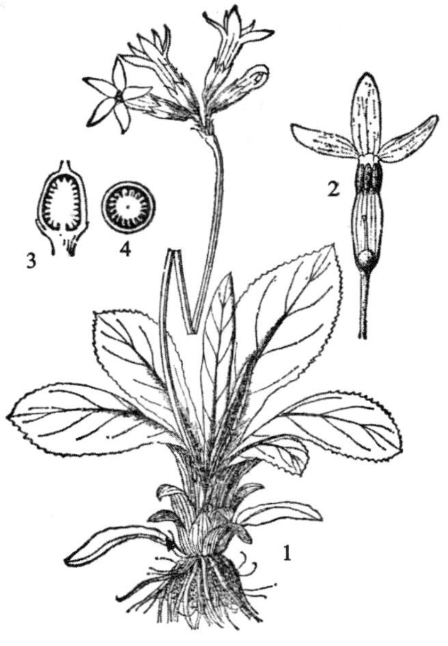

1. 花期植株；2. 花纵剖面；
3. 子房纵剖面；4. 子房横剖面。
图12-7-67　胭脂花
(引自《中国高等植物图鉴》)

(2)珍珠菜属(*Lysimachia* L.)　与报春花属的主要区别是具茎生叶，叶互生、对生或轮生，全缘；花序为总状花序或伞房状、头状、圆锥状或单花。全属约有180种；中国有138种。过路黄(*L. christinae* Hance)，茎匍匐，叶对生，花单生于叶腋，花冠黄色；分布于华东、华中、华南至西南地区。狼尾花(*L. barystachys* Bunge)，直立草本，叶互生，总状花序顶生，花密集，常转向一侧，花冠白色；分布于东北、华北、华东至西南地区。

(3)紫金牛属(*Ardisia* Sw.)　常绿灌木或小乔木；叶常互生，全缘或具齿；聚伞花序、伞形花序或圆锥花序；花两性；花萼、花瓣通常仅基部合生；浆果，核果状，具1枚种子。全属约450种；中国有65种。紫金牛[*A. japonica* (Thunb.) Blume]、朱砂根(*A. crenata* Sims)、百两金[*A. crispa* (Thunb.) A. DC.]等种果实通红，经冬不凋，在南方常栽培供观赏，北方室内盆栽；亦药用。

4. 分类学讨论　系统发育分析表明，传统分类系统中全为木本的紫金牛科(*Myrsinaceae*)和狭义的全为草本的报春花科各自均不是单系，因此APG系统将二者合并，这样形成的广义的报春花科为单系。

(四)山茶科 Theaceae

$* \ ⚥ \ K_5 \ C_{5-12,\infty} \ A_\infty \ \underline{G}_{(3-5:3-5:2-\infty)}$

本科有9属约250种；中国有6属145种。

1. 形态特征　乔木或灌木，叶常绿，稀落叶。单叶互生，通常革质，边缘具齿。花通常单生于叶腋，稀为总状花序或数花簇生；花通常两性；萼片通常5枚，稀较多，宿存；花瓣5～12枚或多数；雄蕊常多数，排列成2～6轮；雌蕊3～5枚心皮合生，子房上位，3～5室，每室胚珠2至多枚。蒴果室背开裂，稀为核果。种子数枚，胚直立。

2. 识别要点　通常为常绿木本。单叶互生。花两性，常单生于叶腋；萼片通常5枚，宿存；花瓣5枚至多枚；雄蕊多数；子房3～5室。蒴果或核果。

12-94

1. 枝叶和花；2. 花背面观；3. 花瓣与雄蕊；
4. 宿存花萼与雌蕊；5. 子房横切面。

图 12-7-68 茶(引自 Hooker)

3. 代表植物【二维码 12-94】

山茶属(*Camellia* L.) 常绿乔木或灌木；花单生或 2～5 朵簇生于叶腋；萼片通常 5 枚；花瓣 5～12 枚；雄蕊多数；子房 3～5 室；蒴果。全属约有 120 种；中国有 97 种。茶[*C. sinensis* (L.) Kuntze](图 12-7-68)，花 1～3 朵腋生，萼片 5 枚，花瓣 5～6 枚，白色，蒴果 3 室；原产于中国，南方广泛栽培，品种极多，嫩叶制茶，风靡世界。山茶(*C. japonica* L.)，茶梅(*C. sasanqua* Thunb.)花红色、粉红色或白色，是广为栽培的观赏花卉，品种很多。

(五)猕猴桃科 Actinidiaceae

$* \ ⚥, \ ♂ \ ♀ \ K_{5,\,2-4} \ C_{5,\,4-\infty} \ A_{10,\,\infty} \ \underline{G}_{(3-5,\,\infty:3-5,\,\infty:\infty)}$

本科有 3 属约 350 种；中国有 3 属 85 种。

1. 形态特征 木质藤本或乔木、灌木。单叶互生，无托叶。花单生或成聚伞花序、总状花序，腋生。花辐射对称，两性，或单性而雌雄异株，雌花具不育雄蕊；萼片通常 5 枚，稀 2～4 枚；花瓣通常 5 枚，稀 4 枚或更多；雄蕊 10 枚或多数；雌蕊 3～5 枚或多数心皮合生，子房上位，3～5 室或多室，每室胚珠多数，中轴胎座，花柱离生或合生。浆果或蒴果。

2. 识别要点 木质藤本或乔木、灌木。单叶互生。花两性或单性而雌雄异株；萼片通常 5 枚；花瓣通常 5 枚；雄蕊 10 枚或多数；雌蕊 3～5 室或多室。浆果或蒴果。

3. 代表植物【二维码 12-95】

12-95

(1) 猕猴桃属(*Actinidia* Lindl.) 木质藤本，髓多为片层状，少为实心；花单性，雌雄异株，雌花中具不育雄蕊；萼片通常 5 枚，稀 2～4 枚；花瓣通常 5 枚，稀 4 枚或更多；雄蕊多数；子房多室；花柱与子房室同数，离生；浆果。全属约有 55 种；中国有 52 种。中华猕猴桃(*A. chinensis* Planch.)(图 12-7-69)，落叶藤本，枝被刺毛；叶片倒宽卵形或近圆形；聚伞花序 1～3 朵腋生；萼片 3～7 枚；花瓣 3～7 枚，白色；果褐色，卵球形、椭球形、球形或圆柱形，被茸毛、长硬毛或刺毛状长硬毛，成熟时毛脱落或不脱落；原产于中国，野生并广泛栽培，品种很多，果鲜食或加工成果干、果汁、果酒。软枣猕猴桃[*A. arguta* (Siebold & Zucc.) Planch. ex Miq.]、葛枣猕猴桃[*A. polygama* (Siebold & Zucc.) Maxim.]、四萼猕猴桃[*A. tetramera* Maxim.]等的果实均可食用，果无毛，但较小，不耐贮藏。

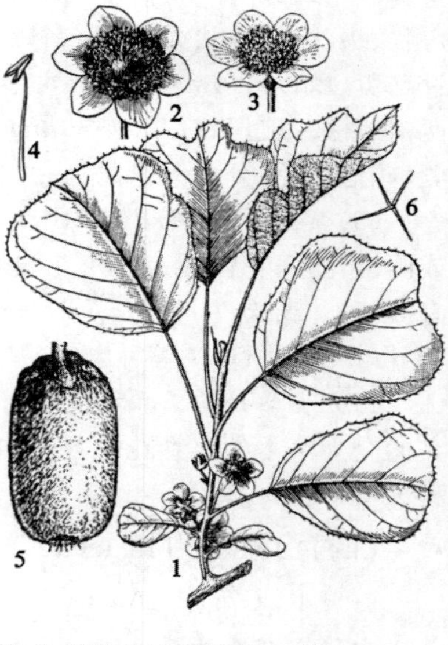

1. 花枝；2. 雌花具不育雄蕊；3. 雄花；
4. 雄蕊；5. 果实；6. 叶背面的星状毛。

图 12-7-69 中华猕猴桃(引自《秦岭植物志》)

(2) 藤山柳属(*Clematoclethra* Maxim.) 木质藤本，髓实心；萼片 5 枚；花瓣 5 枚；雄蕊 10 枚；子房 5 室，花柱合生；果熟时浆果状，干燥后不开裂。全属约有 20 种，均为中国特有。猕猴桃藤山柳(*C. actinidioides* Maxim.)，小枝、叶柄、叶背面、花梗、萼片上无毛或近无毛，聚伞花序具 1～7 花，果熟时深紫红色或黑色。繁花藤山柳(*C. hemsleyi* Baill.)，小枝、叶柄、叶背面、花梗、萼片上密被绒毛，聚伞花序具 6～12 花。

(六)杜鹃花科 Ericaceae

$*, \uparrow ⚥ K_{(5-4),5-4}\ C_{(5-4),5-4}\ A_{10-8,5-4}\ \underline{G},\overline{G}_{(2-5:2-5,1:\infty)}$

本科有126属约4 010种;中国有23属826种。

1.形态特征 乔木、灌木、草本或腐生草本。单叶互生,稀轮生或对生,腐生草本种叶退化为鳞片状。花单生、簇生或为总状花序、伞形花序及圆锥花序;花通常两性,稀单性;花辐射对称或两侧对称;花萼裂片通常4～5枚,常宿存;花冠合生成漏斗状、坛状、钟状和高脚碟状,顶端4～5裂,稀花瓣分离;雄蕊通常为花冠裂片数的2倍,稀同数或更多;花药常有芒状、角状附属物,通常顶端孔裂;雌蕊通常2～5枚心皮合生,子房上位或下位,通常2～5室或1室,中轴胎座或侧膜胎座,胚珠通常多数,花柱合生为1个。蒴果或浆果,稀核果,种子多数。

2.识别要点 自养或腐生。单叶或退化为鳞片状。通常花萼、花冠4～5裂;雄蕊常为花冠裂片数的2倍,花药通常具附属物、孔裂;花柱1个。蒴果或浆果,稀核果,种子多数。

12-96

3.代表植物【二维码12-96】

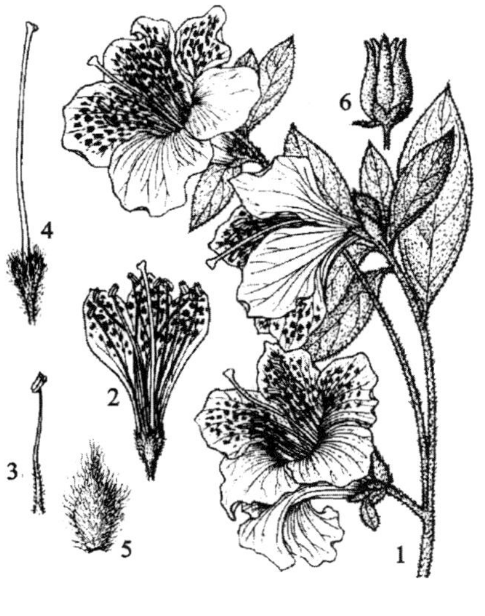

1.花枝;2.花纵剖面;3.雄蕊;4.雌蕊;5.萼片;6.果实。

图12-7-70 杜鹃(引自《中国植物志》)

(1)杜鹃花属(*Rhododendron* L.) 常绿或落叶灌木,稀小乔木;叶常全缘;多为顶生的伞形总状花序;花萼、花冠常5～8裂,常稍两侧对称;雄蕊5～10枚,花药无附属物;子房通常5室,少有6～20室;蒴果,室间开裂。全属约有1 000种,主产于北温带;中国约有571种,除新疆外,广布各省区,尤以中部与西南部为多。杜鹃(*R. simsii* Planch.)(图12-7-70),又名映山红,落叶灌木,叶卵形至披针形,两面有糙伏毛,花数朵簇生于枝顶,花冠宽漏斗状,鲜红、深红或粉红色,雄蕊10枚,子房10室;分布于南方,为著名观赏花木,根有毒,全株供药用。照山白(*R. micranthum* Turcz.),常绿灌木,叶集生于枝顶,上面无毛,花序集生于枝顶,花小,乳白色,雄蕊10枚,子房5～6室;产东北、华北至西南地区,供观赏和药用。本属许多种常构成西南地区高山灌丛群落的优势种;还有众多美丽的观赏花卉。

(2)越橘属(*Vaccinium* L.) 常绿或落叶灌木或小乔木;多总状花序,花冠筒状、壶状或钟状,雄蕊背面常有距,子房常与萼筒完全合生,下位,4～5室;浆果。全属约有450种;中国有92种。越橘(*V. vitis-idaea* L.),常绿矮小灌木,果红色;分布于东北、西北地区;果可生食或制果酱及酿酒。高丛越橘(*V. corymbosum* L.),直立落叶灌木,果蓝黑色;原产于北美洲,中国引种栽培,果食用,称为蓝莓。

(3)鹿蹄草属(*Pyrola* L.) 小型常绿草本,半灌木状;叶常基生,稀聚集在茎下部互生或近对生;总状花序;花萼5全裂,宿存;花瓣5枚,离生;雄蕊10枚,花药有极短小角,孔裂;子房上位,中轴胎座,5室,花柱单生,柱头5裂。蒴果5纵裂。全属有35种;中国有26种。鹿蹄草(*P. calliantha* Andres),叶基生,革质,椭圆形或圆卵形;总状花序有9～13花;花白色,有时稍带淡红色;蒴果扁球形;分布于华北、华东、华中、西北、西南等地区。

(4)水晶兰属(*Monotropa* L.) 腐生草本,全株无叶绿素;茎肉质,不分枝;叶退化成鳞片状,互生;花单生或数朵成总状花序;苞片鳞片状;萼片4～5枚,鳞片状,早落;花瓣4～6枚,长圆形;雄蕊8～12枚;子房4～5室,中轴胎座;蒴果。全属有2种;中国有2种。水晶兰(*M. uniflora* L.),植株白色,花单生;广布于北温带。松下兰(*M. hypopitys* L.),植株常为淡黄褐色,总状花序具2～11花;广布于北温带。

4. 分类学讨论　过去的分类系统常将花瓣近离生、草本的鹿蹄草科（*Pyrolaceae*）、腐生的水晶兰科（*Monotropaceae*）独立；这样会使杜鹃花科不是单系；APG 系统将鹿蹄草科和水晶兰科合并入广义的杜鹃花科，其雄蕊与雌蕊的构造是较为一致的，如花药通常顶端孔裂、雌蕊常 2～5 枚心皮合生等特点。

二十一、丝缨花目 Garryales

本目有杜仲科和丝缨花科（Garryaceae）2 科。

（一）杜仲科 Eucommiaceae

$* \, ♂ \, P_0 \, A_{5-10} \quad * \, ♀ \, P_0 \, \underline{G}_{(2:1:2)}$

中国特有科，仅 1 属 1 种。

1. 形态特征　落叶乔木。树皮、枝、叶、果中含橡胶，折断拉开有多数细丝。单叶互生，边缘有锯齿。花雌雄异株，无花被；雄花簇生，具雄蕊 5～10 枚；雌花单生，雌蕊 2 枚心皮合生，子房 1 室，具 2 枚胚珠，子房顶端 2 裂，柱头位于裂口内侧。翅果，不开裂，扁平，长椭圆形，先端 2 裂，具 1 枚种子。

1. 果枝；2. 雄花枝；3. 雄花；
4. 雄蕊；5. 雌花；6. 子房纵切面。
图 12-7-71　杜仲（引自《中国植物志》）

2. 识别要点　落叶乔木。树皮、枝、叶、果中含橡胶，折断拉开有多数细丝。单叶互生，边缘有锯齿。花雌雄异株，无花被。翅果扁平，先端 2 裂。

3. 代表植物【二维码 12-97】

12-97

杜仲属（*Eucommia* Oliv.）　杜仲（*E. ulmoides* Oliv.）（图 12-7-71），分布于陕西、甘肃、河南、湖北、四川、云南、贵州、湖南及浙江等地，各地亦广泛栽培；树皮药用；树皮、枝叶、果中可提取杜仲橡胶；种子可榨油；常栽培供绿化用。

二十二、龙胆目 Gentianales

本目有茜草科等 5 科。

（一）茜草科 Rubiaceae

$* \, ⚥ \, K_{(4-5)} \, C_{(4-5)} \, A_{4-5} \, \overline{G}_{(2:2:1-\infty)}$

本科是植物中的第四大科，约有 660 属 11 150 种，主产于热带与亚热带地区；中国有 97 属 701 种，主产于南方，北方较少。

1. 形态特征　乔木、灌木或草本。单叶对生或轮生，常全缘；托叶 1 对，位于叶柄间或叶柄内，常宿存，有时连合成鞘或呈叶状，使叶呈轮生状。花两性，辐射对称，4～5 基数，单生或排成各种花序；花萼 4～5 裂，萼筒与子房合生，萼裂片覆瓦状排列，有时其中一片扩大成叶状；花冠 4～5 裂，筒状、漏斗状、高脚碟状或辐状；雄蕊与花冠裂片同数而互生，着生于花冠筒上；子房下位，2 枚心皮合生，中轴胎座，通常 2 室，每室胚珠 1 至多数。蒴果、核果或浆果。种子有胚乳。

2. 识别要点　单叶对生或轮生，具托叶。花整齐，4 或 5 基数；子房下位，2 室，胚珠多数至 1 枚，中轴胎座。蒴果、核果或浆果。

3. 代表植物【二维码 12-98】

12-98

（1）茜草属（*Rubia* L.）　草本，茎常被糙毛或皮刺；叶轮生，托叶 2 枚；聚伞花序，花 5 基数；花冠辐状或短钟状；子房 2 室，每室具 1 枚胚珠；果 2 裂，肉质浆果状。全属约有 80 种；中国有 38 种。茜草（*R. cordifolia* L.）（图 12-7-72），多年生草质攀缘藤本；根红色；茎四棱形，有倒生皮刺；叶常 4 片轮生，常披针形；花淡黄色；果橘红色；分布于东北、华北、西北、西南等地区。

（2）拉拉藤属（*Galium* L.）　草本；叶 3 枚至多枚轮生；花 4 基数；果常干燥，小坚果状，双生稀

1.茎叶和花果；2.花；3.果。

图 12-7-72　**茜草（引自《秦岭植物志》）**

单生，常被毛。全属有 600 种以上；中国有 63 种。拉拉藤（*G. spurium* L.），蔓生草本，茎有 4 棱，茎棱、叶缘及叶脉有倒生小刺毛；叶 6～8 片轮生，稀为 4～5 片，带状倒披针形或长圆状倒披针形，花淡黄绿色或白色；果有 1 个或 2 个近球状的分果爿，密被钩毛；我国除海南及南海诸岛外，均有分布，为常见杂草。蓬子菜（*G. verum* L.），多年生草本，茎有 4 棱，被短柔毛；叶 6～10 片轮生，线形；花黄色；果瓣双生，近球形，无毛；长江以北地区广布。

本科经济价值较大的还有：小粒咖啡（*Coffea arabica* L.），原产于非洲，世界热带地区广泛栽培，种子是制作咖啡的主要原料；金鸡纳树（*Cinchona calisaya* Wedd.），原产于南美洲，树皮含奎宁，用于治疗疟疾；龙船花（*Ixora chinensis* Lam.）、六月雪[*Serissa japonica* (Thunb.) Thunb.]、栀子（*Gardenia jasminoides* J. Ellis）等为观赏花卉，原产于中国。

（二）龙胆科 Gentianaceae

$* \ ⚥ K_{(4-5),4-5} \ C_{(4-5)} \ A_{4-5} \ \underline{G}_{(2:1:\infty)}$

本科约有 80 属 700 种，广布全球，主产于北温带和寒温带；中国有 20 属 419 种。

1. 形态特征　草本，稀灌木。单叶对生，稀互生或轮生，全缘，基部常抱茎，无托叶。花多为两性，辐射对称，稀两侧对称；聚伞花序、复聚伞花序或单生；花萼 4～5（稀 12）裂，筒状或分离，常宿存；花冠 4～5（稀 12）裂，钟状、漏斗状、筒状或辐状，有时具距，花冠裂片常旋转状排列，裂片间具褶或裂片基部有腺体或腺窝；雄蕊 4～5 枚，着生于花冠筒上，与裂片互生；雌蕊 2 枚心皮合生，子房上位，1 室，稀 2 室，侧膜胎座，胚珠多数。蒴果 2 瓣裂。种子小，有胚乳。花粉具 3 孔沟。

2. 识别要点　草本。单叶全缘，对生。花通常 4～5 基数，花冠裂片常旋转状排列，裂片间具褶或裂片，基部有腺体或腺窝；雌蕊 2 枚心皮合生，侧膜胎座，胚珠多数。蒴果。

3. 代表植物【二维码 12-99】

12-99

(1) 龙胆属（*Gentiana* L.）　一年生或多年生直立草本，叶对生，稀轮生；花常 4～5 基数，花冠裂片间有褶，腺体小。全属约 360 种；中国有 248 种。常见的有龙胆（*G. scabra* Bunge）（图 12-7-73）、肾叶龙胆（*G. crassuloides* Bureau & Franch.）、秦艽（*G. macrophylla* Pall.）等。

1.植株基部；2.植株上部；
3.花纵剖面；4.雌蕊。

图 12-7-73　**龙胆（引自 Hooker）**

(2) 扁蕾属（*Gentianopsis* Ma）　一年生或二年生直立草本；花单生于枝顶，花蕾具 4 棱；花 4 数，花冠裂片下部两侧边缘有细条裂齿或全缘，花冠筒基部有腺体 4 枚。全属有 24 种；中国有 5 种。湿生扁蕾[*G. paludosa* (Hook. f.) Ma]，一年生草本，基生叶匙形，茎生叶对生，椭圆状披针形，花萼长为花冠之半，花冠蓝色；分布于华北、西北、西南等地区。

(3)双蝴蝶属(*Tripterospermum* Blume)　多年生缠绕草本；叶对生；花5数；花萼筒钟形，脉5条突起呈翅，稀无翅；花冠钟形或筒状钟形，裂片间有褶；浆果或蒴果2瓣裂；种子具棱或具翅。全属有25种；中国有17种。湖北双蝴蝶[*T. discoideum* (C. Marquand) Harry Sm.]，叶具短柄；花萼裂片比萼筒短；花冠蓝紫色或淡紫色；蒴果；种子圆形，具盘状双翅；分布于湖北、陕西、四川等地。

(三)夹竹桃科 Apocynaceae

* ⚥ $K_{(5)}\ C_{(5)}\ A_{5,(5)}\ \underline{G}_{(2:1-2:1-\infty),2:1:1-\infty}$

本科共有366属约5 100种；中国有76属389种。

1. 植株上部；2. 花；3. 花萼展开；4. 一部分花冠展开，示副花冠；5. 花盘展开；6. 雌蕊和雄蕊；7. 雄蕊背面观；8. 雄蕊腹面观；9. 子房纵切面；10. 开裂蓇葖果；11. 种子。

图12-7-74　罗布麻(引自《中国植物志》)

12-100

1. 形态特征　乔木、灌木、藤本或草本。植物体具白色乳汁，或为透明、红色、黄色乳汁。单叶通常对生，稀轮生、互生，通常全缘；叶柄顶端有时具腺体。单花或为各式花序；花两性；花萼裂片通常5枚；花冠合生成高脚碟状、漏斗状、坛状、钟状、盆状，稀辐状，裂片通常5枚，花冠喉部常具副花冠、鳞片或附属体；雄蕊5枚，花丝分离，着生在花冠筒上或花冠喉部，花粉粒不形成花粉块，或为5枚雄蕊的花丝合生成合蕊冠，并与雌蕊黏生成合蕊柱，花粉粒结合成花粉块，有时具载粉器；雌蕊2枚心皮合生或离生，子房上位，2室或1室，每室具胚珠1枚至多数。蓇葖果、蒴果、浆果或核果。种子顶端具一丛毛，或无毛。

2. 识别要点　植物体具乳汁。单叶，通常对生。花部5数；花冠喉部常具附属物或副花冠；雄蕊离生，或花丝合生成合蕊冠，并与雌蕊黏生成合蕊柱；雌蕊2枚心皮合生或离生。

3. 代表植物【二维码12-100】

(1)罗布麻属(*Apocynum* L.)　直立半灌木，具白色乳汁；叶对生或互生；圆锥状聚伞花序顶生或腋生，花冠具5个鳞片状附属物(副花冠)；花药黏合，与柱头贴生，箭形，基部具耳；聚合蓇葖果2个。全属约有9种；中国有2种。罗布麻(*A. venetum* L.)(图12-7-74)，叶通常对生；花冠圆筒状钟形，长大于宽，紫红或粉红色；分布于华北、西北、华东等地区；茎皮含优良纤维，可作纺织和造纸原料；叶药用。白麻(*A. pictum* Schrenk)，叶通常互生；花冠盆状，长小于宽，粉红色；分布于西北地区，耐盐碱；茎皮纤维可作纺织和造纸原料；是蜜源植物。

(2)夹竹桃属(*Nerium* L.)　常绿直立灌木，含透明乳汁；叶轮生，稀对生，革质；伞房状聚伞花序顶生；花冠漏斗状，红色、黄色或白色，喉部有5枚撕裂状的附属物；雄蕊离生，花药箭形，顶端具丝状附属物；聚合蓇葖果2个；种子顶端有毛。全属仅1种，即夹竹桃(*N. oleander* L.)，分布于地中海沿岸及亚洲热带、亚热带地区；中国黄河以南广泛栽培，供绿化和观赏；全株有毒。

(3)鹅绒藤属(*Cynanchum* L.)　灌木或多年生草本，直立或攀缘；叶对生，稀轮生；聚伞花序多数呈伞形状；花萼5深裂；花冠辐状；副花冠5裂或杯状或筒状，顶端具浅裂片或齿；雄蕊合生成合蕊冠；花粉块每室1个；聚合蓇葖果2个或1个不发育；种子顶端具毛。全属约有200种；中国有57种。鹅绒藤(*C. chinense* R. Br.)(图12-7-75)，缠绕草本；叶对生，宽三角状心形；花白色；副花冠上端裂成10个丝状体；蓇葖果细圆柱形；分布于华东、华北、西北等地区；常见杂草。地梢瓜[*C. thesioides* (Freyn) K. Schum.]，直立半灌木；叶对生或近对生，线形；伞形聚伞花序腋生；花冠绿白

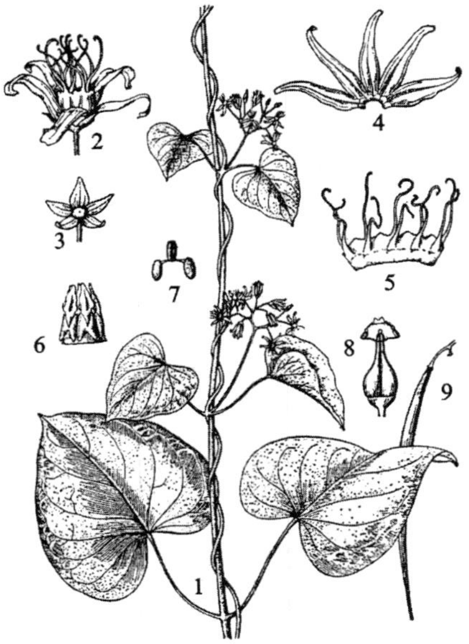

1. 花枝；2. 花；3. 花萼；4. 花冠展开；
5. 副花冠展开；6. 合蕊柱；7. 花粉器；
8. 雌蕊；9. 蓇葖果。

图 12-7-75　鹅绒藤（引自《秦岭植物志》）

色；副花冠杯状，裂片三角状披针形；蓇葖果纺锤形；分布于东北、华北、西北等地区；幼果可食用。

4. 分类学讨论　过去的分类系统中，常把雄蕊形成合蕊冠和花粉块的类群独立为萝藦科（*Asclepiadaceae*）；系统发育分析表明要把萝藦科合并入夹竹桃科才能使夹竹桃科为单系；它们的其他花形态特点尤其是雌蕊特征是较为一致的。

二十三、紫草目 Boraginales

本目仅紫草科 1 科。

（一）紫草科 Boraginaceae

$*$ ⚥ $K_{5,(5)}\ C_{(5)}\ A_5\ \underline{G}_{(2:2:2),(2:4:1)}$

本科有 156 属约 2 500 种；中国有 47 属 294 种。

1. 形态特征　草本，稀木本，常被粗硬毛。单叶，通常互生，稀对生，通常全缘，无托叶。花两性，辐射对称，单歧或二歧聚伞花序，或成圆锥花序；萼片 5 枚，分离或基部合生，宿存；花冠合生成辐状、漏斗状、钟状或高脚碟状，5 裂，喉部常有附属物；雄蕊 5 枚，生于花冠上；常具花盘；雌蕊 2 枚心皮合生，子房上位，2 室，每室 2 枚胚珠，或子房深裂成 4 室，每室 1 枚胚珠；花柱通常 1 个，生于子房顶部或子房 4 裂瓣之间的基部。核果或 4 个小坚果。

2. 识别要点　草本，稀木本，常被粗硬毛。单叶通常互生。花 5 基数，花萼常宿存；花冠合生，喉部常有附属物；子房 2 室或 4 深裂为 4 室。核果或 4 个小坚果。

12-101

3. 代表植物【二维码 12-101】

（1）紫草属（*Lithospermum* L.）　一年生或多年生草本，被糙伏毛；花单生叶腋或聚伞花序生于枝端；花萼 5 深裂；花冠漏斗状或高脚碟状，白色或蓝色，筒部有或无附属物或喉部有毛或皱褶；雄蕊 5 枚，内藏；子房 4 裂，柱头顶端 2 裂或不明显；4 个小坚果，光滑或有瘤状小凸起。全属约有 50 种；中国有 5 种。紫草（*L. erythrorhizon* Siebold & Zucc.）（图 12-7-76），多年生草本，根粗长，紫色；花冠长 7～9 mm，白色；小坚果光滑；分布于东北、华北、华中及西南等地区；根可提取紫色染料，并药用。田紫草（*L. arvense* L.），又称麦家公，一年生草本，花冠长约 6 mm，白色或淡蓝色至淡粉红色；小坚果有疣状凸起；分布于东北、华北、西北、华东等地区；常见农田杂草。

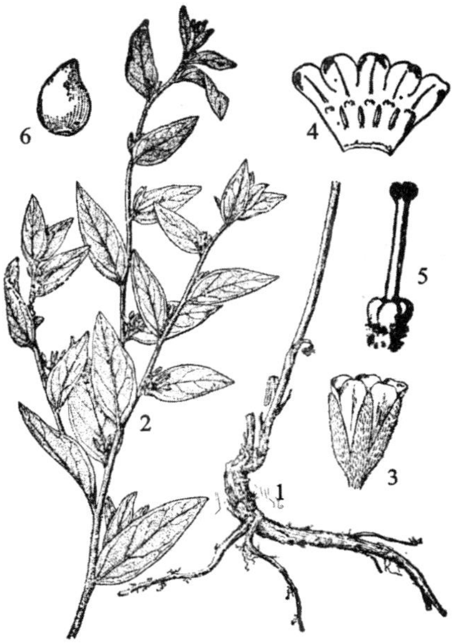

1. 根和植株下部；2. 植株上部；3. 未开的花；
4. 花冠展开；5. 雌蕊；6. 小坚果。

图 12-7-76　紫草（引自《中国高等植物图鉴》）

（2）附地菜属（*Trigonotis* Steven）　多年生、二年生稀为一年生草本；镰状单歧聚伞花序或二歧式分枝，无苞片或下部的花梗具苞片；花冠蓝色或白色，花筒通常较萼短，裂片 5 枚，覆瓦状排列，喉部具 5 个附属物；雄蕊 5 枚，内藏；子房 4 深裂，花柱线形，通常短于花冠筒；4 个小坚果。全属有 58 种；中国有 34 种。附地菜［*T. peduncularis* (Trevis.) Benth. ex Baker & S. Moore］，一年生或二年生草本；基生叶莲座状，茎上部叶长圆形或椭圆形；花序生于茎顶，只在基部具 2～3 个叶状苞片；花冠淡蓝色或粉红色，檐部直径 1.5～2.5 mm，裂片平展，喉部附属物 5 个，白色或带黄色；小坚果斜三棱锥状；广布全国，为常见杂草。

二十四、茄目 Solanales

本目有旋花科等 5 科。

（一）旋花科 Convolvulaceae

$* ⚥ K_5\ C_{(5)}\ A_5\ \underline{G}_{(2:1:2,4),(2:2:2),(2:4:1)}$

本科有 58 属约 1 650 种；中国约有 20 属 129 种。

1. 形态特征　缠绕、匍匐或直立草本，稀为灌木、乔木或寄生草本。茎常具乳汁，具双韧维管束。单叶互生，无托叶。花两性，辐射对称，单生于叶腋或为聚伞花序，有苞片；花萼分离或仅基部合生，5 枚，常宿存；花冠漏斗状或钟状，檐部近全缘或 5 浅裂；雄蕊 5 枚，生于花冠筒基部；雌蕊通常 2（稀 3～5）枚心皮合生，子房上位，1 室而具 2 枚或 4 枚胚珠，或为 2 室每室具 2 枚胚珠，或因有发育的假隔膜成为 4 室而每室具 1 枚胚珠，稀为 3 室而每室具 2 枚胚珠。通常为蒴果，少为浆果或坚果状。

2. 识别要点　常为缠绕或匍匐草本；茎常有乳汁，具双韧维管束。花 5 数，花冠漏斗状或钟状；雌蕊通常 2 枚心皮合生，子房上位，1～2 室或 4 室，每室 4 枚、2 枚或 1 枚胚珠。常为蒴果。

12-102

3. 代表植物【二维码 12-102】

（1）旋花属（*Convolvulus* L.）　草本或半灌木；茎缠绕或平卧，少直立；叶全缘或分裂；花单生或簇生于叶腋，苞片生于花梗中部，远离花萼；花冠漏斗形或钟形；子房 2 室，蒴果近球形。全属约 250 种；中国有 8 种。田旋花（*C. arvensis* L.）（图 12-7-77），多年生草本，具根状茎，叶戟形，花冠粉红或白色；常见杂草。刺旋花（*C. tragacanthoides* Turcz.），半灌木，全株被银灰色绢毛，多分枝，具刺，花冠粉红或白色；分布于华北和西北地区。

1. 花枝；2. 花纵剖面；3. 萼片；4. 雌蕊；5. 果实；6. 不同叶形。

图 12-7-77　田旋花

（引自《秦岭植物志》）

（2）打碗花属（*Calystegia* R. Br.）　与旋花属的主要区别是花萼包藏在 2 片大型苞片内。全属有 25 种；中国有 5 种。打碗花（*C. hederacea* Wall.）、藤长苗［*C. pellita* (Ledeb.) G. Don］、旋花［*C. sepium* (L.) R. Br.］等，均为常见杂草。

（3）番薯属（*Ipomoea* L.）　草本，稀灌木；茎缠绕或匍匐；花冠漏斗状或钟状，雄蕊和花柱内藏；子房2～4 室，胚珠共 4～6 枚；蒴果。全属约 500 种；中国有 29 种。番薯［*I. batatas* (L.) Lam.］，又称为红薯、甘薯，具块根，茎斜升或匍匐，叶全缘或 3～5 裂，萼片顶端芒尖状；原产于热带美洲，各地广栽；块根富含淀粉，食用，可提取淀粉，嫩茎叶作蔬菜食用，茎叶为优质饲料。蕹菜（*I. aquatica* Forssk.），又称空心菜，茎中空，无毛，叶全缘或波状，偶基部有粗齿，萼片顶端钝，具小尖头；原产于中国，各地栽培，嫩茎叶作蔬菜。圆叶牵牛［*I. purpurea* (L.) Roth］，缠绕草本；叶宽卵状心形，通常不分裂，花冠漏斗状，颜色很多；子房 3 室，每室 2 胚珠；栽培供观赏；常见杂草。牵牛［*I. nil* (L.) Roth］，与圆叶牵牛相似，主要区别是本种叶通常 3 裂；栽培供观赏；常见杂草。

（4）菟丝子属（*Cuscuta* L.）　寄生草本，无根，茎缠绕，黄色或红色，借助吸器固着寄主。无叶，或退化成小的鳞片。花成穗状、总状或簇生成头状的花序；苞片小或无；花 4～5 数；花冠管状、壶状、球形或钟状；子房 2 室，每室 2 枚胚珠；蒴果。全属约有 170 种；中国有 11 种。菟丝子（*C.*

chinensis Lam.)、金灯藤(*C. japonica* Choisy)等，均为常见杂草，寄生在多种植物上形成危害。

(二)茄科 Solanaceae

$*$ ⚥ $K_{(5)}\ C_{(5)}\ A_5\ \underline{G}_{(2:2:\infty)}$

本科有 95 属约 2 300 种；中国约有 20 属 101 种。

1. 形态特征　草本、灌木或小乔木；体内具双韧维管束。单叶全缘、分裂或羽状复叶，互生，无托叶。花两性，辐射对称，单生或为聚伞花序；花萼常 5 裂，宿存；花冠 5 裂，辐状、钟状或漏斗状；雄蕊 5 枚，着生于花冠筒上，与花冠裂片互生，花药 2 室，孔裂或纵裂；有花盘；雌蕊 2 枚心皮合生，子房上位，中轴胎座，2 室，稀为假隔膜分成 3～5 室，胚珠多数。浆果或蒴果。种子具胚乳。

2. 识别要点　草本或木本；具双韧维管束。花两性，整齐，5 基数；花萼宿存；冠生雄蕊与冠裂片互生，花药常孔裂；雌蕊 2 枚心皮合生，中轴胎座，胚珠多数。浆果或蒴果。

3. 代表植物【二维码 12-103】

12-103

(1)茄属(*Solanum* L.)　多为草本，稀灌木或小乔木；单叶，稀复叶；花冠筒短，辐状或浅钟状；花药侧面靠合，孔裂；浆果。全属约 1 200 种；中国有 41 种。茄(*S. melongena* L.)(图 12-7-78)，全株被星状毛，花单生；原产于亚洲热带，各地广栽，果作蔬菜，果形、果色多样，栽培品种多。番茄(*S. lycopersicum* L.)，全株被黏质腺毛；不整齐的羽状复叶；花黄色，花药靠合，纵裂；浆果被假隔膜分隔成 3～5 室；世界各地广泛栽培，果作蔬菜或水果，品种极多。马铃薯(*S. tuberosum* L.)，又称土豆、洋芋，羽状复叶，小叶近相同，花序顶生；原产于南美洲，全球广栽；块茎作杂粮和蔬菜，可提取淀粉。龙葵(*S. nigrum* L.)，一年生草本，花序腋外生，浆果黑色；世界广布杂草。白英(*S. lyratum* Thunb.)，草质藤本，叶 3～5 裂；浆果红色；分布于华北及以南地区，杂草。

(2)枸杞属(*Lycium* L.)　灌木，常有刺；花单生于叶腋或簇生于极度缩短的侧枝上；浆果。全属约 80 种；中国有 7 种。宁夏枸杞(*L. barbarum* L.)，花萼常 2 中裂，花冠裂片边缘无缘毛；分布于西北和华北地区；果红色；果食用或药用。枸杞(*L. chinense* Mill.)，花萼常 3 中裂或 4～5 齿裂，花冠裂片边缘具缘毛；我国大多省区均有分布；果红色；嫩叶蔬食，果食用或药用。黑果枸杞(*L. ruthenicum* Murray)，果黑色；分布于西北地区，常生于盐渍荒地，耐干旱、盐碱；果食用。

(3)烟草属(*Nicotiana* L.)　草本或灌木，常被腺毛；圆锥状或总状聚伞花序顶生；蒴果，种子多而微小。全属有 95 种；中国栽培 3 种。烟草(*N. tabacum* L.)，草本；叶大；花红色；原产于南美洲，广泛栽培；叶为卷烟和烟丝的原料，全株含烟碱(尼古丁)，有毒，可作杀虫剂。

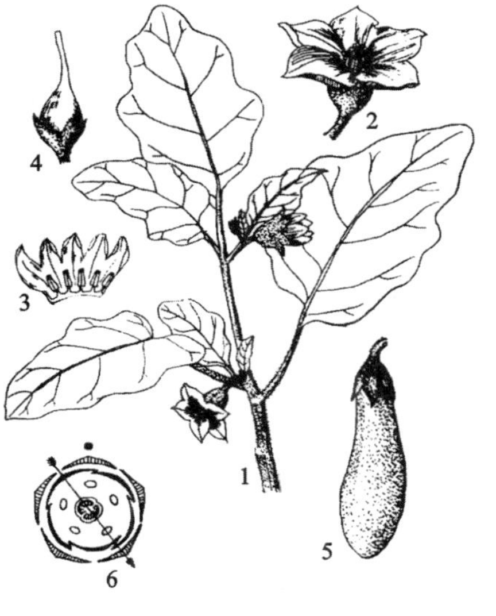

1. 花枝；2. 花；3. 花冠及雄蕊；4. 花萼及雌蕊；5. 果实；6. 花图式。

图 12-7-78　茄

(4)辣椒属(*Capsicum* L.)　草本、灌木或半灌木；单叶；花单生、双生或簇生；花冠辐状，白色；花药纵裂；浆果无汁，常具辣味。全属约 25 种，中国广泛栽培 1 种，即辣椒(*C. annuum* L.)，原产于南美洲，世界各地普遍栽培，为常见蔬菜和调味品，果实大小、形状、颜色多样，辣或不辣均有，品种很多。

本科较常见的还有：灯笼果(*Physalis peruviana* L.)，俗称姑娘果，原产于南美洲，常栽培，果食用；夜香树(*Cestrum nocturnum* L.)、矮牵牛(*Petunia* × *atkinsiana* D. Don ex Loudon)等常栽培供观赏；曼陀罗(*Datura stramonium* L.)、洋金花(*D. metel* L.)、天仙子(*Hyoscyamus niger* L.)、颠茄(*Atropa belladonna* L.)等全株有毒，含多种生物碱，一些供药用。

二十五、唇形目 Lamiales

本目有木樨科等 24 科。本目大部分科属的花冠合生、辐射对称或二唇形，雄蕊通常着生于花冠上，雌蕊通常 2 枚心皮合生，但常有例外；传统上根据雄蕊数量、果实类型等特征分科，但分子系统发育结果表明许多传统分类系统中划分的科不是单系类群，APG 系统在单系性原则下重新划分的车前科、马鞭草科、唇形科、玄参科、列当科等的范围与传统分类系统的范围有很大不同。虽然经过调整，这些科为单系，但难以找到各自可靠的形态学共衍征，花冠形态、果实类型等特征在这些科之间常是交叉重叠的，因此认识本目的各科，主要以掌握其包含的属为主。

(一)木樨科 Oleaceae

$* \ ⚥ K_{(4)}\ C_{(4),0}\ A_2\ \underline{G}_{(2:2:2)}$

本科有 28 属约 400 种；中国有 10 属 160 种。

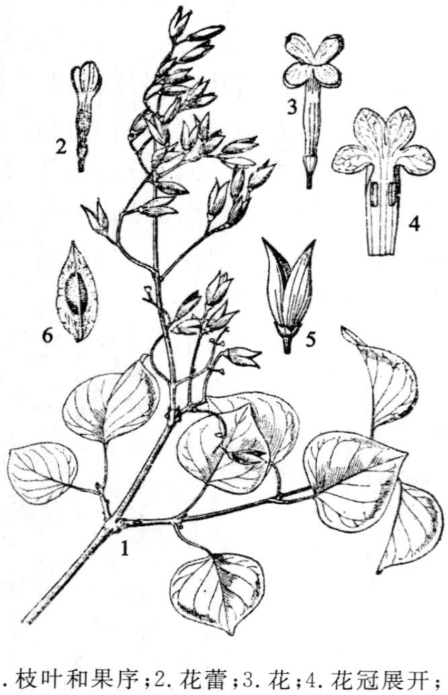

1. 枝叶和果序；2. 花蕾；3. 花；4. 花冠展开；5. 开裂蒴果；6. 种子。

图 12-7-79 紫丁香

(引自《中国高等植物图鉴》)

12-104

1. 形态特征　乔木，直立或藤状灌木。单叶或复叶，通常对生，稀互生或轮生，无托叶。聚伞花序或聚伞式圆锥花序，或为总状花序、伞形花序、头状花序，稀花单生或簇生；花辐射对称，常为两性，稀单性或杂性，辐射对称；花萼 4 裂，稀 3～12 裂或平截；花冠通常 4 裂，有时 3～12 裂或近离生或在基部成对合生，或无花冠；雄蕊 2 枚，稀 4 枚；雌蕊 2 枚心皮合生，子房上位，2 室，每室胚珠通常 2 枚，稀 1 枚或更多。翅果、蒴果、核果或浆果。种子有或无胚乳。花粉具 3(稀 2～4)沟或孔沟。

2. 识别要点　木本，叶对生。花辐射对称；花萼、花冠常 4 裂；雄蕊通常 2 枚；子房上位，2 室，每室 2 枚胚珠。翅果、蒴果、核果或浆果。

3. 代表植物【二维码 12-104】

(1)丁香属(*Syringa* L.)　落叶灌木或小乔木；小枝实心，顶芽常缺，而使分枝成假二叉状；单叶，稀复叶，多全缘；聚伞圆锥花序；花萼小，宿存；花冠漏斗状、高脚碟状或近辐状，4 裂；雄蕊 2 枚，内藏或伸出花冠筒；蒴果 2 室，每室具 2 枚种子；种子常具狭翅。全属约有 20 种；中国有 16 种。紫丁香(*S. oblata* Lindl.)(图 12-7-79)，灌木或小乔木；叶卵圆形至肾形，常宽大于长；圆锥花序；花紫色或白色，雄蕊内藏；分布于东北、华北、西北等地区；常栽培供观赏，品种很多。暴马丁香[*S. reticulata* (Blume) H. Hara subsp. *amurensis* (Rupr.) P. S. Green & M. C. Chang]，乔木；叶宽卵形、卵形至长圆状披针形，长大于宽；大型圆锥花序，花白色或黄色，雄蕊伸出花冠筒；分布于东北、华北、西北等地区；常栽培供观赏。

(2)连翘属(*Forsythia* Vahl)　落叶灌木；枝空心或有片状髓；花黄色，先叶开放，花冠 4 裂，雄蕊 2 枚；蒴果 2 室，每室具多枚种子；种子有翅。全属约 11 种；中国有 6 种。连翘[*F. suspensa* (Thunb.) Vahl]，枝的节间中空；单叶或三出复叶；花单生或 2 朵至数朵着生于叶腋；分布于北方至华中地区；栽培供观赏，果实药用。金钟花(*F. viridissima* Lindl.)，枝的节间具片状髓；单叶；花 1～3 朵腋生；常栽培供观赏。

(3)女贞属(*Ligustrum* L.)　常绿或落叶灌木或乔木；单叶，全缘；花冠 4 裂，雄蕊 2 枚，子房 2 室，每室具 2 枚胚珠；浆果状核果。全属有 45 种；中国有 27 种。女贞(*L. lucidum* W. T. Aiton)，常绿乔木；枝叶无毛，叶革质；大型圆锥花序；分布于黄河以南地区；常栽培供绿化，可放养白蜡虫，果实药用。小蜡（*L. sinense* Lour.）、小叶女贞（*L. quihoui* Carrière），各地普遍栽培作绿篱。

（4）梣属（*Fraxinus* L.） 落叶乔木；奇数羽状复叶；花小，单性、杂性或两性，雌雄同株或异株；花萼 4 裂或无；花冠 4 深裂或无；雄蕊 2 枚；子房 2 室，每室具 2 枚胚珠；翅果。全属约有 60 种；中国有 22 种。白蜡树（*F. chinensis* Roxb.），小叶 5～7 枚，上面无毛；花序顶生或出自当年生枝的叶腋，无花冠；雌雄异株；产于南北方各省区，多为栽培；木材优良，坚韧。水曲柳（*F. mandschurica* Rupr.），小叶 7～13 枚；雄花与两性花异株；翅果扭曲；著名用材树种，国家二级重点保护野生植物。天山梣（*F. sogdiana* Bunge），又称新疆小叶白蜡；小叶 7～13 枚，花杂性，无花被；翅果扭曲；产于新疆，抗寒耐旱，为优良绿化树种。

本科常见的还有：木樨[*Osmanthus fragrans*（Thunb.）Lour.]，通称桂花，原产中国西南部，广泛栽培，供绿化和观赏，花芳香，可提取香料或食用。木樨榄（*Olea europaea* L.），通称油橄榄，原产于西亚地区，果实榨油称橄榄油，供食用。迎春花（*Jasminum nudiflorum* Lindl.）、野迎春（*J. mesnyi* Hance）、素馨花（*J. grandiflorum* L.）、茉莉花[*J. sambac*（L.） Aiton]、雪柳[*Fontanesia fortunei* Carrière]、流苏树（*Chionanthus retusus* Lindl. & Paxton）等，栽培供绿化和观赏。

（二）车前科 Plantaginaceae

$\uparrow$，$*$ ⚥ $K_{(4-5)}\ C_{(4-5)}\ A_{4,2}\ \underline{G}_{(2:2:\infty)}$

本科有 105 属约 1 820 种；中国有 17 属 150 种。

1. 形态特征 草本，稀灌木。叶螺旋状互生，或对生，有时轮生。总状花序、穗状花序或花簇生、单生于叶腋；花两侧对称或辐射对称；花常两性；花萼 4 裂或 5 裂；花冠 4 裂或 5 裂；雄蕊 4 枚或 2 枚；雌蕊 2 枚心皮合生，子房上位，2 室，每室具多数胚珠，中轴胎座，柱头 2 裂。蒴果，室间开裂、孔裂或周裂，种子多数。种子有角或具翅。

2. 识别要点 草本，稀灌木。花两侧对称或辐射对称；花常两性；花萼、花冠各为 4～5 枚合生；雄蕊 4 枚或 2 枚；子房 2 室，具多数胚珠。蒴果。

3. 代表植物【二维码 12-105】

12-105

（1）车前属（*Plantago* L.） 通常为草本；常具莲座状基生叶；通常为穗状花序；花两性，稀杂性或单性；花冠高脚碟状或筒状，宿存，檐部 4 裂；雄蕊 4 枚，着生于花冠筒内面；子房2～4 室，中轴胎座，常具多数胚珠；蒴果，果皮膜质，周裂。车前（*P. asiatica* L.）（图 12-7-80），草本，须根系；穗状花序多花；蒴果常具 5～6 枚种子，稀更多；广布杂草。大车前（*P. major* L.），与车前的主要区别是蒴果具 12～24 枚种子，稀更少或更多；广布杂草。平车前（*P. depressa* Willd.），直根系；蒴果具4～5 枚种子；广布杂草。

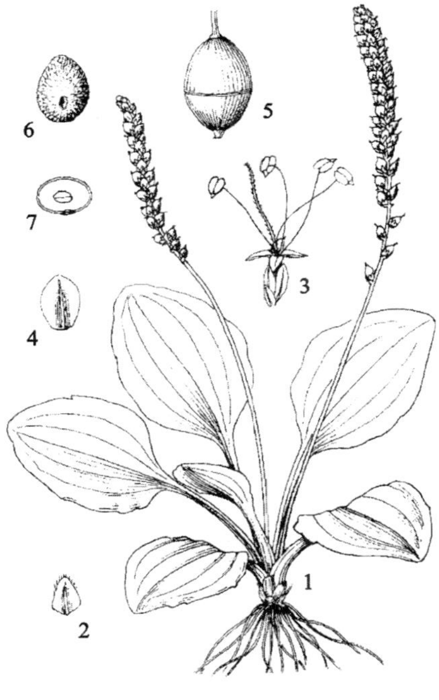

1. 植株；2. 苞片；3. 花；4. 萼片；5. 蒴果；6. 种子；7. 种子横切面。

图 12-7-80 车前（引自《中国植物志》）

（2）婆婆纳属（*Veronica* L.） 草本或半灌木；总状花序或穗状花序；花萼、花冠 4 裂；花冠筒短，常辐状；雄蕊 2 枚；蒴果压扁或肿胀，顶端微缺。全属约 250 种；中国有 53 种。婆婆纳（*V. polita* Fries），一年生草本；总状花序顶生，具叶状的苞片；花梗短于苞片；花冠常为淡粉红色；蒴果近肾形，密被腺毛，先端凹陷，凹口约呈 90°；广布杂草。阿拉伯婆婆纳（*V. persica* Poir.），与婆婆纳的主要区别是花梗长于苞片，花冠常为淡蓝色，蒴果顶端凹口大于 90°；广布杂草。北水苦荬（*V. ana-*

gallis-aquatica L.)，多年生草本；总状花序腋生，苞片披针形，不为叶状；蒴果近圆形，顶端微凹；广布北方与西部地区。

本科较常见的还有毛地黄属（*Digitalis* L.）、金鱼草属（*Antirrhinum* L.）、柳穿鱼属（*Linaria* Mill.）等。

（三）玄参科 Scrophulariaceae

$\uparrow$，$*$ ⚥ $K_{(4-5)}$ $C_{(4-5)}$ A_4 $\underline{G}_{(2:2:\infty)}$

本科有 59 属 1 800 种；中国有 7 属 66 种。

1. 形态特征　常为草本，稀为木本。叶互生、对生或轮生。总状花序、穗状花序、聚伞圆锥花序或花单生于叶腋；花两性，两侧对称或辐射对称；花萼 4 裂或 5 裂，常宿存；花冠 4 裂或 5 裂，常为二唇形，稀辐射对称；雄蕊通常 4 枚，二强雄蕊，稀等长，稀雄蕊更少或更多及具退化雄蕊；雌蕊通常 2 枚心皮合生，子房上位，子房 2 室，胚珠多数，子房基部常有蜜腺，环状、杯状或退化成腺体，柱头头状。蒴果，稀为浆果或核果。

12-106

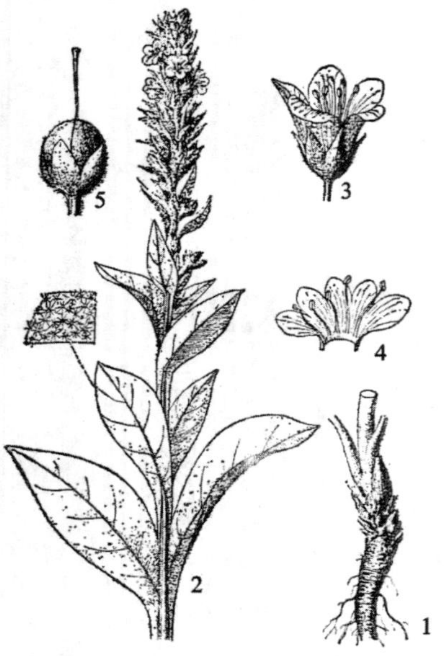

1. 根和茎基部；2. 植株上部；3. 花；4. 花冠展开；5. 蒴果。

图 12-7-81　毛蕊花（引自《秦岭植物志》）

2. 识别要点　草本，稀灌木。花两侧对称或辐射对称；花常两性；花萼、花冠各 4～5 裂；雄蕊常 4 枚，二强；子房 2 室，具多数胚珠。蒴果。

3. 代表植物【二维码 12-106】

（1）毛蕊花属（*Verbascum* L.）　草本；通常为单叶互生，基生叶莲座状；顶生穗状、总状或圆锥花序；花萼 5 裂；花冠通常黄色，少紫色，具短花冠筒，5 裂，辐状；雄蕊 5 枚或 4 枚，花丝通常具绵毛；子房 2 室，中轴胎座，胚珠多数；蒴果；种子具多条纵棱和沟，棱面上有细横槽。全属约有 300 种；中国有 6 种。毛蕊花（*V. thapsus* L.）（图 12-7-81），二年生草本，全株被密而厚的浅灰黄色星状毛；大型穗状花序顶生；花冠黄色；雄蕊 5 枚，后方的 3 枚花丝有毛，前方的 2 枚花丝无毛；广布北半球温带地区。紫毛蕊花（*V. phoeniceum* L.），总状花序顶生，花冠紫色；分布于新疆北部。

（2）玄参属（*Scrophularia* L.）　草本或半灌木状；叶通常对生；聚伞花序或聚伞圆锥花序；花萼 5 裂；花冠 5 裂，通常二唇形；发育雄蕊 4 枚，多少呈二强，退化雄蕊微小；子房周围有花盘；子房 2 室，中轴胎座，胚珠多数；蒴果。全属约有 200 种；中国有 36 种。玄参（*S. ningpoensis* Hemsl.），高大草本，具纺锤形膨大的根；由顶生和腋生的聚伞花序组成大型圆锥花序；花褐紫色；华北南部以南地区广布；根药用。

（3）醉鱼草属（*Buddleja* L.）　灌木，稀乔木或草本；单叶对生，稀互生或簇生；聚伞花序组成圆锥状、穗状、总状或头状；花 4 数；花萼钟状；花冠高脚碟状或钟状，花冠管圆筒形，直立或弯曲，花冠裂片辐射对称；雄蕊 4 枚，着生于花冠管内壁上；子房 2 室，稀 4 室，每室有胚珠多数；蒴果或浆果。互叶醉鱼草（*B. alternifolia* Maxim.），落叶灌木；叶在长枝上互生，短枝上簇生；花多朵组成簇生状或圆锥状聚伞花序；花紫色；蒴果；分布于华北至西北地区；亦栽培供观赏。大叶醉鱼草（*B. davidii* Franch.），半常绿灌木；叶对生；圆锥状聚伞花序顶生；花冠淡紫色，喉部橙黄色；蒴果；分布于南方；亦栽培供观赏。

4. 分类学讨论　在传统分类系统中，将花冠二唇形、子房 2 室、胚珠多数、通常为蒴果的属置于玄参科。而分子系统发育分析表明这样定义的玄参科不是单系，从而将一部分属转移至车前科、列当科、透骨草科等，并独立出通泉草科、泡桐科等，以使各科均为单系；但这样调整后的科的许多形态特征互相重叠，因此学习这些科主要是掌握其所包含的属。

(四)芝麻科 Pedaliaceae

↑ ⚥ $K_{(5)}$ $C_{(5)}$ A_4 $\underline{G}_{(2:2:\infty)}$

本科有12属约70种；中国有1属1种。

1. 形态特征　木本或草本。单叶对生或互生，具有黏性的腺毛。花单生于叶腋，稀为聚伞花序；花梗基部常具花外蜜腺；花两性，两侧对称；花萼5裂；花冠筒状，檐部5裂；雄蕊4枚，常为二强雄蕊，着生于花冠筒上；雌蕊2(稀3～4)枚心皮合生，子房上位，2室，常具多数胚珠。蒴果、浆果或坚果，常具翅、刺或角。

2. 识别要点　叶具有黏性的腺毛。花梗基部常具花外蜜腺；花5基数，两侧对称；花冠筒状；雄蕊4枚，常二强；雌蕊2枚心皮合生，2室，胚珠多数。

3. 代表植物【二维码 12-107】

12-107

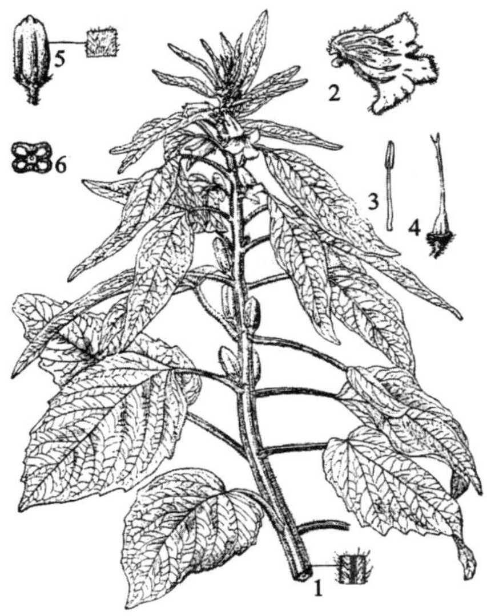

1. 植株上部；2. 花冠展开；3. 雄蕊；4. 雌蕊；5. 果实；6. 果实横切面。

图 12-7-82　芝麻(引自《秦岭植物志》)

芝麻属(*Sesamum* L.)　直立或匍匐草本；花单生或数朵生于叶腋；花萼5深裂；花冠筒状，基部稍肿胀，檐部5裂，不等大；雄蕊4枚，二强；子房2室，每室再由一假隔膜分为2室，胚珠多数；蒴果长圆形，开裂为2果瓣。全属有21种；中国广泛栽培1种，即芝麻(*S. indicum* L.)(图 12-7-82)，又称胡麻，一年生直立草本；茎四棱形；叶对生或互生，下部叶常掌状3裂，上部叶不裂；花冠筒状，白色或淡紫色；重要油料作物，种皮黑色或白色，称为黑芝麻或白芝麻，用于制作芝麻酱、香油等；叶可作蔬菜食用。

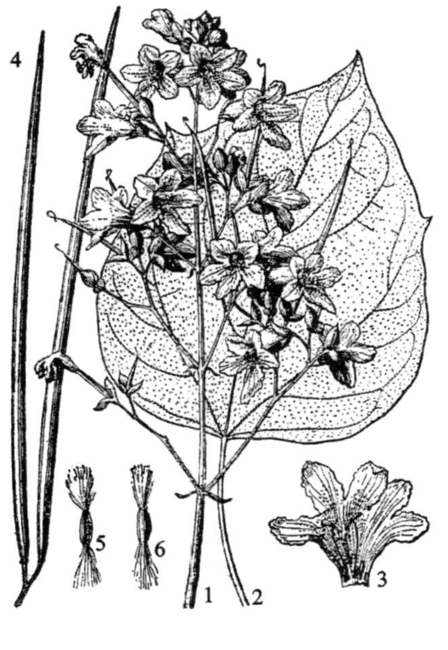

1. 花序；2. 叶；3. 花冠展开；4. 果实；5. 种子腹面；6. 种子背面。

图 12-7-83　梓(引自《秦岭植物志》)

(五)紫葳科 Bignoniaceae

本科约有110属700种；中国有12属34种。

↑ ⚥ $K_{(5)}$ $C_{(5)}$ A_{2+2} $\underline{G}_{(2:2:\infty)}$

1. 形态特征　乔木、灌木或木质藤本，稀草本。叶常对生，稀互生或轮生，单叶或复叶。总状花序、聚伞圆锥花序或单花；花两性，通常两侧对称；花萼管状，截平形或5齿裂；花冠钟状至漏斗状，5裂，常呈二唇形；可育雄蕊通常4枚，二强，退化雄蕊0～3枚；有花盘；雌蕊2枚心皮合生，子房上位，2室，稀4室，胚珠多数；柱头常2裂。蒴果，稀呈浆果状。种子扁平，通常有翅或两端具成束的毛。

2. 识别要点　木本，稀草本。花5基数，两侧对称；花冠筒状；雄蕊4枚，常二强；雌蕊2枚心皮合生，2室，胚珠多数。种子扁平，常有翅或两端具成束的毛。

3. 代表植物【二维码 12-108】

12-108

梓属(*Catalpa* Scop.)　落叶乔木；单叶对生，稀3叶轮生；顶生圆锥花序、伞房花序或总状花序；花萼二唇形或不规则开裂；花冠钟状，二唇形，上唇2裂，下唇3裂；可育雄蕊2枚，退化雄蕊存在；子房2室，胚珠多数；蒴果长柱形，2瓣开裂；种子圆形，薄膜状，两端具束毛。全属有13种；中国有4种。梓(*C. ovata* G. Don)(图 12-7-83)，叶阔卵形，长宽近相等；花冠淡黄色，具黄色条纹及紫色斑点；蒴果长 20～30 cm；长江流域及以北地区广布，自古常见栽培，故古人用“桑梓”代指故乡；木材优质，古代常用于雕版印刷，故用“付梓”代指书籍交付出版。楸（*C. bungei* C. A. Mey.），与梓的主要区别是本种叶三角状卵形，长大于宽，花冠淡粉紫色，蒴果长 25～45 cm；华北、华东、华中至西南地区广布，常栽培供绿化和观赏。

本科较常见的还有角蒿属（*Incarvillea* Juss.），草本，叶基生或互生，单叶或一至三回羽状分裂，种子两端或四周有白色透明膜质翅或丝状毛，如角蒿（*I. sinensis* Lam.）；凌霄属（*Campsis* Lour.），攀缘木质藤本，叶对生，奇数羽状复叶，种子有半透明的膜质翅，如凌霄[*C. grandiflora* (Thunb.) Schum.]、厚萼凌霄[*C. radicans* (L.) Seem.]等。

（六）马鞭草科 Verbenaceae

↑，* ⚥ $K_{(4-5)}\ C_{(4-5)}\ A_{4,2,5}\ \underline{G}_{(2:2:2),(2:4:1)}$

本科有 35 属约 900 种；中国有 6 属 7 种。

1. 形态特征　草本、灌木或小乔木，稀为藤本。叶交互对生，有时互生、轮生或簇生，叶片不裂或羽状分裂，无托叶。花序总状、穗状或紧缩成头状；花通常两性，稀为单性异株，4～5 数；花萼管状或钟状，花冠二唇形或近辐射对称；雄蕊通常 4 枚，稀 2 枚或 5 枚，着生于花冠管上；雌蕊 2 枚心皮合生，子房上位，2 室，每室具 2 枚胚珠，或因具假隔膜而成 4 室，每室具 1 枚胚珠。果成熟时 2 裂或 4 裂，小坚果或核果。

2. 识别要点　花 4～5 数，花冠二唇形或近辐射对称；雄蕊通常 4 枚，稀 2 枚或 5 枚；雌蕊 2 枚心皮合生，子房上位，2 室，每室具 2 枚胚珠，或因具假隔膜而成 4 室，每室具 1 枚胚珠。

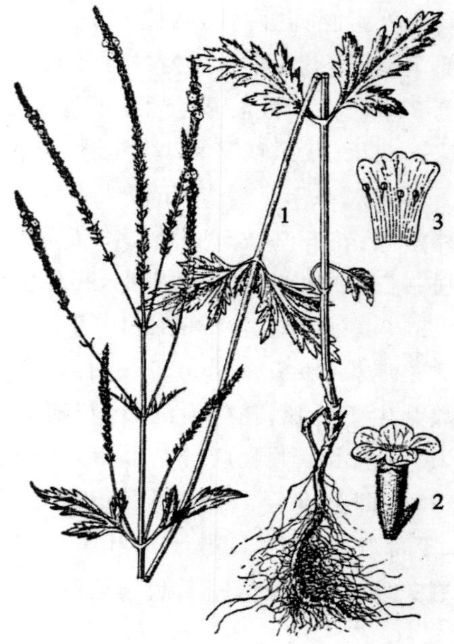

1. 全株；2. 花；3. 花冠展开。

图 12-7-84　马鞭草（引自《秦岭植物志》）

3. 代表植物【二维码 12-109】

12-109

马鞭草属（*Verbena* L.）　草本或半灌木；叶对生，稀轮生或互生，近无柄，边缘有齿至羽状深裂；花常排成顶生穗状花序，有时为圆锥状或伞房状；花萼膜质，管状，有 5 棱，延伸出呈 5 齿；花冠管直或弯，向上扩展成开展的 5 裂片；雄蕊 4 枚，着生于花冠管的中部，2 枚在上，2 枚在下；子房 4 室，每室有 1 枚胚珠。果包藏于萼内，成熟后分裂为 4 个小坚果。全属约有 250 种；中国有野生 1 种，即马鞭草（*V. officinalis* L.）（图 12-7-84），多年生草本，叶片常 3 深裂，边缘有粗锯齿和缺刻；穗状花序顶生和腋生；花冠淡紫色至蓝色；各地常见杂草，药用。另有柳叶马鞭草（*V. bonariensis* L.），叶披针形，聚伞花序排成圆锥状，花紫色；原产于南美洲，中国各地引种栽培，供观赏。

4. 分类学讨论　为保持本科为单系，许多过去属于马鞭草科的属，如大青属（*Clerodendrum* L.）、牡荆属（*Vitex* L.）、莸属（*Caryopteris* Bunge）、紫珠属（*Callicarpa* L.）等，被 APG 系统转移至唇形科。

（七）唇形科 Lamiaceae（Labiatae）

↑ ⚥ $K_{(4-5)}\ C_{(4-5)}\ A_{4,2}\ \underline{G}_{(2:4:1)}$

本科有 240 属约 7 530 种；中国有 106 属 1 056 种。本科植物常含芳香油，许多种可提取香精，还有众多蔬菜、调味品、观赏植物、药用植物，经济价值很大。

1. 形态特征　草本、灌木或乔木，稀为木质藤本，通常含芳香油。茎通常四棱柱形。通常为单叶，稀复叶；叶通常对生，稀轮生、互生；无托叶。常为轮伞花序、聚伞花序、穗状花序、圆锥花序，稀单花或头状花序；花通常两性，稀单性，4～5基数，通常两侧对称，稀辐射对称；花萼合生，通常二唇形，宿存；花冠合生，通常二唇形；雄蕊生于花冠筒上，通常4枚，二强雄蕊，有时退化为2枚；雌蕊通常2枚心皮合生，子房上位，通常深裂为4室，每室具1枚胚珠。果通常裂成4个小坚果，稀为浆果。

唇形科的花冠通常为二唇形，但也有例外，花冠的形态多种多样，是区分不同属的重要依据之一。图12-7-85展示了一些唇形科的常见花冠类型：香科科属（*Teucrium* L.）的花冠呈单唇形，两侧对称，具大小不等的5个裂片；筋骨草属（*Ajuga* L.）的花冠呈假单唇形，两侧对称，实为二唇形，但上唇很小，全缘或微2裂，下唇明显较大，不等3裂，中央的裂片常再2浅裂；黄芩属（*Scutellaria* L.）的花冠二唇形，两侧对称，上唇全缘或微凹，下唇中裂片宽大，两个侧裂片较小，有时与上唇靠合；薰衣草属（*Lavandula* L.）的花冠二唇形，两侧对称，上唇2裂，下唇3裂；鼠尾草属（*Salvia* L.）的花冠二唇形，两侧对称，上唇的两侧折合，顶端全缘或微凹，下唇3裂，中裂片宽大；香茶菜属[*Isodon* (Benth.) Kudo]的花冠二唇形，两侧对称，上唇4裂，下唇全缘；大青属（*Clerodendrum* L.）的花冠近辐射对称，先端5裂；紫珠属（*Callicarpa* L.）的花冠近辐射对称，先端4裂。

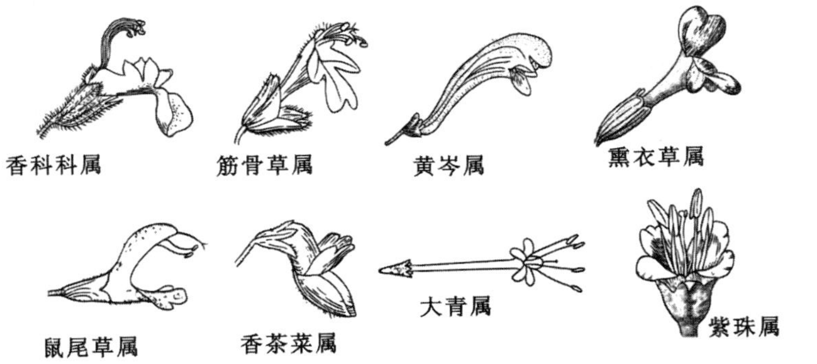

图 12-7-85　唇形科常见花冠类型

2. 识别要点　全株芳香。茎4棱。叶对生。唇形花冠；二强雄蕊。4小坚果。

3. 代表植物【二维码12-110】

12-110

(1) 薄荷属（*Mentha* L.）　芳香草本；叶背有腺点；花序常腋生，花萼5裂，花冠4裂，近整齐，雄蕊4枚，近等长。全属约30种；中国野生和常见栽培的共12种。薄荷（*M. canadensis* L.），多年生草本，具根状茎，叶两面有毛，轮伞花序腋生；中国各地均有野生或栽培；全草含薄荷油，药用或为香料。留兰香（*M. spicata* L.），多年生草本，叶无毛或几无毛，轮伞花序聚生于茎枝顶端，世界各地广泛栽培，中国新疆有野生；全株含绿薄荷油，为香料，广泛用于糖果、牙膏等制造，亦作药用。

(2) 鼠尾草属（*Salvia* L.）　草本、半灌木或灌木；轮伞花序组成顶生及腋生的圆锥或穗状花序；花萼二唇形，花冠上唇弯曲而大；能育雄蕊2枚，药隔细长呈杠杆状，另2枚雄蕊退化，藏于上唇内。全属约1 000种；中国有84种。丹参（*S. miltiorrhiza* Bunge），多年生草本，羽状复叶，小叶常3～5枚，两面被柔毛；分布于华北、华东、华中及西北等地区；根药用。本属常见的还有：一串红（*S. splendens* Ker Gawl.）、蓝花鼠尾草（*S. farinacea* Benth.）、朱唇（*S. coccinea* L.）、瓜拉尼鼠尾草（*S. guaranitica* A. St.-Hil. ex Benth.）、新疆鼠尾草（*S. deserta* Schangin）等，花色鲜艳，常栽培供观赏。

(3) 夏枯草属（*Prunella* L.）　多年生草本；花萼二唇状，萼齿极不相等，果期下唇向上斜伸，以致喉部闭合；花冠上唇盔状；后对雄蕊短于前对雄蕊。全属15种；中国有4种。夏枯草（*P. vulgaris* L.），全株具白色粗毛，轮伞花序排成顶生穗状花序；广布欧洲、亚洲、美洲等，中国南北方均有分布；全草药用。

(4) 夏至草属[*Lagopsis* (Bunge ex Benth.) Bunge]　草本；叶近圆形，掌状分裂；花萼5齿，顶端刺状尖；花冠上唇全缘或间有微缺，下唇3裂，花冠筒藏于萼筒内，内无毛环；雄蕊、花柱藏于花冠筒内。全属有4种；中国有3种。夏至草[*L. supina* (Steph.) Ikonn.-Gal.]，多年生斜升草本；茎

1.植株上部；2.基生叶；3.茎下部叶；4.花；5.花冠展开；6.雌蕊；7.花萼展开；8.小坚果；9.唇形科花图式。

图 12-7-86　益母草

叶被微柔毛，轮伞花序疏花，苞片刺状，弯曲，花冠白色，稀粉红色；为常见杂草，全国大部分地区均有分布。

(5)益母草属(*Leonurus* L.)　草本；花萼近漏斗状，5脉，萼齿近等大，花冠筒内具柔毛或毛环，檐部二唇形，下唇3裂，中裂片卵圆形或微心形。全属约有20种；中国有12种。益母草[*L. japonicus* Houtt.](图12-7-86)，叶两型，基生叶轮廓卵状心形，茎生叶数回羽裂，花冠上唇内凹，下唇3裂，粉红色；分布于全国各地，药用。

(6)牡荆属(*Vitex* L.)　乔木或灌木；叶对生，掌状复叶，小叶3～8枚，稀单叶，小叶片全缘或有锯齿，浅裂以至深裂；聚伞花序成圆锥状或穗状；花萼钟状，顶端近截平或有5小齿；花冠二唇形，上唇2裂，下唇3裂；雄蕊4枚，2长2短或近等长；子房近球形，2～4室，每室有胚珠1～2枚；核果近球形，中果皮肉质，内果皮骨质。全属约有250种；中国有14种。荆条[*V. negundo* L. var. *heterophylla* (Franch.) Rehder]，灌木或小乔木；掌状复叶，常具5小叶，小叶边缘有缺刻状锯齿、浅裂以至深裂，背面密被灰白色绒毛；花淡紫色；华北、华东等地区常见；花和枝叶可提取芳香油，枝条编筐、篮等，是蜜源植物。

(7)大青属(*Clerodendrum* L.)　灌木或小乔木，稀为藤本或草本；叶揉碎常具臭味；单叶对生或轮生；聚伞花序组成圆锥状花序；花萼钟状或杯状，顶端近平截或5裂，花后增大包被果实；花冠高脚杯状或漏斗状，顶端5裂；雄蕊通常4枚，花丝等长或2长2短；子房4室，每室具1枚胚珠；浆果状核果。全属约有400种；中国有34种。臭牡丹(*C. bungei* Steud.)，灌木；叶宽卵形或卵形；伞房状聚伞花序顶生，花密集；花淡红色至紫红色；核果近球形，成熟时蓝黑色；分布于华北、西北、西南、华中和华东等地区；常栽培供观赏。海州常山(*C. trichotomum* Thunb.)，灌木或小乔木；叶常为三角状卵形；伞房状聚伞花序通常二歧分枝，花疏散；花萼紫红色，花冠白色；分布于华北、华中、西南等地区。

(8)紫珠属(*Callicarpa* L.)　灌木，稀为乔木或藤本；常具分枝的毛；叶对生或轮生；聚伞花序腋生；花萼杯状或钟状，顶端4裂，宿存；花冠顶端4裂；雄蕊4枚；子房4室，每室具1枚胚珠；浆果状核果，成熟时紫色、红色或白色，外果皮薄，中果皮通常肉质，内果皮骨质，熟后形成4个分核。全属约有140种；中国有48种。老鸦糊(*C. giraldii* Hesse ex Rehder)，灌木；叶背面具星状毛和细小黄色腺点；花冠紫色；果实球形，成熟时紫色；黄河以南广布；为美丽的观果植物。

本科较常见的还有：藿香属(*Agastache* J. Clayton ex Gronov.)、紫苏属(*Perilla* L.)、罗勒属(*Ocimum* L.)、百里香属(*Thymus* L.)、迷迭香属(*Rosmarinus* L.)、牛至属(*Origanum* L.)等许多种可作调味品，广泛栽培；薰衣草属(*Lavandula* L.)的许多种用于提取薰衣草精油，广泛用于日化产品，经济价值巨大，新疆等地已大面积栽培。

(八)通泉草科 Mazaceae

↑ ⚥ $K_{(5)}$ $C_{(5)}$ A_{2+2} $\underline{G}_{(2:2:\infty)}$

本科有3属33种；中国有3属28种。

1.形态特征　一年生或多年生草本。茎直立或平卧。叶对生或互生，常具基生叶。总状花序顶生；花两性，5数，两侧对称；花萼钟状或漏斗状，宿存，具5萼齿；花冠二唇形，花冠管筒状；雄蕊4枚，二强；雌蕊2枚心皮合生，子房上位，2室，每室胚珠多数。浆果或蒴果。

2. 识别要点　草本。总状花序；花两性，5 数，两侧对称；花冠二唇形；二强雄蕊；子房 2 室，胚珠多数。浆果或蒴果。

3. 代表植物【二维码 12-111】

12-111

(1)通泉草属(*Mazus* Lour.)　茎圆柱形，少为四棱形，直立或倾卧；具莲座状基生叶，茎上部叶通常互生；总状花序顶生，花偏向一侧；花萼漏斗状或钟形，萼齿 5 枚；花冠二唇形，上唇 2 裂，下唇较大，3 裂，有 2 条褶皱；蒴果包于宿存的花萼内，具多数种子。全属约有 30 种；中国有 25 种。通泉草[*M. pumilus* (Burm. f.) Steenis](图 12-7-87)，一年生草本；叶倒卵状匙形至卵状倒披针形，边缘具不规则的粗齿或浅裂；茎生叶对生或互生，少数；花冠白色、紫色或蓝色，长约 10 mm；子房无毛；除西北地区外，遍布全国。弹刀子菜[*M. stachydifolius* (Turcz.) Maxim.]，与通泉草的主要区别是花冠长 15～20 mm，子房上部被长硬毛；分布于东北、华北、华东、华中、华南、西南等地区。

1. 全株；2. 叶；3. 花；4. 果实；5. 种子。

图 12-7-87　**通泉草(引自《秦岭植物志》)**

(2)野胡麻属(*Dodartia* L.)　多年生草本，茎多分枝；叶少而小，对生或互生，无柄，条形或为鳞片状，全缘或有疏齿；总状花序顶生；花萼钟状，宿存，萼齿 5 枚；花冠二唇形，花冠筒比唇长，下唇 3 裂，有 2 条隆起的褶皱；蒴果近球形，具多数种子。全属仅 1 种，即野胡麻(*D. orientalis* L.)，分布于新疆、甘肃、内蒙古、四川，为杂草。

(九)透骨草科 Phrymaceae

$\uparrow$ ⚥ $K_{(5)}\ C_{(5)}\ A_{2,4}\ \underline{G}_{(2:1-2:1,\infty)}$

本科有 13 属约 180 种；中国有 4 属 8 种。

1. 形态特征　一年生或多年生草本，灌木或亚灌木。茎四棱形，有时具翅，或圆柱形。单叶对生，无托叶，叶缘有齿或全缘。花单朵腋生或排成腋生或顶生的穗状花序、总状花序、聚伞花序；花两性，5 基数，两侧对称；萼筒 5 浅裂或具齿；花冠管状或圆筒状，二唇形；雄蕊 2 枚或 4 枚，内藏或外露；雌蕊 2 枚心皮合生，子房上位，1 室或 2 室，胚珠 1 枚或多数。瘦果或蒴果，或有时浆果状。

2. 识别要点　茎四棱形或圆柱形。单叶对生。花 5 基数，两侧对称；花冠二唇形；雄蕊 2 枚或 4 枚；子房 1 室或 2 室，胚珠 1 枚或多数。瘦果或蒴果，或有时浆果状。

3. 代表植物【二维码 12-112】

12-112

(1)沟酸浆属(*Erythranthe* Spach)　一年生或多年生草本，罕为灌木；茎圆柱形或四棱形而具窄翅；叶对生，全缘或具齿；花单生于叶腋或为顶生的总状花序；花萼筒状或钟状，具 5 肋，萼齿 5 枚；花冠二唇形，花冠筒状，上唇 2 裂，下唇 3 裂；雄蕊 4 枚，二强；子房 2 室，胚珠多数；蒴果。全属约有 150 种；中国有 5 种。沟酸浆[*E. tenella* (Bunge) G. L. Nesom](图 12-7-88)，多年生草本，常铺散状，无毛；叶卵形，边缘具明显的疏锯齿；花单生于叶腋；花冠黄色，喉部有红色斑点；分布于东北、华北、华中、西南等地区。

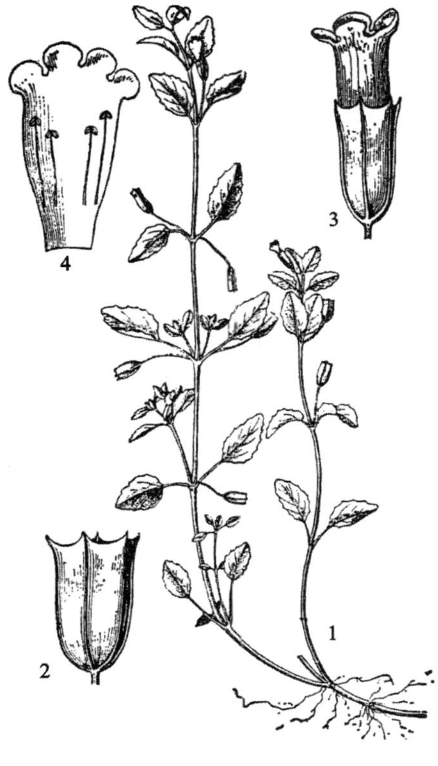

1. 全株；2. 花萼；3. 花；4. 花冠展开。

图 12-7-88　**沟酸浆**

(引自《秦岭植物志》)

(2)透骨草属(*Phryma* L.)　多年生草本;茎四棱形;单叶对生,具齿;穗状花序生于茎顶及上部叶腋,纤细;萼筒具5棱,檐部二唇形,上唇3个萼齿钻形,先端呈钩状反曲,下唇2个萼齿较短,三角形;花冠蓝紫色、淡紫色至白色,二唇形,上唇近全缘或微凹,下唇3浅裂;雄蕊4枚,二强;子房1室,具1枚胚珠;瘦果包藏于宿存萼筒内。仅1种,中国分布1亚种,即透骨草[*P. leptostachya* L. subsp. *asiatica* (Hara) Kitam.],在我国分布于东北、华北、华东、华中、西南等地区;全草有毒,可作杀虫剂;药用。

(十)泡桐科 Paulowniaceae

$\uparrow$ ⚥ $K_{(5)}\ C_{(5)}\ A_{2+2}\ \underline{G}_{(2:2:\infty)}$

本科有1属7种;中国有1属6种。

1.形态特征　落叶乔木,在热带地区常绿。茎、叶上具星状毛、树枝状毛、多节硬毛、黏质腺毛等。叶对生,有时3枚轮生。聚伞花序多数组成大型圆锥花序;花两性,5基数,两侧对称;花萼钟形,被毛,顶端5裂;花冠漏斗状钟形至管状漏斗形,檐部二唇形,上唇2裂,下唇3裂;雄蕊4枚,二强;雌蕊2枚心皮合生,子房上位,2室,胚珠多数。蒴果二瓣裂,果皮较薄或较厚而木质化。种子有膜质翅。

2.识别要点　乔木。叶对生。大型圆锥花序;花两性,5基数,两侧对称;花萼5裂;花冠二唇形;二强雄蕊;子房2室,胚珠多数。蒴果。种子有膜质翅。

12-113

3.代表植物【二维码12-113】

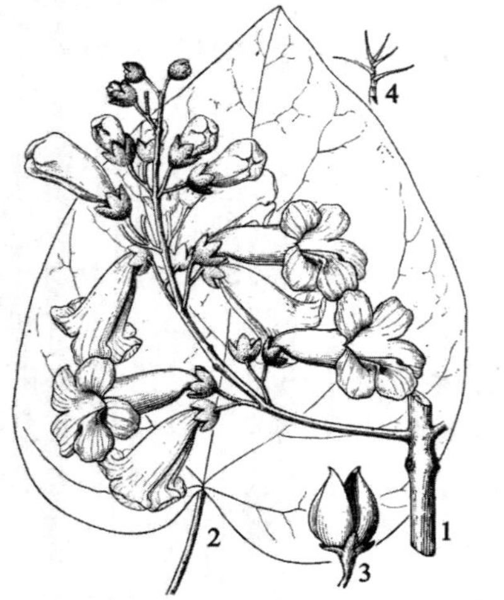

1.花序一部分;2.叶;3.开裂蒴果和宿存花萼;4.树枝状毛。

图12-7-89　毛泡桐(引自《中国植物志》)

泡桐属(*Paulownia* Siebold & Zucc)　毛泡桐[*P. tomentosa* (Thunb.) Steud.](图12-7-89),叶片心形;花萼分裂超过一半;花冠紫色,长5.0～7.5 cm;华北、华东、华中地区常见,野生或栽培。兰考泡桐[*P. elongata* S. Y. Hu],叶卵状心形,有时具不规则的角;花萼浅裂到约1/3处;花冠紫色至粉白色,长7.0～9.5 cm;华北、华东地区常见,通常为栽培。楸叶泡桐(*P. catalpifolia* T. Gong ex D. Y. Hong),叶片通常长卵状心形,长约为宽的2倍,全缘或波状而有角;花萼浅裂到1/3至2/5处;花冠浅紫色,长7～8 cm;华北地区常见,通常为栽培。本属植物均为阳性速生树种,木材轻软,易加工,耐酸耐腐,防湿隔热,用于制造乐器、模型及胶合板等;花大而美丽,广泛栽培供绿化和观赏;在黄泛区用于桐粮间作,起到降低农田风力和固沙的作用。焦裕禄带领兰考群众广泛种植泡桐,有效治理了"内涝、风沙、盐碱"三害,铸造了伟大的"焦裕禄精神",泡桐也被亲切地称为"焦桐"。

(十一)列当科 Orobanchaceae

$\uparrow$ ⚥ $K_{(5)}\ C_{(5)}\ A_{2+2}\ \underline{G}_{(2:1-2:\infty)}$

本科共有99属2 060种;中国有35属471种。

1.形态特征　草本,极少为灌木;半寄生至全寄生,具吸器,极少为非寄生植物,全寄生的无叶绿素。单叶,全缘、具齿或分裂;叶螺旋状互生或对生,无托叶。总状花序或穗状花序,稀单花;花通常两性,两侧对称;花萼管状,不明显5裂,有时退化;花冠二唇形,上唇呈盔状,伸直或先后翻卷,或延长成喙,2裂,下唇3裂;雄蕊4枚,二强雄蕊,花丝贴生于花冠筒;雌蕊2枚心皮合生,子房上位,2室或1室,中轴胎座或侧膜胎座,每室具胚珠多数,稀仅1枚胚珠。通常为蒴果,稀为核果、浆果或分果。种子通常具棱角和网状纹饰。

2. 识别要点　常为半寄生或全寄生草本。总状花序或穗状花序，稀单花；花通常两性，两侧对称；花冠二唇形，上唇2裂，下唇3裂；二强雄蕊；子房2室或1室。蒴果。

3. 代表植物【二维码12-114】

12-114

(1) 列当属(*Orobanche* L.)　全寄生草本，无叶绿素；叶鳞片状；穗状花序或总状花序，极少单生于茎顶；苞片1枚，小苞片2枚或无；花萼杯状或钟状，顶端4～6裂或2深裂至近基部；花冠弯曲，二唇形，上唇龙骨状，下唇顶端3裂；雄蕊4枚，二强，内藏；子房具4个侧膜胎座，具多数胚珠；蒴果2瓣开裂；种子表面具网状纹饰。全属约有100种；中国有25种。列当(*O. coerulescens* Steph.)，全株密被蛛丝状长绵毛；穗状花序；花萼2深裂达近基部，每裂片中部以上再2浅裂；花冠深蓝色、蓝紫色或淡紫色；上唇2浅裂，下唇3裂；花丝被长柔毛，花药无毛；分布于东北、华北、西北等地区，常寄生于菊科蒿属(*Artemisia* L.)植物的根上。黄花列当(*O. pycnostachya* Hance)，与列当的主要区别是花丝和花药均有毛，花冠黄色；分布于东北、华北等地区。

(2) 肉苁蓉属(*Cistanche* Hoffmanns. & Link)　全寄生草本，无叶绿素；茎肉质，圆柱形；叶鳞片状，螺旋状排列；穗状花序；苞片1枚；小苞片常2枚；花萼筒状或钟状，顶端5浅裂，裂片常等大；花冠管状钟形至漏斗状，顶端5裂，裂片近等大；雄蕊4枚，二强；子房1室，常具4个侧膜胎座，具多数胚珠；蒴果常2瓣开裂；种子表面具网状纹饰。全属有20种；中国有5种。肉苁蓉(*C. deserticola* Ma)，穗状花序下半部或全部苞片与花冠等长或稍长；小苞片与花萼等长或稍长；花冠淡黄白色或淡紫色，干后常变棕褐色；蒴果卵球形；分布于内蒙古、宁夏、甘肃、新疆，主要寄主为苋科梭梭属植物；茎药用。

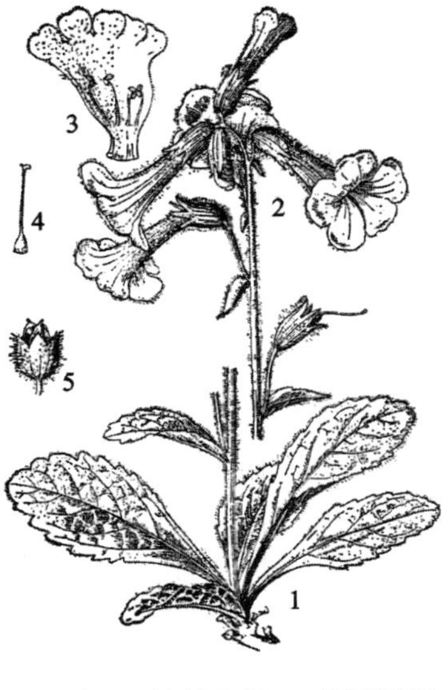

1. 植株下部；2. 植株上部；3. 花冠展开；4. 雌蕊；5. 花萼和蒴果。

图12-7-90　地黄(引自《秦岭植物志》)

(3) 地黄属(*Rehmannia* Libosch. ex Fisch. & C. A. Mey.)　绿色自养草本；地上部分被多细胞长柔毛和腺毛；叶互生，缘具粗齿；花萼卵状钟形，具5枚不等长的齿；花冠筒状，裂片通常5枚，略呈二唇形；子房2室，或老时成为1室，胚珠多数；蒴果具宿萼；种子具网眼状纹饰。全属有6种，全为中国特有。地黄[*R. glutinosa* (Gaertn.) Libosch. ex Fisch. & C. A. Mey.](图12-7-90)，多年生草本，根肥厚，肉质；叶通常在茎基部集成莲座状，在茎上互生；叶片卵形至长椭圆形，边缘具不规则圆齿或钝锯齿以至牙齿；总状花序顶生；花冠黄色带紫色；分布于华北、华中及西北等地区，也常栽培；根药用。

(4) 马先蒿属(*Pedicularis* L.)　多年生或一年生草本，常为半寄生，有叶绿素；植株干后常变黑色；叶互生、对生或轮生；总状花序或穗状花序，有时花单生于叶腋；花萼管状或坛状，不裂或具5齿；花冠二唇状，下唇3裂，上唇2裂或盔状，有时盔顶端伸长为喙；雄蕊4枚，二强；子房2室，胚珠多数；种子有网状或蜂窝状孔纹，或有多数条纹。全属有600种以上；中国约有390种。返顾马先蒿(*P. resupinata* L.)，多年生草本；叶互生或对生，卵形至长圆状披针形，具齿；花单生于叶腋；花冠淡紫色，上唇扭转；分布于东北、华北、西北等地区。穗花马先蒿(*P. spicata* Pall.)，一年生草本；茎生叶常4枚轮生，羽状深裂；穗状花序顶生；花冠紫红色，上唇盔状，下唇3裂；分布于东北、华北、西北和西南等地区。藓生马先蒿(*P. muscicola* Maxim.)，多年生草本；茎丛生，平卧或上升；叶互生，羽状全裂；花单生于叶腋；花冠具细长的花冠管，上唇顶端的喙扭转，下唇3裂；分布于华北、西北等地区。马先蒿属的物种数量多，花冠的形态极为多样，是适应虫媒传粉的结果。

4. 分类学讨论　列当科原本只包含全寄生的种类；分子系统发育分析表明原本属于玄参科的半寄生的属和一些全自养的属与列当科全寄生的属关系密切，为保持各科为单系，APG系统对玄参科、列当科的范围做了较大调整。

二十六、冬青目 Aquifoliales

本目有青荚叶科等 5 科。

(一)青荚叶科 Helwingiaceae

$* ♂ P_{3-5}\ A_{3-5} \quad * ♀ P_{3-5}\overline{G}_{(3-5:3-5:1)}$

本科有 1 属 4 种；中国有 1 属 4 种。

1.形态特征　落叶或常绿灌木，稀小乔木。单叶，互生，边缘有腺状锯齿，托叶 2 个，早落。花或花序生于叶正面中脉上；花辐射对称，单性，雌雄异株；花被 1 轮，3～5 枚，离生；花盘肉质；雄花 4～20 朵排成伞形花序，雄蕊 3～5 枚；雌花单生或少数簇生，子房下位，3～5 室，每室具 1 枚胚珠。浆果状核果，具 1～5 枚分核。

2.识别要点　花、果生于叶正面中脉上。

3.代表植物【二维码 12-115】

12-115

青荚叶属（*Helwingia* Willd.）　青荚叶［*H. japonica* (Thunb.) F. Dietr.］（图 12-7-91），落叶灌木；叶纸质，卵形、卵圆形，稀椭圆形；广布于黄河以南地区。中华青荚叶（*H. chinensis* Batalin），常绿灌木；叶革质，线状披针形或披针形；分布于秦巴山区及四川、云南、湖南等地。

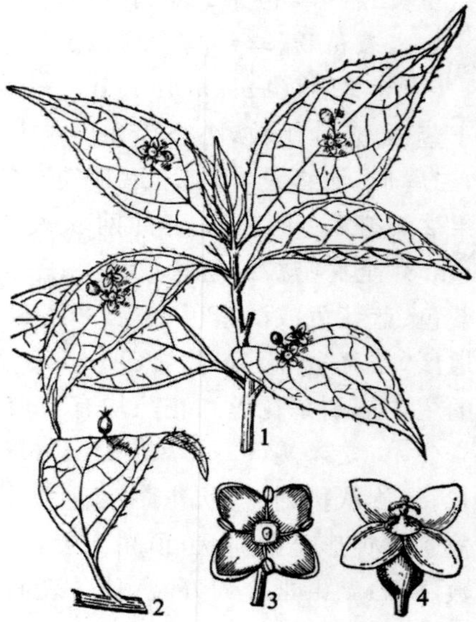

1.枝叶和花序；2.具幼果的叶；3.雄花；4.雌花。

图 12-7-91　青荚叶(引自《秦岭植物志》)

(二)冬青科 Aquifoliaceae

$* ♂ K_{(4-6)}\ C_{(4-8)}\ A_{4-8} \quad * ♀ K_{(4-8)}\ C_{(4-8)}\ \underline{G}_{(4-8:4-8:1-2)}$

本科有 1 属 500～600 种；中国有 1 属 204 种。

1.形态特征　常绿或落叶乔木或灌木。单叶互生，稀对生；叶片革质、纸质或膜质，全缘或具锯齿或具刺。聚伞花序或伞形花序，稀单花腋生；花辐射对称，单性，雌雄异株；雄花：花萼盘状，4～6 裂，花瓣基部稍合生，4～8 枚，雄蕊通常与花瓣同数且互生，常有不育雌蕊；雌花：花萼 4～8 裂，花瓣基部稍合生，4～8 枚，有不育雄蕊，子房上位，通常 4～8 室，每室具 1～2 枚胚珠。浆果状核果，外果皮膜质或坚纸质，中果皮肉质或明显革质，内果皮木质或石质；分核（内果皮）通常 4～6 个，具 1 枚种子。

2.识别要点　木本。单叶互生，稀对生，全缘或具齿或刺。花辐射对称，单性，雌雄异株；花萼 4～8 裂；花瓣基部稍合生，4～8 枚；子房上位，4～8 室。浆果状核果。

1.枝叶和花；2.雄花；3.花萼与雌蕊。

图 12-7-92　枸骨(引自 Hooker)

3.代表植物【二维码 12-116】

12-116

冬青属（*Ilex* L.）　枸骨（*I. cornuta* Lindl. & Paxton）（图 12-7-92），常绿或落叶灌木或小乔木；叶片厚革质，四角状长圆形，边缘具数枚尖硬刺齿，或叶卵形而全缘；花淡黄色，4 基数；果球形，成熟时鲜红色；分布于华东、华中等地区，各地常栽培供绿化和观赏。猫儿刺（*I. pernyi* Franch.），常绿灌木或乔木；叶片革质，卵形或卵状披针形，边缘具数个粗刺；花淡黄色，4 基数；果球形或扁球形，成熟时红色；分布于秦巴山区及安徽、江西、贵州、四川等地。冬青属还有许多种叶常绿，果成熟时鲜红色，是优秀的绿化和冬季观果植物；花多而密，为良好的蜜源植物；木材坚韧细致，可制家具及用于雕刻；一些种类药用。

二十七、菊目 Asterales

本目有桔梗科等 11 科。

(一)桔梗科 Campanulaceae

$*$，$\uparrow$ ⚥ $K_{(5)}\ C_{(5)}\ A_5\ \overline{G}_{(2-5:2-5:\infty)}$

本科有 86 属约 2 300 种；中国有 16 属 159 种。

1. 形态特征　草本，稀亚灌木，具根状茎或无，常有乳汁。单叶互生，稀对生或轮生。花序各式或有时单生；花通常两性，稀单性，辐射对称或两侧对称；花萼筒和花冠常 5 裂，管状或钟状；雄蕊常 5 枚；雌蕊 2～5 枚心皮合生，子房下位，或半上位，稀上位，2～5 室，中轴胎座，胚珠多数；花盘有或无；花柱单一，柱头 2～5 裂。蒴果，稀浆果。

2. 识别要点　常为草本，体内常具乳汁。花通常两性；花萼和花冠常 5 裂；雄蕊通常 5 枚；通常子房下位，2～5 室，胚珠多数。蒴果，稀浆果。

3. 代表植物【二维码 12-117】

12-117

(1)桔梗属(*Platycodon* A. DC.)　多年生草本，有白色乳汁；具肉质根；茎直立；叶轮生至互生，叶片卵形、卵状椭圆形至披针形，边缘具细锯齿；花单独顶生，或数朵集成假总状花序、圆锥花序；花萼 5 裂；花冠宽漏斗状钟形，5 裂，蓝色或紫色；雄蕊 5 枚，离生，花丝基部扩大成片状；无花盘；子房半下位，5 室，柱头 5 裂；蒴果；种子多数。全属仅 1 种，即桔梗[*P. grandiflorus* (Jacq.) A. DC.](图 12-7-93)，分布于东北、华北、华东、华中、西南等地区；根食用或药用。

(2)沙参属(*Adenophora* Fisch.)　多年生草本，有白色乳汁；具肉质根；茎直立或上升；叶通常互生，稀轮生；聚伞花序或圆锥花序；花萼裂片 5 枚，全缘或具齿；花冠钟状、漏斗状或筒状，常为紫色或蓝色，5 裂；雄蕊 5 枚，花丝下部扩大成片状；子房下位，3 室，胚珠多数；花盘通常筒状；柱头 3 裂；蒴果在基部 3 孔裂；种子椭圆状，有 1 条狭棱或带翅的棱。全属有 62 种；中国有 38 种。沙参(*A. stricta* Miq.)，基生叶心形，具长柄；茎生叶无柄，叶片椭圆形或狭卵形；聚伞花序排列成总状或圆锥状；花萼裂片钻形或条状披针形；花冠宽钟状，蓝色或紫色；分布于华东、华中、西南等地区；根食用或药用。丝裂沙参(*A. capillaris* Hemsl.)，茎生叶常为卵形、卵状披针形，少为条形，全缘或有锯齿；花序常组成大而疏散的圆锥花序；花萼裂片毛发状；花冠筒状或筒状钟形，白色、淡蓝色或淡紫色；分布于秦巴山区至西南地区。

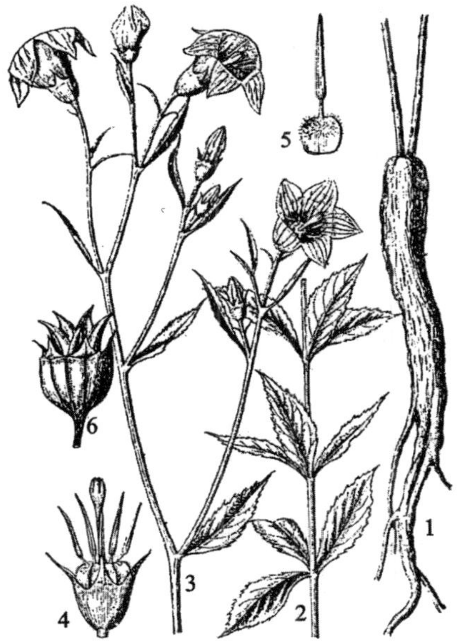

1. 根；2. 茎下部叶；3. 植株上部；4. 去除花冠的花；5. 雄蕊；6. 果实。

图 12-7-93　桔梗(引自《秦岭植物志》)

(3)党参属(*Codonopsis* Wall.)　多年生草本，有乳汁；根肉质肥大；茎直立、斜升或缠绕；叶互生、对生、簇生或假轮生；花单生于茎与侧枝顶端；花萼 5 裂，筒部与子房贴生；花冠钟状、漏斗状或管状，5 浅裂或 5 全裂而呈辐状；子房下位，通常 3 室，中轴胎座肉质，每室胚珠多数；蒴果，带有宿存的花萼裂片。全属有 42 种；中国有 40 种。党参[*C. pilosula* (Franch.) Nannf.]，茎缠绕；花萼贴生至子房中部；花黄绿色，内面有紫斑；蒴果下部半球状，上部短圆锥状；分布于东北、华北、西北、西南等地区，各地常栽培；根药用。

（二）菊科 Asteraceae(Compositae)

$*$，$\uparrow$ $K_{0-\infty}$ $C_{(5)}$ $A_{(3-5)}$ $\overline{G}_{(2:1:1)}$

本科有 1 600～1 700 属 2.4 万种以上，是植物中最大的科之一，广布全世界；中国有 248 属 2 336种，全国各地均有分布。本科植物的经济用途极广，有许多药用植物、观赏植物、油料作物及蔬菜。本科农田杂草也较多。

1. 形态特征　草本、亚灌木或灌木，稀为乔木；有或无乳汁。单叶或复叶，互生，稀对生或轮生，无托叶。花两性或单性，稀中性，5 基数；头状花序单生或多数再排成总状、聚伞状、伞房状或圆锥状，头状花序外被总苞片；花萼退化，变态成毛状、鳞片状或刺状，称为冠毛，常宿存，稀无；花冠合生，管状、舌状、假舌状、二唇状或漏斗状（图 12-7-94），辐射对称或两侧对称；头状花序有同形的小花，全部为管状花或舌状花，或有异形小花，即头状花序外围的花（边花）与中央的花（盘花）不同，通常边花为雌性的舌状花，盘花为两性的管状花；雄蕊 3～5 枚，聚药雄蕊；雌蕊 2 枚心皮合生，子房下位，1 室，具 1 枚胚珠；花柱顶端 2 裂。下位瘦果常连宿萼，故也称为连萼瘦果或菊果。种子无胚乳。花粉多型，3 孔沟或 3 孔。

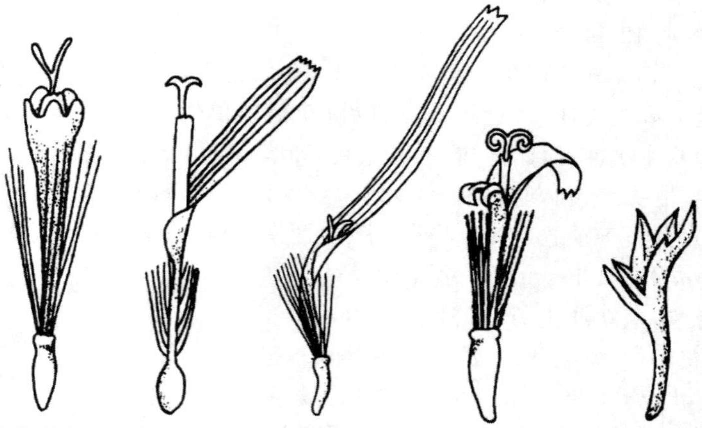

图 12-7-94　菊科花冠类型（引自叶创兴）

2. 识别要点　多为草本。头状花序，有总苞；花冠管状或舌状；聚药雄蕊；子房下位；连萼瘦果顶端常有宿存冠毛或鳞片。

过去的分类系统常将菊科分为 2 个亚科，即管状花亚科（Carduoideae）和舌状花亚科（Cichorioideae）；前者头状花序全部为同形的管状花，或有异形的小花但中央花非舌状，植物体无乳汁；后者头状花序全部为舌状花，舌片顶端 5 齿裂，植物体通常有乳汁。系统发育分析表明 2 个亚科的划分不能反映菊科实际的演化关系；根据分子系统发育分析的结果，学者们不断提出新的菊科分类系统，有观点将菊科分为 16 个亚科；随着研究的继续，新的分类系统还将继续完善。本教材暂不划分菊科的亚科，只介绍一些常见的代表性类群。

12-118

3. 代表植物【二维码 12-118】

(1) 向日葵属（*Helianthus* L.）　一年生或多年生草本；叶对生或互生；头状花序单生或排成伞房状；外轮总苞片叶状；边花舌状，中性，黄色，盘花筒状，两性，结实；花序托多平坦，具托片；冠毛鳞片状；连萼瘦果长圆形或倒卵圆形，稍扁压或具 4 厚棱。全属有 52 种，主产于北美洲，中国常见栽培 3 种。向日葵（*H. annuus* L.）（图 12-7-95），一年生高大草本，头状花序直径 10～35 cm；为重要油料作物，各地常栽培，种子供食用，即葵花籽。菊芋（*H. tuberosus* L.），多年生草本，具块茎；头状花序直径 2～5 cm；块茎常腌渍食用，又称洋姜。

(2)紫菀属(*Aster* L.) 多年生草本;头状花序排成伞房状,具多数异形花,总苞片数层;边花舌状,雌性,1~2层,盘花筒状;连萼瘦果压扁,倒卵形;冠毛粗毛状。全属有152种;中国有123种。高山紫菀(*A. alpinus* L.),总苞片内层边缘膜质,舌状花淡蓝紫色或浅红色,冠毛污白色;分布于欧亚及北美地区,中国北方广布。紫菀(*A. tataricus* L. f.),植株被粗毛,舌状花蓝紫色;中国北方有分布。

(3)蒿属(*Artemisia* L.) 草本或半灌木,常有挥发性气味;叶常分裂;头状花序小,多个排成总状花序、穗状花序或复头状花序,再组成圆锥花序;内层总苞片半膜质或膜质,或总苞片全为膜质;边花雌性,花冠狭圆锥状或狭管状,纤细,常2~3(~4)齿裂;盘花两性,结实或否;连萼瘦果小,有微棱,无冠毛。全属约380种,广布于北温带;中国有186种,各地均产。黄花蒿(*A. annua* L.),一年生草本,叶三至四回羽状全裂或深裂,花序托无托毛,雌花与两性花均结实;广布全国各地,为常见杂草;茎叶用于提取青蒿素;青蒿素及其衍生物是治疗疟疾的特效药。中国科学家屠呦呦因发现青蒿素并成功将其用于治疗疟疾,2015年获诺贝尔生理学或医学奖,2017年获国家最高科学技术奖,2019年被授予共和国勋章。

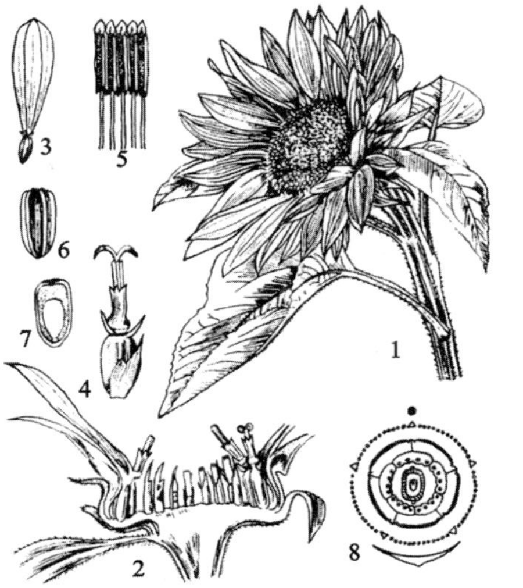

1.植株上部;2.头状花序纵切面;3.舌状花;4.管状花;5.聚药雄蕊展开;6.连萼瘦果;7.连萼瘦果剖面;8.菊科花图式。

图12-7-95 向日葵

(4)菊属(*Chrysanthemum* L.) 多年生草本;叶分裂或不分裂;头状花序单生于枝端或伞房状排列;总苞片边缘常干膜质;边花1至多层,雌性,舌状;盘花管状,两性,两种花均结实;花药顶端有披针状卵形或长椭圆形附片;连萼瘦果具较多纵肋,无冠毛。全属有37种;中国有22种。菊花[*C.* × *morifolium* (Ramat.) Hemsl.],头状花序大型;原产于中国,普遍栽培供观赏,是中国传统名花,花形、花色多样,品种极多;花亦食用并药用。野菊(*C. indicum* L.),头状花序较小,花通常黄色,野生或栽培,除新疆外,广布全国各地;花序及全草药用。

(5)蓟属(*Cirsium* Mill.) 一年生至多年生草本,常具刺;叶具齿或分裂;头状花序常集成圆锥状、总状或复头状;总苞多层,顶端刺状;花序托有刺毛;花筒状,两性,均结实;花丝有长毛;连萼瘦果常四棱形;冠毛多层,羽状。全属有250~300种;中国有46种。刺儿菜[*C. arvense* (L.) Scop. var. *integrifolium* Wimm. & Grab.],多年生草本,根状茎长,茎直立,叶缘有刺,雌花花冠较两性花花冠长,花冠红紫色或白色;广布全国大部分地区,农区常见恶性杂草。

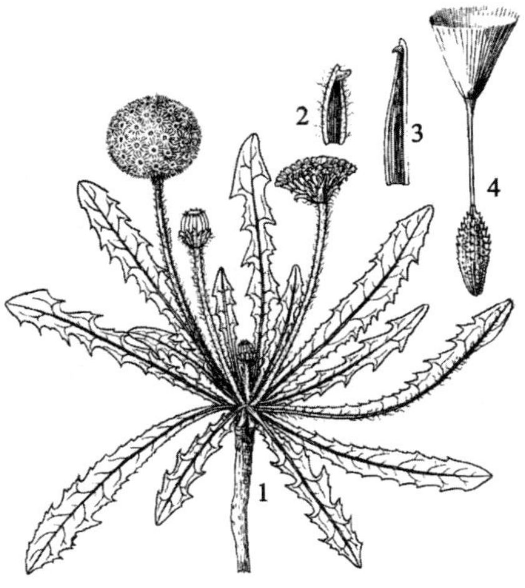

1.植株;2.外层总苞;3.内层总苞;4.果和冠毛。

图12-7-96 蒲公英(引自《中国植物志》)

(6)蒲公英属(*Taraxacum* F. H. Wigg.) 多年生草本,有乳汁;叶基生,莲座状,羽状分裂;头状花序单生于花葶上;舌状花常为黄色;连萼瘦果有喙,冠毛毛状。全属约有2 500种,主产于北温带;中国有116种,各地均产。蒲公英(*T. mongolicum* Hand.-Mazz.)(图12-7-96),广布全国各地,嫩叶可作蔬菜,全草药用。橡胶草(*T. koksaghyz* Rodin),叶全缘或具波状齿;分布于新疆,北方有栽培,可提取橡胶。

(7)莴苣属(*Lactuca* L.)　一年生或多年生草本，有乳汁；叶全缘或羽状分裂；总苞圆筒形，果期长卵球形，多层；舌状花黄色；连萼瘦果扁，有喙，冠毛细。全属有50～70种；中国有12种。莴苣(*L. sativa* L.)，头状花序生于枝端，排成伞房状圆锥花序，花黄色；我国各地均有栽培，栽培变种很多，如莴笋(*L. sativa* var. *angustata* Irish ex Bremer)、生菜(*L. sativa* var. *ramosa* Hort.)、油麦菜(*L. sativa* var. *asparagina* L. H. Bailey ex Holub)、卷心莴苣(*L. sativa* var. *capitata* DC.)等。野莴苣(*L. serriola* L.)，叶缘有刺；杂草。

(8)苦苣菜属(*Sonchus* L.)　一年生或多年生草本，有乳汁；茎上部有腺毛或无；头状花序有80朵以上的小花；冠毛有极细的柔毛杂以较粗的直毛，果极扁压或粗厚，上端狭窄，无喙。全属约有90种；中国有5种。苦苣菜(*S. oleraceus* L.)，一年生或二年生草本，叶柔软无毛，羽状深裂，果压扁，每面具显著3棱，棱间有横皱；常见杂草。续断菊[*S. asper* (L.) Hill]，俗名花叶滇苦菜，果压扁，每面各具3细棱，棱间无横皱；常见杂草。

本科的经济植物很多，常见的还有：茼蒿[*Glebionis coronaria* (L.) Cass. ex Spach]、南茼蒿[*G. segetum* (L.) Fourr.]等为栽培蔬菜；牛蒡(*Arctium lappa* L.)的根作蔬菜食用或药用；红花(*Carthamus tinctorius* L.)的种子榨油，花可提取天然色素；除虫菊[*Tanacetum cinerariifolium* (Trevir.) Sch.-Bip.]的花序用来提取除虫菊酯，是重要的杀虫剂；雏菊(*Bellis perennis* L.)、翠菊[*Callistephus chinensis* (L.) Ness]、百日菊(*Zinnia elegans* Jacq.)、金光菊(*Rudbeckia laciniata* L.)、黑心菊(*R. hirta* L.)、秋英(*Cosmos bipinnatus* Cav.)、大丽花(*Dahlia pinnata* Cav.)、两色金鸡菊(*Coreopsis tinctoria* Nutt.)、万寿菊(*Tagetes erecta* L.)、天人菊(*Gaillardia pulchella* Foug.)、金盏花(*Calendula officinalis* L.)、矢车菊(*Centaurea cyanus* L.)、瓜叶菊[*Pericallis* × *hybrida* (Regel) B. Nord.]、非洲菊(*Gerbera jamesonii* Bolus)等，都是普遍栽培的观赏花卉。此外，千里光(*Senecio scandens* Buch.-Ham. ex D. Don)、苍耳(*Xanthium strumarium* L.)、紫茎泽兰[*Ageratina adenophora* (Spreng.) R. M. King & H. Rob.]、微甘菊(*Mikania micrantha* Kunth)、飞机草[*Chromolaena odorata* (L.) R. M. King & H. Rob.]、小蓬草(*Erigeron canadensis* L.)、一年蓬[*E. annuus* (L.) Pers.]、鬼针草(*Bidens pilosa* L.)、粗毛牛膝菊(*Galinsoga quadriradiata* Ruiz & Pavon)等为常见杂草。

菊科是被子植物演化历程中较年轻的类群，目前发现的最早的菊科化石记录出现于始新世中期，距今约4 750万年。菊科是种子植物中最大的科之一，不仅属种数、个体数最多，而且分布也最广。菊科植物的快速发展和分化，与其特别的繁殖生物学特性有着紧密的联系。

菊科植物的花萼变态成冠毛、刺毛，并宿存，有利于果实远距离传播；部分种类具块茎、块根、匍匐茎或根状茎，有利于营养繁殖；花序及花的构造与虫媒传粉的高度适应，有利于传粉和结实。头状花序的结构，在功能上如同1朵花一样，外围1至多层总苞片，起着花萼一样的保护作用，舌状的边花具有一般虫媒花冠所共有的作用——招引传粉昆虫，而中间集中大量的盘花，则有效地增大了授粉率和结实率；聚药雄蕊，药室内向开裂，使花粉粒留在花药筒内，当昆虫来访时，引起花丝收缩，或花柱的伸长，柱头及其下面的毛环将花粉推出花药筒，有利于传粉。

菊科植物绝大部分是虫媒花，但也有很少种类是风媒传粉，这些风媒传粉的植物其花药通常是分离的，花柱伸出花冠筒外，花粉变得干燥，不具蜜腺，且常常是单性花，如苍耳属(*Xanthium* L.)植物即是风媒传粉。菊科植物通常还是异花传粉，雄蕊先于雌蕊成熟，只在特殊情况下，或得不到昆虫传粉时，才自花传粉，例如，花色不显著的蒿属，常自花传粉。

二十八、川续断目 Dipsacales

本目有荚蒾科和忍冬科2科。

(一)荚蒾科 Viburnaceae

$* \ ⚥ \ K_{(3-5)} \ C_{(3-5)} \ A_{3-5} \ \overline{G}_{(3-5:1,\ 3-5:1)}$

本科有 4 属约 220 种；中国有 4 属 81 种。

1. 形态特征　灌木，稀多年生草本或小乔木。叶对生，单叶或二至三回三出羽状复叶。聚伞花序或圆锥花序；花两性，辐射对称；花萼和子房合生，顶端 3～5 裂；花冠合生，3～5 裂；雄蕊 3～5 枚生于花冠管上，花丝不裂或 2 裂；雌蕊 3～5 枚心皮合生，子房半下位至下位，1 室或 3～5 室，每室具 1 枚胚珠。核果。

2. 识别要点　花两性，辐射对称；花冠合生，3～5 裂；雄蕊 3～5 枚生于花冠管上；子房半下位至下位，1 室或 3～5 室，每室具 1 枚胚珠。核果。

3. 代表植物【二维码 12-119】

12-119

1. 花枝；2. 可孕花。

图 12-7-97　蝴蝶戏珠花

（引自《秦岭植物志》）

(1) 荚蒾属(*Viburnum* L.)　灌木或小乔木，落叶或常绿；冬芽裸露或有鳞片。单叶，对生，稀 3 枚轮生，全缘或有锯齿，有时掌状分裂；花序由聚伞花序组成伞形状、圆锥状或伞房状，有时具白色大型的不孕边花或全部由大型不孕花组成；萼齿 5 枚，宿存；花冠辐状、钟状、漏斗状或高脚碟状，裂片 5 枚；雄蕊 5 枚，着生于花冠筒内，与花冠裂片互生；子房 3 室，2 室不育，1 室可育，具 1 枚胚珠；柱头常 3 裂；核果卵球形或球形，具宿存的萼齿和花柱；核骨质，内含 1 枚种子。全属约有 200 种；中国有 73 种。蝴蝶戏珠花[*V. plicatum* Thunb. f. *tomentosum* (Miq.) Rehder]（图 12-7-97），落叶灌木，冬芽具鳞片；叶宽卵形或长圆状卵形，边缘有不整齐的三角状锯齿；聚伞花序伞形状，花序边缘具大型不孕花，白色，花序中央的花小型，可孕；南方广布；常栽培供观赏。粉团(*V. plicatum* f. *plicatum*)，花序全部由白色不孕花组成，栽培供观赏。桦叶荚蒾(*V. betulifolium* Batalin)，落叶灌木或小乔木；叶宽卵形至菱状卵形或宽倒卵形；边缘中部以上具不规则浅波状牙齿；花序无不孕花；分布于秦巴山区至西南地区。此外，欧洲荚蒾(*V. opulus* L.)、珊瑚树(*V. odoratissimum* Ker Gawl.)、绣球荚蒾(*V. macrocephalum* Fortune)等常栽培供绿化和观赏。本属植物中具不孕花的类群，外形上与绣球科绣球属的植物相似，易混淆；荚蒾属的大型不孕花由花冠形成，因而其中央再无花被；而绣球属的大型不孕花由花萼形成，因而其中央还有较小的花冠；此外，荚蒾属的果实为核果，具 1 枚种子，而绣球属的果实为蒴果，具多数种子；因此二属不难区别。

(2) 接骨木属(*Sambucus* L.)　落叶乔木或灌木，或多年生高大草本；奇数羽状复叶，对生；托叶叶状或退化成腺体；花序由聚伞花序组成顶生的复伞状或圆锥状；萼筒短，萼齿 5 枚；花冠辐状，5 裂；雄蕊 5 枚；子房 3～5 室，花柱短或几无，柱头 2～3 裂；浆果状核果红黄色或紫黑色，具 3～5 枚核。全属有 10 种；中国有 4 种。接骨木(*S. williamsii* Hance)，落叶灌木；花序上花密集；果实成熟时红色；分布于东北、华北、华东、华中、西南等地区。西洋接骨木(*S. nigra* L.)，落叶灌木；花序上花疏松；果实成熟时黑色；原产于欧洲，常栽培供观赏。接骨草(*S. javanica* Reinw. ex Blume)，多年生草本；花序中具橘红色的小型杯状不孕花，可孕花白色；果成熟时红色；南方广布；药用。

4. 分类学讨论　本科在 APG 系统中被称作五福花科(*Adoxaceae*)，但因荚蒾科(Viburnaceae)被接受为保留名，故现在改称荚蒾科。本科的荚蒾属、接骨木属过去属于忍冬科，APG 系统将它们独立出来，以使荚蒾科、忍冬科各自均是单系。

(二) 忍冬科 Caprifoliaceae

$\uparrow, * \ ⚥ \ K_{(4-5)}\ C_{(3-5)}\ A_{1-5}\ \overline{G}_{(2-5:1-5:1-\infty)}$

本科有42属约890种；中国有21属143种。

1. 形态特征　灌木、木质藤本、草本或小乔木。叶对生，叶片羽状分裂或为复叶。圆锥花序、伞形花序、穗状花序、聚伞花序、头状花序或花单生、成对生于叶腋；花两性，两侧对称或辐射对称；花萼合生，顶端4～5裂，有时无花萼；花冠合生，3～5裂；雄蕊1～5枚；雌蕊2～5枚心皮合生，子房下位，1～5室，每室具1至多数胚珠，多室子房有时仅1室可育，花柱合生，柱头头状或分裂。浆果、核果、蒴果或连萼瘦果。

2. 识别要点　叶对生。花两性，两侧对称或辐射对称；花萼合生，顶端4～5裂；花冠合生，3～5裂；子房下位；浆果、核果、蒴果或连萼瘦果。

12-120

3. 代表植物【二维码12-120】

(1)忍冬属(*Lonicera* L.)　灌木或缠绕藤本，落叶或常绿；叶对生，稀轮生；花通常成对生于腋生的总花梗顶端或花无柄而呈轮状排列于小枝顶端，每轮3～6朵；每双花有苞片和小苞片各1对，小苞片有时连合成杯状或坛状而包被萼筒；相邻两萼筒分离或部分至全部连合，萼檐5裂或浅波状；花冠钟状、筒状或漏斗状，近整齐4～5裂，或二唇形而上唇4裂；花冠筒基部常一侧膨大成囊，稀成距；雄蕊5枚；子房2～5室，柱头头状。浆果，具少数至多数种子。全属约有180种；中国有57种。忍冬(*L. japonica* Thunb.)(图12-7-98)，又称金银花；半常绿藤本，被开展的毛；花冠二唇形，筒部细长，初开时白色，第二天变黄色；浆果球形，成熟时蓝黑色；华北至华南地区广布；广泛栽培，供绿化和观赏并采收花蕾药用，还是蜜源植物。郁香忍冬(*L. fragrantissima* Lindl. ex Paxton)，落叶灌木；叶卵形，被刚毛；相邻两萼筒合生至近中部；花冠二唇形，白色或淡红色；果两个合生成二叉状，熟时红色；分布于华东、华中至西南地区。金银忍冬[*L. maackii* (Rupr.) Maxim.]，落叶灌木；花冠二唇形，初开时白色，第二天变黄色；果球形，成熟时红色；分布于东北、华北、华东、华中至西南等地区；常栽培供绿化和观赏。盘叶忍冬(*L. tragophylla* Hemsl.)，落叶藤本；头状花序下的一对叶合生成圆盘状；花冠二唇形，筒部细长，黄色；果球形，红色；分布于华北、华东、华中等地区。唐古特忍冬(*L. tangutica* Maxim.)，落叶灌木；花冠筒状，裂片近相等，白色或带淡黄色、淡红色；果球形，成熟时红色；分布于西北至西南地区。

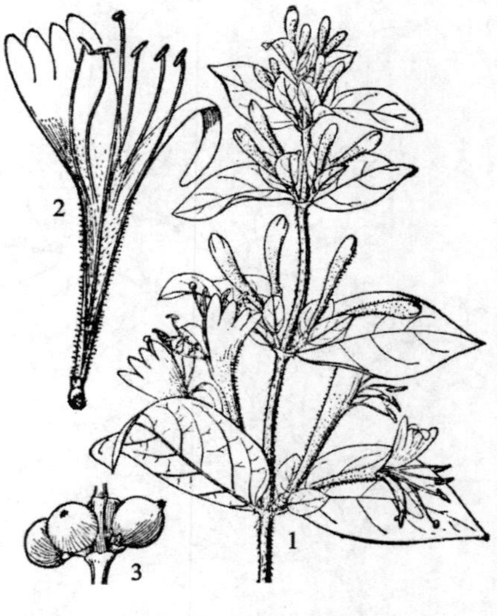

1. 花枝；2. 花冠展开；3. 果实。

图12-7-98　忍冬

（引自《中国高等植物图鉴》）

(2)败酱属(*Patrinia* Juss.)　草本，地下根茎有腐臭气味；基生叶丛生，茎生叶对生，通常羽状分裂，稀全缘；二歧聚伞花序组成伞房状或圆锥花序；萼齿5枚，宿存，有时果期增大；花冠钟形或漏斗状，裂片5枚；雄蕊4枚，稀1～3枚；子房下位，3室，每室胚珠1枚，柱头头状或盾状；瘦果，仅1室发育，内有种子1枚，另2室不育；果苞由苞片在果期增大而来，与瘦果贴生，翅状，网脉明显。全属约有20种；中国有11种。异叶败酱(*P. heterophylla* Bunge)，又称墓头回；多年生草本；基生叶与茎不同部位叶形差异大，羽状全裂、羽状深裂或不分裂；花冠黄色，雄蕊通常4枚；分布于东北、华北、西北、华东等地区。

(3)川续断属(*Dipsacus* L.)　二年生或多年生草本；茎具棱和沟，棱上通常具短刺或刺毛；叶不分裂，3～5裂或羽状深裂；头状花序近球形，基部具叶状总苞片1～2层；每朵花从一个小苞片内侧伸出；花萼顶端4裂；花冠顶端4裂，裂片不相等；雄蕊4枚；雌蕊2枚心皮合生，子房下位，1室，具1枚胚珠；连萼瘦果顶端具宿存花萼，藏于革质的囊状小总苞内，果皮与小总苞稍合生。全属约有20种；中国有7种。川续断(*D. asper* Wall.)，小苞片顶端的喙长3～4 mm，喙两侧密生刺毛或稀疏刺毛；花冠淡黄色；分布于华中至西南地区。日本续断(*D. japonicus* Miq.)，小苞片顶端的喙长5～7 mm，喙两侧具长刺毛；花冠淡红色；南北方均产。

4.分类学讨论　为使忍冬科为单系，APG系统将过去的败酱科(*Valerianaceae*)和川续断科(*Dipsacaceae*)合并入忍冬科。

二十九、伞形目 Apiales

本目有五加科等7科。

(一)五加科 Araliaceae

$* \ ⚥ \ K_{(4-5)} \ C_{5-10} \ A_{5-10, \infty} \ \overline{G}_{(2-10:2-10:1)}$

本科有50属约1 350种；中国有24属181种。

1.形态特征　灌木、乔木、多年生草本或为攀缘藤本。叶互生，稀对生或轮生；单叶、掌状复叶或羽状复叶。花两性或杂性，稀单性异株，伞形花序、头状花序、总状花序或穗状花序，有时再组成圆锥状复花序；萼筒与子房合生，顶端波状或有4～5齿；花瓣5～10枚，通常离生，稀合生成帽状体；雄蕊与花瓣同数而互生，或多数，着生于肉质花盘的边缘；雌蕊通常2～10枚心皮合生，稀1枚心皮或更多心皮合生；子房下位，室数与心皮数相同，每室具可育胚珠1枚；花柱与心皮同数，离生、部分合生至完全合生。浆果或核果。

2.识别要点　雌蕊通常2～10枚心皮合生；子房下位；花柱与心皮同数，离生、部分合生至完全合生；浆果或核果。

12-121

3.代表植物【二维码12-121】

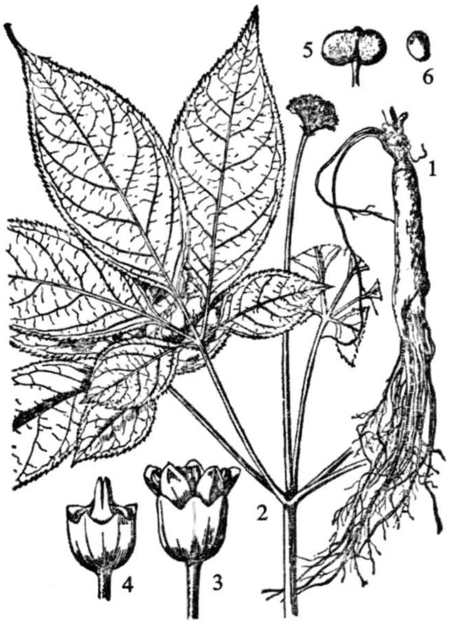

1.根；2.花期植株上部；3.花；4.花萼与雌蕊；5.果实；6.种子。

图12-7-99　人参(引自《中国高等植物图鉴》)

(1)人参属(*Panax* L.)　多年生草本；地下茎为短的根状茎，或竹鞭状根状茎，或串珠状根状茎；根不膨大，纤维状，或膨大成纺锤形或圆柱形的肉质根；地上茎单生，直立；掌状复叶，轮生于茎顶；花两性或杂性；伞形花序单个顶生，或数个伞形花序顶生；萼筒顶端有5个小齿；花瓣5枚，离生，稀合生；雄蕊5枚；子房2室，有时3～4室，稀5室；花柱与子房室同数，离生或基部合生；花盘肉质，环形；核果近球形。全属有8种；中国有7种。人参(*P. ginseng* C. A. Mey.)(图12-7-99)，多年生草本；主根肥厚，纺锤形或圆柱形；掌状复叶3～6枚轮生于茎顶；小叶3～5枚，边缘有锯齿；伞形花序单个顶生；核果扁球形，鲜红色；种子肾形，乳白色；分布于东北地区，亦栽培；根药用。药用的还有三七[*P. notoginseng* (Burkill) F. H. Chen ex C. H. Chow]、西洋参(*P. quinquefolius* L.)等。

(2)楤木属(*Aralia* L.)　小乔木或灌木，有刺，或多年生草本，无刺；叶互生，一至数回羽状复叶；花杂性，伞形花序或头状花序再组成圆锥花序；萼筒顶端有5齿；花瓣5枚；雄蕊5枚；花柱5个，稀2～4个，离生或基部合生；浆果近球形，有5棱，稀2～4棱。全属约有40种；中国有29种。楤木[*A. elata* (Miq.) Seem.]，落叶灌木或小乔木；二至三回羽状复叶；伞形花序组成大型圆锥花序；子房5枚心皮；花柱离生或合生至中部；从东北至华南地区广布；嫩芽作蔬菜食用。东北土当归(*A. continentalis* Kitag.)，多年生草本；分布于东北、华北、西南等地区；嫩叶作蔬菜食用。

(3)五加属(*Eleutherococcus* Maxim.)　直立或蔓生灌木，稀为乔木；枝有刺或无刺；叶互生，掌状复叶，有小叶3～5枚；花两性，稀单性异株；伞形花序或头状花序组成复伞形花序或圆锥花序；萼筒顶端有 4～5 齿，稀全缘；花瓣 5 枚，稀 4 枚；雄蕊 5 枚；子房 2～5 室；花柱 2～5 个，离生、基部至中部合生或完全合生，宿存；核果近球形，有 2～5 棱。全属有 40 种；中国有 18 种。藤五加(*E. leucorrhizus* Oliv.)，灌木，有时蔓生状；节上有 1 至数个刺或无刺；掌状复叶，具 5 枚小叶；伞形花序单个顶生或数个组成短圆锥花序；花绿黄色；花萼顶端有 5 齿；花瓣 5 枚；雄蕊 5 枚；子房 5 室，花柱完全合生成柱状；果实卵球形，有 5 棱；分布于南方。常见的还有刺五加[*E. senticosus* (Rupr. & Maxim.) Maxim.]，主产于东北至华北地区，药用。

（二）伞形科 Apiaceae(Umbelliferae)

$* \,⚥\, K_{(5),0}\ C_5\ A_5\ \overline{G}_{(2:2:1)}$

本科约有 450 属 3 300～3 800 种；中国有 100 属 614 种。

1. 形态特征　草本，常含挥发性油而具特殊气味。茎常中空。叶互生，多为一至多回分裂或复叶，稀为单叶，叶柄基部膨大，或鞘状抱茎。通常为复伞形花序，少为伞形花序或其他花序类型；花两性或杂性，多辐射对称；花萼和子房结合，裂齿 5 枚或不明显；花瓣 5 枚；雄蕊 5 枚，生于上位花盘周围；雌蕊 2 枚心皮合生，子房下位，2 室，每室具 1 枚胚珠，花柱 2 个。双悬果，成熟时从 2 枚心皮的合生面分离成 2 个分果，悬在心皮柄上；果具纵棱或翅及刺，或平滑。花粉具 3 孔沟。

本科的分类常要依据果实的特征，描述伞形科的果实有一套专用术语：

①接合面：心皮的连接面，即合生面。

②背腹压扁：果向接合面的方向压扁。

③两侧压扁：果向接合面的垂直方向压扁。

④主棱：分果背面纵向突起的棱，棱下有维管束，分为背棱、侧棱、中棱 3 种。

⑤背棱：位于背部中央的主棱，1 条。

⑥侧棱：位于背部两侧的主棱，2 条。

⑦中棱：位于背棱与侧棱之间的主棱，2 条。

⑧次（副）棱：位于主棱与主棱之间的纵向棱。

⑨棱槽：棱与棱之间的纵行凹槽。

⑩油管：主棱间的果皮内贮有挥发性油的分泌管道。

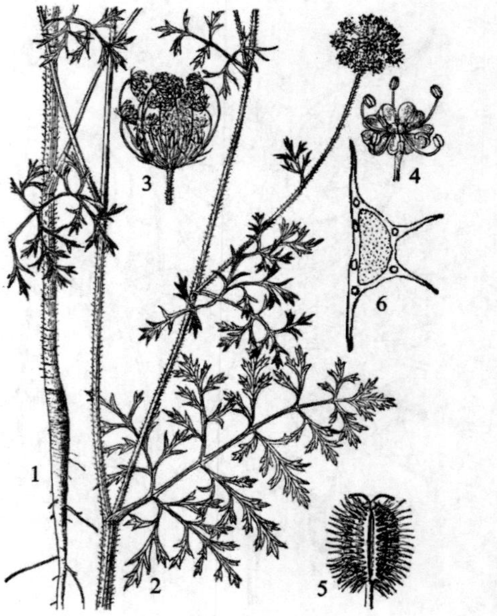

1. 根；2. 茎叶和花序；3. 复伞形花序；4. 花；5. 果；6. 分果横切面。

图 12-7-100　野胡萝卜(引自《中国植物志》)

2. 识别要点　草本，常有特殊气味。叶分裂或为复叶，叶柄基部膨大或鞘状抱茎。复伞形花序；花瓣 5 枚；子房下位，2 室，每室具 1 枚胚珠。双悬果。

12-122

3. 代表植物【二维码 12-122】

(1) 胡萝卜属(*Daucus* L.)　叶二至三回羽状分裂；复伞形花序；萼齿不明显；花瓣 5 枚，白色；果略背腹压扁，主棱不明显，4 条次棱翅状，具刺毛，每一次棱下有 1 条油管，合生面 2 条。全属约 20 种；中国有 1 种。胡萝卜(*D. carota* L. var. *sativa* Hoffm.)，具肥大肉质直根，红色、橙色或黄色；原产于欧亚大陆，全球广泛栽培，根作蔬菜。野胡萝卜(*D. carota* var. *carota*)(图 12-7-100)，地上部分形态与胡萝卜相似，但其根细小，常分枝，木质化，不堪食用，为常见杂草。

(2) 芹属(*Apium* L.)　叶一回羽状分裂至三出式羽状多裂；单伞形花序或复伞形花序，具总苞片和小苞片或缺；花白色或稍带黄绿色；果侧扁，每棱槽有油管 1 条，合生面 2 个。全属有 20 种；中国栽培 1 种，即旱芹(*A. graveolens* L.)，通称芹菜；全株无毛；基生叶一至二回羽状全裂，裂片卵形或近圆形，常 3 浅裂或深裂，边缘有锯齿，茎生叶 3 全裂；花序无总苞和小总苞片，伞幅 3～16 个，花绿白色；果球形至椭球形，果棱尖锐；原产于西南亚、北非和欧洲地区，世界各地广泛栽培作蔬菜食用。

(3)茴香属(*Foeniculum* Mill.) 叶三至四回羽状全裂,末回裂片线形;复伞形花序,无总苞片和小苞片;萼齿不明显;花瓣黄色;果侧扁,光滑,每棱有1条油管。全属仅1种,即茴香[*F. vulgare* (L.) Mill.],各地栽培,嫩茎叶作蔬菜食用,果实作调料,即小茴香。

(4)芫荽属(*Coriandrum* L.) 2种,原产于地中海地区;中国栽培1种,即芫荽(*C. sativum* L.),通称香菜;一年生或二年生草本,全体无毛,有香气;基生叶一至二回羽状全裂,裂片边缘深裂或具缺刻,茎生叶三至多回羽状深裂,末回裂片狭条形,全缘;复伞形花序,无总苞,伞幅3~7个;花白色或淡紫色;果近球形,光滑,果棱稍突起;嫩茎叶作蔬菜和调味品。

(5)柴胡属(*Bupleurum* L.) 多年生草本;单叶全缘,叶脉平行或弧形;复伞形花序,总苞片叶状,小苞片数枚;萼齿不明显;花瓣常为黄色;果卵状长圆形,两侧略压扁,每棱槽内有1~3条油管,合生面有2~6条油管。全属约180种;中国有42种。北柴胡(*B. chinense* DC.),叶倒披针形或剑形,中上部较宽,先端急尖;分布于华东、华中地区及北方各省区;根药用。

本科经济价值较大的还有:孜然芹(*Cuminum cyminum* L.)的果实为调味品,即孜然;莳萝(*Anethum graveolens* L.)、欧芹[*Petroselinum crispum* (Mill.) Fuss]的嫩茎叶作蔬菜或调味品食用;常见药用植物还有当归[*Angelica sinensis* (Oliv.) Diels]、白芷[*A. dahurica* (Fisch. ex Hoffm.) Benth. & Hook. f. ex Franch. & Sav.]、防风[*Saposhnikovia divaricata* (Turcz.) Schischk.]、川芎(*Ligusticum sinense* Oliv. 'Chuanxiong')、独活(*Heracleum hemsleyanum* Diels)、珊瑚菜(*Glehnia littoralis* F. Schmidt ex Miq.)、前胡(*Peucedanum praeruptorum* Dunn)、蛇床[*Cnidium monnieri* (L.) Spreng.]、新疆阿魏(*Ferula sinkiangensis* K. M. Shen)等。

本章小结

把繁杂多样的被子植物分门别类并掌握它们的特征,可以更好地认识和利用植物,对农林业发展至关重要。科学合理的分类需要综合多方面的证据,包括但不限于形态学、解剖学、胚胎学、细胞学、古植物学、孢粉学、分子系统发育证据。

本章主要依据APG Ⅳ系统介绍代表性被子植物120科,其中比较常见或重要的科有:

①睡莲科:水生植物。叶近圆形。花两性;花瓣5枚至多数,离生;雄蕊多数;心皮3枚至多数,部分或者完全合生。浆果,具多数种子。

②五味子科:木质藤本。单叶互生。花单性;花被片5枚至多数,离生;雄蕊5枚至多数;雌蕊具12枚至多数心皮,离生,多轮排列在肉质花托上。聚合浆果。

③八角科:常绿灌木或乔木。单叶。花两性;花被片7枚至多数,分离;雄蕊多数,分离;雌蕊具5~21枚心皮,分离,单轮排列。聚合蓇葖果。

④木兰科:木本。单叶互生,有环形托叶痕。花单生,两性;花被3基数,2轮至多轮;雄蕊多数、分离;雌蕊心皮多数,分离,螺旋状排列于伸长的花托上。聚合蓇葖果。

⑤樟科:通常为常绿木本,各部位芳香。单叶。花通常两性;花被片2轮,每轮2枚或3枚;雄蕊通常4轮,每轮3枚;雌蕊1枚,子房1室,具1枚胚珠。核果或浆果。

⑥天南星科:常为草本。肉穗花序,总苞片为佛焰苞;花两性或单性,若单性则通常雄花位于花序上部,雌花位于花序下部;子房上位。浆果。

⑦薯蓣科:常为缠绕藤本。有根状茎或块茎。叶侧脉网状。花常为单性,3基数;子房下位。蒴果三棱形,有翅,或为浆果。种子具薄翅。

⑧菝葜科:常为攀缘藤本;茎上常有刺。单叶互生,全缘,基出3~7脉。伞形花序;花常单性;花被片6枚,离生或合生成筒状;雄蕊常6枚;子房上位,3室。浆果球形。

⑨百合科:草本,通常具鳞茎。茎通常不分枝。单叶。花被片6枚,雄蕊6枚,均排成2轮;子

房上位，3 室。蒴果，稀为浆果。

⑩兰科：常为草本，自养或腐生。花两侧对称，花被片 6 枚，内轮具 1 枚唇瓣；形成合蕊柱、花粉块；子房下位，1 室，侧膜胎座。蒴果，种子微小，极多数。

⑪鸢尾科：草本。具根茎、球茎或鳞茎。叶 2 列套折。花被裂片 6 枚，基部联合成花被管，雄蕊 3 枚，花柱 3 裂，子房下位。蒴果。

⑫石蒜科：草本，常具鳞茎。叶 2 列基生，带状或为空心的筒状，下部具鞘。单花或伞形花序，开花前被总苞包裹；花被片 6 枚，雄蕊 6 枚，子房上位或下位，3 室。蒴果，稀为浆果。

⑬天门冬科：花序各式，但不具佛焰状总苞；花被片 6 枚，稀 4 枚；雄蕊 6 枚，稀 3～4 枚；子房上位，稀下位，3 室，每室胚珠 1 枚至多数。蒴果或浆果。

⑭棕榈科：木本，树干常覆盖不脱落的叶基。叶簇生于茎顶。肉穗花序，有佛焰苞。花被片 6 枚，雄蕊 6 枚，子房上位，3 枚心皮离生或合生。浆果或核果。

⑮芭蕉科：叶鞘层层重叠包成假茎。花簇生于大型苞片内；外轮的 3 枚和内轮的 2 枚花被片合生，内轮的 1 枚分离；雄蕊 5 枚；子房下位，3 室，每室胚珠多数。浆果。

⑯姜科：草本，具根状茎，常芳香。花常两性，两侧对称；外轮花被片合生成管状；外轮 2 枚退化雄蕊花瓣状；内轮 2 枚退化雄蕊合生成唇瓣；可育雄蕊 1 枚。蒴果。

⑰莎草科：草本。茎常三棱形，实心。叶鞘闭合，无叶舌。小穗组成各式花序。小坚果。

⑱禾本科：茎秆圆柱形，节明显，节间常中空。叶 2 列，叶鞘常开裂，常有叶舌或叶耳。小穗组成各式花序。颖果。

⑲罂粟科：草本，常具白色或有色汁液。无托叶。花萼早落；雄蕊多数，离生；子房上位，侧膜胎座。蒴果。

⑳毛茛科：草本，稀灌木或藤本。单叶分裂或复叶。花通常两性；雄蕊、雌蕊多数且离生，螺旋状排列于花托上。通常为聚合蓇葖果或聚合瘦果。

㉑莲科：水生草本。根状茎节间多孔。叶柄盾状着生，叶片圆形。花两性；萼片 4～5 枚；花瓣多数；雄蕊多数；心皮多数离生，埋藏于花托中。坚果具 1 枚种子。

㉒芍药科：灌木或多年生草本。二回三出复叶。花两性；萼片 2～9 枚离生；花瓣 4～13 枚或多数离生；花盘完全或部分包裹心皮；心皮离生；胚珠多数。聚合蓇葖果。

㉓虎耳草科：草本。具基生叶。花通常两性；萼片、花瓣 4～5 枚；雄蕊 4～14 枚；子房通常上位，稀下位，心皮 2～5 枚，通常合生，稀离生，花柱通常离生。蒴果或蓇葖果。

㉔景天科：茎、叶肉质。花常两性，萼片和花瓣常 4 枚或 5 枚；雄蕊与花瓣同数或为其 2 倍。蓇葖果。

㉕葡萄科：藤本。常具与叶对生的卷须或花序。花 4～5 数；雄蕊与花瓣同数对生；有花盘；雌蕊 2 枚心皮合生，子房上位。浆果。

㉖豆科：叶常为羽状或三出复叶，多有托叶与叶枕。多总状花序，花冠多为蝶形、假蝶形或辐射对称；雄蕊为二体、单体或分离；单雌蕊，边缘胎座。荚果。种子无胚乳。

㉗蔷薇科：叶互生，常有托叶。花两性，整齐，花托突起至凹陷，花被与雄蕊常在下部结合成被丝托；花部 5 基数，轮状排列。种子常无胚乳。

㉘桑科：通常为木本具乳汁。单叶常互生。花单性；萼片 2～4 枚；无花瓣；雄蕊与萼片同数而对生；上位子房，2 枚心皮，1 室、1 胚珠。核果或瘦果被宿存花萼包裹，且常形成聚花果。

㉙壳斗科：木本。单叶互生，羽状脉直达叶缘。雌雄同株，单被花，雄花排成柔荑花序，雌花1～3 朵生于总苞中，子房下位，3～6 室。坚果，外被壳斗。

㉚胡桃科：木本。羽状复叶互生。花单性同株；单被花；雄花序为柔荑花序；雌花序穗状或为柔荑花序；子房下位，2 心皮合生，1 室，1 胚珠。核果状坚果，无翅或有翅。

㉛桦木科：落叶木本。单叶互生，叶缘常具锯齿。花单性，雌雄同株，风媒传粉；雄花序为下垂

的柔荑花序；雌花序穗状、总状或头状。坚果或具翅小坚果。

㉜葫芦科：通常为草质藤本，有卷须，叶互生，分裂或不分裂。花单性；花萼筒 5 裂；花冠 5 裂；雄蕊 3 枚或 5 枚；雌蕊 3 枚心皮合生，下位子房，侧膜胎座。瓠果。

㉝杨柳科：木本。单叶通常互生。柔荑花序或总状花序等多种；花单性或两性；无花被或有花被；子房上位，常 2～5 枚心皮合生，1 室，侧膜胎座。常为蒴果或浆果。种子常具毛或假种皮。

㉞大戟科：植物体内通常有乳汁。花单性，雌雄同株或异株；萼片、花瓣有或无；雌蕊通常 3 枚心皮合生，子房上位，2～5 室，每室具 1 枚胚珠。通常为蒴果或分果。

㉟无患子科：通常为木本。叶为复叶或单叶。聚伞圆锥花序或总状花序；萼片与花瓣均为 4 枚或 5 枚，稀 6 枚；花具肉质花盘；雄蕊通常 5～10 枚；子房上位，2～4 室，每室具 1～2 枚胚珠。

㊱芸香科：植物体具芳香油腺点。复叶，稀单叶，无托叶。花萼、花瓣通常 4～5 枚，雄蕊常8～10 枚，或多数，花盘明显。柑果、蓇葖果、蒴果、浆果或翅果。

㊲锦葵科：花常两性；具副萼或无；花萼常 5 枚；花瓣常 5 枚，稀无；雄蕊 5 枚至多数，花丝离生或合生成单体雄蕊；雌蕊 5 枚或多心皮合生或离生，子房上位。

㊳十字花科：通常为草本。花两性；萼片、花瓣各 4 枚，十字花冠；雄蕊 6 枚，4 长 2 短，即四强雄蕊；雌蕊 2 枚心皮合生，侧膜胎座，具假隔膜。长角果或短角果。

㊴蓼科：通常为草本，茎节膨大。具膜质托叶鞘。花两性；花被宿存；雌蕊通常 3 枚心皮合生，子房上位，1 室，具 1 枚胚珠。瘦果常三棱形或凸镜形，包藏于宿存的花被中。

㊵石竹科：草本，节膨大，单叶对生。花部常 5 基数，雄蕊常为花瓣的 2 倍，常为特立中央胎座。蒴果。

㊶苋科：花单被，有苞片或无苞片，花被有时在果期增大、变硬；雌蕊 2～3 枚心皮合生，子房上位，1 室，通常具 1 枚胚珠。常为胞果。

㊷柿科：木本。单叶全缘，常互生。花单性，花萼宿存，花冠裂片旋转状排列。浆果。

㊸猕猴桃科：木质藤本或乔木、灌木。单叶互生。花两性或单性而雌雄异株；萼片通常 5 枚；花瓣通常 5 枚；雄蕊 10 枚或多数；雌蕊 3～5 室或多室。浆果或蒴果。

㊹杜鹃花科：自养或腐生。单叶或退化为鳞片状。通常花萼、花冠 4～5 裂；雄蕊常为花冠裂片数的 2 倍，花药通常具附属物、孔裂；花柱 1 个。蒴果或浆果，稀核果。

㊺茜草科：单叶对生或轮生，具托叶。花整齐，4 或 5 基数；子房下位，2 室，胚珠多数至 1 枚，中轴胎座。蒴果、核果或浆果。

㊻夹竹桃科：植物体具乳汁。单叶，通常对生。花部 5 数；花冠喉部常具附属物或副花冠；雄蕊离生，或花丝合生成合蕊冠并与雌蕊黏生成合蕊柱；雌蕊 2 枚心皮合生或离生。

㊼紫草科：草本，稀木本，常被粗硬毛。单叶通常互生。花 5 基数，花萼常宿存；花冠合生，喉部常有附属物；子房 2 室或 4 深裂为 4 室。核果或 4 个小坚果。

㊽旋花科：常为缠绕或匍匐草本；茎常有乳汁，具双韧维管束。花 5 数，花冠漏斗状或钟状；雌蕊通常 2 枚心皮合生，子房上位，1～2 室或 4 室，每室 4 枚、2 枚或 1 枚胚珠。常为蒴果。

㊾茄科：草本或木本；具双韧维管束。花两性，整齐，5 基数；花萼宿存；冠生雄蕊与冠裂片互生，花药常孔裂；雌蕊 2 枚心皮合生，中轴胎座，胚珠多数。浆果或蒴果。

㊿木樨科：木本，叶对生。花辐射对称；花萼、花冠常 4 裂；雄蕊通常 2 枚；子房上位，2 室，每室 2 枚胚珠。翅果、蒴果、核果或浆果。

51车前科：草本，稀灌木。花两侧对称或辐射对称；花常两性；花萼、花冠各为 4～5 枚合生；雄蕊 4 枚或 2 枚；子房 2 室，具多数胚珠。蒴果。

52玄参科：草本，稀灌木。花两侧对称或辐射对称；花常两性；花萼、花冠各 4～5 裂；雄蕊常 4 枚，二强；子房 2 室，具多数胚珠。蒴果。

53芝麻科：叶具有黏性的腺毛。花梗基部常具花外蜜腺；花 5 基数，两侧对称；花冠筒状；雄蕊

4 枚，常二强；雌蕊 2 枚心皮合生，2 室，胚珠多数。

㊹唇形科：全株芳香。茎 4 棱。叶对生。唇形花冠；二强雄蕊。4 小坚果。

㊺泡桐科：乔木。叶对生。大型圆锥花序；花两性，5 基数，两侧对称；花萼 5 裂；花冠二唇形；二强雄蕊；子房 2 室，胚珠多数。蒴果。种子有膜质翅。

㊻列当科：常为半寄生或全寄生草本。总状花序或穗状花序，稀单花；花通常两性，两侧对称；花冠二唇形，上唇 2 裂，下唇 3 裂；二强雄蕊；子房 2 室或 1 室。蒴果。

㊼桔梗科：常为草本，体内常具乳汁。花通常两性；花萼和花冠常 5 裂；雄蕊通常 5 枚；通常子房下位，2～5 室，胚珠多数。蒴果，稀浆果。

㊽菊科：多为草本。头状花序，有总苞；花冠管状或舌状；聚药雄蕊；子房下位。连萼瘦果顶端常有宿存冠毛或鳞片。

㊾忍冬科：叶对生。花两性，两侧对称或辐射对称；花萼合生，顶端 4～5 裂；花冠合生，3～5 裂；子房下位。浆果、核果、蒴果或连萼瘦果。

㊿伞形科：草本，常有特殊气味。叶分裂或为复叶，叶柄基部膨大或鞘状抱茎。复伞形花序；花瓣 5 枚；子房下位，2 室，每室具 1 枚胚珠。双悬果。

复习与思考

1. 列出具有下位子房的科，比较各科特征，并编制检索表区别它们。

2. 从自己的专业出发，思考哪些科植物与专业学习关系紧密，说明这些植物的特征以及在农业生产中的开发利用。

3. 禾本科植物适应风媒传粉，兰科植物则高度适应虫媒传粉，从花的结构说明两个科植物对传粉方式的适应。

4. 举例论述被子植物与人类衣食住行的密切关系。

5. 从校园植物中选取 5 个科编写各科的分种检索表，要求每个科至少含有 5 个种。

6. 如何看待 APG Ⅳ系统与传统分类系统的差异？

数字课程学习资源

课程视频　学习课件　知识结构图　练习题　参考答案

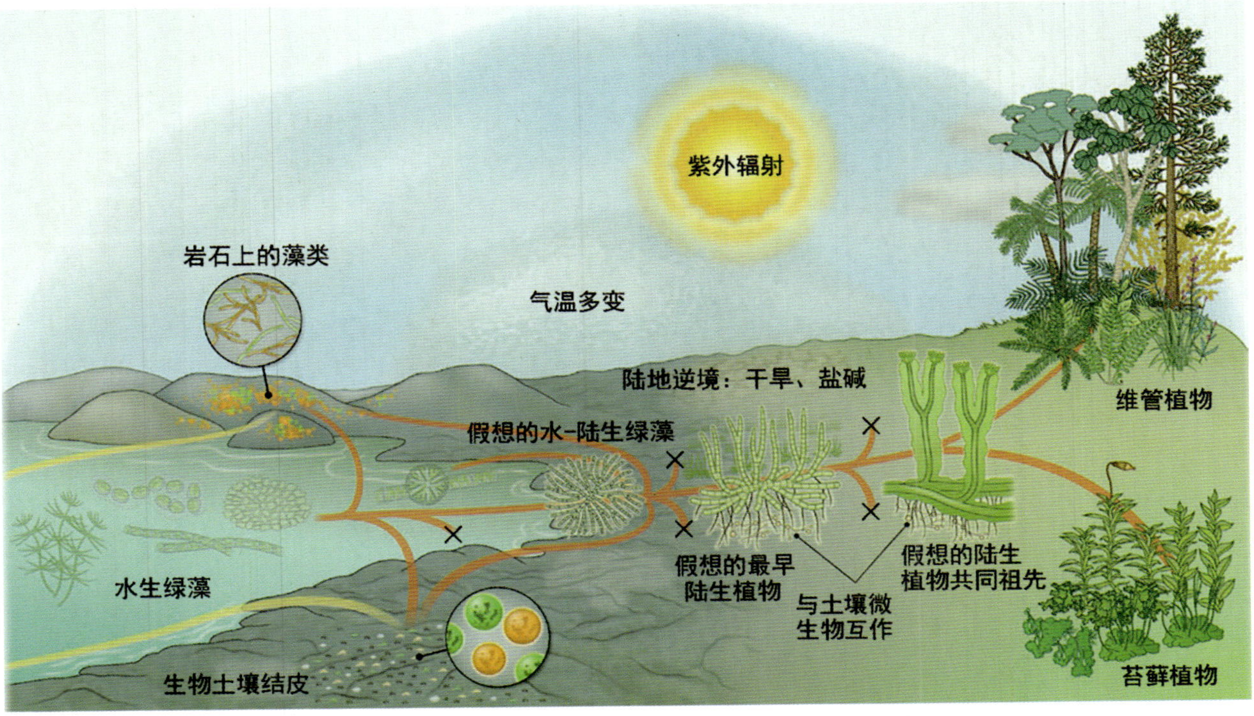

图1　陆生植物起源与演化假想图（Fürst-Jansen）
（×）表示灭绝的类群

图2　石炭纪森林群落复原图

图3　乌海拟齿叶（*Paratingia wuhaia*）
复原图（Wang et al.）

图4　周氏扎鲁特果（*Jarudia zhoui*）
复原图和三维重建（Shi et al.）

图5　中华古果（*Archaefructus sinsensis*）
复原图（Sun et al.）

图6　优美李氏果（*Leefructus mirus*）
复原图（Sun et al.）

◉◉◎ 第十三章 | 植物的起源与演化

第一节 植物的演化历程

目前地球上生存有约38万种植物，它们的形态结构、营养方式和生活史类型各不相同，以其亲缘关系可分为若干类群，如藻类、苔藓植物、石松类和蕨类植物、裸子植物、被子植物等。从系统演化的角度看，它们都是由早期简单的原始生物经过几十亿年的发展演化而逐步产生。在漫长的演化历程中，不同的植物类群先后出现，地球上占优势的植物类群也多次更替。通过研究不同地层中出现的植物化石，人们可以推测各植物类群的起源时间，并概括不同地质历史时期地球上的优势植物类群（表13-1-1）。

表 13-1-1 **地质年代和各种植物类群演化情况**

地质年代			距今/年	植物类群演化情况
宙	代	纪		
显生宙	新生代	第四纪	258万至今	被子植物在陆地植被中占据优势，草本类群进一步发展
		新近纪	2300万—258万	冰川运动反复活跃，被子植物中的草本类群逐渐繁盛；陆地植被面貌与现代相似
		古近纪	6600万—2300万	被子植物进一步发展，形成茂密的森林
	中生代	白垩纪	1.43亿—0.66亿	被子植物出现并逐步多样化
		侏罗纪	2.01亿—1.43亿	裸子植物中的松柏类植物形成森林，小型蕨类植物占据森林下层；原始的裸子植物逐渐消亡
		三叠纪	2.52亿—2.01亿	裸子植物占据陆地优势
	古生代	二叠纪	2.99亿—2.52亿	乔木状的石松类和蕨类植物开始衰退，裸子植物中的苏铁类、银杏类、松柏类植物逐渐繁盛
		石炭纪	3.59亿—2.99亿	陆地上遍布巨大的乔木状的石松类和蕨类植物，形成茂密的森林；裸子植物继续发展
		泥盆纪	4.20亿—3.59亿	维管植物继续发展，至泥盆纪晚期，石松类和蕨类植物逐渐繁盛；裸子植物出现
		志留纪	4.43亿—4.20亿	维管植物的祖先出现
		奥陶纪	4.87亿—4.43亿	最早的苔藓植物出现
		寒武纪	5.39亿—4.87亿	真核藻类继续发展，海洋藻类占优势
元古宙			25亿—5.39亿	出现真核藻类
太古宙			40.31亿—25亿	原核生物诞生，出现蓝藻
冥古宙			45.67亿—40.31亿	地球形成，无生命

自大约 46 亿年前地球形成后，随着温度的逐步下降，岩浆冷却，岩石、水体逐渐形成，原始的生命在海洋中诞生。原核藻类开始光合作用，地球大气中氧气含量逐渐上升。随着演化的发展，真核细胞出现，基因的表达与调控进一步精细化，功能更为多样。真核藻类不断繁衍，一些绿藻类开始向新的环境——陆地发展，演化出了有胚植物。从水生环境向陆地环境发展，植物需要克服干旱、紫外辐射等逆境，演化出了维管组织、角质层等结构。一些藻类与真菌共生形成地衣，以另一种形式在陆地上生存。陆生植物继续发展，为了竞争阳光，逐渐变得高大，生物量增加，陆地生态系统的建立为动物提供了栖息地和食物，海洋动物也纷纷向陆地发展。植物自身演化发展的同时，也改变了地球环境，植物体残骸中大量有机碳在陆地和海洋中沉积，降低了大气二氧化碳浓度，削弱了温室效应，气候变得寒冷干燥。一些真菌演化出了分解木质素、纤维素的能力，利用植物体残骸生长，作为生态系统中的重要分解者，使碳重新回到大气中，实现了碳在植物体内与大气中的动态平衡，稳定了大气二氧化碳浓度，使包括植物在内的各种生命获得了相对稳定的发展环境。种子不但是繁殖体，还是休眠体，种子的出现使种子植物拥有了度过一定时间的不良环境的能力，增加了种子植物的适应能力。被子植物果实的出现，既可以更好地保护种子，也为其他陆地动物提供了多样的食物，动物也帮助植物把种子扩散到更为广阔的地区。被子植物花的出现和多样化，使被子植物能以风媒、虫媒以及其他媒介传播花粉，异交加强了基因重组，为被子植物更好地适应环境提供了可能。花与昆虫协同演化，一些被子植物发展出了极为复杂精妙的虫媒传粉方式。结构的复杂化和功能的多样化，使被子植物在地球上占据了绝对优势。地球环境不断变化，植物的演化也没有终点，将继续朝着适应环境的方向发展。

得益于分子系统学的发展，现在已经初步揭示了不同植物类群之间的系统发育关系（图 13-1-1）。

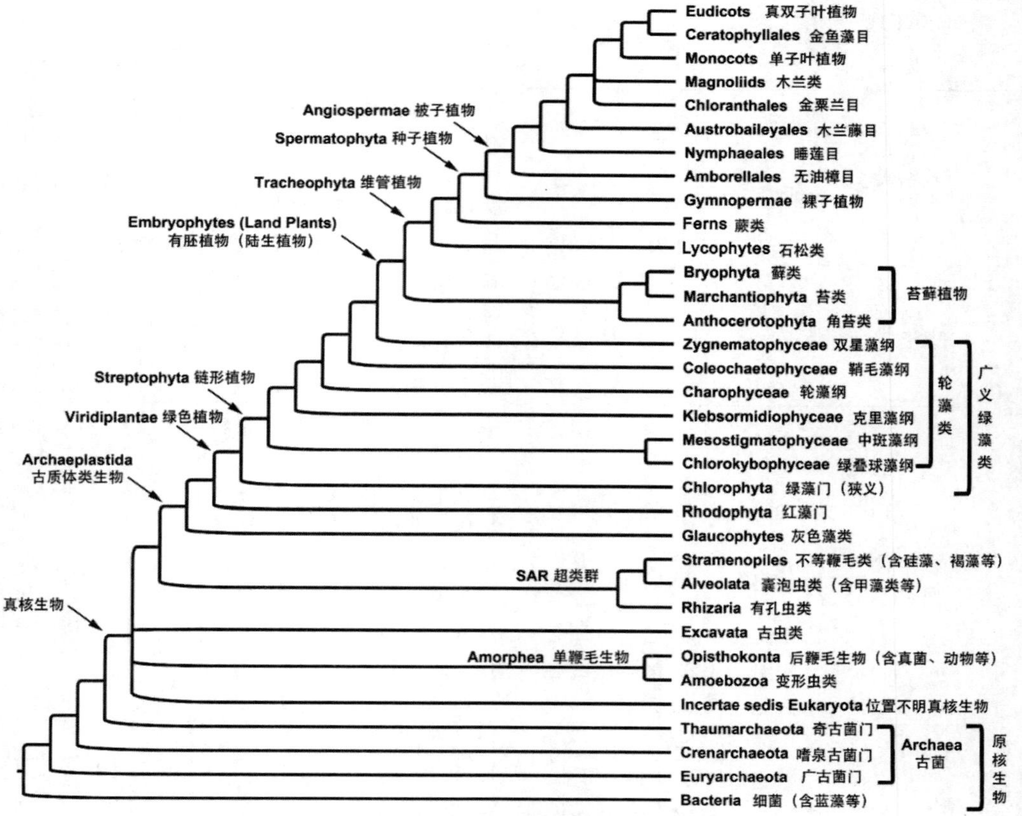

图 13-1-1　细胞生物主要类群间的系统发育关系

(1)藻类是多起源的,包含了许多不同的类群,藻类构成了一个典型的多系类群。蓝藻类是最早出现的原核藻类。真核藻类包括多个独立起源的类群,分散在细胞生物系统发育树的不同位置。因此从命名的角度,不再把所有藻类命名为一个分类单位,而是依据各种藻类的特征与系统发育关系单独命名,如蓝藻、红藻、硅藻、褐藻等。

(2)古质体类生物是单一起源的,包括灰色藻类、红藻类、多种绿藻类以及有胚植物。

(3)绿色植物是单一起源的,包括多种绿藻类以及有胚植物。它们的共同特点是光合色素包括叶绿素 a 和叶绿素 b,这与其他藻类显著不同。

(4)有胚植物,或称为陆生植物,是单一起源的,也常被称为高等植物,由苔藓植物和维管植物组成;维管植物由石松类植物、蕨类植物和种子植物组成;种子植物由裸子植物和被子植物组成。

植物的演化历程是复杂的,某些特征的演化与植物整体的演化可能并不一致。例如,陆生植物的“陆生”二字指的是远古时期发生的从水体到陆地的登陆事件,但并不是所有的陆生植物都生活在陆地上,一些被子植物,例如睡莲属、金鱼藻属、菱属等,又重新适应了水生环境,这种情况类似于起源于陆地的哺乳动物的一个分支返回海洋演化成了鲸类。此外,植物一般是拥有光合作用能力的自养型生物。但一些全寄生植物和腐生植物无叶绿素,不能进行光合作用,依靠寄主或共生的微生物获取养分,因此不是自养型生物。它们是从近缘的自养型植物演化而来,所以仍然把它们称为植物,例如全寄生植物有菟丝子属、列当属等,腐生植物有天麻属、水晶兰属等。

第二节　藻类的起源与演化

一、原核藻类的起源与演化

原核藻类指蓝藻,或称为蓝细菌,是地球上出现最早的光合生物。蓝藻的细胞壁与革兰氏阴性菌的细胞壁基本相同,这反映了它与其他原核细菌亲缘关系较近。微体化石记录表明,大约 27 亿年前地球上出现了蓝藻。

蓝藻的光合作用捕光系统的主要成分是叶绿素 a 和藻胆蛋白。一些蓝藻还含有叶绿素 b,曾经被认为是一个独特的类群,而被划分为原绿藻门;但分子系统发育分析表明,叶绿素 b 是多次独立演化而来,分布于蓝藻的不同类群中,因此现在不再单独划分出原绿藻门。一种深海单细胞蓝藻(*Acaryochloris marina*)以叶绿素 d 为主要光合色素,它与其他蓝藻的亲缘关系较远。叶绿素 d 的吸收光谱向远红外波长漂移,使这种蓝藻能够在被红藻遮蔽的环境中生存。

许多蓝藻可以在有氧或无氧的条件下进行光合作用。蓝藻演化早期地球处于缺氧的还原性环境,蓝藻可以利用硫化氢中的硫作为电子供体进行光合作用。当产氧气的蓝藻演化出来并逐步增多时,大气中的氧气含量逐渐增加,这使得大气圈上层逐渐形成了臭氧层。臭氧层可以吸收太阳光中的大部分有害的紫外辐射,这给其他对紫外辐射敏感的生命形式提供了生存与演化的条件。

氮是组成生物的重要元素,蓝藻可以将大气中的氮气固定并形成铵盐,每固定 1 个氮气分子需要消耗 16 个 ATP 分子,可见生物固氮代价之昂贵。固氮酶对氧气极为敏感,只有在厌氧条件下才有活性。蓝藻演化出了不同的机制,使含有固氮酶的细胞区域或特定细胞中不含有氧气,以便固氮满足自身生长繁衍的需求。

由于蓝藻既能通过光合作用制造有机物,又能进行生物固氮,在漫长的生物演化中,多个不同的生物类群与蓝藻形成了共生关系。这种共生关系分为胞外共生(蓝藻在其他生物细胞之间共同生存)与胞内共生(蓝藻生活在其他生物细胞之内)。最常见的蓝藻胞外共生是与一些特定的真菌形成地衣。蓝藻光合作用制造的有机物被形成地衣的真菌利用,而真菌则为蓝藻细胞维持适宜环境,使其免于脱水而干燥死亡。此外,水生的蕨类满江红属植物的叶片背面的空腔中共生有一种蓝藻——满江红鱼腥藻(*Anabaena azollae*),后者可以固氮并被满江红属植物利用,这也使得满江红属植物成为稻田绿肥植物。属于裸子植物的苏铁属植物的根经常被一些蓝藻侵染,形成珊瑚状的菌根,蓝藻生活在苏铁根的细胞间隙,这些蓝藻可以固氮并供苏铁使用。蓝藻的胞内共生则演化出了真核藻类。

二、真核藻类的起源与演化

真核藻类连同陆生植物的光合作用能力均来源于内共生,追根溯源,都来自蓝藻。依据内共生发生的生物种类和形式的不同,分为初级内共生(primary endosymbiosis)和次级内共生(secondary endosymbiosis)。

(一)初级内共生真核藻类

初级内共生假说,通常简称为内共生假说,用来解释真核藻类叶绿体的形成。该假说认为,在远古时期,某种具有吞噬功能的异养的真核细胞原生动物将蓝藻吞入其食物泡内。一般情况下,蓝藻作为食物被原生动物消化分解吸收。在某种特定情况下,蓝藻没有被当作食物消化,而是作为该原生动物(某种鞭毛虫)的内共生体存活下来,经历漫长的演化,蓝藻细胞成了该原生动物的细胞器——叶绿体,而该原生动物也演化成了自养的真核藻类(图 13-2-1)。这种内共生事件对原生动物和蓝藻都是有利的:原生动物获得了光合同化产物,蓝藻则获得了具有保护作用的稳定环境。这种内共生事件的结果是蓝藻失去了细胞壁,以利于物质的交换运输,蓝藻的细胞质膜演化成叶绿体内膜,原生动物的食物泡膜演化成叶绿体外膜,蓝藻基因组中的许多基因丢失或转移到原生动物的细胞核基因组中,仅剩余少量与光合作用相关的基因演化成了叶绿体基因组,这是叶绿体具有双层膜结构的半自主细胞器的原因。

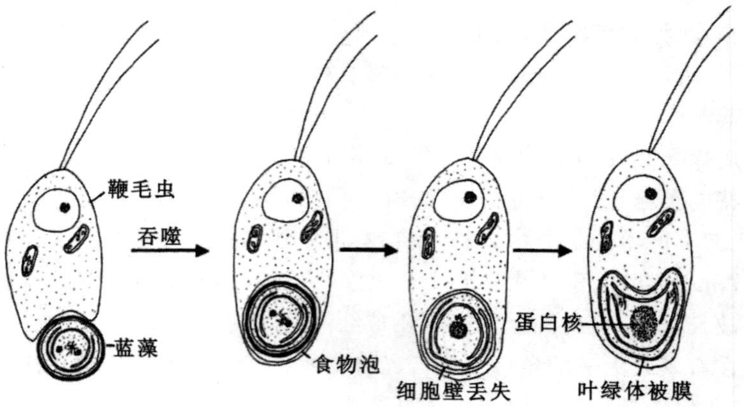

图 13-2-1 初级内共生假说示意图(引自 Lee)

这种叶绿体的内共生起源假说最初由俄国生物学家康斯坦丁·梅列施科夫斯基(俄 Константин Мережковский;英 Konstantin Mereschkowski)于 1905 年提出,后又经过其他科学家发展完善。细胞生物学和生物化学的发展后来从多个角度验证了这种假说的合理性,而分子系统发育分析表明所有的叶绿体由一次内共生事件演化而来。

初级内共生真核藻类包括灰色藻类(Glaucophytes)、红藻门(Rhodophyta)和广义绿藻类(Chlorophytes),它们连同陆生植物被称作古质体类生物(Archaeplastida),表示它们共同起源于古老的内共生事件。

灰色藻类的现存物种数量很少,但它起源古老,其出现很可能早于红藻与绿藻的分歧,位于古质体类生物的最基部。灰色藻类的光合作用细胞器是蓝色小体,蓝色小体外还包裹一层肽聚糖壁,与蓝藻类似而与其他藻类的叶绿体不同。蓝色小体中的光合色素也和蓝藻类似。灰色藻类在演化上有重要地位,它被认为是内共生进化出叶绿体的中间过渡类型。

红藻门的起源古老,是真核藻类中最古老的类群之一,目前发现的最早的确定属于红藻的化石(*Bangiomorpha pubescens*)距今约 10.47 亿年;而分子系统发育分析表明红藻的起源时间则更早。最早的红藻可能生活在 pH 小于 5 的酸性水体中,蓝藻不能生活在这样的环境中。后来红藻逐渐演化,种类繁多,现存种类多达 4 000 种,比其他主要海藻类群之和还多,尤其是在温带和热带地区海域内,红藻比绿藻和褐藻更占优势。红藻门早期分化类群为单细胞生活或多细胞嵌入到黏液内松散地形成丝状体,后来逐渐演化出了多细胞的大型红藻,藻体内有了一定的组织分化,且演化出了复杂多样的有性生殖方式。一些红藻演化成了半寄生或全寄生生物。一些红藻,例如孔石藻属(*Porolithon*),与珊瑚虫共同形成珊瑚礁,为更多的海洋生物提供了栖息地。

广义绿藻类(以下简称绿藻)过去归为绿藻门,但由于它不是单系而是并系类群,故分类名称有所调整。目前发现的最早的绿藻化石(*Proterocladus antiquus*)距今约 10 亿年,但该化石为多细胞绿藻,因此绿藻的起源时间应该更早。绿藻形态特征、生活史、有性生殖方式多种多样,它们的共同特点是含叶绿素 a、叶绿素 b 和叶黄素,光合作用在叶绿体内合成淀粉,构成绿藻细胞壁的主要多糖为纤维素,这些特征与陆生植物一致,所以常把绿藻加上有胚植物构成的单系类群称作绿色植物(Viridiplantae)。现在常把绿藻中分化最早的一个分支称为狭义的绿藻门(Chlorophyta),剩余的绿藻依然为并系类群,被称作轮藻类(Charophytes),它们代表了绿藻向有胚植物演化的过渡类型。轮藻类加上有胚植物组成一个单系类群,称为链形植物(Streptophyta)。在轮藻类中,双星藻纲(Zygnematophyceae)与有胚植物的亲缘关系最近。

(二)次级内共生真核藻类

在绿藻和红藻这类初级内共生真核藻类出现之后,又被不同的异养型真核生物吞噬并内共生,形成了其他种类的真核藻类,即次级内共生真核藻类。次级内共生真核藻类的一个显著特点是其叶绿体共具有 3 层或 4 层膜结构,即除了原本的双层膜外,还有单层或双层的叶绿体内质网膜。叶绿体外多出的 1 层或 2 层膜结构,可能来源于食物泡膜、被吞噬的细胞的细胞膜(图 13-2-2)。

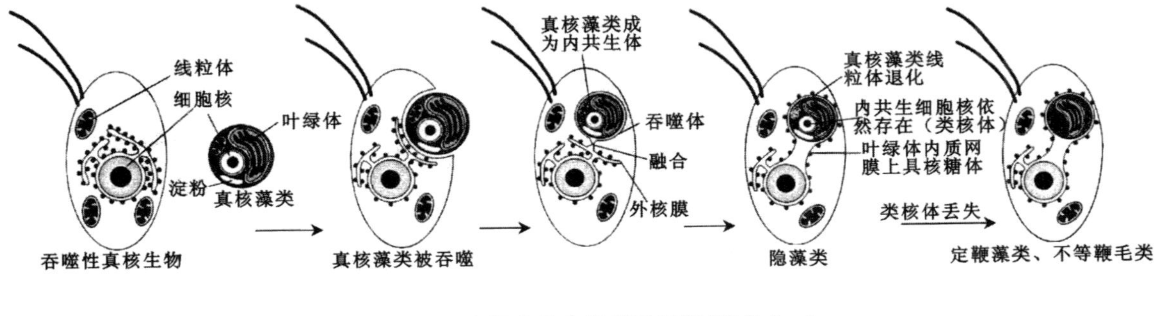

图 13-2-2 次级内共生假说示意图(引自 Lee)

与初级内共生仅发生了一次不同,次级内共生可能在不同的类群之间发生过不止一次(图 13-2-3)。第一种次级内共生为某种宿主与某种绿藻内共生,演化出了绿蜘藻类(Chlorarachniophytes),其叶绿体共具有 4 层膜结构,最内侧的 2 层为被吞噬的绿藻的叶绿体的双层膜,之外是绿藻的细胞膜,最外一层来源于宿主的食物泡膜。第二种次级内共生为另一种宿主与另一种绿藻内共生,演化出了裸藻类(Euglenophytes),其叶绿体共具有 3 层膜结构。第三种次级内共生发生在某种宿主与某种红藻之间,演化出了隐藻类(Cryptophytes)、定鞭藻类(Haptophytes)、不等鞭毛类(Stramenopiles),它们的叶绿体都具有 4 层膜结构,其中隐藻类的叶绿体最外 2 层膜之间还存在类核体,是被吞噬的红藻的细胞核的残留,而定鞭藻类、不等鞭毛类则不具有类核体。红藻来源的叶绿体还参与了顶复虫类(Apicomplexans)、色虫类(Chromerids)、帕金氏虫类(Perkinsids)和双鞭毛虫类(Dinoflagellates)的演化，它们的亲缘关系与纤毛虫类(Ciliates)接近。

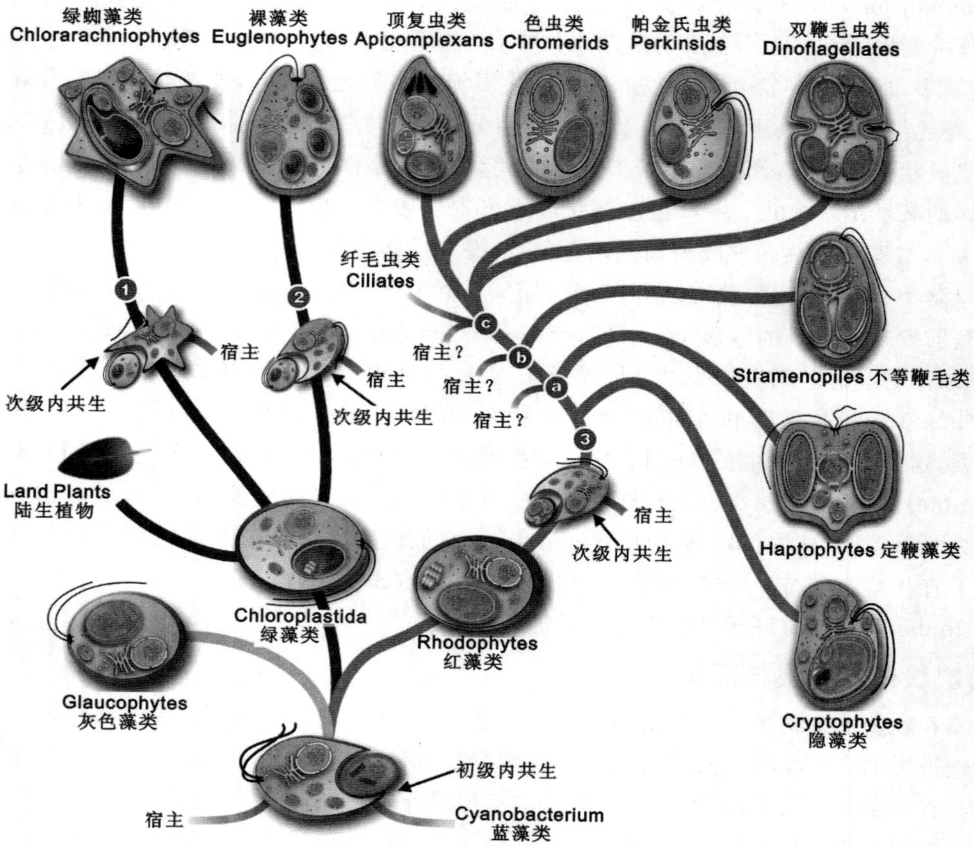

图 13-2-3　真核藻类的内共生起源示意图(引自 Zimorski et al.)

有的次级内共生藻类包括多种多样的类群。例如，不等鞭毛类包含金藻纲(Chrysophyceae)、黄群藻纲(Synurophyceae)、硅藻纲(Bacillariophyceae)、黄藻纲(Xanthophyceae)、褐藻纲(Phaeophyceae)等。一些次级内共生的藻类失去了光合能力，如顶复虫类，其叶绿体退化成无色质体，通常是单细胞的寄生虫，如疟原虫属(*Plasmodium*)感染人类引起疟疾。一些真核藻类的演化可能涉及三级内共生，并伴随着部分叶绿体内质网膜的丢失和类核体的丢失，但详细的机制还有待进一步研究。

第三节　苔藓植物的起源与演化

一、有胚植物登陆

有胚植物与陆生植物至少在现生类群中指的是同一个植物类群，反映了植物演化中出现的两个重要新特征：一是受精卵形成后先是经过一段时间的有丝分裂形成胚；二是植物从水生环境发展到陆地环境中。

胚是幼态的孢子体，它与配子体相连或被配子体包裹着，胚经过持续的有丝分裂发育成孢子体，因此胚和孢子体可以看作是受精卵延迟减数分裂的产物。所有的有胚植物均具有明显的孢子体和配子体的世代交替现象。孢子体世代的出现在适应性上的一个优势是可以增加孢子的产量。在孢子体的孢子囊中，经减数分裂可以产生大量孢子，这能增加有胚植物的繁殖成功机会；大量孢子来自同一孢子体，减数分裂时的基因重组增加了孢子的遗传多样性，也利于后代适应多样的或变化的环境。

有胚植物对陆地环境的适应无疑扩展了植物生存环境的范围。从水生到陆生环境无疑是巨大的改变。有胚植物演化出了角质层，覆盖在表皮细胞外侧，可以防止水分的丧失，表皮的出现还对植物体内部提供一定的机械保护。陆生植物还演化出了产生黄酮类化合物的能力，可以发挥多种多样的生理功能，例如抵抗紫外辐射。此外，陆生植物中热休克蛋白种类激增，发挥多种抗逆境功能。总之，有胚植物演化出多种宏观和微观特征以适应陆生环境。

分子系统发育分析表明有胚植物起源于绿藻类。绿藻类的有性生殖方式多种多样，有同配、异配、卵式和接合生殖，其生活史类型有合子减数分裂型、配子囊减数分裂型、孢子囊减数分裂型，孢子囊减数分裂型的绿藻具有同形世代交替或异形世代交替现象，凡此种种，演化出了孢子囊减数分裂型的异形世代交替的有胚植物。

绿藻类多种多样，具体是哪种绿藻演化出了有胚植物是个长期存在争议的话题。早期研究认为有胚植物从轮藻属(*Chara*)演化而来。轮藻属的配子体具有假根固着于水底淤泥中，藻体具有类似于节和节间的构造，具有轮生的枝，其有性生殖器官精囊球和卵囊球结构较为复杂，精子具鞭毛在水中游动，卵囊球中只有一个卵细胞，受精后形成合子，合子会经历一段时间的休眠，这些复杂的特征与有胚植物相似，因此有胚植物从轮藻演化而来是一个极具吸引力的假说。然而，分子系统发育分析表明有胚植物的姊妹群是双星藻纲。现生的双星藻纲的物种为单细胞或多细胞不分枝丝状体，通过同形配子接合生殖，与有胚植物差异明显。总之，陆生植物与双星藻纲、鞘毛藻纲、轮藻纲等的亲缘关系相对较近，它们沿着不同的演化方向繁衍至今。

在现生绿藻类中，一些类群生活在海洋中，一些类群生活在河流、湖泊、沼泽等淡水环境中。有些绿藻，如双星藻纲的中带鼓藻属(*Mesotaenium*)、柱胞鼓藻属(*Cylindrocystis*)的一些成员可以生活在湿润的土壤中；鞘毛藻纲的佛氏藻(*Fritschiella tuberosa*)生活在潮湿的土壤中，而同属的淡水佛氏藻(*F. aquatilis*)则生活在淡水中；石莼纲的橘色藻属(*Trentepohlia*)可以生活在潮湿的岩石、树皮表面；一些绿藻可以与细菌、真菌、地衣等形成生物土壤结皮，生活在较为干燥的土壤表面。

基因组学的发展为理解有胚植物的登陆提供了新的视角。基因组测序表明，水平基因转移(horizontal gene transfer，简称 HGT)可能在植物从水生向陆生演化中发挥了重要作用。一些土壤细菌中的基因经 HGT 途径，转移到了双星藻纲与有胚植物的共同祖先当中。这些基因包括 *PYR/PYL/RCAR* 和 *GRAS* 等基因家族，它们在植物中演化并编码脱落酸(ABA)受体和一些植物生长发育转录因子，对有胚植物适应陆地干旱等逆境至关重要。此外，一些来自真菌和细菌的转座子通过水平转座子转移(horizontal transposon transfer，简称 HTT)途径转移到了陆生植物与双星藻纲、轮藻纲、克里藻纲及它们的共同祖先当中，这些转座子对促进陆地植物转座子多样性及其适应非生物胁迫等方面有重要作用。

可以想象这样的演化场景：远古时期大多数绿藻生活在水中，一些绿藻逐渐演化出了在岩石上或者以生物土壤结皮的形式生存的能力，其中一些绿藻可以在潮湿的土壤中生存；与在水体中生存不同，在陆地上生存需要克服干旱、盐碱、气温多变、日光紫外辐射等逆境，一些绿藻在漫长的演化历程中，可能通过水平基因转移从土壤微生物中获得了一些新的基因，在不断的基因突变和自然选择作用下，演化成了陆生植物的共同祖先，并分化成苔藓植物、维管植物等类群，成功占据了广阔的陆地生境并繁衍至今(本章彩图 1)。

二、苔藓植物的起源与演化

苔藓植物是现生有胚植物中最早分化出的类群。苔藓植物的起源时间依据古生物化石证据可能在寒武纪或之后。隐孢子(cryptospore)是一种微体化石孢子，其生物学归属存在较多争议，普遍认为可能与陆生植物有关。目前已知最早的隐孢子出现在寒武纪中期，至奥陶纪早期隐孢子已多样化，奥陶纪中期发现了与苔藓植物孢子十分类似的隐孢子以及与现生苔类、藓类形态接近的大化石，表明在不晚于奥陶纪，苔藓植物已经开始多样化；奥陶纪之后苔藓植物的化石时有发现。可能由于苔藓植物体比较容易腐烂分解，形成化石的可能性较小，苔藓化石在地层中发现较少。基于DNA序列和分子钟理论的分析表明，苔藓植物在寒武纪之前就出现了。

现生苔藓植物依据其形态特征分为角苔类（Anthocerotophyta）、苔类（Marchantiophyta）、藓类（Bryophyta）三个差异明显的类群。关于这三个类群之间的系统发育关系，长期存在争议。早期的一些分子系统发育分析表明这三者是并系的，苔类最早分化出来，随后是藓类和角苔类；最新的系统发育证据则支持这三者组成单系的苔藓植物，角苔类先分化出来，苔类和藓类是姊妹群（图13-3-1）。

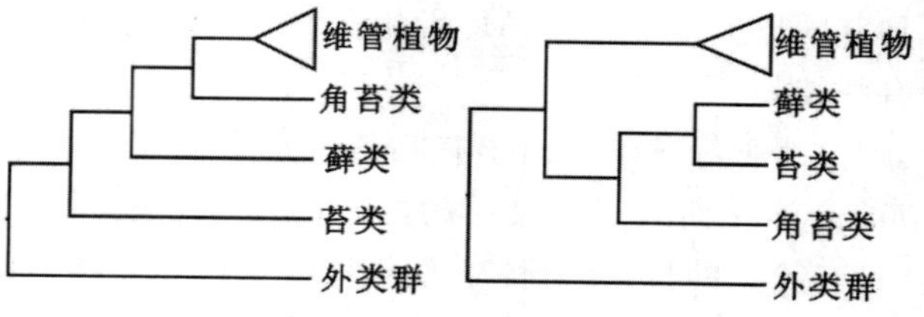

左：早期研究结果；右：最新研究结果。

图13-3-1　角苔类、苔类、藓类的系统发育关系

苔藓植物没有真正的维管组织，因而对水分的运输能力较弱，对干旱环境的适应能力比较有限，植物体也因此较为矮小，大多数苔藓生长在较为阴湿的水边石头上、潮湿的土壤中等环境。为了适应陆地干旱环境，一些苔藓演化出了明显的变水性，当环境干燥时，这些苔藓植物脱水变干，如同死亡一般，一旦遇到充足的水分，它们能迅速吸水复苏，恢复生机，这些苔藓的生活环境也因此能够扩展到较为干燥的岩石上、冻土层上、树干上甚至沙漠中。

苔藓植物的孢子体不能独立生活，寄生在其配子体上。由于苔藓植物以单倍体的配子体为主要生活体，其单倍体的基因组缺少等位基因，这可能是其对外部环境的适应能力不如以孢子体为主要生活体的维管植物的原因之一。苔藓植物有性生殖中，其精子具鞭毛，需要在有水的条件下游动到颈卵器中与卵结合，因此其有性生殖无法摆脱水的限制。苔藓植物产生孢子作为其繁殖体，并演化出了一定的结构促进孢子的扩散传播。角苔类和苔类的孢蒴成熟后释放孢子，其孢子具有弹丝，干燥时弹丝会扭转，使孢子在一定范围内移动。藓类的孢子不具有弹丝，但其孢蒴结构复杂精巧，成熟后其蒴齿会随着空气干湿度的变化反复运动，将孢子从孢蒴内释放出来，且其蒴柄一般较长，利于孢子借助风力传播到相对较远的地方。

尽管苔藓植物结构相对简单，对干旱环境的适应能力还较弱，但也成功地占据了一些陆生环境。世界上目前已知大约有2.1万种苔藓植物，成为仅次于被子植物的第二大类群。最新的苔藓植物分类系统（BPG）将角苔类分为5目5科，苔类分为23目85科，藓类分为45目142科。在漫长的演化历程中，苔藓植物经历了多次物种大灭绝事件但仍繁衍至今，不能说不是一个演化上较为成功的类群。

第四节　石松类与蕨类植物的起源与演化

一、维管植物的起源

维管植物具有维管组织，因而水分与养分运输能力较强，对植物适应陆生环境及其多样化至关重要。维管组织的出现是植物演化中的重要创新性状。与苔藓植物相比，维管植物的另一个重要特征是生活史中孢子体占优势，配子体相对微小。孢子体由具有二倍体(甚至多倍体)的染色体组成，基因组中可以容纳更多等位基因，这可能利于应对多变的环境。

关于维管植物的起源，历来是引人入胜的话题。古植物学家从泥盆纪早期的化石记录中发现了阿格劳蕨(*Aglaophyton major*)(图 13-4-1)，其孢子体高约 18 cm，由多次二叉分枝的轴组成，轴近圆柱形，轴上无叶，具气孔；平卧的轴弯曲生长，多次分枝，一部分形成近直立生长的轴；直立轴直径约 6 mm，由表皮、皮层和位于中央的输导组织构成；皮层中可见菌根真菌；输导组织中央的细胞的细胞壁不具有典型的次生加厚，而是螺旋状的突起，突起外侧为海绵质，内侧是一层很薄的抗降解物质；直立轴二叉分枝，顶端生有孢子囊；孢子为三缝孢子，成团脱落；阿格劳蕨的配子体是 *Lyonophyton rhyniensis*，独立生活；配子体内也具有输导组织，具气孔和真菌菌根；其雄配子体与雌配子体异株，据推测是由不同的孢子发育而来。阿格劳蕨的孢子体与配子体独立生活，孢子体多次二叉分枝，多个分枝顶端着生有孢子囊，这种形态已经显著不同于苔藓植物(苔藓植物的孢子体寄生在配子体上，孢子体不分枝，每个孢子体顶端着生一个孢子囊)，而更接近于原始的维管植物，因此阿格劳蕨和维管植物被统称为多孢子囊植物(Polysporangiophytes)，以示它们与苔藓植物的显著区别，而阿格劳蕨是最原始的多孢子囊植物。另一方面，阿格劳蕨的水分输导组织从形态上更像一些苔藓植物的水输导细胞(hydroids)，不具有典型的细胞壁次生加厚，也不具有管胞，因而不属于维管植物，有人把它称作前维管植物(Protracheophytes)。阿格劳蕨的特征介于苔藓植物与维管植物之间，可能是这两大类群的演化中间状态，它标志着生活史类型转变为孢子体与配子体独立生活，可能是维管植物的祖先类型。遗憾的是，阿格劳蕨早已灭绝，对它的研究和理解只能依靠化石形态学。

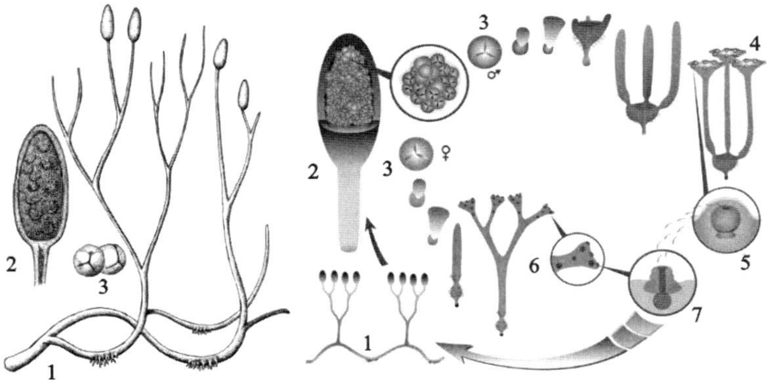

1. 孢子体；2. 孢子囊；3. 孢子；4. 雄配子体；5. 精子器；6. 雌配子体；7. 颈卵器。

图 13-4-1　已灭绝的阿格劳蕨复原图和推测的生活史(引自 Falconaumanni; Taylor et al.)

目前被认为属于早期维管植物的化石植物类群有：莱尼蕨(*Rhynia gwynne-vaughanii*)(图 13-4-2，1)，出现在泥盆纪早期，类似于根状茎的结构具有纤细的线状假根，地上部分约有 18 cm 高，轴二叉分枝，具脱落性的分枝，表皮有角质层和气孔，保卫细胞 2 个，肾形，不具叶。与莱尼蕨同时保存下来的还有其配子体 *Remyophyton delicatum*(图 13-4-2，2)，个体只有几厘米大，雄性与雌性生殖器官生于不同的轴的分枝上。出现在泥盆纪中期的 *Stockmansella remyi*(图 13-4-2，3)，具有类似于根状茎的结构，具侧生和顶生的轴。出现于泥盆纪早期的 *Uskiella spargens*(图 13-4-2，4)的孢子体轴具有多次二叉分枝，无叶，顶端着生有椭圆形的纵向二裂的孢子囊。此外，出现在志留纪中期到泥盆纪早期的多种库克逊蕨属(*Cooksonia*)(图 13-4-2，5)，轴相等地二叉分枝，轴上无叶，轴表面具角质层，有气孔和保卫细胞，轴顶端着生有喇叭状的孢子囊，顶端平，但关于它是否属于维管植物有很多争论，它可能不是一个自然类群。

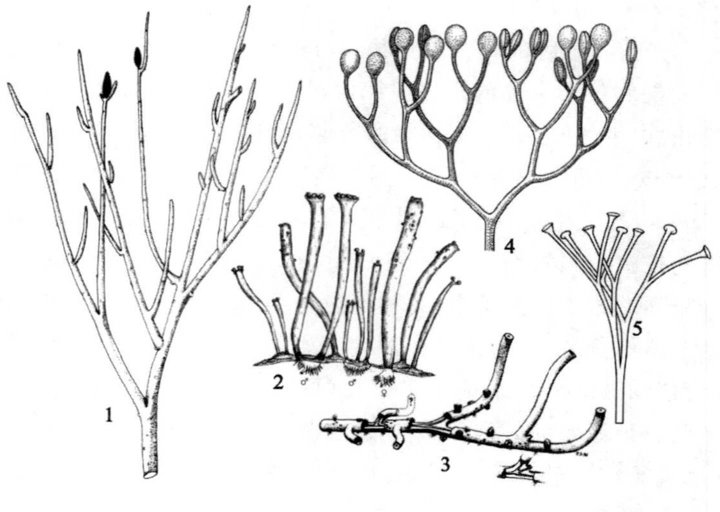

1. 莱尼蕨的孢子体；2. 莱尼蕨的配子体；3. *Stockmansella remyi* 的孢子体基部；
4. *Uskiella spargens* 的孢子体上部；5. 巴拉那库克逊蕨。

图 13-4-2　已灭绝的早期维管植物复原图

总之，形形色色的早期维管植物化石表明在不晚于泥盆纪，维管植物就已经开始多样化了。这些早期的维管植物不具叶，孢子囊顶生，与现生的维管植物差别较大，代表了原始的维管植物类型。现生维管植物均具叶，孢子囊侧生或具多种形态，最早的 2 个分支是石松类植物、蕨类植物。过去的分类系统把石松类和蕨类植物统称为蕨类植物，但分子系统发育分析表明石松类与蕨类构成并系，因此必须将二者分开。二者形态特征最主要的差别是石松类具小型叶，即叶中只有一个单一的维管束，孢子囊侧生；蕨类植物一般具有大型叶，即叶片中具有分枝的维管束，孢子囊则演化得复杂多样。

二、石松类植物的起源与演化

与石松类起源可能有关的化石植物是志留纪到泥盆纪在世界各地广泛分布的工蕨类（Zosterophylls），它的孢子体二叉状分枝，具维管束，无叶或具有刺状结构，具有侧生排列的多个孢子囊。落囊工蕨（*Zosterophyllum deciduum*）（图 13-4-3，1）出现在泥盆纪早期，具有横生的根状茎，其可育部分也呈二叉状分枝，孢子囊具短柄，脱落性。中国工蕨（*Zosterophyllum sinense*）（图 13-4-3，2）出现在泥盆纪早期，孢子体呈簇状，地下根系可能生活在水中，植株上部露出水面，轴二叉状分枝，轴末端螺旋状疏松排列的孢子囊构成孢子囊穗，孢子囊沿突起边缘开裂为不等的两瓣。亚轮生奇异蕨（*Adoketophyton subverticillatum*）（图 13-4-3，3～4）出现在泥盆纪早期，轴光滑，等二叉状分枝，分枝顶端形成孢子囊穗，由四条交互对生的孢子囊构成。长柄盘囊蕨（*Discalis longistipa*）（图 13-4-3，5）出现在泥盆纪早期，其轴上具刺状结构，但刺中不具维管束，孢子囊扁盘状，两瓣等裂。此外，星木（*Asteroxylon mackiei*）（图 13-4-3，6～7）出现在泥盆纪早期，其二叉分枝的茎具许多扁平的鳞片状结构，但内部无维管束，孢子囊侧生。这些孢子囊侧生的工蕨类，以及茎上的无维管束的鳞片状结构，被认为可能与石松类及小型叶的起源有关。

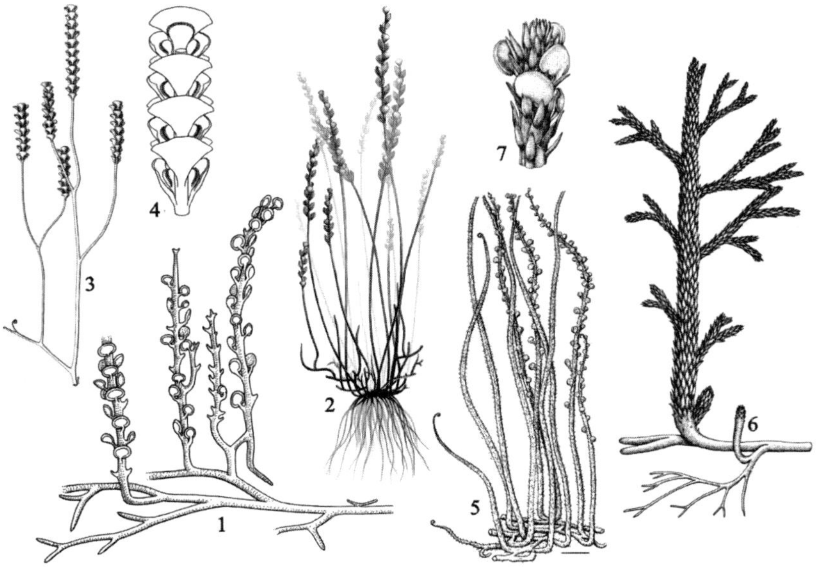

1. 落囊工蕨的孢子体；2. 中国工蕨的孢子体；3. 亚轮生奇异蕨孢子体上部；4. 亚轮生奇异蕨孢子囊穗；5. 长柄盘囊蕨的孢子体；6. 星木孢子体，7. 星木孢子囊。

图 13-4-3 已灭绝的工蕨类和星木复原图

远古时期的石松类植物可形成高大的乔木。鳞木属（*Lepidodendron*）（图 13-4-4）的大量物种在石炭纪至二叠纪遍及全球，盛极一时。它们的孢子体具有庞大的根座式的根系统，可能是由根状茎演化而来；地上部分可生长至数十米高，具次生生长，因此树干直径最大可达 1 m，但其茎中的维管形成层是单面生长的，只形成很少的次生木质部，树干大部分由皮层分生组织形成，主要依靠外层树皮起到机械支撑作用；其树干为小型叶所覆盖，小型叶生于叶座上，叶座有菱形、长纺锤形等不同形态，螺旋状排列，叶痕菱形或斜方形，中间有维管束痕，两侧有通气道痕，紧靠叶痕顶端有很小的叶舌痕；其分枝顶端具卵球形的孢子叶球，具多数大孢子囊和小孢子囊。鳞木属植物的树干化石上鱼鳞状的叶座极具辨识度。

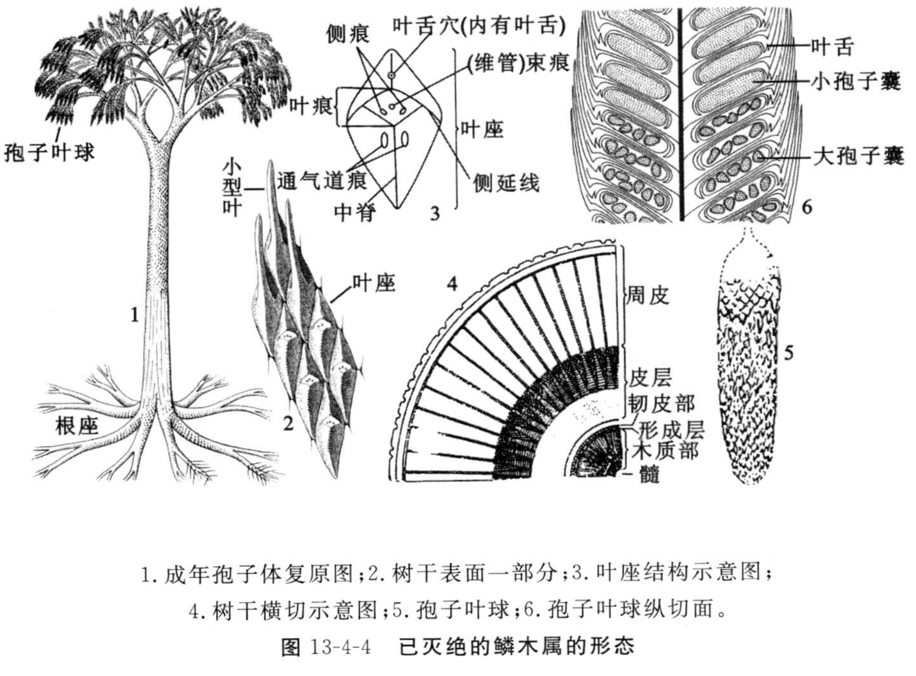

1. 成年孢子体复原图；2. 树干表面一部分；3. 叶座结构示意图；4. 树干横切示意图；5. 孢子叶球；6. 孢子叶球纵切面。

图 13-4-4 已灭绝的鳞木属的形态

除鳞木属外，还有多种乔木状的石松类植物(图 13-4-5)曾经生存在地球上，和其他许多高大的蕨类植物共同组成了茂密的石炭纪森林。它们生长在温暖湿润的海滨低地或沼泽中，以发达平展的根座固着，茎表面通气组织发育，温带地区的乔木种类个体较小。它们的残骸层层累积，经历漫长的地质作用形成了深厚的煤炭层，为今天的人类提供了丰富的化石能源。

1. 鳞木属的幼年植株；2. 鳞木属的成年植株；3. *Lepidophloios*；
4. *Synchysidendron*；5. *Diaphorodendron*；6. 封印木属(*Sigillaria*)。

图 13-4-5　已灭绝的乔木状石松类植物复原图(Falconaumanni)

二叠纪及以后，由于地球干旱加剧，高大的石松类植物开始衰败；中生代早期全球气候普遍干旱，石松类的植物体向简化方向发展。由于草本类型生活周期短，可能更好地适应变化的环境，存留至今的石松类植物均为草本类型，乔木类型全部灭绝。现生石松类植物仅剩石松科、卷柏科和水韭科，物种数量也较少，大多数喜欢生长在湿润的环境或沼泽中。尽管如此，现生石松类植物的个别类群发展出了较强的对干旱的适应能力，如卷柏(*S. tamariscina*)，在干旱时植物体拳卷，进入休眠状态，水分充足时又能复苏，继续生长。

三、蕨类植物的起源与演化

蕨类植物的生活史与石松类一致，但具有大型叶。大型叶可能从多分枝的侧枝系统演化而来，涉及分枝系统的扁平化，多数分枝的蹼化联合，进而形成扁平的具有分枝叶脉的大型叶(图 13-4-6)。具有大型叶的植物被称为真叶植物(Euphyllophytes)，包含蕨类植物和种子植物，繁盛至今。

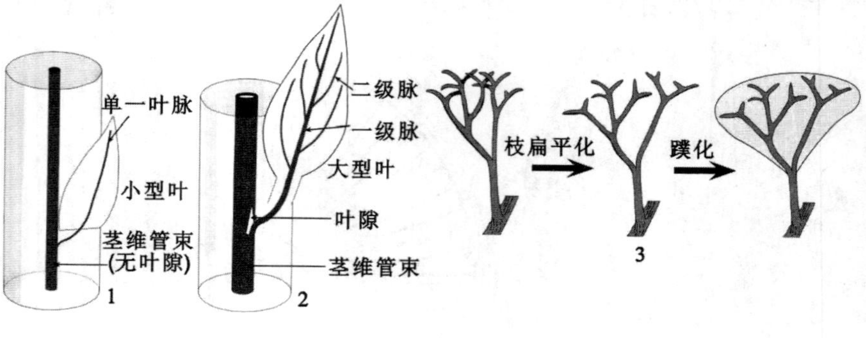

1. 小型叶；2. 大型叶；3. 大型叶演化假想过程。

图 13-4-6　小型叶与大型叶的结构示意图及大型叶演化假想图(引自 Simpson)

与大型叶植物起源可能有关的化石植物是一类具有多分枝结构或多少扁平化、蹼化的类群。道森裸蕨(*Psilophyton dawsonii*)(图 13-4-7,1～2)出现在泥盆纪早期,轴下部多次二叉分枝,上部无叶,但轴的顶端具侧生的三维排列的二叉分枝的束状结构,尚未扁平化或蹼化,可能行使光合作用;其可育部分也是多次二叉分枝的结构,末次分枝的顶端具下弯的卵球形孢子囊,孢子囊纵裂释放孢子。云南艾斯提诺蕨(*Estinnophyton yunnanense*)(图 13-4-7,3～4)出现在泥盆纪早期,其茎上具近乎轮生的单叶,叶扁平化但没有蹼化,在中部 1～2 次二叉状分裂,因此具 2 或 4 个直的、逐渐变细的裂片,其可育叶形态与不育叶类似,在近轴面上生有具内弯的柄的孢子囊;其近轮生的叶和内弯的孢子囊,或许与木贼类植物起源有关。贝氏隐囊蕨(*Celatheca beckii*)(图 13-4-7,5～9)出现在泥盆纪早期,其不育侧枝 2～3 次分枝,最终具有二叉分枝的单元,这些二叉分枝的单元近似于羽状排列;其可育部分为生于主轴和侧枝上的可育单元,每个可育单元外形为卵球形,由 4 个叶状结构包裹着 4 个孢子囊组成;其独特的不育分枝系统和可育单元,或许与种子蕨的起源有关。*Polythecophyton demissum*(图 13-4-7,10)出现在泥盆纪早期,仅知可育部分,其轴二叉分枝,螺旋状三维排列,其可育枝顶端具有下垂的伞形的可育结构,每个可育结构可能初次二叉分枝,再具互生的短轴,短轴再分成小枝,小枝顶端具 2～4 个簇生的孢子囊,孢子囊细纺锤形;其可育结构的独特形态,可能与前裸子植物有关。纤细始叶蕨(*Eophyllophyton bellum*)(图 13-4-7,11～12)出现在泥盆纪早期,同时具有片状的叶和分枝状的结构,其叶通常在轴的侧面和顶端呈 2 片对生,形状多变,为三维分枝结构、稍呈叶状或蹼化成扁平的分裂的叶片,叶内部具分枝的叶脉,叶的每个裂片具一条叶脉;可育叶与不育叶同形,近轴面具成簇的近球形孢子囊。由此可见,在泥盆纪早期,具大型叶的植物就已经多样化了。

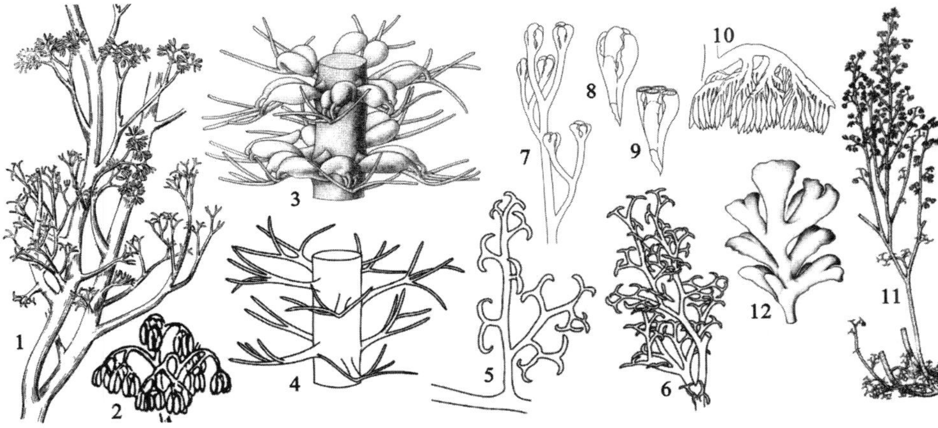

1. 道森裸蕨孢子体一部分;2. 道森裸蕨可育部分放大;3. 云南艾斯提诺蕨可育部分;4. 云南艾斯提诺蕨不育部分;5～9. 贝氏隐囊蕨,(5～6. 不育部分;7. 可育枝;8. 可育单元;9. 可育单元横切面,示 4 个叶状结构包裹着 4 个孢子囊);10. *Polythecophyton demissum* 的可育部分;11. 纤细始叶蕨孢子体,12. 纤细始叶蕨分裂的叶。

图 13-4-7 已灭绝的可能与大型叶起源有关的化石植物复原图(引自 Hao & Xue)

蕨类植物的一大分支为木贼类植物(Equisetophytes)。已灭绝的芦木属(*Calamites*)(图 13-4-8)为高数十米的乔木状植物,具发达的地下根状茎,可无性繁殖;地上部分茎中空,髓腔大,维管形成层单面生长,只形成次生木质部;茎具明显的节和节间,节间表面具纵肋、纵沟;节部具轮生叶和侧枝;叶为单叶,具中脉,披针形或线形,轮生于茎、侧枝的节部。芦木属植物在石炭纪至二叠纪兴盛,和鳞木属植物构成森林,也是主要的成煤植物。现生木贼类植物只有木贼属,全部为草本,与芦木属亲缘关系密切。

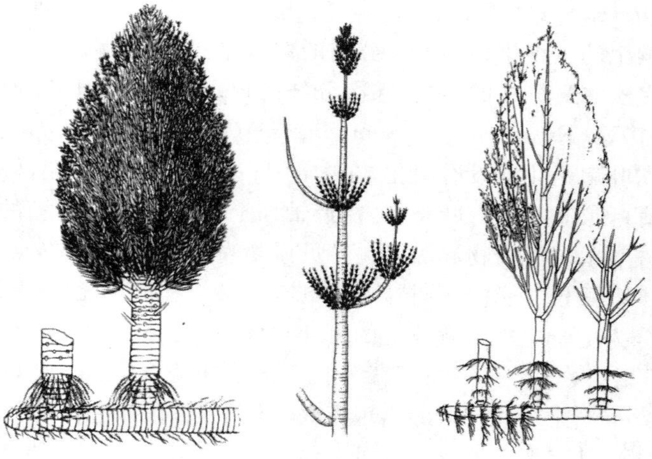

图 13-4-8　已灭绝的芦木属植物复原图(引自 Taylor & Taylor)

蕨类植物的另一大分支称为真蕨类，出现于泥盆纪中期，并繁衍至今，包括大量已灭绝的和现生类群，以大型的羽状复叶和着生于叶背面的孢子囊为主要特征，也包含一些其他形态的营养器官和生殖器官。现生的真蕨类植物有1万余种。由于真蕨类的维管系统还比较简单，对干旱的适应性有限，因此在温暖湿润的热带、亚热带地区种类丰富，干、冷的温带地区种类较少。真蕨类植物的茎一般不具次生组织，因此大多数为草本，茎通常为不发达的根状茎。一些现生真蕨类，如桫椤科(Cyatheaceae)植物，可以生长为高大的乔木状，但其茎中不具有发达的木质部。桫椤科植物茎干上发出大量气生根，形成厚厚的根被，从潮湿的空气中摄取水分，供茎顶端的叶生长，因此只能生存在湿润的热带、亚热带地区。已灭绝的辉木属(*Psaronius*)植物出现在石炭纪至二叠纪，可长到10 m高，其茎干中央横切面可见多个条带状或弧形的维管束排列成环状，茎干外部为很宽的皮层，具大量的气生根(图 13-4-9)。辉木属与现生的合囊蕨科(Marattiaceae)植物亲缘关系密切，并不与桫椤科近缘。它们这种乔木状的特征可能是各自独立演化出来的。

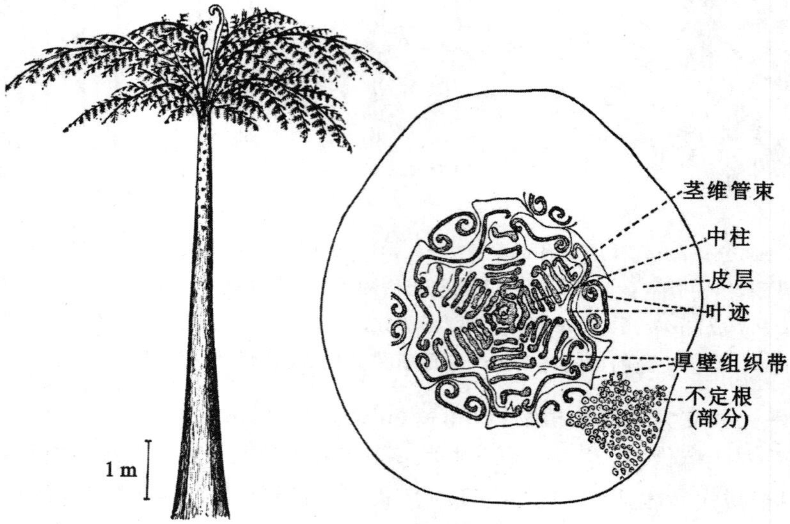

1. 植株；2. 茎的横切面。

图 13-4-9　已灭绝的六角辉木复原图(引自《中国植物化石》)

综上所述，可以这样梳理石松类和蕨类植物的演化脉络：维管植物的祖先首先从苔藓植物那样的配子体占优势演化为孢子体占优势，并出现了孢子体轴分枝、具多个顶生孢子囊的植物（如阿格劳蕨）；逐渐演化出了维管系统（如莱尼蕨）；可能为了增加光合作用的面积，维管植物演化出了小型叶，孢子囊也由单个顶生演化为多个侧生甚至形成孢子囊穗或孢子叶球，增加了繁殖的机会（石松类植物）；可能通过侧生分枝的扁平化和蹼化，演化出了大型叶，进一步增大了光合作用面积；孢子囊的形态构造也进一步复杂化、多样化，演化出丰富的蕨类植物，繁衍至今。

第五节 裸子植物的起源与演化

一、木质植物的起源

裸子植物与被子植物合称种子植物（seed plants），以种子而不是孢子作为有性繁殖体，是它们与石松类植物和蕨类植物的主要区别。在种子植物起源之前，地球上还曾经生活着一类介于蕨类植物和种子植物之间的植物，称为前裸子植物（Progymnosperms）。前裸子植物以孢子繁殖，因此不属于种子植物；但前裸子植物茎中具有维管形成层，具有次生木质部和次生韧皮部，能够形成发达的木材，与种子植物一致，而显著不同于蕨类植物。前裸子植物与种子植物合称为木质植物（Lignophytes），强调了它们因具有发达的次生木质部而能够形成木材的特点。木质植物的维管形成层是双面生长的，即向内形成次生木质部，向外形成次生韧皮部；这与鳞木属、芦木属等植物只能单面生长形成少量次生木质部的维管形成层显著不同。木质植物的另一个特点是具有木栓形成层而能够形成木栓层。此外，木质植物通常表现出单轴生长模式，即茎轴顶端持续生长，形成明显的主干，侧生的芽发育成侧枝。

前裸子植物最早出现于泥盆纪中期，至二叠纪晚期全部灭绝，包含多个类群。纤细古羊齿（*Archaeopteris macilenta*）（图 13-5-1 左）出现在泥盆纪晚期，为高大的乔木，可能高达 30 m，树干直径达 1 m；具侧芽，具多分枝的侧枝，具发达的次生木质部；叶为类似于真蕨类的多次羽状分裂的叶，末级小羽片先端分裂为纤细的裂片；不育叶与可育叶着生在分枝的不同位置；可育叶背面生有孢子囊。乌海拟齿叶（*Paratingia wuhaia*）（本章彩图 3，图 13-5-1 右）出现在二叠纪早期，为小乔木，茎中有次生木质部，叶具多数较大的羽片和较小的羽片，孢子囊穗棒状，具多数孢子囊，大孢子囊内具 1 个大孢子，小孢子囊内具多数小孢子。乌海拟齿叶属于瓢叶目（Noeggerathiales），其演化地位长期存疑，争论很多，中国科学家发现的乌海拟齿叶化石保存完好，清楚地表明瓢叶目属于前裸子植物。

前裸子植物仍依靠孢子繁殖，可能起源于某种蕨类，但前裸子植物演化出了双面生长的维管形成层，因而具有发达的次生木质部和次生韧皮部，这对其持续生长和适应陆地环境具有重要意义，是植物演化历程中出现的又一创新性状。木质植物能够形成真正的木本植物，并可能进一步演化出了种子植物。

二、胚珠的起源

胚珠的出现无疑是植物演化历程中出现的重要创新性状，它标志着生活史类型的重大转变：配子体寄生在孢子体上，孢子体占据绝对优势。胚珠和种子不但能够更好地保护生殖细胞，还为下一代的初始生长提供一定的养分，对植物适应环境意义重大。

由胚珠发育到种子是植物 3 个不同的世代结合在一起的产物，即产生种子的母体的孢子体世代（珠被和种皮）、来源于母体的配子体世代雌配子体、受精卵发育成胚而形成的新的孢子体世代（图 13-5-2）。

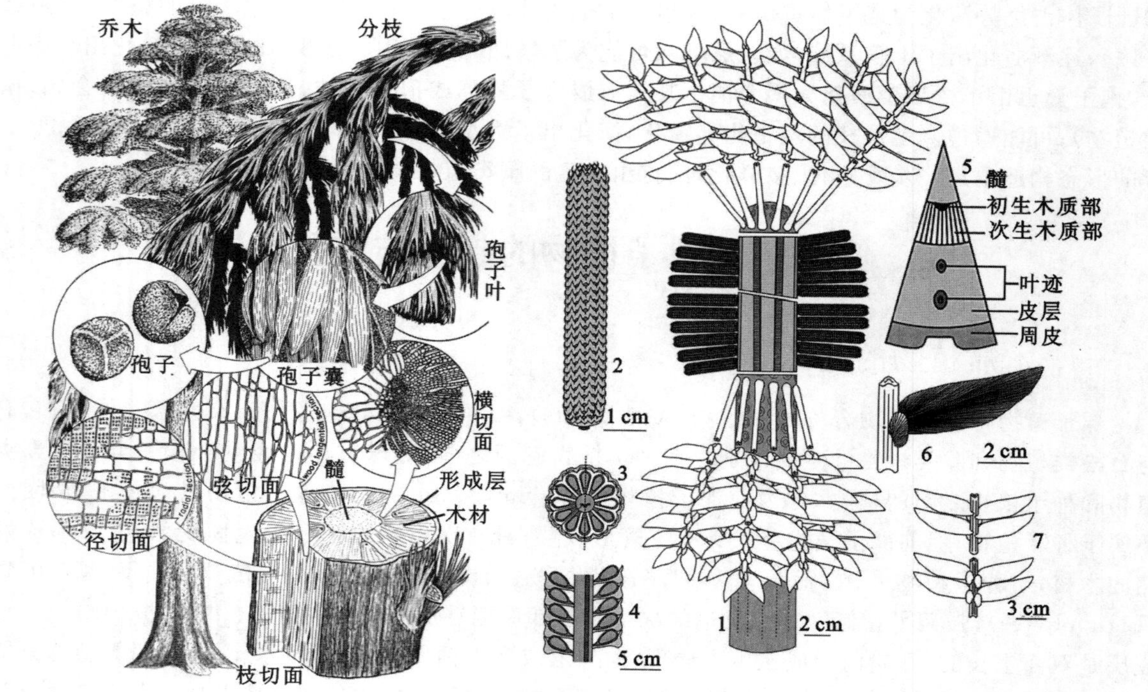

左：纤细古羊齿；右：乌海拟齿叶。

1. 植株，茎上着生孢子叶穗的可育区的上下都有不育叶；2. 孢子囊穗；3. 孢子囊穗横切面；4. 孢子囊穗纵切面；5. 茎横切面的一部分；6. 一对大羽片和小羽片，示辐射脉；7. 叶的一部分。

图 13-5-1　已灭绝的前裸子植物复原图(引自 Retallack; Wang et al.)

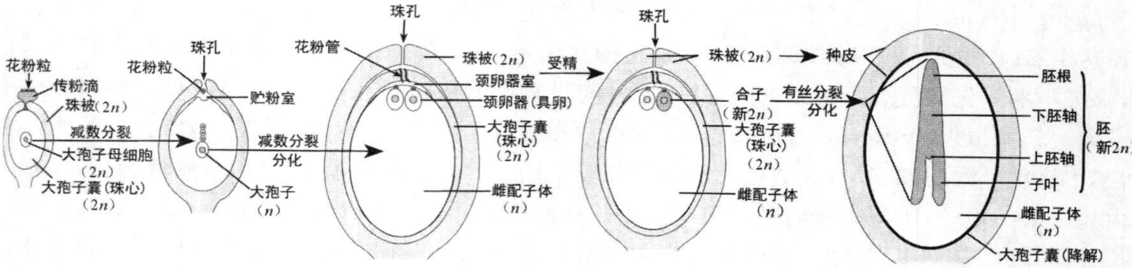

图 13-5-2　裸子植物胚珠发育、受精、种子形成的过程(引自 Simpson)

种子植物雌配子体的发育完全在胚珠中发生，这意味着种子植物生长方式的一系列重大转变，可能通过如下过程产生胚珠(图 13-5-3)。

(1)同型孢子演化为异型孢子：孢子囊发育时分化为小孢子囊和大孢子囊，分别产生小孢子和大孢子，小孢子发育成具有精子器的雄配子体，大孢子发育成具有颈卵器的雌配子体。这种过程在已灭绝的古羊齿属、现生的卷柏属、水韭属等类群中独立演化出现过多次。

(2)雌配子体在大孢子壁内发育：苔藓、石松和蕨类植物的孢子萌发后，在孢子壁外形成配子体，而种子植物的雌配子体可能需要在孢子壁内发育形成雌配子体，这类似于种子植物花粉粒的形成。

(3)大孢子囊中大孢子数量从多数减少为 1 个：这可能需要大孢子母细胞由多数减少为 1 个、大孢子母细胞减数分裂时形成 3 个退化的大孢子和 1 个可育的大孢子，这样 1 个大孢子可以更大、获得更多的养分支撑。

(4)大孢子保留在大孢子囊内：大孢子囊不再开裂释放出大孢子。

(5)形成珠被与珠孔：珠被从大孢子囊基部开始生长，并包裹住大孢子囊形成保护，仅在末端留有珠孔，以便花粉进入完成受精；化石证据表明珠被可能起源于多个围绕着大孢子囊的顶枝，这些顶枝的顶端形成壶状房，是容纳花粉的贮粉室；现生种子植物中，壶状房被珠孔替代，顶枝也融合成连续的珠被；珠孔会分泌传粉滴；单层珠被是种子植物的祖先状态，而被子植物则演化出了第二层珠被（外珠被）。

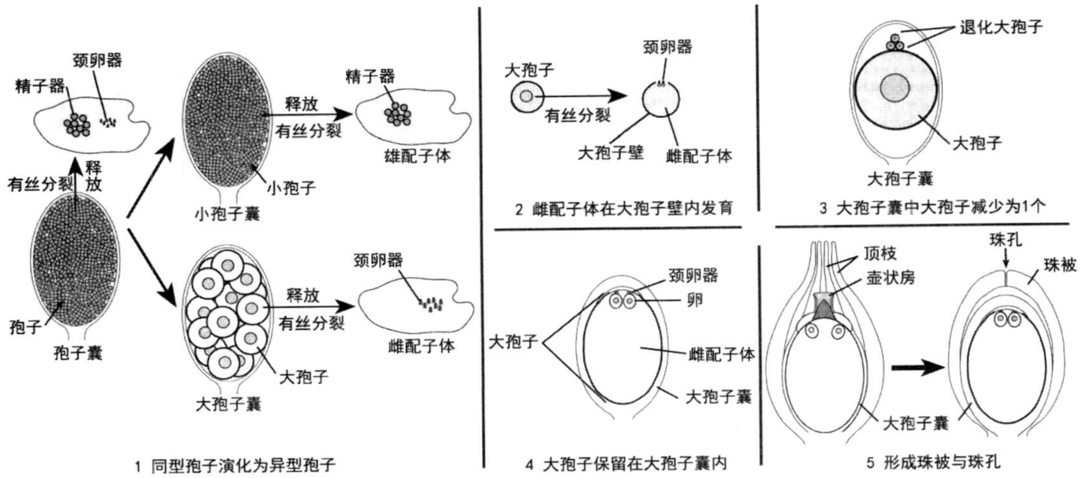

图 13-5-3 胚珠演化的假想图（引自 Simpson）

从一系列胚珠的化石中可以看到其起源和演化过程。出现在泥盆纪中期的海氏卢凯籽（*Runcaria heinzelinii*）的繁殖结构着生于轴的顶端，其基部由 4 个裂片组成 1 个杯状的托斗（cupule），其内着生 1 个大孢子囊，大孢子囊被至少 16 条离生的丝状珠被围绕，大孢子囊基部卵球形，顶端延伸呈柱状，柱的顶端膨大，细胞壁较薄。海氏卢凯籽这种特殊的大孢子囊构造，尤其是具有丝状的珠被，被认为可能是胚珠的祖先，但其珠被没有完全包裹大孢子囊，也没有形成类似贮粉室的结构，还不能算是真正的胚珠（图 13-5-4，1）。出现在泥盆纪晚期的阿诺德古籽（*Archaeosperma arnoldii*）的托斗成对生长，每个托斗的中上部分裂成纤细的裂片，每个托斗着生 2 枚胚珠，胚珠具合生至近顶端的珠被，珠被内有 1 个大型的大孢子，其顶端有 3 个微小的退化大孢子（图 13-5-4，2～3）。一系列化石记录显示了胚珠演化中珠被由分裂、不同程度合生、合生并形成珠孔的过程（图 13-5-4，4～7）。

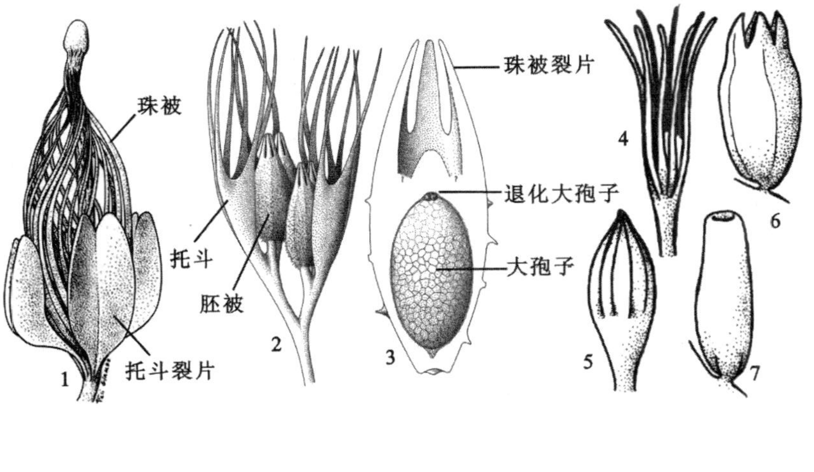

1. 海氏卢凯籽；2～3. 阿诺德古籽；4. *Genomosperma kidstoni*；
5. *Genomosperma latens*；6. *Eurystoma angulare*；7. *Stamnostoma hyttonense*。

图 13-5-4 已灭绝的胚珠复原图（引自 Taylor et al.）

在胚珠演化形成的同时，还伴随着花粉粒的形成，即雄配子体在小孢子壁内发育形成。小孢子囊(花粉囊)内具多数小孢子(花粉粒)，成熟后释放。原始种子植物花粉的传播可能是通过风力到达胚珠顶端的贮粉室，进而花粉萌发完成受精。

三、裸子植物的起源与演化

早期的种子植物胚珠裸露，不形成果实，没有花，被称为裸子植物。最早出现的裸子植物的叶子像蕨类的叶子，故被称为种子蕨类(Pteridosperms，seed ferns)。从系统发育的角度看，种子蕨类很可能是多系群，它代表了已灭绝的原始裸子植物阶段。种子蕨类植物最早出现在泥盆纪晚期，在石炭纪和二叠纪种类十分丰富，形成森林；中生代开始衰败，到白垩纪完全灭绝。

出现在泥盆纪晚期的多形艾尔肯斯(*Elkinsia polymorpha*)可能是最早出现的裸子植物。其较粗的茎中具有次生木质部，茎轴上螺旋状着生大型的多次二叉分枝的蕨形叶，茎轴顶端着生有三维分枝的繁殖结构；每个托斗顶部4裂，每个裂片上着生有1个胚珠，珠被由4～5个基部合生的裂片组成，大孢子囊(珠心)的顶端由冠状的壶状房围绕形成贮粉室(图13-5-5)。多形艾尔肯斯的胚珠已经形成贮粉室，但珠被还没有完全愈合形成珠孔。

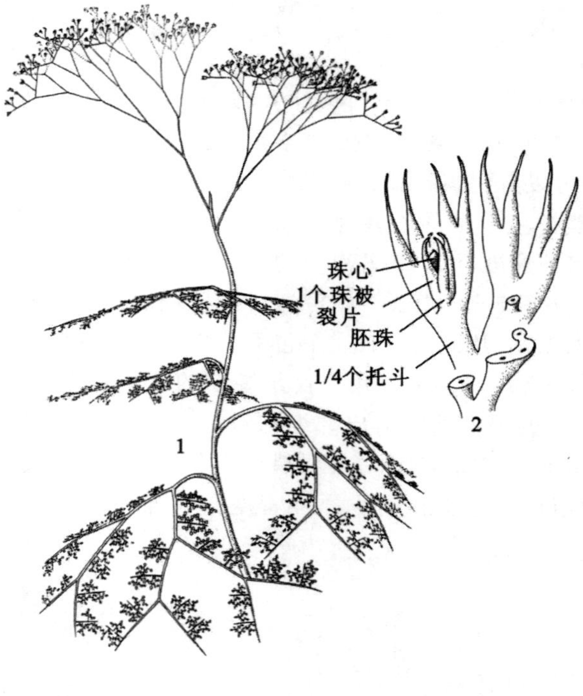

1.植株上部；2.部分托斗和胚珠。

图13-5-5　已灭绝的多形艾尔肯斯复原图(引自Rothwell)

髓木类(Medullosan)(图13-5-6)是一种典型的种子蕨，在石炭纪晚期的热带森林中非常普遍，至早二叠纪消亡。由于髓木类植物的不同器官通常分散形成化石，因而被置于不同的化石形态属；髓木类为乔木，茎化石为髓木属(*Medullosa*)，茎中的中柱通常分裂为几个部分；叶为大型羽状叶，为脉羊齿属(*Neuropteris*)和座延羊齿属(*Alethopteris*)，具多数羽片，叶脉为单脉、二叉脉或简单的网状脉，叶的角质层通常很厚，一些叶的边缘具排水器；雄性生殖器官为杯囊属(*Whittleseya*)和*Dolerotheca*，多数长形小孢子囊束纵向聚合形成聚合囊，花粉远极具2缝，近极具单缝；种子着生在叶的末级羽轴中间或顶端，为小厚壳籽属(*Pachytesta*)和三棱籽属(*Trigonocarpus*)，无托斗，珠心和珠被在基部相连，其余分离，有双重维管束，珠心的顶端没有壶状房，依靠珠孔俘获花粉，种子外形呈椭球形，常具3条纵肋，最大的可长达11 cm，小的长约1 cm。髓木类的形态结构与现生的苏铁目接近，有观点认为苏铁目可能起源于髓木类植物。

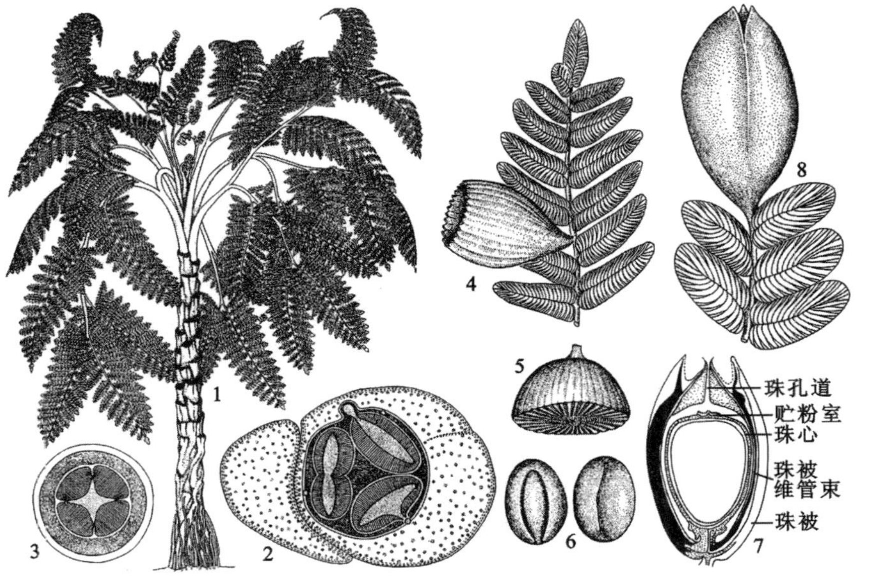

1. 植株；2. 茎横切面；3. 根横切面；4. 具小孢子囊聚合囊的羽片；

5. 小孢子囊聚合囊；6. 花粉；7. 种子纵切面；8. 具种子的羽片。

图 13-5-6 已灭绝的髓木类植物复原图(引自 Stewart & Delevoryas)

分布于冈瓦纳大陆的舌羊齿类(Glossopterids)(图 13-5-7)出现在二叠纪，有丰富的物种，其独特的叶和繁殖器官结构在地层中很有辨识度，以至于成为大陆漂移假说的证据之一；舌羊齿类为乔木，可能是落叶性的；叶全缘，具明显的中脉和网状的侧脉；小孢子囊组成囊簇，通常生于叶中脉上或近叶柄处，花粉具双气囊；雌性生殖器官通常是多个胚珠着生在叶状或分枝结构上，生于叶上或叶腋，有时胚珠基部的结构被解释为托斗；种子具贮粉室。舌羊齿类的生殖器官形态非常多样，对它的解释与演化关系还存在许多争论。

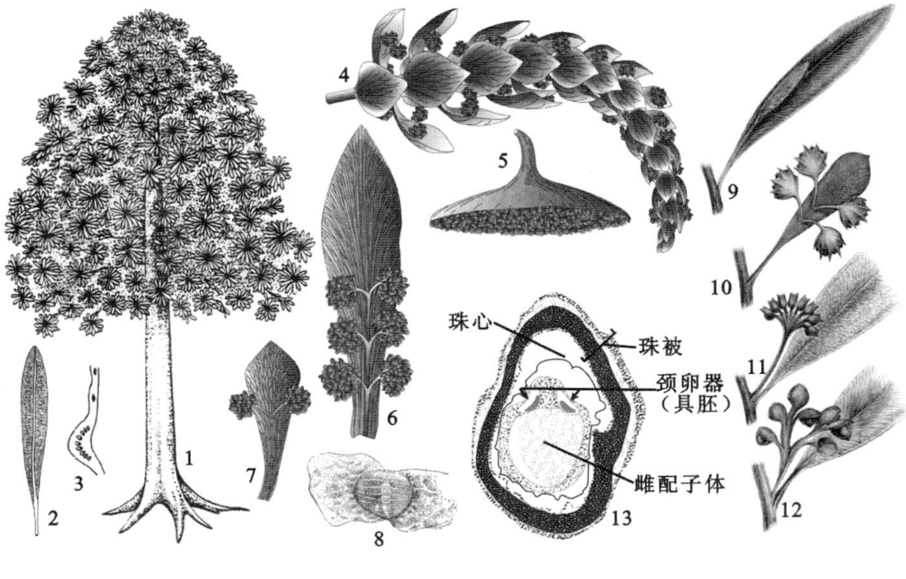

1. 植株；2. 叶；3. 叶横切面；4～7. 各种类型的雄性生殖结构；8. 花粉；

9～12. 各种类型的雌性生殖结构；13. 种子纵切面。

图 13-5-7 已灭绝的舌羊齿类植物复原图(引自 Mcloughlin & Prevec)

开通目(Caytoniales)出现在侏罗纪至白垩纪(图 13-5-8)，为木本；掌状复叶，具网状脉；雄性生殖器官为扁平的轴，具羽状分枝，分枝上着生数个花粉囊，花粉具双气囊；雌性生殖器官为着生于轴两侧的具柄的托斗，托斗内具多数胚珠，托斗近柄处有开口，花粉通过开口进入托斗；珠被基部与珠心连接。有观点认为开通目可能起源于舌羊齿类。开通目植物化石最初发现时被认为是被子植物，但后续详细的研究表明它的托斗没有闭合，花粉进入托斗内受精，因此仍是裸子植物，而不是具有多个胚珠的果实。开通目的托斗弯曲几近闭合，胚珠着生在托斗的远轴端，这种特征常被用来讨论被子植物胚珠或心皮的起源问题。

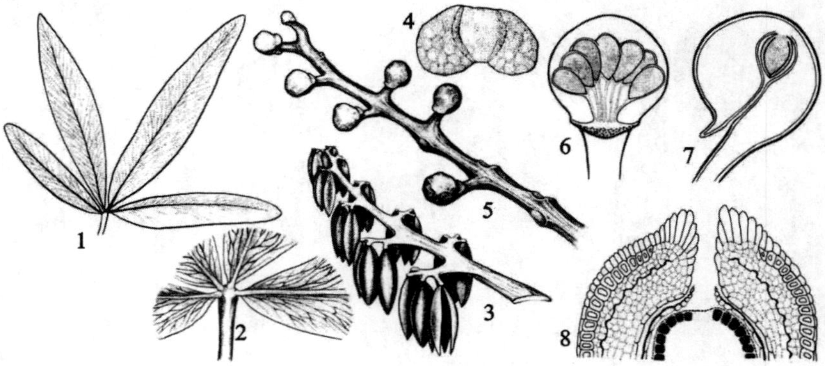

1. 叶；2. 叶基部，示叶脉；3. 雄性生殖器官；4. 花粉；5. 雌性生殖器官；
6. 托斗和胚珠(去除部分托斗)；7. 托斗过种子纵切面；8. 种子一部分纵切面。

图 13-5-8　已灭绝的开通目植物复原图(引自 Crane)

苏铁目的起源最早可以追溯到石炭纪晚期，化石记录表明，苏铁目植物的形态变化相对较小，并成功存活至今，现生苏铁目植物有 2 科 11 属约 300 种，是现生裸子植物中仅次于松柏类的一大分支，广泛分布在热带、亚热带地区。

本内苏铁目(Bennettitales)出现在侏罗纪至白垩纪，它们的整体形态与苏铁目接近，甚至它们的叶器官在宏观上难以区分，但苏铁目叶表皮气孔只有一对保卫细胞，而本内苏铁目的气孔还有一对副卫细胞。本内苏铁目最重要的特点是它的生殖结构像一朵花，两性或者单性，常被用于讨论被子植物花的起源问题。拟苏铁属(*Cycadeoidea*)(图 13-5-9，1～5)的两性生殖结构生于树干上，外部是一些叶状结构，向内是多个羽状的小孢子叶，小孢子叶可能是不展开的，推测其为自交；最中央隆起的托上着生有具柄的胚珠，胚珠之间被鳞片隔开，鳞片有可能与胚珠同源，胚珠的珠被向末端延伸形成珠被管。威廉姆逊苏铁属(*Williamsonia*)(图 13-5-9，6～8)则具有单性的生殖结构，基本结构与拟苏铁属相似，但其雄性生殖结构是开放的，可能是为了完成异交。冠状小威廉姆逊苏铁(*Williamsoniella coronata*)(图 13-5-9，9～11)被推测为灌木或小乔木，较为低矮，具有单叶，中脉明显，侧脉基部二叉分枝，生殖结构两性，生于叶腋。从 *Vardekloeftia* 属(图 13-5-9，12～13)胚珠的纵切面可以看到其外具有托斗，也有人把托斗理解为它的第二层珠被。

科达目(Cordaitales)出现在石炭纪到二叠纪(图 13-5-10)，乔木或攀缘性灌木，单叶，螺旋状排列，带状或舌状，具直而平行的纵脉；茎具次生木质部，中央具髓腔；大孢子叶球和小孢子叶球分别在轴上排列成穗状，轴上有苞片，孢子叶球上有鳞片；胚珠扁平，有贮粉室，具侧翼；花粉具气囊；种子扁平。科达目植物的形态特征与松柏类植物相似，因而普遍认为现生松柏类起源于科达目。

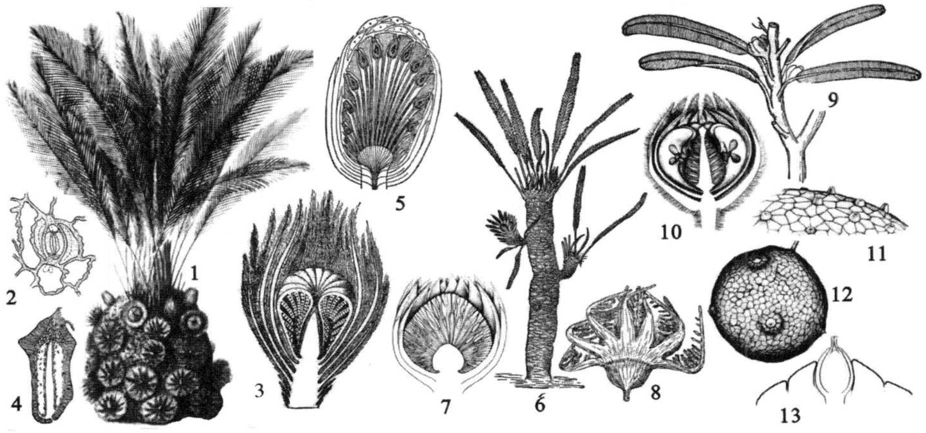

1～5. 拟苏铁属(1. 整株；2. 叶表皮气孔器；3. 两性生殖结构纵切；4. 小孢子叶部分纵切面；
5. 雌性部分纵切面)；6～8. 威廉姆逊苏铁属(6. 整株；7. 雌性生殖结构纵切面；8. 雄性生殖结构)；
9～11. 冠状小威廉姆逊苏铁(9. 具生殖结构的枝叶；10. 两性生殖结构纵切面；11. 雌性部分表面)；
12～13. *Vardekloeftia* 属(12. 雌性部分外观；13. 胚珠纵切面)。

图 13-5-9　已灭绝的本内苏铁目植物复原图(引自 Crane)

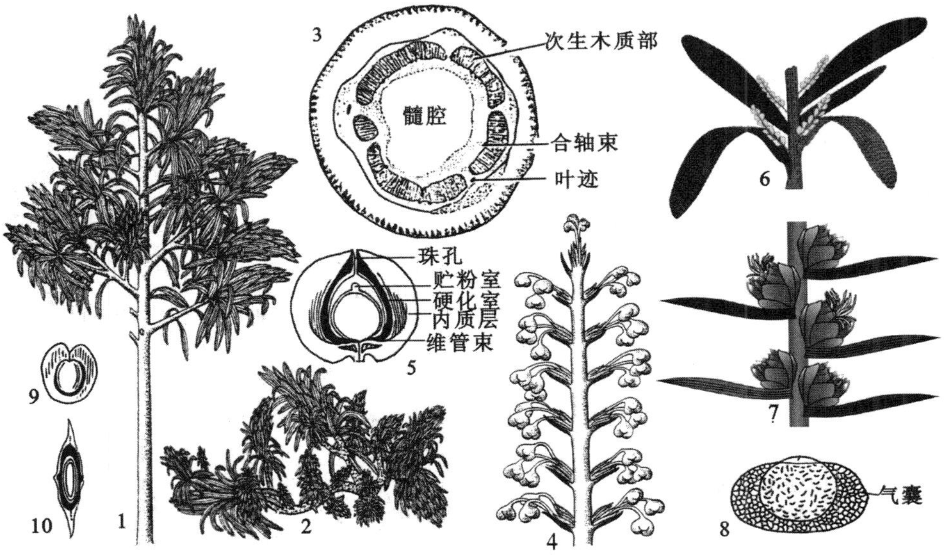

1. 乔木；2. 灌木；3. 茎横切面；4. 大孢子叶球穗；5. 胚珠纵切面；6. 枝叶和小孢子叶球穗；
7. 小孢子叶球穗的一部分；8. 花粉；9. 种子；10. 种子横切面。

图 13-5-10　已灭绝的科达目植物复原图(引自 Cleal & Thomas；Wang et al.)

现生的银杏类(Ginkgophytes)植物仅有银杏一种。化石记录表明最早的银杏类植物可追溯到古生代二叠纪的毛状叶(*Trichopitys heteromorpha*)，中生代时演化出形态多样的银杏类植物，如卡肯果属(*Karkenia*)，赫勒义马果(*Yimaia hallei*)、义马银杏(*Ginkgo yimaensis*)、无柄银杏(*G. apodes*)和 *Nehvizdyella bipartita* 等(图 13-5-11)，它们曾广泛分布在欧洲、亚洲和北美洲，但新生代银杏类植物大部分灭绝了，仅银杏存活至今，成为中国特有的孑遗植物。

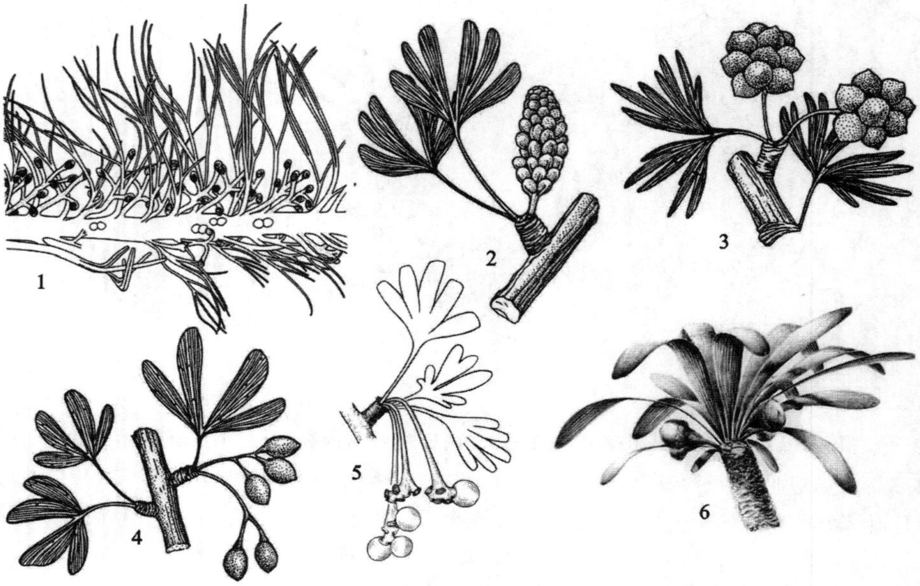

1. 毛状叶；2. 卡肯果属；3. 赫勒义马果；4. 义马银杏；5. 无柄银杏；6. *Nehvizdyella bipartita*。

图 13-5-11 已灭绝的银杏类植物复原图（引自 Taylor et al.；Zheng & Zhou；Kvaček et al.）

在石炭纪到白垩纪的漫长时光中，地球上还生活着多种多样的裸子植物，如种子蕨类的畸羊齿属（*Mariopteris*）、华丽木属（*Callistophyton*）可能是一种攀缘的藤本植物；大羽羊齿目（Gigantopteridales）在东亚地区种类丰富，被视为华夏植物群的特征成员之一，该目具有大型单叶或复叶，主脉明显，次脉多级，末级叶脉羽状或网状，显得与其他裸子植物十分不同，但由于很少发现其生殖器官，还不清楚它与其他类群的关系。这些已灭绝的裸子植物，连同已灭绝的乔木状的石松类、木贼类、真蕨类、前裸子植物，曾经形成茂密的森林，与当今地球上的以种子植物为主导的森林面貌十分不同（本章彩图 2）。

二叠纪末，地球环境巨变，前裸子植物和许多原始的裸子植物灭绝；进入中生代，苏铁类、银杏类、松柏类等裸子植物形成森林；中生代晚期，裸子植物逐渐被被子植物取代；6 600 万年前，据推测是由于小行星撞击地球导致环境巨变，裸子植物进一步灭绝，地球进入新生代，成为被子植物的时代。繁衍至今的裸子植物种类大为减少，大约有 1 200 种，分为苏铁类、银杏类、松柏类和买麻藤类。

现生裸子植物之间，以及它们与被子植物之间的关系，长期存在争议。基于形态学特征分析的结果时常认为买麻藤类与被子植物是姊妹群，基于不同的基因序列的系统发育分析常得到种种不同结果。目前基于核基因转录组数据的系统发育分析表明，苏铁类与银杏类是姊妹群，构成现生裸子植物的第一个分支，买麻藤类与松科是姊妹群，除松科外的松柏类构成另一个单系群（图 13-5-12）。这一结果充分表明现生裸子植物为单系，不但为裸子植物系统发育研究提供了新的更翔实的证据，也对理解被子植物的起源问题影响深远。

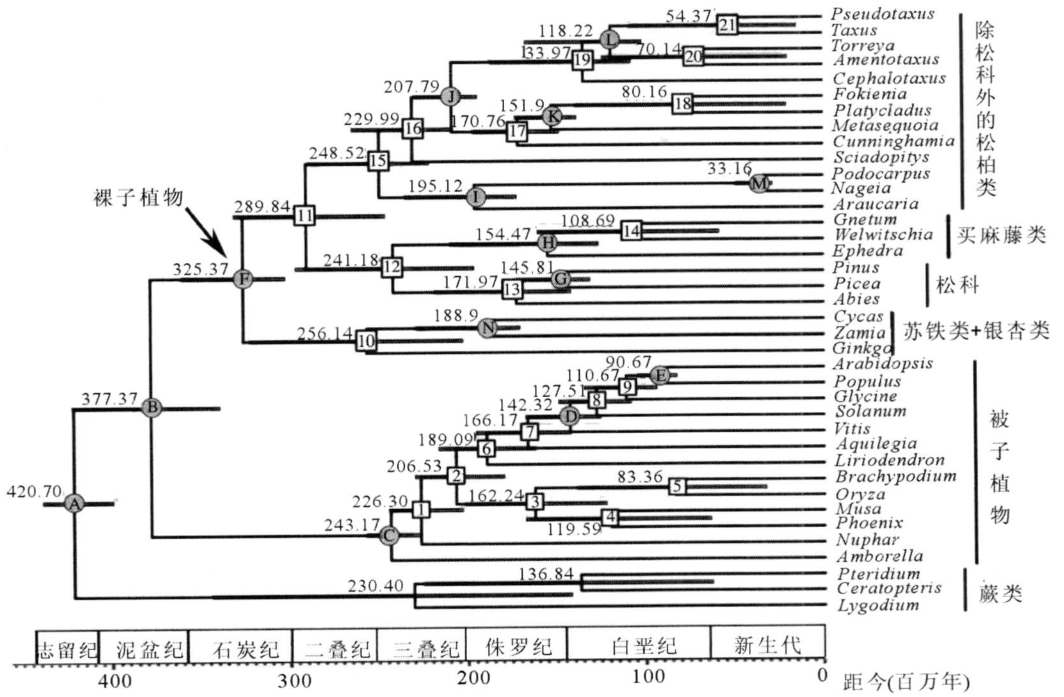

图 13-5-12 **现生裸子植物与被子植物的分子系统发育树(引自** Ran et al.)

注:节点上的数字表示依据分子钟估计的距今时间,误差线表示标准误,横坐标表示距今时间和主要地质年代。

第六节 被子植物的起源与演化

被子植物是目前地球上种类最多、形态特征最多样、功能最复杂的一个类群。被子植物的心皮、花、双受精是其演化出的一系列重要创新性状。

(1)被子植物的胚珠至少在受精时完全被心皮包裹。心皮包裹胚珠可以为胚珠和种子的发育提供额外的保护,减少病原体、昆虫的危害和机械损伤,心皮发育成果实则使被子植物可以借助动物、风力、水流等多种方式传播种子。

(2)花的出现使被子植物的花粉不仅能依赖风力传播,还能靠多种动物的搬运实现更高效的传播;很多花演化出了各式各样的异花授粉机制,这有利于不同亲本基因的组合,增加了后代的遗传多样性,利于适应多样或多变的环境。

(3)被子植物雌配子体中卵与极核的双受精并形成三倍体胚乳是其另一个显著特点。在大多数裸子植物中,胚乳是由单倍体的雌配子体形成的,即使卵因为种种原因没有受精,裸子植物的单倍体胚乳也可能形成。而被子植物的三倍体胚乳在极核受精后才能形成,因此三倍体胚乳的发育可能为被子植物节约一些资源,即胚乳中营养物质的积累只有在受精后才能形成。大多数被子植物的花如果不受精便会脱落(无融合生殖的被子植物除外)。此外,三倍体的胚乳可能因为拥有亲本双方更多的遗传物质而发育得更快,并可能拥有产生更多种类的化学成分的潜在优势。

然而,关于被子植物的起源问题长期困扰着人们,它们仿佛是“突然”出现在白垩纪的地层中,并在新生代占据陆地植被的绝对优势,因此被子植物的起源与快速分化被达尔文称为“恼人之谜”(abominable mystery)。

一、被子植物的起源

人们希望通过比较被子植物与其他已灭绝或现生的种子植物来探索被子植物的起源,尤其是探讨被子植物心皮、花的起源问题。长期以来存在种种假说。

(一)真花学说(euanthium theory)

真花学说认为被子植物的一朵花是一个特殊的两性孢子叶球，与已灭绝的本内苏铁目的两性生殖结构具有可比性。由于被子植物的花与本内苏铁目的两性孢子叶球差距太大，真花学说假想它们的共同祖先具有前两性孢子叶球(图 13-6-1)。具有前两性孢子叶球的假想祖先，沿着一条路线演化成本内苏铁目，即多数大孢子叶演化成本内苏铁目那样的雌性生殖结构，胚珠之间的鳞片是大孢子叶退化的结果；沿着另一条路线演化出买麻藤类和被子植物，即前两性孢子叶球中的小孢子叶演化成了雄蕊，大孢子叶没有形成闭合心皮的类群演化成了买麻藤类，形成闭合心皮的类群演化成了被子植物，即真花学说认为被子植物的一朵花与裸子植物的一个两性孢子叶球同源。这种学说认为两性花是一种原始性状，故认为被子植物的两性花比单性花原始，被子植物的原始类群是木兰科、毛茛科等具有两性花的植物。真花学说深刻影响了哈钦松系统、塔赫他间系统、克朗奎斯特系统等著名被子植物分类系统。

真花学说认为被子植物的两性花为原始类型的观点是合理的，但两性花是否与裸子植物中的两性孢子叶球同源尚不确定。真花学说提出已经一个多世纪了，人们也没有发现假想的前两性孢子叶球的化石证据。此外，分子系统发育分析排除了被子植物与买麻藤类是姊妹群的假说。

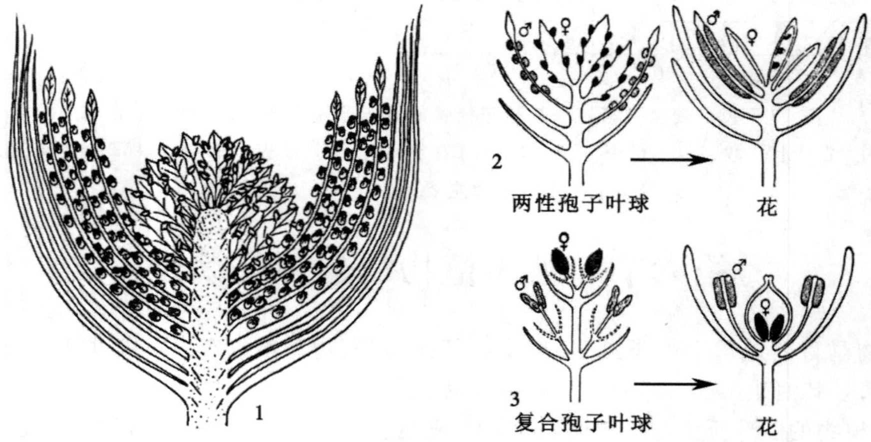

1. 真花学说假想的前两性孢子叶球；2. 真花学说；3. 假花学说。

图 13-6-1 真花学说与假花学说示意图(引自路安民、汤彦承)

(二)假花学说(pseudanthium theory)

假花学说认为被子植物的一朵花由裸子植物轴上的复合孢子叶球演化而来(图 13-6-1)，与松柏类、买麻藤类等的复合孢子叶球同源。轴上的大孢子叶球演化成花的雌蕊，轴上的小孢子叶球演化成花的雄蕊，因而单性花(花序)比两性花(花序)原始。认为被子植物中具有单性花的柔荑花序的类群，如壳斗科、胡桃科等，是原始的类群，支持恩格勒的被子植物分类系统。

然而，现在知道具有柔荑花序的类群是被子植物不同分支上适应风媒传粉的结果，柔荑花序上花的花被的高度简化是次生的性状，是从两性花平行演化而来的单性花，并不是原始的性状。例如，恩格勒系统将具有柔荑花序的杨属与柳属列为杨柳科，而系统发育分析则表明它们与以前的大风子科亲缘关系密切，在杨属与柳属的近缘属中两性花、单性花均有。

(三)生花植物假说(anthophyte hypothesis)

目前的系统发育分析通常使用的是 DNA、RNA 或蛋白质的氨基酸残基序列信息，故被称为分子系统发育。系统发育分析方法诞生之初，由于测定这些分子序列还比较困难，所以通常使用许多形态学性状建立系统发育树。使用形态学性状建树的一大优点是可以把已灭绝植物和现生植物放在一起分析，推测现生植物与灭绝植物的关系，因为已灭绝植物的形态特征可以通过保存良好的化石记录获得，而绝大多数化石中的 DNA 分子已完全不可获得。基于形态特征的系统发育分析发现了一个被称为生花植物(Anthophytes)的分支，由现生被子植物、现生买麻藤类、已灭绝的五柱木属(*Pentoxylon*)和本内苏铁目组成，生花植物与已灭绝的开通类是姊妹群，随后是已灭绝的舌羊齿类、盔籽类(Corystosperms)(图 13-6-2)，并因此提出了生花植物假说解释被子植物与其他现生和已灭绝裸子植物的关系。生花植物假说认为裸子植物是并系的，即使不考虑已灭绝的裸子植物，现生裸子植物还是并系的。

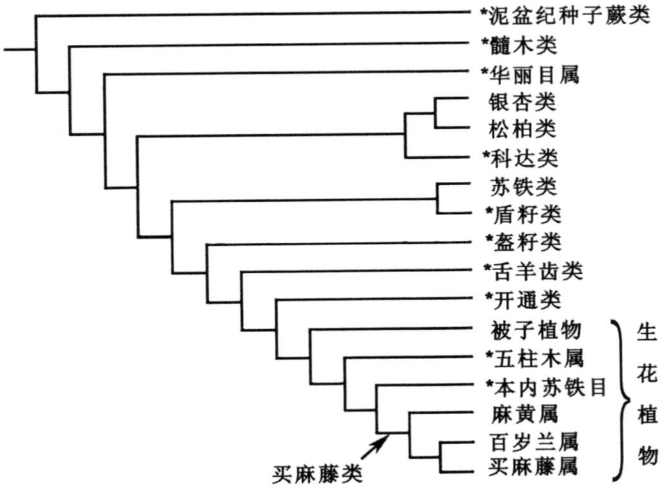

图 13-6-2　**使用形态学性状构建的现生和灭绝种子植物系统发育树(引自** Soltis et al.**)**

注：灭绝植物用“ * ”表示

生花植物假说影响了人们对种子植物形态性状演化的解释，并因此对研究被子植物演化产生了深远影响。然而，越来越多的分子系统发育分析发现生花植物分支并不能成立，即被子植物与买麻藤类并不是姊妹群，买麻藤类的姊妹群是松科，所有现生裸子植物构成单系群，现生裸子植物与被子植物是姊妹群。这种矛盾的焦点在于如何解释买麻藤类的位置。买麻藤类植物，尤其是买麻藤属，具有一系列类似于被子植物的特点，如木质部具导管、叶片扁平宽阔、具网状脉、具假花被、小孢子叶高度简化成近雄蕊状、假花被囊状包裹胚珠、胚珠具有两层珠被、无颈卵器、具有特殊类型的双受精现象，使得生花植物假说、真花学说都认为买麻藤类与被子植物是姊妹群。这促使人们思考买麻藤类的这些性状与被子植物的特征是否真的是同源的。分子系统发育分析认为买麻藤类的这些与被子植物相似的特点是在相似的环境选择压下趋同演化来的。现在普遍认为，导管、网状脉在维管植物的不同类群中多次独立演化出来；外珠被的来源可能是多种的；买麻藤类特殊类型的双受精也并没有形成三倍体的胚乳，与被子植物的双受精有本质不同。由此可见，如何解释化石植物的特征，哪些特征与被子植物的特征是同源的而不是趋同的，是利用化石证据解释被子植物起源问题的关键。由于现生裸子植物为单系，在利用形态学性状寻找被子植物可能的近缘类群时，应该排除现生裸子植物。

(四)主雄性学说(mostly male theory)

被子植物的花器官应该来源于某种裸子植物祖先的某些器官。被子植物的雄蕊与裸子植物的小孢子叶同源，被子植物的胚珠与裸子植物的胚珠同源。研究被子植物花的起源，需要考虑花的其余部分(萼片、花瓣、心皮)从何而来。主雄性学说认为花的大部分结构来源于其裸子植物祖先的雄性生殖结构，仅胚珠来自于其裸子植物祖先的雌性生殖结构。促使这种假说提出的是一些基因的分子生物学证据。研究发现，大部分裸子植物的 *LFY* 基因有两个拷贝，记为 LFY_f 和 LFY_m。*LFY* 基因在松属植物中研究得比较透彻。LFY_f 在雌性生殖结构发育的早期表达，LFY_m 在雄性生殖结构中表达。LFY_f 与 LFY_m 在裸子植物中各自特化，可能是因为裸子植物自泥盆纪开始雄性与雌性生殖结构就是分开的。*LFY* 基因在裸子植物中分化成这两个拷贝可能伴随着或者介导了裸子植物雄性和雌性生殖结构的分离与各自特化。被子植物的 *LFY* 基因只有一个拷贝，与裸子植物的 LFY_m 拷贝近缘，这应该是由于被子植物的共同祖先在演化中丢失了 LFY_f 拷贝所致。因此主雄性学说认为被子植物花的发育调控更多地来源于其裸子植物祖先的雄性相关基因 LFY_m，而花中的胚珠是从雌性生殖结构异位着生(ectopic)到雄性生殖结构(如小孢子叶或雄蕊)上而形成被子植物的两性花。主雄性学说猜想，胚珠异位着生到小孢子叶上时，小孢子叶失去小孢子囊并包裹胚珠形成心皮，被子植物胚珠的外珠被来源于其裸子植物祖先胚珠外的托斗。

这种主雄性学说得到了一些其他的形态学与分子生物学研究的支持，也遭到了一些研究结果的反对，在此不再详述。总之，主雄性学说是一种主要依据基因的分子生物学等微观层面证据解释被子植物花起源的假说，为研究被子植物的起源提供了全新的思路，且这些依据现生植物的假说通常是可以被证明或证伪的。与花发育相关的基因还有很多，分子生物学研究的进步逐渐加深了人们对花的形成的理解。

(五)过渡一组合学说(transitional—combinational theory)

现生被子植物同时具有心皮、花、双受精三大特征。过渡一组合学说认为，被子植物的祖先并不是同时演化出这三大特征，而是具有过渡性，从某种种子蕨类植物开始，可能先演化出心皮，之后是双受精，最后演化出花，只有同时获得这三大特征的类群才标志着被子植物的起源。演化出这三大特征需要漫长的时间，可能需要 1 亿年，逐步演化出这三大特征称作过渡，最终这三大特征在现生被子植物的祖先中同时出现称作组合。组合的最后一步，花的出现将保护、传粉、生殖、散布等多种优势集合在一起，使有花植物对环境的适应能力大大增强，因而迅速多样化和扩张。过渡一组合学说可以较好地解释被子植物在白垩纪的"突然出现"(组合完成后快速多样化扩张)，以及在白垩纪之前几乎没有可靠的被子植物化石记录(处于过渡期)。

(六)继续从化石中搜寻

分子系统发育分析已经反复证明现生裸子植物为单系类群，被子植物与所有现生裸子植物分支构成姊妹群：被子植物与现生裸子植物很早就分开了，它们的共同祖先要追溯到种子植物的早期演化阶段。如前所述，胚珠和种子的出现意味着植物生活史类型的重大转变，因此胚珠和种子应该是单一起源的。从形态学角度理解被子植物的起源问题，需要继续依靠已灭绝的裸子植物化石。

依靠更多的植物化石记录，采用更新的化石复原重建技术，有望为被子植物的演化提供直接的形态学证据，找到被子植物演化过程中"缺失的中间环节"。利用显微断层扫描技术(Micro-CT)可以在不破坏化石的情况下对其内部结构作三维重建，提取更多形态特征信息。中国科学家在内蒙古发现了白垩纪早期的裸子植物周氏扎鲁特果(*Jarudia zhoui*)(本章彩图 4，左图为化石整体复原图，右侧为 Micro-CT 三维重建细节，蓝色表示托斗及其柄和着生轴，绿色表示苞片，棕色表示种子)，其托斗的柄是弯曲的，托斗内有 2 枚种子，托斗顶端具小的开口和唇，这种形态类似于被子植物原始类群的倒生胚珠，而托斗柄相较于其着生轴的弯曲方向，与被子植物珠柄相对于心皮闭合时弯曲的方向是一致的。这表明周氏扎鲁特果的托斗可能与被子植物胚珠的外珠被同源，托斗柄可能与珠柄同源。这个结果再次印证了前人提出的被子植物外珠被可能与某些灭绝的裸子植物胚珠外的托斗同源的假说，对未来研究种子植物系统发育与演化具有启发性。如前所述，生花植物假说还发现了一些植物化石类群与被子植物可能近缘，如五柱木属、开通类、舌羊齿类、盔籽类等(图 13-6-2)，继续依靠这些化石记录并采用新的重建技术，可为理解被子植物起源问题提供更多线索。

综上所述，对被子植物起源问题的探索取得了一系列进步，一些旧的假说被排除，又提出了一些新的学说，目前还没有得到满意的答案。从微观和宏观层面继续研究这个问题，假以时日，有望回答达尔文提出的"恼人之谜"。

二、被子植物的起源与分化时间

(一)化石记录

最早的可靠的被子植物化石记录出现在白垩纪早期。被子植物的花粉外壁的主要成分是孢粉素,抗腐蚀能力强,能够在地层中长期保存,且花粉数量多而微小,被保存下来和被发现的可能性较大。被子植物花粉的形态尤其是花粉外壁的纹饰、萌发沟(孔)特征多样且在不同类群里相对保守,从地层中提取分离花粉后,借助光学显微镜或扫描电子显微镜,可以鉴定到具体的被子植物种类。目前已知的可靠的被子植物的花粉化石出现在白垩纪早期的欧特里沃期(Hauterivian),距今约1.32亿年。在白垩纪早期的巴雷姆期(Barremian)至阿普第期(Aptian),距今1.3亿~1.15亿年,出现了多种多样的被子植物花粉化石,表明此时被子植物已经迅速多样化了。

包含被子植物全株或一部分植物体的大化石无疑对理解被子植物的早期形态和演化具有重要意义。目前发现的较早的可靠的被子植物大化石是古果科(Archaefructaceae),包含形态接近的3个种,均出现在辽宁省西部的义县组地层中,距今约1.25亿年。中华古果(*Archaefructus sinsensis*)(本章彩图5)为水生草本,叶互生,叶片多次分裂,茎分枝,分枝顶端是其生殖结构;生殖结构的轴多少伸长,下部是雄蕊,花粉单沟,上部具多数分离的蓇葖果,未见花被片。关于古果科生殖结构的解释有两种,一种认为是两性花,轴下部的是多数雄蕊,上部的是多数雌蕊;另一种解释是整个生殖结构为一个花序,花序下部着生多数雄花,上部着生多数雌花。在缺少花被片的情况下不能确定是哪种情况,但古果科无疑代表了原始的被子植物,其系统位置或是与现生被子植物为姊妹群,或是与睡莲目接近。此外,在比发现古果科稍晚的地层中,还发现了优美李氏果(*Leefructus mirus*)(本章彩图6),推测其为草本,枝上具簇生的叶,叶具长柄,单叶掌状3深裂,果具长柄,心皮基部合生。优美李氏果的形态保存良好,被置于真双子叶植物的基部类群毛茛目中。

在白垩纪早期,还有众多与被子植物早期分化类群有关的化石被发现,如睡莲目、木兰藤目、木兰目、金粟兰目、金鱼藻目等。古花(*Archaenthus linnenbergeri*)出现在白垩纪中期,其叶深2裂,从脱落痕迹上推测其具有多个花被片和雄蕊,果期具多个离生的蓇葖,整体形态与现生的木兰科相似(图13-6-3)。

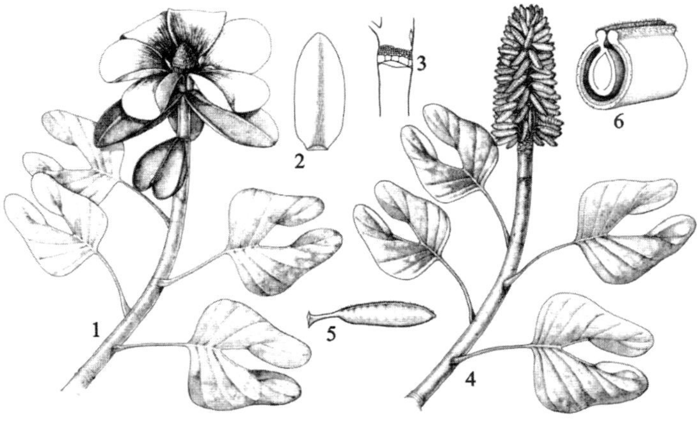

1.花枝;2.花被片;3.花梗上的脱落痕迹;4.果枝;5.蓇葖;6.蓇葖横切面。

图13-6-3 已灭绝的古花复原图(引自 Dilcher & Crane)

丰富的白垩纪早期被子植物化石表明,被子植物在白垩纪早期就已经多样化了。关于白垩纪之前的侏罗纪的被子植物,有一些存在争议的花粉和大化石记录,有待进一步发现和研究确认。

(二)基于分子系统发育的被子植物分化时间估计

利用多种叶绿体基因(如APG Ⅳ系统和图13-6-4)和核基因构建的系统发育树揭示了现生被子植物之间的系统发育关系。分子钟理论发现类群之间的DNA(或蛋白质的氨基酸残基)替代数与类群之间分歧的时间存在一定的近似线性关系。使用一些可靠的化石记录作为时间校正点,借助分子系统发育树，选用合适的分子钟模型，可以推测那些缺乏化石记录的类群的起源与分化时间。例如，利用叶绿体全基因组数据推测的现生被子植物主要类群之间的分化时间如图 13-6-4 所示。基于分子系统发育和分子钟理论估计的现生被子植物分化，即无油樟目(Amborellales)与其余被子植物分开，发生在三叠纪晚期；至侏罗纪，现生被子植物的主要分支——睡莲目、木兰藤目、金粟兰目、金鱼藻目、木兰类、单子叶植物、真双子叶植物已经分化了；在白垩纪，绝大多数现生被子植物的目都已分化。可见分子钟估计的被子植物分化时间要明显早于化石记录：侏罗纪没有可靠的被子植物化石记录，依分子钟得出的被子植物分化时间之后约 6 000 万年才在地层中发现化石记录。这种现象被称为"侏罗纪被子植物空缺"(Jurassic angiosperm gap)，已被多种不同的分子系统发育研究多次发现。

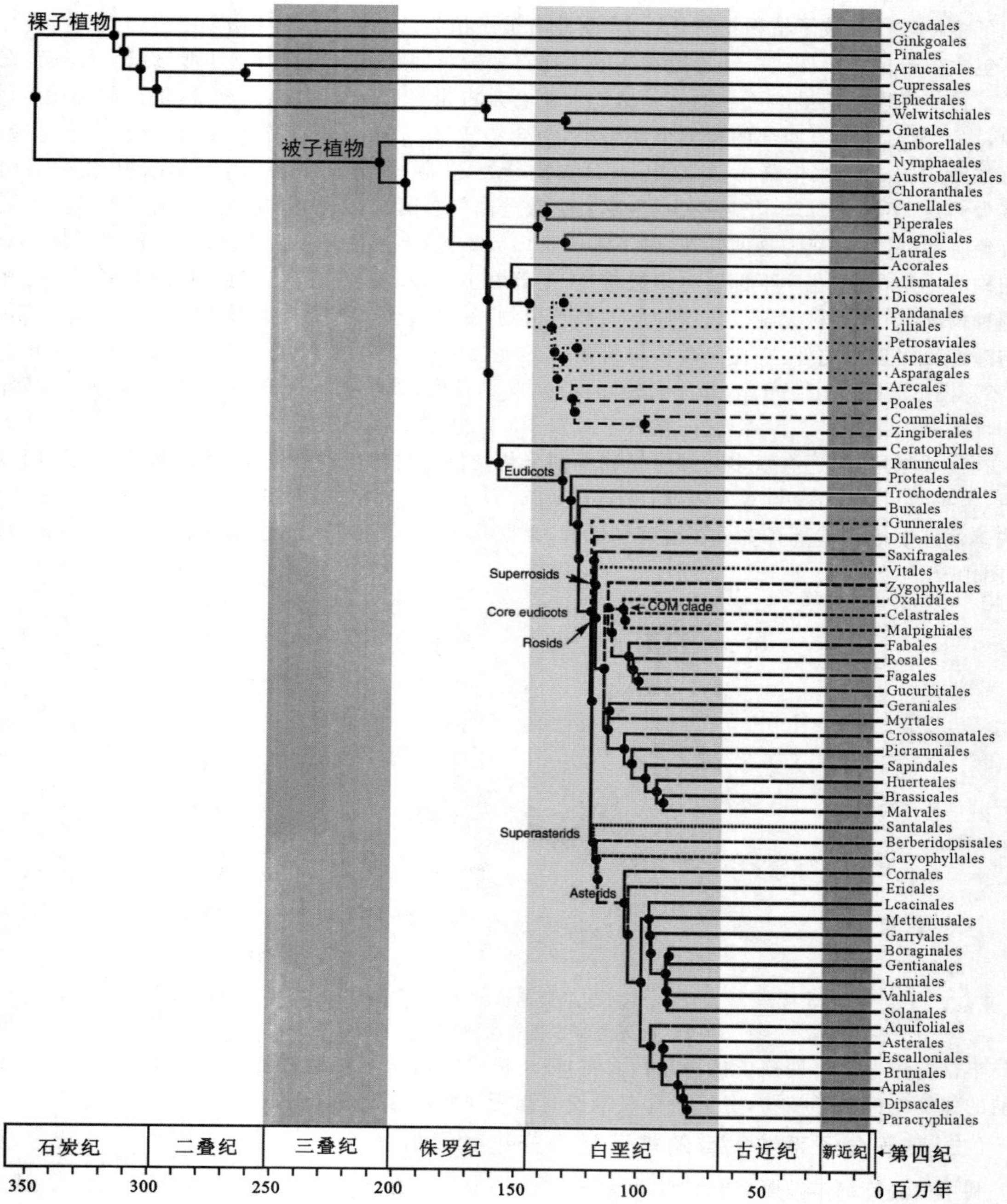

注：横坐标表示距今时间和主要地质年代

图 13-6-4　基于叶绿体全基因组数据的被子植物分化时间估计(引自 Li et al.)

“侏罗纪被子植物空缺”的原因有多种可能：

(1)现有的分子钟模型存在某种未知的误差，早期分支的分化时间被估计得偏早。这需要继续研究分子钟模型，排除可能存在的误差。如果分子钟模型的估计是准确的，则需要考虑被子植物的生物学因素。

(2)被子植物出现早期，陆地植被主要由裸子植物组成，被子植物在植被中的数量稀少，被保存为化石的概率很小，只有当被子植物在植被组成中占比较高时才可能形成被发现的化石。

(3)早期出现的被子植物的形态结构特点使其难以形成化石。

(4)早期出现的被子植物的花等关键识别器官过于微小而难以被发现。

(5)以上可能原因的综合。

三、被子植物的演化

现生被子植物演化出了极高的多样性，如第十二章介绍的被子植物代表类群，各器官的形态和功能多种多样，使被子植物成功占据了地球上几乎所有生境。被子植物多样性水平很高的原因可以从以下多个层面理解。

(1)普遍的趋同与平行演化　趋同演化(convergent evolution)指不同的类群从不同的祖先性状开始，独立演化出另一种相同的新性状；平行演化(parallel evolution)指不同的类群从同样的祖先性状开始，独立演化出另一种相同的新性状。蔷薇属的皮刺、锦鸡儿属的叶轴刺、刺槐属的托叶刺、皂荚属的枝刺是从不同的祖先性状(茎表皮、叶轴、托叶、分枝)趋同演化出的具有防御功能的刺。葡萄科的卷须、铁线莲属的卷须、野豌豆属的卷须、菝葜属的卷须分别由茎、叶柄、小叶、托叶趋同演化而来。堇菜属花的距、凤仙花属花的距分别是由花瓣、萼片趋同演化而来的贮存花蜜的结构。马铃薯的块茎、番薯的块根分别是由茎、根趋同演化出的贮存营养物质的结构。锁阳属、菟丝子属、列当属都是寄生植物，它们寄生这种性状是在不同的类群中由光合自养型平行演化而来的。天麻属、水晶兰属是依赖真菌的腐生植物，腐生的特性是从光合自养平行演化而来的。被子植物中的趋同与平行演化，是不同类群适应相同的选择压力的结果，无疑对这些被子植物适应环境具有重要意义。

(2)多样的繁殖方式　被子植物采用多种方式进行营养繁殖，如依靠块根、块茎、鳞茎、根状茎、匍匐茎、珠芽、叶，可以快速产生大量遗传背景几乎一致的后代，牢牢占据已有的生境。被子植物的有性繁殖通常有多种方式促进异交，基因重组可以增大后代的遗传多样性，适应更多样或多变的环境。花单性异株在最大限度上实现异交，花单性同株也是实现异交的有效方式。对于两性花，雌蕊与雄蕊位置分离、成熟期分离等方式也能实现异交。在微观层面，许多被子植物演化出了自交不亲和的生理和分子机制，能够识别“自己”与“异己”花粉，只有异己花粉才能使卵受精并进一步发育。一些被子植物的有性繁殖既可以异交也可以自交，表现出灵活性，自交繁殖可以摆脱对传粉途径的依赖。少数被子植物具闭锁花自交繁殖，完全摆脱对传粉途径的依赖。自交产生的等位基因分离也是一种增加后代遗传多样性的方式。但长期严格自交的植物通常会发生严重衰退，若不能改变自交模式，会走向灭绝。个别植物既有闭锁花，也有正常的开放花，如两型豆属(*Amphicarpaea*)、堇菜属的一些物种，在摆脱传粉途径依赖与保持后代遗传多样性两种抉择上实现了平衡。一些被子植物可以无融合生殖，虽没有精卵结合，但也能产生种子和果实，这样既能保持与母体一致的遗传组成，又能借助种子或果实的传播机制扩散。

(3)基因组的多倍化与二倍化　基因组的多倍化(polyploidization)指染色体组成由二倍体变为多倍体(polyploid)，分为同源多倍体(autopolyploid)和异源多倍体(allopolyploid)。同源多倍体是一个物种通过自身染色体加倍而形成多倍体；异源多倍体是不同物种的杂交后代经过染色体加倍形成多倍体。多倍体有可能与其二倍体祖先存在生殖隔离，有可能形成新物种。多倍体由于基因有了额外的复份，可能因为基因的剂量效应而改变了对环境的适应能力。多倍体由于有基因的重复，当一个基因突变而功能改变时，重复的基因不突变可以维持原有的功能，这使得多倍体有更多的机会形成新基因。基因组的多倍化是植物演化中基因突变的重要来源，在许多植物中都发现了这种现象。多倍体可能由于减数分裂紊乱而育性下降。多倍体中重复的、有害的或失去功能的基因可能会逐渐丢失，使整个基因组重新回到二倍体状态，称为二倍化（diploidization）过程。目前在植物中发现了许多例子，其二倍体的状态是古老的多倍体经历二倍化过程形成的，一些在演化上有利的重复基因和新基因得以保留，不利的在选择压下丢失。基因组的多倍化与二倍化，是被子植物演化的重要机制。

（4）*频繁的杂交与渐渗*　被子植物不同物种经常发生杂交，杂交后代染色体倍性不变的为同倍体杂交（homoploid hybridization），杂交后染色体加倍的为异源多倍体。杂交使不同物种的不同基因重新组合，后代的遗传多样性增加，适应性可能发生改变，在选择下有可能形成新物种。不同物种杂交后，杂种后代可能与一个亲本发生多代回交，最终后代的绝大多数基因与其回交亲本一致，少量基因与另一个亲本一致，这种杂交后再多次回交称为渐渗（introgression）。渐渗的结果可以视作一个物种的某些基因转移到另一个物种中去，这种基因的重新组合有可能改变后代对环境的适应性。杂交与渐渗在被子植物中广泛发生，许多新物种即起源于杂交或渐渗，是被子植物演化的重要机制。

（5）*广泛的生物互作*　被子植物的花以各式各样的形态、颜色、气味、花蜜等吸引多种昆虫或其他种类的动物传粉。被子植物的果实具有丰富的营养物质，吸引各种动物取食而传播其种子，或是果实表面具有钩、刺、黏液等附属结构，附着在动物身上传播，依靠动物传播通常能比依靠果实自身开裂释放、弹射、喷射种子实现更大范围的传播，果实的形态、大小、颜色、化学物质种类与含量也在传播者的选择下而多样化。被子植物种子的多样化也与果实的多样化有相似的生物互作原理。被子植物的叶等营养器官以分裂的形态、粗糙或坚硬的质地、刺或毛等机械防御机制、特殊的气味、有毒的成分等多种方式抵抗食草动物的取食。寄生、半寄生植物通过特定的结构与生理特性从其他植物中获取养分；腐生植物依靠共生真菌从枯落物中获取养分；食虫植物演化出特定的捕虫器官捕获昆虫等动物以补充氮等营养元素。豆科、杨梅科、壳斗科、桦木科的一些物种，通过与能够固氮的微生物共生获取氮素。一些植物与内生菌的共生使其能够获得特定的化学物质。植物与多种微生物形成的菌根网络，可使植物获取矿质营养、交换营养物质和信息。被子植物与其他生物的互作可能发生协同演化（coevolution），它们都发生了改变以适应彼此和外界环境。

（6）*被子植物多样性是适应环境演化的结果*　地球气候的冷暖干湿变化，山脉的隆起与侵蚀，平原、高原、盆地、湖泊、河流的形成与消失，海洋相对陆地的进与退，其他植物、动物、微生物的兴盛与消亡，构成了多样化与多变的环境。被子植物多样性的演化是适应环境的结果。著名演化生物学家狄奥多西·多布赞斯基（Theodosius Dobzhansky）指出："生物学的一切只有在演化视角下才有意义"（Nothing in biology makes sense except in the light of evolution）。以演化的视角看待被子植物，能够更好地理解被子植物多样性的形成原因。

本章小结

原核生物蓝藻是出现最早的光合生物。某种异养型真核生物吞噬蓝藻，发生初级内共生，演化出了真核的灰色藻类、红藻门和绿藻类，被吞噬的蓝藻演化成具有双层膜结构的叶绿体。某些红藻门和绿藻类的真核藻类，又被其他异养型真核生物吞噬，发生次级内共生，演化出了众多其他门类的真核藻类，它们的叶绿体具有叶绿体内质网膜，共三层或四层膜结构。某种绿藻类生物逐渐适应了陆地生境，演化出最早的陆生植物，生活史中出现胚，亦称有胚植物。胚的出现标志着生活史中出现孢子体阶段。现生有胚植物的第一个分支是苔藓植物，它们的配子体阶段占优势，无维管束，孢子体结构简单，寄生在其配子体上。一些有胚植物演化出了孢子体独立生活的能力，孢子体出现分支，孢子囊多个，演化出多孢子囊植物。早期多孢子囊植物还不具有维管束，称为前维管植物，已全部灭绝。一些多孢子囊植物演化出了维管束，成为维管植物。早期维管植物没有叶，随后演化出了小型叶植物（叶中具单一维管束）、大型叶植物（叶中具分支的维管束），大型叶植物亦称真叶植物。现生小型叶植物为石松类植物，种类较少，但远古时期的小型叶植物种类繁盛，一些可能形成高大乔木，但不具有发达的次生木质部，还不是真正的木本植物。现生真叶植物的第一个分支为蕨类植物。一些真叶植物演化出了维管形成层，具有了形成发达的次生木质部的能力，演化出木质植物。最早出现的木质植物为前裸子植物，它们能长成真正的高大木本植物，但仍以孢子繁殖，已全部灭绝。一些木质植物演化出胚珠，生活史类型转变为孢子体占优势，配子体寄生在孢子体上，标志着种子植物的出现。胚珠裸露的植物称为裸子植物。原始的裸子植物叶形类似于蕨类的叶形，胚珠和种子着生在叶子上，称为种子蕨类，已全部灭绝。种子蕨类演化出种类繁多的裸子植物类群，在中生代占据陆地优势，但大多数已灭绝，现生裸子植物种类较少，组成单系类群。某些裸子植物逐渐演化出了包裹胚珠的心皮、双受精现象和花器官，标志着被子植物的出现。被子植物形态、结构、功能复杂，具有极高的多样性水平。被子植物的起源之谜有多种假说，目前还没有令人满意的答案，通过宏观与微观证据综合的研究方法，有望回答被子植物的起源问题。多种机制造就了被子植物丰富的种类，使之成为地球上种类最繁多的植物类群。

复习与思考

1. 植物演化过程中生活史类型转变的意义是什么？
2. 植物演化出哪些主要类群？
3. 植物各主要类群出现的标志性特征是什么？
4. 化石对研究植物的起源与演化有什么作用？
5. 可以通过哪些角度研究被子植物的起源之谜？
6. 被子植物种类繁多的可能机制有哪些？

数字课程学习资源

课程视频　学习课件　知识结构图　练习题　参考答案

植物学

Botany

第Ⅴ篇

植物与环境

◉◉○ 第十四章 | 植物与环境

植物总是生活在特定的环境之中，与其周围环境有着密切的关系，既受环境条件制约又影响周围环境。一方面，植物需要从环境中不断获取物质和能量，其生长发育受到环境的制约；另一方面，植物，特别是植物群体又对环境有一定的改造作用。研究植物与环境相互关系的学科称为植物生态学(plant ecology)。

第一节　环境及其对植物的影响

一、环境及其类型

环境(environment)是指某一特定生物有机体或生物群体周围一切的总和。包括空间以及对生物体有直接或间接影响的各种因素。

植物生存的环境是多种多样的，根据研究尺度的不同，可将环境分为宇宙环境、地球环境、区域环境、微环境等。

地球环境(global environment)是指大气圈、水圈、土壤圈、岩石圈和生物圈，又称为全球环境。地球环境与人类及生物的关系最为密切。其中生物圈中的生物把地球上各个圈层的关系密切地联系在一起，并推动各种物质循环和能量转换。

(一)大气圈

大气圈是围绕地球外围形成的一个连续的圈层，厚度达 1 000 km，对生命存在和发展影响最大。大气圈可分为平流层和对流层两个圈层。平流层离地面 20～50 km，其中的臭氧层过滤屏蔽了太阳短波射线。对流层是大气圈底层至地面以上 8～18 km 的范围，具有较强的保温性能，使地球表面的温度相对稳定，形成适合生命存在和发展的重要物理环境。

(二)水圈

水圈是指地球表面的海洋和江、河、湖、泊，还有地下水、气态水和雪山冰盖的固体水。液态水能溶解大量的化学物质，各种无机盐类为植物提供了物质基础。

(三)土壤岩石圈

地球表层的岩石圈表面经风化作用形成风化壳，贮藏着丰富的化学物质，成为植物生长所必需的矿质营养宝库。风化壳经过生物长时间的作用形成土壤，是陆生植物着生的基地。

(四)生物圈

生物圈是在大气圈、土壤岩石圈、水圈的界面上，生物及其周围的物理环境所组成的总体，是生命物质及其生命活动的产物所集中的圈层。根据生物分布的幅度，生物圈的上限可达海平面以上10 km的高度，下限可达海平面以下12 km的深度。在这一范围内，植物能够正常生长，形成种类繁多、形形色色的植物种类，它们能截取太阳的辐射，吸收大气中的CO_2和O_2，以及土壤中的水分和养分，使地球各个自然圈层之间发生各种物质和能量转化运动，形成无机界和有机界之间的物质循环和能量流动。

二、生态因子及其作用特点

（一）生态因子及其类型

组成环境的每个因子称为环境因子（environmental factor），环境中对植物的生长、发育、生殖和分布起直接或间接影响的环境因子叫生态因子（ecological factor），如光、温度、水分、土壤以及其他相关生物。生态因子的类型多样，一般把生态因子分为生物因子（biotic factor）和非生物因子（abiotic factor）。前者包括种内和种间的相互关系，后者包括气候、土壤、地形等。

1. 生物因子　包括各类生物种类之间的各种相互关系，如寄生、竞争等，也包括同种生物的内部关系等。另外，人类对植物资源的利用、改造以及破坏的过程中，给植物带来的有利或有害影响，也称人为因子（anthropogenic factor）。

2. 非生物因子　气候因子（climatic factors），包括光、温度、水分、空气等。土壤因子（soil factor），如土壤结构、土壤有机质、无机质、理化性质和土壤生物等；地形因子（topographical factor），包括海拔高度、坡度、坡向等，它们通过地形的变化影响气候因子、土壤因子，进而影响到植物的生长。

（二）生态因子的作用特点

生态因子对植物作用的基本特点有：

（1）生态因子作用的综合性　各种生态因子总是作为一个整体对植物发挥作用，任何一个因子的变化都会引起其他因子不同程度的变化。植物在其生活环境中，无论是必需的或非必需的生态因子都会对植物产生影响，植物总是受到环境中各种生态因子的综合作用。

（2）主导因子和限制因子　在诸多对植物起作用的生态因子中，在一定条件下，有一个或两个起决定性作用的因子，称为主导因子。主导因子以外的其他因子称为辅助因子，其作用不及主导因子大，但是，如果其变化范围超过生物的耐受范围，也可以成为主导因子。如光合作用时，光强是主导因子，温度和CO_2为辅助因子；植物春化阶段的低温因子又是主导因子。

限制因子是指在众多生态因子中，任何接近或超过植物的耐受极限而阻止植物生长、繁殖或扩散的因子。限制因子和主导因子在某些情况下是一致的，但主导因子着重于植物的适应方向和生存状况，限制因子则着重于植物对环境适应的生理机制，如低温是某些植物分布北界的限制因子。

（3）生态因子的不可替代性和补偿性　作用于植物的生态因子虽然不是等价的，但都是不可缺少的，缺少任何一项都会引起生物生长发育失调，甚至死亡，而且任何一个因子都不能被另外一个因子代替，即生态因子的不可替代性。但是，在一定条件下，某一个因子在数量上的不足，可以由其他因子的加强得到补偿，以获得相似的生态效应，称为生态因子的补偿作用。如植物进行光合作用时，如果光照不足，可以通过增加CO_2量来补充。但是，这种补偿作用是有限的，要受不可替代规律的制约。

（4）生态因子作用的阶段性　植物生长发育不同阶段对生态因子的需求不同，因此，生态因子对植物的作用也具阶段性，这种阶段性是由生态环境的规律变化所造成的。如低温在冬小麦春化阶段是必需条件，但在此前后均对小麦有害。

（5）直接因子和间接因子　直接因子是直接影响或直接参与植物生长发育的因子，如光照、温度、水分、矿质元素等。间接因子对植物没有直接作用，如地形、坡向、海拔高度等，它们通过影响降水量、温度、风速、日照以及土壤理化性质等间接影响植物的生长。

三、生态因子对植物的生态作用

（一）光对植物的生态作用

光是植物生存和繁衍最基本的能量来源，由于光强、光质和光周期等随着时间和空间的不同而发生变化，所以，光在植物的生长发育、生物量的生产和积累以及植物地理分布等方面都有十分深刻的影响。

1. 光照度的生态作用　光合作用合成的有机质是植物生长的物质基础。在一定条件下，光照度的变化决定着净光合速率的变化。当光照强度低于光补偿点（compensation point）时，植物处于消耗而无积累的状态，只有当光照强度超过光补偿点时，植物才有有机物积累。植物在超过其光饱和点（saturation point）的强光作用下，光合过程的超负荷反而会导致光量子的利用率降低，光合产量下降，过强的光照甚至会引起光合色素和类囊体结构的破坏。强光能使植物组织和器官的分化加快，制约器官的生长和发育速度；当光照不足，会导致黄化现象（etiolation），植物体含水量高，薄壁组织发达，机械组织和维管束分化很差。

根据植物对光照的要求，一般可将植物分为阳性植物、阴性植物和耐阴植物三种生态类型。

（1）阳性植物（heliophytes）　阳性植物是指光补偿点较高，生长需要全日照，在强光下才能生长良好的植物，这类植物多生长在旷野、路边等地，如蒲公英、山杨、旱柳等。

（2）阴性植物（sciophytes）　阴性植物是指光补偿点较低，在较弱光照条件下要比在强光下生长得好的植物。阴性植物多生长在潮湿、背阴的地方或生于密林内，如林下蕨类植物、苔藓植物以及人参、三七、半夏等。

（3）耐阴植物（shade plant）　耐阴植物在全日照下生长最好，也能忍耐一定的弱光，如党参、青杆、云杉等。

了解植物与光照强度的关系，对农林业生产具有重要意义。无论是引种、栽培还是物种驯化，都要考虑植物对光的需求和环境中的光照条件，并采取相应措施。如植物南移时，由于纬度减小，光照强度增强，需要考虑采取遮阴以避免植物不能很快适应强光环境。

2. 光质的生态作用　植物的光合作用只利用可见光的大部分，通常将这部分辐射称为生理有效辐射或光合有效辐射。大多数植物在全可见光谱下生长最好，有些植物能够在缺少其中某些波长的情况下生活。试验证明，不同波长的光对植物生长有不同影响：蓝紫光和青光对植物生长及幼芽形成有很大作用，能抑制植物伸长而使植物形成矮粗形态；青蓝紫光还能影响植物的向光性，并能促进花青素等植物色素的形成；蓝光还能激活光合作用中同化 CO_2 的酶类；红光能促进植物伸长生长；不可见光中的紫外线能使植物体内某些激素的形成受到抑制，从而抑制茎的伸长；红外线能促进植物茎的伸长生长，促进植物种子或孢子萌发，提高植物体温度等。

3. 日照长度的生态作用　由于太阳高度角变化，造成不同纬度地区以及同一地区不同季节昼夜长短有规律性变化。日照长度对植物的开花有重要的影响，其作用使植物开花有光周期现象（photoperiodism）。日照长度还对植物的休眠、地下贮藏器官的形成有明显的影响。根据植物开花对日照长度的反应，把植物分为 4 个生态类型。

（1）短日照植物（short day plant）　短日照植物指日照长度短于一定时数才能开花的植物，否则便不开花或推迟开花。这种植物在 24 h 的周期中有一定时间的连续黑暗才能形成花芽。在自然栽培条件下，通常在深秋开花的植物多属此类，用人工方法缩短光照时间，可使这类植物提前开花，如烟草、大豆、稻、玉蜀黍、牵牛以及许多菊科植物等。

（2）长日照植物（long day plant）　长日照植物指日照长度必须长于一定时数才能开花的植物。在短暗期或连续照明条件下能促进其开花。通常需要 14 h 以上的光照才能开花。用人工方法延长光照时间可使这类植物提前开花。如小麦、蚕豆、萝卜、欧洲油菜、甜菜及草原上的许多禾本科和豆科植物等。

(3)中日照植物(intermediate day plant)　昼夜长短近于相等才能开花的植物。这类植物在日照时间过长或过短时都不能开花。赤道附近、热带、亚热带的很多植物为中日照植物，如甘蔗。

(4)日中性植物(day—neutral plant)　在长短不同的任何日照条件下都能开花的植物。这类植物对日照长短要求不严，如番茄、菜豆、黄瓜、辣椒等，一年四季都可以生产，它们不受日照长度的影响；在北方，冬季可在温室中种植它们。

(二)温度对植物的生态作用

植物的生理活动、生化反应都必须在一定的温度条件下才能进行，植物的发育有时也要靠特定温度诱导。温度过高或过低都会影响到植物的生长发育。不同植物对温度的适应能力差别很大。温度还是制约植物分布的主要环境因子之一。

1.温度对植物生长的影响　任何一种植物，其生命活动中每一生理生化过程都有酶的参与。然而，每一种酶的活性都有它的最低温度、最适温度和最高温度，相应形成植物生长的温度“三基点”。

当环境温度在最低和最适温度之间时，植物体内的生理生化反应会随着温度的升高而加快，代谢活动加强，从而加快生长发育速度；当温度高于最适温度时，参与生理生化反应的酶受到影响，代谢活动受阻，势必影响到植物正常的生长发育。

当环境温度低于最低温度或高于最高温度，植物将受到严重危害，甚至死亡。

2.温度变化对植物的影响　自然界中，温度存在规律的昼夜或季节性的变化，植物只能在一定的昼夜或季节性变温下才能正常生长，这一现象称为温周期现象(thermoperiodism)。植物不同的生长发育阶段都是在每年相同的季节开始和完成，形成有规律的季节生长发育节律，即植物的物候(phenology)，影响物候的主要是温度。

温度的变化不仅直接影响植物生长发育，而且还会引起环境中其他因子如湿度、土壤肥力等的变化，从而间接影响到植物的生长发育。

3.温度对植物分布的影响　由于温度能影响植物的生长发育，因而能制约植物的分布。温度对植物分布的影响，一方面取决于环境中的最高和最低温度，另一方面取决于有效积温。如冬季低温决定了森林水平分布的北界和垂直分布的上界；沙漠高温缺水限制了阔叶树种在沙漠中的生长；夏季高温限制了高纬度植物向低纬度或低海拔的扩散，因为高温会引起它们代谢失调；对于那些需要低温才能打破休眠或诱导开花的植物，因低纬度冬季低温时间短或温度不够低而限制了其向低纬度的扩散，如苹果只能在温带生长而不能分布到亚热带以南就是这个原因。每种植物的生长发育，特别是开花结实都需要一定的有效积温，达不到其生理需要的积温，植物有性繁殖就会发生障碍，因而也就限制了植物的分布。

由于植物长期生活在一定温度范围内，在生长发育的过程中，需要有一定的温度量和适应于一定的温度变幅，因此就形成了温度依赖性的植物生态类型。

不少陆地维管植物能在较宽的温度范围内生活，即能适应较大的温度变幅，如松属、桦属和栎属等的一些物种，能在－5 ℃到55 ℃温度范围内生活，这类植物可称为广温植物(eurythermic plant)，它们分布范围广，是广布种。还有一类植物只生活在很窄的温度范围内，不能适应温度的较大变动，这类植物可称为窄温植物(stenothermic plant)。

4.极端温度对植物的影响　当温度低于一定数值时，植物便会表现出受害的症状，这个数值称为临界温度。低温伤害随温度的降低而加重。低温可造成植物体内酶系统紊乱，从而影响植物的正常代谢。冰点以下的低温可使植物体内的细胞形成冰晶，造成原生质膜破裂，使蛋白质失活与变性，而对植物造成伤害。植物对低温的适应在形态上主要表现在植株矮化、丛生；幼枝、叶表面保护组织增厚,叶面积减小以及叶面向光生长等;在生理上主要表现为减少自由水,增大束缚水比例,如种子或孢子比其植株更抗冻,提高细胞内溶质和胶体物的浓度以保持正常代谢。

高温对植物的影响主要是高温可以使光合作用和呼吸作用失调,破坏水分平衡,加速生长发育,促使蛋白质凝固,导致有害代谢产物在体内积累。植物对高温的适应在形态上主要有:形成密绒毛和鳞片,能过滤一部分阳光;有些植物体呈白色、银白色,叶片革质发亮,能反射一大部分阳光,使植物体免受热伤害;有些植物叶片垂直排列使叶缘向光或在高温条件下叶片折叠,减小叶片面积,甚至造成叶片退化,由茎代替叶的功能,减少光的吸收面积;还有些植物的树干和根茎生有很厚的木栓层,具有绝热和保护作用。植物对高温的生理适应主要是降低细胞含水量,增加糖或盐的浓度,这有利于减缓代谢速率和增加原生质的抗凝结力。其次是靠旺盛的蒸腾作用避免使植物体因过热而受害。还有一些植物具有反射红外线的能力,夏季反射的红外线比冬季多,这也是避免植物体受到高温伤害的一种适应。在极端温度下,植物抵抗低温和高温的最好方式是进入休眠状态,如温带、寒带的落叶树种,荒漠中的一些多年生植物在极端温度时即转入休眠。

(三)水对植物的生态作用

水既是植物体的组成部分,又是影响植物发育的重要生态因子。水通过不同形态、量和持续时间三个方面的变化对植物起作用。根据环境中水的多少和植物对水的依赖程度,把植物划分为水生植物和陆生植物两类。

1.水生植物　生活在水中的植物称为水生植物(hydrophyte)。水生植物植株的一部分或全部沉没在水中生活,从水中或水底淤泥中吸收营养物质,在水中或水上进行光合作用和呼吸作用。这类植物由于长期适应水域环境的弱光、缺氧、密度大、黏性高、温度较低且变化较缓、水体流动等特点,形成了与陆生植物不同的形态特征和生态习性。根据其生长的水层深浅不同,可将水生植物分为沉水植物、浮水植物和挺水植物。

(1)沉水植物(submerged plant)　整个植物体沉没在水下,与大气完全隔绝的植物,如眼子菜科、金鱼藻科、车前科的水马齿属(*Callitriche*)、小二仙草科(Haloragaceae)的狐尾藻属(*Myriophyllum*)等。沉水植物的表皮细胞无角质层和蜡质层,能直接吸收水分、矿质营养和水中的气体。叶片无栅栏组织和海绵组织分化,细胞间隙大,无气孔,机械组织不发达,全部细胞进行光合作用。叶片多呈条带状、线状或细裂呈狭条状。沉水植物因适应水中氧的缺乏而形成了一整套的通气组织。

(2)浮水植物(floating plant)　浮水植物是植物体浮悬水上或仅叶片浮生水面的植物。主要有槐叶蘋科(Salviniaceae)、天南星科的浮萍属(*Lemna*)和紫萍属(*Spirodela*)、睡莲科的芡属和睡莲属、水鳖科(Hydrocharitaceae)的水鳖属(*Hydrocharis*)、千屈菜科的菱属等植物。浮水植物常有异形叶性(heterophylly),即有浮水和沉水两种叶片,如欧菱除有菱状三角形的浮水叶外,还有羽状细裂的沉水叶。浮水植物还有适应于浮水的特殊组织,如欧菱和凤眼莲(水葫芦)的叶柄,中部膨大形成气囊,以利于植物体浮生水面。浮水植物的气孔常分布在叶上表面,表皮有蜡质,栅栏组织发达。

(3)挺水植物(emerging plant)　挺水植物是茎叶大部分挺伸在水面以上的植物,如芦苇、香蒲等。挺水植物在外部形态上很像中生植物,但由于根部长期生活在水中,所以有非常发达的通气组织。

2.陆生植物　在陆地上生长的植物统称为陆生植物(terrestrial plant),包括湿生植物、旱生植物和中生植物。

(1)湿生植物(hygrophyte)　湿生植物指在潮湿环境中生长,不能忍受较长时间水分不足,抗旱能力最弱的一类陆生植物。湿生植物根系发育很弱,叶片大而薄,角质层很薄,海绵组织发达,栅栏组织和机械组织不发达,细胞间隙很大,如秋海棠属(*Begonia*)的植物。

(2)旱生植物(xerophyte)　旱生植物是在干旱环境中生长，能忍受较长时间干旱而仍能维持水分平衡和正常生长发育的一类植物。根据旱生植物的形态、生理待征和耐旱方式的不同，可以分为少浆液植物和多浆液植物。

少浆液植物是一类含水较少的植物，这类植物在丧失50%的水分时仍不死亡。其特点是尽量缩小叶面积以减少蒸腾，根系发达；细胞内原生质渗透压高，植物的导水系统特别发达，气孔密度大，如刺石竹(*Acanthophyllum pungens*)、中麻黄(*Ephedra intermedia*)等。多浆液植物在体内薄壁组织里贮存大量水分，肉质化程度高，以减少蒸腾失水来适应干旱环境，如龙舌兰、仙人掌科等。

(3)中生植物(mesophyte)　生长在水湿条件适中的土壤上，介于旱生植物和湿生植物之间的类型。它们的根系深浅适中，叶面积的大小、厚薄，角质层、输导组织、机械组织、气孔大小和数量也都适中，栅栏组织和海绵组织适度发育，细胞间隙没有湿生植物的发达。生理特性如细胞的渗透压比湿生植物高，比旱生植物低；体内含水量比湿生植物少，比旱生植物多(多浆液植物除外)。大多数农作物、蔬菜、果树、森林树种、草地的草类、林下和田间杂草等都属于此类。

(四)土壤对植物的生态作用

土壤是岩石圈表面能够生长植物的疏松表层，是植物生长发育的基础。植物生活所需要的矿质元素、水分和部分气体是由土壤提供的，土壤是植物和环境进行物质交换的场所。

土壤供给植物生长所需要的水分、养分、空气和温度等生活条件的能力，称为土壤肥力(soil fertility)，是土壤最基本的特征。土壤是固体、液体和气体三类物质组成的一个整体。固体物质包括有大小不同的矿质土粒和有机质；液体主要指土壤水分，其中溶有各种可溶性有机物和无机盐类，实际上是土壤溶液；在水分占据以外的全部孔隙中都充满空气。除此之外，每种土壤都有其特定的生物区系，如土壤微生物、原生动物、软体动物及节肢动物等。这些生物有机体的集合，对土壤有机物质的分解、转化以及元素的生物循环具有重要作用，并能影响、改变土壤理化性质。由于植物根系和土壤之间具有极大的接触面积，发生着频繁的物质交换，彼此强烈影响，因而土壤是一个重要的生态因子，是土壤－植被－大气连续系统中的重要成分。

1. 土壤物理性质对植物的影响　土壤的物理性质包括土壤质地、土壤结构、土壤水分、土壤空气、土壤热量等。

(1)土壤质地　土壤中大小不同的颗粒混合在一起表现出来的土壤粗细状况称为土壤质地。按照土壤质地，一般将土壤分为砂土、黏土、壤土等。砂土颗粒组成较粗，含砂粒多、黏粒少，土壤结构疏松，透气性好，但保水力很差，植物根系生长发育良好，多为深根系。黏土中黏粒和粉砂较多，质地黏重、致密，保水保肥能力强，但通气透水能力差，因而只适合浅根系植物生长。壤土是砂粒、黏粒和粉砂大致等量的混合物，物理性质良好，最适于农业耕种。

(2)土壤结构　土壤结构是指土壤固相颗粒相互排列、交合在一起而成的团聚体。土壤的很多特性如孔隙度、水、肥、气、热的协调，主要决定于土壤结构。土壤结构通常分为微团结构、团粒结构、块状结构、核状结构、柱状结构和片状结构。具有团粒结构的土壤是结构良好的土壤。团粒结构是土壤中的腐殖质把矿质土粒互相黏结成直径为0.25～10 mm的小团块，具有泡水不散的水稳性特点，常称为水稳性团粒。由于团粒内部经常充满水分，缺乏空气，有机质分解缓慢，有利于有机质的积累，而团粒之间空气充足，有利于好气性微生物将土壤有机物分解，转化为能被植物吸收利用的无机养分，所以团粒结构的土壤既解决了水和空气的矛盾，也协调解决了保肥和供肥的矛盾。另外，水的比热容较大，使得土壤温度相对稳定。因此，团粒结构土壤的水、肥、气、热状况常处于最好的协调状态，是植物生长的良好基质。

(3)土壤水分　土壤水分主要来自降水和地下水。水分进入土壤后，受重力、分子引力和毛细管力等作用，形成不同的存在形态和运动形式。土壤水分包括气态水、固态水、束缚水和自由水四类。土壤水分的意义在于：被植物根系直接吸收；与可溶性盐类一起构成土壤溶液，作为向植物供给养分的介质；参与土壤中的物质转化过程，如土壤有机物的分解、合成等过程，都必须在水分参与下才能进行；土壤水分与养分的有效性有关，如水分利于磷酸盐的水解，适宜的水分状况利于有机磷的矿化，从而增加植物的磷素营养。

(4)土壤空气　土壤空气基本来自大气，还有一部分是由土壤中的生化过程产生的。维持土壤的适当通气性，是保证土壤空气质量、维持土壤肥力、使植物良好生长的必要条件。土壤通气性对土壤肥力和植物生长的影响主要表现在：

①大多数植物只有在通气良好的土壤中根系才能良好生长，当 O_2 浓度低至 9%～10%，CO_2 浓度积累至 10%～15%时，就会抑制根系生长；当 O_2 浓度低于 5%，大部分根系会停止发育，此时 CO_2 浓度再增加，就会产生毒害作用。

②土壤通气性的程度影响土壤微生物的种类、数量和活动情况，并进而影响植物的营养状况。

③土壤通气不良，还原性气体 H_2S、CH_4 产生过多，会对植物产生毒害作用。

④土壤通气不良，O_2 不足，CO_2 过多，土壤酸度增加，适于致病霉菌的发育，易使植物感染病害。

(5)土壤热量　土壤热量的来源有太阳辐射能、地球内部向外输送的热量和土壤微生物分解有机质产生的热量，其中太阳辐射能是土壤热量的最主要来源。土壤温度是土壤热量的主要表现形式。在适宜温度范围内，土温升高能加速种皮破裂，刺激呼吸作用，促进种子萌发。根系生长也需要适宜的土壤温度，一般在 0 ℃以下植物根系不能生长，而土温高于 30 ℃时对根系生长也不利。

2. 土壤化学性质对植物的影响　土壤化学性质包括土壤的保肥性、酸碱反应、缓冲性能和氧化还原反应等。

土壤的保肥性是指土壤吸收气态、液态与固态物质的性能。土壤具有这种性能，就可使施入的肥料及土壤中的营养物质不会随降水或灌溉水流走，而被保持在土壤中，使植物得以持续、稳定地吸收利用。

绝大多数植物和微生物一般适宜于微酸性、中性或微碱性的土壤环境，最适的 pH 在 6.1～7.5之间，土壤过酸或过碱，都会抑制植物和微生物的活动。土壤酸碱度能影响土壤中矿质盐类的溶解度，从而影响养分的有效性，如磷酸根在碱性土壤中易与铁、铝离子结合，形成不溶性的磷酸铁或磷酸铝，而不利于植物对磷的吸收利用。由于氮肥主要靠微生物分解含氮的有机质或固定空气中的氮素而来，土壤过酸或过碱时，均会抑制微生物的活动而导致土壤氮素含量不足。此外，土壤酸碱度还会影响土壤的物理特性，过酸或过碱均会破坏土壤结构。

土壤的缓冲性能是指当土壤中加入一定量的酸或碱时，土壤有阻止本身酸碱度发生变化的能力，而使其酸碱度经常保持在一定范围内，避免因施肥、根的呼吸、微生物活动、有机质分解等引起溶液酸碱度的激烈变化。

土壤中存在着多种有机和无机的氧化还原物质，主要是氧、铁、锰、硫等及各种有机物质。它们分别构成了土壤中复杂的氧化还原平衡体系，该体系的氧化还原状态可用氧化还原电位的毫伏数来表示，根据该电位的高低，可以判断土壤的肥力状况。

土壤的氧化还原电位的高低，主要受溶液中氧压的影响，因此氧化还原条件是经常变化的。它受土壤水分、松紧度、温度、施肥、微生物活动、植物生长等多种因素的影响。灌溉、施入有机肥等，都可以降低氧化还原电位；土壤变干、疏松通气，则可以提高氧化还原电位。

3. 土壤生物性质对植物的影响　土壤的生物特性是土壤中微生物、动植物活动所造成的一种生物化学和生物物理学特性，表现在控制与调节土壤有机质的转化、影响土壤的理化性质等方面，这与植物营养有密切关系。在土壤微生物中起作用最大的是细菌、真菌、放线菌等，它们是自然生态系统中的分解者。其作用主要表现在：

①直接参与土壤中的物质转化，能分解动植物残体，使土壤中的有机质矿质化和腐殖质化。腐殖质化作用和矿质化作用是一个对立统一的过程，在土壤温度和水分适当、通气良好的条件下，好

气性微生物活动旺盛，以矿质化过程为主；相反，当土壤湿度大、温度低、通气不良时，则嫌气性微生物活动旺盛，以腐殖质化过程为主。

②土壤微生物的分泌物和对有机质的分解产物，如 CO_2、有机酸等，可直接对岩石矿物进行分解，硅酸盐菌能分解土壤中的硅酸盐，并分离出高等植物所能吸收的可溶性钾元素。微生物生命活动中产生的生长激素和维生素类物质，可对种子萌发和植物正常生长发育起良好作用。

除上述作用外，土壤微生物还具有硝化作用、固氮作用、分泌抗菌素以及与植物根系形成菌根的作用，这些都对土壤肥力和植物营养起着极其重要的作用。

4. 植物对土壤适应的生态类型　不同土壤上生长的植物，因长期生活在一定类型的土壤上，产生了与之相适应的特性，形成了各种以土壤为主导因子的生态类型。

根据植物对土壤 pH 的反应，可分为酸性土植物（pH＜6.5）、碱性土植物（pH＞7.5）和中性土植物（pH 6.5～7.5）。

（1）酸性土植物　酸性土植物也称为嫌钙植物，只能生长在酸性或强酸性土壤上，它们在碱性土或钙质土上不能生长或生长不良，对 Ca^{2+} 和 HCO_3^- 非常敏感，不能忍受高浓度的 Ca^{2+}。如马尾松、杉木、茶、柑橘、杜鹃属及竹类等。

（2）碱性土植物　碱性土植物也叫喜钙植物或钙质土植物，适合生长在高含量代换性 Ca^{2+}、Mg^{2+} 而缺乏 H^+ 的钙质土或石灰性土壤上。它们不能在酸性土壤上生长。如蜈蚣草（*Pteris vittata*）、铁线蕨（*Adiantum capillus－veneris*）、南天竹、柏木（*Cupressus funebris*）等都是较典型的喜钙植物。

（3）中性土植物　中性土植物是指生长在中性土壤里的植物。这类植物种类多、数量大、分布广，多数维管植物及农作物均属此类。

根据植物对土壤含盐量的适应，可划分出盐生植物。盐生植物是生长在盐土中，并在器官内积聚了相当多盐分的植物。这类植物体内积累的盐分不仅无害，而且有益。盐生植物中，有些可以向外泌盐，这类植物具有盐腺，通过盐腺将吸收到体内的盐分分泌到体外，如红砂（*Reaumuria songarica*）、大米草（*Sporobolus anglicus*）等；有些是向体内泌盐，这类植物叶表面具有囊泡，将体内的盐分分泌到囊泡中，暂时贮存起来，如滨藜属、藜属、猪毛菜属植物等；还有些植物其细胞有高的渗透压，能从土壤中吸收大量可溶性盐类，并把这些盐积聚在体内而不受伤害，也称为聚盐植物。如碱蓬属、盐穗木（*Halostachys caspica*）、盐节木（*Halocnemum strobilaceum*）等。

根据植物对风沙基质的关系，可分出沙生植物。生活在沙区（以沙粒为基质）生境的植物称为沙生植物。它们在长期适应过程中，形成了抗风蚀沙割、耐沙埋、抗日灼、耐干旱贫瘠等一系列生态适应特性。如黄柳、黑沙蒿（*Artemisia ordosica*）等沙生植物具有在被沙埋没的茎干上长出不定芽和不定根的能力。骆驼刺（*Alhagi camelorum*）等以庞大根系吸收水分，同时，发达的根系具有良好的固沙作用。还有以根套避免灼伤和机械损伤的，如沙芦草（*Agropyron mongolicum*）等；也有以假死状态度过干旱季节的，如木猪毛菜（*Xylosalsola arbuscula*）等；还有利用极短暂雨季完成生活史的，如短命植物齿稃草（*Schismus arabicus*）、尖喙牻牛儿苗（*Erodium oxyrhinchum*）等。在繁殖方面，许多沙生植物具有对流动沙子的特殊适应性，多靠风力传播种子和果实，"风滚型"植物在种子成熟后整株折断，并随风传播种子，如刺沙蓬（*Salsola tragus*）等。很多沙生植物的种子在沙层中可埋藏多年而仍有活力，一旦遇水就可萌发。此外，沙生植物也常行无性繁殖，如根蘖、根茎繁殖等。

（五）风对植物的生态作用

风对植物生长发育、繁殖和分布等具有深刻影响。

1. 风对植物生长发育的影响　风在很大程度上调节叶面的蒸腾，它能使叶肉细胞间的水分泄出，加强蒸腾作用，从而影响植物体的水分平衡，致使植物旱化和矮化。另外，强风还能形成畸形树冠。盛行一个方向的强风，植物常长成畸形，乔木树干向背风方向弯曲，树冠向背风面倾斜，形成所谓的“旗形树”。

2. 风对植物繁殖的影响　长期生活在强风盛行生境中的植物，经过自然选择作用，那些能借风力传送花粉和种子的植物，在该生境条件下繁盛；如果无风，则繁殖受到阻碍。风媒花植物靠风传播花粉，如松科、杨属、胡桃等植物；许多植物靠风传播种子或果实，这些种子或果实或者很轻，如兰科、列当属的一些植物；或者具毛，如菊科、杨属、柳属的一些植物；或者具翅翼，如榆属、槭属的植物；或为“风滚型”植物；苔藓植物、石松类和蕨类植物的孢子非常小而且轻，也是靠风传播的。

3. 风的破坏作用　风对植物破坏（指打断枝干、拔根等）的程度，主要取决于风速、风的阵发性、环境特点及植物种的特性，阵发性风的破坏力特别强，往往带来毁灭性的灾难。

4. 防风林的生态效应　防风林、风沙防护林、农田防护林的主要作用在于防风或防风兼防沙，通常防风林越高，它所影响的顺风距离和逆风距离越远；防风林越长，它的影响越稳定，效果越好。

(六)生物因子对植物的生态作用

生物因子包括同种生物的其他个体和异种生物。前者构成了种内关系，后者构成了种间关系(interspecific relationship)。在此，主要介绍种间关系的作用。

自然界的大多数群落是物种的集合。在靠近生长的两个种之间，必然发生种间关系。

1. 竞争(competition)　种间竞争是具有相似要求的物种，由于它们的需求或多或少超过了当时空间或共同资源的供应状况，发生对资源和空间的争夺而产生的直接或间接抑制对方的现象。植物的竞争主要是对光、水、矿质养分和生存空间的竞争。竞争的结果可能有两种情况：一种是假如两个种是直接竞争者，即在同一空间、相同时间内利用同一资源，那么一个种群增加，另一个种群就减少，直到后者消灭为止；另一种是如果两个种在要求上或者说在空间关系上不相同，那么就有可能是每个种群消长，维持平衡。种内个体间的竞争要比不同物种间的竞争更为强烈。

一个物种在群落内都占有一定范围的温度、水分、光照以及时间、空间资源，在群落内具有区别于其他种群的地位和作用，种群的这一特征称为生态位(niche)。生态位和生境是两个不同的概念。生境是许多生物共同生活的环境，而生态位则是指某一种群有可能占据的那一部分环境资源的总和以及它在群落中的地位和角色。不难发现，任何两个种群的生态位都不相同，但生态位可以重叠。所以，生态位重叠是引起种群间竞争的原因。

两个种越相似，它们的生态位重叠越多，竞争越激烈。生态位接近的两个种不能永久共存，这一现象被称为竞争排斥原理(competitive exclusion principle)或高斯假说。

在一个稳定群落中，没有任何两个种是直接的竞争者，因为这些种在生态位要求上是不一样的，所以减少了它们之间的竞争，从而保证了群落的稳定。群落实际上是一个相互起作用、生态位分化的种群系统，这些种群在它们对群落空间、时间、资源的利用方面，以及相互作用的可能类型，都趋向于互相补充而不是直接竞争。因此，由多个种组成的植物群落要比单一种的植物群落更能有效利用环境资源，维持长期较高的生产力，并具有更大的稳定性。

2. 共生(symbiosis)　1899 年德国植物学家 De Barry 在描述地衣中某些藻类和真菌之间的相互关系时，首次提出了“共生”一词，其最初含义是指有益的或对共生生物没有副作用的相互作用。

(1) 互惠共生(mutualism)　互惠共生是指所有有利于共生双方的相互作用，如菌根、根瘤、地衣等。在植物界，菌根是最常见、最重要的互惠共生类型，如松属、云杉属、杨属等植物都有菌根。

(2) 附生(epiphytism)　附生也称偏利共生(commensalism)，是指两个种之间的关系只对一方有利，对另一方无利害的共生。在森林中，常能见到一种植物附着在另一种植物上生长的现象。藻类、地衣、苔藓、蕨类、种子植物中都有附生现象。附生植物(epiphytic plant)的产生是长期进化的结果。它们避开了生长在土壤上与其他植物的竞争，能获得更合适的生长条件，如光。但附生植物过多的繁殖生长，可对宿主产生不利影响，甚至导致宿主死亡，使它们的关系转变成拮抗关系。

3. 寄生(parasitism)　寄生是指某一物种的个体依靠另一物种个体的营养而生活的现象。寄生于其他植物上并从中获得营养的植物称为寄生植物(parasitic plant)，如菟丝子。有些寄生植物自身含有叶绿素，可以合成一部分营养物质，称为半寄生植物，如槲寄生(*Viscum coloratum*)；有些寄生植物完全不含叶绿素，为全寄生植物，如大花草(*Rafflesia arnoldi*)。无论是哪种类型，寄生植物都会使寄主植物的生长减弱，轻者引起寄主植物生物量降低，重者引起寄主植物养分耗竭，并使组织破坏而死亡。

4. 化感作用(allelopathy)　生活的或腐朽的植物通过向环境释放化学物质而产生促进或抑制其他植物生长的效应，称为化感作用或他感作用。植物一般通过地上部分茎叶挥发、淋溶和根系分泌物以及植物残株分解等途径向环境中释放化学物质，从而影响周围植物（受体植物）的生长和发育。植物的化感作用广泛存在于自然界，与植物间光、水、养分和空间的竞争一起构成了植物之间的相互作用，它在森林更新、植被演替以及农业生产中具有重要意义。

四、植物的生态适应

（一）植物适应的不同途径

在植物与环境的相互关系中，一方面环境对植物具有生态作用，能影响和改变植物的形态结构和生理生化特性；另一方面，植物以自身变异来适应外界环境的变化，即植物对环境的适应性。

1. 适应(adaptedness)的基本概念　适应是植物在生存竞争中适合环境条件而形成一定性状的现象，它是生物学的核心现象，也是种群分布的前提。

(1)适应组合(adaptive suites)　适应组合是指对某一特定生境条件表现出一整套的协同适应特性，如沙漠植物适应极炎热和干旱条件。

(2)适应性(adaptability)　适应性指植物随外界环境变化而改变自身特性或适应能力，可区分为个体适应能力和种群适应能力，这两者都受遗传控制。

2. 适应的类型　植物对综合环境条件的适应关系包括趋同适应和趋异适应。

(1)趋同适应(convergence adaptedness)　趋同适应是指不同种类的植物生长在相同或相似环境条件下，产生相同或相似的适应方式或途径，从而使不同种植物在外部形态、内部结构或生理学特性等方面表现出相似的适应性特征。例如，仙人掌科植物为适应沙漠干旱环境，常形成肉质多汁的茎，叶子则退化成刺状；生活在相同环境下，但属于其他类群的植物，如菊科的仙人笔(*Baculellum articulatum*)和大戟科的霸王鞭(*Euphorbia royleana*)具有类似的形态特征，这就是趋同适应的结果。

(2)趋异适应(divergence adaptedness)　趋异适应是指同种植物不同个体群，由于分布地区的间隔，长期接受不同环境条件的综合影响，个体群之间发生了生态变异，从而使它们在形态、生理和遗传等方面出现了分异。如芦苇在我国由于分布区生态条件的差异，出现了水芦、沙芦、鸡爪芦和麦秆芦四个生态型。

趋同适应与趋异适应代表了植物适应性发展的两个不同侧面，趋同适应促使不同类群的植物向着同一个方向发展，结果形成具有相似适应特征的生活型；而趋异适应则是种内分化定型的过程，其结果是导致产生不同的生态型。

（二）植物的生活型

1. 生活型的概念　植物对于综合环境条件的长期适应，在外貌上反映出相似性和一致性的植物类型叫植物的生活型(life form)，是不同植物对相同环境趋同适应的结果。

相同的生活型反映的是植物对环境具有相同或相似的要求或适应能力，往往根据植物的外貌、寿命等外部可见的特征进行度量。在同一类生活型中，包括了分类系统地位不同的许多种，因为不论植物在系统分类上的位置如何，只要它们对某一类环境具有相同或相似的适应方式和途径，并在外貌上具有相似的特征，它们就属于同一类生活型。例如在具有缠绕茎的藤本植物中，包括了在分类系统地位上十分不同的许多植物种。相反，在分类学上亲缘关系很近的植物也可能属于不同的生活型，如豆科植物中的很多种类，在生活型上表现出极大的多样性，可分属于乔木，如槐、合欢；灌木，如锦鸡儿、胡枝子；藤本，如紫藤、葛；草本，如苜蓿、白车轴草等。所以，通过生活型可以明显反映出植物和环境间的关系。

2. 生活型的分类　目前运用最为广泛的是丹麦植物学家 Raunkiaer(1905)创立的植物生活型分类系统。他以温度和湿度作为揭示生活型的基本因素，以植物度过不良季节的适应方式作为分类基础，以休眠芽或复苏芽所处位置的高低以及保护方式为依据，把高等植物分为高位芽植物(phanerophytes)、地上芽植物(chamaephytes)、地面芽植物(hemicryptophytes)、地下芽植物(geophytes)和一年生植物(therophytes)五大生活型类群。其中，高位芽植物的更新芽位于距地表 25 cm以上，如乔木、灌木和一些生长在热带潮湿气候条件下的草本等；地上芽植物的更新芽不高出地表 25 cm，多为小灌木、半灌木(茎仅下部木质化)或草本；地面芽植物在生长不利季节，地上部分全部死亡，更新芽位于地面，被土壤或残落物保护；地下芽植物的更新芽埋在地表以下或位于水体中；一年生植物，以种子形式度过不良季节(图 14-1-1)。

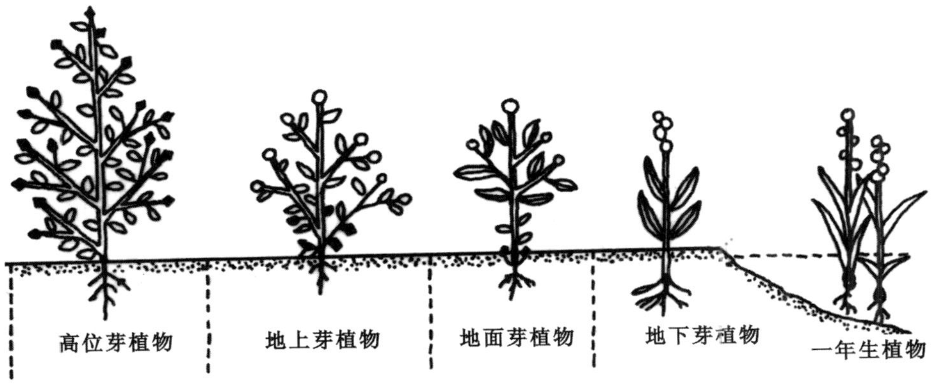

图 14-1-1　Raunkiaer 生活型图解

在《中国植被》中，生活型系统是按生长型划分的，也就是按茎的形态和木质化程度将植物分成木本植物、半木本植物、草本植物和叶状体植物四个生活型类型，然后再根据其他形态特征或生活习性进一步划分成许多小类群。由此可见，生活型系统是可以按照不同标准划分的，可以选择少数最典型的特点来反映植物的综合适应特征。由于生活型是植物适应不同气候环境的产物，因此不同地区、不同气候环境下应由不同的生活型组成。通过对不同地区的生活型组成进行分析和比较，将有助于了解不同地区的环境特点，分析植物与环境的相互关系。

3. 生活型谱(Life form spectrum)　统计某一地区或某一植物群落内各类生活型的数量对比关系，称为生活型谱。通过生活型谱，可以分析一定地区或某一植物群落中植物与生境(特别是气候)的关系。

制定生活型谱的方法，首先要弄清整个地区(或群落)的全部植物种类，列出植物名录，确定每种植物的生活型，然后把同一生活型的种类归到一起，按下列公式求算：

某一生活型的百分率(%)＝(该地区该生活型的植物种数÷该地区全部植物的种数)× 100

根据不同地区或不同群落生活型谱的比较，可以看出各个地区或群落的环境特点，特别是对于植物有重要作用的气候特点。一般情况下，温热多湿地区，高位芽植物占优势；有较长严寒季节的地区，地面芽植物占优势；而地下芽植物占优势的地区，环境比较冷湿；一年生植物占优势的地区，气候较为干旱，如沙漠地区。

(三)植物的生态型

1. 生态型(ecotype)的概念　生态型是同一物种的不同个体群，在不同的环境条件下形成的个体群之间的变异和分化，这些变异和分化是可以遗传的，是一种表现为有遗传基础的生态分化。生态型是同一物种对不同环境趋异适应的结果。一般来说，生态幅广的物种，产生的生态型多。

生态型分化与地理分布幅度成正相关，生态分布区域很广的种类，产生的生态型多，对环境的适应性强。而具有很多生态型的种，则能更好适应广泛的环境变异，反之亦然。

2. 生态型的类型

(1)气候生态型(climate ecotype)　气候生态型是指长期受气候因子影响所形成的生态型。不同气候生态型在形态、生理、生化特性上有差异，如对光周期、温周期和低温春化等都有不同反应。在北半球，分布在南方的生态型一般表现为短日照类型，分布在北方的生态型则表现为长日照类型。海洋性生态型要求较小的昼夜温差，大陆性生态型则要求较大的昼夜温差。在北半球，南方的生态型种子发芽对低温春化没有明显要求，北方的生态型如不经低温春化，就不能打破休眠。

(2)土壤生态型(edaphic ecotype)　土壤生态型是指长期在不同土壤条件作用下分化而形成的生态型，如羊茅(*Festuca ovina*)具有广布而不耐铅类型、中度耐铅类型和高度耐铅类型等。

(3)生物生态型(biotic ecotype)　生物生态型是指在生物因子作用下形成的生态型。有的生物生态型是由于缺乏虫媒授粉昆虫，限制了种内基因的交换，从而导致植物种内分化为不同的生物生态类型。有的植物长期生活在不同植物群落中，由于植物竞争关系不同，也可分化为不同的生态型。例如稗，生长在稻田中的与生长在其他地方的是不同的生物生态型，前者秆直立，常与水稻同高，差不多同熟；后者秆较矮，花期也迟早不同。水稻在长期自然选择和人工培育下，形成许多适应于不同地区、不同季节、不同土壤的品种生态型。人为因素对植物的影响最大，作物或果树的许多品种都是在人为因素影响下所形成的不同生态型。

对植物生态型分化的过程和机制进行研究，不仅有助于了解种内分化定型的过程和原因，为研究物种演化提供资料，而且可以为育种和引种工作提供理论依据，指导人们有目的、有方向地改良植物，培育新品种。

第二节　植物种群与环境

种群(population)是物种在自然界存在的基本单位，是指特定空间和时间里同种个体的集合，同一种群的个体能自由授粉和繁殖，如某山地的油松(*Pinus tabuliformis*)种群，某农田中的小麦种群等。

种群并不是个体的简单总和，而是一个客观的生态生物学单位，是具有自己独立的特征、结构和机能的整体。自然种群的基本特征有：空间特征，即种群具有一定的分布区域；数量特征，即单位面积或体积中的个体数量是动态的；遗传特征，即种群具有一定的基因组成，种群的遗传多样性增加了种群在环境中的生存能力。研究种群数量变动和空间分布规律是种群生态学(population ecology)的主要任务。

种群不仅是物种存在、遗传演化的基本单位，也是群落或生态系统的基本组成单位。

植物种群与动物种群不同，植物具有固着生长、个体不能自主移动、自养、具有无限的分生能力和多样的繁殖方式、具有构件结构等特点。因此，植物种群在数量特征和空间分布等方面具有其特殊性。【二维码 14-1】

14-1

一、种群的分布

(一)种群分布

种群分布是指种群在空间中的分布状况，它涉及种群传播、分布类型和格局等要素。此外，种群在特定环境下分布格局的形成，还依赖于种群对其环境的适应性。

(二)种群分布类型

种群分布类型是指种群在空间分布中的方式。此空间是指一个种群在其所有广大分布范围内的空间，称之为分布型。种群的分布类型分为连续的(continuous)和间断的(disjunction)或不连续的(discontinuous)等几种类型。

1. *岛式模型*(island model) 岛式模型或岛式分布(island distribution) 指一个种或种群分布在有利生境空间，而被其他不利生境空间隔离开的任何情况。不仅是指被水体隔离的岛屿种群，而且也指生长在一系列湖泊、池塘、沼泽包围中的种群，以及被草原包围的小块森林，或被森林包围的小块草原等生境空间的种群。

2. *连续分布*(continuous distribution) 指在生境一致的广大空间的种群分布。例如一望无际的大草原、成片的大森林等。线性分布(linear distribution)是另一种连续分布类型，例如河岸、海岸等生境空间，其种群通常是呈线形连续分布。

3. *脚踏石模型*(stepping stone model) 脚踏石模型或脚踏石分布(stepping stone distribution)是含有岛式分布和线性分布的种群分布类型。

大多数种群分布是连续的，造成间断分布通常是由于种群从某地向其他地区远距离散布后，在两地之间缺乏适宜生境，或者说间隔分布可能代表了连续分布模式的残余，即从前有过宽广的连续分布，但后来由于中间地区消失而造成间断分布。同时，某些种群的间断分布，可能不是真正的间断分布，而是代表了人为引种或干预的结果。种群的连续分布和间断分布是一种自然现象，而种群是动态单位，在生理上和遗传上严格地适应其环境，并对环境条件的任何变化都很敏感，而在一定限度内对这些变化发生反应，种群分布类型也是这种生态反应的结果。

(三)种群分布格局

种群分布格局是指在一个地理分布区内某一种群各个体的分布状况，也叫种群的内分布型。

1. *随机分布*(random dispersion) 种群个体分布是偶然的，分布机会相等，个体间彼此独立，任何一个个体的出现与其他个体是否已经存在无关。

出现随机分布的条件：生境条件对很多种的作用差不多；某一主导因素呈随机分布；生境条件比较一致。

2. *均匀分布*(uniform dispersion) 种群内的个体分布是等距离，或个体间保持一定的均匀间距，取样时空白和密度大的样方都少，接近平均株数的样方多。

均匀分布在自然条件下极为少见，大多为人工群落，并且以植物种群为多见。人工栽培的固定株行距的种群是典型的均匀分布。

引起均匀分布的原因：种内竞争；优势种呈均匀分布而使其伴生植物也呈均匀分布；地形或土壤物理性状的均匀分布；虫害以及自毒现象。

3. *聚群分布*(aggregated dispersion) 种群个体的分布极不均匀，常成群、成簇、成块、斑点状密集分布，各群的大小、群间距离、群内个体的密度等都不相同，但各群大多呈随机分布，有时各群间亦均匀分布。

聚群分布是最广泛的一种分布格局。形成聚群分布的原因有：种的繁殖特点，如植物从母株上散布种子，落在附近，种子长成植株，形成群状；有些植物果实内含有多粒种子，如松属的球果，这些种子长成植株总是非常靠近，呈簇状；植物的无性繁殖，形成密集的团聚，如伐根萌芽和根蘖形成的集群。环境中局部条件的差异，如林地的光照条件呈大小不等的光斑镶嵌，郁闭林内的森林更新，多发生在光斑处；局部地形的微起伏和土壤条件的局部差异。种间相互关系，如种间信息等，有可能是直接的有利作用或间接的互为环境。聚群分布能更好地改善小气候与微气候。

种群的分布类型如图 14-2-1 所示，有时在同一群落内的某一种群，可以形成两种分布格局。

如某一种群侵入某一生境，种子自然撒播可能形成随机分布，随后由于无性繁殖形成聚群分布，最后又因竞争或其他原因呈随机分布或均匀分布。

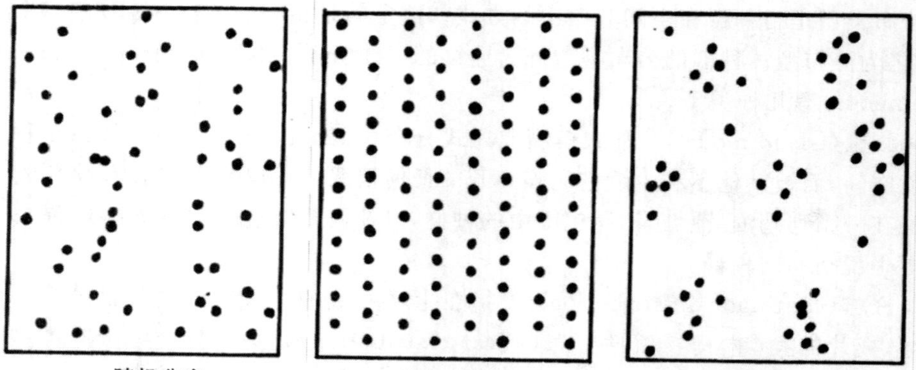

图 14-2-1 种群的三种分布类型

二、种群的数量及增长

种群数量是指在一定面积或容积中某一个种的个体总数。一个种群的个体数目多少，也叫种群大小。种群的数量决定于出生率和死亡率的对比关系。单位时间内出生率与死亡率之差为增长率(growth rate)。当出生率超过死亡率，则增长率为正，种群的数量增长；当死亡率超过出生率，则增长率为负，种群数量减少；而当出生率和死亡率相平衡时，增长率接近于零，种群数量保持相对稳定状态。大多数自然生态系统中，种群数量的趋势是相对稳定的。

在理论上可以假设环境资源不受限制的条件下，单种种群增长的速率可能按照几何级数增加。但实际环境资源总是有限的，因此，种群的大小除了决定于种本身的特性外，还决定于环境中可利用的物质和能源。种群的增长会随竞争而放慢，个体的数量就越来越接近环境所支持的最大值。此外，就植物种群而言，果实、种子的传播能力或外来种侵入的数量，也影响种群数量的变动。在种群刚扩散到一个新的生境时，数量常急剧上升，这是因为一个物种刚进入一个新的、以前没有它分布的地区，由于与其他生物还没有来得及形成稳定的平衡，因此，只要环境条件合适就容易产生暴发式的增长。

种群的数量尽管多变，但其数量的变动不是无限的，这是由于种群具有自动调节的能力，能调节自己的数量适应环境条件的变化。

三、种群密度

种群密度(population density)是指单位面积上或单位容积内的个体数目或种群生物量。密度的计数个体为个体、基株、构件、宿主等。根据计数空间不同，生态学上常将其区分为粗密度和生态密度。粗密度(crude density)是指单位总空间的个体数，即单位面积或容积按种的分布区计算；而生态密度(ecological density)是指在单位栖息空间(种群实际上占据的有用面积或空间)的个体数。在进行密度调查与对比分析时，还需要区分出绝对密度和相对密度。绝对密度是指单位面积或单位空间内种群大小的绝对数量。而相对密度是指单位面积或单位空间内种群大小的相对数量，可用时间表示，也可用各种百分比表示。

四、年龄结构

种群年龄结构是指种群内个体的年龄分布状况，即不同年龄的个体在种群内的比例或配置情况。若按年龄由小到大将其比例绘制成图，其形状类似于金字塔，故又称为年龄金字塔或年龄锥体。

归纳种群的年龄结构,可把种群分为增长型、稳定型和衰退型三种类型(图 14-2-2)。

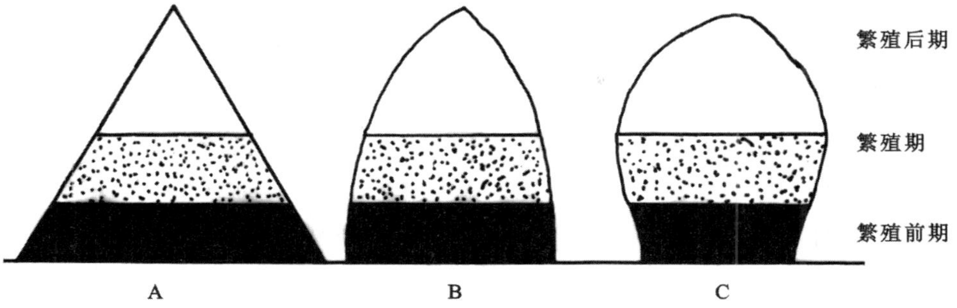

A 增长型;B 稳定型;C 衰退型。

图 14-2-2 种群年龄结构的类型

(1)增长型种群(increasing population) 这类种群中幼年个体占有最大比例,老年个体数最少。幼、中年个体除了补充死去的老年个体外还有剩余,所以,这类种群的数量呈上升趋势。

(2)稳定型种群(stable population) 这类种群中各个年龄级的个体数分布比较均匀,每个年龄级进入上一级的个体数,与下一个年龄级进入该级的个体数大致相等,所以,种群大小趋于稳定。

(3)衰退型种群(declining population) 这类种群与增长型种群相反,老年个体数大,幼年个体数小,大多数个体已过了生殖年龄,种群的数量趋于减少。

值得注意的是,在利用种群年龄结构分析其发展趋势时,还应就环境因子对种群的作用加以考虑,因为有时幼苗数量并不能完全说明种群的发展趋势,如在亚热带松一栎混交林中,松的幼苗常比栎多,但由于栎耐阴性比松强,所以,在郁闭林下,不利于喜阳的松苗生长,而有利于栎苗生长,尽管松的幼苗多,但最终被栎所替代。

种群的年龄结构不仅反映了种群不同年龄个体的组配情况,也反映了种群数量动态及其发展趋势,并在很大程度上反映了种群与环境间的相互关系以及它们在群落中的作用和地位。结合种群的生态需求、各龄级的死亡率和产生后代的能力,就能更好地对种群未来作出估计。

五、种群的遗传与演化

植物所具有的表现型特征从根本上说都是由植物内在基因型控制的,同时也受环境条件影响。任何一个种群,其各个个体基因型的相对稳定性是种群繁殖的基础。但是,各个个体的基因型并不完全相同,因而它们各自的表现型在很多情况下也出现差异。种群内在的生存和繁殖差异,使得那些能较好适应环境的个体产生更多后代,结果使种群更适应环境。如果环境条件随时间发生变化,优良的基因型将能较好地适应新环境,并在自然选择中种群的遗传组成将发生变化,从而产生适应性更强的表现型。物种或种群的遗传组成随时间而发生变化的过程就是演化(evolution)。

大多数植物并不都生长在环境条件完全相同的地方,而是有一个环境条件差异较大的地理分布范围。由于长期受到不同环境条件的影响,同种植物不同个体群都朝着适应各自环境条件的方向发展,导致了不同个体群之间的变异。如果这些变异能够遗传,就形成了在同一个种内分化成不同的个体群类型,即生态型。

六、生态入侵

由于人类有意识或无意识地把某种生物带入适宜于其栖息和繁衍的地区,使其种群不断扩大,分布区逐步稳定扩展,这种过程称为生态入侵(ecological invasion)。

紫茎泽兰(*Ageratina adenophora*)原产于墨西哥,1865 年作为观赏植物被引入夏威夷,1875 年被引入澳大利亚。后来发展为到处繁衍、泛滥成灾的入侵植物。新中国成立前由缅甸、越南进入我国云南，现已蔓延到25°33′N地区，并向东扩展到广西、贵州境内。它常连接成片，发展为单优势群落，侵入农田，危害牲畜，影响林木生长，成为“害草”。

第三节 植物群落与环境

一、植物群落的基本特征

植物群落是在特定空间或特定生境下植物种群有规律的组合，它们之间以及它们与环境之间彼此影响，相互作用，具有一定的形态结构与营养结构，执行一定的功能。

（一）具有一定的种类组成

每个植物群落都是由一定的植物种群组成的，因此，种类组成是区别不同群落的首要特征。一个群落中种类成分的多少及每种的个体数量，是度量群落多样性的基础。

（二）不同物种之间的相互影响

群落中的物种有规律的共处，即在有序状态下生存。植物群落并非植物种群的简单集合。哪些种群能够组合在一起构成群落，取决于两个条件：第一，必须共同适应它们所处的无机环境；第二，它们内部的相互关系必须取得协调和平衡。因此，研究群落中不同种群之间的关系是阐明群落形成机制的重要内容。

（三）形成群落环境

植物群落对其居住环境产生重大影响，并形成群落环境。如森林中的环境与周围裸地不同，包括光照、温度、湿度与土壤等都经过了植物群落的改造。

（四）具有一定的结构

植物群落是生态系统的一个结构单位，它本身除具有一定的种类组成外，还具有一系列结构特点，包括形态结构、生态结构和营养结构，如生活型组成、种的分布格局、成层性、季相、镶嵌性等。但其结构常常是松散的，不像一个有机体结构那样清晰，有人称之为松散结构。

（五）一定的动态特征

植物群落是生态系统中具有生命的部分，生命的特征是不停地运动，群落也是如此。其运动形式包括季节动态、年际动态、演替与演化等。

（六）一定的分布范围

每个群落都分布在特定地段或特定生境上，不同群落的生境和分布范围不同。无论从全球范围看还是从区域角度讲，不同植物群落都是按一定规律分布。

（七）群落的边界特征

自然条件下，有些群落具有明显边界，可以清楚地加以区分；有的并无明显边界，处于连续变化之中。前者见于环境梯度变化较陡，或者环境梯度突然中断的情形，如地势变化较陡的山地垂直带，断崖上下的植被；陆地环境和水生环境的交界处，如池塘、湖泊、岛屿等；火烧、虫害或人为干扰都可造成群落边界。后者见于环境梯度连续缓慢变化的情形。但在多数情况下，不同群落之间都存在过渡带，被称为群落交错区（ecotone），并导致明显的边缘效应。在群落交错区，两边的群落相互混杂在一起，形成一个逐渐改变的连续体。

二、群落的种类组成特征

植物种类是一个植物群落主要的特征，编制一份完整的植物种类名单，是研究群落结构的首要步骤。

(一)最小面积与最小点数

最小面积指能够包含组成植物群落的大多数种类所需要的最小空间。在这个面积上也能表现出植物群落结构的主要特征,故植物群落特征的调查常在最小面积内进行。

一般情况下,组成植物群落的种类越多,群落最小面积越大;环境条件越优越,群落结构越复杂。可以通过逐步增大样方面积,计数其中植物的种数,绘制"种一面积曲线",曲线最初陡峭上升,而后水平延伸,开始平伸的一点处所指示的面积,即为植物群落的最小面积。也可用优势种的重要值来代替种数绘制优势种的"重要值一面积曲线"而得到。调查方法也可采用无样地法,此时可绘制"种一点数曲线",从而得到最小点数。

(二)群落种类组成的性质分析

1.系统分类上的组成分析　对群落中的种类组成可从系统分类方面加以统计分析,尤其对于其中的优势种类进行分析,可了解群落间的相似性程度,也可比较群落结构的种类丰富程度,以及不同科、属排列顺序的特点等。

2.区系地理成分分析　区系地理成分分析可帮助我们认识群落的空间特征,也可判断某一类型群落的分布中心或其来源;而历史成分分析则可了解群落的发生特点。在地理成分中,还有一些是某一地区的特有种,或者是孑遗种,它们总是分布在一定群落中,通过对它们的分析,可判断群落的古老性或特有性。

3.生态成分分析　通过对植物生态习性的研究,从植物所属的生态类型认识植物群落的生态组成特点。分析过程中,可以对植物某一生态因子的生态适应类型来进行分析,如以水分、温度、基质性质以及群落生境类型等各个方面进行组成分析;也可以对植物生活型及生态型等进行分析。

4.功能类型　一般在描述植物群落时,常常只注意数量较大或所谓"十分重要"的种类,而忽视那些"不重要"的种类。其实在没有进行全面分析前,无从确定一个种在群落中的重要性程度。故为了进一步分析的需要,必须记载群落中全部的植物种类。

(三)群落种类组成的地位分析

根据各个物种在植物群落中的地位和作用,将其划分为以下群落成员型。

1.优势种(dominant species)　对群落结构和群落环境的形成有明显控制作用的植物种称为优势种。通常是那些盖度大、数量多、生物量高、体积较大、生活能力较强,即优势度较大的种。如果把群落中的优势种去除,必然导致群落性质和环境的变化,而去除非优势种,只会发生较小的或不显著的变化。一个群落中的优势种可能是一个或几个,据此可将群落划分为单优势种群落和多优势种群落。

2.建群种(constructive species)　建群种是优势层中的优势种,往往是主要层次的优势种。但随着时间推移和群落演替的发生,建群种可能被其他优势种替代,优势种并不一定是建群种。

3.亚优势种(subdominant species)　个体数量与作用都次于优势种,但在决定群落性质和控制群落环境方面,仍起着一定作用的物种。它们常居于群落下层,如大针茅(*Stipa grandis*)、草原中的冷蒿(*Artemisia frigida*)。

4.伴生种(companion species)　伴生种是指那些在群落中出现,但对群落的作用和影响不大的非优势种,优势度较小。它们经常相当稳定地与优势种相伴而生。有些从属种生态幅较宽,常见于多种群落内,而有些生态幅较窄并仅限于某一群落或生境中,成为该群落的指示种。

5.偶见种或罕见种(rare species)　偶见种或罕见种是指出现频率很低的种。可能是由于很多偶然因素的改变而入侵的种,或者由于人类、动物等因素偶然传播的结果,也可能是种群衰退中的残留种。残留种对于揭示气候环境的长期变化具有重大价值。

(四)群落种类组成的数量特征

1.多度(abundance)　多度是指群落中某一植物种个体数目的多少。多度的统计法通常有目测估计法和记名计数法两种。目测估计法是按预先确定的多度等级来估计单位面积上个体的多少；记名计数法（直接计算法）是在一定面积的样地中直接计数各植物种的个体数目，然后以占样地中全部种的个体总数的百分率表示。目测估计法一般在植物个体数量大而体形小的群落如灌木、草本群落或在概略性的踏察中采用。

多度的计数对象，一般指个体植株，有时也指萌条（如灌木、丛生禾草等）。严格讲，多度应该是限于用作植物个体数量的估计指标。它的优点是迅速，不受样地大小限制，宜用于一般性的植被概查。如果进行一定面积内的计数，实际上就是密度了。

多度分析必须结合其他指标如盖度、体积等。因为属于不同生活型的植物，其体型和大小相差很大，比较种类个体数目时，必须按相同的生活型来进行。

2. 盖度（coverage） 包括投影盖度和基部盖度两种类型，前者是指植物枝叶所覆盖的土地面积占样地面积的百分比，通常称为盖度；后者是指植物基部着生的面积或覆盖面积占样地面积的百分比。

有时盖度可用冠幅表示，多在乔木种类说明时采用；森林群落中的总盖度也常用郁闭度（canopy density）代替投影盖度，作为森林疏密度的标志；在精确表示中，有时用叶面积指数（LAI）表示植物叶片的总表面面积。

3. 频度（frequency） 频度表示群落中某种植物出现的频率。实测时，以某种植物出现的样地百分数计算频度系数，从而表示出该植物在群落中分布的均匀性。

$$频度(\%) = 某种植物出现的样方数目 \div 全部样方数目 \times 100$$

4. 优势度（dominant） 某个种在群落中的地位和作用大小可用优势度表示。在确定优势度时，所使用的指标主要是种的盖度和密度。当然，频度、生活强度等特征也是主要的。J. T. Curtis 和 R. P. McIntosh 在 1951 年提出了重要值（importance value）的概念，即根据密度、频度和显著度（树木的基部盖度）来确定森林群落中每一树种的相对重要性。具体的求取方法可用下式表示：

$$重要值 = [相对密度(D\%) + 相对频度(F\%) + 相对显著度(d\%)] \div 300$$

重要值综合了几个性质不同的群落数量特征，是一个比较客观的指标，现已广泛用于森林和草原群落的调查中。重要值的大小，反映出种优势度的大小，重要值越大的种作用越大、地位越重要。

三、植物群落的结构特征

植物群落的种类组成和结构，一般在外貌上表现较为明显，它是区别植物群落的基础，也是不同群落类型的主要标志。

（一）群落的垂直结构

主要指群落的分层现象，群落中各种种群的个体在空间不同层次上分布的现象，也叫成层性。包括地上分层与地下分层结构。

植物群落的分层主要取决于植物生活型。其环境原因主要是地上部分与光辐射利用有关，地下部分与土壤水分及营养利用有关，水体中则与光及温度有关。

植物群落的成层性以森林群落最为明显和完整。从上向下各层次依次为：乔木层、灌木层、草本层、地被层（主要指苔藓地衣层，一般可将其与草本层合称为活地被层），层外植物（又称层间植物或填空植物）、地下根系分层（不同植物根系在土壤中处于不同深度，多集中在土壤表层）。

一般而言，温带夏绿阔叶林的地上成层现象最明显，寒温带针叶林的成层结构简单，而热带森林的成层结构最复杂。

水生植物群落中也有分层现象，例如湖泊和海洋中的浮游生物表现出明显的垂直分层现象。其原因在于光辐射、温度、溶氧量以及营养盐的垂直分布特征。许多浮游生物在水中还有垂直迁移的现象，它们白天一般分布在较深水层，而夜晚则分布于水的表层。

(二)层片

层片(synusia)是指植物群落中同一生活型的不同植物组合,它是群落的一种结构单元,是在群落产生和发展过程中逐步形成的。

层片的特征是属于同一层片的植物均为同一生活型,但是,同一生活型的植物只有在其个体数量相当多,并且相互之间存在一定联系时,才能组成层片;每一层片在群落中都具有一定的小环境,不同层片小环境互相作用的结果构成了群落环境;每一层片都占据着一定空间和时间,层片的时空变化形成了群落的不同结构特征;在群落中,每一个层片都具有自身的相对独立性,而且可以按其功能和作用,将其分为优势层片、伴生层片、偶见层片等。

层片和层次(layer)是两个不同的概念,不可混淆。层片决定群落的外貌,层次表征群落的垂直结构;层片的划分着重于植物的生态学特性——生活型相同,而层次的划分仅以高度的不同而已;层次包含层片。如果从生活型大的划分单位出发,所划层片与层次有其一致性,如常绿和落叶混交林中,不论是何者,都同属高位芽植物,且常同属一个层次;但从较细的划分单位出发,在这一层次中,常绿和落叶植物则分属不同的层片。因此,同一层次可能包含几个层片。

(三)群落的水平结构

群落的水平结构也称为群落的二维结构,是指群落的配置状况或水平格局。基本结构单位是小群落(microcoense)。小群落是指在一个群落内部出现范围较小的、在组成上与该群落有较大差别的群落。主要原因是环境因素的不均匀性,由此形成群落的镶嵌性(mosaic)。

镶嵌性是指两个层片在水平空间上的不均匀配置而使群落在外形上表现出斑块相间的现象,每一个斑块就是一个小群落,它们彼此组合,共同形成了群落的镶嵌性。自然群落中的镶嵌性是绝对的,而均匀性是相对的。

(四)群落的时间结构

群落外貌随一年中季节(如春、夏、秋、冬,雨季、旱季)更替而出现的周期性外貌称为群落的季相(aspect)。一个群落的季相,在正常情况下,可年复一年地出现。如在四季分明的温带地区,落叶阔叶林春季放叶,夏季盛叶,秋季落叶,冬季休眠;草原上也因不同类型的植物萌发、生长、开花、结果的时间不同,表现出明显的季相。无明显季节变化的地区则无群落的季相变化,如热带雨林,全年表现出绿色而无季相。

(五)影响群落结构的因素

生物因素是植物群落结构形成的重要因素,其中作用最大的就是竞争与捕食。竞争导致生态位分化,从而使各个种群处于不同的资源利用生境中。

干扰(disturbance)也是影响群落结构的重要因素之一。自然干扰如大风、火灾等常可引起森林中林隙的形成,进而可能引起森林群落的演替及其动态;人为干扰如污染等也改变着群落中的种类组成。

在生境方面,空间异质性是重要的因素。空间异质性常与小生境的形成有关,从而在一定程度上影响着种类组成。

在干扰因素中,中等程度的干扰往往能维持较高的物种多样性。其理由是在一次干扰后,少数先锋种侵入干扰发生地。如果干扰频繁,则先锋种不能发展到演替中期,从而使物种多样性降低。如果干扰间隔期很长,演替过程能发展到顶极,物种多样性也不会很高。所以,只有中等程度的干扰,才使群落物种多样性维持在最高水平,它允许更多物种侵入并定居。

四、植物群落的演替

演替(succession)是在群落发展变化过程中,一个植物群落类型被另一个群落类型所替代的过程。演替是群落本身和环境条件共同作用的结果。一个新植物群落的形成,一般都要经过侵入、定居和竞争三个步骤。植物在侵占某立地及其发展过程中，不可避免地将改变立地条件，而这种改变往往不利于该植物长期占据该立地，结果使得这个种群被另一个种群取代。如不耐阴的先锋植物，随群落演替而形成相对荫蔽环境时，其自身繁殖、存活将受到限制，终被淘汰，而耐阴植物则侵入并逐渐繁荣起来。事实上，每一个群落本身都要经历发育初期、发育盛期到发育末期的发展过程，最终又被另一个群落所取代。

群落演替的类型有许多不同的划分方式。无论是哪种演替，其演替的最初起点总是从裸地开始的。

裸地分为原生裸地和次生裸地两种类型。原生裸地是指从来没有生长过植物的地方，如山体滑坡后裸露出的岩石；或是曾经有过植被，但已被彻底消灭了的地方，如火山爆发后熔岩流过的地方，受冰川长期作用过的地方等。次生裸地是指原来植被虽已不存在，但至少原有植被的土壤（包括土壤中的种子及其他繁殖体）基本保留的地方，如森林砍伐迹地、弃耕农田等。在原生裸地上开始的演替称为原生演替（primary succession）；在次生裸地上开始的演替称为次生演替（secondary succession）。

一定时期内植物群落（或生物群落）相互替代以及环境不断变化的过程称为演替序列。每种演替均有其相应的演替序列，如干旱环境中植物的演替所形成的序列称旱生演替序列，沙丘环境中的植物演替形成的序列称沙生演替序列。下面以原生水生演替序列（primary hydrosere）和原生旱生演替序列（primary xerosere）为例简述演替过程。

（一）原生水生演替序列

在淡水湖泊中，只有在水深 5～7 m 以内的湖底，才有较大型的水生植物生长，而在水深超过 5～7 m 时，便是水底的原生裸地了。因此根据淡水湖泊中湖底的深浅变化，其水生演替序列将有以下的演替阶段。

1. 自由漂浮植物阶段　植物是漂浮生长的，其死亡残体将增加湖底有机质的聚积，同时湖岸雨水冲刷而带来的矿物质微粒的沉积逐渐使湖底升高。这类漂浮的植物有浮萍属、满江红属等。

2. 沉水植物阶段　在水深 5～7 m 处，湖底裸地上最先出现的先锋植物是轮藻属植物。该属植物的生物量相对较大，使湖底有机质积累较快，自然也就加快了湖底的抬升。当水深至 2～4 m 时，金鱼藻属、眼子菜属、黑藻属（*Hydrilla*）、茨藻属（*Najas*）等高等水生植物开始大量出现，这些植物生长繁殖能力更强，垫高湖底的作用更大。

3. 浮叶根生植物阶段　随着湖底日益升高，浮叶根生植物开始出现，如莲、睡莲属等。这些植物一方面由于自身生物量较大，残体对进一步抬升湖底有很大作用；另一方面由于这些植物叶片漂浮在水面，当它密集在水面上时，水下光照条件变差，不利于水下沉水植物生长，使沉水植物向较深湖底转移。这样又起到了抬升湖底的作用。

4. 直立水生植物阶段　浮叶根生植物使湖底大大抬升，为直立水生植物的出现创造了良好条件，最终直立水生植物取代了浮叶根生植物，如芦苇、香蒲、泽泻等。这些植物的根茎极为茂密，常纠缠交织在一起，使湖底迅速抬高，有的地方甚至可以形成一些浮岛。原来被水淹没的土地开始露出水面与大气接触，生境开始具有陆生植物的特点。

5. 湿生草本植物阶段　新从湖中抬升出来的地面，含有丰富的有机质和近于饱和的土壤水分。喜湿生的沼泽植物开始定居在这种生境上，如莎草科和禾本科中的一些湿生性种类。若此地带气候干旱，则这个阶段不会持续太长，很快旱生草类将随着生境中水分的大量丧失而取代湿生草类。若该地区适于森林发展，则该群落将会继续向森林方向进行演替。

6. 木本植物阶段　在湿生草本植物群落中，最先出现的木本植物是灌木。而后随着树木的侵入，便逐渐形成了森林，其湿生生境也最终改变成中生生境。

由此看来，水生演替序列就是湖泊填平的过程。这个过程是从湖泊周围向湖泊中央顺序发生的。因此，比较容易观察到，在从湖岸到湖心的不同距离处，分布着演替序列中不同阶段的群落环带，每一带都为次一带的“进攻”准备了土壤条件。

(二)原生旱生演替序列

旱生演替序列是从环境条件极端恶劣的岩石表面或砂地上开始的，包括以下几个演替阶段。

1. *地衣群落阶段* 岩石表面无土壤，光照强，温度变化大，贫瘠而干燥。在这样的环境条件下，最先出现的是壳状地衣。地衣分泌的有机酸腐蚀了坚硬的岩石表面，加之物理和化学风化作用，坚硬的岩石表面出现了一些小颗粒，在地衣残体作用下，该细小颗粒有了有机成分。其后，叶状地衣和枝状地衣继续作用于岩石表层，使岩石表层更加松软，岩石碎粒中有机质也逐渐增多。此时，地衣群落创造的较好环境，反而不再适合它自身的生存，却为高等植物类群创造了生存条件。

2. *苔藓植物阶段* 在地衣群落发展后期，开始出现苔藓植物。苔藓植物与地衣相似，能够忍受极端干旱环境。苔藓植物的残体比地衣大得多，因而可以积累更多的腐殖质，同时对岩石表面的改造作用更强烈。岩石颗粒变得更细小，松软层更厚，为土壤发育和形成创造了更好条件。

3. *草本植物群落阶段* 群落演替继续向前发展，一些耐旱的植物种类开始侵入，如禾本科、菊科、蔷薇科的一些植物。种子植物对环境的改造作用更加强烈，小气候和土壤条件更有利于植物生长。若气候允许，该演替序列可以向木本群落方向进行。

4. *灌木群落阶段* 草本群落发展到一定程度时，一些喜阳的灌木开始出现，它们常与高草混生，形成高草灌木群落。其后灌木数量大量增加，成为以灌木为优势的群落。

5. *乔木群落阶段* 灌木群落发展到一定时期，为乔木的生存提供了良好环境，喜阳的树木开始增多。随着时间推移，就逐渐形成了森林。最后形成与当地大气候相适应的乔木群落，形成了地带性植被即顶极群落(climax)。

由此可见，旱生序列演替就是植物长满裸地的过程，是群落中各种群之间相互关系的形成过程，也是群落环境的形成过程，只有在各种矛盾都达到统一时，才能从一个裸地上形成一个稳定群落，到达与该地区环境相适应的顶级群落。

五、植物群落的分类及主要类型

一定地区内植物群落的总体称为植被(vegetation)，植物群落是构成植被的基本单位。地球上不同植被类型的分布基本上取决于气候条件，主要是热量和水分以及其他有关的自然要素。在地球的不同地区，水热条件的组合配置不同，因而导致形成不同的植被类型。

(一)植被分类的原则和命名

不同国家和学者对植被分类有不同的原则和体系。《中国植被》中对植被的分类，按照群落本身的综合特征作为分类的依据，划分植被的高级类型时，侧重于群落的外貌、结构和生态地理；划分中级以下单位时，则注重群落的种类组成。我国植被分类采用的主要分类单位为三级，即植被型(高级单位)、群系(中级单位)、群丛(基本单位)。

1. *植被型(Vegetation type)* 植被型为中国植被分类中主要的高级单位。在植被型内，把建群种所属的生活型相同或相似，对水热条件要求一致的植物群落联合为植被型，如寒温性针叶林、落叶阔叶林、常绿阔叶林、草原等。

2. *群系(formation)* 群系为中国植被分类单位中主要的中级分类单位。凡是建群种或共建种相同的植物群落联合为群系，如红桦群系、羊草群系、油松群系、油松＋锐齿槲栎群系。

3. *群丛(association)* 群丛是植被分类的基本单位。凡属于同一群丛的各个植物群落，在群落的种类组成上具有共同的正常成分。群落片层配置相同、季节变化和生态外貌相同以及具有相似的演替趋势，如大披针薹草群丛。

每一等级之上或之下，又各设一个辅助单位和补充单位，如植被型上设植被型组、下设植被亚型。

根据上述分类系统和各级分类单位划分标准，中国植被被分为 11 个植被型组，29 个植被型，550 多个群系。

(二)主要植被类型

1. 热带雨林(tropical rain forest)　热带雨林是指耐阴、喜雨、喜高温，结构层次不明显、层外植物丰富的乔木植物群落，主要分布在终年湿润多雨的热带气候区。土壤为砖红壤，质地为壤质或黏质，土壤缺乏盐基和植物养料，几乎都呈酸性，腐殖质含量因分解而低下，土层内富有铁铝氧化物。植被群落最明显的特点是大量种类组成乔木层，在 1 hm^2 范围内，可能有 40～100 种之多。树冠参差不齐，色彩不一，树干高大笔直，分枝少，具有板状根，如龙脑香科(Dipterocarpaceae)；气生根，如榕树属。中型叶或大型羽叶常绿，下层植物常具滴水叶尖及花叶现象。老茎生花现象也是雨林乔木的一个特征。另外，藤本植物、绞杀植物、附生植物等几个层片，构成了雨林的特殊景观。

中国雨林是印度一马来西亚雨林群系的一部分，主要分布在台湾省南部、广东和广西南部、云南南部和西藏东南部。

2. 季雨林(monsoon forest)　季雨林是分布在热带有周期性干湿季节交替地区的森林类型，主要分布于亚洲、非洲和美洲。东南亚的季风盛行，故季雨林分布面积最大，发育最为典型，具有明显的干季和湿季。群落有季相变化，群落高度较低，主要树种干季落叶，雨季到来时又开始长叶并相继开花。由于花期比较集中且某些植物具有大型花，使季雨林的外貌显得华丽。下层有常绿树种，具有旱生特征。林内有少量藤本植物和附生植物。

季雨林在我国热带季风区广泛分布。在广东分布于湛江、化州、高州和阳江一线以南，海南岛北部和西南部面积最大；在广西分布于百色、田东、南宁、灵山一线以南所有低海拔地区；在云南主要分布于 1 000 m 以下的干热河谷两侧山坡和开阔的河谷盆地。分布区每年 5—10 月降水量占全年降水总量的 80%，地面蒸发强烈，有干湿季之分，在这种气候条件下发育的季雨林是以阳性耐旱的热带落叶树为主，最常见的有木棉、合欢属、黄檀属(*Dalbergia*)等，并有明显的季相变化。

3. 红树林(mangrove forest)　红树林是一种受周期性海水浸淹而生长于海滩淤泥上耐高温盐碱的湿生乔灌木群落，主要分布在南、北回归线之间。世界上红树林有两个分布中心：一个是以马来半岛为发达的东方红树林，包括太平洋西岸及印度洋沿岸的热带和亚热带地区，种类丰富，可达 20 余种；另一个是西方红树林，包括太平洋东岸及大西洋沿岸的热带和亚热带地区，种类较少。红树林所在的生态环境是风浪小、地势平缓、积有淤泥的海滩，土壤含盐量可达 3.5%左右。红树林主要由红树科(Rhizophoraceae)植物组成，故称为红树林，也含有一些其他科的植物。红树林的平均高度为 30 m，其分布可以最低潮位线延伸到潮汐完全达不到的海岸上。红树林最显著的特征就是发育着密集的支柱根，还有所谓的胎生及盐生。

我国红树林植物共有 16 科 19 属 37 种，主要分布在广东、海南和福建沿海，广西和台湾也有分布。

4. 稀树草原(savanna)　稀树草原亦称萨王纳群落，是一种热带型的旱生草本群落。在群落内到处都有旱生的乔木独株稀疏地分布着。地球上稀树草原主要位于赤道南北 5°～20°的范围内，非洲分布面积最大，占该大陆面积的 40%左右，在东部和撒哈拉大沙漠以南特别发达，主要草本植物有禾本科的须芒草属(*Andropogon*)、黍属等，而在乔木中以叠伞金合欢(*Vachellia tortilis*)和猴面包树(*Adansonia digitata*)为典型。南美的稀树草原集中在巴西高原上，分布面积较大。此外，北美西部、澳大利亚大陆中部荒漠四周，亚洲的印度、缅甸中部、斯里兰卡北半部和东南半岛的部分地区也有分布。

我国的稀树草原主要分布在华南和西南地区，通常出现在砖红壤或红棕壤以及砖红壤性红壤的地区，大多数是由于森林受到人为破坏后产生的次生植被，但有些是由于季节性干旱影响引起的。

5. 常绿阔叶林(evergreen broadleaf forest)　常绿阔叶林是分布在亚热带地区大陆东岸的植

被。在南北美洲、大洋洲、非洲和亚洲均有分布，但以我国的常绿阔叶林分布面积最大，发育最为典型。该区有明显的亚热带季风气候，夏季炎热潮湿，冬季稍干寒，全年较湿润。群落中主要树种为樟科、山茶科、壳斗科等。树叶革质，有光泽，叶面与光垂直，故称照叶林。上层乔木的芽有芽鳞保护。林下为湿生植物，附生植物不发达，缺少老茎生花现象和板状根。

我国的亚热带常绿阔叶林主要分布于长江以南至福建、广东、广西、云南北部的广阔山地丘陵及西藏南部山地，其分布的海拔高度在西部为 1 500～2 800 m，至东部渐降至 100～200 m 以下，土壤类型主要为红壤、山地黄壤、山地黄棕壤。

6. 常绿硬叶林(evergreen sclerophyllous forest)　常绿硬叶林最典型的分布地区是地中海沿岸，其他分布于大洋洲西部、东部和中部，南非开普敦，北美加利福尼亚，南美智利中部沿海一带。该区夏季炎热干旱，冬季温和多雨。群落特征是叶常绿、革质，有发达的机械组织，叶面方向几乎和光线平行。硬叶林的主要成分是大红栎(*Q. coccifera*)、冬青栎(*Q. ilex*)、木樨榄(*Olea europaea*)、烟斗石楠(*Erica arborea*)等。

我国的常绿硬叶林主要分布于四川西部、云南北部及西藏东南的部分河谷中，其中金沙江峡谷两侧的高山是其分布中心。因为我国没有夏干冬雨气候，所以，我国的常绿硬叶林是一个特殊类型，被称为山地常绿硬叶林，其主要树种有川滇高山栎(*Q. aquifolioides*)、刺叶高山栎(*Q. spinosa*)、黄背栎(*Q. pannosa*)等。

7. 荒漠(desert)　荒漠主要分布在亚热带和温带干燥地区，从非洲北部的大西洋起往东经撒哈拉沙漠，阿拉伯半岛大、小内夫得沙漠，鲁卜哈利沙漠，伊朗的卡维尔沙漠和卢特沙漠，阿富汗的赫尔曼德沙漠，印度和巴基斯坦的塔尔沙漠，哈萨克斯坦的中亚荒漠，及我国西北地区和蒙古国的大戈壁，形成世界上最为广阔的荒漠区。此外，还有北美西部大沙漠、南美西岸的阿塔卡马沙漠、澳大利亚中部沙漠、南非的卡拉哈里沙漠等。荒漠气候极为干旱，年降水量少于 250 mm，蒸发量大于降水量数倍或数十倍，夏季炎热，昼夜温差大，土壤缺乏有机质，植被稀疏。荒漠植物以不同的生理生态方式适应严酷环境，如有的叶片缩小或退化，有的只有肉质茎叶，有的茎叶被白茸毛，来贮水防灼，它们大多根系发达，贮水组织发达，还有一些短命植物等。

我国西北部的荒漠属于温带荒漠，位于北非欧亚荒漠区的东段北端。包括新疆准噶尔盆地和塔里木盆地，青海柴达木盆地，甘肃、宁夏北部和内蒙古西部地区，约占我国土地面积的 1/5，其中沙漠与戈壁面积有 100 余万 km^2。组成荒漠植被的建群层片有小乔木层片，如梭梭属，是叶退化和落枝性的旱生小乔木；灌木与小灌木层片，如膜果麻黄(*Ephedra przewalskii*)、霸王(*Zygophyllum xanthoxylum*)等；半灌木与小半灌木层片，如散枝蓬(*Pyankovia brachiata*)、盐生假木贼(*Anabasis salsa*)、驼绒藜、博洛塔绢蒿(*Seriphidium borotalense*)等。此外还有多年生、一年生草类和短命植物等从属层片。

8. 夏绿阔叶林(summergreen broadleaf forest)　夏绿阔叶林是温带气候下的地带性植被类型之一。它在世界范围内主要分布在北美大西洋沿岸，西欧和中欧海洋性气候的温暖区域；亚洲东部，包括中国、朝鲜半岛和日本；南半球，只有南美洲的巴塔可尼亚有夏绿阔叶林分布。

夏绿阔叶林的分布地区属于温暖湿润的海洋性气候，夏季炎热多雨，冬季寒冷，全年有 4～6 个月的温暖生长季节和适宜降水，水热同季。由于植物生长季节内具备水热条件，植物群落夏季枝叶繁茂，冬季落叶进入冬眠。常见的有栎林、山杨林、桦林、椴林等。林下灌木也是冬季落叶种类，草本植物到了冬季，地上部分枯死或以种子越冬。

我国的夏绿阔叶林分布地区位于北纬 32°30′～42°30′，东经 103°30′～124°10′的范围内。包括辽宁省南部，河北省，山西省恒山至兴县一线以南，山东省，陕西省黄土高原南部、渭河平原以及秦岭北坡，河南省伏牛山，淮河以北，安徽省淮北平原。林下发育的土壤是褐色土和棕色森林土，黄土高原分布着黑垆土。主要的夏绿阔叶树种为栎属、水青冈属(*Fagus*)、桦木属、鹅耳枥属(*Carpinus*)、榆属、朴属等。组成群落的树种经常是单优势种，在不同生境下形成各种类型的群落。

9. 针叶林(coniferous forest)　针叶林又叫泰加林(taiga forest)，是属于寒温带的地带性植被类型。几乎全部分布于北半球高纬度地区，在欧亚大陆北部和北美洲分布最普遍。它们的北方界限就是整个森林带的北方界限。由于纬度跨度大，气候状况并不一致。一般而言，夏季温凉，冬季严寒，在雪被不多的地方，有很厚的冻土层。针叶林是由一些裸子植物，如云杉属、冷杉属、松属、落叶松属(*Larix*)等所形成的森林，林下植物不发达，层外植物极少。

我国的针叶林分布在我国最寒冷地区，位于北纬49°20′以北，东经119°30′～127°20′的大兴安岭北部山地。主要树种是落叶松(*L. gmelinii*)，约占该区林地面积的50%以上。此外还有小面积的红皮云杉(*P. koraiensis*)和臭冷杉(*A. nephrolepis*)的森林。在新疆阿尔泰山，分布着新疆云杉(*P. obovata*)和新疆冷杉(*A. sibirica*)林。

在阔叶林带和针叶林带之间，有一个过渡区域，有时是纯针叶林和纯阔叶林镶嵌地相互交错分布，有时则形成针叶树和阔叶树混交的针阔叶混交林。由于不同地区的气候条件差异，混交林的优势种不同。在北美主要由松属和栎属的不同种组成混交林。在欧洲除松属和栎属外，还有云杉属和榆属等。在亚洲分布于我国的小兴安岭、长白山一带，日本的北部以及俄罗斯、朝鲜半岛的一部分，森林在组成上较丰富，针叶树种主要是红松(*P. koraiensis*)、杉松(*A. holophylla*)、朝鲜崖柏(*Thuja koraiensis*)等，阔叶树种有紫椴(*T. amurensis*)、硕桦(*B. costata*)、水曲柳以及多种槭属植物等。此外还有多种藤本植物，如猕猴桃属、山葡萄、五味子等。

10. 草原(grassland)　草原是属于夏绿旱生性草本群落类型，在世界上有两大分布区域。一个在欧亚大陆，草原从匈牙利和多瑙河下游起，往东经过黑海沿岸进入俄罗斯境内，沿着荒漠以北地域，向东进入蒙古，一直延伸到我国的黄土高原和松辽平原，东西跨越约100个经度。北起北纬56°，往南延伸到我国西藏高原南部高寒草原，达北纬28°，这一广大草原区域称为欧亚草原区。另一个在北美，草原从加拿大到美国得克萨斯州，约跨越了30个纬度，从东到西约跨越20个经度，称为北美草原区。此外，在南美的阿根廷与乌拉圭、南非南部以及新西兰等地也有分布。由于草原区域是介于荒漠和夏绿阔叶林之间，所以草原气候条件比荒漠湿润，但比夏绿阔叶林干旱。草原地区发育的是黑钙土或栗钙土，其上生长着禾本科、豆科、菊科和莎草科植物占优势的草本植物群落。在禾本科植物中，以针茅属(*Stipa*)最为典型。

我国的草原是欧亚草原的一个组成部分，主要在松辽平原、内蒙古高原和黄土高原等地，连续呈带状分布，此外还见于青藏高原、新疆阿尔泰山等地。分布于北纬35°～52°，东经83°～127°之间，气候为典型大陆性气候。本区以半湿润的丛生禾草草原为主，主要植物种类是菊科、禾本科、蔷薇科、豆科、毛茛科、莎草科等。

11. 冻原(tundra)　分布于北冰洋的周围沿岸，欧亚大陆北部和美洲北部占很大面积，是寒带植被类型。这里冬季漫长而严寒，夏季短促而凉爽，植物营养期平均为2～3个月，由于蒸发量低，所以气候湿润。风很大，雪被不均匀，土壤具有深达150～200 cm的永冻层，引起了沼泽化现象。冻原植被的特点是森林绝迹，最多有灌木层、矮灌木和草本层、藓类地衣层三层。以藓类和地衣中的石蕊和冰岛衣占优势，草本植物大多是多年生草本。

我国无平地冻原，但存在高山冻原，后者是极地平原在寒温带和温带山地的类似物。在长白山分布着小灌木、藓类高山冻原，在阿尔泰山西北部高山带的低湿地段，分布着藓类地衣高山冻原。

12. 草甸(meadow)　草甸是一类生长在中度湿润条件下的多年生中生草本植被类型。分布非常广泛，所在地区气候一般温凉，水分适中，土壤湿润，土层深厚而富含有机质，生草化明显，肥力较高。草群浓密，种类较多，主要有禾本科、莎草科、豆科、蔷薇科、菊科等植物。

13. 沼泽(swamp, marsh)　沼泽是一种湿生植被类型，分布在土壤过度潮湿、积水或有浅薄水层并常有泥炭的生境中。虽然沼泽分布于所有地带，但不同带的沼泽除具有共同的植物外，还含有本带所特有的植物。如花蔺(*Butomus umbellatus*)和水葱(*Schoenoplectus tabernaemontani*)是一般沼泽所共有的，但在草原带的沼泽上有水烛(*Typha angustifolia*)，而在森林带的沼泽上则有宽叶香蒲。

我国的沼泽植被类型多、分布广，总面积 10 hm²，以温带和青藏高原分布面积最大，东北三江平原、川西北的若尔盖高原是我国沼泽分布最集中地区，约占全国沼泽面积的 20%。常见植物有泥炭藓科、禾本科、莎草科、毛茛科、雨久花科、蓼科、灯芯草科、菊科等。

14. 水生植被　水生植被是由各种水生植物组成，分布于湖泊、池塘、河流和海洋等各种水生环境中，通常是相互隔离的。湖泊、河流和池塘等淡水水生环境中，组成植物群落常见的植物有眼子菜属、金鱼藻属、浮萍属及各种淡水藻类。海洋中主要以藻类形成群落，不同深度有不同的藻类分布。

第四节　植物与生态系统

一、生态系统的概念

生态系统(ecosystem)的概念最初是由英国植物学家 A. Tansley 在 1935 年提出的。认为生态系统是由生物群落(biotic community)与其非生物环境(abiotic environment)通过相互作用形成的一个动态、复杂的整体，并强调生物与环境之间，各种生物之间，以及各种环境组成要素之间的相互联系。简单地说生态系统就是在一定时间和空间范围内，生物群落与其环境之间，通过不断进行的能量流动、物质循环及信息传递而形成的相互联系、相互制约的统一整体。

自然界只要在一定空间内存在生物和非生物两种成分，并能互相作用达到某种功能上的稳定性，这个整体就可视为一个生态系统。因此，生态系统范围可大可小，大至生物圈(biosphere)、海洋、陆地、草原、森林，小至一块草地、一个池塘。生态系统也可分为自然生态系统(如原始森林、草原等)和人工生态系统(如农田、果园等)两种类型。

二、植物在生态系统中的地位

生态系统是由生物与非生物环境组成的，非生物环境为生物的生存提供了空间和环境。根据生物在生态系统中的作用和地位可以划分为生产者、消费者和分解者。

(一)生产者

生产者(producers)是指自养生物通过光合作用，把周围环境中摄取的无机物合成为有机物，并把能量贮存起来，以供本身需要或作为其他生物的营养。植物是生态系统中最重要的生产者，可以说，没有植物就没有生态系统。

(二)消费者

消费者(consumers)是指不能利用无机物合成有机物，直接或间接利用生产者为食的各种动物，包括植食性动物和肉食性动物。

(三)分解者

分解者(decomposers)指微生物和土壤动物，它们主要营腐生生活，这些生物将生产者和消费者的残体进行分解、消化、吸收，在获得能量的同时，将有机体中的养分释放到无机环境中去，供植物再利用。

(四)非生物成分

非生物成分是生态系统中的自然环境部分，它不仅为所有生物的活动提供了空间场所，更重要的是其贮存的无机物为植物和其他生物的生长发育提供了材料。

在生态系统的组成中，植物作为主要的生产者，是唯一能够从外界(太阳)获得能量，通过光合作用实现无机物向有机物的转化，并把能量贮存在体内。植物的这种生产是地球上所有生物再生产的基础，从而被称为初级生产(primary production)。

植物初级生产的水平往往决定了一个生态系统的复杂程度。初级生产力越高，食物链就可能越长，生态系统中的生物就可能越丰富，生态系统就会更复杂、更稳定。

三、植物与生态系统的功能

植物作为生态系统结构中的主导成分，在生态系统的物质生产、能量流动、物质循环和信息传递等功能过程中发挥着极其重要的作用。

(一)植物与生态系统的物质生产

在生态系统的物质生产中，植物通过光合作用，吸收和固定太阳能，将无机物合成为有机物，是生态系统能量贮存的基础阶段，即初级生产。它决定了生态系统中其他生物存在和发展的基本物质条件，也决定了其他动物获取资源的方式。因此，植物在生态系统物质生产中占有重要的地位，是生态系统的初级生产者(primary producer)。植物本身的光合能力以及影响光合作用的温度、水分、CO_2、营养条件等都会影响到生态系统的初级生产。

(二)植物与生态系统的能量流动

能量流动是指能量在生态系统中不断传递、转换的过程。生态系统最初的能量来源于太阳，它可以不断向地球生态系统输送能量。没有太阳能的输入，就不可能有光合作用合成的有机物质，也不可能有其他能量的进一步转化。植物光合作用所积累的能量是生态系统当中最初的能量积累，植物对太阳能固定的速度和规模决定了能量流动的速度和规模。

初级生产者所制造的有机物再供给各级消费者，形成生物之间以食物营养为中心的链锁关系，称为食物链(food chain)。初级生产者以外的这些消费者，利用初级生产的有机物质进行同化作用，实现自身的生长、繁殖和营养物质的贮存，这类生产统称次级生产(secondary production)。除初级生产者以外的这些异养生物，统称为次级生产者(secondary producer)。在生态系统中，通过食物链，自养植物被异养生物取食，能量也因此转移，较高级的生物从较低级的生物中获得能量，在这一活动过程当中，能量不断衰减，也是单向流动的。根据林德曼(Lindeman)的研究，能量在食物链中的流动，从一个营养级转移到另一个营养级，其效率大约为10%，此规律又称为十分之一定律或林德曼定律。

(三)植物与生态系统的物质循环

生态系统中，各种元素通过植物被吸收到植物体内，在各营养级之间流动，进入到消费者体内，随着动、植物的死亡和排泄，并在分解者的作用下，最终以无机元素的形式回到环境当中，由植物再度吸收利用，如此循环往复，这个过程称为物质循环。生态系统中的物质循环类型有多种，本教材主要介绍水循环和碳循环。

1. 水循环　水是生态系统中最重要的物质，它的循环是物质循环的核心。水循环主要在地球表面和大气之间通过降水量和蒸发量间的相互变化而不断循环(图14-4-1)。总体来说，全球的降水量和蒸发量是基本相等的，水循环是平衡的，但在局部地区可能会失去平衡，这便造成了水灾和旱灾。

植物在水的循环中具有重要的作用，植物群体能够大量节流和涵养水分，在生态系统中进行再分配，被生物利用后再释放到环境中。植物在参与水分循环过程中，吸收了溶解在水中的无机盐，这为合成新的有机物提供了原料。植物群体涵养的水分缓缓释放，改善和调节了陆地环境的水分条件，为陆地生态系统生物的生存和发展提供了水分保证。因此，保护森林植被、提高其涵养水源的能力、减少水土流失，就成为生态建设的重要内容。

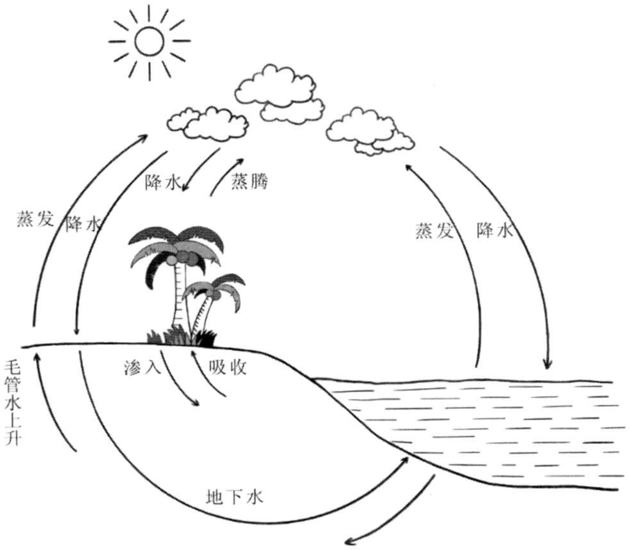

图 14-4-1 水循环

2. 碳循环 碳是构成生物体的主要元素。地球上最大量的碳被固定在岩石圈中，其次是在石油和煤炭等化石燃料中。碳循环是从绿色植物光合作用固定大气中 CO_2 开始，碳被植物固定为有机物，并通过食物链供给消费者。生产者、消费者和分解者体内的碳，一部分可以通过呼吸作用以 CO_2 的形式释放到大气中，或者有机体死亡后，尸体被分解者分解形成的 CO_2 重新返回大气；另一部分随尸体长期埋在地层中形成化石燃料——石油和煤，这一部分可能在碳循环中停滞下来，只有当这些化石燃料燃烧时，才又进入新的碳循环中，所产生的 CO_2 再被释放到大气中（图 14-4-2）。

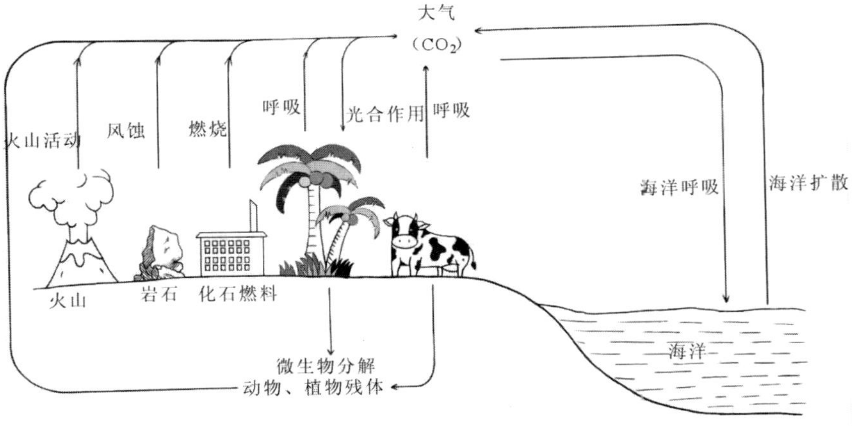

图 14-4-2 碳循环

植物是环境中 CO_2 的主要调节器，植物吸收 CO_2，释放出 O_2，维持着大气中 CO_2 和 O_2 的平衡。人类大面积砍伐森林，毁坏草原，引起植被大面积消失和退化，大大削减了生物圈中植物调节 CO_2 和 O_2 平衡的能力。同时，大规模的燃烧化石燃料又释放了大量的 CO_2，提高了大气中 CO_2 的浓度，形成了温室效应（greenhouse effect），温室效应引起全球温度升高，使海洋中溶解和涵养的 CO_2 大量释放，又进一步抬升了全球温度。

植物通过光合作用吸收大气中的 CO_2 形成生物量，具有显著的碳汇作用。森林是陆地生态系统中最重要的碳汇之一。森林植被通过光合作用将大气中的 CO_2 固定为有机碳，并贮存在树木、灌木和地表植被中，有助于减少大气中的温室气体含量。因此，温室效应最有效的防治手段是扩大植被的覆盖，提高植被的质量，充分发挥植物调节 CO_2 的作用。

（四）植物与生态系统中的信息传递

信息传递是生态系统的重要功能之一。在生态系统中，有着各种各样的信息，而信息传递是指信息在生态系统中沿着一定的途径，由某一成员传递给另一成员的过程。

生态系统中，按信息的产生机制、形式、作用的不同，可将信息分为物理信息、化学信息、营养信息和行为信息。

1. *物理信息*　物理信息是指由物理因素引起的生物之间或生物与非生物之间的相互作用所产生的信息，如光信息、声音信息、温度信息、颜色信息等均属于物理信息。物理信息对植物的生长发育起到重要作用，例如，光信息不仅影响到植物的光合作用，还控制着植物的形态建成和器官分化。

2. *化学信息*　化学信息是生物在某些特定条件下产生的某些化学物质，通过分子作用而引起的信息传递作用。能够起到信息作用的化学物质种类很多，如维生素、抗生素、激素等。化学信息广泛存在于生态系统中，例如植物间的他感作用，植物通过产生多种次生代谢物质对其他植物的生长发育产生抑制作用。

3. *营养信息*　营养信息是由外界营养物质数量的变化导致生理代谢变化而产生的一类信息。这类信息通过食物链传递或生物体营养状况以及生物种群繁殖等表现出来。营养信息在生物个体之间、种群之间传递的过程中，直接影响着生物的生长、发育和繁殖。

4. *行为信息*　行为信息是生态系统中各种生物，以某种特殊行为表现出来的一类信息。这类信息的产生机制复杂多变，形式多样，其传递方式也因生物种类的不同而多种多样。有的以化学信息传递，有的以物理信息传递等，如，植物对逆境的适应策略等。

四、植物与生态系统的平衡

（一）生态平衡的基本概念

生态平衡是指生态系统在一定时间内在结构与功能上的相对稳定状态。这种状态下，生态系统的物质和能量的输入与输出近乎于相等，对于外来干扰，能够通过自我调节恢复到稳定状态。生态平衡是动态的，生态系统内生物与非生物所构成的统一体始终处于运动变化中，如系统内物质的输入和输出、系统内种群大小的变化以及种群之间的竞争等。

（二）植物在生态系统平衡中的作用

植物在生态系统的能量流动和物质循环中起着主导作用，因此在生态平衡的调控中起着关键的作用。当生态系统处于相对平衡的成熟阶段时，即是群落演替进入顶级阶段，这时群落中植物种类和数量的比例相对稳定，以植物为基础的营养结构比较完整，系统内物质和能量的输入和输出达到了一种动态的平衡。生态系统的平衡关键在于生态系统的自我调节能力，而植物往往是这种调节能力的关键和基础。

（三）植物多样性与生态平衡

生态系统平衡总是与特定生态系统中植物群落相联系，一般情况下植物多样性越丰富，生态系统的自我调节能力越强，生态系统越稳定。多样性贫乏的生态系统因含有植物种类少，营养结构简单，系统自动调节功能低下。所以，当环境条件发生变化时，将导致植物种群出现较大的变化。例如，在农田和单一的人工森林群落中，由于植物种类单一，危害作物和树木的害虫缺乏天敌控制，一旦条件适合，害虫种群常暴发性增长而形成灾害，因而农田和人工森林等种类单一的群落是很不稳定的。

在一个生态系统中，植物种类越多，固定和利用太阳能的能力就越强，可提供给不同动物的食物来源和环境支持的能力也就越大，系统抵抗外来干扰的能力就越大，生态系统就更容易保持较好的平衡水平。

(四)生态系统的反馈调节与平衡

生态系统的平衡，是通过反馈机制调节的。当生态系统中某一成分发生变化时，它必然会引起其他成分出现一系列相应的变化，这些变化最终又反过来影响最初发生变化的那种成分，这个过程叫反馈。反馈包括负反馈和正反馈两种，负反馈是比较常见的一种反馈，它的作用是能够使生态系统达到并保持平衡和稳定，反馈的结果是抑制和减弱最初发生变化的那种成分所发生的变化。例如，如果草原上食草动物增加，植物就会因为受到过度的啃食而减少，植物数量的减少，反过来就会抑制动物的数量。

五、植物与生态系统服务

生态系统服务(ecosystem service)是自然生态系统为人类提供的直接或间接惠益，涵盖物质供给、环境支持与调节、文化价值及生命支持等功能。人类的生存和可持续发展，都要依赖于生态系统服务，植物作为生态系统的初级生产者，通过光合作用和物质循环构建了生态系统的能量流动框架，维系着超过 80%陆地生物群落的生存环境。据联合国粮农组织评估，全球生态系统服务总价值中约 63%直接来源于植被系统。以下重点阐述植物在物质供给和环境支持与调节两大核心服务中的关键作用。

(一)物质供给

植物作为生态系统的初级生产者，构建了地球生命网络的物质基础。在人类膳食结构中，植物性食物贡献了全球 84%的蛋白质摄入和 97%的膳食纤维来源。全球粮食生产体系依托于 30 余万种维管植物中选育的 150 种主要栽培作物，其中水稻、小麦、玉米三大谷物支撑着全球 80 亿人口的主粮需求。药用价值方面，世界卫生组织确认的 21 000 种药用植物中，紫杉醇(红豆杉)、青蒿素(黄花蒿)等植物源药物已成功应用于癌症和疟疾的治疗。在工业领域，全球每年消耗的 35 亿 m^3 工业用材中，80%来源于人工林生态系统，而能源植物如甘蔗(巴西)和油棕(东南亚)已成为生物质能源的重要原料，仅巴西甘蔗乙醇年产量即达 300 亿升，替代了该国 50%的汽油消费。

(二)环境支持与调节

植物不仅是生态系统中重要的物质供给者，为人类和其他生物直接或间接提供食物来源，而且也为生态系统中其他生物提供所需的生存环境。

1. 土壤的形成和改良　从裸露的岩石到肥沃的黑土，植物通过物理、化学和生物协同作用，完成了一场持续数亿年的“造土革命”。在漫长的土壤形成和发育过程中，植物枯死后经过分解者的分解，成为土壤中的有机质；同时，植物根系的分泌作用改善了根际的微环境，为土壤微生物的活动创造了条件，微生物的氧化、还原、分解等作用成为土壤物理、化学性质改变和土壤结构改良的重要生物条件。

2. 水文调节　植被在生态系统的水分循环中处于核心地位。在降雨时，森林植被的树冠、枝叶、枯枝落叶层和地下根部截留了大部分的雨水，林冠层可截留 15%～40%的降雨量，枯枝落叶层持水量可达自身重量的 3～5 倍，只有少量的水形成地下水。雨过天晴时，植物的蒸腾作用又将大量的水分变成水汽返回大气中，既降低了气温又为新的降雨创造了条件。例如，我国长江流域的定位观测表明，亚热带常绿阔叶林年均截留降水 2 600 m^3/hm^2，其枯落物层持水能力可达 12～35 t/hm^2。这种调控机制可将暴雨径流系数从裸地的 0.8 降至 0.2，使洪峰滞后 6～8 h。在旱季，贮藏在生态系统中的水分缓慢释放出来，形成地表径流补充到江河湖海中，使陆地生态系统中的水分在不同的时间范围中得到较好的分配。深根系植物，如胡杨，能提取 10 m 以下地下水维持蒸腾，形成局地小气候，塔克拉玛干沙漠边缘的胡杨林可使空气湿度提高 40％。

3. 环境营造　不同植物群落形成的微环境为生态系统中不同动物的生存和发展提供了丰富的生态条件，例如，在热带雨林，群落结构复杂，其植物物种极其丰富，林内光照、温度、湿度等条件多样，这就为不同生活方式的动物提供了适合各自需求的微环境。相反，在荒漠地区，能够生存的植物种类少，形成的群落环境比较单一，能够为动物提供栖息的环境种类很有限，这也成为荒漠生态系统中动物物种比较单一的重要原因之一。

4. 气候调节与环境净化　生态系统在维持地球环境稳定方面发挥着重要作用。它们能够调节气候、净化空气、保持水土、涵养水源、防风固沙等，从而为人类创造一个适宜生存的环境。例如，森林生态系统通过固碳释氧、空气净化等功能，有助于缓解全球气候变化和空气污染问题。植被在吸附和拦截 $PM_{2.5}$ 中作用明显，一些植物的叶片茸毛可吸附颗粒物。据统计，1 hm^2 侧柏林年滞尘量达 68 t。植被还能够吸收大气中的有害气体，如 HF、SO_2、Cl_2、NO_2 等。例如，HF 通过 40 m 宽的刺槐林带后，其浓度比通过同距离的空旷地降低近 50％。植物形成的绿化带能够减轻风、旱、涝等对农作物和蔬菜的危害。例如，防风林带的流体力学效应可形成相当于树高 20 倍的保护区，使农田蒸发量减少 20％～30％，结构良好的林带能把有害的 6 级风变成对农田无害的 3 级风。

六、植物与生态文明建设

生态文明是指人类遵循人、自然、社会和谐发展这一客观规律，建设有序的生态运行机制和良好的生态环境而取得的物质与精神成果的总和。它是人类文明发展的一个新阶段，是工业文明之后的世界伦理社会化的文明形态，是以尊重和维护自然为前提，以人与人、人与自然、人与社会和谐共生为宗旨，使人与自然环境相互依存、相互促进、共处共融，引导经济社会走上持续、和谐的发展道路。

人类是环境发展到一定阶段的产物，环境是人类生存的物质基础。人类的生存和一切活动都是和自然环境分不开的，因此人类与环境应该协调发展，构建人与自然生命共同体，这是生态文明建设的长远目标。

生态文明的建设是关乎人类永续发展的根本大计。要以国家重点生态功能区、生态保护红线、自然保护地等为重点，加快实施重要生态系统保护和修复重大工程；推进以国家公园为主体的自然保护地体系建设；实施生物多样性保护重大工程、科学开展大规模国土绿化行动，提升生态系统多样性、稳定性、持续性；要持续深入打好蓝天、碧水、净土保卫战；要积极稳妥推进碳达峰碳中和，提升生态系统碳汇能力；积极参与应对气候变化全球治理。

植物在维持生态系统的多样性、国家公园建设、国土绿化、水土保持、大气和水体净化、提升生态系统的碳汇能力等生态文明建设中都发挥着重要的作用。

在生态文明建设中，要坚持“绿水青山就是金山银山”的理念，坚持山水林田湖草沙一体化保护和系统治理，全方位、全地域、全过程加强生态环境保护，使祖国的天更蓝、山更绿、水更清。【二维码 14-2】

本章小结

植物与环境是不可分割、相互依存的统一体。

植物的环境是指植物体周围一切自然因子的总和，也包括植物体之间的相互影响和相互作用。组成环境的要素称为环境因子。在环境因子中对植物起直接作用或间接作用所必需的要素称为生态因子。一般把生态因子分为生物因子和非生物因子。前者包括种内和种间的相互关系，如种间竞争、共生、寄生和化感作用等;后者包括气候、土壤、地形等。它们各以不同的变化规律和不同的质、量影响着植物分布与生存的诸多方面。不同植物对环境的趋同适应形成了植物的相似生活型,同一植物对环境的趋异适应形成了植物的不同生态型。

种群是指占据某一地区的某个种的个体总和。种群具有自己独立的特征、结构和机能。自然种群具有空间特征、数量特征和遗传特征三个基本特征。种群的分布可分为随机分布、均匀分布和聚群分布,大多数环境中,种群呈聚群分布。

植物群落是指在一定时间内居住于一定生境中的各种群所组成的生物系统,由一定数量的植物种类组成。每个物种在群落中的地位作用是不同的,可分为建群种、优势种、亚优种、伴生种和偶见种或罕见种等。每个植物群落都有自己的外貌、结构特征和动态变化规律。植物群落调查常采用“种—面积曲线”来确定最小面积。一般用多度、盖度、频度、重要值、物种多样性、群落系数等数量性状来描述植物群落特征。

群落的动态特征包括季相变化和演替。季相是指群落的主要层随季节变化而呈现出的外貌特征。演替是一个植物群落替代另一个植物群落类型的过程。群落演替分为原生演替和次生演替,前者是从原生裸地上开始的演替;后者则是指原生植被受到破坏后,在次生裸地上开始的演替。

地球上不同植被类型的地理分布,基本上决定于以热量和水分为主的气候条件。因而,与气候带相应的,从赤道向两极推移,依次可出现热带、亚热带、温带和寒带的各种植被类型。在同一气候带范围内,由于降水、土壤和地形条件的差异,发育着不同的植被类型。

还有一些植被不受气候带影响,而是分布在所有气候地带的适宜环境中,这一类植被称为非地带性植被或隐域植被,但这些植被都打上了该地带性环境条件的烙印。

生态系统是在一定时间和空间范围内,生物群落与其环境之间,通过不断进行的能量流动、物质循环及信息传递而形成的相互联系、相互制约的统一整体。

生物根据其在生态系统中的作用和地位可以划分为生产者、消费考和分解者。

在生态系统的组成中,植物作为主要的生产者,是唯一能够从外界获得能量,通过光合作用实现无机物向有机物的转化,并把能量贮存在体内,植物的这种生产被称为初级生产。初级生产的水平往往决定了一个生态系统的复杂程度和稳定性。

植物作为生态系统结构中的主导成分,在生态系统的物质生产、能量流动、物质循环和信息传递等功能过程中发挥着极其重要的作用。

生态平衡是指生态系统在一定时间内在结构与功能上的相对稳定状态。植物在生态系统的平衡中起着关键的作用。植物多样性、反馈调节与生态平衡有着密切的关系。

生态系统服务涵盖了生态系统的物质供给、环境支持与调节、文化价值及生命支持等功能。植物是生态系统的核心成分,生态系统服务和功能的各个方面都离不开植物的作用。

生态文明是指人类遵循人、自然、社会和谐发展这一客观规律,建设有序的生态运行机制和良好的生态环境而取得的物质与精神成果的总和。它是人类文明发展的一个新阶段。

复习与思考

1. 试述植物分布与生态因子之间的关系。
2. 简述原生水生演替和原生旱生演替的过程和特点。
3. 什么是化感作用?举例说明化感现象在农业生产上的应用。
4. 世界上不同气候带分布有哪些主要植被类型?各有什么特征?
5. 论述植物在生态系统中的地位和作用有哪些?
6. 结合生态环境建设,说明植物与生态系统服务的关系。

7. 查阅相关资料，列举生态文明建设的主要任务和目标。

数字课程学习资源

课程视频　学习课件　知识结构图　练习题　参考答案

参考文献

[1] 曹慧娟，樊汝文．植物学：第2版[M]．北京：中国林业出版社，2001.

[2] 陈家宽，杨继．植物进化生物学[M]．武汉：武汉大学出版社，1994.

[3] 陈思佚，唐燕，何腾，等．秦岭9个树种的木质部栓塞特性与水力安全风险[J]．植物生态学报，2024，48（9）：1213-1222.

[4] 陈之端．中国维管植物生命之树[M]．北京：科学出版社，2020.

[5] 代吴斌，史国民，巨秀婷．黑毛雪兔子通气组织发育相关基因ShCTR1的克隆及表达[J]．西北植物学报，2023：43(Acta 5)：0742-074.

[6] 翟中和，王喜忠，丁明孝．细胞生物学：第5版[M]．北京：高等教育出版社，2020.

[7] 傅承新，邱英雄．植物学[M]．杭州：浙江大学出版社，2022.

[8] 傅立国．中国植物红皮书——稀有濒危植物：第1册[M]．北京：科学出版社，1992.

[9] 傅立国．中国高等植物：二卷[M]．青岛：青岛出版社，2008.

[10] 傅强，许汉奎．远古的葱茏——古植物王国[M]．南京：江苏凤凰科学技术出版社，2018.

[11] 高谦，赖明洲．中国苔藓植物图鉴[M]．台北：南天出版局，2003.

[12] 高信曾．植物学：第2版[M]．北京：高等教育出版社，1987.

[13] 高英志，任健．植物根瘤共生固氮研究进展与展望[J]．中国科学，2025，55(1)：131-145.

[14] 郭晓思，徐养鹏．秦岭植物志卷二：石松和蕨类植物[M]//秦岭植物志：第2版．北京：科学出版社，2013.

[15] 何关福．谈谈植物化学分类学[J]．植物学杂志，1974(1)：25-26.

[16] 贺士元．植物学：下[M]．北京：北京师范大学出版社，1987.

[17] 贺学礼．植物学[M]．北京：高等教育出版社，2004.

[18] 洪德元．植物细胞分类学[M]．北京：科学出版社，1990.

[19] 侯宽昭．中国种子植物科属词典：第2版[M]．北京：科学出版社，1998.

[20] 胡宝忠，张友民．植物学：第2版[M]．北京：中国农业出版社，2011.

[21] 胡金良，王庆亚．普通生物学：第2版[M].北京：高等教育出版社，2014.

[22] 胡人亮．苔藓植物学[M]．北京：高等教育出版社，1987.

[23] 胡适宜.被子植物生殖生物学[M]．北京：高等教育出版社，2025.

[24] 胡正海，张泓.植物异常结构解剖学[M]．北京：高等教育出版社，1993.

[25] 姜汉侨，段昌群，杨树华，等.植物生态学[M]．北京：高等教育出版社，2004.

[26] 金银根．植物学：第2版[M]．北京：科学技术出版社，2015.

[27] 李博．生态学[M]．北京：高等教育出版社，2000.

[28] 李莉，赵米贤，王建华，等．植物表皮蜡质合成、运输及调控机制研究进展[J].中国农业大学学报，2023，28(7)：1-19.

[29] 李扬汉．植物学[M]．上海：上海科学技术出版社，1986.

[30] 李正理，张新英．植物解剖学[M]．北京：高等教育出版社，1984.

[31] 廖文波，刘薇秋，冯虎元，等．植物学：第3版[M]．北京：高等教育出版社，2020.

[32] 刘良式．植物分子遗传学[M]．北京：科学技术出版社，1996.

[33] 刘穆．种子植物解剖学导论：第5版：[M]．北京：科学出版社，2010.

[34] 陆时万，徐祥生，沈敏建．植物学：上：第2版修订版[M]．北京：高等教育出版社，2020.

[35] 陆树刚．蕨类植物学[M]．北京：高等教育出版社，2007.

[36] 路安民，汤彦承．原始被子植物起源与演化[M]．北京：科学出版社，2020.

[37] 马琳，巢林，何雨莎，等．热带喀斯特季节性雨林12个树种木质部栓塞抗性与其解剖结构及相关性状间的关系[J]．植物生态学报，2024，48(7)：888-902.

[38] 马炜梁．植物学：第2版[M]．北京：高等教育出版社，2015.

[39] 牛春山. 陕西树木志[M]. 北京:中国林业出版社,1990.
[40] 浅间一男. 被子植物的起源[M]. 北京:海洋出版社,1988.
[41] 强胜. 植物学:第 3 版[M]. 北京:高等教育出版社,2006.
[42] 孙儒泳. 基础生态学[M]. 北京:高等教育出版社,2002.
[43] 田惠桥,朱学艺. 被子植物生殖生物学[M]. 北京:科学出版社,2012.
[44] 童金南,殷鸿福. 古生物学[M]. 北京:高等教育出版社,2007.
[45] 汪劲武. 种子植物分类学:第 2 版[M]. 北京:高等教育出版社,2009.
[46] 王芳礼. 英汉种子植物名词词典[M]. 武汉:湖北辞书出版社,1986.
[47] 王丽,刘朝辉. 植物学[M]. 北京:高等教育出版社,2023.
[48] 王全喜,张小平. 植物学:第 2 版[M]. 北京:科学出版社,2012.
[49] 王伟,张晓霞,陈之端,等. 被子植物 APG 分类系统评论[J]. 生物多样性, 2017, 25(4):418-426.
[50] 王忠. 植物生理学[M]. 北京:中国农业出版社,2000.
[51] 吴国芳. 植物学:下:第 2 版修订版[M]. 北京:高等教育出版社,2020.
[52] 吴兆洪,秦仁昌. 中国蕨类植物科属志[M]. 北京:科学出版社,1991.
[53] 武维华. 植物生理学:第 2 版[M]. 北京:科学出版社,2008.
[54] 谢国文. 生物多样性保护与利用[M]. 长沙:湖南科学技术出版社,2000.
[55] 熊雪芬,周本庚,毛春燕,等. 湖北省楠属植物叶表皮微形态特征及其分类学意义[J]. 西北植物学报,2024,44(Acta 4):662-672.
[56] 徐汉卿. 植物学[M]. 北京:中国农业出版社,1997.
[57] 杨继. 植物生物学:第 2 版[M]. 北京:高等教育出版社,2007.
[58] 杨佳绒,戴冬,陈俊芳,等. 丛枝菌根真菌多样性对植物群落构建和稀有种维持的研究进展[J]. 植物生态学报,2023,47 (6):745-755.
[59] 杨世杰. 植物生物学:第 3 版[M]. 北京:高等教育出版社,2017.
[60] 詹姆斯·吉·哈里斯. 图解植物学词典[M]. 王宇飞,译. 北京:科学出版社,2001.
[61] 张丽兵. 蕨类植物 PPG Ⅰ 系统与中国石松类和蕨类植物分类[J]. 生物多样性,2017,25(3):340-342.
[62] 张明理. 植物数量分类学的流行方法[M]. 西北植物学报,1986,6(1):67-80.
[63] 赵可夫. 盐生植物及其对盐渍生境的适应生理[M]. 北京:科学出版社,2005.
[64] 植物学名词审定委员会. 植物学名词[M]. 北京:科学出版社,1991.
[65] 中国科学院南京地质古生物研究所植物研究所中国古生代植物编写小组. 中国植物化石:第 1 册[M]//中国古生代植物. 北京:科学出版社,1974.
[66] 中国科学院西北植物研究所. 秦岭植物志:一卷)[M]. 种子植物:第 1-5 册. 北京:科学出版社,1974-1985.
[67] 中国科学院植物研究所. 中国高等植物科属检索表[M]. 北京:科学出版社,1997.
[68] 中国科学院植物研究所. 中国高等植物图鉴:第 1-5 册[M]. 北京:科学出版社,1972-1983.
[69] 中国科学院中国植物志编辑委员会. 中国植物志:第 1-80 卷[M]. 北京:科学出版社,1959-2004.
[70] 中山大学,南京大学. 植物学:下[M]. 北京:人民教育出版社,1982.
[71] 钟姗辰,武舒,王黎,等. 植物毛状体研究进展[J]. 分子植物育种,2023,21(21):7215-7224.
[72] 周云龙. 植物生物学:第 4 版[M]. 北京:高等教育出版社,2016.
[73] JUDD W S. 植物系统学:第 3 版[M]. 李德铢等译. 北京:高等教育出版社,2012.
[74] P. 史尼斯,R. 索卡尔. 数值分类学——数值分类的原理和应用[M]. 赵铁桥,译. 北京:科学出版社,1984.
[75] APG. An update of the angiosperm phylogeny group classification for the orders and families of flowering plants: APG IV[J]. Botanical Journal of the Linnean Society, 2016(181): 1-20.
[76] BYNG J W. The Flowering Plants Handbook: A practical guide to families and genera of the world[M]. Hertford: Plant Gateway, 2014
[77] CLEAL C J, THOMAS B A. Plant fossils: the history of land vegetation fossils illustrated[M]. Martlesham: Boydell & Brewer, 1999.
[78] COHEN K M, FINNEY S C, GIBBARD P L, et al. The ICS international chronostratigraphic chart[J]. Episodes, 2013(36): 199-204.

[79] CRANE P R. Phylogenetic analysis of seed plants and the origin of angiosperms[J]. Annals of the Missouri Botanical Garden, 1985, 72(4): 716-793.

[80] DILCHER D L, CRANE P R. *Archaenthus*: an early angiosperm from the cenomanian of the western interior of north America[J]. Annals of the Missouri Botanical Garden, 1984, 71(2): 351-383.

[81] EDWARDS D. Embryophytic sporophytes in the Rhynie and Windyfield cherts[J]. Transactions of the Royal Society of Edinburgh: Earth Sciences, 2003(94): 397-410.

[82] FURST-JANSEN JANINE M R, SOPHIE D V , JAN D V. Evo-physio: on stress responses and the earliest land plants[J]. Journal of Experimental Botany, 2020, 71(11): 3254-3269.

[83] GERRIENNE P, SERVAIS T, VECOLI M. Plant evolution and terrestrialization during palaeozoic times—the phylogenetic context[J]. Review of Palaeobotany and Palynology, 2016(227): 4-18.

[84] GERRIENNE P, MEYER-BERTHAUD B, FAIRON-DEMARET M, et al. Runcaria, a middle devonian seed plant precursor[J]. Science, 2004:856-858.

[85] HAO S G, XUE J Z. The early devonian posongchong flora of Yunnan[M]. Beijing: Science Press, 2013.

[86] HOFFMANN N, KING S, SAMUELS AL, et al. Subcellular coordination of plant cell wall synthesis[J]. Dev Cell. 2021,56(7):933-948.

[87] JAMES E, BIDLACK, SHELLEY H, JANSKY. Introductory plant biology[M]. 12th ed. New York: McGraw-Hill, Inc. 2011.

[88] KESKITALO J, BERGQUIST G, GARDESTROM P, et al. A cellular timetable of autumn senescence[J]. Plant Physiol, 2005, 139(4):1635-48.

[89] KVACEK J, FALCON-LANG H J, DASKOVA J. A new Late cretaceous ginkgoalean reproductive structure *Nehvizdyella gen. nov.* from the czech republic and its whole-plant reconstruction[J]. American Journal of Botany, 2005, 92(12): 1958-1969.

[90] LEE R E. Phycology[M]. 4th ed. New York: Cambridge University Press, 2008.

[91] LEI P, YU F, LIU X. Recent advances in cellular degradation and nuclear control of leaf senescence[J]. J Exp Bot, 2023, 74(18):5472-5486.

[92] LI H T, YI T S, GAO L M, et al. Origin of angiosperms and the puzzle of the jurassic gap[J]. Nature Plants, 2019(5): 461-470.

[93] LI Y F, LUO L, LIU Y, et al. The Bryophyte Phylogeny Group: A revised familial classification system based on plastid phylogenomic data[J]. Journal of Systematics and Evolution, 2024, 62(4): 577-588.

[94] MAUSETH J D. Botany[M]. 15th ed. Burlington: Jones & Bartlett Learning, 2013.

[95] MCLOUGHLIN S, PREVEC R. The architecture of Permian glossopterid ovuliferous reproductive organs [J]. Alcheringa: An Australasian Journal of Palaeontology, 2019, 43(4): 480-510.

[96] MCLOUGHLIN S, PREVEC R. The reproductive biology of glossopterid gymnosperms—a review[J]. Review of Palaeobotany and Palynology, 2021(295): 104527.

[97] NABORS M W. Botany[M]. New york: Pearson Education. Inc. ,2004.

[98] PENNELL R I, LAMB C. Programmed cell death in plants[J]. Plant Cell, 1997 9(7):1157-1168.

[99] PETTITT J M, BECK C B. *Archaeosperma arnoldii*—a cupulate seed from the upper devonian of north America[J]. Contributions from the Museum of Paleontology the University of Michigan, 1968, 22(10): 139-154.

[100] PPG I (The Pteridophyte Phylogeny Group). A community-derived classification for extant lycophytes and ferns[J]. Journal of Systematics and Evolution, 2016, 54(6): 563-603.

[101] RAN J H, SHEN T T, WANG M M, et al. Phylogenomics resolves the deep phylogeny of seed plants and indicates partial convergent or homoplastic evolution between Gnetales and angiosperms[J]. Proceedings of the Royal Scciety B Biological Sciences, 2018, 285(1881): 20181012.

[102] RAVEN P H, EVERT R F, EICHHORNET S E, et al. Biology of plant. [M]. 6th ed . New York: Worth Publishers, 1992.

[103] RETALLACK G J, DILCHER D. Reconstructions of selected seed ferns[J]. Annals of the Missouri Bo-

tanical Garden, 1988, 75(3): 1010-1057.

[104] ROST T L, BARBOUR M G, THORNTON R M, et al. Botany[M]. New York:John Wiley & Sons, Inc. ,1984.

[105] SERBET R, ROTHWELL G W. Characterizing the most primitive seed ferns. A reconstruction of *Elkinsia polymorpha*[J]. International Journal of Plant Sciences, 1992, 153(4): 602-621.

[106] GE S, HAN X, XU X,et al. WRKY15 suppresses tracheary element differentiation upstream of VND7 during xylem formation[J]. The Plant Cell,2020,7(32): 2307 - 2324.

[107] SHI G , HERRERA F , HERENDEEN P S ,et al. Mesozoic cupules and the origin of the angiosperm second integument[J]. Nature, 2021(594): 223-226.

[108] SHI G , HERRERA F, HERENDEEN P S, et al. Silicified cupulate seed-bearing structures from the early cretaceous of eastern Inner Mongolia, China: rethinking the corystosperm concept[J]. Journal of Systematic Palaeontology, 2022, 20(1): 2133644.

[109] SIMPSON M G. Plant systematics[M]. 2th ed. Burlington, London, San Diego and New York: Academic Press, 2010.

[110] SOLTIS D, SOLTIS P, ENDRESS P, et al. Phylogeny and evolution of the angiosperms[M]. Chicago and London: The University of Chicago Press, 2018.

[111] STERN K R, JANSKY S, BIDLACK J E, et al. Introductory plant biology[M]. 11th ed. New York: McGraw hill Higer Education,2011.

[112] STEWART W N, DELEVORYAS T. The medullosan pteridosperms[J]. The Botanical Review, 1956 (22): 45-80.

[113] STUESSY T F. A transitional-combinational theory for the origin of angiosperms[J]. Taxon, 2004, 53 (1): 3-16.

[114] SUN G, DILCHER D L, WANG H S, et al. A eudicot from the early cretaceous of China[J]. Nature, 2011(471): 625-628.

[115] SUN G, JI Q, DILCHER D L, et al. Archaefructaceae, a new basal angiosperm family[J]. Science, 2002 (296): 899-904.

[116] TAYLOR T N, KERP H, HASS H. Life history biology of early land plants: deciphering the gametophyte phase[J]. PNAS, 2005, 102(16): 5892-5897.

[117] TAYLOR T N, TAYLOR E L, KRINGS M. Paleobotany, the Biology and evolution of fossil plants [M]. 2th ed. Burlington, London, San Diego and New York: Academic Press, 2009.

[118] WANG J, HILTON J, PFEFFERKORN H W, et al. Ancient noeggerathialean reveals the seed plant sister group diversified alongside the primary seed plant radiation[J]. PNAS, 2021, 118(11): e2013442118.

[119] WANG Z X, SUN B N, WANG X L, et al. A new cordaitean pollen cone and pollen grains in situ from the early permian of hexi corridor and its geotectonic significance[J]. Palaeogeography, Palaeoclimatology, Palaeoecology, 2016(463): 261-274.

[120] WU Z Y, RAVEN P H. Flora of China [M]. 1-25rd ed. Beijing: Science Press; St. Louis: Missouri Botanical Garden Press, 1994-2013.

[121] YANG Y, FERGUSON D K, Liu B, et al. Recent advances on phylogenomics of gymnosperms and a new classification[J]. Plant Diversity, 2022, 44(4): 340-350.

[122] ZHANG X, LI H, LU H, et al. The trafficking machinery of lytic and protein storage vacuoles: how much is shared and how much is distinct? [J]. Exp Bot. 2021 72(10):3504-3512.

[123] ZHENG S L, ZHOU Z Y. A new mesozoic *Ginkgo* from western Liaoning, China and its evolutionary significance[J]. Review of Palaeobotany and Palynology, 2004(131): 91-103.

[124] ZHOU Z Y, ZHENG S L. The missing link in *Ginkgo* evolution[J]. Nature, 2003(423): 821-822.

[125] ZIMORSKI V, KU C, MARTIN W F, et al. Endosymbiotic theory for organelle origins[J]. Current Opinion in Microbiology, 2014(22): 38-48..